CAMBRIDGE LIBRARY COLLECTION

Books of enduring scholarly value

Astronomy

From ancient times, humans have tried to understand the workings of the world around them. The roots of modern physical science go back to the very earliest mechanical devices such as levers and rollers, the mixing of paints and dyes, and the importance of the heavenly bodies in early religious observance and navigation. The physical sciences as we know them today began to emerge as independent academic subjects during the early modern period, in the work of Newton and other 'natural philosophers', and numerous sub-disciplines developed during the centuries that followed. This part of the Cambridge Library Collection is devoted to landmark publications in this area which will be of interest to historians of science concerned with individual scientists, particular discoveries, and advances in scientific method, or with the establishment and development of scientific institutions around the world.

Astronomie populaire

French astronomer Camille Flammarion (1842–1925) firmly believed that science should not be the preserve of elites. His passion for the discoveries of his time is palpable throughout this classic introduction to astronomy, which stands as a landmark in the history of popular science writing. It features 360 illustrations, including highly detailed maps of the Moon and Mars, the latter being of special interest for Flammarion as he compared and contrasted it with the Earth. Originally published in 1880, the work won the approval of the Académie Française and the Minister of Public Instruction. This reissue is of the version that appeared in 1881 after 50,000 copies had already reached an enthusiastic readership. Its translation into English as *Popular Astronomy* (1894) and another accessible work by Flammarion, *Le Monde avant la création de l'homme* (1886), are also reissued in this series.

Astronomie populaire

Description générale du ciel

C AMILLE F LAMMARION

CAMBRIDGE
UNIVERSITY PRESS

CAMBRIDGE
UNIVERSITY PRESS

University Printing House, Cambridge, CB2 8BS, United Kingdom

Published in the United States of America by Cambridge University Press, New York

Cambridge University Press is part of the University of Cambridge.
It furthers the University's mission by disseminating knowledge in the pursuit of
education, learning and research at the highest international levels of excellence.

www.cambridge.org
Information on this title: www.cambridge.org/9781108069465

© in this compilation Cambridge University Press 2014

This edition first published 1881
This digitally printed version 2014

ISBN 978-1-108-06946-5 Paperback

This book reproduces the text of the original edition. The content and language reflect
the beliefs, practices and terminology of their time, and have not been updated.

Cambridge University Press wishes to make clear that the book, unless originally published
by Cambridge, is not being republished by, in association or collaboration with, or
with the endorsement or approval of, the original publisher or its successors in title.

The original edition of this book contains a number of colour plates,
which have been reproduced in black and white. Colour versions of these
images can be found online at www.cambridge.org/9781108069465

ASTRONOMIE POPULAIRE

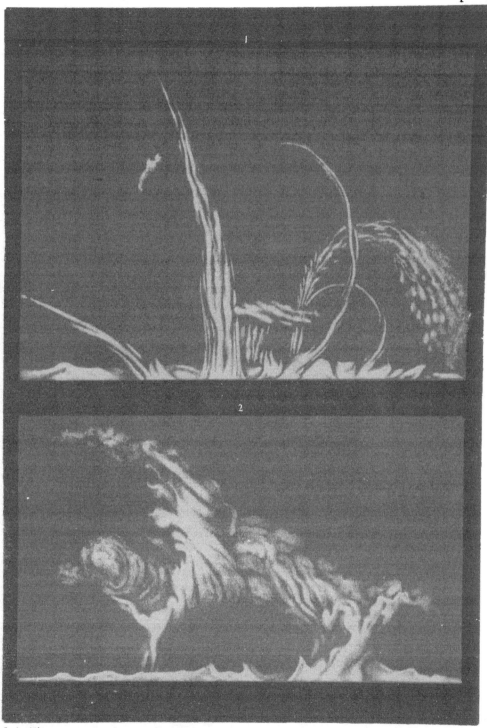

Pralon lith.

Imp. Lemercier & Cie, Paris.

CAMILLE FLAMMARION

ASTRONOMIE
POPULAIRE

DESCRIPTION GÉNÉRALE DU CIEL

OUVRAGE ILLUSTRÉ DE **360** FIGURES, PLANCHES EN CHROMOLITHOGRAPHIE
CARTES CÉLESTES, ETC.

OUVRAGE COURONNÉ PAR L'ACADÉMIE FRANÇAISE

ET ADOPTÉ PAR LE MINISTRE DE L'INSTRUCTION PUBLIQUE POUR LES BIBLIOTHÈQUES POPULAIRES

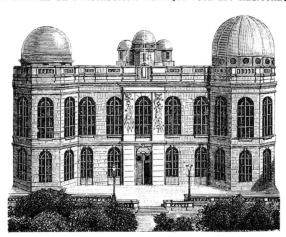

PARIS

C. MARPON ET E. FLAMMARION, ÉDITEURS

Galeries de l'Odéon, 1 à 7, et rue Rotrou, 4

1881

AUX GÉNIES IMMORTELS

DE

COPERNIC, GALILÉE, KÉPLER, NEWTON

QUI ONT OUVERT A L'HUMANITÉ LES ROUTES DE L'INFINI

A FRANÇOIS ARAGO

FONDATEUR DE L'ASTRONOMIE POPULAIRE

Cet ouvrage est respectueusement dédié

par

CAMILLE FLAMMARION

AVERTISSEMENT

———

Cinquante mille exemplaires de cet ouvrage ont été demandés en moins d'une année par un public sympathique et enthousiaste, et sont allés répandre parmi toutes les classes sociales les éléments de la connaissance de l'univers. Ce rapide succès vient d être consacré par la haute distinction que l'Académie Française a voulu accorder au même ouvrage en lui décernant le *Prix Montyon*. Nous voici donc enfin arrivés à l'ère scientifique souhaitée depuis si longtemps par tous les amis du Progrès. On commence à sentir qu'il était indigne de nous de vivre au milieu de l'univers sans le connaître. On commence à comprendre que ce sont là les premières notions à acquérir pour toute instruction qui a l'ambition d'être sérieuse. Les ombres de la nuit s'évanouissent peu à peu. La clarté se fait dans les âmes. C'est là un signe manifeste, éloquent, incontestable, de l'état actuel des esprits et de leurs aspirations vers la vraie science : la science positive ; vers la vraie philosophie : la philosophie scientifique. — L'auteur se plaît à constater ce succès, non point parce que c'est pour la première fois qu'il est obtenu par un livre de science, non point par mesquine vanité ou puéril orgueil, mais parce que c'est un signe du temps, parce qu'il marque le caractère fondamental de notre époque, et parce qu'il est doux de voir ces nobles tendances s'affirmer de plus en plus dans notre grande famille humaine, si lentement progressive.

Paris, janvier 1881.

LIVRE PREMIER

LA TERRE

ASTRONOMIE
POPULAIRE

—

LIVRE PREMIER
LA TERRE

—

CHAPITRE PREMIER
La Terre dans le Ciel

Ce livre est écrit pour tous ceux qui aiment à se rendre compte des choses qui les entourent, et qui seraient heureux d'acquérir sans fatigue une notion élémentaire et exacte de l'état de l'univers.

N'est-il pas agréable d'exercer notre esprit dans la contemplation des grands spectacles de la nature? N'est-il pas utile de savoir au moins sur quoi nous marchons, quelle place nous occupons dans l'infini, quel est ce soleil dont les rayons bienfaisants entretiennent la vie terrestre, quel est ce ciel qui nous environne, quelles sont ces nombreuses étoiles qui pendant la nuit obscure répandent dans l'espace leur silencieuse lumière? Cette connaissance élémentaire de l'univers, sans laquelle nous végéterions comme les plantes, dans l'ignorance et l'indifférence des causes dont nous subissons perpétuellement les effets, nous pouvons l'acquérir, non-seulement sans peine, mais encore avec un plaisir toujours grandissant. Loin d'être une science isolée et inaccessible, l'Astronomie est la science qui nous touche de plus près, celle qui est la plus nécessaire à notre instruction générale, et en même temps celle dont l'étude offre le plus de charmes et garde en réserve les plus profondes jouissances. Elle ne peut pas nous être indifférente, car elle seule nous apprend où nous sommes et ce que nous sommes; de plus, elle n'est pas hérissée de chiffres, comme de sévères savants voudraient le faire croire; les formules algébriques ne sont que des échafaudages analogues à ceux qui ont servi à construire un palais admirablement conçu : que les chiffres tombent, et le palais d'Uranie resplendit dans l'azur, offrant aux yeux émerveillés toute sa grandeur et toute sa magnificence!

Ce n'est pas à dire pour cela que la lecture d'un ouvrage d'astronomie descriptive ne réclame qu'un esprit inattentif; un tel livre, au contraire, quoique d'un intérêt naturellement plus réel et plus attachant qu'un roman, doit être lu avec attention, et ce n'est qu'à ce prix que les notions qu'il renferme peuvent laisser une instruction scientifique durable. Mais, tandis qu'en achevant la dernière page d'un roman on en sait juste autant qu'avant de commencer la première, il faudrait être aveugle ou fermé à toute conception intellectuelle pour que la lecture d'un ouvrage de science n'étendît pas admirablement la sphère de nos connaissances et n'élevât pas de plus en plus le niveau de notre jugement. On peut même faire la remarque qu'à notre époque il serait inouï qu'un esprit, tant soit peu cultivé, restât dans l'ignorance des vérités absolues révélées par les grandioses conquêtes de l'Astronomie moderne.

Quels immenses progrès la sublime science du ciel n'a-t-elle pas accompli en ces dernières années! L'un des plus beaux ouvrages écrits sur elle est, sans contredit, l'*Astronomie populaire* de François Arago. Notre vénéré maître, le véritable fondateur de l'Astronomie populaire, a quitté ce monde en 1853 ; il y a déjà plus d'un quart de siècle que nous avons déposé nos couronnes d'immortelles sur son tombeau. Combien la Terre tourne vite! et que nos années sont rapides! Ce quart de siècle néanmoins a réalisé à lui seul plus de progrès que le demi-siècle précédent. L'Astronomie a été transformée dans toutes ses branches. Les étoiles ont révélé leur constitution chimique aux investigations hardies et infatigables du spectroscope; la comparaison de toutes les observations faites sur les étoiles doubles a fait connaître la vraie nature de ces systèmes et l'importance de leur rôle dans l'univers; les soleils qui brillent dans les profondeurs de l'infini se montrent animés de vitesses rapides les emportant à travers toutes les directions de l'immensité; les nébuleuses nous font admirer aujourd'hui, dans le champ télescopique des puissants instruments récemment construits, d'immenses et inénarrables agglomérations de soleils; les comètes vagabondes ont laissé surprendre les secrets de leur formation chimique et leur parenté avec les étoiles filantes; les planètes sont descendues jusqu'à notre portée, et déjà, les rapprochant de nous à une proximité étonnante, nous avons pu découvrir leur météorologie, leur climatologie, et même dessiner des cartes géographiques qui représentent leurs continents et leurs mers; le Soleil a dévoilé sa constitution physique et projette sous nos yeux ses tempêtes et ses éruptions fantastiques, palpitations formidables du cœur de l'organisme planétaire; la Lune laisse photographier ses paysages et descend à quelques lieues de notre vision stupéfaite! Tant d'admirables progrès renouvellent entièrement l'ensemble déjà si imposant de nos connaissances astronomiques. D'une part, la science s'est enrichie et transformée; d'autre part, elle est devenue moins aride et moins égoïste, plus philosophique et plus populaire.

Quels merveilleux résultats! quelles splendeurs à contempler! quels champs magnifiques à parcourir! quelle série de tableaux à admirer, dans ces nobles et pacifiques conquêtes de l'esprit humain, —sublimes conquêtes, qui n'ont coûté ni sang ni larmes, et qui font vivre l'âme dans la lumière et dans la beauté !

Malgré ces éclatants progrès, il m'eût paru téméraire, néanmoins, de publier une nouvelle « Astronomie populaire » après l'œuvre considérable d'Arago, si vingt années de travaux astronomiques et de libre discussion ne m'y avaient directement préparé, si déjà plus de deux cent mille exemplaires de mes différents ouvrages répandus dans le public ne m'avaient montré l'opportunité d'une publication destinée à répandre sous la forme la plus populaire le goût de cette science magnifique, et si tant de milliers de lecteurs ne m'avaient, par leur sympathie toujours grandissante, encouragé à la réalisation de ce projet, — réalisation qui paraît désirable et utile, quoique déjà de belles publications, notamment celles de MM. Guillemin, Delaunay, Faye, Dubois, Liais (pour ne parler que des auteurs français) aient, en ces dernières années, propagé sous diverses formes la vulgarisation astronomique. J'ose présenter néanmoins cette œuvre-ci comme absolument nouvelle dans sa méthode d'exposition et dans son caractère; son but le plus cher est d'être tout à fait populaire, sans cesser d'être scrupuleusement exacte, et digne de la science incomparable à laquelle elle est consacrée.

L'Astronomie nous offre actuellement, d'ailleurs, l'exemple de l'une de ces transformations radicales qui font époque dans l'histoire des sciences.

Elle sort du chiffre pour devenir vivante. Le spectacle de l'univers se transfigure devant nos esprits émerveillés. Ce ne sont plus des blocs inertes roulant en silence dans la nuit éternelle que le doigt d'Uranie nous montre au fond des cieux : c'est la vie, la vie immense, universelle, éternelle, se déroulant en flots d'harmonie jusqu'aux horizons inaccessibles de l'infini qui fuit toujours.

La science des astres cesse d'être la secrète confidente d'un petit nombre d'initiés; elle pénètre toutes les intelligences; elle illumine la nature; elle montre que sans elle l'homme aurait toujours ignoré la place qu'il occupe dans l'ensemble des choses, et que son étude, au moins élémentaire, est indispensable à toute instruction qui veut être sérieuse; elle devient enfin véritablement universelle, et chacun sent aujourd'hui le besoin de se rendre compte de LA RÉALITÉ.

De toutes les vérités que l'astronomie nous révèle, la première, la plus importante pour nous et celle qui doit nous intéresser tout d'abord, c'est sa révélation relative à la planète que nous habitons, à sa forme, à sa grandeur, à son poids, à sa position et à ses mouvements. C'est par l'étude de la Terre qu'il convient aujourd'hui de commencer l'étude du ciel, car en réalité c'est la situation de notre globe dans l'espace et ce sont ses mouvements qui ont fondé l'astronomie ancienne, et c'est à la connaissance exacte de notre planète que l'astronomie moderne nous conduit. L'observation va nous montrer que, loin d'être fixe au centre du monde, la Terre, emportée par le Temps, poussée vers un but qui fuit toujours, roule avec rapidité dans l'espace, entraînant dans les champs de l'immensité les générations écloses à sa surface.

Emportée par le temps, poussée vers un but qui fuit toujours, la Terre roule avec rapidite dans l'espace..

L'humanité tout entière s'est trompée pendant des milliers d'années sur la nature de la Terre, sur sa vraie place dans l'infini, et sur la construction générale de l'univers. Sans l'astronomie, elle se tromperait encore aujourd'hui, et actuellement on peut avouer que quatre-vingt-dix-neuf personnes sur cent se font une fausse idée de notre monde et de ses mouvements, simplement parce qu'elles ignorent les éléments de l'astronomie.

La Terre nous paraît être une plaine immense, accidentée de mille variétés d'aspects et de reliefs, collines verdoyantes, vallées fleuries, montagnes plus ou moins élevées, cours d'eau serpentant dans les plaines, lacs aux frais rivages, vastes mers, campagnes variées à l'infini. Cette Terre nous paraît fixe, assise pour l'éternité sur des fondations séculaires, couronnée d'un ciel tantôt pur, tantôt nuageux, étendue pour former la base inébranlable de l'univers. Le Soleil, la Lune, les étoiles, semblent tourner au-dessus d'elle. D'après toutes ces apparences, l'homme s'est cru facilement le centre et le but de la création, vaniteuse présomption qu'il a conservée d'autant plus long-temps qu'il n'y avait personne pour le contredire.

Pendant les longs siècles de l'ignorance primitive, où la vie entière de l'homme était consumée en préoccupations matérielles, les seuls effets de son imagination naissante tendaient à le garantir des injures de la nature extérieure, à le défendre contre ses ennemis et à accroître son bien-être physique. Mais bientôt des esprits supérieurs firent progresser la civilisation morale en même temps que la civilisation matérielle. L'intelligence se développa lentement, et le jour vint où, dans les plaines lumineuses de l'Orient, alors fécondes, aujourd'hui stériles, alors peuplées, aujourd'hui désertes, quelques hommes d'élite commencèrent à observer le cours des astres et à fonder l'astronomie des apparences. Ce ne furent d'abord que de simples remarques faites par des pasteurs de l'Himalaya après le coucher du Soleil et avant son lever : les phases de la Lune et le retard diurne de cet astre sur le Soleil et sur les étoiles, le mouvement apparent du ciel étoilé, s'accomplissant silencieusement au-dessus de nos têtes, le déplacement des belles planètes à travers les constellations, l'étoile filante qui semble se détacher des cieux, les éclipses de Soleil et de Lune, mystérieux sujets de terreur, les comètes bizarres qui apparaissent échevelées dans les hauteurs du ciel, tels furent les premiers sujets de ces observations antiques faites il y a des milliers d'années. L'astronomie est la plus ancienne des sciences. Avant même d'avoir inventé l'écriture et commencé l'histoire, les hommes examinaient déjà le ciel et jetaient les bases d'un calendrier primordial. Les observations primitives ont été perdues par les révolutions des peuples; nous en possédons encore, néanmoins, de fort respectables par leur antiquité, entre autres celle de l'étoile polaire, faite en Chine 2850 ans avant notre ère, celle d'une éclipse de Soleil faite en Égypte l'an 2720, celle d'une étoile de la constellation de l'Hydre faite l'an 2306. Il y a au moins cinq mille ans que notre semaine actuelle de sept jours a été formée, et, depuis plusieurs milliers d'années aussi, chaque jour a pris le nom des sept astres mobiles connus des anciens, le Soleil, la Lune, Mars, Mercure, Jupiter, Vénus et Saturne.

L'astre qui brille au ciel, c'est la Terre vue de Vénus.

A l'époque d'Homère (environ neuf cents ans avant notre ère), on croyait que la Terre, entourée du fleuve *Okéanos*, remplissait de sa masse la moitié inférieure de la sphère du monde, tandis que la moitié supérieure s'étendait au-dessus, et que *Hèlios* (le Soleil) éteignait chaque soir ses feux pour les rallumer le matin, après s'être baigné dans les eaux profondes de l'Océan.

D'après les plus anciennes conceptions, fondées sur les illusions qu'un esprit inculte partage avec l'enfant, il ne devait y avoir aucune continuité entre le ciel de la nuit, où brillent les étoiles, et le ciel sur lequel s'était répandue la clarté du jour. Celui qui osa le premier soutenir que pendant le jour le ciel est parsemé d'étoiles comme pendant la nuit, et que, si nous ne les y voyons pas, c'est parce qu'elles sont éclipsées par la lumière du Soleil, celui-là fut certainement un observateur plein de génie et de hardiesse.

Plusieurs astronomes grecs croyaient même encore, il y a deux mille ans, que les étoiles étaient des feux nourris par les exhalaisons de la Terre.

La Terre dans l'espace.

On fut bientôt forcé de remarquer que le Soleil, la Lune, les planètes et les étoiles se lèvent et se couchent, et que, pendant les heures qui séparent leur coucher de leur lever, il faut absolument que ces astres passent sous la Terre. *Sous la Terre !* Quelle révolution dans ces trois mots ! Jusqu'alors on avait pu supposer le monde prolongé à l'infini au-dessous de nos pieds, solidement fondé pour toujours, et, sans comprendre cette étendue infinie de la matière, on avait pu se reposer dans l'ignorance et croire à l'inébranlable solidité de la Terre. Mais, puisque les courbes décrites par les astres au-dessus de nos têtes se continuent, après leur coucher, au-dessous de l'horizon, pour remonter ensuite au levant, il fallut imaginer la Terre percée de part en part de galeries assez vastes pour y laisser passer les célestes flambeaux. Les uns représentèrent notre séjour sous la forme d'une table circulaire portée sur douze colonnes ; les autres sous la forme d'un dôme posé sur le dos de quatre éléphants d'airain ; mais l'idée de faire soutenir le monde, soit par des montagnes, soit autrement, ne faisait que reculer la difficulté, car ces montagnes, ces colonnes, ces éléphants, devaient à leur tour reposer sur une fondation inférieure. Comme, d'ailleurs, le ciel tout entier se montre tournant tout d'une pièce autour de nous, les subterfuges inventés pour conserver à la Terre quelque chose de sa stabilité première durent disparaître par la force des choses, et l'on fut obligé d'avouer que *la Terre est isolée de toutes parts.*

Hésiode, contemporain d'Homère, croyait la Terre soutenue comme un disque à égale distance entre la voûte du ciel et la région des enfers, distance mesurée un jour, prétend-il, par l'enclume de Vulcain, qui aurait employé neuf jours et neuf nuits pour tomber du Ciel sur la Terre, et le même temps pour tomber de la Terre au Tartare. Ces idées dominèrent pendant bien longtemps les conceptions humaines sur la construction de l'univers.

Mais le flambeau du progrès était allumé et ne devait plus s'éteindre. Les développements de la géographie prouvèrent que notre monde a la forme d'une sphère. On se représenta donc la Terre comme une boule énorme, placée au centre de l'univers, et l'on fit tourner autour de nous, suivant des cercles échelonnés l'un au delà de l'autre, le Soleil, la Lune, les planètes et les étoiles, comme les apparences l'indiquaient.

Pendant deux mille ans environ, les astronomes observèrent attentivement les révolutions apparentes des corps célestes, et cette étude attentive leur montra peu à peu un grand nombre d'irrégularités et de complications inexplicables, jusqu'au jour où l'on reconnut qu'on se trompait sur la position de la Terre comme on s'était trompé sur sa stabilité. L'immortel Copernic, en particulier, discuta avec persévérance l'hypothèse du mouvement de la Terre, déjà soupçonnée deux mille ans avant lui, mais toujours repoussée par l'amour-propre de l'homme, et, lorsque ce savant chanoine polonais fit ses adieux à notre monde, en l'année 1543, il légua à la science son grand ouvrage, qui démontrait clairement l'erreur séculaire de l'humanité.

Le globe terrestre tourne sur lui-même en vingt-quatre heures, et ce mouvement fait tourner en apparence le ciel entier autour de nous : voilà la première vérité démontrée par Copernic et le premier fait que nous aurons à examiner. Il importe, du reste, de commencer précisément notre étude astronomique par l'examen général de la position de la Terre dans l'espace et de l'ensemble de ses mouvements.

En effet, ce mouvement de rotation diurne n'est pas le seul dont la Terre soit animée. Emportée par la puissance de la gravitation, elle vogue autour du Soleil, à la distance de 148 millions de kilomètres, en une longue révolution qu'elle emploie une année à parcourir.

Pour accomplir, comme elle le fait, en 365 jours un quart cet immense parcours autour du Soleil, notre sphère est obligée de courir dans l'espace en raison de 643 000 lieues par jour, ou 106 000 kilomètres à l'heure, ou 29 kilomètres par seconde! C'est là un fait mathématique absolument démontré. Six méthodes différentes et indépendantes l'une de l'autre se sont accordées pour constater que la distance du Soleil est de 148 millions de kilomètres; or la Terre vogue à cette distance en une révolution intégralement parcourue en une année précise. Le calcul est facile.

Nous voguons donc dans l'immensité avec une vitesse onze cents fois plus rapide que celle d'un train express. Comme un tel train va onze cents fois plus vite qu'une tortue, si l'on pouvait lancer une locomotive à la poursuite de la Terre dans l'espace, c'est exactement comme si l'on envoyait une tortue courir après un train express! Cette vitesse de notre globe sur sa route céleste est 75 fois plus rapide que celle d'un boulet de canon.

Un être placé dans l'espace, non loin de l'orbite idéale que la Terre parcourt dans sa course rapide, frissonnerait de terreur en la voyant arriver sous la forme d'une étoile grandissante, s'approcher, lune épouvantable, couvrir le ciel entier de son dôme, traverser sans arrêt le champ de sa vision effrayée, rouler sur elle-même, et s'enfuir comme l'éclair en se rapetissant dans les profondeurs béantes de l'espace...

C'est sur ce globe mobile que nous sommes, à peu près dans la même situation matérielle que des grains de poussière adhérents à la surface d'un énorme boulet de canon lancé dans l'immensité... Partageant absolument tous les mouvements du globe, avec tout ce qui nous entoure, nous ne pouvons pas sentir ces mouvements, et l'on n'a pu les constater que par l'observation des astres qui ne les partagent pas. Divin mécanisme sidéral, la force qui transporte notre planète

Combien de fois n'ai-je pas comparé la marche glorieuse de l'aérostat à celle de la Terre dans l'espace.....

s'exerce sans efforts, sans frottements et sans chocs, au sein du silence absolu des cieux éternels. Plus douce que la barque sur le fleuve limpide, plus douce que la gondole abandonnée au miroir des lagunes de Venise, la Terre glisse majestueusement sur son orbite idéale, ne laissant apercevoir aucune trace de la force formidable qui la conduit. Ainsi, mais avec moins de perfection encore, glisse l'aérostat solitaire au sein de l'air transparent. Combien de fois, confié à la nacelle du navire aérien, soit pendant les heures lumineuses du jour au-dessus des campagnes verdoyantes, soit pendant la nuit obscure, à la mélancolique clarté de la lune et des étoiles, combien de fois n'ai-je pas comparé la marche glorieuse de l'aérostat dans l'atmosphère à celle de la Terre dans l'espace ! (¹)

Malgré les apparences, *la Terre est donc un astre du ciel*, comme la Lune, comme les autres planètes, qui ne sont pas plus lumineuses qu'elle en réalité, et ne brillent dans le ciel que parce qu'elles sont illuminées par le soleil. Vue de loin dans l'espace, la Terre brille comme la Lune ; vue de plus loin, comme une étoile. Vue de Vénus et Mercure, elle est la plus brillante étoile du ciel (*Voy.* p. 8.)

Le mouvement de translation de notre globe autour du Soleil produit pour nous la succession des saisons et des années ; son mouvement de rotation sur lui-même produit la succession des jours et des nuits. Nos divisions du temps sont formées par ces deux mouvements. Si la Terre ne tournait pas, si l'Univers était immobile, il n'y aurait ni heures, ni jours, ni semaines, ni mois, ni saisons, ni années, ni siècles !... Mais le monde marche.

Les deux mouvements que nous venons de remarquer sont les plus importants pour nous, mais ce ne sont pas les seuls dont notre globe soit animé. La Terre, en effet, est portée dans le ciel et mue en divers sens par plus de DIX mouvements différents, dont voici les principaux :

Et d'abord notre globe ne roule pas comme le ferait un boulet sur une route, c'est-à-dire en conservant horizontal l'axe idéal autour duquel le mouvement de rotation s'effectue ; il ne se transporte pas non plus dans l'espace en ayant son axe vertical, comme le ferait une toupie glissant toute droite sur le parquet ; son axe de rotation n'est ni droit ni couché, mais incliné d'une certaine quantité, et cette inclinaison reste la même pendant toute l'année, de sorte que la Terre se transporte autour du Soleil en conservant toujours la même inclinaison de mouvement par rapport à lui. Son axe de rotation reste parallèle à lui-même pendant tout le cours de la révolution annuelle et son extrémité nord reste constamment dirigée vers un point fixe du ciel, voisin de l'étoile polaire. Mais lentement, de siècle en siècle, cet axe tourne lui-même, comme un doigt qui, dirigé vers une étoile, tracerait lentement un cercle dans le ciel, de sorte que le pôle se déplace parmi les étoiles, et, dans l'espace de 260 siècles, il décrit

(¹) Voy. mes *Voyages aériens*. Paris, Hachette, 1870.

un cercle complet. L'étoile polaire actuelle s'éloignera bientôt du pôle; dans douze mille ans, ce sera la brillante étoile de la Lyre qui sera au pôle, comme elle y était il y a quatorze mille ans. Ce mouvement séculaire est celui de la *précession des équinoxes*. Voilà donc un troisième mouvement, bien plus lent que les deux premiers.

(Le lecteur est prié de ne pas s'inquiéter en ce moment s'il ne comprend pas absolument tous les termes employés : il ne s'agit ici que d'un aspect général, et le tout sera expliqué un peu plus loin.)

Un quatrième mouvement, dû à l'action de la Lune et nommé *nutation*, fait décrire à l'axe du monde de petites ellipses rapides tracées sur la sphère céleste en dix-huit années.

Un cinquième mouvement fait osciller lentement l'inclinaison de l'axe, qui est actuellement de 23 degrés, ou du quart d'un angle droit; elle diminue maintenant pour se relever dans les siècles futurs; cette oscillation séculaire se nomme la variation de *l'obliquité de l'écliptique.*

Un sixième mouvement fait varier la courbe que notre planète décrit autour du Soleil, courbe non circulaire, mais elliptique; suivant les siècles, l'ellipse se rapproche plus ou moins du cercle. On appelle ce mouvement *la variation de l'excentricité.*

Dans cette ellipse, dont le Soleil occupe un des foyers, le point le plus rapproché de l'astre lumineux se nomme le périhélie; la Terre y passe actuellement le 1ᵉʳ janvier. Un septième mouvement déplace aussi ce point. En l'an 4000 avant notre ère, la Terre s'y trouvait le 21 septembre, et, en l'an 1250 de notre ère, le 21 décembre. Le périhélie arrivera le 21 mars en l'an 6590; le 22 juin en l'an 11910, et enfin, en l'an 17000, il sera revenu au point où il était il y a quatre mille ans. Durée 210 siècles. C'est la variation séculaire du *Périhélie.*

Ce n'est pas tout encore.

Un huitième mouvement, causé par l'attraction variable des planètes, dérange encore tous les précédents, en produisant des *perturbations* de différents ordres.

Un neuvième déplace le Soleil du foyer géométrique de l'ellipse terrestre, et déplace en même temps le centre de la révolution annuelle de la Terre.

Enfin, un dixième mouvement, plus considérable encore que tous les précédents, emporte le Soleil à travers l'infini, et avec lui la Terre ainsi que toutes les autres planètes. Depuis qu'il existe, *notre globe n'est pas passé deux fois au même endroit*, et il ne reviendra jamais au point où nous nous trouvons actuellement; nous tombons dans l'infini en décrivant une série de spirales sans cesse modifiées.

Ces mouvements seront expliqués en détail dans le chapitre suivant. L'important était de les *signaler* tout de suite, afin que nous soyons une fois pour toutes affranchis de tout préjugé sur la prétendue importance de notre monde, afin que nous sentions bien surtout que notre patrie est tout simplement un globe mobile emporté dans l'espace, véritable jouet des forces cosmiques, courant à travers le vide éternel vers un but qu'elle ignore, subissant dans sa marche inconstante les oscillations les plus variées, se balançant dans l'infini avec la légèreté d'un atome de poussière dans un rayon de soleil, volant avec une vitesse vertigineuse au-dessus de l'abîme insondable, et nous emportant tous, depuis des milliers d'années, et pendant bien des milliers d'années encore, dans une destinée mystérieuse, que l'esprit le plus clairvoyant ne peut discerner, au delà de l'horizon toujours fuyant de l'avenir.

Il est impossible de considérer froidement cette réalité sans être frappé de l'étonnante et inexplicable illusion dans laquelle sommeille la majeure partie de l'humanité. Voilà un petit globe qui tourbillonne dans le vide infini ; autour de ce globule végètent 1400 millions de mites raisonneuses, sans savoir ni d'où elles viennent ni où elles vont, chacune d'elles, d'ailleurs, ne naissant que pour mourir assez vite ; et cette pauvre humanité a résolu le problème, non de vivre heureuse dans le soleil de la nature, mais de souffrir constamment par le corps et par l'esprit. Elle ne sort pas de son ignorance native, ne s'élève pas aux jouissances intellectuelles de l'art et de la science, et se tourmente perpétuellement d'ambitions chimériques. Étrange organisation sociale ! Elle s'est partagée en troupeaux livrés à des chefs, et l'on voit de temps en temps ces troupeaux, atteints d'une folie furieuse, se déchaîner les uns contre les autres, et l'hydre infâme de la Guerre moissonner les victimes, qui tombent comme les épis mûrs sur les campagnes ensanglantées : quarante millions d'hommes sont égorgés régulièrement chaque siècle pour maintenir le partage microscopique du petit globule en plusieurs fourmilières !..

Lorsque les hommes sauront ce que c'est que la Terre, et connaîtront la modeste situation de leur planète dans l'infini ; lorsqu'ils apprécieront mieux la grandeur et la beauté de la nature ; ils ne seront plus aussi fous, aussi matériels d'une part, aussi crédules d'autre part ; mais ils vivront en paix, dans l'étude féconde du Vrai, dans la contemplation du Beau, dans la pratique du Bien, dans le développement progressif de la raison, dans le noble exercice des facultés supérieures de l'intelligence.

CHAPITRE II

Comment la Terre tourne sur elle-même et autour du Soleil.
Le jour et la nuit.
Les heures. Les méridiens. L'année et le calendrier.

Nous allons étudier en détail *tous les mouvements de la Terre*.

Ne suivons pas la méthode ordinaire des traités d'astronomie qui commencent par décrire les apparences, dont ils sont obligés ensuite de démontrer la fausseté. Commençons tout de suite par la réalité.

Il n'y a rien de plus curieux que ces mouvements et leurs conséquences sur notre vie matérielle comme sur les jugements de notre esprit. Ce sont eux qui constituent la mesure du temps, et notre vie tout entière est réglée par cette mesure. La durée même de notre existence, les périodes qui la partagent, les fonctions qui l'occupent, notre calendrier annuel comme les époques de l'histoire, sont autant d'effets intimement liés aux mouvements de la Terre. Etudier ces mouvements, c'est étudier le principes mêmes de la biologie humaine.

Quelle inépuisable variété distingue les mondes les uns des autres! Sur la Lune, par exemple, il n'y a que douze jours et douze nuits par an, et l'année y a la même durée que la nôtre. Ici, nous comptons 365 jours par an. Sur Jupiter, l'année est près de douze fois plus longue que la nôtre et le jour plus de moitié plus court, de telle sorte qu'il n'y a pas moins de 10 455 jours dans l'année de ce monde! Sur Saturne, la disproportion est plus extraordinaire encore, car son année, trente fois plus longue que la nôtre, compte 25 217 jours! Et que dirions-nous de Neptune, dont chaque année dure plus d'un siècle et demi : 165 de nos rapides années! Si la biologie y est réglée dans les mêmes proportions, une jeune fille de dix-sept ans sur Neptune a réellement vécu 2800 de nos années : elle vivait déjà depuis près de mille ans quand Jésus-Christ naquit en Judée; elle a été contemporaine de Romulus, de Jules César, de Constantin, de Clovis, de Charlemagne, de François Ier, de Louis XIV, de Robespierre... et elle n'a encore que dix-sept ans!! Léthargique fiancée, elle épousera dans trois ou quatre cents ans le jeune homme de ses rêves, âgé lui-même de plus de trois mille ans terrestres...

La succession du jour et de la nuit a naturellement formé la première mesure du temps. C'est le fait naturel qui nous frappe le plus,
et ce n'est que plus tard que l'on a remarqué la succession des saisons,
évalué leur durée et reconnu la longueur de l'année. Les phases de la
Lune sont plus rapides et plus frappantes que les saisons, et le temps
a dû être divisé par jours et par mois longtemps avant d'être divisé
par années. Les antiques poèmes de l'Inde nous ont même conservé
les derniers échos des craintes des premiers hommes à l'arrivée de la
nuit. Le Soleil, le bon Soleil a tout à fait disparu à l'occident : est-il
bien sûr que nous le revoyions demain matin à l'orient? S'il ne reve-
nait plus! Plus de lumière, plus de chaleur; la nuit glacée, la nuit
ténébreuse couvre le monde! Comment retrouver le feu perdu?
Comment remplacer le bienfaisant Soleil et sa céleste lumière? Les
étoiles laissent cribler du haut des cieux leur mélancolique clarté;
la Lune verse dans les vagues de l'atmosphère cette rosée argentée
qui répand tant de charme sur le sommeil de la nature ; mais ce
n'est pas le soleil, ce n'est pas le jour... Ah! voici l'aurore qui
s'éclaire lentement, voici la lumière, voici le jour : Soleil! roi des

cieux, sois béni! oh! n'oublie jamais de revenir!

Qu'est-ce que le jour? qu'est-ce que la
nuit? Deux effets contraires produits par la
combinaison du mouvement de rotation de la
Terre avec l'éclairement du Soleil. Si notre
globe ne tournait pas, l'astre du jour étant
fixe, il y aurait jour éternel sur la moitié du
globe et nuit éternelle sur l'autre moitié.

Notre globe est isolé dans l'espace et il
n'y a ni haut ni bas dans l'univers. Consi-
dérons-le à un moment quelconque, par
exemple à l'heure où nous comptons midi.
Nous nous trouvons alors sur la ligne centrale de l'hémisphère éclairé par le soleil.
Le globe terrestre (*voy.* la *fig.* 6) produit
par lui-même une ombre à l'opposé de la
lumière solaire. Les pays situés sur l'hémisphère opposé au nôtre sont alors plongés
Fig. 6. — Le jour et la nuit.   dans l'ombre ou dans la nuit. La nuit n'es
donc autre chose que l'état de la partie non éclairée. La Terre tourne
Douze heures plus tard, nous serons à notre tour au milieu de l'ombre

ou à minuit. Retournez la figure et vous verrez alors le Soleil sous vos pieds et la nuit au-dessus de vos têtes. Mais cette ombre produite par la Terre ne s'étend pas sur tout l'univers, comme la première impression des sens le ferait penser ; elle n'a que la largeur de la Terre (3183 lieues), et tout ce qui est en dehors reste éclairé dans l'espace, où il y a autant de lumière à minuit qu'à midi ; la Lune et les planètes reçoivent constamment la lumière du Soleil. De plus, comme le Soleil est plus gros que la Terre, et même beaucoup plus gros, cette ombre que la Terre projette derrière elle a la forme d'un cornet, d'un cône, et elle se termine en pointe à la distance de trois cent mille lieues. Quelquefois, la Lune, dont la distance n'est que de 96 000 lieues, vient à passer à travers l'ombre de la Terre, et l'on constate alors, par l'éclipse de ce globe, que notre ombre est circulaire ; c'est même là l'une des premières preuves que l'on a eues de la forme globulaire de notre île flottante.

Nous pouvons prendre pour image de la Terre une petite boule traversée par une aiguille et supposer que nous la fassions tourner entre deux doigts. L'aiguille représente l'*axe* ; les deux points diamétralement opposés de la boule auxquels l'aiguille aboutit sont les deux *pôles*. Voilà deux notions importantes, et, comme on le voit, très-faciles à retenir. Nous savons maintenant ce que c'est que l'axe du globe : c'est la ligne idéale qui le traverse et autour de laquelle s'exécute son mouvement de rotation. Nous savons aussi maintenant ce qu'on entend par pôles. Eh bien ! ramenons la boule de notre côté de manière à voir la tête de l'aiguille juste de face, et supposons qu'elle tourne comme la Terre ; nous verrons ce

Fig. 7. — Image du globe terrestre tournant autour de son axe.

globe tourner en sens contraire du mouvement des aiguilles d'une montre.

Notre *fig.* 8 montre comment les divers pays du globe passent tour à tour par le jour et par la nuit. Dans la position représentée sur cette figure, Paris se trouve juste au-dessous du soleil, et nous comptons midi. Les pays situés à gauche de la France sont à l'orient pour elle, sont sortis de l'ombre avant elle, et ont passé avant elle sous le soleil ; de sorte que, quand il est midi à Paris, il est 1 heure à Vienne, 2 heures à Suez, 3 heures à Téhéran, 4 heures à Boukhara, 5 heures à Delhi, dans les Indes, etc. Tous les pays situés sur une même ligne horaire ont la même heure en même temps. Ces lignes horaires sont les *longitudes* : ce sont de grands cercles qui divergent du pôle. Si l'on coupe la sphère en deux, à égale distance

des deux pôles, par un plan perpendiculaire à l'axe, on trace de la sorte l'*équateur* : c'est le grand cercle qui limite notre figure. Pour mesurer les distances entre le pôle et l'équateur, on trace autour du pôle pris pour centre des cercles successifs qui prennent le nom de *latitudes*.

Quand il est midi à Paris, il est midi en même temps tout le long de la ligne tracée de pôle nord au pôle sud en passant par Paris, comme à Bourges, Carcassonne, Barcelone, Alger, Gamba (sud de l'Afrique), etc. Il en est de même pour chaque longitude. Les différences d'heures sont réglées par les différences de longitudes. On a inscrit sur cette figure des chiffres cor-

Fig. 8. — Les heures du jour et de la nuit.

respondant à différentes villes échelonnées autour du monde. Quand il est midi à Paris, ces différents points ont l'heure inscrite en regard de chacun d'eux.

1. Paris. . . . . . . midi	5. Téhéran.	3^h16^m
2. Vienne. . . . . . . midi 56^m	6. Boukhara.	$4^h \ 3^m$
3. Saint-Pétersbourg. . . 1^h52^m soir.	7. Delhi.	5^h
4. Suez . . . . 2^h	8. Ava.	6^h14^m

9. Pékin.	7ʰ37ᵐ		18. Cuba.	6ʰ21ᵐ mat.
10. Iedo	9ʰ10ᵐ		19. New-York	6ʰ55ᵐ
11. Okhotsk.	9ʰ23ᵐ soir.		20. Québec.	7ʰ 6ᵐ
12. Iles aléoutiennes	minuit 45ᵐ		21. Cap Farewell.	8ʰ55ᵐ
13. Petropolowski.	1ʰ35ᵐ mat.		22. Reikiavig.	10ʰ23ᵐ
14. San-Francisco	3ʰ41ᵐ		23. Mogador..	11ʰ12ᵐ
15. San-Diego	4ʰ 2ᵐ		24. Lisbonne.	11ʰ14ᵐ
16. Mexico.	5ʰ14ᵐ		25. Londres	11ʰ50ᵐ
17. Nouvelle-Orléans.	5ʰ50ᵐ			

Nous pouvons, par curiosité, ajouter les villes suivantes

Brest.	11ʰ33ᵐ	Rome.	midi 40ᵐ
Strasbourg	midi 22ᵐ	Berlin.	midi 44ᵐ
Bruxelles.	midi 18ᵐ	Amsterdam.	midi 10ᵐ
Madrid	11ʰ36ᵐ	Stockholm.	1ʰ3ᵐ

La France géographique, de l'Océan au Rhin, n'a qu'une largeur parcourue par le soleil en 49 minutes ([1]). Charles-Quint se vantait de l'étendue de ses États, « sur lesquels le soleil ne se couchait jamais ». De quelle influence ont été les États de Charles-Quint dans le progrès de l'humanité? Ce n'est ni la taille de l'homme ni son poids qui constituent sa grandeur. Si notre France a joué depuis plus de mille ans un rôle prépondérant dans l'affranchissement de l'esprit humain, elle le doit à l'indépendance du caractère de ses enfants et à leur ascension constante vers le Progrès.

Remarquons en passant une conséquence assez curieuse de ces diffé-rences d'heures. La ville de New-York, par exemple, est de 5 heures 5 minutes en retard sur Paris, et San-Francisco est en retard de 8ʰ19ᵐ. Si donc on envoyait de Paris à ces deux villes une dépêche télé-graphique, qui pût être transmise directement, comme la vitesse élec-trique est pour ainsi dire instantanée, la dépêche serait reçue à New-York 5ʰ5ᵐ, et à San-Francisco 8ʰ19ᵐ *avant* l'heure à laquelle elle aurait été expédiée. Partie, par exemple, de Paris le 1ᵉʳ janvier 1880 4 heures du matin, elle arriverait à New-York le 31 décembre 1879

([1]) On ne se figure pas ordinairement le peu d'espace qu'il suffit pour changer les heures. Rouen et Paris diffèrent de cinq minutes, en sorte qu'une montre réglée à Paris avance de cinq minutes quand on la porte à Rouen, et dans Paris même deux points très rapprochés, par exemple le Luxembourg et l'École Polytechnique, diffè-rent déjà de trois secondes de temps dont la pendule bien réglée au Luxembourg retarde sur la pendule également bien réglée à l'École Polytechnique. Du reste, à la latitude de Paris, le tour du globe est de 26 350 000 mètres, et 305 mètres donnent une différence de temps de une seconde. Le soleil de midi emploie 37 secondes pour traverser Paris. Versailles est à 51 secondes du méridien de l'Observatoire, Mantes. à 2ᵐ28ˢ, etc. Il va sans dire que les différences se comptent dans la direction est-ouest, la direction nord-sud n'ayant rien à faire avec le mouvement diurne.

10^{h}55^m du soir, et à San-Francisco à 7^{h}41^m, arrivant ainsi à sa des-
tination la veille de son départ et l'année précédente! Le timbre de
l'arrivée serait antérieur au timbre de départ.

Quelle est la durée exacte du jour?

On a, dès une haute antiquité, partagé cette période en vingt-quatre parties, comptées, soit de midi, soit du coucher du soleil, soit de
minuit, soit du lever du soleil. Cette durée de 24 heures est le temps
qui sépare deux midis consécutifs. *C'est la durée du jour civil.*

Chacun a remarqué que le soleil se lève le matin à l'est, monte lentement dans le ciel, atteint sa plus grande élévation à midi, descend
lentement en continuant le même cercle oblique, et se couche le soir à
l'ouest. Si l'on a l'est à gauche et l'ouest à droite, on a le midi en face et
le nord derrière soi. Lorsque nous regardons le sud, nous avons donc
le pôle nord derrière nous. On appelle *méridien* un grand cercle de
la sphère céleste que l'on trace, par la pensée, en partant du nord,
passant juste au-dessus de nos têtes, et continué jusqu'au sud, cercle
vertical placé juste à égale distance de l'est et de l'ouest. Le soleil
traverse ce cercle à midi. Entre deux passages du soleil au méridien,
il y a 24 heures.

L'observation constante du ciel a montré que ce chiffre ne représente pas la vraie durée du mouvement de rotation de la Terre. En
effet, le soleil ne revient pas exactement tous les jours au même
instant au méridien : tantôt il est en retard, tantôt il est en avance. Si
l'on observe au contraire une étoile, on constate qu'elle se lève
comme le soleil, qu'elle se couche à l'ouest, et qu'elle passe au
méridien comme lui, mais avec une ponctualité absolue : à la seconde
même. Entre deux passages consécutifs d'une étoile au méridien, on
compte toujours 86 164 secondes, jamais une seconde de plus, jamais
une seconde de moins. Ces 86 164 secondes ne font pas 24 heures juste,
mais 23 heures 56 minutes 4 secondes. Telle est la *durée précise* et
constante *du mouvement de rotation de la Terre.*

La différence entre cette durée et celle du jour solaire s'explique
très facilement si l'on réfléchit à la manière dont la Terre tourne sur
elle-même et autour du Soleil. Considérons le globe terrestre à un
moment quelconque. Il tourne autour du Soleil (*fig.* 9) de la gauche
vers la droite, le long d'une orbite qu'il emploie une année à parcourir,
et tourne en même temps chaque jour sur lui-même dans le sens indiqué
par la flèche. A midi, le point A (position de gauche) est juste
devant le soleil. Lorsque la Terre aura accompli une rotation entière,
le lendemain, elle se sera transportée à la position de droite, et le

méridien A se retrouvera juste comme il était la veille. Mais la translation de la Terre vers la droite aura fait par perspective reculer le soleil
vers la gauche, et pour que le point A revienne de nouveau devant
le soleil, et qu'il soit de nouveau midi, il faut que la Terre continue de
tourner sur elle-même encore pendant 3 minutes 56 secondes ; et cela

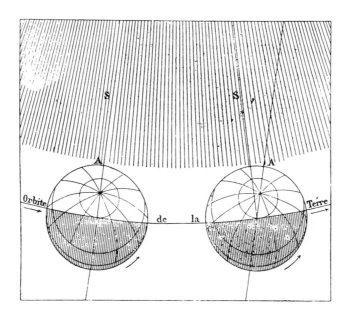

Fig. 9. — Différence entre la durée du jour et la durée de la rotation de la Terre.

tous les jours de l'année. C'est ce qui fait que le jour solaire ou civil est
plus long que la rotation diurne du globe, nommée aussi jour sidéral.
Il y a par an 365 jours solaires un quart ; mais il y a en réalité 366 rotations un quart, justement une de plus.

Remarquons encore ici que la vitesse de la Terre sur son orbite
tracée autour du Soleil n'est pas constamment la même : elle va plus
vite en hiver, moins vite en été ; il en résulte que la quantité dont il
faut que la Terre continue de tourner chaque jour pour compléter le
jour solaire varie d'une saison à l'autre, et qu'entre deux midis solaires
consécutifs il n'y a pas toujours 24 heures juste. Mais comme il serait
assez désagréable de faire subir aux horloges cette variation, et qu'il
est d'autant plus nécessaire de les régler une fois pour toutes qu'elles
ont plus de tendances à se déranger d'elles-mêmes, le temps civil est
réglé sur un soleil fictif moyen qui est censé passer tous les jours au
méridien à midi précis. *Une montre bien réglée ne doit pas marcher
avec le soleil*, car en réalité elle ne s'accorde que quatre fois par an

avec le cadran solaire. Il peut être intéressant pour un grand nombre de nos lecteurs de connaître la différence qui doit exister entre une montre bien réglée et le cadran solaire. Voici quelle heure la montre doit marquer à midi du soleil. Les heures sont calculées pour cette année 1879 ; mais la différence ne s'élève jamais qu'à quelques secondes.

Différence entre l'heure civile et l'heure du soleil. Heure que doit marquer une montre à midi du cadran solaire.

1er janvier.	midi 4 minutes		15 juillet	midi 5 minutes
15　—	— 10 —		26 —	— 6 —
1er février.	— 14 —		15 août.	— 4 —
11　—	— 14m 1/2		31 —	midi 0 —
1er mars.	— 12 minutes		15 septembre	11h 55 —
15　—	— 9 —		1er octobre.	11h 49 —
1er avril.	— 4 —		15　—	11h 46 —
15　—	midi 0 —		3 novembre.	11h 43 —
1er mai	11h57 minutes		16　—	11h 44 —
15　—	11h55 —		1er décembre. . . .	11h 49 —
1er juin.	11h57 —		15　—	11h 55 —
15　—	midi 0 —		25　—	midi 0 —
1er juillet.	— 3 —			

On voit qu'aux dates des 15 avril, 15 juin, 31 août et 25 décembre, le temps civil est le même que celui du cadran solaire ; tandis que le 11 février le second retarde de plus de 14 minutes sur le premier, le 15 mai avance de près de 5 minutes, le 26 juillet retarde de 6 minutes,

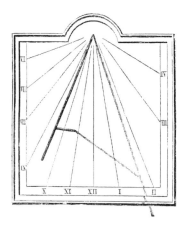

Fig. 10. — Cadran solaire sur un mur vertical.

Fig. 11. — Cadran solaire sur plaque horizontale

et le 3 novembre avance de 17 minutes. Le règlement des horloges publiques et des montres sur le temps moyen n'est pas très ancien : il a été fait après le premier Empire, en 1816. Cependant, dès le temps de Louis XIV, la communauté des horlogers de Paris avait pris pour armoirie une pendule avec cette orgueilleuse devise : *Solis mendaces arguit horas* : Elle prouve que les heures du soleil sont menteuses.

Tout le monde connaît les cadrans solaires, sur lesquels l'ombre d'une tige exposée au soleil indique approximativement l'heure solaire. Le plus ordinairement c'est sur la surface verticale d'un mur, exposé de manière à être éclairé par le soleil, que l'on reçoit l'ombre du style, et que l'on trace par conséquent les lignes horaires avec lesquelles cette ombre doit venir coïncider successivement. Mais on peut construire un cadran solaire sur une surface plane quelconque,

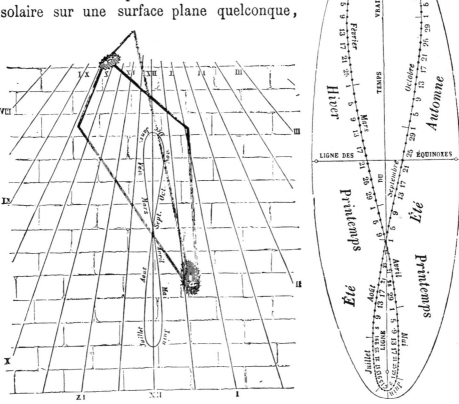

Fig. 12. — Cadran solaire avec la méridienne
du temps moyen.

Fig. 13. — Détails de la
méridienne.

verticale, horizontale, ou inclinée, et même sur une surface courbe, de telle forme et de telle position qu'on voudra. La seule condition qu'une surface doive remplir pour qu'on puisse y construire un cadran solaire, c'est qu'elle reçoive les rayons du soleil pendant une partie de la journée.

Les cadrans solaires, par leur nature, marquent nécessairement le temps solaire. Si l'on veut s'en servir pour mettre à l'heure une horloge qui doit marquer le temps moyen, il faut avoir recours à la table de l'équation du temps que nous avons donnée plus haut (p. 24).

Cependant, on est parvenu à donner aux cadrans solaires des dispositions telles qu'ils fournissent directement des indications relatives au temps moyen. La disposition la plus usitée consiste à tracer sur un cadran solaire fixe, à plaque percée, une ligne courbe, destinée à faire connaître, chaque jour, l'instant auquel il est midi moyen

Cette ligne courbe, que l'on nomme la *méridienne du temps moyen*, a la forme d'un 8 allongé, comme on le voit sur la *fig.* 12 et mieux encore sur la *fig.* 13.

Chaque jour, à l'instant de midi moyen, le petit espace éclairé *a* (*fig.* 12) doit se trouver sur la courbe; en sorte qu'en observant le moment où cet espace éclairé vient la traverser, on a le midi moyen, tout aussi facilement qu'on a le midi vrai en observant le moment où il traverse la ligne horaire de midi.

Pendant bien des siècles, on n'a eu pour mesurer le temps que des cadrans solaires et des horloges à eau ou clepsydres. L'eau, qui s'écoulait régulièrement d'un réservoir, arrivait dans un vase, où elle montait d'heure en heure. Un flotteur posé sur le liquide portait une figurine qu'il soulevait régulièrement et qui était chargée d'indiquer les heures (*fig.* 14). Les anciens astronomes de la Chine, de l'Asie, de la Chaldée et de la Grèce mesuraient ainsi les heures de la nuit, les passages des étoiles au méridien et la durée des éclipses.

Fig. 14. Ancienne clepsydre à eau.

Remarque assez curieuse, la rotation diurne de la Terre sur elle-même et sa révolution annuelle autour du Soleil sont deux faits absolument indépendants l'un de l'autre et qui n'ont pas entre eux de commune mesure. Il n'y a pas un nombre exact de jours dans l'année. Une révolution complète de notre globe autour de l'astre central s'accomplit, non pas en 365 jours exacts, ni en 366, mais en 365 jours et un quart. Il en résulte qu'on est obligé de faire tous les quatre ans une année de 366 jours, les trois autres étant de 365. Encore ce quart n'est-il pas exact lui-même. Il n'y a pas tout à fait un quart de jour à ajouter à 365 pour former l'année précise, de sorte que si pendant plusieurs siècles on conservait régulièrement une année bissextile sur quatre, on irait trop lentement et l'on serait bientôt sensiblement en retard sur la nature. C'est, du reste, ce qui est arrivé, et ce qui occasionna en 1582 la réforme du calendrier, décidée par le pape Grégoire XIII : cette année-là on dut ajouter dix jours accumulés depuis le temps de Jules César qui, dans le dernier siècle qui précéda l'ère chrétienne, avait ajouté un quart de jour à l'année admise jusqu'alors de 365 jours exactement, et fait une année bissextile sur quatre. Les astronomes du seizième siècle corrigèrent leurs prédécesseurs; le 5 octobre 1582 s'appela le 15 dans tous les pays catholiques, et l'on décida que, pour éviter le retour d'une pareille différence, on retrancherait trois années bissextiles séculaires sur quatre. Ainsi, les années 1700, 1800 et 1900, bissextiles selon l'ancien calendrier, ne le sont pas dans le nouveau, mais l'année 2000 le sera. Il y a des pays en retard, comme la Russie, qui, pour des motifs religieux et politiques, n'ont pas encore adopté cette réforme, et qui préfèrent être en désaccord avec la nature que d'accord avec le pape; ils ont laissé bissextiles les années 1700 et 1800, et sont actuellement en retard de douze jours. Dans vingt ans, ils seront en retard de treize jours, s'ils continuent de suivre le calendrier de Jules César. — La durée exacte de l'année est de 365 jours 5 heures 48 minutes 47 secondes : 365, 242.

Telle est la durée de « l'année tropique », c'est-à-dire de la révolution des saisons, qui constituent pour nous le fait principal du mouvement apparent du Soleil et le traduisent par ses effets dans les phénomènes de la nature. C'est là pour nous la véritable année, l'année météorologique, l'année civile. Mais ce n'est pas exactement la durée précise de la révolution de la Terre autour du Soleil. En vertu de la précession des équinoxes, dont nous avons déjà parlé dans le chapitre précédent, et que nous expliquerons bientôt en détail, lorsque la Terre revient au bout de l'année au point de l'équinoxe du printemps, elle est encore à une distance de plus de 20 minutes du point de l'espace où elle doit revenir pour avoir accompli une révolution complète autour du Soleil. La révolution astronomique de la Terre, ou son « année sidérale », est de 365 jours 6 heures 9 minutes 11 secondes : 365, 256.

La Terre tournant en cercle autour du Soleil (en réalité, c'est une ellipse qui se rapproche beaucoup du cercle), une telle figure n'a ni commencement ni fin, de sorte que la nature elle-même ne s'est pas chargée de marquer où l'année commence et où elle finit. D'ailleurs, en fait, l'année, comme le jour, ne commencent et ne finissent nulle part.

Du temps de Charlemagne, on commençait l'année à Noël en France et dans tous les pays soumis à la juridiction du grand empereur. Ce jour était doublement célèbre, comme fête de la naissance du Christ et comme jour du renouvellement de l'année; cette vieille coutume a laissé des traces impérissables dans les habitudes saxonnes, car aujourd'hui encore, chez les Allemands et chez les Anglais, le jour de Noël est fêté avec beaucoup plus d'éclat que le 1er janvier. Il eût été plus logique et plus agréable à la fois de clore l'année avec l'hiver et de la commencer avec le retour du soleil, c'est-à-dire de fixer ce renouvellement à l'équinoxe de printemps, à la date du 21 mars, ou de le laisser au 1er mars, tel qu'il était il y a deux mille ans. Loin de là, on a été justement choisir la saison la plus désagréable qu'on ait pu imaginer, et c'est au milieu du froid, de la pluie, de la neige et des frimas qu'on a placé la fête des souhaits de bonne année ! Il y a déjà plus de trois cents ans qu'on a pris cette habitude en France, car elle date d'un édit du triste roitelet Charles IX (1563). Elle n'a été adoptée en Angleterre qu'en l'an 1752, ce qui donna lieu à une véritable émeute; les dames se trouvaient vieillies, non-seulement de onze jours, mais encore de trois mois, puisque le millésime de l'année se trouva changé à dater du 1er janvier au lieu de l'être au 25 mars, et elles ne pardonnèrent pas cette surprise au promoteur de la réforme; les ouvriers, d'autre part, perdant en apparence un trimestre dans leur année, se révoltèrent avant de comprendre qu'il n'y avait là qu'une apparence, et le peuple poursuivit lord Chesterfield dans les rues de Londres aux cris répétés de : *Rendez-nous nos trois mois !* Mais des almanachs anglais de l'époque assurèrent que toute la nature était d'accord, et que « les chats eux-mêmes, qui avaient l'habitude de tomber sur leur nez au moment où l'année se renouvelle, avaient été vus se livrant au même exercice à la nouvelle date ». Les Napolitains avaient déjà affirmé d'autre part qu'en 1583, le sang de saint Janvier s'était liquéfié dix jours plus tôt, le 9 septembre au lieu du 19 ! Ces arguments superstitieux ou puérils valent ceux des Romains qui prétendaient tromper le Destin en appelant « deux fois sixième » *bis-sextus*, au lieu de septième, le jour intercalé en février tous les quatre ans. Par ce subterfuge, février n'avait toujours que 28 jours et l'on évitait un sacrilège et de grands malheurs publics. Ce jour supplémentaire étant ainsi caché entre deux autres, Dieu ne le voyait pas !

Non seulement cette fixation du commencement de l'année au

1er janvier est illogique et désagréable, mais elle ajoute encore aux irrégularités du calendrier en changeant le sens des dénominations des mois de l'année. L'année romaine commençait le 1er mars, et les douze mois étaient ainsi réglés :

1. Mars, dieu Mars.	7. September, septième.
2. Aprilis, Aphrodite (Vénus).	8. October, huitième.
3. Maïa, déesse Maïa.	9. November, neuvième.
4. Junius, déesse Junon.	10. December, dixième.
5. Quintilis, cinquième.	11. Januarius, dieu Janus.
6. Sextilis, sixième.	12. Februo, dieu des morts.

Le premier mois était consacré au dieu de la guerre, patron suprême des Romains, le dernier au souvenir des morts. Quintilis et Sextilis sont devenus Julius et Augustus, pour honorer la mémoire de Jules César et d'Auguste. Tibère, Néron et Commode essayèrent de se faire consacrer les mois suivants; mais, heureusement pour l'honneur des peuples, cette tentative ne réussit pas.

Aujourd'hui, le mois auquel nous avons conservé la dénomination du 7e mois de l'année, *septembre*, se trouve être le 9e mois; octobre (le 8e) se trouve être le 10e; novembre (le 9e) se trouve être le 11e, et décembre (le 10e) est devenu le 12e et dernier. Conçoit-on des désignations plus absurdes? Et tout cela pour avoir porté le commencement de l'année de mars, où le printemps commence, en janvier, où le temps est généralement le plus sombre et le plus triste du monde!

Ainsi les noms des mois n'ont rien de commun, ni avec le calendrier chrétien (puisqu'ils sont païens), ni avec leur propre origine (puisqu'ils sont transposés), et ils n'ont même pas le caractère climatologique de ceux du calendrier républicain de notre grande révolution de 89, si euphémiques et si heureusement imaginés. Comme ces noms répondaient bien aux tableaux de la nature! ils avaient la même terminaison pour les mois de chaque saison, et se rattachaient aux faits météorologiques ou agricoles annuels; vendémiaire correspondait aux vendanges, pluviôse au temps des pluies, frimaire à l'époque des frimas; germinal, floréal, prairial, semblaient des sylphes dansant au soleil joyeux du printemps; fructidor annonçait les fruits; messidor, les moissons. Voici du reste la correspondance de ces mois avec ceux du calendrier vulgaire :

Vendémiaire,	du 21 sept.	au 20 octobre.	Germinal,	du 20 mars au	18 avril.
Brumaire,	21 octob.	19 novemb.	Floréal,	19 avril	18 mai.
Frimaire,	20 nov.	19 décemb.	Prairial,	19 mai	18 juin.
Nivôse,	20 déc.	18 janvier.	Messidor,	19 juin	17 juillet.
Pluviôse,	19 janvier	17 février.	Thermidor,	18 juillet	16 août.
Ventôse,	18 février	19 mars.	Fructidor,	17 août	20 septemb.

Ces dates changent avec celles de l'équinoxe. Chaque mois avait
30 jours, et l'on ajoutait 5 ou 6 jours complémentaires suivant que
l'année était bissextile ou non. C'était là une complication d'autant plus
bizarre qu'on avait poussé la fantaisie jusqu'à désigner ces jours sous
le nom de *Sans-culottides !* (Il faut toujours qu'on tombe dans l'exagération.) Ajoutons aussi que ces dénominations, inspirées par nos
climats, ne correspondaient ni à l'hémisphère austral ni même à tout
notre hémisphère.

Il y a au surplus bien des personnes qui préféreraient que les années
ne fussent pas comptées du tout. Tel était, du moins, l'avis de ces
deux dames de la cour de Louis XV, qui avaient l'habitude de décider
ensemble la dernière semaine de chaque année « l'âge qu'elles devaient
avoir l'année suivante ».

Quoi qu'il en soit, on s'est habitué à commencer l'année au 1ᵉʳ janvier, et l'on s'adresse en cette circonstance les meilleurs compliments
de fin d'année. Si quelque habitant des autres mondes visitait notre
globe pendant le mois de janvier, pourrait-il jamais croire que la vie
est ici-bas considérée comme le premier des biens et la mort comme
une catastrophe redoutée? Il aurait beau lire dans Lamartine

> C'est encore un pas vers la tombe
> Où des ans aboutit le cours,
> Encore une feuille qui tombe
> De la couronne de nos jours !

à voir l'empressement avec lequel on se félicite réciproquement
d'être quitte d'une des années qu'on est forcé de vivre, l'observateur
extra-terrestre ne pourrait s'empêcher de conclure que tous les
hommes sont fort pressés d'arriver à la fin de leur tâche mortelle et
de se débarrasser d'un fardeau onéreux. A toutes les imperfections de
la nature humaine signalées par les moralistes, cet observateur
impartial ne manquerait pas d'ajouter l'inconséquence. Il est vrai qu'il
y en a bien d'autres de passées dans les mœurs et dans le langage. La
jeune fille la plus charmante et la plus belle ne s'humilie-t-elle pas
aujourd'hui jusqu'à offrir de l'or pour se faire accepter d'un fiancé qui
se respecte? et la dot n'est sans doute jamais suffisante encore,
puisque les deux familles réunies devant le notaire s'empressent d'y
ajouter *des espérances*, sous-entendant que le père et la mère ne tarderont pas à partir pour un autre monde!.. Voilà des habitudes qui
doivent être inconnues dans Vénus.

CHAPITRE III

Comment la Terre tourne autour du Soleil. Inclinaison de l'axe.
Saisons. Climats.

Nous venons d'étudier la rotation diurne du globe et ses effets, et déjà l'examen du nombre des jours de l'année nous a conduits à l'étude de la translation annuelle autour du Soleil. Continuons l'analyse de ces mouvements : c'est le fondement même de la connaissance géné rale de la nature.

La planète mobile sur laquelle se joue le jeu de nos destinées vogue dans l'espace en traçant sa route autour du Soleil illuminateur. Le jour succède à la nuit, le printemps à l'hiver ; l'enfant naît à la lumière, le vieillard s'endort dans la nuit du tombeau ; les fruits tombent des arbres ; les fleurs renaissent ; les générations humaines se suivent avec rapidité, les peuples se transforment, les siècles passent, et la Terre tourne toujours.

De la translation de notre planète autour du foyer de la chaleur et de la lumière résultent les climats et les saisons. Dans les régions tropicales un soleil ardent darde ses rayons verticalement au-dessus de la tête, et la terre baignée dans cette tiède température se revêt d'une exubérante végétation; tandis que dans les régions polaires le soleil oblique n'envoie qu'une faible chaleur et une pâle lumière, zones désolées où le voyageur n'a souvent pour soleil qu'un long crépuscule vaguement illuminé des rayons intermittents de l'aurore boréale.

L'orbite parcourue par notre globe dans son voyage de circum-navigation annuelle autour du Soleil n'est pas circulaire, mais elliptique, comme nous l'avons déjà remarqué plus haut. Chacun sait comment on trace une ellipse. Le procédé le plus simple est encore celui dont se servent les jardiniers. On plante deux piquets auxquels sont attachés les bouts d'une ficelle plus longue que la distance qu sépare les piquets. Puis on tend la ficelle à l'aide d'une pointe et l'on trace l'ellipse sur le terrain en suivant simplement la courbe produite par le mouvement. Plus les piquets sont rapprochés l'un de l'autre, plus l'ellipse se rapproche du cercle; plus ils sont séparés et plus la

courbe est allongée. Or, il se trouve que tous les corps célestes suivent dans leurs mouvements, non des cercles, mais des ellipses. Les

Fig. 15. — Paysage des régions polaires.

points représentés par les piquets se nomment les *foyers* de l'ellipse
(FF′ sur la *fig.* 17). Le centre est en O ; le diamètre AA′ s'appelle le

grand axe, et le diamètre BB′ le *petit axe*. (Retenir ces termes.) Si nous considérons l'orbite de la Terre autour du Soleil, nous consta-

Fig. 16. — Paysage des régions tropicales.

tons que le Soleil occupe l'un des foyers de l'ellipse suivie par notre globe dans son cours, et que l'autre foyer reste vide. Il en résulte que la distance de notre globe au Soleil varie durant tout le cours de l'année. C'est au 1er janvier qu'il passe à sa plus grande proximité et au 1er juillet à son plus grand éloignement. Le premier point se nomme le *périhélie* et le second l'*aphélie*. Les différences de distance sont les suivantes :

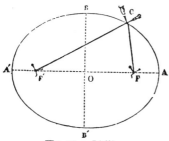

Fig. 17. — L'ellipse.

Distance périhélie. . . 145 700 000 kilomètres.
Distance moyenne. . . 148 250 000 —
Distance aphélie. . . . 151 800 000 —

On voit que la Terre est de 6 100 000 kilomètres plus proche du Soleil au 1er janvier qu'au 1er juillet. La différence de températurere entre l'hiver et l'été est causée, comme nous le verrons tout à l'heure, par l'inclinaison de l'axe de la Terre. En hiver, les rayons solaires glissent sur notre hémisphère en l'échauffant à peine, les jours sont courts et les nuits sont longues ; en été, au contraire, les rayons solaires arrivent plus perpendiculairement, les jours sont longs et les nuits rapides. Mais, tandis que notre hémisphère boréal est en hiver, l'hémisphère austral est en été, et réciproquement. Comme, en définitive, la différence de distance de la Terre au Soleil en janvier et en juillet est assez sensible, les étés de l'hémisphère austral sont plus chauds que les nôtres et ses hivers moins froids. Les dénominations d'hiver, d'été, de printemps et d'automne, s'appliquant inversement aux deux hémisphères terrestres, ne conviennent pas à la Terre entière. Au lieu de dire solstice d'hiver, solstice d'été, équinoxe de printemps, équinoxe d'automne, il est préférable de dire solstice de décembre, solstice de juin, équinoxe de mars, équinoxe de septembre : ces dénominations s'appliquent à la Terre entière, à l'Australie, à l'Amérique du Sud, à l'Afrique du Sud aussi bien qu'à l'Europe.

Nos lecteurs se rendront très facilement compte de la manière dont la Terre tourne autour du Soleil en examinant notre *fig.* 18. On voit au premier coup d'œil qu'elle garde toujours son axe de rotation dans la même direction absolue, toujours parallèle à lui-même, et que, comme il n'est pas droit, mais incliné, le pôle est pendant six mois éclairé par le soleil et pendant six mois non éclairé. Aux deux équinoxes, l'hémisphère illuminé passe juste par les deux pôles, de sorte que, comme on le voit, les vingt-quatre heures du jour sont partagées en deux moitiés égales sur tous les pays du globe. Mais, à mesure qu'on s'avance vers l'été, l'inclinaison de l'axe fait que la lumière solaire empiète de plus en plus au delà du pôle, de sorte que les pays du nord ont des journées de plus en plus longues, des nuits de plus et plus courtes. C'est le contraire si l'on examine les positions de la Terre pendant l'hiver. On voit, par exemple, que Paris (marqué sur le troisième cercle de latitude) arrive à n'avoir en décembre que **huit** heures de jour et reste seize heures dans la nuit. Plus on s'approche

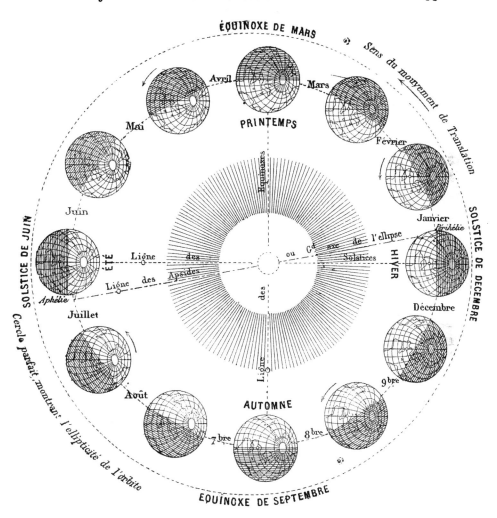

Fig. 13. — Mouvement annuel de la Terre autour du Soleil et production des saisons.

du pôle, plus la différence est grande, puisqu'au pôle même il y a six mois de jour et six mois de nuit.

Cette figure a été dessinée pour montrer ce mouvement annuel de la Terre autour du Soleil. Il a donc fallu donner une certaine importance au globe terrestre et n'indiquer pour ainsi dire le Soleil que par sa position, car, pour représenter cet astre dans la proportion du dessin, il eût fallu lui donner un diamètre de 1^m,84 et l'éloigner à 200 mètres !...

L'inclinaison de la Terre sur son axe produit donc une différence dans la durée du jour et de la nuit suivant la situation des pays que l'on habite. A l'équateur, on a constamment 12 heures de jour et 12 heures de nuit. Lorsqu'on arrive à une distance du pôle égale à l'inclinaison de l'axe, c'est-à-dire à 23 degrés 27 minutes du pôle, ou, ce qui est la même chose, à 66 degrés 33 minutes de latitude (il y a 90 degrés de latitude de l'équateur au pôle), le soleil ne se couche pas le jour du solstice d'été, mais glisse seulement à minuit au-dessus de l'horizon du nord, et, en revanche, il ne se lève pas le jour du solstice d'hiver. Depuis ces pays jusqu'au pôle, le soleil ne se couche pas ou ne se lève pas pendant un nombre de jours qui va toujours en grandissant jusqu'au pôle même, où l'on trouve six mois de jour et six mois de nuit. Voici une petite table de la durée des jours suivant les latitudes, 1° de l'équateur jusqu'au cercle polaire; 2° du cercle polaire jusqu'au pôle.

I

LATITUDE	DURÉE du jour le plus long		DURÉE du jour le plus court		LATITUDE	DURÉE du jour le plus long		DURÉE du jour le plus court	
	h.	m.	h.	m.		h.	m.	h.	m.
0°	12	0	12	0	40°	14	51	9	9
5°	12	17	11	43	45°	15	26	8	34
10°	12	35	11	25	50°	16	9	7	51
15°	12	53	11	7	55°	17	7	6	53
20°	13	13	10	47	60°	18	30	5	30
25°	13	34	10	26	65°	21	9	2	51
30°	13	56	10	4	66° 33'	24	0	0	0
35°	14	22	9	38					

II

LATITUDES BORÉALES	LE SOLEIL ne se couche pas pendant environ	LE SOLEIL ne se lève pas pendant environ
66° 33'	1 jour.	1 jour.
70°	65 —	60 —
75°	103 —	97 —
80°	134 —	127 —
85°	161 —	153 —
90°	186 —	179 —

La France est comprise entre le 42e et le 51e degré de latitude, et Paris est placé sur 48° 50'. La durée du jour le plus long y est de 15ʰ 58ᵐ, et celle du jour le plus court de 8ʰ 2ᵐ. Il faut ajouter à ce calcul géométrique l'influence de la réfraction atmosphérique, dont nous parlerons plus loin (*Ch.* VI), et qui relève les astres au-dessus de leur position réelle. Nous voyons le soleil se lever avant qu'il ne soit réellement élevé au-dessus de l'horizon, et il est déjà réellement couché quand nous le voyons encore. Il en résulte que le plus long jour, à Paris, est de 16ʰ 7ᵐ, et le plus court de 8ʰ 11ᵐ. L'illumination de l'atmosphère accroît encore la durée du jour par l'aurore et par le crépuscule. L'atmosphère reste illuminée tant que le soleil n'est pas descendu à 18 degrés au-dessous de l'horizon. Un fait assez curieux en résulte pour nous, c'est que le 21 juin, à Paris, le soleil descend obliquement au nord-ouest, après son coucher, pour reparaître au nord-est le lendemain matin, et qu'à minuit, lorsqu'il se trouve juste au nord, il n'est abaissé que de 17° 42′, de sorte que la nuit n'est pas complète à Paris au solstice d'été.

Cet effet s'accuse d'autant plus qu'on s'avance vers le nord. A Saint-Pétersbourg, le 21 juin, on voit encore assez clair à minuit pour écrire.

Il résulte du même effet de réfraction atmosphérique qu'il n'est pas nécessaire d'aller jusqu'au cercle polaire pour voir le soleil ne pas se coucher et raser l'horizon à minuit. Au 66ᵉ degré de latitude, en Suède et en Finlande, on jouit de ce spectacle, étrange pour nous : *le soleil de minuit*.

Les quatre petits tableaux esquissés à la *fig.* 19 indiquent la manière dont la répartition des jours et des nuits a lieu sous quatre latitudes différentes pendant toute la longueur de l'année. Il n'est pas nécessaire de dire que les ombres noires représentent la nuit, que le crépuscule est figuré par la demi-ombre, et que le blanc représente le jour. Les lignes verticales portent l'indication des douze mois marqués par leurs initiales, de sorte qu'il suffit de suivre la première ligne J pour comparer les mois de janvier dans les quatre situations géographiques que nous avons choisies.

On voit au premier coup d'œil que les jours et les nuits sont toujours de même durée sous l'équateur. La figure relative au pôle nord donne la disposition exactement opposée, six mois de nuit succédant à six mois de jour.

La durée du crépuscule va en augmentant à mesure que l'on s'approche des extrémités de l'axe du monde, de sorte que la grande nuit du pôle est bien moins longue qu'elle ne devrait être sans la réfraction de l'atmosphère, et bien moins triste qu'elle ne le serait sans les aurores boréales.

A partir du 67ᵉ degré de latitude, le soleil ne se lève plus au solstice d'hiver. Deux jours, trois jours, une semaine entière s'écoulent sans

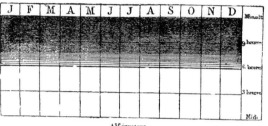

A l'équateur.

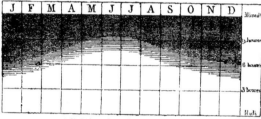

A Madrid, Naples, Philadelphie. Latitude : 40.

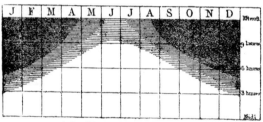

A Saint-Pétersbourg, Stockholm. Latitude : 60.

Aux pôles.

Fig. 19. — Durée du jour et de la nuit pour chaque mois de l'année

que son disque reparaisse au-dessus de l'horizon du sud à midi; seulement, une pâle lueur indique qu'il glisse au-dessous de l'horizon. Plus loin, il reste un mois, deux mois, sans paraître, et le monde demeure enseveli dans une nuit ténébreuse et glaciale, éclairée seulement par la lune ou par les lueurs intermittentes de l'aurore boréale. Plus de jour! la nuit permanente et se succédant à elle-même malgré l'heure des horloges solitaires. L'une des dernières expéditions faites pour la découverte du pôle nord, celle des navigateurs anglais Nares et Stephenson (29 mai 1875—2 novembre 1877), qui s'est avancée plus loin qu'aucune des précédentes, jusqu'à 82° 24′ de latitude, a subi 142 jours de privation solaire, près de cinq mois de nuit! Depuis le 6 novembre jusqu'au 5 février, la nuit

a été complète et obscure. Le 8 novembre déjà, l'obscurité était si complète à *midi*, qu'il était impossible de lire. Mais bientôt la lune vint apporter un reflet du soleil disparu, en tournant autour du pôle, sans jamais se reposer, pendant dix fois vingt-quatre heures. Le thermomètre descendit jusqu'à 58 degrés centigrades au-dessous de zéro!

Ces températures si basses ne sont jamais accompagnées de vent, autrement nulle créature humaine n'y résisterait. O solitudes glacées du pôle, déjà vous avez reçu des héros qui sont aujourd'hui couchés pour jamais dans votre morne linceul! La route du pôle est déjà marquée par des martyrs, mais ce n'est point là l'odieuse guerre de l'homme contre l'homme, c'est la conquête de la matière par l'esprit, la conquête de la nature par le génie.

L'effet produit par l'inclinaison de la Terre sur le mouvement apparent du soleil a fait partager le globe terrestre en cinq zones : 1° la zone tropicale, située de part et d'autre de l'équateur, jusqu'aux tropiques, à 23° 27′ de latitude, qui comprend tous les lieux de la Terre où l'on voit le soleil passer au zénith à certaines époques de l'année; 2° les zones tempérées, pour lesquelles le soleil n'arrive pas au zénith, mais se couche tous les jours; 3° les zones glaciales, ou calottes polaires tracées autour de chaque pôle à la latitude de 66°33′, pour lesquelles le soleil reste constamment au-dessus ou au-dessous de l'horizon, pendant plusieurs jours

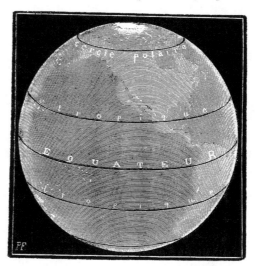

Fig. 20. — Division de la Terre en cinq zones.

de suite, à l'époque des solstices. Comme leur désignation l'indique d'ailleurs, la première est chaude, parce qu'elle reçoit les rayons du soleil presque perpendiculairement; les secondes sont tempérées, parce que les rayons solaires y sont reçus plus obliquement; les dernières sont vraiment glaciales, parce que les rayons solaires ne font pour ainsi dire que glisser à leur surface.

Les étendues de ces zones sont très inégales; la zone torride embrasse les 40 centièmes de la surface totale du sphéroïde terrestre; les deux zones tempérées les 52 centièmes, et les deux zones glaciales les 8 centièmes. Ainsi, les deux zones tempérées, les plus favorables à l'habitabilité humaine et au développement de la vie civilisée, forment plus de la moitié de l'étendue de la Terre; les zones glaciales, pour ainsi dire inhabitables, en forment une fraction très petite.

Revenons maintenant au mouvement de la Terre autour du Soleil.

L'attraction du Soleil diminuant d'intensité avec la distance, et le mouvement de translation de la Terre étant régi par cette attraction, l'énorme boulet qui nous emporte vogue plus lentement à l'aphélie qu'au périhélie, en juillet qu'en janvier. La longueur totale de l'immense courbe décrite chaque année par le globe est de 930 millions de kilomètres, ou 232 millions 500 mille lieues, cirque parcouru en 365 jours 6 heures, ce qui donne 106 000 kilomètres à l'heure, 1767 par minute ou 29 450 mètres par seconde, comme vitesse moyenne. Cette vitesse descend à 28 900 mètres au 1ᵉʳ juillet et s'élève à 30 000 au 1ᵉʳ janvier. Ainsi, en un jour, pendant qu'elle accomplit une rotation sur elle-même, la Terre se déplace dans le ciel de 200 fois son diamètre ! — Soixante-quinze fois plus rapide que celui d'un boulet de canon, ce *mouvement* est si prodigieux, que si la Terre était arrêtée brusquement dans sa marche, il se transmettrait par rétrogradation, pour ainsi dire, à toutes les molécules constitutives du globe terrestre, comme si chacune recevait un choc éblouissant, la Terre entière deviendrait instantanément lumineuse et brûlante, et *un immense incendie dévorerait le monde*. La Terre ne peut pas être arrêtée plus que le Soleil dans son cours; un pareil évènement serait non-seulement le plus grand de l'histoire, mais il ne serait même pas historique, puisqu'il ne resterait personne pour le raconter.

On a vu sur notre *fig.* 18 que la courbe suivie par la Terre du printemps à l'automne est un peu plus longue que la partie contraire parcourue de l'automne au printemps. Le printemps et l'été durent un peu plus longtemps que l'automne et l'hiver, d'autant plus que la Terre elle-même va moins vite sur son orbite en été qu'en hiver. Voici, du reste, la durée respective des saisons, à un dixième de jour près :

Printemps 92, 9
Été 93, 6
Automne 89, 7
Hiver 89, 0
                    Année 365 1/4

Les saisons astronomiques commencent aux équinoxes et aux solstices, c'est-à-dire les 20 mars, 21 juin, 22 septembre et 21 décembre, à un jour près, suivant les années. Géométriquement, ces dates devraient plutôt marquer le milieu des saisons, car à partir du 21 juin les jours commencent à diminuer, et à partir du 21 décembre ils commencent à augmenter. La température, au contraire, continue à s'accroître après le solstice de juin, par suite de l'accumulation de la chaleur de jour **en** jour, et elle diminue après le solstice de décembre pour la raison contraire. Le maximum annuel de la température se

Fig. 21. — Étoiles qui environnent le pôle nord et qui ne se couchent jamais pour la France.

montre vers le 15 juillet et le minimum vers le 12 janvier. De même, le maximum diurne arrive après midi, vers 2 heures, et le minimum vers 4 heures du matin.

L'axe de rotation de la Terre, prolongé par la pensée jusqu'à la voûte apparente du ciel, y marque le pôle, point autour duquel le ciel étoilé paraît tourner, en sens contraire du mouvement de rotation de la Terre. L'étoile la plus proche de ce point a reçu le nom d'étoile polaire. Toutes les étoiles tournent en apparence autour du pôle, en sens contraire du mouvement de rotation de la Terre : lorsqu'on regarde le pôle nord, ce mouvement diurne s'exécute en sens contraire de celui des aiguilles d'une montre. Toutes les étoiles dont la distance au pôle est inférieure à la hauteur du pôle au-dessus de l'horizon, ne se couchent jamais : elles glissent au-dessus de l'horizon septentrional et remontent ensuite par la droite du spectateur ou l'est. Nous avons tracé sur notre *fig.* 21 les principales de ces étoiles. Cette petite carte céleste nous sera de la plus grande utilité, d'abord pour nous montrer le mouvement du ciel étoilé autour du pôle, ensuite pour fixer tout de suite dans notre esprit les formes des constellations perpétuellement visibles pour nos latitudes. On a pris soin de ne dessiner que les étoiles principales, pour ne rien compliquer. Il est facile de s'identifier rapidement à ces constellations boréales : la Petite Ourse, tout près du pôle ; la Grande Ourse, composée surtout de sept étoiles remarquables, désignées aussi sous le nom de *Chariot*, toujours faciles à reconnaître ; le Dragon, formé d'une ligne sinueuse d'étoiles qui commence entre les deux Ourses ; Céphée, Cassiopée, Persée, la Girafe. Nous apprendrons plus loin à connaître ces constellations et toutes les autres ; mais il sera fort utile pour nos lecteurs d'essayer tout de suite de reconnaître ces étoiles dans le ciel et d'apprendre à les identifier par la pratique dès la première belle soirée ([1]).

Remarquons sur cette carte la place du pôle. Tout cet ensemble tourne en 24 heures dans le sens indiqué par les flèches. La position représentée est celle du ciel le 21 décembre à minuit, qui est la même que le 20 mars à 6 heures du soir, le 21 juin à midi et le 22 septembre

---

([1]) On a l'habitude de désigner les étoiles par les lettres de l'alphabet grec. Ceux d'entre nos lecteurs qui ne connaissent pas cet alphabet s'imaginent sans doute qu'il y a là une difficulté insurmontable. Il n'en est rien, fort heureusement. Cela peut s'apprendre très simplement. Voici ces lettres et leurs noms. Avec un peu d'attention, le premier venu lira en dix minutes les lettres des étoiles de la carte précédente.

α alpha.	η êta.	ν nu.	τ tau.
β bêta.	θ thêta.	ξ xi.	υ upsilon.
γ gamma.	ι iota.	ο omicron.	φ phi.
δ delta.	κ cappa.	π pi.	χ chi.
ε epsilon.	λ lambda.	ρ rhô.	ψ psi.
ζ zêta.	μ mu.	σ sigma.	ω ômega.

L'étoile la plus brillante de chaque constellation a reçu la première lettre, et a souvent un nom propre, comme *Sirius*, *Véga*, *Arcturus*, la *Chèvre* ou *Capella*, etc.

à 6 heures du matin. Si nous retournons la feuille le bas en haut, nous aurons l'aspect du ciel le 21 juin à minuit, le 22 septembre à 6 heures du soir, le 21 décembre à midi et le 20 mars à 6 heures du matin. Si nous plaçons le côté gauche de la page en bas, nous aurons l'aspect du ciel le 20 mars à minuit, le 21 juin à 6 heures du soir, le 22 septembre à midi et le 21 décembre à 6 heures du matin. Ce serait encore le contraire si nous regardions cette carte en plaçant en bas le côté droit de la page.

Chaque jour, d'heure en heure, l'aspect du ciel change. Ainsi, une heure après celle de la position dessinée sur cette carte, la Grande Ourse est un peu plus élevée, deux heures après plus encore, six heures plus tard elle plane au sommet du ciel; puis elle descend, et, si la nuit est assez longue, on peut la voir douze heures après occuper la partie du ciel diamétralement opposée à celle qu'elle occupait au commencement de l'observation. Elle peut ainsi facilement indiquer l'heure pendant la nuit. Comme on le voit, elle ne descend jamais au-dessous de l'horizon, ce que les anciens avaient déjà remarqué, et ce que chantèrent en particulier Homère chez les Grecs et Ovide chez les Latins.

Toutes les étoiles tournant en 23^h 56^m autour du pôle, en sens contraire du mouvement diurne du globe, passent une fois par jour par le méridien, c'est-à-dire par la ligne idéale tracée du nord au sud, partageant le ciel en deux parties égales. Venant toutes de l'est, les étoiles montent lentement dans le ciel, arrivent au point le plus haut de leur cours, et descendent vers l'ouest, comme le Soleil nous le montre chaque jour lui-même, du reste. L'instrument fondamental de tout observatoire est la *lunette méridienne*, ou *cercle méridien*, instrument ainsi nommé parce qu'il est fixé dans le plan du méridien, ne peut pas s'en écarter, tourne dans ce même plan pour pouvoir être dirigé à toutes les hauteurs possibles, et est destiné à constater le passage des astres au méridien (*fig. 22*). L'instant précis auquel s'effectue ce passage se détermine à l'aide de fils verticaux qui traversent le champ de la lunette et derrière lesquels l'étoile passe.

A cette lunette est adapté un cercle parfaitement vertical, qui sert à mesurer la hauteur des astres ou leur distance au pôle ou à l'équateur, pendant que la lunette sert à déterminer l'instant précis de leur passage au méridien. On peut dire que la lunette méridienne fait connaître la ligne verticale sur laquelle l'étoile se trouve, et que le cercle fait connaître la ligne horizontale, de telle sorte que la position exacte de l'astre à l'intersection des deux lignes indique sa position réelle sur la sphère céleste, comme la position d'une ville sur la Terre est déterminée par sa longitude et par sa latitude.

Ces instruments ne peuvent saisir les astres qu'au moment où ils passent au méridien, et ne peuvent pas être dirigés vers les autres points du ciel. Aussi le complément naturel de ces appareils, dans tous les observatoires, est-il un instrument monté de façon à être dirigé

Fig. 22. — Cercle méridien de l'Observatoire de Paris

vers toutes les régions de l'espace. Tel est celui que représente notre *fig.* 23. On le nomme équatorial, parce que le mouvement d'horlogerie qui lui est adapté le fait tourner comme la Terre dans un plan parallèle à l'équateur : que l'instrument soit pointé sur une étoile quelconque, et il suivra cette étoile de l'est à l'ouest dans son mouvement diurne. C'est comme si la Terre cessait de tourner pour l'astronome occupé à l'étude de l'étoile. Il y a à l'Observatoire de Paris

plusieurs instruments de cet ordre. Le plus grand mesure 38 centimètres de diamètre et 9 mètres de longueur (il m'a servi à prendre de
nombreuses mesures d'étoiles doubles dont il sera question plus tard);

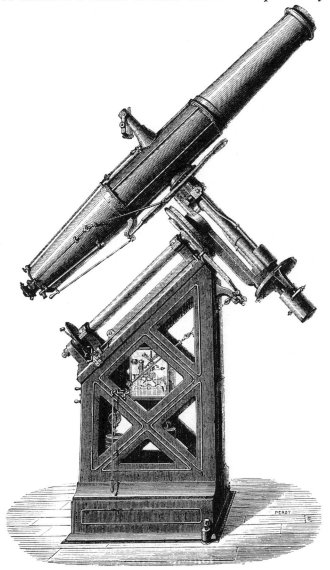

Fig. 23. — Un équatorial de l'Observatoire de Paris.

un autre a 32 centimètres de diamètre et 5 mètres de longueur ; deux
autres mesurent 24 centimètres et 3 mètres. Nous ne nous étendrons
pas davantage ici sur les instruments d'optique, auxquels nous con-
sacrerons une description spéciale à la fin de ce volume.

CHAPITRE IV

Les dix principaux mouvements de la Terre. — La précession des équinoxes.

Aussi mobile que la bulle irisée que le souffle de l'enfant gonfle à l'aide d'une simple goutte d'eau de savon et laisse envoler dans l'air aux rayons du joyeux soleil, le globe terrestre flotte dans l'espace, véritable jouet des forces cosmiques qui l'emportent tourbillonnant à travers les vastes cieux. Nous venons d'apprécier la vitesse de sa translation annuelle autour du Soleil et la forme de sa rotation diurne sur lui-même. Ces deux mouvements ne sont pas les seuls dont notre boule tournante soit animée. Nous avons déjà signalé sommairement

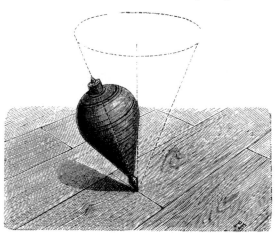

Fig. 24. — Image du déplacement de l'axe de la Terre par la précession des équinoxes.

les huit autres qui se surajoutent dans son balancement éternel. Il importe maintenant de les analyser plus en détail et de les bien comprendre.

Et d'abord l'axe autour duquel la rotation diurne s'effectue, et qui reste, comme nous l'avons vu, dirigé pendant toute l'année vers le même point du ciel, vers le pôle, n'a pas une fixité absolue. Il se déplace lentement, en décrivant un cône de 47 degrés d'ouverture, mouvement analogue à celui d'une toupie qui, tout en tournant rapidement sur elle-même, marche penchée sur son axe et trace dans l'espace un cône en forme d'entonnoir que l'on peut représenter géométriquement. Le pôle céleste étant le point où aboutit l'axe terrestre

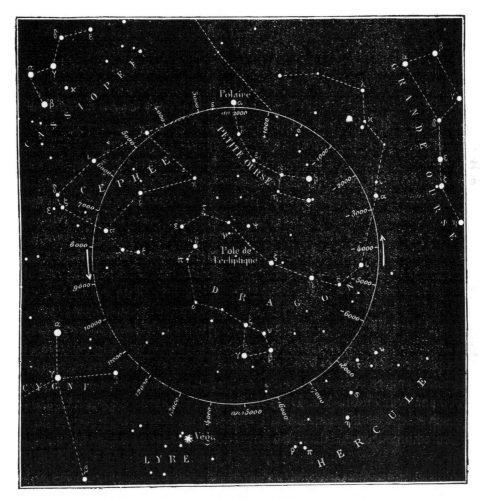

Fig. 25. — Déplacement séculaire du pôle, depuis 6000 ans avant notre ère jusqu'en l'an 18000.
Cycle de 25 765 ans.

supposé prolongé, il en résulte un déplacement séculaire de ce point parmi les étoiles. Ce n'est pas toujours la même étoile qui peut porter le nom d'*étoile polaire*. Actuellement, c'est l'étoile de l'extrémité de la queue de la Petite-Ourse qui est la plus proche du pôle et a reçu ce nom caractéristique. Elle va encore s'en rapprocher jusqu'en l'an 2105; mais ensuite le pôle s'éloignera d'elle pour n'y plus revenir

que dans 25 000 ans. La durée de ce mouvement de précession est de
25 765 ans.

On se rendra facilement compte de ce mouvement par la petite carte
céleste qui le représente. Cette carte (*fig.* 25) renferme un peu plus
d'étoiles que la première. (L'étudier avec soin.) Son but spécial est
de montrer la marche du pôle pendant toute la durée de la révolution dont nous parlons : nous avons indiqué les dates des positions
successives du pôle depuis l'an 6000 avant l'ère chrétienne jusqu'en
l'an 18000. On voit que, six mille ans avant notre ère, le pôle est passé
dans le voisinage de deux petites étoiles de 5ᵉ grandeur (¹) ; l'étoile brillante la plus proche était une étoile de 4ᵉ grandeur θ (thêta) du Dragon.
Vers l'an 4500, le pôle passa non loin d'une assez belle étoile de
3ᵉ grandeur : c'était l'étoile ι (iota) de la même constellation. Vers l'an
2700, une autre étoile du même éclat devint polaire, l'étoile α (alpha)
du Dragon, qui fut célèbre sous ce titre en Chine et en Egypte. Les
anciens astronomes chinois l'ont inscrite dans leurs annales du temps
de l'empereur Hoang-Ti, qui régnait l'an 2700 avant notre ère. Les
Egyptiens, qui ont élevé leurs grandes pyramides il y a « quarante
siècles », ont ouvert les galeries qui permettent de pénétrer dans l'intérieur, juste du côté du pôle nord et à 27 degrés d'inclinaison ; ce qui
est précisément la hauteur à laquelle s'élevait, pour la latitude de
Gizeh, l'étoile alors polaire alpha du Dragon dans son passage intérieur au méridien. Le pôle passa ensuite dans le voisinage de l'étoile
de 5ᵉ grandeur *i* du Dragon, puis entre β (bêta) de la Petite-Ourse et
x (cappa) du Dragon : c'était au temps de la sphère de Chiron, la plus
ancienne sphère connue, construite vers l'époque de la guerre de Troie,
1300 ans avant notre ère. On voit ensuite le pôle se rapprocher progressivement de la queue de la Petite-Ourse.

Au commencement de notre ère, aucune étoile brillante n'indiquait

---

(¹) On a, dès une haute antiquité, partagé en six grandeurs d'éclat les étoiles visibles à l'œil nu. Ces grandeurs ne représentent que *l'éclat apparent*, et non les
dimensions réelles des étoiles, qui dépendent à la fois de leur lumière et de leurs
distances. Les étoiles les plus brillantes forment la 1ʳᵉ grandeur ; viennent ensuite
la 2ᵉ, la 3ᵉ grandeur, etc.; les plus petites visibles à *l'œil nu* formant le 6ᵉ ordre. On
compte dans le ciel entier :

18 étoiles de 1ʳᵉ grandeur.		550 étoiles de 4ᵉ grandeur.		
59	— 2ᵉ —	1620	— 5ᵉ	—
182	— 3ᵉ —	et 4900	— 6ᵉ	—

Nous pénétrerons plus loin dans l'étude des étoiles et des constellations. Le lecteur
est invité à bien s'identifier d'abord avec les positions et les grandeurs des étoiles du
nord, représentées sur les deux cartes ci-dessus (*fig.* 21 et 25).

Le voyageur, errant sur les rives de la Seine, s'arrêtera sur un monceau de ruines, cherchant la place
où Paris aura, pendant tant de siècles, répandu sa lumière....

ASTRONOMIE POPULAIRE.

7

la place du pôle. Vers l'an 800, il passa tout près d'une petite étoile de la Girafe (étoile double qui porte les n°ˢ 4339 et 4342 du catalogue). Mais l'étoile polaire actuelle, de 2ᵉ grandeur, est en réalité l'une des plus brillantes de celles qui se trouvent sur le chemin du pôle, et elle jouit de son titre depuis plus de mille ans; elle pourra le conserver jusque vers l'an 3500, époque à laquelle on voit la trace du mouvement du pôle s'approcher d'une étoile de 3ᵉ grandeur : c'est γ (gamma) de Céphée. L'an 6000, il passera entre les deux étoiles de 3ᵉ grandeur β (bêta) et ι (iota) de la même constellation; l'an 7400, il s'approchera de α (alpha), du même éclat; l'an 10000, il donnera le titre de polaire à la belle étoile α (alpha) du Cygne, brillante de deuxième grandeur (presque de première), et l'an 13000 il s'approchera de la plus éclatante étoile de notre ciel boréal : *Véga*, de la Lyre, qui, pendant trois mille ans au moins, sera l'étoile polaire des générations futures, comme elle l'a été il y a dix et douze mille ans pour nos aïeux.

Pendant cette durée, les aspects de la sphère céleste se modifient avec le mouvement du pôle. Le ciel des différentes contrées se renouvelle. Il a quelques milliers d'années, par exemple, la Croix du Sud était visible en Europe; dans quelques milliers d'années, au contraire, l'étincelant Sirius aura disparu de notre ciel européen. Les constellations du ciel austral viennent se montrer à nous pendant quelques siècles, puis se dérobent à nos regards, tandis que nos étoiles boréales vont se montrer aux habitants du sud. La révolution de 257 siècles épuise tous les aspects.

Immense et lente révolution des cieux! que d'événements s'accomplissent sur notre globe pendant la durée d'une seule de ces périodes! La dernière fois que le pôle occupait la place qu'il occupe en ce moment, il y a 25 765 ans, aucune des nations actuelles n'existait, aucun des peuples qui se disputent aujourd'hui la suprématie de la planète n'était sorti du berceau de la nature; déjà sans doute il y avait des hommes sur la Terre, mais les réunions sociales qu'ils ont pu former n'ont laissé aucune trace du degré de civilisation auquel elles avaient pu parvenir, et il est bien probable que ces êtres incultes et sauvages étaient alors au milieu de ce primitif âge de pierre dont on a recueilli récemment tant de témoignages. Où serons-nous à notre tour lorsqu'après une nouvelle période d'égale durée le pôle sera revenu de nouveau vers sa position actuelle? Français, Anglais, Allemands, Italiens, Espagnols pourront se donner la main dans une commune obscurité. Aucune de nos nations contemporaines n'aura résisté à l'œuvre mordante du Temps. D'autres peuples, d'autres langues, d'autres religions auront depuis longtemps remplacé l'état actuel des choses. Un jour, le voyageur, errant sur les rives de la Seine, s'arrêtera sur un monceau de ruines, cherchant la place où Paris aura pendant tant de siècles répandu sa lumière ; peut-être éprouvera-t-il pour retrouver ces lieux autrefois célèbres, la même difficulté que l'antiquaire éprouve aujourd'hui à reconstituer la place de Thèbes et de Babylone. Notre dix-neuvième siècle sera, *dans l'antiquité*, bien plus enfoncé que ne le sont pour nous les siècles des Pharaons et des anciennes dynasties égyptiennes ! Une nouvelle race humaine, intellectuellement supérieure à la nôtre, aura conquis sa place au soleil, et peut-être serions-nous fort surpris, vous et moi, ô lecteur studieux ! ô lectrice rêveuse ! de nous rencontrer alors côte à côte, — squelettes blanchis et soigneusement étiquetés, — installés dans une vitrine de musée, par un naturaliste du deux cent soixante-seizième siècle, comme de curieux spécimens d'une ancienne race assez féroce, douée cependant déjà d'une certaine disposition pour l'étude des sciences... Vanités des vanités ! O bruyants ambitieux du jour, qui passez votre vie à vous affubler d'oripeaux, de titres dérisoires et de décorations multicolores, dites vous-mêmes ce que le philosophe doit penser de vos glorioles éphémères, lorsqu'il compare vos puérilités à l'œuvre majestueuse de la nature qui nous emporte tous dans la même destinée !...

Ainsi le ciel étoilé tout entier marche dans un mouvement d'ensemble qui le fait tourner lentement autour d'un axe aboutissant au pôle de l'écliptique. L'écliptique, c'est le chemin que le Soleil semble parcourir dans le ciel par son mouvement annuel autour de la Terre. Nous avons vu qu'en réalité c'est notre globe qui tourne autour de l'astre radieux. Par un effet de perspective qu'il est facile de s'expliquer, le Soleil paraît marcher en sens contraire et faire le tour du ciel en un an. C'est le tracé de ce mouvement apparent du Soleil qui s'appelle l'*écliptique*, dénomination causée par ce fait que les éclipses n'arrivent que lorsque la Lune se trouve, comme le Soleil, dans le plan de ce grand cercle de la sphère céleste. Le pôle de l'écliptique est le point central de ce grand cercle, sur la sphère, le point sur lequel on placerait la pointe d'un compas ouvert à angle droit pour tracer à 90 degrés de distance le cercle de l'écliptique.

Il résulte de ce mouvement général que les étoiles ne restent pas deux années de suite aux mêmes points du ciel, et qu'elles marchent toutes ensemble pour accomplir pendant cette longue période une révolution totale. Nous sommes obligés à chaque instant de retracer nos cartes célestes pour en faire en quelque sorte glisser le canevas sur les étoiles. Les cartes faites en l'année 1860, par exemple, ne conviennent plus pour 1880, et celles que nous dessinons en ce moment ne seront plus d'accord avec le ciel en l'année 1900. Il y a des formules mathématiques très précises pour calculer les effets de ce mouvement et pour déterminer les positions exactes des étoiles à une date quelconque du passé ou de l'avenir.

Ce mouvement n'appartient pas au ciel, pas plus que le mouvement diurne et que le mouvement annuel. C'est la Terre seule qui en est

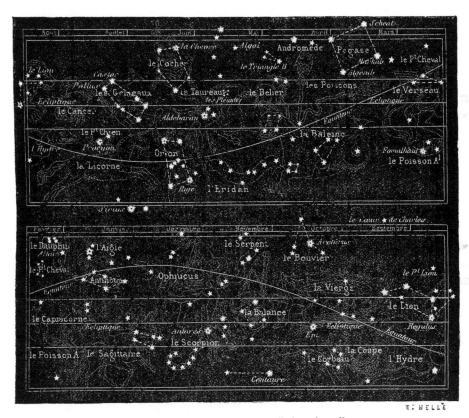

Fig. 27. — Principales étoiles et constellations du zodiaque.

animée, et c'est elle qui accomplit pendant cette longue période une rotation oblique sur elle-même, en sens contraire de son mouvement de rotation diurne. Ce mouvement est causé par l'attraction combinée du Soleil et de la Lune sur le renflement équatorial de la Terre. Si la Terre était parfaitement sphérique, ce mouvement rétrograde n'existerait pas. Mais elle est aplatie à ses pôles et renflée à son équateur. Les molécules de ce bourrelet équatorial retardent un peu le mouvement de rotation : l'action du Soleil et de la Lune les fait rétrograder, et elles entraînent dans ce mouvement le globe auquel elles sont adhérentes.

Voilà donc un *troisième* mouvement de la Terre, mouvement séculaire de la *précession des équinoxes*, ainsi nommé parce qu'il cause chaque année un avancement de l'équinoxe du printemps sur la révolution réelle de la Terre autour du Soleil. Les positions des étoiles sur la sphère céleste sont comptées à partir d'une ligne tracée du pôle au point de l'équateur coupé par l'écliptique au moment de l'équinoxe de printemps. Ce point avance chaque année de l'orient vers l'occident ; l'équinoxe a lieu successivement dans tous les points de l'équateur ; la vitesse moyenne est de 50 secondes d'arc par an. (Nous expliquerons plus loin ce qu'on entend par *degrés, minutes* et *secondes* d'arc.)

Les étoiles situées dans la région du ciel que le Soleil semble parcourir, en vertu de son mouvement propre annuel, furent partagées à une époque inconnue, mais qu'on sait être très ancienne, en douze groupes, qu'on appelle *constellations zodiacales*. Le premier, dans lequel le Soleil se trouvait il y a deux mille ans au moment de l'équinoxe, prit le nom de *Bélier* ; le deuxième, en marchant de l'occident vers l'orient, s'appela le *Taureau* ; le troisième groupe est celui des *Gémeaux* ; les trois suivants sont le *Cancer*, le *Lion* et la *Vierge* ; les six autres sont la *Balance*, le *Scorpion*, le *Sagittaire*, le *Capricorne*, le *Verseau* et les *Poissons*.

Le mouvement de précession est appelé mouvement rétrograde parce qu'il s'exécute de l'orient à l'occident, ou en sens contraire du mouvement annuel du Soleil, du mouvement mensuel de la Lune, et des mouvements propres de toutes les planètes.

L'équinoxe de printemps arrive actuellement dans la constellation des Poissons, vers la fin, et passera bientôt dans celle du Verseau. Nous avons esquissé (*fig.* 27) les figures des douze constellations zodiacales. La ligne de l'écliptique est la ligne médiane du zodiaque. L'équateur est incliné sur cette ligne, comme nous l'avons déjà remarqué en parlant du mouvement de rotation de la Terre. Les deux bandes, de six constellations chacune, placées l'une au-dessus de l'autre dans cette carte doivent être supposées se continuer mutuellement en juxtaposant les figures des extrémités, et arrondies en cylindre autour de l'œil de l'observateur. C'est la zone zodiacale de l'immense sphère céleste. On a inscrit au-dessus les mois de l'année pendant lesquels le Soleil passe successivement dans chacune des constellations.

Nous pouvons nous représenter la marche du Soleil équinoxial le long des constellations du zodiaque comme nous nous sommes représenté la marche séculaire du pôle parmi les étoiles du nord. Au commencement de notre ère, l'équinoxe arrivait aux premiers degrés du Bélier; 2150 ans auparavant, il coïncidait avec les premières étoiles du Taureau, qui était le signe équinoxial depuis l'an 4300 avant notre ère. C'est probablement pendant cette époque que les premiers contemplateurs du ciel ont formé les constellations zodiacales, car dans tous les anciens mythes religieux le Taureau est associé à l'œuvre féconde du Soleil sur les saisons et les produits de la terre, tandis que l'on ne trouve aucune trace d'une association analogue des Gémeaux. C'était déjà une légende il y a dix-huit siècles, lorsque Virgile salue le Taureau céleste ouvrant avec ses cornes d'or le cycle de l'année :

> Candidus auratis aperit quum cornibus annum
> Taurus, et averso cedens Canis occidit astro.

Les étoiles du Taureau, notamment les Pléiades, étaient pour les Egyptiens, pour les Chinois, et encore pour les premiers Grecs, les étoiles de l'équinoxe. Les annales de l'astronomie nous ont conservé une observation chinoise de l'étoile η (*éta*) des Pléiades, comme marquant l'équinoxe de printemps l'an 2357 avant notre ère.

Cet avancement séculaire de l'équinoxe n'est pas tout à fait uniforme et il en résulte que l'année tropique n'est pas absolument invariable. Ainsi, elle est maintenant plus courte de 11 secondes que du temps d'Hipparque et de 30 secondes que du temps où la ville de Thèbes, en Egypte, était la capitale du monde. Au commencement de ce siècle, elle était de 365 jours 5 heures 48 minutes 51 secondes. Elle diminue. Sa plus longue durée a eu lieu l'an 3040 avant notre ère; sa plus courte durée aura lieu en l'an 7600 avec 76 secondes de moins qu'en l'an 3040 avant J.-C. Un centenaire de nos jours a réellement vécu vingt minutes de moins qu'un centenaire du siècle d'Auguste, et une heure de moins qu'un centenaire de l'an 2500 avant notre ère.

Les anciens s'étaient figuré que l'état politique du globe était aussi périodique, et que ce qu'ils nommaient la grande année devait ramener sur la terre les mêmes peuples, les mêmes faits, la même histoire, comme dans le ciel la suite des siècles ramène les mêmes aspects des astres. On prend en général trente mille de nos ans pour cette grande année. Sans doute la période des équinoxes, que l'on croyait de cette durée, a donné naissance à cette fixation postérieure. Comme on admettait que les destinées humaines dépendaient des influences planétaires, il était naturel de croire que les mêmes configurations de ces astres devaient reproduire les mêmes événements. Mais, pour ramener les planètes à la même position relative, il ne suffirait pas de trente mille ans, à beaucoup près. Pour ramener la Lune, Saturne, Jupiter, Mars, Vénus et Mercure au même degré du zodiaque, il faudrait une révolution ou période de *deux cent cinquante mille siècles :* que serait-ce si nous ajoutions à ce calcul les planètes Uranus et Neptune, ainsi que les petites, invisibles à l'œil nu! Les astrologues croyaient qu'à la création du monde toutes les planètes étaient sur la même ligne. Il y a même de savants doctrinaires qui sont allés jusqu'à calculer le jour et l'heure de la création du premier homme. D'après un ouvrage que j'ai sous les yeux, cet événement, si intéressant pour nous tous, serait arrivé le 21 septembre de l'an... zéro, à 9 heures du matin!

Ces durées de périodes célestes dépassent l'idée ordinaire que l'homme se fait du temps quand il admire l'âge d'un centenaire. Ces événements sidéraux, qui ne se reproduisent qu'après des milliers de siècles et qui nous paraissent de très rares occurrences, sont au contraire pour l'éternité des phénomènes fréquents. Ces périodes de millions de siècles ne sont que les... secondes... de l'horloge éternelle.

Mon vieux maître et ami Babinet racontait sur cette grande année de trente mille ans, qui doit tout remettre dans le même état après cette période, une anecdote assez piquante.

Des étudiants d'une université d'Allemagne sont à table, faisant, à la fin d'une année d'études, un dîner d'adieu. On parle de la grande année, du plaisir que donne l'assurance de se retrouver tous à cette même place dans trente mille ans. L'hôte, qui tient le milieu du festin et qui veille au service, se pique de philosophie et prend part à la conversation. Il exprime sa profonde conviction de la vérité de ce qui vient d'être dit, et, au moment où on se lève de table, l'amphytrion salarié témoigne à ses convives le bonheur qu'il aura à les retrouver à la fin de la grande année. « Au revoir donc, messieurs! » Celui qui était chargé de payer s'adresse alors à l'hôte et lui demande de faire crédit jusqu'à la prochaine réunion. Celui-ci, fidèle à ses convictions, accepte, non sans un secret déplaisir. Déjà le payeur remettait la bourse dans sa poche, lorsque l'hôte, se ravisant, dit à ses convives : « Puisque nous serons comme aujourd'hui dans trente mille ans, nous étions déjà ainsi ensemble il y a trente mille ans? — Sans doute, s'écrie-t-on de toutes parts. — Eh bien, messieurs, alors, vous m'avez demandé crédit comme aujourd'hui. Payez-moi le dîner d'il y a trente mille ans, j'attendrai pour celui-ci. »

CHAPITRE V

Suite et fin des dix principaux mouvements de la Terre.

Nous arrivons maintenant à un *quatrième* mouvement de la Terre.

Nous avons vu que l'axe de notre planète est incliné de 23 degrés 27 minutes sur la perpendiculaire au plan dans lequel elle se meut autour du Soleil, et qu'on appelle le plan de l'écliptique. Nous tournons obliquement ; mais cette obliquité varie aussi de siècle en siècle. Onze

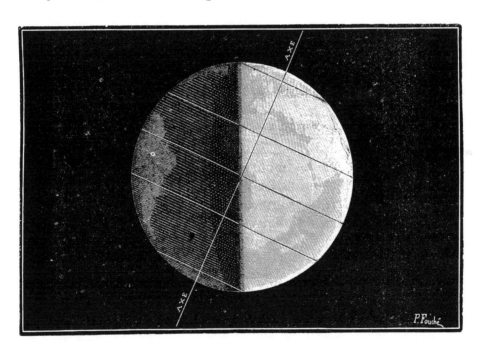

Fig. 28. — Inclinaison de l'axe du globe.

cents ans avant notre ère, elle a été mesurée par les astronomes chinois, et trouvée de 23 degrés 54 minutes (nous expliquerons bientôt la valeur de ces mesures). L'an 350 avant notre ère également, elle a été mesurée à Marseille par Pythéas et trouvée de 23 degrés 49 minutes. Toutes les mesures modernes confirment cette diminution, qui a été, comme on le voit, de 27 minutes depuis 2980 ans. Elle décroît actuellement en raison de 1 minute pour 125 ans. Si cette diminution était constante, elle serait de 60 minutes ou de 1 degré en 7500 ans, et dans 177 000 ans nous aurions le plaisir d'avoir le globe perpendiculaire, d'avoir vu les saisons s'atténuer et disparaitre, et de jouir d'un *printemps perpétuel.* C'est ce qu'ont rêvé de confiants utopistes.

Les anciennes traditions nous ont même conservé le souvenir idéal d'un *âge d'or* dont l'humanité aurait joui dès son berceau enchanteur. Alors, disait-on, la Terre féconde donnait ses trésors sans culture, alors tous les animaux étaient les humbles serviteurs de l'homme, alors les arbres étaient couverts de fruits savoureux, les fleurs toujours épanouies, l'air embaumé de parfums, le soleil toujours radieux, et jamais les tempêtes ni les frimas ne venaient troubler l'harmonie charmante de la création. On peut même lire dans le poëme si curieux de Milton sur le *Paradis perdu*, au chant dixième, l'histoire des conséquences de la faute d'Adam... ou d'Eve,.. entre autres l'arrivée d'anges robustes envoyés par l'Eternel, et « poussant avec force l'axe du globe pour l'incliner », de manière à nous donner, à nous, malheureux descendants de cet heureux couple, les saisons les plus désagréables et les plus rudes possible !...

La mécanique céleste montre que ce sont là des rêves. Il n'y a qu'un balancement léger de l'équateur sur l'écliptique, dont l'amplitude ne dépassera pas 1 degré 21 minutes. La diminution va se continuer encore quelque temps, puis elle s'arrêtera, et un mouvement contraire s'opèrera. Ce *quatrième* mouvement de la Terre se nomme la variation de l'*obliquité de l'écliptique.*

La diminution est actuellement de moins de la moitié d'une seconde par an. Voici l'état précis de l'obliquité de l'écliptique pour un intervalle de dix ans, à la date du 1ᵉʳ janvier de chaque année :

1875.	23° 27' 20"	1881. . . . . 23° 27' 17"
1876.	23° 27' 19"	1882. . . . . . . 23° 27' 17"
1877.	23° 27' 19"	1883. . . . . . . 23° 27' 16"
1878.	23° 27' 18"	1884. . . . . . . 23° 27' 16"
1879.	23' 27' 18"	1885. . . . . 23° 27' 15"
1880.	23° 27' 18"	

En 1800, cet élément était de . . . . 23° 27' 55"
En 1900, il sera de . . . . 23° 27' 9"

Pendant que l'axe idéal autour duquel la rotation diurne s'effectue tourne lentement dans l'espace de manière à parcourir en 25 765 ans le cycle de la précession des équinoxes, l'influence de la Lune fait décrire à cet axe un petit mouvement giratoire en vertu duquel le pôle dessine sur la sphère céleste une petite ellipse de 18 secondes de longueur sur 14 de largeur, dirigée vers le pôle de l'écliptique, et parcourue en dix-huit ans et demi. C'est là un mouvement pour ainsi dire microscopique. Mais il n'en est pas moins réel, et n'en affecte pas moins les positions apparentes de toutes les étoiles. Le résultat de ces deux mouvements, l'un sur un cercle tracé à 23 degrés et demi du pôle de l'écliptique (comme nous l'avons vu p. 47), l'autre sur une petite ellipse, glissant en quelque sorte le long du cercle précédent, est le tracé d'un anneau légèrement ondulatoire, au lieu du cercle régulier que nous avons tracé sur notre *fig.* 25. Cette *cinquième* altération dans le mouvement de notre planète a reçu le nom de *nutation* ; elle est due, comme la précession, au renflement équatorial du globe, sur lequel agit l'attraction de la Lune.

Ainsi, il se greffe sur la marche générale du pôle un mouvement de lacet, dont les fluctuations ne tombent pas en nombre exact dans une circonférence, et font par là que le pôle ne revient jamais rigoureusement à son point de départ. Il existe encore une autre différence : c'est que le rayon de la circonférence directrice varie lui-même incessamment, en sorte que la courbe ne se rejoint pas tout à fait, mais forme une spire qui, à l'époque actuelle, va en diminuant ; mais elle se dilatera plus tard de nouveau. Cette spire, qui s'ouvre et se ferme tour à tour, rappelle le mouvement du ressort spiral d'une montre. Voilà une nouvelle irrégularité dans le mouvement de la Terre ; elle est due à la variation de l'obliquité de l'écliptique, dont nous venons de parler.

Quelle prodigieuse légèreté ! Ce globe terrestre, qui nous paraît si lourd, se tient dans le vide en obéissant à la plus faible influence extérieure, et son cours, qui paraît à première vue grave et austère, est au contraire composé de balancements variés qui rappellent, comme nous le disions plus haut, les oscillations de la bulle de savon flottant dans l'air. On se souvient de cette irrévérencieuse boutade sur la légèreté des femmes, thème chéri du temps de la Régence : « Qu'y a-t-il de plus léger que la plume ? — La poussière... Que la poussière ? — Le vent... Que le vent ? — La femme... Que la femme ? — *Rien* ! »... Nous pourrions presque répondre : *la Terre* ; car, vraiment, elle est encore plus capricieuse en apparence que la plus aérienne fille d'Ève. Si nous ne connaissions pas les influences qui la font agir, nous la prendrions pour une personnalité qui, loin de vouloir obéir à la seule attraction de son légitime soleil, fait tout ce qu'elle peut pour s'en affranchir et pour varier sa route, — sans toutefois s'en écarter assez pour perdre les prérogatives attachées à sa position.

Mais ces irrégularités ne sont rien encore.

Nous avons vu (p. 35 et *fig.* 18) que l'orbite suivie par la Terre autour du Soleil n'est pas circulaire, mais elliptique. Eh bien ! cette figure de l'orbite terrestre n'est pas constante non plus : l'ellipse est tantôt plus et tantôt moins allongée. Actuellement, l'excentricité est de 168 dix-millièmes; il y a cent mille ans, elle était près de quatre fois plus forte : de 473 dix-millièmes; dans 24 000 ans, elle sera au contraire descendue à son minimum (33 dix-millièmes) et l'orbite terrestre sera presque un cercle parfait; puis elle augmentera de nouveau. Cette *variation de l'excentricité* peut être considérée comme un *sixième* mouvement affectant les allures de la Terre dans sa destinée séculaire. Dans 24 000 ans, il n'y aura pour ainsi dire plus de périhélie ni d'aphélie, puisque la planète sera presque à la même distance du Soleil dans le premier point que dans le second.

Un *septième* mouvement, causé par les influences générales des planètes, fait tourner le périhélie (le point de l'orbite le plus rapproché du Soleil) le long de cette orbite elle-même, de sorte que le grand axe de l'ellipse ne reste pas deux années de suite parallèle à lui-même. Quatre mille ans avant notre ère, la Terre arrivait au périhélie le 21 septembre, le jour de l'équinoxe d'automne. L'an 1250 de notre ère, elle y passait le jour du solstice d'hiver, le 21 décembre ; alors nos hivers, arrivant dans la section de l'ellipse la plus proche du Soleil, étaient les moins froids qu'ils puissent être, et nos étés, se trouvant dans la section de l'orbite la plus éloignée, étaient les moins chauds qu'ils puissent être. Comme la différence de distance entre le périhélie et l'aphélie est de plus d'un million de lieues, et celle de la chaleur reçue de un quinzième, cette variation doit avoir une influence réelle sur l'intensité des saisons. Le périhélie arrive aujourd'hui le 1er janvier. Nos hivers tendent à devenir plus froids, et nos étés plus chauds. C'est en l'an 11 900 que nos étés seront les plus chauds et nos hivers les plus froids possible. Mais on sait qu'il y a chaque année des causes locales de perturbations. Enfin, l'an 17000, le périhélie sera revenu au point où il se trouvait quatre mille ans avant Jésus-Christ, c'est-à-dire à l'équinoxe d'automne. Ce cycle est de 21 000 ans. — Plusieurs géologues ont pensé qu'à cette période correspondait un renouvellement des continents et une rénovation du globe; mais ce n'est là qu'une hypothèse.

A toutes ces complications il faut ajouter maintenant celle qui est produite par l'attraction des différentes planètes, suivant leurs situations relativement à la Terre. Tous les corps s'attirent, en raison directe de leur poids et en raison inverse du carré de leur distance.

(c'est-à-dire de leur distance multipliée par elle-même). Lorsque la Lune, par exemple, se trouve en avant de la Terre dans son cours, elle la tire en quelque sorte et la fait avancer un peu plus vite; lorsqu'elle est en arrière, elle la retient et la retarde. Les planètes Vénus et Jupiter nous influencent aussi d'une manière très sensible dans notre mouvement autour du Soleil, la première parce qu'elle est très proche, la seconde, malgré son éloignement, parce qu'elle est très puissante. Cette *huitième* irrégularité apportée aux mouvements de la Terre est connue et étudiée sous le nom de *perturbations*.

Lorsque toutes les planètes se trouvent ensemble d'un même côté du Soleil, elles attirent cet astre vers elles, et le déplacent du foyer géométrique, de sorte que son centre de gravité ne coïncide plus avec le centre de figure du globe solaire. Or, comme la Terre gravite annuellement autour du centre de gravité, et non autour du centre de figure, il y a encore là une complication nouvelle (une *neuvième*) apportée à la translation elliptique de notre planète autour du Soleil.

Voilà sans doute une série d'arguments un peu techniques et, je le crains, aussi dépourvus d'ornements que « le discours d'un académicien », comme eût dit Alfred de Musset. Je crains un peu de me trouver, dès ces premières pages de mon livre, dans la situation de l'austère académicien Berthoud, dont les démonstrations scientifiques sur l'horlogerie étaient savantes, mais, disons le mot, ennuyeuses. Pourvu que mes lecteurs n'imitent pas les auditeurs de Berthoud à l'Institut! Un jour, pendant que le savant horloger exposait sa théorie de l'échappement, un savant atrabilaire écrivit le quatrain que voici :

> Berthoud, quand de l'échappement
> Tu nous traces la théorie,
> Heureux qui peut adroitement
> S'échapper de l'Académie!

puis il passa le billet à son voisin et sortit. Son voisin, excédé comme lui, lut le papier et profita du conseil, en sorte que de proche en proche la désertion fut complète. Il ne resta que le lecteur avec le président et les secrétaires, que leur grandeur attachait à leurs fauteuils!

Quant à nous qui voulons apprendre à connaître l'état réel de l'univers, il était important de commencer par l'examen de la situation de la Terre et de ses mouvements dans l'espace. Les termes que l'on n'aura pas exactement compris seront expliqués dans les chapitres suivants, et aucune ombre ne devra rester dans l'esprit.

Mais nous n'en avons pas encore fini avec les mouvements de notre monde, et nous devons encore en expliquer ici un *dixième*, plus important et plus considérable que tous les précédents réunis, car il représente le véritable mouvement astral du Soleil, de la Terre, et de toutes les planètes dans l'infini.

Le Soleil n'est pas immobile dans l'espace. Il marche, et entraîne avec lui la Terre et tout le système planétaire. On a reconnu son mouvement par celui des étoiles. Lorsque nous volons en chemin de fer, avec la vitesse du nouveau pégase de la science moderne, à travers les campagnes diversifiées de champs, de prairies, de bois, de collines, de villages, nous voyons toutes les formes courir en sens contraire de notre mouvement. Eh bien! en observant attentivement les étoiles, nous observons un fait analogue dans les objets célestes. Les étoiles paraissent animées de mouvements qui les précipitent en apparence vers une certaine région du ciel, celle qui est derrière nous; de chaque côté de nous elles semblent fuir, et les constellations qui sont devant nous paraissent s'agrandir comme pour nous ouvrir un passage. Le calcul a montré que ces apparences de perspective sont causées par la translation du Soleil, de la Terre, et de toutes les planètes vers une région du ciel marquée par la constellation d'Hercule. Nous voguons vers cette région avec une vitesse au moins égale à celle de la Terre sur son orbite, c'est-à-dire qu'à part les 235 millions de lieues que nous parcourons par an dans notre révolution autour du Soleil, nous en faisons au moins autant en avançant dans l'espace. Nous arrivons des parages étoilés où scintille Sirius, et nous voguons vers ceux où brillent les astres de la Lyre et d'Hercule. Depuis qu'elle existe, la Terre n'est pas passée deux fois par le même sillage.

Par une belle nuit d'été, lorsque les beautés du ciel multiplient leurs yeux brillants sous la voûte obscure et silencieuse, cherchez parmi les constellations la brillante Véga de la Lyre, étoile de première grandeur qui scintille au bord de la voie lactée. Non loin de là, dans cette voie blanchâtre, le Cygne est étendu comme une croix immense; à l'opposé du Cygne, relativement à Véga, à une certaine distance se dessine la Couronne boréale, facile à reconnaître par sa forme, composée de six étoiles principales tressées en couronne.

Eh bien! entre Véga et la Couronne (voy. fig. 29), vous remarquerez un certain nombre d'étoiles de 3ᵉ et 4ᵉ grandeur. Elles appartiennent à la constellation d'Hercule : c'est là le point du ciel vers lequel nous sommes emportés dans la destinée universelle des mondes. Si ce transport se perpétue en ligne droite, nous aborderons dans quelques millions de siècles les plages éclairées par ces lointains soleils.

J'ai eu la curiosité de désirer me représenter cette chute dans l'infini.

Comme il n'y a ni haut ni bas dans l'univers, nous pouvons, pour
mieux sentir cette translation au milieu des étoiles, et pour l'orienter
relativement au plan général du système planétaire, prendre pour
point de comparaison l'écliptique. Toutes les planètes et les satellites
tournant autour du Soleil dans le zodiaque avec une faible inclinaison
sur l'écliptique, nous pouvons nous demander si le système solaire,
comparable à un disque lancé dans l'espace, voyage dans le sens de

Fig. 29. — Région du ciel vers laquelle nous voguons, dans le dixième mouvement de la Terre.

son étendue, dans son horizon, pourrions-nous dire, ou bien s'il
tombe à plat ou s'il glisse obliquement. On peut répondre sans doute
que du moment, que l'on tombe, peu importe de savoir si c'est à plat
ou de côté. Toutefois, le sujet n'en est pas moins intéressant. Si donc
nous prenons pour horizontale le plan de l'écliptique, et pour verticale
le pôle de l'écliptique, nous pouvons tracer la figure de notre chute
dans l'espace, — chute réelle, puisque c'est la pesanteur qui la produit.

Or, point fait un angle de 38 degrés avec le pôle de l'écliptique. La direction du mouvement du système solaire dans l'espace est représentée par la grande flèche droite (*fig.* 30); nous ne tombons pas à plat, ni dans le sens du disque planétaire, mais obliquement à travers le vide béant, comme le vautour qui décrit dans l'air ses immenses spirales, et nous courons à grande vitesse vers l'inaccessible abîme.

Telle est l'uranographie de la Terre : Rotation diurne sur son axe, — révolution annuelle autour du Soleil, — précession des équinoxes

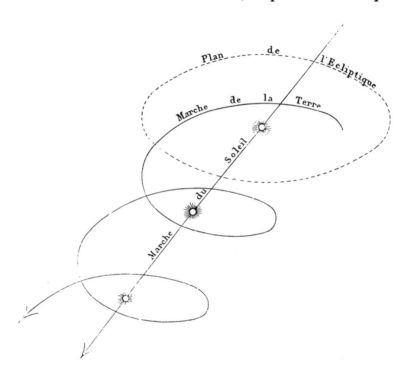

Fig. 30. — Chute en spirale de la Terre dans l'espace.

—nutation, — balancement de l'écliptique, — variation de l'excentricité, — déplacement du périhélie, — perturbations planétaires, — dérangement du centre de gravité du Soleil, — translation du système solaire, — actions sidérales inconnues, — font pirouetter notre petit globe, qui roule avec rapidité dans l'espace, perdu dans les myriades de mondes, de soleils et de systèmes dont l'immensité des cieux est peuplée. L'étude de la Terre vient de nous faire connaître le Ciel, et dans l'atome microscopique que nous habitons se sont révélées les vibrations de l'Infini! Ces notions constituent la base essentielle de l'astronomie moderne, et nous venons de faire le premier pas, le plus difficile, dans la connaissance exacte de l'univers.

CHAPITRE VI

La Terre, planète et monde.
Démonstration théorique et pratique des mouvements de notre globe.
La vie sur la Terre.

Le sage n'affirme rien qu'il ne prouve, dit un vieux proverbe. L'astronomie est la plus exacte des sciences. Toutes les vérités qu'elle enseigne sont absolument démontrées, et ne peuvent être contestées par aucun esprit qui s'est donné la peine (ou plutôt le plaisir) de s'instruire dans l'étude de cette science admirable.

Sans doute, il y a des démonstrations mathématiques d'un ordre transcendant qui ne peuvent pas être rendues populaires. Mais, fort heureusement pour le sentiment général, les preuves fondamentales de la situation de la Terre dans l'espace et de la nature de ses mouvements peuvent être exposées sous une forme accessible à tous et aussi facile à comprendre que les raisonnements vulgaires de la plus simple logique. Ç'est ce que nous allons faire dans les pages suivantes. Il importe avant tout de nous rendre exactement compte de la réalité, et de connaître notre patrie terrestre, comme planète et comme monde.

« Les astronomes auront beau faire, écrivait en 1815 un membre de l'Institut qui ne manquait pourtant pas d'esprit, Mercier, ils ne me feront jamais croire que je tourne comme un poulet à la broche ». L'opinion personnelle du spirituel auteur du *Tableau de Paris* n'empêchait certes pas la Terre de tourner, car, bon gré, malgré, nous tournons.

Je connais encore aujourd'hui bien des personnes, en apparence instruites, qui doutent du mouvement de la Terre, et qui, pour une raison ou pour une autre, s'imaginent que les astronomes peuvent se tromper, que le système de Copernic n'est pas mieux démontré que celui de Ptolémée, et que, dans l'avenir, la science pourra faire des progrès qui renverseront nos idées actuelles comme la science moderne a renversé les idées anciennes. A coup sûr, ces personnes-là ne se sont pas donné le plaisir d'étudier sérieusement la question. Il est donc intéressant à tous les points de vue de réunir en un même corps d'arguments les *preuves positives que nous avons des mouvements de la Terre.*

Je ne ferai pas à mes lecteurs l'injure d'insister sur les preuves de la sphéricité de la Terre. On a fait depuis trois cents ans le tour du monde à peu près dans tous les sens ; on a mesuré la grandeur et déterminé la forme de notre globe par des procédés bien connus ; les éléments même de la géographie sont universellement enseignés : personne ne peut douter que la Terre soit ronde comme une sphère.

La première difficulté qui empêche encore aujourd'hui certains esprits d'admettre que notre globe puisse être suspendu comme un ballon dans l'espace, et complètement isolé de toute espèce de point d'appui, provient d'une fausse notion de la pesanteur. L'histoire de l'astronomie ancienne nous montre une anxiété profonde chez les premiers observateurs, qui commençaient à concevoir la réalité de cet isolement, mais qui ne savaient pas comment empêcher de *tomber* ce globe si lourd sur lequel nous marchons. Les premiers Chaldéens avaient fait la Terre creuse, semblable à un bateau ; elle pouvait alors flotter sur l'abîme des airs. Les anciens Grecs l'avaient posée sur des piliers, et les Egyptiens sur le dos de quatre éléphants, comme nous l'avons déjà remarqué ; les éléphants étaient installés sur une tortue ; et la tortue nageait sur la mer... Quelques anciens voulaient aussi que la Terre reposât sur des tourillons placés aux deux pôles. D'autres pensaient qu'elle devait s'étendre indéfiniment au-dessous de nos pieds.

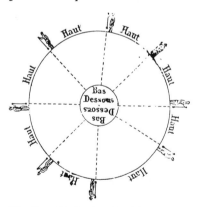

Fig. 31. — Tout autour du globe la pesanteur est dirigée vers le centre.

Tous ces systèmes étaient conçus sous l'impression d'une fausse idée de la pesanteur. Pour s'affranchir de cette antique illusion, il faut savoir que *la pesanteur n'est qu'un effet produit par l'attraction d'un centre.* Les objets situés tout autour du globe terrestre tendent vers un centre, et tout autour du globe, toutes les verticales sont dirigées vers ce centre. Le globe terrestre attire tout à lui, comme un aimant. La crainte que la Terre tombe est donc un non-sens : Où pourrait-elle tomber ? Il faudrait qu'un autre corps plus fort qu'elle l'attirât. Toutes les verticales sont dirigées vers le centre du globe. Si nous imaginons une série d'hommes debout tout autour de la Terre avec un fil à plomb à la main, tous ces fils à plomb, indiquant la pesanteur, seront dirigés vers le centre, qui est ainsi le *bas*, le *dessous*, tandis que toutes les têtes représentent le *haut*, le *dessus* (*fig.* 31). Lorsque nous considérons notre globe isolément dans l'espace, nous ne faisons là rien qui puisse donner prise à l'objection qui craint de le voir tomber on ne sait où. *Il n'y a ni haut ni bas dans l'univers.* Si la Terre existait toute seule, elle resterait éternellement au point où elle aurait été posée, sans pouvoir se déplacer en aucune façon.

Examinons maintenant la question du mouvement. Nous voyons tous les astres tourner autour de la Terre en vingt-quatre heures. Il n'y a que *deux* suppositions à faire pour expliquer le fait : ou bien ce sont eux qui tournent de l'est à l'ouest, ou bien c'est le globe terrestre qui tourne sur lui-même de l'ouest à l'est. Dans les deux cas, les apparences seront les mêmes pour nous, et absolument les mêmes, attendu que le déplacement des corps célestes qui ne participent pas au mouvement de la Terre est le seul indice de ce mouvement, notre navire éthéré n'ayant à heurter nul obstacle dans sa marche. Si, par exemple, un homme dans un bateau qui glisse au millieu du cours d'une rivière n'en était jamais sorti, était né dans ce bateau et avait reçu une éducation qui l'ait convaincu que les apparences sont réelles et que, comme il le voit, le rivage, les arbres, les collines marchent lentement de chaque côté de lui, cet homme aurait évidemment la plus grande peine à se désabuser de son opinion, et tous les raisonnements du monde ne le convaincraient pas immédiatement de son erreur. Il lui faudrait une certaine réflexion pour arriver à comprendre que les villages ne marchent pas.

Comment donc nous, les navigateurs du navire terrestre, pourrons-nous arriver à la certitude sur ce même point et savoir si c'est vraiment le ciel qui tourne autour de la Terre ou si c'est la Terre qui tourne sur elle-même?

Dans le premier cas, voici ce qu'il faudrait admettre. L'astre le plus proche de nous, la Lune, est à 96 000 lieues d'ici. Elle aurait donc à parcourir, en 24 heures, une circonférence de 192 000 lieues de diamètre, c'est-à-dire de 603 000 lieues de longueur. Il lui faudrait pour cela courir avec une vitesse de 25 125 lieues par heure, c'est-à-dire faire plus de 400 lieues par minute, 28 kilomètres par seconde.... La distance de la Lune n'est pas contestable : elle est plus exactement mesurée, par triangulation, que celle de Paris à Rome.... Mais ce n'est rien encore.

Le Soleil, à 37 millions de lieues d'ici, aurait à parcourir, dans le même intervalle de 24 heures, une circonférence de 232 millions de lieues autour de la Terre. Il lui faudrait pour cela voler avec une vitesse de 9 680 000 lieues à l'heure, c'est-à-dire 161 300 lieues par minute, ou 9000 kilomètres par seconde ! Du reste, il devrait ainsi parcourir en un jour le chemin que notre globe parcourt en un an. Et cet astre est 1 300 000 fois plus gros que la Terre ! L'invraisemblance logique d'une pareille hypothèse se sentira aussi bien que son impossibilité mécanique au seul aspect de notre *fig.* 32, que nous donnons ici en anticipation de nos études sur le Soleil, qui viendront plus loin, figure sur laquelle la grandeur du Soleil est tracée à une échelle exacte. Le diamètre de cet astre est 108 fois plus grand que celui de notre planète. Quant à sa distance, elle a été exactement déterminée par six procédés différents et indépendants l'un de l'autre. A l'aspect seul de cette proportion il est impossible au plus simple bon sens, de vouloir faire tourner le Soleil autour de la Terre. Comme le disait Cyrano de Bergerac, c'est comme si, pour faire rôtir une alouette, on la mettait à la broche, et, au lieu de tourner la broche, on voulait faire tourner, autour de l'alouette fixe, la cheminée, la cuisine, la maison et toute la ville.

Les planètes, dont les distances sont également déterminées avec une précision mathématique, participent au mouvement diurne. Elles seraient donc emportées dans l'espace avec une rapidit plus inconcevable encore. La dernière planète connue des anciens, Saturne, neuf fois et demie plus éloignée de nous que le Soleil, serait obligée, pour tourner en 24 heures autour de la Terre, de décrire une circonférence de 2 milliards de lieues de longueur et de brûler l'espace avec une rapidité de plus de 20 000 lieues par chaque seconde !

La planète extérieure de notre système, Neptune, aurait à parcourir 7 milliards de lieues en 24 heures; soit 292 millions de lieues à l'heure !

Et les étoiles ?... La plus proche de nous gît à 222 000 fois la distance de la Terre au Soleil, c'est-à-dire à 8 trillions 200 milliards de lieues d'ici. Cette distance n'est pas contestable, comme nous le verrons plus loin. Pour tourner autour de la Terre en 24 heures, cette étoile devrait donc parcourir, dans ce même intervalle de temps, une circonférence mesurant 52 trillions de lieues de longueur ; sa vitesse devrait être, pour cela, de 2250 milliards de lieues par heure, 37 500 millions par minute, ou en définitive 625 *millions de lieues par seconde !!...*

Et c'est l'étoile la plus voisine de nous.

Sirius, situé sept fois plus loin, devrait accomplir son indescriptible circonférence autour de nous avec une rapidité de quatre mille millions de lieues par seconde! La Chèvre, située à 170 trillions de lieues d'ici, devrait courir dans l'espace avec une vitesse constante de près

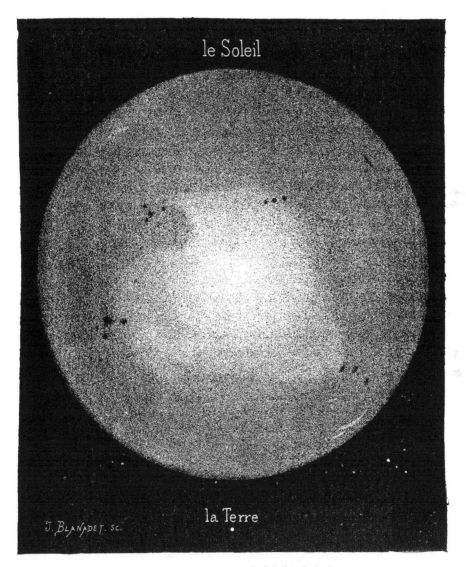

Fig. 32. — Grandeur comparée du Soleil et de la Terre.

de quatorze millards de lieues par seconde!!!.. etc., etc. Et ce sont là les étoiles les plus proches. Et toutes les autres sont incomparablement plus éloignées, situées à toutes les distances imaginables. Et il y en a jusqu'à l'infini!

Ainsi voilà les deux hypothèses : ou bien obliger tout l'univers à tourner autour de nous chaque jour, ou bien supposer notre globe animé d'un mouvement de rotation sur lui-même, et éviter à l'univers entier cet incompréhensible travail.

Quand on voit l'étendue des cieux peuplée de millions et de millions d'étoiles éloignées aux distances les plus prodigieuses, quand on réfléchit à la petitesse de la Terre, en comparaison de toutes ces énormes distances, il devient impossible de concevoir que tout cela puisse tourner à la fois d'un mouvement commun, régulier et constant, en 24 heures de temps, autour d'un atome tel que la Terre. Non seulement le mouvement diurne de tous les astres en 24 heures autour de nous est une chose peu vraisemblable, mais on peut ajouter qu'il est absurde, et qu'il faut être aveugle pour pouvoir se prêter à une pareille idée. Maintenant, toutes les planètes qui sont à des distances si différentes, et dont les mouvements propres sont si différents les uns des autres, toutes ces comètes, qui semblent n'avoir presque aucune ressemblance avec les autres corps célestes, ajoutent encore à la difficulté. Tous ces corps, qui sont indépendants l'un de l'autre, et à des distances que l'imagination a peine à concevoir, se réuniraient donc pour tourner chaque jour tous ensemble, et comme tout d'une pièce, autour d'un axe ou essieu, lequel même change de place? Cette égalité dans le mouvement de tant de corps, si inégaux d'ailleurs à tous égards, devait seule indiquer aux philosophes qu'il n'y avait rien de réel dans ces mouvements ; et, quand on y réfléchit, elle prouve la rotation de la Terre d'une manière qui ne laisse plus le moindre doute et à laquelle il n'y a point de réplique.

Ajoutons à cela que ces astres sont des millions et des millions de fois plus gros que la Terre ; qu'ils ne sont réunis entre eux par aucun lien solide qui puisse les attacher à un mouvement des voûtes célestes ; qu'ils sont tous situés aux distances les plus diverses ; et cette effrayante complication du système des cieux témoignera par elle-même de sa non-existence et de son impossibilité mécanique.

On évite toutes ces absurdités en admettant que le petit globe sur lequel nous sommes fasse simplement un tour sur lui-même, en 24 heures. A défaut de démonstrations directes, qui ne manquent pas, d'ailleurs, comme on va le voir, le simple bon sens résout la question. En tournant sur elle-même, la Terre fait simplement parcourir à sa circonférence équatoriale 10 000 lieues en 24 heures, soit 465 mètres par seconde pour une ville située sur l'équateur, 305 pour Paris, et de moins en moins à mesure qu'on approche du pôle et que le cercle à parcourir est plus petit.

D'autre part encore, l'analogie est venue confirmer directement l'hypothèse du mouvement de la Terre et changer en certitude sa haute vraisemblance. Le télescope a montré dans les planètes des terres analogues à la nôtre, mues elles-mêmes par un mouvement de rotation autour de leur axe, mouvement de rotation de vingt-quatre heures pour les planètes voisines, et d'une durée moindre encore pour les mondes lointains de notre système. Le Soleil tourne sur lui-même en 25 jours, Vénus et Mars en 24 heures, Jupiter en 10 heures, etc. Ainsi la simplicité et l'analogie sont en faveur du mouvement de la Terre. Ajoutons maintenant que ce mouvement est rigoureusement voulu et déterminé par toutes les lois de la mécanique céleste.

L'une des plus grandes difficultés opposées contre ce mouvement était celle-ci : si la Terre tourne sous nos pieds, en nous élevant dans l'espace et en trouvant le moyen de nous y soutenir quelques secondes ou davantage, nous devrions tomber, après ce laps de temps, en un point plus occidental que le point de départ. Celui, par exemple, qui, à l'équateur, trouverait le moyen de se soutenir immobile dans l'atmosphère pendant une demi-minute, devrait retomber trois lieues à l'occident du lieu d'où il serait parti. — Ce serait une excellente façon de voyager, et Cyrano de Bergerac prétendait l'avoir employée, lorsque, s'étant élevé dans les airs par un ballon de sa façon, il était tombé, quelques heures après son départ, au Canada au lieu de descendre en France. — Quelques sentimentalistes, Buchanan entre autres, ont donné à l'objection une forme plus tendre, en disant que si la Terre tournait, la tourterelle n'oserait plus s'éloigner de son nid, car bientôt elle perdrait inévitablement de vue ses jeunes tourtereaux. Le lecteur a déjà répondu à cette objection en réfléchissant que tout ce qui appartient à la Terre participe, comme nous l'avons dit, à son mouvement de rotation, et que jusqu'aux dernières limites de l'atmosphère notre globe entraîne tout dans son cours.

Lorsqu'on joue aux boules ou au billard dans un navire emporté sur le miroir de l'onde par un mouvement rapide, le choc des corps s'y fait avec la même force dans un sens que dans l'autre, et, lorsqu'on jette une pierre du haut du mât d'un navire en mouvement, elle tombe directement au pied des mât, comme lorsque le navire est en repos. Le mouvement du vaisseau est communiqué au mât, à la pierre et à tout ce qui existe sur cette demeure flottante : il n'y a que la résistance de la plaine liquide fendue par le navire qui permette aux passagers de constater le mouvement. Il en est de même en chemin de fer et en ballon ; mais comme la Terre ne rencontre aucun obstacle étranger, il n'y a absolument rien dans la nature qui puisse, par sa résistance, par son mouvement ou par son choc, nous faire apercevoir le mouvement de la Terre. Ce mouvement est commun à tous les corps terrestres; ils ont beau s'élever en l'air, ils ont reçu d'avance l'impression du mouvement de notre globe, sa direction et sa vitesse; et lors même qu'ils sont au plus haut de l'atmosphère, ils continuent à se mouvoir comme la Terre ([¹]).

On vérifie la même loi en ballon. Je me souviens, entre autres, qu'un jour, passant au-dessus de la ville d'Orléans, j'avais pris soin d'écrire une dépêche à l'adresse du principal journal de cette ville, et j'avais attendu que nous fussions arrivés au-dessus d'une promenade pour la laisser tomber, en lui donnant une pierre pour contrepoids. Quelle ne fut pas ma surprise en voyant cette pierre rester, tout en descendant, suspendue au-dessous du ballon, comme si elle eût glissé le long d'un fil! L'aérostat filait assez vite. Au lieu de tomber sur la place que j'avais choisie, et même sur la ville, la dépêche, suivant une diagonale, alla se noyer dans la Loire. Je n'avais pas réfléchi à l'une des plus vieilles questions de mon baccalauréat : l'indépendance des mouvements simultanés. Fort heureusement, le ballon, après avoir traversé la Loire, se trouva, par la condensation du soir, descendu assez proche de terre pour nous permettre de hêler un habitant de la ville qui suivait la route d'Orléans et rentrait tranquillement chez lui, assis sur un cabriolet qui avançait au petit trot. C'était à la tombée de la nuit, et l'angélus s'envolait des cloches des villages. Le plus étonné, ce fut encore le voyageur, en s'entendant appeler du haut du ciel. Il ne parut d'abord en croire ni ses oreilles ni ses yeux. Mais le cheval s'était arrêté net, et nous eûmes le temps suffisant de signaler notre passage, qui le lendemain matin était publié par les journaux.

([¹]) On a construit, au siècle dernier, un petit appareil, la machine de Steiz, qui rend visible cette composition du mouvement. Un petit chariot, mû par un ressort, roule sur le parquet d'une salle; une balle, placée au fond d'une cuvette, est au-dessus d'un ressort; une détente fait partir le ressort et jette la balle en l'air pendant que le chariot avance avec rapidité; la balle s'élève, et retombe ensuite, et quoique le chariot ait avancé, elle retombe dans la même cuvette ou coquille, comme si cette coquille était restée à la même place; on distingue très bien que la balle, au lieu de s'élever perpendiculairement, et de descendre verticalement, a décrit deux lignes obliques courbes, deux branches de parabole, une en s'élevant, l'autre en retombant sur le chariot, et qu'elle l'a accompagné dans sa course. Ainsi le mouvement de la balle est évidemment composé de deux mouvements, celui que le chariot avait communiqué horizontalement à la balle, et celui que le ressort lui a donné de bas en haut; la balle décrit la diagonale de ces deux directions.

L'écuyère du cirque emportée par un cheval rapide expérimente le même fait : lorsqu'elle s'élance au-dessus de son pégase, il continue de courir, et elle retombe lirectement sur sa selle comme si le cheval était resté immobile.

Démonstration pratique du mouvement de rotation de la Terre, faite par Foucault, au Panthéon

Un boulet de canon qui serait lancé perpendiculairement vers le zénith retomberait dans le canon, quoique, pendant le temps que le boulet était en l'air, le canon ait avancé vers l'orient avec la Terre de plusieurs kilomètres. La raison en est évidente : ce boulet, en s'élevant en l'air, n'a rien perdu de la vitesse que le mouvement du globe lui a communiquée ; ces deux impressions ne sont point contraires ; il peut faire un kilomètre vers le haut pendant qu'il en fait six vers l'orient ; son mouvement dans l'espace est la diagonale d'un parallélogramme, dont un côté a 1 kilomètre et l'autre 6 ; il retombera par sa pesanteur naturelle, en suivant une autre diagonale (courbe à cause de l'accélération), et il retrouvera le canon, qui n'a point cessé d'être situé, aussi bien que le boulet, sur la ligne qui va du centre de la Terre jusqu'au sommet de la ligne où il a été lancé.

Cette expérience serait fort difficile à réussir à cause de la difficulté d'avoir un canon bien calibré et bien vertical. Mersenne et Petit l'ont essayée au dix-septième siècle, et ils ne retrouvèrent pas leur boulet. Varignon, dans ses « Conjectures sur la cause de la pesanteur », a donné à ce propos en frontispice une vignette que nous reproduisons ici. On y voit deux personnages, un militaire et un religieux, auprès d'un canon braqué vers le zénith ; ils regardent en l'air comme pour

Fig. 34. — Expérience du boulet de canon, faite au xvii siècle.

suivre le boulet qui vient d'être lancé. Sur la gravure même, on lit ces mots « Retombera-t-il ? » Le religieux est le père Mersenne, et son compagnon est M. Petit, intendant des fortifications. Ils ont répété plusieurs fois cette dangereuse expérience, et comme ils ne furent pas assez adroits pour faire retomber le boulet sur leur tête, ils crurent pouvoir en conclure qu'il était resté en l'air, où sans doute il demeurerait longtemps. Varignon ne conteste pas le fait, mais il s'en étonne : « Un boulet suspendu au-dessus de nos têtes ! en vérité, dit-il,

cela doit surprendre. » Les deux expérimentateurs, s'il est permis de
les nommer ainsi, firent part à Descartes de leurs essais et du résultat
obtenu. Descartes ne vit dans le fait supposé exact qu'une confirmation de ses subtiles rêveries sur la pesanteur. On a refait l'expérience
à Strasbourg, et l'on a retrouvé le boulet à plusieurs centaines de
mètres. C'est que le canon n'était pas rigoureusement vertical. En
fait, le boulet devrait retomber près de la bouche à feu, un peu à l'est,
à cause de la force centrifuge.

L'observation directe de divers phénomènes a encore confirmé la
théorie du mouvement de la Terre par des preuves irrécusables.

Si le globe tourne, il développe une certaine force centrifuge ; cette
force sera nulle aux pôles, aura son maximum à l'équateur, et sera
d'autant plus grande que l'objet auquel elle s'applique sera lui-même
à une distance plus grande de l'axe de rotation. Eh bien ! précisément,
la Terre est renflée à l'équateur et aplatie aux pôles, et l'on constate
que les objets perdent à l'équateur un 289e de leur poids, à cause de
la force centrifuge.

Les oscillations du pendule appuient encore le fait précédent. Un
pendule de 1 *mètre* de longueur qui, à Paris, fait dans le vide 86 137
oscillations en 24 heures, transporté aux pôles, en ferait 86 242, et, à
l'équateur, n'en exécute plus, dans le même temps, que 86 017.

La longueur du pendule à secondes est, à Paris, de 994 millimètres.
A l'équateur, elle n'est que de 991^{mm}

Une pierre qui tombe d'un cinquième étage à Paris parcourt 4^m, 90
dans la première seconde de chute. Au pôle, où il n'y a aucune force
centrifuge, la chute est un peu plus rapide : 4^m, 92. A l'équateur, elle
tombe en raison de 4^m, 89, avec une vitesse de 3 centimètres inférieure à celle dont elle est affectée aux pôles. La forme de la Terre,
qui est aplatie aux pôles, entre pour une part dans cette différence ;
la force centrifuge pour une autre part.

Une remarque curieuse à faire ici, c'est qu'à l'équateur cette force
est de $\frac{1}{289}$ de la pesanteur. Or, comme la pesanteur croît proportionnellement au carré de la vitesse de rotation, et que 289 est le carré
de 17 (17 multiplié par 17 = 289), si la Terre tournait 17 fois plus
vite, les corps placés à l'équateur *ne pèseraient plus rien.*

Comme la force centrifuge est d'autant plus grande que l'on est
plus éloigné du centre de la Terre, une pierre posée à la surface du
sol est animée vers l'est d'une vitesse un peu plus grande qu'une
pierre du fond d'un puits. Or l'excès de cette vitesse ne pouvant pas
être anéanti, si on laisse tomber une petite boule de plomb dans un

puits, elle ne descend pas juste suivant la verticale, mais s'en écarte un peu vers l'est. La déviation dépend de la profondeur du puits ; elle est, à l'équateur, de 33 millimètres pour 100 mètres de profondeur. Dans les puits de mine de Freiberg (Saxe), on a constaté une déviation orientale de 28 millimètres pour 158 mètres. Il est évident que c'est là une preuve expérimentale du mouvement de la Terre. Nous avons, à l'Observatoire de Paris, un puits qui descend aux Catacombes, à 28 mètres, et traverse l'édifice jusqu'à la terrasse supérieure, dont la hauteur est également de 28 mètres. C'est donc un puits de 56 mètres. Du temps de Cassini, on y a fait l'expérience précédente, pour donner une preuve expérimentale du mouvement de la Terre. Une balle de plomb qui tombe du haut des tours Notre-Dame ne suit pas juste la verticale, mais tombe à 15 millimètres vers l'est, différence entre la force centrifuge au pied et au sommet. (L'expérience est difficile à réussir à cause des mouvements de l'air.)

Le physique du globe a, elle aussi, fourni son contingent de preuves à la théorie du mouvement de la Terre, et l'on peut dire que toutes les branches de la science qui se rattachent de près ou de loin à la cosmographie, se sont unies pour la confirmation unanime de cette théorie. La forme même du sphéroïde terrestre montre que cette planète a été une masse fluide animée d'une certaine vitesse de rotation, conclusion à laquelle les géologues sont arrivés dans leurs recherches personnelles.

D'autres faits, comme les courants de l'atmosphère et de l'océan, les courants polaires et les vents alizés, trouvent également leur cause dans la rotation du globe; mais ces faits ont une valeur moindre que les précédents, attendu qu'ils pourraient s'accorder avec l'hypothèse du mouvement du soleil.

C'est ici le lieu de rappeler la brillante expérience faite par Foucault au Panthéon. A moins de nier l'évidence, cette expérience démontre invinciblement le mouvement de la Terre. Elle consiste, comme on sait, à encastrer un fil d'acier par son extrémité supérieure dans une plaque métallique fixée solidement à une voûte. Ce fil est tendu à son extrémité inférieure par une boule de métal d'un poids assez fort. Une pointe est attachée au-dessous de la boule, et du sable fin est répandu sur le sol pour recevoir la trace de cette pointe lorsque le pendule est en mouvement. Or, il arrive que cette trace ne s'effectue pas dans la même ligne. Plusieurs lignes, croisées au centre, se succèdent et manifestent une déviation du plan des oscillations de l'orient vers l'occident. En réalité, le plan des oscillations reste fixe;

la Terre tourne au-dessous, d'occident en orient. L'explication est basée sur ce fait, que *la torsion du fil n'empêche pas le plan des oscillations de rester invariable.* C'est ce que chacun peut vérifier par une expérience bien simple. Prenez une balle suspendue à un fil d'un mètre ou deux de longueur, attachez le fil au plafond à une vis, faites osciller le pendule, et pendant sa marche faites tourner la vis : le fil se tordra plus ou moins, mais la direction de ses oscillations ne variera pas pour cela.

Tel est le principe de la célèbre expérience imaginée par Foucault, et réalisée, par ce savant regretté, sous la coupole du Panthéon, en 1851 (¹).

Si nous imaginions qu'un pendule d'une grande hauteur fût suspendu au-dessus de l'un des pôles de la Terre, une fois ce pendule en mouvement, le plan de ses oscillations restant invariable, malgré la torsion du fil, la Terre tournerait sous lui, et le plan d'oscillation du pendule paraîtrait tourner en vingt-quatre heures autour de la verticale, en sens contraire, par conséquent, du véritable mouvement de rotation de la Terre.

Si le pendule était suspendu en un point de l'équateur, il n'y aurait plus de déviation. Mais, pour tous les lieux situés entre l'équateur et les pôles, l'invariabilité du plan d'oscillation se manifeste par une déviation en sens contraire du mouvement de la Terre.

Telles sont les preuves positives et absolues du mouvement de rotation de la Terre sur son axe. Les preuves du mouvement de translation autour du Soleil ne sont pas moins convaincantes.

Et d'abord, toutes les autres planètes tournent autour du Soleil, et la Terre n'est qu'une planète. Pour expliquer les mouvements apparents des cinq planètes connues des anciens (Mercure, Vénus, Mars, Jupiter et Saturne) dans l'hypothèse de l'immobilité de la Terre, les astronomes avaient été obligés de compliquer étrangement le système

---

(¹) Nous avons représenté ci-dessus cette fameuse expérience si démonstrative. Ajoutons quelques explications. Une boule de cuivre pesant 30 kilos était suspendue à un fil d'acier, rond et homogène, long de 68 mètres. A l'état de repos, elle occupait le centre d'une galerie circulaire divisée en degrés et élevée au-dessus du pavé à hauteur d'appui. (Pendant la République de 1848 le Panthéon était un monument civil et non une chapelle.) On écartait la boule en l'attachant à un fil de chanvre, puis, pour l'expérience, on brûlait le fil à la flamme d'une allumette; et la boule commençait une série d'oscillations lentes. Sur la galerie circulaire était disposé un petit talus de sable fin dont la crête était entamée au passage par une pointe fixée sous la boule. Le pendule mettait 16 secondes à revenir à son point de départ et entamait de plus en plus la brèche à chaque retour, si bien qu'au bout de cinq minutes l'ouverture était large de plusieurs centimètres; au bout d'une heure l angle était de plusieurs degrés.

du monde, et d'arriver à imaginer jusqu'à 72 cercles de cristal emboîtés les uns dans les autres! Toutes les planètes tournent, en même
temps que la Terre, autour du Soleil. Il résulte du long circuit parcouru annuellement par la Terre des changements de perspective
faciles à deviner : lorsque nous avançons, telle planète paraît reculer;
lorsque nous allons à gauche, telle autre paraît aller à droite; dans
certains cas, la combinaison des deux mouvements arrête en apparence
la planète dans son cours et la rend immobile sur la sphère céleste.
Dans la théorie de la translation de la Terre autour du Soleil, ces
variations s'expliquent d'elles-mêmes et se calculent d'avance. Dans
l'hypothèse contraire, elles créent une complication intolérable, complication telle qu'au xiiiᵉ siècle déjà le roi astronome Alphonse X, de
Castille, osait dire que « si Dieu l'avait appelé à son conseil lorsqu'il
créa le monde, il se serait permis de lui donner quelques avis pour le
construire d'une manière plus simple et moins compliquée »; parole
imprudente qui coûta la couronne au roi trop franc. Depuis le
xiiiᵉ siècle, l'étude que l'on a faite du cours des comètes si nombreuses
qui sillonnent l'espace en tout sens a montré que, tout excentriques
qu'ils soient eux-mêmes, ces astres chevelus protestent contre l'ancien
système, car, comme le disait Fontenelle, il y a longtemps qu'ils
auraient cassé tout le cristal des cieux. Le calcul des orbites des
comètes, dont la précision est prouvée par le retour de ces astres aux
points du ciel indiqués, serait impossible dans l'hypothèse de l'immobilité de la Terre. La planète Uranus, découverte à la fin du siècle
dernier, au delà de l'orbite de Saturne; la planète Neptune, découverte au milieu de notre siècle, plus loin encore, ont prouvé, elles
aussi, qu'elles tournent autour du Soleil et non pas autour de la
Terre; et la découverte de la dernière, faite par l'induction pure, sur
la théorie mathématique, a été véritablement le coup de grâce des
derniers partisans de l'ancien système, puisque c'est en s'appuyant sur
les lois de la gravitation universelle que le mathématicien a annoncé
l'existence d'un astre éloigné à plus de mille millions de lieues de
nous et tournant autour du Soleil en 165 ans. Ajoutons encore que
près de deux cents petites planètes ont été découvertes depuis le commencement de ce siècle entre Mars et Jupiter, et qu'elles tournent
également autour du Soleil, toutes sans exception. Ainsi le système
solaire constitue une même famille, dont le gigantesque et puissant
Soleil est le centre et le régulateur.

Ce n'est pas tout. Nous *voyons* le mouvement de translation
annuelle de la Terre se refléter dans le ciel. Les étoiles ne sont pas

éloignées à des distances infinies. Quelques-unes sont relativement assez proches et gisent à quelques *trillions* de lieues d'ici seulement. Or, la Terre, en tournant autour du Soleil, décrit dans l'espace une ellipse de 232 millions de lieues. Eh bien, si l'on examine attentivement, pendant tout le cours de l'année, l'une des étoiles les plus proches, en prenant pour point de repère une étoile très éloignée, on voit que la plus proche subit dans sa position un effet de perspective causé par le mouvement de la Terre, et, au lieu de rester fixe pendant toute l'année au même point, paraît, elle aussi, se mouvoir suivant une ellipse tracée en sens contraire de notre mouvement annuel. C'est même par la mesure de ces petites ellipses décrites au fond des cieux par les étoiles que l'on a pu calculer leurs distances. Du temps de Copernic, de Tycho-Brahé et de Galilée, l'immobilité apparente des étoiles avait été l'un des plus puissants arguments invoqués contre le mouvement annuel de la Terre. Cet argument a été renversé, comme tous les autres, par les progrès réalisés dans la précision toujours grandissante des observations astronomiques.

Ce n'est pas tout encore. Le mouvement annuel de la Terre autour du Soleil se reflète également sur la voûte céleste par un autre phénomène qu'on appelle « l'aberration de la lumière ». Voici en quoi il consiste : Les rayons de lumière nous arrivent des étoiles en ligne droite, avec une vitesse environ 10 000 fois plus rapide que celle de la Terre sur son orbite. Si la Terre était fixe, nous recevrions ces rayons directement et sans correction. Mais nous courons sous les rayons lumineux comme, par exemple, nous courons sous une pluie verticale : plus nous courons et plus nous devons incliner notre parapluie si nous tenons à ne pas être mouillés. Si nous sommes en chemin de fer, la combinaison de la vitesse horizontale du train avec la vitesse verticale des gouttes de pluie fait tracer à la pluie des lignes obliques sur la portière du wagon. Eh bien! nous pouvons comparer nos lunettes visant les étoiles à nos parapluies visant la direction des gouttes de pluie. Le mouvement de la Terre est tel, que nous sommes obligés d'incliner nos lunettes pour recevoir les rayons lumineux des étoiles. Chaque étoile trace annuellement sur la sphère céleste une ellipse beaucoup plus grande que celle qui est due à la perspective de sa distance, et dont la forme, comme la grandeur, dépend, non plus de cette distance, mais de la position de l'étoile relativement au mouvement annuel de la Terre. Ce phénomène est d'une haute importance en astronomie. Il a servi à la fois à constater l'exactitude de la théorie de la transmission successive de la lumière en raison de 75 000 lieues par seconde, et il a fourni une preuve directe de la réalité du mouvement de la Terre autour du Soleil. Si la Terre était en repos, ces mouvements seraient absolument inexplicables. — On le voit, toutes ces démonstrations sont d'une simplicité extrême.

Tous les mouvements de la Terre que nous avons décrits plus haut se lisent de la même manière dans l'observation du ciel, et il faudrait être volontairement aveugle pour ne pas les reconnaître tels qu'ils sont.

Mais ce ne sont pas seulement les mouvements de notre planète, ainsi que ceux de nos sœurs de l'espace, qui sont aujourd'hui absolument démontrés. La cause théorique elle-même de ces mouvements, L'ATTRACTION OU GRAVITATION UNIVERSELLE, est prouvée par tous les faits de l'astronomie moderne. La connaissance de cette cause suffit aujourd'hui pour prévoir à l'avance les moindres perturbations, les moindres influences que les corps célestes exercent les uns sur les autres, et même pour découvrir des astres invisibles. Ainsi a été découvert Neptune, sans l'aide du télescope; ainsi a été découvert le satellite de Sirius, astres vérifiés ensuite par l'observation directe. *Tous* les faits de la science s'accordent pour prouver, affirmer sous toutes les formes, démontrer de mieux en mieux la vérité des théories astronomiques modernes; *aucun* ne se présente pour les contredire. Il y a donc là une certitude incontestable et absolue.

On éprouve quelquefois une difficulté réelle à faire partager ses convictions à certaines personnes rebelles à toute démonstration. Ainsi, par exemple, un vieux proverbe assure « qu'il serait beaucoup plus facile de donner de l'esprit à un sot que de lui persuader qu'il en est dépourvu ». Fort heureusement, le problème qui vient de nous occuper n'est pas d'une solution aussi laborieuse. Nous ne croyons pas être optimiste en espérant qu'après l'exposé de tous les arguments qui précèdent il ne reste plus place pour le moindre doute dans l'esprit de tous nos lecteurs.

Arrêtons-nous un instant maintenant pour contempler la Terre dans son unité vivante.

Ce globe qui nous porte a un diamètre de 12 732 kilomètres, ou 3183 lieues. Mais il n'est pas absolument sphérique, étant légèrement aplati aux pôles, de $\frac{1}{300}$ en nombre rond; le diamètre qui va d'un pôle à l'autre est plus petit que celui que l'on mènerait d'un point de l'équateur au point diamétralement opposé, et la différence est de 42 kilomètres. Sur un globe de 1 mètre de diamètre, la différence entre les deux diamètres ne serait que de 3 millimètres un tiers. Sur un pareil globe, la montagne la pius élevée de notre monde, le Gaurisankar, dans l'Himalaya, dont la hauteur est de 8840 mètres, n'aurait que les sept dixièmes d'un millimètre. Ainsi, notre globe est proportionnellement beaucoup plus uni qu'une orange, aussi uni, en vérité, qu'une boule de billard. Quant à la grandeur matérielle de l'homme relativement au monde qu'il habite, sur un globe de 12 mètres de diamètre, l'homme serait si petit, que dix mille pourraient se coucher l'un à côté de l'autre dans un espace de la grandeur de l'o que voici. Et qui sait pourtant! il y a peut-être dans l'infini des mondes et des hommes aussi lilliputiens!

A mesure qu'on s'élève au-dessus de la surface du globe, l'horizon s'agrandit en proportion du rapport qui existe entre notre élévation et la grandeur de la sphère. A mille mètres de hauteur, nous planons au-

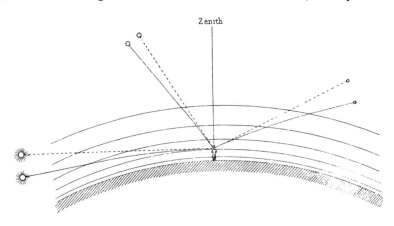

Fig. 35. — Réfraction, élévation causée dans les positions des astres, par l'atmosphère.

dessus d'un cercle (ou plutôt d'une calotte sphérique) dont le rayon mesure 112 kilomètres, c'est-à-dire que nous embrassons une étendue de 224 kilomètres, ou 56 lieues de diamètre. L'horizon de Paris prolongé jusqu'à Marseille planerait à une hauteur de plus de trente kilomètres au-dessus de cette ville.

Ajoutons encore que notre globe est environné d'une atmosphère, au fond de laquelle nous respirons et vivons, composée de gaz (oxygène, azote, acide carbonique) et de la vapeur d'eau qui s'élève des mers et des terres mouillées par la pluie. C'est cette atmosphère qui, n'étant pas absolument transparente, réfléchit la lumière du jour, et se colore de cet azur céleste qui semble étendre au-dessus de nous un ciel atmosphérique. C'est cette illumination des molécules de l'air par la lumière du jour qui nous empêche de voir les étoiles de jour comme de nuit.

Les plus brillantes, Vénus, Jupiter, Sirius, parviennent parfois à percer
ce voile d'azur ; on peut ainsi les découvrir en les cherchant exprès, à
l'aide d'une lunette, ou même à l'aide d'un simple tube noirci. Cette
atmosphère n'est pas très élevée, car, à 48 kilomètres de hauteur. elle

Fig. 36. — Coucher de soleil au bord de la mer.

est devenue à peu près nulle, et depuis longtemps irrespirable. On n'a
jamais dépassé neuf kilomètres en ballon. Il est probable qu'au-
dessus de cette atmosphère aérienne, il y en a une autre plus légère
encore, hydrogénée, car l'étude des crépuscules, des étoiles filantes et
des aurores boréales paraît porter jusqu'à 300 kilomètres la limite
extrême. Elle pourrait s'étendre mathématiquement plus loin encore :

j'ai calculé que ce n'est qu'à la distance de dix mille lieues autour de notre globe que la force centrifuge développée par le tourbillonement de la Terre rejetterait dans l'espace les molécules d'air qui pourraient existe en cette région ; c'est là que l'équilibre s'établit et que circulerait un satellite tournant autour de nous dans le même temps que la rotation de la Terre, en 23 heures 56 minutes.

L'atmosphère joue un rôle assez important dans les observations astronomiques, car elle dévie les rayons lumineux qui nous arrivent des astres, et nous les fait voir au-dessus de leur position réelle. C'est ce qu'on appelle la *réfraction* (*fig.* 35). Au point diamétralement situé au-dessus de nos têtes, nommé le zénith, la déviation est nulle, parce que le rayon lumineux arrive perpendiculairement aux couches d'air. Elle augmente à mesure qu'on s'éloigne du zénith et qu'on approche de l'horizon. A l'horizon même, elle est énorme, car elle élève les astres d'une quantité égale au diamètre apparent du Soleil et de la Lune, de telle sorte que, lorsque nous voyons ces astres se lever, ils sont encore couchés en réalité et au-dessous du plan prolongé de l'horizon de l'observateur. C'est aussi la raison pour laquelle le soleil couchant nous paraît ovale lorsque dans les belles soirées d'été nous assistons à ces magnifiques et lumineux couchers de soleil au bord de la mer. On fait subir à toutes les observations astronomiques une correction calculée en conséquence pour ramener les astres à leurs positions réelles.

Le globe terrestre mesurant 3183 lieues de diamètre représente un volume de mille milliards de kilomètres cubes. Comme c'est un morceau de matière limité, ne tenant à rien, on a pu le peser (par la balance de Cavendish). Il pèse cinq fois et demi plus que s'il était entièrement formé d'eau, ce qui correspond à un poids de 5875 *sextillions* de kilogrammes. L'atmosphère pèse environ un million de fois moins, à peu près 6263 *quatrillions* de kilogrammes.

La surface de la Terre est de 510 millions de kilomètres carrés, dont 383 260 000 sont recouverts par les eaux de l'océan, de sorte qu'il n'en reste que 126 740 000, ou le quart seulement, pour la terre habitable.

La planète vit d'une certaine vie astrale que nous ne pouvons pas encore suffisamment comprendre. Des courants magnétiques circulent en elle, et sans cesse, sous leur mystérieuse influence, l'aiguille aimantée cherche le nord de son doigt inquiet et agité. L'intensité et la direction de ces courants varient de jour en jour, d'année en année, de siècle en siècle. Il y a deux siècles environ, en 1666, la boussole examinée à

Paris tendait juste au nord. Puis elle a tourné vers l'ouest, c'est-à-

La terre donne à l'homme ses fruits, ses troupeaux, ses trésors ; la vie circule,
et le printemps revient toujours....

dire vers la gauche en regardant le nord ; sa déviation était de 8 degrés
en 1700, de 17 degrés en 1750, de 22 degrés en 1800 ; elle a encore

augmenté de un demi-degré jusqu'en 1814, puis elle a commencé à revenir vers le nord ; cette déviation était de 22 degrés en 1835, de 20 en 1854, de 19 en 1863, de 18 en 1870, et cette année 1879 elle est de 17. Elle va continuer de décroître, et il est probable qu'elle pointera de nouveau au nord vers 1962. Voilà une importante variation séculaire, qui a causé bien des désastres maritimes aux pilotes qui l'ignoraient. Ajoutons que tous les jours cette curieuse aiguille oscille légèrement sur son axe, s'écartant de son méridien magnétique, vers l'Orient à 8 heures du matin, et vers l'Occident à une heure de l'après-midi. L'amplitude de cette oscillation varie elle-même d'année en année, et, remarque vraiment étonnante, cette amplitude paraît correspondre au nombre des taches qui existent sur le Soleil : c'est dans les années où il y a le plus de taches que cette amplitude est la plus forte. Le nombre des aurores boréales paraît également en rapport avec l'état de l'astre du jour. Du reste, l'aiguille aimantée enfermée dans une cave de l'Observatoire de Paris *suit* l'aurore boréale qui allume ses feux aériens en Suède et en Norvège : elle est inquiète, agitée, j'allais dire fiévreuse, plus que cela, affolée, et son trouble ne cesse que quand le lointain météore a disparu… Quel livre que le livre de la Nature ! Et combien il est inexplicable qu'il ait si peu de lecteurs !

La vie de la planète se manifeste extérieurement par les plantes qui en ornent la surface, par les animaux qui la peuplent, par l'humanité qui l'habite. On connaît cent vingt mille espèces végétales et trois cent mille espèces animales ; il n'y a qu'une espèce humaine, car, l'humanité, c'est l'incarnation de l'Esprit.

La population humaine de notre planète se compose, d'après les dernières statistiques, de 1 milliard 400 millions d'habitants. Il naît à peu près un enfant à chaque seconde. Un être humain meurt aussi par seconde. Le nombre des naissances est toutefois un peu plus grand que celui des morts, et la population s'accroît suivant une proportion variable.

Le nombre des hommes qui ont vécu sur la Terre depuis les origines de l'humanité peut être estimé à quatre cents milliards. S'ils ressuscitaient tous, hommes, femmes, vieillards, enfants, et se couchaient les uns à côté des autres, ils couvriraient déjà la surface entière de la France. Mais tous ces différents corps ont été composés successivement des mêmes éléments. Les molécules que nous respirons, buvons, mangeons et incorporons à notre organisme ont déja fait partie de nos ancêtres.

Un échange universel s'opère incessamment entre tous les êtres : la mort ne garde rien. La molécule d'oxygène qui s'échappe de la ruine d'un vieux chêne abattu par le poids des siècles va s'incorporer dans la blonde tête de l'enfant qui vient de naître, et la molécule d'acide carbonique qui s'échappe de la poitrine oppressée du moribond étendu sur son lit de douleur va refleurir dans la brillante corolle de la rose du parterre... Ainsi la fraternité la plus absolue gouverne les lois de la vie ; ainsi la vie éternelle est organisée par la mort éternelle. L'Esprit seul vit et contemple. La poussière retourne à la poussière. Les mondes voguent dans l'espace en s'illuminant des rayonnements et des sourires d'une vie sans cesse renouvelée.

De siècle en siècle, les êtres vivants sont remplacés par d'autres êtres, et, sur les continents comme dans les mers, si la vie rayonne toujours, ce ne sont point les mêmes cœurs qui battent, ce ne sont point les mêmes yeux qui sourient. La mort couche successivement dans la tombe les hommes et les choses, et, sur nos cendres comme sur la ruine des empires, la flamme de la vie brille toujours. La Terre donne à l'homme ses fruits, ses troupeaux, ses trésors ; la vie circule, et le printemps revient toujours. On croirait presque que notre propre existence, si faible et si passagère, n'est qu'une partie constitutive de la longue existence de la planète, comme les feuilles annuelles d'un arbre séculaire, et que, semblables aux mousses et aux moisissures, nous ne végétons un instant à la surface de ce globe que pour servir aux procédés d'une immense vie planétaire que nous ne comprenons pas.

L'espèce humaine est soumise à un moindre degré que les plantes et les animaux aux circonstances du sol et aux conditions météorologiques de l'atmosphère; par l'activité de l'esprit, par le progrès de l'intelligence qui s'élève peu à peu, aussi bien que par cette merveilleuse flexibilité d'organisation qui se plie à tous les climats, elle échappe plus aisément aux puissances de la nature; mais elle n'en participe pas moins d'une manière essentielle à la vie qui anime notre globe tout entier. C'est par ces secrets rapports que le problème si obscur et si controversé de la possibilité d'une origine commune pour les différentes races humaines rentre dans la sphère d'idées qu'embrasse la description physique du monde.

Il est des familles de peuples plus susceptibles de culture, plus civilisées, plus éclairées, mais nous pouvons dire avec Humboldt qu'il n'en est pas de plus nobles que les autres. Toutes sont également faites pour la liberté; pour cette liberté qui, dans un état de société peu avancé, n'appartient qu'à l'individu, mais qui, chez les nations appelées à la puissance de véritables institutions politiques, est le droit de la communauté tout entière. Une idée qui se révèle à travers l'histoire, en étendant chaque jour son salutaire empire, une idée qui, mieux que toute autre, prouve le fait si souvent contesté, mais plus souvent encore mal compris, de la perfectibilité générale de l'espèce, c'est l'idée de l'humanité. C'est elle qui tend à faire tomber les barrières que des préjugés et des vues intéressées de toute sorte ont élevées entre les hommes, et à faire envisager l'humanité dans son ensemble, sans distinction de religions, de nations, de couleurs, comme une grande famille de frères, comme un corps unique, marchant vers un seul et même but : le libre développement des forces morales. Ce but est le but final, le but suprême de la sociabilité, et en même temps la direction imposée à l'homme par sa propre nature pour l'agrandissement indéfini de son existence. Il regarde la terre, aussi loin qu'elle s'étend ; le ciel, aussi loin qu'il le peut découvrir, illuminé d'étoiles ; son intelligence l'élève au-dessus de tous les autres êtres terrestres :

> Os homini sublime dedit, cœlum que tueri
> Jussit, et erectos ad sidera tollere vultus

Progrès et Liberté ! Déjà l'enfant aspire à franchir les montagnes et les mers qui circonscrivent son étroite demeure ; et puis, se repliant sur lui même comme la plante, il soupire après le retour. C'est là, en effet, ce qu'il y a dans l'homme de touchant et de beau, cette double aspiration vers ce qu'il désire et vers ce qu'il a perdu ; c'est elle qui le préserve du danger de s'attacher d'une manière exclusive au moment présent. Et de la sorte, enracinée dans les profondeurs de la nature humaine, commandée en même temps par ses instincts les plus sublimes, cette union bienveillante et fraternelle de l'espèce entière devient une des grandes idées qui président à l'histoire. Notre humanité n'a pas encore l'âge de raison, puisqu'elle ne sait pas encore se gouverner elle-même et qu'elle n'est pas encore sortie de la carapace des instincts grossiers de la brute, mais elle est destinée à devenir instruite, éclairée, intellectuelle, libre et grande dans la lumière du ciel. — A ses côtés, sur les îles flottantes qui nous accompagnent dans l'espace, et dans le sein des profondeurs inaccessibles de l'infini, les autres terres ses sœurs portent aussi des humanités vivantes, qui s'élèvent en même temps qu'elle dans le progrès infini et vers la perfection absolue.

CHAPITRE VII

Comment la Terre s'est-elle formée? Son âge, sa durée.
L'origine et la fin des mondes.

Les pages précédentes nous ont fait connaître la place que nous occupons dans l'univers et nous ont fait apprécier la Terre comme astre du ciel. Tel était, en effet, le premier point de vue sous lequel il nous importait de considérer notre globe, afin de nous affranchir pour toujours du vaniteux sentiment qui nous avait fait jusqu'ici considérer la Terre comme la base et le centre de la création, et de ce patriotisme de clocher en vertu duquel nous préférions notre pays au reste du monde. Bientôt nous nous occuperons des autres astres, en suivant l'ordre logique des situations et des distances. Le programme céleste se trace de lui-même devant nous. La Lune sera la première étape de notre grand voyage; nous nous arrêterons à sa surface pour contempler son étrange nature et étudier son histoire; c'est le globe céleste le plus rapproché de nous, et elle fait pour ainsi dire partie de nous-mêmes, puisqu'elle accompagne fidèlement la Terre dans son cours et gravite autour de nous à la distance moyenne de 96 000 lieues. Puis nous nous transporterons sur le Soleil, centre de la famille planétaire; et nous essayerons d'assister aux combats titanesques que les éléments dissociés se livrent sur cet ardent foyer, dont les rayons bienfaisants vont répandre la vie sur tous les mondes. Chacune des planètes sera ensuite l'objet d'une excursion spéciale, depuis Mercure, la plus proche du centre, jusqu'à Neptune, frontière actuelle de la république solaire. Les satellites, les éclipses, les étoiles filantes, les comètes nous arrêteront aussi pour compléter la connaissance intégrale que nous désirons acquérir. Mais ce ne sera là encore qu'une faible partie de notre étude, car d'un bond nous nous élancerons des frontières du Neptune solaire jusqu'aux étoiles, dont chacune est un soleil brillant de sa propre lumière et centre probable d'un système de planètes habitées. Ici nous pénétrerons véritablement dans le domaine de l'infini. Les soleils succéderont aux soleils, les systèmes aux systèmes. Ce n'est plus par milliers qu'ils se comptent, mais par millions; et ce n'est plus par millions de lieues que se mesurent les distances sidérales, ni même par milliers de millions, ou milliards, mais par millions de millions, ou *trillions*. Ainsi, par exemple, l'étoile de première gran•deur Alpha du Centaure est à 8 trillions de lieues d'ici, Sirius à 39 trillions, l'Etoile polaire à 100 trillions, Capella à 170 trillions. Or, ces soleils comptent parmi les plus proches. Au delà gisent d'autres univers, que la vision perçante du télescope commence à saisir dans les inaccessibles profondeurs de l'immensité. Mais l'infini fuit toujours !.... La description des grands instruments des observatoires, à l'aide desquels ces splendides découvertes ont été faites, sera ensuite donnée comme complément, et nous aurons aussi à nous occuper de choisir quelques instruments plus modestes pouvant servir à tout amateur pour l'étude pratique de l'astronomie populaire.

Avant d'entreprendre cet admirable voyage, qui nous promet d'être fertile en surprises de tout genre, avant de quitter pour toujours et de laisser tomber dans la nuit de l'espace cette Terre où nous sommes et qui nous sert d'observatoire pour étudier l'univers, il ne sera pas sans intérêt de la contempler un instant au point de vue de la vie qui l'embellit, des conditions dans lesquelles cette vie est apparue, des origines des êtres et de la planète elle-même, ainsi que des destinées qui nous attendent, nous et tous les habitants de ce monde.

Cette vie prodigieuse, végétale, animale et humaine, qui pullule tout autour de ce globe, depuis les pôles jusqu'à l'équateur, et qui anime les profondeurs océaniques aussi bien que la surface des continents, cette vie multipliée et sans cesse renaissante, n'a pas toujours été telle que nous la voyons aujourd'hui. D'âge en âge elle s'est modifiée, transformée. Les conditions d'habitation ont changé, et les espèces avec elles. Il fut un temps où nulle des espèces actuellement vivantes n'existait à la surface du globe. Il fut un temps où la vie elle-même n'existait pas, sous quelque incarnation que ce fût. La forme même du globe terrestre, son aplatissement aux pôles, l'arrangement des terrains, la nature minérale des couches primitives inférieures, les volcans qui fument encore et vomissent leurs laves embrasées, les tremblements de terre, l'accroissement régulier de la température à mesure qu'on descend dans l'intérieur du globe, tous ces faits s'accordent pour prouver qu'aux temps primitifs la Terre était inhabitable et inhabitée, et pour montrer qu'il est très probable qu'elle a été d'abord à l'état de soleil chaud, lumineux, incandescent. D'autre part, si l'on examine la translation annuelle de notre planète autour du Soleil, ainsi que les orbites des autres planètes, on remarque qu'elles circulent toutes vers le plan de l'équateur solaire, toutes dans le même sens, qui est précisément celui dans lequel le Soleil tourne sur lui-même. (Certaines petites planètes s'écartent davantage de ce plan général; mais leur nombre dans une même zone et leur singulière petitesse montrent qu'elles ont subi des perturbations particulières.) Il est difficile de se défendre de l'impression que l'origine des mondes est liée d'une manière ou d'une autre au Soleil autour duquel ils gravitent comme des enfants indissolublement rattachés à leur père. Cette impression avait déjà, au siècle dernier, frappé Buffon, Kant et Laplace. Elle nous frappe encore aujourd'hui avec la même force, malgré certaines difficultés de détail qui ne sont pas encore expliquées. Comme nous n'avons pas assisté personnellement à la création du monde, l'observation directe ne peut pas s'y appliquer, et nous ne pouvons nous en former une idée qu'en ayant recours à la méthode d'induction. Eh bien! l'hypothèse la plus probable, la théorie la plus scientifique, est celle qui nous présente le Soleil comme une nébuleuse condensée, qui remonte à l'époque inconnue où cette nébuleuse occupait tout l'emplacement actuel du système solaire et plus encore, immense lentille de gaz tournant lentement sur elle-même, et ayant sa circonférence extérieure dans la zone marquée par l'orbite de Neptune..., plus loin encore si, comme il est probable, Neptune ne forme pas la véritable limite du système.

Imaginons donc une immense masse gazeuse placée dans l'espace. L'attraction est une force inhérente à tout atome de matière. La région de cette masse qui se trouvera la plus dense attirera insensiblement vers elle les autres parties, et dans la chute lente des parties les plus lointaines vers cette région plus attractive, un mouvement général se produit, incomplètement dirigé vers ce centre, et entraînant bientôt toute la masse dans un même mouvement de rotation. La forme naturelle est la forme sphérique; c'est celle que prend une goutte d'eau, une goutte de mercure livrée à elle-même.

Les lois de la mécanique démontrent qu'en se condensant et en se rapetissant, le mouvement de rotation de la nébuleuse s'est accéléré. En tournant, elle s'aplatit aux pôles et prend la forme d'une énorme lentille de gaz. Il a pu arriver qu'elle tournât assez vite pour développer sur cette circonférence extérieure une force centrifuge supérieure à l'attraction générale de la masse, comme lorsqu'on fait tourner une fronde; la conséquence inévitable de cet excès est une rupture d'équilibre qui détache un anneau extérieur. Cet anneau gazeux continuera de tourner dans le même temps et avec la même vitesse; mais la nébuleuse mère en sera désormais détachée et continuera de subir sa condensation progressive et son accélération de mouvement. Le même fait se reproduira autant de fois que la vitesse de rotation aura dépassé celle à laquelle la force centrifuge reste inférieure à l'attraction.

Le télescope nous montre dans les profondeurs des cieux des nébuleuses dont les formes correspondent à ces transformations. Telles sont, entre autres, les trois que nous reproduisons ici. La première (*fig.* 38) se trouve dans la constellation des Chiens de chasse et donne l'exemple d'une condensation centrale commençant un foyer solaire au centre d'une nébuleuse sphérique ou lenticulaire; la seconde se trouve dans le Verseau et présente une sphère entourée d'un anneau vu par la tranche, rappelant singulièrement la formation d'un monde tel que Saturne; la troisième appartient à la constellation de Pégase, et se fait

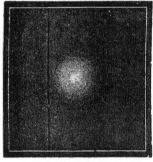

Fig. 38. — Nébuleuse. Condensation primordiale.   Fig. 39. — Nébuleuse. Type de monde en création.   Fig. 40. — Nébuleuse. Vestiges d'anneaux détachés.

remarquer par des zones déjà détachées du noyau central, véritable soleil entouré de spirales gazeuses. Nous en verrons d'autres plus tard, non moins remarquables. L'analyse spectrale constate que ces nébuleuses ne sont pas formées d'étoiles rapprochées, comme le croyaient encore Arago et Babinet, mais véritablement de gaz, dans lesquels dominent l'azote et l'hydrogène.

Dans notre système, les anneaux de Saturne subsistent encore.

La formation successive des planètes, leur situation vers le plan de l'équateur solaire et leurs mouvements de translation autour du même centre s'expliquent dans la théorie que nous exposons. La plus lointaine planète connue, Neptune, se serait détachée de la nébuleuse à l'époque où cette nébuleuse s'étendait jusqu'à elle, jusqu'à un milliard de lieues, et tournait en une lente rotation demandant une durée de 165 ans pour s'accomplir. L'anneau originaire ne pourrait demeurer à l'état d'anneau que s'il était parfaitement homogène et régulier; mais une telle condition est pour ainsi dire irréalisable, et il ne tarde pas à se condenser lui-même en une sphère. Successivement, Uranus, Saturne, Jupiter, l'armée des petites planètes, Mars, se seraient ainsi détachés. Ensuite ce fut la Terre, dont la naissance remonte à l'époque où le Soleil arrivait jusqu'ici et tournait sur lui-même en 365 jours. Vénus et Mercure seraient nés plus tard. Le Soleil donnera-t-il encore naissance à un nouveau monde? Ce n'est pas probable. Il faudrait pour cela que son mouvement de rotation fût énormément accéléré, et fût 219 fois plus rapide.

La Lune se serait ainsi formée, aux dépens de l'équateur terrestre,

Fig. 41. — Théorie de la formation des mondes. La naissance de la Terre.

lorsque la Terre encore nébuleuse s'étendait jusqu'à son orbite et tournait sur elle-même en 27 jours 7 heures.

La densité relative des mondes corrobore cette théorie. La Lune, formée pour ainsi dire des matières surnageantes de la nébuleuse terrestre, est beaucoup plus légère que la Terre. Les planètes supérieures, Neptune, Uranus, Saturne et Jupiter, sont beaucoup moins denses que les planètes inférieures, Mars, la Terre, Vénus et Mercure. De plus, on trouve dans la composition chimique des différents mondes, et même dans celle des comètes, des étoiles filantes et des aérolithes, les mêmes matériaux qui composent la Terre, et qui existent aussi, à l'état gazeux, dans le Soleil.

Ainsi s'est formée la Terre par la condensation lente d'un anneau gazeux détaché du Soleil (fig. 41), celui-ci continuant ensuite de se resserrer, de se condenser, pour donner naissance plus tard à Vénus et à Mercure. La nébuleuse terrestre eut dès lors son existence indépendante. Elle arriva lentement à former un immense globe gazeux tournant sur lui-même. Ainsi condensée, échauffée par le choc infinitésimal et constant de tous les matériaux qui la composent, la Terre naissante brilla d'une faible lueur au milieu de la sombre nuit de l'espace.

De gazeuse elle est devenue liquide, puis solide, et sans doute continue-t-elle de se refroidir et de se resserrer encore actuellement. Mais sa masse augmente de siècle en siècle par les aérolithes et les étoiles filantes qui tombent incessamment sur elle (plus de cent milliards par an).

Ce ne sont plus des années ni des siècles qu'il faut énumérer pour définir le temps incommensurable que la nature a dû employer dans l'élaboration de la genèse du système du monde. Les millions ajoutés aux millions marquent à peine les secondes de l'horloge éternelle. Mais notre esprit, qui embrasse le temps comme l'espace, voit désormais naître les mondes, il les voit briller d'abord d'une faible lueur nébuleuse, resplendir ensuite comme des soleils, se refroidir, se couvrir de laches, puis d'une croûte solide, subir des bouleversements et des cataclysmes formidables par les éboulements fréquents de la croûte dans la fournaise, se marquer de cicatrices nombreuses, s'affermir lentement en se refroidissant, recevoir désormais extérieurement du Soleil la chaleur et la lumière, se peupler d'êtres vivants, devenir le siège des humanités laborieuses qui, à leur tour, vont en transformer la surface, et, après avoir servi d'habitacles à la vie supérieure et à la pensée, perdre lentement leur fécondité, s'user insensiblement comme l'être vivant lui-même, arriver à la vieillesse, à la décrépitude, à la mort, et rouler désormais comme des tombeaux ambulants dans les déserts silencieux de la nuit éternelle.

Métamorphose séculaire des mondes et des êtres! Combien de fois la face de la Terre n'a-t-elle pas été renouvelée depuis l'époque lointaine de son ardente genèse aux frontières équatoriales de la nébuleuse solaire! Depuis combien de siècles tourne-t-elle autour du Soleil? Depuis combien de siècles le Soleil brille-t-il lui-même? Dans l'hypothèse que la matière nébuleuse ait été dans l'origine d'une ténuité extrême, on a calculé la quantité de chaleur qui a pu être engendrée par la chute de toutes ces molécules vers le centre, par la condensation à laquelle on doit la naissance du système solaire. En supposant que la chaleur spécifique de la masse condensante ait été celle de l'eau, la chaleur de la condensation aurait suffi à produire une élévation de température de 28 *millions de degrés centigrades* (Helmholtz et Tyndall). On sait depuis longtemps que la chaleur n'est qu'un mode de mouvement : c'est un mouvement vibratoire infinitésimal des atomes; on peut aujourd'hui convertir à volonté tout mouvement en chaleur et toute chaleur en mouvement. Le mouvement de condensation a suffi, et bien au delà, pour produire la température actuelle du Soleil, et la température originaire de toutes les planètes. Si cet astre brillant continue à se condenser, comme il est probable, une condensation qui raccourcirait son diamètre de $\frac{1}{2000}$ de sa longueur actuelle engendrerait une quantité de chaleur suffisante pour couvrir la perte de l'émission pendant 2000 ans. Au degré actuel de l'émission, la chaleur solaire produite par la condensation antérieure de sa masse durerait encore *vingt millions d'années*. La longueur du temps exigé par la condensation qu'a dû subir la nébuleuse primitive pour arriver à constituer notre système planétaire défie entièrement notre imagination. La compter par milliards de siècles ne serait pas exagéré. Les expériences de Bischof sur le basalte semblent prouver que, pour passer de l'état liquide à l'état solide, pour se refroidir de 2000 degrés à 200, notre globe a eu besoin de 350 millions d'années. Il y avait bien d'autres millions de siècles que le Soleil existait! Qu'est-ce que toute l'histoire de l'humanité devant de pareilles périodes? — Une vague sur l'océan.

Pendant des milliers de siècles, le globe terrestre roula dans l'espace à l'état d'immense laboratoire chimique. Un déluge perpétuel d'eau bouillante tombait des nues sur le sol brûlant, et remontait en vapeur dans l'atmosphère pour retomber encore. Lorsque la température devint inférieure à celle de l'eau bouillante, la vapeur d'eau se liquéfia et se précipita. Au milieu de ces épouvantables tourmentes, la croûte terrestre, brisée mille fois par les convulsions du feu central, vomissait des flammes et se resoudait, des volcans faisaient émerger leurs boursouflures au-dessus du niveau des mers chaudes, et les premières îles apparaissaient. Les premières combinaisons semi-fluides du carbone formèrent les premiers essais rudimentaires de la vie, substance qui mérite à peine le nom d'organique, qui n'est déjà plus simplement minérale, et n'est encore ni végétale ni animale. Les plantes primitives, les algues, qui flottent inertes dans le milieu océanique, furent déjà un progrès. Les animaux primitifs, les zoophytes, les mollusques élémentaires, les coraux, les méduses, furent, eux aussi, un progrès. Insensiblement, de siècle en siècle, la planète perdit sa rudesse, les conditions de la vie se perfectionnèrent, les êtres se multiplièrent en se différenciant de la souche primitive et en gagnant des organes, d'abord obtus et rudimentaires, ensuite développés et perfectionnés.

L'âge primordial, pendant lequel la vie naissante n'était représentée que par des algues, des crustacés, et des vertébrés encore dépourvus de tête, paraît avoir occupé à lui seul les 53 centièmes du temps qui s'est écoulé depuis l'époque à laquelle la Terre est devenue habitable.

La période primaire, qui lui succéda, a pour type l'établissement de la végétation houillère et du règne des poissons, et paraît avoir occupé les 31 centièmes suivants.

La période secondaire, pendant laquelle les splendides végétaux conifères dominèrent le monde végétal, tandis que les énormes reptiles sauriens dominaient le monde animal, a duré les 12 centièmes suivants. La Terre était alors peuplée d'êtres fantastiques, se livrant de perpétuels combats au milieu des éléments indomptés.

Ainsi, voilà, d'après l'épaisseur comparée des terrains qui se sont déposés pendant ces époques successives, voilà, dis-je, les 96 centièmes du temps écoulé occupés par une nature vivante absolument différente de celle qui embellit aujourd'hui notre globe, nature relativement formidable et grossière, aussi distincte de celle que nous connaissons que celle d'un autre monde. Qui eût alors osé soulever le voile mystérieux de l'avenir et deviner l'époque future inconnue où l'homme devait apparaître sur la planète de nouveau transformée?

La période tertiaire, pendant laquelle on voit seulement arriver les mammifères et les espèces animales qui offrent plus ou moins de rapports physiques avec l'espèce humaine, vint ensuite recueillir l'héritage de ces âges primitifs et se substituer à la période précédente. Sa durée ne s'est même pas élevée aux 3 centièmes de la durée totale.

Enfin, l'âge quaternaire a vu la naissance de l'espèce humaine et des arbres cultivés. Il ne représente pas 1 centième de l'échelle des temps.

Combien ces contemplations grandioses n'agrandissent-elles pas les idées que nous nous formons habituellement sur la nature! Nous nous imaginons remonter bien haut dans le passé en contemplant les vieilles pyramides encore debout dans les plaines de l'Egypte, les obélisques gravés d'hiéroglyphes mystérieux, les temples muets de l'Assyrie, les antiques pagodes de l'Inde, les idoles du Mexique et du Pérou, les traditions séculaires de l'Asie et des Aryas nos aïeux, les instruments du temps de l'âge de pierre, les armes de silex taillés, les flèches, les lances, les couteaux, les racloirs, les pierres de fronde de notre barbarie primitive..., nous osons à peine parler de dix mille ans, de vingt mille ans! Mais, lors même que nous admettrions cent mille

..... La Terre était alors peuplée d'êtres fantastiques, se livrant de perpétuels combats au milieu des éléments
indomptés.

ASTRONOMIE POPULAIRE.

années d'âge à notre espèce, si lentement progressive, que serait-ce encore à côté de l'amoncellement fabuleux des siècles qui nous ont précédés dans l'histoire de la planète!

En n'accordant que cent mille ans à l'âge quaternaire, âge de la nature actuelle, on voit que la période tertiaire aurait régné pendant trois cent mille ans auparavant, la période secondaire pendant douze cent mille ans, la période primaire pendant près de trois millions, et la période primordiale pendant plus de cinq millions d'années. Total : dix millions d'années! Et qu'est-ce encore que cette histoire de la vie comparée à l'histoire totale du globe, puisqu'il a fallu plus de trois cent millions d'années pour rendre la Terre solide en abaissant à 200 degrés sa température extérieure? Et combien de millions ne faudrait-il pas encore ajouter pour représenter le temps qui s'est écoulé entre cette température de 200° et celle de 70°, maximum probable de la possibilité de la vie organique.

L'étude des mondes nous ouvre dans l'ordre des temps des horizons aussi immenses que ceux qu'elle nous ouvre dans l'ordre de l'espace. Elle nous fait sentir l'éternité comme elle nous fait sentir l'infini....

Nous admirons tous aujourd'hui les beautés de la nature terrestre, les collines verdoyantes, les prairies parfumées, les ruisseaux gazouillants, les bois aux ombres mystérieuses, les bosquets animés d'oiseaux chanteurs, les montagnes couronnées de glaciers, l'immensité des mers, les chauds couchers de soleil dans les nuages bordés d'or et d'écarlate, et les sublimes levers de soleil au sommet des montagnes colorées, lorsque les premiers rayons du matin frissonnent dans les vapeurs grises de la plaine. Nous admirons les œuvres humaines qui couronnent aujourd'hui celles de la nature, les hardis viaducs jetés d'une montagne à l'autre, sur lesquels court la vapeur; les navires, édifices merveilleux qui traversent l'océan; les villes brillantes et animées; les palais et les temples; les bibliothèques, musées de l'esprit; les arts de la sculpture et de la peinture, qui idéalisent le réel; les inspirations musicales, qui nous font oublier la vulgarité des choses; les travaux du génie intellectuel, qui scrute les mystères des mondes et nous transporte dans l'infini; et nous vivons avec bonheur au milieu de cette vie si radieuse, dont nous faisons nous-mêmes partie intégrante. Mais toute cette beauté, toutes ces fleurs et tous ces fruits passeront.

La Terre est née. Elle mourra.

Elle mourra, soit de vieillesse, lorsque ses éléments vitaux seront usés, soit par l'extinction du Soleil, aux rayons duquel sa vie est suspendue.

Elle pourrait aussi mourir d'accident, par le choc d'un corps céleste qui la rencontrerait sur sa route, mais cette fin du monde est la plus improbable de toutes.

Elle peut, disons-nous, mourir de mort naturelle, par l'absorption lente de ses éléments vitaux. En effet, il est probable que l'eau et l'air diminuent. L'océan comme l'atmosphère paraissent avoir été autrefois beaucoup plus considérables que de nos jours. L'écorce terrestre est pénétrée par les eaux qui se combinent chimiquement aux roches. Il est presque certain que la température de l'intérieur du globe atteint celle de l'eau bouillante, à dix kilomètres de profondeur, et empêche l'eau de descendre plus bas ; mais l'absorption se continuera avec le refroidissement du globe([1]). L'oxygène, l'azote et l'acide carbonique, qui composent notre atmosphère, paraissent subir aussi une absorption lente. Le penseur peut prévoir, à travers la brume des siècles à venir, l'époque encore très lointaine où la Terre, dépourvue de la vapeur d'eau atmosphérique qui la protège contre le froid glacial de l'espace en concentrant autour d'elle les rayons solaires, comme dans une serre chaude, se refroidira du sommeil de la mort. Du sommet des montagnes, le linceul des neiges descendra sur les hauts plateaux et les vallées, chassant devant lui la vie et la civilisation, et masquant pour toujours les villes et les nations qu'il rencontrera sur son passage. La vie et l'activité humaines se resserreront insensiblement vers la zone intertropicale. Saint-Pétersbourg, Berlin, Londres, Paris, Vienne, Constantinople, Rome, s'endormiront successivement sous leur suaire éternel. Pendant bien des siècles, l'humanité équatoriale entreprendra vainement des expéditions arctiques pour retrouver sous les glaces la place de Paris, de Lyon, de Bordeaux, de Marseille. Les rivages des mers auront changé, et la carte géographique de la Terre sera transformée. On ne vivra plus, on ne respirera plus, que dans la zone

([1]) Notre voisine la Lune, plus jeune que la Terre puisqu'elle est sa fille, mais plus petite, plus légère et plus faible, a déjà perdu la plus grande partie de ses liquides et de ses gaz, car les innombrables cratères qui la criblent de leurs gueules béantes n'ont pu vomir leurs entrailles embrasées au milieu des tourmentes spasmodiques qui l'agitaient qu'à une époque où l'atmosphère lunaire devait être incomparablement plus épaisse qu'aujourd'hui. Peut-être assistons-nous d'ici, sans nous en douter, à l'agonie des dernières tribus de l'humanité lunaire, luttant contre l'envahissement du froid et de la mort. Ah! si ces voisins du ciel pouvaient nous parler télégraphiquement et nous raconter leur histoire !

La planète Mars, antérieure à la Terre et plus petite, paraît aussi plus avancée que nous, car ses mers n'occupent pas comme les nôtres les trois quarts du globe, et elles sont resserrées en des méditerranées longues et étroites. Sans doute l'humanité martiale est-elle actuellement parvenue à son apogée, tandis que nous sommes à peine sortis de l'état d'enfance et de barbarie.

Surpris par le froid, la dernière famille humaine a été touchée du doigt de la Mort, et bientôt ses ossements seront ensevelis sous le suaire des glaces éternelles...

équatoriale, jusqu'au jour où la dernière tribu viendra s'asseoir, déjà morte de froid et de faim, sur le rivage de la dernière mer, aux rayons d'un pâle soleil, qui n'éclairera désormais ici-bas qu'un tombeau ambulant tournant autour d'une lumière inutile et d'une chaleur inféconde. Surprise par le froid, la dernière famille humaine a été touchée du doigt de la Mort, et bientôt ses ossements seront ensevelis sous le suaire des glaces éternelles.

L'historien de la nature pourrait écrire dans l'avenir : Ci-gît l'humanité tout entière d'un monde qui a vécu ! Ci-gisent tous les rêves de l'ambition, toutes les conquêtes de la gloire guerrière, toutes les affaires retentissantes de la finance, tous les systèmes d'une science imparfaite, et aussi tous les serments des mortelles amours ! Ci-gisent toutes les beautés de la Terre.... Mais nulle pierre mortuaire ne marquera la place où la pauvre planète aura rendu le dernier soupir.

Mais peut-être la Terre vivra-t-elle assez longtemps pour ne mourir qu'à l'extinction du Soleil. Notre sort serait toujours le même, à la vérité (ce serait toujours la mort par le froid) ; mais il serait retardé à une plus longue échéance. Dans le premier cas, la nature nous réserve certainement encore quelques millions d'années d'existence ; dans le second, c'est par millions de siècles qu'il faut dénombrer les stades de l'avenir.... L'humanité sera transformée, physiquement et moralement, longtemps avant d'atteindre son apogée, longtemps avant de décroître.

Le Soleil s'éteindra. Il perd constamment une partie de sa chaleur, car l'énergie qu'il dépense dans son rayonnement est pour ainsi dire inimaginable. La chaleur émise par cet astre ferait bouillir par heure 2900 millions de myriamètres cubes d'eau à la température de la glace ! Presque toute cette chaleur se perd dans l'espace. La quantité que les planètes arrêtent au passage et utilisent pour leur vie est insignifiante relativement à la quantité perdue.

Si le Soleil se condense encore actuellement avec une vitesse suffisante pour compenser une pareille perte, ou si la pluie d'aérolithes qui doit incessamment tomber à sa surface est suffisante pour compléter la différence, cet astre ne se refroidit pas encore ; mais, dans le cas contraire, sa période de refroidissement est déjà commencée. C'est ce qui est le plus probable, car les taches qui le recouvrent périodiquement ne peuvent guère être considérées que comme une manifestation du refroidissement. Le jour viendra où ces taches seront beaucoup plus nombreuses que de nos jours, et où elles commenceront à masquer une partie notable du globe solaire. De siècle en siècle, l'obscurcissement augmentera graduellement, mais non pas régulièrement, car les premiers fragments de croûte qui recouvrirent la surface liquide incandescente ne tarderont pas à s'effondrer, pour être remplacés par de nouvelles formations. Les siècles futurs verront le Soleil s'éteindre et se rallumer, jusqu'au jour lointain où le refroidissement envahira définitivement la surface entière, où les derniers rayons intermittents et blafards s'évanouiront pour toujours, où l'énorme boulet rouge s'assombrira pour ne plus jamais revenir égayer la nature du doux bienfait de la lumière. C'est la fin des temps chantée un instant sur sa lyre légère par le chantre de Rolla :

> Le néant ! le néant ! Vois-tu son ombre immense
> Qui ronge le Soleil sur son axe enflammé ?
> L'ombre gagne et s'étend... l'éternité commence !

Déjà nous avons vu dans le ciel vingt-cinq étoiles étinceler d'une lueur spasmodique et retomber dans une extinction voisine de la mort ; déjà des étoiles brillantes saluées par nos pères ont disparu des cartes du ciel ; le Soleil n'est qu'une étoile ; il subira le sort de ses sœurs ; les soleils, comme les mondes, ne naissent que pour mourir, et dans l'éternité leur longue carrière n'aura duré, elle aussi, que « l'espace d'un matin ».

Alors le Soleil, astre obscur, mais encore chaud, électrique, et sans doute vaguement éclairé des clartés ondoyantes de l'aurore magnétique, sera un monde immense, habité par des êtres étranges. Autour de lui continueront de tourner les tombes planétaires, jusqu'au jour où la république solaire sera tout entière rayée du livre de vie et disparaîtra pour laisser la place à d'autres systèmes de mondes, à d'autres soleils, à d'autres terres, à d'autres humanités, à d'autres âmes, — nos successeurs dans l'histoire universelle et éternelle.

Telles sont les destinées de la Terre et de tous les mondes Faut-il en conclure que, dans ces fins successives, l'univers ne sera plus un jour qu'un immense et noir tombeau? Non : autrement, depuis l'éternité passée, il le serait déjà. Dieu a dû créer dès le premier instant de son existence, c'est-à-dire éternellement; et il ne cessera pas de créer mondes et êtres; autrement dit, les forces de la nature ne peuvent pas rester inactives. Les astres ressusciteront de leurs cendres. La rencontre des débris antiques fait jaillir de nouvelles flammes, et la transformation du mouvement en chaleur recrée des nébuleuses et des mondes. La Mort universelle ne régnera jamais.

LIVRE DEUXIÈME

LA LUNE

LIVRE II

LA LUNE

CHAPITRE PREMIER

**La Lune, satellite de la Terre. — Sa grandeur apparente. Sa distance.
Comment on mesure les distances célestes.**

Le clair de lune a été la première lumière astronomique. La science
a commencé dans cette aurore, et de siècle en siècle elle a conquis les
étoiles, l'univers immense. Cette douce et calme clarté dégage nos

esprits des liens terrestres et nous force à penser au ciel; puis, l'étude des autres mondes se développe, les observations s'étendent, et l'astronomie est fondée. Ce n'est pas encore le ciel, et ce n'est déjà plus la Terre. L'astre silencieux des nuits est la première étape d'un voyage vers l'infini.

Dans l'antiquité, les Arcadiens, désireux d'être regardés comme le plus ancien des peuples, n'avaient imaginé rien de mieux, pour ajouter à leur noblesse de nouveaux quartiers, que de faire remonter leur origine à une époque où la Terre n'avait pas encore la Lune pour compagne, et ils avaient pris pour titre nobiliaire le nom de *Prosélènes*, c'est-à-dire *antérieurs à la Lune*. Acceptant cette fable comme historique, Aristote raconte que les barbares qui peuplaient originairement l'Arcadie, avaient été chassés et remplacés par d'autres habitants avant l'apparition de la Lune. Théodore, plus hardi, précise l'époque de la création de notre satellite : « C'était, dit-il, peu de temps avant le combat d'Hercule. » Horace parle aussi des Arcadiens dans le même sens. Le rhéteur Ménandre, ridiculisant les prétentions des Grecs à se faire, pour ainsi dire, aussi vieux que le monde, écrivait au III siècle : « Les Athéniens prétendent être nés en même temps que le Soleil, comme les Arcadiens croient remonter au delà de la Lune, comme les habitants de Delphes croient qu'ils sont venus au monde immédiatement après le déluge. » — Au reste, les Arcadiens ne sont pas les seuls peuples qui aient prétendu avoir été témoins de l'installation de la Lune au firmament.

Nous avons vu plus haut que la Lune est fille de la Terre, qu'elle est née il y a des millions d'années — ou pour mieux dire de siècles — aux limites de l'atmosphère de la nébuleuse terrestre, longtemps avant l'époque où notre planète prit sa forme sphérique, se solidifia et devint habitable, et que par conséquent elle brillait depuis bien longtemps dans le ciel à l'époque où le premier regard humain s'éleva vers sa douce lumière et considéra son cours.

La Lune est le corps céleste le plus rapproché de nous. Elle nous appartient, pour ainsi dire, et nous accompagne dans notre destinée. Nous la touchons du doigt. C'est une province terrestre. Sa distance n'est que de trente fois la largeur de notre globe, de sorte que vingt-neuf terres soudées l'une à côté de l'autre sur une même ligne formeraient un pont suspendu suffisant pour réunir les deux mondes. Cette distance insignifiante est à peine digne du titre d'astronomique. Bien des marins, bien des voyageurs, bien des piétons même ont parcouru en navires, en chemins de fer ou même à pied, un trajet plus long que

celui qui nous sépare de la Lune. Une dépêche télégraphique s'y ren-
drait en quelques secondes, et un signal lumineux traverserait plus vite
encore cet intervalle, si nous pouvions correspondre avec les habitants
de cette province annexée par la nature même à notre patrie. Ce n'est
que la *quatre-centième* partie de la distance qui nous sépare du Soleil

Mais la frayeur est dans la lune
Où le badaud et l'ignorant
Jugent l'aérostat errant
Une planète peu commune   (1783)

et seulement la *cent-millionième* partie de la distance de l'étoile la
plus proche de nous!... Il faudrait répéter près de cent millions de
fois la distance de la Lune pour arriver aux régions stellaires....
Notre satellite est donc à tous les points de vue la première étape d'un
voyage céleste.

A l'époque de l'invention des aérostats, en 1783, lorsque pour la première fois les hommes eurent le bonheur de s'élancer dans les airs, la découverte de Montgolfier avait enthousiasmé les esprits à un tel point qu'on imaginait déjà des voyages de la Terre à la Lune et la possibilité d'une communication directe entre les mondes. Sur l'une des nombreuses et curieuses estampes de l'époque, que nous reproduisons ici, on voit un ballon atteindre la région lunaire, et dans le disque de la Lune on a dessiné sous les montagnes une esquisse de l'Observatoire de Paris et une multitude d'astronomes improvisés. Le quatrain qui accompagne ce dessin complète l'idée.

Sans nier absolument que les progrès des inventions humaines puissent un jour nous permettre de faire ce voyage, ce ne serait pas en ballon qu'il pourrait être exécuté, puisque l'atmosphère terrestre est loin de remplir l'espace qui s'étend de la Terre à la Lune. Quoique voisine, d'ailleurs, cette province ne nous touche pas précisément : sa distance réelle est de 384 000 kilomètres ou 96 000 lieues.

Qui nous prouve, dira-t-on, que ces chiffres soient exacts ? Qui nous assure que les astronomes ne se trompent pas dans leurs calculs ? Qui nous affirme même qu'ils n'en imposent pas quelquefois au public bénévole ? Voilà une première objection excellente et qui part d'un esprit sceptique, soucieux de n'être pas induit en erreur. Le doute est l'un des principaux caractères de l'esprit humain. Marié à la curiosité, il représente la cause la plus féconde du progrès. Aussi la science positive, loin d'interdire le doute, l'approuve-t-elle et veut-elle lui répondre. Aussi allons-nous procéder tout de suite par la même méthode qui nous a guidés en traitant du mouvement de la Terre : répondre aux objections, éclairer les doutes, prouver que les affirmations de l'astronomie sont des vérités démontrées et incontestables. — Peut-être un certain nombre d'esprits un peu paresseux préféreront-ils encore conserver leurs doutes que de se convaincre de la réalité. C'est leur affaire, et la conservation de leurs idées surannées n'empêchera pas le monde de tourner.

Pour mesurer les astres, on se sert des angles, et non pas d'une mesure déterminée, comme le mètre, par exemple. En effet, la grandeur apparente d'un objet dépend de sa dimension réelle et de sa distance. Dire, par exemple, que la Lune nous paraît « grande comme une assiette » (ce que j'ai souvent entendu dire parmi les auditeurs de mes cours populaires) ne donne pas une idée suffisante de ce que l'on entend par là. On voit souvent des personnes frappées de l'éclat d'une étoile filante ou d'un bolide exprimer leur observation en assurant que le météore devait avoir un mètre de longueur sur un décimètre de largeur à la tête. De telle expressions ne satisfont pas du tout les conditions du problème.

Quand on ne connaît pas la distance d'un objet, et c'est le cas général pour les astres, il n'y a qu'un seul moyen d'exprimer sa grandeur apparente : c'est de mesurer l'angle qu'elle occupe. Si plus tard on peut mesurer la distance, en combinant cette distance avec la grandeur apparente, on trouve la dimension réelle.

La mesure de toute distance et de toute grandeur est intimement liée à celle de l'angle. Pour une distance donnée, la grandeur réelle correspond exactement à l'angle mesuré. Pour un angle donné, la grandeur correspond non moins exactement avec la distance. On conçoit donc facilement que la mesure des angles soit le premier pas de la géométrie céleste. Ici le vieux proverbe a raison : il n'y a que le premier pas qui coûte. En effet, l'examen d'un angle n'a rien de poétique ni de séduisant. Mais il n'est pas pour cela absolument désagréable et fastidieux. Du reste, tout le monde sait ce que c'est qu'un angle, tel que la

fig. 46 par exemple, et tout le monde sait aussi que la mesure de l'angle s'exprime en parties de la circonférence. Une ligne Ox (fig. 47), mobile autour du centre O, peut mesurer un angle quel-

Fig. 46. — Un angle.

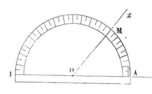
Fig. 47. — Mesure des angles.

conque, depuis A jusqu'à M et jusqu'à B, et même au delà du demi-cercle, en continuant de tourner. On a divisé la circonférence entière en 360 parties égales qu'on a appelées *degrés*. Ainsi, une demi circonférence représente 180 degrés, le quart, ou un angle droit, représente 90 degrés; un demi-angle droit est un angle de 45 degrés, etc. Sur le demi-cercle AMB on a tracé des divisions de 10 en 10 degrés, et même, pour les dix premiers degrés, au point A, on a pu tracer les divisions de degré en degré.

Un degré, c'est donc tout simplement la 360e partie d'une circonférence (fig. 48). Nous avons donc là une mesure indépendante de la distance. Sur une table de 360 centimètres de tour, un degré, c'est un centimètre; sur une pièce d'eau de 36 mètres de tour, un degré serait marqué par un décimètre, etc., etc.

L'angle ne change pas avec la distance, et qu'un degré soit mesuré sur le ciel ou sur ce livre, c'est toujours un degré.

Comme on a souvent à mesurer des angles plus petits que celui de un degré, on est convenu de partager cet angle en 60 parties, auxquelles on a donné le nom de *minutes*. Chacune de ces parties a également été partagée en 60 autres, nommées *secondes*. Ces dénominations n'ont aucun rapport avec les minutes et les secondes de la mesure du temps, et elles sont fâcheuses à cause de cette équivoque.

Le degré s'écrit, en abrégé, par un petit zéro placé en tête du chiffre (°) ; la minute, par une apostrophe (′), et la seconde par deux (″). Ainsi, l'angle actuel de l'obliquité de l'écliptique, que nous avons étudié plus haut, et qui est de 23 degrés 27 minutes 18 secondes,

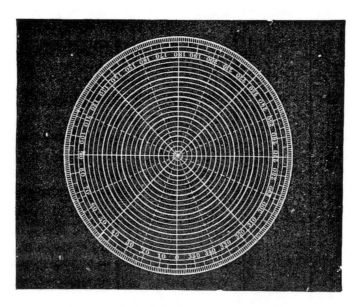

Fig. 48. — Division de la circonférence en 360 degrés.

s'écrit : 23° 27′ 18″. *Que cette notation soit bien comprise, une fois pour toutes!*

Je demande pardon à mes lecteurs (et surtout à mes lectrices) de ces détails un peu arides, mais ils n'étaient pas seulement nécessaires, ils étaient *indispensables*. Pour parler une langue, il faut au moins la comprendre. Comme l'astronomie se compose en principe de mesures, il faut que nous comprenions ces mesures. La chose n'est pas difficile, elle nous a seulement demandé un instant d'attention sérieuse.

... Un jour, le tyran de Syracuse ordonnait à l'illustre Archimède de lui épargner les principes mathématiques d'une leçon d'astronomie, qui promettait beaucoup, mais commençait un peu sévèrement. — « Continuons, repartit Archimède sans modifier le ton professoral, continuons : il n'y a point ici de chemin privilégié pour les rois. »

Il n'y a, en astronomie, de chemin privilégié pour personne, et, si l'on tient à s'instruire, il est indispensable de bien connaître d'abord les principes des mesures géométriques, qui d'ailleurs, avouons-le, sont fort intéressants par eux-mêmes. Nous venons d'apprendre, bien simplement, ce que c'est qu'un angle. Eh bien! le disque de la Lune mesure 31′24″ (31 minutes 24 secondes) de diamètre, c'est-à-dire un peu plus d'un demi-degré. Il faudrait un chapelet de 344 pleines lunes posées l'une à côté de l'autre pour faire le tour du ciel, d'un point de l'horizon au point diamétralement opposé (¹).

Si maintenant nous voulons tout de suite nous rendre compte des rapports qui relient les dimensions réelles des objets à leurs dimensions apparentes, il nous suffira de remarquer que tout objet paraît d'autant plus petit qu'il est plus éloigné, et que lorsqu'il est éloigné à 57 fois son diamètre, quelles que soient d'ailleurs ses dimensions réelles, il mesure juste un angle de un degré. Par exemple, un cercle de 1 mètre de diamètre mesure juste 1 degré, si on le voit à 57 mètres.

La Lune mesurant un peu plus de un demi-degré, on sait donc déjà, par ce seul fait, qu'elle est éloignée de nous d'un peu moins de 2 fois 57 fois son diamètre : de 110 fois.

(¹) Nous avons dit tout à l'heure qu'un degré mesuré sur le tour d'une table ayant 360 centimètres de circonférence serait de 1 centimètre. La grandeur apparente de la Lune surpasse donc un peu celle d'un petit cercle de 1 demi-centimètre de diamètre vu à 57 centimètres de l'œil (puisqu'une table mesurant 360 centimètres de tour aurait 1ᵐ,14 de diamètre). Or, on croit généralement la voir beaucoup plus grosse que ce petit cercle. Cependant, en réalité, elle est égale, pour prendre un exemple familier, à un petit pain à cacheter d'un demi-centimètre de diamètre tenu à 55 centimètres de l'œil (a peu près la longueur du bras) — ou à un pain à cacheter de 1 centimètre vu à 1 mètre 10 centimètres, — ou à un globe de 1 mètre vu à 110 mètres.

Remarquons ici que, lorsque la Lune se lève ou se couche, elle paraît énorme et plus grosse que lorsqu'elle plane dans les hauteurs du ciel. C'est là une illusion bien curieuse. Illusion de la vue, en effet; car si l'on mesure le disque lunaire à l'horizon à l'aide d'une lunette munie de fils que l'on amène tangents aux bords de la Lune, on constate qu'*en réalité elle ne paraît pas plus grande*. Au contraire, elle paraît un peu plus grande au zénith, et cela s'explique, puisqu'au zénith elle est un peu plus proche de nous. A quelle cause est due cette illusion? Les vapeurs de l'atmosphère ne jouent pas le rôle qu'on leur a attribué, puisque la mesure constate le contraire. Deux causes d'agrandissement paraissent agir ici. La première est l'aspect de la voûte apparente du ciel, qui paraît surbaissée, comme une voûte de four, de sorte que l'horizon nous semble plus éloigné que le zénith et que le même angle paraît plus grand dans la région basse que dans la région élevée (*). Essayez de partager la courbe qui va du zénith à l'horizon en deux parties égales : vous placerez toujours votre point trop bas, et vous supposerez 45° à 30°. La Grande-Ourse et Orion paraissent énormes à l'horizon. Un autre effet s'ajoute à celui-là : c'est que divers objets, des arbres, des maisons, s'interposent entre la Lune et nous la font paraître plus éloignée encore, nous portant à la supposer plus grosse que ces objets, d'autant plus qu'elle est lumineuse et qu'ils ne le sont pas.

(*) Voyez mon ouvrage sur l'*Atmosphère*, description des grands phénomènes de la nature, livre II, chap. I.

Mais cette notion ne nous apprendrait encore rien sur *la distance réelle*, ni sur *les dimensions réelles* de l'astre de la nuit, si nous ne pouvions mesurer directement cette distance.

Remarque intéressante, cette distance est appréciée depuis *deux mille ans*, avec une approximation remarquable; mais c'est au milieu du siècle dernier, en 1752, qu'elle a été établie définitivement par deux astronomes observant en deux points très éloignés l'un de l'autre, l'un à Berlin, l'autre au cap de Bonne-Espérance. Ces deux astronomes étaient deux Français, Lalande et Lacaille. Considérons un instant la *fig.* 49. La Lune est en haut, la Terre en bas. L'angle formé par la Lune sera d'autant plus petit que celle-ci sera plus éloignée, et la connaissance de cet angle montrera *quel diamètre apparent la Terre offre vue de la Lune.*

On donne le nom de *parallaxe* de la Lune à l'angle sous lequel on voit *de la Lune* le *demi-diamètre* de la Terre. Or, on a trouvé que cette parallaxe est de 57 minutes. Formons une petite table des rapports qui relient les angles aux distances.

Un angle de 1 degré correspond à une distance de...	57
— ½ degré, ou 30 minutes................	114
— 1/10 — ou 6 minutes...............	570
— 1 minute......................	3438
— ½ minute, ou 30 secondes	6875
— 20 secondes...................	10 313
— 10 secondes...................	20 626
— 1 seconde...................	206 265

On se représentera donc la grandeur d'un angle de 1 degré en sachant qu'elle est égale à celle d'un homme de 1ᵐ,70ᶜ, éloigné à 57 fois sa taille, c'est-à-dire à 97 mètres. Une feuille de papier carrée, de 1 décimètre de côté, vue à 5ᵐ,70, représente également la largeur de 1 degré. Un petit carré de carton, de 1 centimètre, vu à 34 mètres, représente 1 minute. Une ligne de 1 millimètre de largeur, tracée sur un tableau éloigné à 206 mètres, représente la largeur d'une seconde. En prenant un cheveu d'un dixième de millimètre d'épaisseur et en le portant à 20 mètres, la largeur de ce cheveu vu à cette distance représente également une seconde.

Fig. 49. — Distance exacte de la Lune.

Un tel angle est donc d'une extrême petitesse et invisible à l'œil nu.

Cette appréciation des grandeurs angulaires nous servira dans la suite pour évaluer *toutes les distances célestes*. La parallaxe de la Lune, étant de 57 minutes (presque un degré) PROUVE que la distance de cet astre est de 60¼ demi-diamètres ou rayons de la Terre (60,27). En nombre rond, c'est *trente* fois la largeur de la Terre.

Comme le rayon de la Terre est de 6 366 198 mètres, cette distance est donc de 384 400 kilomètres, ou 96 100 lieues de 4 kilomètres. C'est là un fait aussi certain que celui de notre existence.

Nous avons représenté cette distance de la Lune à une échelle proportionnelle exacte. Sur ce petit dessin, la Terre a été esquissée avec un diamètre de 6 millimètres, en ayant en face le méridien qui va de Berlin au cap de Bonne-Espérance; la Lune, avec un diamètre égal aux trois onzièmes de celui de notre globe, c'est-à-dire à 1ᵐᵐ,6, a été placée à 180 millimètres de la Terre, c'est à-dire à 30 fois son diamètre. Telle est la *proportion exacte* qui existe entre la Terre et la Lune, comme volume et comme distance. Cette distance, ainsi calculée par la géométrie, est, on peut l'affirmer, déterminée avec une précision plus grande que celles dont on se contente dans la mesure ordinaire des distances terrestres, telles que la longueur d'une route ou d'un chemin de fer. Quoique cette affirmation puisse paraître téméraire aux yeux d'un grand nombre, il n'est pas contestable que la distance qui sépare la Terre de la Lune en un moment quelconque est plus exactement connue, par exemple, que la longueur précise de la route de Paris à Marseille. (Nous pourrions même ajouter, sans commentaires, que les astronomes mettent incomparablement plus de précision dans leurs mesures que les commerçants les plus scrupuleux.)

Essayons maintenant de concevoir cette distance par la pensée.

Un boulet de canon animé d'une vitesse constante de 500 mètres par seconde, emploierait 8 jours 5 heures pour atteindre la Lune. Le son voyage en raison de 332 mètres par seconde (dans l'air, à la température de 0). Si l'espace qui sépare la Terre de la Lune était entièrement rempli d'air, le bruit d'une explosion volcanique lunaire assez puissante pour être entendue d'ici ne nous parviendrait que 13 jours 20 heures après l'événement, de sorte que si elle arrivait à l'époque de la pleine Lune, nous pourrions la voir se produire au moment où elle le fait, mais nous ne l'entendrions que vers l'époque de la nouvelle Lune suivante... Un train de chemin de fer qui ferait le tour du monde en une course non interrompue de 27 jours, arriverait à la station lunaire après 38 semaines.

Mais la lumière, qui constitue le plus rapide des mouvements connus, bondit de la Lune à la Terre en une seconde un quart !

La connaissance de la distance de la Lune nous permet de calculer
son volume réel par la mesure de son volume apparent. Puisque le
demi-diamètre de la Terre vue de la Lune mesure 57 minutes, et que le
demi-diamètre de la Lune vue de la Terre mesure 15′42″, les diamètres
de ces deux globes sont entre eux dans la même proportion. En faisant
le calcul exact, on trouve ainsi que le diamètre de notre satellite est à

Fig. 50. — Grandeur comparée de la Terre et de la Lune.

celui de la Terre dans le rapport de 273 à 1000 : c'est un peu plus du
quart du diamètre de notre monde, lequel mesure 12 732 kilomètres.
Le diamètre de la Lune est donc de 3484 kilomètres; ce qui donne pour
la circonférence 10 940 kilomètres, pour la surface du globe lunaire
38 millions de kilomètres carrés, et pour le volume 22 150 millions
de kilomètres cubes. La surface de ce monde voisin équivaut à quatre
fois environ celle du continent européen, ou, encore, à l'étendue totale
des deux Amériques. Il y aurait de quoi satisfaire l'ambition d'un
Charlemagne ou d'un Napoléon, et l'on comprend qu'Alexandre ait
regretté de ne pouvoir étendre son empire jusque-là. Mais pour l'astronome il n'y a là qu'un jouet. Le volume de la Lune est la 49ᵉ partie

du volume de la Terre. Il faudrait donc 49 Lunes réunies pour former un globe de la grosseur du nôtre. — Il en faudrait 62 millions pour en former un de la grosseur du Soleil !

On le voit, rien n'est aussi simple, rien n'est aussi sûr que ces faits en apparence merveilleux : *la mesure de la distance d'un monde et celle de son volume.* J'espère que l'on a exactement compris cette méthode si logique et si exacte de la géométrie céleste.

Ainsi, avons-nous dit, la distance moyenne de la Lune est de 384 400 kilomètres.

A cette distance, la Lune tourne autour de la Terre en une période de 27 jours 7 heures 43 minutes 11 secondes, avec une vitesse moyenne de 1017 mètres par seconde.

L'examen du mouvement de la Lune va nous faire connaître, dans l'histoire même de sa découverte, le principe fondamental du mouvement des corps célestes et de l'équilibre de la création. C'est l'examen de notre satellite qui, en effet, a conduit Newton à la découverte des lois de l'attraction universelle.

Un soir, il y a deux siècles de cela, assis dans le verger du manoir paternel, un jeune homme de 23 ans méditait. Au milieu du silence du soir, une pomme, dit-on, vint à tomber devant lui. Ce fait si simple, qui aurait passé inaperçu pour tout autre, frappe et captive son attention. La Lune était visible dans le ciel. Il se met à réfléchir sur la nature de ce singulier pouvoir qui sollicite les corps vers la Terre; il se demande naïvement *pourquoi la Lune ne tombe pas,* et, à force d'y penser, il finit par arriver à l'une des plus belles découvertes dont puisse s'enorgueillir l'esprit humain. Ce jeune homme, c'était Newton ! La découverte sur la voie de laquelle il avait été mis par la chute d'une pomme, c'est la grande loi de la gravitation universelle, base principale de toutes nos théories astronomiques, devenues si précises.

Voici par quelle série de raisonnements on peut concevoir l'identité de la pesanteur terrestre avec la force qui meut les astres.

La pesanteur, qui fait tomber les corps vers la Terre, ne se manifeste pas seulement tout près de la surface du sol, elle existe encore au sommet des édifices et même sur les montagnes les plus élevées, sans que son énergie paraisse éprouver aucun affaiblissement appréciable. Il est naturel de penser que cette pesanteur se ferait également sentir à de plus grandes distances, et si l'on s'éloigne de la Terre jusqu'à une distance de son centre égale à 60 fois son rayon, c'est-à-dire jusqu'à la Lune, il peut fort bien arriver que la pesanteur des corps vers

la Terre n'ait pas entièrement disparu. Cette pesanteur ne serait-elle
pas la cause même qui retient la Lune dans son orbite autour de la
Terre? Telle est la question que Newton s'est posée tout d'abord, et
qu'il est parvenu à résoudre de la manière la plus heureuse.

Galilée avait analysé le mouvement des corps dans leur chute vers
la Terre; il avait reconnu que la pesanteur produit sur eux toujours le
même effet dans le même temps, quel que soit leur état de repos ou de
mouvement. Dans la chute d'un corps tombant verticalement sans
vitesse initiale, elle accroît toujours la vitesse d'une même quantité
dans l'espace d'une seconde, quel que soit le temps déjà écoulé depuis
le commencement de la chute. Dans le mouvement d'un corps lancé
dans une direction quelconque, elle abaisse le corps au-dessous de la
position qu'il occuperait à chaque instant en vertu de sa seule vitesse
de projection, précisément de la quantité dont elle l'aurait fait tomber
verticalement dans le même temps, si ce corps eût été abandonné sans
vitesse initiale.

Un boulet lancé horizontalement se mouvrait indéfiniment en ligne
droite et avec la même vitesse, si la Terre ne l'attirait pas; en vertu de
la pesanteur, il s'abaisse peu à peu au-dessous de la ligne droite suivant
laquelle il a été lancé, et la quantité dont il tombe ainsi successivement au-dessous de cette ligne est précisément la même que celle dont
il serait tombé dans le même temps suivant la verticale, si on l'avait
abandonné à son point de départ sans lui donner aucune impulsion.
Prolongez la direction du mouvement imprimé tout d'abord au boulet
jusqu'à la rencontre de la muraille verticale que ce boulet vient frapper;
puis mesurez la distance qui sépare le point obtenu du point situé plus
bas, où la muraille a été frappée par le boulet : vous aurez précisément
la quantité dont le boulet serait tombé verticalement sans vitesse
initiale, pendant le temps qui s'est écoulé depuis son départ jusqu'à son
arrivée sur la muraille.

Ces notions si simples s'appliquent directement à la Lune. A chaque
instant, dans son mouvement autour de la Terre, on peut l'assimiler à
un boulet lancé horizontalement. Au lieu de continuer indéfiniment à
se mouvoir sur la ligne droite suivant laquelle elle se trouve pour ainsi
dire lancée, elle s'abaisse insensiblement au-dessous pour se rapprocher de la Terre en décrivant un arc de son orbite presque circulaire.
Elle tombe donc à chaque instant vers nous, et la quantité dont
elle tombe ainsi dans un certain temps s'obtient facilement, comme
pour le boulet, en comparant l'arc de courbe qu'elle parcourt pendant
ce temps avec le chemin qu'elle aurait parcouru pendant le même

temps sur la tangente au premier point de cet arc, si son mouvement n'avait point subi d'altération.

Voici comment s'effectue le calcul de la quantité dont la Lune tombe vers la Terre en une seconde de temps :

La Terre étant sphérique, et la longueur de la circonférence d'un de ses grands cercles (méridien ou équateur) étant de 40 millions de mètres, l'orbite de la Lune, tracée par une ouverture de compas égale à 60 fois le rayon de la Terre, aura une longueur de 60 fois 40 millions de mètres ou 2 400 millions de mètres.

La Lune met à parcourir la totalité de cette orbite 27 jours 7 heures 43 minutes 11 secondes, ce qui fait un nombre de secondes égal à 2 360 591. En divisant 2 400 000 000 mètres par ce nombre, on trouve que la Lune parcourt dans chaque seconde 1 017 mètres, un peu plus d'un kilomètre.

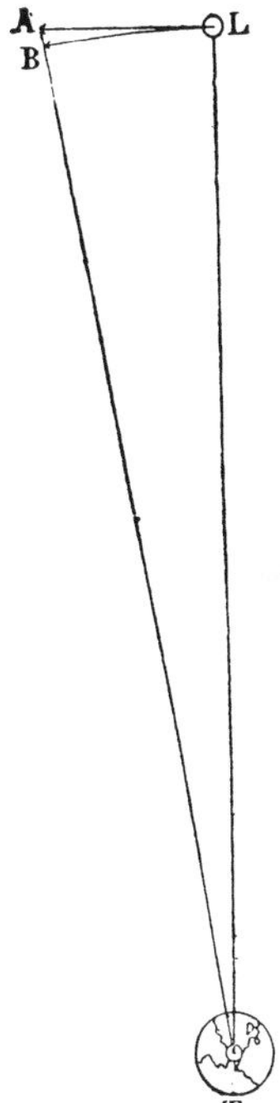

Pour en conclure la quantité dont la Lune tombe vers la Terre en une seconde, supposons qu'elle se trouve au point marqué L (*fig.* 51), à un certain moment, la Terre se trouvant au point marqué T. Lancée horizontalement de la droite vers la gauche, la Lune devrait parcourir la ligne droite LA si la Terre n'agissait pas sur elle ; mais, au lieu de suivre cette tangente, elle suit l'arc LB. Supposons que cet arc mesure 1017 mètres : ce serait le chemin parcouru en une seconde. Or, si l'on mesure la distance qui sépare le point A du point B, on trouve la quantité dont la Lune est tombée vers la Terre en une seconde, puisque, sans l'attraction de la Terre, elle se serait éloignée en ligne droite. Cette quantité est de 1^{mm},353, c'est-à-dire à peu près 1 millimètre 1/3.

Eh bien, si l'on pouvait élever une pierre à la hauteur de la Lune, et, là, la laisser tomber, elle tomberait précisément vers la Terre avec cette même vitesse de 1^{mm} 1/3 dans la première seconde de chute. La pesanteur diminue à mesure qu'on s'éloigne du centre de la Terre, en

Fig. 51. — Explication du mouvement de la Lune.

raison inverse du carré de la distance, c'est-à-dire de la distance multipliée par elle-même. Ainsi, à la surface de la Terre, une pierre qui tombe parcourt 4 mètres 90 centimètres dans la première seconde de chute. La Lune est à 60 fois la distance de la surface au centre de la Terre. La pesanteur est donc diminuée, en ce point, de 60 × 60, ou 3600. Pour savoir de quelle quantité tomberait en une seconde une pierre élevée à cette hauteur, il nous suffit donc de diviser 4^m, 90 par 3600. Or, $\frac{4\cdot 90}{3600} = 1^{mm}$, 353, c'est-à-dire juste la quantité donc la Lune s'éloigne par seconde de la ligne droite.

Pourquoi la Lune ne tombe-t-elle pas tout à fait? Parce qu'elle est lancée dans l'espace comme un boulet. Tout autre corps, boulet ou autre, lancé avec la même vitesse, à cette distance de la Terre, ferait exactement comme la Lune. La vitesse de son mouvement (plus d'un kilomètre par seconde) produit, comme une pierre dans une fronde, une force centrifuge dont la tendance est de l'éloigner de nous, *précisément de la même quantité* dont elle tend à se rapprocher à cause de l'attraction, ce qui fait qu'elle reste toujours à la même distance !

La vitesse du mouvement de la Lune autour de la Terre vient de la force même de notre planète. La Terre est la main qui fait tourner la Lune dans la fronde. Si notre planète avait plus de force, plus d'énergie qu'elle n'en a, elle ferait tourner son satellite plus rapidement; si, au contraire, elle était plus faible, elle ferait tourner cette fronde moins vite. La vitesse du mouvement de la Lune donne exactement la mesure de la force de la Terre.

Il en est de même du Soleil relativement à la Terre, et du mouvement de translation annuelle de la Terre autour de lui. Si le Soleil augmentait de poids, les planètes tourneraient plus vite autour de lui, et l'année terrestre diminuerait de longueur. S'il diminuait de masse, ce serait le contraire.

A l'époque où Newton essaya de faire cette comparaison entre la pesanteur à la surface de la Terre et la force qui retient la Lune dans son orbite, le diamètre du globe terrestre n'était pas connu avec une exactitude suffisante. Le résultat ne répondit pas complètement à son attente : il trouva pour la quantité dont la Lune tombe vers la Terre en une seconde, un peu moins d'un vingtième de pouce; mais, bien que la différence ne fût pas grande, elle lui parut suffisante pour l'empêcher de conclure à l'identité qu'il espérait trouver. La cause qui l'avait arrêté dans cette circonstance ne fut expliquée que seize ans plus tard. Pendant l'année 1682, assistant à une séance de la Société Royale de Londres, il y entendit parler de la nouvelle mesure de la Terre faite par l'astronome français Picard, se fit communiquer le résultat auquel cet astronome était parvenu, revint aussitôt chez lui, et, reprenant le calcul qu'il avait essayé seize ans auparavant, il se mit à le refaire avec ces nouvelles données... Mais, à mesure qu'il avançait, comme l'effet plus avantageux des nouveaux nombres se faisait sentir, et que la tendance favorable des résultats vers le but désiré devenait

Un jeune homme de 23 ans, Newton, rêvait un soir.....

de plus en plus évidente, il se trouva tellement ému, qu'il ne put continuer davantage son calcul, et pria un de ses amis de l'achever.

C'est qu'en effet le succès de la comparaison que Newton cherchait à établir devenait complet, et ne permettait pas de douter que la force qui retient la Lune dans son orbite ne fût bien réellement la même que celle qui fait tomber les corps à la surface de la Terre, diminuée d'intensité dans le rapport indiqué du carré des distances.

Newton avait d'ailleurs trouvé par des méthodes de calcul dont il était l'inventeur, que, sous l'action d'une pareille force dirigée vers le Soleil, chaque planète devait décrire une ellipse ayant un de ses foyers au centre même du Soleil; et ce résultat était conforme à l'une des lois du mouvement des planètes établies par Képler à l'aide d'une longue suite d'observations. Il était donc autorisé à dire que les planètes pèsent ou gravitent vers le Soleil, de même que les satellites pèsent ou gravitent vers les planètes dont ils dépendent; et que la pesanteur des corps sur la Terre n'est qu'un cas particulier de la gravitation manifestée dans les espaces célestes par le mouvement de révolution des planètes autour du Soleil et des satellites autour des planètes.

Quoi de plus naturel, dès lors, que de généraliser cette idée en disant que les divers corps matériels répandus dans l'espace pèsent ou gravitent les uns vers les autres, suivant cette belle loi qui a pris place dans la science sous le nom d'*attraction* ou de *gravitation universelle!*

Les progrès de l'Astronomie ont absolument démontré l'universalité de cette force (dont nous ignorons d'ailleurs la cause et l'essence intime). On l'exprime par cette formule qu'il importe de retenir :

La matière attire la matière, en raison directe des masses et en raison inverse du carré des distances.

Nous développerons plus loin ces lois, au chapitre du mouvement des planètes autour du Soleil (livre III, ch. 1er).

Ainsi fut découverte l'énigme des mouvements célestes. Toujours préoccupé de ses recherches profondes, le grand Newton était, dans les affaires ordinaires de la vie, d'une distraction devenue proverbiale... On raconte qu'un jour, cherchant à déterminer le nombre de secondes qu'exige la cuisson d'un œuf, il s'aperçut, après une minute d'attente, qu'il tenait l'œuf à la main et avait mis cuire sa montre à secondes, bijou du plus grand prix, pour sa précision toute mathématique!

Cette distraction rappelle celle du mathématicien Ampère, qui, un jour qu'il se rendait à son cours, remarqua un petit caillou sur son chemin, le ramassa, et en examina avec admiration les veines bigarrées.

Tout à coup, le cours qu'il doit faire revient à son esprit; il tire sa montre; s'apercevant que l'heure approche, il double précipitamment le pas, remet soigneusement le caillou dans sa poche, et lance sa montre par-dessus le parapet du pont des Arts (¹).

Mais ne poussons pas nous-mêmes ici la distraction jusqu'à oublier le sujet de notre chapitre. La Lune, avons-nous dit, tourne autour de la Terre en une révolution dont la durée est de 27 jours 7 heures 43 minutes 11 secondes, avec une vitesse qui surpasse un kilomètre par seconde, soixante kilomètres par minute, et qui crée une force centrifuge tendant à éloigner à chaque instant la Lune juste de la quantité dont l'attraction de notre globe tend à la rapprocher, de telle sorte, qu'en définitive, elle demeure suspendue dans l'espace, toujours à la même distance moyenne. L'orbite qu'elle décrit autour de nous mesure environ 600 000 lieues de longueur.

Si la Lune pouvait être arrêtée sur son chemin, la force centrifuge serait supprimée, elle obéirait dès lors uniquement à l'attraction de la

(¹) Ampère était, du reste, d'une distraction vraiment étourdissante. A l'École polytechnique, quand il avait achevé une démonstration sur le tableau, « il ne manquait presque jamais, dit Arago, d'essuyer les chiffres avec son mouchoir et de remettre dans sa poche le torchon traditionnel, toutefois, bien entendu, après s'en être préalablement servi. »

On l'a vu un jour prendre le fond d'un fiacre pour un tableau, y tracer à la craie des formules de calcul et suivre le tableau ambulant pendant un quart d'heure sans paraître s'apercevoir de la marche du fiacre. (Il faut avouer, au surplus, que bien souvent le voyageur lui-même ne s'en aperçoit pas davantage.)

Un matin, il avait écrit sur sa porte, pour éviter des visites importunes : M. Ampère est sorti. » Puis, il était parti lui-même en oubliant son parapluie. Comme la pluie commençait à tomber, il retourna sur ses pas; mais les mots qu'il avait écrits sur sa porte l'arrêtèrent, et, après avoir inutilement sonné, il partit par la pluie sans réfléchir qu'il avait la clé dans sa poche.

Un autre savant, le Père Beccaria, poursuivi par le souvenir d'une recherche électrique, ne s'avisa-t-il pas, un jour, en chantant la messe, de s'écrier de toute la puissance de sa voix, au lieu de *Dominus vobiscum :* « L'expérience est faite » (*l'esperienza è fatta*). Cette distraction amena l'interdiction de l'illustre physicien.

Puisque nous parlons de distractions, il en est une de M. de Laborde qui n'est pas moins singulière. Il assistait à la messe de mariage d'une de ses nièces, et, comme la cérémonie terminée, on se mettait en mouvement pour sortir de l'église, il dit à son voisin, avec lequel il marchait : « Allez-vous jusqu'au cimetière ? »

En voici une dernière, qui dépasse les bornes : « Madame de Gordan, écrit la princesse Palatine dans ses *Mémoires*, était toujours plongée dans ses rêveries. Une fois, étant au lit, croyant cacheter une lettre, elle avait apposé le cachet sur sa cuisse et s'était horriblement brûlée. Elle avait l'habitude de cracher indifféremment tout autour d'elle. Un jour, elle cracha dans la bouche de ma femme de chambre, qui bâillait en ce moment. Je crois que si je ne m'y fusse interposée, la femme de chambre l'aurait battue, tant elle était en colère... » C'est la princesse Palatine qui écrit textuellement ! C'est cette même dame, si singulièrement distraite, qui ne pouvait jamais parler à un seigneur de la cour sans le prendre par un bouton de son habit et sans déboutonner petit à petit son costume....

Les distractions sont excusables chez les Newton et chez les Ampère.

Terre et elle tomberait sur nous, d'après le calcul que j'en ai fait, en 4 jours 19 heures et 54 minutes 57 secondes, ou 417 297 secondes. Nous laissons à nos lecteurs le soin de deviner quel genre de surprise une chute aussi formidable apporterait aux habitants de la Terre.

Pendant que la Lune tourne autour de la Terre, celle-ci tourne autour du Soleil. Dans un intervalle de 27 jours, elle accomplit donc environ un treizième de sa révolution annuelle. Cette translation de le

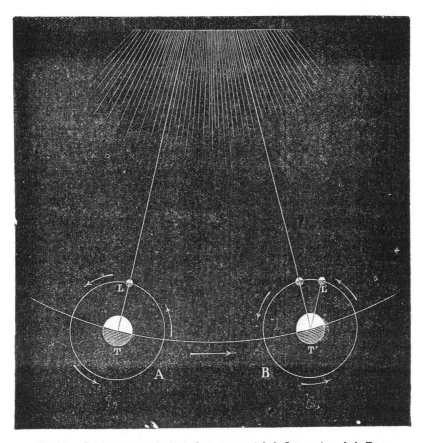

Fig. 53. — Différence entre la durée du mouvement de la Lune autour de la Terre et la durée de la lunaison.

Terre, qui emporte avec elle la Lune dans son cours, est cause que la période des phases lunaires, ou de la lunaison, est plus longue que celle de la révolution réelle de notre satellite.

La Lune est un globe obscur, comme la Terre, qui n'a aucune lumière propre, et n'est visible dans l'espace que parce qu'elle est éclairée par le Soleil. Celui-ci en éclaire, naturellement, toujours la moitié, ni plus ni moins. Les phases varient suivant la position de la Lune relativement à cet astre et à nous-mêmes. Lorsque la Lune se trouve entre nous et le Soleil, son hémisphère éclairé étant naturellement tourné du côté de l'astre lumineux, nous ne le voyons pas : c'est l'époque de la nouvelle lune. Lorsqu'elle forme un angle droit avec le Soleil, nous voyons la moitié de l'hémisphère éclairé : c'est l'époque des quartiers. Lorsqu'elle passe derrière nous relativement au Soleil, elle nous présente de face tout son hémisphère illuminé : c'est la pleine lune. Pour nous rendre compte de la différence de durée entre la période des phases et la révolution de la Lune (et c'est là une différence que les commençants ont quelquefois une certaine peine à bien comprendre), considérons notre satellite au moment de la nouvelle lune. Dans cette position, nous pouvons nous figurer la Terre, la Lune et le Soleil échelonnés sur une même ligne droite. Soit, par exemple, la position que nous avons représentée sur le dessin A de la *fig.* 53. La Lune se trouve juste entre la Terre et le Soleil, au moment de la nouvelle lune. Pendant qu'elle tourne autour de nous dans le sens indiqué par la flèche, le système entier de la Terre et de la Lune se transporte tout d'une pièce de la gauche vers la droite, et, lorsque notre satellite a accompli une révolution précise, au bout de 27 jours, la Terre et la Lune se trouvent respectivement aux positions T′ L′. Les deux lignes TL et T′ L′ sont parallèles. Si une étoile, par exemple, s'était trouvée juste dans la direction de la première ligne, elle se retrouverait de nouveau dans la direction de la seconde. Mais, pour que la Lune revienne de nouveau devant le Soleil, il faut qu'elle marche encore pendant 2 jours 5 heures environ (pendant 2 jours 5 heures 0 minute et 52 secondes). Le Soleil a reculé vers la gauche, par suite de la perspective de notre translation. Il en résulte que la durée de la lunaison, ou du retour de la nouvelle lune, est de 29 jours 12 heures 44 minutes et 3 secondes. C'est ce qu'on appelle la révolution *synodique* de la Lune. La révolution réelle se nomme la révolution *sidérale*. Il y a, comme on le voit, entre les deux, une différence analogue à celle que nous avons remarquée (p. 23) entre la durée de la rotation de la Terre et la durée du jour solaire.

Le mouvement propre de la Lune, de l'ouest à l'est, et la succession des phases, peuvent être considérés comme les plus anciens faits de l'observation du ciel et comme la première base de la mesure du temps et du calendrier.

CHAPITRE II

Les phases de la Lune. La semaine.

Nos pères vivaient en communication plus intime que nous avec la nature. Ils n'avaient ni la vie artificielle, ni l'hypocrisie, ni les soucis de la vie moderne. Ce sont eux qui ont jeté les premières bases des sciences par l'observation directe des phénomènes naturels. Si l'astronomie est la plus ancienne des sciences, l'observation de la Lune est la plus ancienne de toutes les observations astronomiques, parce qu'elle a été la plus simple, la plus facile et la plus utile. Le globe solitaire de la nuit verse sa douce et calme clarté, qui tombe comme une rosée lumineuse au milieu du silence et du recueillement de la nature. La succession de ses phases a fourni aux pasteurs comme aux voyageurs la première mesure du temps, après celle du jour et de la nuit, due à la rotation diurne de notre planète. Le croissant lunaire, dans sa mélancolique clarté, donne à la nature un calendrier pastoral.

Dans le cours d'un mois environ, notre compagne fait le tour entier du ciel, en sens contraire du mouvement diurne ; et tandis qu'elle paraît se lever et se coucher comme tous les autres astres, en marchant d'orient en occident, elle retarde chaque soir de trois quarts d'heure et semble rester en arrière des étoiles ou reculer vers l'orient. Ce mouvement est très sensible, et il suffit d'examiner la position de la Lune trois jours de suite pour s'en rendre compte. Si elle est, par exemple, voisine d'une belle étoile, elle s'en détache et s'en éloigne pour faire le tour du ciel à contre-sens du mouvement diurne : à la fin du premier jour, elle en est éloignée de 13°; le second jour, elle en est à 26°; le troisième, à 39°, etc. ; enfin, après 27 jours, elle s'en est éloignée de 360°, et, par conséquent, elle est revenue rejoindre par le côté opposé; ainsi, elle se retrouve au même point où elle paraissait le mois d'auparavant, après avoir paru répondre successivement aux étoiles qui sont tout autour du ciel.

Les *phases* de la Lune ont dû être plus rapidement remarquées que son mouvement. Lorsqu'elle commence à se dégager le soir des rayons du Soleil, elle présente la forme d'un croissant très délié dont la convexité est circulaire et se trouve tournée vers le Soleil, et dont la concavité, légèrement elliptique, fait face à l'orient. Ce cercle et cette ellipse paraissent se couper sous des angles très aigus en deux points diamétralement opposés qu'on appelle les cornes.

La largeur du croissant va graduellement en augmentant ; dans l'espace de cinq à six jours, l'astre des nuits atteint la forme d'un demi-cercle : la partie lumineuse est alors terminée par une ligne droite, et nous disons que la Lune est « dichotome » ou qu'elle est en quadrature : c'est son *premier quartier*. On l'aperçoit facilement pendant le jour.

En continuant de s'éloigner du Soleil, elle affecte la forme ovale et augmente en lumière pendant 7 à 8 jours, après lesquels elle devient tout à fait circulaire ; son disque entier et lumineux brille pendant toute la nuit : c'est l'époque de la *pleine lune* ou de l'*opposition ;* on la voit passer au méridien à minuit, et se coucher dès que le Soleil se lève ; tout annonce alors qu'elle est directement opposée au Soleil par rapport à nous, et qu'elle brille parce que l'astre lumineux l'éclaire en face et non plus de côté.

Après la pleine lune arrive le décours, qui donne les mêmes phases et les mêmes figures présentées pendant l'accroissement ; elle est d'abord ovale, puis arrive insensiblement à la forme d'un demi-cercle (*dernier quartier*). Ce demi-cercle diminue ensuite et offre l'aspect d'un croissant, qui devient chaque jour plus étroit, et dont les cornes sont toujours élevées, et du côté le plus éloigné du Soleil. La Lune, alors, se trouve avoir fait le tour du ciel ; on la voit se lever le matin un peu avant le Soleil dans la même forme qu'elle avait le premier jour de l'observation ; elle se rapproche du Soleil et se perd enfin dans ses rayons ; nous voici revenus à la *nouvelle lune*, ou la conjonction, autrefois la *néoménie*.

Nous avons déjà vu que la série d'aspects divers sous lesquels la Lune se présente à nous a pour durée le temps de la révolution de cet astre par rapport au Soleil, ou 29 jours 12 heures. Les époques de la nouvelle et de la pleine lune s'appellent aussi les *syzygies*, et celles des quartiers *les quadratures*.

Il est évident que le moment où la Lune devient nouvelle, en d'autres termes le moment où le mois lunaire commence, ne peut être déterminé par une observation immédiate, à moins qu'à cet instant précis, nommé la *conjonction*, la Lune passe juste devant le Soleil et produise une éclipse.

Quel est le plus court intervalle après ou avant la conjonction où l'on ait aperçu la Lune à l'œil nu ? La solution doit intéresser particu-

lièrement les Musulmans, attendu que la fin du jeûne du ramadan est
déterminée par la première apparition de la Lune. Des millions de per-

Le croissant lunaire, dans sa mélancolique clarté, donne à la nature un calendrier pastoral.

sonnes étant dès lors attentives à ce phénomène, ce serait dans
l'Orient surtout que nous trouverions la réponse la plus précise.

Hévélius assure que, dans la zone torride, Améric Vespuce a vu dans
le même jour la Lune à l'orient et à l'occident du Soleil; mais, en Allemagne, où il observait, il n'a jamais pu l'apercevoir plutôt que 40 heures

après sa conjonction, ou plus tard que 27 heures avant, quoique Képler ait assuré qu'on pouvait la distinguer même en conjonction, lorsque sa latitude est de 5 degrés.

On voit distinctement après la nouvelle lune que le croissant qui en forme la partie la plus lumineuse est accompagné d'une lumière faible répandue sur le reste du disque, qui nous permet de distinguer toute la rondeur de la Lune; c'est ce qu'on appelle la *lumière cendrée*.

La Terre réfléchit la lumière du Soleil vers la Lune, comme la Lune la réfléchit vers la Terre. Quand la Lune est en conjonction pour nous

Fig. 55. — La lumière cendrée de la Lune.

avec le Soleil, la Terre est pour elle en opposition ; c'est proprement pleine Terre pour l'observateur qui serait dans la Lune. La clarté que la Terre répand dans l'espace est telle, que la Lune en est illuminée beaucoup plus que nous ne le sommes par un beau clair de lune, lequel pourtant nous permet déjà de distinguer tous les objets.

Les anciens eurent beaucoup de peine à expliquer la cause de cette lumière secondaire : les uns l'attribuaient à la Lune même, ou transparente ou phosphorique, les autres aux étoiles fixes. Képler assure que Tycho l'attribuait à la lumière de Vénus, et que Mœstlin, dont Képler se déclarait le disciple, fut le premier qui expliqua, en 1596, la véritable cause de cette lumière cendrée. Mais elle avait déjà été expliquée par le célèbre peintre Léonard de Vinci, mort en 1518.

La lumière cendrée paraît beaucoup plus vive quand on se place de manière que quelque toit cache la partie lumineuse de la Lune, laquelle efface un peu la lumière secondaire. Celle-ci est suffisante alors pour

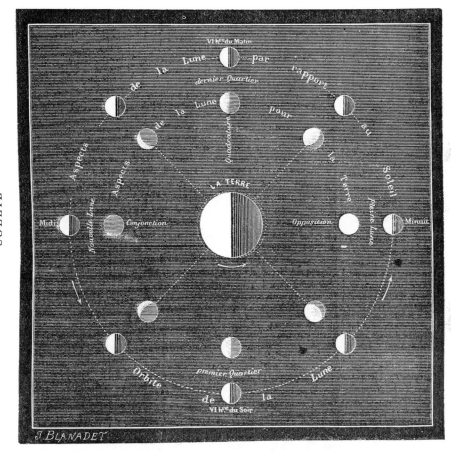

Fig. 56. — Les phases de la Lune.

nous faire distinguer les grandes taches de la Lune, surtout vers le troisième jour de la lunaison.

Elle disparaît presque entièrement quand la Lune est en quadrature : 1° parce que la Terre envoie alors quatre fois moins de rayons vers la Lune; 2° parce que la phase de la Lune, devenue 4 à 5 fois plus grande, nous empêche de la distinguer. Par la même raison, cette lumière cendrée paraît un peu plus vive après le dernier quartier, c'est-à-dire le matin, parce que d'une part la partie orientale de la Terre réfléchit mieux la lumière solaire que la partie occidentale, où les eaux de la mer absorbent les rayons, et que d'autre part la région orientale de la Lune est un peu plus foncée elle-même, à cause des taches obscures qui s'y trouvent. (On peut remarquer aussi que notre vue est alors plus sensible, et que la prunelle est plus dilatée après les ténèbres de la nuit qu'après l'éclat du grand jour.) La lumière cendrée, reflet d'un reflet, ressemble à un miroir dans lequel on verrait l'état lumineux de la Terre. En hiver, quand la plus grande partie d'un hémisphère terrestre est couvert de neige, elle est sensiblement plus claire. Avant la découverte géographique de l'Australie, les astronomes avaient deviné l'existence de ce continent par la lumière cendrée, beaucoup trop claire pour pouvoir être produite par le reflet sombre de l'Océan.

La lumière cendrée présente un autre phénomène optique fort sensible : c'est la dilatation apparente du croissant lumineux, qui paraît être d'un diamètre beaucoup plus grand que le disque obscur de la Lune. Les Anglais appellent cet aspect « la vieille Lune dans les bras de la nouvelle. » Cet effet provient du contraste d'une grande lumière placée à côté d'une petite ; l'une efface l'autre, et la tue, comme disent les peintres ; le croissant paraît enflé par un débordement de lumière qui élargit le disque de la Lune ; l'atmosphère illuminée augmente encore cette illusion.

Remarque assez étrange : les peintres et les dessinateurs mettent généralement la Lune à l'envers lorsqu'ils représentent le croissant du soir ; au lieu de le tourner vers le Soleil couchant, c'est-à-dire à droite et en bas (comme dans la *fig.* 55), ce sont les cornes qu'ils tournent vers le Soleil !

Ce sont ces phases et ces aspects de la Lune qui ont donné naissance autrefois à l'usage de mesurer le temps par mois et par semaines de sept jours, à cause du retour des phases de la Lune en un mois, et parce que la Lune, tous les sept jours environ, paraît pour ainsi dire sous une forme nouvelle. Aussi les phases lunaires ont-elles formé la première mesure du temps ; il n'y avait dans le ciel aucun signal dont les différences, les alternatives et les époques fussent plus remarquables. On trouvait un avertissement perpétuel ; les familles nouvellement formées et dispersées dans les campagnes se réunissaient sans méprise au terme convenu de quelque phase de la Lune.

La *Néoménie* servit à régler les assemblées, les sacrifices, les exercices publics. On comptait la Lune du jour où l'on commençait à l'apercevoir. Pour la découvrir aisément, on s'assemblait le soir sur les hauteurs. La première apparition du croissant lunaire était épiée avec soin, constatée par le grand-prêtre et annoncée au son des trompettes. Les nouvelles lunes qui concouraient avec le renouvellement des quatre saisons, étaient les plus solennelles ; on y trouve l'origine des « quatre temps » de l'Église, comme on trouve celle de la plupart de nos fêtes dans les cérémonies des anciens. Les Orientaux, les Chaldéens, les Egyptiens, les Juifs observaient religieusement cet usage.

La fête de la nouvelle lune était également célébrée chez les Ethiopiens, chez les Sabéens de l'Arabie heureuse, chez les Perses et chez les Grecs. Les Olympiades, établies par Iphitus, commençaient à la nouvelle lune. Les Romains avaient aussi cette fête (Horace en fait mention); on la retrouve actuellement chez les Turcs. La cérémonie du gui, chez les Gaulois, se faisait à la même époque, et le Druide portait un croissant, comme on le voit sur les figures anciennes. On a trouvé le même usage en pratique chez les Chinois, parmi les Caraïbes de l'Amérique, ainsi que chez les Péruviens et dans l'île de Taïti. Les Tasmaniens, peuple sauvage dont le dernier représentant est mort en 1876, et dont on a pu suivre les usages depuis un siècle, offraient les mêmes coutumes. Ainsi les jours des nouvelles lunes étaient naturellement affectés chez les peuples primitifs à certaines cérémonies.

Dans les premiers calendriers, l'administration publique dut donc prédire longtemps d'avance quel jour de l'année les néoménies seraient célébrées. Un oracle avait prescrit aux Grecs le respect sacré de l'antique usage. On conçoit d'après cela combien il était important pour les anciens de découvrir une période pouvant ramener les phases de la Lune aux mêmes jours de l'année. Cette découverte nous a été conservée sous le nom de *Méton*, qui l'an 433 avant notre ère l'annonça aux Grecs réunis pour célébrer les jeux olympiques. Voici en quoi elle consiste : Une phase quelconque de la Lune revient après un intervalle de 29 jours et demi. Or, il se trouve que dix-neuf années solaires ou 6940 jours contiennent presque exactement 235 lunaisons. Donc, après 19 années, les mêmes phases de la Lune reviennent aux mêmes jours de l'année, aux mêmes dates, en sorte qu'il suffisait d'avoir remarqué ces dates pendant dix-neuf ans, pour qu'on pût les connaître à l'avance pendant toutes les périodes suivantes de même étendue. Cette combinaison, n'est en défaut que d'un jour sur 312 ans.

Cette découverte parut si belle aux Grecs, qu'on en exposa le calcul en lettres d'or sur les places publiques, pour l'usage des citoyens, et qu'on appela *nombre d'or* l'année courante de cet espace de 19 ans qui ramenait sensiblement la Lune en conjonction avec le Soleil au même point du ciel, ou au même jour de l'année solaire. Ce nombre est resté dans le calendrier ecclésiastique, lequel est réglé plutôt sur le mouvement de la Lune que sur celui du Soleil.

Le cycle lunaire est donc un espace de 19 années, dont cinq sont bissextiles, ou de 6940 jours, dans lequel il arrive 235 lunaisons ; en sorte qu'au bout de 19 ans les nouvelles lunes reviennent au même degré du zodiaque et par conséquent au même jour de l'année que 19 ans auparavant (¹). On appelle la première année d'un cycle lunaire celle où la nouvelle lune arrive le 1ᵉʳ janvier, et l'on appelle *nombre d'or* l'année du cycle lunaire dans laquelle on se trouve.

La semaine a aussi, comme nous l'avons vu plus haut, la Lune pour origine : c'est la mesure naturelle créée par les quatre phases de la Lune. Aussi est-elle d'une origine très ancienne : les Egyptiens, les Chaldéens, les Juifs, les Arabes, les Chinois, l'avaient en usage dès les temps les plus reculés. Les sept premiers astres de la mythologie antique, étant en nombre égal à celui des jours de la semaine, en ont été considérés comme les divins protecteurs, et les noms que ces jours portent encore aujourd'hui proviennent de ceux du Soleil, de la Lune et des cinq planètes, comme il est facile de s'en rendre compte :

Dimanche	est le jour	du Soleil.
Lundi	—	— de la Lune.
Mardi	—	— de Mars.
Mercredi	—	— de Mercure.
Jeudi	—	— de Jupiter.
Vendredi	—	— de Vénus.
Samedi	—	— de Saturne.

Il en est de même dans presque toutes les langues modernes. Dans son langage canonique, toutefois, l'église n'a pas accepté ces noms

---

(¹) Cette règle sert à déterminer d'avance les dates des fêtes de l'Eglise d'après la date de Pâques. La fête de Pâques, en effet, est fixée au dimanche qui suit la pleine lune de l'équinoxe. Les computistes admettent que l'équinoxe de printemps arrive toujours le 21 mars, et donnent chaque année pour date à la fête de Pâques le premier dimanche après la pleine lune qui suit le 21 mars. Il résulte de là que Pâques ne peut pas arriver plus tôt que le 22 mars ni plus tard que le 26 avril, et peut par conséquent occuper trente-cinq places différentes. Les fêtes mobiles du calendrier ecclésiastique avancent ou reculent chaque année, étant réglées sur celle de Pâques, prise pour point de départ.

Ajoutons que la lune dont les computistes se servent pour faire leurs calculs d'avance n'est pas la vraie, mais une lune moyenne imaginée pour faciliter les calsuls, et qu'on appelle la lune ecclésiastique. Cette lune fictive régulière peut arriver à son plein un jour ou deux avant ou après la lune vraie. De là des différences parfois inexplicables pour le public. Ainsi, par exemple, tout récemment, en 1876, la pleine lune, qui suivait le 21 mars, est arrivée le 8 avril ; ce jour était un samedi ; Pâques aurait donc dû être fixé au lendemain 9 avril : or, il a été fixé au 16, d'après la lune ecclésiastique, qui, théoriquement, retardait de quelques heures sur la vraie.

païens, et elle nomme ainsi les sept jours : Dominica, — Feria secunda,
— tertia, — quarta, — quinta, — sexta, — et Sabbato, legs israélite.

L'ordre des dénominations, qui n'est pas celui de l'éclat des astres,
ni celui de leurs mouvements et de leurs distances, a une origine astrologique que l'on retrouve en traçant la figure 57. Sur ce diagramme,
plaçons les sept astres errants connus des anciens dans l'ordre de leurs
distances admises à cette époque antique, c'est-à-dire dans celui-ci :

La Lune..............	☾	Mars	♂
Mercure..............	☿	Jupiter	♃
Vénus....	♀	Saturne..............	♄
Le Soleil	☉		

Plaçons-les, disons-nous, à des distances égales le long de la
circonférence, et réunissons-les l'un à l'autre par une corde : nous

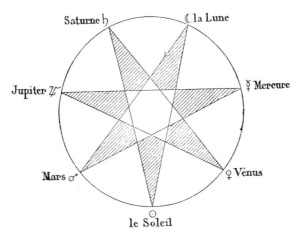

Fig. 57. — Origine astrologique des jours de la semaine.

produirons par là une figure cabalistique fort appréciée des anciens
astrologues, l'heptacorde, étoile de sept rayons encadrée d'un cercle.
Eh bien ! partons de la Lune et suivons la ligne qui nous conduit
vers Mars ; de Mars, reprenons l'autre corde qui nous porte vers
Mercure ; d'ici, suivons le trait qui nous mène à Jupiter ; puis, de là, à
Vénus, de Vénus à Saturne, et de Saturne au Soleil, et nous revenons
à la Lune après avoir nommé *les sept jours de la semaine dans leur
ordre véritable.*

Est-ce ainsi que l'ordre de dénomination des jours de la semaine a
été réellement formé ? Il est difficile de retrouver la source authentique.
Dion Cassius, historien grec du IIe siècle, assure que cet usage vient
des Egyptiens et repose sur deux systèmes. Le premier consiste à

compter les heures du jour et de la nuit en attribuant la première à Saturne, la deuxième à Jupiter, la troisième à Mars, etc. (ordre ancien en commençant par la planète la plus éloignée). Si l'on fait cette opération pour les vingt-quatre heures, on trouve que la première heure du deuxième jour revient au Soleil, la première heure du troisième jour à la Lune, et ainsi de suite. Ainsi chaque jour aurait été désigné sous le nom de la divinité de la première heure.

Chacun peut vérifier ce procédé, et il est possible qu'il soit, en effet, la cause première des désignations.

Le second, dont parle aussi le même auteur, est un rapport fondé sur la musique, et ayant pour base l'intervalle de la quarte. Si, en effet, chaque planète représente un ton, en commençant par Saturne, et supprimant Jupiter et Mars, la quarte est donnée par le Soleil, puis, supprimant Vénus et Mercure, par la Lune, puis, supprimant Saturne et Jupiter, par Mars, et ainsi de suite.

Quel que soit celui des trois procédés qui ait servi, le point intéressant pour nous est de savoir que la division du temps par périodes de sept jours est de la plus haute antiquité et due aux phases de la Lune, mais qu'elle n'a pas été en usage chez tous les peuples, puisque les Grecs et les Romains ne s'en servaient pas, les premiers ayant des semaines de dix jours (décades) et les seconds comptant par calendes, ides et nones. Mais il devint d'un usage à peu près général vers le premier siècle de notre ère, et l'étymologie latine est restée :

Dies Solis.	*Jovis dies.*
Lunæ dies.	*Veneris dies.*
Martis dies.	*Saturni dies.*
Mercuri dies.	

Constantin, en élevant le christianisme au trône, transforma le jour du Soleil en jour du Seigneur, et *dies Solis* devint *dies dominica* d'où est venu *dominche* et *dimanche*. On s'explique toutes les autres étymologies, à l'exception de la dernière, car il n'y a guère de rapport entre *Saturni dies* et *samedi*. Le jour de Saturne s'appelait chez les Juifs le jour du sabbat, et longtemps nous avons conservé le *dies Sabbati*, qu'on trouve encore en 1791 dans le programme des cours du Collège de France, rédigé en latin comme tout le reste aux siècles passés. Mais il est aussi difficile de faire dériver samedi de Sabbati que de Saturni. Le dieu Soleil des Assyriens et des Arabes se nomme *Sams* dans cette dernière langue, qui pendant tout le moyen âge servit à la nomenclature astronomique. De ce mot a-t-on formé Sams-di,

La première apparition du croissant lunaire était annoncée au peuple par le grand-prêtre et proclamée
au son des trompettes...

samedi, le Samstag des Allemands, tandis que les Anglais gardaient pour le samedi et pour le dimanche les dénominations de Saturday et de Sunday ? C'est possible. Mais il ne faut pas se dissimuler qu'il s'est produit dans toutes les langues des corruptions de mots bien singulières. N'a-t-on pas été jusqu'à prétendre, par exemple, que le nom d'Elisabeth descend de Clovis? Et comment? — Le *c* n'étant qu'une aspiration, comme aujourd'hui la lettre *h,*

De Clovis, on aurait fait Lovis;
De Lovis,   —   Louis,
              —   Louise,
              —   Lise,
              —   Lisa,
              —   Élisa,
              —   Élisabeth.

La dernière descendance est purement fantaisiste, puisque Clovis est un nom franc, et qu'Elisabeth est un nom juif, antérieur au premier. Il en est d'autres plus sûres, comme CIEL, qui vient du grec *coïlos*, creux, par le latin *cœlum* ; comme URANUS, qui vient du sanscrit *varouna*, voûte, par le grec *ouranos*; comme DIEU, qui vient aussi du sanscrit *Diaus*, l'air lumineux, par *Theos* et *Deus*, et qui a la même étymologie que *Zeus-Pater, Jupiter*, et que *Dies*, le jour. Il faut avouer que, par-fois, les mots se transforment étrangement en passant d'une langue à une autre! Ainsi, le français *évêque* et l'allemand *bischof* ont la même origine, et *il ne reste plus une seule lettre commune*. Ils des-cendent tous deux du grec *épi-scopein*, voir d'en haut, dominer. — Le mot *lion* n'est pas moins curieux : il dérive du sanscrit *ru* (rou), qui signifie rugir, d'où sont sortis successivement les mots *rawat*, rugissant, *lawan*, le rugissant, *lewon*, puis le grec *leôn*, le latin *leo* et le français lion :

Ru.   Leôn.
Rawat.   Leo.
Lawan.   Lion.
Lewon.

Au surplus, aujourd'hui même, lorsque vous terminez une lettre adressée à une personne inconnue en lui témoignant une *parfaite considération*, vous ne réfléchissez peut-être pas que vous comparez cette inconnue à un astre! Les plus plats courtisans ne parlaient pas plus humblement à Louis XIV. C'est là une expression empruntée à la langue des astronomes; elle est descendue du ciel, et notre exces-sive politesse en a usé la valeur.

Ainsi tout change autour de nous, les êtres, les choses, — et les mots eux-mêmes, les mots surtout!

CHAPITRE III

Le mouvement de la Lune autour de la Terre.
Poids et densité de la Lune. La pesanteur sur les autres mondes.
Comment on a pesé la Lune.

La Lune tourne autour de la Terre en décrivant, non pas une circonférence parfaite, mais une ellipse (voy. p. 34). L'excentricité est faible, et n'est que de $\frac{1}{18}$. On s'en formera une idée exacte en remarquant que si l'on représentait l'orbite lunaire par une ellipse de 18 centimètres de longueur pour le grand axe, la distance qui sépare les deux foyers serait de 1 centimètre, c'est-à-dire que la distance du centre à chacun des foyers ne serait que de 1 demi-centimètre.

Cette excentricité s'exprime géométriquement par le chiffre 0,0549. Elle est plus forte que celle de l'orbite terrestre, qui est de 0,0167, c'est-à-dire que cette ellipse diffère plus du cercle que la nôtre. La distance de la Lune varie donc pendant tout le cours de sa révolution, et l'on peut s'en assurer en mesurant les dimensions du diamètre apparent de son disque, dont les variations sont inverses de celles de ses distances à la Terre. Quand la Lune occupe l'extrémité du grand axe la plus voisine du foyer, sa distance est minimum; elle est alors au périgée, et son diamètre offre sa plus grande valeur. A l'autre extrémité du même axe, ou à l'apogée, la distance est au contraire maximum et le diamètre est le plus petit; enfin, à chacune des extrémités du petit axe, la distance est moyenne entre les extrêmes, et il en est de même de la grandeur du disque. Voici, du reste, la variation de diamètre et de distance qui résultent de cette orbite un peu allongée :

	Diamètre de la Lune.	Distance géométrique.	Distance en kilomètres.	Distance en lieues.
Distance maximum ou apogée..	29′ 31″,0	1,0549	405 400	101 375
Distance moyenne............	31′ 8″,2	1,0000	384 400	96 100
Distance minimum ou périgée.	32′ 56″,7	0,9451	363 290	90 825

Ainsi, en quinze jours, la distance de la Lune varie de 90 823 à 101 375 lieues, ou de 10 550 lieues, c'est-à-dire du neuvième environ. Cette différence est sensible pour la grandeur apparente, comme on le voit ; elle est surtout sensible pour l'intensité des marées, comme nous le verrons bientôt.

Si nous retranchons les rayons de la Terre et de la Lune de la distance périgée, nous trouvons la plus petite distance à laquelle nous puissions être de *la surface* de notre satellite. Cette distance est de 355 200 kilomètres, ou de 88 800 lieues. Dans ces conditions, un télescope grossissant 2000 fois rapproche notre satellite à 44 lieues.

Le mouvement de la Lune dans l'espace est encore plus compliqué que celui de la Terre ! Sans entrer dans tous les détails, signalons-en ici les particularités les plus curieuses.

Et d'abord, 1° l'ellipse décrite autour de nous par ce petit globe ne reste pas immobile dans son plan ; elle tourne dans ce plan, autour de la Terre, dans le sens direct, c'est-à-dire dans le sens même dans lequel elle est parcourue par la Lune. Le grand axe de l'ellipse fait ainsi un tour entier en 3232 jours, ou un peu moins de neuf ans. On voit que c'est un mouvement analogue à celui de la ligne des apsides de l'orbite terrestre effectué en 21 000 ans (que nous avons expliqué p. 60), mais plus rapide.

2° L'orbite de la Lune n'est pas située dans le plan dans lequel la Terre se meut autour du Soleil, dans l'écliptique, car, dans ce cas, si notre satellite tournait justement autour de nous dans le plan dans lequel nous tournons nous-mêmes autour du Soleil, il y aurait éclipse de Soleil à chaque nouvelle Lune, et éclipse de lune à chaque pleine lune. Mais il n'en est pas ainsi. Le plan dans lequel la Lune se meut est incliné de 5 degrés sur le nôtre. On appelle « ligne des nœuds » la ligne d'intersection où les deux plans se coupent mutuellement. Eh bien, cette ligne d'intersection ne reste pas fixe, mais fait le tour de l'écliptique en 6793 jours, ou 18 ans 2/3.

3° L'inclinaison du plan de l'orbite lunaire varie elle-même. Elle est en moyenne de 5° 8′ 48″, mais elle subit un balancement qui tantôt l'abaisse à 5° 0′ 1″ et tantôt l'élève à 5° 17′ 35″, le tout se renouvelant tous les 173 jours.

Il n'est pas indispensable, pour notre instruction astronomique, de comprendre le mécanisme précis de toutes ces irrégularités ; mais il est utile de savoir qu'elles existent. Ajoutons que le mouvement de notre petit satellite autour de nous est tourmenté par bien d'autres inégalités, telles que : 4° l'*équation du centre*, qui fait osciller la Lune chaque mois, à cause de l'excentricité de son orbite ; 5° l'*évection*, dont la période est de 32 jours ; 6° la *variation*, dont la période est de 15 jours ; 7° l'*équation annuelle*, dont la période est d'une année ;

8° l'*équation parallactique* de 29 jours, qui permet de calculer la distance du Soleil; sans compter les inégalités de 206 jours, 35 jours, 26 jours, etc., qui apportent encore de nouvelles perturbations.

L'analyse du mouvement de la Lune a même été jusqu'à constater que ce mouvement s'accélère de 12 secondes d'arc par siècle. La moitié de cette accélération est due à la diminution lente et progressive de l'excentricité de l'orbite terrestre, et la moitié à un ralentissement imperceptible du mouvement de rotation de la Terre, qui paraît devoir augmenter la durée du jour de 1 seconde en cent mille ans (!) et raccourcir en apparence la durée de la révolution de notre satellite. Si cette accélération continuait, la Lune finirait par tomber sur nos têtes! mais ce n'est là qu'une oscillation périodique... On voit combien ces mouvements ont été étudiés et à quelle précision la science moderne est parvenue; on voit aussi combien sont compliquées les fluctuations de cet astre en apparence si bénin, et devenu à cause d'elles le véritable désespoir des géomètres. L'analyse a déjà découvert à cet astre vagabond *plus de soixante irrégularités différentes!...*

On rencontre quelquefois aux examens de la Sorbonne des professeurs qui prennent un malin plaisir à embarrasser les élèves, et qui se donnent la victoire facile d'accabler de mauvaises notes les candidats auxquels ils ont adressé les questions les plus arbitraires. La complication des mouvements de la Lune a souvent servi de piège. Mais les examinateurs n'ont pas toujours le dessus. Arago raconte qu'à l'École Polytechnique le professeur Hassenfratz avait perdu toute espèce de considération par suite de son caractère et de son insuffisance, et qu'un jour, bien préparé à embarrasser un élève, il l'avait appelé au tableau sur un air qui ne promettait rien de bon. Mais l'élève (c'était M. Leboullenger) se tenait sur ses gardes, et savait qu'il importait de couper nette la réplique pour ne pas être vaincu.

« M. Leboullenger, lui dit le professeur, vous avez vu la Lune?

— *Non*, monsieur!

— Comment!... vous dites que vous n'avez jamais vu la Lune?

— Je ne puis que répéter ma réponse : Non, monsieur. »

Hors de lui, et voyant sa proie lui échapper à cause de cette réplique inattendue, M. Hassenfratz s'adressa à l'inspecteur chargé ce jour-là de la police, et lui dit : « Monsieur, voilà M. Leboullenger qui prétend n'avoir jamais vu la Lune. — Que voulez-vous que j'y fasse? » répondit stoïquement celui-ci. Repoussé de ce côté, le professeur se retourna encore une fois vers M. Leboullenger, qui restait calme et sérieux au milieu de la gaieté indicible de tout l'amphithéâtre, et il s'écria avec une colère non déguisée : « Vous persistez à soutenir que vous n'avez jamais vu la Lune ? — Monsieur, repartit l'élève, je vous tromperais si je vous disais que je n'en ai pas entendu parler, mais je ne l'ai jamais vue ! — Monsieur, retournez à votre place. »

Après cette comédie ([1]), Hassenfratz n'était plus professeur que de nom, son enseignement ne pouvait plus avoir aucune utilité.

Cette petite scène nous a distraits un instant de l'analyse si compliquée des mouvements de la Lune. Pour compléter l'exposé de ces mouvements, et surtout pour nous former une idée exacte de la marche de notre satellite, voyons quel effet produit la combinaison du mouvement mensuel de la Lune autour de la Terre avec le mouvement annuel de la Terre autour du Soleil.

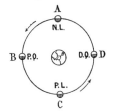

Fig. 59. — Mouvement de la Lune.

Si la Terre était immobile, la Lune reviendrait au bout de sa révolution au point où elle était au commencement, et son orbite serait une courbe fermée, comme sur la petite figure 59. Mais elle ne reste pas immobile. Pendant que la Lune, par exemple, est en A, et se dirige vers B, allant de la nouvelle lune au premier quartier, la Terre se déplace vers la droite, et sept jours après s'est transportée avec la Lune à huit fois 643 000 lieues dans l'espace. Le premier quartier arrive en B

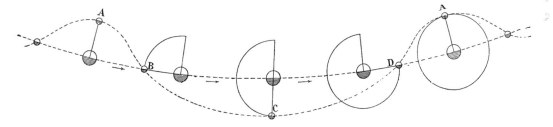

Fig. 60. — Mouvement de la Lune combiné avec celui de la Terre.

(fig. 60). Sept jours après, la Terre est encore plus loin, et la pleine Lune arrive en C. Une semaine plus tard, le dernier quartier arrive en D ; et quand, après avoir accompli sa révolution entière, notre satel-

[1] On en connaît de plus fortes encore. A une séance de baccalauréat, l'irrascible Léfebure de Fourcy avait intimidé un candidat au point de lui interdire toute réponse convenable. Lassé d'interroger inutilement, il se retourne vers le garçon de bureau en s'écriant : « Qu'il est bête ! Apportez-lui donc une botte de foin. — Faites-en apporter deux, réplique l'élève furibond : nous déjeunerons ensemble ! » Il va sans dire que le diplôme fut renvoyé aux calendes grecques.

lite revient en A, il a parcouru en réalité dans l'espace, non une courbe fermée comme dans la *fig.* 59, mais une ligne allongée analogue à celle que l'on tracerait en rejoignant par une série de points les positions A,B,C,D,A de la *fig.* 60.

Par une circonstance assez bizarre et généralement ignorée, cette courbe sinueuse est si allongée, qu'elle diffère à peine de celle que la Terre décrit annuellement autour du Soleil, et qu'au lieu d'être (comme on le dessine toujours dans les traités d'astronomie) convexe vers le Soleil à l'époque de chaque nouvelle lune, elle est *toujours concave* vers le Soleil ! Je l'ai représentée exactement, *fig.* 61, à l'échelle de 1 millimètre pour 100 000 lieues. Sur cette figure, l'arc de l'orbite terrestre est tracé avec une ouverture de compas de 37 centimètres pour 37 millions de lieues.

Notre lecteur attentif ajoute de lui-même à ce mouvement de la Lune autour du Soleil le mouvement du Soleil dans l'espace, dont nous avons déjà parlé (p. 64), en vertu duquel la Lune accompagne la Terre dans sa chute oblique vers la constellation d'Hercule, en compliquant encore, par les mouvements que nous venons de reconnaître, la courbe tracée *fig.* 30.

Ainsi le mouvement perpétuel emporte le monde !... Le Soleil court dans l'espace ; la Terre court en tournant autour de lui et en se laissant emporter dans son essor ; la Lune court en tournant autour de nous pendant que nous tournons autour du radieux foyer qui se précipite lui-même dans le vide éternel. Comme une pluie d'astres, les mondes tourbillonnent emportés par les vents du ciel et pleuvent à travers l'immensité ; soleils, terres, satellites, comètes, étoiles filantes, humanités, berceaux, tombes, atomes de l'infini, secondes de l'éternité, métamorphose perpétuelle des êtres et des choses, tout marche, tout s'envole sous le souffle divin, — pendant que le commerçant ou le rentier compte son or et l'entasse en croyant que l'univers entier tient dans sa cassette.

Fig. 61. — Véritable forme de l'orbite lunaire.

O folie de l'homuncule terrestre! folie du négociant affairé, folie de l'avare, folie du plaideur, folie du pèlerin de La Mecque ou de Lourdes, folies d'aveugles! Quand donc l'habitant de la Terre ouvrira-t-il les yeux pour voir où il est, vivre de la vie de l'esprit, et mettre son bonheur dans les contemplations intellectuelles? Quand dépouillera-t-il le vieil homme, l'enveloppe animale, pour s'affranchir des entraves du corps et planer dans les hauteurs de la connaissance? Quand l'astronomie aura-t-elle répandu sa lumière sur toutes les âmes?

Mais l'astre des nuits nous rappelle...

> Doux reflet d'un globe de flamme,
> Charmant rayon, que me veux-tu?
> Viens-tu dans mon sein abattu
> Porter la lumière à mon âme?
>
> Descends-tu pour me révéler
> Des mondes le divin mystère?...

Ainsi chantait le poète des *Harmonies*, pour lequel l'astre des nuits n'était qu'un rayon céleste destiné à l'illumination providentielle des nuits de la Terre. Pour nous, ce rayon nous attire, nous détache du sol grossier, et nous transporte vers l'astre auquel il appartient. C'est la Lune elle-même que nous voulons connaître.

Déjà nous connaissons sa distance, sa grandeur, ses mouvements. Nous allons bientôt mettre pied à terre sur son sol si accidenté. Il nous reste encore, avant d'entreprendre ce voyage, un point intéressant à élucider : c'est le poids de ce globe, et par là la densité des matériaux qui le constituent, et la force de la pesanteur à sa surface.

Comment a-t-on pesé la Lune?

On peut faire comprendre les procédés employés sans entrer dans des détails trop techniques.

Le poids de la Lune se détermine par l'analyse des effets attractifs qu'elle produit sur la Terre. Le premier et le plus évident de ces effets est offert par *les marées*. L'eau des mers s'élève deux fois par jour sous l'appel silencieux de notre satellite. En étudiant avec précision la hauteur des eaux ainsi élevées, on trouve l'intensité de la force nécessaire pour les soulever, et par conséquent la puissance, le poids (c'est identique) de la cause qui les produit. Voilà une première méthode.

Une autre méthode est fondée sur l'influence que la Lune exerce dans les mouvements du globe terrestre : quand elle est en avant de la Terre, elle attire notre globe et le fait marcher plus vite ; quand elle se trouve en arrière, elle le retarde. C'est sur la position du Soleil que cet effet se lit au premier et au dernier quartier : il paraît déplacé dans le ciel des trois quarts de sa parallaxe ou de la 290ᵉ partie de son di mètre. Par ce déplacement, on calcule de la même façon la masse de la Lune.

Une troisième méthode est établie sur le calcul de l'attraction que la Lune exerce sur l'équateur, et qui produit la nutation et la précession dont nous avons parlé plus haut (p. 53 et 59).

Toutes ces méthodes se vérifient l'une par l'autre, et s'accordent pour prouver que la masse de la Lune est 81 fois plus petite que celle de la Terre.

Ainsi, *la Lune pèse 81 fois moins que notre globe.* Son poids est d'environ 72 sextillions de kilogrammes. Les matériaux qui la composent sont moins denses que ceux qui constituent la Terre ; environ les 6 dixièmes de la densité des nôtres. Comparée à la densité de l'eau, la Lune pèse 3,27, c'est-à-dire environ 3 fois un quart plus qu'un globe d'eau de même dimension.

Poids de la Terre......	5875 000 000 000 000 000 000 000 kilogr.
Poids de la Lune........	72 500 000 000 000 000 000 000

La *pesanteur* à la surface de la Lune est la plus faible que nous connaissions ; si l'on représente par 1000 celle qui fait adhérer les objets autour du globe terrestre, celle de la Lune sera représentée par 164. Ainsi les choses y pèsent six fois moins qu'ici, y sont attirées six fois moins fortement. Une pierre pesant un kilogramme, transportée là, n'y pèserait plus que 164 grammes. Un homme pesant 70 kilogrammes sur notre planète n'y pèserait plus que 11 kilogrammes et demi. Si donc on imaginait un homme transporté dans notre satellite, si l'on supposait en outre que ses forces musculaires restassent les mêmes dans ce nouveau séjour, il y pourrait soulever sans plus d'effort des poids cinq à six fois plus lourds que sur la Terre, et son propre corps lui semblerait cinq à six fois plus léger. Le moindre effort musculaire lui suffirait pour sauter à des hauteurs prodigieuses ou courir avec la vitesse d'une locomotive. Nous verrons plus loin quel rôle considérable cette faiblesse de la pesanteur a joué dans l'organisation topographique du monde lunaire, en permettant aux volcans d'entasser des montagnes géantes sur des cirques cyclopéens, et de lancer d'une main formidable des Alpes sur des Pyrénées.

On peut même remarquer à ce propos un fait assez curieux : c'est que si la Lune, tout en ayant la même masse, était aussi grosse que la Terre, comme l'attraction décroît en raison du carré de la distance, et que le rayon de la sphère lunaire est presque quatre fois plus petit que celui du globe terrestre, l'attraction serait diminuée de près de 16 fois, et, au lieu d'être réduite seulement au sixième de la pesanteur terrestre, n'en serait plus que le 90e. Un kilogramme n'y pèserait plus que 11 grammes; un homme du poids de 70 kilogrammes terrestres ne pèserait plus qu'une livre et demie environ! L'effort musculaire que nous faisons pour sauter sur un tabouret nous ferait atteindre d'un bond la hauteur d'une montagne, et la moindre force de projection volcanique lancerait les matériaux assez loin dans le ciel lunaire pour qu'ils ne puissent plus jamais retomber...

Il peut exister des mondes dont la masse soit si faible et le mouvement de rotation si rapide, que la pesanteur n'existe pas à leur surface et que les choses n'y pèsent *rien*. En revanche, il peut exister des mondes d'une densité si prodigieuse, que les objets aient un poids effrayant et vraiment inimaginable. Supposons, par exemple, que, sans changer de volume, la Terre devienne aussi lourde que le Soleil. Dès lors, un kilogramme actuel pèserait désormais 324 000 kilos, et une jeune fille svelte et gracieuse, dont le poids est en ce moment de 50 kilogrammes, se trouverait peser *seize millions* de kilogrammes! Autrement dit, fût-elle de bronze, elle serait par son seul poids aplatie en un nombre indéfini de molécules répandues sur le sol. Malgré sa puissance infinie, la nature serait-elle capable d'organiser des êtres assez énergiques pour résister à une pareille pesanteur?...

Quelle merveilleuse diversité doit exister par ce seul fait entre les mondes variés qui peuplent l'infini!...

Avant d'aller plus loin, formons-nous une idée exacte de ces curieuses differences dans l'intensité de la pesanteur sur les terres du monde solaire. Nous calculerons plus loin les poids et les volumes.

Intensité comparative de la pesanteur à la surface des mondes.

Le Soleil.	27,474	Uranus	0,883
Jupiter	2,581	Vénus	0,864
Saturne	1,104	Mercure	0,521
La Terre	1,000	Mars	0,382
Neptune	0,953	La Lune	0,164

Ainsi, c'est sur la Lune que l'intensité de la pesanteur est la plus faible et c'est sur le Soleil qu'elle est la plus forte. Tandis que, transporté sur le premier de ces astres, un kilo terrestre ne peserait que

164 grammes, il pèserait plus de 27 kilos sur le Soleil, 2 kilos et demi sur Jupiter, etc. Mais nous apprécierons mieux ces différences d'intensité si **nous** les traduisons par le chemin que parcourrait un corps, une pierre par exemple, qu'on laisserait tomber du haut d'une tour. Voici le chemin qui serait parcouru dans la première seconde de chute sur chacun des mondes que nous considérons :

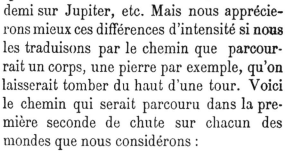

Espace parcouru par un corps qui tombe, pendant la première seconde de chute.

Sur la Lune ☾.........	0ᵐ,80
Sur Mars ♂..........	1ᵐ,86
Sur Mercure ☿........	2ᵐ,55
Sur Vénus ♀.........	4ᵐ,21
Sur Uranus ⛢......	4ᵐ,30
Sur Neptune ♆.......	4ᵐ,80
Sur la Terre ♁........	4ᵐ,90
Sur Saturne ♄........	5ᵐ,34
Sur Jupiter ♃..........	12ᵐ,49
Sur le Soleil ☉........	134ᵐ,62

Imaginons donc que nous laissions tomber une pierre du haut d'une tour, et supposons que cette tour ait treize mètres de hauteur. Au bout de la première seconde de chute, la pierre serait presque arrivée au pied de la tour, sur Jupiter, où les corps sont attirés avec une grande intensité. Dans le même temps, elle ne serait pas au milieu du chemin sur Saturne. Elle aurait parcouru 4ᵐ,90 sur la Terre, dix centimètres de moins sur Neptune, 4ᵐ,30 sur Uranus, 4ᵐ,21 sur Vénus, 2ᵐ,55 sur Mercure, 1ᵐ,86 sur Mars, et seulement 80 centimetres sur la Lune, tant l'attraction y est faible. Quant au Soleil, pour représenter la même force à sa surface, il nous faudrait supposer la tour bâtie au sommet d'une montagne escarpée et dominant la plaine à 134 mètres de hauteur. En une seconde, notre bloc de pierre, attiré par une force prodigieuse, se serait, d'un bond rapide, précipité de toute la hauteur.

Ces calculs sont faits sans tenir compte de la résistance de l'atmosphère, qui atténue plus ou moins, suivant sa densité, la vitesse de la chute. Mais la gravitation, la pesanteur, est réglée par les mêmes lois dans tout l'univers. Peut-être, cependant, existe-t-il, dans la nature, des forces que nous ne connaissons pas, et qui jouent en certains mondes un rôle analogue à la pesanteur, en différenciant les effets de celle-ci. Par exemple, si nous ignorions l'existence de l'aimant, nous ne pourrions jamais imaginer qu'un aimant puisse attirer à soi, contrairement à la pesanteur, des objets de fer. Il n'est pas interdit d'imaginer que le fer, qui entre pour une faible quantité dans notre sang et dans notre chair, puisse exister en proportions plus grandes chez des organismes constitués autrement que nous, et que, sous des influences analogues à celles de l'aimant, ces êtres soient attirés avec une force spéciale, indépendante de la pesanteur. Il n'est pas interdit non plus d'imaginer la possibilité de l'existence de forces naturelles autres que celle de l'aimant, qui, en certains mondes, modifieraient les effets de la pesanteur, et pousseraient même les êtres vers les régions supérieures de l'atmosphère.... Mais la science expérimentale ne peut jusqu'à présent calculer que les masses, les volumes, les densités et la pesanteur, comme nous venons de le faire. Quand pourrons-nous découvrir les êtres vivants qui existent en ces mondes divers sous tant de formes différentes? Quand pourrons-nous les voir et les connaître? Nature! ô nature immense, formidable, infinie! Qui pourrait deviner, qui pourrait entendre les sons de ta lyre céleste! Qu'enfermons-nous en ces enfantines formules de notre jeune science? Nous balbutions un alphabet, quand la bible éternelle nous est encore fermée. Mais c'est ainsi que toute lecture commence, et ces premiers mots sont plus sûrs que toutes les affirmations antiques de l'ignorance et de la vanité humaine.

CHAPITRE IV

Description physique de la Lune.
Les montagnes, les volcans, les plaines appelées mers. Sélénographie.
Carte de la Lune.
Les antiques révolutions lunaires.

La Lune n'a pas cessé d'être un problème pour la Terre. L'esprit humain est insatiable de connaissances ; il est dans son essence de pénétrer la nature des choses et de faire des conjectures sur tous les points qu'il n'aura pu approfondir. Combien il lui serait agréable de savoir ce qui se passe dans un monde aussi voisin de nous que la Lune ! Car, qu'est-ce que la distance de quatre-vingt seize mille lieues qui nous en sépare, en comparaison de l'éloignement des astres, qui s'évalue par millions et par milliards de lieues dans les espaces célestes? Notre orgueil, déjà flatté de savoir que notre globe est le maître de cette province, le serait infiniment davantage s'il pouvait être avéré pour nous que ce satellite est peuplé d'êtres intelligents, capables de comprendre et d'apprécier notre planète, dont les bienfaits pour eux n'ont de comparables que ceux qu'ils reçoivent du Soleil !

La plupart des philosophes de l'antiquité ont dit leur mot sur la Lune; n'ayant pas de moyens d'observation suffisants, ils en ont raisonné d'après le simple bons sens. Les uns avaient deviné qu'elle n'a point de lumière propre et qu'elle brille d'un éclat emprunté aux rayons du Soleil. Tel était le sentiment de Thalès, d'Anaximandre, d'Anaxagore et d'Empédocle. Ce dernier philosophe, au dire de Plutarque, en concluait que c'était en raison de sa réflexion que la lumière de la Lune nous arrive moins vive et sans produire de chaleur sensible. Proclus, dans son *Commentaire sur Timée*, rapporte trois vers attribués à Orphée, dans lesquels il est dit que : « Dieu bâtit une autre terre immense, que les immortels appellent *Séléné* et que les hommes appellent *Lune*, dans laquelle s'élèvent un grand nombre de montagnes, un grand nombre de villes et d'habitations. » La doctrine de Xénophane était exactement semblable à celle d Orphée. Anaxagore parlait des campagnes, des montagnes et des vallées de la Lune, mais sans faire mention de villes ni d'habitations.

Pythagore et ses disciples ont été beaucoup plus explicites sur cette question, car ils assuraient que « la Lune est une terre semblable à celle que nous habitons, avec cette différence qu'elle est peuplée d'animaux plus grands et d'arbres plus beaux, les êtres lunaires l'emportant par leur taille et par leur force de quinze fois sur ceux de la Terre. » Diogène de Laërce attribue à Héraclide de Pont une assertion bien singulière : selon cet historien, Héraclide aurait affirmé avoir eu connaissance qu'un habitant de la Lune serait descendu sur la Terre ! mais il s'abstient d'en donner la description. Une tradition ajoutait que le Lion de Némée était tombé de la Lune. Du reste, au XVIᵉ siècle encore, l'astrologue Cardan n'assurait-il pas avoir reçu un soir la visite de deux habitants de la Lune ? C'étaient, dit-il, deux vieillards à peu près muets. Ce singulier esprit était d'ailleurs si sincèrement convaincu des dogmes astrologiques, que, son horoscope lui ayant prédit le jour et l'heure de sa mort, il mit tout son bien en viager, et, arrivé à cette date, se laissa mourir de faim !...

D'autres philosophes anciens prenaient la Lune pour un miroir réfléchissant la Terre du haut du ciel. Toutefois, la grande question de l'atmosphère et des eaux à la surface de la Lune, qui se débat encore aujourd'hui, était déjà agitée au temps de Plutarque. Cet écrivain rapporte en ces termes l'opinion de ceux qui soutenaient la négative : « Est-il possible que ceux qui sont dans la Lune puissent supporter, longues années, le soleil dardant en plein, pendant quinze jours, chaque mois, ses rayons sur leur tête ? Il n'est pas supposable qu'avec une aussi grande chaleur, au milieu d'un air si raréfié, il y ait des vents, des nuages et des pluies, sans lesquels les plantes ne peuvent ni naître, ni durer lorsqu'elles sont nees, quand nous voyons que les plus terribles ouragans ne s'élèvent pas, au sein de notre atmosphere, même jusqu'à atteindre les sommets de nos hautes montagnes. L'air de la Lune est par lui-même si raréfié et si mobile, en raison de sa grande légèreté, que chacune de ses molécules échappe à l'agrégation, et que rien ne peut les condenser en nuages. » Cet argument est peu différent de celui que font encore   loir les modernes qui soutiennent que la Lune est inhabitable.

Les dissertations à propos de la Lune et de ses habitants étaient alors si fort à la moue, que ce philosophe a fait un traité spécial (De facie in orbe Lunæ), dans lequel il consigne la plupart des opinions émises de son temps, et que Lucien de Samosate a écrit, comme critique, un voyage lunaire aussi amusant que ses spirituels dialogues des morts.

Pendant tout le moyen âge et jusqu'à l'invention du télescope, il y eut à peu près trêve de dissertations sérieuses à propos de notre satellite. Galilée, en 1609, se servit de la première lunette qu'il avait appropriée aux observations astronomiques pour étudier la nature de la Lune; il reconnut en elle un globe rempli de sinuosités considérables, où des vallées extraordinaires et profondes sont dominées par des montagnes très élevées.

Le premier dessin qu'on ait fait de la Lune fut certainement une représentation grossière de la figure humaine, attendu que la position des taches correspond suffisamment a celle des yeux, du nez et de la bouche pour justifier cette ressemblance. Aussi voyons-nous partout et dans tous les siècles cette face humaine reproduite. Cette ressemblance n'est due qu'au hasard de la configuration géographique de notre satellite; elle est d'ailleurs fort vague et disparaît aussitôt qu'on analyse la Lune au télescope. D'autres imaginations ont vu, au lieu d'une tête, un corps tout entier, qui pour les uns représente Judas Iscariote, et pour les autre Caïn portant un fagot d'épines.

Les principales taches de la Lune s'aperçoivent à l'œil nu, mais le nombre de celles qu on distingue avec des lunettes est infiniment plus considérable.

Pour saisir à l œil nu l'ensemble du disque lunaire, c'est l'époque de la pleine Lune qu'il faut choisir de préférence. Il importe d'abord de bien s'orienter. Supposons pour cela que nous regardions la Lune à cette époque, vers minuit, c est-à-dire au moment où elle passe au méridien, et trône en plein sud. Les deux points extrêmes du diamètre vertical du disque donnent les points nord et sud de la Lune; le nord étant en haut et le sud en bas. A gauche se trouve le point est, et à droite le point ouest. Si l'on observe à l aide d'une lunette astronomique, l'image est *renversée* : le sud se trouve en haut et le nord en bas, l'ouest à gauche et l'est à droite. *Cette dernière orientation est celle de toutes les cartes de la Lune.*

Les astronomes sont parvenus à faire des cartes de la Lune, comme les géographes à faire des cartes de la Terre, et l'on peut même dire que les premières ont toujours été plus précises que les secondes. Cela se comprend : nous voyons la Lune, nous ne voyons pas l'ensemble de la Terre.

La première carte de la Lune a été dessinée en 1647 par l'astronome Hévélius. Il la fit avec une exactitude si scrupuleuse, qu'il s'imposa même le soin de la graver lui-même. Lorsqu'il fallut donner des noms aux taches diverses que sa carte renfermait, il hésita entre les noms des personnages célèbres et ceux des diverses contrées du monde

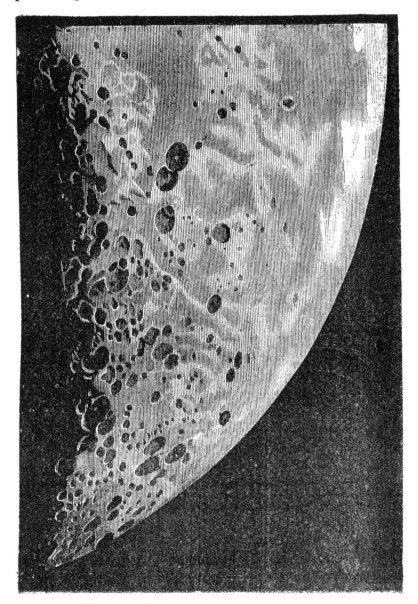

Fig. 63. — Section de la Lune, vue dans une petite lunette.

connues alors. Il avoue ingénument qu'il renonça à prendre les noms d'homme, « de crainte de se faire des ennemis de ceux qui auraient été totalement oubliés ou qui auraient trouvé qu'on leur faisait une trop petite part. » Il se décida donc à transporter dans la Lune nos mers, nos villes, nos montagnes. Riccioli, qui fit une seconde carte quelque temps après Hévélius, montra plus de hardiesse, et, dans la carte qui fut le fruit des observations de son collaborateur et ami, Grimaldi, il adopta la nomenclature à laquelle Hévélius avait renoncé. On a adressé à cet astronome le reproche d'avoir fait une trop grande part à ses confrères de la Compagnie de Jésus et de s'être placé lui-même parmi les savants favorisés. Mais la postérité n'a pas tenu compte de cette insignifiante inconvenance, et la nomenclature de Riccioli a prévalu.

Depuis cette époque, la surface de la Lune a été étudiée par un grand nombre d'astronomes, notamment, en notre siècle, par Beer et Maedler, Lohrmann, Schmidt, Neìson, qui en ont construit des cartes de plus en plus détaillées et complètes. Pour nous y reconnaître facilement dans ce voyage, il ne faut pas nous servir d'une carte aussi compliquée, et la plus claire que nous puissions choisir est encore la petite carte française de Lecouturier et Chapuis, que je reproduis ici, légèrement modifiée par suite de mes propres observations.

Commencons par placer cette carte sous nos yeux. Les grandes plaines grises y sont désignées sous leurs noms de mers, qu'elles portent depuis plus de deux siècles, et les principales montagnes y sont marquées par des chiffres correspondant aux noms inscrits de chaque côté. La géographie lunaire est divisée par latitudes (lignes horizontales) et par longitudes (lignes verticales) comme la géographie terrestre.

Examinons rapidement cette surface génerale. Remarquons d'abord que les grandes taches grises et sombres occupent surtout la moitié boréale ou inférieure du disque, tandis que les régions australes ou supérieures sont blanches et montagneuses; cependant, d'un côté, cette teinte lumineuse se retrouve sur le bord nord-ouest, ainsi que vers le centre, et, d'autre part, les taches envahissent les régions australes du côté de l'orient, en même temps qu'elles descendent, mais moins profondément, à l'ouest. Suivons d'abord sur la carte la distribution des plaines grises ou mers, et esquissons la géographie lunaire.

Commençons notre description par la partie occidentale du disque lunaire, celle qui est éclairée la première après la nouvelle lune, lorsqu'un mince croissant se dessine dans le ciel du soir et s'élargit de jour en jour, pour devenir le premier quartier au septième jour de la lunaison, (c'est la droite pour l'œil nu, et c'est la gauche sur la carte). Là, non loin du bord, on distingue une petite tache, de forme ovale, isolée de toutes parts au milieu d'un fond lumineux. On lui a donné le nom de *mer des Crises.*

Il ne faut attacher à ce nom de *mer* aucun sens spécial; c'est la dénomination commune sous laquelle les premiers observateurs ont désigné toutes les grandes taches grisâtres de la Lune; ils prenaient ces espaces pour de grandes étendues d'eau. Mais, aujourd'hui, nous savons qu'il n'y a pas plus d'eau là que dans les autres régions lunaires. Ce sont de vastes plaines.

La situation de la mer des Crises, sur le contour occidental de la Lune, permet de la reconnaître à l'œil nu dès les premières phases de la lunaison, et jusqu'à la pleine Lune; pour la même raison, elle est la première à disparaître à l'origine du décours.

A droite de la mer des Crises, un peu au nord, se dessine une tache plus grande et de forme irrégulièrement ovale, que l'on reconnaît facilement aussi à l'œil nu : c'est la *mer de la Sérénité.*

Entre ces deux plaines grises, au-dessus, on en remarque une autre dont les rivages sont moins réguliers, qui se nomme la *mer de la Tranquillité.* Elle jette vers le centre du disque un golfe qui a reçu le nom de *mer des Vapeurs.*

La mer de la Tranquillité se sépare en deux branches, qui représentent les jambes du corps humain que l'on imagine quelquefois. La branche la plus voisine du bord forme la *mer de la Fécondité;* la plus rapprochée du centre est la *mer du Nectar.*

On distingue encore, au-dessous de la mer de la Sérénité, et dans le voisinage du pôle boréal, une tache droite, allongée de l'est à l'ouest, et connue sous le nom de *mer du Froid.*

Entre les mers de la Sérénité et du Froid s'étendent le *lac des Songes* et le *lac de la Mort,* lugubre écho de l'astrologie. Les marais de la *Putréfaction* et *des Brouillards* occupent la partie occidentale de la mer des Pluies, dont la rive septentrionale forme un golfe arrondi, désigné sous le nom de *golfe des Iris.*

Toute la partie du disque lunaire située à l'est est uniformément sombre. Les bords de l'immense tache disparaissent en se confondant avec les parties lumineuses de l'astre. La partie nord de cette tache est formée par la *mer des Pluies,* laquelle donne naissance à un golfe débouchant dans l'*océan des Tempêtes,* où brillent deux grands cratères, *Képler et Aristarque.* Les parties les plus méridionales de cet océan mal délimité sont désignées, vers le centre, par le nom de *mer des Nuées,* et, vers le bord, par celui de *mer des Humeurs.*

Il est très curieux de remarquer que *la plupart de ces plaines ont*

des contours arrondis; exemples : la mer des Crises, la mer de la Séré·
nité, et même la vaste mer des Pluies, bordée au sud par les Karpathes,
au sud-ouest par les Apennins, à l'ouest par le Caucase et au nord-
ouest par les Alpes.

En dehors de ces taches, qui occupent environ le tiers du disque
lunaire, l'observateur ne distingue à l'œil nu que des points lumineux
confus. Cependant, dans la région supérieure, on peut reconnaître à
l'œil nu la principale montagne de la Lune : le cratère *Tycho,* qui brille
d'une vive lumière blanche, et envoie des rayons à une grande distance
autour de lui.

N'oublions pas la recommandation faite plus haut : les cartes de la
Lune sont dessinées renversées, comme on voit l'astre dans une
lunette ; pour comparer la Lune vue à l'œil nu à notre carte, il faut
donc retourner celle-ci, mettre le nord en haut et l'ouest à droite.

On a exactement mesuré tous ces terrains lunaires. La superficie
de l'hémisphère que nous voyons au moment d'une pleine Lune est
de 1 182 500 lieues carrées. La partie montagneuse, qui est la plus
générale, s'étend sur 830 000 lieues carrées, et la région occupée par
les taches grises embrasse 352 500 lieues carrées.

On se représentera exactement les grandeurs par l'échelle kilométrique tracée au bas de la carte. Le diamètre angulaire de la Lune
étant de 31′ 24″ (*voy.* p. 113) et son diamètre réel étant de 3484 kilomètres (p. 116), une seconde d'arc représente 1849 mètres, et une
minute représente 111 kilomètres. La proportion diminue du centre
à la circonférence, puisque la Lune n'est pas plate, mais sphérique,
et que la perspective de la projection s'accroit à mesure qu'on approche des bords.

Tel est le premier aspect général de la géographie lunaire, ou de **la**
sélénographie.

Prenons maintenant une idée générale des montagnes. La carte
reproduite ici donne les noms des 266 principales.

Il suffit d'observer la Lune avec une lunette d'un faible grossissement, pour reconnaître tout de suite que sa surface présente des aspérités très prononcées. La *fig.* 63, qui représente la Lune vue dans
une petite lunette, l'avant-veille du premier quartier, nous a déjà
donné une idée de ce premier aspect. L'irrégularité du bord intérieur met bien en évidence la rugosité de la surface. On voit, en
outre, jusqu'à une certaine distance de ce bord, des cavités circulaires
éclairées obliquement et des ombres très caractéristiques. Ces ombres,
observées plusieurs jours de suite, augmentent ou diminuent d'étendue

MONTAGNES DE L'OUEST

1 Simpelius	96 Jansen
2 Boguslawski	97 Pline
3 Boussingault	98 Ménélas
4 Mutus	99 Manilius
5 Manzinus	100 Eimmart
6 Pentland	101 Macrobe
7 Curtius	102 Cléomèdes
8 Zach	103 Tralles
9 Jacobi	104 Roemer
10 Lilius	105 Le Monnier
11 Pontécoulant	106 Bessel
12 Biéla	107 Halin
13 Rosemberger	108 Burckhardt
14 Vlacq	109 Berose
15 Nearch	110 Bernouilli
16 Hommel	111 Geminus
17 Pitiscus	112 Messala
18 Bacon	113 Franklin
19 Cuvier	114 Cephée
20 Licetus	115 Possidonius
21 Steinheil	
22 Fabricius	
23 Metius	
24 Barocius	
25 Maurolycus	
26 Stoffler	
27 Furnerius	
28 Rheita	
29 Stiborius	
30 Riccius	
31 Rabbi Levi	
32 Lindenau	
33 Zagut	
34 Gemma Frisius	
35 Aliacensis	
36 W. Humboldt	
37 Legendre	
38 Petau	
39 Snellius	
40 Stevinus	
41 Reichenbach	
42 Neandre	
43 Borda	
44 Fracastor	
45 Santbech	
46 Piccolomini	
47 Polybius	
48 Sacrobosco	
49 Azophi	
50 Abenezra	
51 Playfair	
52 Apianus	
53 Werner	
54 Vendelinus	
55 Cook	
56 Colomb	
57 Beaumont	
58 Théophile	
59 Cyrille	
60 Catharina	
61 Tacite	
62 Abulfeda	
63 Almamoun	
64 Geber	
65 Airy	
66 Parrot	
67 Albatègnius	
68 Langrènus	
69 Goclenius	
70 Guttemberg	
71 Capella	
72 Isidore	
73 Hypatia	
74 Delambre	
75 Hipparque	
76 Schubert	
77 Neper	116 Callippe
78 Firmicus	117 Thédetète
79 Apollonius	118 Cassini
80 Taruntius	119 Autolycus
81 Maskelyne	120 Aristillus
82 Sabine	121 Mercure
83 Ritter	122 Atlas
84 Arago	123 Hercule
85 Jules César	124 Mason
86 Agrippa	125 Burg
87 Godin	126 Eudoxe
88 Rhéticus	127 Aristote
89 Triesneker	128 Egède
90 Condorcet	129 Endymion
91 Auzout	130 Démocrite
92 Cap Agarum	131 Ch. Mayer
93 Picard	132 Archytas
94 Proclus	133 Barrow
95 Vitruve	134 Scoresby

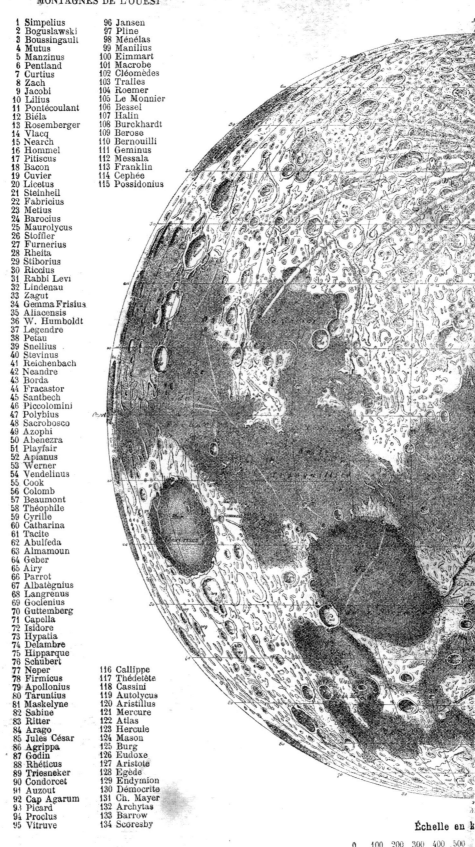

Échelle en k

| 0 | 100 | 200 | 300 | 400 | 500 |

MONTAGNES DE L'EST

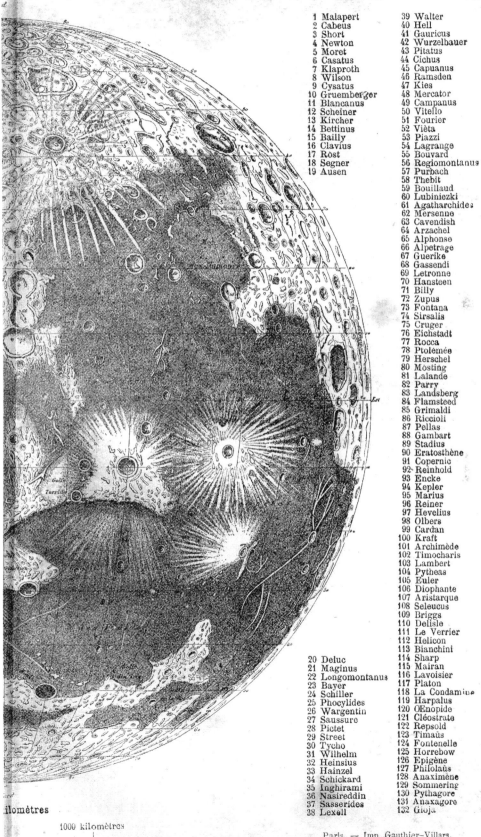

1 Malapert	39 Walter
2 Cabeus	40 Hell
3 Short	41 Gauricus
4 Newton	42 Wurzelbauer
5 Moret	43 Pitatus
6 Casatus	44 Cichus
7 Klaproth	45 Capuanus
8 Wilson	46 Ramsden
9 Cysatus	47 Kies
10 Gruemberger	48 Mercator
11 Blancanus	49 Campanus
12 Scheiner	50 Vitello
13 Kircher	51 Fourier
14 Bettinus	52 Vièta
15 Bailly	53 Piazzi
16 Clavius	54 Lagrange
17 Rost	55 Bouvard
18 Segner	56 Regiomontanus
19 Ausen	57 Purbach
	58 Thebit
	59 Bouillaud
	60 Lubiniezki
	61 Agatharchides
	62 Mersenne
	63 Cavendish
	64 Arzachel
	65 Alphonse
	66 Alpetrage
	67 Guerike
	68 Gassendi
	69 Letronne
	70 Hansteen
	71 Billy
	72 Zupus
	73 Fontana
	74 Sirsalis
	75 Cruger
	76 Eichstadt
	77 Rocca
	78 Ptolémée
	79 Herschel
	80 Mösting
	81 Lalande
	82 Parry
	83 Landsberg
	84 Flamsteed
	85 Grimaldi
	86 Riccioli
	87 Pellas
	88 Gambart
	89 Stadius
	90 Eratosthène
	91 Copernic
	92 Reinhold
	93 Encke
	94 Kepler
	95 Marius
	96 Reiner
	97 Hevelius
	98 Olbers
	99 Cardan
	100 Kraft
	101 Archimède
	102 Timocharis
	103 Lambert
	104 Pytheas
	105 Euler
	106 Diophante
	107 Aristarque
	108 Seleucus
	109 Briggs
	110 Delisle
	111 Le Verrier
	112 Helicon
	113 Bianchini
20 Deluc	114 Sharp
21 Maginus	115 Mairan
22 Longomontanus	116 Lavoisier
23 Bayer	117 Platon
24 Schiller	118 La Condamine
25 Phocylides	119 Harpalus
26 Wargentin	120 OEnopide
27 Saussure	121 Cléostrate
28 Pictet	122 Repsold
29 Street	123 Timaüs
30 Tycho	124 Fontenelle
31 Wilhelm	125 Horrebow
32 Heinsius	126 Epigène
33 Hainzel	127 Philolaüs
34 Schickard	128 Anaximène
35 Inghirami	129 Sommering
36 Nasireddin	130 Pythagore
37 Sasserides	131 Anaxagore
38 Lexell	132 Gioja

Golfe
Torride

ilomètres

1000 kilomètres

Paris. — Imp. Gauthier-Villars.

et d'intensité, suivant que l'obliquité des rayons solaires, sur la partie correspondante de la surface de la Lune, varie dans un sens ou dans un autre. On a donc su, dès l'origine des observations, que la Lune est un globe solide, recouvert de cratères.

J'ai dessiné en 1866 une région lunaire fort curieuse (la mer de la Sérénité et ses alentours) qui donne une idée bien exacte de la diversité qui existe entre les pays de plaines et les pays de montagnes sur ce petit monde voisin. Comme nous le verrons plus loin, l'attention des astronomes avait été spécialement appelée sur cette région par un changement probable arrivé dans le petit cratère de Linné (sur la rive droite de la mer); mais l'aspect de ce dessin (*fig.* 64) montre avec évidence d'une part la nature sablonneuse, rugueuse, accidentée, du sol des « mers » lunaires, d'autre part la nature cratériforme de toutes les montagnes.

Si nous voulons apprécier au point de vue géologique l'ensemble des formations montagneuses, considérons la contrée australe de notre satellite.

On distingue à l'œil nu, dans la partie inférieure de la Lune (en haut sur la carte), un point blanc très brillant, d'où partent des rayonnements. Une simple jumelle le découvre admirablement. C'est la fameuse montagne de *Tycho*. Elle occupe, avec les chaînons qui en rayonnent en tous sens, le centre de la région australe du disque lunaire, et c'est par elle qu'il est naturel de commencer la description des montagnes de la Lune. C'est la plus colossale et la plus majestueuse de toutes ces montagnes. Elle présente un cratère béant en forme de cirque, qui a près de vingt-trois lieues de diamètre, et qu'on distingue à l'aide d'une lunette astronomique de moyenne puissance.

Cette montagne, au reste, paraît être le grand centre où l'action volcanique a eu le plus d'intensité à la surface du globe lunaire; là, les bouillonnements des laves, au lieu de s'unir pour former des couches, se sont maintenus tels qu'ils étaient à l'époque où se faisait sentir la force volcanique.

Au moment de la pleine Lune, Tycho est entouré d'une auréole lumineuse, tellement rayonnante, qu'elle éblouit les yeux et empêche d'observer les curiosités géologiques du cratère.

Si nous voulons nous former une idée de l'aspect des montagnes lunaires, examinons en détail une montagne annulaire typique, telle, par exemple, que celle de Copernic (n° 91, côté est), qui est l'une des plus belles et des plus intéressantes de la Lune entière. Ce vaste cirque mesure 90 kilomètres de diamètre. A la pleine Lune, des rayonnements s'élancent de lui comme de Tycho. Quand le soleil ne l'éclaire pas en plein, on peut distinguer les montagnes centrales qui s'élèvent du fond de son cratère, et les deux versants du cirque annulaire qui en forme

Fig. 64. — Topographie lunaire. Mer de la Sérénite.

l'enceinte. L'intérieur du cratère, assez escarpé d'ailleurs, présente lui-même une triple enceinte de rochers brisés et un grand nombre de gros fragments amoncelés au pied de l'escarpement, comme s'ils étaient des masses détachées du haut de la montagne, et roulées en bas. Le cratère présente deux grandes échancrures ou plutôt deux grandes crevasses, aux extrémités du diamètre nord et sud. Le fond du cirque est à peu près plat; mais au centre se voient encore les ruines du pic central et une multitude de débris d'éboulements. Voyez la belle gravure anglaise originale (*fig.* 65) de Chambers (from the Clarendon press, Oxford).

A l'extérieur du grand cratère, une multitude de lignes rayonnantes, formées, pour la plus grande partie, de petits monticules aux cônes alignés, alternent avec des ravines assez profondes.

C'est vraiment là le type de toutes les montagnes lunaires. Elles sont toutes creuses. Les flancs de la montagne qui entoure chaque cirque sont taillés presque à pic jusqu'à une profondeur qui varie de trois à quatre mille mètres. Il y a, dans les Alpes lunaires, montagnes qui le cèdent en hauteur au Caucase et aux Apennins du même astre, une vallée transversale, remarquablement large, qui coupe la chaîne dans la direction du sud-est au nord-ouest. Elle est bordée de sommités plus élevées au-dessus du sol de la vallée que le Pic de Ténériffe ne l'est au-dessus du niveau de la mer. Remarquons que la hauteur de ce pic est déjà de trois mille sept cent mètres.

On a compté sur la Lune plus de cinquante mille cratères, grands et petits.

Les hauteurs de toutes les montagnes de la Lune sont mesurées à quelques mètres près (on ne pourrait pas en dire autant de celles de la Terre). Voici les plus élevées :

Monts Leibnitz	7610 mètres.	Cratère de Curtius	6769 mètres.
Monts Doerfel	7603 —	Calippus (Caucase)	6216 —
Cratère de Newton	7264 —	Cratère de Tycho	6151 —
Cratère de Clavius	7091 —	Huygens (Apennins)	5560 —
Cratère de Casatus	6956 —	Short, près Newton	5500 —

Les monts Leibnitz et Doerfel se trouvent près du pôle sud de notre satellite. Ces deux chaînes se voient quelquefois en profil pendant les éclipses de soleil; c'est ce que j'ai observé et dessiné récemment encore pendant l'éclipse du 10 octobre 1874. Aux pôles lunaires (où l'on ne voit d'ailleurs ni neiges ni glaces), il y a des montagnes si étrangement situées, que leur cime ne connaît pas la nuit : *jamais* le Soleil ne s'est couché pour elles! On peut les appeler *les montagnes de l'éternelle lumière.*

Quelle étendue que celle des cratères lunaires! Les plus vastes volcans terrestres en activité n'atteignent pas mille mètres de diamètre. Si l'on considère les anciens cirques dus aux éruptions antérieures, on voit qu'au Vésuve, le cirque extérieure de la Somma mesure 3600 mètres, et qu'à l'Etna, celui du Val del Bove, mesure 5500 mètres. Quelques cirques, formés par des volcans éteints, offrent de plus vastes dimensions; tels sont, par exemple, le cirque du Cantal, dont la largeur est de 10 000 mètres; celui de l'Oisans, en Dauphiné, qui n'a pas moins de 20 000 mètres, et enfin celui de l'île

Fig. 65. — La montagne lunaire de Copernic. Type des grands cratères.

de Ceylan, le plus vaste du globe, dont le diamètre est évalué à 70 000 mètres.

Mais qu'est-ce encore qu'une pareille étendue auprès de celle de plusieurs cirques de la Lune? Ainsi, le cirque de Clavius offre un diamère de 210 000 mètres; celui de Schickard, de plus de 200 000; celui de Sacrobosco, de 160 000; celui de Petau dépasse 150 000, etc. On compte sur notre satellite une vingtaine de cirques dont le diamètre est de plus de 100 kilomètres. Et la Lune est 49 fois plus petite que la Terre !

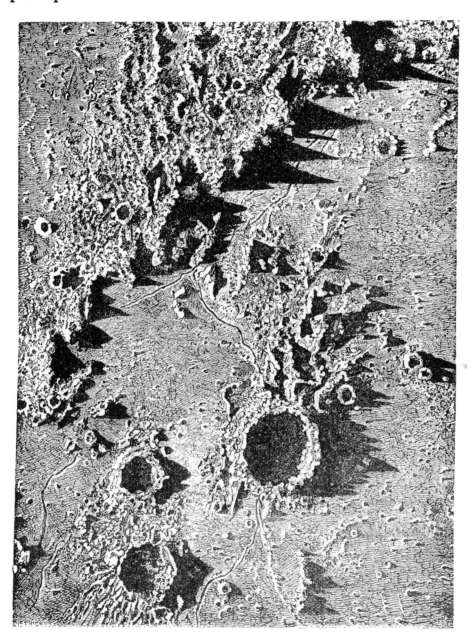

Fig. 66. — Les Apennins lunaires, les rainures, et les trois cratères d'Archimède, d'Aristillus et d'Autolycus.

Quant à la hauteur des montagnes, les plus élevées du satellite sont, il est vrai, de mille mètres inférieures à celles de la planète, mais cette faible différence rend les montagnes lunaires prodigieuses par rapport aux petites dimensions de l'astre qui les supporte. Proportions gardées, le satellite est beaucoup plus montagneux que la planète, et les géants plutoniens sont en bien plus grand nombre là qu'ici. S'il y a chez nous des pics, comme le Gaurisankar, le plus élevé de la chaîne de l'Himalaya et de toute la Terre, dont la hauteur, de 8837 mètres, est égale à la 1440ᵉ partie du diamètre de notre globe, on trouve dans la Lune des pics de 7600 mètres, comme ceux de Doerfel et de Leibnitz, dont la hauteur équivaut à la 470ᵉ partie du diamètre lunaire.

Pour que la comparaison soit exacte toutefois, il faut supposer l'eau des mers disparue et prendre le relief des terrains à partir du fond des mers; la hauteur des Alpes au-dessus du fond de la Méditerranée, ou celle des Pyrénées au-dessus de l'Atlantique, est ainsi singulièrement augmentée. D'après les sondages maritimes, on peut estimer que les plus hauts sommets du globe sont doublés. Le relief de l'Himalaya au-dessus du fond du lit des mers représente donc, non la 1440ᵉ, mais la 720ᵉ partie du diamètre du globe.

Cette correction faite n'empêche pas les montagnes lunaires d'être relativement beaucoup plus élevées encore que les montagnes terrestres. Pour que nos montagnes fussent dans le même rapport de hauteur, il faudrait que les cimes de l'Himalaya s'élevassent à une hauteur perpendiculaire de 13 kilomètres. Il est donc aussi étonnant de voir sur la Lune des sommets de plus de 7 kilomètres qu'il serait d'en voir sur la Terre d'une hauteur de trois lieues et plus.

·Les montagnes de la Lune sont d'origine volcanique.

C'est là un fait capital qui ressort directement de la forme arrondie, annulaire, des grandes vallées, des cirques et de toutes les cavités plus petites, auxquelles on a donné, nous l'avons vu, le nom de cratères.

L'existence de ces cratères, la forme tourmentée de ces cirques volcaniques, leur grandeur énorme et leur nombre prodigieux, prouvent que la Lune a été anciennement, comme la Terre, et plus encore que notre monde, le siège de révolutions formidables. Elle aussi a commencé par l'état fluide, puis s'est refroidie et couverte d'une écorce solide.

Cette écorce a été le siège des phénomènes géologiques, dont les traces subsistent aujourd'hui sous la forme d'aspérités de dimensions très différentes; les causes de cette série de productions sont, sans aucun doute, les forces expansives des gaz et des vapeurs que la haute température du noyau développait incessamment.

A l'origine, l'écorce solide de la Lune, moins épaisse, était, par cela même, moins résistante, et comme elle n'avait point encore été bouleversée par des secousses antérieures, elle devait présenter en tous ses points à peu près la même homogénéité et la même épaisseur. La force expansive des gaz, agissant alors perpendiculairement aux couches superficielles et suivant les lignes de moindre résistance, dut briser l'enveloppe et produire des soulèvements de forme circulaire. C'est sans doute à cette période primitive qu'il faut rapporter la formation des immenses circonvallations dont l'intérieur est aujourd'hui occupé par les plaines appelées mers. Nous avons déjà fait ressortir la forme circulaire de la mer des Crises et de celles de la Sérénité, des Pluies et des Humeurs. Leurs enceintes, à demi ruinées par des révolutions postérieures, forment encore aujourd'hui les plus longues suites d'aspérités du sol lunaire, les chaînes de montagnes des Karpathes, des Apennins, du Caucase et des Alpes, les monts Hémus et Taurus.

Puis vinrent de nouveaux soulèvements, mais qui, survenus à une époque où la croûte du globe lunaire avait acquis une plus grande épaisseur, ou encore provenant de forces élastiques moins puissants, donnèrent lieu aux plus grands cirques, déja bien inférieurs en dimensions aux formations primitives. Tels paraissent être les cirques de Shickardt, de Grimaldi, de Clavius.

Apparurent ensuite les innombrables cratères de dimensions moyennes qui pullulent sur le sol tout entier de la Lune, et dont un grand nombre se sont formés au sein même des circonvallations primitives. On comprend aisément la raison de la diminution successive de ces anneaux géologiques. Chacun d'eux est dû à un soulèvement en bulle; or, les dimensions de ces boursouflements durent être en rapport avec l'intensité de la force interne qui les produisait, et avec la résistance de la croûte solide, ou plutôt pâteuse, du globe lunaire. Il est probable que ces deux causes ont concouru pour produire les effets signalés plus haut, de sorte qu'en général ce sont les plus grandes circonvallations qui furent formées les premières.

Remarquons aussi que le sol lunaire offre deux aspects bien distincts. Le premier, plus blanc, représente ce qu'on a nommé dès le début le sol continental; c'est celui des régions montagneuses qui recouvrent presque toute la région australe. Sa structure poreuse, son grand pouvoir réflecteur et surtout son élévation au-dessus des plaines, l'ont fait distinguer nettement du sol nivelé, auquel la couleur sombre, la surface lisse, donnent toutes les apparences de plaines d'alluvion. De véritables mers ont dû recouvrir celui-ci. Les rivages rappellent encore à nos yeux l'action des eaux. Que sont devenues ces mers? Elles ont dû, dans tous les siècles, être beaucoup moins importantes et beaucoup moins lourdes que les océans terrestres, et il est probable qu'elles ont été lentement absorbées par le sol poreux sur lequel elles reposaient. Peut-être reste-t-il encore quelques liquides et quelque humidité dans les bas-fonds.

Notre *fig.* 66 représente l'une des régions lunaires les plus remarquables, la chaîne des *Apennins*, qui borde la vaste mer des Pluies dont ce quartier porte le nom peu élégant et bien immérité de « marais de la Putréfaction. » Cette vaste chaîne de montagnes ne mesure pas moins de 720 kilomètres de longueur, et ses plus hauts sommets dépassent cinq mille mètres. Ces altitudes illuminées par le soleil et projetant leurs grandes ombres noires sont vraiment merveilleuses à voir, la veille, le jour et le lendemain du premier quartier ! Le grand cratère béant qui s'ouvre au-dessous est Archimède, dont le diamètre est de 83 kilomètres et la hauteur de 1900 mètres. A côté de lui, on remarque deux autres cratères : le premier, à l'ouest (le supérieur), est Aristillus ; le second, au-dessous, est Autolycus. — Comparer cette région sur notre carte de la Lune.

Cette même gravure montre les rainures bizarres qui se sont ouvertes à travers certaines plaines lunaires. L'une commence au rempart sud d'Archimède et s'étend à près de 150 kilomètres, d'abord large d'un kilomètre et demi, puis s'amincissant ; l'autre commence de l'autre côté du même cratère et descend en serpentant vers le nord. Ces fissures ont plusieurs *kilomètres* de profondeur, et, en certains endroits, des éboulements en ont obstrué le fond ; leur chute est presque à pic. Deux autres rainures considérables filent le long des Apennins, au soleil et à l'ombre des montagnes géantes, bordées de précipices d'une effrayante profondeur : les pics projettent leur silhouette à une distance de plus de 130 kilomètres (¹).

On voit qu'il y a une différence essentielle de forme entre les montagnes lunaires et les montagnes terrestres. Toutes les montagnes lunaires sont creuses ! et leur fond descend presque toujours au-dessous du niveau moyen extérieur, la hauteur des remparts mesurée extérieurement n'étant que la moitié ou le tiers de la profon-

(¹) Voir, dans mon ouvrage *Les Terres du Ciel*, la photographie de cette région, ainsi que la photographie directe de la Lune faite le surlendemain du premier quartier

deur véritable du cratère. Quelques districts terrestres offrent cependant une ressemblance apparente avec certaines parties de la surface lunaire, ressemblance qui paraîtrait encore plus sensible, si ces régions pouvaient être observées au télescope. L'exemple que l'on cite le plus ordinairement est le Vésuve avec le pays avoisinant,

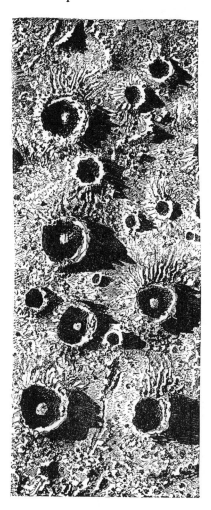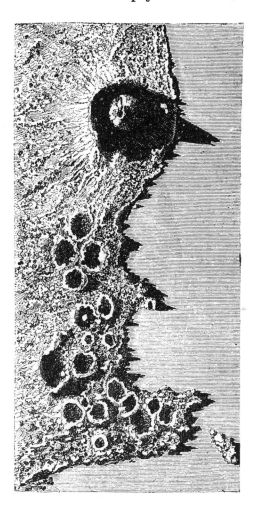

Fig. 67. — Topographie d'un district volcanique lunaire comparée à celle d'un district volcanique terrestre (Naples).

désigné sous le nom de *champs phlégréens*. Cette ressemblance est même si frappante, que l'on pourrait appeler la Lune un vaste champ phlégréen. Nos lecteurs pourront d'ailleurs s'en rendre compte par l'examen de la *fig.* 67, dessinée d'après deux photographies de plans en relief, représentant côte à côte un district volcanique lunaire et un district volcanique terrestre, comparaison due à MM. Nasmyth et

Carpenter. Le dessin de droite représente, en effet, le golfe de Naples, le Vésuve, la Solfatare, Pouzzoles, Cumes, Baies, jusqu'à l'île d'Ischia, de poétique mémoire. C'est un plan en relief, c'est le squelette du vivant et luxuriant paysage de Naples, posé froidement sur une table d'anatomie, et éclairé obliquement par la lumière solaire comme le relief lunaire auquel il est comparé. Le Vésuve, qui est un des plus grands volcans européens, ne serait dans la Lune, qu'un de ces petits cratères à peine visibles autour de Copernic et des autres géants lunaires. Cette disproportion pourrait même faire douter du caractère volcanique des cratères de la Lune, si l'on n'y avait observé, comme sur la Terre, ce cône central qui est incontestablement produit par les derniers efforts de la bouche volcanique projetant dans ses derniers soupirs les émissions affaiblies d'un foyer qui s'éteint.

Le type des montagnes lunaires est représenté sur notre *fig.* 68,

Fig. 68. — Type d'une montagne lunaire.

qui est peut-être encore un peu trop terrestre, car le dessinateur aurait dû faire descendre le fond du cratère plus bas que le terrain environnant le cirque. On rencontre, du reste, en certaines formations volcaniques terrestres, des aspects tout à fait lunaires. Quelquefois, dans les Alpes, la Yungfrau, vue d'Interlaken, est éclairée de telle sorte, au coucher du soleil, qu'elle rappelle singulièrement certaines alpes lunaires. L'illusion est presque complète dans le cratère éteint, près du mont Hécla (Islande) que représente notre *fig.* 69. Nous voici tout à fait transportés sur la Lune à l'époque qui a précédé la disparition des eaux.

Sans aller aussi loin, du reste, nous avons au centre même de notre France, sur les plateaux antiques de l'Auvergne, des cônes de volcans éteints qui représentent en petit ce que le monde lunaire nous offre en grand sur sa surface presque tout entière.

On le voit, entre la Terre et la Lune, ce n'est qu'une différence de degré, due à la nature spéciale de notre satellite, et principalement à la faiblesse de la pesanteur à sa surface.

Les paysages lunaires dans les montagnes doivent offrir un caractère véritablement grandiose et tout à fait spécial. Les cimes succèdent aux cimes, illuminées par le soleil, dans une perspective aérienne à peine sensible, et dans un jour étrange, qui éclaire sans les éteindre les étoiles d'un ciel constamment crépusculaire. On sent déjà là un autre monde.

Les descriptions topographiques que nous venons de faire et les considérations qui en résultent s'appliquent seulement à l'hémisphère lunaire que nous voyons. Tout le monde sait, en effet, que nous voyons toujours la même face de la Lune, et qu'il y a un côté du globe lunaire que nul habitant de la Terre n'a jamais vu et que nul ne verra jamais. En tournant autour de nous, notre satellite nous présente constamment sa même moitié, comme s'il était resté attaché à la Terre par une barre de fer. Il ne s'est pas complètement libéré de notre attraction, et il tourne simplement autour du globe terrestre comme nous le ferions nous-mêmes si nous nous mettions en route pour accomplir le tour du monde. De même que nous avons toujours les pieds contre la Terre, ainsi ses pieds, ou son hémisphère inférieur, sont-ils toujours tournés vers la Terre. Un ballon faisant le tour du monde nous donne une image exacte du mouvement de la Lune autour de la Terre : il accomplit lentement un tour sur lui-même pendant son voyage, puisque, lorsqu'il passe aux antipodes, sa situation est diamétralement contraire à ce qu'elle était au point de départ, de même que nos antipodes ont une position diamétralement opposée à la nôtre. Ainsi, la Lune accomplit une rotation sur elle-même juste dans le temps qu'elle accomplit sa révolution. Autrement, si elle ne tournait pas du tout sur elle-même, nous verrions successivement tous ses côtés pendant sa révolution.

De ce fait que la Lune nous présente toujours la même face, on a conclu qu'elle est allongée comme un œuf dans le sens de la Terre. L'un des astronomes qui se sont le plus occupés de la théorie mathématique de la Lune, Hansen, était même arrivé à conclure que le centre de gravité doit être situé à la distance de 59 kilomètres au delà du centre de figure; que l'hémisphère qui nous regarde est dans la condition d'une haute montagne, et que « l'autre hémisphère peut parfaitement posséder une atmosphère ainsi que tous les éléments de la vie végétale et animale », attendu qu'il est situé au-dessous du niveau moyen.

Nous avons dit que la Lune nous présente toujours la même face, mais c'est seulement en gros, car, comme elle marche tantôt un peu

plus vite, tantôt un peu plus lentement, et qu'elle est tantôt un peu
plus bas, tantôt un peu plus haut, elle nous laisse voir parfois un peu
de son côté gauche, parfois un peu de son côté droit, un jour un peu
au delà de son pôle supérieur, un autre jour un peu au delà de son
pôle inférieur. C'est ce qu'on appelle ses balancements, ou *librations*.
Il en résulte que nous en voyons ainsi, par surprise, un peu plus de la

Fig 69 — Cratère éteint, en Islande, image des paysages lunaires avant la disparition des eaux.

moitié : la partie toujours cachée est à la partie visible dans le rapport
de 42 à 58. (L'évaluation d'Arago, 43 à 57, est un peu trop faible ;
nous en voyons un peu plus.)

La topographie lunaire est la même sur ces huit centièmes de
l'autre hémisphère que sur toute la surface de celui-ci. Il est donc
probable que cet autre hémisphère ne diffère pas essentiellement du
nôtre comme géologie. Sans doute il serait beaucoup plus agréable de
savoir vraiment comment cet hémisphère est constitué ; mais nous ne

pouvons guère y aller vivants, à notre grand désappointement. Nous le saurons peut-être un jour, peut-être un peu tard. Ce desideratum astronomique rappelle la préoccupation persistante de ce pauvre astrologue qui avait beaucoup aimé la Lune pendant sa vie, mais avait moins honoré l'un des seigneurs de son temps, descendant d'un voleur de grand chemin, fort bourru et fort irascible. Le pauvre

Fig. 70. — Volcans éteints de l'Auvergne, image des paysages lunaires actuels.

homme fut condamné à être pendu. Pour lui adoucir sa dernière heure, un docteur en Sorbonne s'évertuait à lui décrire le bonheur dont il allait jouir bientôt dans le ciel. « Ah! monsieur, lui dit le patient, ce n'est pas ce bonheur inconnu qui me console le plus en ce moment; je n'y pense point; mais permettez-moi de vous avouer franchement que *ce qui me fera le plus plaisir en partant, ce sera de voir la Lune par derrière !* »

CHAPITRE V

L'atmosphère de la Lune. — Conditions d'habitabilité du monde lunaire.

Nous venons de voir que le monde lunaire offre avec le nôtre, au point de vue géologique, de remarquables ressemblances d'analogie, avec des différences essentielles, néanmoins, par l'exagération de son caractère volcanique. Pénétrons maintenant un peu plus loin dans l'examen de sa constitution physique. Et d'abord, l'atmosphère aérienne qui enveloppe notre globe et baigne sa surface entière dans son fluide azuré est intimement liée à la vie : c'est elle qui orne le sol aride d'un somptueux tapis végétal, de forêts sombres et animées, de prairies verdoyantes, de plantes multipliées enrichies de fleurs et de fruits. C'est en elle que descend le rayon fécondant du soleil, que se forme le nuage aux floconneux contours, que la pluie verse son urne, que l'orage éclate et que l'arc-en-ciel lance sa brillante couronne au-dessus du paysage transparent et parfumé. C'est elle qui glisse en vivifiant fluide à travers nos poumons qui respirent, ouvre la frêle existence de l'enfant qui vient de naître, et reçoit le dernier soupir du moribond étendu sur son lit de douleur. L'atmosphère est certainement, de tous les éléments dont se compose ce qu'on nomme la constitution physique d'un astre, le plus important. Sans atmosphere, sans cette enveloppe gazeuse où les êtres organisés puisent incessamment de quoi alimenter leur propre existence, il nous est impossible de concevoir autre chose que l'immobilité et le silence de la mort. Ni animaux, ni végétaux, même de l'organisation la plus infime, ne nous semblent susceptibles de vivre et de se développer ailleurs que dans un milieu fluide, élastique et mobile, dont les molécules soient en continuel échange de force avec leurs propres organismes. Sans doute, nous sommes bien éloignés de connaître tous les modes sous lesquels se manifeste la vie, mais, à moins de sortir du domaine des faits observés, pour entrer dans celui de l'imagination pure, nous sommes bien obligés de convenir que l'atmosphère nous semble une des conditions les plus essentielles à l'existence des êtres organisés.

Je dis *nous semble*, car il n'est pas démontré que la nature soit incapable de produire des êtres organisés pour vivre sans air. Il en est qui le nient absolument. Nous ne les contredirons pas. Mais la raison de notre réserve n'est pas moins aisée à comprendre. Si, avant d'avoir observé aucun des innombrables êtres vivants qui peuplent les eaux de notre planète et avant d'avoir entendu parler de leur existence, quelqu'un apprenait tout à coup qu'il est possible de naître, de respirer et de se mouvoir au sein des eaux, s'il s'en rapportait à sa seule expérience, qui lui enseigne que l'immersion prolongée dans un liquide est mortelle, cette nouvelle lui causerait la surprise la plus profonde. Tel serait notre étonnement si l'on venait jamais à démontrer par d'irrécusables preuves l'existence d'êtres vivants à la surface de la Lune. Mais la nature est si variée dans ses modes d'action, si multiple dans les manifestations de sa puissance, que nous ne voyons rien là d'absolument impossible.

Aucune question n'a été plus vivement et plus diversement controversée que celle de l'existence d'une atmosphère autour de la Lune. La solution devait, sans équivoque, faire savoir si notre satellite peut être habité par des êtres animés doués d'une organisation *analogue* à la nôtre.

L'observation attentive de ce globe voisin n'a pas tardé à démontrer que, s'il existe une atmosphère autour de la Lune, cette atmosphère ne donne jamais naissance à aucun nuage, comme celle au milieu de laquelle nous vivons, car ces nuages voileraient pour nous certaines portions de la surface de l'astre, et il en résulterait des variations d'aspect, des taches blanches, plus ou moins étendues et douées de divers mouvements. Mais ce disque se présente toujours à nous avec le même aspect, et rien ne s'oppose jamais à ce que nous en apercevions constamment les mêmes détails.

Ainsi, nous savons déjà par là que l'atmosphère de la Lune, si elle existe, reste toujours entièrement transparente. Mais nous pouvons aller plus loin. Toute atmosphère produit des crépuscules. Une moitié de la Lune recevant directement la lumière du soleil, les rayons solaires qui éclaireraient les hauteurs de cette atmosphere au-dessus des régions encore dans la nuit, répandraient, le long du bord obscur, une certaine clarté s'accroissant graduellement jusqu'à l'hémisphère éclairé. La Lune, vue de la Terre, devrait donc présenter une dégradation insensible de lumière le long du cercle terminateur. Or, il n'en est rien : la partie éclairée et la partie obscure sont séparées l'une de l'autre par une ligne nettement tranchée. Cette ligne est plus ou moins sinueuse et irrégulière, à cause des montagnes, mais elle ne présente aucune trace de cette dégradation de lumière. On voit donc que, si la Lune a une atmosphère, elle doit être très faible, puisque le crépuscule auquel elle donne lieu est tout à fait insensible.

Signalons encore un autre moyen plus précis d'apprécier l'existence de cette atmosphère. Lorsque la Lune, en vertu de son mouvement propre sur la sphère céleste, vient à passer devant une étoile, on peut constater l'instant précis de la disparition de l'étoile, et aussi l'instant précis de sa réapparition, et en conclure la durée de l'occultation de l'étoile. D'un autre côté, on peut parfaitement déterminer par le calcul quelle ligne l'étoile suit derrière le disque lunaire pendant son occultation, et en déduire le temps que la Lune emploie à s'avancer dans le ciel d'une quantité égale à cette ligne. Or, si les rayons de l'étoile étaient

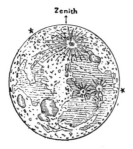 

Fig. 71. — Occultation d'Uranus, le 25 mars 1877.　Fig. 72. — Occultation de Régulus, le 27 février 1877.

tant soit peu dérangés de leur route par la réfraction d'une atmosphère, au lieu de disparaître à l'instant précis où la Lune vient la toucher, l'étoile resterait visible encore quelque temps après, parce que les rayons seraient infléchis par l'atmosphère lunaire; par la même raison, l'étoile commencerait à reparaître du côté opposé quelque temps avant que l'interposition eût complètement cessé : la durée de l'occultation serait donc nécessairement diminuée par cette cause. Mais on trouve généralement une égalité complète entre le calcul et l'observation. De plus, la lumière de l'étoile ne subit aucun affaiblissement. On a pu reconnaître par là que l'atmosphère de la Lune, s'il en existe une, est moins dense, au bord de l'hémisphère lunaire, que l'air qui reste sous le récipient des machines pneumatiques, lorsqu'on y a fait le vide.

D'un autre côté encore, lorsque la Lune passe devant le Soleil et l'éclipse, son contour se présente toujours absolument net et sans pénombre.

J'ai observé avec soin, dans ce but, plusieurs éclipses et occultations, notamment l'occultation de la planète Vénus produite par la Lune, le

14 octobre 1874, à 3 heures de l'après-midi, par un ciel très pur et en
plein soleil. La belle planète offrait au télescope un mince croissant,
du même ordre que celui de la Lune alors à son quatrième jour, un
peu plus large relativement, très visible et nettement dessiné. La
Lune a employé 1 heure 14 minutes à passer devant elle. Les trois
moments principaux de l'entrée de Vénus derrière le disque lunaire et
ceux de sa sortie sont représentés sur les petits dessins de la *fig.* 73.

Fig. 73. — Occultation de Vénus par la Lune, le 14 octobre 1874.

Il n'y a pas eu la plus légère pénombre ni la plus légère déformation
indiquant la présence de la moindre atmosphère lunaire.

L'analyse spectrale, dont nous exposerons bientôt le principe et les
procédés, a été appliquée avec un soin tout particulier à la recherche
des traces de l'atmosphère lunaire. Si cette atmosphère existe il est
évident que les rayons solaires la traversent une première fois avant
d'atteindre le sol lunaire, et une seconde fois en se réfléchissant vers la
Terre. Le spectre formé par la lumière de la Lune devrait donc présenter les raies d'absorption ajoutées au spectre solaire par cette atmosphère. Or, toutes les observations faites prouvent que la Lune renvoie
simplement la lumière solaire comme un miroir, sans que la moindre
atmosphère sensible la modifie en quoi que ce soit.

Un autre moyen encore de découvrir l'existence d'une atmosphère quelconque de vapeurs, brouillards, etc., sur le bord de la Lune, c'est d'examiner le spectre d'une étoile au moment d'une occultation. Le moindre gaz modifierait la couleur de ce spectre, ainsi que certaines lignes, et il ne disparaîtrait pas instantanément sans avoir éprouvé la plus légère modification. On a eu là une nouvelle preuve que, si l'atmosphère lunaire existe, elle n'est pas sensible au bord de la Lune.

Tels sont les faits qui militent contre l'existence d'une atmosphère lunaire. Après les avoir exposés, il importe maintenant de déclarer qu'ils ne sont pas suffisants pour *prouver l'absence totale d'air* à la surface de notre satellite, et de faire connaître certaines observations qui tendent, au contraire, à montrer qu'il pourrait bien exister là quelque atmosphère, faible et basse, mais réelle. On se croit généralement en droit d'enseigner qu'il ne peut y avoir là même l'ombre d'une atmosphère, et qu'il ne peut s'y produire aucune manifestation vitale analogue aux nôtres. Cette proposition est beaucoup trop générale.

En effet, c'est au bord du disque lunaire que se font les occultations d'étoiles, et ce bord est formé par les sommets de toutes les montagnes projetées les unes sur les autres; il est rare qu'une plaine basse arrive au bord de la Lune sans être masquée. Or, c'est précisément dans les bas-fonds qu'il faudrait chercher cette atmosphère, et non sur les hauteurs.

Dès la fin du siècle dernier, Schrœter a observé que les cimes des montagnes lunaires, qui se présentent sur le bord non éclairé comme des points détachés, sont d'autant moins lumineuses qu'elles se trouvent à une plus grande distance de la ligne de séparation d'ombre et de lumière, ou, ce qui revient au même, suivant que les rayons éclairants ont rasé le sol lunaire sur une plus grande étendue.

Pendant qu'il observait, un soir, le mince croissant de la Lune deux jours et demi après la nouvelle lune, il s'avisa de rechercher si le contour obscur de cet astre, celui qui ne pouvait recevoir que la lueur cendrée, se montrerait tout à la fois, ou seulement par parties, devant l'affaiblissement de notre crépuscule; or, il arriva que le limbe obscur se montra d'abord dans le prolongement de chacune des deux cornes du croissant, sur une longueur de 1′20″ et une largeur d'environ 2″, avec une teinte grisâtre très faible, qui perdait graduellement de son intensité et de sa largeur en s'avançant vers l'est. Au même moment, les autres parties du limbe obscur étaient totalement invisibles, et, cependant, comme plus éloignées de la portion éblouissante du croissant, on aurait dû les voir les premières. Une lueur rejetée de l'atmosphère de la Lune sur la portion de cet astre que les rayons solaires n'atteignaient pas encore directement, une véritable lueur crépusculaire, semble seule pouvoir expliquer ce phénomène.

Schrœter trouva, par le calcul, que l'arc crépusculaire de la Lune, mesuré dans la direction des rayons solaires tangents, serait de 2° 34'. et que les couches atmosphériques qui éclairent l'extrémité de cet arc devraient être à 452 mètres de hauteur. Cette observation a été renou- velée plusieurs fois depuis.

D'autre part, en discutant attentivement 295 occultations soigneu- sement observées, l'astronome Airy en a conclu que le demi-diamètre lunaire est diminué de 2"0 dans la disparition des étoiles derrière le côté obscur de la Lune, et de 2"4 dans leur réapparition également au limbe obscur. Les observations relatives aux occultations près du limbe lumineux donnent de plus fortes valeurs pour le demi-diamètre qu'on ne l'eût attendu à priori; tant à cause de l'extrême délicatesse de ces constatations que de l'irradiation du bord lunaire, qui éteint la lumière de l'étoile avant le contact.

Cet excès du diamètre télescopique est généralement attribué à l'irra- diation, qui l'agrandit à la vue. « Cependant, rien ne prouve que l'atmosphère lunaire n'entre pas pour quelque chose dans la diffé- rence, dit, avec raison, M. Neison, mon savant collègue de la So- ciété Royale Astronomique d'Angleterre ; et si l'on compare le dia- mètre si sûr déterminé par Hansen à celui qui est conclu des occul- tations observées de 1861 à 1870, on trouve une correction de 1"70, qui ne paraît pas devoir être raisonnablement attribuée à l'irradiation. Il serait plus satisfaisant d'admettre que la réfraction horizontale d'une atmosphère lunaire entre dans cet effet pour 1". Les demi-dia- mètres lunaires, calculés dans les éclipses totales de Soleil, où l'irra- diation de la Lune est nulle, et, au contraire, où la lumière solaire diminue la largeur de la Lune noire, s'accordent avec cette hypo- thèse. » Telle est aussi l'opinion du directeur de l'Observatoire royal d'Angleterre.

D'un autre côté, l'absence de réfraction, que nous avons exposée tout à l'heure, n'est pas absolue. Que, dans les occultations, on ait vu des étoiles se projeter sur le disque de la Lune, c'est un fait incontes- table, et la meilleure explication est celle qui attribue le fait à une atmosphère existant surtout sur l'hemisphère que nous ne voyons pas, et qui serait amenée de temps en temps vers le bord de la Lune par la libration : dans ce cas, et ce cas seulement, la projection des

étoiles occultées se produirait. Lors d'une occultation de Jupiter, le
2 janvier 1857, une ligne sombre, qui pourrait fort bien avoir été produite par une atmosphère, longeait le bord lunaire et se projetait sur
le disque de Jupiter (*fig.* 74).

Fig. 74. — Occultation de Jupiter
par la Lune, le 2 janvier 1857.

Le bord lunaire ne se présente pas toujours dans les mêmes conditions, à cause
des librations de la Lune, dont nous
avons parlé : ce ne sont pas toujours les
mèmes points que l'on voit, et il y a, de
plus, d'énormes variations de température, qui doivent avoir une grande influence sur l'état de l'atmosphère.

Maintenant, quelle serait l'étendue d'une
atmosphère lunaire qui produirait une
réfraction horizontale de 1″? Notre satellite est dans une condition
singulière de densité, de pesanteur et de température. Sa surface passe
tout à tour d'une chaleur torride à un froid glacial, comme nous l'avons
vu. La température maximum du bord occidental arrive vers le huitième jour de la lunaison, et sa température minimum environ deux
jours après la pleine lune, tandis que la température maximum du
bord oriental arrive le lendemain du dernier quartier, et sa température minimum deux jours avant la pleine lune.

La hauteur de l'atmosphère lunaire pourrait être d'environ 32 kilomètres, d'après les calculs de M. Neison; sa densité, à la surface, à
0 degré de température et à la pression ordinaire, serait de $\frac{23}{10000}$ comparativement à la densité de l'atmosphère terrestre au niveau de la
mer et à zéro. Cette atmosphère donnerait un réfraction de 1″27 sur
le bord lunaire non éclairé, en supposant une température de 30 degrés
de froid, 1″03 à zéro, et 0″86 sur le bord éclairé, à la température de
30 degrés centigrades.

Un tel état de choses serait d'accord avec les différentes observations faites dans les occultations, et aucun fait ne contredit cette hypothèse. L'étendue de cette atmosphère sera mieux comprise si nous
remarquons que son poids, sur une surface d'un mille anglais carré
(1609 mètres de côté), serait d'environ 400 millions de kilogrammes.
Elle serait, en proportion de la masse de la Lune, un huitième de ce
qu'est l'atmosphère terrestre en proportion de la Terre.

Une telle atmosphère n'est pas insignifiante, et elle peut exister.

La densité de l'air sur une planète quelconque dépend de l'attraction de la planète. Tout poids sur la Terre serait doublé si l'attraction

terrestre était doublée, et diminuée de moitié si cette attraction était diminuée de moitié, et ainsi de suite ; or, ce fait s'applique aussi bien à l'atmosphère qu'à toute autre substance. Si la gravité terrestre était réduite à celle de la Lune, la pression atmosphérique et la densité de l'air seraient réduites au sixième de leur état actuel ; une quantité

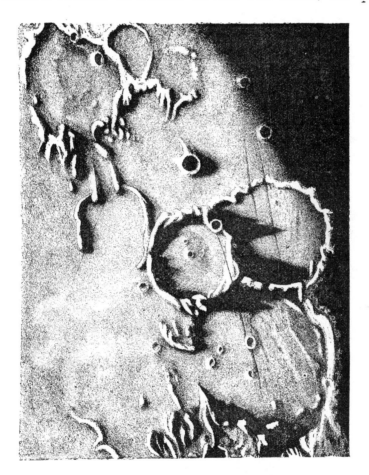

Fig. 75. — Cirques lunaires obliquement éclairés au lever du soleil.

donnée d'air, au niveau de la mer, occuperait plus d'espace et l'atmosphère entière se dilaterait dans une proportion correspondante ; elle s'élèverait six fois plus haut. Si donc il y avait sur la Lune une atmosphère constituée comme la nôtre, cette atmosphère serait six fois plus élevée que la nôtre ; au niveau moyen des plaines lunaires, la pression serait égale au sixième de celle de notre air au niveau de la mer. Ainsi, lors même que les Sélénites auraient autant d'air par mètre carré que nous, ils auraient néanmoins une atmosphère irres-

pirable pour nous. Si nous supposons maintenant qu'elle soit différemment constituée et d'une densité six fois plus grande que la nôtre,
elle n'aurait, à cause de la faiblesse de la pesanteur lunaire, que la
densité de celle que nous respirons, et s'élèverait aussi haut.

J'ai maintes fois observé, notamment sur la région si bouleversée
qui s'étend au nord de la rainure d'Hyginus, une teinte grise variable,
qui, si elle n'est pas un simple effet d'optique, pourrait être produite,
soit par un brouillard, soit par des végétaux. D'autre part, il m'est
fort souvent arrivé d'avoir l'impression d'un effet de crépuscule en
observant la vaste plaine orientale de la mer de la Sérénité le sixième
jour de la lunaison. Au nord, le cirque ovale irrégulier du Caucase, et,
au sud, la chaîne de Ménélas, ressortent comme deux pointes lumineuses visibles dans une simple jumelle. Le bord éclairé de la plaine
ne finit pas brusquement par une ligne abrupte séparant nettement la
lumière de l'ombre, mais se dégrade doucement, *comme si le niveau
s'abaissait.* C'est une véritable pénombre. Le calcul montre que le
disque solaire doit produire par sa largeur une pénombre de 32' d'un
arc de grand cercle sur la Lune, ce qui fait une largeur d'environ
16 kilomètres. Mais j'ai souvent remarqué là une pénombre beaucoup
plus large. La *fig.* 75, dessinée à l'observatoire de Harvard College
(États-Unis) donne une idée de cette dégradation de teinte au bord
éclairé.

En résumé donc, il peut (et il doit) exister sur la Lune *une atmosphère de faible densité,* et probablement de composition très différente de la nôtre. Peut-être existe-t-il aussi certains liquides, comme
l'eau, mais en minime quantité. S'il n'y avait pas d'air du tout, il ne
pourrait pas subsister là une seule goutte d'eau, attendu que c'est la
pression atmosphérique seule qui maintient l'eau à l'état liquide, et
que, sans elle, toute eau s'évaporerait immédiatement. Il est possible,
enfin, que l'hémisphère lunaire que nous ne voyons jamais soit plus
riche que celui-ci en fluides. Mais on voit, dans tous les cas, qu'il
serait contraire à l'interprétation sincère des faits d'affirmer, comme
on le fait trop souvent, qu'il n'y a absolument aucune atmosphère ni
aucun liquide ou fluide à la surface de la Lune.

Ajoutons maintenant que ce monde, tout voisin qu'il est, se trouve
dans des conditions d'habitabilité bien étranges pour nous. Nous
avons déjà vu qu'à sa surface les corps vivants ou autres n'ont presque
pas de poids et que tout doit y être de la plus facile mobilité. L'atmosphère y étant, d'autre part, extrêmement légère elle-même, il n'y a pas
de voûte céleste comme ici, pas de ciel, azuré ou autre, jamais de

nuages, mais un vide insondable et sans forme, dans lequel une multitude infinie d'étoiles brillent le jour comme la nuit. La lumière et la chaleur reçues du Soleil y sont de la même intensité qu'ici, puisque la Lune et la Terre tournent dans l'espace à la même distance du Soleil (qu'est-ce que 96 000 lieues sur 37 millions? — presque rien); mais leurs effets sont bien différents, parce que l'atmosphère n'est pas suffisante pour les tempérer. En plein soleil, la lumière est intense, crue et fatigante; à l'ombre, elle est presque nulle, non diffusée, sinistre reflet des roches illuminées. Dans la première situation, la chaleur est intolérable; dans la seconde, on éprouve un froid glacial. Ici l'atmosphère sert, au-dessus de nos têtes, de serre protectrice conservant la chaleur reçue pendant le jour, et les vents harmonisent les différences extrêmes de température; sur la Lune, au contraire, toute la chaleur reçue pendant le jour s'échappe sans obstacle dès que le soleil est absent, et la nuit amène un froid glacial. Les organismes lunaires ne peuvent vivre qu'en étant constitués pour supporter sans douleur ces *énormes contrastes*, qui seraient si périlleux pour nous. Il est certain qu'un corps exposé en plein soleil doit soutenir sur la Lune la température de l'eau bouillante, et que la nuit suivante il doit supporter un froid polaire de plus de cinquante degrés au-dessous de zéro et capable de congeler le mercure. Il est même probable que ces extrêmes sont plus exagérés encore.

Car, sur ce singulier petit monde, les jours et les nuits sont près de *quinze fois plus longs* que sur le nôtre. La révolution et la rotation de la Lune sur elle-même, relativement au Soleil, étant, comme nous l'avons vu, de 29 jours 12 heures 44 minutes, c'est-à-dire de 709 heures environ, telle est aussi la durée totale du jour et de la nuit sur ce monde étrange : le jour proprement dit, du lever au coucher du soleil, dure 354 heures, et la nuit autant; le soleil n'emploie pas moins de 177 heures pour s'élever de l'horizon oriental jusqu'à son point culminant à midi, et autant pour continuer son cours en descendant jusqu'à l'occident. Quelle longueur de jour! Et jamais un seul nuage pour tempérer l'ardeur de ce soleil sempiternel!

Nous ne connaissons pas, dans tout l'univers, de jours et de nuits aussi longs.

La rareté de l'atmosphère lunaire permet aux étoiles de briller pendant le jour comme pendant la nuit. On les voit donc tourner lentement autour du pôle lunaire, qui est voisin de notre pôle de l'écliptique et situé dans la tête du Dragon; seulement, elles tournent un peu plus vite que le soleil : en 27 jours 7 heures 43 minutes, au lieu

de 29 jours 12 heures 44 minutes. Ici le jour solaire surpasse de
4 minutes le jour sidéral ; là-haut la différence est de 53 heures.

Mais, tandis que le jour lunaire est beaucoup plus long que le nôtre,
l'année lunaire est plus courte que la nôtre : elle se compose
de 346 jours terrestres ou de moins de 12 jours lunaires : 11,74.
Ainsi, sur ce petit monde voisin, il y a à peine *douze jours par an !*

Un être marchant sur la Lune devrait se sentir extrêmement léger,
courir avec la vitesse du vol de l'hirondelle, gravir sans effort les montagnes les plus escarpées, franchir les précipices, lancer des pierres ou
des projectiles à d'étonnantes distances. Tandis qu'à la surface du
Soleil, la plus violente de nos pièces d'artillerie pourrait à peine lancer
un boulet à quelques mètres, l'attraction solaire le saisissant presque
immédiatement à la sortie de la gueule enflammée, un bon frondeur
lunaire lancerait un boulet par-dessus les montagnes.

En faisant abstraction de la résistance de l'air, on trouve qu'un
boulet lancé horizontalement de la gueule d'un canon placé sur le
sommet de la plus haute montagne de la Terre *ne retomberait jamais*,
s'il volait assez vite pour faire le tour du monde en 5000 secondes,
c'est-à-dire en 1 heure 23 minutes 20 secondes, soit avec une rapidité 17 fois plus grande que le mouvement de rotation d'un point de
l'équateur, autrement dit encore s'il était lancé avec une vitesse de
8000 mètres par seconde. La force tangentielle qu'il développerait
dans cette course furibonde serait précisément égale à l'intensité de
l'attraction de la Terre, et il demeurerait en équilibre. L'artilleur qui
l'aurait lancé aurait ainsi créé un nouveau satellite à la Terre ([1]).

Le dessin ci-dessus illustre cette idée. Un boulet lancé horizontale-

([1]) Pour qu'un pareil projectile lancé horizontalement au-dessus de la surface
solaire circulât également à l'état de satellite autour du Soleil, il faudrait qu'il fût
lancé avec une rapidité 219 fois plus grande que celle de la rotation équatoriale de
cet astre, de manière à parcourir le tour entier en 2 heures 46 minutes 36 secondes.
Le Soleil mesurant 4 350 000 kilomètres de circonférence, la vitesse de notre boulet
serait donc de 430 000 mètres par seconde. Un point de l'équateur solaire court en
raison de près de 2000 mètres par seconde.

ment du sommet de la montagne avec une vitesse de 8000 mètres, s'abaissera sur cette longueur de 4^m,90, ce qui est juste la courbure de la Terre, suivra par conséquent une ligne parallèle à cette courbure, et reviendra par la flèche 1^{h}23^{m}20^s après.

Pourrait-on, théoriquement, lancer un boulet verticalement avec une force assez grande pour qu'il ne puisse plus jamais retomber sur la Terre? La question est assurément originale et curieuse. Où s'arrête la sphère d'attraction de la Terre? Nulle part. L'attraction diminue en raison du carré de la distance, mais elle ne devient jamais égale à zéro. Sortir de la sphère d'attraction de la Terre n'est donc pas possible, à moins de pénétrer dans celle d'un autre corps céleste. Mais peut-on supposer un projectile animé d'une vitesse telle qu'il abandonne la Terre pour toujours? Oui. Il faudrait pour cela le lancer avec la vitesse initiale de 11 300 mètres par seconde. Un projectile ainsi lancé *ne retomberait jamais sur la terre* et ne tournerait pas non plus autour d'elle, mais il s'enfuirait dans les espaces interplanétaires.

Mais nous oublions la Lune. Nous voulions, au contraire, donner une juste idée de la faiblesse de la pesanteur à sa surface en remarquant que le boulet de canon qui aurait besoin, sur le Soleil, d'une vitesse de 430 000 mètres par seconde pour tourner autour de l'astre sans jamais retomber, — et de 8000 mètres pour tourner définitivement autour de la Terre, également sans retomber, n'aurait besoin que d'une vitesse de 3200 mètres pour jouer le même rôle autour de la Lune. Tel serait le sort d'un projectile lancé horizontalement avec cette vitesse du sommet de la montagne lunaire de Leibnitz.

Les mêmes considérations nous montrent qu'une pierre lancée d'un volcan lunaire avec la vitesse de 4500 mètres dans la première

C'est là (430 000 mètres) la plus petite vitesse que puisse avoir un corps passant contre la surface du Soleil sans être attiré par elle. En la multipliant par le chiffre 1,414, on obtient la plus grande qu'un corps puisse acquérir en arrivant d'une distance infinie sur le Soleil : c'est 608 000 mètres. Tout objet frôlant tangentiellement le Soleil, et animé d'une vitesse supérieure à celle-là, volerait trop vite pour obéir à l'influence attractive de cet astre, et s'enfuirait pour jamais dans les déserts de l'espace. Si même le Soleil projetait verticalement au-dessus de lui, dans l'une de ses formidables éruptions, des matériaux animés de cette vitesse initiale, ils traverseraient les orbites planétaires et pourraient ne jamais revenir à leur source! Lancés avec une vitesse de 578 000 metres, ils arriveraient jusqu'ici, et rencontreraient la Terre avec une vitesse de 2980 mètres par seconde.

Il est curieux de remarquer en passant, que la vitesse moyenne de la Terre sur son orbite étant de 29 450 mètres par seconde, si cette vitesse était augmentée dans le même rapport (1000 à 1414) et était de 41 630 mètres (par l'influence d'un autre corps céleste ou par toute autre cause), notre pauvre planète s'éloignerait à jamais du Soleil pour ne plus revenir en nos régions hospitalières ; le froid, l'hiver éternel, la nuit, la mort, enseveliraient le monde avant que les astronomes aient eu le temps de terminer le calcul de la cause d'une pareille perdition....

seconde s'échapperait de l'attraction lunaire et ne retomberait jamais sur ce globe. Il va sans dire que, si elle était dirigée vers la Terre, elle nous arriverait directement. Dans ce cas particulier, elle n'aurait même pas besoin d'être lancée avec une pareille force pour nous atteindre. La sphère d'attraction lunaire est contiguë à celle de la Terre à la distance de 9244 lieues de la Lune et de 86 856 lieues de la Terre (pour la distance moyenne de 96 100 lieues). Un corps lancé de la Lune dans la direction de la Terre entrerait dans notre sphère d'attraction s'il était projeté avec la vitesse relativement médiocre de 2500 mètres par seconde. Cette force n'est pas supérieure aux vitesses de projection observées sur certains volcans terrestres, par exemple, sur le Cotopaxi, et elle n'est pas non plus au-dessus de celles que la puissance humaine pourrait produire. Au commencement de ce siècle, Laplace, Olbers, Poisson, Biot, en avaient même conclu que les aérolithes, pierres tombées du ciel, pourraient fort bien nous être envoyés par les volcans lunaires.

Pour atteindre la sphère d'attraction lunaire, un boulet terrestre devrait être lancé verticalement, vers la Lune au zénith, avec une vitesse de 10 900 mètres.

Lorsque la fédération républicaine des États-Unis d'Europe, d'Asie, d'Afrique et d'Amérique sera faite (dans quelques milliers d'années) et que la dernière bataille aura été livrée entre les frères terrestres, les conquérants auront encore la Lune pour solliciter leur ambition de balistique, et, en surexcitant suffisamment le patriotisme terrestre, ils parviendront sans doute à faire déclarer la guerre à la Lune. Notre ennemi serait alors dans une position bien supérieure à la nôtre. Tous ses projectiles nous arriveraient sûrement, tandis qu'une partie des nôtres nous retomberaient sur la tête. Ce n'en serait pas moins là la plus curieuse des batailles.

Quoi qu'il en soit, le fait qui doit le plus nous frapper dans les conditions physiques du monde lunaire, c'est la faiblesse de la pesanteur à sa surface, et la légèreté proportionnelle des organismes quelconques que la nature a dû engendrer sur ce globe [1].

---

[1] C'est là, en effet, un état de légèreté des plus curieux, et il est étrange que les romanciers qui ont fait tant de voyages imaginaires dans la Lune, n'aient pas mieux tiré parti de ce fait spécial. Tout le monde a vu naguère, à Paris, une intéressante féerie jouée sous le titre de *Voyage à la Lune*. Le libretto ne manque pas d'esprit, la mise en scène est élégante, et les dames du corps de ballet laissent fort peu à désirer. Qu'il eût été facile de mettre en jeu la légèreté lunaire ! Mais on n'y a pas songé, pas plus qu'aux autres conditions astronomiques particulières à la Lune.

CHAPITRE VI

La Lune est-elle habitée?

Astre de la rêverie et du mystère, pâle soleil de la nuit, globe solitaire errant sous le firmament silencieux, la Lune a, dans tous les temps et chez tous les peuples, particulièrement attiré le regard et la pensée. Il y a près de deux mille ans, Plutarque a écrit un traité sous ce titre : *De la face que l'on voit dans la Lune*, et Lucien de Samosate a fait un voyage imaginaire dans le royaume d'Endymion. Depuis deux mille ans, et surtout dans les années qui ont succédé aux premières découvertes astronomiques de la lunette d'approche, cent voyages ([1]) ont été écrits sur ce monde voisin par des voyageurs dont la brillante imagination n'a pas toujours été éclairée par une science suffisante. Le plus curieux de ces romans scientifiques est encore celui de Cyrano de Bergerac, qui trouva là des hommes comme sur la Terre, mais avec des mœurs singulières, qui n'offrent, comme on le pense, rien de commun avec les nôtres. Du temps de Plutarque, on avait déjà imaginé sur la Lune des êtres analogues à nous, mais, je ne sais pourquoi, quinze fois plus grands. Dans la première moitié de notre siècle, en 1835, on colporta dans l'Europe entière une prétendue brochure de sir John Herschel, représentant les habitants de la Lune munis d'ailes de chauves-souris et volant « comme des canards » au-dessus des lacs lunaires. Edgard Poë a fait faire le voyage de la Lune en ballon à un intéressant bourgeois de Rotterdam, et a fait redescendre un habitant de la Lune à Rotterdam pour donner des nouvelles du voyage. Plus récemment encore, Jules Verne a lancé un wagon-boulet vers la Lune; mais il est regrettable que ses voyageurs célestes n'aient pas même entrevu les Sélénites et n'aient rien pu nous apprendre des choses qui les concernent.

Cette Lune charmante a subi dans l'opinion humaine les vicissitudes de cette opinion elle-même, comme si elle eût été un personnage politique. Tantôt séjour admirable, paradis terrestre et céleste à

([1]) Voyez mon ouvrage *Les Mondes imaginaires et les Mondes réels*.

la fois, région bénie du Ciel, enrichie d'une vie luxuriante, habitée par des êtres supérieurs; tantôt séjour épouvantable, déshérité de tous les dons de la nature, désert et taciturne, véritable tombeau ambulant oublié dans l'espace. Avant l'invention du télescope, les philosophes étaient naturellement portés à voir en elle une terre analogue à celle que nous habitons. Lorsque Galilée eut dirigé la première lunette vers ce globe et reconnu là des montagnes et des vallées analogues aux reliefs de terrain qui diversifient notre planète, et de vastes plaines grises que l'on pouvait facilement prendre pour des mers, la

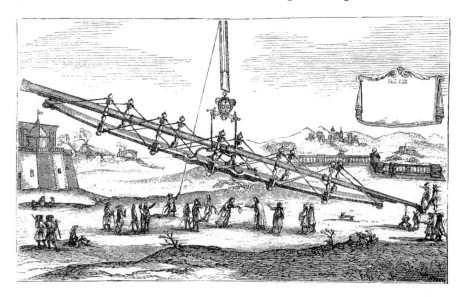

Fig. 76. — Grande lunette du XVIIᵉ siècle, d'après Bianchini.

ressemblance entre ce monde et le nôtre parut évidente, et on le peupla aussitôt, non d'une humanité réelle, mais d'animaux variés. On dessina les premières cartes, et l'on s'accorda à baptiser les grandes taches des noms de mers qu'elles portent encore aujourd'hui.

Au temps d'Huygens, d'Hévélius, de Cassini, de Bianchini, on construisit des lunettes de plus de cent pieds, dont ce dernier auteur a donné, dans son ouvrage sur Vénus, le curieux spécimen reproduit ici; mais ces lunettes, non achromatiques, ne valaient pas nos lunettes actuelles de cinq mètres.

Les astronomes, les penseurs, le public intelligent lui-même, espéraient voir un progrès rapide dans l'agrandissement des télescopes, et on proposa même, sous Louis XIV, de construire une « lunette de dix mille pieds devant montrer des animaux dans la lune. » Mais les opticiens avaient beau faire, les progrès de l'optique n'allaient pas au gré de l'imagination. Au contraire, plus les instruments se perfectionnaient, et plus s'effaçaient les analogies d'abord remarquées entre la Lune et la Terre. Les mers laissant distinguer nettement leur surface, on constatait que cette surface n'est ni liquide, ni unie, mais sablonneuse et rugueuse, accidentée de mille reliefs, collines, vallées, cratères, cirques, etc. L'observation attentive ne parvenait pas à découvrir sur cet astre, ni une seule vraie mer, ni un seul lac, ni aucune

Fig. 77. — Le grand télescope de lord Rosse.

preuve certaine de la présence de l'eau sous quelque forme que ce fût : nuage, neige ou glace. L'observation non moins attentive des étoiles et des planètes, aux moments où la Lune passe devant elles et les occulte, montrait en même temps que ces astres ne sont ni voilés ni réfractés lorsqu'ils touchent le bord du disque lunaire, et que, par conséquent, ce globe n'est environné d'aucune atmosphère sensible. L'analogie qu'on avait cru saisir entre ces deux mondes s'évanouissait, la vie lunaire disparaissait en fumée, et l'on s'habitua peu à peu à écrire dans tous les livres d'astronomie cette phrase devenue déjà traditionnelle : *La Lune est un astre mort.*

C'était conclure un peu vite. C'était surtout s'illusionner singulièrement sur la valeur du témoignage télescopique.

Mon ancien maître et ami, Babinet, prétendait que, s'il y avait sur la Lune des troupeaux d'animaux analogues aux troupeaux de buffles de l'Amérique ou des troupes de soldats marchant en ordre de bataille, ou des rivières, des canaux et des chemins de fer, ou des monuments comme Notre-Dame, le Louvre et l'Observatoire, le grand télescope de lord Rosse permettrait de les reconnaître. On disait, en effet, que ce télescope colossal, dont le miroir offre un diamètre de 1 mètre 83 centimètres, dont la longueur dépasse 16 mètres, et qui est encore le plus grand qu'on ait construit jusqu'à ce jour (*fig.* 77), pourrait supporter des grossissements de six mille fois. Or, comme grossir un objet lointain ou le rapprocher, c'est géométriquement la même chose, si, en effet, on pouvait rapprocher de six mille fois la Lune, on la verrait à 16 lieues. Mais le télescope de lord Rosse n'est pas parfait, et, loin de pouvoir supporter de tels grossissements de six mille, ou ne peut pas, si l'on veut voir nettement, dépasser deux mille.

Le meilleur télescope, avec celui de Lord Rosse, est le grand télescope de Lassel, de 1 mètre 22 de diamètre, et de 11 mètres de longueur. La meilleure lunette est le grand équatorial de l'Observatoire de Washington, à l'aide duquel on a découvert les deux satellites de Mars. Sa lentille mesure 66 centimètres de diamètre et sa longueur est de 10 mètres. Or, les plus forts oculaires qu'on puisse appliquer à ces chefs-d'œuvre de l'art optique ne dépassent pas deux mille, et dans les conditions atmosphériques les plus favorables. A quoi sert de grossir démesurément une image qui cesse d'être pure et de pouvoir être utilement observée? Comme nous le faisions remarquer plus haut, la plus grande proximité à laquelle nous puissions amener la Lune, dans les meilleures conditions, c'est donc 44 lieues.

Or, je le demande, que peut-on distinguer et reconnaître à une distance pareille? L'apparition ou la disparition des pyramides d'Egypte y passerait probablement inaperçue. « On n'y voit rien remuer! » objecte-t-on assez souvent. Je le crois sans peine. Il faudrait un fameux tremblement de terre (ou tremblement de lune) pour qu'il fût possible de s'en apercevoir d'ici, et encore faudrait-il aussi que, justement à cet instant-là, il y eût un astronome terrestre, favorisé d'un ciel pur et d'un puissant instrument, occupé à examiner précisément la région du cataclysme; nous ne serions prévenus par aucun bruit, et la catastrophe la plus épouvantable pourrait survenir, la Lune tout entière pourrait éclater en mille tonnerres, que le plus léger écho ne traverserait pas le ciel qui nous en sépare.

Imp. Lemercier & Cⁱᵉ, Paris

Topographie lunaire. — La mer des Crises, éclairée de face, à la pleine lune.

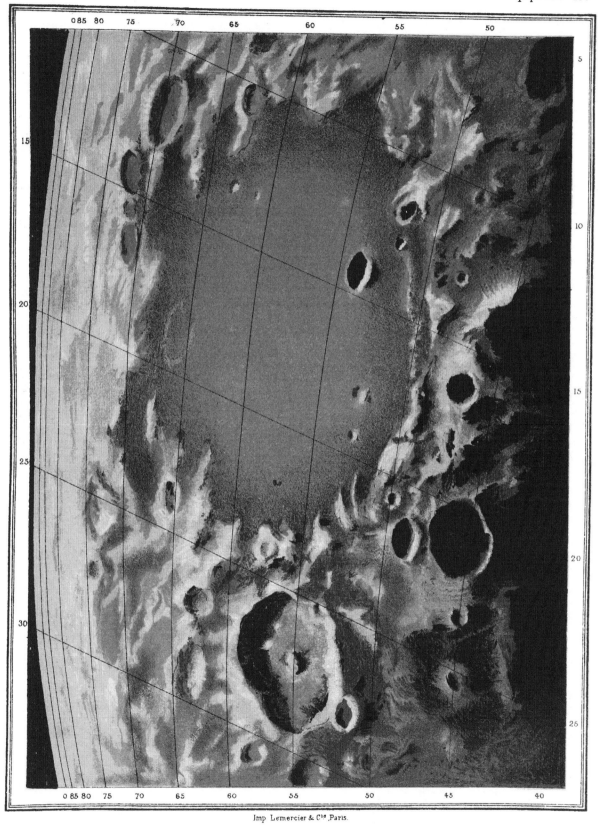

Imp Lemercier & Cie, Paris.

Topographie lunaire. ___ La mer des Crises, éclairée obliquement, après la nouvelle lune.

Lors donc qu'on déclare que la Lune est inhabitée, parce qu'on n'y voit rien remuer, on s'illusionne singulièrement sur la valeur du témoignage télescopique. A quelques kilomètres de hauteur, en ballon, par un ciel pur et un beau soleil, on distingue à l'œil nu les villes, les bois, les champs, les prairies, les rivières, les routes; mais on ne voit rien remuer non plus, et l'impression directement ressentie (je l'ai bien souvent éprouvée dans mes voyages aériens) est celle du silence, de la solitude, de l'absence de la vie. Aucun être vivant n'est déjà plus visible, et si nous ne savions pas qu'il y a des moissonneurs dans ces campagnes, des troupeaux dans ces prairies, des oiseaux dans ces bois, des poissons dans ces eaux, rien ne pourrait nous le faire deviner. Si donc la Terre est un monde mort, vue seulement à quelques kilomètres de distance, quelle n'est pas l'illusion humaine d'affirmer que la Lune soit vraiment un monde mort, parce qu'elle le paraît vue à cent lieues et plus ! Que peut-on saisir de la vie à une pareille distance? Rien, assurément, car forêts, plantes, cités, tout disparaît.

Le seul moyen que nous ayons de nous former une opinion exacte de l'état du monde lunaire, c'est d'observer avec soin et de dessiner séparément certains districts, puis de comparer d'année en année ces dessins avec la réalité, en tenant compte de la différence des instruments employés. Il faut accorder une certaine cause de variété à la différence des yeux des observateurs ainsi qu'à la transparence de l'atmosphère. Il faut aussi tenir compte de la différence d'éclairement suivant la hauteur du soleil, attendu que plus le soleil est oblique et plus les reliefs du terrain sont visibles. Les différences observées sont même extraordinaires. On n'y croirait pas si on ne les voyait pas. J'ai voulu faire apprécier à mes lecteurs ces étonnantes différences en reproduisant en chromo-lithographie deux admirables dessins de mon illustre ami Piazzi Smith, directeur de l'observatoire d'Édimbourg : ils représentent *la même région*, la Mer des Crises, éclairée obliquement et normalement. Quelle surprenante différence entre ces deux vues !

Or, cette méthode critique, appliquée depuis quelques années, ne confirme pas l'hypothèse de la mort du monde lunaire. Elle nous apprend, au contraire, que des changements géologiques et même météorologiques paraissent encore s'accomplir à la surface de notre satellite.

Et, d'abord, la surface lunaire ne peut guère faire autrement que de changer, aussi bien que la surface terrestre. Sur notre planète, il est vrai, nous avons encore de violentes éruptions volcaniques et de désastreux tremblements de terre; nous avons les vagues de l'océan, qui, rongeant les rivages sous les falaises et pénétrant les embouchures des fleuves, modifient incessamment les contours des continents (comme je l'ai constaté de mes yeux par moins de quinze ans seulement d'observation le long des côtes françaises); nous avons les mouvements du sol, qui s'élève et s'abaisse au-dessous du niveau de la mer, comme chacun peut le voir à Pouzzoles, en Italie, et sur les digues des Pays-Bas; nous avons le soleil, la gelée, les vents, les pluies, les rivières, les plantes, les animaux et les hommes, qui modifient sans cesse la surface de la Terre. Néanmoins, sur la Lune, il y a deux agents qui suffisent pour opérer des modifications plus rapides encore : c'est la chaleur et le froid. A chaque lunaison, la surface de notre satellite subit des contrastes de température qui suffiraient pour désagréger de vastes contrées, et, avec le temps, faire écrouler les plus hautes montagnes. Pendant la longue nuit lunaire, sous l'influence d'un froid plus que glacial, toutes les substances qui composent le sol doivent se contracter plus ou moins, suivant leur nature. Puis, arrive une chaleur qui doit surpasser celle de l'eau bouillante, et tous les minéraux qui, quinze jours auparavant, étaient réduits à leurs plus petites dimensions, doivent se dilater dans des proportions diverses. Si nous considérons les effets que l'hiver et l'été produisent sur la Terre, nous concevrons ceux qui doivent être produits au centuple sur la Lune par cette succession de condensations et de dilatations dans des matériaux qui sont moins cohérents, moins massifs que ceux de la Terre. Et si nous ajoutons que ces contrastes sont répétés, non pas année par année, mais mois par mois, et que toutes les circonstances qui les accompagnent doivent les exagérer encore, il ne paraîtra certainement pas étonnant que *des variations topographiques se produisent actuellement* à la surface de la Lune, et que, loin de désespérer de les reconnaître, nous puissions au contraire nous attendre à les constater.

D'ailleurs, nous ne pouvons pas affirmer qu'indépendamment des variations dues au règne minéral, il n'y en ait pas qui puissent être dues à un règne végétal, ou même à un règne animal, ou — qui sait? — à des formations vivantes quelconques, qui ne soient ni végétales ni animales.

Mais des opérations volcaniques paraissent encore se manifester. Un volcan plus gros que le Vésuve a dû se former ou tout au moins s'agrandir de manière à devenir visible, dans le cours de l'année 1875, au milieu d'un paysage bien connu des sélénographes. Lorsque la Lune arrive à son premier quartier, le soleil commence à éclairer la surface de la « mer des Vapeurs », région fort heureusement située vers le centre du disque lunaire. On remarque là, parmi plusieurs beaux cratères, ceux qui ont reçu les noms d'Agrippa et d'Ukert. Autour de chacun deux, le terrain descend en pente, et une plaine s'étend entre les contre-forts de l'un et de l'autre. On distingue à travers cette plaine une sorte de fleuve, coupé presque au milieu du chemin par

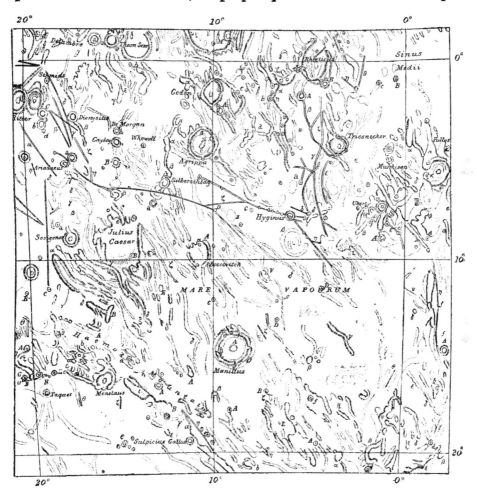

Fig. 78. — Topographie lunaire des environs de la rainure d'Hyginus.

un petit cratère, nommé Hyginus. Bien souvent, j'ai observé cette curieuse région du monde lunaire, et j'en ai fait un grand nombre de dessins, dont les plus complets sont des 31 juillet 1873, 1er août, 29 octobre, 27 novembre de la même année, 24 avril 1874. Or, au nord-ouest du cratère d'Hyginus, aucun des astronomes qui ont observé et dessiné cette région n'avait jamais vu ni décrit un cirque de 4500 mètres de diamètre, qui y est actuellement visible et que l'un de nos sélénographes contemporains les plus laborieux, M. J. Klein, de Cologne, a vu pour la première fois le 19 mai 1876. N'avoir pas vu une chose, même en regardant à la place où elle pouvait être, ne prouve pas qu'elle n'existait point; mais, lorsque les observateurs ont été nombreux et attentifs et lorsque l'objet est bien apparent, il n'est guère possible de douter. C'est le cas du nouveau cirque, et le doute qui reste provient des nombreuses irrégularités de ce terrain, fort difficiles à dessiner rigoureusement.

Il y a en Angleterre une société dont tous les membres jurent fidélité à la Lune et s'engagent à ne pas l'oublier un seul mois : c'est la *Selenographical Society* ; elle s'est empressée de publier dans son journal sélénographique les détails donnés par le professeur Klein et les observations qui ont confirmé sa découverte. Pour ma part, comme je le disais tout à l'heure, quoique je n'aie pas fait de notre satellite l'objet exclusif de mes observations, j'ai passé bien souvent de longues soirées à étudier au télescope sa curieuse topographie, et j'ai pris entre autres, en 1873 seulement, une trentaine de dessins de la vallée l'Hyginus, qui m'a toujours particulièrement attiré. (Voy. *Les Terres du Ciel*, page 322.) Or, je ne puis reconnaître sur aucun de mes dessins le nouveau cratère, que j'ai plusieurs fois aperçu depuis. La *fig.* 78 représente cette région, sur laquelle plusieurs rainures ont été prises par certains observateurs pour des « routes nationales » tracées d'une ville à une autre ! Le changement observé est arrivé à gauche et au-dessous du point marqué β sur cette petite carte.

Dans la mer du Nectar, on voit un petit cratère, dont le diamètre mesure environ 6000 mètres, s'élevant isolé au milieu d'une vaste plaine. Eh bien, ce cratère est tantôt visible et tantôt invisible... De 1830 à 1837, il était certainement invisible, car deux observateurs, absolument étrangers l'un à l'autre, Mædler et Lohrmann, ont minutieusement analysé, décrit et dessiné ce pays lunaire, et vu, tout près de la position qu'il occupe, des détails de terrains beaucoup moins importants que lui-même, sans en avoir le moindre soupçon. En 1842 et 1843, Schmidt observa cette même contrée sans l'apercevoir. Il le vit pour la première fois en 1851. On le distingue fort bien sur une photographie directe de Rutherfurd, en 1865. Mais en 1875, le sélénographe anglais Neison examina, dessina et décrivit, avec les détails les plus minutieux et les mesures les plus précises, ce même endroit, sans apercevoir aucune trace de volcan. Actuellement (1879), on le voit fort bien... Il me semble que l'explication la plus simple à donner de ces changements de visibilité est d'admettre que ce volcan-

émet parfois de la fumée ou des vapeurs qui restent quelque temps suspendues au-dessus de lui et nous le masquent, comme il arriverait pour un aéronaute planant à quelques lieues au-dessus du Vésuve aux époques de ses éruptions.

Pour se défendre de ces conséquences nouvelles, il faudrait admettre que tous les observateurs de la Lune, bien connus pour les soins qu'ils ont apportés dans leurs études et pour la précision qu'ils ont toujours obtenue, aient mal vu toutes les fois que nous ne comprenons pas les faits observés. Ce serait là une autre hypothèse, moins soutenable que celle de variations parfaitement admissibles.

Des flammes de volcans seraient-elles visibles à la distance à laquelle nous voyons la Lune au télescope ? Non, à moins d'être d'une violence et d'une lumière beaucoup plus intenses que celles des volcans terrestres.

Ces brumes, brouillards, vapeurs ou fumées, dont il devient de moins en moins possible de douter, avaient même conduit Schrœter à penser que leurs situations parfois singulières semblaient accuser quelque *origine industrielle*, fourneaux, usines, des habitants de la Lune ! L'atmosphère des villes industrielles, remarquait-il, varie suivant les heures du jour et le nombre de feux allumés. On rencontre souvent dans l'ouvrage de cet observateur des conjectures « sur l'activité des Sélénites ». Il crut aussi observer des changements de couleur pouvant être dus à des modifications dans la végétation ou à des cultures. Gruythuisen croyait même avoir reconnu des traces non équivoques de fortifications et de « routes royales » (¹).

(¹) Sur le sol grisâtre de la mer de la Fécondité, plaine de sable, d'où l'eau paraît s'être retirée depuis longtemps, on voit un cratère double, formé de deux cirques jumeaux, que Beer (frère de Meyerbeer) et Mædler ont examiné *plus de trois cents fois*, de 1829 à 1837. Ce double cratère présente derrière lui une traînée blanche singulière, qui rappelle la forme d'une queue de comète, et, à cause de cette ressemblance, les deux observateurs allemands lui ont donné le nom de l'astronome français *Messier*, le plus infatigable chercheur de comètes. Ils ont étudié, décrit et dessiné avec un soin tout spécial cette formation lunaire, sur laquelle Schrœter avait déjà appelé l'attention en 1796. « Les deux cirques, disent-ils, sont absolument pareils l'un à l'autre. Diamètres, formes, hauteurs, profondeurs, couleurs de l'arène comme de l'enceinte, positions de quelques collines soudées aux cratères, tout se ressemble tellement, qu'on ne pourrait expliquer le fait que par un jeu étrange du hasard ou une loi encore inconnue de la nature. Cette double formation est encore plus remarquable par deux traînées de lumière, pareillement égales, rectilignes, dirigées vers l'orient. »

Cette description est si détaillée, l'assertion relative à la parfaite ressemblance des deux monts circulaires est si précise, qu'on peut partir de là pour faire des comparaisons absolues. Or, rien n'est plus curieux, je dirai même plus mystérieux, plus inexplicable, que le résultat de ces comparaisons. Gruythuisen, observateur très habile et très scrupuleux a constaté, en 1825, que le cratère occidental était moitié

Ce sont là autant de faits qui montrent que l'observation attentive et persévérante du monde lunaire serait loin d'être aussi dépourvue d'intérêt qu'un grand nombre d'astronomes se l'imaginent. Sans doute, tout voisin qu'il est, ce monde diffère plus du nôtre que la planète Mars, dont l'analogie avec la Terre est si manifeste, et qui doit être habitée par des êtres différant fort peu de ceux qui constituent l'histoire naturelle terrestre et notre humanité même; mais, quoique très différent de la Terre, il n'en a pas moins sa valeur propre et son originalité. Et d'ailleurs, pourquoi supposer qu'il n'y ait pas sur ce petit globe une végétation plus ou moins comparable à celle qui décore le nôtre? Des forêts épaisses comme celle de l'Afrique centrale et de l'Amérique du Sud pourraient couvrir de vastes étendues de terres sans que nous puissions encore les reconnaître. Il n'y a point sur la Lune de printemps et d'automne, et nous ne pouvons nous fier aux

moins grand que l'oriental, et allongé de l'est à l'ouest. Il croyait que c'étaient là des *fortifications* lunaires, avec des remparts et des tranchées parallèles. Le 13 février 1826, un fait étrange se manifesta dans la traînée blanche : la bande obscure qui en traversait le milieu était entremêlée de points lumineux, « et je crus remarquer, écrit-il, *qu'ils ne restaient pas toujours dans la même position.* » Parfois, un voile, une brume, paraissaient s'étendre sur ces objets, tandis qu'en d'autres circonstances où ils eussent dû être moins visibles par l'effet de l'éclairement solaire, ils l'étaient moins.

Autre observation. En 1855, Webb constata que le cratère oriental était le plus grand des deux, et que l'occidental, plus petit, était allongé de l'est à l'ouest. Des observations ultérieures (1857) apprirent que la figure du cratère oriental n'avait pas changé, mais que celle du cratère occidental avait pris en réalité une forme elliptique rectangulaire, de 18 kilomètres de longueur sur 12 de largeur. De 1870 à 1875, différents observateurs, munis d'excellents télescopes, ont constaté que le grand diamètre

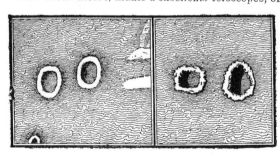

avait 20 kilomètres et le petit 11. « La différence des deux cratères, en forme et grandeur, dit Neison en 1876, est aujourd'hui visible, même avec la plus faible lunette astronomique. » Toutefois, Klein ajoute que, d'après ses propres observations, en 1877 et 1878, tel n'est plus le cas aujourd'hui. Que peuvent être ces bizarres variations? Des illusions d'optique? C'est ce qu'il y a de plus facile à répondre pour les astronomes qui n'aiment pas être embarrassés. Mais la moitié des observateurs ont-ils donc mal vu? D'un autre côté, si ces changements sont réels, comment ont-ils pu échapper à Beer et à Mædler, alors qu'on les avait constatés dès l'année 1824? N'y aurait-il pas eu de changements de 1829 à 1837? On n'a rien appris de positif sur la cause qui a changé la forme du cratère occidental. Quelle force imaginer pour déplacer le grand axe d'un cratère? Cette force est complètement inconnue On pourrait admettre que le rem-

En 1835.   En 1857.
Fig. 70. — Le double cratère Messier.

Panorama lunaire, dans les montagnes.

variations de nuances de nos plantes boréales, à la verdure de mai ni à la chute des feuilles jaunies par octobre, pour nous figurer étroitement que la végétation lunaire doive offrir les mêmes aspects ou ne pas exister. Là, l'hiver succède à l'été de quinze en quinze jours : la nuit, c'est l'hiver ; le jour, c'est l'été. Le soleil reste au-dessus de l'horizon pendant quinze fois vingt-quatre heures : telle est la durée de la journée lunaire et de l'été ; pendant quinze jours aussi le soleil reste sous l'horizon : telle est la durée de la nuit lunaire et de l'hiver. Ce sont là des conditions climatologiques absolument différentes de celles qui régissent la végétation terrestre. Dans les climats intertropicaux, où il n'y a ni hiver ni été, les arbres ne changent pas de couleur. Nous avons aussi dans nos climats des plantes à feuillage persistant, des arbustes qui ne varient pas davantage avec les saisons ; et quant au type même de la verdure végétale, à l'herbe des prairies, elle reste

part s'est écroulé en dedans au nord et au sud, et en dehors à l'est et à l'ouest. C'est là l'explication la plus plausible, mais elle ne paraît pas suffire à expliquer tous les changements observés. Les deux cratères sont tantôt semblables l'un à l'autre, tantôt différents l'un de l'autre. Ici, le naturaliste à la recherche des causes premières se trouve dans un grand embarras. Le globe lunaire serait-il encore pâteux et mobile en certains points ? L'attraction de la Terre y produirait-elle d'étranges marées ? L'une et l'autre hypothèse paraissent absurdes, car, d'une part, notre satellite paraît aussi bien minéralisé que la Terre, et, d'autre part, la Terre est fixe dans le ciel de la Lune ; mais le soleil marche, et il y a des librations. Notre premier soin devrait être d'abord d'organiser une collaboration systématique d'un grand nombre d'observateurs pour suivre avec persistance ce point-là. — Sur notre carte, ce double cratère est tracé au sud-ouest de l'intersection du 50ᵉ degré de longitude occidentale avec l'équateur.

Un peu moins énigmatique que l'incessante variabilité du double cratère Messier est celle du cirque Linné, dans la mer de la Sérénité (voy. *fig.* 64). Ce cratère a d'abord été très visible, car on le trouve déjà sur la carte lunaire de Riccioli, en 1651. Schrœter l'observa en 1788, et l'a décrit comme « très petite tache blanche ronde, offrant une vague dépression. » Au temps de Lohrmann et de Mædler, ce cratère avait un diamètre de 30 000 pieds, et son intérieur noir, ombreux, était visible par un éclairage oblique ; au contraire, quand le soleil était élevé, le tout avait l'apparence d'une tache blanchâtre. En octobre 1866, Schmidt remarqua que, même par un éclairage oblique, le cratère n'était plus visible. L'attention générale des observateurs se porta sur ce point, et la conclusion définitive est qu'il y a eu là quelque éruption ou quelque affaissement.

Mais voici une série d'observations plus curieuses encore :

Plusieurs observateurs ont vu sur la Lune des clartés énigmatiques, qu'ils ont attribuées à des aurores boréales. Ainsi, par exemple, le 20 octobre 1824, à 5 heures du matin, Gruythuisen aperçut dans la région obscure de la Lune, sur la mer des Nuées, une clarté qui s'étendit jusqu'au mont Copernic, sur une longueur de près de 100 kilomètres et une largeur de 20. Quelques minutes après, elle disparut ; mais, six minutes plus tard, une lumière pâle brilla quelques instants pour disparaître ensuite ; puis, des palpitations électriques se succédèrent depuis 5 heures et demie du matin jusqu'à l'aurore, qui mit fin aux observations. L'observateur attribua ces lumières vacillantes à une aurore boréale lunaire, et cette explication n'a rien d'anti-scientifique. Un phénomène analogue a été vu par un ami de l'astronome Lambert, le 25 juillet 1774.

aussi verte en hiver qu'en été. Or, il se présente ici une série de questions qui restent sans réponse : Existe-t-il sur la Lune des êtres passifs analogues à nos végétaux? S'ils existent, sont-ils verts? S'ils sont verts, changent-ils de couleur avec la température, et, s'ils varient d'aspect, ces variations peuvent-elles être aperçues d'ici?

Quelle lumière l'observation télescopique nous apporte-t-elle sur ces points obscurs? Assurément, il n'y a dans toute la topographie lunaire aucune contrée aussi verte qu'une prairie ou une forêt terrestre, mais il y a sur certains terrains des nuances distinctes, et même des nuances changeantes. La plaine nommée mer de la Sérénité présente une nuance verdâtre traversée par une zone blanche invariable. L'observateur Klein a conclu de ses observations que la teinte générale, qui est quelquefois plus claire, est due à un tapis végétal, lequel d'ailleurs pourrait être formé de plantes de toutes les dimensions, depuis les mousses et les champignons jusqu'aux sapins et aux cèdres, tandis que la traînée blanche invariable représenterait une zone déserte et stérile. Les astronomes qui se sont le plus occupés des photographies lunaires sont aussi d'opinion que la teinte foncée des taches nommées mers, teinte si peu photogénique qu'elle impressionne à peine la plaque sensible (de sorte qu'il faut un temps de pose plus long pour photographier les régions sombres que pour les régions claires) doit être causée par une absorption *végétale*. Cette nuance verdâtre de la mer de la Sérénité varie légèrement, et parfois elle est très marquée. La mer des Humeurs offre la même teinte, entourée d'une étroite bordure grisâtre. Les mers de la Fécondité, du Nectar, des Nuées, ne présentent pas cet aspect, et restent à peu près incolores, tandis que certains points sont jaunâtres, comme par exemple le cratère Lichtenberg et le marais du Sommeil. Est-ce là la couleur des terrains eux-mêmes, ou bien ces nuances sont-elles produites par des végétaux?

Remarque assez singulière, il y a des vallées et des plaines qui changent de teinte avec l'élévation du soleil au-dessus d'elles. Ainsi, l'arène du grand et admirable cirque de Platon *s'assombrit à mesure que le soleil l'éclaire davantage*, ce qui paraît contraire à tous les effets optiques imaginables. Après la pleine lune, époque qui représente le milieu de l'été pour cette longitude lunaire, la surface apparaît au télescope beaucoup plus foncée qu'aucun autre point du disque lunaire. Il y a 99 à parier contre 1 que ce n'est pas la lumière qui produit cet effet, et que c'est la chaleur solaire, dont on ne tient pas assez souvent compte, lorsqu'on s'occupe des modifications de teintes observées sur la Lune, quoiqu'elle soit tout aussi intimement liée que la lumière à

l'action du soleil. Il est hautement probable que ce changement périodique de teinte de la plaine circulaire de Platon, visible chaque mois
pour tout observateur attentif, est dû à une modification de nature
végétale causée par la température. La contrée du nord-ouest d'Hyginus, dont nous avons déjà parlé à propos du nouveau volcan, pré-

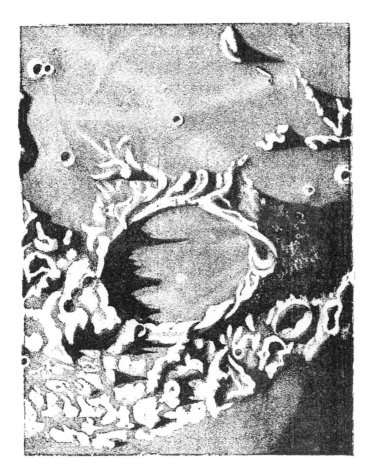

Fig. 81. — L'arène du cirque lunaire de Platon.

sente des variations analogues. On voit aussi, dans la vaste plaine
fortifiée baptisée du nom d'Alphonse, trois taches qui sortent pâles, le
matin, de la nuit lunaire, s'obscurcissent à mesure que le soleil s'élève,
et redeviennent pâles le soir au coucher du soleil.

Loin donc d'être en droit d'affirmer que le globe lunaire soit
dépourvu d'aucune vie végétale, nous avons des faits d'observation
qui sont difficiles, pour ne pas dire impossibles, à expliquer, si l'on
admet un sol purement minéral, et qui, au contraire, s'expliquent

facilement en admettant une couche végétale, de quelque forme qu'elle soit d'ailleurs. Il est regrettable qu'on ne puisse pas analyser d'ici la composition chimique des terrains lunaires, comme on analyse celle des vapeurs qui enveloppent le Soleil et les étoiles ; mais nous ne devons pas désespérer d'y parvenir, car, avant l'invention de l'analyse spectrale, on n'eût point imaginé la possibilé d'arriver à d'aussi merveilleux résultats. Quoi qu'il en soit, nous sommes fondés à admettre actuellement que le globe lunaire a été autrefois le siège de mouvements géologiques formidables dont toutes les traces restent visibles sur son sol si tourmenté, et que ces mouvements géologiques ne sont pas éteints ; que ces mers ont été couvertes d'eau, et que cette eau n'a probablement pas encore absolument disparu ; que son atmosphère paraît réduite à sa dernière expression, mais n'est pas anéantie, et que la vie, qui depuis des siècles de siècles doit rayonner à sa surface, n'est probablement pas encore éteinte.

Les êtres et les choses lunaires diffèrent inévitablement des êtres et des choses terrestres. Le globe lunaire est 49 fois plus petit que le globe terrestre et 81 fois moins lourd. Un mètre cube de lune ne pèse que les six dixièmes d'un mètre cube de terre. Nous avons vu aussi que la pesanteur à la surface de ce monde est six fois plus faible qu'à la surface du nôtre ; et qu'un kilogramme transporté là et pesé à un dynamomètre n'y pèserait plus que 164 grammes. Les climats et les saisons y diffèrent essentiellement des nôtres. L'annee est composée de douze jours et douze nuits lunaires, durant chacun 354 heures, le jour étant le maximum de température et l'été, la nuit étant le minimum et l'hiver, avec une différence thermométrique de plusieurs centaines de degrés peut-être, si l'atmosphère est partout extrêmement rare. Voilà plus de divergences qu'il n'en faut pour avoir constitue sur ce globe un ordre de vie absolument distinct du nôtre.

Il pourrait se faire que nous eussions sous les yeux des cultures, des plantations, des chemins, des villages, des cités populeuses, et, si la vision télescopique devenait assez perçante, des édifices, des habitations même, sans que l'idée pût nous venir de voir dans ces objets des œuvres dues à la main des Sélénites, — si toutefois encore ils ont des mains.... Nous ne les *reconnaîtrions* pas. Ce qu'il faudrait voir, c'est du *mouvement*, ne fût-ce que celui d'un troupeau.

Répétons-le, nos meilleurs télescopes ne rapprochent pas la Lune à moins de quarante lieues. Or, à une pareille distance, il est non seulement impossible de distinguer les habitants d'un monde, mais les œuvres matérielles de ces habitants eux-mêmes restent invisibles ;

chemins, canaux, villages, cités populeuses même, restent cachés par l'éloignement. On prend, il est vrai, d'amirables photographies, et ces photographies possèdent à l'état latent tout ce qui existe à la surface de la Lune. *S'il y a des habitants, ils y sont*, eux, leurs demeures, leurs travaux, leurs cultures, leurs édifices, leurs cités! Oui, ils y sont! et il est difficile de se défendre d'une certaine émotion, lorsqu'on tient une de ces photographies entre les mains, et qu'on se dit que les habitants de la Lune sont là (s'ils existent), et qu'un grossissement suffisant pourrait permettre de les apercevoir, comme on voit au microscope l'étrange population d'une goutte d'eau! Malheureusement ces photographies, tout admirables qu'elles sont, ne sont pas parfaites; on les agrandit bien un peu, cinq fois, dix fois, mais on agrandit en même temps le grain du collodion et les défauts de l'image, et tout devient bientôt vague et diffus, moins utile et moins agréable à analyser que le cliché primitif. Nous ne pouvons donc que nous restreindre à étudier avec soin les plus petits détails, à les dessiner exactement, à les réobserver d'année en année, et à constater les variations ou mouvements qui pourraient s'y produire.

Ceux qui s'appuient sur la différence qui existe entre la Lune et la Terre pour nier la possibilité de toute espèce de vie lunaire font, non pas un raisonnement de philosophe, mais (qu'ils me pardonnent cette expression!) un raisonnement de poisson.... Tout poisson raisonneur est naturellement convaincu que l'eau est l'élément exclusif de la vie, et qu'il n'y a personne de vivant hors de l'eau. D'autre part, un habitant de la Lune se noierait sûrement en descendant dans notre atmosphère si lourde et si épaisse (chacun de nous en supporte 15 000 kilogrammes). *Affirmer* que la Lune est un astre mort parce qu'elle ne ressemble pas à la Terre, serait le fait d'un esprit étroit, s'imaginant tout connaître et osant prétendre que la science a dit son dernier mot.

Cette vie lunaire n'ayant pu être formée sur le même plan que la vie terrestre, tout ce que nous pouvons assurer sur cette question, si ancienne et si débattue, c'est que les habitants de la Lune, s'ils existent, doivent être absolument différents de nous comme organisation et comme sens, et certainement bien plus différents de nous par leur origine que ne le sont les habitans de Vénus ou de Mars.

Ne perdons pas de vue, d'ailleurs, que l'hémisphère lunaire que nous ne connaissons pas est plus léger que celui-ci, et que, quoique sa topographie paraisse ressembler à celle-ci, nous ne pouvons rien dire des fluides et des liquides qui peuvent y exister. Sans doute, la chaleur solaire amènerait des courants atmosphériques de ce côté-ci, mais ne serait-ce pas là le secret de l'inconstance des effets observés dans les occultations?

Il est très curieux de penser que, quoique la Lune soit beaucoup plus petite que la Terre, les habitants de ce monde, s'ils existent, doivent être d'une taille plus élevée que la nôtre, et leurs édifices, s'ils en ont construit, de dimensions plus grandes que les nôtres. Des êtres de notre taille et de notre force, transportés sur la Lune, pèseraient six fois moins, tout en étant six fois plus forts que nous; ils seraient d'une légèreté et d'une agilité prodigieuses, porteraient dix fois leur poids et remueraient des masses pesant mille kilogrammes sur la Terre. Il est naturel de supposer que, n'étant pas cloués au sol comme nous par le boulet de la pesanteur, ils se sont élevés à des dimensions qui leur donnent en même temps plus de poids et plus de solidité; et sans doute que, si la Lune était environnée d'une atmosphère assez dense, les Sélénites voleraient comme des oiseaux; mais il est certain que leur atmosphère est insuffisante pour ce fait organique. De plus, non seulement il serait *possible* à une race de Sélénites égale aux races terrestres en force musculaire de construire des monuments beaucoup plus élevés que les nôtres, mais encore il leur serait *nécessaire* de donner à ces constructions des proportions gigantesques, et de les asseoir sur des bases considérables et massives, pour assurer leur solidité et leur durée.

Les habitants de la Lune sont d'origine plus ancienne que nous, car la Lune, quoique fille de la Terre, est relativement plus vieille qu'elle. Les mouvements géologiques, physiques, chimiques, qui l'ont si rudement agitée, ont été sans doute, comme en notre monde, contemporains de la genèse primordiale de ses organismes vivants, mais aucune observation ne prouve que cette vie ait vraiment disparu [1].

(1) Cette intéressante question des habitants de la Lune pourrait être résolue de nos jours en même temps qu'un grand nombre d'autres, par un puissant télescope dont la construction ne dépasserait certainement pas un million. Des études faites dans ce but établissent qu'on pourrait dès maintenant, dans l'état actuel de l'optique, construire un instrument capable de rapprocher la Lune à quelques lieues, et même essayer d'établir avec nos voisins du ciel une communication qui ne serait ni plus hardie ni plus extraordinaire que celle du télégraphe et du phonographe.

En effet, quel est l'objet de la plus petite dimension qu'il soit possible de distinguer sur la Lune? Le diamètre de ce globe est de 3475 kilomètres et mesure géométriquement 31 minutes 24 secondes. Un kilomètre sur la Lune mesure donc 0″, 54, et une seconde représente 1850 mètres. Or, actuellement, d'après les calculs de M. Hall, auquel la science est redevable de la curieuse découverte des satellites de Mars, on distingue un angle de 3 centièmes de seconde, c'est-à-dire une longueur de 55 mètres. On pourrait aller plus loin et distinguer un objet de 30 mètres de large. Au lever et au coucher du soleil, l'ombre allongée met en relief des hauteurs de dix mètres.

Nous touchons au but. Resterons-nous encore longtemps arrêtés devant la terre promise sans résoudre les intéressants problèmes offerts à la curiosité humaine? Un bon mouvement, un mouvement inspiré par la plus merveilleuse des sciences, suffi-

La pleine Terre vue de la Lune.

Ne quittons pas ce monde voisin sans chercher à nous rendre compte de l'effet que produit *la Terre vue de la Lune*, et sans nous former une idée de l'astronomie des habitants de la Lune.

Quels que soient ces êtres, soit qu'ils existent encore actuellement, à leur période de décadence, comme il est probable, soit que l'humanité lunaire épuisée ait vécu pendant des milliers de siècles et se soit déjà endormie du dernier sommeil, il n'en est pas moins intéressant pour nous de nous transporter sur cette province extérieure et de nous rendre compte du spectacle de l'univers tel qu'il se présente vu de cette station spéciale.

Supposons que nous arrivions au milieu de ces steppes sauvages vers le commencement du jour. Si c'est avant le lever du soleil, l'aurore n'est plus là pour l'annoncer, car, dans une atmosphère nulle ou rare, il n'y a aucune espèce de crépuscule ; là « l'Aurore craintive n'ouvre pas au Soleil son palais enchanté » ; mais la lumière zodiacale, que l'on distingue si rarement chez nous, est constamment visible là-haut, et c'est elle qui est l'avant-courrière de l'astre-roi. Tout d'un coup, de l'horizon noir s'élancent les flèches rapides de la lumière solaire, qui viennent frapper les sommets des montagnes, pendant que les plaines et les vallées restent dans la nuit. La lumière s'accroît lentement ; tandis que chez nous, sur les latitudes centrales, le soleil n'emploie que deux minutes un quart pour se lever, sur la Lune il emploie près d'une heure, et, par conséquent, la lumière qu'il envoie est très faible pendant plusieurs minutes et ne s'accroît qu'avec une extrême lenteur. C'est une espèce d'aurore, mais qui est de courte durée, car, lorsqu'au bout d'une demi-heure le disque solaire est déjà levé de moitié, la lumière paraît presque aussi intense à l'œil que lorsqu'il est tout entier au-dessus de l'horizon. Ces levers de soleil lunaires sont loin d'égaler les nôtres en splendeur. L'illumination si douce et si tendre des hauteurs de l'atmosphère, la coloration des nuées d'or et d'écarlate, les éventails de lumière qui projettent leurs rayons à travers les paysages, et, par-dessus tout, cette rosée lumineuse qui baigne les vallées d'une si moelleuse clarté au commencement du jour, sont des phénomènes inconnus à notre satellite. Mais, d'autre part, l'astre radieux s'y montre avec ses protubérances et son ardente atmosphère. Il s'élève lentement comme un dieu

rait pour nous doter actuellement du plus puissant télescope du monde.... Qui sait ! pendant que nous discourons ainsi, peut-être les habitants de la Lune sont-ils là, au fond des vallées, dans la plaine veloutée de Platon, nous contemplant de leur séjour, et préparés depuis longtemps à entrer en correspondance avec nous !

lumineux au fond du ciel toujours noir, ciel profond et sans forme, dans lequel *les étoiles continuent de briller pendant le jour* comme pendant la nuit, car elles ne sont cachées par aucun voile. Là, le ciel ne se réfléchit dans le miroir d'aucune mer ni d'aucun lac.

La perspective aérienne n'existe pas dans les paysages lunaires. Les objets les plus éloignés sont aussi nettement visibles que les plus rapprochés, et l'on peut presque dire que, dans un tel paysage, il n'y a qu'un seul plan. Plus de ces teintes vaporeuses qui, sur la Terre, agrandissent les distances en les estompant d'une lumière décroissante; plus de ces clartés vagues et charmantes qui flottent sur les vallées baignées par le soleil; plus de cet azur céleste qui va en pâlissant du zénith à l'horizon et jette un transparent voile bleu sur les montagnes lointaines : une lumière sèche, homogène, éclatante, éclaire durement les rochers des cratères; l'air absent ne s'éclaire pas; tout ce qui n'est pas exposé directement aux rayons du soleil reste dans la nuit.

De même que nous ne voyons jamais qu'un côté de la Lune, ainsi il n'y a jamais qu'un côté de ce globe qui nous voit. Les habitants de l'hémisphère lunaire tourné vers nous admirent dans leur ciel un astre brillant ayant un diamètre environ quatre fois plus grand que celui de la Lune vue de notre globe, et une superficie quatorze fois plus considérable. Cet astre, c'est la Terre, qui est « la Lune de la Lune. » Elle plane presque immobile dans le ciel. Les habitants du centre de l'hémisphère visible la voient constamment à leur zénith; sa hauteur diminue avec la distance des pays à ce point central, jusqu'au contour de cet hémisphère, d'où l'on voit notre monde posé comme un disque énorme sur les montagnes. Au delà, on ne nous voit plus.

Astre immense du ciel lunaire, la Terre offre aux Sélénites les mêmes phases que celles que la Lune nous présente, mais dans un ordre inverse. Au moment de la nouvelle lune, le soleil éclaire en plein l'hémisphère terrestre tourné vers notre satellite, et l'on a la *pleine terre*; à l'époque de la pleine lune, au contraire, c'est l'hémisphère non éclairé qui est tourné vers notre satellite, et l'on a la *nouvelle terre*; lorsque la Lune nous offre un premier quartier, la Terre donne son dernier quartier, et ainsi de suite.

Indépendamment de ses phases, notre globe se présente à la Lune en tournant sur lui-même en 24 heures, ou pour mieux dire en 24 heures 48 minutes, puisque la Lune ne revient devant chaque méridien terrestre qu'après cet intervalle. Il y a des variations, dans cette rotation apparente de la Terre, de $24^h 42^m$ à $25^h 2^m$. Mais si les astronomes lunaires ont su calculer leur mouvement, comme nous l'avons fait pour nous, ils savent que la Lune tourne autour de la Terre et que notre planète tourne sur elle-même en 23ʰ 56ᵐ. Nous n'assurerons cependant pas, comme le fait Képler (*Astronomia lunaris*), que les habitants de la Lune aient donné à la Terre le nom de *Volva* (de *volvere* tourner); ce qui lui fournit l'occasion de désigner sous le nom de *Subvolves* (sous la Tournante) les habitants de l'hémisphère qui nous fait face, et sous celui de *Privolves* (privés de la Tournante) ceux qui habitent l'hémisphère opposé. Ce nom de *Volva*, néanmoins, était fort bien imaginé; car il peint à merveille le phénomène terrestre qui dut le premier frapper l'esprit des habitants de notre satellite (¹).

Dans l'hémisphère lunaire visible, on doit observer de curieuses éclipses de Soleil, parmi lesquelles des éclipses totales qui peuvent durer deux heures. L'énorme disque noir de la Terre, entouré d'un nimbe lumineux produit par la réfraction de la lumière dans notre atmosphère, passe devant le disque éblouissant du Soleil. On remarque aussi quelquefois de très petites *éclipses de Terre*, c'est-à-dire des disparitions de certaines parties de notre globe éclairées par le soleil dans l'ombre que la Lune projette dans l'espace.

On dit doctoralement sur notre planète : « Deshéritée de tout liquide et d'enveloppe aérienne, la Lune n'est sujette à aucun des phénomènes météoriques que nous éprouvons sur la Terre; elle n'a ni pluie, ni grêle, ni vent, ni orage. C'est une masse solide, aride, déserte, silencieuse, sans le plus petit vestige de végétation et où *il est évident* qu'aucun animal ne peut trouver à subsister. Si, cependant, on veut, à toute force, qu'elle ait des habitants, nous y consentirons volontiers, pourvu qu'on les assimile aux êtres privés de toute impressionnabilité, de tout sentiment, de tout mouvement, qu'on les réduise à la condition des corps bruts, des substances inertes, des roches,

(¹) La Terre a dû être l'objet d'un culte pour les habitants de cette île céleste, et les Lunariens désignés par Képler sous le nom de *Privolves* sont venus, au moins une fois dans leur vie, contempler, sinon adorer, l'astre majestueux entouré de son plus vif éclat au moment de la pleine-terre. Pour accomplir ce pèlerinage, les dévots *Privolves* ont moins de quatre cents lieues à parcourir pour se rendre du milieu de leur hémisphère au bord de l'hémisphère opposé, où l'on voit le disque de la Terre suspendu au-dessus de l'horizon. Quatre cents lieues! c'est moins que n'en font ici les pieux Musulmans qui du fond de l'Afrique ou de l'Asie s'en vont à la Mecque adorer la sainte Kaaba, où l'on ne voit pourtant qu'une pierre noire fort peu remarquable.... On a sans doute organisé des trains de plaisir pour venir nous admirer !

Si, sur la Terre, en passant du nord au midi de l'équateur, on aperçoit de nouvelles étoiles, celles qui forment la Croix du Sud par exemple, combien doit être plus curieux pour un Sélénite un voyage de l'hémisphère invisible à celui où notre globe se montre toujours au-dessus de l'horizon et dans une immobilité presque absolue!

des pierres, des métaux, qui, à notre avis, sont les seuls Sélénites possibles. »

Les académiciens de la Lune disent sans doute à leur tour, avec une assurance non moins convaincue : « La Terre est un composé d'éléments dissemblables et fort extraordinaires. L'un, qui forme le noyau de l'astre et qui donne naissance aux taches fixes, paraît avoir quelque consistance, mais il est recouvert d'un autre élément d'une constitution bizarre, qui semble n'avoir ni corps, ni fixité, ni durée; il n'a ni couleur ni densité; il prend toutes les formes, marche dans toutes les directions, obéit à tous les chocs, subit toutes les impulsions, s'allonge, se raccourcit, se condense, paraît et disparaît sans qu'on puisse imaginer la raison de si étranges métamorphoses. C'est le monde de l'instabilité, la planète des révolutions; elle éprouve tour à tour tous les cataclysmes imaginables; elle semble être une matière en fermentation qui tend à se dissoudre. On n'y voit qu'orages, trombes, tourbillons et violences de toutes sortes. On prétend qu'il y a des habitants sur cette planète, mais sur quel point pourraient-ils vivre? Est-ce sur l'élément solide de l'astre? Ils y seraient écrasés, étouffés, asphyxiés, noyés par cet autre élément qui pèse sur lui de toutes parts. Est-ce à travers les trouées qui se forment dans ce rideau mobile qu'ils pourraient jouir comme nous de l'éther pur des cieux? Eh qui pourrait croire qu'ils ne seraient pas à chaque instant arrachés de ce sol par la violence des bouleversements qui en tourmentent la surface. Veut-on les placer sur la couche mobile et légère qui nous cache si souvent l'aspect du noyau central? Comment les maintenir debout sur cet élément sans solidité?... Il n'est pas besoin de si longues considérations pour *prouver avec évidence* que cette planète est très vaste, mais qu'elle n'a pas place pour des êtres animés. La Terre entière ne vaut pas l'âme d'un seul Sélénite. Si cependant on veut, à toute force, qu'elle ait des habitants, nous y consentirons volontiers, pourvu qu'on les assimile à des êtres fantastiques, flottant au gré de toutes les forces qui se combattent sur cette planète aériforme. Il ne peut donc exister là que des animaux assez grossiers. Tels sont, à notre avis, les seuls habitants que puisse posséder la Terre. »

Les savants de la Lune ont, comme on le voit, le talent de prouver de la façon la plus catégorique, aux ignorants qui les entourent, que la Terre, n'étant pas habitable, ne saurait être habitée, et qu'*elle est faite uniquement pour servir d'horloge à la Lune et pour l'éclairer pendant la nuit*

Les diverses parties de la surface terrestre sont loin de jouir d'un éclat uniforme aux yeux de l'observateur lunaire. Aux deux pôles de l astre, il ren arque deux vastes taches blanches qui varient périodique‧ment de grandeur. A mesure que l'une s'agrandit, l'autre diminue ; on croirait que l'une conquiert toujours une portion de terrain égale à celle qui est perdue par l'autre, de telle sorte que l'une s'avance d'autant plus que l'autre recule, et réciproquement; celle du pôle austral offre toujours une étendue beaucoup plus considérable que celle du pôle boréal. On fait dans la Lune mille suppositions sur ces taches blanches, mais on n'en devine pas la cause.

La Terre est toujours en très grande partie enveloppée de nuages. Cependant, des observations attentives ont dû permettre de constater comme il suit son mouvement de rotation.

Considérons notre planète à l'heure où l'Amérique commence à disparaître sur le bord oriental du disque terrestre : on voit alors, de la Lune, se dessiner sur la partie obscure le relief des hauts sommets des Cordillères, figurés par une longue ligne d'ombres et de lumières dont quelques points ont une éclatante blancheur. Puis se déroule pendant quelques heures, sur le bord opposé, une énorme tache obscure qui descend en s'élargissant vers la partie méridionale du disque jusqu'à ce qu'elle en occupe presque tout l'hémisphère; c'est le grand Océan, parsemé d'une multitude de petites îles figurées par des points grisâtres.

L'arrivée de deux taches grises qui semblent n'en faire qu'une très allongée (les deux îles de la Nouvelle-Zélande), non loin des glaces australes, annonce la prochaine apparition d'une grande tache verte, mais avec des nuances qui présentent presque toutes les couleurs du prisme : c'est le continent de l'Australie, au nord duquel on voit poindre les archipels.

Depuis longtemps on aperçoit au nord, non loin des glaces boréales, une tache grisâtre qui a commencé par faire, dans la direction du sud, une pointe (la presqu'île du Kamtschatka) sur le fond obscur du vaste Océan; elle se déroule ensuite vers l'occident en descendant presque jusqu'à l'équateur; ses côtes découpées offrent l'aspect le plus varié. C'est l'Asie, la partie de l'Ancien-Monde la plus reculée vers l'ex-trême orient. Sa teinte est loin d'être uniforme; elle présente au nord la tache sibérienne, les neiges, les glaces et les frimas.

Tout le centre de la tache continentale est occupé par une large bande d'une blancheur éclatante, qui paraît encadrée, au nord et au sud, par de très hautes montagnes (les chaînes de l'Altaï et de l'Hima‧laya). Cette zone commence au grand désert de Gobi, occupe presque tout le plateau central de la Haute-Asie, et se prolonge à travers le Caboul et la Perse jusqu'aux plaines sablonneuses de l'Arabie. Le désert de Nubie et le Sahara, qui traversent l'Afrique, n'en sont même que la continuation. Ainsi, cette grande zone déserte coupe tout l'ancien monde en deux parties presque égales, par une bande de sable faisant miroiter la lumière solaire au loin dans les espaces célestes : c'est la voie lactée de la Terre.

Au-dessous de la région des sables est une notable portion de la terre d'Asie, enserrée, pour ainsi dire, entre les montagnes et l'Océan, et qui reflète sur la Lune une lumière vert clair; elle comprend les magnifiques contrées de la Chine et de l'Inde situées au sud des montagnes de la Mongolie et du Thibet.

Au-dessus du désert saharien, on distingue une petite tache, déchirée dans tous les sens et fort ramifiée; elle est d'une teinte obscure, comme la grande tache du disque qui entoure tous les continents : c'est la Méditerranée, qui sert de limite méridionale à une région de couleur indécise, tenant du gris et du vert. Cette région, découpée en presqu'îles et en îles, et qui paraît aux habitants de la Lune si peu digne d'attention, c'est notre Europe, dont la civilisation, enviée de tous les peuples, est assez puissante pour dicter des lois au reste du monde. Quant à la France, il faut de bons yeux pour la distinguer. Des télescopes de la puissance des nôtres reconnaîtraient toutefois la forme de nos rivages, les Pyrénées, les Alpes, la botte de l'Italie, la Manche, l'embouchure de la Gironde, celle de la Seine et même l'existence de Paris et celle de nos principales villes.

L'Europe marque l'extrême limite occidentale de l'ancien continent. Que le globe planétaire tourne encore de quelques degrés sur son axe et toute terre aura disparu; l'œil des Sélénites n'apercevra plus que la tache obscure de l'océan Atlantique, et la première terre qui apparaîtra sera l'Amérique, par laquelle nous avons commencé.

Les savants du monde lunaire, pour reconstituer notre mappemonde comme nous venons de la voir, n'ont eu qu'à rapprocher leurs observations et à faire l'assemblage des fragments qu'ils avaient péniblement recueillis à diverses époques; de la sorte, les taches fixes de la Terre se sont trouvées rétablies dans leur intégrité. C'est ce que nous avons déjà pu faire nous-mêmes pour la planète Mars.

Dans leur station éloignée, ils ont même eu sur nos géographes un grand avantage : c'était de pouvoir observer avec facilité tous les points de notre globe et de plonger leurs regards au milieu des mystères de nos contrées les plus inaccessibles, telles que les régions polaires, qui sont peut-être à jamais fermées devant nos pas, et celles de l'Afrique centrale, qui commencent seulement à se révéler. D'indifférents spectateurs, placés sur la Lune ou sur Vénus, contemplent peut-être le soir, au clair de terre, avec le regard d'une nonchalante rêverie, ces régions inhospitalières, sans se douter des fatigues et des dangers auxquels courent volontairement les Terriens pour se procurer les mêmes connaissances. Peut-être en voyant chaque méridien terrestre pénétrer dans l'ombre à la fin du jour, songent ils aussi que ces instants marquent successivement l'heure du repos et du sommeil pour tous les indigènes de notre monde.

Ainsi notre globe est pour la Lune une *horloge céleste* permanente. Le mouvement de rotation de la Terre sur elle-même remplace l'aiguille qui fait le tour du cadran; chaque tache fixe, située à une longitude différente, est le chiffre qui marque l'heure lorsqu'elle passe sous tel ou tel méridien de la Lune.

Les partisans des causes finales ont beaucoup plus de droits pour déclarer que la Terre est faite en vue de la Lune que pour soutenir l'opinion contraire. La Lune remplit très mal sa fonction à notre égard, et, aidée par les nuages, nous laisse les trois quarts du temps dans l'obscurité. La Terre, au contraire, brille toutes les nuits dans le ciel lunaire toujours pur, et la pleine-terre arrive constamment à minuit. Osez donc prouver à un Lunarien que nous ne sommes pas ses esclaves !

La longueur du jour et de la nuit, l'absence de saisons et d'années, la mesure du temps par périodes de 29 jours, partagées en un jour et une nuit de quatorze jours et demi, et la présence permanente de l'astre Terre dans le ciel, constituent pour les habitants de la Lune les différences essentielles qui distinguent leur monde du nôtre au point de vue cosmographique. Les constellations, les étoiles, les planètes s'y présentent telles que nous les observons d'ici, mais avec une lumière plus vive, une plus grande richesse de tons, et en nombre beaucoup plus considérable, à cause de la pureté constante du ciel lunaire. L'hémisphère invisible, qui ne reçoit jamais de clair de terre, serait surtout un observatoire exceptionnel pour les études astronomiques.

Tel est ce monde lunaire, si proche de nous, et pourtant si différent. La connaissance que nous en avons n'atteint pas encore notre ambition scientifique. Quand donc la science comptera-t-elle des amis assez dévoués pour oser essayer une conquête plus complète, pour sacrifier à des essais optiques, dont les résultats seraient assurément prodigieux et inattendus, des sommes analogues à celles que l'on jette en pure perte dans les fonderies de canons et ailleurs?... Des spectacles merveilleux attendent les héros de l'astronomie future.

Peut-être les dernières familles de l'humanité lunaire sont-elles là, munies d'instruments assez puissants pour voir nos cités, nos villages, nos cultures, nos œuvres industrielles, nos chemins de fer, nos réunions, et nous-mêmes! Peut-être ont-elles assisté à nos dernières batailles et ont-elles suivi avec perplexité du haut du ciel les mouvements stratégiques de notre imperturbable folie! Peut-être les astronomes de cette province voisine nous ont-ils fait des signes et ont-ils essayé mille moyens de frapper notre attention et d'entrer en communication avec nous! Il n'est pas douteux qu'il y ait eu là des êtres vivants avant même qu'il en existât sur notre planète : les forces de la nature ne restent nulle part infécondes, et les temps qui ont marqué les grandes révolutions géologiques lunaires dont nous voyons clairement les résultats ont été, comme sur la Terre, les temps des grands enfantements organiques. Peut-être cette vie lunaire est-elle entièrement éteinte aujourd'hui, mais peut-être aussi existe-t-elle encore! Si nous le voulions, nous pourrions en avoir le cœur net et savoir définitivement à quoi nous en tenir... oui, si nous le voulions! Et quelle merveille éblouissante, quel bonheur inespéré, quelle fantastique extase, le jour où nous distinguerions avec certitude les témoignages de la vie sur ce continent voisin, où nous tracerions ici à la lumière électrique des figures géométriques qu'*ils* verraient et qu'*ils* reproduiraient!... Première et sublime communication du ciel avec la Terre! Cherchez dans toute l'histoire de notre humanité un événement aussi prodigieux? Que dis-je? cherchez des faits qui aillent seulement à la cheville de celui-là comme intérêt scientifique et comme conséquences philosophiques, et vous ne trouverez que des pygmées rampant au pied d'un géant!

On n'ose pas essayer, parce qu'on n'est pas sûr. Ce sont des hommes sérieux qui parlent! Et ces mêmes hommes qui n'osent pas dépenser un million pour essayer d'atteindre la vie lunaire, dépensent de cœur léger six milliards par an pour se battre entre eux, — sans être plus sûrs d'avance du résultat de la bataille. Mais coucher cent mille morts sur le terrain, c'est intéressant... ô folie folissime!!

Quoi qu'il en soit, la conclusion générale de l'étude que nous venons de faire du monde lunaire est que notre conception de la nature doit savoir embrasser *le temps* aussi bien que *l'espace*. Dans l'espace nous voyageons à travers les millions et les millions de lieues; dans le temps, nous devons voyager à travers les siècles et les millions de siècles. Notre point et notre moment sont relatifs à nous, mais n'ont rien d'absolu pour la Nature : pour elle, il n'y a d'absolu que l'infini et l'éternité. La vie universelle est le but de la création et le résultat définitif de l'existence de la matière et de la force. Mais qu'un monde soit habité aujourd'hui, qu'il l'ait été hier ou qu'il le soit demain, c'est identique dans l'éternité. La Lune est le monde d'hier; la Terre est le monde d'aujourd'hui; Jupiter est le monde de demain : la notion du temps s'impose ainsi à nos esprits comme celle de l'espace. Mais la loi de la pluralité des mondes règne toujours. Eh! que nous fait l'heure à laquelle l'humanité arrive sur tel ou tel monde? Le cadran des cieux est éternel, et l'aiguille inexorable qui lentement marque les destinées tournera toujours. C'est nous qui disons *hier* ou *demain*; pour la Nature, c'est toujours *aujourd'hui*.

Avant l'époque où le premier regard humain terrestre s'éleva vers le soleil et admira la nature, l'univers existait comme il existe aujourd'hui. Il y avait déjà d'autres planètes habitées, d'autres soleils brillant dans l'espace, d'autres systèmes gravitant sous l'impulsion des forces primordiales de la nature; et, de fait, il y a des étoiles qui sont si éloignées de nous, que leur lumière ne nous arrive qu'après des millions d'années : le rayon lumineux que nous en recevons aujourd'hui est parti de leur sein non seulement avant l'existence de l'homme ici-bas, mais encore avant l'existence de notre planète elle-même. Notre personnalité humaine, dont nous faisons tant de cas, et à l'image de laquelle nous avions formé Dieu et l'univers entier, est sans importance aucune dans l'ensemble de la création. Lorsque la dernière paupière humaine se fermera ici-bas, et que notre globe, — après avoir été pendant si longtemps le séjour de la vie avec ses passions, ses travaux, ses plaisirs et ses douleurs, ses amours et ses haines, ses prétentions religieuses et politiques et toutes ses inutilités finales, — tombera enseveli dans les langes d'une nuit profonde que le soleil éteint ne réveillera plus; eh bien! alors comme aujourd'hui, l'univers sera aussi complet, les étoiles continueront de briller dans les cieux, d'autres soleils seront allumés sur d'autres terres, d'autres printemps ramèneront le sourire des fleurs et les illusions de la jeunesse, d'autres matins et d'autres soirs se succéderont, et le monde marchera comme au temps présent : car *la création se développe dans l'infini et dans l'éternité*

CHAPITRE VII

Les marées

Les eaux de l'Océan s'élèvent et s'abaissent chaque jour par le mouvement régulier du *flux* et du *reflux*. Ce mouvement avait si désespérément intrigué les anciens, qu'on l'avait appelé le tombeau de la curiosité humaine. Néanmoins, il offre à l'examen attentif un rapport si manifeste avec le mouvement de la Lune, que plusieurs astronomes de l'antiquité avaient reconnu et affirmé ce rapport. Ainsi Cléomède, écrivain grec du siècle d'Auguste, dit positivement, dans sa Cosmographie, que « la Lune produit les marées. » Il en est de même de Pline et de Plutarque. Mais, le fait n'était pas démontré. Plusieurs le niaient. Dans les temps modernes, Galilée et Képler eux-mêmes n'y croyaient pas. C'est Newton qui commença la démonstration mathématique, et c'est Laplace qui la termina, en prouvant que les marées sont causées par l'attraction de la Lune et par celle du Soleil.

La surface de la Terre est recouverte en partie par les eaux de la mer, qui, en raison de leur fluidité, peuvent facilement se mouvoir sur cette surface, en vertu de l'attraction de la Lune. Or, les diverses parties de ces eaux répandues tout autour du globe, et par conséquent placées à d'inégales distances de la Lune, ne sont pas également attirées par elle. Directement au-dessous d'elle, les eaux de la mer sont plus fortement attirées que la partie solide de la Terre considérée dans son ensemble; dans la région opposée, les eaux de la mer sont au contraire moins fortement attirées puisqu'elles sont plus éloignées. Il en résulte que les eaux situées du côté de la Lune sont élevées par suite de cet excès d'attraction, et que, du côté opposé de la Terre, les eaux tendent à rester en arrière, relativement à la masse du globe, qui est plus fortement attirée qu'elles. En conséquence, elles viennent s'accumuler du côté de la Lune, et y forment une proéminence qui n'existerait pas sans la présence de cet astre; de même, elles s'accumulent du côté opposé à la Lune et y forment une proéminence pareille (*fig.* 82). Joignez à cela que la Terre tournant sur elle-même en vingt-quatre heures amène successivement les diverses parties de son contour dans la direction de la Lune (ce qui fait que les deux protubérances liquides dont nous venons de parler, pour occuper toujours la même position par rapport à la Lune, changent continuellement de place sur la surface du globe terrestre), et vous verrez qu'en un même point de cette surface, en un même port, on doit observer successivement deux hautes mers, et, par conséquent aussi, deux basses mers, pendant que la Terre fait un tour entier relativement à la Lune, c'est-à-dire en 24 heures 48 minutes.

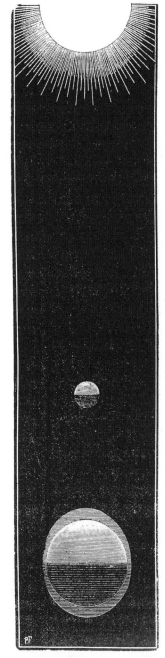

Fig. 82. — Explication des marées.

Le Soleil produit un effet analogue sur les eaux de la mer ; mais la masse énorme de cet astre est plus que compensée par la grande distance à laquelle il se trouve de la Terre, de sorte qu'en définitive la marée due à l'action du Soleil est beaucoup plus faible que celle dont nous venons de parler, et qui est due à l'action de la Lune. Le phénomène, dans ses allures générales, se règle donc sur la position de la Lune par rapport à la Terre ; l'action du Soleil ne fait que le modifier, tantôt en avançant, tantôt en retardant l'heure de la pleine mer, tantôt en augmentant, tantôt en diminuant l'intensité du phénomène, suivant que l'astre du jour occupe dans le ciel telle ou telle position par rapport à l'astre des nuits.

En tenant compte de ces deux circonstances relatives à la masse et à la distance, on trouve que l'effet produit par le Soleil doit être à celui produit par la Lune, dans le rapport de 1 à 2, 05, c'est-à-dire que, dans le phénomène général des marées, la Lune entre pour les deux tiers, et le Soleil pour le tiers seulement. La Lune élève à l'équateur la surface de la mer de 50 cenʳᵗmètres, et, l'action du Soleil s'y ajoutant, l'élévation arrive à 74. La hauteur va en décroissant jusqu'au pôles, où l'amplitude des oscillations se réduit à zéro et où la surface de la mer reste complètement immobile.

Les plus grandes marées sont par conséquent celles qui arrivent aux nouvelles lunes et aux pleines lunes, puisque alors les actions du Soleil et de la Lune se réunissent, tandis qu'aux quadratures elles s'exercent à angle droit l'une de l'autre.

L'intervalle de temps compris entre deux hautes mers consécutives est égal, en moyenne, à 12ʰ 24ᵐ; mais la haute mer, au lieu d'arriver à l'instant même où la Lune passe au méridien, n'arrive qu'un certain temps après ce passage. L'oscillation de la surface de la mer est bien toujours réglée dans son ensemble sur le mouvement diurne de la Lune autour de la Terre, mais chacune des phases de cette oscillation est en retard sur l'instant auquel elle devrait se produire, d'après les considérations théoriques qui viennent d'être exposées, et ce retard est d'ailleurs très différent d'un lieu à un autre lieu.

Dans nos ports, les plus grandes marées suivent d'un jour et demi la nouvelle et pleine lune.

La quantité dont la surface de la mer s'élève et s'abaisse successivement est en général beaucoup plus grande que celle que nous avons trouvée, en admettant que cette surface prend à chaque instant la figure d'équilibre qui convient à la grandeur et à la direction des attractions du Soleil et de la Lune. Nous avons vu que la plus grande différence de niveau qui puisse exister, dans cette hypothèse, entre une haute mer et la basse mer qui la suit, est seulement de 0ᵐ,74 à l'équateur, si le Soleil et la Lune sont à leurs moyennes distances : or, il existe certaines localités, où dans le sens vertical la même différence surpasse 13 mètres. Sur les rivages en pente insensible, la différence entre la haute mer et la basse mer est de plusieurs kilomètres : vous vous couchez à l'heure où la mer arrive à vos pieds et vous vous endormez au bruit des vagues ; le lendemain matin à votre réveil la mer a disparu et vous vous promenez à pied sec sur la plage.

En réalité, pourtant, l'intensité de cette force, qui, sur une masse aussi considérable que celle des eaux de l'Océan, produit des mouvements aussi violents que ceux des grandes marées, ne diminue pas le poids des corps de plus de la seize millionième partie ! Ainsi donc, un corps qui pèse 16 kilogrammes exerce, quand la Lune vient à passer à son zénith, une pression moindre qu'au moment où l'astre est à l'horizon, mais de combien? D'un milligramme au maximum. Ce chiffre permet de se faire une idée de ce que peut devenir la force la plus insignifiante, lorsqu'elle se multiplie et s'incorpore dans une masse aussi immense que celle des eaux de la mer, et s'accumule incessamment à chaque instant de la durée. — Pour faire encore mieux comprendre le peu d'action de la Lune sur les objets placés ici-bas, je dirai que, sur un corps pesant 90 kilogrammes, la diminution de poids ne serait que de 1 centigramme. Ainsi, un homme qui marche ayant la Lune au-dessus de sa tête n'a pas son poids diminué de cette quantité. C'est la centième partie du poids d'une pièce d'argent de 20 centimes.

Mais, pour se représenter tout ce qu'une action de ce genre a pu produire sur le globe terrestre, ce n'est pas par jour, ni par année, mais par siècles et par milliers de siècles qu'il faut compter. Alors, on pourra comprendre comment la structure des continents, la configuration des côtes, a pu être lentement mais irrésistiblement modifiée par ce bélier aux têtes multiples qui bat deux fois par jour de son choc impitoyable les dunes et les falaises.

Les eaux de la mer, contenues dans un espace limité de part et d'autre par les continents, oscillent dans cet espace, qui forme une sorte de vase de peu de profondeur eu égard à sa surface; leurs oscillations sont entretenues par les actions perturbatrices de la Lune et du Soleil, dont l'intensité et la direction changent à chaque instant. Lorsque, par suite de ces actions, la surface de la mer doit monter d'un certain côté du bassin qui la renferme, les eaux se portent de ce côté, la vitesse avec laquelle s'effectue ce mouvement de transport fait que les eaux ne s'arrêtent pas lorsque leur surface a pris l'équilibre, et qu'elles continuent à se mouvoir dans le même sens, jusqu'à ce que leur vitesse soit complètement détruite par l'action de la pesanteur et par les frottements contre le fond; de sorte que le mouvement oscillatoire, dans le sens vertical, prend ainsi, sur les bords de la mer, des proportions beaucoup plus grandes que si la mer se mettait à chaque instant en équilibre sous l'action des forces qui lui sont appliquées. On comprend par là, non seulement pourquoi la mer s'élève et s'abaisse beaucoup plus qu'elle ne semblerait devoir le faire sous les actions de la Lune et du Soleil, mais encore pourquoi, lors des syzygies, la haute mer n'arrive pas à l'instant du passage de la Lune au méridien; à cet instant, les actions du Soleil et de la Lune sont dans les conditions convenables pour soutenir les eaux de la mer à la plus grande hauteur; mais les eaux, qui ont monté sous ces actions avec le passage de la Lune au méridien, continuent encore à monter pendant quelque temps après ce passage, en vertu de leur vitesse acquise

La forme de certains rivages en carrefours engouffre l'eau qui arrive et la force à s'élever à une hauteur considérable.

Les marées de l'Atlantique occasionnent, par exemple, des marées dérivées très intenses dans la Manche, avec laquelle il communique librement. Lorsque la mer devient haute à l'ouest de la France, dans les environs de Brest, le flot de la pleine mer s'avance peu à peu dans la Manche. Cette petite mer se trouvant resserrée brusquement le flot monte contre la barrière qui s'oppose ainsi à sa marche, et il en résulte des marées très élevées sur les côtes de la baie de Cancale, et notamment à Granville. De là le flot continue à s'avancer, et la pleine mer a lieu successivement à Cherbourg, au Havre, à Dieppe, à Calais, etc. Cette marche du flot de la marée est rendue sensible par le tableau suivant, qui donne, pour divers ports des côtes de France, le retard de la pleine mer sur l'instant du passage de la Lune au méridien à l'époque de la nouvelle et de la pleine lune, retard qu'on nomme l'*établissement du port*. Le même tableau contient en outre l'indication de la hauteur moyenne de la marée aux mêmes époques. C'est la différence entre la haute mer et la basse mer. On appelle *unité de hauteur* la moitié de cette différence, c'est-à-dire l'élévation au-dessus du niveau moyen. Cette hauteur peut être augmentée par l'influence du vent, comme force et comme direction.

NOMS DES PORTS	ÉTABLISSEMENT DU PORT	HAUTEUR MOYENNE DE LA MARÉE AUX SYZYGIES
	h. m.	mètres.
Bayonne (embouchure de l'Adour)	4 05	2,80
Royan (embouchure de la Gironde).	4 01	4,70
Bordeaux.	7 45	4,50
Saint-Nazaire (embouchure de la Loire)	3 45	5,36
Lorient.	3 32	4,48
Brest.	3 46	6,42
Saint-Malo.	6 10	11,36
Granville.	6 40	12,30
Cherbourg.	7 58	5,64
Le Havre (embouchure de la Seine)	9 50	7,14
Dieppe.	11 05	8,80
Boulogne.	11 25	7,92
Calais . . . ·	11 49	6,24
Dunkerque.	12 13	5,36

Cette marche successive de la marée est très curieuse à suivre, et notre fig. 83 en trace le tableau d'ensemble pour notre pays. Par suite du retard qu'éprouve la vague de la marée, *l'établissement*, c'est-à-dire le temps qui s'écoule entre le passage de la Lune au méridien et le moment de la pleine mer varie singulièrement suivant les différents ports. Ainsi, tandis qu'à Gibraltar la pleine mer arrive presque juste au moment du passage de la Lune au méridien, le retard est déjà d'une heure quinze minutes à Cadix et de trois heures sur la côte d'Espagne. Il marche ensuite, comme on le voit sur cette petite carte. La forme

Fig. 83. — Marche successive de la marée pour les différents ports.

générale de ces courbes démontre d'une manière frappante que la vitesse de propulsion des marées est en raison de la profondeur de la mer.

Dans les embouchures des grands fleuves et surtout dans la Seine, la marée produit un effet bien curieux et fort pittoresque, justement admiré des touristes. Elle remonte avec impétuosité le courant du fleuve, se précipite en cascade, roule avec fureur une nappe d'eau qui a parfois plusieurs mètres de hauteur et qui endommage toutes les constructions des rives en même temps qu'elle culbute tous les navires qui ne sont pas à flot. Cette singulière accumulation se produit dans les parties de la rivière où le fond va graduellement en s'élevant. Alors, les premières vagues se propageant dans une eau moins profonde sont devancées par celles qui les suivent et qui finissent par

Fig. 84. — Le mascaret, à Caudebec.

retomber par-dessus les premières, car c'est une loi mécanique que l'onde marche d'autant plus vite que l'eau est plus profonde. C'est ce qu'on appelle *la Barre* ou *le Mascaret* (¹).

(¹) C'est surtout à Caudebec, qu'il faut voir ce spectacle, en choisissant pour cette excursion les jours des grandes marées de mars, de septembre ou d'octobre.

Aux jour et à l'heure indiqués, le port, ombragé d'arbres séculaires et d'allées majestueuses, se couvre de curieux. Ce sont les habitants, que ne rassasie jamais le spectacle grandiose de la rivière transformée; ce sont les étrangers, accourus de bien loin pour en jouir ou pour l'étudier.

Longtemps avant l'arrivée du flot, des yeux impatients le cherchent à l'horizon, et les moins expérimentés croient le voir poindre à chaque instant à l'extrémité de la

Si la Lune, qui est 81 fois moins puissante que la Terre produit ici de telles marées, quelle influence n'a pas dû exercer la Terre sur la Lune, lorsque celle-ci était encore liquide et pâteuse? C'est à cette influence que ce globe doit d'être allongé dans notre sens, et de ne pas pouvoir tourner librement sur lui-même : en retardant avec persistance son antique mouvement de rotation, la Terre a fini par l'an-

baie que forme ce pli de la Seine. Un sourd murmure annonce son approche, alors qu'il est encore à plusieurs kilomètres; aussitôt, tous les navires et toutes les embarcations se hâtent de pousser au large, et s'abandonnent au courant, qui, continuant à descendre, les entraîne *au devant du flot*.

La petite flottille cherche les endroits profonds que l'expérience quotidienne des mariniers du pays indique comme les plus sûrs. Ces endroits varient souvent, à cause des transformations que le mouvement des sables opère dans le chenal. Malheur à la barque imprudente qui, par paresse ou mépris du danger, demeurerait en arrière! Les plans inclinés de la vague, se renversant en cascades, l'auraient bientôt enveloppée dans leurs tourbillons furieux, et, dès lors, science et courage seraient impuissants. Trop souvent de tristes naufrages en sont la preuve douloureuse.

La vaste nappe d'eau s'avance avec rapidité, soulevant l'un après l'autre les navires et les bateaux qui, tour à tour, s'élèvent sur la crête des vagues, ou se cachent dans leurs replis. Sous un soleil radieux, au milieu de cette verdure que le zéphyr fait ondoyer à peine, ce sont tous les mouvements, toutes les agitations, toutes les fureurs d'une mer tourmentée.

Bientôt, le spectacle change pour devenir plus grandiose et plus singulier encore. La vague énorme qui marche en tête de la marée se gonfle, s'élève, se dresse, elle éclate soudain, et son sommet s'écroule avec fracas; un immense rouleau se forme et se déploie quelquefois d'un bord à l'autre; c'est une cascade qui marche, et telle est sa rapidité que, sans exagération, on a pu la comparer au galop d'un cheval de course! Le flot court le long des rives, semblable à un mur d'écume, renversant tous les obstacles, heurtant toutes les saillies, se dressant à chaque instant comme un gigantesque panache pour retomber en frémissant sur le rivage qu'il inonde. Le sol tremble parfois sous les pieds des spectateurs, qui voient, en moins de temps qu'il n'en faut pour le dire, passer la masse bouillonnante poursuivant sa course effrénée.

Au bout de quelques minutes, et moins d'une demi-heure après l'annonce du flot, ce fleuve, tout à l'heure si bruyant et si agité, a repris son aspect paisible. Seulement le courant a changé de direction, et remonte rapidement de l'embouchure vers la source, dans la direction de Rouen, où la barre même est quelquefois visible.

L'introduction des eaux de marée dans la Seine, par suite du peu de pente qu'offre le thalweg de ce fleuve, est la cause première et nécessaire de ce mouvement des eaux. La différence de niveau entre Rouen et le Havre, points éloignés l'un de l'autre de plus de 120 kilomètres en suivant les contours du fleuve, n'est cependant que de 5^m,74; toutes les fois que les marées atteignent dans la Manche une hauteur plus grande, les eaux accumulées cherchant à s'équilibrer se déversent dans la baie, puis s'épanchent dans le canal. La différence de niveau s'augmente encore, dans ce cas, de la différence de densité, les eaux de l'océan étant plus denses que celles du fleuve.

Telle est l'explication scientifique de ce beau phénomène. Elle est peut-être moins agréable que l'explication poétique donnée par Bernardin de Saint-Pierre.

« La Seine, nymphe de Cérés et fille de Bacchus, courant un jour sur les bords de la mer, fut aperçue par le vieux monarque des eaux, qui, ravi de sa grâce, se mit à la poursuivre. Il l'atteignait déjà, quand Bacchus et Cérès, invoqués par la nymphe et ne pouvant autrement la sauver, la métamorphosèrent en un fleuve d'azur, qui, depuis, a gardé son nom et porte partout sur ses rives la joie et la fécondité. Neptune, cependant, n'a cessé de l'aimer, comme elle a conservé son aversion pour lui. Deux fois par jour il la poursuit avec de grands mugissements, et, chaque fois, la

nuler pour elle en maintenant toujours le même hémisphère de notre côté. C'est regrettable pour tout le monde.

(L'homme se sert des marées pour l'entrée et la sortie des navires dans ses ports. Mais il ne faudrait pas en conclure pour cela avec l'abbé Pluche, l'auteur du *Spectacle de la Nature,* que les marées ont été créées exprès pour faire entrer les navires au Havre, — et l'huile de ricin pour nettoyer les muqueuses embarrassées. Ce sont là des causes finales, non divines, mais bien humaines.)

Il est naturel de nous demander ici si le Soleil, et surtout la Lune, en agissant sur l'atmosphère de la Terre, y produisent un effet analogue à celui que ces astres produisent sur la mer et que nous venons d'analyser. Il ne peut pas y avoir le moindre doute à ce sujet. Le Soleil et la Lune exercent leurs actions sur l'air atmosphérique tout aussi bien que sur la mer, et il doit en résulter dans l'atmosphère de véritables marées. Mais comment pouvons-nous en constater l'existance ?

Nous ne sommes pas placés de manière à voir la surface extérieure de l'atmosphère terrestre, comme nous voyons la surface de la mer. Ce n'est donc pas par l'observation du mouvement, tantôt ascendant, tantôt descendant, de cette surface extérieure, que les marées atmosphériques peuvent nous être rendues sensibles. Nous trouvant au fond de l'atmosphère, nous ne pouvons nous apercevoir de l'exis-

Seine s'enfuit dans les prairies, en remontant vers sa source, contre le cours naturel des fleuves.

Un jour, après avoir assisté, à Caudebec, à ce spectacle toujours curieux de la barre de la Seine, je remontais à pied, à travers un bois charmant, la route qui mène à Yvetot, lorsque je fus rejoint par un paysan, avec lequel je ne tardai pas à entrer en conversation. Comme je lui demandais ce qu'il pensait, et ce qu'on pensait dans sa vieille famille, d'un phénomène qu'ils observaient depuis tant d'années : « Je ne sais pas, me répondit-il, comment les savants l'expliquent ; mais, pour nous, il nous semble qu'il n'y a là rien autre chose que l'antipathie bien connue de l'eau salée contre l'eau douce. Elles n'ont pas du tout le même caractère, voyez-vous, et il y a là-dessous une prédisposition naturelle que nous ignorons. Mais, ce qu'il y a de certain, c'est que l'eau douce, en descendant dans la mer, taquine l'eau salée, avec laquelle elle ne parvient que difficilement à se mélanger. La différence de couleur est facile à suivre jusqu'à Trouville. Eh bien ! l'eau salée finit par se fâcher. Elle accumule sa colère, et tous les soirs, surtout aux équinoxes, où elle est déjà naturellement furieuse, elle se décide à chasser l'eau douce et à la renvoyer chez elle, avec une belle vitesse. Je vous assure, monsieur, que cette raison est beaucoup plus simple que l'attraction de la Lune ! »

Ajoutons que la marée produit des effets analogues dans les fleuves disposés pour les produire.

Dans l'admirable baie du Mont Saint-Michel, l'arrivée des grandes marées offre au contemplateur de la nature l'un des plus beaux spectacles qu'il puisse voir.

tence des marées atmosphériques, que comme nous nous apercevrions des marées de l'Océan, si nous étions placés au fond de la mer. Or, il est clair que le seul effet que nous éprouverions dans ce cas serait un changement périodique dans la pression de l'eau en raison ue l'augmen·tation et de la diminution alternatives de l'épaisseur du liquide situé au·dessus de nous. Les marées atmosphériques ne peuvent donc nous être rendues sensibles que par des variations périodiques de la pression exercée par l'atmosphère dans le lieu où nous nous trouvons, c'est·à-dire par des augmentations et diminutions alternatives de la hauteur de la colonne barométrique qui sert de mesure à cette pression. Le calcul montre qu'il n'y aurait que quelques dixièmes de millimètres de différence sur le baromètre.

Réduite à ces termes, la question est bien nette. Les observations journalières montrent que la hauteur de la colonne barométrique éprouve en un même lieu des variations accidentelles qui peuvent éventuellement aller à 40, 50 et même 60 millimètres, et qui habituellement s'élèvent à plusieurs millimètres sans qu'il y ait pour cela de grandes perturbations atmosphériques. Si les marées produites dans l'atmosphère par l'action de la Lune ont une part dans ces variations, il faut convenir que cette part est bien faible, et qu'on n'est pas autorisé à voir là une des causes principales de ces changements de temps que nous aurions tant d'intérêt à pouvoir prédire, et qui déjouent si bien, quoi qu'on fasse, toutes les tentatives faites en vue d'arriver même à une grossière ébauche de cette prédiction.

Peut-être la Lune ne produit-elle pas seulement des marées océaniques et atmosphériques, mais encore des marées souterraines. Le noyau de la Terre étant liquide, selon toutes les probabilités, serait périodiquement soulevé par l'attraction lunaire, et cette masse, d'une grande densité, venant à heurter la croûte solide extérieure, serait la cause de la plupart des tremblements de terre. Des recherches statistiques ont été faites dans le but de contrôler l'exactitude de cette thèse, et leur auteur, M. Perrey, mon savant collègue de l'Académie de Dijon, a trouvé, en classant tous les tremblements de terre par ordre de date, qu'il en arrive davantage à la nouvelle et à la pleine lune, ainsi qu'aux jours où la Lune est au périgée, à sa plus petite distance de la Terre.

Nous arrivons ici à la question si controversée des influences de la Lune.

CHAPITRE VIII

Les influences de la Lune

Si l'adage *Vox populi vox Dei* était encore vrai, on pourrait assurer que la Lune exerce sur la Terre et sur ses habitants les influences les plus extraordinaires. Dans l'opinion populaire, elle aurait une action sur les changements de temps, sur l'état de l'atmosphère, sur les plantes, les animaux, les hommes, les femmes, les œufs, les graines, sur tout au monde. La Lune est entrée dans toutes les formes du langage, depuis la « lune de miel » jusqu'à la « lune rousse ». Qu'y a-t-il de vrai dans ces traditions? Tout n'est certainement pas exact, mais tout n'est peut-être pas faux non plus.

« Je suis charmé de vous voir réunis autour de moi, disait un jour Louis XVIII aux membres composant une députation du Bureau des Longitudes qui étaient allés lui présenter la *Connaissance des temps* et l'*Annuaire*, car vous allez m'expliquer nettement ce que c'est que LA LUNE ROUSSE et son mode d'action sur les récoltes. » Laplace, à qui s'adressaient plus particulièrement ces paroles, resta comme atterré; lui qui avait tout écrit sur la Lune, n'avait en effet jamais songé à la lune rousse. Il consultait tous ses voisins du regard, mais, ne voyant personne disposé à prendre parole, il se détermina à répondre lui-même. « Sire, la lune rousse n'occupe aucune place dans les théories astronomiques; nous ne sommes donc pas en mesure de satisfaire la curiosité de Votre Majesté. » Le soir, pendant son jeu, le roi s'égaya beaucoup de l'embarras dans lequel il avait mis les membres de *son* Bureau des Longitudes. Laplace l'apprit et vint demander à Arago s'il pouvait l'éclairer sur cette fameuse lune rousse qui avait été le sujet d'un si désagréable contre-temps. Arago alla aux informations auprès des jardiniers du Jardin des Plantes et d'autres cultivateurs, et voici le résultat de la discussion qu'il fit à ce sujet.

Les jardiniers donnent le nom de « lune rousse » à la lune qui, commençant en avril, devient pleine, soit à la fin de ce mois, soit plus ordinairement dans le courant de mai. Dans l'opinion populaire, la lumière de la Lune, en avril et mai, exerce une fâcheuse action sur les jeunes pousses des plantes. On assure avoir observé que la nuit, quand le ciel est serein, les feuilles, les bourgeons exposés à cette lumière, roussissent, c'est-à-dire se gèlent, quoique le thermomètre, dans l'atmosphère, se maintienne à plusieurs degrés au-dessus de zéro. Ils ajoutent encore que, si un ciel couvert arrête les rayons de l'astre, les empêche d'arriver jusqu'aux plantes, les mêmes effets n'ont plus lieu sous des circonstances de température d'ailleurs parfaitement pareilles. Ces phénomènes semblent indiquer que la lumière de notre satellite serait douée d'une certaine vertu frigorifique; cependant, en dirigeant les plus larges lentilles, les plus grand reflecteurs, vers la Lune, et plaçant ensuite à leur foyer des thermomètres très délicats, on n'a jamais rien aperçu qui puisse justifier une aussi singulière conclusion. Aussi, d'une part, les savants ont relégué la lune rousse parmi les préjugés populaires, tandis que, d'autre part, les agriculteurs sont restés convaincus de l'exactitude de leurs observations.

Le physicien Wells a constaté le premier que les objets peuvent acquérir la nuit une température différente de celle de l'atmosphère dont ils sont entourés. Ce fait important est aujourd'hui démontré. Si l'on place en plein air de petites masses de coton, d'édredon, etc., on trouve souvent que leur température est de 6, de 7 et même de 8 degrés centigrades au-dessous de la température de l'atmosphère ambiante. Les végétaux sont dans le même cas. Il ne faut donc pas juger du froid qu'une plante a éprouvé la nuit par les seules indications d'un thermomètre suspendu dans l'atmosphère. La plante peut être fortement gelée, quoique l'air se soit constamment maintenu à plusieurs degrés au-dessus de zéro.

Ces différences de température ne se produisent que par un temps parfaitement serein. Si le ciel est couvert, la différence disparaît tout à fait ou devient insensible.

Eh bien, dans les nuits d'avril et de mai, la température de l'atmosphère n'est souvent que de 4, 5 ou 6 degrés au-dessus de zéro. Quand cela arrive, les plantes exposées à la lumière de la Lune, c'est-à-dire à un ciel serein, peuvent se geler malgré le thermomètre. Si la Lune, au contraire, ne brille pas, si le ciel est couvert, la température des plantes ne descendant pas au-dessous de celle de l'atmosphère, il n'y aura pas de gelée, à moins que le thermomètre n'ait marqué zéro. Il est donc vrai, comme les jardiniers le prétendent, qu'avec des circonstances thermométriques toutes pareilles, une plante pourra être gelée ou ne l'être pas, suivant que la Lune sera visible ou cachée derrière les nuages; s'ils se trompent, c'est seulement dans les conclusions: c'est en attribuant l'effet à la lumière de l'astre. La lumière lunaire n'est ici que l'indice d'une atmosphère sereine ; c'est par suite de la pureté du ciel que la congélation nocturne des plantes s'opère ; la Lune n'y contribue aucunement ; qu'elle soit couchée ou sur l'horizon, le phénomène a également lieu.

C'est ainsi que se produit la *rosée*. Par l'effet du rayonnement nocturne, les corps exposés en plein air se refroidissent, et ce refroidissement condense sur eux la vapeur d'eau répandue dans l'atmosphère. La rosée ne descend pas du ciel ni ne s'élève pas de la terre. Un léger abri, une feuille de papier, un nuage suffit pour s'opposer au rayonnement et empêcher la rosée comme la gelée.

On attribue aussi à la Lune le pouvoir de dévaster les vieux édifices. Le clair de lune semble préférer les ruines et les solitudes, et l'esprit lui associe les dévastations causées par la pluie et par le soleil. Examinez les tours Notre-Dame de Paris et comparez avec soin le côté du sud au côté du nord, vous constaterez que le premier est incomparablement plus usé, plus vermoulu que le second. Les gardiens vous diront que « c'est la Lune ». Or, comme cet astre suit dans le ciel le même chemin que le Soleil, il serait assurément fort difficile de faire la part de chacun ; mais si l'on réfléchit que la pluie et le vent arrivent précisément du même côté, on ne pourra pas douter un seul instant que ce sont là les agents destructeurs, joints à la chaleur solaire, et que la Lune en est fort innocente.

Autre point maintenant. *La Lune mange les nuages ;* tel est le dicton fort répandu parmi les habitants de la campagne, et surtout parmi les gens de mer.

Les nuages, pense-t-on, tendent à se dissiper, quand les rayons de la Lune les frappent. Est-il permis de regarder cette opinion comme un préjugé indigne d'examen, lorsqu'on voit un savant tel que sir John Herschel se porter garant de son exactitude ?

On a dit que la lumière lunaire n'est pas absolument dans le même état à la surface de la Terre où se sont faites généralement les expériences des lentilles et des miroirs réfléchissants, et dans les hauteurs aériennes où planent les nuages. Quand la Lune est pleine, elle a éprouvé depuis plusieurs jours, sans interruption, l'action calorifique du Soleil. Sa température est très élevée. La vapeur d'eau qui constitue les nuées peut être dans cet état d'équilibre instable où la plus légère influence peut transformer les globules visibles en globules invisibles. Il n'y a pas moins d'eau pour cela dans l'atmosphère, je l'ai maintes fois constaté en ballon ; mais les nuages disparaissent, parce que la vapeur passe de l'état visible à l'état invisible. Il n'est donc pas impossible que les observations des marins et de plusieurs

Le clair de lune semble préférer les ruines et les solitudes.....

savants ne soient pas dues à de simples coïncidences, mais soient
basées sur un fait réel. Mais j'ai souvent observé en plein soleil que

les nuages légers diminuent et disparaissent en quelques minutes, par suite de leur changemeut d'altitude. Dans ce cas la Lune n'y serait pour rien, et servirait seulement à faire voir le fait.

Ajoutons que la lumière lunaire émet des rayons chimiques. Depuis la découverte de la photographie, on sait que la Lune agit sur les plaques sensibilisées, et se peint elle-même avec la plus grande fidélité.

Quant à *l'influence de la Lune sur le temps*, l'action lumineuse ou calorifique de notre satellite est si faible, qu'elle n'explique nullement les préjugés populaires sur les phases, avec lesquelles elle se trouve nécessairement en relation. A l'époque de la nouvelle lune, le globe lunaire ne nous envoie ni rayons de lumière ni rayons calorifiques ; à la pleine lune, au contraire, correspond le maximum des effets de ce genre. Et, entre ces deux périodes, c'est par gradations insensibles que l'action augmente ou diminue ; de sorte qu'on ne voit pas quelle pourrait être la cause des changements brusques supposés. D'ailleurs, avant de chercher les raisons de ces changements, il faudrait que l'observation les eût constatés, ce qui n'a été encore clairement établi par personne (').

Arago a trouvé qu'à Paris le maximum des jours pluvieux arrive entre le premier quartier et la pleine lune et le minimum entre le dernier quartier et la nouvelle lune. Schübler a trouvé le même résultat pour Stuttgard. Mais A. de Gasparin a trouvé le contraire pour Orange, et Poitevin encore autre chose pour Montpellier. Il est donc probable que ces résultats dépendent uniquement de la variation du temps, quelle qu'elle soit, et ne prouvent rien pour la Lune.

Dans l'état actuel de nos connaissances, on ne peut encore rien baser sur les phases de la Lune. Ce qui fait qu'un grand nombre de cultivateurs et de marins donnent la première place aux quatre phases

---

(') Cette question, de savoir si la lumière de la Lune produit des effets calorifiques et chimiques appréciables, n'est pas sans intérêt au point de vue théorique, et aussi lorsque l on considère le rôle qu'on a fait jouer à la Lune dans l'explication des phénomènes météorologiques : elle a été soumise à l'épreuve de l'expérience.

Les mesures photométriques paraissent démontrer que la lumière de la pleine lune est 300 000 fois plus faible que celle du Soleil. Il faudrait supposer le ciel entier couvert de pleines-lunes pour retrouver l'intensité de la lumière du jour.

D'après les expériences les plus minutieuses de Melloni, Piazzi Smyth, lord Rosse, Marié Davy, la chaleur des rayons lunaires qui arrivent au fond de l'atmosphère où nous respirons est à peine égale à 12 *millionièmes de degré!* Sur le pic du Ténériffe, sous une épaisseur bien moindre d'atmosphère, elle a été trouvée égale au tiers de celle d'une bougie placée à 4^m,75 de distance C'est toujours extrêmement faible. En un mot, l'astre des nuits n'est pas tout à fait sans influence sur nous ; mais son action ne peut pas être comparée à celle du Soleil, et ne règle point le temps, comme quelques météorologistes amateurs le supposent.

de la Lune pour la réglementation du temps, c'est qu'ils n'y regardent pas à un ou deux jours près, avant ou après, remarquent une coïncidence, et n'en remarquent pas dix qui n'arrivent pas.

La prévision du temps à longue échéance ne saurait donc inspirer aucune confiance, en tant que basée sur les mouvements de la Lune. Cette prévision du temps ne peut, du reste, être basée davantage sur d'autres documents. Actuellement, il est absolument stérile d'aventurer des conjectures sur le beau ou le mauvais temps, une année, un mois, une semaine même à l'avance.

L'esprit humain, l'esprit populaire surtout, est ainsi fait, qu'il a besoin de croire, lors même que l'objet de sa croyance n'est démontré ni réel ni rationnel, et il semble que les savants devraient toujours être en état de répondre à toutes les questions. On connaît l'histoire de cette dame qui, au milieu d'un élégant salon, demandait à un académicien : Qu'y a-t-il donc derrière la Lune? — Madame, je ne sais pas. — Mais à quoi est due la persistance des pluies cette année? — Madame, je l'ignore. — Et pensez-vous que les habitants de Jupiter soient faits comme nous? — Madame, je n'en sais rien. — Comment, monsieur, vous plaisantez! à quoi cela sert-il donc d'être si savant? — Madame, à répondre quelquefois qu'on ne sait rien.

Il n'y a assurément aucune fausse honte à avouer son ignorance sur les questions auxquelles personne ne peut dire : *Je le sais.* A quoi tient le grand succès des almanachs de Mathieu Laensberg, qui dure depuis l'an 1636? Évidemment aux prédictions banales qui y sont insérées. Lorsqu'on spécule sur la crédulité humaine, on est toujours sûr de réussir; les prédictions ont beau être démenties, le public n'en continue pas moins à consulter le fameux almanach. D'ailleurs, en fait de proverbes, de prédictions et de superstitions, la mémoire reste frappée d'un cas sur cent dans lequel prédictions ou proverbes se réalisent, et on laisse passer inaperçus les quatre-vingt-dix-neuf autres cas (¹). La situation des personnages sur lesquels portent les prédictions joue aussi un rôle important. Ainsi, dans l'Almanach pour 1774, Mathieu Laensberg avait annoncé que, d'après la position de Vénus, une dame des plus favorisées jouerait son dernier rôle

---

(¹) Ainsi, par exemple, un petit livre que j'ai sous les yeux assure qu'une balle adressée dans un combat à un zouave pontifical s'est aplatie contre une médaille, « témoignant ainsi de la protection divine. Admettons la réalité du *fait*, observé entre mille blessés. Eh bien, naguère le fils de Napoléon III, filleul de Pie IX, et porteur d'une croix, d'une médaille et d'un chapelet, est tombé sous 17 coups de zagaies donnés par les Zoulous. On ne remarquera pas ce fait absolument contraire au premier, et l'on n'en concluera pas qu'il détruit au centuple l'argument précédent, lequel était, du reste, lui-même une interprétation arbitraire. Ainsi se soutient la crédulité.

dans le mois d'avril. Précisément ce mois-là Louis XV fut atteint de
la petite vérole, et la Dubarry fut expulsée de Versailles. Il n'en
fallut pas davantage pour donner à l'almanach de Liège un redou-
blement de faveur.

L'Académie de Berlin avait anciennement pour principal revenu le
produit de la vente de son almanach. Honteux de voir figurer dans
cette publication des prédictions de tout genre, faites au hasard, ou
qui, du moins, n'étaient fondées sur aucun principe acceptable, un
savant distingué proposa de les supprimer et de les remplacer par des
notions claires, précises et certaines, sur des objets qui lui semblaient
devoir intéresser le plus le public; on essaya cette réforme, mais
le débit de l'almanach fut tellement diminué, et, conséquemment, les
revenus de l'Académie tellement affaiblis, qu'on se crut obligé de
revenir aux premiers errements, et de redonner des prédictions
auxquelles les auteurs ne croyaient pas eux-mêmes.

Au surplus, le recueil astronomique de France, qui donne tous les
ans, depuis deux siècles, les positions du Soleil, de la Lune, des planètes et des principales étoiles dans le ciel, n'a-t-il pas eu, comme
tous les almanachs, une origine plutôt météorologique qu'astronomique, et n'induit-il pas en erreur le public incompétent qui le juge
sur son étiquette, puisqu'il s'appelle la *Connaissance des Temps*? Or,
ce recueil de calculs ne s'occupe aucunement des temps, dans le sens
général attaché à ce mot. Mais ce titre-là en impose.

C'est une jolie histoire, l'histoire de ce prédicateur qui parlait contre
la loterie : « Parce qu'on aura rêvé, disait-il, trois numéros (et il les
nommait), on prive sa famille du nécessaire et les pauvres de leur part
pour mettre à la loterie. » Au sortir du sermon, une bonne femme
s'approche de lui : « Mon père, dit-elle, j'ai entendu les deux premiers
numéros; quel est donc le troisième? »…

Le public attache encore à la Lune des influences sur le système
nerveux, sur les arbres, la coupe des bois, la semaille de certains
légumes, la ponte des œufs, etc. De toutes les questions que j'ai faites
aux partisans de cette influence, résulte qu'*aucun* ne m'a jamais
affirmé avoir fait lui-même *une seule expérience concluante*.

Sans que nous puissions nier d'une manière absolue la réalité de
quelques-unes des influences qui ne sont pas démontrées, l'observation et la discussion ne nous autorisent pas à partager les croyances
populaires. On accuse quelquefois les savants de ne pas vouloir se
rendre à l'évidence; mais ici l'évidence est loin d'être réelle. Sans
rien nier à priori, la science ne peut admettre que ce qui est *constaté*.

CHAPITRE IX

Les éclipses

Nous arrivons ici à l'un des phénomènes célestes les plus frappants et les plus populaires. Lorsqu'au milieu d'un beau jour, par un ciel pur et sans nuages, le disque éblouissant du Soleil, rongé par un dragon invisible, diminue peu à peu d'étendue, arrive à un mince filet de lumière blafarde et disparaît entièrement, comment ne serait-on pas impressionné de cette mystérieuse extinction? Si l'on ignore que ce fait est dû à l'interposition momentanée de la Lune devant l'astre lumineux, et qu'il est un résultat inévitable du mouvement régulier de notre satellite, comment ne craindrait-on pas la prolongation de cette nuit extraordinaire, comment n'imaginerait-on pas l'œuvre d'un génie malfaisant ou ne redouterait-on pas la manifestation de la colère divine? C'est en effet là l'impression générale que l'on remarque chez tous les peuples ignorants, et dans tous les siècles : pour la plupart d'entre eux un dragon invisible mange le Soleil. L'impression causée par une éclipse de Lune est du même ordre, en ce qu'elle semble aussi manifester quelque dérangement dans l'harmonieuse régularité apparente des mouvements célestes.

Les éclipses, comme les comètes, ont toujours été interprétées comme l'indice de calamités inévitables. La vanité humaine voit le doigt de Dieu nous faisant des signes sous le moindre prétexte, comme si nous étions le but de la création universelle.

Rappelons par exemple ce qui se passa, en France même, à propos de l'annonce d'une éclipse de soleil pour le 21 août 1564. Pour l'un, elle présageait un grand bouleversement des États et la ruine de Rome; pour l'autre, il s'agissait d'un nouveau déluge universel; pour un troisième, il n'en devait résulter rien moins qu'un embrasement du globe; enfin, pour les moins exagérés, elle devait empester l'air. La croyance à ces terribles effets était si générale, que, sur l'ordre exprès des médecins, une multitude de gens épouvantés se renfermèrent dans des caves bien closes, bien échauffées et bien parfumées pour se mettre à l'abri de ces mauvaises influences. Petit raconte que le moment décisif approchait, que la consternation était à son comble, et qu'un curé de campagne, ne pouvant plus suffire à confesser ses paroissiens, qui se croyaient à leur dernière heure, se vit obligé de leur dire au prône « de ne pas tant se presser, attendu qu'en raison de l'affluence des pénitents l'éclipse avait été remise à quinzaine. » Ces bons paroissiens ne firent pas plus de difficulté pour croire à la remise de l'éclipse qu'ils n'en avaient fait pour croire à son influence néfaste ([1]).

L'histoire rapporte une foule de traits mémorables sur lesquels les éclipses ont eu la plus grande influence. Alexandre, avant la bataille d'Arbèles, faillit voir son armée mise en déroute par l'apparition d un phénomène de ce genre. La mort du genéral athénien Nicias et la ruine de son armée en Sicile, qui commencèrent la décadence d'Athènes, eurent pour cause une éclipse de lune. On sait comment Christophe Colomb, menacé de mourir de faim, à la Jamaïque, avec sa petite armée, trouva le moyen de se procurer des vivres en menaçant les Caraïbes de les priver désormais de la lumière de la Lune. L'éclipse était à peine commencée qu'ils se rendaient à lui. C'est l'éclipse du 1er mars 1504, observée en Europe par plusieurs astronomes et arrivée à la Jamaïque à 6 heures du soir. Nous ne rapporterons pas les autres faits de cette nature, dont les histoires fourmillent, et qui sont connus de tout le monde.

Les éclipses ne causent plus de frayeur à personne depuis que l'on sait qu'elles sont une conséquence naturelle et inévitable des mouvements combinés des trois grands corps célestes : le Soleil, la Terre et la Lune ; depuis que l'on sait surtout que ces mouvements sont régu-

([1]) Les astronomes ayant annoncé une éclipse annulaire pour 1764, le journal *la Gazette de France*, qui existait déjà, publia l'article suivant, envoyé par un curé de province, qui, sans doute, ne connaissait que les éclipses totales : « On craint que l'office du matin, qui doit se célébrer dans les différentes paroisses, le dimanche 1er avril prochain, ne soit troublé par la frayeur et la curiosité que peut exciter parmi le peuple l'éclipse *annulaire* de soleil; on a cru qu'il ne serait pas inutile de rendre public l'avis suivant :

« Les curés, tant des villes que de la campagne, sont invités à commencer plutôt qu'à l'ordinaire l'office du quatrième dimanche du carême, à cause de l'éclipse *totale* de soleil, qui, sur les dix heures du matin, ramènera les ténèbres de la nuit. Ils sont priés, en même temps, d'avertir le peuple que les éclipses n'ont sur nous aucune influence, ni morale, ni physique; qu'elles ne présagent et ne produisent ni stérilité, ni contagion, ni guerre, ni accident funeste, et que ce sont des suites nécessaires du mouvement des corps célestes, aussi naturelles que le lever ou le coucher du soleil ou de la lune.

On réfuta cette annonce, en montrant qu'une éclipse annulaire ne peut pas amener les ténèbres de la nuit »; mais, malgré l'avertissement, le bruit qui s'était répandu dans toute la France fit avancer l'office dans le plus grand nombre des paroisses, même à Paris; l'impression était faite, et l'on ne tenait nul compte de l'avis publié. Et même, plus de vingt ans après, on reprochait encore aux astronomes de s'être trompés.

liers et permanents, et que l'on peut prédire, au moyen du calcul, les
éclipses qu'ils produiront dans l'avenir, de même que l'on peut retrouver celles qu'ils ont produites dans le passé. Ainsi, un astronome de la
fin du siècle dernier, Pingré, l'auteur de la *Cométographie*, a calculé
les dates précises de toutes les éclipses qui sont apparues depuis trois
mille ans.

Chacun sait aujourd'hui que c'est la Lune qui, en tournant autour de
la Terre, produit tantôt une éclipse de soleil lorsqu'elle s'interpose

L'éclipse de lune de Christophe Colomb.

entre le Soleil et la Terre, tantôt une éclipse de lune lorsqu'elle se
place derrière la Terre par rapport au Soleil. Ces deux phénomènes
sont de nature différente. Dans une éclipse de soleil, la Lune masque
le Soleil en totalité ou en partie, pour certains points de la surface de la
Terre ; l'éclipse se présente avec tel ou tel caractère, suivant qu'on est
placé en tel ou tel lieu pour l'observer. Ici, elle est totale ou annulaire ;
là elle n'est que partielle, et la partie cachée du Soleil est plus ou
moins grande ; plus loin, on n'aperçoit pas de traces de l'éclipse. Dans
une éclipse de lune, au contraire, notre satellite cesse en totalité ou

en partie d'être éclairé par le Soleil, à cause de l'interposition de la Terre entre ces deux corps; et cette privation de lumière s'aperçoit de tous les points de l'hémisphère terrestre qui est tourné du coté de la Lune à ce moment.

On comprend tout de suite par là que l'annonce anticipée d'une éclipse de lune présente beaucoup moins de complications que celle d'une éclipse de Soleil, puisque, pour la première, on n'a qu'à indiquer les circonstances générales du phénomène, qui sont les mêmes pour tous les observateurs; tandis que, pour la seconde, l'indication des circonstances générales est loin de suffire, en raison des variétés d'aspect et du défaut de simultanéité de ce phénomène pour les divers observateurs répandus sur la Terre. Aussi les anciens, qui étaient extrêmement loin de connaître le mouvement de la Lune avec autant de précision que nous, n'avaient-ils pas le moyen de prédire exactement les éclipses de soleil. Ils prédisaient seulement les éclipses de lune, en se fondant sur ce qu'elles se reproduisent à très peu près périodiquement, présentant les mêmes caractères et le même espacement entre elles, tous les 18 ans 11 jours; en sorte qu'il suffisait d'avoir observé et enregistré toutes celles qui s'étaient produites dans une pareille période de temps, pour annoncer avec certitude celles qui devaient se produire dans la période suivante.

Maintenant, au contraire, avec la connaissance beaucoup plus précise que nous avons du mouvement de la Lune et aussi de celui du Soleil, nous sommes en mesure de calculer et d'annoncer, un grand nombre d'années et même de siècles à l'avance, non seulement les circonstances générales des éclipses de lune et aussi des éclipses de soleil, mais encore toutes les particularités que ces dernières éclipses doivent présenter dans un tel lieu qu'il nous plaira de choisir sur la Terre. Nous pouvons de même, par un examen rétrospectif, nous rendre compte de toutes les circonstances qu'une éclipse ancienne a dû présenter dans telle ou telle localité, et trouver la date précise de certains événements historiques dont l'époque est un sujet de discussion. Une éclipse *totale* de soleil est une véritable rareté pour un lieu déterminé. (Ainsi, par exemple, il n'y en a pas eu à Paris depuis l'an 1724.) Hérodote raconte qu'au moment d'une bataille entre les Lydiens et les Mèdes, une éclipse totale de soleil arrêta net les combattants stupéfaits, et mit fin à la guerre. Eh bien, les historiens hésitaient pour cette date depuis l'an 626 avant notre ère jusqu'à l'an 583 : le calcul astronomique prouve que cette bataille a eu lieu le 28 mai de l'an 585 avant J.-C.

Expliquons en quelques mots ces phénomènes.

Les éclipses de soleil arrivent toujours au moment de la nouvelle lune, et les éclipses de lune au moment de la pleine lune. Cette circonstance a depuis longtemps fait connaître la cause à laquelle on devait les attribuer. Au moment de la nouvelle lune, la Lune, passant entre la Terre et le Soleil, peut dérober à nos regards une portion plus ou moins grande de cet astre. Au moment de la pleine lune, au contraire, la Terre se trouve entre le Soleil et la Lune; elle peut donc empêcher les rayons solaires d'arriver sur la surface de ce dernier corps. Tout s'explique facilement ainsi.

Si la Lune tournait autour de la Terre dans le même plan que la Terre autour du Soleil, elle s'éclipserait dans notre ombre à chaque pleine lune, et éclipserait le Soleil à chaque nouvelle lune, comme on le voit sur cette figure. Mais elle passe quelquefois au-dessus et quelquefois au-dessous du cône d'ombre, et elle ne peut être éclipsée que lorsqu'elle pénètre dans cette ombre.

On se rendra très facilement compte de la production des éclipses par l'examen de cette figure. Le Soleil est représenté au sommet du dessin. On voit, dans la partie inférieure, la Terre accompagnée de la Lune. Celle-ci tourne, comme nous l'avons vu, autour de la Terre. Lorsqu'elle passe, au moment de la pleine lune (partie inférieure de son orbite), à travers l'ombre de notre globe, elle ne reçoit plus la lumière du Soleil : c'est une *éclipse de lune*, totale ou partielle, suivant que notre satellite est totalement ou partiellement immergé dans notre ombre. De chaque côté du cône d'ombre complète, il y a une pénombre

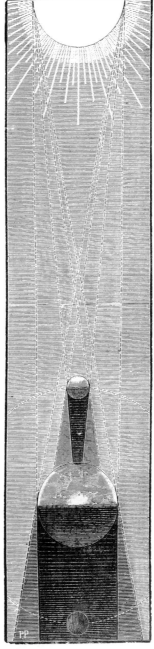

Fig. 87. — Théorie des éclipses.

(que l'on s'expliquera en suivant les lignes ponctuées), due à ce qu'une

partie seulement de la lumière solaire pénètre dans cette région. Une seconde pénombre est produite par l'atmosphère qui entoure notre globe. D'autre part, lorsqu'au moment de la nouvelle lune, notre satellite passe juste devant le Soleil, son ombre descend sur nous et dessine sur notre globe un petit cercle qui voyage sur les différents pays, suivant le mouvement de rotation de la Terre. Tous les pays sur lesquels passe cette ombre ont le soleil masqué pendant un certain temps : c'est l'*éclipse de soleil*, *totale* si la Lune se trouve assez rapprochée de nous pour que son diamètre apparent surpasse celui du Soleil, *annulaire* si elle se trouve alors dans la région de son orbite la plus éloignée et est plus petite que le disque solaire, *partielle* si les centres de la Lune et du Soleil ne coïncident pas, et si la Lune ne masque le Soleil que par côté.

Telle est la théorie générale des éclipses. Examinons maintenant les détails du phénomène, et commençons par les ÉCLIPSES DE LUNE.

Quoique la Lune soit très petite comparativement au Soleil, elle sous-tend à peu près le même angle, parce qu'elle est beaucoup plus proche; il arrive même, à raison des changements de distance des deux astres à la Terre, qu'ils se surpassent successivement en grandeur apparente, et que la Lune offre un diamètre tantôt plus grand et tantôt plus petit que celui du Soleil.

Constatons maintenant que la Terre projette derrière elle, à l'opposite du Soleil, un cône d'ombre dont la longueur est de 108 fois le diamètre de notre globe, où de 344 000 lieues. Là, il finit en pointe. A la distance moyenne de la Lune, de 96 000 lieues, l'ombre de la Terre est un peu plus de deux fois (2,2) plus large que la Lune. Quand notre compagne nocturne traverse cette ombre, elle s'éclipse.

Au début d'une éclipse totale de lune, on remarque un affaiblissement de sa lumière d'abord léger, puis de plus en plus marqué; à ce moment, la Lune entre, ou est entrée depuis quelque temps dans la pénombre. Puis, une petite échancrure se forme sur le bord, et peu à peu elle envahit la partie lumineuse du disque. La forme en est circulaire, et c'est une des premières preuves que l'on a eues de la sphéricité de la Terre, l'ombre ayant évidemment la même forme que le profil de l'objet qui la produit.

La couleur de l'ombre est d'abord celle d'un noir grisâtre, qui ne permet de rien voir de la partie éclipsée; mais, à mesure que l'ombre envahit le disque lunaire, une teinte rouge le recouvre de plus en plus, et les détails des taches principales deviennent visibles. Entre le croissant lumineux et le centre rougeâtre de l'ombre s'étend une bande d'un gris bleu. Dès que l'éclipse est totale, le rouge devient plus intense et se répand aussitôt sur tout le disque. La Lune peut rester éclipsée près de deux heures. Après avoir traversé toute la largeur de l'ombre de la Terre, elle reparaît en offrant d'abord un mince croissant lumineux, qui s'élargit insensiblement. Son mouvement propre autour de nous ayant lieu de l'ouest à l'est, c'est-à-dire de la droite vers la gauche, c'est par son côté gauche ou oriental qu'elle

Fig. 88. — Théorie des éclipses de lune.

pénètre dans notre ombre et qu'elle commence à s'éclipser, et c'est également ce côté-là qui revient le premier au soleil.

La Lune ne disparaît presque jamais complètement dans les éclipses totales. La raison de ce fait est dans la réfraction des rayons solaires, qui, traversant les couches inférieures les plus denses de l'atmosphère de la Terre, se brisent et projettent jusqu'à la Lune les teintes empourprées de nos soleils couchants. Elle est pourtant devenue quelquefois complètement invisible; on cite comme exemples de ce fait les éclipses de 1642, 1761 et 1816 : il était impossible de trouver dans le ciel la place de la Lune. D'autres fois, la visibilité, sans être nulle, est très imparfaite. Quelquefois, au contraire, comme en 1703 et 1848, la Lune est restée si éclairée, qu'on pouvait douter qu'elle fût éclipsée. L'explication de ces circonstances est dans l'état particulier de l'atmosphère sur toute la périphérie terrestre comprenant les lieux où le soleil se lève et se couche au moment de l'éclipse (¹).

Les éclipses de lune étant uniquement dues aux dispositions que le Soleil et la Lune occupent, l'un par rapport à l'autre, dans le ciel, on conçoit que la connaissance des lois du mouvement de ces deux astres doit permettre, non seulement de calculer d'avance les époques auxquelles ces phénomènes doivent se produire, mais encore de prédire les diverses circonstances qu'ils doivent présenter. Nous allons donner une idée de la marche suivie par les astronomes pour atteindre ce but.

Nous avons déjà vu qu'on appelle « ligne des nœuds » la ligne d'intersection où le plan de l'orbite lunaire coupe le plan de l'écliptique, et que ces deux plans font entre eux un angle de 5 degrés. Cette ligne tourne et revient dans la même direction relativement au Soleil au bout de 223 lunaisons, ou 6585 jours, ou 18 ans et 11 jours. Comme les éclipses ne se produisent que lorsque la pleine lune et la nouvelle lune arrivent sur cette ligne, il faut et il suffit d'enregistrer toutes les éclipses qui se produisent pendant cette période pour connaître toutes celles qui peuvent se produire indéfiniment. Cette méthode de prédiction des éclipses était déjà connue, il y a plus de deux mille ans, par les Chaldéens, et désignée sous le nom de *Saros*.

Cette période n'est pas absolument mathématique. Elle peut servir à prédire qu'une éclipse arrivera à telle époque, mais non à faire connaître avec précision l'importance ni la durée de cette éclipse, qui

---

(¹) Un autre phénomène paraît contradictoire avec la théorie géométrique des éclipses. Je veux parler de la présence simultanée du soleil et de la lune *au-dessus* de l'horizon, pendant une éclipse de lune. Le premier de ces astres se couchant au moment où l'autre se lève, il semble que la Lune, la Terre et le Soleil ne soient plus en ligne droite. Il n'y a là qu'une apparence due à la réfraction. Le soleil, déjà sous l'horizon, est relevé par la réfraction et reste visible pour nous (*Voy. fig.* 35, p. 82). Il en est de même de la lune, qui n'est pas encore réellement levée lorsqu'elle nous semble déjà l'être. On cite les éclipses de 1666, de 1668 et de 1750, comme ayant présenté cette circonstance singulière. Mais il n'est pas nécessaire de remonter si haut. Cette année même 1879, par exemple, il y a une éclipse de lune le 28 décembre. Ce jour-là, la lune se lèvera éclipsée à $4^h 1^m$, et le soleil se couchera à $4^h 8^m$; on pourra donc voir pendant 7 minutes le soleil se couchant et la lune se levant éclipsée. Mais ce n'est là, il est vrai, qu'une éclipse partielle. Le fait s'est produit récemment lors d'une éclipse totale. Le 27 février 1877, la lune se levait à $5^h 29$, et le soleil se couchait à $5^h 39$, l'éclipse totale étant commencée. Pour voir la lune totalement éclipsée avant le coucher du soleil, il faut et il suffit d'avoir la lune à l'horizon au milieu de l'éclipse. Si l'on n'observe pas le fait plus souvent, c'est faute d'observateurs. Le 16 décembre 1880, il y aura une éclipse totale de lune visible à Paris. Ce jour-là, la lune se lèvera à $4^h 0^m$, et le soleil se couchera à $4^h 2^m$: on sera presque au milieu de l'éclipse totale, qui aura lieu de $3^h 3^m$ à $4^h 33^m$. La coïncidence la plus rare est de voir à la fois le Soleil et la Lune juste au milieu d'une éclipse totale.

CYCLE COMPLET DES ÉCLIPSES DE LUNE

MOYEN FACILE D'EN CALCULER LE RETOUR

L'Éclipse du		h. m.	est revenue le		h. m.
26 janvier.. 1842.	Partielle, visible à Paris, à....	5 53 soir.	7 février.. 1860.	Partielle, visible à Paris, à..	2 38 matin.
22 juillet... 1842.	Partielle, invisible à Paris....	10 57 matin.	1ᵉʳ août... 1860.	Partielle, invisible à Paris.	5 34 soir.
7 décembre. 1843.	Partielle, visible à Paris....	0 20 matin.	17 décembre. 1861.	Partielle, en partie visible.	8 27 matin.
31 mai... 1844.	Totale, visible....	11 0 soir.	12 juin... 1862.	Totale, invisible...	6 30 matin.
24 novembre. 1844.	Totale, visible....	11 54 soir.	6 décembre. 1862.	Totale, en partie visible.	7 50 matin.
21 mai... 1845.	Totale, invisible....	4 3 soir.	1ᵉʳ juin... 1863.	Totale, visible...	11 36 soir.
14 novembre. 1845.	Partielle, visible....	0 59 matin.	25 novembre 1863.	Partielle, en partie visible.	9 6 matin.
1846.	*Pas d'éclipse de lune.*		1864.	*Pas d'éclipse de lune.*	
31 mars... 1847.	Partielle, visible....	9 36 soir.	11 avril... 1865.	Partielle, en partie visible.	4 47 matin.
24 septembre. 1847.	Partielle, invisible....	2 43 soir.	4 octobre. 1865.	Partielle, visible.	10 49 soir.
19 mars... 1848.	Totale, visible....	9 21 soir.	31 mars... 1866.	Totale, en partie visible.	4 43 matin.
13 septembre 1848.	Totale, en partie visible...	6 28 matin.	24 septembre 1866.	Totale, invisible.	2 16 soir.
9 mars... 1849.	Partielle, visible....	1 5 matin.	20 mars... 1867.	Partielle, invisible.	8 58 matin.
2 septembre 1849.	Partielle, invisible....	5 19 soir.	13 septembre 1867.	Partielle, visible.	minuit 36
1850.	*Pas d'éclipse de lune.*		1868.	*Pas d'éclipse de lune.*	
17 janvier.. 1851.	Partielle, en partie visible	4 59 soir.	27 janvier. 1869.	Partielle, visible.	1 48 matin.
13 juillet.. 1851.	Partielle, invisible....	7 30 matin.	23 juillet. 1869.	Partielle, invisible.	2 12 soir.
7 janvier.. 1852.	Totale, en partie visible....	6 19 matin.	17 janvier. 1870.	Totale, en partie visible.	2 56 soir.
1ᵉʳ juillet.. 1852.	Totale, invisible....	3 35 soir.	12 juillet. 1870.	Totale, visible.	10 44 soir.
26 décembre. 1852.	Partielle, invisible....	1 12 soir.	6 janvier. 1871.	Partielle, visible.	9 26 soir.
21 juin... 1853.	Partielle, invisible....	6 11 matin.	2 juillet. 1871.	Partielle, invisible.	1 37 soir.
12 mai... 1854.	Partielle, invisible....	3 55 soir.	22 mai... 1872.	Partielle, visible.	11 28 soir.
4 novembre. 1854.	Partielle, visible....	9 22 soir.	15 novembre. 1872.	Partielle, visible.	5 29 matin.
2 mai... 1855.	Totale, en partie visible.	4 14 matin.	12 mai... 1873.	Totale, invisible.	11 30 matin.
25 octobre. 1855.	Totale, en partie visible.	7 38 matin.	4 novembre. 1873.	Totale, en partie visible.	4 0 soir.
21 avril... 1856.	Partielle, invisible....	9 16 matin.	1ᵉʳ mai... 1874.	Partielle, invisible.	4 12 soir.
13 octobre. 1856.	Presque totale (99 centièmes), visible.	11 3 soir.	25 octobre. 1874.	Totale, en partie visible.	7 25 matin.
1857.	*Pas d'éclipse de lune.*		1875.	*Pas d'éclipse de lune.*	
27 février.. 1858.	Partielle, visible....	10 23 soir.	10 mars... 1876.	Partielle, en partie visible.	6 30 matin.
24 août... 1858.	Partielle, visible....	2 30 soir.	3 septembre 1876.	Partielle, visible.	9 32 soir.
17 février.. 1859.	Totale, invisible....	10 52 soir.	27 février. 1877.	Totale, en partie visible.	7 25 soir.
13 août... 1859.	Totale, invisible....	4 43 soir.	23 août... 1877.	Totale, visible.	11 21 soir.
7 février.. 1860.	Partielle, visible....	2 38 matin.	17 février. 1878.	Partielle, invisible.	11 20 matin.
" août... 1860.	Partielle, invisible....	5 34 soir.	13 août... 1878.	Partielle, visible.	0 17 matin.

Et ainsi de suite, l'éclipse suivante, du 17 décembre 1861 (= 7 décembre 1843) revient cette année 1879, le 28 décembre. Etc.

diffère réellement un peu de l'éclipse antérieure avec laquelle elle devrait être identique si la période était exacte. Il peut même arriver qu'une éclipse partielle, très faible, ne se reproduise pas du tout au bout de 18 ans 11 jours, et aussi qu'une éclipse partielle se présente 18 ans 11 jours après une époque où il n'y en a pas eu. Aussi, l'emploi de cette période, qui constituait le seul moyen employé par les anciens pour ces prédictions, ne peut-il plus suffire, maintenant que les théories astronomiques permettent d'atteindre une précision incomparablement plus grande pour obtenir une première notion de la série des éclipses qui doivent arriver.

Au point de vue de « l'Astronomie populaire », cette périodicité remarquable n'en est pas moins intéressante à constater, et je me suis fait un plaisir d'offrir à mes lecteurs le tableau ci-contre du *cycle de toutes les éclipses de lune*. Il n'est personne qui n'en ait observé plusieurs, auxquelles se rattachent des souvenirs plus ou moins intimes.

L'inspection de cette liste (p. 237) montre à la fois la valeur et l'insuffisance de cette méthode. Comme on le voit, les mêmes éclipses reviennent après 18 ans 11 jours et 7 ou 8 heures environ (l'heure inscrite est celle du milieu de l'éclipse). La date est diminuée d'un jour, lorsque dans l'intervalle il y a une année bissextile en plus; exemple : 7 février 1860-17 février 1878. La quantité dont la Lune est éclipsée est à peu près la même aussi; cependant, une éclipse partielle peut devenir totale; ainsi, celle du 13 octobre 1856, qui était des 99 centièmes du disque lunaire, a été totale le 25 octobre 1874, étant alors de 105 centièmes, c'est-à-dire un peu supérieur au disque lunaire. Les différences d'heures font la plus grande différence apparente pour le public, attendu qu'elles peuvent rendre l'éclipse visible ou invisible pour un lieu déterminé, selon que la Lune est levée ou couchée.

Par ce même cycle, nous pouvons calculer que :

> L'éclipse du 12 juin 1862 reviendra le 22 juin 1880;
> Celle du 6 décembre 1862 reviendra le 16 décembre 1880 ;
> Celle du 1er juin 1863 reviendra le 12 juin 1881;
> Celle du 25 novembre 1863 reviendra le 5 décembre 1881,
> Il n'y en aura pas en 1882;

et ainsi de suite.

Mais nous donnerons plus loin la liste de toutes les éclipses de soleil et de lune qui arriveront d'ici au vingtième siècle ( ).

(') J'ai observé, depuis 1858 (année de mon entrée à l'Observatoire de Paris), toutes les éclipses de la liste ci-dessus qui ont été visibles à Paris. Plusieurs ont présenté certaines particularités intéressantes.

Celle du 1er juin 1863 a été suivie en compagnie de mon spirituel maître Babinet et

Nous arrivons maintenant aux ÉCLIPSES DE SOLEIL.

La méthode dont nous venons de parler peut aussi servir à indiquer

de mon ami regretté Goldschmidt. Le disque lunaire est resté constamment visible, coloré en rouge sombre, quoique l'occultation totale ait duré plus d'une heure. Avant et après la totalité, le croissant lunaire illuminé offrait une teinte bleuâtre, provenant évidemment du contraste de sa lumière blanche contiguë à la coloration rouge. On a distingué pendant toute la durée de l'éclipse les diverses teintes du disque lunaire. Notre satellite passait ce soir-là devant une région céleste très peuplée d'étoiles, et le mouvement de la Lune devant elles faisait croire à une marche de ces petites étoiles le long du bord ; plusieurs ont paru successivement cachées et découvertes par les échancrures des montagnes lunaires. Au milieu de l'éclipse, la Lune offrit à peu près la même quantité de lumière que l'étoile Alpha de l'Aigle, un peu plus que l'Epi de la Vierge, et beaucoup plus qu'Antarès. Lorsqu'elle se dégagea de l'ombre de la Terre, le croissant ainsi formé parut très éclairé dans sa moitié orientale et très sombre dans sa moitié occidentale, et la différence persista presque jusqu'à la fin de l'éclipse. Cette différence provenait sans doute des rayons solaires qui, rasant le globe terrestre, étaient arrêtés au Groenland par son glacier de 500 mètres d'épaisseur, tandis que dans l'autre section ils rasaient la mer du nord.

Dans l'éclipse du 4 octobre 1865, le seul fait intéressant que j'aie remarqué c'est que les rayonnements de *Tycho* sont restés parfaitement visibles au milieu de l'éclipse, ainsi que les cirques et cratères éclipsés.

Dans l'éclipse du 12 juillet 1870, la quantité de lumière reçue de la Lune était inférieure à celle de Saturne et supérieure à celle de Alpha de l'Aigle. Pendant les dix minutes qui ont suivi le moment de l'éclipse centrale, elle s'est considérablement accrue. — L'état de l'atmosphère terrestre et la réfraction jouent donc ici un très grand rôle.

Parmi les dernières éclipses de lune, je signalerai l'observation que j'ai faite de celle du 25 octobre 1874, à 6 heures du matin. Il y a eu dans ce mois-là trois éclipses en quinze jours, car la Lune a éclipsé le Soleil le 10 octobre, occulté Vénus le 14, et s'est éclipsée elle-même le 25. Si les observations astronomiques diffèrent beaucoup les unes des autres en elles-même, elles diffèrent plus encore peut-être par la variété des conditions météorologiques dans lesquelles on est forcé de les faire. C'est ainsi que, pour étudier l'éclipse de soleil du 10, il a fallu exposer son visage à l'ardeur brûlante d'un véritable soleil d'été ; que, pour l'occultation de Vénus, il a fallu chercher la planète dans le ciel éblouissant du sud avec des yeux à demi aveuglés, et que l'éclipse de Lune du 25 n'a pu être suivie qu'au sein d'une atmosphère matinale et glaciale, digne de celle des nuits d'hiver. Mais tous ces petits désagréments corporels ne sont rien quand un nuage n'arrive pas juste pour cacher le phénomène attendu, et qu'en définitive on peut faire une observation satisfaisante.

La pleine lune devait entrer à 4ʰ 55ᵐ du matin dans la pénombre. Mais elle était déjà basse vers l'horizon occidental, et des vapeurs épaisses, des brouillards et des traînées nuageuses l'entouraient d'une sorte de voile blanchâtre. L'image était loin d'être nette, quoiqu'on distinguât fort bien l'ensemble de la géographie lunaire. La montagne blanche et rayonnante d'*Aristarque* (a) brillait juste dans la partie inférieure du diamètre vertical du disque, et resta perceptible même lorsque cette région fut entrée dans l'ombre. Je ne suis pas parvenu à distinguer la pénombre près d'une heure après l'entrée de la Lune. A 5ʰ 20ᵐ, on ne distinguait encore rien. Il en était de même à 5ʰ 30ᵐ, et, à 5ʰ 45ᵐ, la Lune parut sensiblement entamée au nord-est, c'est-à-dire en haut et à gauche (image droite).

A 6 heures, notre satellite était éclipsé du quart environ de son diamètre, mais l'ombre de la Terre finissait par une teinte dégradée, insensiblement, et non par une limite nette et tranchée. Quelques minutes après, la ligne d'ombre atteignait le mont *Aristarque* (b), et, en s'avançant toujours, bientôt après aussi le mont *Tycho* (c). On voyait des corpuscules noirs passer en tous sens devant l'astre des nuits : c'étaient des oiseaux volant à une grande hauteur.

à l'avance qu'à telle ou telle époque il y aura une éclipse de soleil; mais elle ne peut nullement faire savoir si l'éclipse sera visible ou non

A 6ʰ 25ᵐ, le cône d'ombre atteignit le milieu du disque lunaire; mais, arrivé aux régions basses de l'atmosphère, l'astre de Diane sembla s'éteindre et s'enfoncer dans un lit de nuées obscures formant l'horizon. A 6ʰ 30ᵐ, il disparut; l'ombre atteignait

Fig. 89. — Éclipse de lune du 25 octobre 1874.

alors la mer de la Sérénité et le mont *Manilius* (*d*). C'est la plus grande phase de l'éclipse qui ait été visible à Paris. Elle est représentée sur la *fig.* 89.

Quelques minutes après, à 6ʰ 37ᵐ, le soleil se levait radieux à l'horizon oriental.

Ni la *Connaissance des temps* ni *l'Annuaire du Bureau des longitudes* n'ont annoncé exactement les conditions de cette éclipse. L'un l'annonçait pour le soir, l'autre supposait que la pleine lune se levait à 6 heures du matin! Ces erreurs sont regrettables, surtout dans des publications officielles.

L'éclipse dont je viens de parler était totale. Mais elle n'a été vue qu'à moitié à Paris, à cause du coucher de la Lune.

L'une des dernières éclipses de Lune, celle du 3 septembre 1876 qui n'était que partielle, et d'un tiers seulement, a été favorisée à Paris d'un ciel très pur pendant la première moitié de sa durée, puis le ciel s'est couvert. Au Havre elle s'est montrée environnée d'un halo qui l'encadrait admirablement. Le dessinateur, qui connaît la théorie des éclipses, paraît avoir indiqué la présence de l'ombre de la Terre en dehors de la Lune; son imagination l'a emporté un peu au delà de la réalité. L'ombre de la Terre n'est pas visible quand elle ne tombe sur rien. Mais l'effet d'ensemble du dessin est évidemment très pittoresque.

Il y a eu, le 23 août 1877, de 10ʰ 28ᵐ du soir à minuit 13ᵐ, une très belle éclipse totale de Lune que tout le monde a pu observer en France et en Europe, car le ciel était ce soir-là d'une pureté exceptionnelle. Je l'ai suivie avec beaucoup de soin. Pendant toute la durée de la totalité (1ʰ 45ᵐ), la Lune est restée parfaitement visible et colorée d'une teinte rougeâtre, double fait produit, comme nous le disions tout à l'heure, par la réfraction des rayons du soleil à travers notre atmosphère, précisément très pure ce jour-là. Ce sont ces mêmes rayons qui, après le coucher du soleil

dans un lieu déterminé ; et, dans le cas où l'éclipse serait visible, elle ne peut pas faire connaître le degré d'importance qu'elle doit avoir.

Cette différence tient à ce que les éclipses de soleil et les éclipses de lune ne sont pas des phénomènes de même nature. Celles-ci sont dues à ce que l'astre des nuits perd réellement sa lumière, et elles sont visibles pour tous les points où la Lune se trouve au-dessus de l'horizon. Dans une éclipse de soleil, au contraire, l'astre du jour ne perd

Fig. 90. — Eclipse de lune du 3 septembre 1876.

nullement sa lumière ; la Lune, en venant se placer devant lui, dérobe une portion de son disque aux observateurs, et cette portion est plus ou

illuminent à l'est, en beau rose, les nuages et même les édifices. Les bords de la lune étaient plus brillants que le centre. Un abaissement notable de la température s'est manifesté à l'heure de l'éclipse ; mais il n'est point démontré qu'il ait l'éclipse pour cause, attendu que la chaleur lunaire est insensible sur nos thermomètres, et que cette diminution y a été, au contraire, très visible. Elle est due, sans doute, à l'extrême pureté de l'atmosphère à cette heure-là, et au grand rayonnement nocturne qui en résulte, comme dans les nuits de belle gelée. On pourrait peut-être supposer que l'éclipse a été pour quelque chose dans cette pureté de l'atmosphère ; mais il n'en est rien, puisqu'il est au contraire très rare d'être favorisé d'un aussi beau temps pour observer les éclipses de lune.

moins grande, suivant que l'observateur occupe telle ou telle position sur la Terre, laquelle, de plus, tourne sur elle-même et fait varier ainsi la marche de l'ombre à sa surface.

En certaines occasions très rares, une éclipse peut même être totale dans un lieu et annulaire dans un autre, lorsque les diamètres apparents du Soleil et de la Lune sont presque égaux, parce que la Lune ne se trouve pas à la même distance de tous les points de la surface terrestre.

On voit quelquefois des nuages isolés projeter leur ombre au milieu

Fig. 91. — Tracé d'une éclipse de soleil et de sa grandeur pour les différents pays

des plaines dont le soleil éclaire directement toutes les autres parties. Ces nuages étant habituellement en mouvement, leur ombre court sur les campagnes, souvent avec une assez grande rapidité. C'est exactement de la même manière que l'ombre de la Lune, dans les éclipses totales de soleil, se déplace sur la surface du globe terrestre, en allant d'un bord à l'autre de l'hémisphère éclairé. L'ombre d'un ballon en donne encore une image plus exacte.

Les astronomes déterminent toujours à l'avance les circonstances générales que doit présenter chaque éclipse de soleil sur l'ensemble de la surface de la Terre; et, pour qu'on puisse saisir d'un coup d'œil les divers résultats auxquels ils sont parvenus, ils construisent une carte destinée à montrer la marche de l'éclipse sur le globe. La *fig.* 91 fait voir quelle est la disposition de ces cartes ; elle se rapporte à l'éclipse annulaire du 1er avril 1764, l'une des plus avantageuses pour Paris. La ligne ABC passe par tous les points où l'éclipse a commencé au moment même ou le soleil se levait ; et la ligne ADC par ceux où l'éclipse a fini au lever du soleil. Pour tous les points situés sur la ligne AEC, intermédiaire entre les deux précédentes, le soleil s'est levé au milieu de l'éclipse. De même les lignes AFG, AHG, AIG, renferment respectivement les points où le coucher du soleil s'est

Fig. 92. — Image du disque solaire, projetée à travers les feuilles d'un arbre.

effectué à la fin, au commencement, ou au milieu de l'éclipse. La bande étroite LL, figurée par *trois lignes courbes parallèles*, est la route qu'a suivie le cône d'ombre de la Lune, en se déplaçant comme nous venons de l'expliquer. On voit que ce cône a passé au nord des îles du Cap Vert, sur les îles Canaries, et au sud de Madère ; qu'il a ensuite traversé le Portugal, l'Espagne, la France, les Pays-Bas, le Danemark, la Suède. L'éclipse a été centrale à Lisbonne, à Madrid, à Paris et en Suède. De part et d'autre de cette bande, elle a été partielle, de plus en plus faible à mesure que les points étaient plus éloignés de cette route de l'éclipse annulaire. Sur tous les points de la ligne MM, elle n'a été que de 8 dixièmes ; et le long de la ligne NN, de 6 dixièmes. De même, elle a diminué suivant les zones P, Q, R, G, où il n'y a eu qu'un simple attouchement des bords du soleil et de la lune. Au delà de cette dernière ligne, il n'y a pas eu d'éclipse, malgré la présence du soleil au-dessus de l'horizon.

On construit pour chaque éclipse de soleil une carte analogue à celle-là.

Si l'on expose au soleil, pendant une éclipse partielle, une carte de visite percée d'un petit trou d'épingle et si l'on place en arrière un écran destiné à recevoir les rayons solaires qui traversent le trou, on voit sur cet écran une image du disque solaire avec l'échancrure produite

Fig. 93. — Image d'une éclipse, à travers les feuilles d'un arbre.

par l'interposition de la Lune. Le feuillage des arbres laisse souvent passer quelques rayons du soleil, qui viennent éclairer certaines parties du sol, au milieu de l'ombre du feuillage. Les interstices des feuilles jouent alors le rôle que nous venons de signaler; il en résulte que les parties du sol éclairées sont rondes ou ovales (fig. 92). Pendant les éclipses de soleil, l'échancrure plus ou moins prononcée du disque de l'astre se reproduit dans ces espaces clairs au milieu de l'ombre, et ils prennent la forme d'ellipses échancrées toutes du même côté et de la même quantité (fig. 93). Cette particularité offerte par l'ombrage des arbres pendant les éclipses est très facile à reconnaître.

Rendons-nous compte maintenant de la fréquence des éclipses de

Soleil, et nous aurons ainsi la théorie complète de ces intéressants phénomènes.

Les tables du Soleil et de la Lune prouvent que, terme moyen, on peut observer sur toute la Terre 70 éclipses en dix-huit ans : 29 de lune et 41 de soleil. Jamais, dans une année, il n'y a plus de sept éclipses ; jamais il n'y en a moins de deux. Lorsqu'il n'y en a que deux, elles sont toutes deux de soleil.

Sur l'ensemble du globe, le nombre des éclipses de soleil est supérieur au nombre des éclipses de lune, presque dans le rapport de 3

Fig. 94. — Théorie des éclipses de soleil.

à 2. Dans un lieu donné, au contraire, par la raison que nous avons expliquée sur la visibilité constante des éclipses de lune pour tous les pays sur lesquels la Lune est levée, les éclipses de lune sont beaucoup plus fréquentes que celles de soleil.

Dans chaque période de dix-huit ans, il y a, terme moyen, vingt-huit éclipses de soleil centrales, c'est-à-dire susceptibles de devenir, suivant les circonstances, annulaires ou totales ; mais, comme la zone terrestre le long de laquelle l'éclipse peut avoir l'un ou l'autre de ces deux caractères est très étroite, dans un lieu donné les éclipses totales ou annulaires sont extrêmement rares.

Halley trouvait, en 1715, que, depuis 1140, c'est-à-dire dans une période de 575 ans, il n'y avait pas eu à Londres une seule éclipse totale de soleil. Depuis l'éclipse de 1715, Londres n'en a vu aucune autre Montpellier, beaucoup mieux favorisé par la combinaison des éléments divers qui concourent à la production du phénomène, n'a eu depuis cinq cents ans, comme éclipses totales, que les quatre suivantes : 1ᵉʳ janvier 1386, 7 juin 1415, 12 mai 1706 et 8 juillet 1842.

A Paris, pendant le xviiᵉ siècle, on n'a vu qu'une seule éclipse totale de soleil, celle de 1654 ; pendant le xviiiᵉ, on n'a eu que celle de 1724. Dans le xixᵉ siècle, il n'y en a pas eu encore, et il n'y en aura pas.

Le calcul montre que la plus grande durée possible d'une éclipse de soleil, du commencement à la fin, est de 4ʰ29ᵐ44ˢ pour un lieu situé sur l'équateur, et de 3ʰ26ᵐ32ˢ sous le parallèle de Paris. L'éclipse *totale* ne peut pas durer plus de 7ᵐ58ˢ à l'équateur, et de 6ᵐ10ˢ à la latitude de Paris. Dans les éclipses annulaires, la Lune ne peut pas se projeter tout entière sur le disque du Soleil pendant plus de 12ᵐ24ˢ à l'équateur, et de 9ᵐ56ˢ à la latitude de Paris. On comprend d'ailleurs que les durées de ces phénomènes passent par tous les états de grandeur au-dessous des limites qui viennent de leur être assignées.

		m.	s.
L'éclipse totale de 1706 dura à Montpellier.		4	10
— 1715 dura à Londres .		3	57
— 1724 dura à Paris.		2	16
— 1806 dura à Kinderhook, en Amérique.		4	37
— 1842 dura à Perpignan		2	10
— 1851 dura à Dantzig		2	56

La durée maximum de la totalité, lors des dernières grandes éclipses totales de soleil, a été :

		m.	s.
Pour l'éclipse du 22 décembre 1870 (Algérie).		2	10
— 12 décembre 1871 (Australie).		4	22
— 16 avril 1874 (cap de Bonne-Espérance).		3	31
— 6 avril 1875 (Chine).		4	38
— 29 juillet 1878 (États-Unis).		3	11

Le *cycle complet des éclipses de soleil* est plus chargé que celui des éclipses de lune ; mais il ne sera pas moins intéressant pour nos lecteurs de posséder ces données. Le voici.

CYCLE COMPLET DES ÉCLIPSES DE SOLEIL.

1861

11 janvier . . Éclipse annulaire, invisible à Paris, centrale en Australie.
8 juillet. . . — annulaire, invisible à Paris, centrale en Cochinchine.
31 décembre. — totale, partielle pour Paris, centrale en Algérie.

1862

27 juin. . . . Éclipse partielle, invis. à Paris, vis. au cap de Bonne-Espérance.
21 novembre. — partielle, invisible à Paris, visible à 25° du pôle sud.
21 décembre. - partielle, invisible à Paris, visible au Japon.

1863

17 mai. . . . — partielle, visible à Paris, Europe et Amérique du Nord.
11 novembre. — annulaire, invisible à Paris, centrale au cap Horn.

1864

5 mai. . . . — annulaire, presque totale, invisible à Paris. — Sibérie.
30 octobre. . — annulaire, invisible à Paris, centrale au Mexique.

1865

25 avril . . . — totale, invisible à Paris, centrale en Afrique.
19 octobre. . — annulaire, partielle pour Paris, centrale aux États-Unis.

1866

16 mars . . . — partielle, invisible à Paris, visible au Kamtchatka.
15 avril . . . -- partielle, invis. à Paris, vis. au sud de l'hémisph. austral.
8 octobre. . — partielle, visible à Paris.

1867

6 mars . . . — annulaire, partielle pour Paris, centrale en Algérie.
29 août. . . . — totale, invisible à Paris, centrale à Buenos-Ayres.

1868

23 février . . — annulaire, partielle pour Paris, centrale à Lima.
18 août . . . — totale, invisible à Paris, centrale pour l'Hindoustan.

1869

11 février . . --- annulaire, invisible à Paris, centrale au cap Horn.
7 août. . . . — totale, invisible à Paris, centrale dans l'Asie du Nord.

1870

31 janvier . . — partielle, invisible à Paris. Pôle sud.
28 juin. . . . — partielle, invisible à Paris. Nouvelle-Zélande.
28 juillet. . . - - partielle, invisible à Paris. Sibérie.
22 décembre. — totale, partielle pour Paris, centrale en Algérie.

1871

17 juin. . . . — annulaire, invisible à Paris. Nouvelle-Guinée.
12 décembre. — totale, invisible à Paris. Ceylan.

1872

6 juin. . . . — annulaire, invisible à Paris, centrale au Japon.
30 novembre. — totale, invisible à Paris. Océan Pacifique.

1873

26 mai. . . . Éclipse partielle, visible à Paris. Amérique du Nord.
20 novembre. — partielle, invisible à Paris. Iles Sandwich.

1874

16 avril . . . — totale, invisible à Paris, centrale au sud de l'Afrique.
10 octobre. . — annulaire, partielle pour Paris, centrale pour la Sibérie.

1875

6 avril . . . — totale, invisible à Paris, centrale en Chine.
29 septembre. — annulaire, partielle pour Paris, centrale en Afrique.

1876

25 mars . . . — annulaire, invisible à Paris, centrale aux États-Unis.
17 septembre. — totale, invisible à Paris, océan Pacifique.

18/7

15 mars . . . Éclipse partielle, invisible à Paris. Amérique du Nord.
  9 août . . .   —   partielle, invisible à Paris. Asie du Nord.
  7 septembre.   —   partielle, invisible à Paris. Amérique du Sud.

1878

  2 février . .   —   annulaire, invisible à Paris, centrale pour l'océan Austral.
29 juillet. . .   —   totale, invisible à Paris, centrale aux Etats-Unis.

1879

22 janv. (= 11 janv. 1861). Annulaire, invisible à Paris. Amérique du Sud.
19 juill. (= 8 juill. 1861). Annulaire, partielle pour Paris. Pl. gr. phase en Afrique

Voilà bien des chiffres; peu de poésie, assurément, et un tableau un peu sec sans doute; mais le moyen d'écrire en vers une liste d'é-

Fig. 95. — L'éclipse totale de soleil du 22 décembre 1870, observée en Sicile.

clipses? Quelque versificateur didactique, quelque Delille contemporain pourrait peut-être essayer. Oh! que dis-je? il n'y a rien de nouveau sous le soleil, et, en levant les yeux sur l'un des plus vénérables rayons de ma bibliothèque, n'y vois-je pas un poème latin en six chants sur les Éclipses, par l'abbé Boscovich (Paris, 1779, il y a justement cent ans), dédié à Louis XVI, auquel il prédit un règne sans éclipse!... Oui on a chanté les éclipses en vers et en prose; mais l'important pour nous était de les étudier au point de vue scientifique.

Plusieurs des éclipses de la liste précédente ont été de la plus haute importance pour l'étude de l'atmosphère solaire. Ce n'est, en effet, que

dans ces rares et précieux moments où la Lune vient masquer complètement l'éblouissante lumière de l'astre du jour que l'on peut voir le
merveilleux voisinage de cet astre, siège de circulations cosmiques

Phase central, visible en Afrique.

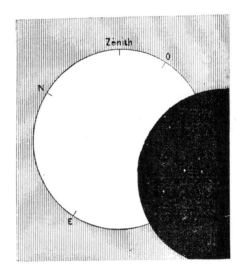

Phase d'Alger.

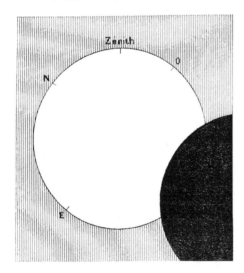

Phase de Marseille.

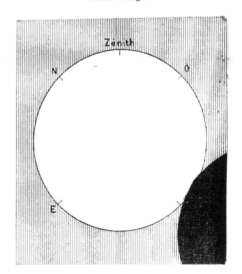

Phase de Paris

Fig. 96. — Éclipse annulaire de soleil du 19 juillet 1879.

inimaginables, de conflagrations extraordinaires, de chutes et d'éruptions formidables, que nous étudierons dans nos prochains chapitres,
consacrés au divin Soleil.

Notre *fig.* 95, qui représente l'éclipse du 22 décembre 1870, donne une première idée des protubérances visibles autour de l'astre du jour, et de la gloire qui l'environne.

Les plus importantes de ces éclipses pour l'observation des régions circumsolaires ont été celles des 18 août 1868, 22 décembre 1870, 12 décembre 1871, 16 avril 1874, 6 avril 1875 et 29 juillet 1878. Elles ont prouvé qu'il y a autour du Soleil une immense atmosphère d'hydrogène qui brûle sans cesse, dont la hauteur varie, et dans laquelle flottent des vapeurs métalliques, atmosphère traversée par des jets intermittents de matériaux lancés de l'intérieur du corps solaire. Au-dessus de cette atmosphère, tout autour de l'ardent foyer, circulent des corpuscules en nombre incalculable, emportés dans le tourbillon solaire. Nous ne pouvons nous former aucune image des mouvements impétueux qui s'agitent incessamment dans ces régions orageuses, mouvements si formidables que des masses beaucoup plus volumineuses que la Terre tout entière sont déplacées, lancées, brisées, reproduites en quelques minutes !... Mais n'anticipons pas sur l'étude du Soleil.

La liste précédente donne le cycle complet des éclipses de soleil. En le réunissant à celui des éclipses de lune, donné plus haut, nous avons ainsi la somme de *toutes les éclipses possibles*. A l'inspection de cette table, on voit qu'à l'expiration de la série les mêmes phénomènes se reproduisent à 18 ans et 11 jours d'intervalle. Ainsi, la première éclipse de notre liste, celle du 11 janvier 1861, est revenue le 22 janvier 1879, celle du 8 juillet le 19 juillet de cette année, et celle du 31 décembre sera de retour le 11 janvier 1880; et ainsi de suite. La différence essentielle à noter, c'est qu'elles ne sont pas visibles aux mêmes lieux (¹).

(¹) Signalons en détail l'éclipse annulaire de soleil du 19 juillet de cette année 1879, qui est particulièrement intéressante pour nous.

Cette éclipse est annulaire pour les indigènes de l'Afrique centrale et pour les passagers des navires qui auront traversé la mer des Indes sous la ligne centrale de l'éclipse. Au sud et au nord de cette zone, la phase va en diminuant, d'une part, jusque vers les colonies anglaises du cap de Bonne-Espérance, d'autre part jusqu'en France et en Allemagne. Par un curieux effet de la marche de la Lune devant le Soleil et de la position de la France sur le globe terrestre, la ligne boréale de simple contact coupe le nord de notre pays, de telle sorte que cette éclipse annulaire, qui se présente centralement en Afrique, au sud de l'Algérie, déjà un peu obliquement en Algérie, très obliquement en Espagne et en Italie, encore plus obliquement dans le midi et le centre de la France, est à peine sensible à Paris, car il n'y a plus qu'un petit fragment du bord austral du disque solaire qui soit éclipsé par le bord septentrional de la Lune ; il n'y a que les 13 millièmes du Soleil de cachés par la Lune; tandis qu'à Lyon et à Bordeaux, il y a 108 millièmes, à Toulouse 152, à Marseille 180 et à Alger 355. (*Voir* la *fig*). 96. Au nord de Paris, dès Compiègne, l'éclipse n'existe pas, la parallaxe de la Lune la projetant juste en dehors du Soleil.

La limite boréale de l'éclipse est tracée sur la carte de France (*fig*. 97) par une ligne tirée de Quimper sur Pontorson, Argentan, Evreux, Soissons, Rethel, et prolongée sur Trèves et Mayence. Les pays situés au nord de cette ligne ne devront point aper-

Comme nous l'avons déjà dit, il n'y a eu dans tout notre siècle qu'une seule éclipse totale pour la France, celle de 1842. Voici toutes celles qui depuis cette époque ont été vues partielles en France, à des degrés divers :

Éclipses de soleil vues en France depuis l'éclipse totale de 1842.

1842. 8 juillet. . . Totale pour Perpignan, Montpellier, Marseille. Partielle pour Paris : 88 centièmes.
1845. 6 mai. . . . Partielle pour Paris : 30 centièmes. Annulaire au pôle nord.
1846. 25 avril . . . Partielle pour Paris : 30 centièmes. Annulaire pour les Antilles.
1847. 9 octobre . . Annulaire pour Paris, Le Havre, Nancy, Lille, Auxerre, Besançon.
1851. 28 juillet. . . Partielle pour Paris et une partie de la France. Totale en Islande.
1858. 15 mars . . . Id. 90 centièmes. Annulaire en Angleterre.
1860. 18 juillet. . . Id. 85 — Totale en Espagne et en Algérie.
1861. 31 décembre . Id. 54 — Totale en Algérie.
1863. 17 mai. . . . Id. 26 — Éclipse partielle.

cevoir la moindre trace de l'éclipse. Les pays situés au sud devront apercevoir une échancrure d'autant plus marquée qu'ils en seront plus éloignés. Aussi sera-t-il très intéressant d'observer cette légère phase de Paris et des environs, de Versailles, Dreux, Laigle, Alençon, Rennes, Vannes à l'ouest, ainsi que de Meaux, Château - Thierry , Epernay, Reims, Châlons, Verdun, Metz à l'Est. A Orléans, Tours, Angers, Troyes, Chaumont, Nancy, Strasbourg, la phase sera déjà assez sensible. Il est rare que la limite d'une éclipse passe précisément par une région aussi habitée que la nôtre, d'où l'on puisse si facilement vérifier l'exactitude des calculs des astronomes. J'ai donné dans les journaux les indications suivantes :

« Examiner combien de minutes ou seulement de secondes on verra le bord du Soleil échancré ; ce sera un moyen agréable et facile de constater avec précision la limite à laquelle l'éclipse se sera arrêtée. A partir de 7ʰ 46ᵐ (heure des chemins de fer), tenir l'œil attaché sur le bord inférieur du Soleil. La phase maximum arrivera vers 7ʰ 56ᵐ, la fin dix minutes plus tard.

Fig. 97. — Limite boréale de l'éclipse de soleil du 19 juillet 1879.

L'observation sera de vingt minutes au plus pour Paris, d'un quart seulement au nord, et de quelques minutes et moins encore pour la limite de la zone. »

Nous avons également dessiné quatre figures géométriques de l'éclipse pour les quatre phases qui nous intéressent le plus : 1° la phase centrale, visible chez les peuplades de l'Afrique centrale, qui en subiront sans doute une mortelle frayeur ; 2° la phase d'Alger et du nord de l'Algérie ; 3° la phase de Marseille et du Midi de la France ; 4° la phase de Paris et de la zone sur laquelle nous avons appelé l'attention.

1865. 19 octobre . . Partielle pour Paris : 35 centièmes. Totale aux États-Unis.
1866. 8 octobre. . .   Id.   57 centièmes. Éclipse partielle.
1867. 6 mars . . .   Id.   79   —   Annulaire en Algérie et en Italie.
1868. 23 février. . . Id.   3   —   Annulaire à Lima.
1870. 22 décembre .   Id.   83   —   Totale en Algérie.
1873. 26 mai. . . .   Id.   29   —   Éclipse partielle.
1874. 10 octobre . .   Id.   29   —   Annulaire en Sibérie.
1875. 29 septembre.   Id.   12   —   Lyon, 13; Marseille, 15; Bordeaux,
                                             22. Annulaire en Afrique.
1879. 19 juillet. . . Id.   13 millièmes; Lyon, 11 centièmes; Toulouse, 15;
                                             Marseille, 18; Alger, 35. Annulaire en Afrique.

On voit que, sans être très rares, les éclipses partielles ne sont pas bien fréquentes pour un même lieu, et ne se produisent qu'à des intervalles fort irréguliers (¹). Il faut les saisir au vol, pour ainsi dire, et ne

(¹) Depuis l'année 1858, j'ai observé toutes les éclipses de la petite liste précédente qui n'ont pas été éclipsées elles-mêmes par les nuages de notre atmosphère si variable. Plusieurs ont offert des particularités intéressantes.

Celle du 15 mars 1858 a été la plus forte de toutes (90 centièmes); elle s'est produite juste au milieu du jour; mais le ciel, couvert le 14 et le 15 au matin, a fait manquer le commencement de l'éclipse. Des éclaircies ont ensuite permis de l'observer jusqu'à l'heure de la plus grande phase (1ʰ 10ᵐ); des nuages ont de nouveau caché le soleil, et la lumière du jour était assez faible pour ressembler à celle qui suit le coucher du soleil. Des oiseaux qui étaient dans une cage ont cessé de chanter, et ont paru en proie à une crainte assez visible. Bientôt le ciel s'est éclairci de nouveau, et les dernières phases de l'éclipse ont pu être facilement suivies. Cette éclipse était annulaire en Angleterre; mais nos voisins d'outre-Manche ont encore eu plus mauvais temps que nous.

Celle du 18 juillet 1860 a été moins favorisée encore. On n'a pas eu besoin de verre noirci pour l'observer, car il y a eu toute la journée un rideau de nuages qui s'est entr'ouvert seulement à la fin de l'éclipse. On en a vu tout juste assez pour être sûr que les astronomes ne s'étaient pas trompés. Totale en Espagne, où des astronomes français s'étaient rendus pour l'observer, elle a prouvé que les nuages roses qui apparaissent autour du Soleil éclipsé appartiennent, non pas à la Lune, comme on avait pu en douter jusqu'alors, mais au Soleil.

Celle du 6 mars 1867 a failli également être éclipsée par les nuages, et ce qu'on a

Fig. 98. — L'éclipse de soleil
du 22 décembre 1870. Phase de Paris.

pu en distinguer l'a été sans qu'on ait eu besoin de recourir aux verres noirs. Au moment de la plus grande phase (79 centièmes), la diminution de lumière ne parut pas plus forte, sous ce ciel nuageux, que si elle eût été produite par un ciel plus couvert encore. Une différence sensible se montrait entre les irrégularités du bord intérieur du croissant solaire, dues à celles du bord lunaire noir projeté sur le Soleil, et la netteté parfaite du bord extérieur, qui n'était autre que le bord du Soleil lui-même.

L'éclipse du 22 décembre 1870, arrivée pendant le siège de Paris et au milieu d'une journée glaciale, a été aussi en partie masquée par des nuages. Je l'ai observée, installé sur les fortifications de Paris (étant alors accidentellement capitaine du génie), et j'avais préparé la veille un photomètre construit en 1867, lors de mes premiers voyages en ballon, pour mesurer la variation de l'intensité de la lumière.

pas imiter ce trop présomptueux marquis du temps de Louis XV, qui, conduisant à l'Observatoire une élégante société féminine, un peu attardée par les petits soins de la toilette, arriva une demi-minute après la fin de l'éclipse. Comme les dames refusaient de descendre de leur carrosse, un peu fâchées contre les exigences de la coquetterie : Entrons toujours, mesdames, s'écria le petit maître avec la plus fière assurance, M. de Cassini est un de mes meilleurs amis, et il se fera un véritable plaisir de recommencer l'éclipse pour nous! — Cette anecdote a été rééditée en notre siècle sur le compte d'Arago.

De tous les phénomènes astronomiques, il en est peu qui aient autant frappé l'imagination humaine que les éclipses totales de Soleil. Quel spectacle serait plus étrange, en effet, que celui de la disparition subite de l'astre du jour, en plein midi, au milieu du ciel le plus pur! Lorsque l'humanité ignorait les causes naturelles d'un pareil effet, une telle disparition était considérée comme surnaturelle et l'on voyait avec terreur en elle une manifestation de la colère divine. Depuis que ces causes naturelles ont été découvertes et que ces phénomènes répondent à nos calculs avec la fidélité la plus obéissante, toute terreur surnaturelle a disparu des esprits cultivés, mais ce grandiose spectacle n'en impressionne pas moins le contemplateur. A l'heure prédite par l'astronome, on voit le disque brillant du Soleil s'entamer vers l'occident

A la phase centrale, il y a eu les 83 centièmes du soleil d'éclipsés, et un minimum de lumière très accusé sur le papier photographique. Les oiseaux qui volaient et faisaient tapage se turent et se cachèrent, et, pendant un quart d'heure environ, on n'entendit que *le bruit lointain du canon*. Le thermomètre a baissé de 2 degrés 1/2.

Il y avait encore un ciel nuageux lors de l'éclipse du 10 octobre 1874; mais, fort heureusement, le milieu et la fin de l'éclipse ont été observables, par suite de l'éclaircissement du ciel. La phase maximum a été de 29 centièmes. Le photomètre a indiqué une diminution de lumière à peine sensible, et le thermomètre seulement 1°,5 de diminution de chaleur au Soleil. Le seul caractère intéressant de cette éclipse a été de nous montrer les montagnes de la Lune, les monts Doerfel et Leibnitz projetés en silhouette sur le disque solaire. L'échancrure produite par

Fig. 99. — L'eclipse de soleil du 10 octobre 1874.
Phase de Paris.

eux sur le contour de la Lune était visible à l'œil nu. Ces monts marquent le pôle sud du globe lunaire.

et un segment noir s'avancer lentement, ronger le disque solaire,
avancer toujours, jusqu'à ce que ce disque soit réduit à la forme d'un
mince croissant lumineux. En même temps, la lumière du jour diminue;
de toutes parts, une clarté sinistre et blafarde remplace la brillante
lumière qui réjouissait la nature, et une immense tristesse descend sur
le monde. Bientôt il ne reste plus de l'astre radieux qu'un arc étroit de
lumière, et l'espérance paraît ne pas vouloir s'envoler de cette Terre
éclairée depuis si longtemps par le paternel Soleil. La vie semble
encore rattachée au ciel par un fil invisible, quand soudain le dernier
rayon du jour s'éteint, et une obscurité, d'autant plus profonde qu'elle
est plus subite, se répand tout autour de nous, réduisant la nature entière
à l'étonnement et au silence.... Les étoiles brillent au ciel! L'homme
qui parlait encore et communiquait ses impressions en suivant attentivement le phénomène, jette un cri de surprise; puis il devient silencieux, frappé de stupeur. L'oiseau qui chantait se blottit tremblant
sous la feuille; le chien se réfugie contre les jambes de son maître;
la poule couvre les poussins de ses ailes. La nature vivante se tait,
muette d'étonnement. La nuit est arrivée, nuit parfois intense et profonde, mais le plus souvent incomplète, étrange, extraordinaire, la
Terre restant vaguement éclairée par une clarté rougeâtre, renvoyée
des régions lointaines de l'atmosphère situées en dehors du cône
d ombre lunaire qui produit l'éclipse. Quelquefois on a vu briller pendant l'éclipse toutes les étoiles de première et de seconde grandeur
qui se trouvaient au-dessus de l'horizon, quelquefois seulement les
plus brillantes et les planètes. La température de l'air s'abaisse rapidement de plusieurs degrés.

Mais quel merveilleux spectacle s'offre alors à tous les yeux dirigés
vers le même point du ciel! Au lieu du Soleil plane un disque noir entouré d'une glorieuse couronne de lumière. Dans cette couronne
éthérée, on voit des rayons immenses diverger du Soleil éclipsé; des
flammes roses paraissent sortir de l'écran lunaire qui masque le dieu
du jour. Pendant deux minutes, trois minutes, quatre minutes, l'astronome étudie cet étrange entourage rendu visible par le passage de
la Lune devant le disque radieux, tandis que le peuple, surpris et toujours silencieux, semble attendre avec anxiété la fin d'un spectacle
qu'il n'a jamais vu et qu'il ne reverra plus. Soudain un jet de lumière,
un cri de bonheur sorti de mille poitrines annoncent le retour du
joyeux Soleil, toujours pur, toujours lumineux, toujours ardent, toujours fidèle. On croit entendre dans ce cri universel l'expression bien
sincère d'une satisfaction non déguisée : « C'était bien vrai, le Soleil,

le beau Soleil n'était pas mort, il était seulement caché ; oui, le voici, tout entier, quel bonheur ! et pourtant c'était bien curieux de le voir ainsi disparu un instant ! »

La dernière éclipse *totale* de soleil qui ait été visible en France est celle du 8 juillet 1842, vue partielle à Paris, mais totale dans le Midi de la France. J'avoue que je n'en ai pas été témoin oculaire, d'abord parce que je n'habitais pas la zone de l'éclipse centrale, ensuite et surtout à cause de mon extrême jeunesse (l'auteur avait alors quatre mois et onze jours !). — Mais celui qui fut plus tard mon maître par ses nobles et puissants écrits, François Arago, s'était rendu dans les Pyrénées-Orientales, son lieu de naissance, exprès pour l'observer, et voici un extrait de sa relation oculaire :

« L'heure du commencement de l'éclipse approchait. Près de vingt mille personnes, des verres enfumés à la main, examinaient le globe radieux se projetant sur un ciel d'azur. A peine, armés de nos fortes lunettes, commencions-nous à apercevoir la petite échancrure du bord occidental du Soleil, qu'un cri immense, mélangé de vingt mille cris différents, vint nous avertir que nous avions devancé seulement de quelques secondes l'observation faite à l'œil nu par vingt mille astronomes improvisés dont c'était le coup d'essai. Une vive curiosité, l'émulation, le désir de ne pas être prévenu semblaient avoir eu le privilège de donner à la vue naturelle une pénétration, une puissance inusitées. Entre ce moment et ceux qui précédèrent de très peu la disparition totale de l'astre, nous ne remarquâmes dans la contenance de tant de spectateurs rien qui mérite d'être rapporté. Mais lorsque le Soleil, réduit à un étroit filet, commença à ne plus jeter sur notre horizon qu'une lumière plus affaiblie, une sorte d'inquiétude s'empara de tout le monde ; chacun sentit le besoin de communiquer ses impressions à ceux dont il était entouré : de là un mugissement sourd semblable à celui d'une mer lointaine après la tempête. La rumeur devenait de plus en plus forte à mesure que le croissant solaire s'affaiblissait. Le croissant disparut enfin ; les ténèbres succédèrent subitement à la clarté, et un silence absolu marqua cette phase de l'éclipse, tout aussi nettement que l'avait fait le pendule de notre horloge astronomique. Le phénomène, dans sa magnificence, venait de triompher de la pétulance de la jeunesse, de la légèreté que certains hommes prennent pour un signe de supériorité, de l'indifférence bruyante dont les soldats font ordinairement profession. Un calme profond régna dans l'air ; les oiseaux ne chantaient plus. Après une attente solennelle d'environ deux minutes, des transports de joie, des applaudissements frénétiques saluèrent avec le même accord, la même spontanéité, la réapparition des premiers rayons solaires. Au recueillement mélancolique produit par des sentiments indéfinissables venait de succéder une satisfaction vive et franche, dont personne ne songeait à contenir, à modérer les élans. Pour la majorité du public, le phénomène était à son terme. Les autres phases de l'éclipse n'eurent guère de spectateurs attentifs, en dehors des personnes vouées aux études de l'Astronomie (¹). »

Chaque observation d'éclipse présente des scènes analogues, plus ou moins variées. Lors de l'éclipse du 18 juillet 1860, on vit, en Afrique, les femmes et les hommes se mettre les uns à prier, les autres à s'enfuir vers leurs demeures. On vit aussi des animaux se diriger vers les villages comme aux approches de la nuit, les canards se réunir en groupes serrés, les hirondelles se jeter contre les maisons, les papillons se cacher, les fleurs et notamment celles de l'Hibiscus africanus fermer leurs corolles. En général, ce sont les oiseaux, les insectes et les fleurs qui parurent le plus influencés par l'obscurité due à l'éclipse.

Lors de l'éclipse du 18 août 1868, que M. Janssen était allé observer dans l'Inde anglaise, les indigènes mis à sa disposition pour le servir se sauvèrent tous juste au moment où elle commença, et coururent *se baigner*. Un rite de leur religion leur commande de se plonger dans l'eau jusqu'au cou pour conjurer l'influence du mauvais esprit. Ils revinrent quand tout fut fini.

Pendant celle du 15 mai 1877, les Turcs avaient fait une véritable émeute, malgré leurs préparatifs de guerre avec la Russie, et tiraient des coups de fusil au Soleil pour le délivrer des serres du Dragon. Les journaux illustrés ont même représenté d'après nature cette scène fort curieuse pour notre époque.

Pendant celle du 29 juillet 1878, qui fut totale pour les États-Unis, un nègre, pris subitement d'un accès de terreur et convaincu de l'arrivée de la fin du monde, égorgea subitement sa femme et ses enfants. Cette éclipse, la dernière que l'on ait observée, est représentée sur la figure suivante. On remarque autour du Soleil éclipsé par la Lune une gloire lumineuse et d'immenses rayons qui s'élancent dans l'espace. Trois étoiles sont visibles à gauche du Soleil : ce sont Mercure, Régulus et Mars; deux se voient à droite : Castor et Pollux; une au-dessous : Procyon; et une à droite, en bas : Vénus. On en a vu d'autres à côté du Soleil, que l'on a prises pour des pla-

(¹) François Arago, *Astronomie populaire,* tome III, p. 583.

L'éclipse totale de soleil du 29 juillet 1878, observée sur les Montagnes-Rocheuses (États-Unis).

nètes voisines de l'astre radieux ; mais nous verrons plus loin que rien n'est moins sûr que cette observation.

Dans notre lumineuse Europe, il reste encore quelques vestiges des anciennes craintes, et l'on associe encore quelquefois ces phénomènes, comme les faits désagréables de la météorologie, tels que les orages, les inondations, les tempêtes, à d'antiques croyances sur la colère divine. Pendant l'une des dernières éclipses partielles un peu fortes observées dans nos climats, celle du 6 mars 1867, les sœurs directrices d'une école de jeunes filles ont fait mettre leurs élèves en prières pour éloigner la malédiction du Très-Haut. Je n'ai rien entendu dire d'analogue à l'occasion de celle du 22 décembre 1870; il est vrai que chacun avait alors bien d'autres préoccupations dominantes, et que cette éclipse était elle-même éclipsée par celle du bon sens; deux nations intelligentes et raisonnables s'entre-déchiraient sans que personne ait jamais pu savoir pour quelle cause : deux cent cinquante mille hommes étaient égorgés, et dix milliards étaient jetés au vent.... Autrefois, on aurait associé à cette tuerie internationale, soit cette éclipse de la fin de « l'année maudite », soit les aurores boréales qui apparurent alors dans les airs; aujourd'hui, chacun comprend qu'elle n'a pas eu d'autre cause que la bêtise humaine.

Complétons cette longue notice sur les éclipses par le tableau de toutes celles qui arriveront d'ici à la fin du siècle. (Celles qui seront visibles à Paris sont marquées d'un *.)

ÉCLIPSES DE SOLEIL ET DE LUNE QUI ARRIVERONT D'ICI A LA FIN DU SIÈCLE.

1880 — *Localités centrales.*

11 janvier . .	Éclipse totale de Soleil. . .	Californie. Océan Pacifique.
22 juin. . . .	— totale de Lune. . .	Nouvelle-Galles du Sud.
7 juillet. . .	— annulaire de Soleil.	Cap Horn. Iles Sandwich.
1er décembre .	— partielle de Soleil (0,038)	Terre de la Trinité.
*16 décembre .	— totale de Lune. . .	Chine. Asie. Partielle pour Paris.
*31 décembre .	-- partielle de Soleil (0,71).	Europe et Atlantique. 0,32 pour Paris.)

1881

27 mai. . . .	Éclipse partielle de Soleil (0,74).	Asie. Russie.
12 juin. . . .	— totale de Lune. . .	Mexique.
21 novembre.	— annulaire de Soleil.	Antipodes.
* 5 décembre .	— partielle de Lune..	Chine. Presque totale : 0,97.

1882

17 mai. . . .	Éclipse totale de Soleil. . .	Perse. Arabie.
10 novembre.	— annulaire de Soleil.	Bornéo.

1883

6 mai. . . .	Éclipse totale de Soleil. . .	Iles Philippines.
16 octobre . .	— partielle de Lune. .	Californie.
30 octobre . .	— annulaire de Soleil.	Japon.

1884

*27 mars . . .	Éclipse partielle de Soleil .	Asie.
10 avril. . . .	— totale de Lune. . .	Nouvelle-Zélande.
26 avril. . . .	— partielle de Soleil .	Pôle sud.
* 4 octobre . .	— totale de Lune. . .	Grèce.
19 octobre . .	— partielle de Soleil .	Amérique.

1885

16 mars . . .	Éclipse annulaire de Soleil.	Océan Pacifique.
30 mars . . .	— partielle de Lune. .	Chine.
9 septembre.	— totale de Soleil. . .	Nouvelle-Zélande.
24 septembre.	— partielle de Lune. .	Asie.

1886

5 mars . . .	Éclipse annulaire de Soleil.	Golfe du Mexique.
*29 août. . . .	— totale de Soleil. . .	Afrique occidentale.

1887

8 février. . .	Éclipse partielle de Lune. .	Iles Sandwich.
22 février. . .	— annulaire de Soleil.	Amérique du Sud.
* 3 août. . . .	— partielle de Lune. .	Arménie.
*19 août. . . .	— totale de Soleil. . .	Russie. Autriche.

1888

*28 janvier . .	Éclipse totale de Lune. . .	France.
11 février. . .	— partielle de Soleil .	Pôle sud.
9 juillet. . .	— partielle de Soleil .	Nouvelle-Zélande.
*23 juillet. . .	— totale de Lune. . .	Mississipi.
10 août. . . .	— partielle de Soleil .	Asie.

1889

1er janvier . .	Éclipse partielle de Soleil .	Détroit de Behring.
*17 janvier . .	— partielle de Lune. .	États-Unis.
*28 juin. . . .	— annulaire de Soleil.	Madagascar.
*12 juillet. . .	— partielle de Lune. .	Arménie.
*22 décembre .	— totale de Soleil. . .	Afrique. Sainte-Hélène.

1890

*17 juin. . . .	Éclipse annulaire de Soleil.	Cap Vert.
12 décembre .	— totale de Soleil. . .	Ile Maurice.

1891

*23 mai. . . .	Éclipse totale de Lune. . .	Inde.
* 6 juin. . . .	— partielle de Soleil .	Pôle Nord.
*16 novembre .	— totale de Lune. . .	Irlande.
1er décembre .	— partielle de Soleil .	

1892

26 avril. . . .	Éclipse totale de Soleil . .	Océan Pacifique.
*11 mai. . . .	— partielle de Lune. .	France.
20 octobre . .	— annulaire de Soleil.	États-Unis.
* 4 novembre .	— totale de Lune. . .	Chine.

1893

*16 avril . . .	Éclipse totale de Soleil. . .	Brésil.
9 octobre . .	— annulaire de Soleil.	Pérou.

1894

21 mars . . .	Éclipse partielle de Lune. .	Nouvelle-Guinée.
6 avril. . . .	— annulaire de Soleil.	Égypte.
*15 septembre.	— partielle de Lune. .	Canada.
*29 septembre.	— totale de Soleil. . .	Madagascar.

1895

*16 mars . . .	Éclipse totale de Lune. . .	Barbades.
*26 mars . . .	— partielle de Soleil .	Europe.
*20 août. . . .	— partielle de Soleil .	Asie.
* 4 septembre.	— totale de Lune. . .	Mississipi.
18 septembre.	— partielle de Soleil .	Amérique du Sud.

1896

13 février. . .	Éclipse annulaire de Soleil.	Océan Austral.
*28 février. . .	— partielle de Lune. .	Perse.
* 9 août. . . .	— totale de Soleil. . .	Allemagne.
23 août. . . .	— partielle de Lune. .	Mexique.

1897

1er février. . .	Éclipse annulaire de Soleil.	Nouvelle-Calédonie.
19 juillet. . .	— annulaire de Soleil.	Barbades.

1898

* 7 janvier . .	Éclipse partielle de Lune. .	France.
*22 janvier . .	— totale de Soleil. . .	Chine.
* 3 juillet. . .	— partielle de Lune. .	Russie.
*18 juillet. . .	— annulaire de Soleil.	Amérique du Sud.
*27 décembre .	— totale de Lune. . .	France.

1899

11 janvier . .	Éclipse partielle de Soleil .	Asie.
* 8 juin. . . .	— partielle de Soleil .	Europe.
23 juin. . . .	— totale de Lune. . .	Nouvelle-Guinée.
*17 décembre .	— partielle de Lune. .	Cap Vert.

1900

*28 mai. . . .	Éclipse totale de Soleil. . .	Espagne.
*22 novembre .	— annulaire de Soleil.	Madagascar.

Je ne doute pas, mes chers lecteurs, que vous ne restiez sur cette planète avec moi jusqu'à la dernière, et que vous ne soyez à même de constater la vérité de ces prédictions. Malheureusement, pas une éclipse de soleil ne sera totale en France; mais, pour peu que nos inventions de vapeur et d'électricité continuent et que d'autres leur viennent en aide, la Terre ne sera bientôt plus qu'un seul pays, et l'on voyagera d'ici à Pékin avec beaucoup moins d'embarras qu'on n'en faisait pour aller au siècle dernier de Paris à Saint-Cloud.

Nous avons esquissé sur nos *fig.* 101 à 104 les plus grandes phases des éclipses totales importantes de la fin du siècle, qui seront visibles pour quatre capitales choisies sur leur parcours.

La plus prochaine grande éclipse de soleil visible à Paris n'arrivera qu'en 1912 : encore ne sera-t-elle pas tout à fait totale. En 1927, 1961 et 1999, elles seront presque totales. Nous n'en aurons

pas de totale pour Paris avant l'an 2026. Londres n'en verra pas de
totale avant l'an 2090, encore la totalité n'arrivera-t-elle qu'un quart

Fig. — 101. Vienne, 19 août 1887.

Fig. 102. — Ric-de-Janeiro, 16 avril 1893.

Fig. 103. — Saint-Pétersbourg, 9 août 18.16.

Fig. 104. — Rome, 28 mai 1900.

d'heure avant le coucher du soleil. Pourvu, au moins, que le ciel
anglais ne soit pas brumeux ce jour-là !

Nous allons maintenant quitter la Lune et la Terre pour nous
transporter dans le Soleil, au centre du système céleste auquel nous

appartenons. L'ordre logique nous y conduit. Nous avons d'abord voulu nous rendre compte de la véritable situation que nous occupons dans l'espace, et nous avons commencé par étudier notre propre pla-nète, base mobile de toutes nos observations. Puis, nous avons examiné la situation, le mouvement et la nature de la Lune, notre satellite fidèle, et nous avons complété cette étude par celle des éclipses, qui nous ont déjà fait entrer un instant en relation avec le Soleil en nous découvrant les protubérances et l'atmosphère lumineuse que

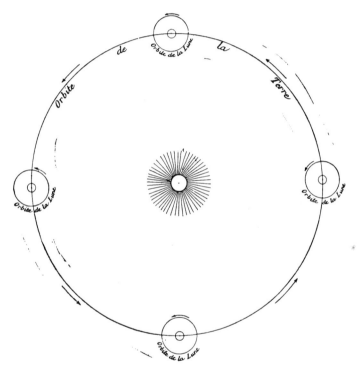

Fig. 105. — Orbites de la Terre et de la Lune.

l'écran lunaire met en évidence lorsqu'il vient garantir notre vue de l'éblouissant foyer. Déjà aussi nous avons parlé du Soleil à propos du mouvement annuel de translation de la Terre autour de lui, et déjà nous savons qu'il trône vers le centre de l'orbite terrestre. Il ne nous reste plus qu'un pas à faire pour entrer en relation complète avec ce souverain du monde, c'est d'apprécier exactement le rapport qui existe entre sa distance et celle de la Lune, notre première étape.

Et d'abord, il faut nous représenter l'orbite de la Lune serrée au-tour de la Terre, tandis que l'orbite de la Terre est tracée à une grande distance autour du Soleil (fig. 105). Tandis que notre planète tourne en

Fig. — Distance du Soleil à la Terre. (108 fois le diamètre du Soleil.)

un an autour de l'astre radieux, elle emporte avec elle la Lune, qui tourne en un mois autour de nous. Mais le rapport entre les distances est bien plus considérable que celui qui est indiqué par cette figure, et il est assez difficile de le représenter exactement par un dessin. Nous pouvons pourtant essayer. La distance du Soleil est 385 fois plus grande que celle de la Lune. En la représentant par une ligne de 195 millimètres de longueur, la distance de la Lune sera de un demi-millimètre. C'est assurément bien minime, mais on peut cependant le dessiner. C'est ce que nous avons fait *fig.* 106. La Terre est représentée par un point au bas de la figure. Autour d'elle, l'orbite de la Lune est tracée avec un rayon de un demi-millimètre. A une distance de 385 fois ce rayon, en haut de la figure, est placé le Soleil, à sa distance réelle, et à sa grandeur réelle, à l'échelle adoptée. Le Soleil est, en effet, presque deux fois plus large en diamètre que l'orbite de la Lune tout entière, et, sur toute la longueur de la ligne qui joint la Terre au Soleil, on ne pourrait placer que 108 soleils juxtaposés comme des grains de chapelet se touchant : à cette échelle, le globe solaire mesure donc $1^{mm},8$ de diamètre. On le voit, comme nous le disions plus haut, la Lune touche la Terre et n'en est vraiment qu'une province, une île annexée.

Que l'on songe maintenant aux proportions réelles :

La Terre mesure 3184 lieues de diamètre. Il y a d'ici à la Lune la valeur de 30 globes terrestres, et d'ici au Soleil la valeur de 11 600.

Un train de chemin de fer, qui, en raison de 60 kilomètres à l'heure, arriverait à la station lunaire en 38 semaines, courrait en ligne droite pendant 266 ans avant d'atteindre la capitale de l'empire solaire.... C'est bien long. Mettons-nous à cheval sur un boulet de canon : nous traverserons l'orbite lunaire dans la matinée du neuvième jour, et, après neuf années entières de vol rapide, nous arriverons au seuil de l'astre du jour.... C'est encore trop long. Envolons-nous dans un rayon de lumière : en une seconde un tiers nous atteignons la Lune, et en huit minutes le Soleil. — Partons! et arrivons.

LIVRE TROISIÈME

LE SOLEIL

LE SOLEIL

— · —

CHAPITRE PREMIER

Le Soleil, gouverneur du monde.
Grandeur et proportion du SYSTÈME SOLAIRE. **Les nombres et l'harmonie.**

Source éblouissante de la lumière, de la chaleur, du mouvement, de la vie et de la beauté, le divin Soleil a, dans tous les siècles, reçu les hommages empressés et reconnaissants des mortels. L'ignorant l'admire parce qu'il sent les effets de sa puissance et de sa valeur; le savant l'apprécie parce qu'il a appris à connaître son importance unique dans le système du monde; l'artiste le salue, parce qu'il voit dans sa splendeur la cause virtuelle de toutes les harmonies. Cet astre géant est véritablement le cœur de l'organisme planétaire; chacune de ses palpitations célestes envoie au loin, jusqu'à notre petite Terre, qui vogue à 37 millions de lieues, jusqu'au lointain Neptune, qui roule à 1100 millions de lieues, jusqu'aux pâles comètes abandonnées plus loin encore dans l'hiver éternel..., et jusqu'aux étoiles, à des millions de milliards de lieues..., chacune des palpitations de ce cœur enflammé lance et répand sans mesure l'incommensurable force vitale qui va répandre la vie et le bonheur sur tous les mondes. Cette force émane sans cesse de l'énergie solaire et se précipite tout autour de lui dans l'espace avec une rapidité inouïe; huit minutes suffisent à la lumière pour traverser l'abîme qui nous sépare de l'astre central; la pensée elle-même ne voit pas distinctement ce bond de 75 000 lieues franchi à chaque seconde par le mouvement lumineux. Et quelle énergie que celle de ce foyer! Déjà nous avons apprécié la valeur du globe solaire : 108 fois plus large que la Terre en diamètre, 1 279 000 fois plus immense en volume, 324 000 fois plus lourd comme masse. Comment nous figurer de pareilles grandeurs?

En représentant la Terre par un globe de un mètre de diamètre, le Soleil serait représenté par un globe de 108 mètres. On se fera une idée d'un pareil globe, si l'on songe que la plus vaste coupole que l'architecture humaine ait jamais construite, le dôme de Florence, lancé dans les airs par le génie de Brunelleschi, ne mesure que 46 mètres de diamètre; le dôme de Saint-Pierre de Rome et celui du Panthéon d'Agrippa mesurent moins de 43 mètres; le dôme des Invalides, à Paris, mesure 24 mètres, et, celui du Panthéon, 20 mètres et demi seulement. Ainsi, si l'on représentait le Soleil par une boule de la grosseur du dôme du Panthéon, de Paris, la Terre serait réduite à sa dimension comparative par un boulet de 19 centimètres de diamètre.

On ne saurait, du reste, trop insister sur l'importance du Soleil et trop se fixer dans l'esprit sa supériorité sur notre globe. C'est pourquoi nous reproduisons ici la figure si éloquente de cette grandeur comparée. Examinez en même temps le curieux aspect *granulé* de la surface solaire, sur lequel notre attention va être bientôt particulièrement appelée.

En plaçant le Soleil sur le plateau d'une balance assez gigantesque pour le recevoir, il faudrait placer sur l'autre plateau 324 000 Terres pareilles à la nôtre pour lui faire équilibre.

Cette masse énorme tient dans ses rayons tout son système. Si la comparaison n'était pas blessante pour le dieu Soleil, on pourrait dire qu'il est là comme l'araignée au centre de sa toile. Sur le réseau de

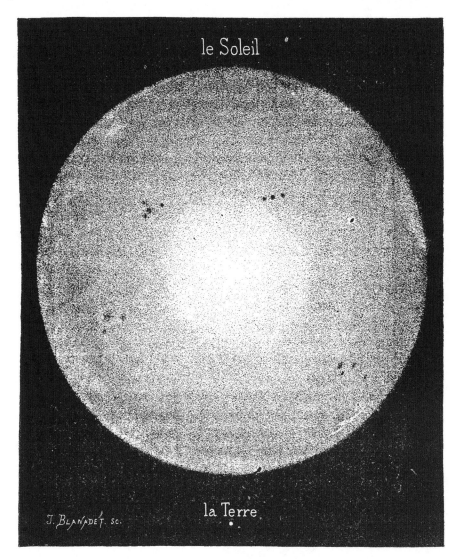

Fig. 108. — Grandeur du Soleil. Aspect granulé de sa surface.

son attraction les mondes se soutiennent. Il plane au centre et tient tout dans sa puissance. Relativement à sa grandeur et à sa force, les mondes sont des jouets tournant autour de lui. Représentons-nous tout de suite le rapport qui existe entre l'importance du Soleil et la situation des petits globes qui l'environnent. Formons pour cela

quelques tableaux forts intéressants quoique composés de chiffres. Et
d'abord voyons la figure générale du système.

DISTANCE DES PLANÈTES AU SOLEIL ET DURÉE DE LEURS RÉVOLUTIONS.

Planètes.	Distances au Soleil		Durée des révolutions.	
	la Terre étant 1	en millions de lieues.		
LE SOLEIL.	—	—		—
MERCURE	0,387	15		88 *jours*
VÉNUS	0,723	26		225 —
LA TERRE ET LA LUNE. . .	1	37		365 —
MARS (2 satellites).. . . .	1,524	56	1 *na*	322 —
JUPITER (4 satellites)	5,203	192	11 *ans*	315 —
SATURNE (8 satellites). . . .	9,539	355	29	167 —
URANUS (4 satellites).. . . .	19,183	710	84	89 —
NEPTUNE (1 satellite)	30,055	1110	164	281 —

Ce petit tableau s'explique de lui-même. On voit que la dernière
planète du système, Neptune, est trente fois plus éloignée que nous
du Soleil et près de quatre-vingt fois plus éloignée que Mercure.
Comme la lumière et la chaleur diminuent en raison du carré de la
distance, cette province extrême reçoit près de 6400 fois moins de
lumière et de chaleur que la cité voisine de l'astre brûlant. On voit en
même temps que l'année de Neptune est plus de 164 fois plus longue
que la nôtre et plus de 680 fois supérieure à celle de Mercure. En
une année neptunienne la Terre en a compté près de 165 et Mercure
684. Considérons maintenant les différences de grandeur et de poids
des principaux globes du système, et classons-les en progression
décroissante.

GRANDEURS ET MASSES COMPARÉES.

	Diamètres	Volumes.	Masses.
LE SOLEIL.	108	1279267	324479
JUPITER	11	1230	309
SATURNE.	9	675	92
NEPTUNE	4	85	18
URANUS	4	75	16
LA TERRE.	1	1	1
VÉNUS.	0,95	0,87	0,79
MARS..	0,54	0,16	0,11
MERCURE	0,38	0,05	0,07
LA LUNE.	0,27	0,02	0,01

Ces chiffres s'expliquent aussi d'eux-mêmes. On voit qu'en représentant la Terre par 1, Jupiter, par exemple, a un diamètre 11 fois plus
grand, et Mercure un diamètre qui n'est que les 38 centièmes, ou un peu
moins des 4 dixièmes du nôtre. La masse du Soleil est représentée par
le chiffre 324 479, tandis que celle de Mercure n'est que les 7 centièmes

de la nôtre, et que celle de Neptune vaut à peu près 18 fois celle de notre globe. Le premier de ces deux tableaux nous montre qu'en représentant par 1 la distance de la Terre au Soleil, celle de Mercure est désignée par les 387 millièmes, c'est-à-dire que Mercure est à un peu plus du tiers de la distance du Soleil à la Terre, en partant du Soleil, Vénus aux 7 dixièmes environ, Mars une fois et demie plus loin que nous, Jupiter 5 fois plus loin, et ainsi de suite. Maintenant, au point de vue de l'absolu, comme ce n'est pas la Terre, mais le Soleil, qui est le centre de comparaison et le régulateur, il sera intéressant pour nous de nous représenter les distances des planètes exprimées en proportions du diamètre du Soleil, les volumes et les masses en proportions du volume et de la masse de cet astre, et ce nouveau tableau sera plus naturel que les premiers, puisque le Soleil est le chef, le gouverneur de son système.

ÉLÉMENTS COMPARÉS DES PLANÈTES, LE SOLEIL ÉTANT PRIS POUR UNITÉ.

	Distances le demi-diamètre du Soleil étant 1.	Diamètres comparés à celui du Soleil.	Masses comparées à celle du Soleil.
LE SOLEIL.	1	1	1
MERCURE.	83	$\frac{1}{282}$	$\frac{1}{4348000}$
VÉNUS.	155	$\frac{1}{115}$	$\frac{1}{412150}$
LA TERRE.	214	$\frac{1}{108}$	$\frac{1}{324479}$
MARS.	322	$\frac{1}{202}$	$\frac{1}{2968300}$
JUPITER.	1116	$\frac{1}{9.7}$	$\frac{1}{1050}$
SATURNE.	2041	$\frac{1}{11.4}$	$\frac{1}{3529}$
URANUS.	4108	$\frac{1}{23.7}$	$\frac{1}{70574}$
NEPTUNE.	6420	$\frac{1}{24.7}$	$\frac{1}{17500}$

Ces chiffres veulent bien dire, comme on le comprend sans peine, que Mercure est éloigné du Soleil à 83 fois le demi-diamètre de ce grand corps, Vénus à 155 fois, la Terre à 214 fois, etc.; que le diamètre de Mercure n'est que le 282ᵉ de celui du Soleil, c'est-à-dire qu'il faudrait 282 globes comme Mercure juxtaposés pour traverser le globe solaire, 108 globes comme la Terre, près de 10 de Jupiter, etc.; et que, quant aux masses ou aux poids, il faudrait 4 348 000 Mercures, ou 324 479 Terres, ou 17 500 Neptunes pour former une masse de même poids que celle du Soleil. Jupiter pèse 309 fois plus que la Terre, mais 1050 fois moins que le Soleil. Son diamètre surpasse celui de la Terre de plus de 11 fois, mais est inférieur à celui du Soleil de 9 fois et 7 dixièmes. C'est là une planète importante, qui est pour ainsi dire intermédiaire, comme volume et comme masse, entre la Terre et le Soleil. Néanmoins, l'astre du jour domine le tout, comme le Léviathan sur la mer domine une flotte d'embarcations l'accompagnant; il pèse à lui seul encore *sept cents fois plus* que toutes les planètes réunies.

Des masses et des volumes, on conclut la densité des matériaux constitutifs de chaque monde.

Densité comparée des mondes de notre système.

MERCURE.........	1,376	LE SOLEIL........	0,253
LA TERRE........	1	JUPITER..........	0,243
VÉNUS...........	0,905	NEPTUNE.........	0,216
MARS...........	0,714	URANUS..........	0,208
LA LUNE.........	0,602	SATURNE.........	0,121

Ce petit tableau montre que le monde de notre système dont les matériaux constitutifs sont les plus denses est Mercure, et que celui qui est composé des substances les plus légères est Saturne.

Dans les tableaux qui précèdent, nous n'avons pas tenu compte d'une zone de petites planètes qui gravitent entre Mars et Jupiter. Il y a là des fragments, des astéroïdes, dont un grand nombre ne mesurent que quelques lieues de diamètre, qui proviennent soit d'une rupture de l'anneau originel, soit d'une ou plusieurs planètes brisées, et occupent la plus grande partie de l'espace compris entre l'orbite de Mars et celle de Jupiter. On en a déjà retrouvé deux cents.

Nos lecteurs compléteront la connaissance exacte qu'ils désirent avoir du système solaire en examinant attentivement le grand dessin suivant, qui représente l'ensemble du monde solaire. Les orbites des planètes y sont dessinées dans leur ordre relatif, à l'échelle très simple de 1 millimètre pour 10 millions de lieues.

Combien cette figure est intéressante à examiner! C'est là, au troisième cercle, que nous sommes, que nous vivons et que nous tournons, là tout près du foyer lumineux. Ne sommes-nous pas brûlés, ne sommes-nous pas aveuglés, comme des papillons tournant autour d'un flambeau? Quand on songe que toutes les destinées matérielles, morales, religieuses et politiques de la Terre et de la Lune se passent dans ce petit point!...

L'inspection de ce plan topographique de l'univers solaire ne révèle aucune proportion dans les distances des orbites. Ne trouvez-vous pas que la distance de Saturne à Uranus paraît trop grande? Elle est, en effet, la même que celle d'Uranus à Neptune, ce qui détruit la progression. L'astronome Titius avait remarqué, au siècle dernier, et Bode a publié cette remarque qui porte son nom, que l'on peut exprimer les distances successives des planètes au Soleil par une progression très simple. Écrivons, à la suite les uns des autres, les nombres successivement doublés :

3, 6, 12, 48, 96.

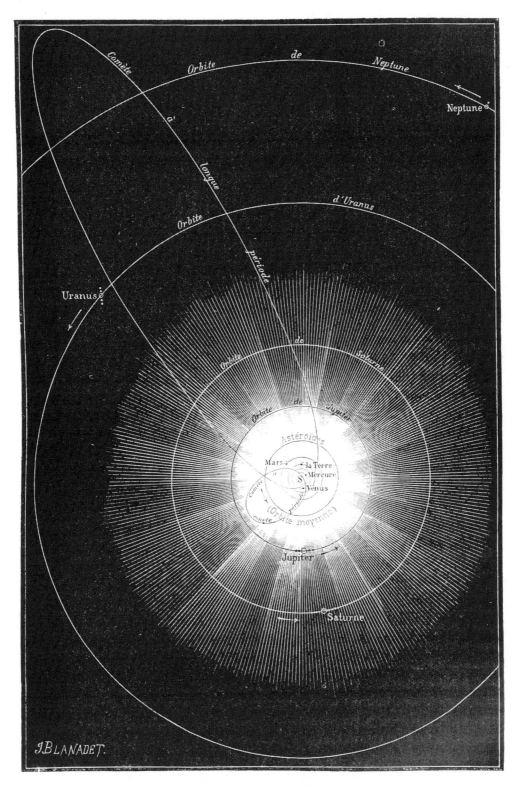

LE SYSTÈME PLANÉTAIRE.
(Plan tracé à l'echelle précise de 1 millimètre pour 10 millions de lieues)

Mettons un zéro pour premier terme, ajoutons 4 à tous les nombres, nous trouvons :

4, 7, 10, 16, 28, 52, 100.

Or, il se trouve qu'en représentant par 10 la distance de la Terre, celles des autres planètes correspondent approximativement à ces nombres, comme on peut en juger du reste :

Mercure.	Vénus.	La Terre.	Mars.	Astéroïdes.	Jupiter.	Saturne.
3,9	7,2	10	15,2	20 à 35	52	95

La planète Uranus, découverte depuis, est venue se placer à la distance 192, qui diffère fort peu de 196, chiffre obtenu en continuant la série (192 + 4). Mais Neptune, au lieu de se trouver à 384 + 4 ou 388, se trouve à 300, c'est-à-dire beaucoup trop proche. La régularité ne se continue donc pas. Il n'y avait là qu'un rapport curieux, mais non réel.

La progression des *vitesses* est plus approchée. En multipliant par 1 414 ($= \sqrt{2}$) la vitesse d'une planète dans son cours, on obtient un chiffre assez approché de la vitesse de la planète inférieure. Il est possible qu'originairement les planètes se soient détachées du Soleil suivant cette loi, et que depuis plusieurs se soient, pour des causes quelconques, plus rapprochées du Soleil. Peut-être, au surplus, les planètes sont-elles destinées à tomber toutes successivement dans l'astre central.

La puissance solaire fait graviter autour d'elle tous les mondes de son système. Ils tournent tous, comme des pierres dans des frondes, avec une vitesse énorme. Plus ils sont proches du Soleil, plus ils tournent vite. Ainsi que nous l'avons remarqué à propos de la Lune, la vitesse avec laquelle tournent les globes célestes donne naissance à une force centrifuge qui tend à les éloigner du Soleil précisément de la quantité dont le Soleil les attire, ce qui fait qu'ils se soutiennent toujours à la même distance moyenne.

Nous avons déjà vu, en parlant du mouvement de la Lune autour de la Terre, et des recherches de Newton sur la cause des mouvements célestes, que l'attraction décroît selon le carré de la distance, c'est-à-dire selon la distance multipliée par elle-même. A une distance double, elle est quatre fois moindre; à une distance triple, elle est neuf fois plus faible; à une distance quadruple, seize fois, etc. Il nous est donc facile de nous représenter quelle est la valeur exacte de l'attraction solaire à la distance des différents mondes. Voici la quantité dont les planètes tomberaient vers le Soleil si elles étaient arrêtées dans leur cours, ou, si l'on veut, la quantité dont une pierre tomberait vers le même centre attractif en la supposant placée à ces différentes distances et abandonnée à la pesanteur :

PESANTEUR VERS LE SOLEIL.

Chute dans la 1re seconde.

A la surface du SOLEIL	134^m,
A la distance de MERCURE	0^m,0196
— de VÉNUS	0^m,0056
— de LA TERRE	0^m,0029
— de MARS	0^m,0013
— de JUPITER	0^m,0001
— de SATURNE	0^m,000032
— d'URANUS	0^m,000008
— de NEPTUNE	0^m,000003

Ces vitesses sont celles dont les corps tomberaient vers le Soleil pendant la première seconde de chute; après cette première seconde, au commencement de la deuxième, elles seraient doublées, et les planètes tomberaient ainsi avec une vitesse croissante vers l'astre central, sur lequel elles arriveraient en atteignant la vitesse inimaginable de 600 kilomètres dans la dernière seconde ! Et pourtant, pendant la première seconde, la Terre ne tomberait vers le Soleil, ne se rapprocherait de lui, que de 2 millimètres 9 dixièmes, ou de moins de 3 millimètres; Mars, de 1^{mm},3; Jupiter, de 1 dixième de millimètre; Saturne, de 32 millièmes de millimètre; Uranus, de 8; et, Neptune, seulement de 3 millièmes de millimètre ! Voici le temps que chaque monde emploierait à tomber sur le Soleil :

DURÉE DE CHUTE DES PLANÈTES DANS LE SOLEIL (¹).

	Jours		Jours
MERCURE	15,55	JUPITER	765,87
VÉNUS	39,73	SATURNE	1901,03
LA TERRE	64,57	URANUS	5424,57
MARS	121,44	NEPTUNE	10628,73

(¹) Ce qu'il y a de plus curieux dans ces durées, c'est qu'en les multipliant toutes par un même chiffre, on reproduit l'année de chaque planète.

		Jours
Mercure	15,55 × 5,656856 =	87,9692
Vénus	39,73 × 5,656856 =	224,7008
La Terre	64,57 × 5,656856 =	365,2564
Mars	121,44 × 5,656856 =	686,9796
Jupiter	765,87 × 5,656856 =	4332,5848
Saturne	1901,93 × 5,656856 =	10759,2198
Uranus	5424,57 × 5,656856 =	30686,8208
Neptune	10628,73 × 5,656856 =	60126,7200

La première fois que j'ai fait cette remarque (c'était au commencement de l'année 1870), j'en suis resté perplexe pendant des mois entiers, et j'avais beau m'ingénier, ou chercher dans les livres, aucun principe de la mécanique céleste ne me mettait sur la voie pour en découvrir la cause. Quel était ce fameux coefficient 5,656856 ?

La vitesse des planètes sur leurs orbites est proportionnée à leur distance et combinée de telle sorte avec l'attraction du Soleil qu'en voguant dans l'espace elles développent une force centrifuge qui tend à les éloigner du Soleil précisément de la quantité même dont elles tendent à s'en rapprocher par l'attraction solaire; d'où résulte un équilibre perpétuel, comme déjà nous l'avons remarqué. Nous avons vu que la Terre court autour du Soleil avec une vitesse de 29 kilomètres par seconde et la Lune autour de la Terre avec une vitesse de 1 kilomètre dans la même unité de temps. Voici les vitesses dont toutes les planètes sont animées dans leur mouvement rapide autour du foyer d'illumination :

COURS ET VITESSES DES PLANÈTES AUTOUR DU SOLEIL.

	Vitesse moyenne par seconde.			
MERCURE	47 kilomètres ou	1 012 000	lieues par jours.	
VÉNUS.	35	—	750 000	—	—
LA TERRE	29	—	643 000	—	—
MARS	24	—	518 000	—	—
JUPITER	13	—	278 750	—	—
SATURNE. . . .	10	—	205 200	—	—
URANUS.	7	—	144 700	—	—
NEPTUNE	5	—	116 000	—	—

Telles sont les vitesses dont les planètes sont animées dans leur cours autour du Soleil. Nous est-il possible d'en concevoir la grandeur? Un boulet sort de la gueule enflammée du canon avec une vitesse de 400 mètres par seconde; le globe terrestre vole 75 fois plus vite, Mercure 117 fois plus vite... C'est une rapidité si prodigieuse, que si deux planètes se rencontraient dans leur cours, le choc serait inimaginable; non seulement elles seraient brisees en morceaux, réduites en poudre l'une et l'autre, mais encore, leur mouvement se transformant en chaleur, elles seraient subitement élevées à un tel degré de température qu'elles disparaîtraient en vapeur, tout entières,

C'est la racine carrée de 32. Mais qu'est-ce que cette racine carrée a à faire dans ce rapport si curieux et si inattendu entre les révolutions des planètes et leurs chutes dans le Soleil? Enfin, en 1872, j'ai fini par trouver que si nous assimilons la chute de la Terre dans le Soleil à la moitié d'une ellipse extrêmement aplatie, dont le périhélie serait presque tangent au Soleil, cette ellipse aura pour grand axe la distance actuelle de la Terre au Soleil, c'est-à-dire la moitié du diamètre actuel de l'orbite terrestre. Les carrés des temps étant entre eux comme les cubes des distances, la révolution de la Terre le long de cette nouvelle orbite serait donnée par la racine carrée du cube de $\frac{1}{2}$ ou de $\frac{1}{8}$, et par conséquent serait de $\frac{365.256}{2.828}$ ou de 128 jours. La moitié de cette révolution, ou, ce qui revient au même comme nous venons de le poser, le temps de la chute dans le Soleil, serait donc donnée par la moitié de la racine carré de $\frac{1}{8}$, ou par $\frac{365.256}{5.657}$. Mais la moitié de la racine carrée de $\frac{1}{8}$, c'est la racine carrée de $\frac{1}{32}$, ou notre chiffre 5,656856.

terres, pierres, eaux, plantes, habitants, et formeraient une immense nébuleuse !

En raison de ces vitesses différentes, les planètes changent constamment de situation l'une par rapport à l'autre.

Cette série de petits tableaux nous donne une idée générale de la physiologie du système du monde.

Nous avons vu, en traitant la question des mouvements de la Terre, que notre planète décrit une ellipse (*fig.* 17, p. 34) autour du Soleil, et nous avons vu également comment les lois de l'attraction ont été découvertes par l'analyse du mouvement de la Lune. Nous sommes maintenant suffisamment préparés à comprendre les lois qui régissent le système. Voici ces lois, qu'il importe de retenir :

1° *Les planètes tournent autour du Soleil en décrivant des ellipses, dont cet astre occupe un des foyers.*

Nous avons suffisamment étudié ce fait en parlant du mouvement annuel de la Terre autour du Soleil, et nous venons de voir que toutes les planètes tournent comme la Terre autour du même astre.

2° *Les aires ou surfaces décrites par les rayons vecteurs des orbites sont proportionnelles aux temps employés à les parcourir.*

Considérons une même planète à diverses époques de sa révolution, et supposons qu'on marque sur son orbite (*fig.* 110) autant d'arcs, AB, CD, EF... parcourus par la planète en des temps égaux, soit par mois, ou, plus exactement, par période de trente jours.

La vitesse de la planète varie suivant les positions qu'elle occupe le long de son orbite. Elle suit un cours moyen lorsqu'elle se trouve à sa distance moyenne AB. Lorsqu'elle est proche du Soleil, vers les positions CD, sa vitesse est accélérée. Lorsqu'elle en est éloignée, comme aux positions EF, elle marche beaucoup plus lentement. Ainsi le mouvement de la Terre sur son orbite n'est pas uniforme ; elle vogue beaucoup plus vite

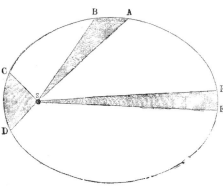

Fig. 110. — Explication des mouvements des planètes. Loi des aires.

lorsqu'elle est à son périhélie (janvier) que lorsqu'elle est à son aphélie (juillet). Les arcs parcourus dans un même temps sont d'autant plus petits que la planète est plus éloignée. Mais les *surfaces* comprises entre les lignes menées du Soleil aux deux extrémités des arcs parcourus en temps égaux sont *égales* entre elles. C'est là un fait remarquable. Ainsi la Terre met autant de temps pour se transporter de E à F que pour aller de C à D, quoique le premier arc soit beaucoup plus petit que le second. On appelle *rayons vecteurs* les lignes telles que SE, SF, SA, SB, etc., menées du Soleil à la planete en ses différentes positions. Les surfaces balayées par ces rayons vecteurs sont proportionnelles aux temps employés à les parcourir : deux, trois, quatre fois plus étendues, si l'on envisage un intervalle deux, trois, quatre fois plus long.

La troisième proposition fondamentale est celle-ci. Il importe aussi de la connaître pour se représenter exactement ces mouvements :

3° *Les carrés des temps des révolutions des planètes autour du Soleil sont entre eux comme les cubes des distances.*

Cette loi est la plus importante de toutes, parce qu'elle rattache toutes les planètes entre elles ([1]).

La révolution est d'autant plus longue, que la distance est plus grande ou que l'orbite a un plus grand diamètre. L'ordre des planètes, en commençant par le Soleil, est le même, que nous les rangions selon leurs distances, ou selon le temps qu'elles emploient à accomplir leurs révolutions. Mais le rapport entre les deux séries n'est pas d'un simple accroissement *proportionnel* : les révolutions s'accroissent plus vite que les distances.

([1]) C'est ici le lieu d'expliquer en deux mots, pour ceux de nos lecteurs qui n'ont pas fait de mathématiques, ce que c'est qu'un *carré* et qu'un *cube*. Voilà des mots barbares qui en imposent bien innocemment. Un carré, c'est tout simplement un nombre quelconque multiplié par lui-même. Ainsi, 2 fois 2 font 4 : eh bien ! 4, c'est le carré de 2 ; 3 fois 3 font 9 : 9 est le carré de 3 ; $4 \times 4 = 16$: 16 est le carré de 4....., voilà tout.

Un cube, c'est le nombre multiplié deux fois par lui-même. Ainsi, $2 \times 2 \times 2 = 8$: 8 est le cube de 2 ; $3 \times 3 \times 3 = 27$: 27 est le cube de 3 ; $4 \times 4 \times 4 = 64$: 64 est le cube de 4 ; etc.

On appelle *racine carrée* d'un nombre le nombre qui, multiplié par lui-même, reproduit ce nombre. Ainsi, la racine carré de 4 est 2, puisque 2 fois 2 font 4 ; la racine carrée de 9 est 3 ; celle de 16 est 4 ; celle de 25 est 5, etc.

On appelle *racine cubique* le nombre qui, multiplié deux fois par lui-même, reproduit ce nombre. Ainsi, la racine cubique de 8 est 2, celle de 27 est 3, celle de 64 est 4, celle de 125 est 5, etc.

Pour indiquer le carré d'un nombre on met un petit 2 en apostrophe au-dessus de lui : le carré de 10 s'écrit 10^2. Cela signifie la seconde puissance.

Le cube s'indique par un 3. Le cube de 10 s'écrit 10^3.

La racine s'indique par le signe $\sqrt{}$ qui vient de la lettre *r*, abrégé du mot.

Le signe de l'addition, *plus*, s'écrit $+$; celui de la soustraction, *moins*, s'écrit $-$; celui de la multiplication, *multiplié par*, s'écrit $\times$; celui de la division est un trait entre les deux nombres inscrits l'un au-dessous de l'autre : $\frac{12}{5}$

Bien des personnes intelligentes et spirituelles s'effarouchent des mathématiques : il n'y a rien au monde d'aussi simple et d'aussi clair.

Ainsi, par exemple, Neptune est trente fois plus éloigné du Soleil que nous. En multipliant deux fois le chiffre 30 par lui-même, on trouve le nombre 27 000 Or, sa révolution est de 165 ans, et ce chiffre de 165 multiplié une fois par lui-même reproduit aussi le nombre 27 000 (en chiffre rond : pour obtenir le chiffre précis, il faudrait considérer les fractions, car la révolution de Neptune n'est pas juste de 165 ans). Il en est de même pour toutes les planètes, tous les satellites, tous les corps célestes.

Faisons le même calcul, tout à fait précis, pour une autre planète, par exemple Mars. L'année terrestre est à l'année de Mars dans la proportion de 365,2564 à 686,9796, et les distances au Soleil sont dans le rapport de 100 000 à 152 369. Si l'on veut s'en donner la peine, on trouve que :

$$\frac{(365,2564)^2}{(686,9796)^2} = \frac{(100000)^3}{(152369)^3}$$

Ainsi sont réglées les révolutions des planètes autour du Soleil suivant leurs distances. Plus les mondes sont éloignés, moins rapidement ils se meuvent, et cela suivant une proportion mathématique.

A ces trois lois, qui portent à juste titre le nom de Képler qui les a découvertes, nous pouvons ajouter ici une quatrième proposition qui les complète et les explique : la loi de l'attraction ou gravitation universelle, découverte par Newton après les travaux de Képler.

La matière attire la matière, en raison directe des masses et en raison inverse du carré des distances.

Que cette attraction soit une vertu réelle donnée à la matière, ou seulement une apparence qui explique les mouvements célestes, la vérité est que les choses se passent *comme si* la matière était douée de la propriété occulte de s'attirer à distance. Cette attraction décroît en raison inverse du carré de la distance, c'est-à-dire que plus l'éloignement augmente, plus l'attraction diminue, et cela, non pas dans une proportion simple, mais en proportion de la distance multipliée par elle-même. Un corps deux fois plus éloigné est quatre fois moins attiré ; un corps trois fois plus éloigné est neuf fois moins attiré, etc.

Cette proportion du carré de la distance se comprendra à première vue par la petite *fig.* 111 où l'on suppose la lumière d'une bougie reçue sur un écran successivement éloigné à une distance double, triple et quadruple : on voit facilement qu'à la distance C, double de B, la lumière est éparpillée quatre fois plus ; à la distance C, neuf fois plus ; qu'à la distance D, elle s'étend sur seize surfaces égales, etc.

Il est possible que cette attraction ne soit qu'une apparence due à sa pression du fluide éthéré qui remplit l'espace prétendu vide. Nous ne connaissons pas l'essence de la cause dont nous observons les effets. D'ailleurs cette gravitation des corps célestes les uns vers les autres *règle* le mouvement mais ne le *crée* pas. Il nous faut d'abord admettre ce mouvement des planètes sur leurs orbites, dû, sans doute, à leur détachement primordial de la nébuleuse solaire.

Tout se réduit, en dernière analyse, à deux causes ou à deux forces. L'une de ces forces n'est autre chose que la pesanteur ou la gravitation : c'est la tendance que deux corps, deux astres ont à se réunir, tendance qui est proportionnelle à leurs masses respectives et qui varie en raison inverse des carrés de leurs distances. C'est la pesanteur qui fait tomber les corps à la surface de la Terre et qui constitue leur pression ou leur poids. Si la gravitation existait seule, la Lune se réunirait à la Terre, leurs masses réunies tomberaient avec une vitesse

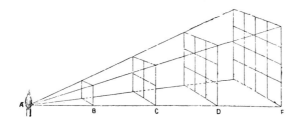

Fig. 111. — Décroissement de l'intensité en raison du carré de la distance.

croissante dans le Soleil lui-même, et il en serait ainsi de toutes les planètes et de tous les corps qui composent le monde. Depuis longtemps l'univers ne serait qu'un immobile monceau de ruines.

Mais, outre cette force centrale de la gravitation, il y a une autre force dont chaque planète est animée, et qui, seule, la ferait s'échapper en ligne droite par la tangente. C'est en combinant ces deux forces, en cherchant par la géométrie et l'analyse à déterminer le mouvement réel résultant de leur action simultanée et constante, que Newton a démontré que les lois de ce mouvement sont conformes à celles que Képler était parvenu à découvrir. Peut-être même n'y a-t-il que *du mouvement*, et les forces par lesquelles nous l'expliquons en le décomposant n'existent-elles que dans notre esprit. La première chose pour nous est de constater la réalité des faits et de savoir exactement comment ils se passent. La théorie vient ensuite. Cette théorie même est certaine et absolument démontrée aujourd'hui. Mais l'essence même de la force (quelle qu'elle soit) qui agit, reste encore cachée pour nous dans le mystère des causes.

Telles sont les lois qui régissent les mouvements des mondes. Il faut sans doute une attention sérieuse pour les bien comprendre, mais on voit qu'elles ne sont ni obscures ni équivoques. On entend souvent dire que les écrits scientifiques ne peuvent pas atteindre la clarté ni l'élégance des écrits purement littéraires; cependant, rien n'est beau comme une équation. Il ne serait pas difficile de trouver dans les meilleurs auteurs littéraires des exemples de galimatias qu'on chercherait en vain à imiter en mathématiques. Nul ne conteste le génie de Corneille, par exemple. Et pourtant, qui pourrait se flatter de bien saisir le sens de la déclaration suivante, de *Tite et Bérénice* :

> Faut-il mourir, Madame, et si proche du terme !
> Votre illustre inconstance est-elle encor si ferme
> Que les restes d'un feu que j'avais cru si fort
> Puissent dans quatre jours se promettre ma mort !

Recommencez la lecture, s'il vous plaît, pour bien apprécier la profonde pensée de l'auteur. L'acteur Baron, ne sachant sur quel ton il devait prononcer la fin de la phrase, alla demander conseil à Molière, qui, fatigué de chercher inutilement, le renvoya à Corneille lui-même.

« Comment! fit l'illustre auteur du *Cid*, êtes-vous bien sûr que j'aie écrit cela?... »

Il se mit alors à retourner ces quatre vers dans tous les sens, et finit par les rendre en disant : « Ma foi, je ne sais plus au juste ce que j'ai voulu dire; mais récitez-les *noblement* : tel qui ne les entendra pas les admirera. »

On rapporte que le fameux évêque de Belley, Camus, étant en Espagne et ne pouvant arriver à comprendre un sonnet de Lope de Véga, qui vivait alors, pria ce poète de le lui expliquer, mais que l'auteur, ayant lu et relu plusieurs fois son sonnet, avoua sincèrement *qu'il n'y comprenait rien lui-même !*

On lit aussi dans le grand Corneille les vers suivants, en l'honneur de la Vierge Marie :

> Celui que la machine ronde
> Adore et loue à pleines voix,
> Qui gouverne et remplit le ciel, la terre, et l'onde,
> Marie en soi l'enferme et l'y porte neuf mois !
> Ce grand roi, que de la nature
> Servent l'un et l'autre flambeau,
> D'un flanc que de la grâce un doux torrent épure
> Devient l'enflure sainte, et le sacré fardeau !

La science la plus hardie n'arrivera jamais à de pareilles énormités. Ses plus sublimes découvertes peuvent être exposées avec simplicité, et tout regard ouvert devant le spectacle de la nature peut en comprendre la grandeur.

Nous venons d'assister aux mouvements des planètes gravitant autour du Soleil; mais le système solaire n'est pas seulement composé de cet astre, des planètes et des satellites, il ne faut pas oublier les comètes, qui se meuvent également suivant les lois précédentes, et dont un grand nombre décrivent des orbites très allongées, en portant leur aphélie fort au delà de l'orbite de Neptune. La comète de Halley s'éloigne jusqu'à 35 fois la distance de la Terre (Neptune gravite à 30, comme nous l'avons vu), c'est-à-dire jusqu'à treize cent millions de lieues du Soleil; la comète de 1811 étend son vol plus de dix fois au delà, jusqu'à quinze milliards de lieues; la comète de 1680 s'éloigne encore à une distance plus de deux fois supérieure à la précédente : son aphélie gît à *trente-deux milliards* de lieues du Soleil, et à cette effroyable distance, que le son emploierait douze mille années à parcourir, elle entend encore la voix du Soleil, elle subit encore son influence magnétique, s'arrête au sein de la nuit glacée de l'espace, et revient vers l'astre qui l'attire, en décrivant autour de lui ce vol allongé et oblique qu'elle emploie quatre-ving-huit siècles à parcourir! L'influence attractive du Soleil s'arrête-t-elle là? Non. Elle s'étend à travers l'infini, ne s'humilie que lorsqu'on pénètre dans la sphère d'attraction d'un autre soleil, non pas à des milliards de lieues d'ici, mais à des milliers de milliards, ou à des trillions....

Chaque étoile, chaque soleil de l'infini gouverne ainsi autour de soi, dans des sphères dont les limites s'entrecroisent, les mondes divers qui gravitent dans sa lumière et dans sa puissance. Et les innombrables soleils qui peuplent l'immensité se soutiennent mutuellement entre eux sur le réseau de la gravitation universelle.

Immense et majestueuse harmonie des mondes! Un mouvement universel emporte les astres, atomes de l'infini. La Lune gravite autour de la Terre, la Terre gravite autour du Soleil, le Soleil emporte toutes ses planètes et leurs satellites vers la constellation d'Hercule, et ces mouvements s'exécutent suivant des lois déterminées, comme l'aiguille de la montre qui tourne autour de son centre, et comme ces ondulations circulaires qui se développent à la surface d'une eau tranquille dont un point a été frappé. C'est une harmonie universelle, que l'oreille physique ne peut pas entendre, comme le supposait Pythagore, mais que l'oreille intellectuelle doit comprendre. Et qu'est-ce que la musique elle-même, qui nous berce vaguement sur ses ailes séraphiques et transporte si facilement nos âmes dans ces régions éthérées de l'idéal où l'on oublie les chaînes de la matière? Qu'est-ce que les modulations sonores de l'orgue, les suaves frémissements de l'archet sur le violon, les langueurs nerveuses de la cythare, ou le charme plus captivant encore de la voix humaine, mariant les transports de la vie aux chaudes couleurs de l'harmonie? Qu'est-ce, sinon un mouvement ondulatoire de l'air combiné pour atteindre l'âme au fond du cerveau et la pénétrer d'émotions d'un ordre spécial? Quand les accents guerriers de l'ardente *Marseillaise* emportent dans le feu de la mêlée les

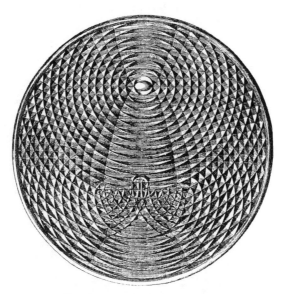

Fig. 112. — Harmonie des ondulations.

bataillons surexcités, ou quand sous la voûte gothique le douloureux *Stabat* pleure ses larmes lugubres, c'est la vibration qui nous pénètre en nous parlant un mystérieux langage. Or, tout dans la nature est mouvement, vibration, harmonie. Les fleurs du parterre chantent, et l'effet qu'elles produisent dépend du nombre et de l'accord de leurs vibrations relativement à celles qui émanent de la nature environnante. Dans la lumière violette, les atomes de l'éther oscillent avec la rapidité inouïe de 740 mille milliards de vibrations par seconde; la lumière rouge, plus lente, est produite par des ondulations vibrant encore en raison de 380 mille milliards par seconde. La couleur violette est, dans l'ordre de la lumière, ce que sont les notes les plus élevées dans l'ordre du son, et la couleur rouge représente les tons les plus graves.

Comme on voit un objet flottant sur l'eau obéir docilement aux ondes qui arrivent de divers côtés, ainsi l'atome d'éther ondule sous l'influence de la lumière et de la chaleur, ainsi l'atome d'air ondule sous l'influence du son, ainsi la planète et le satellite circulent sous l'influence de la gravitation.

L'harmonie est dans tout. Pour l'œil d'une personne familiarisée avec les principes, rien n'est plus intéressant que l'entre-croisement des ondes de l'eau. Par leur interférence, la surface d'intersection est quelquefois tellement divisée, qu'elle forme une belle mosaïque agitée de mouvements rhythmiques, sorte de musique visible. Lorsque les ondes sont habilement engendrées à la surface d'un disque de mercure, et qu'on éclaire ce disque par un faisceau de lumière intense, cette lumière, réfléchie sur un écran, révèle les mouvements harmo-

Fig. 113. — Expérience de la plaque vibrante.

nieux de la surface. La forme du vase détermine la forme des figures produites. Sur un disque circulaire, par exemple, la perturbation se propage sous forme d'ondes circulaires en produisant le magnifique chassé-croisé que représente la *fig.* 112. La lumière réfléchie par une semblable surface donne un dessin d'une beauté extraordinaire. Lorsque le mercure est légèrement agité par une pointe d'aiguille dans une direction concentrique au contour du vase, les lignes de lumière tournent en rond, sous forme de fils contournés s'entrelaçant et se révélant les uns les autres d'une manière admirable. Les causes les plus ordinaires produisent les effets les plus exquis.

Les ondulations du son peuvent être traduites pour l'œil en des figures non moins harmonieuses, non moins agréables que la précédente. Prenons, à l'exemple de Chladni, une plaque de verre ou une mince plaque de cuivre, et saupoudrons-la de sable fin (*fig.* 113). Amortissons en deux points de l'un de ses bords avec deux doigts de la main gauche, et passons l'archet sur le milieu du côté opposé. Nous verrons le sable tressaillir, se rejeter de certaines parties de la surface, suivant les sons obtenus, et dessiner la figure reproduite ici. En variant l'expérience, on obtient ainsi ces admirables dessins, qui apparaissent soudain au commandement de l'archet d'un expérimentateur habile.

Les notes de la gamme ne sont, du reste, pas autre chose que des rapports de nombre entre les vibrations sonores. Combinés dans un certain ordre, ces nombres donnent l'accord parfait; ici, le mode majeur nous soulève et nous transporte; là, le mode mineur nous

Fig. 114. — Harmonie des vibrations.

attendrit et nous plonge dans la mélancolique rêverie. Et il n'y a pourtant là qu'une affaire de chiffres! Il y a mieux : ces sons, nous pouvons non seulement les entendre, mais encore les voir. Faisons vibrer deux diapasons par l'ingénieuse méthode de Lissajous, l'un vertical, l'autre horizontal, munis de petits miroirs réfléchissant un point lumineux sur un écran. Si les deux diapasons sont d'accord et donnent exactement la même note, la combinaison des deux vibrations rendues visibles sur l'écran par les petits miroirs qui les y inscrivent en traits de lumière produit un cercle parfait, c'est-à-dire la figure géométrique la plus simple; à mesure que l'amplitude des vibrations diminue, le cercle s'aplatit, devient ellipse, puis ligne droite. C'est la rangée première de notre *fig.* 115, dans laquelle le nombre des vibrations est dans le rapport absolument simple de 1 à 1. Si maintenant l'un des deux diapasons est juste à l'octave de l'autre, les vibrations sont dans le rapport de 1 à 2, puisque toute note a pour octave un nombr de vibrations justement double, et, au lieu du cercle, c'est un 8 qui se forme et se modifie, comme on le voit sur le deuxième rang. Si nous prenons la combinaison de deux tons de 1 à 3, soit le *do* avec

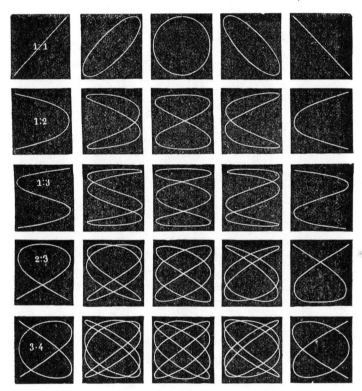

Fig. 115. — Géométrie de la musique.

le *sol* de l'octave au-dessus, nous obtenons les figures du troisième rang. Si nous combinons 2 à 3, comme *do* et *sol* de la même octave, nous produisons celles du quatrième rang. Le mariage de 3 à 4, de *sol* avec le *do* au-dessus, donne la cinquième série. Ce qu'il y a de plus curieux, c'est que, dans les figures complètes (celles du milieu de chaque série), le nombre des sommets dans le sens vertical et dans le sens horizontal indique lui-même le rapport des vibrations des deux diapasons. Oui, en tout, partout, les nombres régissent le monde.

Au surplus, pourquoi chercher dans l'analyse scientifique les témoi-

gnages de l'harmonie que la nature a répandue dans toutes ses œuvres ?
Sans qu'il soit nécessaire de nous élever à l'idéal de la musique, de
contempler les belles couleurs du ciel ou la splendeur d'un coucher

Fig. 116. — La géométrie dans les flocons de neige.

de soleil, nous pouvons, par la plus triste journée d'hiver, aux heures
grises et monotones où la neige tombe en flocons multipliés, regarder
au microscope quelques-uns de ces flocons, et la beauté géométrique de
ces légers cristaux nous ravira d'admiration. Comme le disait Pythagore : Dieu fait partout de la géométrie : ΑΕΙ Ο ΘΕΟΣ ΓΕΩΜΕΤΡΕΙ.

CHAPITRE II

Mesure de la distance du Soleil.
Résultats concordants de six methodes différentes. Les passages de Vénus.
Comment on a mesuré et pesé le Soleil.

Tous les nombres que nous venons de donner sur la grandeur et la masse du Soleil, sur sa distance et sur les dimensions du système solaire, sont établis d'après la mesure de la distance du Soleil à la Terre. C'est là véritablement le *mètre* du système du monde et de la mesure de l'univers sidéral lui-même. Les proportions relatives des mouvements et des distances, énoncées dans le chapitre précédent, restent les mêmes, il est vrai, quelles que soient les distances absolues ; mais ces distances absolues, qui ont bien leur intérêt, ne peuvent être connues que si la mesure qui sert de base à toutes les autres est elle-même exactement déterminée. Nous *savons*, par exemple, que la distance de la dernière planète de notre système, Neptune, est 30 fois plus grande que celle de la Terre au Soleil, et nous *savons* aussi que celle de l'étoile la plus proche de nous est 222 000 fois supérieure à la même unité ; mais nous ne connaissons pas la distance absolue, si nous n'avons pas d'abord déterminé cette unité avec la plus minutieuse précision. Il est donc tout naturel que les astronomes attachent la plus grande importance à cette détermination précise.

Nous avons vu (p. 114) par quel procédé on a déterminé la distance de la Lune. Si l'on voulait se servir du même mode d'observation pour déterminer la distance du Soleil, on n'y parviendrait pas. Cette distance est trop grande. Le diamètre entier de la Terre ne lui est pas comparable et ne formerait pas la base d'un triangle. Supposons que l'on mène de deux extrémités diamétralement opposées du globe terrestre deux lignes allant jusqu'au centre du Soleil : ces deux lignes se toucheraient tout le long de leur parcours, le diamètre de la Terre n'étant qu'un point relativement à leur immense longueur. Il n'y aurait donc pas de triangle, partant point de mesure possible. D'ici à l'astre du jour, il y a près de douze mille fois le diamètre de la Terre ! C'est comme si l'on prétendait construire un triangle en prenant pour

côté une ligne de 1 *millimètre* de longueur seulement, de chaque
extrémité de laquelle on mènerait deux lignes droites jusqu'à un point
placé à 12 mètres de distance. On voit que ces deux lignes seraient
presque parallèles et que les deux angles qu'elles formeraient à la base
du triangle seraient vraiment deux angles droits.

Il a donc fallu tourner la difficulté, et c'est ce qu'a fait l'astronome
Halley au siècle dernier, en proposant d'employer pour cette mesure
les passages de Vénus sur le disque solaire. Nous avons déjà vu que

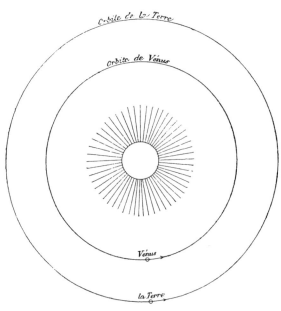

Fig. 117. — Orbites de Vénus et de la Terre autour du Soleil.

Vénus est plus près du Soleil que nous, et circule autour de l'astre
central le long d'une orbite intérieure à la nôtre. C'est ce que l'on
se représentera exactement sur la *fig.* 117 où les deux orbites ont été
tracées à l'échelle de 1 millimètre pour un million de lieues. Or,
quand Vénus passe juste entre le Soleil et la Terre, deux observateurs
placés aux deux extrémités de notre globe ne la voient pas se projeter
sur le même point du Soleil, la différence des deux points conduit à
la connaissance d'un angle qui donne la distance du Soleil.

Supposons que deux observateurs soient placés aux deux extrémités
d'un diamètre terrestre, chacun d'eux verra Vénus suivre une route
différente devant le Soleil. C'est là une affaire de perspective. En
étendant la main et en levant l'index verticalement, il nous masquera
tel objet en fermant l'œil gauche et regardant de l'œil droit, et tel

autre objet en fermant l'œil droit et regardant de l'œil gauche. Pour l'œil droit, il se projettera vers la gauche ; pour l'œil gauche, il se projettera vers la droite. La différence des deux projections dépend de la distance à laquelle nous plaçons notre doigt. Dans cette comparaison familière, dont je demande humblement pardon au lecteur, la distance qui sépare nos deux rétines représente le diamètre de la Terre ; nos deux rétines sont nos deux observateurs ; notre index représente Vénus elle-même, et les deux projections de notre doigt représentent les places différentes auxquelles les astronomes verront la planète sur la surface du Soleil. Pour que la comparaison fût complète, il serait mieux, au lieu d'étendre le doigt, de tenir une épingle à grosse tête à une certaine distance de l'œil, de telle sorte que sa tête se projetât sur un disque de papier placé à plusieurs mètres, puis de faire voyager cette tête d'épingle devant le disque, en la regardant successivement de l'un et de l'autre œil (¹).

(¹) Entrons dans quelques détails sur cette importante méthode.

Considérons un instant les positions respectives du Soleil, de Vénus et de la Terre dans l'espace à l'heure du passage. Deux observateurs, A et B, placés à la surface de la Terre, aussi éloignés que possible l'un de l'autre, observent Vénus : pour chacun d'eux, comme nous l'avons vu, elle se projette sur un point différent V_1 et V_2 de la

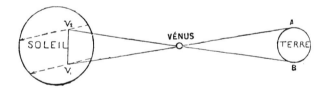

surface du Soleil. Joignons ces deux points par une ligne droite. Cette ligne mesure la distance qui les sépare l'un de l'autre sur le Soleil. Maintenant, de ces points, abaissons une ligne droite, qui, passant par Vénus, ira aboutir à chacun des observateurs terrestres. Nous venons de construire deux triangles.

Le premier de ces triangles a sa base sur le Soleil, formée par la ligne de jonction des deux points. Ses deux autres côtés vont de ces deux points à Vénus, sommet du triangle.

Le second triangle a également son sommet à Vénus, mais en sens opposé du précédent. Ses deux grands côtés vont de Vénus à la Terre, au lieu d'aller de Vénus au Soleil. Son troisième côté ou sa base est formé par la ligne qui joindrait les deux observateurs terrestres A et B.

Dans ces deux triangles, la distance rectiligne qui sépare les deux observateurs terrestres est connue, puisqu'on connaît maintenant les dimensions de la Terre. La troisième loi de Kepler démontre d'autre part que les côtés des deux triangles sont entre eux dans un certain rapport déterminé, lequel est égal à 0,37 pour le triangle qui a sa base sur la Terre. La distance rectiligne qui sépare les deux observateurs terrestres est les $\frac{37}{100}$ de la ligne de jonction V_1 V_2, qui réunit les deux points de la projection de Vénus sur le disque du Soleil. Le problème se réduit donc en définitive à mesurer cette ligne de jonction aussi exactement que possible. Supposons qu'on la trouve égale à 48 secondes d'arc. Cette valeur prouverait que le diamètre de la Terre,

La combinaison du mouvement de la Terre et du mouvement de Vénus sur leurs orbites respectives fait que Vénus ne peut passer devant le Soleil qu'aux intervalles singuliers de 113 ans et demi plus ou moins huit ans. Ainsi, il y a eu un passage au mois de décembre 1631 ; le suivant a eu lieu huit ans plus tard, en décembre 1639. Celui qui vient ensuite a eu lieu au mois de juin 1761, c'est-à-dire 113 ans et demi, *plus* huit ans, ou 121 ans et demi après

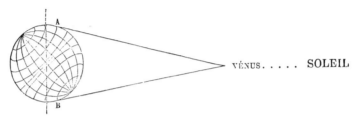

Fig. 119. — Inclinaison de la Terre aux moments des passages de Vénus devant le Soleil.

le dernier. Le suivant est arrivé huit ans après, en juin 1769. Maintenant, pour obtenir la date du nouveau passage, il faut ajouter à la date précédente 113 ans et demi, *moins* huit ans, ou 105 ans et demi, ce qui ·donne décembre 1874. C'est le dernier passage. Celui qui lui succédera arrivera huit ans plus tard, en décembre 1882. Ensuite nous n'en aurons plus avant un nouvel intervalle de 113 ans et demi *plus* huit ans, ou de 121 ans et demi, c'est-à-dire avant le mois de

vue à la distance du Soleil, mesure 48″ ⨯ 0,37, c'est-à-dire 17″,76. C'est précisément là le chiffre cherché.

La parallaxe du Soleil n'est donc autre chose que la dimension angulaire sous laquelle on verrait la Terre à la distance du Soleil. Qu'est-ce qu'une seconde d'arc ? C'est la grandeur apparente d'un mètre ou d'un objet quelconque, à 206 265 fois sa longueur. Un objet qui est vu sous un angle de 17″,76, est donc éloigné de l'observateur d'une quantité égale au chiffre que je viens de transcrire, divisé par 17,76. Si donc la Terre vue du Soleil sous-tend un angle de 17″,76, c'est que la distance d'ici au Soleil est de $\frac{206\,265}{17,76}$, c'est-à-dire de 11 614 fois le diamètre de la Terre.

Au lieu du diamètre entier de la Terre, on exprime les valeurs précédentes par le demi-diamètre ou le rayon, ce qui du reste ne change rien aux proportions. Si le chiffre précédent, que j'ai choisi pour plus de simplicité, était exact, la parallaxe du Soleil s'exprimerait donc par le chiffre 8″,88, angle sous lequel on verrait le rayon de la Terre à la distance du Soleil.

Telle est la méthode de triangulation proposée par l'astronome anglais Halley pour mesurer la distance du Soleil. Il en eut l'idée dès l'âge de 22 ans, en 1678, mais ne la publia qu'en 1691. En l'indiquant comme un excellent moyen d'obtenir la parallaxe du Soleil, l'illustre astronome savait bien, néanmoins, qu'il ne pourrait, selon toute probabilité, en faire usage lui-même, et que depuis longtemps, sans doute, il aurait cessé de vivre quand le moment de l'employer serait venu (1761). Il la recommande pourtant avec bonheur, se préoccupant bien plus d'être utile aux hommes après avoir disparu du milieu d'eux que d'adresser de mélancoliques regrets à cette existence d'ici-bas, trop courte pour lui permettre de contempler le phénomène dont il avait le premier découvert l'importance.

juin de l'an 2004, lequel sera suivi huit ans après par celui du mois de juin de l'an 2012, et ainsi de suite. — Une autre période, de 235 ans, ramène également certains passages. — Comme ces phénomènes n'arrivent qu'en juin et décembre, la Terre est alors très inclinée, et deux observateurs A et B (*fig.* 119) peuvent les observer de deux méridiens opposés, ayant le pôle entre eux.

Voici les dates de ces passages, depuis l'invention des lunettes jusqu'au xxxe siècle de notre ère, ou du moins jusqu'à cette époque, car il est douteux que l'ère chrétienne, qui est déjà vieille de dix-neuf siècles, dure jusque-là. Les opinions humaines changent si vite !

PASSAGES DE VÉNUS, DU DIX-SEPTIÈME AU TRENTIÈME SIÈCLE.

			Phase centrale comptée de midi.	Durée.
			h m s	h m
	1631	6 décembre	17.28.49	3.10
	1639	4 décembre	6. 9.40	6.34
235 ans	1761	5 juin	17.44.34	6.16
	1769	3 juin	10. 7.54	4. 0
235 ans	1874	8 décembre	16.16. 6	4.11
	1882	6 décembre	4.25.44	5.57
235 ans	2004	7 juin	21. 0.44	5.30
	2012	5 juin	13.27. 0	6.42
235 ans	2117	10 décembre	15. 6.37	4.46
	2125	8 décembre	3.18.40	5.37
235 ans	2247	11 juin	0.50.23	4·16
	2255	8 juin	16.53.56	7.12
235 ans	2360	12 décembre	13.59. 9	5.25
	2368	10 décembre	2.10. 2	4.59
235 ans	2490	12 juin	3.58.35	2. 4
	2498	9 juin	20.21. 2	7.33
235 ans	2603	15 décembre	12.54.16	5.53
	2611	13 décembre	1.11.12	4.30
235 ans	2733	15 juin	7.23.56	courte.
	2741	12 juin	23.43.59	7.46
235 ans	2846	16 décembre	11.53.15	6.14
	2854	14 décembre	0.13.29	3.48
	2976	17 juin	19.23.30	très courte.
	2984	14 juin	3. 2.22	7.52

On voit que les astronomes ne se laissent pas prendre au dépourvu. L'Astronomie est du reste la seule science qui jouisse du privilège de lire dans l'avenir comme dans le passé, et elle en profite pour elle-même.

Les détails spéciaux du prochain passage, du 6 décembre 1882, sont déjà calculés avec précision, et les meilleures stations d'observation sont déterminées. Il sera visible en France. — Déjà même les conditions des passages du 7 juin de l'an 2004 et du 5 juin de l'an 2012 ont été discutées et réglées, et l'on pourrait presque dire que les diverses Commissions sont prêtes à partir, — abstraction faite des noms des astronomes qui les composeront.

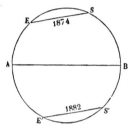

Fig. 120. — Cordes suivies par Venus devant le Soleil dans les deux passages de notre siècle.

Le dernier passage, celui du 8 décembre 1874, a été observé par des commissions scientifiques spéciales envoyées par toutes les nations sur les différents points du globe où le phénomène devait être visible. La France avait formé six missions, distribuées par moitié sur chaque hémisphère, et placées à Nagasaki (Japon), à Pékin (Chine), à Saïgon (Cochinchine); à Nouméa (Nouvelle-Calédonie), à l'île Saint-Paul et à l'île Campbell (Grand Océan méridional). Les chefs des missions françaises étaient MM. Janssen, Fleuriais, Héraud; André, Mouchez et Bouquet de la Grye. L'Angleterre avait installé des observateurs dans les Indes, en Egypte, en Perse, en Syrie, en Chine, au Japon, au cap de Bonne-Espérance, en Australie, en Tasmanie, à Java et jusqu'aux îles Sandwich. Les Américains s'étaient disséminés en Sibérie, en Chine, au Japon, en Nouvelle-Zélande, aux îles Chatam et Kerguelen, et en Tasmanie. L'Italie avait envoyé quatre observateurs au Bengale. L'Allemagne était représentée en Perse, en Egypte, en Chine, en Nouvelle-Zélande, aux îles Auckland, Kerguelen et Maurice. La Russie avait échelonné ses astronomes tout le long de son immense territoire, jusqu'en Sibérie et jusqu'au détroit de Behring. Ainsi, ce jour-là, notre planète était ceinte sur tout l'hémisphère éclairé par le soleil d'une zone d'observateurs épiant avec anxiété le passage du petit disque noir de Vénus devant le disque radieux.

On avait calculé d'avance les lieux géographiques d'où l'observation pouvait être faite. Le planisphère terrestre se trouve partagé en quatre fuseaux représentés sur le grand dessin ci-contre. Le plus sombre, à hachure horizontales, représente les lieux pour lesquels le passage est arrivé pendant la nuit et était par conséquent invisible : on voit que d'une part l'Algérie, la France, l'Espagne, l'Angleterre, la Suède, et d'autre part les deux Amériques étaient dans ce cas. La teinte blanche indique les lieux où le passage entier de la planète sur le disque solaire était visible. Les deux teintes claires indiquent : celle de gauche, qui traverse l'Afrique, les stations d'où l'on devait voir la sortie de Vénus, mais non l'entrée, celle de droite celles qui devaient voir l'entrée et non la sortie. Enfin on remarque en bas, un petit triangle sombre où l'on pouvait voir l'entrée et la sortie, mais où le soleil se couchait dans l'intervalle.

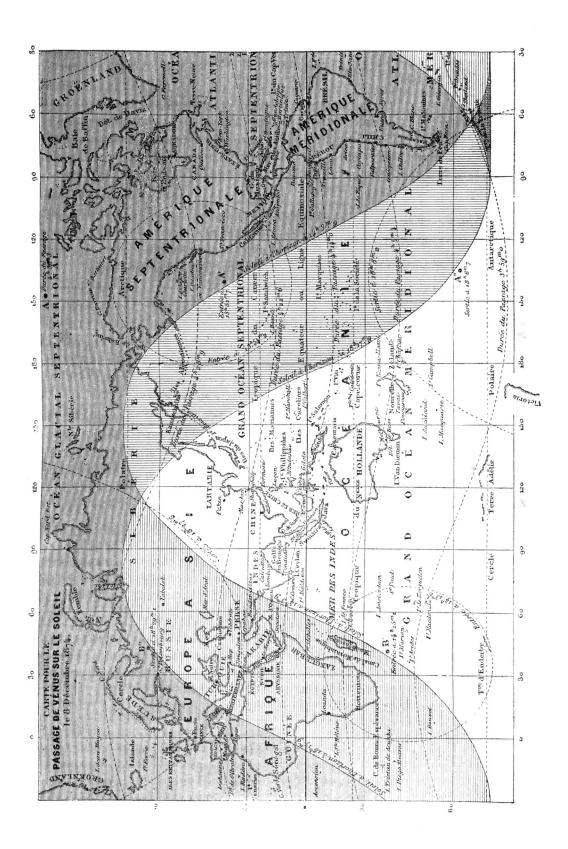

CARTE POUR LE
PASSAGE DE VÉNUS SUR LE SOLEIL
le 8 Décembre 1874.

Le temps n'a pas favorisé toutes les expéditions, et bien des savants ont eu le déplaisir de revenir dans leur patrie sans avoir pu même distinguer le Soleil, à cause d'une pluie persistante, tandis que d'autres, mieux favorisés du ciel, revenaient avec une riche collection de mesures et de photographies, et recevaient en récompense le titre d'académiciens. Déjà, du reste, à la fin du siècle dernier, Vénus s'était étrangement jouée des astronomes qui lui étaient le plus dévoués ; témoin la mésaventure, devenue légendaire, de ce pauvre Le Gentil, que son nom aurait dû tout au moins sauver des rigueurs de la cruelle planète, mais qui fut au contraire accablé d'une série de malheurs inattendus. Il part en 1760 pour observer le passage de 1761 ; mais la guerre des Anglais dans les Indes l'empêche d'ar-

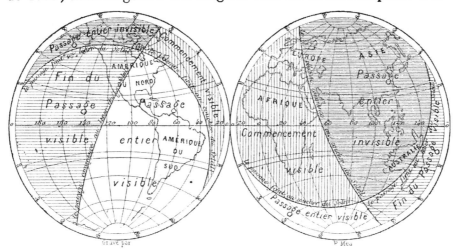

Fig. 122. — Carte du prochain passage de Vénus : 6 décembre 1882.

river ; il ne peut mettre pied à terre qu'*après* la date du passage Passionné pour l'astronomie, il prend la décision héroïque de rester à Pondichéry pendant huit ans, pour attendre le prochain passage de 1769!... Comme en cette saison (juin) le temps est généralement superbe dans ces parages, il ne doute pas d'un succès merveilleux, bâtit un observatoire, — apprend la langue du pays, — installe d'excellents instruments, — atteint l'année bienheureuse, le mois de mai fortuné, les premiers jours de juin illuminés d'un soleil splendide... Enfin le ciel se couvre, une tempête arrive *juste à l'heure du passage*, le soleil reste obstinément caché, Vénus passe, et, quelques minutes après la sortie, le ciel s'éclaircit, l'astre radieux brille de nouveau et ne cesse pas de se montrer tous les jours suivants!... Ne pouvant se résoudre à attendre le passage suivant (de 1874), le pauvre astronome se décide à revenir en France, manque deux fois de faire naufrage, et, en arrivant à Paris, constate que, l'absence de toutes nouvelles ayant fait croire à sa mort, il est remplacé à l'Académie des sciences... et ailleurs... à un degré si complet qu'il lui est même interdit de reprendre son propre héritage, la justice ayant décidé qu'il était mort. — Il finit par en mourir définitivement lui-même !

La comparaison de toutes les observations faites pendant le dernier passage a donné pour résultat de la parallaxe solaire le chiffre 8″85. Tel est l'angle que mesure, vu du Soleil, le demi-diamètre de la Terre.

En souvenir de cette importante mesure, l'Institut de France a fait

frapper la médaille commémorative que nous reproduisons ici. La mythologie reparaît un instant sur la scène moderne. Vénus va passer devant Apollon, tandis que la Science observe : « Par leur rencontre, les astres nous font connaître les distances qui les séparent ». *Quo distent spatio sidera juncta docent.*

Cette méthode des passages de Vénus devant le Soleil n'est pas la seule qui ait été employée pour calculer la distance de l'astre radieux. Plusieurs autres, absolument différentes de celle-ci, et independantes les unes des autres, ont été appliquées à la même recherche. Leurs résultats se vérifient mutuellement. Donnons-en une idée rapide.

Les deux premières sont fondées sur la vitesse de la lumière. On sait que la lumière emploie un certain temps pour se transmettre d'un point à un autre, et que pour venir, par exemple, de Jupiter à la Terre, elle emploie de 30 à 40 minutes, suivant la distance de la planète. En examinant les éclipses des satellites de Jupiter, on trouve qu'il y a seize minutes de différence entre les moments où elles arrivent lorsque Jupiter se trouve du même côté du Soleil que la Terre et lorsqu'il se trouve du côté opposé. La lumière emploie donc seize minutes pour traverser le diamètre de l'orbite terrestre, c'est-à-dire la moitié, ou huit minutes pour venir du Soleil, situé au centre. Or, comme les physiciens français Foucault, Fizeau et Cornu ont mesuré directement cette vitesse à Paris, et qu'ils l'ont trouvée égale à 298 500 kilomètres par seconde, on en conclut que la distance d'ici au Soleil est d'environ 148 millions de kilomètres.

Une autre méthode peut également donner cette distance; elle est fondée aussi sur la vitesse de la lumière. Un exemple familier nous la fera comprendre tout de suite. Supposons-nous placés sous une pluie verticale; si nous sommes immobiles, nous tiendrons notre parapluie verticalement; si nous marchons, nous l'inclinerons devant nous; et, si nous courons, nous l'inclinerons davantage. Le degré d'inclinaison de notre parapluie dépendra du rapport de la vitesse de notre marche avec celle des gouttes de pluie. On observe le même effet en chemin de fer par les lignes obliques que trace la pluie sur les portières; et, dont l'obliquité est la résultante du mouvement du train combiné avec la chute des gouttes. Le même effet se produit pour la lumière. Les rayons de lumière tombent des étoiles à travers l'espace; la Terre se meut avec une grande vitesse et nous sommes obligés d'incliner nos télescopes dans la direction vers laquelle la Terre se meut; c'est le phénomène de l'aberration de la lumière, lequel montre que la vitesse de la Terre égale $\frac{1}{10000}$ de celle de la lumière. On peut donc calculer par là la vitesse de la Terre, que l'on trouve ainsi être de 30 kilomètres par seconde; on peut calculer la longueur de l'orbite parcourue en 365 jours, et finalement le diamètre de cette orbite, dont la moitié est précisément la distance du Soleil.

Une quatrième méthode est fournie par les mouvements de la Lune. La régularité du mouvement mensuel de notre satellite est combattue par l'attraction du Soleil; or, comme l'attraction varie en raison inverse du carré de la distance, on conçoit qu'en analysant scrupuleusement l'action du Soleil sur la Lune on puisse arriver à connaître la distance du Soleil. C'est ce qu'ont fait Laplace et Hansen.

Une cinquième méthode peut se déduire des masses des planètes, dont les mouvements sont intimement liés à la masse du Soleil et à sa distance. Les influences planétaires produisent des perturbations rendues sensibles par les observations; lorsque les masses ont été déterminées par une méthode indépendante, la grandeur des perturbations fait connaître les distances. Ce calcul a été fait par Le Verrier.

Une sixième méthode est offerte par l'observation de Mars, et par celle des petites planètes extérieures à la Terre; ces planètes passent devant des étoiles lointaines situées pour ainsi dire à l'infini derrière elles, et si l'on observe leurs positions vues de deux pays de la Terre très éloignés l'un de l'autre, elles se projettent en deux points différents (comme Vénus pour le Soleil) : l'écartement angulaire de ces deux points indique la distance de la Terre à Mars ou aux autres planètes employées. On a examiné minutieusement à ce point de vue Mars en 1832, 1862 et 1877, ainsi que les petites planètes Flore en 1874 et Junon en 1877.

Toutes ces mesures concordent avec une précision remarquable, eu égard à la difficulté de ces observations. Voici les résultats principaux :

Passage de Vénus en 1769.	8″91
— en 1874.	8 85
Vitesse de la lumière	8 86
Aberration de la lumière.	8 80
Mouvement de la Lune.	8 85
Masses des planètes.	8 86
Opposition de Mars, Flore, etc	8 86

On voit que les dixièmes sont concordants, et que l'incertitude ne pèse plus que sur les centièmes. La moyenne la plus sûre (8″86) signifie que, vu du Soleil, le demi-diamètre de la Terre se réduit à cet angle, ou son diamètre à un angle de 17″72. C'est comme une bille de 10 centimètres de largeur placée à 1164 mètres de l'œil. En se reportant à la petite table des angles publiée plus haut (p. 114), on calcule facilement que cette parallaxe correspond à une distance de 11 640 fois le diamètre de la Terre, c'est-à-dire, en nombres ronds, à 148 millions de kilomètres.

Telle est la mesure de la DISTANCE DU SOLEIL. Il n'y a là aucun roman, aucune œuvre d'imagination; mais ce sont là des *faits mathématiques* absolus, incontestables, pour tout esprit de bonne foi qui veut bien examiner lui-même leur origine et leur nature.

Le résultat n'en est pas moins merveilleux pour cela.

Ainsi, si l'on jetait un pont dans l'espace, d'ici au Soleil, et si l'on formait les arches de ce viaduc de cintres aussi larges que la Terre, la longueur totale de ce pont éthéré serait composée de 11 640 de ces arches juxtaposées! Ou encore, il faudrait une rangée de 11 640 terres pour former la base du pont dont il s'agit.

Comment nous représenter cette distance qui nous sépare de l'astre du jour?

Un moyen d'y parvenir peut-être serait de supposer qu'un mobile, un boulet de canon, par exemple, fût lancé d'ici au Soleil, de le suivre par la pensée, et de *sentir* le temps qu'il emploierait à franchir cette distance. Essayons. Chassé par une charge de six kilogrammes de poudre, un tel projectile se meut avec une vitesse de 500 mètres dans la première seconde. S'il conservait cette vitesse uniforme jusqu'au Soleil, il lui faudrait voler en ligne droite pendant.... *neuf ans et huit mois* pour y parvenir.

Nous verrons bientôt que le Soleil est le siège d'explosions et de conflagrations épouvantables. Si l'espace compris entre cet astre et la Terre pouvait transmettre un son avec la vitesse ordinaire de propagation de 340 mètres (¹) par seconde, il faudrait à l'ébranlement sonore... 13 ans et 9 mois pour franchir cette distance. Il y aurait donc près de quatorze ans que l'explosion solaire qui aurait donné naissance à ce bruit aurait eu lieu lorsque nous l'entendrions.

Un convoi de chemin de fer mesurera peut-être cette distance sous une forme encore plus sensible. Supposons donc en imagination une voie ferrée allant en droite ligne d'ici à l'astre central. Eh bien! un train express voyageant à la vitesse constante de soixante kilomètres à l'heure, soit un kilomètre par minute, emploierait 148 millions de minutes pour arriver au Soleil, c'est-à-dire 97 222 jours, ou 266 ans. Parti au 1ᵉʳ janvier 1880, il ne terminerait sa route qu'en l'an 2146. En raison de la durée moyenne de notre vie, l'expédition sidérale n'arriverait à son but qu'à sa septième génération, et ce ne serait que la quatorzième qui pourrait rapporter des « nouvelles » de ce que le trisaïeul de son bisaïeul aurait vu!... Un voyageur parti avec cette vitesse en 1614, sous Louis XIII, arriverait seulement aujourd'hui!

(¹) A propos de la vitesse du son comparée à celle d'un boulet, on lit dans plusieurs ouvrages que lorsqu'on a entendu l'explosion d'une bouche à feu on n'a plus à craindre le projectile, parce que celui-ci court plus vite que le son. C'est là une erreur, dont tous les Parisiens entre autres auraient pu facilement se désabuser pendant le siège de 1870. Sur les fortifications, par exemple, on pouvait « s'amuser » à regarder les pièces du consciencieux bombardement prussien installées à Meudon; on voyait le feu, on entendait le coup, et l'on avait le temps de se coucher à plat ventre avant d'entendre l'obus passer au-dessus de sa tête. En effet, la vitesse du projectile diminue de seconde en seconde, tandis que celle du son reste constante, et l'obus ne tarde pas à aller moins vite que le son. Si l'on est suffisamment éloigné, le boulet n'arrive qu'après avoir eu la politesse de se faire annoncer

Maintenant que nous connaissons la distance du Soleil, rien n'est plus simple que de calculer sa dimension réelle à l'aide de sa dimension apparente, exactement comme nous l'avons fait pour la Lune. Nous venons de voir que le diamètre de la Terre vue du Soleil est de 17″72. D'autre part, le diamètre du Soleil vu de la Terre est de 32′4″ c'est-à-dire, en secondes, de 1924″. Telle est donc, tout simplement, la proportion des deux diamètres. En divisant le dernier nombre par le premier, on trouve qu'il le contient 108 fois et demie (108,55). Il est donc *démontré* par là que le diamètre réel du Soleil mesure 108 fois et demie 12 732 kilomètres, c'est-à-dire 1 382 000 kilomètres, ou 345 500 lieues, — que sa circonférence mesure 4 350 000 kilomètres ou plus d'un million de lieues, — que sa surface surpasse de près de douze mille fois celle de notre globe et présente une étendue de six millions de millions de kilomètres carrés, — et que son volume, 1 279 000 fois plus considérable que celui de la Terre, vaut 1 390 050 trillions de kilomètres cubes, ci :

$$1\,390\,050\,000\,000\,000\,000$$

Puisque le diamètre du Soleil est de 345 500 lieues, il y a 172 750 lieues de son centre à sa surface. Or, il n'y a que 96 000 lieues d'ici à la Lune. Si donc on plaçait la Terre au centre du Soleil, comme un petit noyau au milieu d'un fruit colossal, la Lune tournerait dans l'intérieur du globe solaire, et la distance de la Lune ne représenterait guère plus de la moitié du chemin du centre à la surface solaire ; de l'orbite lunaire pour atteindre cette surface, il resterait encore 76 750 lieues à parcourir !

L'imagination la plus active ne parvient pas à se former une juste idée de la différence de volume entre le Soleil et la Terre. Une comparaison souvent citée ne manque pas d'éloquence. Il paraît que, dans un litre de blé, il y a dix mille grains. La mesure de capacité nommée le décalitre contient donc cent mille grains, et dix décalitres ou un hectolitre en contiennent un million. Si donc on verse en un même tas treize décalitres de blé et qu'on prenne un de ces grains, on aura, en nombre rond, la différence prodigieuse de volume qui existe entre le Soleil et la Terre. Notre globe de plus ou de moins dans le Soleil, c'est insignifiant. Mais concevra-t-on ce volume de 1 279 000 grains de blé, si l'on remarque que chacun de ces grains mesure en réalité mille milliards de kilomètres cubes !

Jupiter est 1390 fois plus gros que la Terre. Saturne, Neptune, Uranus, sont aussi bien supérieurs en volume à notre monde. Cependant, si l'on réunissait ensemble toutes les planètes et tous les satellites, on ne formerait encore qu'un volume 600 fois plus petit que celui du Soleil seul.

Chacun s'étonne à juste titre d'une pareille grandeur. Eh bien, la science n'est pas moins admirable dans l'infiniment petit que dans l'infiniment grand. Le calcul prouve qu'il n'y a pas plus de kilomètres cubes dans le Soleil qu'il n'y a d'atomes dans une tête d'épingle !... En effet, le corps entier de certains infusoires, vu au microscope, tient entre deux divisions d'un millimètre divisé en mille partïes égales, et mesure par conséquent au maximum un millième de millimètre. Ce petit être vit, marche, sent, est muni d'appareils de locomotion qui exigent des muscles et des nerfs (plusieurs ont jusqu'à 120 estomacs !) En portant son diamètre à un mètre, la supposition la plus modérée que nous puissions faire est que les molécules organiques qui constituent son corps aient un millimètre de diamètre, et que, dans ces molécules, il n'y ait pas moins de dix distances d'atomes constitutifs. On peut donc conclure avec Gaudin, pour la distance des atomes, un dix-millionième de millimètre. Il en résulte que le nombre d'atomes contenus dans un fragment de matière de la grosseur d'une tête d'épingle de 2 millimètres serait représenté par le cube de 20 millions, ou par le chiffre 8 suivi de vingt et un zéros :

$$8\,000\,000\,000\,000\,000\,000\,000$$

De sorte que si l'on voulait compter le nombre des atomes métalliques contenus dans une tête d'épingle, en en détachant chaque seconde par la pensée un milliard, il ne faudrait pas moins de *deux cent cinquante mille ans* pour arriver à les compter tous !

La nature est immense dans le petit comme dans le grand ; ou, pour parler plus exactement, il n'y a pour elle ni petit ni grand.

Mais la science n'a pas seulement mesuré le Soleil ; elle l'a encore pesé. Notre légitime curiosité arrive ici à poser cette question non moins hardie que les précédentes : *Comment peut-on peser le Soleil ?*

Cette explication est un peu plus difficile à « populariser » ; aussi la passe-t-on généralement sous silence. Il faudra au moins cinq minutes d'attention soutenue pour la bien comprendre... cinq minutes ! ce n'est rien dans la vie ; c'est énorme pour les esprits superficiels qui préfèrent Offenbach à Beethoven. Des physiologistes peu galants assurent que la cervelle féminine pèse 124 grammes de moins que le cerveau masculin, la première ne pesant que 1210 grammes et le second 1334 (il s'agit des Françaises et des Français). Il faudra donc six minutes d'attention pour mes lectrices.

Nous avons vu plus haut, à propos de la Lune (p. 119), que la pesanteur et l'attraction universelle sont une seule et même force, et que Newton a découvert cette identité en calculant quelle distance existe au bout d'une seconde entre l'extrémité de la ligne droite que la Lune parcourerait si elle n'était pas attirée par la Terre, et l'extrémité de la ligne courbe qu'elle décrit en réalité à cause de notre influence attractive. Cette distance, qui est seulement de 1 millimètre 1/3, représente précisément le chemin que ferait en une seconde un corps quelconque dans sa chute vers la Terre, si l'on pouvait le transporter à cette hauteur et l'abandonner là à l'influence de la pesanteur. Si, par exemple, un ange pouvait saisir un homme par les cheveux et l'élever à la Lauteur de la Lune (on dit que Mahomet a eu ce plaisir — sans doute en rêve), puis le laisser là et remonter au ciel, notre homme retomberait vers la Terre; mais, dans sa première seconde de chute, il ne tomberait que de $1^{mm}1/3$, puis de $2^{mm}2/3$ dans la deuxième seconde, de 5 dans la troisième, de 10 dans la quatrième, et ainsi de suite, en doublant toujours...

C'est par un procédé analogue que nous allons juger de la masse attractive du Soleil.

Fig. 123. — Mesure de l'attraction solaire.

Si, au lieu de porter une pierre à la distance de la Lune, à 96 000 lieues, nous la portions jusqu'à la distance du Soleil, à 37 000 000, de combien l'intensité de la pesanteur terrestre serait-elle diminuée à un pareil éloignement? La loi est la même partout. La réponse est donc qu'elle serait diminuée en raison du carré de la distance. Or, cette distance est de 23 200 fois le rayon de la Terre, le carré est de 5 382 400; au lieu d'être de $\frac{4^m.90}{3600}$, la chute serait de $\frac{4^m.90}{53.52400}$, c'est-à-dire si faible, qu'on peut à peine l'exprimer par un fraction de millimètre compréhensible : c'est 9 millionièmes de millimètres. Voilà la faible quantité dont une pierre retomberait vers la Terre si l'on pouvait la transporter à 37 millions de lieues, et si elle n'était influencée par l'attraction d'aucun autre corps céleste.

Eh bien! faisons maintenant pour la Terre ce que nous avons fait plus haut pour la Lune. Traçons le chemin parcouru en une seconde par notre planète dans son cours annuel autour du Soleil, et voyons quelle différence existe entre l'arc parcouru et la ligne droite que la Terre suivrait si elle ne ressentait pas l'influence attractive du Soleil : cette différence nous indique, comme pour la Lune, précisément la quantité dont notre planète tombe en une seconde vers le Soleil. La mesure précise donne $2^{mm},9$ (nous l'avons déjà vu p. 276).

Par conséquent, l'attraction du Soleil est à celle de la Terre dans le rapport de $0^{m},0029$ à $0^{m},000\,000\,009$, ou de 29 à $0^{m},00009$, ou comme 29 est à 9 cent millièmes. Autrement dit, l'attraction du Soleil est 324 000 fois plus forte que celle de la Terre. Nous avons vu que l'attraction est produite par les masses, ou par le poids même des corps. *Nous savons donc mathématiquement par là que le Soleil pèse 324 000 fois plus que la Terre* ([1]).

Puisque la Terre pèse 5875 sextillions de kilogrammes, comme nous l'avons vu, le Soleil en pèse 324 000 fois plus, soit 1900 octillions... ci :

$$1\,900\,000\,000\,000\,000\,000\,000\,000\,000\,000,$$

ou, en nombre rond, *deux nonillions* de kilogrammes.

On voit que tout cela est de la plus grande simplicité. Le premier bachelier venu peut se flatter aujourd'hui de peser le Soleil — lorsque

([1]) Nous pourrons arriver au même résultat par une autre méthode. Nous avons vu (p. 277) que les planètes circulent d'autant moins vite qu'elles sont plus éloignées du Soleil, et que la loi de cette diminution de vitesse s'exprime par la formule suivante . « Les carrés des temps des révolutions sont entre eux comme les cubes des distances »

Autrement dit, un corps situé 2 fois plus loin qu'un autre tourne en une période indiquée par la racine carrée de 8 (cube de 2) ; un corps 3 fois plus éloigné, par la racine carrée de 27 (cube de 3) ; un corps 4 fois plus distant, par la racine carrée de 64 (cube de 4), et ainsi de suite. Voulez-vous deviner, par exemple. en combien de temps une lune située à une distance double de la nôtre tournerait autour de nous ? Le calcul est facile : $2 \times 2 \times 2 = 8$; la racine carrée de 8 est 2,84 ; donc elle tournerait 2,84 plus lentement, c'est-à-dire en 77 jours.

Pour connaître la différence qui existe entre l'attraction de la Terre et celle du Soleil, il faut donc simplement chercher en combien de temps tournerait autour de nous un corps situé à 37 millions de lieues. Or, 37 millions, c'est 385 fois la distance de la Lune. Faisons le calcul : $385 \times 385 \times 385 = 57\,066\,625$; la racine carrée de ce nombre est 7553 ; cette lune lointaine tournerait donc autour de nous 7553 fois moins vite que la lune actuelle, c'est-à-dire en 206 330 jours ou en 566 ans.

Si les poids des masses directrices se jugeaient simplement par le temps des révolutions, puisque la Terre n'aurait la force de faire tourner un satellite qu'en 566 ans, et que le Soleil a la force de faire tourner la Terre en 1 an (à la même distance de 37 millions de lieues), nous en conclurions tout de suite que le Soleil est simplement 566 fois plus fort que la Terre Mais ce ne sont pas les périodes simples qu'il faut comparer, ce sont les périodes multipliées par elles-mêmes.

Multiplions donc 566 par lui-même, et nous trouvons 320 000 pour le rapport approché entre la masse du Soleil et celle de la Terre. Si nous avions tenu compte de tous les détails, nous trouverions le même chiffre que précédemment, ou 324 000.

les astronomes lui ont fourni les éléments du calcul. La distance de l'astre étant le premier de ces éléments, on conçoit l'importance que la science attache à ce qu'elle soit exactement connue.

Maintenant que nous avons déterminé le volume et le poids du Soleil, il nous est facile de compléter ces données par la détermination de sa densité. La densité d'un corps se conclut du poids divisé par le volume. L'astre central du système solaire étant 1 279 000 fois plus gros que la Terre, et seulement 324 000 fois plus lourd, est beaucoup moins dense que notre monde : cette densité s'exprime par le chiffre 0,253, en représentant par 1 celle du globe terrestre ; c'est-à-dire que les matériaux constitutifs du Soleil pèsent environ les 25 centièmes ou le quart de ceux qui composent l'ensemble de la Terre.

Le Soleil pèse un peu plus qu'un globe d'eau de mêmes dimensions ; il a à peu près la densité de la houille.

Un dernier mot encore, sur la pesanteur à la surface solaire, et nous aurons étudié *ex professo* tous les éléments uranographiques du foyer du système du monde.

L'état de la pesanteur à la surface d'un globe se conclut de la masse de ce globe et de son volume ; elle dépend à la fois de la masse du globe sur la surface duquel on la considère et du rayon de ce globe, c'est-à-dire de la distance qui sépare la surface du point central où toute la masse pourrait être concentrée sans que l'attraction totale qu'elle exerce fût sensiblement altérée. Il n'est pas difficile de calculer l'intensité de la pesanteur à la surface d'un monde, en tenant compte de ces deux éléments. Faisons ce calcul pour le Soleil.

L'intensité de la pesanteur sur la Terre étant représentée par 1, celle qui existe sur le Soleil serait représentée par 324 000, si le demi-diamètre de cet astre était égal à celui de la Terre. Mais il est 108 fois 1/2 plus grand ; l'attraction exercée par le Soleil sur sa surface est donc 11 783 fois plus petite que si son rayon était égal à celui de la Terre (11 783 est le carré de 108,55). En divisant 324 000 par 11 783, on trouve 27,47, pour la pesanteur solaire comparée à la pesanteur terrestre. Le Soleil attire les objets à sa surface 27 fois plus fortement que ne le fait la Terre. Ce calcul serait le même pour la recherche de la pesanteur à la surface de tous les mondes. Les résultats en ont été donnés plus haut (p. 148) à propos de la Lune

CHAPITRE III

La lumière et la chaleur du Soleil. — État de sa surface. — Ses taches.
Sa rotation. — Aspects, formes et mouvements des taches solaires.

« Déjà l'étoile de Vénus, Chasca, donne le signal du matin. A peine
ses feux argentés étincellent sur l'horizon, un doux frémissement se
fait entendre autour du temple. Bientôt l'azur du ciel pâlit vers l'orient,
des flots de pourpre et d'or inondent les plaines du ciel. L'œil attentif
des Indiens observe ces gradations, et leur émotion s'accroît à chaque
nuance nouvelle... Soudain la lumière à grands flots s'élance de l'horizon ; l'astre qui la répand s'élève dans le ciel ; le temple s'ouvre, et le
pontife, au milieu des Incas et du chœur des vierges sacrées, entonne
l'hymne solennel, qu'au même instant des milliers de voix répètent de
montagne en montagne.... »

Ainsi parle Marmontel lorsqu'il décrit la fête du Soleil—dieu adoré
par les peuples primitifs. Au retour de l'équinoxe, le lever du Soleil,
dieu du jour, roi de la lumière, était salué par les Incas du haut de
leurs terrasses cyclopéennes. La même adoration, le même culte, se
retrouvent chez tous les peuples anciens. Sans se rendre compte encore
de la réelle grandeur et de l'incomparable importance de l'astre
éblouissant, ils savaient déjà qu'il est le père de la nature terrestre, ils
savaient que c'est sa chaleur qui entretient la vie, ils savaient que c'est
elle qui fait grandir les arbres dans les forêts, couler le ruisseau dans
la vallée, épanouir les fleurs de la prairie, chanter l'oiseau dans les bois,
mûrir les céréales et les vignes ; et ils saluaient en lui leur père, leur
ami, leur protecteur.

La science moderne n'a fait que confirmer, décupler, centupler les
prévisions anciennes. Sa lumière, sa chaleur, sa puissance sont autant
au-dessus des idées anciennes que la poésie de la nature est au-dessus
de l'interprétation humaine. Aucune lumière créée par la chimie ne
peut lui être comparée. Interposée devant son disque, la brillante lumière
électrique paraît noire. Les températures les plus élevées de nos four-
naises, celles de la fusion de l'or, de l'argent, du platine, ne sont que
glace à côté de la chaleur solaire. Les astronomes de l'école de Pytha-

gore, qui croyaient donner une haute idée de l'astre du jour en estimant
sa distance à 18 000 lieues et son diamètre à 167 lieues, étaient aussi
loin de la réalité qu'une fourmi qui se croirait de la taille d'un cheval.
Et pourtant estimer le Soleil de la grandeur du Péloponèse était alors
d'une telle hardiesse aux yeux des conservateurs classiques et des
docteurs enseignants, que, pour avoir affirmé ce commencement de
vérité, le philosophe Anaxagore fut outrageusement persécuté et condamné à mort! condamnation commuée en une sentence d'exil à la
prière de Périclès. Le procès de Galilée a été plus tard la résurrection
de celui d'Anaxagore.

L'influence lumineuse et calorifique que nous recevons de l'astre du
jour étant un fait d'observation constante et universelle, la question
qui se présente n'est pas de nous demander si cette influence est réelle,
mais de déterminer l'intensité d'une cause qui, à une telle distance,
produit encore de tels effets. Mais que sont nos températures, qui, en
définitive, proviennent toutes du Soleil, en comparaison de celle du
Soleil lui-même? Celle de l'ébullition de l'eau nous paraît déjà énorme,
et notre organisme vivant ne la supporte pas. Elle ne représente
pourtant que l'échelle ordinaire sur laquelle nos thermomètres sont
gradués. L'eau bout à 100 degrés. Le soufre est en fusion à 113 degrés,
l'étain à 235, le plomb à 335, l'argent à 954, l'or à 1035, le fer à 1500,
le platine à 1775, l'irridium à 1950. Les fourneaux de nos laboratoires
sont arrivés à produire des chaleurs de 2500 à 3000 degrés. Qu'est-ce
que ces effets en comparaison de l'astre incandescent qui, à travers une
distance de 148 millions de kilomètres, et seulement par une quantité de chaleur deux milliards de fois moins intense que celle qu'il
rayonne, est encore capable d'échauffer notre planète au point de la faire
vivre dans la fécondité de ce rayonnement! La quantité de chaleur
émise par le Soleil a été mesurée par Sir John Herschel au cap de
Bonne-Espérance et par Pouillet à Paris. L'accord entre ces deux
séries de mesures est très remarquable. Sir John Herschel a trouvé que
l'effet calorifique d'un soleil vertical, au niveau de la mer, suffit à faire
fondre $0^{mm},1915$ de glace par minute, tandis que, selon Pouillet, la
quantité de glace fondue serait $0^{mm},1786$. La moyenne de ces deux déterminations ne peut pas être fort éloignée de la vérité; elle est de
$0^{mm},1850$, ou à peu près 1 cent. 11 de glace par heure. En tenant
compte des épaisseurs d'atmosphère traversées aux différentes heures,
on trouve que la quantité de chaleur solaire absorbée par l'atmosphère
est les quatre dixièmes du rayonnement total dirigé vers la Terre; de
sorte que si l'atmosphère était supprimée, l'hémisphère éclairé recevrait

près du double de chaleur. Si la quantité de chaleur solaire reçue par la Terre en un an était distribuée uniformément, elle serait suffisante pour liquéfier une couche de glace de 30 mètres d'épaisseur recouvrant toute la Terre. Elle ferait passer de même la masse d'un océan d'eau fraîche, ayant 100 kilomètres de profondeur, de la température de la glace fondante à celle de l'ébullition (¹).

Le Soleil est la source puissante d'où découlent toutes les **forces** qui mettent en mouvement la Terre et sa vie. C'est sa chaleur qui fait courir le vent, monter les nuages, **couler le fleuve, grandir la forêt,**

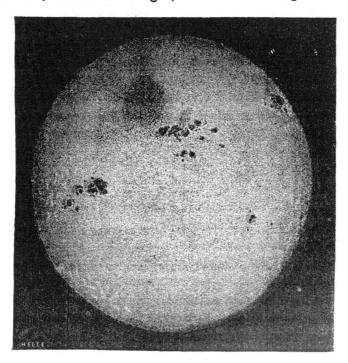

Fig. 124. — Le Soleil, d'après une photographie directe.

mûrir le fruit, et vivre l'homme lui-même. La force constamment et silencieusement dépensée pour élever les réservoirs de la pluie à leur hauteur atmosphérique moyenne, pour fixer le carbone dans les plantes, pour donner à la nature terrestre sa vigueur et sa beauté, a pu être calculée au point de vue mécanique; elle est égale au travail de 217 trillions 316 milliards de chevaux-vapeur : cinq cent quarante-

(¹) En concentrant cette chaleur à l'aide d'un ingénieux appareil, M. Mouchot a su, depuis bien des années déjà, substituer les célestes rayons du soleil à la chaleur vulgaire de nos fourneaux, faire cuire un bœuf à la mode, bouillir du café, distiller des eaux-de-vie, etc. Il y a des climats où ces procédés rendraient les cuisines inutiles. L'industrie future utilisera certainement les rayons solaires.

trois milliards de machines à vapeur d'une force effective de quatre cents chevaux chacune travaillant sans relâche le jour et la nuit : voilà le travail permanent du Soleil sur la Terre!

Nous n'y songeons pas; mais tout ce qui marche, circule, vit sur notre planète est enfant du Soleil. Le vin généreux dont le transparent rubis égaie la table française, le champagne qui pétille dans la coupe de cristal, sont autant de rayons de soleil emmagasinés pour notre goût. Les mets les plus succulents descendent du Soleil. Le bois qui nous chauffe en hiver, c'est encore du soleil en fragments : chaque décimètre cube, chaque kilogramme de bois est construit par la main du Soleil. Le moulin qui tourne, sous l'impulsion de l'eau ou du vent, ne tourne que par le Soleil. Et dans la nuit noire, sous la pluie ou la neige, le train bruyant et aveugle qui s'enfuit comme un serpent volant à travers les campagnes, se lance au-dessus des vallées, s'engouffre sous les montagnes, sort en sifflant et se précipite sur les gares dont les yeux pâles brillent silencieusement à travers le brouillard : au milieu de la nuit et du froid, cet animal moderne engendré par l'industrie humaine est encore un fils du Soleil; le charbon de terre qui nourrit ses entrailles, c'est du travail solaire emmagasiné depuis des millions d'années sous les couches géologiques du globe. Autant il est certain que la force qui met la montre en mouvement dérive de la main qui l'a remontée, autant il est certain que toute puissance terrestre découle du Soleil. C'est sa chaleur qui maintient les trois états des corps, solides, liquides et gazeux; les deux derniers s'évanouiraient, il n'y aurait plus que du solide, l'eau et l'air lui-même seraient en blocs massifs si la chaleur solaire ne les maintenait pas à l'état fluide. C'est le Soleil qui souffle dans l'air, qui coule dans l'eau, qui gémit dans la tempête, qui chante dans le gosier infatigable du rossignol. Il attache au flanc des montagnes les sources des rivières et les glaciers; et, par conséquent, les cataractes et les avalanches se précipitent avec une énergie qu'elles tiennent immédiatement de lui. Le tonnerre et les éclairs sont à leur tour une manifestation de sa puissance. Tout feu qui brûle et toute flamme qui brille ont reçu leur vie du Soleil. Et quand deux armées se heurtent avec fracas, chaque charge de cavalerie, chaque choc entre deux corps d'armée ne sont autre chose que l'abus de la force mécanique du même astre. Le Soleil vient à nous sous forme de chaleur, il nous quitte sous forme de chaleur, mais, entre son arrivée et son départ, il a fait naître les puissances variées de notre globe.

Présentées à notre esprit sous leur véritable aspect, les découvertes et les généralisations de la science moderne constituent donc le plus sublime des poëmes qui se soit jamais offert à l'intelligence et à l'imagination de l'homme. Le physicien de nos jours, dirons-nous avec Tyndall, est sans cesse en contact avec un merveilleux qui ferait pâlir celui de l'Arioste et de Milton, merveilleux si grandiose et si sublime, que celui qui s'y livre a besoin d'une certaine force de caractère pour se préserver de l'éblouissement.

Et pourtant, tout cela n'est rien, presque rien, en comparaison de la puissance réelle du Soleil ! L'état liquide de l'océan, l'état gazeux de l'atmosphère ; les courants de la mer ; l'élévation des nuages, les pluies, les orages, les ruisseaux, les fleuves ; la valeur calorifique de toutes les forêts du globe et de toutes les mines de charbon de terre ; l'agitation de tous les êtres vivants ; la chaleur de toute l'humanité ; la puissance emmagasinée dans tous les muscles humains, dans toutes les usines, dans tous les canons... tout cela n'est presque rien à côté de ce dont le Soleil est capable. Nous croyons avoir mesuré la puissance solaire en énumérant les effets qu'elle produit sur la Terre ? Erreur ! erreur profonde, formidable, insensée ! Ce serait encore croire que cet astre a été créé exprès pour éclairer l'humanité terrestre. En réalité, quelle infinitésimale fraction du rayonnement total du Soleil notre planète reçoit-elle et utilise-t-elle ? Pour l'apprécier, considérons la distance de 37 millions de lieues qui nous sépare de l'astre central, et à cette distance voyons quel effet produit notre petit globe, quelle surface il intercepte. Imaginons une sphère immense *tracée à cette distance du Soleil* et l'enveloppant entièrement. Eh bien ! sur cette sphère gigantesque, la place interceptée par notre petite Terre n'équivaut qu'à la fraction $\frac{1}{2\,138\,000\,000}$, c'est-à-dire que l'éblouissant foyer solaire rayonne tout autour de lui à travers l'immensité une quantité de lumière et de chaleur deux milliards cent trente-huit millions de fois plus considérable que celle que nous en recevons et dont nous avons apprécié tout à l'heure les effets déjà si prodigieux. La Terre n'arrête pas au passage *la demi-milliardième partie du rayonnement total !*

Il est absolument impossible à notre conception d'imaginer une telle proportion.

Toutes les planètes du système n'interceptent que la 227 millionième partie du rayonnement émis par l'astre central... Le reste passe à côté des mondes et *paraît* perdu.

Il n'est pourtant pas impossible d'exprimer cette merveilleuse puissance, mais on peut avouer sans honte qu'il est impossible de la comprendre *La chaleur émise par le Soleil* A CHAQUE SECONDE *est égale à celle qui résulterait de la combustion de onze quatrillions six cent mille milliards de tonnes de charbon de terre brûlant ensemble.*

Cette même chaleur *ferait bouillir* par heure *deux trillions neuf cent milliards de* KILOMÈTRES CUBES *d'eau à la température de la glace.*

Essayez de comprendre!... Que la fourmi essaye de boire l'océan!

O pontifes des Aryas! ô sacrificateurs des Incas! ô thérapeutes de l'Égypte! et vous, philosophes de la Grèce, alchimistes du moyen âge, savants des temps modernes! ô penseurs de tous les âges : devenez muets devant l'astre sublime! Que Moïse se prosterne! que Josué ne s'imagine plus pouvoir lui transmettre des ordres divins, et que David et Isaïe ne chantent plus. Qu'est-ce que notre voix dans la nature! Entassons métaphores sur métaphores, nous ne savons que rabaisser les grandeurs à notre taille : nous sommes des pygmées prétendant escalader le ciel.

L'analyse scientifique, toutefois, peut essayer, seule, de formuler les faits observés, et de nous donner une idée approchée de ces réalités immenses. La physique moderne a cherché à déterminer la vraie température du Soleil. Berthelot et Sainte-Claire Deville l'ont évaluée à 3000 degrés, Vicaire et Violle à 2500, Pouillet à 1600 seulement. Zollner a évalué à 27000° la température de la surface, et à 85000° celle du noyau. Les expériences de Rossetti porteraient la chaleur effective de l'astre à 10 000 degrés, celles de Soret à 5 millions, celles de Waterston à 7 millions, et celles de Secchi à 10 millions. La diversité de ces résultats prouve que c'est encore là un problème ouvert, et que la science ne possède pas encore les éléments suffisants pour le résoudre.

Nous verrons plus loin ce qu'on doit entendre en réalité par le mot *chaleur.*

La surface entière du disque solaire ne présente pas partout le même degré de lumière ni de chaleur. On le constate à première vue lorsqu'on observe le Soleil au télescope. Nos dessins (*fig.* 108 de la p. 262 et 124 de la p. 309) en ont déjà donné une idée approchée. En recevant l'image du Soleil sur un écran MN (*fig.* 126), le P. Secchi a constaté que deux trous percés dans cet écran donnent deux faisceaux de lumière *a* et *b* bien différents, selon leur distance au centre du disque. Au point *a* la lumière n'est que le cinquième de celle du centre; tout contre le bord, elle n'est que le quart, et rougeâtre, ce qui explique la teinte de l'horizon pendant les éclipses. Cette diminution de lumière prouve que le Soleil est environné d'une couche atmosphérique mince et absorbante. Sans cette absorption cet astre serait, comme la Lune,

Au retour de l'équinoxe, le lever du Soleil, dieu du jour, roi de la lumière, était salué par les Incas du haut de leurs terrasses cyclopéennes.

uniformément lumineux sur toute sa surface. D'autre part, en recevant sur la boule d'un thermomètre les rayons émanés des différents points du disque solaire, on constate que les régions équatoriales sont plus chaudes que les régions situées au delà du 30° degré de latitude et que la différence est d'au moins un seizième ; on remarque aussi que la température est un peu plus élevée dans l'hémisphère nord que dans l'hémisphère sud.

La température des taches est inférieure à celle de la surface lumi-

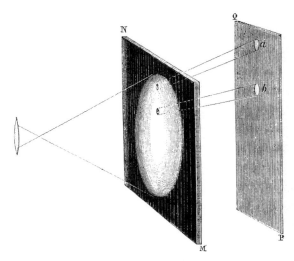

Fig. 126. — Variation de l'intensité lumineuse du disque solaire.

neuse générale ; mais la différence d'intensité calorifique est beaucoup plus faible que la différence d'intensité lumineuse.

Examinons du reste en détail l'aspect de la surface solaire.

Les anciens ne connaissaient aucune des particularités relatives à la constitution physique du Soleil. On avait bien signalé de temps en temps quelques taches noires que l'on pouvait distinguer à l'œil nu, lorsque cet astre était près de l'horizon, mais on les prenait pour des planètes ou pour des phénomènes dont la cause était inconnue. Telles sont les taches qui furent observées en 807, 840, 1096, 1588. Képler lui-même crut observer le passage de Mercure sur le Soleil ; c'était une tache qu'il avait sous les yeux. C'est Fabricius qui le premier, en 1610, avant même l'invention des lunettes, examina les taches solaires par projection et découvrit la rotation du Soleil (¹).

(¹) Les Chinois nous ont beaucoup devancés dans ces observations. L'ouvrage encyclopédique de Ma-Twan-Lin contient un tableau remarquable de 45 observations faites entre les années 301 et 1205 de l'ère vulgaire, c'est-à-dire dans un intervalle de

On peut facilement observer les taches du Soleil, même avec des lunettes d'assez petites dimensions, en ayant soin de placer, en avant de l'oculaire, un verre fortement coloré. Elles se présentent ordinairement comme des points noirs de forme ronde; bien souvent, cependant, elles sont groupées de manière à former par leur ensemble des figures très irrégulières. La partie centrale est noire; on l'appelle le *noyau* ou l'*ombre*. Le contour est formé par une demi-teinte qu'on appelle la *pénombre*. Les contours de l'ombre et ceux de la pénombre sont nettement tranchés, au moins dans la plupart des cas.

Notre *fig.* 124 (p. 309), gravée d'après une photographie directe du Soleil, donne une idée exacte de l'étendue relative des taches. Cette photographie a été prise à New-York par M. Rutherfurd, le 22 septembre 1870, année de mouvements tumultueux dans le Soleil et sur la Terre.

Sur les bords du disque, on voit de petites taches blanches auxquelles on a donné le nom de *facules*. Toutes ces taches changent de place et de forme.

La surface solaire, loin d'être parfaitement unie, présente une apparence irrégulière et granulée. On reconnaît cet aspect lorsqu'on observe le Soleil avec un oculaire puissant, dans les instants assez rares où notre atmosphère est parfaitement calme, et avant que l'objectif commence à s'échauffer. Alors on voit que la surface est recouverte d'une multitude de petits grains, ayant des formes très différentes, parmi lesquelles l'ovale semble dominer. Les interstices très déliés qui séparent ces grains forment un réseau gris. Nous reproduisons (*fig.* 127) un dessin du P. Secchi, dans lequel l'observateur romain avait essayé de faire une esquisse de l'aspect caractéristique de la surface : « Il nous semble difficile, disait-il, de trouver un objet connu qui rappelle cette structure; on obtient quelque chose d'analogue en regardant au microscope du lait un peu desséché, dont les globules ont perdu la régularité de leur forme. » Ce dessin représente les grains, ainsi que les interstices qui les séparent, tels

904 ans. Pour donner une idée de la grandeur relative des taches, les observateurs les comparent à un œuf, à une datte, à une prune, etc. Les observations se prolongent souvent pendant plusieurs jours; quelques-unes ont même été faites pendant dix jours consécutifs. On ne peut douter de la réalité et de l'exactitude de ces observations, et cependant elles ont été inutiles aux Européens, car elles n'ont été publiées que dans ces derniers temps. Les astronomes chinois ne nous ont point fait connaître la méthode qu'ils employaient pour ces observations; mais on sait qu'avec un simple verre recouvert de noir de fumée on peut voir à l'œil nu les taches les plus considérables. Avant que les lunettes fussent connues, on recevait les rayons solaires dans la chambre obscure par un petit trou circulaire pratiqué dans un volet.

qu'on les voit avec une fort grossissement, dans des circonstances atmosphériques exceptionnellement avantageuses. Le plus souvent,

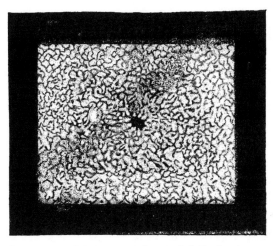

Fig. 127. — La surface du Soleil, vue au télescope à l'aide d'un fort grossissement.

en faisant usage de faibles grossissements, on aperçoit une multitude de petits points blancs sur un réseau noir. Cette structure est très apparente dans les premiers moments de l'observation, mais elle ne tarde pas à devenir moins distincte, parce que l'œil se fatigue, en

Fig. 128. Type des taches solaires.

même temps que l'objectif s'échauffe, ainsi que l'air qui est contenu dans le tube.

Hâtons-nous de dire que cette structure de grains ou de feuilles ne peut être observée qu'avec des instruments à large ouverture, car, les grains ayant de très faibles dimensions, l'irradiation, en les amplifiant et les faisant empiéter les uns sur les autres, produit nécessairement une confusion générale. On connaît l'effet de l'irradiation. Un objet paraît d'autant plus grand qu'il est plus éclairé, et la différence la plus forte est présentée par le contraste du blanc et du noir. Voyez, par exemple, la *fig.* 129. Lequel des deux cercles vous paraît le plus grand? — Le blanc. Eh bien! *ils sont tous deux rigoureusement égaux*, et le blanc tiendrait juste dans l'ouverture du noir. L'œil y est absolument trompé.

Les grains solaires, que nous pouvons à peine mesurer à cause de leur petitesse, ont en réalité un diamètre de 200 à 300 kilomètres.

La surface du Soleil est quelquefois tellement recouverte de ces granulations, le réseau est tellement prononcé, qu'on serait tenté de voir partout des pores et des rudiments de taches. Mais cet aspect n'est pas constant, et il faut en chercher la cause non seulement dans les variations de notre atmosphère, qui rendent quelquefois les observations difficiles, mais aussi dans les modifications qu'éprouve l'astre radieux lui-même.

Ainsi, la surface solaire n'est pas uniforme, mais elle se compose d'une multitude de points lumineux disséminés sur une espèce de réseau plus sombre; les nœuds de ce réseau s'élargissent quelquefois au point de former des pores; les pores, en s'élargissant davantage, finissent par donner naissance à une tache. Tel est l'ordre dans lequel se succèdent ordinairement ces phénomènes. Cette surface lumineuse du Soleil a reçu le nom de *photosphère*.

A l'Observatoire de Meudon, M. Janssen est parvenu à photographier tous ces détails, sur des clichés qui ne mesurent pas moins de 30 centimètres de diamètre, en un instant de pose qui varie entre $\frac{1}{2000}$ et $\frac{1}{3000}$ de seconde. Ces photographies montrent la surface solaire couverte de la fine granulation générale dont nous venons de parler. La forme, les dimensions, les dispositions de ces éléments granulaires sont très variées. Les grandeurs varient de quelques dixièmes de seconde à 3″ et 4″. Les formes rappellent celles du cercle et de l'ellipse plus ou moins allongée, mais souvent ces formes régulières sont altérées. Cette granulation se montre partout, et il ne paraît pas tout d'abord qu'elle présente une constitution différente vers les pôles de l'astre. Le pouvoir éclairant des éléments granulaires considéré séparément est très variable; il paraissent situés à des profondeurs différentes dans la couche photosphérique. Les plus lumineux n'occupent qu'une petite fraction de la surface de l'astre. L'examen attentif de ces photographies montre que la photosphère n'a pas une constitution uniforme dans toutes ses parties; ici, les grains sont nets, bien terminés, quoique de grosseur très variable; là, ils sont à moitié effacés, étirés, tourmentés, ou même ont disparu pour faire place à des traînées de matière qui remplacent la granulation. Tout indique que, dans ces espaces, la matière photosphérique est soumise à des mouvements violents qui ont confondu les éléments granulaires.

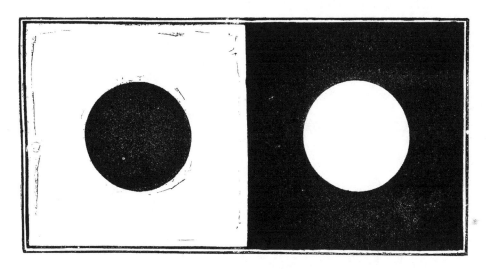

Fig. 129. — Effet de l'irradiation.

Ce sont ces grains lumineux qui produisent la lumière et la chaleur que nous recevons du Soleil : ils n'occupent, d'après l'astronome américain Langley, qui en a fait l'objet d'une étude spéciale, que le cinquième environ de la surface solaire. Si, par une circonstance quelconque, ils se resserraient les uns contre les autres en se multipliant et se condensant, le réseau sombre dans lequel ils flottent disparaîtrait, le Soleil enverrait deux fois, trois fois, cinq fois plus de lumière, et la chaleur que nous en recevons s'accroîtrait dans la même proportion; si, au contraire, ils diminuaient de nombre ou s'enfonçaient sous la couche obscure, adieu la lumière et la chaleur, la Terre pourrait bien mourir de froid rapidement.

Mais arrêtons-nous maintenant sur les taches du Soleil.

La découverte des taches est une de celles dont on peut dire qu'elles sont faites par une époque et non par un homme. Plusieurs savants ayant à leur disposition des lunettes, ils devaient tôt ou tard les diriger vers le Soleil.

C'est le Père Scheiner, jésuite d'Ingolstadt, qui appela le premier efficacement l'attention sur les taches du Soleil, et cela pour ainsi dire malgré lui et malgré son supérieur. L'astre du jour était regardé et honoré comme le symbole le plus pur de l'incorruptibilité céleste, et les savants officiels de l'époque n'auraient jamais osé consentir à l'admission de ces taches. Il y avait là un crime de lèse-majesté, et les dogmes eux-mêmes paraissaient compromis. Après ses observations réitérées qui ne lui permettaient pas de douter de leur existence, notre jésuite alla consulter le Père provincial de son ordre, zélé péripatéticien, qui refusa d'y croire : « J'ai lu plusieurs fois mon Aristote tout entier, répondit-il à Scheiner, et je puis vous assurer que je n'y ai rien trouvé de semblable. Allez, mon fils, ajouta-t-il en le congédiant, tranquillisez-vous, et soyez certain que ce sont des défauts de vos verres ou de vos yeux que vous prenez pour des taches dans le Soleil. » On dit même qu'il *passa la nuit* pour s'assurer de l'état de l'astre du jour... A cette époque, la routine classique dominait encore l'étude de la nature. Fort heureusement pour la science, des esprits libres observaient : ce que Scheiner faisait en Allemagne, Galilée le faisait en Italie, et les taches solaires s'affirmaient comme *faits* pour tous ceux qui voulaient les voir.

Par ses observations de 1611, Galilée détermina la durée de la rotation solaire. Cette rotation avait été constatée mais non déterminée par Fabricius en 1610, devinée par Kepler en 1609, et antérieurement à lui, en 1591, par le philosophe Jordano Bruno, qui fut brûlé vif à Rome en 1600 pour ses opinions astronomiques et religieuses, et surtout pour son affirmation convaincue de la doctrine de la pluralité des mondes.

En général, les taches se présentent sur le bord oriental du Soleil, traversent le disque en suivant les lignes obliques par rapport au mouvement diurne et au plan de l'écliptique, et, après quatorze jours environ, elles disparaissent au bord occidental. Il n'est pas rare de voir une même tache, après être restée invisible pendant une période de quatorze jours, apparaître de nouveau au bord oriental pour faire une seconde, quelquefois une troisième et même une quatrième révolution ; mais, plus généralement, elles se déforment et finissent par se dissoudre avant de sortir du disque, ou pendant qu'elles sont du côté opposé.

Si l'on note chaque jour sur le même dessin la position des taches, oï voit que leur mouvement apparent est plus rapide auprès du centre, tandis qu'il devient très lent au bord du disque solaire. Nous donnons, dans la *fig.* 130, les trajectoires de deux taches observées par Scheiner du 2 au 14 mars 1627, c'est-à-dire il y a plus de deux siècles et demi, Les endroits ponctués indiquent les lacunes dues à la présence des nuages. Les taches sont nettement terminées, ainsi que les ombres et les pénombres. Cette figure suffit aussi pour montrer que les trajectoires sont courbes et qu'en s'approchant du bord les taches perdent

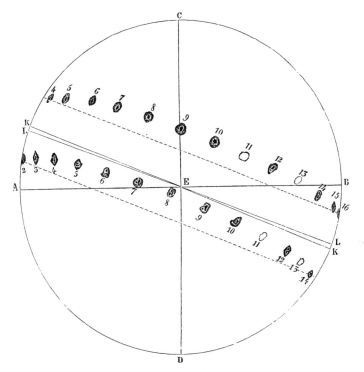

Fig. 130. — Rotation du Soleil emportant deux taches. (Dessin de l'an 1627.)

leur forme arrondie, deviennent ovales, puis se rétrécissent au point de devenir presque linéaires. Ces différences ne sont qu'apparentes, et elles résultent de ce que le mouvement nous paraît avoir lieu sur un plan, tandis qu'il a lieu sur un globe. C'est l'une des premières *preuves* que l'on a vues que le Soleil n'est pas un disque plat, mais une sphère. Toutes ces variations apparentes, chacun peut s'en rendre compte bien simplement en collant un petit cercle de papier noir sur une sphère que l'on fait tourner à la main.

Ces premiers faits d'observation ont prouvé que les taches sont adhérentes à la surface du Soleil; car, si elles en étaient éloignées, il faudrait les attribuer à des corps très aplatis, ce qui serait contraire à tout ce que nous connaissons de la forme propre aux corps célestes. Galilée les compara à des nuages, plus tard Scheiner les regarda comme des cavités. Nous verrons bientôt à quoi il faut s'en tenir.

Dans ce dessin, les deux lignes KK, LL, représentent la projection de l'écliptique sur le disque solaire au commencement et à la fin des observations.

Les trajectoires décrites par les taches varient avec la saison : au mois de mars, ce sont des ellipses très allongées, tournant leur convexité vers le nord, le grand axe de l'ellipse étant presque parallèle à l'écliptique. Après cette époque, la courbure des ellipses diminue graduellement en même temps qu'elles s'inclinent sur l'écliptique, en sorte qu'au mois de juin elles se trouvent transformées en lignes droites. De juin à septembre, les courbes elliptiques reparaissent inversement; puis, elles repassent par la courbe allongée et prennent la ligne droite pour recommencer la même série. Ces aspects différents sont dus aux changements de position de la Terre.

Les taches ne se montrent pas indifféremment sur tous les points du disque. Elles sont plus nombreuses dans le voisinage immédiat de l'équateur et très rares dans les latitudes supérieures à 35 ou 40 degrés. Elles se manifestent surtout le long de deux zones symétriques, que, par une singulière flatterie, Scheiner a appelées *zones royales* (est-ce parce qu'elles sont impures?), comprises entre 10 et 30 degrés de latitude.

Ces taches offrent parfois des dimensions considérables. L'histoire rapporte qu'à la mort de Jules César, l'astre solaire fut vu étrangement obscurci pendant plusieurs jours :

> Phoebi tristis imago
> Lurida sollicitis præbebat lumina terris.

dit Ovide (*Métamorphoses*, XV); mais il est possible que le phénomène, d'ailleurs exagéré par la superstition, qui faisait alors des dieux de tous les empereurs et de tous les grands hommes, ait été produit par un état particulier de l'atmosphère terrestre. Nous avons signalé plus haut les taches qui ont été parfois observées à l'œil nu en Chine et en Europe. Virgile en parle (*Géorgiques*, I) :

> Sin maculæ incipient rutilo immiscerier igni.

Ce fait n'est pas absolument rare. J'en ai vu une à l'œil nu en 1868, et une seconde en 1870. Pour qu'une tache solaire soit visible à l'œil nu, il faut qu'elle mesure au moins 50 secondes, c'est-à-dire, puisque la Terre vue à la même distance mesure 17″72, qu'une pareille tache est environ trois fois plus large que la Terre. Voici les plus grandes taches que l'on ait *mesurées* (pénombres comprises) :

William Herschel, en 1779. . . .	113″ (deux taches réunies) 81 300 kilomètres.
Tobie Mayer, en 1758..	96 ou 69 000 kilomètres.
Schroëter, en 1789.	71 ou 51 000 —
Lalande, en 1763..	60 ou 43 170 —
Schwabe, en 1848.	60 ou 43 170 —

Le diamètre du Soleil étant de 1924″ et de 1382000 kilomètres, une seconde d'arc mesurée sur le Soleil représente plus de 718 kilomètres, dix secondes représentent 7183 kilomètres, et une minute vaut 43 098 kilomètres. Sur le Soleil, le fil d'araignée qui traverse l'oculaire d'une lunette et sert à prendre des mesures couvre par son épaisseur 240 kilomètres !

Le nombre de taches est très variable. Quelquefois (comme en 1871), elles sont assez nombreuses pour qu'on puisse, par une seule observation, reconnaître les zones qui les contiennent habituellement. Quelquefois, au contraire (exemple cette année 1879), elles sont si rares, que plusieurs mois peuvent s'écouler sans qu'on en voie une seule. Nous verrons tout à l'heure qu'il y a là une périodicité curieuse. D'un autre côté, certaines taches ne durent parfois que quelques jours, d'autres plusieurs semaines, et d'autres encore plusieurs mois, en se modifiant plus ou moins. J'en ai suivi une, en 1868, qui a duré trois rotations solaires ; Secchi en a suivi une, en 1866, qui en a duré quatre, et Schwabe en a vu une, en 1840, revenir jusqu'à huit fois.

On trouve en moyenne qu'une tache revient (du moins en apparence) à sa position primitive au bout de vingt-sept jours et un tiers environ ; mais il y a dans cette évaluation une cause d'erreur dont il faut tenir compte. Pendant ce temps, la Terre n'est pas restée immobile ; elle a décrit sur son orbite un arc d'environ 25 degrés, dans le sens même de la rotation solaire. Au moment où un tache achève sa rotation apparente, elle a donc décrit un cercle complet, et, depuis deux jours à peu près, elle a commencé une deuxième révolution. C'est une différence analogue à celle que nous avons remarquée pour la durée de la révolution de la Lune et du mois lunaire (*fig.* 53). En effectuant la correction on trouve pour la durée véritable vingt-cinq jours et demi environ.

Ce chiffre représente-t-il exactement la durée de la rotation de ce globe énorme ?

Remarque assez extraordinaire : la surface du Soleil ne tourne pas tout d'une pièce, comme celle de la Terre, mais avec une vitesse décroissante de l'équateur aux pôles. Il ressort avec évidence du calcul de toutes les observations que les vitesses varient d'une tache à l'autre, de manière à conduire, pour la rotation de l'astre, à toutes les valeurs comprises entre 25 et 28 jours. Ces vitesses dépendent exclusivement de la latitude de chaque tache, en sorte que la variation de vitesse d'une tache à l'autre est proportionnelle à la latitude, comme la variation de la pesanteur terrestre lorsqu'on marche de l'équateur vers les pôles.

Rien de plus frappant que le tableau suivant, où l'on a consigné zone par zone la durée de la rotation solaire déduite des mouvements des taches correspondantes :

Durée de la rotation solaire sur les divers parallèles, de degré en degré.

Latitude Degrés	Rotation Jours	Latitude Degrés	Rotation Jours	Latitude Degrés	Rotation Jours	Latitude Degrés	Rotation Jours
0	25,187	12	25,388	24	25,975	35	26,804
1	25,188	13	25,423	25	26,040	36	26,891
2	25,193	14	25,460	26	26,107	37	26,979
3	25,200	15	25,500	27	26,176	38	27,068
4	25,210	16	25,543	28	26,248	39	27,159
5	25,222	17	25,588	29	26,322	40	27,252
6	25,238	18	25,636	30	26,398	41	27,346
7	25,256	19	25,686	31	26,475	42	27,440
8	25,277	20	25,739	32	26,555	43	27,536
9	25,300	21	25,794	33	26,636	44	27,633
10	25,327	22	25,852	34	26,717	45	27,730
11	25,356	23	25,913				

Ainsi la surface solaire tourne, à l'équateur, en 25 jours et 4 heures et demie environ; en 25 jours 12 heures à 15 degrés de latitude, en 26 jours au 25ᵉ degré, en 27 jours au 38ᵉ, en 28 jours vers le 48ᵉ degré. On n'a pas pu suivre de tache plus loin ; mais cette progression doit se continuer jusqu'aux pôles. C'est là la rotation de la *surface*, comme si la Terre était recouverte d'un océan qui tournât plus lentement qu'elle, et de moins en moins vite de l'équateur aux pôles. Il est probable que le globe solaire lui-même tourne dans la période équatoriale. Ces nombres sont calculés en admettant avec M. Faye 857′6 pour le mouvement diurne d'une tache équatoriale. Carrington admettait 865′, ce qui correspond à 24 jours 22 heures.

Tel est le premier aspect présenté par l'image télescopique de l'astre du jour et par l'étude de ses taches. Mais quelle est la nature de ces taches elles-mêmes?

Le premier observateur attentif du Soleil, Scheiner, avait d'abord regardé les taches comme des satellites, opinion insoutenable, et et qu'on a cependant essayé de faire revivre. Galilée les attribua à des nuages ou à des fumées flottant dans l'atmosphère solaire : c'était la meilleure conclusion qu'on pût tirer des observations de cette époque. Cette opinion eut longtemps l'approbation générale; elle a même été reprise de nos jours. Quelques astronomes, et entre autres Lalande, crurent, au contraire, que c'étaient des montagnes dont les flancs plus ou moins escarpés auraient produit l'aspect de la pénombre; opinion inconciliable avec le mouvement propre que les taches possèdent quelquefois d'une manière bien prononcée. Il est rare, en effet,

Fig. 131. — Type d'une tache solaire régulière.

qu'on voie voyager des montagnes. Derham les attribua à des fumées sorties des cratères volcaniques du Soleil, opinion reprise et soutenue dans ces derniers temps par mon ami regretté Chacornac. Plusieurs savants, regardant le Soleil comme une masse liquide et incandescente, ont aussi expliqué les taches par d'immenses scories flottant sur cet océan de feu. Mais un siècle s'était à peine écoulé depuis l'époque où l'on avait observé les taches pour la première fois, qu'un astronome anglais, Wilson, montrait avec évidence que les taches sont des cavités.

Comment se passent les choses à la surface du Soleil! C'est ce dont il importe que nous nous rendions bien exactement compte.

Le temps nécessaire à la formation d'une tache est extrèmement variable, et il est impossible d'y découvrir aucune loi : quelques-unes se forment très lentement, par la dilatation des pores ; d'autres apparaissent presque subitement. Cependant, si l'on observe le Soleil tous les jours avec beaucoup de soin, on reconnaît que cette formation n'est jamais complètement instantanée, quelque rapide qu'elle puisse être. Le phénomène est toujours annoncé quelques jours d'avance ; on aperçoit dans la photosphère une grande agitation qui se manifeste souvent par des facules très brillantes, donnant naissance à un ou plusieurs pores. Ces pores se déplacent d'abord avec rapidité, disparaissent pour se reproduire, puis l'un d'entre eux semble prendre le dessus et se transforme en une large ouverture. Aux premiers instants de la formation, il n'y a point de pénombre nettement définie ; elle se développe progressivement et devient régulière à mesure que la tache elle-même prend une forme arrondie, comme on le voit dans la *fig.* 131, qui représente une tache régulière et en quelque sorte typique.

Cette formation tranquille et paisible ne se réalise qu'à des époques ou le calme semble régner dans l'atmosphère solaire ; en général, le développement est plus tumultueux et plus complexe.

On voit souvent plusieurs taches se fondre en une seule par la dissolution de la matière lumineuse qui les sépare. Le contraire arrive quelquefois : une tache complètement formée se divise en plusieurs autres. C'est ce que j'ai observé notamment en 1868 sur une tache qui a successivement offert tous les aspects représentés ici. Cette

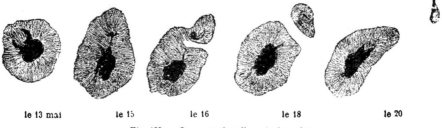

le 13 mai   le 15   le 16   le 18   le 20

Fig. 132. — Segmentation d'une tache solaire.

tache s'est partagée en deux ; mais la fille ne s'est séparée de sa mère que pour mourir, tandis que la tache principale a vécu pendant deux rotations solaires.

La largeur de la pénombre varie suivant les taches, et elle est loin d'être uniforme dans sa structure, comme le montrent les dessins qui se trouvent dans la plupart des livres. Cette pénombre est toute rayonnée ; les rayons qui la composent ont des formes irrégulières : quelques-uns ressemblent à des courants sinueux qui vont en se rétrécissant à mesure qu'ils s'éloignent du bord; plusieurs se montrent formés de masses ovales, semblables à des nœuds allongés placés bout à bout. Cette structure rayonnante de la pénombre n'est pas difficile à constater.

Ces courants sont moins condensés, moins lumineux, moins nettement tranchés à l'extérieur de la pénombre, là où ils se détachent de la photosphère, tandis que, près du noyau, ils se pressent, se condensent et deviennent plus brillants. Il arrive ainsi quelquefois que le bord de la pénombre, contigu au noyau, acquiert un éclat plus vif, presque égal à celui de la photosphère; la tache paraît alors composée de deux anneaux brillants concentriques, comme on l'a vu sur la *fig.* 131

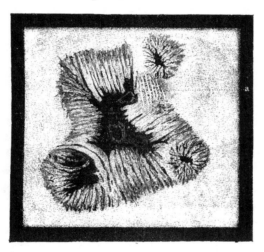

Fig. 133. — Tache solaire avec ponts.

Quelquefois les extrémités intérieures des courants se terminent par des grains brillants projetés sur le fond noir du noyau. Parfois les courants de matière lumineuse jettent de véritables ponts à travers les taches, comme le montre le dessin ci-dessus, sur lequel, notamment au point *a*, deux systèmes de courants superposés l'un à l'autre se croisent à angle droit. Cette tache a été dessinée à Rome, en 1870, par Secchi.

On voit aussi des taches dans lesquelles la substance lumineuse coule si évidemment en filets de l'extérieur vers l'intérieur, qu'on croit assister à un tourbillon d'eau lumineuse. C'est ce que représente notamment la *fig.* 134, dessinée à Palerme, en 1873, par Tacchini. Ce n'est que par l'examen attentif des taches que l'on peut parvenir à se rendre compte de la nature de la surface solaire. L'aspect de cette surface se modifie jusqu'au bord des taches, formées simplement par le gaz non lumineux dans lequel flottent les grains brillants constitutifs de la photosphère. La chaleur intérieure du globe solaire rayonne extérieurement, et il s'établit ainsi des courants verticaux. L'altitude à laquelle se condensent les nuages lumineux qui forment la lumière solaire est comparable à ce qu'en météorologie terrestre nous nommons « le point de rosée ». Un peu plus ou un peu moins de hauteur, de chaleur, de condensation, et le nuage ne se forme pas. Les taches seraient les points où les courants redescendent, creusent un peu la photosphère, rapportant les éléments plus froids venus d'en haut. La

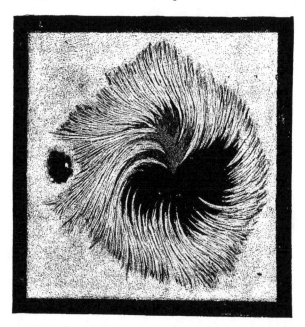

Fig. 134. — Tache solaire. Filets lumineux s'écoulant vers le centre.

couche dans laquelle se forment les nuages lumineux peut avoir l'épaisseur de la Terre, et la richesse de la circulation est telle, que pendant des millions d'années il n'y aura probablement pas de diminution sensible dans la lumière et dans la chaleur solaires.

Toutefois, le diamètre du Soleil ne paraît pas constant. Tandis que les mesures donnent constamment pour le diamètre moyen de la Lune le nombre 1968″, elles varient pour celui du Soleil de 1919″ à 1924″· Le diamètre solaire doit diminuer lentement; mais sans que la diminution soit encore sensible, il peut subir des oscillations.

Les endroits où le Soleil est taché sont creux relativement au niveau des nuages lumineux, c'est-à-dire au niveau moyen de la su face photosphérique : la profondeur parait être du tiers du rayon terrestre, ou de deux mille kilomètres environ. Parfois elle a atteint le demi-diamètre de la Terre ou six mille kilomètres.

Les noyaux ne sont pas absolument noirs, comme on pourrait le croire au premier abord; leur lumière n'est insensible qu'à cause du contraste; elle est encore cinq mille fois supérieure à celle de la pleine lune. Dawes y a remarqué, le premier, des places plus sombres et en apparence toutes noires; Secchi y a observé des traînées grises et roses singulières; Trouvelot, des voiles transparents.

Les taches sont habituellement environnées de régions très brillantes, auxquelles on donne le nom de *facules*. Ce sont des soulèvements de la photosphère, et on les distingue avec netteté lorsqu'une tache approche du bord, comme on le voit *fig.* 135. Ces régions sont

Fig. 135. — Tache arrivant au bord du Soleil.

donc le siège d'une agitation considérable et dont l'étendue surpasse de beaucoup celle de la tache elle-même.

Ainsi les taches sont le résultat de grands bouleversements qui produisent des différences de niveau, des soulèvements et des dépressions; ces dépressions forment dans la photosphère des cavités plus ou moins régulières environnées d'un bourrelet vif et saillant. Ces cavités ne sont pas vides; la résistance qu'elles opposent à la marche des courants lumineux prouve qu'elles sont remplies de vapeurs plus ou moins transparentes.

Nous arrivons maintenant à un autre ordre de phénomènes, étudié et connu depuis beaucoup moins de temps que les taches, mais qui n'est pas moins important qu'elles dans la physique solaire, et qui peut-être même l'est davantage encore : nous voulons parler des *éruptions* solaires, qui se présentent à l'œil et à l'esprit de l'observateur comme intimement liées à la formation des taches elles-mêmes.

CHAPITRE IV

Les éruptions du Soleil.
Protubérances. Jets de flamme. Explosions gigantesques.
L'atmosphère solaire; la couronne et la gloire.

Nous avons déjà vu, en parlant des éclipses totales de soleil, que, pendant les instants si rares où la Lune vient s'interposer devant l'astre du jour, on constate que le voisinage de cet astre n'est pas vide et pur comme il nous le paraît à l'œil nu, par exemple au milieu d'une belle journée d'été; mais qu'il est occupé par des matériaux lumineux, brillant soit par eux-mêmes, soit par le reflet de la splendeur solaire, et dessinant une sorte d'auréole glorieuse, variée de mille aspects, tout autour du dieu du jour.

Dans cette auréole, on remarque des langues de feu qui émanent du Soleil et lui sont contiguës. Ce fut pendant l'éclipse du 8 juillet 1842 que l'attention des astronomes fut attirée par ces protubérances, qui s'élancent autour de la Lune comme des flammes gigantesques, de couleur rose ou fleur de pêcher. (On les avait déjà vues à l'œil nu, notamment en 1239, en 1560, en 1605, 1652, 1706, 1724, 1733 et 1766, mais les astronomes croyaient à des illusions optiques.) La surprise que leur causa ce phénomène inattendu ne leur permit pas de faire des observations précises, de sorte qu'il y eut un désaccord complet entre les différentes relations. Baily remarqua trois proéminences très vastes, presque uniformément réparties du même côté. Airy en observa trois en forme de dents de scie, mais placées au sommet. Arago en vit deux à la partie inférieure du disque. A Vérone, ces flammes demeurèrent visibles après l'apparition du Soleil. Ces appendices avaient des dimensions énormes; l'astronome français Petit mesura la hauteur de l'un d'entre eux et la trouva de 1'45", ce qui équivaut à 6 diamètres terrestres, c'est-à-dire à 80 000 kilomètres.

La discussion s'ouvrit aussitôt sur la nature de ces protubérances. On les prit d'abord pour des montagnes; mais cette opinion était inconciliable avec les observations d'Arago, quelques-unes de ces prétendues montagnes étant très inclinées, surplombant même assez fortement pour que l'équilibre fût impossible. La plupart des savants les regardèrent comme des flammes ou comme des nuages. On parla même d'échancrures vues dans le disque lunaire, de flammes, d'éclairs, de nuages et d'orages suspendus dans l'atmosphère de la Lune.

On attendait avec impatience l'éclipse de 1851, qui devait être totale en Suède. M. Airy, directeur de l'Observatoire de Greenwich, organisa une expédition destinée à prendre des mesures précises. Au moment de la totalité, il observa d'abord une protubérance ayant la forme d'une équerre terminée en pointe; au-dessous se trouvait un petit cône, et, plus loin, un petit nuage suspendu. Un peu plus tard, il distingua une pointe; puis, au bout d'une minute, une protubérance et un arc rosé. Les autres observateurs remarquèrent les mêmes phénomènes, avec de légères différences de formes.

Ces observations permirent de formuler avec certitude les conclusions suivantes : 1° Les protubérances ne sont pas des montagnes ; cette hypothèse est inconciliable avec leurs formes ; 2° on doit les regarder comme des masses gazeuses, dont l'aspect est assez analogue à celui de nos nuages ; leurs courbures rappellent assez bien la fumée qui s'échappe de nos volcans ; 3° la variété des formes attribuées à une même protubérance peut tenir à des variations réelles, mais elle peut résulter aussi du peu d'exactitude des dessins ; 4° il y a une relation évidente entre ces protubérances et les arcs roses déjà observés en 1842, mais qu'on observa beaucoup mieux cette fois ; on peut légitimement supposer que ces arcs forment la partie visible d'une couche continue qui enveloppe complètement le Soleil ; 5° on voyait la grandeur des protubérances s'accroître du côté que quittait la Lune et diminuer du côté où elle s'avançait : donc c'est sur le Soleil que se trouve le siège du phénomène ; 6° tous les observateurs n'ont pas vu le même nombre de protubérances ; ils ne leur ont pas assigné exactement la même place ; cela tient à la rapidité des observations.

L'éclipse de 1860, totale en Espagne, fut observée dans le même but par l'astronome italien Secchi et par l'astronome anglais Warren de la Rue, et ils la photographièrent. La *fig.* 136 représente la première épreuve prise immédiatement après le commencement de la totalité. Elle contient sept protubérances principales :

A. Protubérance ayant deux sommets très rapprochés et peu élevés.

C. Grande protubérance en forme de nuage, inclinée de 45 degrés, arrondie à la base, pointue au sommet, possédant une structure hélicoïdale.

E. Petits nuages très déliés, dont l'ensemble forme une corne recourbée, ayant une hauteur d'environ 2' 40".

H. Amas compliqué de petits nuages.

G. Amas énorme de matière brillante qui a solarisé les épreuves, de sorte que les détails intérieurs ont disparu. Sa forme arrondie prouve qu'elle n'était pas en contact immédiat avec le Soleil, mais suspendue dans son atmosphère. Vue dans la lunette, elle offrait l'aspect d'une chaîne de montagnes.

I. Flamme gigantesque, ou plutôt énorme cumulus, dans lequel on distinguait des nuances de jaune et de rouge.

K. Proéminence à deux sommets, dont l'un, plus délié et moins vif, se prolonge en forme de corne.

Dans toute la partie gauche, on ne voit aucune protubérance.

La ligne noire XY représente un fil tendu dans la lunette et dirigé suivant le parallèle céleste, afin de relever la position des protubérances par rapport à l'équateur solaire.

On a là la moitié de droite du Soleil, la Lune arrivant par la gau-

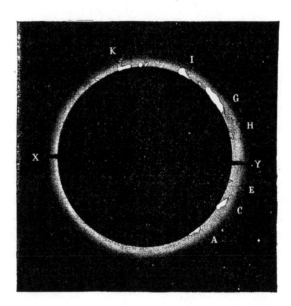

Fig. 136. — Protubérances observées autour du Soleil pendant l'éclipse de 1860. Première moitié.

che. A la fin de l'éclipse, la Lune s'étant avancée et ayant dégagé la moitié gauche, on aperçut les protubérances dessinées sur la *fig.* 138.

Ces observations prouvèrent que, outre les protubérances, il existe une couche de la même matière, et qui enveloppe le Soleil de toutes parts. Les protubérances proviennent de cette couche; ce sont des masses qui se soulèvent au-dessus de la surface générale et s'en détachent même parfois. Quelques-unes d'entre elles ressemblent aux fumées qui sortent de nos cheminées ou des cratères des volcans, et qui, arrivées à une certaine hauteur, obéissent à un courant d'air en s'inclinant horizontalement.

Le nombre des protubérances était incalculable. Dans l'observation directe, le Soleil parut environné de flammes; elles étaient tellement multipliées, qu'il paraissait impossible de les compter. Mon ami regretté Goldschmidt, dont la vue était si perçante, les vit avant et après la totalité.

La hauteur des protubérances était très considérable, surtout si l'on remarque que, pour l'évaluer, il faut tenir compte de la partie éclipsée par la Lune. Ainsi la protubérance E n'avait pas moins de 3 minutes de hauteur, ce qui correspond à dix fois le diamètre de la Terre; les autres avaient pour la plupart de 1 à 2 minutes d'élévation.

Nous savons maintenant que le nombre des protubérances est

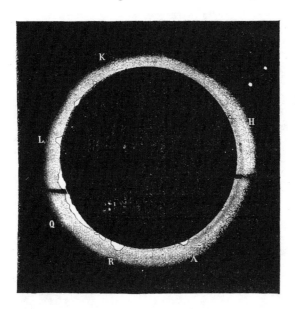

Fig. 137. — Dernière phase de l'éclipse de 1860. Protubérances orientales.

très variable avec le temps. En 1860, le Soleil était dans une époque de grande activité.

Les phénomènes observés pendant cette éclipse ont été confirmés par toutes les observations postérieures. A l'approche de l'éclipse du 18 août 1868, on se proposa de les étudier particulièrement en profitant des nouvelles découvertes de l'*analyse spectrale*, cette merveilleuse étude dont nous exposerons bientôt les principes. Les questions à résoudre étaient les suivantes :

1° Les protubérances sont-elles composées de matière solide et doit-on les comparer à des nuages simplement incandescents, ou bien sont-elles des masses véritablement gazeuses?

2° Quelles sont les substances qui entrent dans leur composition?

La première de ces deux questions devait être résolue aussitôt qu'on dirigerait un spectroscope vers les protubérances ; il s'agissait simplement de voir si le spectre était continu ou non.

Les observateurs les plus heureux furent MM. Janssen à Guntoor, Rayet à Malacca, le capitaine Herschel et le major Tennant à Guntoor, M. Weisse à Aden. L'éclipse présenta des circonstances très favorables ; une énorme protubérance dix fois plus grande que la Terre fut immédiatement aperçue par les observateurs, qui dirigèrent vers elle tous leurs instruments et constatèrent immédiatement un spectre discontinu formé d'un petit nombre de raies blanches. La

Fig. 138. — Protubérances de l'éclipse de 1868.

première partie du problème était donc résolue : on avait acquis la certitude que les protubérances sont des masses gazeuses.

Il s'agissait ensuite de reconnaître la nature des substances qui les composent, et cette seconde question n'était pas aussi simple que la première, car il fallait fixer la position des raies par rapport à une échelle quelconque, en prenant pour terme de comparaison le spectre d'une substance connue ou celui du Soleil. MM. Rayet et Janssen parvinrent à déterminer ces positions et à constater que la substance fondamentale des protubérances est l'*hydrogène*.

Cette étude était cependant incomplète, car il fallait s'assurer de l'identité des différentes raies. Cette détermination paraissait exiger qu'on attendît une nouvelle éclipse, mais M. Janssen nous a dispensé de cette longue attente par une découverte de la dernière importance. Il fut vivement frappé du brillant éclat de quelques-unes des raies des protubérances, et il se demanda alors si ces mêmes raies ne seraient pas visibles en plein jour. Malheureusement le ciel se couvrit de nuages peu de temps après l'éclipse, et il lui fut impossible ce jour-là de vérifier sa conjecture. Dès le lendemain, il se mit à l'œuvre, et il eut l'insigne bonheur de voir en plein jour les raies des protubérances. La fente de son spectroscope (voir plus loin) étant exactement tangente au bord du Soleil à un endroit où la veille il avait remarqué une flamme, il aperçut une raie brillante colorée en rouge ; puis, dans le bleu, une autre raie brillante. Ces deux raies sont précisément celles de l'hydrogène, et, par conséquent, ce gaz est la principale des substances qui composent les protubérances.

Le jour même où cette nouvelle arriva en Europe (20 octobre 1868), M. Lockyer annonçait aussi que, de son côté, il avait pu voir, sur le bord du Soleil, les raies de l'hydrogène. On le voit, le fruit était mûr.

Cette méthode d'observation permet de voir en tout temps les *protubérances* du Soleil, qui n'étaient visibles que pendant les éclipses totales. Voici comment on constate au spectroscope l'existence de ces protubérances. On promène cet appareil, adapté à l'oculaire d'une lunette (nous en donnerons plus loin la description) le long du bord du Soleil. Cet appareil est terminé par une fente étroite. Cette fente étant placée parallèlement au bord du Soleil, lorsqu'elle rencontre une protubérance, on voit varier la longueur de la ligne brillante de l'hydrogène, qui caractérise ces flammes ; la variation de la longueur de la ligne indique la forme de la protubérance. La *fig.* 139 fait facilement comprendre ce procédé. Le bord du Soleil est représenté en RR ; il y a une protubérance en P ; les lignes S, S_1, S_2, représentent les positions successives de la fente du spectroscope.

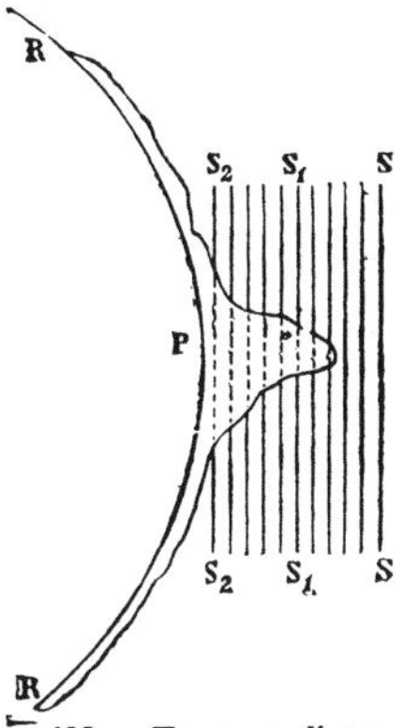

Fig. 139. — Examen d'une protubérance vue à travers la fente d'un spectroscope.

En procédant de la sorte, on arrive à dessiner le contour du Soleil tel qu'on le verrait directement si l'on était pas ébloui par la lumière de l'astre éclatant. Voici par exemple (*fig.* 140) le dessin de l'ensemble du Soleil observé le 23 juillet 1871 ; il y a 17 protubérances révélées au spectroscope, chacune à sa place. C'est ainsi que l'on peut étudier leurs rapports avec les taches.

Ces études ont montré que le globe solaire est environné d'une atmosphère, principalement composée d'hydrogène rose, de laquelle s'élèvent ces éruptions, composées elles-mêmes de ce gaz. Cette couche a reçu le nom de *chromosphère* (de *chromos*, couleur). Le bord solaire offre ainsi constamment les aspects les plus variés.

Dans certains observatoires, on observe et l'on dessine tous les jours ces protubérances, par exemple à Rome, où je les ai suivies en 1872 en compagnie du savant Père Secchi. On vient même de fonder en Italie une société astronomique spéciale pour cette étude : la « Société des spectroscopistes », dont le siège est à Palerme. Déjà elle a publié un

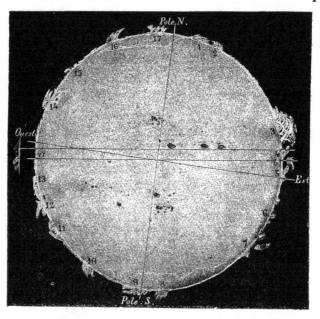

Fig. 140. — Ensemble des protubérances solaires (juillet 1871).

grand nombre de dessins, dont les gravures suivantes donnent une idée. La figure 141, dessinée le 21 avril 1873, représente un fragment du bord du Soleil; on y remarque des vestiges de taches et de facules. Du bord s'échappent des flammes en forme de jets qui s'élancent dans l'atmosphère du Soleil jusqu'à dix mille lieues de hauteur. Le globe solaire est entouré de flammes analogues. Parfois il y a un calme relatif. Parfois, au contraire, il y a des éruptions violentes et formidables.

L'intensité lumineuse dans les jets est toujours très grande. Ils dessinent parfois des formes magnifiques, comme les plus beaux bouquets de feux d'artifice qu'on puisse imaginer ; les branches, retombant en paraboles plus ou moins inclinées, offrent une beauté pour ainsi dire artistique. Certains jets représentent la tête de magnifiques palmiers, avec leurs gracieuses courbures en rameaux. Plus ordinairement la tige, très vive et très brillante, paraît, à une certaine hauteur, se diviser en branches. On voit la chevelure supérieure tantôt entraînée par le vent dans la direction du jet, et tantôt repoussée en sens contraire de la direction de la tige. Ces formes sont toujours compactes, filamenteuses à la base, et terminées en filets. Leur lumière est si vive, qu'on les voit à travers les nuages légers, lorsque la chromosphère disparaît ; leur spectre indique, outre l'hydrogène, la présence de plusieurs autres substances. Ce sont de véritables gerbes, bien éphémères.

Fig. 141. — Une explosion dans le Soleil.

il est rare qu'elles durent une heure ; c'est souvent l'affaire de quelques minutes.

Tous ces aspects sont représentés sur nos *fig.* 142 et 143 : jets, gerbes, panaches et nuages. Les panaches (*fig.* 4 et 5) consistent surtout en des masses de filaments, larges à la base et rétrécies en pointe (a), (b), (c). On les rencontre, soit droites (b), soit courbées par l'action évidente des courants qui les entraînent. Il n'est pas rare de voir dans ces panaches des inflexions doubles bien marquées (c), (d), (e), comme si le jet s'élevait en spirale. Une forme assez belle et qui n'est pas rare est la forme *f*, qui tient à la chromosphère par une langue très mince et s'élève sur ce pédoncule en s'élargissant comme une fleur.

Ces formes peuvent atteindre toutes les hauteurs. Ordinairement, à une certaine élévation, elles s'épanouissent en traînées et en nuages (*fig.* 6 et 7). Le panache a [*fig.* 7] est terminé par une masse nuageuse diffuse, à une élévation comparativement petite. Le panache *b* se relève en corne, il est coupé en trois étages de nuages. Le panache *d* présente un nuage qui lui paraît contigu. Le filet *c* est isolé, et se replie en retombant normalement. Il peut se faire quelquefois que ces nuages soient simplement projetés sur les panaches ; mais on les voit souvent se former à leur sommet.

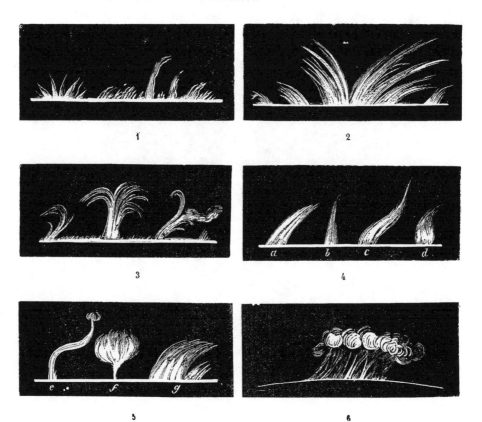

Fig. 142. — Différentes formes de protubérances.

On trouve parfois ces panaches accouplés [*fig.* 8 (a)], ou convergents (c), ou assemblés, mais avec une inclinaison différente (*b*). Il est probable qu'une grande partie de ces formes sont dues à des effets de perspective, et que leurs bases sont très éloignées dans la direction du rayon visuel. Plusieurs s'entrecroisent singulièrement en se projetant les unes devant les autres.

Ces masses atteignent des hauteurs énormes, de 150 à 200 secondes, parfois 240 secondes. Leur sommet est cependant, en général, très déchiqueté et semblable en tout aux amas de cirro-cumuli que nous voyons à l'extrémité des nuages orageux, et qui produisent un ciel *pommelé*. Certaines formes de protubérances planent aussi comme des nuages dans le ciel solaire (*fig.* 11 et 12).

L'étude de la surface de l'astre du jour se poursuit activement, grâce à l'activité persévérante d'un grand nombre d'observateurs. L'une des plus curieuses observations qui aient été faites dans cette étude si intéressante, et l'une de celles qui peuvent le mieux nous donner l'idée

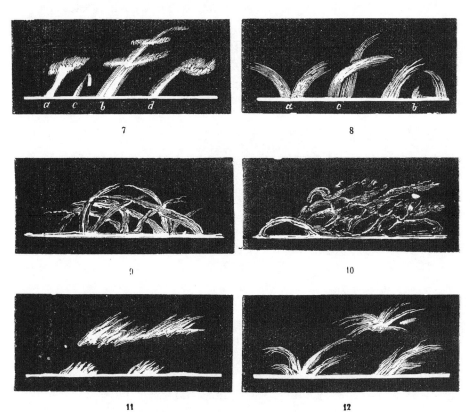

Fig. 143. — Différentes formes de protubérances.

des forces énergiques en action à la surface de cet astre immense, est, sans contredit, celle que le professeur Young a faite en Amérique, et qui a saisi sur le vif une *formidable explosion d'hydrogène* dans l'atmosphère solaire. Résumons la relation de l'auteur.

Le 7 septembre 1871, entre midi et 2 heures, il se produisit une explosion de l'énergie solaire, remarquable par sa soudaineté et sa violence. L'auteur avait observé une énorme protubérance ou nuée d'hydrogène sur le limbe oriental du Soleil. Elle s'était maintenue avec très peu de changement depuis le midi précédent, comme une nuée longue, basse, tranquille. Elle était principalement formée de filaments, la plupart presque horizontaux, et flottait au-dessus de la chromosphère, la surface inférieure étant à une hauteur d'environ 24 000 kilomètres; mais elle lui était rattachée, comme cela a lieu ordinairement, par trois ou quatre colonnes verticales plus brillantes et plus actives que le reste. Elle avait 3′ 45″ de longueur et environ 2 minutes de hauteur à la surface supérieure, c'est-à-dire, environ 161 000 kilomètres de longueur sur 88 000 kilomètres de hauteur.

La colonne, à l'extrémité méridionale de la nuée, était devenue beaucoup plus brillante et était courbée d'une manière curieuse d'un côté. Près de la base d'une autre colonne, à l'extrémité nord, s'était développée une petite masse brillante, ressemblant beaucoup par sa forme à la partie supérieure d'un nuage orageux de l'été. La *fig.* 144 représente la protubérance à cet instant; a est le petit nuage orageux.

Fig. 144. — Une explosion solaire Première phase.

A une heure, l'astronome, mettant de nouveau l'œil à la lunette, qu'il avait quittée depuis une demi-heure, fut extraordinairement surpris de trouver que, dans cet intervalle, tout avait été littéralement mis en pièces par quelque explosion inconcevable venue d'en bas. Au lieu du nuage tranquille qu'il avait laissé, l'air, si l'on peut se servir de cette expression, était rempli de débris flottants, d'une masse de filaments verticaux, fusiformes et séparés, ayant chacun de 16 à 30 secondes de longueur sur 2 ou 3 secondes de largeur, plus brillants et plus rapprochés les uns des autres, là où se trouvaient d'abord les piliers, et s'élevant rapidement.

Déjà quelques-uns avaient atteint une hauteur de près de 4 minutes (176 000 kilomètres). Puis, sous les yeux mêmes de l'observateur, ils s'élevèrent avec un mouvement presque perceptible à l'œil, et, au bout de 10 minutes, la plupart étaient à plus de 300 000 kilomètres au-dessus de la surface solaire! Cette effroyable éruption a été constatée par une mesure faite avec soin; la moyenne de trois déterminations très concordantes a donné 7′49″ pour l'altitude extrême à laquelle les jets furent lancés; ce qui est d'autant plus curieux que la matière de la chromosphère (hydrogène rouge dans ce cas) n'avait jamais été observée à une altitude supérieure à 5 minutes. La vitesse de l'ascension (267 *kilomètres par seconde!*) est considérablement plus grande qu'aucune autre qui ait été observée.

La *fig.* 145 peut donner une idée générale du phénomène au moment où les filaments étaient à leur plus grande hauteur. A mesure que ces filaments s'élevèrent, ils s'affaiblirent graduellement comme un nuage qui se dissout, et, à 1ʰ 15ᵐ, il ne restait, pour marquer la place, qu'un petit nombre de légers flocons nuageux, avec quelques flammes basses plus brillantes près de la chromosphère.

Mais en même temps la petite masse semblable à un nuage orageux avait grandi et s'était développée d'une manière étonnante en une masse de flammes qui se roulaient et changeaient sans cesse, pour parler suivant les

Fig. 145. — Une explosion solaire. Plus grande phase

apparences. D'abord ces flammes se pressèrent en foule, comme si elles se fussent allongées le long de la surface solaire; ensuite elle s'élevèrent en pyramide à une hauteur de 80 000 kilomètres; alors leur sommet s'allongea en longs filaments enroulés d'une manière curieuse, d'avant en arrière et de haut en bas, comme des volutes de chapiteaux ioniques; enfin elles s'affaiblirent, et, à 2ʰ 30ᵐ, elles s'étaient évanouies comme le reste. La *fig.* 146 les représente

Fig. 146. — Fin de l'explosion.

dans leur développement complet; elle a été dessinée à 1ʰ 40ᵐ.

L'ensemble du phénomène suggère forcément l'idée d'une explosion verticale et violente, rapidement suivie d'un affaissement remarquable.

Dans la même après-midi, une partie de la chromosphère du bord opposé (à l'ouest) du Soleil fut, pendant plusieurs heures, dans un état d'excitation et d'éclat inaccoutumés. Le soir même de ce jour, 7 sep-

Fig. 147. — Légèreté des formes protubérantielles.

tembre 1871, il y eut en Amérique une belle aurore boréale. Était-ce une réponse à cette magnifique explosion solaire?

La place nous manque pour signaler toutes les variétés obser-vées dans ces explosions. Remarquons-en pourtant quelques-unes encore de particulièrement curieuses. La *fig.* 147 en présente d'abord quatre qui donnent une idée approchée de la légèreté de ces formes.

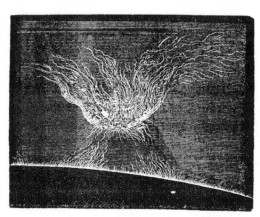

Fig. 148. — Forme curieuse d'une éruption solaire.

Le 25 août 1872, on a observé à Rome une pro-tubérance, sorte de gerbe d'hydrogène à éventail, ressemblant à une fleur de giroflée détachée de son ca-lice. Cette masse était sus-pendue dans l'espace, iso-lée; elle persista jusqu'au lendemain en diminuant de grandeur.

Le 3 avril 1873, on re-marqua, dans la matinée, à 8^{h}45^m, au-dessus du bord solaire, une masse d'hydrogène d'une élévation énorme. Elle se présentait comme une masse de cirri légers et filamenteux : leur enchevêtrement était très difficile à saisir et changeait d'un moment à l'autre. Au commencement, elle était longue et diffuse, mais en vingt-cinq minutes elle se rétrécit rapidement et se transforma en une espèce de colonne ramifiée (*fig.* 149), qui s'éleva jusqu'à 7'29" : jusqu'à 322 000 kilomètres! c'est-à-dire presque jusqu'au quart du diamètre du Soleil :

MESURE SUCCESSIVE D'UNE PROTUBÉRANCE.

Heures d'observation.	Hauteur en millimètres sur l'image.	HAUTEUR	
		en secondes d'arc.	en kilomètres.
8ʰ45ᵐ	30ᵐᵐ	259ᵉ	186 000
8 50	40	345	247 800
9 00	42	372	267 200
9 10	52	449 = 7'29ᵉ	322 500
9 15	44	380	272 900

Elle diminua ensuite rapidement; à 9ʰ 36ᵐ, on ne voyait plus qu'une faible trace de nuage brillant, correspondant à la partie la plus dense. En prenant la différence de hauteur entre 8ʰ45ᵐ et 9ʰ10ᵐ, on trouve une vitesse moyenne d'élévation de 105 kilomètres par seconde de temps.

Il résulte encore de cette observation que l'atmosphère solaire doit s'élever à huit minutes d'arc au moins; car cette extrémité brillante devait sans doute se continuer avec une masse obscure plus étendue.

Ce qu'il faudrait pouvoir rendre, c'est la couleur de ces flammes solaires, et c'est pourquoi nous avons reproduit ici en chromolithographie l'une des plus belles planches de l'Observatoire de Harvard College (Etats-Unis), où ces phénomènes sont également suivis avec le soin le plus minutieux. On voit sur cette planche deux magnifiques protubérances, observées, la première le 29 avril

Fig. 149. — Flamme solaire s'élevant jusqu'au quart du diamètre solaire (avril 1872).

1872 à 10 heures du matin (25 minutes plus tard, elle avait tellement changé, qu'elle était absolument méconnaissable); la seconde le 15 avril de la même année à la même heure. On en a ainsi une impression plus complète que par les figures noires. (Comparer avec l'échelle kilométrique pour les dimensions.) — Mais il est une chose que la peinture ne pourra jamais reproduire, c'est la vivacité des teintes que présentent ces masses énormes, et la rapidité des mouvements dont elles sont animées. Les meilleurs dessins seront toujours des corps sans vie, de véritables cadavres, si on les compare aux phénomènes grandioses de la nature : ces masses incandescentes sont animées d'une activité intérieure où semble respirer la vie ; elles brillent d'un vif éclat, et ces couleurs qui les embellissent forment un caractère spécifique, par lequel nous pouvons reconnaître, grâce à l'analyse spectrale, la nature chimique des substances qui les composent. Les dessins les plus parfaits peuvent-ils ressusciter cette vie solaire?

Les matières qui produisent le phénomène des protubérances sont généralement des gaz incandescents soulevés vers les régions supérieures par des forces dont l'origine ne nous est pas encore connue. Ces mouvements sont-ils le résultat de la légèreté spécifique de la matière lumineuse, ou bien faut-il les attribuer à une force impulsive provenant de l'intérieur du globe solaire? La seconde explication est la plus probable. La substance n'est pas simplement lancée en ligne droite, elle est aussi animée de mouvements tourbillonnaires, ce qui donne aux jets lumineux l'apparence de spirales dont les axes prennent toutes les positions, depuis la verticale jusqu'à l'horizontale. Ces mouvements tourbillonnaires, surtout ceux dont l'axe est horizontal, doivent nécessairement résulter d'une force éruptive combinée avec des courants violents, vents et tempêtes solaires.

Arrivées à une certaine hauteur, les masses lumineuses changent d'aspect, elles se mélangent et se confondent, perdant ainsi l'aspect filiforme pour prendre une apparence nébuleuse, comme une fumée qui s'évanouit dans l'air ; elles continuent à monter, mais elles se diffusent progressivement et finissent par s'évanouir. Nous devons en conclure que ces mouvements s'accomplissent dans un milieu résistant, qui n'est autre que l'atmosphère solaire.

Ici se présente naturellement une question de la plus haute importance : l'hydrogène qui se dégage ainsi dans les éruptions provient-il de la masse intérieure du Soleil? Dans le cas où l'on répondrait affirmativement, voici deux conséquences que l'on ne saurait éviter : la masse intérieure doit s'épuiser, et, de plus, l'atmosphère doit s'accroître indéfiniment par l'accumulation du gaz qui ne cesse d'y arriver de toutes parts.

Aux époques de grande activité, on voit, en moyenne, douze ou treize centres d'action chaque jour; en tenant compte de la rotation solaire, il y a, en vingt-quatre heures, un quatorzième de la surface du globe solaire qui se présente sur le contour du disque; nous pouvons donc dire qu'il y a constamment alors un grand nombre de centres d'éruption, deux cents au moins, en pleine activité sur la surface du

Soleil. C'est donc une masse d'hydrogène qui s'échapperait ainsi sans relâche; il est évident que la masse intérieure finirait par s'épuiser à la longue, et les conditions physiques de l'astre se trouveraient modifiées d'une manière sensible dans un temps relativement assez court.

On a répondu à cette objection en mettant en avant la masse énorme de la matière solaire; l'hydrogène s'y trouve soumis à une pression extrêmement grande, il y occupe un espace considérable; il pourra donc suffire pendant des milliers et des millions de siècles aux éruptions dont nous sommes témoins; il s'épuisera sans doute, mais cet épuisement ne se produira qu'à une époque très reculée, ce qui n'a rien d'invraisemblable.

La rapidité avec laquelle se produisent les mouvements et les transformations que nous venons de décrire est vraiment extraordinaire. Nous avons vu tout à l'heure la vitesse observée, par Young, de 267 kilomètres par seconde; Secchi en cite une de 370, et Respighi va jusqu'à 600,700 et même 800! Il ne faut cependant pas se hâter d'admettre sans contrôle certaines vitesses exorbitantes. Un corps lancé de bas en haut avec une vitesse initiale de 608 kilomètres s'éloignerait indéfiniment du Soleil. Des explosions capables d'imprimer aux corps des vitesses de 600 à 800 kilomètres produiraient donc une diffusion de la matière solaire dans les espaces planétaires. Il est vrai que ces explosions n'ont pas lieu dans le vide : la résistance de l'atmosphère du Soleil diminue la vitesse et peut, dans certaines circonstances, empêcher la diffusion dont nous parlons. Mais si la vitesse initiale était réellement de 800 kilomètres, la résistance ne suffirait pas pour empêcher la matière de dépasser la sphère d'attraction et de se répandre dans l'espace.

Un tel effet, d'ailleurs, n'aurait rien d'inadmissible, et ne prouverait même pas que le poids du Soleil allât en diminuant, attendu que les quantités d'aérolithes et de matériaux qui tombent incessamment sur cet astre peuvent compenser ses pertes.

Ce qui est certain, c'est que l'astre du jour est réellement environné de substances inconnues qui s'étendent au loin tout autour de lui. Le phénomène qui frappe le plus, lorsqu'on observe une éclipse à l'œil nu, c'est l'auréole brillante qui entoure la Lune, et qui a reçu le nom de *couronne*. Les anciens l'avaient remarquée, et ils en avaient conclu que l'éclipse n'est jamais totale.

L'intensité lumineuse de la couronne est difficile à évaluer cependant elle est au moins égale à celle de la pleine lune.

On distingue généralement dans la couronne trois régions bien définies, quoique les lignes de séparation ne soient pas nettement tranchées. La première et la plus vive de ces régions, c'est l'anneau brillant qui se trouve immédiatement en contact avec la photosphère; la matière rose paraît être en suspension dans cette couche elle-même. Son éclat est tellement vif, qu'il peut occasionner des doutes sur le moment précis de la totalité. On peut évaluer sa largeur à 15 ou 20 secondes. Autour de cette première couche, et en contact immédiat avec elle, se trouve une autre région où la lumière est encore assez vive, dans laquelle se produisent les protubérances, et qui s'étend jusqu'à une distance de 4 ou 5 minutes. Au-dessus de

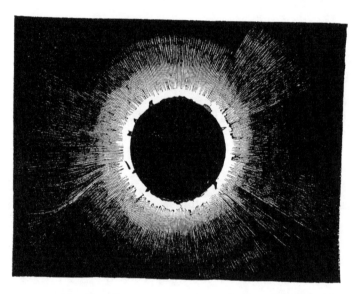

Fig. 150. — Couronne et aigrettes de l'éclipse de 1860.

cette région commence l'auréole proprement dite; elle est souvent irrégulière, et son contour, loin d'être uniforme, comme on l'avait supposé d'abord, présente souvent des inégalités et quelquefois même des cavités très profondes. On appelle *aigrettes* ces longs panaches rectilignes qui se détachent de l'auréole, semblables aux rayons de lumière qui sortent entre les nuages lorsque le soleil est près de l'horizon. Elles se prolongent souvent à des distances considérables.

La cause première de la couronne et des aigrettes est certainement dans le Soleil, mais leurs apparences peuvent être notablement modifiées par la présence de la Lune et par les circonstances atmosphériques. On ne connaît pas encore avec certitude l'étendue de la couronne. Nous n'apprécions que la limite qui est déterminée par le pouvoir optique de nos instruments, par la sensibilité physiologique de notre rétine et par l'impressionnabilité de nos préparations photographiques. Pour les régions qui dépassent ces limites, nous ne savons rien. Il peut exister là une matière plus raréfiée n'exerçant aucune action appréciable sur nos sens. Peut-être cette atmosphère s'étend-elle à une distance très considérable, jusqu'à la lumière zodiacale. Remarquons enfin qu'il existe des amas de matière cosmique, analogues aux nébuleuses, circulant comme des comètes dans l'intérieur du

Fig. 151. — Couronne et aigrettes de l'éclipse de 1858.

système solaire, et qui, au moment du périhélie, se trouvent tres voisins du Soleil. Ce fait n'est peut-être pas étranger à certaines apparences extraordinaires observées pendant les éclipses.

Les variétés d'aspect offertes par ce mystérieux voisinage du Soleil seront appréciées par l'examen de nos *fig.* 95, 100, 150 et 151. Et maintenant, sans nous laisser éblouir par la splendeur du bienfaisant foyer de la vie planétaire, pénétrons plus intimement encore dans son magique sanctuaire.

CHAPITRE V

**Les fluctuations de l'énergie solaire.
Variation annuelle du nombre des taches et des éruptions.
Période undécennale. Coïncidences curieuses.
Le magnétisme terrestre et les aurores boréales.**

Les faits qui précèdent nous ont appris que cet astre colossal qui nous éclaire est loin d'être calme et tranquille, et que sans cesse une agitation dévorante fait palpiter tout son être. Nous arrivons ici à des faits plus étonnants encore. Cette énergie prodigieuse, qui paraît tour à tour s'épuiser et renaître, manifeste ses effets, non d'une manière constante ou irrégulière, mais suivant une périodicité déterminée. Comme la mer s'élève par son flux et s'abaisse par son reflux, pour s'élever de nouveau à intervalles réguliers, comme la respiration isochrone de notre poitrine qui se dilate et se resserre, comme le battement de cœur du petit oiseau visible sous son fin duvet, la forge solaire lance des éclairs, reprend son souffle et recommence, à des intervalles proportionnés à la grandeur et à l'énergie de la gigantesque fournaise.

Cette périodicité harmonique est encore sensible d'ici, malgré l'effrayante distance qui nous sépare de l'astre enflammé. Tous les onze ans, comme déjà nous l'avons vu, le nombre des taches, des éruptions et des tempêtes solaires arrive à son maximum, puis ce nombre diminue pendant sept ans et demi, s'abaisse à son minimum, et emploie ensuite trois ans six dixièmes pour remonter à son maximum. La période est ainsi de onze ans un dixième. Mais elle varie elle-même, se raccourcissant parfois à neuf ans, s'étendant parfois au delà de douze.

Mais que chacun constate personnellement les faits. Voici le nombre de taches comptées sur le Soleil depuis l'année 1826, année où un amateur d'astronomie, le baron Schwabe de Dessau, s'est avisé de les compter. On voit que les années 1828, 1837, 1848, 1860, 1870-71, ont été des années de maximum, tandis que les années 1833, 1843, 1855, 1867, 1878, ont été des années de minimum; la période de décroissement est plus longue que la période d'accroissement (c'est ce qui arrive aussi pour le reflux de la mer).

TABLEAU DU NOMBRE DES TACHES SOLAIRES SELON LES ANNÉES.

Années.	Nombre.		Années.	Nombre.	
1826.	118		1853.	91	
1827.	161		1854.	67	
1828 *maximum*. . .	225		1855 minimum . . .	28	
1829.	199		1856.	34	
1830.	190	5 ans.	1857.	98	5 ans.
1831.	149		1858.	202	
1832.	84		1859.	205	
1833 minimum . . .	33		1860 *maximum*. . .	211	
1834.	51		1861.	204	
1835.	173	4 ans.	1862.	160	
1836.	272		1863.	124	
1837 *maximum*. . .	333		1864.	130	7 ans.
1838.	282		1865.	93	
1839.	162		1866.	45	
1840.	152	6 ans.	1867 minimum . . .	25	
1841.	102		1868.	101	
1842.	68		1869.	198	4 ans.
1843 minimum . . .	34		1870.	305	
1844.	52		1871 *maximum*. . .	304	
1845.	114		1872.	292	
1846.	157	5 ans.	1873.	215	
1847.	257		1874.	159	
1848 *maximum*. . .	330		1875.	91	7 ans.
1849.	238		1876.	57	
1850.	186		1877.	48	
1851.	141		1878 minimum . . .	19	
1852.	125	7 ans.			

Chaque maximum est plus rapproché du minimum précédent que du suivant. de sorte que la courbe présente la forme tracée sur cette petite figure. Si l'on élève l'une à côté de l'autre onze lignes dont la hauteur corresponde au nombre des taches de chaque année, et si l'on joint par une courbe les extrémités de ces lignes, on obtient la *fig.* 152, sur laquelle les verticales correspondant au maximum et aux minima ont seules été laissées. Le nombre augmente pendant 3 ans $\frac{6}{10}$, et diminue ensuite pendant

Fig. 152. — Courbe undécennale des taches.

7 ans $\frac{5}{10}$. Les différentes périodes ne sont pas absolument identiques, comme on peut le voir dans la *fig.* 153, extraite des travaux de Warren de la Rue (1832-1868); mais on a remarqué que, si dans une période la partie décroissante est retardée ou accélérée, la partie ascen-

dante de la période qui suit s'allongera ou se raccourcira également.
On peut suivre sur cette figure la marche accidentée du phénomène.
La ligne ponctuée indique les valeurs moyennes, la ligne pleine fait
connaître les valeurs réelles. La phase la plus saillante de cette courbe,
c'est une recrudescence très sensible qui se produit très peu de temps
après le maximum proprement dit.

Les passages des maxima aux minima sont accompagnés d'une circonstance assez curieuse : en disposant les taches d'après leur longitude et leur latitude sur un diagramme assez serré, on trouve que leur

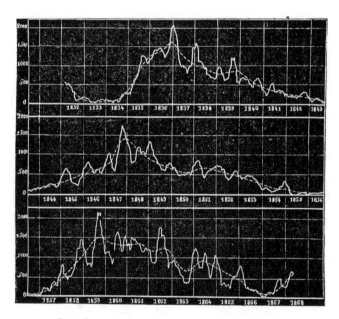

Fig. 153. — Oscillations dans la variation undécennale.

latitude va en décroissant à mesure qu'on approche du minimum ;
pais, lorsque leur nombre va en croissant, elles se montrent à une
latitude plus élevée.

Cette périodicité a été le premier résultat de l'observation assidue de
Schwabe. Elle a été adoptée rapidement par Wolf, alors directeur de
l'Observatoire de Berne, aujourd'hui directeur de celui de Zurich,
contrairement à la résistance des autres astronomes, et confirmée par
ses observations personnelles, ainsi que par une recherche des consta
tations antérieurement faites sur les taches solaires depuis leur découverte. Cet astronome parvint à dresser le tableau suivant des dates des
maxima et minima, depuis l'origine des observations.

TABLEAU DES ÉPOQUES DES MAXIMA ET MINIMA DES TACHES SOLAIRES,
DEPUIS GALILÉE.

Maxima.				Minima.			
1615,0	±1,5	1761,5	±0,5	1610,8	±0,4	1755,7	±0,5
1626,0	1,0	1770,0	0,5	1619,0	1,5	1766,5	0,5
1639,5	1,0	1779,5	0,5	1634,0	1,0	1775,8	0,5
1655,0	2,0	1788,5	0,5	1645,0	1,0	1784,8	0,5
1675,0	2,0	1804,0	0,1	1666,0	2,0	1798,5	0,5
1685,5	1,5	1816,8	0,5	1679,5	2,0	1810,5	0,5
1693,0	2,0	1829,5	0,5	1689,5	2,0	1823,2	0,2
1705,0	2,0	1837,2	0,5	1698,0	2,0	1833,8	0,2
1717,5	1,0	1848,6	0,5	1712,0	1,0	1844,0	0,2
1727,5	1,0	1860,2	0,2	1723,0	1,0	1856,2	0,2
1738,5	1,5	1870,9	0,3	1733,0	1,5	1867,1	0,1
1750,0	1,0			1745,0	1,0	1878,3	0,1

Ce ne sont pas seulement les taches solaires qui sont soumises à cette variation périodique : ce sont encore les *éruptions*, dont nous avons décrit plus haut les mouvements tumultueux et les surprenantes figures. Nous avons vu qu'en promenant le spectroscope le long du Soleil on observe chaque jour ces protubérances depuis l'année 1871. Grâce aux travaux de la « Société des spectroscopistes italiens, » et en particulier à ceux de Tacchini à l'observatoire de Palerme, de Secchi et Ferrari à Rome, nous pouvons nous rendre compte de la variation des protubérances, comme nous l'avons fait pour les taches. En divisant le nombre des protubérances comptées sur le Soleil par celui des jours pendant lesquels on a pu observer, on trouve le nombre moyen correspondant à chaque jour. C'est par ce procédé que le petit tableau suivant a été obtenu.

ÉRUPTIONS COMPTÉES EN MOYENNE PAR JOUR SUR LE SOLEIL.

1871.	15		1875.	6
1872.	12		1876.	5
1873.	9		1877.	4
1874.	7		1878.	2

L'observation des facules donne les mêmes résultats. Ainsi varient d'année en année les effets visibles de l'énergie solaire. Ce n'est pas à dire pour cela que le nombre des taches corresponde toujours à celui des éruptions et à celui des facules ; non, ces phénomènes sont l'un et l'autre intermittents, et jusqu'à un certain point indépendants les uns des autres ; mais l'ensemble des manifestations de la physique solaire présente à l'étudiant de la nature la curieuse fluctuation undécennale que nous venons de mettre en évidence.

Actuellement (1879), le Soleil reprend ses forces et se prépare à un prochain maximum pour l'année 1882. On n'a pu voir l'année dernière que 19 taches et 500 protubérances, tandis qu'en 1871 on avait pu compter jusqu'à 304 taches et 2800 protubérances : c'est probablement ce que nous reverrons en 1882.

Cette périodicité est un fait aujourd'hui démontré avec la certitude la plus incontestable. Elle a été découverte par celui qui le premier s'est avisé de compter les taches sur le Soleil.

Quelle belle leçon pour les amateurs d'Astronomie ! Combien de découvertes peuvent ainsi être faites par la simple curiosité ou par la persévérance ? Q'y avait-il de plus enfantin en apparence que l'idée de s'amuser ainsi à compter chaque jour les taches du Soleil ? Cependant le nom de Schwabe restera inscrit dans les annales de l'Astronomie pour avoir découvert ainsi cette mystérieuse période de dix ans dans la variation des taches solaires. Certains astronomes ne comprennent souvent rien à ces recherches délicates, et Delambre, par exemple, dont l'esprit est à la fois si sévère et si étroit, daignait à peine parler de ces taches; encore avait-il soin de ne pas se compromettre en ajoutant cette profession de foi : « *Il est vrai qu'elles sont plus curieuses que vraiment utiles.* » Si Delambre avait compris la grandeur de l'Astronomie, il aurait su que dans cette science il n'y a rien à négliger.

L'observateur allemand avait d'abord évalué la période à dix ans. Puis Wolf, de Zurich, l'a fixée avec précision au chiffre de $11^{ans},11$. Les astronomes difficiles ont été longtemps à l'admettre; mais aujourd'hui les plus récalcitrants sont forcés de la reconnaître.

Il n'y a pas d'effet sans cause. Quelle peut être la cause de ce mouvement de la surface solaire?

Cette cause peut être intérieure au Soleil. Elle peut aussi lui être extérieure.

Si elle est intérieure au corps solaire, elle ne sera pas facile à découvrir.

Si elle est extérieure, la première idée qui s'impose est de la chercher dans quelque combinaison des mouvements planétaires.

Parmi les différentes planètes du système, il en est une qui par son importance s'offre à nous la première, et il se trouve que précisément la durée de sa révolution autour du Soleil se rapproche beaucoup de la période précédente. Nos lecteurs ont déjà nommé Jupiter, dont le diamètre est seulement 10 fois plus petit que celui du colosse solaire et dont la masse équivaut à un millième de celle de l'astre central. Il tourne autour du Soleil en 11^{ans},85.

Pendant le cours de sa révolution, sa distance au Soleil subit une variation sensible. Cette distance, qui est en moyenne de 5,203 (celle de la Terre étant 1), descend au périhélie à 4,950 et s'élève à l'aphélie à 5,456. La différence entre la distance périhélie et la distance aphélie est de 0,506, c'est-à-dire d'un peu plus de la moitié de la distance de la Terre au Soleil, ou de 19 millions de lieues environ. C'est assez respectable. En tournant ainsi autour du Soleil, Jupiter exerce sur lui une attraction facile à calculer et déplace constamment son centre de gravité, qui ne peut, par conséquent, jamais coïncider avec le centre de figure de la sphère solaire et se trouve toujours tiré excentriquement du côté de Jupiter. L'attraction des autres planètes empêche cette action d'être régulière, mais ne peut pas l'empêcher d'être dominante.

Il pourrait se faire que ce mouvement de la masse solaire, tout léger qu'il fût relativement à cette masse énorme, se traduisît pour nous par des taches, et qu'il y eût par exemple un maximum de taches quand Jupiter attire le plus ou attire le moins le centre solaire. Si c'était bien là la cause de la périodicité des taches solaires, cette périodicité devrait être de 11^{ans},85.

Mais elle est plus courte. Tandis que Jupiter ne revient à son périhélie qu'après 11^{ans},85, le maximum des taches revient après 11^{ans},11, c'est-à-dire 74 centièmes d'année, ou 20 jours plus tôt. Ce chiffre est très sûr, car il provient de la discussion de toutes les observations. Existe-t-il dans le système solaire une seconde cause de nature à forcer le phénomène à avancer ainsi sur le périhélie de Jupiter? Vénus tourne en 225 jours autour du Soleil, et tous les 245 jours environ rencontre le rayon vecteur de Jupiter. La Terre tourne en 365 jours, et rencontre le rayon vecteur de Jupiter tous les 399 jours. Ces deux planètes agissent certainement sur le Soleil de la même façon que la planète géante, mais avec moins d'intensité. Si cette action commune se traduisait par une augmentation de taches, on devrait voir dans les fluctuations des taches solaires des combinaisons de la période de 11^{ans},85 de Jupiter avec celles de 1 an pour la Terre, et de 0,63 pour Vénus, surtout avec celle-ci, parce que Vénus agit avec plus d'intensité que nous. Malheureusement, cette combinaison ne paraît pas produire l'effet observé.

Que ce soit le périhélie ou l'aphélie de Jupiter qui occasionne les maxima des taches solaires, ces maxima devraient toujours coïncider avec les mêmes positions. Mais, au contraire, chaque révolution de Jupiter ajoute la différence de 0,74 que nous venons de remarquer, et, au bout d'un certain temps, de 13 à 14 révolutions, les rôles sont renversés. Il nous faut donc, quoique avec regret, renoncer à Jupiter.

C'est ce qu'on peut facilement vérifier en traçant la courbe des taches solaires depuis l'année 1750, à laquelle on a pu sûrement remonter, jusqu'à cette année 1879; et au-dessous, pour la comparaison, la courbe de la variation de la distance de Jupiter au Soleil. On voit que le premier *maximum* de la distance de Jupiter a coïncidé avec le premier *minimum* des taches solaires; mais, lorsqu'on arrive à l'année 1803, les rôles sont renversés, et le *maximum* de Jupiter correspond au *maximum* du Soleil. Actuellement, le *maximum* de Jupiter se rapproche de nouveau du *minimum* du Soleil.

Quel que soit le rapport qui existe entre les deux périodes, le rapprochement est donc purement accidentel, car on ne peut logiquement admettre que la même cause produise des effets contraires, et que le périhélie amène tantôt un minimum et tantôt un maximum.

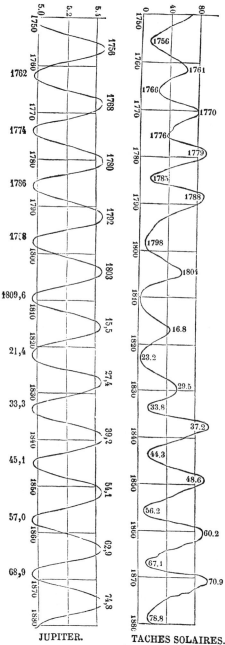

JUPITER.   TACHES SOLAIRES.

Fig. 154. — Comparaison de la variation du nombre des taches solaires avec celle de la distance de Jupiter au Soleil.

Cependant, éloignons l'idée de la variation de distance de Jupiter, et considérons seulement sa révolution, imaginée circulaire. Supposons que la variation de distance n'agisse pas sensiblement. Il n'en reste pas moins le fait de l'attraction jovienne qui fait tourner le centre de gravité du Soleil autour de son centre de figure en 11ᵃⁿˢ,85. Les taches sont-elles toujours sur le rayon vecteur de Jupiter? Non, car la Terre croise tous les treize mois ce rayon vecteur, et l'on ne voit pas plus de taches sur cet hémisphère solaire que sur l'hémisphère vu six mois et demi auparavant. De plus, le Soleil tourne sur lui-même en 26 jours et amènerait ces taches en vue de la Terre, puisqu'elles tournent avec la surface solaire. Sous quelque aspect que nous discutions la question, nous sommes donc toujours conduits bien malgré nous à éliminer l'influence de Jupiter. Il en est de même, à plus forte raison, de celle de toutes les autres planètes.

La cause de la périodicité des taches solaires se trouvera peut-être quelque jour, à la suite d'une comparaison générale des phénomènes concomitants qui paraissent soumis à un mouvement périodique analogue. En attendant que nous fassions cette découverte, signalons ici une correspondance, ou tout au moins une coïncidence véritablement extraordinaire, offerte par le magnétisme terrestre.

On sait que l'aiguille aimantée ne reste pas fixe dans le plan du méridien magnétique, mais se meut sans cesse à droite et à gauche de ce plan. Le plus grand écart à l'est se produit vers 8 heures du matin. Alors l'aiguille s'arrête, revient vers la ligne du nord magnétique, la dépasse, et atteint son plus grand écart de l'ouest vers 1ʰ,15 de l'après-midi. Cette excursion de l'est à l'ouest s'opère donc en 5 heures environ, plus ou moins, selon la saison. L'aiguille revient en-

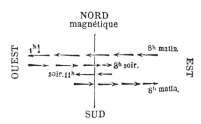

suite vers l'est, s'arrête vers 8 heures du soir, rebrousse chemin jusqu'à 11 heures et repart vers l'est jusqu'à 8 heures du matin. La *fig.* ci-dessus reproduit sur des lignes parallèles ces quatre mouvements, qui constituent la double oscillation diurne.

Ce phénomène est absolument général; il se présente sur toute la Terre, en suivant les mêmes lois; seulement, l'amplitude de l'oscillation, qui est en moyenne de 10′ à Paris, se réduit à 1′ ou 2′ entre les tropiques, et va croissant au contraire vers les pôles. En outre, la marche de l'aiguille, ordinairement très régulière, est parfois troublée accidentellement par des perturbations qui se font sentir au même moment sur de très grands espaces.

En chaque lieu, les heures auxquelles l'aiguille atteint le maximun

de son excursion, soit à droite, soit à gauche, sont si constantes, que
l'observateur pourrait s'en servir pour régler sa montre.

Si l'on prend comme ligne de comparaison l'état de la déclinaison
moyenne de l'aiguille, et comme ordonnées verticales l'écart diurne,

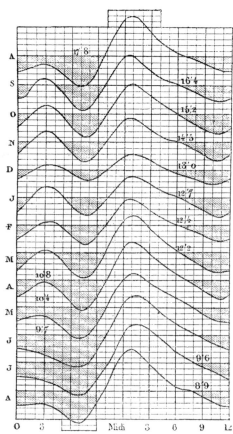

on trace pour chaque mois
les courbes de la *fig.* 156,
qui représente les variations
moyennes diurnes de la déclinaison, observées à l'Observatoire physique de Montsouris, pendant une année,
du mois d'août 1876 au
même mois 1877. Dans ce
diagramme, chaque ligne
horizontale mensuelle représente la moyenne de chaque
mois ; les parties de la courbe
inférieures à la moyenne sont
ombrées. Chaque interligne
correspond à 1 d'arc. La déclinaison était de 17°17′8 en
août 1876, de 17°16′4 en
septembre, et elle a diminué
de mois en mois, jusqu'à
17°8′9 en août 1877 : elle diminue ainsi de mois en mois,
d'année en année, comme
nous le verrons tout à l'heure.

Fig. 156. — Oscillation diurne de l'aiguille aimantée.

Mais ce n'est pas de cette
diminution que nous parlons ici, c'est de l'écart qui se présente entre
le minimum de 8 heures du matin et le maximum de 1 heure.

L'oscillation diurne de l'aiguille aimantée est produite par l'oscillation
diurne de la température, à laquelle se surajoute celle de l'électricité,
de la vapeur d'eau, de la pression atmosphérique, etc. Si l'on examine
la variation mensuelle, on arrive à la même conclusion. L'oscillation
est plus faible en hiver, plus forte en été. La variation thermométrique
est également plus faible en hiver, plus forte en été. Cette même variation va également en croissant des régions tropicales vers les régions
polaires. On peut donc affirmer que cette oscillation diurne dépend en
première ligne de la variation de la température, due au Soleil, et

agissant, par l'intermédiaire de l'électricité atmosphérique, sur le magnétisme terrestre, dont l'aiguille aimantée indique les variations.

L'amplitude des oscillations diurnes varie chaque jour, chaque mois, chaque année. Si l'on prend la moyenne des observations d'une année entière, on constate que cette *oscillation* peut s'étendre du simple au double, dans une période de onze ans environ, laquelle, fait véritablement extraordinaire, paraît correspondre à celle des taches solaires, *le maximum des oscillations coïncidant avec le maximum des taches, et le minimum avec le minimum.* Il y a plus : l'aiguille aimantée manifeste de temps à autre des agitations anormales, des perturbations causées par des orages magnétiques; *ces perturbations coïncident aussi avec les grandes agitations observées dans le Soleil!*

Cette correspondance n'est pas admise par tous les astronomes. M. Faye affirme même que « ces deux phénomènes n'ont aucun rapport entre eux » (*Annuaire* de 1878, p. 650). Pour nous former une opinion, il importe d'abord de comparer le plus grand nombre d'observations possible. Construisons pour cela un tableau d'ensemble des principales observations magnétiques faites depuis 1842, année où quatre des meilleures séries (¹) étaient commencées, et comparons-les à celles des taches solaires.

On voit par ce tableau (p. 358) qu'il y a eu des maxima dans la variation magnétique diurne en 1829, 1838, 1848, 1859, 1871, et des minima en 1844, 1856, 1867, ainsi qu'à l'époque que nous venons de traverser (1877-78). Le fait n'est pas contestable. Le nombre des taches et des protubérances n'est pas absolu, puisqu'il dépend du nombre des jours d'observation, c'est-à-dire des jours de beau temps, et qu'on ne voit que les éruptions des bords solaires; mais il n'en indique pas moins l'état du Soleil.

Si l'on trace la courbe du nombre des taches solaires (nombre relatif, dans lequel on tient compte de l'étendue de ces taches), et au-dessous la courbe de la variation magnétique, d'après des observations sûres, celles de Prague, par exemple, on obtient la figure 157, qui est, sans contredit fort éloquente par elle-même, et qui laisse dans l'esprit l'idée précise d'une correspondance réelle.

(¹) Je suis, à mon grand regret, forcé de passer sous silence les observations magnétiques de Paris, qui sont inférieures en précision à celles des autres pays, et qui ne supportent même pas une discussion sérieuse. J'aurai même la franchise d'avouer qu'un tel état de choses est quelque peu humiliant pour notre amour-propre national. Nous n'avons pas en France une seule série d'observations magnétiques à mettre en parallèle avec celles de l'intéressant tableau ci-dessus.

Années.	Nombre des taches.	Nombre des éruptions.	Variation diurne de la déclinaison magnétique.				
			Prague.	Munich.	Chris- tiania.	Milan.	Rome.
1842..	68		6′,34	7′,08	5′,48	7′,50	
1843..	34		6,57	7,15	5,76	7,36	
1844..	52		6,05	6,61	5,23	6,99	
1845..	114		6,99	8,13	5,81	7,62	
1846..	157		7,65	8,81	6,12	7,93	
1847..	257		8,78	9,55	7,39	9,72	
1848..	330		10,75	11,15	9,18	11,37	
1849..	238		10,27	10,64	8,61	9,92	
1850..	186		9,97	10,44	8,49	8,91	
1851..	151		8,32	8,71	6,89	7,17	
1852..	125		8,09	9,00	7,17	7,57	
1853..	91		7,09	8,63	6,59	7,59	
1854..	67		6,81	7,56	6,00	5,76	
1855..	79		6,41	7,33	5,16	5,60	
1856..	34		5,98	7,08	5,02	5,12	
1857..	98		6,95	7,64	5,51	5,41	
1858..	188		7,41	9,33	7,56	7,71	
1859..	205		10,37	11,17	9,13	10,01	10′,87
1860..	211		10,05	10,93	8,42	8,05	10,98
1861..	204		9,17	10,20	7,81	7,51	9,60
1862..	160		8,59	8,64	6,88	7,61	8,99
1863..	124		8,84	8,24	7,00	7,26	7,86
1864..	130		8,02	7,64	6,00	7,19	8,38
1865..	93		7,80	7,35	5,72	5,85	7,59
1866..	45		6,63	6,88	5,70	4,21	7,14
1867..	25		6,47	7,00	5,69	4,95	6,58
1868..	101		7,27	7,71	6,65	6,81	7,13
1869..	198		9,44	9,22	7,82	8,78	8,95
1870..	305		11,47	12,27	9,95	11,52	10,97
1871..	304	3400	11,60	11,70	9,86	10,70	11,13
1872..	292	2707	10,70	10,96	9,21	10,32	10,65
1873..	215	2144	9,05	9,12	9,72	8,64	9,01
1874..	159	1292	7,98	8,33	7,09	7,77	8,11
1875..	91	901	6,73	7,05	5,66	5,78	6,97
1876..	57	852	6,47	6,79	5,48	6,31	6,82
1877..	48	760	5,95	6,61	5,20	5,68	6,63
1878..	19	500	5,65	6,50	5,79	5,30	6,22

La correspondance est si frappante, qu'un astronome, M. Wolf, directeur de l'Observatoire de Zurich, a établi des formules pour calculer le nombre des taches du Soleil, ou, pour mieux dire, l'étendue tachée, par le seul examen des observations magnétiques et sans avoir besoin de regarder le Soleil. Il m'écrivait dernièrement que ces formules n'ont jamais été en défaut de plus de quelques mois.

La courbe tracée pour exprimer sur un tableau physiologique l'état quotidien, mensuel, annuel, de *la santé du Soleil*, donne les mêmes inflexions, les mêmes allures que la courbe tracée sur l'observation quotidienne, mensuelle, annuelle, de l'aiguille aimantée.

C'est une étude bien intéressante et pourtant bien peu connue, que celle du magnétisme de notre planète errante. Voilà une faible aiguille, un brin de fer aimanté, qui, de son doigt inquiet et agité, cherche sans cesse une région voisine du nord. Portez cette aiguille en ballon jusqu'aux régions aériennes supérieures où la vie humaine commence à s'éteindre, enfermez-la dans un tombeau hermétiquement séparé de la lumière du jour, descendez-la dans un puits de mine, à plus de mille mètres de profondeur, et sans cesse, jour et nuit, sans fatigue et sans

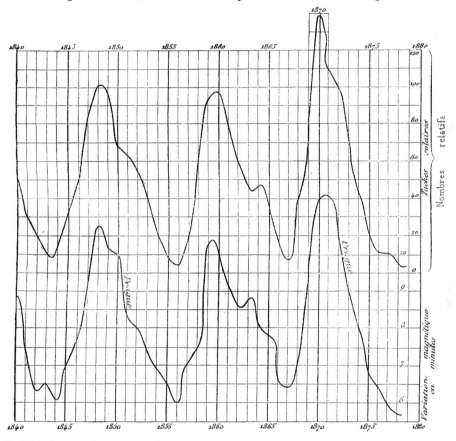

Fig. 157. — Correspondance remarquable entre le nombre des taches solaires et la variation magnétique.

repos, elle veille, tremble, palpite, cherche le point inconnu qui l'attire à travers le ciel, à travers la terre, à travers la nuit…. Or, et c'est là une coïncidence véritablement remplie de points d'interrogation, les années où l'oscillation de cette innocente petite lame d'acier est la plus forte, sont les années où il y a le plus de taches, le plus d'éruptions, le plus de tempêtes dans le Soleil; et les années où son balancement diurne est le plus faible sont celles où l'on ne voit dans l'astre du jour ni taches, ni éruptions, ni tempêtes! Existe-t-il donc un lien magnétique entre l'immense globe solaire et notre ambulant séjour? Le Soleil est-il magnétique? Mais les courants magnétiques disparaissent à la température du fer rouge, et le foyer incandescent de la lumière est à une température beaucoup plus élevée encore. Est-ce un influx électrique qui se transmet du Soleil à la Terre, à travers un espace de 148 millions de kilomètres? Autant de questions, autant de mystères. Constatons d'abord les *faits*, nous chercherons ensuite l'explication.

Gravé par P Méa

Fig. 158. — Carte magnétique de la France.

Nous avons déjà vu, au chapitre de la vie sur la Terre (p. 86), que notre planète est traversée de courants magnétiques variables d'intensité et de direction, et soumis à des fluctuations périodiques; que l'aiguille aimantée, qui se dirigeait juste vers le nord en 1666, a insensiblement décliné vers l'ouest jusqu'en 1814, où sa déclinaison était de 22 degrés et demi, et qu'elle revient lentement vers le nord, sa direction, variant ainsi d'année en année. Si l'on réunit par une même ligne les

points où la déclinaison magnétique est la même, on obtient la
fig. 158, carte magnétique de la France que **M. Marié-Davy**, directeur
de l'Observatoire de Montsouris, a construite en 1876 sur l'ensemble
des observations faites cette année-là : on y voit qu'à Paris, la déclinaison était alors de 17° ¼ environ, et que les lignes d'égale inclinai-

L'aurore boréale

son sont légèrement inclinées sur les méridiens géographiques. Eh
bien, il nous faut supposer que ces lignes glissent comme un canevas
sur la carte de France, *de la droite vers la gauche*, en remontant un
peu. Ainsi, actuellement (1879), la ligne 17° passe juste par Paris,
Orléans, Périgueux, et entre Tarbes et Pau; celle de 18° passe par
Alençon; celle de 15°, par Annecy, Chambéry, Grenoble, etc. Il est

probable que tout aura glissé d'ici à l'an 1962, où la boussole pointera de nouveau au nord, pour décliner ensuite vers l'est.

Le magnétisme terrestre a ses pôles, ses méridiens, son équateur, qui se déplacent sur et dans notre globe. Il y a là une force naturelle encore bien peu connue. Notre planète est en réalité un vaste aimant d'une puissance énorme, que Gauss a évaluée à celle de 8464 *trillions* de barres d'acier pesant chacune une livre et aimantées à saturation.

Le marin au milieu des déserts de l'Océan, le voyageur au milieu des pays sans habitants et sans routes, l'ingénieur qui lève le plan d'une mine ou d'une forêt, le pieux mulsulman qui veut orienter vers la Mecque la natte sur laquelle il va se mettre à genoux, enfin le physicien penseur qui tâche de remonter vers la cause d'un si curieux phénomène, tous ont l'œil fixé sur cette aiguille animée d'un instinct mystérieux. Dieu est grand! (Allahoua akbar!) dit l'impassible musulman. Le savant, plus ambitieux, dit : Pourquoi?

La science moderne observe et étudie. Elle vient de nous montrer que la marche du magnétisme terrestre suit avec une ponctualité extraordinaire l'état du foyer solaire. Signalons encore un fait.

Le 1er septembre 1859, deux astronomes, Carrington et Hodgson, observaient le Soleil indépendamment l'un de l'autre, le premier sur une écran qui recevait l'image, le second directement dans une lunette, lorsque, tout d'un coup, un éclair éblouissant éclata au milieu d'un groupe de taches. Cette lumière scintilla pendant cinq minutes au-dessus des taches sans en modifier la forme et comme si elle en avait été tout à fait indépendante, et pourtant elle devait être l'effet d'une conflagration épouvantable arrivée dans l'atmosphère solaire. Chaque observateur constata le fait séparément et en fut un instant ébloui. Or, voici la coïncidence surprenante : au moment même où le Soleil parut ainsi enflammé dans cette région, les instruments magnétiques de l'Observatoire de Kew, près de Londres, où l'on était en observation, manifestèrent une agitation étrange, l'aiguille aimantée sauta pendant plus d'une heure comme affolée. De plus, une partie de la Terre a été ce jour-là et le suivant enveloppée des feux d'une aurore boréale, en Europe comme en Amérique. On en signala presque partout : à Rome, à Calcutta, à Cuba, en Australie et dans l'Amérique du Sud. De violentes perturbations magnétiques se manifestèrent, et, sur plusieurs points, les lignes télégraphiques cessèrent de fonctionner. — Comment ne pas associer l'un à l'autre ces deux événements si curieux? Nous pourrions signaler d'autres exemples analogues.

La conclusion est donc qu'il est très probable, presque certain, que

cette correspondance entre l'état du Soleil et le magnétisme terrestre
n'est pas fortuite, comme pour le mouvement de Jupiter, mais *réelle*
et qu'il y a un rapport magnétique entre le Soleil et la Terre. — Le
fer entre, du reste, pour une partie notable dans la composition de
l'astre central.

Cette même correspondance paraît s'étendre aux aurores boréales.
Le premier fait a été mis en évidence par Sabine, Wolf et Gautier;
celui-ci par Loomis et Zœllner. Le nombre et la grandeur des aurores
visibles chaque année varie en une période de onze ans, le maximum
coïncidant avec celui des taches et des éruptions solaires. Qui n'a été

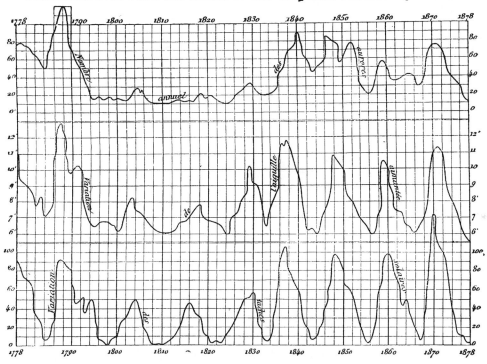

Fig. 160. — Variation annuelle des aurores boréales, de l'aiguille aimantée et des taches du Soleil.

frappé, par exemple, en France où ces phénomènes sont rares, de la
fréquence et de la beauté des aurores de 1869, 1870, 1871 et 1872?
D'ailleurs, les mouvements de l'aiguille aimantée dénoncent l'état du
magnétisme. On se souvient qu'autrefois Arago se vantait de deviner
une aurore visible en Suède et en Norvége par la seule inspection de
l'aiguille aimantée à Paris. Il n'est donc pas surprenant que la correspondance remarquée entre l'état du Soleil et la boussole s'étende aux
aurores. Notre *fig.* 160 représente les trois variations : nombre annuel
des aurores, variation de l'aiguille, et étendue des taches solaires
depuis le maximum de 1778 jusqu'au dernier minimum de 1878, soit
pendant un siècle entier. Ce diagramme comparatif est du plus haut

intérêt, et, s'il n'emporte pas encore la conviction entière sur la réalité de la correspondance, il en est bien près. Le triple fluctuation est vraiment éloquente. En 1788, maximum considérable; calme relatif jusqu'en 1837; période assez régulière depuis cette époque; oscillations symétriques dans les trois courbes. Une correspondance analogue paraît se présenter avec la lumière zodiacale ([1]).

Complétons tous ces faits d'observation en résumant ici comme conclusion définitive l'*état actuel de nos connaissances sur le Soleil.*

Pour nous représenter aussi exactement que possible l'état physique du monde solaire, procédons de l'extérieur à l'intérieur, attendu que les régions extérieures du Soleil nous sont mieux connues que les régions intérieures.

Lorsque nous approchons de l'astre central, la première substance matérielle que nous rencontrons est la couronne, qui s'élève à des hauteurs de cinq, dix et peut-être même quinze minutes au-dessus de la surface solaire, c'est-à-dire à une hauteur qui peut atteindre en certains cas près de cinq cent mille kilomètres. Il est certain que cette substance ne constitue pas une atmosphère proprement dite, c'est-à-dire une enveloppe gazeuse continue. Les deux considérations suivantes démontrent en effet l'impossibilité de cet état.

Et d'abord, nous avons vu que la pesanteur est vingt-sept fois et demie plus forte sur le Soleil que sur la Terre; tout gaz y est par conséquent aussi vingt-sept fois et demie plus lourd. Or, dans toute atmosphère, chaque couche est comprimée par le poids des couches qui sont au-dessus d'elle, et la densité s'accroît en progression géométrique. Une atmosphère composée du gaz le plus léger que nous connaissions, l'hydrogène, présenterait dès lors dans ses couches inférieures une densité incomparablement plus grande que celle qui correspond aux faits observés, elle ne pourrait même plus être gazeuse, mais liquide, solide; elle cesserait d'exister.

D'autre part, on a vu une comète s'approcher tout contre le Soleil,

[1] Il est digne d'attention également que la météorologie terrestre paraît soumise a des fluctuations du même ordre. Ainsi, dans nos climats, les années de froid, de pluies et d'inondations paraissent correspondre à celles où le Soleil est calme, sans éruptions et sans taches : témoins ces deux années-ci, 1878-1879, ainsi que les années 1866 et 1856; les années sèches et chaudes paraissent au contraire correspondre aux époques de plus grande activité solaire; exemple : 1870, 1859, 1845, 1836. Les astronomes américains ont remarqué un rapport analogue dans le nombre annuel des cyclones. Mais il ne faut pas nous hâter de conclure; on ne doit rien généraliser avant d'arriver à un nombre suffisant d'observations, et la météorologie n'est encore que dans son enfance.

le 27 février 1843; elle l'a pour ainsi dire frôlé à trois ou quatre
minutes de sa surface et s'est fourvoyée à travers la couronne. A

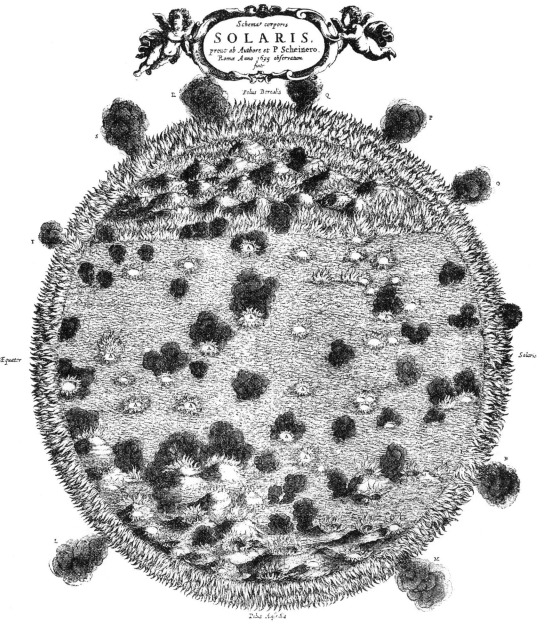

Fig. 161. — Fac-simile d'une gravure de l'année 1635, représentant le Soleil.

l'heure de sa plus grande proximité, elle volait au-dessus des flammes
du Soleil avec une vitesse de 563 000 kilomètres par seconde, et elle

traversa au moins 400 à 500 000 kilomètres de la couronne solaire avec une pareille vitesse sans en avoir ressenti la moindre influence et le moindre retard! Pour nous former une idée de ce qu'elle serait devenue si elle avait dû traverser l'atmosphère même la plus rare, qu'il nous suffise de remarquer que les étoiles filantes sont instantanément et complètement réduites en vapeur par la chaleur du frottement lorsqu'elles atteignent notre atmosphère à la hauteur de 100 à 150 kilomètres, c'est-à-dire à une élévation où notre atmosphère a entièrement cessé de réfléchir la lumière du soleil. Or, la vitesse des étoiles filantes n'est que de 30 à 60 kilomètres par seconde. La résistance (et la chaleur produite par elle) s'accroissant au moins comme le carré de la vitesse, quel ne serait pas le sort d'un corps quelconque traversant plusieurs centaines de milliers de kilomètres de la plus rare atmosphère avec une vitesse de 500 000 kilomètres par seconde! Quelle ne doit donc pas être la rareté d'une atmosphère à travers laquelle une comète est passée, non seulement sans être anéantie, mais encore sans avoir éprouvé le moindre retard sensible? La chaleur solaire exerce là une action répulsive, laquelle souffle en quelque sorte les queues de comètes jusqu'à des *millions* de lieues de distance à l opposé du Soleil.

Qu'est-ce donc alors que la couronne? C'est probablement une région dans laquelle se trouvent en quantité variable des particules détachées, partiellement ou entièrement vaporisées par la chaleur intense à laquelle elles sont exposées. Mais comment ces particules peuvent-elles se soutenir en ces brûlantes hauteurs? A cette question l'on peut déjà donner trois réponses : 1° La matière de la couronne peut être dans un état de projection permanente, étant composée de substances incessamment lancées par le Soleil et retombant sur lui. Mais il faudrait pour cela des forces de projection capables de lancer des matières avec une vitesse de 300 kilomètres par seconde et cela presque constamment autour du Soleil tout entier. 2° La substance coronale peut être plus ou moins soutenue dans les hauteurs solaires par l'effet d'une répulsion calorifique ou électrique. L'électricité, qui joue déjà un si grand rôle dans les phénomènes météorologiques terrestres, ne s'exerce-t-elle pas avec une énergie centuplée dans le foyer orageux de notre système? 3° Enfin la couronne peut être due à des nuages de météores, d'aérolithes circulant autour du Soleil dans son voisinage immédiat. Ces trois explications sont peut-être en partie vraies toutes les trois [1].

[1] Newcomb, *Popular Astronomy.*

C'est ici le lieu de signaler l'existence d'une lueur encore mystérieuse qui enveloppe constamment l'astre du jour jusqu'à une grande
distance, et que nous apercevons d'ici après le coucher du soleil ov

Fig. 162. — La lumière zodiacale observée au Japon.

avant son lever, dessinant une sorte de cône plus ou moins diffus dans
le sens du zodiaque. Cette lueur a reçu le nom de *lumière zodiacale*.
Elle s'étend le long de l'écliptique, et on l'aperçoit dans nos latitudes
boréales, en Europe, en Amérique, en Asie, au Japon, s'étendant

jusqu'à une distance de 90 degrés du lieu occupé par le Soleil. Vers l'équateur, des observateurs attentifs l'ont suivie beaucoup plus loin et même jusqu'à 180 degrés du Soleil, c'est-à-dire jusqu'au point opposé à lui, et faisant le tour complet du ciel à minuit, d'une part de l'ouest, d'autre part de l'est, jusqu'au zénith. Deux explications se présentent pour cette lueur : ou bien elle entoure la Terre, ou bien elle entoure le Soleil. Le premier cas est le moins probable, puisqu'elle n'est pas dans le plan de l'équateur terrestre, mais dans le plan de l'écliptique. Il est donc probable qu'elle est due à un immense nuage de corpuscules environnant l'astre du jour jusqu'à la distance où nous gravitons nous-mêmes, marquant ainsi le plan général dans lequel tournent le Soleil et toutes les planètes (¹).

Descendons maintenant à travers la couronne jusqu'à la chromosphère, qui s'élève seulement à quelques secondes au-dessus de la surface, mais qui, çà et là, est projetée en immenses masses que nous pourrions appeler des flammes, si cette expression n'était pas, malgré toute son éloquence, fort au-dessous de la réalité. Nous appelons flamme et feu ce qui brûle ; mais les gaz de l'atmosphère solaire sont élevées à un tel degré de température, qu'il leur est impossible de brûler ! Les extrêmes se touchent. L'hydrogène forme la partie supérieure de la chromosphère ; mais, à mesure que nous descendons, nous trouvons les vapeurs du magnésium, du fer et d'un grand nombre de métaux. Les protubérances sont dues à des projections d'hydrogène, lancées avec des vitesses qui surpassent 240 000 mètres par seconde. L'éruption se continue parfois pendant plusieurs heures et même pendant plusieurs jours, et ces immenses nuages lumineux

(¹) La lumière zodiacale est rarement visible à Paris, à cause de l'illumination nocturne de cette capitale. Je l'ai cependant observée, un soir où elle présentait une grande intensité, le 20 février 1871, et j'en ai donné la description dans un rapport à l'Institut Elle mesurait 86 degrés de longueur à partir du Soleil et s'étendait presque jusqu'aux Pléiades. L'appréciation de son intensité a été d'autant plus facile, que l'atmosphère de Paris était moins éclairée que jamais, en raison de l'absence de gaz. Calme et immobile, la lumière zodiacale était bien différente des lueurs palpitantes de l'aurore boréale, et éloignait plutôt qu'elle ne confirmait l'idée parfois émise d'une connexion quelconque entre ces deux phénomènes. Le fuseau était un peu plus intense dans sa région médiane que sur ses bords, et beaucoup plus à sa base que vers sa pointe. Sa teinte, environ une demi-fois plus brillante que celle de la voie lactée était un peu plus jaune. Les dernières étoiles visibles à l'œil nu, celles de 6ᵉ grandeur, étaient perceptibles à travers ce voile ; au télescope, on distinguait jusqu'aux étoiles de 10ᵉ ordre ; mais la 11ᵉ grandeur et les suivantes étaient éteintes.

MM. Lescarbault à Orgères, Gruey à Toulouse, Guillemin à Orsay, ont fait d'intéressantes observations sur le même sujet. Commencée par Cassini au XVIIᵉ siècle, l'étude de cette singulière lumière a été très développée il y a vingt ans par les nombreuses observations de Jones au Japon. La théorie n'en est pas encore certaine.

restent suspendus sans se mouvoir, jusqu'à ce qu'ils retombent en pluies de feu sur la surface solaire. Comment concevoir, comment exprimer ces formidables opérations de la nature solaire? Si nous appelons la chromosphère un océan de feu, il faut ajouter que c'est un océan plus chaud que la fournaise embrasée la plus ardente, et aussi profond que l'Atlantique est large. Si nous appelons ces mouvements des ouragans, il faut remarquer que nos ouragans soufflent avec une force de cent soixante kilomètres à l'heure, tandis que, sur le Soleil, ils soufflent avec une violence de cent soixante kilomètres par seconde! Les comparerons-nous à des éruptions volcaniques? Le Vésuve a en-

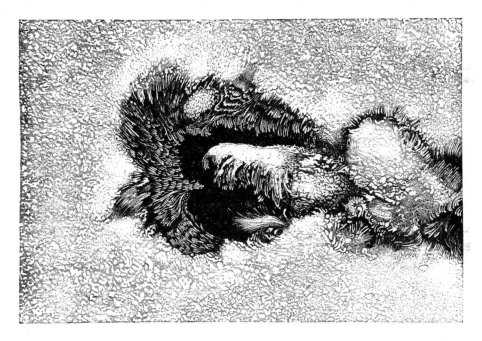

Fig. 163. — Constitution physique de la surface solaire.

seveli Pompéi et Herculanum sous ses laves : une éruption solaire s'élevant en quelques secondes à cent mille kilomètres de hauteur engloutirait la Terre entière sous sa pluie de feu et réduirait en cendres toute la vie terrestre en moins de temps que vous n'en mettez à lire ces lignes…. Lorsque dans l'office des morts, devant le catafalque éclairé de cierges sinistres, le prêtre évoque, « sur la foi de David et de la sybille » l'incendie final du monde et les flammes de l'enfer :

Dies iræ, dies illa!
Solvet sæclum in favilla.
Teste David cum sybilla….

il n'atteint pas dans sa conception la grandeur du témoignage solaire au sein de sa comburante ardeur. — Plusieurs théologiens ont, il est vrai, placé l'enfer dans le Soleil, et j'ai en ce moment sous les yeux un livre intitulé : *Recherches sur la nature du feu de l'enfer*, par Swinden, docteur en théologie, dont le frontispice n'est autre que notre *fig.* 161, extraite du *Mundus subterraneus* du P. Kircher. Ce dessin est remarquable d'ailleurs, malgré son exagération, par les éruptions solaires qui alors n'étaient pas connues, et qui avaient été devinées.

La couronne et la chromosphère ne sont visibles que pendant les éclipses totales où à l'aide du spectroscope. Ce que nous voyons du Soleil à l'œil nu ou au télescope, c'est la surface lumineuse nommée photosphère, sur laquelle la chromosphère repose. C'est elle qui rayonne la lumière et la chaleur que nous recevons de l'astre éclatant. Cette surface elle-même ne paraît pas solide, ni liquide, ni gazeuse, mais composée de particules mobiles, à peu près comme se présente la surface des nuages vus du haut d'un ballon. Nul n'a pénétré aussi profondément dans cette analyse que l'astronome américain Langley ; nous avons reproduit *fig.* 163 le dessin qu'il a fait sur nature de ces particules solaires surprises dans le laboratoire de la formation d'une tache. Il est probable que ces éléments granulaires constituent dans leur ensemble une couche très épaisse, comme une couche de poussière flottante — poussière par comparaison, car chaque grain est une alpe ou une pyrénée ! Cette couche embrasée danse sur un océan de gaz d'un poids et d'une cohésion prodigieux. Le globe entier du Soleil paraît formé d'un gaz énormément condensé.

Tel est cet astre immense, aux rayons duquel nos existences sont suspendues. De sa surface agitée par les flots d'une éternelle tempête s'élancent constamment avec la vitesse de l'éclair les vibrations fécondes qui vont porter la vie sur tous les mondes. L'état physique de ce globe gazeux ne permet certainement pas qu'il soit actuellement habité par des êtres organisés de la nature de ceux qui existent sur les planètes ; mais ni nos observations, ni nos déductions, ni même nos conceptions ne limitent la puissance de la nature, et il n'y aurait rien d'absurde à imaginer le Soleil habité par des esprits dont l'organisa tion physique serait à peine matérielle. Mais ici nous sortons des bornes de la science positive. Hâtons-nous d'y rentrer, en remarquant toutefois que dans l'avenir le globe solaire sera dans un état planétaire et pourra être habité par des organismes aussi grossiers que les nôtres. Mais qui l'éclairera lui-même alors ? Peut-être une aurore magnétique permanente. Peut-être seulement la lumière stellaire pour des yeux plus clairvoyants que les nôtres.... Mystères de l'avenir !

CHAPITRE VI

Les destinées du Soleil. — L'astre du jour n'est qu'une étoile.

Nous venons de contempler la splendeur solaire et d'apprécier les forces prodigieuses qui agissent dans cet immense foyer ; nous avons salué dans le Soleil le père et le gouverneur des mondes, et nous savons que notre vie, comme celle des autres planètes, est suspendue à ses rayons fécondateurs. Mais qu'est-ce que le Soleil dans l'univers ? quelle place occupe-t-il dans l'infini ? quelle est sa valeur intrinsèque au point de vue général ? quelle sera sa durée dans la succession des âges ?

Quelque surprenante que cette affirmation puisse nous paraître après les stupéfiantes grandeurs que nous venons d'apprécier, ce globe immense, plus d'un million de fois supérieur à la Terre en volume et plus de trois cent mille fois plus lourd qu'elle, n'est qu'*un point* dans l'univers !

Lorsque nos regards s'élèvent vers les cieux étoilés, pendant ces heures étincelantes où la voûte céleste apparaît constellée d'une véritable poussière lumineuse, arrêtons-nous sur l'un quelconque de ces points lumineux qui brillent en silence au fond des cieux : ce point est aussi gros que notre soleil, et, dans l'univers, notre soleil n'est pas plus important que lui. Éloignons-nous par la pensée jusqu'à cette étoile, et de sa distance retournons-nous vers la Terre et cherchons notre système solaire : de là, ni la Terre, ni aucune planète n'est visible ; de là, l'orbite entière que notre globe décrit en une année et qui mesure 74 millions de lieues de diamètre, serait entièrement cachée derrière l'épaisseur d'un cheveu ; de là, le Soleil n'est qu'un point à peine perceptible.

Oui, notre Soleil n'est qu'une étoile ! Regardez ce petit carré pris dans le ciel (*fig.* 164). C'est la réduction de l'une des belles cartes écliptiques de l'Observatoire de Paris, qui reproduit exactement, rigoureusement, place pour place, éclat pour éclat, une petite région du ciel, de 23 minutes de temps en largeur sur 5° 15′ de hauteur. Cette carte renferme 4061 étoiles à leurs positions précises (1875). Eh bien ! cherchez le Soleil dans cet amas d'étoiles : il sera parmi les plus grosses si vous ne vous êtes pas trop éloigné dans l'espace, parmi les plus petites si votre essor vous a emporté dans les profondeurs éthérées, et il

Fig. 164. — Un coin du ciel 4061 étoiles

deviendra même tout à fait invisible si vous vous enfoncez davantage encore dans les profondeurs de l'infini.

Comment le savons-nous ? L'étoile *la plus proche* de nous plane à une telle distance, que si on la suit attentivement pendant tout le cours d'une année, le grand mouvement que nous faisons annuellement autour du Soleil n'influe presque pas en perspective sur sa position absolue. Or, pour qu'un déplacement de 74 millions de lieues dans la marche d'un observateur ne produise pas d'effet sur la position de

l'objet qu'il regarde, il faut que cet objet soit prodigieusement éloigné. L'orbite entière de notre planète, vue de cette étoile (*Alpha du
Centaure*) paraît toute petite, offre une largeur angulaire à peine sensible. Nous avons vu (p. 114) qu'un angle de un degré correspond à
une distance de 57 fois la grandeur de l'objet, qu'un angle de une
minute correspond à une distance de 3438 fois, et qu'un angle de une
seconde correspond à une distance de 206 265 fois. Nous avons vu
que les distances de la Lune et du Soleil ont été mesurées par cette
méthode mathématique. Eh bien ! l'orbite entière de la Terre ne se
réfléchit dans le mouvement apparent de l'étoile vue par un observateur terrestre que pour lui faire parcourir une petite ellipse de moins de
2 secondes de longueur (environ la 900ᵉ partie du diamètre apparent
de la Lune), c'est-à-dire que notre orbite annuelle vue de là ne se présente que sous la forme d'une petite ellipse imperceptible. Le calcul
précis montre que la moitié de cette orbite, c'est-à-dire la distance de
la Terre au Soleil, qui est, comme nous l'avons vu, le mètre à l'aide
duquel on mesure toutes les distances célestes, ne paraît que sous un
angle de 9 dixièmes de seconde. S'il se présentait sous un angle de
une seconde entière, la distance de cette étoile serait donc de
206 265 fois 37 millions de lieues ; comme il ne mesure que 9 dixièmes,
il est mathématiquement démontré que cette distance est de 222 000
fois la même unité.

Et c'est l'étoile la plus proche !

Toutes les autres sont plus éloignées encore.

Ce seul fait, aujourd'hui incontestable, prouve : 1° que les étoiles
sont trop éloignées pour être visibles si elles recevaient simplement la
lumière du Soleil et ne brillaient pas par elles-mêmes ; et, 2°, que le
Soleil, éloigné à des distances analogues, serait rapetissé en apparence
au point de ne plus paraître qu'une simple étoile.

Nous ne connaissons aucune planète extérieure à Neptune, de sorte
que l'antique dieu des mers paraît marquer de son trident la frontière
de l'empire solaire. Sa distance est de trente fois le rayon de l'orbite
terrestre. *Il faudrait encore additionner 7400 fois ce chemin céleste
pour arriver à la distance de l'étoile la plus proche !* Donc, en balayant
dans tous les sens l'immensité qui environne le système solaire jusqu'à
cet éloignement, on ne rencontre aucun autre soleil.

Pour nous former une idée de l'immensité du désert qui environne
notre système solaire, quelques comparaisons seront plus faciles à
saisir que les chiffres eux-mêmes. En représentant par 1 mètre la distance qui nous sépare du Soleil, et en posant le Soleil au centre du

système, ce globe aurait 9 millimètres de diamètre, notre planète serait un tout petit point de 8 centièmes de millimètre de diamètre placé à 1 mètre, et Neptune, la frontière de notre république planétaire, serait une bille de 32 centièmes de millimètre placé à *trente mètres*. Eh bien ! pour marquer la distance de l'étoile la plus proche, il faudrait nous éloigner jusqu'à 222 kilomètres ou 55 lieues, soit de Paris à Boulogne-sur-Mer : telle est la proportion entre l'étendue du système solaire et l'immensité intersidérale. Là, le premier soleil rencontré serait représenté par une sphère d'une dimension analogue à celle que nous avons supposée à notre Soleil.

Supposons qu'un voyageur céleste soit emporté dans l'espace par un mouvement d'une telle rapidité qu'il parcoure en vingt-quatre heures tout le chemin qui s'étend du Soleil à Neptune plus d'un milliard de lieues). Cette vitesse est si énorme, qu'elle ferait traverser l'Atlantique, de New-York au Havre, en moins d'un dixième de seconde. Notre voyageur franchirait en 48 minutes l'espace qui s'étend du Soleil à la Terre, arriverait à Neptune à la fin de la première journée. Mais, après avoir ainsi traversé tout le système, il voyagerait, toujours en ligne droite et avec la même vitesse, pendant près de vingt années avant d'atteindre le premier soleil, et il aurait ensuite le même voyage à continuer pour arriver au second, et ainsi de suite. La Terre aurait disparu de sa vue dès le milieu du premier jour, et toutes les planètes se seraient évanouies avant la fin du troisième jour; puis le Soleil, diminuant de plus en plus lui-même de grandeur et d'éclat, serait, d'année en année, tombé au rang d'étoile.

Nous avons fait plus haut la remarque que si l'on jetait un pont d'ici au Soleil, ce pont céleste devrait être composé de *onze mille six cents arches aussi larges que la Terre*. Supposons un pilier à chaque extrémité de ce pont. Il faudrait recommencer *deux cent vingt-deux mille fois ce même pont* pour atteindre le soleil le plus proche ; c'est-à-dire que cette merveille d'architecture imaginaire, plus prodigieuse que toutes les fables de l'antique mythologie et plus fabuleuse d'ailleurs que tous les contes des *Mille et une Nuits*, se composerait de 222 000 piliers écartés l'un de l'autre de 148 millions de kilomètres.

Une étoile, un soleil, peut faire explosion. Si le bruit d'une conflagration aussi effroyable pouvait se transmettre jusqu'à nous, nous ne l'entendrions qu'au bout de *trois millions d'années au moins !*

Enfin, ajoutons encore que le train express qui, à la vitesse constante de soixante kilomètres à l'heure, franchirait en 266 ans l'espace qui nous sépare du Soleil, n'arriverait à l'étoile la plus proche, alpha du Centaure, qu'après une course non interrompue de près de *soixante millions d'années !!*

La sphère de l'attraction du Soleil s'étend dans l'espace entier et jusqu'à l'infini. A parler exactement et minutieusement, il n'y a dans l'univers entier aucune particule de matière qui ne doive sentir de quelque façon l'influence attractive du Soleil, et même celle de la Terre et de tout autre corps encore moins lourd ; chaque atome dans l'univers influe sur chaque atome, et l'on a pu dire qu'*une pierre dé· rangée sur la Terre dérange la Lune*, Mars et les autres planètes dans l'espace. Mais, comme nous l'avons vu, l'action est en raison directe des masses et en raison inverse du carré des distances. L'influence du Soleil sur les étoiles n'est pas seulement excessivement petite quant à la quantité de mouvement qu'elle produirait dans un intervalle de temps donné, mais ce n'est là qu'une influence d'un astre parmi ses pairs. De tous côtés, d'ailleurs, le règne du Soleil est limité, car il y a des soleils innombrables dans toutes les directions, et la sphère gouvernée par chaque étoile est aussi bien limitée que celle de notre propre étoile, de sorte que partout nous trouverions des régions où son influence serait neutralisée.

La sphère d'attraction du Soleil s'étend, néanmoins, fort au delà de la distance de Neptune. Rigoureusement parlant, elle s'étend indéfiniment, jusqu'aux points où, dans des directions variées, elle rencontre des sphères d'attractions stellaires de même intensité (¹).

La distance d'Alpha du Centaure est 262 fois supérieure à celle de l'aphélie de la grande comète de 1680. A cet éloignement, l'attraction solaire n'est plus que de 57 trillionièmes de millimètre ! Si cette étoile n'avait pas de masse sensible et gravitait comme une planète autour de notre astre central, *la durée de sa révolution serait de*

(¹) Si, comme il est probable, Neptune n'est pas la dernière planète du système (il n'y a pas de raison pour que la limite de notre vue marque la limite de la nature), la planète qui lui succède doit être située, selon toute probabilité, à la distance 48, et, dans ce cas, son année est 333 fois plus longue que la nôtre. Gravitant ainsi à 10 000 fois le demi-diamètre solaire, sa pesanteur vers l'astre central serait égale à 0ᵐ,0000013, c'est-à-dire que sa courbe ne différerait de la ligne droite que de 13 dix-millièmes de millimètre par seconde.

Nous avons vu aussi que certaines comètes s'éloignent à de telles distances du Soleil, quoique toujours sous l'influence de sa domination, que celle de 1680, par exemple, s'enfuit à 28 fois la distance de Neptune. Là, l'attraction, la pesanteur vers le Soleil, n'est plus mesurée que par le chiffre 0ᵐ,000 000 004 166, soit par la fraction inimaginable de 4 millionièmes de millimètre.

Aussi les corps, quels qu'ils soient, qui flottent autour du Soleil à ces énormes distances, voguent-ils avec une vitesse de plus en plus lente. Tandis que la Terre court sur son étroite orbite en raison de 29 450 mètres par seconde, Neptune ne marche plus qu'en raison de 5300 mètres. Au point de vue de nos vitesses pratiques accoutumées,

104 *millions d'années.* Sa vitesse serait de 62 mètres par seconde, 3760 mètres par minute, ou 225 kilomètres à l'heure. L'énergie de notre Soleil la forcerait donc encore à courir avec une vitesse de 5417 kilomètres par jour, ce qui donne 1 978 000 kilomètres par an et 207 trillions de kilomètres pour la circonférence entière.

Mais cette étoile est un soleil comme le nôtre, incandescent, lumineux, d'un volume énorme et d'une masse considérable. Puisque nous sommes entrés dans ces considérations importantes de la mécanique céleste, et que nous tenons courageusement à nous rendre compte par nous-mêmes des rapports qui relient notre Soleil aux étoiles, faisons un pas de plus pour pénétrer un instant dans le monde sidéral et en prendre un avant-goût avant de nous arrêter dans les sentiers fleuris des descriptions planétaires. Ce sera le meilleur moyen de juger le Soleil parmi ses pairs.

L'étoile dont nous parlons n'est pas visible de la France, car elle est assez voisine du pôle sud. Sa position est marquée sur la *fig.* 165 : c'est la seconde des deux étoiles de première grandeur qui se trouvent à droite de la Croix du Sud.

Nous pouvons évaluer sans beaucoup de peine *le poids de cette étoile* la plus proche de nous. C'est une étoile double, sur laquelle j'ai pu réunir près de deux siècles d'observations et dont j'ai pu calculer l'orbite : les deux composantes de ce couple brillant tournent l'une autour de l'autre en 88 ans. D'autre part, la distance moyenne qui sépare les deux composantes est de 18 secondes. Or, comme à cet

comme celles de nos trains de chemin de fer, c'est encore là une vitesse énorme. Nous pouvons nous rendre compte des vitesses qui correspondent aux distances de plus en plus grandes. La vitesse moyenne d'une planète sur son orbite peut se calculer par cette formule très simple :

$$x = V \sqrt{\frac{1}{D}}$$

dans laquelle V représente la vitesse moyenne de la Terre, en mètres par seconde, et D la distance en fonction de celle de la Terre au Soleil.

A la distance de l'aphélie de la comète de 1680, qui s'éloigne jusqu'à 850 rayons de l'orbite terrestre, une planète gravitant circulairement autour du Soleil ferait encore un peu plus de un kilomètres par seconde (1010 mètres), plus de soixante kilomètres par minute et plus de 360 kilomètres à l'heure. Il faut aller jusqu'à 177 398 000 millions de kilomètres pour trouver la région en laquelle une planète voyagerait circulairement autour du Soleil avec la vitesse d'un train express ; mais si un tel corps voyageait dans le plan de l'écliptique, il ne pourrait pas accomplir son circuit autour du Soleil, à cause de l'influence perturbatrice de notre soleil voisin, Alpha du Centaure, qui, se trouvant au cinquième environ de cette distance, serait en certaines régions plus proche de cette orbite que le Soleil lui-même. Mais les comètes voguent très lentement à leur aphélie. Ainsi, cette fameuse comète de 1680, qui parcourt 393 000 mètres par seconde à son périhélie, ne se meut plus à son aphélie qu'en raison de 3 mètres à peine par seconde. C'est un souffle.

éloignement de la Terre, le rayon de l'orbite terrestre se réduit à 0″92, une seconde représente 40 millions de lieues environ, et 18 secondes représentent 723 millions. Telle est donc la distance réelle qui sépare l'un de l'autre ces deux soleils conjugués. C'est un peu moins de la distance qui sépare Uranus du Soleil.

Comme cet écartement ne peut pas être mesuré, à un pareil éloignement, avec une rigueur absolue, nous pouvons sans grande erreur prendre pour base de notre conclusion la distance et le mouvement d'Uranus. Cette planète emploie 84 ans pour accomplir sa révolution; cette durée est un peu inférieure à la période de notre

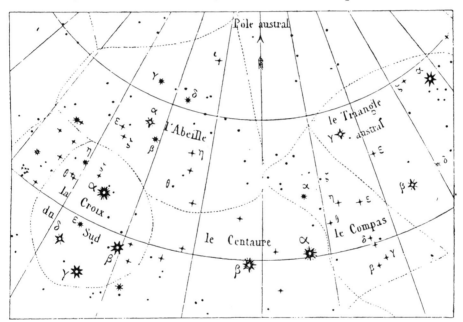

Fig. 165. — La constellation du Centaure, dans l'hémisphère austral.

étoile double : donc, d'après les principes que nous avons exposés (p. 304), le double soleil α du Centaure tournant autour de son centre de gravité un peu plus lentement qu'Uranus ne circule autour de notre Soleil, est un peu moins fort, un peu moins lourd, que celui qui nous éclaire. Il serait superflu de pousser l'approximation plus loin, car les données de la discussion de ce système ne sont pas encore connues avec une excessive précision. On peut estimer que l'étoile la plus proche de nous pèse à peu près autant que notre Soleil, plutôt un peu moins

Il en résulte qu'elle ne peut pas tourner autour de notre Soleil avec la lenteur que nous avons attribuée tout à l'heure à la planète fictive que nous supposions obéir à notre père à cette distance. Ce soleil voisin exerce sur le nôtre une influence au moins aussi puissante que celle que nous exerçons sur lui. Si donc le double soleil Alpha du Centaure formait un système avec le nôtre, ils tourneraient tous deux autour de leur centre commun de gravité, situé dans l'espace à peu près au milieu du chemin qui va de l'un à l'autre, c'est-à-dire que le rayon de l'orbite ne serait plus que la moitié de celui de l'orbite que nous imaginions tout à l'heure, et que la révolution serait réduite

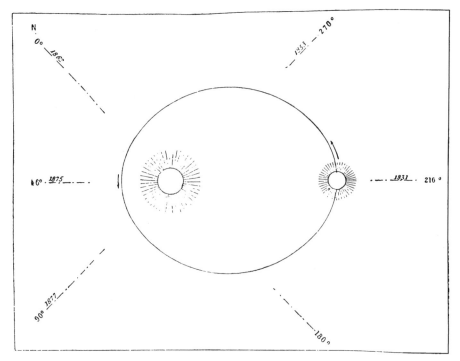

Fig. 166. — Système du soleil double Alpha du Centaure.

dans la proportion réglée par la troisième loi de Képler et ne serait plus que de *treize millions d'années*.

Si notre Soleil et celui du Centaure existaient seuls dans l'espace et formaient un système, c'est ainsi qu'ils graviteraient ensemble. Mais rien ne prouve qu'il en soit ainsi. Nous examinerons, du reste, ces intéressantes questions lorsque nous nous occuperons des étoiles.

Quant à présent, l'important pour nous était de ne pas quitter le Soleil sans nous rendre compte de sa situation comme étoile et sans apprécier les rapports qui peuvent relier sa destinée à celle des autres foyers analogues disséminés dans l'infini.

En analysant les mouvements de la Terre, nous avons déjà appris que le Soleil, centre de notre système, se meut dans l'espace et nous emporte actuellement vers la constellation d'Hercule (p. 62 et *fig.* 23). Cette orbite du Soleil dans l'espace est-elle une courbe fermée? Tourne-t-il lui-même autour d'un centre? Ce centre inconnu est-il fixe à son tour ou se déplace-t-il de siècle en siècle, et fait-il aussi décrire au Soleil et à tout notre système planétaire des hélices analogues à celles que nous avons trouvées pour la Terre? Ou bien, notre astre central, qui n'est qu'une étoile, fait-il partie d'un système sidéral, d'un amas d'étoiles animé d'un mouvement commun (j'en ai découvert plusieurs exemples dans le ciel)? Existe-t-il un *soleil central de l'univers*? Les mondes de l'infini gravitent-ils par hiérarchie autour d'un divin foyer?... L'essor des ailes de l'Uranie moderne n'atteint pas encore ces hauteurs transcendantes. Mais il est certain que le Soleil, dans son cours, doit subir des influences sidérales, de véritables perturbations qui ondulent sa marche et compliquent encore, sous des formes inconnues, le mouvement de notre petite planète et celui de toutes les autres. Un jour, les habitants des planètes qui gravitent dans la lumière des soleils d'Hercule verront une petite étoile arriver dans leur ciel : ce sera notre Soleil, nous emportant dans ses rayons; peut-être à cette heure même, montons-nous, poussière d'un ouragan sidéral, dans une voie lactée transformatrice de nos destinées.

Les mouvements propres dont toutes les étoiles sont animées nous montreront plus loin que les soleils de l'espace voguent dans toutes les directions avec des vitesses considérables. L'analyse de leur lumière nous apprendra que ces lointains soleils sont aussi chauds, aussi lumineux que celui qui nous éclaire, entourés comme lui d'atmosphères vaporeuses dans lesquelles flottent les molécules des éléments en combustion. L'étude de leurs masses et de leurs mouvements nous conduira à la conclusion que ces radieux foyers sont, comme le nôtre, le centre d'autant de systèmes planétaires plus ou moins analogues à celui dont notre séjour fait partie, et que dans leur féconde lumière gravitent aussi des terres habitées, des mondes peuplés comme le nôtre, des planètes, des satellites et des comètes. Dans le rayonnement de ces autres soleils palpitent d'autres existences. Les uns sont encore plus volumineux, plus importants, plus puissants que notre beau soleil; les autres en diffèrent pour l'éclat, la couleur et le caractère; ici nous en voyons qui scintillent d'une lumière orangée; plusieurs sont rouges comme la pivoine, et, lorsqu'on les voit arriver dans le champ du télescope, on croit apercevoir une lumineuse goutte de sang tombée sur le velours noir du ciel; ceux-là projettent le translucide éclat de la verte émeraude; ceux-ci, la douce clarté du bleu saphir. Un grand nombre sont doubles, triples, multiples, de sorte que les planètes qui les environnent sont éclairées par plusieurs soleils de différentes couleurs. Quelque-uns varient périodiquement d'éclat; d'autres se sont éteints et ont complètement disparu du ciel.

Notre Soleil ne représente pas une exception privilégiée. Déjà nous l'avons reconnu en nous occupant de notre propre monde; déjà nous avons vu qu'il est destiné lui-même à s'éteindre, comme toutes les étoiles successivement; déjà même nous avons prévu ce qu'il en adviendrait pour notre globe et pour les autres planètes du système. Mais nous nous sommes arrêtés à une fin qui ne peut pas être générale, qui ne peut être que particulière, et qui ne satisfait pas la logique.

Nous avons laissé la Terre glacée et dépeuplée par le froid, la dernière famille humaine endormie du dernier sommeil, le Soleil progressivement obscurci par la formation d'une croûte solide autour de lui, le système planétaire tout entier privé désormais de la lumière et de la chaleur qui l'auront fait vivre pendant tant de siècles, et nous nous sommes quittés en voyant le Soleil, énorme boulet noir, continuer sa route dans l'espace en emportant autour de lui ses planètes, obscures, désertes, tombeaux ambulants continuant de graviter autour de lui dans la nuit éternelle. Que vont devenir ces mondes? La matière comme la force étant indestructibles, continueront-ils de graviter éternellement dans l'espace à l'état de squelettes cosmiques? Pour résoudre cette question, nous sommes obligés de sortir du domaine de la science pure et d'entrer dans celui de l'hypothèse. Mais, ici même, efforçons-nous de ne pas oublier les rigoureux principes de la méthode d'induction scientifique.

Si telle était la fin définitive des mondes, si les mondes mouraient pour toujours, si les soleils une fois éteints ne se rallumaient plus, il est probable qu'il n'y aurait plus d'étoiles au ciel.

Et pourquoi?

Parce que la création est si ancienne, que nous pouvons la considérer comme éternelle dans le passé. Depuis l'époque de leur formation, les innombrables soleils de l'espace ont eu largement le temps de s'éteindre. Relativement à l'éternité passée, il n'y a que les nouveaux soleils qui brillent. Les premiers sont éteints. L'idée de succession s'impose donc d'elle-même à notre esprit.

Quelle que soit la croyance intime que chacun de nous ait acquise dans sa conscience sur la nature de l'univers, il est impossible d'admettre l'ancienne théorie d'une création faite une fois pour toutes. L'idée de Dieu n'est-elle pas, elle-même, synonyme de l'idée de Créateur? Aussitôt que Dieu existe, il crée; s'il n avait créé qu'une fois, il n'y aurait plus de soleils dans l'immensité, ni de planètes puisant autour d'eux la lumière, la chaleur, l'électricité et la vie. Il faut, de toute nécessité, que la création soit perpétuelle. Et *si Dieu n'existait pas* (¹), l'ancienneté, l'éternité de l'univers s'imposerait avec plus de force encore.

Et, du reste, interrogeons directement la nature, et écoutons sa réponse.

Que se passe-t-il autour de nous? Les mêmes molécules de matière entrent successivement dans la composition de différents corps. Les corps changent, la matière reste. Dans l'intervalle d'un mois, notre propre corps est presque entièrement renouvelé. Un échange perpétuel est opéré entre l'air, l'eau, les minéraux, les plantes, les animaux et nous-mêmes. Tel atome de carbone qui brûle actuellement dans notre poumon a peut-être aussi brûlé dans la chandelle dont se servit Newton pour ses expériences d'optique, et peut-être avez-vous en ce moment dans la main des atomes qui ont appartenu au bras charmant de Cléopâtre ou à la tête de Charlemagne. La molécule de fer est la même, qu'elle circule dans le sang qui palpite sous la tempe d'un homme illustre, ou qu'elle gise dans un vil fragment de ferraille rouillée. La molécule d'eau est la même, soit qu'elle brille dans le regard amoureux de la fiancée, soit qu'elle intercepte les rayons du soleil dans un nuage monotone, soit qu'elle se précipite dans une averse d'orage sur la terre inondée. Echange incessant pendant la vie, échange non moins rapide après la mort des organismes. Lorsque la guerre a semé ses victimes dans les sillons, la vie semble se précipiter en nouveaux flots pour combler les vides ; sur l'affût du canon démonté les fleurs s'épanouissent et l'oiseau chante; la nature reprend toujours ses droits. La matière des êtres ne reste pas immobile, et rentre dans la circulation de la vie. Ce que nous respirons, mangeons et buvons a déjà été respiré, mangé et bu des milliers de fois. Nous sommes constitués de la poussière de nos ancêtres.

Voilà ce qui se passe autour de nous. Or, il n'y a ni grand ni petit dans la nature. Les astres sont les atomes de l'infini. Les lois qui gouvernent les atomes gouvernent aussi les mondes.

La même quantité de matière existe toujours. Après avoir été employée à former des nébuleuses, des soleils, des planètes et des

---

(¹) Ce n'est pas ici le lieu d'entrer dans aucune discussion sur cette question de philosophie pure et non de science positive. — *Voy.* notre ouvrage *Dieu dans la nature,* ou le Spiritualisme et le Matérialisme devant la science moderne.

êtres, elle ne reste pas inactive, elle rentre dans une circulation nouvelle; autrement, le monde finirait; autrement, le jour viendrait où tous les mondes seraient morts, ensevelis dans la nuit, roulant, tombant sans but dans le noir désert de l'espace, éternelle solitude que nul rayon de lumière n'éclairerait plus jamais. C'est là une perspective qui ne donne aucune satisfaction à la logique la plus élémentaire.

Mais par quel procédé naturel les mondes morts peuvent-ils redevenir vivants? Quand notre Soleil sera éteint (et il n'y a aucun doute qu'il le sera dans l'avenir), comment rentrera-t-il dans la circulation de la vie universelle ?

L'étude de la constitution de l'univers, qui ne fait que commencer, permet déjà de formuler deux réponses à cette question, et il est bien probable que la nature, qui livre si difficilement ses secrets, en tient d'autres encore meilleures en réserve pour la science des siècles futurs.

Deux globes morts peuvent revivre et recommencer une ère nouvelle en se réunissant en vertu des simples lois de la pesanteur (¹).

(¹) Supposons, pour fixer nos idées, qu'un globe obscur, gros comme la Terre, ou même aussi gros que le Soleil, peu importe, soit lancé dans le vide. Il emporte avec lui sa force vive, et, s'il est seul dans l'espace, il continuera de marcher en ligne droite, toujours avec la même vitesse, sans pouvoir ni la ralentir, ni l'accélérer, ni se détourner d'un iota de sa trajectoire, et il ira ainsi éternellement; la force qui l'anime sera toujours employée à lui faire parcourir le même nombre de mètres par heure. Mais supposons maintenant que justement là-bas, au but vers lequel il marche, dans une direction diamétralement contraire, se trouve un second boulet, de *même* masse, que nous lancions vers le premier avec la *même* vitesse : lorsqu'ils arriveront l'un sur l'autre, ils se heurteront normalement et s'arrêteront net. Que deviendra la force qui les animait, puisque rien ne se perd dans la nature? Elle se transformera; le mouvement jusqu'alors visible sera devenu un mouvement invisible, exactement de même intensité que le premier, qui, mettant en vibration les molécules constitutives des deux masses, les séparera les unes des autres, et de deux globes froids et obscurs créera un soleil brûlant et éblouissant. *Rien ne se perd ; rien ne se crée.*

L'hypothèse que nous venons de faire se réaliserait d'elle-même, sans nous obliger à lancer les deux globes l'un contre l'autre, en les plaçant simplement dans l'espace, à une distance quelconque l'un de l'autre. En vertu des lois de la pesanteur, ils se dirigeront lentement l'un vers l'autre et arriveront fatalement à se réunir dans un choc éblouissant qui les transformera en un soleil ou en une nébuleuse. Supposons, par exemple, que notre Soleil et le soleil Sirius soient les seuls existant dans l'infini, que la parallaxe de ce soleil soit d'une demi seconde, qu'ils aient la même masse et soient immobiles. En vertu des lois de la pesanteur, ils se sentent à travers l'espace et se sollicitent l'un l'autre : à peine posés dans le vide, ils tendent à se rapprocher l'un de l'autre. La chute d'abord est infinitésimale. Pendant la première journée, ils ne tomberont l'un vers l'autre que d'une minuscule fraction de millimètre. C'est insensible. Mais le mouvement va en s'accélérant. Au bout d'un an le rapprochement est déjà sensible. Les voilà partis l'un vers l'autre comme nos deux boulets. Et après *trente-trois millions d'années* de chute incessante, ils vont se précipiter l'un dans l'autre avec une telle vitesse, qu'ils se marient, s'unissent, se fondent, s'évaporent en une seule nébuleuse immense et éclalante !

Les principes de la thermodynamique démontrent qu'un aérolithe qui vient des profondeurs infinies des cieux se précipitant sur le Soleil avec la vitesse inouïe de

Lors donc que notre Soleil sera éteint et roulera, globe obscur, à travers l'espace, il pourra, nouveau phénix, ressusciter de ses cendres, par la rencontre d'un autre soleil éteint, et rallumer ainsi le flambeau de la vie pour de nouvelles terres, que les lois de la gravitation détacheront de la nébuleuse ainsi formée, comme elles ont détaché notre Terre actuelle et ses sœurs de la nébuleuse à laquelle nous appartenions. En ce moment, le Soleil vogue avec une grande vitesse vers les étoiles de la constellation d'Hercule. Chaque étoile est animée d'un mouvement propre qui la transporte avec son sytème à travers l'immensité. Plusieurs de ces mouvements sont rectilignes. Il n'y a donc rien d'impossible à ce que deux astres se rencontrent dans l'espace, et peut-être est-ce là le secret de la résurrection des mondes.

Peut-être entre-t-il dans les destinées générales de l'univers que le Soleil se dirige précisément vers un tel but qu'il n'atteindra qu'après sa mort, et peut-être est-ce là la cause finale du mouvement propre de tous les soleils dans l'espace. Mais nous pouvons en même temps concevoir un second procédé de destruction et de résurrection, dont les aérolithes, les étoiles filantes, les comètes, seraient un témoignage (¹)

608 000 mètres pendant la dernière seconde de chute, la transformation de son mouvement produit une chaleur plus de neuf mille fois supérieure à celle qui serait engendrée par la combustion d'une masse de houille égale à celle dudit aérolithe. Que l'aérolithe soit combustible ou non, la combustibilité n'ajouterait presque rien à l'épouvantable chaleur engendrée par son choc mécanique.

Si la Terre tombait sur le Soleil, elle augmenterait la chaleur solaire d'une quantité suffisante pour entretenir l'émission solaire pendant 95 ans! Et nous avons vu combien est prodigieuse cette émission. Eh bien! si l'on arrêtait la Terre dans son cours autour du Soleil, assez lentement pour que la chaleur causée par cet arrêt ne la réduisît pas elle-même en vapeur, elle tomberait sur le Soleil, à la surface duquel elle arriverait en 64 jours, et sa réunion au foyer solaire, quoique n'ajoutant pour ainsi dire qu'un atome à la masse énorme de l'astre du jour, fournirait un contingent de 95 années d'émission de chaleur solaire. Le choc de Jupiter fournirait une quantité de chaleur égale à celle de l'émission solaire pendant 32 000 ans; la chaleur totale de gravitation produite par la chute de toutes les planètes dans le Soleil alimenterait l'émission pendant 45 000 ans.

(¹) Les pierres tombées du ciel, ou aérolithes, montrent par leur structure fragmentaire qu'elles proviennent de mondes détruits. On en a recueilli de toutes les dimensions, depuis quelques grammes jusqu'à plusieurs milliers de kilogrammes. Notre *fig.* 167 en donne une première idée : nous y reviendrons plus loin, au livre des Comètes.

Comment un monde peut-il se fragmenter de la sorte? — Nous l'ignorons, et le fait paraît même contraire aux lois de la gravitation. Mais qu'est-ce que la gravitation elle-même dans son essence? Nous l'ignorons encore. Cette force d'attraction est-elle absolue? Les corps ne peuvent-ils pas arriver à certains états physiques ou chimiques dans lesquels la gravitation perd ses droits? Eh bien! admettons un instant que, par suite du refroidissement séculaire, de sa solidification, de sa sécheresse, notre globe arrive un jour à se fendiller, et plus tard que ses matériaux constitutifs cessent d'obéir à la force d'agrégation qui les maintient réunis : notre globe, pierreux jusqu'à son centre, serait dès lors formé de matériaux simplement juxtaposés, qui ne seraient plus rete-

Comme l'aigle qui s'élève de hauteur en hauteur dans les régions supérieures où l'atmosphère elle-même perd sa densité, nous voguons nous-mêmes ici en pleine hypothèse, dominant les mystérieux horizons de l'avenir. Si la Terre vit un assez grand nombre de siècles, il est possible aussi qu'elle tombe elle-même dans le Soleil. « Créée simplement, dit Tyndall, par la différence de position dans les masses qui s'attirent, l'énergie potentielle de la gravitation a été la forme originaire de toute l'énergie de l'univers. Aussi sûrement que les poids

Fig. 167. — Aérolithe tombé à Caille (Var), pesant 625 kilogrammes.

d'une horloge descendent à leur position la plus basse, de laquelle ils ne peuvent jamais remonter, à moins qu'une énergie nouvelle ne leur soit communiquée, de même, à mesure que les siècles se succèdent, les planètes doivent tomber tour à tour sur le Soleil et y produire

nus par aucune force centrale, comme le cadavre qui, abandonné à l'œuvre de la destruction, laisse à chacune des molécules qui le composent la faculté de le quitter pour toujours en obéissant désormais à des influences nouvelles. Qu'arrivera-t-il à cette planète morte, à ce cadavre du monde? L'attraction de la Lune, si elle existait encore, se chargerait à elle seule de le démolir en produisant une marée de morceaux de terre, au lieu d'une marée liquide. Que les autres perturbations planétaires s'y ajoutent, et voilà en quelques siècles notre pauvre globe désagrégé, qui perd sa forme sphéroïdale pour aller se répandre insensiblement le long de son orbite. Voilà le système planétaire en morceaux. Tout cela va tomber pêle-mêle dans le Soleil. Et si telle est aussi la destinée finale du Soleil, voilà cet astre noir désagrégé lui-même et toutes les particules constitutives du système solaire emportées dans l'espace et destinées à être disséminées à travers les champs du ciel. Poussière de mondes, elle flottera dans le vide jusqu'à ce qu'un jour, arrivant dans les régions d'une résurrection nouvelle, elle soit rejetée dans les creusets de la création, attirée par un centre fécond, et que de toutes parts des poussières cosmiques analogues se réunissent vers ce même centre pour former par leur chute universelle un nouveau foyer d'incandescence et de création.

Malgré l'homme lui-même, les fleurs s'épanouissent et l'oiseau chante : la nature reprend toujours ses droits.

plusieurs milliers de fois autant de chaleur qu'en produiraient, en brûlant, des masses de charbon de mêmes dimensions. Quel que doive
être le sort définitif de cette théorie, elle établit les conditions qui
produiraient certainement un soleil, et, montre dans la force de la gravité agissant sur une matière obscure la source d'où tous les astres
peuvent provenir. »

Le mathématicien et physiologiste Helmholtz admettant, dans la
théorie de Kant et de Laplace, que la matière nébuleuse dont le système solaire a été formé ait été dans le premier instant d'une ténuité
extrême, a déterminé la quantité de chaleur qui a dû être engendrée
par la condensation à laquelle nous devons l'existence du Soleil, de
la Terre et des planètes. En prenant la chaleur spécifique de l'eau
pour celle de la masse condensante, l'élévation de température produite par la formation mécanique du Soleil aurait été de 28 millions
de degrés! La condensation ultérieure de poussières cosmiques disséminées dans l'espace suffit donc amplement, elle aussi, à la création
de nouveaux mondes.

Nous devons donc être assurés, en définitive, que la nature tient
en réserve les causes de résurrection comme elle tient dans ses mains
les causes de destruction. Pour elle, le temps n'est rien. Un acte qui
demande cent mille ans pour s'accomplir est ausssi nettement déterminé et formé qu'un acte qui ne demande qu'une minute. Absolument
parlant, l'éternité seule existe, et le temps n'est qu'une forme relative.
Quant à nos personnalités humaines et à leur immortalité ou à leur
résurrection, il serait du plus haut intérêt pour nous de connaître
l'essence de l'esprit. Chacun des atomes constitutifs de notre corps est
indestructible et voyage incessamment d'une incorporation à une
autre. La logique nous conduit à penser que notre force virtuelle,
notre monade psychique, notre moi individuel, est également indestructible, et à plus juste titre. Mais dans quelles conditions subsiste-
t-il ? Sous quelles formes se réincarne-t-il ? Qu'étions-nous avant de
naître et que deviendrons-nous après la mort ? L'astronomie nous
donne une première réponse, digne de la majesté de la nature et en
correspondance intime avec nos aspirations innées. Mais cette réponse
ne peut être que le corollaire d'une solution psychologique. Que les
philosophes imitent les astronomes ! Qu'ils travaillent sur des faits
au lieu de spéculer sur des mots, et un jour le voile d'Isis sera entièrement levé pour nos âmes si légitimement altérées du vrai. La
science positive, la science seule répondra : *la vie est universelle et
éternelle.*

CHAPITRE VII

La Lumière.
Sa nature. Sa vitesse. L'analyse spectrale.
La composition chimique du Soleil et des corps célestes.

Il y a dans la science peu de sujets aussi obscurs que celui dont nous venons d'écrire le titre. Quelle est la nature essentielle de *la lumière* ? Comment voyons-nous l'univers ? Comment un corps lumineux rayonne-t-il, et par quel véhicule ses rayons atteignent-ils nos yeux ? Qu'est-ce même que ces rayons ? On a disserté depuis bien des milliers d'années sur ce grand problème. Les anciens croyaient que des rayons s'élançaient de nos yeux pour aller saisir les objets au loin ; Newton pensait, au contraire, que les objets émettaient des particules lumineuses qui franchissaient l'espace pour venir frapper notre rétine ; Young et Fresnel ont montré ensuite que les corps lumineux n'émettent aucune particule matérielle, mais font vibrer le fluide environnant, comme la cloche fait vibrer l'air, ce qui a conduit à imaginer comme indispensable à la propagation de la lumière un certain fluide nommé *éther*, extrêmement léger, et disséminé dans l'espace entier. Ces dissertations sur la lumière ne datent pas des temps modernes. L'auteur de la Genèse n'a-t-il pas cru pouvoir imaginer la lumière créée quatre jours avant le Soleil, en ajoutant qu'avant la création du Soleil il y avait déjà des soirs et des matins, des jours et des nuits ! Qu'est-ce que la lumière d'un espace absolument noir, sans soleil, sans lune et sans étoiles ? On se souvient de la définition de la métaphysique donnée par Voltaire : « Quand deux hommes causent ensemble, que le premier ne se comprend pas lui-même et que celui qui l'écoute a l'air de le comprendre : c'est de la métaphysique. » Il faut avouer que bien souvent les métaphysiciens ont donné raison à cet'e définition. Au lieu de poser clairement les problèmes, on a commencé par les embrouiller. La théorie de la lumière a été fort obscure jusqu'à notre siècle : c'est à Young qu'appartient l'honneur d'avoir refoulé le flot de l'autorité qui depuis Newton s'opposait au progrès de l'optique et d'avoir établi cette théorie sur une base qui paraît définitivement assurée.

Comme on voit les ondes circulaires d'une pièce d'eau se succéder autour du point où l'eau a été frappée, ainsi l'air se condense et se dilate en ondes sphériques autour du diapason qui résonne, ainsi le fluide éthéré qui remplit l'espace donne naissance à une série d'ondes sphériques se succédant tout autour de chaque corps lumineux. Les ondes de l'eau se transmettent si lentement, que l'œil suit facilement leur mouvement; celles de l'air s'envolent avec la vitesse de 340 mètres par seconde, variant avec la température et la densité de l'atmosphère; celles de l'éther franchissent l'immensité avec la vitesse vertigineuse de 75 000 lieues par secondes. Le fait le plus merveilleux est que chaque étoile, chaque soleil de l'espace est le centre d'ondulations constantes, qui s'en vont ainsi *en s'entrecroisant perpétuellement à travers l'immensité, sans jamais se confondre* ni se mélanger mutuellement. J'avoue, pour ma part, que ce fait me paraît absolument incompréhensible.

La vitesse de la lumière est approximativement connue depuis plus de deux siècles. Voici la première notification que la nature en a donnée à l'esprit humain. La planète Jupiter vogue autour du Soleil accompagnée de quatre satellites qui traversent de temps en temps l'ombre que la planète forme derrière elle, comme la Lune le fait pour nous. Ces éclipses des satellites de Jupiter sont commodes pour calculer les longitudes en mer, et dès le temps de Louis XIV on construisit les tables de leur arrivée afin de les observer attentivement. Mais on ne tarda pas à remarquer qu'elles ne revenaient pas régulièrement : quelquefois elles avançaient sur l'heure indiquée par le calcul et quelquefois elles retardaient ([1]). On corrigea les tables sans obtenir plus de précision. Cependant, les mouvements des satellites de Jupiter sont réguliers, et ces avances comme ces retards ne pouvaient être qu'apparents. Les astronomes classiques, Cassini, Fontenelle, Hooke, cherchaient vainement l'explication, refusant d'admettre que la lumière, dont la propagation avait toujours été regardée comme

([1]) Lorsque la Terre est en A (*fig.* 169), on voit l'éclipse du satellite arriver plus tôt: lorsqu'elle est en B, on la voit arriver plus tard, de toute la différence du temps que la lumière emploie à traverser le diamètre de l'orbite terrestre. Pratiquement, le retard augmente progressivement à partir du point A jusqu'au point B, mais on n'observe pas les éclipses jusqu'en ce dernier point, parce que le Soleil vient alors se placer entre Jupiter et nous; on tient compte de la différence pour faire le calcul.

L'expérience de Roëmer a été renouvelée, vérifiée, perfectionnée, et depuis longtemps les prédictions de ces éclipses sont faites en tenant compte de la variation de la distance de la Terre à Jupiter.

instantanée, employât un certain temps pour venir de Jupiter à la
Terre, lorsqu'un étudiant de la nature, Olaüs Roëmer, jeune Danois

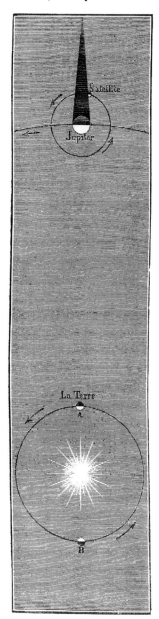

Fig. 109. — L'éclipse d'un satellite
de Jupiter.

alors à l'Observatoire de Paris, se mit à
discuter librement toutes les observations,
et prouva avec évidence (en 1675) que les
éclipses sont vues plus tard quand la Terre
est le plus loin de Jupiter, et plus tôt quand
elle est le plus proche, avec une différence
qui lui parut s'élever à 22 minutes pour le
diamètre entier de l'orbite terrestre ; il en
conclut naturellement que la différence
provient tout simplement de la distance, la
lumière employant d'autant plus de temps
pour venir que cette distance est plus
grande.

Le fait de la propagation successive de
la lumière fut confirmé en 1727 par l'astronome anglais Bradley dans sa découverte
de l'*aberration*, ou du mouvement annuel
apparent des étoiles (que nous avons déjà
expliqué p. 80, dans les preuves du mouvement de translation de la Terre autour du
Soleil). Ce mouvement, qui a une amplitude de 40 secondes et demie, montre que
la vitesse de la lumière est 10 000 fois plus
grande que celle de la Terre, et que la
lumière du Soleil doit employer 8 minutes
13 secondes pour traverser l'espace qui
nous sépare de cet astre. Cette mesure était
plus précise que la première.

Sans se servir des phénomènes célestes,
à l'aide d'une lumière, d'une lunette, d'un
miroir et d'un ingénieux appareil, M. Fizeau
a mesuré cette vitesse en 1849, entre deux
stations terrestres éloignées l'une de l'autre de 8633 mètres seulement (Montmartre
et Suresnes), et a trouvé 315 000 kilomètres par secondes.

De nouvelles expériences, faites par Foucault en 1850, puis renou-
velées en 1862, donnent pour cette vitesse 298 000 kilomètres.

Reprises en 1874 par M. Cornu, et effectuées entre l'Observatoire et la tour de Montlhéry, les expériences ont donné 300 400 kilomètres. Cette dernière valeur est la plus sûre. En reprenant le problème par un autre chemin, on trouve donc que, puisqu'il y a 148 millions de kilomètres du Soleil à la Terre, le rayon lumineux franchit cette distance en 493 secondes, ce qui fait précisément 8 minutes 13 secondes.

Ainsi, quand nous voyons une éruption s'élancer du contour solaire, il y a huit minutes que le fait s'est accompli; quand nous voyons un satellite de Jupiter perdre sa lumière, il y a au minimum trente-quatre minutes que l'éclipse a eu lieu; quand nous observons Neptune, nous le voyons tel qu'il était quatre heures auparavant; quand nous regardons une étoile, nous la voyons, non pas telle qu'elle est, mais telle qu'elle était au moment où est parti le rayon lumineux qui nous en arrive, c'est-à-dire il y a trois ans, s'il s'agit de la plus proche, dix ans, vingt ans, cinquante ans, cent ans, mille ans, dix mille ans, selon la distance. Semblablement, un œil transcendant placé à ces distances successives verrait actuellement la Terre d'il y a trois ans, dix ans, cent ans, mille ans, selon la distance. La lumière fait du passé un présent éternel.

Telle est la transmission successive de la lumière. Mais comment nous représenter l'action du Soleil dans la production de cette lumière?

Remarquons d'abord que l'astre rayonnant nous envoie de la chaleur en même temps que de la lumière et qu'il y a très souvent mélange des deux espèces de rayons. L'expérience de chaque jour nous montre aussi que la chaleur élevée à un certain degré devient de la lumière. D'autre part, nous savons que la chaleur n'est qu'un mode de mouvement, pas autre chose : *c'est le mouvement des molécules en vibration rapide qui est chaleur pour le toucher* ([1]). La lumière n'est également qu'une vibration.

([1]) Frappons sur un morceau de fer : le mouvement musculaire du bras se transmet aux molécules du fer à l'état de mouvement invisible et c'est ce mouvement invisible que nous appelons chaleur. Le frottement produit de la chaleur, et c'est là la première source du feu chez nos ancêtres. La thermodynamique a pu évaluer l'équivalent mécanique de la chaleur, et l'on sait aujourd'hui que la chaleur nécessaire pour élever de 1 degré la température de 1 kilogramme d'eau équivaut à une force mécanique capable d'élever 424 kilogrammes à 1 mètre de hauteur, et réciproquement. *La chaleur est un mode de mouvement.* Un boulet de plomb de 1 kilogramme tombant de 424 mètres de hauteur arrive avec une vitesse de 91 mètres par seconde, et comme sa capacité calorifique est le trentième de celle de l'eau, sa rencontre avec le sol élèverait sa température de 30 degrés si le sol lui-même ne s'échauffait pas par la chute. Un tel boulet, lancé avec une vitesse 5 fois plus grande, soit de 455 mètres, atteindrait un degré de chaleur 25 fois plus élevé, soit 750 degrés, en frappant une cible qui ne s'échaufferait pas. C'est-à-dire que si une volonté suprême pouvait arrêter net dans l'espace ce petit boulet ainsi lancé, il fondrait sur place et coulerait

Il n'y a pas de matière solide proprement dite, et c'est là un fait non moins digne d'attention que celui des grandeurs et des mouvements astronomiques. Dans le minéral le plus dense, dans un morceau de fer, d'acier, de platine, les molécules ne se touchent pas. La cohésion, qui est l'attraction des atomes, les maintient ; mais la chaleur les éloigne plus ou moins les unes des autres en les animant d'un mouvement vibratoire ; si cette chaleur est suffisante, la cohésion perd sa puissance, l'état *solide* disparaît et les molécules glissent les unes sur les autres : c'est l'état *liquide*. Si la chaleur est plus élevée, c'est-à-dire si le mouvement vibratoire moléculaire est plus violent, les molécules s'échappent même tout à fait de la cohésion et le corps devient *vapeur* ou *gaz*. Ainsi, il n'y a pas de matière solide, et le mouvement chaleur fait passer les corps par les trois états. Il est assurément étrange de penser que notre propre corps n'est pas plus solide que le reste, mais formé de molécules qui ne se touchent pas et sont en mouvement perpétuel. Peut-être même les atomes constitutifs des corps tournent-ils tous sur eux-mêmes et les uns autour des autres... Si vous aviez une assez bonne vue pour voir exactement les matières qui composent votre corps, vous ne le verriez plus, car votre vue passerait au travers. Et quelle n'est pas la petitesse de ces parties constitutives ! Les globules rouges qui composent le sang humain ont la forme de lentilles microscopiques mesurant seulement un cent trentième de millimètre de diamètre : il faudrait alligner bout à bout cent trente de ces petits corps pour former une longueur d'un millimètre. Une goutte de sang d'un millimètre cube contient environ cinq millions de globules, un litre de sang normal en contient cinq mille millions, et il coule dans nos artères et dans nos veines vingt-cinq à trente milliards de ces petits corps organiques ! Qu'ils se raréfient ou qu'ils se multiplient, nous sommes morts ! Qu'ils se coagulent, qu'ils se refroidissent ou qu'ils s'échauffent, nous sommes morts ! Qu'ils s'arrêtent, nous sommes perdus : à chaque battement de notre cœur, une impulsion violente et rapide projette le sang jusqu'aux extrémités des membres ; cent mille fois par jour, trente-six millions de fois par an, la même pulsation recommence, jusqu'au jour où le muscle fatigué s'arrête et nous engage à nous endormir profondément du dernier sommeil.

Les molécules constitutives du corps ne se touchent pas. C'est

comme de l'eau ! Si la Terre était ainsi brusquement arrêtée dans son cours, elle serait non-seulement fondue par la transformation du mouvement en chaleur, mais encore réduite presque entièrement en vapeur.

ainsi, et seulement ainsi, que s'expliquent la dilatation et le changement d'état des corps sous l'influence de la chaleur. On ne se doute pas de l'énergie des forces atomiques en action autour de nous. Chauffons 1 kilogramme de fer de 0 à 100 degrés : il se dilatera d'environ $\frac{1}{800}$, valeur insensible pour les yeux, et pourtant la force qui a produit cette dilatation serait capable de soulever cinq mille kilogrammes et de les élever à la hauteur de un mètre. La gravitation s'évanouit presque en comparaison de ces forces moléculaires; l'attraction exercée par la Terre sur le poids d'un demi-kilogramme pris en masse n'est rien comparée à l'attraction mutuelle de ses propres molécules. Dans la combinaison de 1 kilogramme d'hydrogène avec 8 kilogrammes d'oxygène pour former de l'eau, il se passe un travail capable d'élever de 1 degré la température de 34 000 kilogrammes d'eau, ou d'élever 14 *millions* de kilogrammes à un mètre de hauteur ! Ces neuf kilogrammes d'eau, en se formant, sont tombés moléculairement dans un précipice égal à celui qui serait franchi par une tonne de mille kilogrammes roulant à 14 000 mètres de profondeur !...

Lorsqu'une barre de fer chauffée commence à être assez chaude pour devenir lumineuse, elle met l'éther en vibration avec la vitesse inouïe de 450 *trillions* d'ondulations par seconde. La longueur d'onde du rouge extrême est telle, qu'il en faudrait 15 000 placées à la suite l'une de l'autre pour former une longueur de 1 centimètre. Comme la lumière parcourt 300 000 kilomètres par seconde, ou trente millions de centimètres, en multipliant ce nombre par 15 000 on obtient le chiffre inscrit plus haut. *Toutes ces ondes* (450 000 000 000 000) *entrent dans l'œil en une seconde*(¹) !

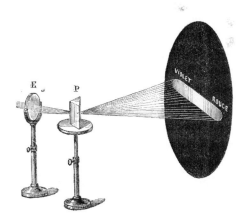

Recevons un rayon de lumière sur une lentille, pour produire un faisceau bien net, puis sur un prisme (morceau de verre triangulaire); en traversant le prisme, ce

(¹) Ce qui vient du Soleil, et de toutes les sources de lumière et de chaleu., ce n'est donc, à parler rigoureusement, ni de la lumière, ni de la chaleur (car ce sont là des impressions) mais *du mouvement*, du mouvement extrêmement rapide. Ce n'est pas de la chaleur qui se répand dans l'espace, car la température de l'espace est et reste partout glaciale. Ce n'est pas de la lumière, car l'espace a constamment l'obscurité qu'il nous présente à minuit. Ce n'est pas non plus de l'électricité ni du magnétisme. C'est du mouvement, vibration rapide de l'éther, qui se transmet à l'infini et ne produit de l'effet sensible que lorsqu'il rencontre un obstacle qui le transforme

rayon lumineux est réfracté, et en en sortant, au lieu de former un point blanc, il forme un ruban coloré des nuances de l'arc-en-ciel. En faisant cette expérience, Newton a prouvé que la lumière blanche donne naissance à toutes les couleurs. Celles-ci viennent se disposer dans cet ordre bien connu :

Violet, Indigo, Bleu, Vert, Jaune, Orangé, Rouge.

Les couleurs se séparent chacune selon son caractère : la plus ardente, la rouge, ne se laisse pas détourner de son chemin et traverse en ligne droite; l'orangée subit un peu l'influence du prisme et vient se placer à côté; la jaune la subit davantage encore; la verte, puis la bleue, sont encore plus douces et plus faibles et continuent le ruban... C'est cette banderole colorée qui porte le nom de *spectre solaire*. En réalité, il n'y a pas *sept* couleurs, il y en a un nombre illimité. Du temps de Newton encore le nombre VII était sacré.

La longueur du spectre ne représente que la lumière, c'est-à-dire les rayons solaires sensibles pour notre rétine. Notre œil commence à voir quand les vibrations éthérées atteignent le chiffre de 450 trillions et finit de voir quand elles dépassent 700 trillions (violet pourpre); mais au delà de ces limites la nature agit toujours, — à notre insu. Cer-taines substances chimiques, la plaque du photographe, par exemple, voient plus loin que nous, au delà du violet : ce sont des *rayons invi-sibles* pour nos yeux.

Notre oreille perçoit les vibrations aériennes depuis 32 vibrations par seconde (sons graves) jusqu'à 36 000 (sons aigus) : au delà nous n'entendons plus. Ainsi sont limités nos sens, mais non les faits de la nature. Les couleurs sont, comme les notes de la gamme, des effets du nombre : en musique comme en peinture, ce sont des *tons*.

C'est l'arrangement moléculaire des substances réfléchissantes ou transparentes qui donne naissance aux réflexions diverses de la lu-mière, c'est-à-dire aux couleurs. Une faible différence produit ici un œil bleu pensif et rêveur, là un œil brun aux flammes à demi ca-chées, là un regard dur et antipathique. Cette rose éblouissante qui s'épanouit au milieu du parterre reçoit la même lumière que le lys, le bouton d'or, le bleuet ou la violette; la réflexion moléculaire produit toute la différence, et l'on peut même dire, sans métaphore, que les objets sont de toutes les couleurs, *excepté de celle qu'ils paraissent.* Pourquoi cette prairie est-elle verte? Parce qu'elle garde toutes les couleurs, excepté le vert, dont elle ne veut pas et qu'elle renvoie. Le blanc est formé par la nature réflectrice d'un objet qui ne garde rien et renvoie tout ; le noir, par une surface qui garde tout et ne renvoie rien. Projetez le spectre solaire sur du velours noir : il y est absolument éteint. Mettez une bande de velours rouge dans la partie bleue du spectre : il deviendra noir, parce qu'il n'est apte à renvoyer que le rouge (¹), etc.

Les rayons calorifiques ne sont pas visibles pour nous. Si l'on promène la boule d'un thermomètre le long du spectre solaire, on constate que la chaleur commence dans l'indigo, et s'élève graduellement pour acquérir son intensité maximum à *côté* du spectre visible, au delà du rouge. La partie la plus lumineuse du spectre, le jaune, n'est pas la plus chaude. D'autre part, on constate chimiquement,

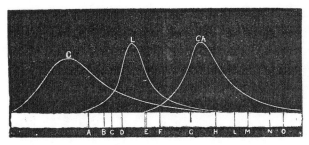

Fig. 171. — Intensité relative de la chaleur, de la lumière et de l'action chimique, dans les rayons qui nous viennent du Soleil.

notamment par la photographie, que les rayons chimiques commencent au vert, acquièrent leur maximum dans le violet, et s'étendent au delà, formant aussi un spectre invisible. Notre *fig.* 171 représente la relation qui existe entre ces trois espèces de rayons. Les rayonslumineux s'étendent du rouge au violet depuis la gauche de la ligne A jusqu'à droite de la ligne H, et leur intensité est représentée par la courbe L, qui indique l'intensité lumineuse, dont le maximum arrive, comme on le voit, entre les raies D et E. La courbe de gauche C, représente l'intensité calorifique, et la courbe de droite C*h* correspond à l'action chimique. Un sixième sens pourrait nous ouvrir le monde des rayons calorifiques, un septième celui des rayons chimiques. Ce que nous *voyons* n'est rien à côté de ce qui se passe constamment autour de nous dans la nature.

(¹) J'ai fait, à ce propos, dans mes cours, la remarque d'un fait assez singulier, que je ne m'explique pas. Dans deux appareils de projection, un rayon blanc qui traverse une plaque de verre jaune se projette en jaune, et un rayon qui traverse une plaque de verre bleu se projette en bleu ; en projetant les deux couleurs l'une sur l'autre sur l'écran, on obtient du *blanc* pur, parce que ces deux couleurs sont complémentaires. Mais si l'on met les *mêmes* plaques de verre jaune et bleu dans un seul appareil, on obtient du vert.

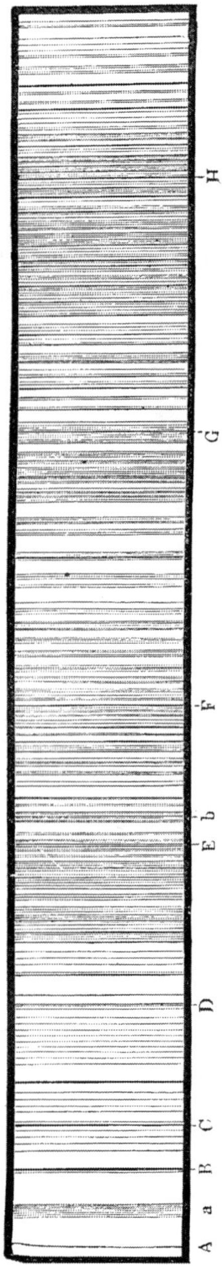

Dès 1815, Fraünhofer, opticien bavarois, étudiait avec soin le spectre solaire et cherchait à découvrir en lui quelques points fixes qui fussent indépendants de la nature des prismes, et qui pussent être regardés comme points de re- père auxquels on pourrait rapporter les zones et les couleurs du spectre, lorsqu'il s'aperçut qu'en donnant au prisme certaine position spéciale, on voyait brusquement apparaître, dans l'image spectrale, des *raies obscures* coupant transversale- ment la banderole aux sept couleurs. Il désigna les huit principales de ces raies par les premières lettres de l'alphabet; elles sont placées comme il suit : la première à la limite du rouge, la deuxième au milieu de cette couleur, la troisième auprès de l'orangé, la quatrième à la fin de cette nuance, la cinquième dans le vert, la sixième dans le bleu, la septième dans l'indigo, la huitième à la fin du vio- let. Ce sont là les lignes noires principales que l'on distingue dans le spectre. Quant au nombre total de ces lignes, il paraît prodigieux : Fraün- hofer en avait déjà compté 600 avec un micro- scope. Plus tard, Brewster porta ce nombre à 2000; aujourd'hui, nous en comptons 5000 et plus (*voy.* la *fig.* 172).

Ces raies du spectre solaire sont constantes et invariables toutes les fois que le spectre qu'on étudie est celui d'une lumière émanée du Soleil, quelle que soit d'ailleurs cette lumière. On les retrouve dans la lumière du jour, dans celle des nuages et dans l'éclat réfléchi par les montagnes, les édifices et tous les objets terrestres. On les re- trouve de même dans la lumière de la Lune et dans celle des planètes, parce que ces corps célestes ne brillent que par la lumière qu'ils reçoivent du Soleil et réfléchissent dans l'espace.

Cette découverte des lignes microscopiques qui traversent ainsi le spectre solaire fut bientôt fé- condée par une autre non moins importante que voici : En recevant à travers un prisme des rayons issus d'une source lumineuse terrestre, comme un bec de gaz, une lampe,

Fig. 172. — Les principales lignes du spectre solaire.

un métal en fusion, etc., on remarqua d'abord que ces lumières artificielles donnent naissance à un spectre, aussi bien que celle du Soleil,
mais que ce spectre diffère du spectre solaire par le nombre et l'arrangement des couleurs; on remarqua en second lieu — et c'est ici le
point capital — que le spectre de ces lumières est également traversé
par des lignes, que la distribution de ces lignes diffère selon la nature
de la lumière observée, et enfin qu'elle *présente un ordre invariable
caractéristique* pour chacune d'elles.

Pour bien fixer nos idées, représentons-nous l'expérience telle
qu'elle fut faite par Kirchhoff et Bunsen, les deux physiciens auxquels

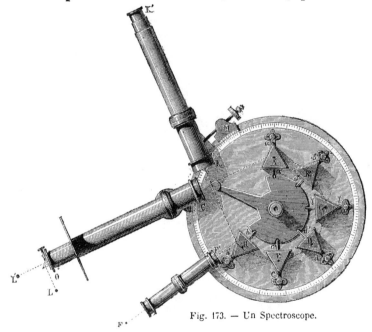

Fig. 173. — Un Spectroscope.

nous devons ces brillantes recherches. Voici un bec de gaz, faisons
arriver dans la flamme un fil de platine à l'extrémité duquel nous
plaçons un petit fragment de la substance que nous voulons analyser.
Devant la flamme est placé le *spectroscope*, lunette construite exprès
pour notre analyse, et dans laquelle les rayons de la flamme viennent
aboutir à un prisme et à un microscope analyseur. La flamme de
notre bec de gaz est réglée, affaiblie, de façon à ne pas donner de
spectre elle-même. Eh bien! au moment où nous plongeons dans son
sein le fil de platine préparé, un spectre apparaît dans la lunette, et
l'œil placé près du microscope peut l'analyser à son aise. Ce spectre,
c'est celui de la substance qui brûle. Le rayon lumineux parti du
point L (*fig.* 173) se réfléchit sur le petit prisme *o* au bout de la lunette

et paraît ainsi venir de L'. Suivant l'axe de la lunette, il va se ré·
fracter successivement à travers six prismes, A à H, et entrer dans la
lunette K, par laquelle on observe. On voit ainsi un spectre très
réfracté et très large. Pour le comparer ou le mesurer, on fait arriver
dans la petite lunette F une image ou une échelle qui sert à prendre
les positions des raies.

Par exemple, nous trempons le fil de platine dans un flacon de
potasse. Au moment où nous le plaçons dans le bec de gaz, un spectre

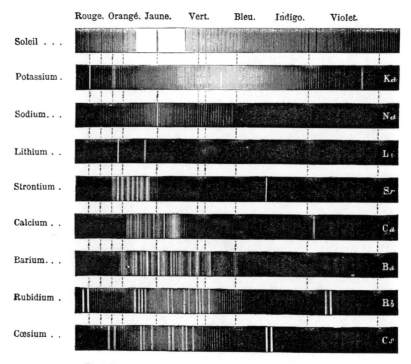

Fig. 174. — Figure comparative de différents spectres.

apparaît au spectroscope : c'est le spectre du potassium. Il est composé
de sept couleurs, comme le spectre solaire; de plus, il est caractérisé
par deux raies rouges très brillantes, situées vers chacune des
extrémités.

Semblablement, si nous plaçons de petits cristaux de soude à
l'extrémité du fil de platine, nous verrons apparaître un spectre
singulier, qui ne contient ni rouge, ni orangé, ni vert, ni bleu, ni
violet, et qui est caractérisé simplement par une raie jaune éclatante
correspondant à la position du jaune dans le spectre solaire et de la
ligne qui traverse cette couleur. Nous avons là le spectre du sodium.

Ainsi de suite. Et cette méthode d'analyse est si merveilleuse et si puissante, qu'elle révèle l'existence de substances en quantité infiniment petite, là où toute autre méthode serait complètement stérile. La présence d'*un millionième de milligramme* de sodium se décèle dans la flamme d'une bougie !

Ainsi, toute substance analysée fait apparaître au spectroscope un arrangement de lignes qui lui est particulier : *elle inscrit elle-même son vrai nom naturel en caractères hiéroglyphiques;* elle se révèle par elle-même et sous une forme incontestable.

Les lignes noires que nous avons signalées plus haut dans le spectre solaire *correspondent précisément à certaines lignes brillantes caractéristiques du spectre de diverses substances terrestres.*

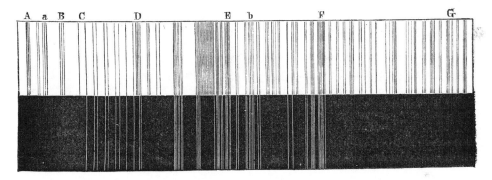

Fig. 175. — Coïncidence des lignes du fer avec celles du spectre solaire.

D'autre part, on a constaté que les vapeurs métalliques, douées de la propriété d'émettre en abondance certains rayons colorés, absorbent ces mêmes rayons lorsqu'ils viennent d'une source lumineuse située en arrière de ces vapeurs, traversées par eux. Ainsi, par exemple, si derrière une flamme dans laquelle brûle du sel marin on allume l'éclatante lumière Drummond et qu'on superpose les deux spectres, aussitôt la ligne jaune du sodium disparaît du spectre même du sodium et fait place à une ligne obscure occupant précisément la même place.

Il est résulté de cette double observation que les lignes noires du spectre solaire prouvent : 1° l'existence d'une atmosphère brûlante et gazeuse autour de cet astre, et 2° la présence dans cette atmosphère des substances signalées par les lignes en question.

On a identifié, ligne pour ligne, dans le Soleil les 450 lignes du spectre du fer, les 118 du titane, les 75 du calcium, les 57 du manganèse, les 33 du nickel, etc., de sorte que l'on sait d'une manière certaine aujourd'hui qu'il y a à la surface de cet astre éblouissant et à l'état gazeux, du fer, du titane, du calcium, du manganèse, du nickel, du cobalt, du chrome, du sodium, du baryum, du magnésium, du cuivre, du potassium; mais on n'a encore pu y reconnaître aucune trace d'or, d'argent, d'antimoine, d'arsenic ni de mercure. L'hydrogène y a été découvert en 1868 et l'oxygène en 1877.

Nous nous occuperons plus loin des applications de l'analyse spectrale à la connaissance chimique des *planètes*, des *comètes* et des *étoiles*. L'important pour nous était de nous rendre compte ici de cette féconde méthode et de l'étude moderne de la lumière.

On voit que les horizons variés découverts du haut des chemins élevés que l'étude de l'astronomie nous fait suivre ne sont pas moins intéressants que l'astronomie elle-même. L'attrait presque universel qui porte l'esprit humain vers les résultats des sciences les plus abstraites et les moins usuelles est peut-être le trait le plus singulier de cette curiosité inquiète qui nous a été donnée pour observer et savoir. On demandait à Pythagore quel était le type caractéristique de l'homme; il répondit : *La connaissance de la vérité pour la vérité elle-même.* N'est-il pas remarquable de voir l'espèce humaine, vivant des productions de la terre nourricière, suivant l'expression d'Homère, s'occuper de préférence des sciences purement intellectuelles et leur donner la plus grande part de son attention, à l'exclusion de celles qui ont pour objet la santé, l'alimentation, le bien-être matériel, et enfin tous les arts sans lesquels ne pourrait subsister la puissante organisation des sociétés modernes ? On éprouve un plus vif et plus profond intérêt à s'ocuper des conquêtes astronomiques, de la distance des étoiles, de la nature du Soleil, des humanités planétaires, des destinées qui nous attendent dans l'infini et dans l'éternité, que d'une route nouvelle ouverte au commerce, d'une nouvelle espèce de comestibles, ou d'une découverte chimique qui pourra plus tard déplacer des intérêts nombreux. Ainsi, des trois éléments qui forment l'essence de l'homme, les besoins, les affections, et l'intelligence, c'est encore cette dernière faculté qui obtient la préférence. Il y a profit, pour la jeunesse surtout, à embrasser dans leur ensemble les vérités dont la possession fait l'honneur de l'esprit humain. C'est ainsi que nous apprenons à nous élever au-dessus des petits intérêts de la vie, vers les régions supérieures où aspire le divin patriotisme de l'âme.

LIVRE QUATRIÈME

LES MONDES PLANÉTAIRES

LIVRE IV
LES MONDES PLANÉTAIRES

CHAPITRE PREMIER

**Les mouvements apparents et les mouvements réels.
Systèmes successivement imaginés.**

Pour arriver à concevoir facilement et exactement la vraie disposition du système du monde, la méthode la plus sûre est de faire passer notre esprit par le chemin que l'esprit humain a suivi lui-même dans son ascension vers la connaissance de la vérité. Nous ne voyons pas l'univers comme nous sommes obligés de le représenter sur nos dessins. Considérez, par exemple, la page 273 de ce livre, sur laquelle le système planétaire est dessiné avec une grande précision : sur cette page, nous voyons ce système de face, et nous pouvons facilement apprécier les distances relatives qui séparent les orbites planétaires les unes des autres; mais, dans la nature, nous ne le voyons pas ainsi, puisque nous nous trouvons sur la Terre, qui est la troisième planète, et qui roule à peu près dans le même plan que toutes les autres autour du Soleil; nous le voyons *de profil*, comme si nous regardions cette page presque par la tranche. D'ailleurs, il n'y a pas d'orbites réelles tracées dans l'espace; ce sont là les lignes idéales que les mondes suivent dans leur cours. En réalité donc, nous ne voyons, des yeux du corps, que les *mouvements* des planètes qui se déplacent dans le ciel.

Par une belle soirée d'été, dans le silence de la nuit, supposons-nous au milieu de la campagne avec un horizon bien découvert. Des milliers d'étoiles scintillent au ciel, et nous croyons en voir des millions, quoique, en réalité, il n'y en ait jamais plus de trois mille visibles à l'œil nu au-dessus d'un même horizon. Ces étoiles, de différents éclats, gardent toujours l'une par rapport à l'autre les mêmes positions et forment les figures auxquelles on a donné le nom de constellations; les sept étoiles de la Grande-Ourse conservent, depuis des milliers d'années qu'on les observe, la forme esquissée d'un chariot attelé de trois chevaux; les six étoiles de Cassiopée dessinent toujours une chaise tournant autour du pôle, ou la lettre M aux jambages allongés; Arcturus, Véga, Altaïr, marquent toujours les places du Bouvier, de la Lyre et de l'Aigle. Les premiers observateurs ont remarqué cette fixité des points brillants sous la voûte céleste, et, en réunissant les principales étoiles par des lignes fictives, en traçant des esquisses dans lesquelles ils ne tardèrent pas à trouver des ressemblances ou des symboles, ils arrivèrent à peupler d'objets et d'êtres fantastiques l'inaltérable solitude des cieux.

Si l'on s'accoutume à observer le ciel étoilé, on parvient insensiblement à s'identifier avec ces constellations et à connaître les principales étoiles par leur nom. C'est ce que nous ferons ensemble un peu plus loin, lorsque nous arriverons au monde des étoiles. Quant à présent, nous ne sommes pas encore sortis du monde solaire. Or, il arrive parfois qu'en observant la voûte céleste, avec laquelle on s'est identifié, on remarque une brillante étoile à un point du ciel où l'on sait qu'il n'y en a pas. Cette étoile nouvelle peut être plus brillante qu'aucune autre et surpasser même Sirius, l'astre le plus éclatant du ciel ; cependant, on peut constater que sa lumière, quoique plus intense, est plus calme, et qu'elle ne scintille pas. De plus, si l'on prend soin de bien examiner sa position relativement à d'autres étoiles voisines, et de l'observer pendant quelques semaines, on pourra souvent constater qu'elle n'est pas fixe comme les autres et qu'elle change de place plus ou moins lentement.

C'est ce que les premiers observateurs du ciel, les pasteurs de la Chaldée, les tribus nomades de l'Egypte antique, remarquèrent eux-mêmes dès les premiers temps de l'astronomie. Ces étoiles, tantôt visibles et tantôt invisibles, mobiles sous la sphère céleste, furent nommées planètes, c'est-à-dire *errantes*. Ici, comme dans toutes les étymologies, le mot incarnait dans un verbe la première impression ressentie par l'observateur.

Ah ! que nos aïeux étaient loin alors de s'imaginer que ces points lumineux errant parmi les étoiles ne brillent point par leur propre lumière ; qu'ils sont obscurs comme la Terre et aussi gros qu'elle ; que plusieurs même sont beaucoup plus volumineux et plus lourds que notre monde ; qu'ils sont éclairés par le Soleil, comme la Terre et la Lune, ni plus ni moins ; que leur distance est faible relativement à celle qui nous sépare des étoiles ; qu'ils forment avec la Terre une famille dont le Soleil est le père !... Oui, ce point lumineux qui brille comme une étoile, c'est, par exemple, Jupiter. Il n'a par lui-même aucun éclat, pas plus que la Terre, mais il est illuminé par le Soleil, et de même que la Terre brille de loin à cause de cet éclairement, de même il brille, point lumineux dans lequel se condense toute la lumière éparse sur son disque immense. Mettez une pierre sur un drap noir, dans une chambre hermétiquement fermée au jour, faites arriver sur elle les rayons du soleil à l'aide d'une ouverture adroitement ménagée, et cette pierre brillera comme la Lune et comme Jupiter. Les planètes sont des terres obscures comme la nôtre, qui ne brillent que par la lumière solaire qu'elles reçoivent et réfléchissent dans l'espace.

Ce qui frappa d'abord les observateurs des planètes, c'est le mouvement qui les déplace dans le ciel relativement aux étoiles, qui restent fixes. Suivez telle ou telle planète, vous la verrez marcher vers l'est, s'arrêter pendant une semaine ou deux, rétrograder vers l'ouest, s'arrêter encore, puis reprendre son cours. Regardez l'*étoile du Berger*, qui apparaît un beau soir dans les rayons du crépuscule occidental ; elle va s'éloigner du couchant, s'élever dans le ciel, retarder sur le soleil de deux heures, deux heures et demie, trois

heures et davantage, puis s'en rapprocher insensiblement et se re-
plonger dans ses feux. Quelques semaines plus tard, la même « étoile
du Berger » va précéder le matin l'astre du jour et briller dans l'aurore transparente. Voyez Mercure, qui si rarement se dégage des
rayons solaires : à peine aurez-vous pu le reconnaître pendant deux ou
trois soirées, qu'il reviendra vers le soleil. Si c'est au contraire Saturne que vous observez, il vous paraîtra pendant des mois entiers se
traîner à pas lents dans les cieux.

Ces mouvements, combinés avec l'éclat des planètes, ont inspiré
les noms dont on les a gratifiées, les idées qu'on leur a associées, les
influences dont on les a dotées, les divinités symboliques auxquelles
on les a identifiées. Vénus, blanche et radieuse, beauté suprême,
reine des étoiles ; Jupiter, majestueux, trônant sur le cycle des
années ; Mars aux rayons rouges, dieu des combats ; Saturne, le plus
lent des habitants du ciel, symbole du Temps et du destin ; Mercure,
agile, flamboyant, aujourd'hui suivant Apollon, demain annonçant
son lever. Les désignations, les attributs, les influences ont été autant
d'effets produits par les mêmes causes, jusqu'à ce que, dans la suite
des siècles, les symboles aient été pris à la lettre, à force de frapper
les esprits, et à ce que ces astres aient été adorés comme de véritables
divinités. Les religions commencent par l'esprit, mais elles finissent
par la matérialisation des idées les plus pures ; elles naissent des
aspirations, des désirs, des espérances ; elles répondent d'abord aux
idées par des idées ; ensuite on fabrique des idoles et l'on se prosterne
devant elles.

C'est par ces différences de mouvement que les planètes ont d'abord
été classées. En les suivant attentivement, on arriva à constater
qu'elles paraissent tourner autour de nous, de l'ouest à l'est, sous les
étoiles, avec certaines irrégularités, et, en admettant logiquement que
celles qui marchent le plus lentement et ont les plus longues périodes
sont les plus éloignées, on les classa par ordre de vitesse décroissante.
C'est ainsi qu'elles étaient inscrites il y a trois mille ans :

SATURNE.	tournant en	30 ans.
JUPITER	—	12 ans.
MARS	—	2 ans.
LE SOLEIL.	—	1 an.
VÉNUS ET MERCURE	—	1 an.
LA LUNE		1 mois.

Il n'y avait là d'abord qu'un à peu près. Les mouvements de Mercure
et de Vénus étaient surtout très difficiles à démêler. Comme on voulait absolument faire tourner tous les astres autour de la Terre immo-

bile au centre de la création, et que ce n'est pas ainsi que les choses se passent, on ne pouvait pas arriver à une grande précision. A chaque instant il fallait recorriger les tables. Plusieurs astronomes étaient arrivés à penser que Mercure et Vénus tournaient réellement autour du Soleil, et que cet astre les emportait avec lui dans son mouvement annuel autour de nous. Mais la majorité finit par admettre, il y a deux mille ans, une régularité harmonique réglée par Hipparque d'après l'ensemble des observations anciennes. C'est le système qui nous a été transmis dans le grand ouvrage (¹) de Ptolémée, écrit vers l'an 130 de notre ère, et qui a régné jusqu'au xviiiᵉ siècle. Cicéron nous donne, dans le *Songe de Scipion*, l'éloquente description suivante de cet ancien système astronomique :

« L'Univers est composé de neuf cercles, ou plutôt de neuf globes qui se meuvent La sphère extérieure est celle du ciel, qui embrasse toutes les autres, et sous laquelle sont fixées les étoiles. Plus bas roulent sept globes, entraînés par un mouvement contraire à celui du Ciel. Sur le premier cercle roule l'étoile que les hommes appellent Saturne ; sur le second marche Jupiter, l'astre bienfaisant et propice aux yeux humains ; vient ensuite Mars, rutilant et abhorré ; au-dessous, occupant la moyenne région, brille le Soleil, chef, prince, modérateur des autres astres, âme du monde, dont le globe immense éclaire et remplit l'étendue de sa lumière. Après lui, viennent, comme deux compagnons, Vénus et Mercure. Enfin l'orbe inférieur est occupé par la Lune, qui emprunte sa lumière à l'astre du jour. Au-dessous de ce dernier cercle céleste, il n'est plus rien que de mortel et de corruptible, à l'exception des âmes données par un bienfait divin à la race des hommes. Au-dessus de la Lune, tout est éternel. — Notre terre, placée au centre du monde, et éloignée du Ciel de toutes parts, reste immobile ; et tous les corps graves sont entraînés vers elle par leur propre poids......

...... « Formée d'intervalles inégaux, mais combinés suivant une juste proportion, l'harmonie résulte du mouvement des sphères, qui, formant les tons graves et les tons aigus dans un commun accord, fait de toutes ces notes si variées un mélodieux concert. De si grands mouvements ne peuvent s'accomplir en silence, et la nature a placé un ton grave à l'orbe inférieur et lent de la lune, un ton aigu à l'orbe supérieur et rapide du firmament étoilé : avec ces deux limites de l'octave, les huit globes mobiles produisent sept tons sur des modes différents, et ce nombre est le nœud de toutes choses en général. Les oreilles des hommes remplies de cette harmonie ne savent plus l'entendre, et, vous n'avez pas de sens plus imparfait, vous autres mortels. C'est ainsi que les peuplades voisines des

---

(¹) *Mathêmatikê Suntaxis* ou Composition Mathématique. C'est le plus ancien traité complet d'astronomie qui nous ait été conservé. On en a fait plusieurs traductions et éditions depuis l'invention de l'imprimerie, et tout astronome érudit le possède aujourd'hui dans sa bibliothèque. Personne ne cite cet ouvrage sous son vrai titre, car il est toujours appelé *Almageste*, qualification pompeuse qui lui vient des Arabes. En Orient, l'admiration pour ce traité d'astronomie allait si loin, que les califes, vainqueurs des empereurs de Constantinople, ne consentirent à faire la paix avec ces derniers, qu'à la condition d'être mis en possession d'un exemplaire manuscrit de l'*Almageste*. Nous en avons une bonne traduction française, par Halma, en deux volumes, dont le premier, imprimé en 1813, a pour frontispice une médaille de l'*empereur* Antonin, et dont le second, imprimé en 1816, est dédié au *roi* Louis XVIII.

cataractes du Nil ont perdu la faculté de les entendre. L'éclatant concert du monde entier dans sa rapide révolution est si prodigieux, que vos oreilles se ferment à cette harmonie, comme vos regards s'abaissent devant les feux du soleil, dont la lumière perçante vous éblouit et vous aveugle..... »

Ainsi parle l'éloquent Romain. Au delà des sept cercles était placée la sphère des étoiles fixes, qui formait ainsi le huitième ciel. Le neuvième était le Premier Mobile, sur lequel on installa au moyen âge l'*Empyrée* ou séjour des Bienheureux. Tout cet édifice était supposé en cristal de roche, par le vulgaire et même par la plupart des philosophes. Quelques esprits supérieurs seuls paraissent n'avoir pas admis à la lettre la solidité des cieux (Platon, par exemple); mais la plupart déclarèrent qu'ils étaient dans l'impossibilité de concevoir le mécanisme et le mouvement des astres si les cieux n'étaient pas formés d'une substance solide, dure, transparente et inusable. Comme détails intéressants, par exemple, on peut remarquer que le célèbre architecte Vitruve affirme que l'axe qui traverse le globe terrestre est solide, dépasse aux pôles sud et nord, repose sur des tourillons, et se prolonge jusqu'au ciel. Il parle aussi d'auteurs qui pensaient que si les planètes vont moins vite lorsqu'elles sont loin du Soleil, c'est parce qu'elles y voient moins clair. Les anciens physiciens voyaient dans les aérolithes des morceaux détachés de la voûte céleste qui, soustraits à la force centrifuge, tombaient sur la terre par leur propre pesanteur. C'est ce qu'un cardinal affirmait encore à Rome, il y a cinquante ans, à Al. de Humboldt.

Quant à l'*harmonie des sphères*, Képler y croyait encore au XVIIᵉ siècle. Selon lui, Saturne et Jupiter faisaient la basse, Mars le ténor, Vénus le contralto et Mercure le soprano.

Ce système des planètes tournant autour de nous paraissait fort simple. Mais nous allons voir que l'accord n'était qu'apparent, qu'en examinant minutieusement les détails, ils s'écartaient de plus en plus de cette simplicité primitive, et qu'en définitive cet édifice ne devait pas pouvoir résister aux attaques de la discussion. En effet, pour que l'univers ainsi construit eût pu marcher, il eût fallu des conditions mécaniques qui n'existent pas; il eût fallu, par exemple, que la Terre fût plus lourde que le Soleil, — ce qui n'est pas; — qu'elle fût plus importante à elle seule que tout le système solaire, — ce qui est encore moins; — que les étoiles ne fussent pas à la distance qui nous en sépare; — en un mot, pour que l'univers gravitât autour de nous, il eût fallu qu'il eût été construit tout autrement qu'il n'est. Tel qu'il est, la Terre tourne forcément autour du Soleil et obéit à plus fort

qu'elle. On conçoit donc qu'à mesure que les observations astronomiques devinrent plus nombreuses et plus précises, la simplicité qui
vient de se manifester à nous dans l'esquisse élémentaire précédente
dut être corrigée et augmentée de surcharges indéfinies. Voici les
principales complications qui furent la suite du perfectionnement des
études astronomiques.

Aristote et Ptolémée avaient déclaré, en compagnie de tous les

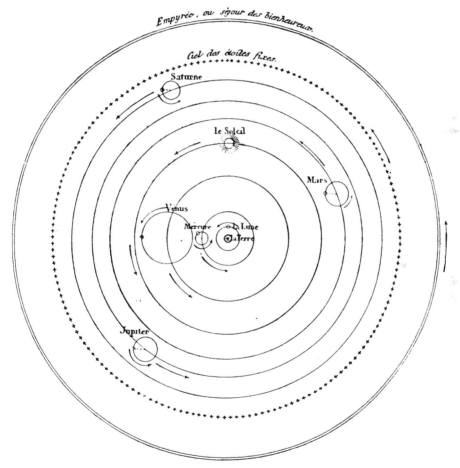

Fig. 176. — Le système de Ptolémée.

philosophes d'ailleurs, que le cercle était la figure géométrique la plus
parfaite, et que les corps célestes, divins et incorruptibles, ne pouvaient se mouvoir qu'en cercle autour du globe terrestre central.

Or, la vérité est : 1° qu'ils ne tournent pas du tout autour du globe
terrestre, 2° qu'ils circulent, en compagnie de la Terre même, autour
du Soleil relativement immobile, 3° qu'ils ne se meuvent, non suivant
des cercles, mais suivant des ellipses.

ASTRONOMIE POPULAIRE.   52

Les mouvements apparents des planètes que nous observons d'ici sont la résultante de la combinaison de la translation de la Terre autour du Soleil avec celle de ces planètes autour du même astre.

Prenons pour exemple Jupiter. Il circule autour du Soleil à une distance cinq fois plus grande que la distance de la Terre au même astre. Son orbite enveloppe donc la nôtre avec un diamètre cinq fois plus large. Il met douze ans à accomplir sa translation.

Pendant les douze années que Jupiter emploie à faire sa révolution autour du Soleil, la Terre a fait douze années, ou douze révolutions, autour du même astre. Par conséquent, le mouvement de Jupiter vu d'ici n'est pas un simple cercle suivi lentement pendant douze ans, mais une combinaison de ce mouvement avec celui de la Terre. Si le lecteur veut bien revoir notre *fig.* de la p. 273, et remarquer au centre l'orbite de la Terre, et, au delà, celle de Jupiter, il reconnaîtra facilement qu'en tournant autour du Soleil nous occasionnons un déplacement apparent de Jupiter sur la sphère étoilée devant laquelle il se projette. Ce déplacement a lieu la moitié de l'année dans un sens et la moitié de l'année dans un autre. C'est comme si l'orbite de Jupiter se composait de douze boucles. Pour rendre compte du mouvement apparent de Jupiter, les astronomes anciens n'avaient donc pu garder longtemps son simple cercle, mais s'étaient vus obligés de faire glisser sur ce cercle, dans un cours de douze ans, le centre d'un petit cercle sur lequel la planète était enchâssée. Ainsi Jupiter ne suivait pas directement son grand cercle, mais un petit qui faisait douze tours en glissant le long du cercle primitif en une période de douze ans.

Saturne gravite en trente ans autour du Soleil. Pour expliquer ses marches et contremarches apparentes vues de la Terre, on avait semblablement ajouté à son orbe un second cercle dont le centre suivait cet orbe et dont la circonférence portant la planète enchâssée tournait trente fois sur elle-même pendant la révolution entière.

Ce second cercle reçut le nom d'*épicycle*.

Celui de Mars était plus rapide que les précédents. Ceux de Vénus et de Mercure étaient beaucoup plus compliqués.

Voilà donc une première complication du système circulaire primitif. En voici maintenant une seconde.

Puisqu'en réalité les planètes suivent des ellipses, elles sont plus près du Soleil en certains points de leur cours qu'en d'autres points. Et puisque toutes les planètes, y compris la Terre, se meuvent dans des périodes différentes autour du Soleil, il en résulte que chaque planète est tantôt plus proche, tantôt plus éloignée de la Terre elle-même. En certains points de son orbite, par exemple, Mars est plus de quatre fois plus éloigné de nous qu'en d'autres points. Pour rendre compte de ces variations de distance, on supposa que les cercles suivis par chaque planète avaient pour centre, non pas précisément le globe terrestre lui-même, mais un point situé en dehors de la Terre et tournant lui-même autour d'elle. On voit facilement que par ce stratagème une planète, soit Mars, par exemple, décrivant une circon-férence autour d'un centre situé à côté de la Terre, se trouve plus éloignée de la Terre en une certaine partie de son cours, et plus proche

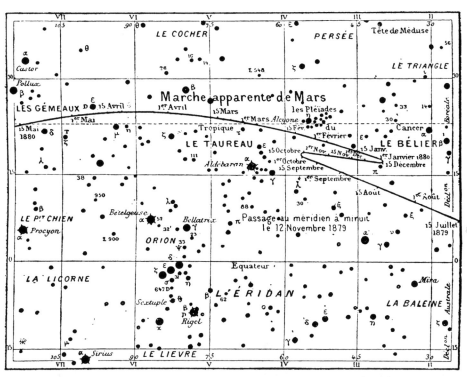

Fig. 177. — Mouvement de la planète Mars sur la voûte céleste, du 15 juillet 1879 au 15 mai 1880.

dans la partie opposée. Le centre réel de chaque orbite céleste ne coïncidait avec le centre de la Terre que par le subterfuge du second centre mobile autour duquel elle s'effectuait.

Ce nouvel arrangement mécanique a été désigné sous le nom de système des *excentriques*, mot qui, comme le premier, rappelle sa forme géométrique.

Ces épicycles et ces excentriques furent successivement inventés, modifiés et multipliés, selon les besoins de la cause. A mesure que les observations devenaient plus précises, il fallait en ajouter de nouveaux pour représenter plus exactement les faits. Chaque siècle ajoutait son

nouveau cercle, son nouvel engrenage au mécanisme de l'univers;
si bien qu'au temps de Copernic, au seizième siècle, il y en avait déjà
soixante-dix-neuf d'emboîtés les uns dans les autres !

On ne se figure pas, en général, quelles singulières lignes les planètes
tracent sur la sphère céleste par leurs mouvements apparents vus de la
Terre. Afin que chacun puisse s'en rendre compte facilement, j'ai
construit les cinq petites cartes célestes (*fig.* 177 à 181) qui montrent

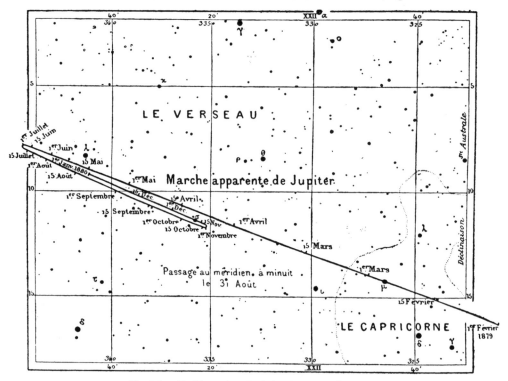

Fig. 178. — Position et marche de la planète Jupiter en 1879.

ces mouvements tels que chacun peut les suivre dans le ciel. Voyez par
exemple la planète Mars : elle marche en ce moment (juillet 1879) de
la droite vers la gauche, c'est-à-dire de l'ouest à l'est, traverse la constellation du Bélier, arrive dans celle du Taureau, va stationner presque
immobile du 1er au 15 octobre, faire un crochet, rétrograder jusqu'au
milieu du mois de décembre 1879, et repartir ensuite pour filer directement, en 1880, à travers le Taureau, les Gémeaux et les autres
signes du zodiaque. — Voyez Jupiter (*fig.* 178), il a marché directement jusqu'au milieu de juin; puis il stationne, rétrograde jusqu'en
octobre, stationnera de nouveau et repartira vers l'est. — L'inspection de Saturne, d'Uranus et de Neptune conduit aux mêmes ré-

sultats, avec cette différence que le mouvement est d'autant moins rapide et l'oscillation d'autant moins grande que la planète est plus

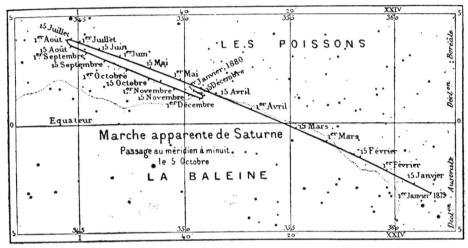

Fig. 179. — Position et marche de Saturne en 1879.

éloignée. Voilà quelles sont les positions actuelles des planètes dans le ciel. Elles vont changer l'année prochaine et se déplacer d'année

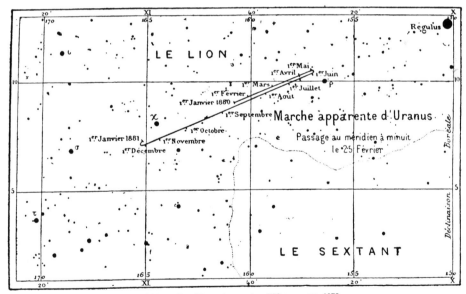

Fig. 180. — Position et marche d'Uranus en 1879.

en année : Saturne ne reviendra que dans trente ans au point qu'il occupe actuellement, Jupiter dans douze ans, etc. Mais à l'aide des indications que nous donnerons plus loin, il suffit de s'identifier avec les positions actuelles et avec les mouvements pour pouvoir suivre et retrouver les planètes indéfiniment. Quant à Vénus et Mercure, elles vont plus vite encore que Mars et font tout le tour du ciel en un an; mais pour les trouver il suffit de les chercher près du soleil aux époques convenables que nous indiquerons en leur chapitre respectif.

Nous avons représenté chacun de ces mouvements séparément; mais il arrive parfois que plusieurs planètes se rencontrent dans la même région du ciel, ce qui double l'intérêt de leur observation. C'est précisément ce qui va arriver pour Jupiter et Saturne au mois d'avril 1881. Déjà Mars est passé tout près de Saturne, le 27 juillet 1877

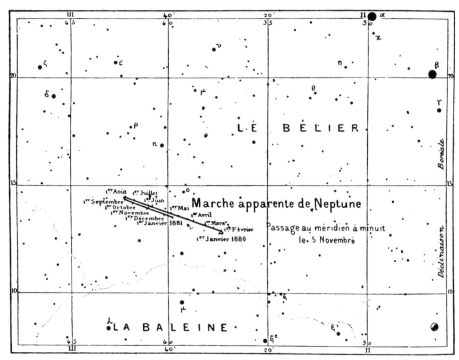

Fig. 181. — Position et marche de Neptune en 1879.

et le 20 juin 1879; il passera de nouveau non loin de lui le 6 juillet 1881. Voilà donc trois planètes qui vont se rencontrer en perspective; or, précisément, Neptune stationne actuellement en cette même région, ce qui fait quatre, et, par surcroît, Mercure et Vénus passeront aussi non loin de là. On peut suivre ces curieux mouvements sur la figure suivante; mais il faut pour cela beaucoup d'attention (il serait superflu de faire remarquer qu'il en a fallu davantage encore pour la construire). Il est très rare que plusieurs planètes soient ainsi réunies en une même région du ciel, et si les astrologues vivaient encore, ils nous prédiraient des catastrophes à faire frémir les âmes les mieux trem-

MARCHE DANS LE CIEL ET RENCONTRES
des différentes planètes en 1881.

pées. Pour nous, l'intérêt scientifique est de nous former une idée
exacte des mouvements apparents des planètes dans le ciel, et l'intérêt
philosophique est de savoir que l'astronomie connaît l'avenir des
mouvements célestes comme leur passé : jamais aucun miracle ne les
dérange. Ces rencontres sont généralement désignées sous le nom de
conjonctions. Dans le langage astronomique, on réserve surtout ce

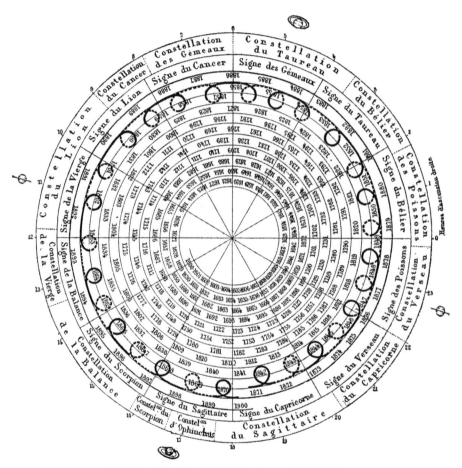

Fig. 183. — Mouvement de Saturne par rapport à la Terre.

nom pour Mercure et Vénus lorsqu'ils passent entre le Soleil et la
Terre, ou derrière le Soleil : ce sont leurs conjonctions inférieures
ou supérieures. Les planètes extérieures à la Terre sont en *opposition*
lorsque la Terre se trouve entre elles et le Soleil, c'est-à-dire lorsqu'elles passent au méridien à minuit. Lorsqu'elles passent derrière le
Soleil, elles sont en conjonction avec lui.

Plusieurs savants pensent que ces positions des planètes influent sur la météorologie terrestre : l'observation des faits n'a encore rien donné de positif à cet égard.

Maintenant, si nous voulons tracer le plan de ces mouvements rapportés à la Terre supposée immobile au centre du monde, les figures sont encore plus singulières et plus remarquables. Considérez par exemple les *fig.* 183 à 187, qui représentent les mouvements de Saturne,

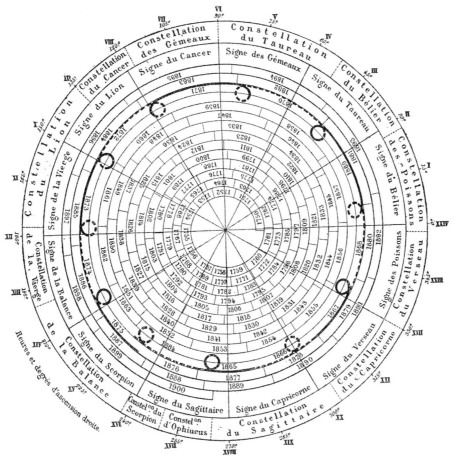

Fig. 184. — Mouvement de Jupiter par rapport à la Terre.

Jupiter, Mars, Vénus et Mercure rapportés à la Terre. La première montre les 28 boucles de Saturne dans une révolution, de 1842 à 1871 ; j'ai fait ce dessin en 1869 (*Voy.* le *Magasin Pittoresque* du mois d'avril 1870), ainsi que celui du mouvement séculaire d'Uranus, à propos d'une discussion qui s'était élevée à l'Académie des sciences sur une prétendue découverte de cette planète faite par Galilée, en 1639, dans le voisinage de Saturne. Un savant membre de l'Institut, trompé par un faussaire, avait acheté des manuscrits apocryphes de Galilée, Pascal, Newton — et même de Louis XIV — sur l'astronomie. L'ignorance bien connue de ce grand roi aurait dû donner l'éveil sur la fausseté de ces manuscrits. Mais le faussaire était si adroit que le savant dont je parle acheta pour plus de cent mille francs de ces *chères* lettres, et qu'une vingtaine d'académiciens s'y laissèrent prendre. Quant à la découverte d'Uranus dans le voisinage de Saturne, en 1639, les deux cartes rétrospectives que j'avais construites mon-

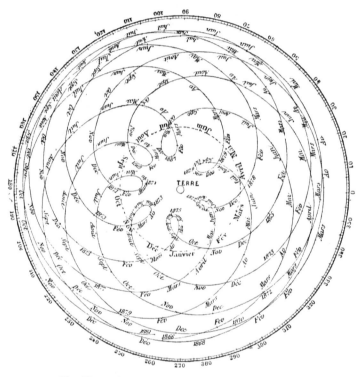

Fig. 185. — Mouvement de Mars par rapport à la Terre.

traient avec evidence que c'était là un conte insoutenable, puisqu'en cette année-là Saturne était dans le Capricorne et Uranus dans la Vierge, à plus de 90 degrés de distance l'un de l'autre.

A la dernière révolution de Saturne, j'ai ajouté les dates précédentes depuis l'an 1600, et les suivantes jusqu'en l'année 1900. En menant une ligne du centre de la figure à une année quelconque, et en prolongeant cette ligne jusqu'au cercle extérieur, on trouve à quelle heure d'ascension droite et dans quelle constellation s'est trouvée, se trouve ou se trouvera la planète. En vertu de la précession des équinoxes, le ciel a marché, et les *constellations* du zodiaque sont en avance sur les *signes* fictifs que les almanachs font toujours commencer par le Bélier à l'équinoxe.

La *fig.* 184 montre de même le plan de la révolution de Jupiter vue de la Terre, avec les onze boucles par lesquelles on peut représenter ses stations et rétrogradations. Par surcroît, les révolutions ont été indiquées depuis l'année 1750 et jusqu'en l'année 1900.

Les *fig.* 185 à 187 représentent également un cycle complet des mouvements de Mars, Vénus et Mercure par rapport à la Terre. Dans ces

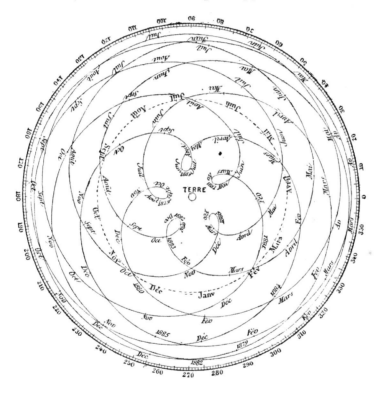

Fig. 186. — Mouvement de Vénus par rapport à la Terre.

diagrammes, l'orbite apparente du Soleil est marquée par une ligne ponctuée. On voit à quelles époques ces planètes sont le plus rapprochées.

Par ces figures spéciales, le lecteur peut se rendre compte lui-même des complications qui s'accumulaient dans la théorie de l'immobilité de la Terre. Les penseurs finirent par exprimer des doutes contre ce système astronomique, quelque vrai qu'il parût. Un roi astronome, qui laissa sa couronne pour l'astrolabe et oublia la terre pour le ciel, Alphonse X de Castille, osa dire en pleine assemblée d'évêques (et au treizième siècle), que si Dieu l'avait appelé à son conseil lorsqu'il créa le monde, il lui aurait donné de bons avis pour le construire d'une manière moins compliquée!

Mais ce ne furent que les esprits supérieurs et indépendants qui entrevirent dans la complication croissante du système de Ptolémée un témoignage contre sa réalité. Les philosophes péripatéticiens émettaient dans cette discussion l'argument singulier reproduit plus tard par le jésuite Riccioli dans son essai de réfutation des dialogues de Galilée. Objecterons-nous au système de Ptolémée que des milliers d'étoiles tourneraient autour de nous avec une régularité bien difficile à comprendre chez des corps indépendants les uns des autres? que leurs mouvements diurnes devraient être rigoureusement proportionnés

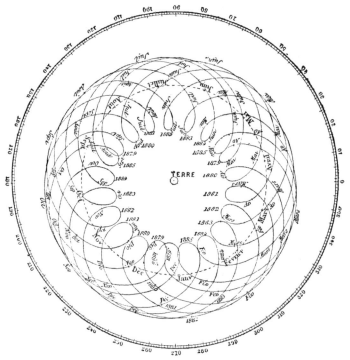

Fig. 187. — Mouvement de Mercure par rapport à la Terre.

à la distance? que la grosseur du Soleil par rapport à notre globe est une preuve presque irrécusable du mouvement de ce dernier corps? etc Riccioli nous répondra : « qu'il y a des intelligences dans les étoiles; que plus il est difficile d'expliquer le mouvement du ciel, plus la grandeur de Dieu se manifeste ; que la noblesse de l'homme est supérieure à celle du Soleil; qu'il importe peu à l'homme, pour lequel tout a été fait, que des milliers d'étoiles tournent autour de lui, etc... »

Des arguments de cette force ne demandent pas, à leur tour, une longue réfutation aujourd'hui. Cependant, ils tenaient en suspens des esprits laborieux, et l'habitude d'admirer ce système du monde sans discussion le faisait conserver dans les écoles, malgré toutes les complications anti-naturelles dont il était échafaudé.

Cette manière de perdre son temps métaphysiquement sous prétexte de faire de la science dura dans les écoles depuis l'antiquité jusqu'à Copernic, et retarda trop longtemps l'avènement des sciences exactes. Il nous faut arriver jusqu'aux quinzième et seizième siècles pour assister à l'établissement de la méthode expérimentale, pour trouver des savants indépendants, dégagés de préjugés et cherchant librement la vérité.

Par une heureuse coïncidence, les plus grands événements de la marche historique de l'humanité se sont rencontrés en cette même époque. Le réveil de la liberté religieuse, le développement d'un sentiment plus noble de l'art, et la connaissance du véritable système du monde, ont signalé, concurremment avec les grandes entreprises maritimes, le siècle de Colomb, de Vasco de Gama et de Magellan. L'année 1543, qui vit paraît l'ouvrage de Copernic, *De Revolutionibus orbium celestium*, qui disséquait les cieux, vit paraître aussi celui de Vésale : *De Corporis humani fabrica*, qui créait l'anatomie humaine. Le globe terrestre se dévoilait sous toutes ses faces aux regards de la science aventureuse, et l'esprit humain, en connaissant désormais directement, et par expérience, la sphéricité du globe et son isolement dans l'espace, acquérait l'élément le plus essentiel pour se préparer à concevoir son mouvement.

Le système des apparences, l'opinion de l'immobilité du globe terrestre et du mouvement des cieux régnait donc, comme nous venons de le voir, il y a seulement trois siècles, de 1500 à 1600, du temps de François Ier, des Médicis et de Henri IV, ce qui n'est pas très éloigné de notre époque actuelle ; on l'enseignait encore sous Louis XIV et Louis XV, en plein dix-huitième siècle ; c'est elle aussi, cette idée simple et vague, qui règne encore dans l'esprit ignorant des populations de l'Europe actuelle, car aujourd'hui même, sur cent personnes prises dans toutes les classes, il n'y en a que quelques-unes qui aient compris que la Terre tourne et qui en soient sûres, et il n'y en a peut-être pas deux qui se rendent exactement compte de la vitesse de son mouvement de translation et des effets de son mouvement diurne[1]. En réfléchissant aux conditions mécaniques du système des

---

[1] Et il n'y a peut-être pas, en France même, *une* personne *sur dix mille*, qui comprenne la révolution philosophique opérée par l'astronomie moderne, et qui sache prendre notre planète et son humanité pour ce qu'elles sont. — Les grands enfants continuent de faire des petites chapelles.

apparences que nous venons d'esquisser, Copernic arriva à penser que ce système si compliqué et si grossier ne devait pas être naturel. Après trente années d'étude, il fut convaincu qu'en donnant à la Terre un double mouvement, l'un de rotation sur elle-même en vingt-quatre heures, l'autre de translation autour du Soleil en trois cent soixante-cinq jours un quart, on explique la plus grande partie des mouvements

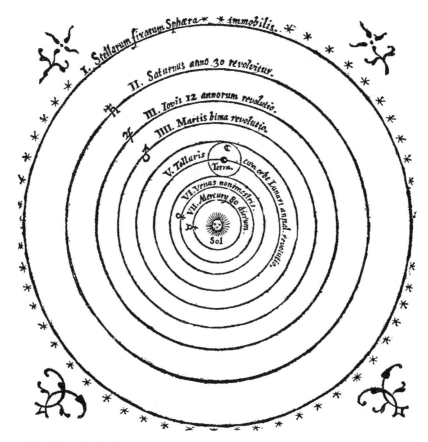

Fig. 188. — Le *Système de Copernic*. Fac-simile du dessin publié dans l'ouvrage même de Copernic (1543).

célestes pour lesquels on avait dû fabriquer ces innombrables cercles de cristal. L'ingénieux astronome s'éleva à la connaissance du plan général de la nature, révéla son opinion aux savants ses contemporains, et la publia avant de quitter cette terre. Depuis 1543, époque de la mort de Copernic et de la publication de son grand ouvrage, les astronomes ont confirmé, prouvé définitivement et établi pour toujours cette opinion, d'abord hardie et aujourd'hui si simple, du mouvement de la Terre.

Le système de Copernic est représenté sur notre *fig.* 188 d'après l'ouvrage du grand astronome lui-même. On voit qu'il est la base essentielle du système du monde tel que nous le connaissons aujourd'hui, que le Soleil est au centre et que les planètes tournent autour de lui, mais qu'il présente néanmoins certaines différences que la science des successeurs de Copernic devait faire disparaître : 1° les proportions des distances n'étaient pas connues : c'est le génie de Képler qui les trouva au dix-septième siècle; 2° les planètes Uranus et Neptune manquaient, leur découverte ne datant que du xviii° et du xix°; 3° la lunette ni le télescope n'étaient inventés, et l'on ignorait l'existence des satellites, la forme de Saturne, la grandeur relative des planètes, etc.; 4° les planètes Mercure et Vénus tournaient en 80 jours et 9 mois au lieu de 88 et 225 jours; 5° la Terre était douée d'un troisième mouvement destiné à conserver le parallélisme de son axe de rotation, dont la translation annuelle semblait devoir l'écarter; 6° les

étoiles ne paraissent pas tellement éloignées que le Soleil ne pût les éclairer, et elles réfléchissaient sa lumière : l'astre éclatant trônait au centre de la création entière.

On voit sur la première page du livre de Copernic une petite figure assez curieuse : une balance pèse le Ciel et la Terre, et c'est le Ciel qui l'emporte; la Terre est pour toujours chassée d'un trône usurpé.

Ce n'est point Copernic qui, le premier, songea à l'interprétation des mouvements célestes par la théorie du mouvement de la Terre. L'immortel astronome a pris soin de signaler, au contraire, avec une

Fig. 189. — Le Ciel l'emporte sur la Terre. Fac-simile du frontispice du livre de Copernic.

rare sincérité, les passages des écrivains anciens chez lesquels il a puisé la première idée de la vraisemblance de ce mouvement : notamment Cicéron, qui attribua cette opinion à Nicétas de Syracuse; Plutarque, qui mit en avant les noms de Philolaüs, Héralide de Pont et Ecphantus le pythagoricien; Martianus Capella, qui adoptait, avec les Égyptiens, le mouvement de Mercure et de Vénus autour du Soleil, etc. Cent ans même avant la publication du travail de Copernic, en 1444, le cardinal Nicolas de Cusa, dans sa grande encyclopédie théologique et scientifique, avait également remis en honneur l'idée du mouvement de la Terre et de la pluralité des mondes. Depuis l'antiquité jusqu'au siècle de Copernic, le système de l'immobilité de la Terre avait été mis en doute par de clairvoyants esprits, et celui du mouvement de la Terre proposé sous différentes formes. Mais toutes ces tentatives devaient laisser à Copernic la gloire de l'établir définitivement.

Non content d'admettre simplement l'idée du mouvement de la Terre comme une simple hypothèse arbitraire, ce que plusieurs astronomes avaient fait avant lui, il voulut, et c'est là sa gloire, se la démontrer à lui-même, en acquit la conviction par l'étude, et écrivit son livre pour la prouver. Le véritable prophète d'une croyance, l'apôtre d'une doctrine, l'auteur d'une théorie, est l'homme qui par ses travaux démontre cette théorie, fait partager cette croyance, répand cette doctrine. On n'en est pas le créateur. Rien n'est nouveau sous le soleil, dit un ancien proverbe. On peut plutôt dire : Rien de ce qui réussit n'est entièrement nouveau. Le nouveau-né est informe, incapable. Les plus grandes choses naissent à l'état de germe, pour ainsi dire, et croissent inaperçues. Les idées se fécondent les unes par les autres; les sciences s'entr'aident; le progrès marche. Bien des hommes sentent une vérité, sympathisent avec une opinion, touchent une découverte sans le savoir. Le jour arrive où un esprit synthétique sent en quelque sorte s'incarner dans son cerveau une idée presque mûre; il se passionne pour elle, il la caresse, il la contemple; elle grandit à mesure qu'il la regarde; il voit se grouper autour d'elle une multitude d'éléments qui viennent la soutenir. En lui, cette idée devient une doctrine. Alors, comme les apôtres de la Bonne Nouvelle, il devient évangéliste, annonce la vérité, la démontre par ses œuvres, et tous reconnaissent en lui l'auteur de cette nouvelle contemplation de la nature, quoique tous sachent parfaitement qu'il n'a pas inventé l'idée, et que bien d'autres avant lui ont pu en pressentir la grandeur.

Non seulement celui qui par ses travaux a fait *sienne* une doctrine scientifique, philosophique ou religieuse, ne peut songer un seul instant à sa personne, à sa gloire, en déclarant sa paternité et en énonçant ses travaux spéciaux (la précaution serait absolument inutile) ; mais encore il est naturel qu'il cherche au contraire à mettre en évidence tous ceux qui ont été ses précurseurs, à déterrer jusqu'aux arguments ensevelis depuis des siècles sous l'indifférence publique. Par de tels procédés, l'auteur s'honore lui-même et consolide son œuvre.

Uranie pesant le système du monde — Facsimile d'une gravure de l'an 1651.

Telle est la situation de Copernic dans l'histoire de l'astronomie. On avait émis l'hypothèse du mouvement de la Terre longtemps avant qu'il ne songeât à naître sur cette planète. Cette théorie comptait des partisans à son époque. Mais lui, il en a fait son œuvre. Il l'a examinée avec la patience d'un astronome, la rigueur d'un mathématicien, la sincérité d'un sage, l'esprit d'un philosophe. Il l'a démontrée par son livre. Puis il mourut sans la voir généralement partagée, et ce n'est que plus d'un siècle après sa mort que l'astronomie l'adopta et qu'elle se vulgarisa par l'enseignement. Cependant Copernic est vraiment l'auteur du véritable système du monde, et son nom restera respecté jusqu'à la fin des siècles.

Ce grand homme n'était ni potentat, ni prince, ni personnage officiel, ni affublé de titres plus ou moins sonores et plus ou moins creux c'était un modeste médecin, ami de l'humanité et ami de la science, consacrant sa vie entière à l'étude de la nature, noblement indifférent pour la fortune comme pour la gloire. Il était fils d'un boulanger polonais, et arriva par son seul travail à être le plus grand homme de son siècle. Le médecin se fit prêtre, médecin de l'âme, et la position de chanoine lui assura la vie calme et tranquille qu'il préférait. Son oncle était évêque, et s'étonnait parfois qu'il « perdît tant de temps » à faire de l'astronomie (1).

Il y eut un instant de retard dans l'adoption de la théorie du Soleil central et du mouvement de la Terre, retard dû à l'astronome Tycho-Brahé, qui imagina, en 1582, un système mixte susceptible de concilier l'observation avec la Bible, au nom de laquelle les écoles enseignantes refusaient d'accepter la théorie du mouvement de la Terre.

Ce n'est pas que Tycho-Brahé ne connût bien le mérite de la théorie de Copernic : « J'avoue, écrit-il lui-même, que les révolutions des cinq planètes s'expliquent aisément par le simple mouvement de la Terre; que les anciens mathématiciens ont adopté bien des absurdités et des contradictions, dont Copernic nous a délivrés, et que même il satisfait un peu plus exactement aux apparences célestes. » Mais il ajoute bientôt que ce système ne pourra jamais être concilié avec le témoignage de l'Écriture Sainte, et il croit contenter tout le monde en faisant tourner autour de la Terre le Soleil accompagné des planètes.

Voici comment l'astronome danois motive lui-même sa théorie :

Je pense qu'il faut décidément, et sans aucun doute, placer la Terre immobile

(1) C'est comme lady Byron, qui, huit jours après son mariage, s'étonnait que lord Byron s'obstinât à écrire des vers et lui demandait « quand il aurait fini ». (Je tiens le fait d'une amie de Byron, la marquise de Boissy.)

au centre du monde, suivant le sentiment des anciens et le témoignage de l'Écriture. Je n'admets point, avec Ptolémée, que la Terre soit le centre des orbes du second mobile; mais je pense que les mouvements célestes sont disposés de manière que la Lune et le Soleil seulement avec la huitième sphère, la plus éloignée de toutes, et qui renferme toutes les autres, aient le centre de leur mouvement vers la Terre. Les cinq autres planètes tourneront autour du Soleil comme autour de leur chef et de leur roi, et le Soleil sera sans cesse au milieu de leurs orbes, qui l'accompagneront dans son mouvement annuel.... Ainsi le Soleil sera la règle et le terme de toutes ces révolutions, et, comme Apollon au milieu des Muses, il réglera seul toute l'harmonie céleste.

Le système de Tycho-Brahé laissait subsister la plus terrible objection que l'on eût faite à celui de Ptolémée, puisqu'en immobilisant la Terre au centre du monde, il supposait toujours que le Soleil, toutes les planètes et le ciel entier des étoiles fixes parcoureraient autour de nous en vingt-quatre heures l'immensité de leurs orbites. Il ne jouit jamais d'une véritable autorité. Cependant on le trouve encore, en 1651, sur le curieux frontispice de l'*Almagestum novum* de Riccioli, reproduit plus haut. Uranie tient une balance (réminiscence de Copernic), et le système de Tycho l'emporte sur celui de Copernic. Un homme couvert d'yeux sur tout son corps symbolise sans doute l'astronome par excellence. Ptolémée est à terre avec son système. On voit dans le ciel que la lunette astronomique avait déjà révélé les montagnes lunaires, les bandes de Jupiter, l'anneau de Saturne, ainsi que les phases de Mercure et de Vénus. A la fin du dix-septième siècle, Bossuet déclarait encore impérieusement que c'est le Soleil qui marche, et Fénelon mettait les deux opinions sur le même rang. Le tribunal de l'Inquisition, et la congrégation de l'Index, présidée par le pape, avaient d'ailleurs déclaré hérétique, en 1616 et 1633, la doctrine de Copernic, et condamné « tous les livres qui affirment le mouvement de la Terre. » Pendant tout le dix-septième siècle et une partie du dix-huitième, la Sorbonne a enseigné le mouvement de la Terre comme une *hypothèse commode mais fausse !* A la même époque, sous Louis XIV, on représentait encore la Terre assise au centre du monde, comme on le voit sur la *fig.* suivante, fac-simile d'une gravure d'un atlas astronomique, sur laquelle on voit Vénus, Mercure, Mars, Jupiter et Saturne entourer la Terre, avec leurs attributs mythologiques. Mais les travaux consécutifs de Tycho lui-même, de Galilée, Kepler, Newton, Bradley, Dalembert, Lagrange, Laplace, Herschel, Le Verrier et d'autres grands esprits, ont donné à l'astronomie moderne une base absolue et inébranlable, affermie par chaque découverte nouvelle, sur laquelle l'édifice intellectuel de la science s'élève, grandit et monte toujours dans l'infini. Les illusions, les

La Terre assise au centre du monde, et la mythologie des planètes, sous Louis XIV.

erreurs, les ombres de la nuit s'éloignent ; le fanal de la Vérité illumine le monde. Ceux-là seuls qui ferment volontairement les yeux peuvent continuer de vivre dans l'illusion de la tortue, qui prend sa carapace pour la limite de l'univers.

Les anciens avaient remarqué que les planètes visibles à l'œil nu ne s'écartaient jamais beaucoup de l'écliptique, de la route apparente annuelle du Soleil, et que leur écartement de ce grand cercle de la sphère céleste ne dépasse jamais 8 degrés, soit au nord, soit au Sud. En imaginant donc dans le ciel deux lignes idéales tracées ainsi de part et d'autre de l'écliptique, on dessine une zone de 16 degrés de largeur faisant le tour du ciel, et dont les planètes ne sortent jamais. Cette zone, c'est le *zodiaque*, qui tire son nom du mot grec *zôon*, animal, parce que les constellations qui le composent sont pour la plupart des figures d'animaux. Les anciens ont partagé ce grand cercle en douze parties ou signes, dont chacun marquait la demeure du soleil pendant chaque mois de l'année (revoir la *fig.* 27, p. 53). Les grandes planètes, Uranus et Neptune, découvertes par les astronomes modernes, ont aussi leurs mouvements renfermés dans les limites du zodiaque ; mais plusieurs des petites planètes qui flottent entre Mars et Jupiter en sortent par une assez forte inclinaison, et les comètes s'en écartent même parfois jusqu'à atteindre les pôles.

Le Soleil, la Lune et les planètes sont désignés depuis longtemps sous les signes suivants :

Le Soleil	La Lune	Mercure	Vénus	Mars	Jupiter	Saturne
☉	☾	☿	♀	♂	♃	♄

Le signe du Soleil représente un disque ; il était déjà en usage il y a des milliers d'années chez les Egyptiens. Celui de la Lune représente le croissant lunaire. On le trouve en usage chez tous les peuples dès la plus haute antiquité. Le signe de Mercure a eu pour origine un caducée, celui de Vénus un miroir, celui de Mars une lance, celui de Jupiter la première lettre de Zeus, celui de Saturne une faux. On les trouve employés par les gnostiques et les alchimistes depuis le xᵉ siècle.

Au xviiᵉ siècle, on a commencé à considérer la Terre comme planète, et on lui a donné le signe ♁, globe surmonté d'une croix. Au xviiiᵉ siècle, la découverte d'Uranus a ajouté une nouvelle planète au système. On l'a désignée par le signe ♅, qui rappelle l'initiale d'Herschel. La découverte de Neptune, en 1846, a ajouté un nouveau signe : ♆ ; c'est le trident du dieu des mers.

Mais il est temps de laisser l'histoire des aspects apparents pour pénétrer directement dans la description de chacun des mondes du système.

CHAPITRE II

La planète Mercure et la banlieue du Soleil.

☿

Pour faire la description du système planétaire, nous marcherons du centre vers la circonférence. Déjà nous avons apprécié la splendeur du foyer central ; déjà nous connaissons l'ordre dans lequel se succèdent les mondes ; déjà nous avons étudié leurs mouvement généraux, tant apparents que réels ; déjà aussi nous avons examiné en détail la troisième planète du système et le satellite qui l'accompagne. Commençons donc ici la description des autres terres de notre monde solaire par la province la plus proche du Soleil, par Mercure.

Existe-t-il entre Mercure et le Soleil une ou plusieurs planètes encore inconnues de nous ? La question a été posée, et fort controversée depuis plusieurs années. Il est intéressant de l'examiner tout d'abord. Etudions-la comme il importe de le faire pour les moindres sujets astronomiques, dès l'origine et de première main, afin de la juger exactement et impartialement.

L'un des mathématiciens les plus éminents qui aient jamais existé, l'astronome français Le Verrier, en analysant rigoureusement les mouvements de toutes les planètes, est parvenu à construire les tables exactes des positions de Mercure, Vénus, Mars, Jupiter, Saturne, Uranus, pour plusieurs milliers d'années. Il a commencé cet immense travail mathématique vers 1840, et l'a terminé en 1877 quelques mois seulement avant sa mort, noble emploi d'une vie laborieuse, qui eût été plus utile encore à la science et à l'humanité s'il eût eu un caractère plus sociable et un amour plus impersonnel du progrès général ([1]).

([1]) Mais cherchez un soleil sans taches ! Newton lui-même, le grand Newton, ne s'était-il pas montré de même irascible et jaloux ? Laplace, le Newton français, n a-t-il pas eu la faiblesse de se laisser décorer du titre de comte par Napoléon, puis de celui de marquis par Louis XVIII ? Laplace comte et marquis : cela ajoute-t-il un iota à sa valeur et à sa gloire ? Cuvier, le fondateur de la paléontologie, nommé baron par le même roi, n'a-t-il pas sacrifié les intérêts de la science pure aux timidités classiques officielles ? Les plus grands génies sont faibles. Les mathématiciens qui ont un mauvais caractère sont peut-être psychologiquement excusables, car la tension constante de leur esprit peut être la cause même de leur état de susceptibilité. Que celui qui est sans défaut jette la première pierre.

Le mouvement de la planète Uranus avait montré des irrégularités inexplicables dans l'influence perturbatrice des planètes alors connues, et convaincu les astronomes de l'existence d'une planète inconnue, située au delà d'Uranus et occasionnant dans sa marche les perturbations révélées par les observations méridiennes de ce corps céleste. En 1845, Arago conseilla à Le Verrier de résoudre cet intéressant problème de mathématiques transcendantes. Il y parvint avec honneur et annonça, comme nous le verrons, le lieu que cette planète inconnue devait occuper dans l'immensité des cieux. On dirigea une lunette vers ce point : elle y était.

Ainsi les perturbations inexpliquées du mouvement de la planète Uranus ont révélé à la théorie l'existence de la planète Neptune. C'est la l'une des plus admirables confirmations données par le progrès de l'astronomie à la réalité de la théorie newtonienne de la gravitation universelle.

Or, l'analyse du mouvement de la planète Mercure a également indiqué à Le Verrier, en 1859, des perturbations que n'explique pas l'action des autres planètes, et qui seraient expliquées s'il y avait entre Mercure et le Soleil une ou plusieurs planètes tournant autour de l'astre central. La théorie de Mercure présente avec les observations une différence qui fournit un accroissement de 31″ d'arc dans le mouvement séculaire du périhélie.

Si cette hypothèse est vraie, on doit voir de temps à autre des corps obscurs ayant un mouvement propre de translation, passer devant le disque solaire. Or, quelques mois à peine s'étaient écoulés depuis l'annonce de ces résultats à l'Académie des Sciences, qu'un médecin de campagne passionné pour l'astronomie, et qui a voué au culte des beautés du ciel le temps qui n'était pas absorbé par le soulagement des misères de la Terre, mon excellent et vieil ami le docteur Lescarbault, annonça avoir observé, de sa modeste maison d'Orgères, une tache bien ronde et bien noire passant sur le Soleil le 26 mars 1859 ; il l'avait suivie pendant plus d'une heure et avait remarqué son déplacement sur le disque solaire.

Depuis 1858 jusqu'en 1876, Le Verrier réunit plus de cinquante observations analogues, dont il élimina le plus grand nombre parce que leur discussion montrait qu'elles avaient eu simplement pour objet des taches solaires ordinaires. En 1876, même, il y eut grand émoi à l'occasion d'une tache bien ronde et bien noire, paraissant également douée de mouvement propre, vue par un observateur alle- and le 4 avril 1876 ; mais il se trouva que justement ce jour-là on avait assidûment observé le Soleil à Londres et à Madrid, *cinq heures auparavant*, qu'on y avait parfaitement vu et photographié ladite tache et que par conséquent ce n'était pas une planète. L'illustre astronome considéra dans tout l'ensemble six observations comme certaines, faites en 1802, 1819, 1839, 1849, 1859 et 1862, et calcula d'après elles l'orbite de la planète intra-mercurielle. Celle qu'il préféra entre plusieurs de possibles fait tourner la planète en 33 jours autour du Soleil, et elle est fortement inclinée, pour expliquer la rareté des apparitions. Il annonça même que, selon toute probabilité, Vulcain passerait devant le disque solaire le 22 mars 1877. Les astronomes du monde entier épièrent l'astre du jour avec une indiscrétion unanime ; mais le résultat fut absolument négatif : aucun point noir ne se montra.

Lors de la dernière éclipse totale de soleil, celle du 29 juillet 1878, deux astronomes américains, MM. Watson et Swift, annoncèrent de leur côté avoir vu deux planètes intra-mercurielles tout contre le Soleil éclipsé (à droite et en bas, dans la direction de Vénus, sur notre figure de la p. 257), et même à

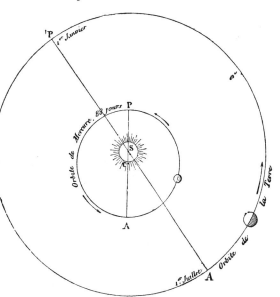

Fig. 192. — Orbite de Mercure autour du Soleil.

l'Observatoire de Paris on s'empressa, un peu étourdiment, de calculer une nouvelle orbite d'après cette observation. Mais il n'était pas difficile de se convaincre que les deux points brillants pris pour deux planètes étaient tout simplement les deux étoiles Théta et Zéta du Cancer. Depuis, une nouvelle orbite a été calculée par l'astronome allemand Oppolzer, et un nouveau passage annoncé : on a examiné le Soleil ce jour-là plus minutieusement que jamais, et l'on n'a rien vu. — La discussion absolument libre et impartiale du sujet nous conduit donc à la conclusion que, *selon toute probabilité*, il n'y a pas entre Mercure et le Soleil de planète comparable à Mercure.

Sans doute, on ne peut pas nier qu'il ne puisse exister une planète

ASTRONOMIE POPULAIRE. 55

plus proche du Soleil que Mercure, pas plus qu'on ne peut nier qu'il ne puisse en exister une ou plusieurs au delà de Neptune. Mais, entre les deux possibilités, la seconde est plus probable que la première.

Mais alors, que deviennent les observations de points noirs traversant le Soleil? Nous remarquerons simplement, — ne mettant jamais en doute, naturellement, la bonne foi et la sincérité d'aucun observateur, — qu'il n'y a rien de plus facile que de se tromper dans l'examen du mouvement d'une tache solaire, attendu que le diamètre vertical du disque solaire change d'une heure à l'autre, et qu'une tache que l'on aura vue, par exemple, en haut du disque à une certaine minute, paraîtra avoir voyagé, si on la revoit une heure ou deux plus tard. Pour être sûr du mouvement propre, il faudrait avoir suivi le point noir depuis son entrée sur le disque jusqu'à une distance notable du bord, ou bien avoir un instrument muni d'un mouvement d'horlogerie; ces conditions n'ont été remplies par aucun des observateurs, par suite de leur installation ou de l'état du ciel. La meilleure observation est celle de M. Lescarbault (qui se trouve justement à Paris au moment où j'écris ces lignes, et qui me trace pour son observation une corde très voisine du bord). Seule, elle n'est pas assez concluante.

Mais alors aussi, que devient la théorie de Mercure? Cette planète offre-t-elle incontestablement un accroissement dans le mouvement séculaire de son périhélie? Oui. Mais la cause ne doit pas être une planète. La raison principale du doute est que, depuis une vingtaine d'années, il ne s'est pas passé un seul jour, pour ainsi dire, sans que le Soleil n'ait été examiné, dessiné, photographié, en Italie, en Angleterre, en Portugal, en Espagne, en Amérique, en France aussi et ailleurs, que ladite planète serait passée plus de cent fois devant le Soleil, et que pourtant jamais on ne l'a vue, *ce qui s'appelle vu*. Ou elle se cache bien, ou elle n'existe pas. Mercure était le dieu des voleurs; son compagnon se dérobe comme un assassin anonyme! Les perturbations qu'il s'agit d'expliquer peuvent l'être par un essaim d'astéroïdes très petits, trop petits pour être visibles d'ici sur le disque solaire, et par l'influence des matériaux cosmiques qui existent certainement dans le voisinage de l'astre du jour, matériaux que l'on voit, pendant les éclipses totales, former d'énormes traînées de part et d'autre du foyer, et dont les couches les plus denses constituent sans doute la lumière zodiacale : ce sont là comme des tourbillons de poussière illuminés dans un rayon.

Jusqu'à nouvel ordre, nous laisserons donc la planète intra-mercurielle, déjà baptisée du nom de Vulcain, dans le domaine des conjectures, et nous aborderons tout de suite sur la terre de Mercure.

Située, comme nous l'avons vu, à 14 millions de lieues du Soleil et tournant autour de lui en 88 jours, cette planète parcourt une orbite intérieure à celle de la Terre, et beaucoup plus petite que la nôtre Notre *fig.* 192 en donne une idée exacte ; elle est tracée à l'échelle de 1 millimètre pour un million de lieues. Cette orbite n'est pas circulaire mais elliptique. Son excentricité, c'est-à-dire la distance du centre de l'ellipse au foyer, exprimée en proportion du demi grand axe ou de la distance moyenne, est de 2 dixièmes (0,2), c'est-à-dire de 2 900 000 lieues. A son périhélie, la planète se rapproche jusqu'à 11 375 000 lieues du foyer solaire, tandis qu'à son aphélie, elle s'en éloigne jusqu'à 17 250 000 lieues. C'est relativement la plus allongée des orbites planétaires. On a tracé, à la même échelle exacte, l'orbite de la Terre.

La distance de Mercure à la Terre varie donc considérablement. Lorsqu'il passe entre le Soleil et nous et qu'il se trouve à son aphélie, il peut s'approcher jusqu'à moins de 20 millions de lieues ; le diamètre apparent de son disque atteint alors 13 secondes ; mais dans la partie la plus éloignée de son orbite, lorsqu'il passe derrière le Soleil, sa distance peut s'élever à 65 millions de lieues, et son disque est alors réduit à 4 secondes et demie. Lorsque la planète passe entre le Soleil et nous, on dit qu'elle est en *conjonction inférieure* ; sa situation de l'autre côté du Soleil s'appelle, au contraire, *conjonction supérieure*.

Le périhélie de Mercure se trouve à 76° de longitude, c'est-à-dire à 76° du point occupé par le soleil sur l'écliptique au moment de l'équinoxe de printemps ; le périhélie de la Terre se trouve 25° plus loin : à 101°. Nous avons vu plus haut (*fig.* 187, p. 420) que cette planète passe trois ou quatre fois par an à son périhélie.

Mercure n'est visible qu'aux époques où il s'écarte le plus du Soleil. On l'aperçoit alors le soir, retardant chaque jour davantage sur le coucher du soleil, et brillant dans le ciel occidental comme une étoile de première grandeur. Mais il ne peut pas s'éloigner à plus de. 28 degrés de l'astre radieux, ni retarder de plus de 2 heures sur lui, de sorte que, même aux jours de ses plus grandes élongations, il est perdu dans la lumière du crépuscule, ou, lorsque la nuit arrive, il est trop bas pour ne pas être caché dans les vapeurs de l'horizon.

L'auteur de la découverte du véritable système du monde, Copernic, est descendu dans la tombe sans avoir pu l'apercevoir une seule fois en Pologne. En France, il ne se passe guère d'année sans qu'on puisse constater sa présence une fois au moins, et j'en ai fait plusieurs observations. L'une des plus intéressantes a été celle du 17 février 1868. J'avais alors un modeste observatoire, situé non loin du Panthéon, d'ou la vue était fort étendue, et qui ne devait pas tarder à être masqué par les empiètements des constructions parisiennes. Mercure et Jupiter brillaient l'un à côté de l'autre ce soir-là ; conjonction rare : les deux planètes étaient assez rapprochées l'une de l'autre (un degré et demi), pour entrer dans le champ d'une même lunette (dans le chercheur). Coïncidence plus curieuse encore, la planète Vénus étincelait en même temps au-dessus des deux premières, et, le 30 janvier, était aussi passée près de Jupiter, presque au point de se projeter sur lui et de l'éclipser ; la distance angulaire des deux mondes a été réduite à 20 minutes. Le *Magasin pittoresque* de cette époque a publié, à ce propos, le petit croquis que nous reproduisons ici. La comparaison de la grandeur, de l'éclat et de la couleur de ces trois planètes en conjonction a été bien intéressante. L'éclatante lumière de Vénus à côté de celle de Jupiter faisait l'effet d'une lumière électrique à côté d'un bec de gaz ; la belle planète était blanche et limpide comme un diamant lumineux ; Jupiter était, à côté, jaunâtre et presque rouge ; Mercure était encore plus rouge que Jupiter. Dans la lunette, Vénus et Mercure offraient une phase très marquée.

Pour observer souvent cette planète, la première condition est d'habiter un climat favorable. Un astronome amateur, Gallet, chanoine à Avignon (que Lalande appelait Hermophile, ami de Mercure), l'a

Fig. 193. — Aspect de Mercure le 4 avril 1879.

observé plus de cent fois au siècle dernier. Je l'examine toujours une fois ou deux chaque année. La *fig.* 193 reproduit le dernier dessin que j'en ai fait, le 4 avril 1879. La planète offrait alors un disque de 9 secondes de diamètre, représenté ici par un disque de 9 millimètres, et une phase analogue à celle de la lune la veille du premier quartier.

Par son mouvement si rapide, Mercure semble « jouer à cache-cache » avec nous. Il ne paraît que pour disparaître, brille un instant le soir au couchant, se re-

plonge dans les feux solaires, brille le matin à l'orient, précédant le
soleil, retombe dans l'astre flamboyant, s'en écarte de nouveau le soir,

Fig. 194. — Observation des planètes Vénus, Jupiter et Mercure en 1868.

se montrant ainsi tantôt étoile du matin et tantôt étoile du soir. Cette
période d'oscillation varie elle-même entre 106 et 130 jours. Les anciens
avaient d'abord cru à l'existence de deux astres distincts : c'étaient Set

et Horus chez les Egyptiens, Bouddha et Rauhineya chez les Hindous, Apollon et Mercure chez les Grecs. Les premiers pasteurs qui décou·vrirent Mercure dans les feux du soleil couchant furent les Egyptiens antiques, qui associaient le ciel à toutes leurs œuvres. Set et Horus accompagnaient le Soleil comme deux satellites, et, plus tard, lorsque l'identité des deux astres fut évidente, le système astronomique égyptien fit, le premier, tourner Mercure autour du Soleil, au lieu de le faire tourner autour de la Terre. Nous possédons des *observations* astronomiques de cette planète depuis l'an 265 avant notre ère, faites par les Chaldéens, et depuis l'an 118 faites par les Chinois.

L'agilité de son mouvement a fait donner à Mercure des attributions correspondantes. On lui a mis des ailes aux pieds. C'était le messager des dieux. C'était aussi le dieu des voleurs — des commerçants — et des médecins !... Mais aujourd'hui encore, les boutiques d'apothicaires ne sont-elle pas décorées du caducée de Mercure ?

En raison de nos habitudes citadines, on observe les étoiles le soir de préférence au matin. Si mes lecteurs désirent trouver Mercure, ils devront examiner attentivement le ciel du couchant, trois quarts d'heure après le coucher du soleil, aux dates suivantes :

1880 . . . 10 mars ; — 6 juillet ; — 4 novembre.
1881 . . . 20 février ; — 18 juin ; — 17 octobre.
1882 . . . 2 février ; — 31 mai ; — 29 septembre.

On trouvera les époques des années suivantes en retranchant 18 jours à chaque date. Ce sont là les milieux des périodes de ses élongations du soir ; la visibilité s'étend sur six jours de part et d'autre de ces dates moyennes.

La planète Mercure est, comme la Terre et la Lune, un globe de matière obscure, qui n'est visible et ne brille que par l'illumination de la lumière solaire. Son mouvement autour de l'astre central, qui l'amène tantôt entre le Soleil et nous, tantôt dans une direction oblique, tantôt à angle droit, et nous montre une partie sans cesse variable de son hémisphère éclairé, produit dans son aspect, vu au télescope, une succession de phases analogues à celles que la Lune nous présente, et que nos lecteurs s'expliqueront avec la plus grande facilité en se reportant à l'explication des phases de la Lune. Notre *fig.* 195 représente ces phases, visibles le soir après le coucher du Soleil ; lorsque la planète arrive à son plus mince croissant, elle est dans la région de son orbite la plus rapprochée de la Terre, passe entre le Soleil et nous ; puis, quelques semaines après, elle se dégage

le matin des rayons solaires, et repasse par la même série de phases
en sens inverse (comme on les verrait en retournant la figure).

Ces phases sont invisibles à l'œil nu, et l'on avait objecté leur
absence à Copernic, en déclarant que si Mercure et Vénus tournaient
entre le Soleil et la Terre, elles devraient présenter des phases comme
la Lune ! — Perfectionnez votre vue, répondait l'illustre astronome,
et vous les verrez. Aussi leur découverte, au XVII° siècle, a-t-elle été le
coup de grâce des adversaires de l'astronomie moderne.

Si cette planète tournait autour du Soleil justement dans le plan
dans lequel nous tournons nous-mêmes, elle passerait devant le disque
radieux à chacune de ses conjonctions inférieures, c'est-à-dire trois
fois par an en moyenne. Mais elle se meut dans un plan incliné de
7 degrés sur l'écliptique, et pour qu'elle passe juste devant l'astre du
jour, il faut que sa conjonction arrive dans la ligne d'intersection des

Fig. 195.— Phases de Mercure avant sa conjonction inférieure (étoile du soir).

deux plans, ou « ligne des nœuds », comme nous l'avons vu pour les
éclipses du Soleil par la Lune, et pour les passages de Vénus. Cette
combinaison se présente beaucoup plus souvent que pour Vénus, et
les passages sont beaucoup plus fréquents ; ils reviennent à des intervalles irréguliers : 13, 7, 10, 3, 10 et 3 ans. Voici leurs dates pendant
deux siècles :

DIX-NEUVIÈME SIÈCLE.		VINGTIÈME SIÈCLE.	
1802	9 novembre.	1907	12 novembre.
1815	12 novembre.	1914	6 novembre.
1822	5 novembre.	1924	7 mai.
1832	5 mai.	1927	8 novembre.
1835	7 novembre.	1937	10 mai.
1845	8 mai.	1940	12 novembre.
1848	9 novembre.	1953	13 novembre.
1861	12 novembre.	1960	6 novembre.
1868	5 novembre.	1970	9 mai.
1878	6 mai.	1973	9 novembre.
1881	7 novembre.	1986	12 novembre.
1891	10 mai.	1999	24 novembre.
1894	10 novembre.		

La petite figure suivante montre chacun des passages de notre siècle dans sa forme et dans sa grandeur. Le grand cercle représente le disque du Soleil, et les lignes qui le traversent indiquent les routes suivies par la planète devant lui.

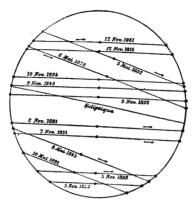

Fig. 196. — Les passages de Mercure du xixᵉ siècle.

On voit que la longueur comme l'inclinaison des lignes diffèrent considérablement d'un passage à l'autre. La planète entre toujours à gauche par l'est, pour sortir à droite par l'ouest. A travers cette complication apparente, on peut néanmoins facilement remarquer un ordre réel : tous les passages qui arrivent au mois de mai sont parallèles entre eux ; tous ceux qui arrivent en novembre sont également parallèles entre eux.

Le prochain passage aura lieu le 7 novembre 1881 ; mais nous n'aurons pas l'avantage de l'observer en France. Il faudra attendre jusqu'au 10 novembre 1894 pour revoir ce spectacle à Paris, — si le ciel est pur. En 1868, la fin du passage a été observable ; en 1878, le ciel a été couvert à Paris, nuageux ailleurs, avec éclaircies.

Le passage du 5 novembre 1868 arrivait au lever du soleil. C'était là un spectacle fort intéressant et assez rare ; aussi les astronomes étaient-ils à leurs lunettes au moment calculé pour l'apparition du phénomène. J'ai eu le plaisir de l'observer, quoique la dernière scène de ce spectacle astronomique ait été seule favorisée d'un ciel pur. La planète a suivi la corde tracée sur le dessin précédent pour le passage de cette date ; elle était absolument ronde et très noire, beaucoup plus noire que les taches solaires.

Pendant ce passage, plusieurs astronomes ont aperçu un point lumineux sur le disque de Mercure, point lumineux déjà vu dans plusieurs passages antérieurs ([1]). On l'a attribué à un *volcan*, et, l'auréole,

([1]) Je ne l'ai pas aperçu moi-même, et je doutais de sa réalité ; mais au dernier passage de 1878 il a été revu et absolument constaté, notamment par mon savant ami M. de Boë, astronome belge. Le fait le plus curieux, c'est que, pendant les passages de Mercure qui arrivent en mai, ce point lumineux se trouve à l'ouest du centre de la planète, tandis que, pendant les observations faites en novembre, on l'a toujours vu à l'est. Il n'est pas juste au centre, ce qui prouve que ce n'est pas un effet optique dû à la diffraction. Une autre observation non moins curieuse, c'est l'auréole dont la planète paraît entourée pendant son passage sur le Soleil. Parfois cette auréole est plus lumineuse que le Soleil lui-même et parfois elle est d'une teinte grise un peu violette. En général, le premier cas s'est présenté au mois de novembre et le second

Les premiers pasteurs qui découvrirent Mercure dans les feux du soleil couchant furent ces Égyptiens
antiques qui associaient le ciel à toutes les œuvres.

à une atmosphère immense. Il serait singulier qu'il y eût justement un volcan d'allumé sur Mercure juste vers le milieu de l'hémisphère tourné vers la Terre aux jours et aux heures des passages de cette planète devant le Soleil ; il ne serait pas moins étrange que cette planète fût environnée d'une enveloppe atmosphérique égale au tiers de son diamètre : c'est comme si notre atmosphère avait plus de mille lieues de hauteur. L'explication la plus simple est d'admettre que Mercure n'étant sur l'éblouissant Soleil qu'un minuscule point noir *invisible à l'œil nu*, la difficulté de l'observation dans un tel état de contraste produit des phénomènes purement optiques. Il ne faut pas imiter l'astronome improvisé qui prenait une mouche lointaine pour un éléphant dans la Lune ! L'œil humain est sujet, lui aussi, à des erreurs, et commet des « fautes d'impression ».

Nous pouvons toutefois remarquer, à ce propos, que les yeux ou les instruments des astronomes ne commettront jamais de fautes aussi exorbitantes que celles que l'on rencontre trop souvent dans les ouvrages même les plus soignés. Pour n'en rappeler que quelques-unes en passant, n'a-t-on pas lu, par exemple, pendant bien des années dans les œuvres du poète élégiaque Gilbert, au beau milieu de ses adieux pathétiques à la nature, cette singulière expression, qui fait la plus triste figure :

Au *baquet* de la vie infortuné convive !...

Et ailleurs, un typographe peu minutieux n'a-t-il pas ainsi décrit, dans son journal, une réception officielle du ministre puritain Guizot :

Une foule immense emplissait l'amphithéâtre. L'illustre homme d'État prend place au milieu des *gredins*, et est aussitôt accueilli par les plus *vils* applaudissements.

On se souvient aussi de cette société d'actionnaires qui menaçait ruine et qui, pour se relever des calomnies ou des médisances, fit imprimer dans tous les journaux l'excellente réclame que voici :

au mois de mai. (Le fait est assez bizarre. J'ai observé en ballon un effet analogue : plusieurs fois, l'ombre de l'aérostat voyageant sur les prairies s'est montrée encadrée d'une auréole lumineuse.)

Remarquons maintenant qu'à l'époque des passages du mois de mai Mercure est à sa plus grande distance du Soleil, tandis qu'au mois de novembre il est dans le voisinage de son périhélie, c'est-à-dire vers la plus petite distance. Il pourrait exister une relation entre cette distance et la position de la tache lumineuse et l'aspect de l'auréole. Sans doute l'ardeur du Soleil, quatre fois et demie plus grand et plus chaud que le nôtre lorsque Mercure est à son aphélie, et dix fois et demie plus immense et plus intense lorsqu'il est à son périhélie, produit-elle dans l'atmosphère de cette planète des phénomènes météorologiques, magnétiques et électriques tout à fait étran gers à ceux que nous connaissons sur la Terre.

Mais ne nous hâtons pas d'expliquer des faits qui peuvent être purement subjectifs.

La Compagnie des mines de Z... n'a jamais été aussi prospère; elle vient encore de s'enrichir de trois nouveaux *filous* (pour filons).

Et cette singulière annonce de la mort d'un avocat célèbre :

M. X... a fini par s'éteindre, épuisé, après avoir *braillé* (brillé) pendant vingt-cinq ans dans le barreau.

Un jour qu'un individu peu ou point connu dans le monde des sciences et des lettres fut décoré des palmes d'officier d'Académie, un journal annonça ainsi sa nomination :

Par *dérision* (décision) en date du...., etc.

Autre coquille non moins irrévérencieuse :

M. le Ministre de la guerre est *risible* (visible) trois fois par semaine.

Et celle-ci, annonçant la convalescence d'un personnage politique :

Notre digne député était au bout de ses *farces*, mais l'appétit commence à revenir, et à l'aide de bons *foins* on espère le ramener à sa florissante santé.

Mais la meilleure est celle-ci. Dans une belle édition du livre d'heures de M. Affre, archevêque de Paris, et dans la partie du texte relative à l'ordinaire de la messe, au lieu de ces mots : « Ici le prêtre ôte sa calotte. » l'imprimeur avait mis : « Ici le prêtre ôte sa culotte ». L'édition fut imprimée tout entière avec cette coquille saugrenue (¹)!

Dans tous ces cas et dans bien d'autres, qu'il serait facile de multiplier, les yeux de l'imprimeur, du correcteur, de l'auteur et de l'éditeur ont assurément bien plus mal vu que jamais aucun astronome à son télescope. De telles distractions typographiques ont même parfois entraîné après elles des conséquences tragi-comiques. Ainsi, les amateurs de curiosités bibliographiques se souviennent encore que, dans un traité d'histoire naturelle, assez ennuyeux d'ailleurs, on lisait dès les premières pages : « L'auteur est de la famille des buses ». L imprimeur avait écrit *auteur* pour *autour*. L'écrivain, dont le caractère était quelque peu susceptible, crut à une malice et envoya des témoins à l'imprimeur!...

Mais revenons à Mercure et résumons les notions acquises sur sa constitution physique et sa nature comme monde planétaire.

Nous avons vu déjà que sa révolution autour du Soleil s'accomplit en 88 jours environ. Son année est exactement de 87 jours

---

(¹) Une faute d'impression restée célèbre a donné naissance au plus beau vers de Malherbe :

Et, rose, elle a vécu ce que vivent les roses....

On sait que l'auteur avait écrit : *Et Rosette a vécu....*
Mais pour une faute heureuse, combien de bévues!

et 97 centièmes de jour, ou 2 mois 27 jours 23 heures 15 minutes et
46 secondes. C'est moins de trois de nos mois. Les habitants de cette
planète ont donc leur vie mesurée par des années quatre fois plus rapides que les nôtres. Un centenaire de Mercure n'a vécu que vingt-quatre
de nos années ; autrement dit, un jeune homme de vingt-quatre ans
est un centenaire de Mercure. Si la biologie y est réglée comme en
notre monde, les impressions doivent y être plus rapides et plus vives,
les actes vitaux doivent s'y accomplir avec une grande célérité; on y
devient adolescent dans un intervalle de cinq ans terrestres, mûr en
douze ans, vieillard en vingt années terrestres. (Il est vrai qu'on rencontre souvent des Mercuriens sur les boulevards de Paris.) De plus,
la lumière et la chaleur solaires y étant beaucoup plus intenses qu'ici,
elles doivent produire des effets météorologiques frappants en ces saisons rapides dont chacune ne dure que vingt-deux jours. L'axe de la
planète est incliné beaucoup plus fortement que le nôtre, car cette inclinaison paraît être de 70 degrés (la mesure exacte est difficile à cause
de la proximité du Soleil), de sorte que ces rapides saisons forment
entre elles un contraste énorme entre l'été et l'hiver mercuriens. Ce
n'est pas tout encore. Nous avons vu que l'orbite suivie par la planète
est très allongée, et que le Soleil est de près de six millions de lieues
plus proche du foyer au périhélie qu'à l'aphélie : six millions sur
quatorze de distance moyenne ! A l'aphélie, l'astre du jour offre à ces
indigènes inconnus un disque quatre fois et demie plus étendu que le
nôtre en surface, et 44 jours après, au périhélie, ce disque énorme s'est
encore agrandi au point d'être dix fois et demie plus vaste que le nôtre,
versant de ce ciel torride une lumière et une chaleur dix fois et demie
plus intenses. La proportion des diamètres du Soleil est la suivante :

Vu de Mercure périhélie. . . . . 104′
—   distance moyenne.. . . . . 83′
—   aphélie.. . . . . 67′
Vu de la Terre . . . . 32′

La *fig.* 198 en donne une idée. Nous nous plaignons quelquefois de
l'ardeur du soleil ; mais qu'est-ce que notre pauvre luminaire à côté de
l'éblouissante fournaise de Mercure ! C'est comme si dix soleils dar-
daient ensemble leurs rayons au mois de juillet, à midi, sur nos têtes.
Si les habitants de Mercure ont cru comme nous que cet astre tournait autour d'eux, ils ont dû être bien embarrassés pour expliquer
ces variations périodiques de sa grandeur, ses gonflements et dégon-
flement successifs. Après cela, la rhétorique vient à bout de tout ! Deux
avocats soutenant l'un contre l'autre deux causes contraires ne savent-
ils pas plaider le faux avec autant d'éloquence que le vrai?

Voilà donc un monde régi météorologiquement par deux sortes de saisons tout à fait différentes l'une de l'autre. Supporte-t-il réellement de pareils extrêmes ? Oui, s'il n'est pas tempéré par une atmosphère suffisante. Une couche de nuages, une simple couche de parfums, s'oppose au rayonnement. L'atmosphère mercurienne peut être constituée de telle sorte qu'elle tempère la planète et qu'elle harmonise les extrêmes. Cette atmosphère paraît être beaucoup plus dense et plus nuageuse que la nôtre. Le cercle terminateur des phases de Mercure n'est pas net, mais diffus et estompé ; il y a là une pénombre atmosphérique. L'étendue des phases conduit également à admettre la présence d'une atmosphère. L'analyse spectrale montre dans le spectre de cette planète des raies d'absorption prouvant qu'il y a là une enveloppe gazeuse plus épaisse que la nôtre. Quelle que soit cette atmosphère, il est probable, toutefois, que la température moyenne de Mercure est plus élevée que celle de la Terre, et qu'un Mercurien serait gelé en Afrique et au Sénégal.

Fig. 198. — Le Soleil vu de Mercure.

L'observation attentive du cercle terminateur le montre irrégulier et prouve que la surface de la planète, loin d'être unie, est accidentée de reliefs énormes, s'élevant à la 253ᵉ partie du diamètre de ce globe. Or, le globe de Mercure, beaucoup plus petit que la Terre (c'est la plus petite des huit planètes principales) est à celui de notre monde dans le rapport de 376 à 1000 et ne mesure que 4800 kilomètres ou 1200 lieues. Les hauts plateaux des Cordillères de Mercure doivent s'élever à près de 19 000 mètres ! D'après le retour périodique des mêmes irrégularités, Schroeter a trouvé que la durée de la rotation de cette planète est de 24 heures 5 minutes. Cette mesure aurait besoin d'une vérification nouvelle. Il est problable, dans tous les cas, que la durée du jour et de la nuit est à peu près la même là qu'ici.

La Terre est aplatie à ses pôles de $\frac{1}{300}$. Mercure peut avoir la même figure, mais la proportion est si faible, qu'elle est insensible aux meilleurs instruments.

Le diamètre de cette planète n'est égal qu'aux 38 centièmes de celui de notre globe, comme nous l'avons vu (p. 270). Ce diamètre réel se calcule d'après le diamètre apparent combiné avec la distance. Nous avons vu, à propos des passages de Vénus, que les conclusions relatives à la parallaxe solaire donnent le nombre 17″ 72 pour le diamètre de la Terre vue du Soleil. C'est à cette unité que les diamètres de toutes les planètes sont rapportés, en les supposant toutes vues à la même distance. Voici ces diamètres angulaires :

Mercure.	6″70	Jupiter.	197″75
Vénus.	16,90	Saturne	168,82
La Terre.	17,72	Uranus.	74,82
La Lune.	4,84	Neptune.	78,10
Mars.	9,57		

C'est d'après ces nombres qu'ont été calculés les tableaux de la p. 270. Nous savons par là que le volume de Mercure n'est que les 5 centièmes de celui de notre globe, que sa masse n'en est que les 7 centièmes, et que sa densité est par conséquent un peu plus forte que celle des matériaux constitutifs de la planète que nous habitons : en représentant

Fig. 199. — Grandeurs comparées de la Terre et de Mercure.

la densité terrestre par 1000, celle de Mercure est représentée par le chiffre 1376. C'est la densité la plus élevé de tout le système solaire. Mais, comme nous l'avons vu (p. 147), l'intensité de la pesanteur à la surface de cette première province de l'archipel planétaire est presque de la moitié plus faible qu'ici (= 0,521); un objet qui tombe n'y descend que de $2^m,55$ dans la première seconde de chute (on se souvient de la tour de la p. 148). Ainsi, quoique les êtres et les choses qui existent sur ce globe soient d'un tiers *plus denses* que les nôtres, ils pèsent *près de moitié moins*.

On ne connaît pas de satellite à Mercure.

Telles sont les notions positives que nous possédons actuellement sur la première planète du système. On apprécie les ressemblances comme les différences qu'elle présente avec celle que nous habitons. Quant aux conjectures qu'elles peuvent inspirer sur la nature de l'humanité qui la peuple, ce n'est pas ici le lieu de nous étendre sur ces considérations philosophiques ([1]). Quels qu'ils soient, *les habitants de Mercure ont été organisés suivant les conditions spéciales de leur patrie.* Là, les yeux sont construits pour supporter une lumière intense qui nous aveuglerait, le sang pour circuler agréablement sous une chaleur torride, les muscles pour mouvoir des corps de fer doués d'une extrême légèreté. Il est donc probable que la vie s'étant formée et développée sur cette planète en des conditions toutes différentes de celles qui ont présidé aux évolutions de la vie terrestre, la dernière espèce animale, c'est-à-dire l'espèce humaine, dernier rameau de l'arbre zoologique, ne nous ressemble pas absolument, ni comme forme, ni comme taille, ni comme appropriation avec l'état de la nature extérieure. L'énergie puissante et féconde du Soleil, que nous avons saluée naguère, a dû développer sur cette île tropicale une œuvre incomparablement plus riche que celle de la nature terrestre, qui n'est qu'une zone polaire relativement à Mercure. Le divin rayon du soleil s'épanouit dans des flots d'or, l'ardent écarlate s'élance des nuages entr'ouverts, l'électricité circule dans tous les êtres et la vie pullule dans l'atmosphère baignée de lumière et de chaleur....

Les habitants de Mercure nous voient briller à minuit dans leur ciel comme une splendide étoile de première grandeur ! Vénus et la Terre sont les deux astres les plus éclatants de leurs nuits étoilées. La Terre et la Lune forment pour eux une étoile double. S'ils ont des instruments suffisants, ils ont peut-être déjà commencé à tracer la carte géographique de notre planète, — à moins que leurs principes religieux et politiques n'affirment que Mercure est le seul monde habité et ne leur interdisent le libre examen du ciel. — Les habitants de chaque planète ont tous dû, primitivement, se croire au centre de l'univers, car ils ne s'aperçoivent pas plus de leur propre mouvement que les Terriens ne s'aperçoivent du mouvement de la Terre, et, comme nos Chinois, ils se déclarent occuper « l'empire du milieu », le reste de l'univers étant superflu ou livré à des barbares. L'Astronomie seule peut désabuser de l'illusion vulgaire et conduire le contemplateur sur la montagne de la Vérité.

([1])L'intéressante question de la vie ultra terrestre a été amplement traitée dans notre ouvrage *les Terres du Ciel*, quant à la description de chaque planète sous cet aspect spécial, et dans *la Pluralité des Mondes habités*, au point de vue général de la doctrine. Nous n'avons donc pas, dans cet ouvrage d'astronomie pure, à revenir sur cette grande doctrine ni à insister sur ses conséquences philosophiques.

CHAPITRE III

La planète Vénus. — L'étoile du Berger.

♀

Deux mondes gravitent entre la Terre et le Soleil : le premier est Mercure, sur lequel nous venons de nous arrêter ; le second est Vénus, où nous abordons en ce moment. Le premier circule à 14 millions de lieues, le second à 26, la Terre à 37 ; nous sommes déjà familiarisés avec ces notions, et déjà nous connaissons le plan du système du monde aussi bien que la carte de France ou d'Europe. C'était là, en effet, la première notion à acquérir pour voyager avec fruit dans le Ciel. On rencontre souvent des voyageurs qui visitent la France, la Suisse, l'Italie, sans cartes, c'est-à-dire qui voyagent sans savoir où ils vont et qui ne savent jamais où ils sont : ils diminuent au moins de moitié leur plaisir et leur instruction. Il est vrai qu'on rencontre aussi de prétendus amateurs d'art qui ont une singulière manière de voyager, témoin ce touriste qui, sortant de visiter le. musée du Louvre, exprimait ainsi son admiration : « Ah ! mon cher, quel superbe musée ! Figure-toi que j'ai mis plus d'une heure à le visiter... et tu sais si je marche vite ! »

Ce n'est pas ainsi que nous procédons dans notre instruction astronomique. La *méthode* d'étude n'est pas moins importante que l'examen des sujets eux-mêmes ; nous pouvons même remarquer qu'elle est plus importante, en ce qu'elle prépare notre esprit à recevoir successivement et simplement toutes les données acquises par la science, à les classer logiquement et à les enregistrer chacune à sa place, comme les pièces d'une mosaïque formée par la nature elle-même. Le plus difficile problème, s'il est bien posé, est à moitié résolu.

Nous arrivons donc à la deuxième planète de notre système solaire. Il serait superflu d'en retracer l'orbite, puisque déjà nous l'avons eue deux fois devant les yeux, d'abord sur le plan général du système (p. 273), ensuite à propos des passages de Vénus entre la Terre et le Soleil (p. 290). Ce que nous avons dit des mouvements de Mercure s'applique aussi à ceux de Vénus, sur une plus grande échelle. Comme l'orbite de Vénus entoure celle de Mercure, Vénus s'écarte beaucoup plus du Soleil : elle peut s'en éloigner jusqu'à 48 degrés, et retarder le soir, ou avancer le matin, de plus de quatre heures sur l'astre du jour. Mais elle ne peut s'en écarter davantage, et par conséquent elle est, comme Mercure, une étoile du matin et du soir.

Tournant autour du Soleil en 224 jours, Vénus a son mouvement combiné de telle sorte avec le nôtre qu'elle passe à sa conjonction inférieure, entre le Soleil et nous, tous les 584 jours; mais le plan dans lequel elle tourne est incliné de 3° 23′ sur celui dans lequel la Terre gravite elle-même, de sorte que les passages précis devant le disque solaire n'arrivent qu'aux époques indiquées plus haut. Lorsque Vénus arrive à ses plus grandes élongations du soleil, elle brille le soir à l'occident, puis le matin à l'orient, avec un éclat splendide qui éclipse celui de toutes les étoiles. Elle est, sans comparaison, l'astre le plus magnifique de notre ciel. Sa lumière est si vive qu'elle porte ombre. Parfois même elle perce l'azur du ciel malgré la présence du soleil au-dessus de l'horizon, et brille en plein jour. Dès les temps antiques, Enée, dans son voyage de Troie en Italie, la vit plusieurs jours briller au-dessus de sa tête, et, dans les temps modernes, en 1797, le général Bonaparte, revenant de la conquête de l'Italie, était accompagné par le même diamant céleste sur lequel tous les Parisiens portaient leurs regards. Le grand capitaine était un peu superstitieux, un peu fataliste, comme la plupart des hommes de guerre; il se crut pendant longtemps protégé par une étoile. Loin d'avoir des idées larges et générales, il rapportait tout à sa personne et à sa sphère; chacun sait qu'il nia la puissance de la vapeur et refusa les offres de Fulton. Un soir, accoudé à une fenêtre du château des Tuileries, il paraissait absorbé dans une vague contemplation et regardait fixement un point du ciel étoilé, lorsque, se retournant vivement vers son oncle le cardinal Fesch : « La voyez-vous! dit-il, c'est mon étoile! Elle ne m'a jamais abandonné »…. Qui sait! cette belle étoile était peut-être Sirius, la plus brillante du ciel austral et du ciel tout entier, qui lui montrait les latitudes de Sainte-Hélène et de la terre des Zoulous! O dynasties qui se croient fondées pour l'éternité, et qui ne vivent pas une seule année d'Uranus ou de Neptune!…

Le maximum de visibilité de Vénus est donné par sa plus grande phase, par sa plus grande distance du Soleil, et par la pureté de notre atmosphère. Les années 1716, 1750, 1797, 1849, 1857, ont été remarquables à cet égard.

La brillante Vénus a été certainement la première planète remarquée des anciens, tant à cause de son éclat que par son mouvement rapide. A peine le soleil s'est-il couché qu'elle étincelle dans le crépuscule ; de soir en soir, elle s'éloigne du couchant et augmente d'éclat ; pendant plusieurs mois, elle règne en souveraine des cieux, puis elle se plonge dans les feux solaires et disparaît. Elle fut par excellence l'étoile du soir, l'étoile du berger, l'étoile des douces confidences. C'était la première des beautés célestes, et les noms dont on l'a décorée correspondent à l'impression directe qu'elle a produit sur l'esprit contemplatif. Homère l'appelle « Callistos », la *Belle ;* Cicéron la nomme *Vesper,* l'astre du soir, et *Lucifer,* l'astre du matin, nom donné également dans la Bible et les mythologies anciennes au chef de l'armée céleste. Elle est la plus ancienne et la plus populaire des divinités antiques. Dès les âges primitifs, l'heure où s'allume son limpide regard était attendue par la fiancée, qui associait la belle planète aux plus doux sentiments de son cœur. Que de serments éternels mais éphémères (*la dona e mobile !*) cette blanche étoile n'a-t-elle pas reçus au milieu du silence des tièdes soirées printanières, quand la dernière note de l'oiseau reste suspendue dans les bois, et que les caresses de l'atmosphère parfumée glissent discrètement dans le dernier rayon du crépuscule....

La plus ancienne *observation* astronomique que nous ayons de Vénus est une observation babylonienne de l'an 685 avant notre ère. Elle est écrite sur une brique et conservée au British museum.

Pendant bien des siècles on crut, comme pour Mercure, à l'existence de deux planètes, et deux divinités en étaient résultées. Mais lorsque l'observation eût montré que jamais Lucifer et Vesper ne sont visibles en même temps, que l'astre du matin n'apparaît que quand celui du soir a disparu, on arriva à se convaincre qu'il n'y a là qu'un seul et même astre. Chacun peut facilement se rendre compte de ces apparitions successives et les observer avec intérêt. Ainsi, par exemple, Vénus vient de briller cette année dans notre ciel du soir en avril, mai, juin, juillet et août 1879. Au mois de juin, elle retardait de près de 3 heures sur le Soleil. Sa plus grande élongation a eu lieu le 15 juillet. Elle s'est dès lors rapprochée insensiblement de l'astre du jour, retardant de moins en moins sur lui ; au milieu d'août (au moment où j'écris ces lignes), il n'y a déjà plus qu'une heure de différence. Effacée par le crépuscule, elle disparaît à nos regards, et elle va passer le 23 septembre à sa conjonction inférieure, entre le Soleil et nous. Après deux mois de disparition, les personnes matinales la verront reparaître, précédant le lever du soleil, de 2 heures au milieu d'octobre, de 3 heures à la fin du même mois, de 4 heures au milieu de novembre, de 4 heures 1/2 au commencement de décembre; plus grande élongation le 4 décembre. Étoile du matin, Vénus se rapprochera de nouveau du Soleil, de janvier à juin 1880, passera derrière lui, à sa conjonction supérieure, le 13 juillet, et, après avoir disparu en juin, juillet et août, reparaîtra comme étoile du soir en octobre pour briller de nouveau dans notre ciel crépusculaire jusqu'au mois de mars 1881, etc. Ses époques de plus brillante visibilité sont donc :

Le soir : Mai, juin, juillet, août 1879.
Le matin : Octobre 1879 à février 1880.
Le soir : Novembre 1880 à mars 1881.

Chaque année, je fais quelques observations de la planète à l'époque de sa plus grande visibilité. La *fig.* 200 reproduit le dernier dessin que j'en ai tracé, le 16 août 1879. Vénus offrait alors un diamètre de 37″ (représenté par 37^mm).

Fig. 200. — Vénus le 16 août 1879.

Comme Mercure, Vénus nous offre des phases correspondant aux positions qu'elle occupe autour du Soleil relativement à nous. Ces phases présentent aux commençants dans l'étude de l'astronomie un intérêt tout particulier. Une lunette de moyenne puissance suffit pour les reconnaître. Lorsqu'on les observe pour la première fois, il n'est pas rare de subir l'effet d'une illusion bien explicable, qui fait croire que c'est la lune qu'on a sous les yeux. J'ai même eu quelquefois beaucoup de peine à dissuader certaines personnes qui s'en étaient intimement convaincues, et il ne fallait rien moins que l'absence de la lune du ciel pour leur prouver que l'astre visible dans le champ de la lunette ne pouvait pas être notre satellite. Les meilleures heures pour examiner Vénus dans une lunette sont celles du jour. Pendant la nuit, l'irradiation produite par l'éclatante lumière de cette belle planète empêche de distinguer nettement les contours de ses phases.

'Notre *fig.* 201 montre l'ordre de ces phases; elle s'explique d'elle-même, et notre *fig.* 202 montre la grandeur relative des quatre phases principales. Lorsque Vénus occupe la région de son orbite située

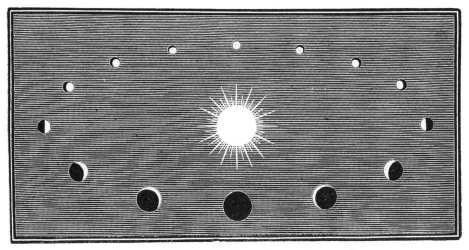

Fig. 201. — Ordre des phases de Vénus.

derrière le Soleil relativement à nous, et nommée le point de sa conjonction supérieure, elle est à son plus grand éloignement et se pré-

Fig. 202. — Grandeur comparée des quatre phases principales de Vénus.

sente sous un disque de 9 secondes et demie de diamètre, représenté sur notre dessin par un disque de 9^{mm} 1/2. Elle arrive insensiblement vers nous, et lorsqu'elle passe à sa quadrature, à sa distance moyenne, elle nous offre l'aspect d'une demi-lune. Elle atteint bientôt son plus vif éclat, à l'époque où elle brille à une distance de 39 degrés du soleil et offre la troisième phase, 69 jours avant sa conjonction inférieure. Son diamètre apparent est alors de 40 secondes, et la largeur de sa partie éclairée est à peine de 10 secondes. Dans cette position, on ne voit que le quart du disque d'illuminé ; mais ce quart émet plus de lumière que des phases plus complètes. Enfin, lorsqu'elle arrive dans la région de son orbite la plus rapprochée de la Terre, elle ne nous offre plus qu'un croissant excessivement mince, puisqu'elle est alors entre le Soleil et nous et qu'elle ne nous présente, pour ainsi dire, que son hémisphère obscur : c'est la position où sa dimension apparente est la plus grande, et elle mesure alors 62 secondes de diamètre, ce que nous avons représenté par un diamètre de 62 millimètres. Elle est alors presque tout contre le Soleil, et ne tarde pas à disparaître dans son rayonnement. Quelquefois, comme nous l'avons dit, elle passe juste entre le Soleil et nous, et paraît encore un peu plus grande (63 à 64 secondes), mais c'est alors un disque absolument noir, et ce n'est plus un astre, à proprement parler. Après être passée à sa conjonction inférieure, les phases se reproduisent en sens contraire chez l'étoile du matin.

Les phases de Vénus ont été vues pour la première fois par Galilée, vers la fin de septembre 1610. Mais son observation ne lui parut pas immédiatement sûre et incontestable. Pour se donner le temps de vérifier cette découverte, sans courir le risque de se la voir enlever, l'illustre observateur la cacha sous cette anagramme :

Hæc immatura à me jam frustra leguntur, o. y.
« Ces choses, non mûries, et cachées encore pour les autres, sont lues par moi. »

En plaçant les 34 lettres de cette phrase latine dans un autre ordre, on en forme ces mots très catégoriques :

Cinthiæ figuras emulatur mater amorum.
La mère des amours imite les phases de Diane. »

Phrase explicite qui ne garde plus le vague de la première et affirme nettement l'existence de ces phases. Mais qui aurait pu retourner de la sorte la première énigme pour en deviner le vrai sens ?

Galilée était d'une remarquable finesse d'esprit. Le 5 novembre 1610, le père Castelli demandait au célèbre philosophe de Florence si Vénus et Mars ne présenteraient pas de phases. Galilée répondait « qu'il y avait beaucoup de recherches à faire dans le ciel, mais que, vu le très mauvais état de sa santé, il se trouvait beaucoup mieux dans son lit

qu'au serein. » C'est le 30 décembre seulement qu'il annonça avoir
levé le voile de Vénus.

La découverte de ces phases, qui présentent, dans leur ensemble
général, exactement les mêmes circonstances que celles de la Lune,
a renversé l'une des premières objections qu'on avait élevées contre le
système de Copernic (¹).

Quelquefois on remarque dans l'intérieur du croissant de Vénus
le reste du disque, moins noir que le fond du ciel. C'est ce qu'on a
nommé la lumière cendrée de Vénus, quoiqu'il n'y ait pas de satellite
pour la produire. Il me semble que cette visibilité, plutôt subjective
qu'objective, vient des nuages de la planète, qui blanchissent son
disque et réfléchissent vaguement la lumière stellaire répandue dans
l'espace; l'œil continue instinctivement le contour du croissant et devine
le reste plutôt qu'il ne le voit. D'ailleurs des aurores boréales peuvent enflammer parfois pendant la nuit le ciel ardent de Vénus, et les
nuages peuvent émettre une certaine phosphorescence, comme on le
remarque quelquefois ici pendant les soirées d'avril et mai.

La révolution de Vénus autour du Soleil s'effectue sur une orbite
presque exactement circulaire et sans excentricité sensible (0,0068),
en une période de 224 jours 16 heures 49 minutes 8 secondes. Telle
est l'année du calendrier de ce monde voisin. Elle est donc de sept mois
et demi environ. Du temps de Copernic, on la croyait encore de neuf
mois, comme on l'a vu sur le dessin du livre même de Copernic, reproduit plus haut (p. 422). Quand nous comptons cent ans, les habitants de Vénus en ont compté 162 et ceux de Mercure 415! Sur de tels
mondes les années passent encore plus vite qu'ici; les dames, que cha-
grine déjà la rapidité du calendrier terrestre, doivent y être désolées.
L'Arioste imaginait que tous les regrets qui s'envolent de la Terre
s'en vont dans la Lune et qu'on y retrouve tout ce qui a été perdu ici.
Ce n'est assurément ni dans Mercure, ni dans Vénus, que les reines

(¹) Des vues excellentes ont aperçu ces phases à l'œil nu. En 1868, notamment, la
planète se trouvant dans ses meilleures conditions d'observation, j'ai reçu plusieurs
rapports à cet égard. Le fait, quoique excessivement rare, est certain, et il est d'autant plus digne d'attention, que, antérieurement à la découverte de Galilée, aucun
observateur du ciel ne s'était douté de ces phases, dont on objectait précisément l'absence au système de Copernic. Il est possible qu'on les ait aperçues, mais que, dans
l'ignorance où l'on était de leur existence réelle, on ait attribué la figure observée à
quelque illusion d'optique. Il n'est pas contestable, en effet, qu'il est beaucoup plus
facile de voir une chose que l'on sait exister, ou sur laquelle l'attention est tout spécialement appelée, que de voir le même objet dans les circonstances ordinaires et
indifférentes. Ainsi, par exemple, depuis la découverte des satellites de Mars, un grand
nombre d'observateurs sont parvenus à les distinguer dans des instruments avec lesquels ils avaient souvent observé Mars sans se douter de leur existence.

du sexe aimable doivent aller se réincarner, et l'on ne pourrait pas sans doute y rééditer l'histoire des cabriolets de Louis XV (¹).

Les jours de Vénus sont également un peu plus rapides que les nôtres, mais à peine. Dès l'année 1666, l'observation attentive de la planète avait conduit Cassini à conclure qu'elle tourne sur elle-même en 23 heures 15 minutes. Cette observation est extrêmement difficile à cause de l'éclat de la planète et de la légèreté des irrégularités remarquées sur son disque. Les observations de Bianchini en 1726 conduisent à 23 heures 22 minutes. Celles de Schroeter à la fin du siècle dernier conduisent à 23 heures 21 minutes. La période a été définitivement déterminée en 1841, à Rome, par De Vico, et fixée

23 *heures* 21 *minutes* 24 *secondes*.

Cette ressemblance avec la rotation de la Terre est bien curieuse.

L'année de ce monde se composant de 224 jours terrestres, en compte par conséquent 231 des siens propres, puisque le jour est un peu plus court là qu'ici.

Ces mêmes observations montrent que l'axe de rotation de cette planète est beaucoup plus incliné que le nôtre et que cette inclinaison est de 55 degrés. Il en résulte que les saisons, quoique ne durant chacune que 56 jours terrestres ou 58 jours vénusiens, sont beaucoup plus intenses sur ce monde que sur le nôtre. On y passe sans transition des ardeurs de l'été aux frimas de l'hiver.

Nous avons vu plus haut que, si l'on en croit les traditions dont l'auteur du *Paradis perdu* s'est fait l'écho poétique, l'inclinaison de l'axe de notre planète aurait été produite après la faute d'Adam « par des anges arrivant au nom de la colère divine pour châtier la désobéissance de nos premiers parents ».... Dieu étant souverainement juste, le châtiment a dû être proportionné à la faute. Il faut croire que, sur le monde de Vénus, le premier couple humain a commis un péché

_____

(¹) Les cabriolets venaient d'être mis à la mode, et le *bon ton* voulait que toute femme conduisît son véhicule elle-même. Quelle confusion! Les plus jolies mains étaient souvent les plus malhabiles, et de jour en jour les accidents devenaient de plus en plus nombreux. Le roi manda le préfet de police et le pria de veiller à la sûreté des passants.

— Je le ferai de tout mon cœur, Sire. Mais voulez-vous que les accidents disparaissent tout à fait?

— Parbleu!

— Laissez-moi faire.

Le lendemain, une ordonnance était rendue qui interdisait à toute dame de conduire elle-même son cabriolet, à moins qu'elle ne présentât quelques garanties de prudence et de maturité, et qu'elle n'eût, par exemple, l'âge de raison, *trente ans*.

Deux jours après, aucun cabriolet ne passait dans la rue conduit par une femme. Il n'y avait pas, dans tout Paris, une fille d'Ève assez courageuse pour affirmer décidément son trentième printemps.

Dès les âges primitifs, l'heure où s'allume l'étoile du berger était attendue par la fiancée, qui associait la belle planète de Vénus aux plus doux sentiments de son cœur.

beaucoup plus grave, et que sur cette terre céleste, voisine de la nôtre, le premier homme et la première femme ont été fort au delà des limites pardonnables, car l'axe de leur monde a été renversé sous une inclinaison de plus du double supérieure à celle du patrimoine d'Adam et d'Eve. Il en résulte que ce séjour est loin d'être calme et tranquille, car il passe tour à tour par les extrêmes du chaud et du froid, par toutes les alternatives de la passion la plus désordonnée.

L'inclinaison du monde de Vénus étant plus de deux fois supérieure à la nôtre, nous n'avons qu'à prendre un globe terrestre et à l'incliner de la même quantité pour nous rendre compte des climats et des sai‧sons qui en résultent. On voit facilement que la zone torride s'étend,

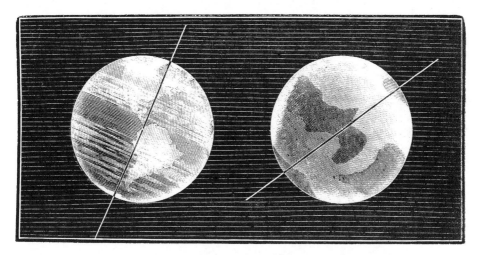

Fig. 204. — Inclinaison comparée de l'axe de la Terre et de l'axe de Vénus.

dans ce cas, jusqu'à la zone glaciale et même au delà, et que réciproquement la zone glaciale s'étend jusqu'à la zone torride, et empiète même sur elle de telle sorte qu'il ne reste plus de place pour la zone tempérée. Il n'y a donc sur Vénus aucun climat tempéré, mais toutes ses latitudes sont, à la fois, tropicales et arctiques.

Or, sous les tropiques, le soleil darde, deux fois par an, ses rayons perpendiculairement au-dessus de la tête, tandis que, dans les régions arctiques, il y a des jours où l'astre lumineux ne se lève pas du tout et des jours où il ne se couche pas davantage. Quelles ne doivent donc pas être les vicissitudes de contrées qui sont tour à tour arctiques et tropicales? A une certaine époque de l'année, le soleil reste plusieurs jours sans se lever; à une autre époque, il reste plusieurs jours sans se coucher, et, entre ces deux saisons, il plane verticalement au-dessus de la tête. Le contraste entre la température glaciale de la saison privée du soleil et les feux ardents de celle où le soleil de Vénus, *deux fois plus grand et plus chaud que le nôtre*, verse du haut des cieux sa brûlante chaleur, ne constitue certainement pas une perspective bien agréable. On ne sait vraiment quelle est la région de Vénus la moins désagréable à habiter, et il n'y a presque pas plus d'avantages à élire domicile vers l'équateur que vers les pôles.

Il résulte donc, de toutes ces circonstances, des saisons et des climats plus violents et plus variés que les nôtres.

Ce monde voisin offre à peu près les mêmes dimensions que le nôtre. Déjà nous avons vu, au chapitre précédent, quel angle il soustend vu du Soleil. Cette réduction à l'unité terrestre prouve que, son diamètre angulaire étant de 16″90 tandis que celui de la Terre est de 17″72, les deux diamètres réels sont dans le rapport de 954 à 1000 et les volumes dans le rapport de 868 à 1000. Il n'y a donc entre les deux globes qu'une faible différence, à l'avantage de la Terre. Le diamètre de Vénus mesure 12 000 kilomètres, et sa circonférence 9500 lieues. Sa surface dépasse les 90 centièmes de celle de notre monde. Ainsi cette planète est vraiment la sœur jumelle de la nôtre ([1]).

La ressemblance sera plus complète encore si nous ajoutons que ce monde est certainement environné d'une atmosphère. Déjà la pénombre observée le long du croissant de Vénus avait donné, au siècle dernier, l'indice de l'existence de cette enveloppe aérienne, puisque l'aurore et le crépuscule des divers méridiens de ce globe sont perceptibles d'ici. Un second témoignage en a été donné par le prolongement des cornes du croissant au delà de sa limite géométrique ; un troisième par le fait que le contour extérieur d'une phase de Vénus paraît toujours beaucoup plus lumineux que le bord intérieur. Ces témoignages ont été centuplés depuis quinze ans par les révélations de l'analyse spectrale. Lorsqu'on examine au spectroscope la lumière renvoyée par cette planète, on retrouve d'abord les raies du spectre solaire, et c'est naturel, puisque les planètes n'ont pas de lumière propre et ne font que réfléchir celle du Soleil ; mais on remarque en outre plusieurs raies d'absorption analogues à celles que donne le spectre de l'atmosphère terrestre et particulièrement celui des nuages

([1]) D'après une mesure faite pendant le dernier passage de Vénus par le colonel Tennant, cette planète serai légèrement aplatie à ses pôles, et même un peu plus que la Terre ; la proportion serait de $\frac{1}{260}$.

Elle pèse un peu moins que la nôtre (les 79 centièmes) ; sa densité est presque égale à celle des matériaux constitutifs du globe terrestre (90 centièmes), et la pesanteur à sa surface est seulement un peu plus faible qu'ici (86 centièmes). Sous tous ces aspects, c'est la terre céleste qui ressemble le plus à celle que nous habitons.

et de la vapeur d'eau. Les observations de Huggins, Secchi, Respighi, Vogel, sont concordantes. Lors du dernier passage de Vénus, Tacchini, installé au Bengale, examina avec soin le spectre solaire au point occupé par Vénus et conclut aussi à l'existence d'une atmosphère « probablement de même nature que la nôtre ». A mille lieues de là, au Japon, et à des milliers de lieues plus loin, à l'île Saint-Paul, et en Egypte, les missionnaires de la science, français et anglais, faisaient une observation bien différente, mais confirmatrice. A l'entrée et à la sortie du disque de Vénus sur le Soleil, ils ont vu, en dehors du Soleil, la moitié de Vénus dessinée par un arc léger de lumière, qui n'était autre que l'atmosphère vénusienne illuminée. Des mesures plus complètes encore ont été faites en 1874 aux Etat-Unis. Un observateur, M. Lyman, arriva à suivre Vénus de jour en jour à l'époque de sa conjonction inférieure, et à voir

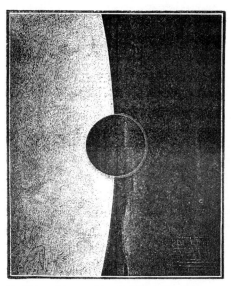

Fig. 205. — L'atmosphère de Vénus, illuminée par le Soleil, au moment de l'entrée de Vénus sur le bord solaire.

son mince croissant s'allonger jusqu'à ce que les deux pointes eussent fini par contourner tout le disque obscur et par se rencontrer, de sorte que la planète offrit au télescope l'aspect d'un anneau lumineux Cette étude a conduit l'auteur à compléter toutes les données précédentes sur l'atmosphère de Vénus en calculant sa réfraction et, par là, sa densité. Cette réfraction horizontale est de 54′. Celle de l'atmosphère terrestre étant de 33′, il en résulte que la densité de l'atmosphère à la surface de cette planète est supérieure à la nôtre dans le rapport de 100 à 189. C'est donc là une atmosphère presque deux fois plus dense que la nôtre.

Cette densité, cette vapeur d'eau, ces nuages, paraissent fort bien appropriés pour tempérer l'ardeur du soleil, et pour donner à ce globe une température moyenne peu différente de celle qui caractérise notre propre séjour.

Ajoutons aussi que l'observation attentive des échancrures visibles sur le croissant de Vénus a montré que la surface de cette planète est tout aussi accidentée que celle de la Terre, et, plus encore, qu'il y a là des Andes, des Cordillères, des Alpes et des Pyrénées, et que les plateaux les plus élevés atteignent même 44 000 mètres de hauteur. On a même pu constater que l'hémisphère boréal est plus montagneux que l'hémisphère austral.

Déjà même l'étude de la géographie de Vénus est commencée ; mais elle est extrêmement difficile à faire, et les heures d'atmosphère assez pure et d'observation possible sont fort rares. Cette difficulté sera facilement comprise si l'on réfléchit que c'est justement quand Vénus arrive le plus près de nous qu'elle est le moins visible, puisque son hémisphère éclairé étant toujours tourné du côté du Soleil, c'est son hémisphère obscur qui empiète vers nous. Plus elle s'approche, plus le croissant s'amincit. Joignez à cela sa vive lumière et ses nuages, et vous concevrez quelle difficulté les astronomes de la Terre ont à l'analyser. Cependant, en l'observant de jour pour éviter l'éblouissement, en n'attendant pas que le croissant soit trop mince, en choisissant les quadratures, et en profitant des instants de grande pureté atmosphérique, on parvient de temps en temps à apercevoir les taches grises qui doivent indiquer la place de ses mers (¹).

(¹) Bianchini a commencé au siècle dernier, sous le beau ciel de Naples, un rudiment que nous reproduisons ici et qui n'a pas été perfectionné depuis, ni même absolument vérifié, malgré les progrès de l'optique. Il croit avoir distingué trois mers

Fig. 206. — Aspect géographique rudimentaire de la planète Vénus.

vers l'équateur et une vers chaque pôle, des continents, des promontoires et des détroits. Cassini et Schrœter ont vu, au siècle dernier également, des taches qui paraissent ressembler à celles-là. En ces dernières années, MM. Langdon et Elger, astronomes anglais, ont fait plusieurs dessins, dont quelques-uns ressemblent à ceux de

L'atmosphère, l'eau existent là comme ici. D'après ce que nous avons vu plus haut sur les saisons rapides et violentes de cette planète, nous pouvons penser que les agitations des vents, des pluies et des orages doivent surpasser tout ce que nous voyons et ressentons ici, et que son atmosphère et ses mers doivent subir une continuelle évaporation et une continuelle précipitation de pluies torrentielles, hypothèse confirmée par sa lumière, due sans doute à la réflexion de ses nuages supérieurs et par la multiplicité de ses nuages eux-mêmes. A en juger par nos propres impressions, nous nous plairions beaucoup moins dans ces pays-là que dans les nôtres, et il est même fort probable que notre organisation physique, tout élastique et toute complaisante qu'elle soit, ne pourrait pas s'acclimater à de pareilles variations de température. Mais il ne faudrait pas en conclure pour cela que ce monde fût inhabitable et inhabité. On peut même supposer, sans exagération, que ses locataires naturels, organisés pour vivre dans leur milieu, s'y trouvent à leur aise comme le poisson dans l'eau, et jugent que notre Terre est trop monotone et trop froide pour servir de séjour à des êtres actifs et intelligents.

De quelle nature sont les habitants de Vénus? Nous ressemblent-ils par la forme physique? Sont-ils doués d'une intelligence analogue à la nôtre? Passent-ils leur vie dans les plaisirs, comme le disait Bernardin de Saint-Pierre, ou bien sont-ils tellement tourmentés par les intempéries de leurs saisons qu'ils n'aient aucune sensation délicate et ne soient capables d'aucune attention scientifique ou artistique? Ce sont là des questions intéressantes, mais auxquelles nous n'avons rien à répondre. Tout ce que nous pouvons penser, c'est que la vie organisée sur Vénus doit être peu différente de la vie terrestre[1] et que ce monde est l'un de ceux qui nous ressemblent le plus. Nous ne nous demanderons donc pas avec le bon père Kircher si l'eau de cette terre serait bonne pour baptiser et si le vin y serait convenable pour le sacrifice de la messe, ni avec Huyghens si les instruments de musique de Vénus ressemblent à la harpe ou à la flûte, ni avec Swedenborg si les jeunes filles s'y promènent tout à fait nues, etc. Les voyageurs imaginaires dans les terres du ciel y ont toujours transporté leurs idées terrestres. La seule conclusion scientifique que nous puissions tirer de l'observation astronomique est que ce monde

Cassini. J'en ai reçu également d'un astronome belge, M. Van Ertborn. Pour moi, malgré tous mes efforts, je n'ai jamais pu distinguer nettement ces taches. Il serait fort désirable qu'en Italie, ou sous un ciel également pur, un ami de la science se consacrât à cette observation spéciale.

[1] *Voy.* nos *Terres du ciel*, livres IV et IX.

diffère peu du nôtre par son volume, son poids, sa densité, par la durée de ses jours et de ses nuits; qu'il en diffère un peu plus par la rapidité de ses années, l'intensité de ses climats et de ses saisons, l'étendue de son atmosphère et sa plus grande proximité du soleil. Il doit donc être habité par des races végétales, animales et humaines peu différentes de celles qui peuplent notre planète. Quant à l'imaginer désert et stérile, c'est là une hypothèse qui ne pourrait germer dans le cerveau d'aucun naturaliste. L'action du divin soleil doit y être, comme sur Mercure, encore plus féconde que son œuvre terrestre, déjà si prodigieuse. Ajoutons que Vénus et Mercure s'étant formés après la Terre, sont relativement plus jeunes que notre planète.

Les habitants de Vénus nous voient briller dans leur ciel comme une magnifique étoile de première grandeur, planant dans le zodiaque, et offrant des mouvements analogues à ceux que la planète Mars nous présente; mais, au lieu de projeter un éclat rougeâtre, la Terre répand dans le ciel une clarté bleuâtre. C'est de là que nous sommes les plus lumineux ([1]). On voit à l'œil nu notre Lune brillant à côté de la Terre et tournant en 27 jours autour d'elle. C'est là un couple magnifique, dont on peut se représenter l'aspect en examinant le petit dessin publié dès les premières pages de cet ouvrage (p. 8), dessin dans lequel l'observateur s'est supposé placé à minuit au milieu d'un paysage de Vénus. Notre planète vue de là mesure 65″ et la Lune presque 18″; la Lune vue de Vénus offre le même diamètre que la Terre vue du Soleil. Mercure est éclatant, et vient immédiatement après la Terre comme étoile. Mars, Jupiter et Saturne y sont visibles comme d'ici, un peu moins lumineux. Les constellations du ciel entier y offrent exactement le même aspect que vues de la Terre.

Telle est la seconde province de la république solaire. Traversons la région occupée par la Terre et la Lune, astres par lesquels nous avons commencé l'étude de l'univers, et abordons l'orbite de Mars.

[1] Nous sommes l'astre le plus éclatant du ciel de Vénus, car ce monde n'a pas de lune, malgré certaines observations du siècle dernier qui avaient fait croire un instant au *satellite de Vénus* (du moins ces observations ne prouvent-elles pas l'existence de ce satellite, et les meilleures recherches faites dans les temps modernes ont-elles été infructueuses à cet égard). Plusieurs astronomes ont vu un compagnon à Vénus. Fontana en 1645, Cassini en 1672 et 1686, Short en 1740, André Meier en 1754, Montaigne en 1761, Rodkier, Horrebow et Montbarron en 1764, l'ont observé. Depuis, personne ne l'a revu. Est-il tombé sur la planète? C'est la dernière hypothèse possible. Tous ces observateurs ont-ils mal vu? Non, assurément. Comment donc expliquer ces apparitions et cette disparition? — Il est probable que Vénus s'est trouvée à ces époques passer devant l'une des nombreuses petites planètes situées entre Mars et Jupiter.

CHAPITRE IV

La planète Mars, miniature de la Terre.

♂

Nous arrivons ici au monde le mieux connu du système planétaire, à celui qui vient immédiatement après le nôtre dans l'ordre des distances au Soleil et que la Nature semble avoir placé dans notre voisinage comme un exemple éloquent de son unité de vue et de son unité d'action : c'est la Terre elle-même que nous croyons voir dans l'espace, avec des variétés et des nouveautés intéressantes, et chacun de nous s'embarquerait déjà aujourd'hui avec bonheur pour cette traversée si nos âmes avaient à leur disposition un mode de locomotion certain pour atteindre le but (aller et retour compris). Qu'il serait intéressant d'aller passer un demi-siècle sur un autre monde et de revenir ensuite sur celui-ci ! Au point de vue purement terrestre même, quel intérêt et quelle instruction pour nous s'il nous était donné de revenir chaque siècle voir ce qui se passe sur la Terre et assister au lent progrès de l'humanité, des inventions, des sciences, des arts et de l'industrie !... Mystères de la vie ! mystères de la mort ! ne vous dévoilerez-vous jamais ?

Déjà nous le savons par les descriptions précédentes, la planète Mars est la première que l'on rencontre après la nôtre : elle gravite à la distance de 56 millions de lieues du foyer solaire, le long d'une orbite qui est extérieure à celle de la Terre et qu'elle emploie un an et 322 jours à parcourir. La combinaison de son mouvement avec le nôtre fait qu'elle passe derrière nous, à l'opposé du Soleil, tous les deux ans environ, ou plutôt tous les vingt-six mois. Voici les dates des oppositions actuelles :

Avril. 1873	Septembre. . . . 1877	Décembre . . . 1881
Juin 1875	Novembre . . . 1879	Février. 1884

C'est à ces époques que la planète passe au méridien à minuit, et c'est pendant ces mois et pendant les trois mois qui suivent qu'elle est le plus favorablement située pour l'observation du soir. Elle brille alors comme un astre de première grandeur, rival de Vénus et de Jupiter. Elle marche assez rapidement dans le ciel; sa position actuelle a été indiquée sur la *fig.* 177.

Sa lumière est rougeâtre, ardente comme une flamme, et donne l'idée d'un feu. Telle nous la voyons aujourd'hui, telle elle brillait sur nos aïeux. Son nom, dans toutes les langues anciennes, signifie *embrasé*, et sa personnification est celle du dieu de la guerre. Les hommes ont toujours essayé d'excuser une partie de leurs passions en attribuant leurs actes les plus pervers à l'influence fatale de quelque divinité supérieure ou de quelque démon, et comme la guerre a été de tout temps le hochet des grands et la joie imbécile des petits, l'astre de la guerre a été l'un des plus honorés et des plus redoutés; les temples de Mars alternent avec ceux de Vénus; le laurier et le myrte marient leurs rameaux; la destruction et la reproduction sont complémentaires. L'étoile ardente de Mars présidait aux combats; sur le champ de bataille de Marathon, au milieu du carnage des Cimbres, ou dans l'obscur défilé des thermopyles, les imprécations des victimes l'accusaient de barbarie, tandis que l'homme n'a pas d'autre ennemi que lui-même et que la planète innocente plane dans l'infini sans se douter des influences dont on l'accuse.

La planète rouge varie d'éclat suivant sa position dans le ciel et suivant sa distance. L'orbite qu'elle parcourt autour du Soleil n'est pas circulaire, mais elliptique, l'excentricité étant de 0.093 :

Distance périhélie	1,3826	204 520 000 kilomètres	51 130 000 lieues.
Distance moyenne	1,5237	225 400 000 —	56 350 000 —
Distance aphélie	1,6658	246 280 000 —	61 570 000 —

On voit que la variation de distance est considérable et atteint près du cinquième de la distance moyenne; Mars est de dix millions de lieues plus près du Soleil au périhélie qu'à l'aphélie, ce qui doit causer dans la température de cette planète une variation très sensible, indépendante de celle des saison, due à l'inclinaison de l'axe. Lorsque l'opposition arrive à l'époque du périhélie de Mars, la planète passe à sa plus grande proximité possible de la Terre, à 14 millions de lieues seulement, et brille d'un éclat remarquable; c'est ce qui est arrivé en 1877. La *fig.* 207 montre le rapport qui existe entre les deux orbites; celle de Mars est tracée extérieurement et celle de la Terre intérieurement. Les deux planètes tournent dans le même sens, mais nous voguons plus rapidement que notre voisine, et nous ne nous rencontrons de nouveau. d'un même côté du Soleil qu'après deux ans et deux mois environ, et à une distance un peu plus grande (comparer la ligne de jonction des deux planètes en 1879 à celle de 1877). Après sept oppositions successives, les deux planètes repassent de nouveau à leur plus grande proximité, laquelle se représente à peu près tous les quinze ans : 1830, 1846, 1862, 1877. (Coïncidence assez curieuse, les plus grandes proximités de Mars correspondent avec les disparition de l'anneau de Saturne, dont nous parlerons plus loin.) Ce sont là naturellement les meilleures époques d'observation et celles où l'on

s'applique de préférence à l'étude physique de la planète.

C'est cette grande excentricité qui a fait découvrir à Képler la véritable forme des orbites planétaires, jusqu'alors considérées comme parfaitement circulaires ; il n'employa pas moins de dix-sept années de travail pour y parvenir, et bien souvent il désespéra. Ce sont les excellentes observations de Tycho qui lui prouvèrent la vérité du système de

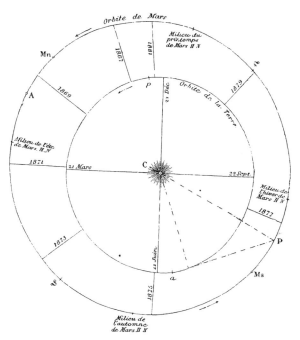

Fig. 207. — Orbites de Mars et de la Terre autour du Soleil

Copernic et le conduisirent aux lois que nous avons résumées plus haut.

Lorsque Mars passe en opposition, son diamètre peut s'élever jusqu'à 30″4 quand cela arrive vers le périhélie (P) de Mars et vers l'aphélie (a) de la Terre, c'est-à-dire au mois de juillet. En 1877, ce diamètre s'est fort approché du maximum : du 28 août au 8 septembre il a été de 29″4. Nous avons vu que le diamètre de la Lune est de 31′24″, c'est-à-dire, puisque celui de Mars peut atteindre une demi-minute, que le diamètre lunaire est environ 63 fois plus grand. Dans ces conditions, une lunette grossissant 63 fois nous montre donc le globe de Mars de la même grosseur que nous voyons la

Lune à l'œil nu. Comme la planète est alors éclairée en plein par le Soleil situé derrière nous à minuit au moment où nous observons Mars, l'observation se fait ainsi dans les meilleurs conditions, ce qui n'arrive pas pour Vénus, comme nous l'avons vu. Nous distinguons alors très nettement un disque circulaire, sur lequel une tache blanche frappe immédiatement la vue et indique dès la première minute d'observation l'un des pôles de la planète. Si l'atmosphère est bien pure, on ne tarde pas à remarquer que la coloration rouge du disque n'est pas uniforme et qu'il y a des taches. Un grossissement plus fort montre la forme de ces taches.

Dès les premières observations télescopiques de la planète, en 1610, par Galilée, les *phases* de Mars se laissaient pressentir, mais c'est seulement en 1638 qu'elles s'affirmèrent dans la lunette de Fontana, sous le ciel de Naples. Nos instruments modernes les montrent facilement; mais elles n'atteignent jamais le degré de celles de Vénus et Mercure, car Mars reste toujours plus loin du Soleil que la Terre; elles ne dépassent pas l'aplatissement de la Lune trois jours avant ou après la pleine lune. — C'est aussi Fontana qui le premier aperçut des taches : la lunette de Galilée, il ne faut pas l'oublier, ne grossissait d'abord que 8 fois, et son grossissement, porté ensuite à 16, ne dépassa jamais 32. L'examen du mouvement des taches donna en 1666 à Cassini 24 heures 40 minutes pour la période de rotation. Maraldi, en 1704 et en 1719, William Herschel et Schroëter à la fin du même siècle, Kunowski en 1822, Mädler en 1830, Kaiser en 1862, Wolf en 1866, Proctor en 1869, Crulls en 1877, perfectionnèrent la même recherche, et nous connaissons aujourd'hui, à *une seconde près*, la durée exacte de la rotation diurne de ce monde, qui est de

$$24 \text{ heures } 37 \text{ minutes } 23 \text{ secondes.}$$

La durée du jour et de la nuit est donc à peu près la même sur Mars que sur la Terre : elle surpasse la nôtre d'un peu plus d'une demi-heure seulement. Il est extrêmement remarquable que cette durée soit sensiblement analogue pour les quatre planètes Mercure, Vénus, la Terre et Mars. Nous ne connaissons pas la raison de cette similitude. La distance au Soleil ne paraît pas en jeu ici comme pour la durée de l'année, ni le volume de la planète. La *densité* paraît entrer pour la plus grande part dans cet établissement du temps de la rotation, comme je l'ai montré dans un travail antérieur. Les quatre planètes dont la rotation s'effectue en une période voisine de 24 heures sont les plus denses. Les quatre géants, Jupiter, Saturne, Uranus et Neptune tournent beaucoup plus vite, en une période voisine de dix heures, et ce sont aussi les mondes de la plus faible densité.

Dans l'année de Mars, il y a 669 rotations ou jours sidéraux (669 $\frac{2}{3}$) et par conséquent 668 $\frac{2}{3}$ jours solaires ou civils. De même que le jour terrestre est de 24 heures, surpassant de 4 minutes la durée de la rotation, le jour martial est également un peu plus long que la rotation (comme nous l'avons expliqué page 23) : il dure, tout compté, 24 heures 39 minutes 35 secondes. Il y a sur trois ans une année courte de 668 jours et deux bissextiles de 669.

On voit qu'entre Mars et la Terre la différence est peu sensible, sous le rapport du mouvement de rotation; les phénomènes qui en

Fig. 208. — Grandeurs comparées de la Terre, Mars, Mercure et la Lune.

sont la conséquence, la succession des jours et des nuits, le lever et le coucher du soleil et des étoiles, la fuite des heures rapides ou lentes suivant l'état de l'âme, les travaux, les joies ou les peines; en un mot, le cours quotidien de la vie et la marche habituelle des choses s'y développent à peu près dans les mêmes conditions que chez nous.

La plus grande différence entre Mars et la Terre réside dans la petitesse de son volume, qui en fait véritablement une miniature de notre monde. Comme nous l'avons vu (p. 447), son diamètre angulaire, à l'unité de distance, est de 9″57, celui de la Terre étant de 17″72; c'est seulement un peu plus de la moitié du nôtre (0,54). Exprimé en kilomètres, ce diamètre est de 6850, soit 1700 lieues en nombre rond. Le tour de ce monde est de 5375 lieues. Sa surface n'est que les 27 centièmes de celle du globe terrestre, et son volume n'est que les 16 centièmes du nôtre. Etant six fois et demie plus petit que la Terre en volume, Mars se trouve être sept fois et demie plus gros que la Lune et trois fois plus gros que Mercure. Notre *fig.* 208 représente exactement ces différences de volumes, qui sont assez intéressantes ([1]).

Avant la découverte des satellites de Mars, faite en 1877, il était assez difficile de déterminer exactement la masse de cette planète. Nous avons vu, en effet (p. 304), que le procédé le plus simple à employer pour peser un astre, c'est de comparer la vitesse avec laquelle il fait tourner un corps céleste soumis à sa puissance avec celle que la Terre imprime à la Lune : la proportion des vitesses conduit à la proportion des masses ou des poids. C'est ainsi que nous avons pesé le Soleil. Quand la nature ne fournit pas ce moyen direct, il faut prendre un moyen détourné, tel que les perturbations que la planète fait éprouver à ses compagnes célestes dans leur cours à travers l'espace, ou à quelque comète vagabonde qui s'approche suffisamment pour subir une influence sensible. C'est ainsi qu'on a déterminé les masses de Mercure, de Vénus, et celle de Mars jusqu'en 1877. Mais, lorsqu'il y a un satellite, l'opération est à la fois incomparablement plus rapide et plus précise. Le calcul de la masse de Mars fait par Le Verrier représente un siècle entier d'observations et plusieurs mois consécutifs de calcul, plus de mille heures de numération; à peine les satellites de Mars étaient-ils découverts, au contraire, que quatre nuits d'observation et dix minutes de calcul ont suffi pour prouver que cette planète pèse trois millions de fois moins que le Soleil ($\frac{1}{3\,054\,000}$). Il en résulte qu'en représentant par 1000 le poids de la Terre, celui de Mars est représenté par 106; autrement dit, ce globe pèse neuf fois et demie moins que le nôtre.

La densité des matériaux constitutifs de ce globe est égale aux 69 centièmes de la densité moyenne de la Terre, et la pesanteur des objets à sa surface ne surpasse guère le tiers de celle des objets terrestres, ne dépassant pas les 37 centièmes de la nôtre. Des huit planètes principales, c'est la plus faible intensité de pesanteur : cent

---

[1] Les mesures faites sur Mars ne sont pas concordantes quant à son aplatissement polaire. Herschel a trouvé $\frac{1}{16}$, Schroëter $\frac{1}{80}$, Arago $\frac{1}{30}$, Hind $\frac{1}{50}$, Main $\frac{1}{29}$, Kaiser $\frac{1}{114}$. Toutes ces valeurs sont trop fortes pour la théorie de l'attraction. Ce globe tournant moins vite que la Terre et étant plus petit, ne développe qu'une faible force centrifuge, et son aplatissement devrait être plus faible que celui de notre planète, qui est de $\frac{1}{300}$. Peut-être la planète s'est-elle formée en plusieurs fois, et les couches voisines de la surface sont-elles plus denses que la densité moyenne. Il y a là quelque mystère : cette planète est petite, et il y en a plusieurs centaines plus petites derrière elle; nous verrons plus loin qu'elle a un satellite qui tourne plus vite qu'elle ne roule elle-même. C'est la plus excentrique des planètes principales. Autant de faits à expliquer.

kilogrammes transportés sur Mars et pesés au dynamomètre n'y pèseraient que 37 kilogrammes.

Nous avons vu que la révolution de cette petite planète autour du
Soleil s'effectue en 687 jours. C'est l'étendue de deux de nos années,
moins 43 jours. Comme la durée du jour est un peu plus longue sur
cette planète que sur la nôtre, il y a relativement moins de jours dans
son année que si elle tournait sur son axe aussi vite que nous : son
calendrier compte 668 jours par an.

L'inclinaison de l'axe de rotation y est un peu plus prononcée qu'ici.
Tandis que chez nous l'obliquité de l'écliptique est de 23°27', elle est
sur Mars de 28°42'; la différence de cinq degrés n'est pas énorme, et il
en résulte que les saisons martiales sont simplement un peu plus prononcées que les nôtres. Un astronome de la Terre n'a pas besoin de
faire le voyage de Mars pour connaître ses saisons et ses climats. La

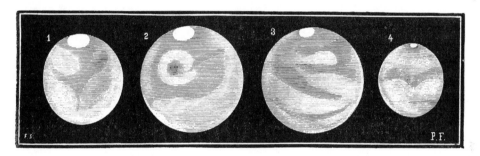

Fig. 209. — Aspect télescopique de Mars les 30 juillet, 22 août, 14 septembre et 26 octobre 1877.

variation considérable des taches polaires nous montre toutefois que
la différence entre l'hiver et l'été est plus sensible que chez nous. J'ai
observé cette planète avec la plus grande attention pendant toutes ses
dernières oppositions, en 1871, 1873, 1875, 1877, et j'ai de nouveau
les yeux fixés sur elle cette année 1879. L'étendue des neiges polaires
correspond toujours à la saison. Les dessins faits au mois de juin 1873
montrent la calotte polaire boréale réduite à un point blanc, et correspondent précisément à la fin de l'été, à la fin de la fonte des neiges.
En 1875, on se trouvait au milieu de l'automne de Mars : la tache
polaire boréale était si réduite qu'on la distinguait à peine, tandis que
les neiges du pôle austral qui venait de subir un long hiver de près de
douze mois, étaient très étendues. L'observation a encore donné des
résultats plus évidents en 1877 : je choisis dans mes dessins de cette
année si favorable quatre (30 juillet, 11 heures,— 22 août, 11 heures,
— 14 septembre, 10 heures, — 26 octobre, 8 heures) qui montrent à

première vue cette diminution progressive (*fig*. 209). Cette tache polaire est si blanche, que, par suite de l'irradiation, elle semble presque toujours dépasser le contour du disque de la planète : son éclat surpasse du double celui de l'ensemble du disque. Ces aspects et ces variations ont été étudiés avec un soin minutieux depuis bien des années déjà, surtout par Herschel à la fin du siècle dernier et par Mädler de 1830 à 1840.

Ce monde présente comme le nôtre trois zones bien distinctes : la zone torride, la zone tempérée et la zone glaciale. La première s'étend, de part et d'autre de l'équateur, jusqu'à 28°42' ; la zone tempérée s'étend depuis cette latitude jusqu'à 61°18' ; la zone glaciale entoure chaque pôle jusqu'à cette distance.

Ainsi, la durée des jours et des nuits, leurs différences selon les latitudes, leurs variations suivant le cours de l'année, les longues nuits et les longs jours des régions polaires, en un mot tout ce qui concerne la distribution de la chaleur, sont autant de phénomènes presque semblables sur Mars et sur la Terre. Entre les deux planètes, cependant, il y a une très notable différence, c'est celle qui existe entre *la durée* des saisons. Cette durée y est beaucoup plus longue. En effet, nous avons vu tout à l'heure que l'année martiale est de 687 jours ; chacune des quatre saisons est donc aussi près du double plus longue qu'ici. De plus, l'orbite de Mars étant très allongée, l'inégalité de durée des saisons y est plus marquée que chez nous. Pour en faire la comparaison exacte, choisissons l'hémisphère de Mars analogue à celui que nous habitons sur la Terre, son hémisphère boréal, et comparons les durées des saisons sur les deux planètes.

DURÉE DES SAISONS

	Sur la Terre.	Sur Mars.
Printemps.	93 jours terrestres.	191 jours martiaux.
Été.	93 —	181 —
Automne	90 —	149 —
Hiver.	89 —	147 —
	365	668

On voit que les saisons de Mars sont beaucoup plus lentes et sensiblement plus inégales que les nôtres.

Ainsi le printemps et l'été de l'hémisphère boréal de cette planète durent 372 jours, tandis que l'automne et l'hiver n'en durent que 296. La chaleur solaire doit donc s'accumuler dans l'hémisphère boréal en quantité notablement plus grande que dans l'hémisphère austral. Mais il y a une compensation provenant de ce que l'orbite de Mars

L'étoile ardente de Mars présidait aux combats, et, dans l'obscur défilé des Ther
des victimes l'accusaient de barbarie.

n'étant pas circulaire, la planète est beaucoup plus proche du Soleil au périhélie qu'à l'aphélie. C'est au solstice d'été de son hémisphère sud que cette planète est actuellement à sa moindre distance du Soleil, et par conséquent reçoit de cet astre le maximum de chaleur. Il résulte de ce fait que les neiges polaires australes doivent beaucoup plus varier d'étendue que celles du pôle boréal, et c'est aussi ce que montre l'observation. Nous pouvons étudier d'ici ces variations climatologiques, et cette étude est l'une des plus intéressantes que nous puissions faire, car elle transporte notre pensée au sein d'une nature physique offrant avec la nôtre une sympathique analogie.

Incliné comme il l'est sur son orbite, Mars ne se présente pas à nous dans un sens que nous pourrions appeler vertical, avec ses deux pôles placés juste en haut et en bas de son disque, mais penché vers nous. Comme le milieu de l'été de l'hémisphère austral de Mars coïncide avec son périhélie, c'est cet hémisphère qui est le plus facilement visible pour nous, c'est celui que nous pouvons observer quand la planète est à sa distance minimum; aussi connaissons-nous beaucoup mieux cet hémisphère austral que l'hémisphère boréal. Il se passera des milliers d'années avant que le pôle boréal de Mars soit visible de la Terre à moins de la moitié de la distance de la Terre au Soleil, à moins de 18 millions de lieues.

Depuis plus de deux siècles, nous observons de la Terre les faits principaux de la météorologie martiale; nous assistons d'ici à la formation des glaces polaires, à la chute et à la fonte des neiges, aux intempéries, nuages, pluies et tempêtes, et au retour des beaux jours, en un mot à toutes les vicissitudes des saisons. La succession de ces faits est aujourd'hui si bien établie, que les astronomes peuvent prédire d'avance la forme, la grandeur et la position des neiges polaires, comme l'état probable, nuageux ou clair, de son atmosphère.

Ainsi donc ce monde offre avec le nôtre les analogies les plus curieuses : les habitants de Vénus voient notre planète sous des apparences à peu près semblables à celles que Mars nous présente; comme les pôles de Mars, les nôtres sont couverts de neiges et de glaces; c'est aussi notre pôle austral qui est le plus envahi, et pour les mêmes raisons, par ces produits de la congélation de l'eau. Enfin les pôles de froid ne coïncident pas avec les pôles de rotation. Ils sont situés excentriquement de part et d'autre des pôles géographiques, et, remarque assez curieuse, ne sont pas symétriquement placés, ne sont pas situés aux deux extrémités d'un même diamètre.

Nos lecteurs se formeront une idée de l'aspect de Mars vu au téle-

scope par les dessins suivants, choisis parmi un grand nombre de ceux
de l'opposition de 1877, et faits à l'époque où la planète se présentait
dans les meilleures conditions d'observation. Ils ont été reproduits
par ordre de date : le premier, du 10 septembre, a été fait à l'Observatoire de Paris par mes savants amis, MM. Paul et Prosper Henry ;
le second, du 16 septembre, m'a été envoyé de l'Observatoire de

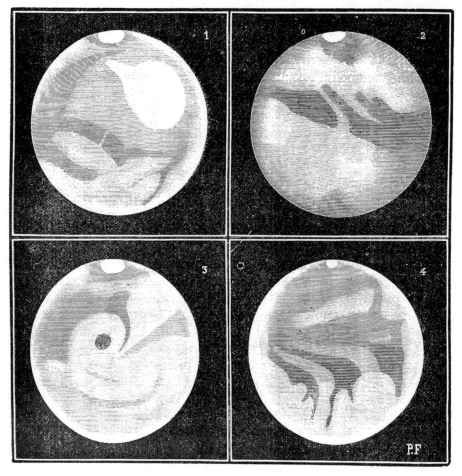

Fig. 211. — Aspect télescopique de la planète Mars en 1877.

Rio-Janeiro par son auteur, M. Cruls ; le troisième a été fait par moi
le 27 septembre ; et le quatrième, du 2 octobre, m'a été adressé de
Milan par M. Schiaparelli.

(¹) Si nous pouvions consacrer plus de place à chaque planète, je me serais fait un
plaisir d'en reproduire un grand nombre d'autres des mêmes observateurs, ainsi que
de plusieurs astronomes qui se sont également consacrés à la même étude, tels que
MM. Niesten à l'Observatoire de Bruxelles, Dreyer à l'Observatoire de lord Rosse en
Irlande, Hall à Washington, Terby à Louvain, etc. Mais l'important ici est de déterminer le résultat général de toutes les comparaisons.

La connaissance géographique que nous posséaons actuellement de la planète Mars est assez avancée pour que l'on puisse en dessiner la carte générale ; c'est ce que plusieurs astronomes ont déjà fait. Cette planète voisine m'a toujours particulièrement intéressé, dès l'époque où j'écrivais mon ouvrage sur la *Pluralité des Mondes* (1862) ; parce qu'elle est appelée à témoigner la première de la vérité de cette grande et sublime doctrine, à la lumière de laquelle l'esprit et la vie se répandent dans l'univers, au lieu de la solitude dans laquelle flottaient les blocs matériels et indifférents de l'ancienne astronomie. En 1876, je dessinai un planisphère géographique de la planète (publié dans les *Terres du Ciel*), construit sur la comparaison des cartes et dessins faits antérieurement, et pour lequel, outre mes propres observations, j'utilisai plus d'un millier de dessins fait depuis l'an 1636, c'est-à-dire depuis les premières observations télescopiques de cette planète. Depuis 1876, la science a fait de nouveaux pas. La planète est passée en août, septembre et octobre 1877 à une proximité extrêmement favorable ; nous l'avons tous étudiée avec soin pendant cette avantageuse période, et la connaissance de sa géographie en a reçu un perfectionnement rapide. Je signalerai notamment, parmi les observations les plus remarquables, celles de Schiaparelli sous le ciel limpide et calme de Milan. Nous pouvons donc, au lieu de reproduire simplement la carte des *Terres du Ciel*, la perfectionner et la compléter. Certes, la carte nouvelle que nous obtenons actuellement est encore loin d'être définitive, et ce n'est certainement pas avant un siècle ou deux que nous pourrons nous flatter de connaître parfaitement la géographie martiale, « l'aréographie » ; encore cette connaissance continuera-t-elle de se perfectionner constamment, comme celle de la géographie terrestre elle-même. Quand distinguerons-nous les grandes villes de ce monde voisin !... Les sceptiques sourient, somme ils souriaient du temps de Copernic et du temps de Fulton ; mais celui qui a confiance dans le progrès ne désespère pas d'un tel résultat, lequel d'ailleurs n'a rien d'impossible en soi, et ne réclame pour être obtenu que la continuation des progrès modernes de l'optique. Déjà la géographie générale de Mars peut être tracée aujourd'hui avec une sûreté plus grande que celle des latitudes terrestres qui entourent nos deux pôles.

Notre planche V représente la Mappemonde géographique de la planète Mars dressée sur les dernières observations.

La première question qui se présente à l'inspection de la carte géographique de Mars est de savoir si les taches sombres auxquelles nous

donnons le nom de *mers* indiquent réellement des étendues d'eau (¹).
N'est-il-pas possible que nous soyons actuellement à l'égard de Mars
dans une illusion analogue à celle dans laquelle nous avons été
jusqu'au milieu de ce siècle pour la Lune? Que ces taches *puissent* être
des mers, ce n'est pas douteux, puisque l'eau absorbe la lumière au
lieu de la réfléchir comme la terre ferme ; mais certaines teintes sombres purement minérales ou des plaines couvertes d'un tapis végétal
produiraient le même effet, et c'est ce qui arrive dans la Lune, où
l'observation précise décèle un sol sec et accidenté sur les vastes
étendues grises que nous avons prises pendant si longtemps pour de
véritables mers. La dénomination de mers appliquée aux taches sombres du globe de Mars pourrait subsister, lors même que ce ne seraient
pas là de véritables mers, par l'excuse de la ressemblance ; mais
cependant, s'il était démontré qu'il y a là une erreur, nous aurions le
plus grand tort de commencer la géographie de Mars en l'adoptant,
et il serait préférable de choisir une expression qui ne préjugeât en
rien la question. Mais nous allons reconnaître que, s'il n'est pas encore
absolument certain que ce soient là des mers analogues à celles de
notre planète, le fait est du moins excessivement probable.

En effet, d'abord l'existence d'une atmosphère à la surface de Mars
est absolument démontrée. Elle s'est révélée depuis longtemps par ce
fait que le disque de cette planète est plus lumineux aux bords qu'au
centre : la lumière réfléchie par Mars augmente graduellement du
centre vers la circonférence ; l'explication la plus naturelle de ce fait
est celle qui l'attribue à une absorption atmosphérique, croissant en
raison de l'épaisseur traversée, par conséquent minimum au centre et
maximum à la circonférence. Cette explication se trouve immédiatement confirmée par un second fait d'observation : les taches perdent
de leur netteté lorsque la rotation de la planète les emporte au delà

(¹) Les lecteurs qui ont entre les mains ma première carte reconnaîtront tout de
suite, d'une part l'identité fondamentale de cette mappemonde avec le planisphère,
d'autre part certaines différences qui résultent de la précision et de la discussion des
observations de 1877. Les contours dessinés d'un trait plein peuvent être considérés
comme certains, ceux qui restent encore douteux sont pointillés. Les détails qui
n'ont été vus que par un seul observateur n'ont pas été représentés.

J'ai laissé les dénominations de ma première carte, en en ajoutant deux nouvelles,
qui me paraissent bien légitimement justifiées : ce sont les noms de Hall et de Schiaparelli ; le premier a été inscrit sur une terre dont la connaissance est fondée sur près
de deux siècles d'observation, le second sur une mer reconnue par l'astronome
dont elle porte le nom.

Sur cette carte, le sud est en haut, le nord en bas, comme on voit la planète dans
la lunette astronomique. Les longitudes et latitudes, l'équateur et les tropiques, y sont
tracés comme sur les globes terrestres.

du centre vers les bords du disque, et elles disparaissent lorsqu'elles arrivent à 50 ou 60 degrés de distance du méridien central, variant plus ou moins d'ailleurs selon la transparence de l'atmosphère de Mars. Cet effet ne se produit jamais sur la Lune. Un troisième témoignage de l'existence de l'atmosphère martiale est offert par les taches blanches qui marquent ses pôles, augmentent d'étendue pendant l'hiver et diminuent régulièrement pendant l'été. Ces taches variables ne peuvent être qu'un produit de condensation atmosphérique, soit de la neige, soit des nuages (¹).

Il y a plus. Cette enveloppe aérienne pourrait ne pas être composée d'un *air* identique à celui que nous respirons ; ces liquides absorbants qui remplissent les bassins des mers martiales pourraient n'être pas précisément de l'*eau* ; cette neige pourrait être un précipité chimique d'une nature différente de la nôtre. Eh bien ! l'analyse spectrale vient lever presque entièrement ces derniers doutes. Examiné par Huggins, Vogel et Secchi, le spectre de la lumière réfléchie par Mars reproduit d'abord naturellement le spectre solaire, mais il ajoute des raies d'absorption qui correspondent précisément à celles du spectre de l'atmosphère terrestre. Certains sceptiques pourraient peut-être répliquer que le fait n'a rien de surprenant et ne prouve rien, puisque nous recevons la lumière de Mars au fond de notre propre atmosphère, laquelle doit par conséquent mettre son empreinte dans le spectre de cette lumière. C'est là une objection à laquelle les expérimentateurs ont eu soin de répondre eux-mêmes. Ils ont examiné, les mêmes jours et aux mêmes heures que Mars, la lumière de la Lune, qui, elle aussi, traverse notre atmosphère, et ont choisi pour la comparaison les heures où la Lune était plus basse que Mars et devait par conséquent

(¹) Leur fixité élimine la dernière hypothèse et favorise la première, et nous pouvons les regarder avec une certitude presque absolue comme des amas de *neige* analogues à ceux qui blanchissent les régions polaires de la Terre, lesquelles, vues de Vénus, doivent offrir le même aspect que celles de Mars vues d'ici, avec cette différence, néanmoins, que nos glaces polaires varient beaucoup moins d'étendue que celles de cette planète. Ainsi, par exemple, les mesures faites pendant l'opposition de 1862 ont montré une diminution de largeur de 20° à 7° du 1ᵉʳ septembre (jour du solstice d'été de l'hémisphère austral) au 1ᵉʳ décembre, c'est-à-dire une diminution du tiers du diamètre en 90 jours, et celles de l'opposition de 1877 ont montré une diminution de largeur de 18° à 7° du 18 septembre (jour du solstice cette année-là) au 1ᵉʳ novembre, en 43 jours ; elles avaient déjà diminué de 30° à 18° depuis le 15 août. En 1879, le solstice d'été du même hémisphère est arrivé le 14 août, et déjà au moment où j'écris ces lignes (15 septembre), on s'aperçoit facilement de cette diminution. Ajoutons encore que le disque de la planète offre de temps en temps au télescope des taches claires moins blanches que celles des pôles, mobiles et variables, et qui ne peuvent être que des *nuages*. Tous ces faits se réunissent en faveur de l'analogie qui nous conduit à voir sur cette terre une atmosphère et des mers correspondant à la circulation météorologique qui existe sur notre planète.

être influencée dans sa lumière par une absorption plus grande de l'atmosphère terrestre. Or, à part quelques raies permanentes, le spectre lunaire s'est montré entièrement dépourvu des lignes accusa·trices surprises dans celui de Mars, et la différence des deux lumières a prouvé à la fois l'absence d'une atmosphère sensible à la surface de notre satellite, et la présence sur Mars d'une atmosphère qui ne paraît pas différer chimiquement de la nôtre et qui est particulièrement riche en vapeur d'eau. Nous ne connaissons pas encore la densité de cette atmosphère, comme pour Vénus, mais nous savons avec certitude qu'*elle existe* et qu'elle ressemble à celle que nous respirons (¹).

Ainsi, d'après la concordance de tous les témoignages, les mers, les nuages et les glaces polaires de Mars sont analogues aux nôtres, et l'étude de la géographie martiale peut se faire comme celle de la géographie terrestre. Il ne faudrait pas néanmoins nous hâter de conclure à une identité absolue entre les systèmes géographiques et météorologiques des deux planètes. Mars offre avec nous des dissemblances caractéristiques. Notre globe est recouvert des eaux de la mer sur les trois quarts de sa superficie; nos plus vastes continents ne sont pour ainsi dire que des îles ; le vaste Atlantique, l'immense Pacifique emplissent de leurs eaux leurs profonds bassins. Sur Mars, le partage est plus égal entre les terres et les eaux, et il y a plutôt plus de terres que de mers; celles-ci sont de véritables méditerranées, des lacs intérieurs ou de fins détroits, qui rappellent la Manche et la mer Rouge, ce qui constitue un réseau géographique tout différent du réseau terrestre.

Autre fait non moins digne d'attention : les mers martiales montrent de remarquables différences d'intensité. D'une part, elles sont plus foncées vers l'équateur qu'aux latitudes un peu éloignées, et d'autre part quelques-unes sont particulièrement sombres, par exemple la mer de Hooke, la mer de Maraldi, le golfe Kaiser, la mer Lockyer, la mer du Sablier; la comparaison des anciens dessins montre qu'il en était de même il y a cinquante et cent ans. Cette gradation d'intensité

(¹) Quant à l'épaisseur de cette atmosphère relativement au disque de la planète, elle est inévitablement trop mince pour être visible d'ici, lors même qu'elle serait beaucoup plus élevée que la nôtre. En lui supposant 80 kilomètres de hauteur, cette épaisseur ne formerait encore que 0″3 lorsque la planète est la plus rapprochée de nous; la réfraction y serait donc insensible.

Il ne faut pas s'attendre à pouvoir facilement observer l'occultation d'une étoile justement derrière Mars ; cependant, le fait est arrivé en 1672 : Mars est passé juste devant l'étoile de 5ᵉ grandeur ψ du Verseau, et comme l'étoile avait disparu à 6′ du bord de la planète, Cassini en avait conclu l'existence d'une énorme atmosphère : c'était simplement l'éclat de Mars qui empêchait de voir l'étoile. South a observé deux occultations et un contact sans la moindre variation. Mars est passé juste devant Jupiter le 9 janvier 1591.

Pl. V. p. **480**.

Astronomie populaire.

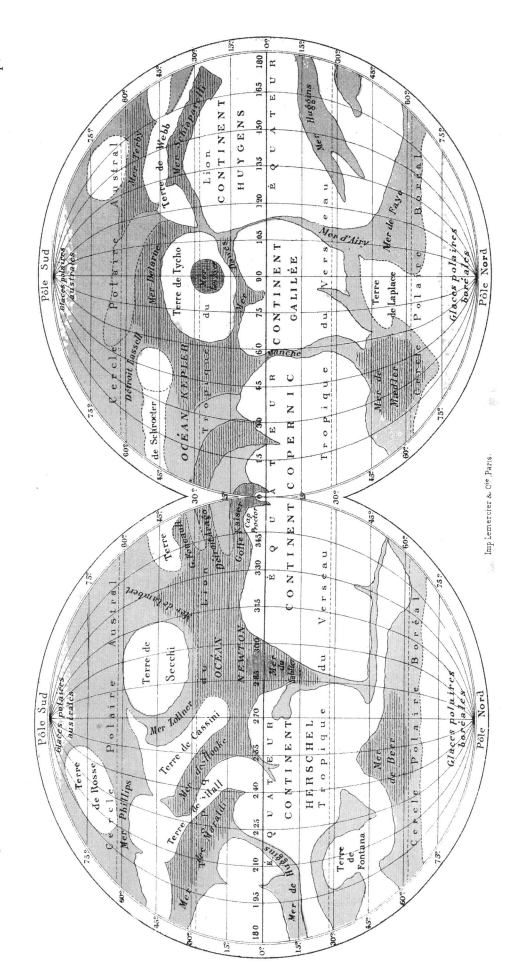

Imp. Lemercier & Cie Paris.

MAPPEMONDE GÉOGRAPHIQUE DE LA PLANÈTE MARS.

est donc réelle. A quelle cause est-elle due? L'explication la plus simple est d'admettre qu'elle correspond à une plus grande profondeur.

Lorsqu'on passe en ballon au-dessus d'un large fleuve, d'un lac ou de la mer, si l'eau est calme et transparente, on voit le fond, quelquefois si complètement que l'eau paraît disparue (c'est ce qui m'est arrivé notamment un jour, le 10 juin 1867, à 7 heures du matin, en planant à 3000 mètres au-dessus de la Loire); sur les bords de la mer, on distingue le fond jusqu'à dix et quinze mètres de profondeur, jusqu'à plusieurs centaines de mètres du rivage, suivant l'éclairement et selon l'état de la mer. Dans cette hypothèse, les mers claires de Mars seraient celles qui, comme le Zuidersée, par exemple, n'ont que quelques mètres d'eau de profondeur, les mers grises seraient un peu plus profondes, et les mers noires seraient les plus profondes. Ce n'est pas là toutefois la seule explication à donner, car la nuance de l'eau peut parfaitement différer elle-même suivant les régions; plus l'eau est salée et plus elle est foncée, et l'on peut suivre en mer les courants qui, tels que le gulf-stream, coulent comme des fleuves moins denses à la surface de l'océan qui forme leur lit; la salure dépend du degré d'évaporation, et il n'y aurait rien de surprenant à ce que les mers équatoriales de Mars fussent plus salées et plus foncées que les mers intérieures. Une troisième explication se présente encore à l'esprit. Nous avons sur la Terre : la mer Bleue, la mer Jaune, la mer Rouge, la mer Blanche et la mer Noire; sans être absolues, ces qualifications répondent plus ou moins à l'aspect de ces mers. Qui n'a été frappé de la couleur vert émeraude du Rhin à Bâle et de l'Aar à Berne, de l'azur profond de la Méditerranée dans le golfe de Naples, du lit jaune de la Seine du Havre à Trouville, visible sur la mer, et de toutes les nuances variées que présentent les eaux des rivières et des fleuves? Les trois explications peuvent donc s'appliquer aux eaux de la planète Mars aussi bien qu'aux nôtres. Les régions claires peuvent n'être que des marais, ou des terres submergées. Il ne serait même pas impossible que nous distinguions d'ici de vastes inondations. Le fond de la coloration des mers de Mars est le vert, comme celui de l'eau terrestre.

Les continents sont jaunes, et c'est ce qui donne à la planète l'ardente couleur qu'on lui reconnaît à l'œil nu. Il y a là une différence essentielle avec la Terre. Vue de loin, notre planète doit paraître verdâtre, car c'est le vert qui domine sur nos continents comme sur nos mers; la présence de notre atmosphère accentue légèrement cette nuance vers le bleu. Au télescope, les astronomes de

Vénus et de Mercure doivent voir nos mers teintées d'un vert foncé, les continents nuancés d'un vert clair plus ou moins varié, les déserts jaunes, les neiges polaires très blanches, les nuages blancs, les chaînes de montagnes marquées par la ligne neigeuse de leur crête. Sur Mars, les neiges, les nuages et les mers offrent à peu près le même aspect que chez nous, mais les continents sont jaunes (comme des champs de céréales, de maïs, de blé, d'orge ou d'avoine).

Cette coloration est beaucoup plus sensible à l'œil nu que dans une lunette; plus le grossissement est fort, moins elle est intense. Quelle en est la cause? Elle n'est pas due à une atmosphère qui serait rouge au lieu d'être bleue, comme on l'a quelquefois supposé, car dans ce cas cette coloration s'étendrait sur toute la planète et augmenterait d'intensité du centre vers la circonférence, en raison de l'augmentation d'épaisseur atmosphérique traversée par les rayons lumineux réfléchis par la planète. Nous n'avons donc que deux suppositions à faire pour l'expliquer ; ou bien les continents de Mars ne sont que des déserts dont la surface est couverte de sable ou de minéraux ocreux, ou bien la végétation de cette planète est jaune.

La première de ces deux hypothèses est en contradiction formelle avec le témoignage de la nature sur Mars, et il est surprenant que plusieurs astronomes qui l'adoptent ne se soient pas aperçus de la contradiction. Admettre que la coloration soit celle de la surface minérale de ce globe, c'est admettre qu'il n'y ait rien sur cette surface, aucune espèce de végétation, pas le moindre tapis de mousse, ni forêts, ni prairies, ni champs, car quelle que soit la végétation qui vêtirait cette surface, c'est elle que nous verrions et non le sol. Cette hypothèse condamnerait donc ce monde à une stérilité perpétuelle.

Or, la circulation météorologique qui se produit sur cette planète comme sur la nôtre, les saisons, les brouillards, les neiges, les pluies, la chaleur et l'humidité, l'eau, l'air, le feu, la terre, ces quatre éléments devinés par les anciens, pourraient-ils agir depuis des milliers de siècles sur la surface de ce monde sans y avoir donné naissance au moindre brin d'herbe? Par quel miracle d'anéantissement perpétuel les forces de la nature qui produisent ici la vie multipliée au détriment d'elle-même, et qui sèment d'une main si prodigue des milliards d'existences chaque jour, chaque heure, chaque minute, sur la sphère entière de notre globe, au fond des eaux comme sur les montagnes, comment ces mêmes forces resteraient-elles infécondes sur un monde placé exactement comme le nôtre dans la lumière du même soleil et dans le réseau des mêmes vibrations. Une telle hypothese ne pouvant se soutenir un seul instant, l'aspect des continents de Mars nous invite tout simplement à agrandir le cercle de notre conception botanique et à admettre que la végétation n'est pas nécessairement verte sur tous les mondes, que la chlorophylle peut se produire sous des aspects divers, et que les colorations multicolores des fleurs, des feuilles, des plantes, que nous observons ici, peuvent être répétées au centuple, ailleurs, sous mille conditions variées. Nous n'apercevons pas d'ici les formes des plantes martiales; mais nous pouvons conclure que dans tout l'ensemble de la végétation, depuis les arbres géants jusqu'à la mousse microscopique, c'est le jaune et l'orange qui domi nent, soit qu'il y ait un grand nombre de fleurs rouges ou de fruits de même couleur, soit qu'en réalité les végétaux soient par eux-mêmes, non verts, mais jaunes. Un arbre orangé portant des fleurs vertes nous paraît une monstruosité par suite de notre éducation terrestre; mais en réalité il suffit que la combinaison chimique ou même le simple arrangement des molécules s'accomplisse autrement qu'ici pour que les couleurs diffèrent.

Les végétaux de Mars sont-ils persistants à travers l'année, comme un grand nombre de plantes terrestres, telles que l'herbe des prairies, le buis, le fusin, le rhododendron, le laurier, le cyprès, l'if, le sapin, etc., etc., ou bien les feuilles tombent-elles en hiver pour repousser au printemps? Nous ne le savons pas encore. Les régions de la planète que nous observons le plus distinctement sont les régions équatoriales et tropicales, et précisément sur la Terre les végétaux ne varient pas dans cette zone. Les terres ont encore été trop peu étudiées pour que l'on puisse rien affirmer à cet égard. Mais comme on ne remarque jamais de grandes différences dans leur coloration entre une latitude et une autre, il est probable que la végétation n'y subit pas les mêmes changements que celle de nos contrées boréales. Cependant, il y a déjà quelques variations notées : ainsi la terre de Hall a été vue, en 1877, plus rouge que les autres ([1]).

Ainsi le rouge, l'orangé, le jaune dominent à la surface de Mars.

Une autre différence avec la Terre paraît être offerte par la variabilité de quelques-unes de ses configurations géographiques. L'étude

([1]) Cette coloration n'est pas aussi intense, aussi rouge, qu'on le croit en général. Pour la mesurer exactement, j'ai construit il y a quelques années un appareil qui, sur le principe du sextant, rapproche dans une même lunette deux points lumineux éloignés l'un de l'autre quelle que soit la distance. On amène ainsi dans le champ de la lunette deux étoiles quelconques du ciel, ou bien une étoile et une source de lumière, un bec de gaz, etc., pour la comparaison directe. Par des comparaisons réitérées, j'ai trouvé que cette planète n'est pas rouge, à proprement parler, ni même

constante du golfe de Kaiser pourrait conduire sur ce point à des résultats fort curieux. En 1830, Mädler l'a plusieurs fois très nettement et très distinctement vu tel qu'il est représente *fig.* A. En 1862, Lockyer l'a vu avec la même netteté comme il est dessiné *fig.* B, et, en 1877, Schiaparelli l'a représenté tel que nous le voyons en C. Ce point, vu rond, noir et net en 1830, si net en réalité que Mädler le choisit pour origine des longitudes martiales comme étant le point le plus noir, déjà vu sous la même forme par Kunowsky en 1821, et indiqué aussi dès 1798 par Schrœter comme globule noir, n'a pu être distingué en 1858 par Secchi malgré la recherche spéciale qu'il en a faite. Ce même point a été vu bifurqué par Dawes en 1864, et il l'est certainement; mais la région qui l'environne au sud paraît couverte de marais et variable d'aspect suivant les années; tous les

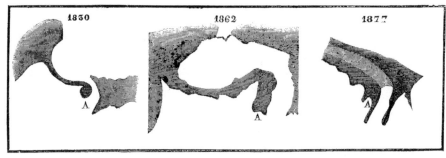

Fig. 212. — Variations probables dans les mers de Mars. Le golfe Kaiser en 1830, 1862 et 1877.

dessins de 1877 ne montrent plus le même point, comme un disque noir suspendu à un fil serpentant, mais le fil s'est élargi au point de ne plus pouvoir soutenir cette comparaison : le golfe est aussi large au centre et à l'origine qu'à son extrémité orientale.

Actuellement, la tache la plus noire et la plus nette, celle que l'on choisirait de préférence pour marquer l'origine des méridiens, serait la mer de Lockyer : on la choisirait certainement de préférence à la première. En 1830, la préférence a été donnée à la précédente, et sur plusieurs dessins on voit les deux faire exactement pendant de chaque côté de l'océan Képler. Ces dessins ne pourraient plus être faits

d'un orangé intense, mais jaune orange, à peu près de la nuance du gaz d'éclairage. Ces expériences m'ont donné les couleurs suivantes pour les planètes :

1 Gaz d'éclairage	orangé.	5 Uranus	jaune clair.
2 Mars	orangé.	6 La Lune	jaune laiton.
3 Mercure	jaune orangé.	7 Vénus	blanche.
4 Jupiter	jaune.	8 Saturne	jaune vert.

Ces nuances sont inscrites par ordre décroissant, du rouge vers le bleu. On verra plus loin qu'il y a des étoiles plus rouges que Mars et plus vertes ou plus bleues que Saturne.

aujourd'hui. Voilà une première variation. Une deuxième est présentée par l'aspect même de la tache : en 1862, les différents observateurs l'ont vue allongée de l'est à l'ouest ; en 1877, on l'a vue au contraire parfaitement ronde (correction faite de la perspective) et certainement non allongée dans le premier sens. Troisième variation : elle paraissait, en 1862, réunie à l'océan Képler par un détroit, et, en 1877, instruments de même puissance et observateurs de la même habileté n'ont rien vu de ce détroit et en ont distingué un autre au nord-est. Autre exemple de variabilité : d'excellents observateurs ont aperçu en 1862 et 1864, dans l'océan Képler, un p⟨oi⟩nt lumineux qui aurait pu être formé par une île couverte de neige et ⟨qu⟩e j'ai cru devoir indiquer sur ma première carte. Personne ne l'a j⟨a⟩mais revu depuis.

Sans doute il ne faudrait pas pren⟨dr⟩e pour des changements réels

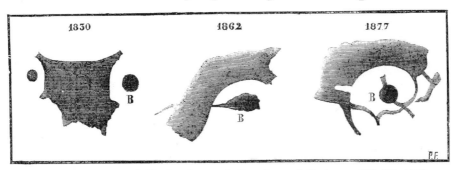

Fig. 213.— Variations probables dans les mers de Mars. La mer de Lockyer en 1830, 1862 et 1877.

toutes les différences qui existent entre les observateurs. Ainsi, par exemple, en 1877, plusieurs ont vu réunies à l'occident les mers de Hooke et de Maraldi, tandis que la séparation est restée visible pour les autres ; l'œil est différemment impressionné et l'on pourrait presque dire que pour certains détails il n'y a pas deux yeux qui voient identiquement de la même façon, même les deux yeux d'une même personne. Mais lorsque l'attention s'est tout spécialement fixée sur certains points remarquables qui auraient dû être rendus parfaitement visibles dans les instruments employés, et que l'on constate ainsi des différences qui paraissent incompat⟨i⟩bles avec les erreurs d'observation, la probabilité penche en faveur de la réalité effective des changements signalés.

De quelle nature sont ces variations ? c'est ce que l'avenir nous apprendra. Nous ne pourrions émettre actuellement que de vagues conjectures à cet égard. Mais, quelles qu'elles soient, elles n'empêchent pas les principales configurations de la géographie martiale d'être permanentes, par conséquent réelles, et d'être vues actuellement telles que nos pères les ont vues et dessinées il y a plus de deux siècles.

Autre remarque non moins intéressante. Cette planète voisine paraît avoir beaucoup moins de nuages que celle que nous habitons. Ainsi, du mois d'août 1877 au mois de mars 1878, nous n'en avons presque pas vu un seul ([1]).

L'examen attentif de la météorologie martiale, la mesure de l'étendue mensuelle variable des glaces polaires et celle des variations annuelles pourra peut-être rendre de grands services à l'établissement des bases mêmes de la météorologie terrestre.

La météorologie martiale offre donc les plus curieuses analogies avec celle de la planète que nous habitons. Sur Mars comme sur la Terre, en effet, le Soleil est l'agent suprême du mouvement et de la vie, et son action y détermine des résultats analogues à ceux qui existent ici. La chaleur vaporise l'eau des mers et s'élève dans les hauteurs de l'atmosphère ; cette vapeur d'eau revêt une forme visible par le même procédé qui donne naissance à nos nuages, c'est-à-dire par des différences de température et de saturation. Les vents prennent naissance par ces mêmes différences de température. On peut suivre les nuages emportés par les courants aériens, sur les mers et les conti-

---

([1]) C'est là un grand contraste avec notre globe, car il y a des années où nous n'en sommes vraiment pas privés, exemple ces années-ci 1878 et 1879. En une année entière, du mois d'août 1878 au même mois 1879, nous avons eu à Paris 167 jours pendant lesquels il a plu, et seulement 37 jours de ciel pur ou peu nuageux, 37 jours faits pour les astronomes. Sur l'hémisphère austral de Mars, c'était absolument le contraire lors de la dernière opposition. On a pu observer la planète toutes les fois qu'il a fait beau chez nous. Il ne faut pas oublier, en effet, que, pour que l'observation de la géographie martiale soit possible, deux conditions sont requises avant toutes autres : il faut qu'il fasse beau chez nous et que notre atmosphère soit pure, et il faut aussi *qu'il fasse beau sur Mars*, autrement nous ne pourrions pas mieux percer sa couche de nuages que nous ne pouvons en ballon traverser de la vue les nuages qui nous cachent les villages terrestres. Et bien, il est remarquable que sur Mars neuf mois entiers se soient écoulés à peu près sans nuages et nous aient permis de perfectionner grandement les connaissances géographique que nous voulions avoir de ce monde voisin.

Nous nous trouvons en septembre et octobre 1877 au milieu de l'été de l'hémisphère austral de Mars, alors très incliné vers nous, et au milieu de l'hiver de son hémisphère boréal, tourné de l'autre côté. Tous les nuages paraissaient relégués sur cet hémisphère-ci. Sur ce globe, encore plus que sur le nôtre, l'été est la saison de l'atmosphère pure et l'hiver celle du mauvais temps. Les taches permanentes se montrent tranchées, vives et nettes, pendant l'été de l'hémisphère où elles sont placées ; l'hiver arrive-t-il, elles deviennent vagues, confuses et faibles ; c'est, sans doute, que l'atmosphère de Mars devient trouble en hiver et reste très transparente en été. On remarque aussi une préférence pour les nuages à se former sur les marais et les bas-fonds teintés en gris sur la carte, plutôt que sur les mers obscures et profondes, et c'est ce qui retarde sans doute la connaissance précise que nous cherchons à acquérir de la contrée qui sépare l'océan Newton et l'océan Kepler ; mais on n'y remarque pas de zones constamment nuageuses et pluvieuses analogues à celle des calmes équatoriaux terrestres, où il pleut toute l'année.

nents, et maintes observations ont pour ainsi dire déjà photographié ces variations météoriques. Si l'on ne voit pas encore précisément *la pluie tomber* sur les campagnes de Mars, on la devine du moins, puis-que les nuages se dissolvent et se renouvellent. Si l'on ne voit pas non plus la neige tomber, on la devine aussi, puisque, comme chez nous, le solstice d'hiver y est entouré de frimas. Ainsi il y a là, comme ici, une circulation atmosphérique avec toutes ses conséquences. Nous pouvons aller plus loin encore dans l'induction.

En effet, l'existence des continents et des mers nous montre que cette planète a été comme la nôtre le siège de mouvements géologi-ques intérieurs qui ont donné naissance à des soulèvements de terrains et à des dépressions. Il y a eu des tremblements et des éruptions modi-fiant la croûte primitivement unie du globe. Par conséquent, il y a des montagnes et des vallées, des plateaux et des bassins, des ravins escarpés et des falaises. Comment les eaux pluviales retournent-elles à la mer? Par les sources, les ruisseaux, les rivières et les fleuves. La goutte d'eau tombée des nues traverse comme ici les terrains per-méables, glisse sur les terrains imperméables, revoit le jour dans la source limpide, gazouille dans le ruisseau, coule dans la rivière, et descend majestueusement dans le fleuve jusqu'à son embouchure. Ainsi il est difficile de ne pas voir sur Mars des scènes analogues à celles qui constituent nos paysages terrestres : ruisseaux courant dans leur lit de cailloux dorés par le soleil; rivières traversant les plaines ou tombant en cataractes au fond des vallées; fleuves descendant len-tement à la mer à travers les vastes campagnes. Les rivages maritimes reçoivent là, comme ici, le tribut de canaux aquatiques, et la mer y est tantôt calme comme un miroir, tantôt agitée par la tempête; elle y est même bercée, comme ici, du mouvement synchronique des marées causées par deux lunes tournant rapidement dans le ciel.

Ainsi donc voilà dans l'espace, à quelques millions de lieues d'ici, une terre presque semblable à la nôtre, où tous les éléments de la vie sont réunis aussi bien qu'autour de nous : eau, air, chaleur, lumière, vents, nuages, pluies, ruisseaux, fontaines, vallons, montagnes. Pour compléter la ressemblance, rappelons-nous que les saisons y ont à peu près la même intensité que sur la Terre, et que la durée du jour y est seulement un peu plus longue que la nôtre. C'est là certainement un séjour peu différent de celui que nous habitons.

L'analogie de Mars avec la Terre ne cesse pas lorsque l'on exa-mine cette planète au point de vue des êtres animés qui doivent la peupler. Ses habitants peuvent être considérés comme étant ceux dont la conformation doit se rapprocher le plus de la nôtre. Le philosophe Kant supposait même déjà au siècle dernier qu'ils peuvent être rangés, pour le moral, dans la catégorie des hommes de la Terre : il pensait que les habitants des planètes inférieures, Mercure et Vénus, sont trop matériels pour être raisonnables, et n'ont probablement même pas la responsabilité de leurs actes, et il rangeait les humanités de la Terre et de Mars dans un juste milieu moral, ni absolument grossiers, ni absolument spirituels. « Ces deux planètes, écrivait-il, sont placées au milieu de notre système planétaire de façon que l'on puisse supposer sans invraisemblance que leurs habitants possèdent une condition moyenne, dans leur physique comme dans leur moral, entre les deux points extrêmes. » Pour peindre la perfection et la félicité dont jouissent les habitants des planètes supérieures, depuis Jupiter jusqu'aux confins du système, Kant cite deux vers de Haller dont voici la traduction : « Les astres sont peut-être le séjour d'esprits glorifiés; de même qu'ici règne le vice, là-haut la vertu est souveraine. »

Mais ce sont là des arguments purement spéculatifs. Nous n'avons encore aucune base pour juger de l'état intellectuel des humanités planétaires. Tout ce que nous pouvons penser, c'est que le moral étant naturellement en rapport avec le physique, plus la planète est rude et moins la sensibilité doit être grande, de sorte que sans doute les habitants de Mercure et Vénus peuvent être en effet moins « intellectuels » que nous. D'autre part, les humanités progressent avec le temps, et Mars s'étant formé avant la Terre et s'étant refroidi plus vite doit être plus avancé, à tous les points de vue. Il est sans doute arrivé à son apogée, tandis que nous ne sommes encore que des enfants qui jouent sérieusement au cerceau.

Les études de la physiologie moderne démontrent scientifiquement que le corps humain est le produit de la planète terrestre : son poids, sa taille, la densité de ses tissus, le poids et le volume de son squelette, la durée de la vie, les périodes de travail et de sommeil, la quantité d'air qu'il respire et de nourriture qu'il s'assimile, toutes ses fonctions organiques, *tous les éléments de la machine humaine, sont organisés par la planète.* La capacité de nos poumons et la forme de notre poitrine, la nature de notre alimentation et la longueur du tube digestif, la marche et la force des jambes, la vue et la construction de l'œil, etc., tous les détails de notre organisme, toutes les fonctions de notre être sont en corrélation intime, absolue, permanente, avec le monde au milieu duquel nous vivons.

Or, la densité moyenne des matériaux qui composent cette planète
est inférieure à celle des matériaux constitutifs de notre globe : elle
est de 71 pour 100. D'autre part, le poids des corps est extrêmement

Sur quel monde croyez-vous être en regardant cet étrange paysage ?

léger à sa surface. Ainsi, l'intensité de la pesanteur terrestre étant
représentée par 100, elle n'est que de 37 à la surface de Mars : c'est *la
plus faible* que l'on puisse trouver sur toutes les *planètes* du système. Il en résulte qu'un kilogramme terrestre transporté là ne pèserait plus que 374 grammes. Un homme du poids de 70 kilos serait

réduit à 26 : il ne serait pas plus fatigué pour parcourir cinquante kilomètres que pour en parcourir vingt sur la Terre ([1]).

L'ensemble de toutes ces considérations nous invite donc à penser que la population martiale est fort différente de la population terrestre. Mais, d'ailleurs, la vie terrestre est-elle si homogène elle-même? Ne trouve-t-on pas en certaines contrées des végétaux et des animaux absolument différents de ceux que nous connaissons en Europe? L'Australie n'a-t-elle pas renversé toutes nos anciennes idées? Sur quel monde croyez-vous être en regardant l'étrange paysage représenté sur le dessin précédent ? Quels sont ces arbres sans feuilles et sans fleurs, ces pierres étrangement sculptées, ces cavaliers chasseurs? — C'est un paysage du Colorado, pays des Aztecs, et nous n'avons pas quitté la Terre.

Ce monde et son humanité doivent être plus avancés et sans doute plus parfaits que nous. Si l'on admet que les corps célestes ont été formés par la condensation ou l'agglomération consécutives de molécules primitivement répandues dans un espace immense, les principes de la théorie mécanique de la chaleur démontrent que la température qui en est résultée a été de 28 millions de degrés pour le Soleil, de 9000 degrés pour la Terre et de 2000 pour Mars. Si l'on ajoute que Mars a dû se détacher de la nébuleuse solaire bien des millions de siècles avant la Terre, on en concluera avec une grande apparence de probabilité, que ce monde doit être actuellement refroidi jusqu'à son centre et que sa surface ne doit plus subir comme celle de la Terre l'influence des forces géologiques intérieures, qui continuent à exhausser nos terrains et à modifier nos rivages. Une grande partie des eaux paraît être absorbée, et la forme étroite et allongée des mers paraît indiquer le fond des anciens lits. Qu'il serait intéressant pour nous de faire un voyage jusque-là !... En attendant, perfectionnons nos télescopes.

(*[1]*) En remontant à la formation de la série zoologique, on peut augurer que la pesanteur aura exercé une influence d'un autre ordre sur la succession des espèces. Tandis qu'ici la grande majorité des races animales est restée clouée à la surface du sol par l'attraction terrestre, et qu'un bien petit nombre a reçu le privilège de l'aile et du vol, il est bien probable qu'en raison de la disposition toute particulière des choses, la série zoologique martiale s'est développée de préférence par la succession des espèces ailées. La conclusion naturelle est que les espèces animales supérieures peuvent y être munies d'ailes. Sur notre sphère sublunaire, le vautour et le condor sont les rois du monde aérien ; là-bas, les grandes races vertébrées et la race humaine elle-même, qui en est la résultante et la dernière expression, ont dû conquérir le privilège très digne d'envie de jouir de la locomotion aérienne. Le fait est d'autant plus probable qu'à la faiblesse de la pesanteur s'ajoute l'existence d'une atmosphère analogue à la nôtre.

Ainsi, les progrès de l'optique font déjà actuellement descendre ce monde à la portée de notre analyse (¹). Mais l'un des faits les plus nouveaux et les plus intéressants de son étude, c'est encore la découverte qui vient d'être faite de ses deux satellites.

Nous savons maintenant que ce monde vogue accompagné de deux petits satellites. Leur découverte, toute récente, a été faite en 1877 par M. Asaph Hall à l'Observatoire de Washington, à l'aide de la plus puissante lunette qui ait encore été construite. Elle n'est pas due au hasard comme celle d'un grand nombre de petites planètes et de comètes, mais elle a été le résultat d'une recherche systématique. La plupart des astronomes s'étaient habitués, comme le commun des mortels, à lire dans les livres classiques la phrase ordinaire : « Mars n'a pas de satellites »; cependant, quelques-uns, doutant de cette affirmation, continuaient à chercher à surprendre les secrets de la nature, qui en garde toujours plus qu'elle n'en laisse saisir. On avait déjà sondé le voisinage de Mars, mais les instruments dont on s'était servi étaient loin du nouvel équatorial de Washington, dont l'objectif ne mesure pas moins de 66 centimètres de diamètre, dont la longueur totale est de 10 mètres, dont la puissance optique permet des grossissements de 1300 fois, et qui est mû par un mécanisme de la plus grande précision. A l'aide de cet excellent appareil, l'éminent astronome américain entreprit l'examen attentif des alentours de Mars, dès le commencement du mois d'août 1877, afin d'observer assidûment cette planète voisine pendant l'époque favorable de sa plus grande proximité de la Terre. Il eut le bonheur de découvrir un satellite pendant la nuit du 11, et un second pendant la nuit du 17.

Cette nouvelle fut reçue comme un coup de foudre par les astro-

(¹) Quels sont les objets les plus petits que dans l'état actuel de l'optique nous puissions apercevoir à la surface de Mars? C'est là une intéressante question que les observations de Schiaparelli viennent en partie de résoudre. Sa lunette, dont l'objectif mesure 218 millimètres de diamètre, armée d'oculaires grossissant l'un 322, l'autre 468 fois, et dont la longueur est de $3^m,25$, lui a permis de distinguer : 1º des taches lumineuses sur fond obscur et des taches obscures sur fond lumineux, mesurant une demi-seconde, 2º des lignes lumineuses sur fond obscur mesurant seulement un quart de seconde, et 3º des lignes obscures sur fond lumineux mesurant également un quart de seconde. Il en résulte que, dans d'excellentes conditions atmosphériques, on distingue des taches dont le diamètre n'est que le cinquantième de celui de la planète, c'est-à-dire de 137 kilomètres : La Sicile, les grands lacs de l'Afrique centrale, l'île Ceyland, l'Islande, y seraient visibles. Semblablement, une ligne dont la largeur ne serait que le centième de celle de la planète ou de 70 kilomètres y serait perceptible ; on y distinguerait donc : l'Italie, l'Adriatique, la mer Rouge, etc. Au lieu de continuer le duel entre les canons de 80 tonnes, de 100 tonnes, de 150 tonnes et les plaques blindées, ne serait-on pas mieux inspiré de suspendre un instant cette pure perte de centaines de millions payés par les contribuables, et d'en consacrer la centième partie à des essais capables de nous ouvrir les divins secrets de la nature ?

nomes. La moitié au moins restèrent incrédules jusqu'à plus ample
informé. Le premier soin fut naturellement de chercher à la vérifier.
Mais huit jours ne s'étaient pas écoulés sans que la plupart des Observatoires d'Amérique et d'Europe eussent dirigé leurs meilleurs instruments vers le même point du ciel, et reconnu l'existence, sinon des
deux satellites, du moins du plus éloigné, qui est le moins difficile à
apercevoir. Aujourd'hui, ces deux nouveaux mondes ont été suffisamment observés pour que leurs éléments astronomiques aient pu être
déterminés. Voici leur situation :

Ils tournent autour de Mars à peu près dans le plan de son équateur ;
Leurs orbites sont presque circulaires ;
Le satellite le plus éloigné effectue sa révolution en 30 heures 18 minutes ;
Le satellite le plus proche en 7 heures 39 minutes ;
La distance du plus éloigné au centre de Mars est de 32″,5 ;
La distance du plus proche est de 13″,0 ;
Le diamètre de Mars est de 9″,57.

Si nous traduisons ces trois dernières valeurs en kilomètres, nous obtenons :

Diamètre de Mars.	6 760 kilomètres.
Distance du satellite extérieur	20 116 —
Distance du satellite intérieur	6 051 —

Ces distances sont comptées, non à partir du centre de Mars, mais
de la surface. Ainsi, du sol de la planète pour atteindre à la première
lune de Mars, il n'y a que 6051 kilomètres, ou 1500 lieues environ, et
5000 lieues pour aller à la se-
conde, tandis que de la Terre
à la Lune (centre pour centre) on compte 96 000 lieues.
Entre la première lune de
Mars et la surface de la planète, il n'y a même pas la
place nécessaire pour y supposer un second globe de
Mars, tandis qu'il faudrait
vingt-neuf globes terrestres
pour jeter un pont d'ici à la
Lune.

J'ai représenté sur la figure
ci-contre ce petit système de
Mars, dessiné à l'échelle précise de 1 millimètre pour 1 se-

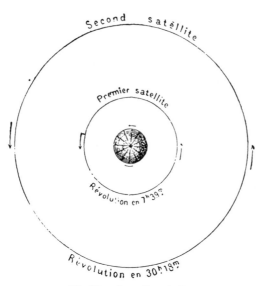

Fig. 215. — Le système de Mars.

conde. On se rendra compte de sa différence avec le système terrestre
en remarquant que, si ce globe de Mars représentait la Terre, nous

Fig. 216. — La lunette colossale de l'Observatoire de Washington.

devrions à la même échelle placer la Lune à une distance de 28 centimètres.

Voilà donc un système bien différent de celui de la Terre et de la Lune. Mais le point le plus curieux est encore la rapidité avec laquelle le premier satellite de Mars tourne autour de sa planète. Cette révolution s'effectue en 7 heures 39 minutes, quoique le monde de Mars tourne sur lui-même en 24 heures 37 minutes, c'est-à-dire que cette lune tourne beaucoup plus vite que la planète elle-même; ce fait est en contradiction avec toutes les idées que nous avons pu avoir jusqu'ici sur la loi de la formation des corps célestes.

Ainsi, tandis que le Soleil paraît tourner dans le ciel des Martiaux en une lente journée de plus de vingt-quatre heures, la première lune a parcouru sa révolution entière en un tiers de jour. Il en résulte qu'*elle se lève au couchant* et qu'*elle se couche au levant!* Elle passe sous la seconde lune, l'éclipse de temps en temps et parcourt toutes ses phases en 11 heures, chaque quartier ne durant même pas trois heures. Quel singulier monde!

Ces satellites sont tout petits; ce sont les plus petits corps célestes que nous connaissions. L'éclat de la planète empêche de les mesurer exactement. Il semble néanmoins que le plus proche soit le plus gros et offre l'éclat d'une étoile de 10ᵉ grandeur, et que le second offre l'éclat d'une étoile de 12ᵉ grandeur. D'après les mesures photométriques les plus sûres, le premier peut avoir un diamètre de 12 kilomètres, et le second un diamètre de 10. *Le plus gros de ces deux mondes est à peine plus large que Paris*. Devons-nous les « honorer » du titre de mondes? Ce ne sont même pas des continents terrestres, ni même des empires, ni même des royaumes, ni même des provinces, ni même des départements. Alexandre, César, Charlemagne, Napoléon se soucieraient peu d'en recevoir le sceptre. Gulliver jonglerait avec eux.... Qui sait pourtant! La vanité des hommes étant généralement en raison directe de leur médiocrité, les microscopiques mites raisonneuses qui fourmillent sans doute à leur surface ont peut-être aussi des armées permanentes qui s'entre-déchirent pour la possession d'un grain de sable (¹).

(¹) Plusieurs de nos lecteurs se sont déjà demandé sans doute pourquoi ces lunes de Mars n'ont pas été plus tôt découvertes. On peut même se demander si elles ne sont pas de création récente. Sans nier la possibilité d'une projection actuelle de satellites par une planète, ou de planètes par le Soleil, il n'est pas nécessaire d'admettre cette formation nouvelle pour expliquer la découverte récente de ces deux satellites. Ils ont été cherchés exprès, à l'aide de la plus puissante lunette qui ait encore été dirigée sur Mars, par un astronome minutieux et persévérant, et dans le moment même où ce monde se trouvait dans les meilleures conditions d'observation. Voilà

Ces deux petites lunes ont reçu de leur découvreur les noms de *Deimos* (la Terreur) et *Phobos* (la Fuite), en souvenir de deux vers de l'*Iliade* d'Homère (livre XV), qui représentent Mars descendant sur la Terre pour venger la mort de son fils Ascalaphe :

> Il ordonne à la Terreur et à la Fuite d'atteler ses coursiers ;
> Et lui-même revêt ses armes étincelantes.

Phobos est le nom du plus proche ; *Deimos*, celui du plus éloigné.

L'analogie avait déjà fait soupçonner l'existence de ces petits globes, et les penseurs avaient dit assez souvent que, puisque la Terre a un satellite, Mars devait en avoir deux, Jupiter quatre, Saturne huit, et c'est en effet ce qui arrive. Mais, comme on éprouve trop souvent dans la pratique l'insuffisance de ces raisonnements de logique purement humaine, on n'y accordait pas plus de valeur qu'ils n'en possèdent réellement. Nous pourrions supposer de la même façon aujourd'hui que la planète Uranus a 16 satellites et que Neptune en a 32. C'est possible ; mais on n'en sait rien, et l'on n'a même pas le droit de regarder cette proportion comme probable. Il n'en est pas moins curieux de lire le passage suivant écrit par Voltaire en 1750 dans son chef-d'œuvre de *Micromégas* :

En sortant de Jupiter, nos voyageurs traversèrent un espace d'environ cent millions de lieues et côtoyèrent la planète Mars. Ils virent *deux lunes* qui servent à cette planète, et qui ont échappé aux regards de nos astronomes. Je sais bien que le P. Castel écrira contre l'existence de ces deux lunes ; mais je m'en rapporte à ceux qui raisonnent par analogie. Ces bons philosophes-là savent combien il serait difficile que Mars, qui est si loin du Soleil, se passât à moins de deux lunes. Quoi qu'il en soit, nos gens trouvèrent cela si petit qu'ils craignirent de n'y pas trouver de quoi coucher, et ils passèrent leur chemin.

Voilà sans contredit une prophétie bien claire, qualité rare dans cet ordre d'écrits. Le roman astronomico-philosophique de *Micromégas* a été regardé comme une imitation de Gulliver. Ouvrons le chef-d'œuvre de Swift lui-même, composé vers 1720, et nous pourrons lire textuellement au chapitre III du voyage à Laputa :

Les astronomes de ce pays passent la plus grande partie de leur vie à observer les corps célestes à l'aide d'instruments fort supérieurs aux nôtres. Ayant poussé leurs découvertes beaucoup plus loin que nous, ils comptent 10 000 étoiles fixes, tandis que nos calculs les plus larges ne vont pas au tiers de ce nombre. De plus, *ils ont découvert deux étoiles inférieures ou satellites qui tournent autour de Mars*, et dont la plus proche de la planète est à une distance du centre

plus de conditions qu'il n'en faut pour expliquer le fait. Il est à peu près certain que ce ne sont pas là des formations nouvelles. J'ajouterai que cette découverte est due à une insistance toute féminine. Après avoir cherché en vain pendant plusieurs soirées, l'astronome y avait renoncé, quand Mme Hall le pria de chercher encore un peu... Et il trouva.

de celle-ci équivalente à 3 fois son diamètre, et la plus éloignée à une distance de 5 fois le même diamètre. La révolution de la première s'accomplit en 10 heures, et celle de la seconde en 21 heures, de sorte que les carrés des temps sont dans la proportion des cubes des distances, ce qui prouve qu'elles sont gouvernées par la même loi de gravitation qui régit les autres corps célestes.

Que penser de cette double prédiction des deux satellites de Mars? Certes, les prophéties dont on a fait le plus de cas dans certains raisonnements doctrinaires n'ont pas toujours été aussi claires, ni les coïncidences aussi frappantes. Cependant, il est évident que personne n'avait jamais vu ces satellites avant 1877, et qu'il n'y a dans cette rencontre que l'œuvre capricieuse du hasard. On peut même remarquer que l'auteur anglais comme l'auteur français n'ont ainsi parlé que par ironie contre les mathématiciens, et que, dès 1610, en recevant la nouvelle de la découverte des satellites de Jupiter, Képler avait écrit à son ami Wachenfels que « non seulement l'existence de ces satellites lui paraissait probable, mais encore que l'on pourrait sans doute en trouver deux à Mars, six ou huit à Saturne, et peut-être un à Vénus et Mercure ». On ne peut assurément s'empêcher de remarquer qu'ici le raisonnement par analogie s'est trouvé dans le droit chemin.

Quoi qu'il en soit, cette découverte constitue vraiment l'un des faits les plus intéressants de l'astronomie contemporaine.

Telle est la physiologie générale de cette planète voisine. L'atmosphère qui l'environne, les eaux qui l'arrosent et la fertilisent, les rayons de soleil qui l'échauffent et l'illuminent, les vents qui la parcourent d'un pôle à l'autre, les saisons qui la transforment, sont autant d'elements pour lui construire un ordre de vie analogue à celui dont notre planète est gratifiée. La faiblesse de la pesanteur à sa surface a dû modifier particulièrement cet ordre de vie en l'appropriant à sa condition spéciale. Ainsi, désormais, le globe de Mars ne doit plus se présenter à nous comme un bloc de pierre tournant dans l'espace dans la fronde de l'attraction solaire, comme une masse inerte, stérile et inanimée; mais nous devons voir en lui *un monde vivant*, orné de paysages analogues à ceux qui nous charment dans la nature terrestre...; nouveau monde que nul Colomb n'atteindra, mais sur lequel cependant toute une race humaine habite actuellement, travaille, pense et médite comme nous, sans doute, sur les grands et mystérieux problèmes de la Nature. Ces frères inconnus ne sont point des âmes sans corps ou des corps sans âmes, des êtres surnaturels ou extra-naturels, mais des êtres agissant, pensant, raisonnant comme nous le faisons ici. Ils vivent en société, sont groupés en familles, associés en nations, ont élevé des villes et conquis les arts ; sans doute les sens de la vue et de l'ouïe n'y offrent pas de différences essentielles : et s'il nous arrivait de passer un jour non loin de leurs demeures, peut-être nous arrêterions-nous surpris de leur architecture, ou charmés par l'écho de mélodieux accords nous rappelant les inspirations musicales de nos grands maîtres.... Au milieu des variétés inhérentes aux diversités planétaires et des métamorphoses séculaires des mondes, nous devons voir le même flambeau vital allumé sur toutes les terres.

De ce séjour voisin, le ciel étoilé est le même que celui qui scintille sur nos têtes : les mêmes étoiles y attirent le regard et la pensée, les mêmes constellations y dessinent leurs mystérieuses figures. Mais si les *étoiles* sont les mêmes, les *planètes* diffèrent.

Jupiter est magnifique pour eux : il leur paraît une fois et demie plus grand qu'il ne nous paraît, et ses satellites doivent y être facilement visibles à l'œil nu. Saturne est également très brillant. Uranus y est bien visible, et ils ont pu découvrir Neptune avant nous. Ils doivent avoir distingué à l'œil nu un grand nombre des petites planètes qui gravitent entre leur orbite et celle de Jupiter. Mercure, rapproché du Soleil et perdu dans ses rayons, est très difficile à distinguer ; Vénus leur paraît comme Mercure nous paraît à nous-mêmes.

Quant à nous, comment nous voient-ils ?

L'orbite terrestre étant intérieure à celle de Mars, la Terre ne peut plus être pour Mars une étoile de nuit, comme pour Mercure et Vénus, mais une étoile du matin et du soir seulement. Sa plus grande élongation arrive lorsqu'elle forme un angle droit avec le Soleil, dans le voisinage de son aphélie, Mars étant à son périhélie (*revoir* la *fig.* 207, p. 467). L'angle formé par cette position est de 48°. Nous sommes alors pour cette planète une étoile brillante, offrant un aspect analogue à celui que Vénus nous offre à nous-mêmes, précédant l'aurore et suivant le crépuscule ; en un mot, nous sommes, pour les habitants de Mars, l'*Étoile du Berger*.

Notre vanité naturelle peut donc légitimement se bercer de l'idée que les habitants de Mars nous contemplent le soir dans leur ciel empourpré par les derniers rayons solaires, qu'ils nous admirent de loin, qu'ils ont découvert *nos phases* et celles de la Lune, comme nous avons découvert celles de Vénus et de Mercure, et que sans doute ils supposent ici un céleste séjour de paix et de bonheur... Peut-être même nous élèvent-ils des autels.... Quelle désillusion, s'ils pouvaient nous observer d'un peu plus près !

CHAPITRE V

Les petites planètes situées entre Mars et Jupiter.

Le premier jour de notre siècle actuel, le 1er janvier 1801, un astronome passionné pour le ciel, Piazzi, observait à Palerme les petites étoiles de la constellation du Taureau et notait exactement leur position, lorsqu'il en remarqua une qu'il n'avait jamais vue. Le soir suivant, le 2 janvier, il dirigea de nouveau sa lunette vers la même région du ciel et remarqua que l'étoile n'était plus au point où il l'avait vue la veille et avait rétrogradé de 4′. Elle continua de rétrograder ainsi jusqu'au 12, s'arrêta, et marcha ensuite dans le sens direct, c'est-à-dire de l'ouest à l'est. Quelle était cette étoile mobile ? L'idée qu'elle pouvait être une planète ne vint pas immédiatement à l'esprit de l'observateur, et il la prit pour une comète, comme William Herschel avait fait en 1781 lorsqu'il découvrit Uranus. Le système planétaire paraissait complètement connu quant à ses membres essentiels ; ajouter une planète nouvelle eût été une affaire de haute importance, tandis qu'ajouter une ou plusieurs comètes était sans grande conséquence.

Cependant, l'habile observateur sicilien faisait partie d'une association qui avait précisément pour but de chercher une planète inconnue entre Mars et Jupiter. Dès les premiers temps de l'astronomie moderne, Képler avait signalé la disproportion, le vide qui existe entre l'orbite de Mars et celle de Jupiter (vide que chacun peut reconnaître en examinant le plan du système planétaire dessiné p. 273). Si l'on supprime, en effet, l'orbite des petites planètes, ou astéroïdes, on remarque que les quatre premières planètes, Mercure, Vénus, la Terre et Mars (revoir la *fig.* 109) sont en quelque sorte serrées tout contre le Soleil, tandis que Jupiter, Saturne, Uranus et Neptune s'étendent fort au large dans l'immensité. Nous avons vu, p. 275, que la loi de Titius indiquait un nombre, le nombre 28, comme n'étant représenté par aucune planète. C'est en 1772 que ce savant publia cette remarque dans une traduction allemande qu'il avait faite de la *Contemplation de la nature* de Charles Bonnet. Bode, directeur de l'observatoire de Berlin, fut tellement émerveillé de la coïncidence, qu'il proclama cette remarque arithmétique comme étant une véritable loi de la nature, en parla tellement, qu'elle n'est connue généralement que sous son nom, et même organisa une association de vingt-quatre astronomes pour explorer chaque heure du zodiaque et chercher l'inconnue. Cette exploration systématique n'avait encore amené aucun résultat quand, par le plus grand des hasards, Piazzi vit son étoile qui marchait, et crut d'abord à une comète. Mais, dès la nouvelle reçue, Bode fut convaincu que c'était la planète cherchée. Le baron de Zach, qui était, par son amour de la science et son activité, à la tête du mouvement astronomique et rédigeait une sorte de correspondance astronomique de l'Europe entière, avait calculé en 1784 l'orbite probable de la planète invisible, et avait trouvé la distance 2,82 (celle de la Terre étant prise pour unité) pour sa distance au Soleil, et 4 ans 9 mois pour sa période de révolution. La nouvelle planète se trouva être à la distance 2,77 et tourner, à quelques jours près, dans la même période.

Piazzi donna au nouvel astre le nom de *Cérès*, divinité protectrice de la Sicile aux beaux temps de la mythologie, et fit graver en souvenir la figure que nous reproduisons ci-dessous. L'astronome était un abbé de l'ordre des Théatins, et devait à Pie VII la fondation de l'observatoire de Palerme ; mais il aimait Horace et Virgile et se souvenait de la mythologie.

La lacune ainsi comblée à la distance 28 par la découverte de Cérès, personne ne pensa qu'il pouvait exister là d'autres planètes, et si Piazzi l'avait supposé, il aurait pu découvrir coup sur coup une douzaine des petits corps qui flottent dans cette région. Un astronome de Brême, Olbers, observait cette planète dans la soirée du 28 mars 1802, lorsqu'il aperçut dans la constellation de la Vierge une étoile de 7ᵉ grandeur qui n'était pas marquée sur la carte de Bode, dont il se servait. Le lendemain, il la trouva changée de place et reconnut par là en elle une seconde planète. Mais il fut beaucoup plus difficile de lui donner droit de cité qu'à son aînée, parce que, la lacune étant comblée, on n'en avait plus besoin, et elle était plus gênante qu'agréable. On la regarda donc comme une comète (refuge tout trouvé) jusqu'au jour où son mouvement prouva qu'elle gravitait dans la même région que Cérès, à la distance 2,77, et en 1685 jours : la période de Cérès est de 1681 jours. On lui donna le nom de *Pallas*.

Les découvertes inattendues de Cérès et de Pallas portèrent les astronomes à réviser les catalogues d'étoiles et les cartes célestes. Harding était du nombre de ces réviseurs zélés. Il ne tarda pas à être récompensé de sa peine. Le 1ᵉʳ septembre 1804, à 10 heures du soir, il vit dans la constellation des Poissons une étoile de huitième grandeur qui n'était pas notée dans l'*Histoire Céleste* de Lalande. Le 4 septembre suivant, il la trouva très sensiblement changée de place : c'était une nouvelle planète. Elle reçut le nom de *Junon*. Sa distance au Soleil est exprimée par le chiffre 2,67 et sa révolution s'exécute en 1592 jours.

Après ces trois découvertes, Olbers, remarquant que les orbites de ces planètes se croisent dans la constellation de la Vierge, émit l'hypothèse qu'elles pourraient bien n'être autre chose que les fragments d'une grosse planète brisée. Les planètes, en effet, ne sont pas d'une solidité à toute épreuve, et il n'y a rien d'impossible à ce que la Terre,

Frontispice du Catalogue de Piazzi, souvenir de la découverte de Cérès.

par exemple, fasse quelque jour explosion (si, comme la géologie paraît l'affirmer, tout l'intérieur du globe n'est encore qu'une fournaise ardente), ou à ce qu'un choc extérieur la casse en morceaux. La mécanique montre que, dans ce cas, les fragments doivent repasser chaque année, c'est-à-dire à chacune de leurs révolutions, par l'endroit où la catastrophe s'est opérée. Il se mit dès lors à explorer attentivement cette constellation et y trouva, en effet, le 29 mars 1807, une quatrième petite planète, à laquelle il donna le nom de *Vesta*. Sa distance n'est que de 2,36, et sa révolution n'est que de 1326 jours. C'est la plus brillante des petites planètes, et on la voit quelquefois à l'œil nu (quand on sait où elle est) comme une petite étoile de 6ᵉ grandeur.

On peut s'étonner qu'après ces brillants débuts on soit resté ensuite pendant trente-huit ans sans découvrir une seule petite planète, car ce n'est qu'en 1845 que la cinquième, Astrée, fut découverte par Hencke (qu'il ne faut pas confondre avec l'astronome Encke), simple amateur d'astronomie, maître de poste à Berlin, qui s'amusait à construire des cartes d'étoiles. La raison principale doit être attribuée précisément au manque de bonnes cartes d'étoiles, car, pour trouver ces petits points mobiles, le premier soin est d'avoir une carte très précise de la région du zodiaque que l'on observe pour reconnaître si l'une des étoiles observées est en mouvement. Les premières bonnes cartes zodiacales sont celles que l'Académie de Berlin a commencé à publier en 1830 en prenant pour base les zones de Bessel continuées par Argelander. Celles de l'Observatoire de Paris, plus parfaites, n'ont été commencées qu'en 1854. Si, soit en construisant ces cartes, soit en observant les étoiles qu'elles renferment, on remarque une étoile nouvelle, deux soirées d'observation suffisent pour montrer que cette étoile est une planète. Considérez, par exemple, la carte d'étoiles que nous avons reproduite p. 372. Quelques personnes du monde pourraient peut-être s'imaginer que les quatre mille points blancs qui la composent ont été jetés là au hasard : il n'en est rien ; chacun de ces petits points est un soleil lointain, une étoile placée juste à sa place et juste à sa grandeur apparente. Prenez une lunette, dirigez-la vers cette région du ciel, vous y retrouverez exactement toute cette population sidérale. Si l'une de ces étoiles vous paraît plus grosse ou plus petite qu'elle n'est marquée, c'est que son éclat a varié ; si l'une manque, c'est qu'elle s'est éteinte ; si enfin vous remarquez dans cette région du ciel une étoile qui soit absente de cette carte, cette étoile est une planète.

Ces petites planètes sont toutes télescopiques, invisibles à l'œil nu, à l'exception de Vesta et quelquefois de Cérès, que de bonnes vues parviennent quelquefois à distinguer ; elles sont de 7ᵉ, 8ᵉ, 9ᵉ, 10ᵉ, 11ᵉ grandeur, et même encore plus petites, et c'est aussi pour cette raison qu'un si grand intervalle de temps s'est écoulé entre la quatrième et la cinquième découverte. Il est probable que toutes les petites planètes de quelque importance sont connues actuellement, mais qu'il en reste encore un grand nombre, plusieurs centaines peut-être, à découvrir, dont l'éclat moyen ne surpasse pas celui des étoiles de 12ᵉ ordre, et dont le diamètre n'est que de quelques kilomètres. Le diamètre de la plus grosse, celui de Vesta, peut être évalué à 400 kilomètres.

Hencke trouva successivement la 5ᵉ et la 6ᵉ en 1845 et 1847 ; Hind, astronome anglais, la 7ᵉ et la 8ᵉ en 1847 ; Graham, observateur anglais, la 9ᵉ en 1848 ; de Gasparis, astronome italien, la 10ᵉ et la 11ᵉ en 1849 et 1850, et ensuite sept autres ; Hind en découvrit encore huit autres ; Goldschmidt, peintre allemand naturalisé français, en a découvert quatorze de 1852 à 1861 (¹).

Le *découvreur* le plus fécond a été l'astronome C.-H.-F. Peters, des États-Unis : il en a découvert *trente-quatre* à lui seul ! On peut dire, sans doute, que pour les trouver il n'y a qu'à les chercher, et que cette recherche ne demande qu'une attention minutieuse et persévérante. Mais on n'en doit pas moins être reconnaissant envers tous ceux qui, d'une façon ou d'une autre, accroissent le trésor des richesses astronomiques ; c'est toujours un pas de plus vers la conquête de l'infini, que ce pas soit fait dans l'étude de la Lune, dans celle des planètes ou dans celle des étoiles doubles perdues au fond des cieux.

Pour saisir une petite planète au passage, il faut bien tendre ses filets (les mailles du filet sont les petits carrés de notre *fig.* 164), et il faut pour cela toute la patience du pêcheur à la ligne. Heureux encore quand on prend quelque chose ! Le principal est de bien choisir la place.... On connaît l'histoire de cet amateur de pêche qui arrive dans un canton où se trouve une magnifique pièce d'eau, un vrai lac, paraissant très poissonneux. Il est confirmé dans son opinion par la présence d'un pêcheur qui s'y était installé depuis l'aube jusqu'au coucher du soleil. Cependant, le nouvel arrivant perd son temps et son art d'amorcer pendant toute la journée. La même absence totale de goujons persiste pendant plusieurs jours. Que faire ? Prendre la place du pêcheur fortuné toujours si assidu à son poste : il faut cette place à tout prix ! Le lendemain, donc, il arrive avant le jour ; l'autre y est déjà. Notre héros, naturellement, n'est pas plus heureux que les jours précédents. Piqué au vif, il prend une résolution héroïque, fait des provisions convenables en tout genre, et sitôt que son rival a quitté

(¹) Il aimait passionnément l'astronomie, et j'ai retrouvé dans ses papiers, que sa famille m'a légués, des observations nombreuses et des remarques qui montrent combien il adorait l'étude du ciel. Sa plus grande ambition avait été d'abord de posséder une petite lunette pour faire quelques observations, et le plus beau jour de sa vie fut celui où il en trouva une chez un marchand de bric-à-brac. Il s'empressa de la diriger sur le ciel, de son modeste atelier d'artiste situé dans une des rues les plus fréquentées de Paris (rue de l'Ancienne-Comédie), au-dessus du café Procope, où se donnaient jadis rendez-vous les astres de la littérature. Là, *de sa fenêtre*, il découvrit, en 1852, la 21ᵉ petite planète, qui reçut d'Arago le nom de Lutèce ; puis, en 1854, la 32ᵉ (Pomone) ; puis, en 1855, la 36ᵉ (Atalante), et ensuite onze autres, toujours de sa fenêtre, après avoir souvent déménagé à la recherche d'une atmosphère pure et s'être finalement retiré à Fontainebleau, où la forêt lui offrait à chaque pas d'admirables sujets de peinture, et où il est mort en 1866.

l'endroit privilégié, il s'y installe et y passe la nuit. Le matin arrive, et l'autre pêcheur aussi ; mais, la place étant occupée, celui-ci va se placer plus loin. Cependant, l'usurpateur n'en est pas plus heureux pour cela !.. Rien ! toujours rien !.. Le soir venu, en quittant sa position enviée, il va trouver son compère : « Je conviens, lui dit-il, que je me suis rendu coupable d'un mauvais procédé à votre égard ; mais vous me le pardonnerez sans doute quand vous saurez que, malgré toute l'expérience que je crois posséder dans notre partie et surtout pour amorcer, non seulement je n'ai rien pris aujourd'hui, mais je n'ai pas même vu un seul poisson ! — Cela ne me surprend nullement, lui répond gravement son interlocuteur, car voilà *trois mois* que je viens ici, moi, tous les jours, et je n'ai pas encore vu mordre une seule fois ! »

Cette histoire rappelle la critique de ce bon bourgeois qui, après être resté deux heures entières à regarder un pêcheur qui ne prenait absolument rien, s'indigna pour tout de bon contre lui et l'apostropha d'un air de supériorité : « Comment avez-vous la patience de rester ainsi deux heures à ne rien faire ? vous n avez donc rien dans la tête ! »

L'observateur du ciel se croit grandement récompensé quand, après *plusieurs années* de persévérance, il met la main sur une planète ou sur une bonne étoile.

La première chose à faire lorsqu'on découvre une petite planète est de constater son mouvement. Lorsqu'on possède trois observations précises un peu écartées l'une de l'autre, on possède trois points de l'orbite inconnue du nouvel astre, généralement suffisants pour permettre de déterminer l'orbite complète (ce qui demande à peu près huit jours entiers de calcul). L'élément le plus intéressant est la détermination exacte du mouvement diurne ; que l'on exprime en secondes d'arc : en divisant la circonférence entière, 360 degrés, ou 21 600 minutes, ou 1 296 000 secondes, par ce mouvement diurne, on obtient la durée exacte de la révolution de la planète autour du Soleil, exprimée en jours terrestres. Nous avons vu que les durées des révolutions sont en rapport avec les distances (troisième loi de Képler, p. 279) ; cette durée nous donne donc la distance, celle de la Terre au Soleil étant prise pour unité. Si l'on veut obtenir la distance en kilomètres ou en lieues, il suffit de multiplier le chiffre par 148 millions, ou par 38 millions, suivant l'un ou l'autre cas. La détermination de l'orbite donne également l'excentricité, c'est-à-dire la forme de l'ellipse suivie par la planète dans son cours, et l'inclinaison de cette orbite sur le plan dans lequel la Terre se meut autour de Soleil, sur le plan de l'écliptique pris comme plan de comparaison. C'est ainsi que le tableau suivant a été formé. En l'étudiant, chacun peut se rendre compte bien facilement du nombre des petites planètes découvertes, de leur situation dans l'espace et de leurs mouvements.

PETITES PLANÈTES SITUÉES ENTRE MARS ET JUPITER

Nos d'ordre	Noms	Distance moyenne	Excentricité	Plus grande distance	Plus petite distance	Période en jours	Longitude du périhélie	Inclinaison	Auteurs et dates de la découverte	
1	Cérès.	2.77	0.076	2.98	2.56	1681	150°	11°	Piazzi.	1801
2	Pallas.	2.77	0.238	3.43	2.11	1685	122	35	Olbers.	1802
3	Junon.	2.67	0 257	3.35	1.98	1592	55	13	Harding.	1804
4	Vesta.	2.36	0.089	2.57	2.15	1326	251	7	Olbers.	1807
5	Astrée.	2.58	0.186	3.06	2.10	1512	135	5	Hencke.	1845
6	Hébé.	2.42	0.203	2.92	1.93	1379	15	15	Hencke.	1847
7	Iris.	2.39	0.231	2.94	1.83	1346	41	5	Hind.	1847
8	Flore.	2.20	0.156	2.55	1.86	1193	33	6	Hind.	1847
9	Métis.	2.39	0.123	2.68	2.09	1347	71	6	Graham.	1848
10	Hygie.	3.14	0.109	3.49	2.80	2036	238	4	De Gasparis.	1849
11	Parthénope.	2.45	0.100	2.70	2.21	1403	318	5	De Gasparis.	1850
12	Victoria.	2.33	0.219	2.84	1.82	1303	302	8	Hind.	1850
13	Egérie.	2.58	0.087	2.80	2.35	1511	120	17	De Gasparis.	1850
14	Irène.	2.59	0.163	3.01	2.17	1522	180	9	Hind.	1851
15	Eunomia.	2.64	0.187	3.14	2.15	1570	28	12	De Gasparis.	1851
16	Psyché.	2.92	0.139	3.33	2.52	1823	15	3	De Gasparis.	1852
17	Thétis.	2.47	0.129	2.79	2.15	1420	262	6	Luther.	1852
18	Melpomène.	2.30	0.218	2.80	1.80	1270	15	10	Hind.	1852
19	Fortuna.	2·44	0.159	2.83	2.05	1393	31	2	Hind.	1852
20	Massalia.	2.41	0.143	2.75	2.06	1366	99	1	De Gasparis.	1852
21	Lutèce.	2.43	0.162	2.83	2.04	1388	327	3	Goldschmidt.	1852
22	Calliope.	2.91	0.101	3.20	2.62	1812	60	14	Hind.	1852
23	Thalie.	2.63	0.231	3.24	2.02	1558	124	10	Hind.	1852
24	Thémis.	3.13	0.124	3.52	2.75	2028	144	1	De Gasparis.	1853
25	Phocéa.	2.40	0.255	3.01	1.79	1358	303	22	Chacornac.	1853
26	Proserpine.	2.66	0.087	2.89	2.42	1581	236	4	Luther.	1853
27	Euterpe.	2.35	0.174	2.76	1.94	1313	88	2	Hind.	1853
28	Bellone.	2.78	0.153	3.20	2.35	1691	122	9	Luther.	1854
29	Amphitrite.	2.52	0.074	2.71	2.34	1491	56	6	Marth.	1854
30	Uranie.	2.37	0.127	2.66	2.06	1330	32	2	Hind.	1854
31	Euphrosine.	3.14	0.223	2.85	2.45	2039	93	26	Ferguson.	1854
32	Pomone.	2.59	0.083	2.80	2.37	1520	193	5	Goldschmidt.	1854
33	Polymnie.	2.86	0.340	3.83	1.89	1768	342	2	Chacornac.	1854
34	Circé.	2.69	0.107	2.97	2.40	1608	149	5	Chacornac.	1855
35	Leucothée.	2.99	0.224	3.66	2.32	1891	202	8	Luther.	1855
36	Atalante.	2.74	0.302	3.57	1.92	1661	43	19	Goldschmidt.	1855
37	Fides.	2.64	0.177	3.11	2.17	1570	67	3	Luther.	1855
38	Leda.	2.74	0.154	3.16	2.32	1660	101	7	Chacornac.	1856
39	Lœtitia.	2.77	0.111	3.08	2.46	1686	2	10	Chacornac.	1856
40	Harmonia.	2.27	0.047	2.37	2.16	1247	1	4	Goldschmidt.	1856
41	Daphné.	2.76	0.270	3.51	2.02	1675	220	16	Goldschmidt.	1856
42	Isis.	2.44	0.226	2.99	1.89	1392	318	9	Pogson.	1856
43	Ariadne.	2.20	0.167	2.57	1.83	1195	278	3	Pogson.	1857
44	Nysa.	2.42	0.151	2.79	2.06	1375	112	4	Goldschmidt.	1857
45	Eugénie.	2.72	0.082	2.94	2.50	1638	229	7	Goldschmidt.	1857
46	Hestia.	2.53	0.165	2.94	2.11	1467	354	2	Pogson.	1857
47	Aglaé.	2.88	0.130	3.25	2.50	1787	313	5	Luther.	1857
48	Doris.	3.11	0.071	3.33	2.89	2006	70	6	Goldschmidt.	1857
49	Palès.	3.08	0.235	3.81	2.36	1985	31	3	Goldschmidt.	1857
50	Virginia.	2.65	0.285	3.41	1.90	1577	10	3	Ferguson.	1857
51	Némausa.	2.36	0.067	2.52	2.21	1329	175	10	Laurent.	1858
52	Europa.	3.02	0.109	3.35	2.70	1989	107	7	Goldschmidt.	1858
53	Calypso.	2.62	0.204	3.15	2.08	1550	93	5	Luther.	1858
54	Alexandra.	2.71	0.199	3.25	2.17	1629	294	12	Goldschmidt.	1858
55	Pandore.	2.76	0.142	3.15	2.37	1675	11	7	Searle.	1858
56	Mélète.	2.60	0.236	3.21	1.98	1529	295	8	Goldschmidt.	1857
57	Mnémosyne.	3.15	0.109	3.50	2.81	2047	54	15	Luther.	1859
58	Concordia.	2.70	0.042	2.81	2.59	1621	189	5	Luther.	1860
59	Olympia.	2.71	0.117	3.03	2.40	1632	18	9	Chacornac.	1860
60	Echo.	2.39	0.184	2.83	1.95	1352	99	4	Ferguson.	1860

N⁰ˢ d'ordre	Noms	Distance moyenne	Excentricité	Plus grande distance	Plus petite distance	Période en jours	Longitude du périhélie	Inclinaison	Auteurs et dates de la découverte	
61	Danaé.	2.98	0.162	3.47	2.50	1884	344°	18°	Goldschmidt.	1860
62	Erato.	3.13	0.173	3.67	2.59	2022	39	2	Foerster et Lesser.	1860
63	Ausonia.	2.40	0.124	2.69	2.10	1356	270	6	De Gasparis.	1861
64	Angelina.	2.68	0.128	3.02	2.34	1604	126	1	Tempel.	1861
65	Maximiliana.	3.43	0.110	3.80	3.05	2317	261	3	Tempel.	1861
66	Maïa.	2.65	0.165	3.09	2.21	1572	48	3	Tuttle.	1861
67	Asia.	2.42	0.186	2.87	1.97	1375	307	6	Pogson.	1861
68	Leto.	2.78	0.188	3.30	2.26	1693	345	8	Luther.	1861
69	Hesperia.	2.98	0.170	3.49	2.47	1877	108	8	Schiaparelli.	1861
70	Panopée.	2.61	0.183	3.09	2.14	1544	280	12	Goldschmidt.	1861
71	Niobé.	2.76	0.173	3.23	2.28	1671	221	23	Luther.	1861
72	Feronia.	2.27	0.120	2.54	1.99	1246	308	5	Peters et Safford.	1861
73	Clytie.	2.66	0.042	2.78	2.55	1589	58	2	Tuttle.	1862
74	Galathée.	2.78	0.238	3.44	2.12	1694	8	4	Tempel.	1862
75	Eurydice.	2.67	0.306	3.49	1.85	1595	336	5	Peters.	1862
76	Freya.	3.41	0.174	4.00	2.82	2299	93	2	D'Arrest.	1862
77	Frigga.	2.67	0.134	3.03	2.31	1596	60	2	Peters.	1862
78	Diane.	2.62	0.205	3.16	2.08	1552	121	8	Luther.	1863
79	Eurynome.	2.44	0.194	2.92	1.97	1395	44	5	Watson.	1863
80	Sapho.	2.30	0.200	2.76	1.84	1271	355	9	Pogson.	1864
81	Terpsychore.	2.85	0.211	3.45	2.25	1760	49	8	Tempel.	1864
82	Alcmène.	2.76	0.221	3.38	2.15	1680	132	3	Luther.	1864
83	Béatrix.	2.43	0.086	2.64	2.22	1384	192	5	De Gasparis.	1865
84	Clio.	2.36	0.236	2.92	1.80	1327	339	9	Luther.	1865
85	Io.	2.65	0.191	3.16	2.15	1579	323	12	Luther.	1865
86	Sémélé.	3.11	0.210	3.76	2.46	2000	30	5	Tietzen.	1866
87	Sylvie.	3.48	0.079	3.76	3.21	2373	335	11	Pogson.	1866
88	Thisbé.	2.77	0.160	3.21	2.32	1681	309	5	Peters.	1866
89	Julia.	2.55	0.180	3.01	2.09	1488	353	16	Stéphan.	1866
90	Antiope.	3.14	0.169	3.68	2.61	2035	301	2	Luther.	1866
91	Egine.	2.59	0.108	2.87	2.31	1522	80	2	Borrelly.	1866
92	Undine.	3.18	0.102	3.51	2.86	2076	331	10	Peters.	1867
93	Minerve.	2.75	0.140	3.14	2.37	1669	275	9	Watson.	1867
94	Aurore.	3.16	0.086	3.44	2.89	2060	45	8	Watson.	1867
95	Aréthuse.	3.08	0.144	3.52	2.63	1970	31	13	Luther.	1867
96	Eglé.	3.05	0.140	3.48	2.62	1945	163	16	Coggia.	1868
97	Clotho.	2.67	0.258	3.36	1.98	1592	66	12	Tempel.	1868
98	Ianthe.	2.69	0.189	3.20	2.18	1610	148	16	Peters.	1868
99	Dike.	2.80	0.238	3.46	2.13	1708	241	14	Borrelly.	1868
100	Hécate.	3.09	0.164	3.60	2.58	1984	308	6	Watson.	1868
101	Hélène.	2.58	0.138	2.94	2.23	1518	327	11	Watson.	1868
102	Miriam.	2.66	0.303	3.47	1.86	1586	355	5	Peters.	1868
103	Hera.	2.70	0.080	2.92	2.48	1622	321	5	Watson.	1868
104	Clymène.	3.15	0.174	3.70	2.60	2048	58	3	Watson.	1868
105	Arthémise.	2.37	0.175	2.79	1.96	1336	243	22	Watson.	1868
106	Dioné.	3.16	0.181	3.73	2.59	2051	27	5	Watson.	1868
107	Camille.	3.48	0.072	3.73	3.23	2368	116	10	Pogson.	1868
108	Hécube.	3.21	0.103	3.54	2.88	2102	174	4	Luther.	1869
109	Félicitas.	2.69	0.300	3.50	1.89	1611	56	8	Peters.	1869
110	Lydie.	2.72	0.077	2.94	2.52	1650	337	6	Borrelly.	1870
111	Até.	2.59	0.105	2.86	2.32	1525	109	5	Peters.	1870
112	Iphigénie.	2.43	0.128	2.74	2.12	1387	338	3	Peters.	1870
113	Amalthée.	2.38	0.087	2.58	2.17	1338	199	5	Luther.	1871
114	Cassandre.	2.67	0.140	3.05	2.30	1599	153	5	Peters.	1871
115	Thyra.	2.38	0.194	2.84	1.92	1340	43	12	Watson.	1871
116	Sirona.	2.77	0.143	3.16	2.37	1681	153	4	Peters.	1871
117	Lomia.	2.99	0.023	3.06	2.92	1889	49	15	Borrelly.	1871
118	Deitho.	2.43	0.161	2.83	2.05	1391	78	8	Luther.	1872
119	Althéa.	2.58	0.083	2.79	2.36	1516	11	6	Watson.	1872
120	Lachésis.	3.12	0.047	3.27	2.97	2014	214	7	Borrelly.	1872
121	Hermione.	3.46	0.122	3.88	3.03	2346	1	8	Watson.	1872
122	Gerda.	3.22	0.037	3.34	3.10	2110	209	2	Peters.	1872
123	Brunhilda.	2.69	0.115	3.00	2.38	1613	73	6	Peters.	1872
124	Alceste.	2.63	0.078	2.84	2.42	1558	246	3	Peters.	1872
125	Libératrix	3.03	0.347	4.09	1.98	1660	273	5	Paul Henry.	1872
126	Velleda.	2.44	0.106	2.70	2.18	1392	348	3	Prosper Henry.	1872
127	Johanna.	2.75	0.066	2.92	2.59	1670	123	8	Prosper Henry.	1872
128	Némésis.	2.75	0.126	3.10	2.40	1667	17	6	Watson.	1872
129	Antigone.	2.87	0.207	3.47	2.28	1782	241	12	Peters.	1873
130	Electre.	3.13	0.208	3.77	2.47	2016	21	23	Peters.	1873

Nos d'or-dre	Noms	Distance moyenne	Excen-tricité	Plus grande distance	Plus petite distance	Période en jours	Longitude du périhélie	Incli-naison	Auteurs et dates de la découverte	
131	Vala.	2.42	0.082	2.62	2.22	1375	259°	5°	Peters.	1873
132	Æthra.	2.60	0.380	3.59	1.61	1534	152	25	Watson.	1873
133	Cyrène.	3.06	0.137	3.48	2.64	1960	248	7	Watson.	1873
134	Sophrosyne.	2.57	0.117	2.87	2.27	1500	68	12	Luther.	1873
135	Hertha.	2.43	0.205	2.93	1.93	1381	320	2	Peters.	1874
136	Austria.	2.29	0.085	2.48	2.09	1266	317	10	Palisa.	1874
137	Melibœa.	3.13	0.208	3.78	2.48	1947	321	14	Palisa.	1874
138	Tolosa.	2.43	0.158	2.83	2.06	1380	312	3	Perrotin.	1874
139	Juewa.	2.81	0.051	2.96	2.67	1779	141	10	Watson.	1874
140	Siwa.	2.71	0.216	3.32	2.14	1649	301	3	Palisa.	1874
141	Lumen.	2.71	0.223	3.31	2.10	1591	14	12	Prosper Henry.	1875
142	Polana.	2.39	0.105	2.64	2.14	1374	220	2	Palisa.	1875
143	Adria.	2.75	0.066	2.93	2.54	1672	223	11	Palisa.	1875
144	Vibilia.	2.65	0.233	3.27	2.03	1578	7	5	Peters.	1875
145	Adeona.	2.69	0.213	3.27	2.12	1589	118	12	Peters.	1875
146	Lucine.	2.71	0.067	2.89	2.53	1641	216	13	Borrelly.	1875
147	Protogénie.	3.12	0.030	3.22	3.03	2032	26	2	Schulhof.	1875
148	Gallia.	2.78	0.185	3.28	2.26	1685	36	25	Prosper Henry.	1875
149	Méduse.	2.13	0.119	2.39	1.88	1138	247	1	Perrotin.	1875
150	Nuwa.	2.98	0.132	3.38	2.59	1881	357	2	Watson.	1875
151	Abundantia.	2.58	0.100	2.84	2.33	1531	142	6	Palisa.	1875
152	Atala.	3.13	0.082	3.39	2.87	2029	84	12	Paul Henry.	1875
153	Hilda.	3.95	0.163	4.60	3.31	2868	285	8	Palisa.	1875
154	Bertha.	3.22	0.100	3.54	2.90	2083	184	21	Prosper Henry.	1875
155	Scylla.	2.91	0.256	3.65	2.17	1816	82	14	Palisa.	1875
156	Xantippe.	3.04	0.264	3.84	2.24	1934	156	7	Palisa.	1875
157	Déjanire.	2.59	0.220	3.16	2.02	1523	110	12	Borrelly.	1875
158	Coronis.	2.99	0.292	3.86	2.12	1777	57	1	Knorre.	1876
159	Æmilia.	3.13	0.116	3.49	2.76	2018	101	6	Paul Henry.	1876
160	Una.	2.73	0.061	2.90	2.57	1669	191	4	Peters.	1876
161	Athor.	2.38	0.133	2·69	2.06	1336	313	9	Watson.	1876
162	Laurentia.	3.02	0.169	3.54	2.52	1920	146	6	Prosper Henry.	1876
163	Erigone.	2.35	0.149	2.71	2.00	1320	93	5	Perrotin.	1876
164	Eva.	2.64	0.347	3.56	1.73	1563	359	24	Paul Henry.	1876
165	Loreley.	3.13	0.073	3.36	2.90	2020	224	11	Peters.	1876
166	Rhodope.	2.69	0.239	3.37	2.07	1608	31	12	Peters.	1876
167	Urda.	3.22	0.312	4.22	2.22	2109	33	2	Peters.	1876
168	Sibylle.	3.38	0.067	3.60	3.15	2267	6	5	Watson.	1876
169	Zélia.	2.35	0.131	2.67	2.05	1322	326	5	Prosper Henry.	1876
170	Maria.	2.55	0.065	2.72	2.38	1488	99	14	Perrotin.	1877
171	Ophélie.	3.13	0.121	3.52	2.76	2028	143	3	Borrelly.	1877
172	Baucis.	2.38	0.113	2.65	2.11	1341	329	10	Borrelly.	1877
173	Ino.	2.74	0.205	3.30	2.18	1661	13	14	Borrelly.	1877
174	Phèdre..	2.86	0.151	3.29	2.43	1770	253	12	Watson.	1877
175	Andromaque.	3.50	0.349	4.72	2.28	2390	293	4	Watson.	1877
176	Idunna.	3.18	0.163	3.70	2.66	2072	22	22	Peters.	1877
177	Irma.	2.79	0.247	3.43	2.10	1701	12	1	Paul Henry.	1877
178	Bélisane.	2.46	0.127	2.77	2.15	1408	278	2	Palisa.	1877
179	Clestenmestre.	2.98	0.107	3.30	2.66	1875	355	8	Watson.	1877
180	Garumna.	2.73	0.177	3.02	2.44	1647	134	0	Perrotin.	1878
181	Eucharis.	3.12	0.220	3.81	2.43	2015	95	19	Cottenot.	1878
182	Elsbeth.	2.41	0.184	2.85	1.97	1368	55	2	Palisa.	1878
183	Istria.	2.81	0.356	3.81	1.81	1725	45	27	Palisa.	1878
184	Delopée.	3.18	0.078	3.43	2.93	2073	172	1	Palisa.	1878
185	Eunice.	2.74	0.127	3.09	2.39	1656	16	23	Peters.	1878
186	Céluta.	2.36	0.148	2.71	2.01	1321	332	13	Prosper Henry.	1878
187	Lamberte.	2.73	0.232	3.36	2.10	1643	212	11	Coggia.	1878
188	Ménippé.	3.03	0.297	3.92	2.14	1932	311	11	Peters.	1878
189	Phthia.	2.45	0.035	2.54	2.36	1401	6	5	Peters.	1878
190	Ismène.	3.89	0.147	4.46	3.32	2805	113	6	Peters.	1878
191	Kolga.	2.91	0.095	3.19	2.63	1813	28	11	Peters.	1878
192	Nausikaa.	.40	0.241	2.98	1.82	1359	10	7	Palisa.	1879
193	Ambrosie.	....	.....	....	....	....	...	..	Coggia.	1879
194	Prokne.	2.63	0.239	3.26	2.00	1554	318	18	Peters.	1879
195	Euryclée.	2.87	0.092	3.13	2.61	1778	107	7	Peters.	1879
196	Philomèle.	3.08	0.020	3.14	3.02	1976	75	7	Peters	1879
197	Arète.	2.74	0.162	3.18	2.04	1656	325	9	Knorre.	1879
198	Ampelle.	2.48	0.248	3.09	1.87	1425	357	9	Borrelly.	1879
199	Byblis.	3.20	0.162	3.82	2.58	2096	261	15	Palisa.	1879
200	Dynamène.	2.74	0.133	3.10	2.38	1654	47	7	Peters.	1879
201	Pénélope.	2.68	0.182	3.17	2.19	1599	334	6	Palisa.	1879
202	Chryséis.	3.07	0.094	3.36	2.78	1970	134	9	Peters.	1879
203	Pompeia.	2.74	0.055	2.89	2.59	1658	49	3	Peters.	1879
204	Callisto.	2.67	0.173	3.13	2.21	1592	256	8	Palisa.	1879
205	....	2.69	0.125	3.02	2.36	1610	31	8	Peters.	1879

Les dernières planètes découvertes ne sont pas encore calculées; plusieurs n'ont pas encore reçu de noms.

Les noms donnés à ces petits astres ont commencé par l'armée mythologique des divinités de la terre et du ciel antiques; mais, avant même que la liste n'en ait été épuisée, certaines circonstances scientifiques, ou même nationales ou politiques, ont fait choisir de préférence des noms plus modernes; c'est ainsi que la 11ᵉ, découverte à Naples, reçut le nom de Parthénope; la 12ᵉ, découverte en Angleterre, celui de Victoria; la 20ᵉ, celui de Massalia; la 21ᵉ, celui de Lutèce; la 25ᵉ, celui de Phocéa, avant même qu'Uranie n'ait été rétablie dans les cieux; la 45ᵉ fut nommée en l'honneur de l'impératrice des Français; la 54ᵉ, en l'honneur de l'illustre Alexandre de Humboldt, etc.— La 87ᵉ, la 107ᵉ, la 141ᵉ, la 154ᵉ, la 169ᵉ ont été nommées en l'honneur d'un jeune astronome qui consacrait ses meilleures années au culte de l'astronomie et à l'apostolat de cette belle science.

Sur tout ce nombre de petites planètes, la plus proche du Soleil est la 149ᵉ, Méduse, dont la distance est de 2,13, c'est-à-dire environ deux fois seulement plus éloignée du Soleil que la Terre; et la plus lointaine est la 153ᵉ, Hilda, dont la distance est 3,95, presque quatre fois la même distance. Ainsi la zone qui s'étend entre les orbites moyennes des deux planètes extrêmes est de 3,95 — 2,13 ou de 1,82, c'est-à-dire de 37 000 000 × 1,82 ou de 67 340 000 lieues.

La distance moyenne de Mars est de 1,52. Il n'y a donc entre l'orbite de Mars et celle de Méduse que la distance 2,13 — 1,52, ou 0,61, ou 22 millions de lieues. D'autre part, la distance moyenne de Jupiter est de 5,20. Il y a donc entre l'orbite de Hilda et celle de Jupiter que la distance 5,20 — 3,95 = 1,25 ou 46 millions de lieues.

Si nous considérions les excentricités des orbites, nous arriverions à de plus grands rapprochements, et nous en trouverions même une qui s'approche plus près du Soleil que Mars ([1]).

[1] L'excentricité de l'orbite de la 132ᵉ, Æthra, s'élève à 0,38, c'est-à-dire presque à quatre dixièmes ou à plus du tiers de la distance moyenne. Celle-ci étant de 2,6025, cette excentricité réelle est donc de 2,6025 × 0,38 ou de 0,989, presque 1, presque la distance de la Terre au Soleil ! presque 37 millions de lieues! Il en résulte qu'à son périhélie cette planète se rapproche jusqu'a 2,6025 — 0,9890, ou 1,6135.

D'autre part, l'excentricité de l'orbite de Mars est de 0,093, et par conséquent Mars s'éloigne du Soleil à son aphélie jusqu'à 1,5237 × 0,093 ou 0,141 au delà de sa distance moyenne, c'est-à-dire jusqu'à 1,6647, plus loin que le périhélie de la petite planète Æthra. Si donc l'aphélie de Mars se trouvait dans la même région du ciel que le périhélie de cette petite planète, les deux globes pourraient se rencontrer. Or, il se trouve que le périhélie de la petite planète arrive à la longitude 152º et l'aphélie de Mars à la longitude 153º ; si les deux orbites étaient dans le même plan, les deux planètes se seraient sans doute déja rencontrées ou se rencontreraient bientôt, car la position du

Une rencontre matérielle, un choc, serait difficile à réaliser, mais n'est pas impossible. Les petites planètes marchent dans le même sens que Mars et Jupiter. Dans ce cas, l'attraction de Mars ou celle de Jupiter, combinée avec le mouvement de la petite planète, en ferait un satellite qui sans doute finirait par tomber tout à fait ; dans tous les cas, elle doit apporter les plus graves perturbations.

Un grand nombre de ces petits astres se font remarquer par leur forte excentricité, comme on le voit sur le tableau précédent, et par leur forte inclinaison sur l'écliptique, inclinaison si forte pour quelques-unes qu'elles sortent du zodiaque ; ainsi, Pallas s'écarte jusqu'à 34 degrés de l'écliptique ; Euphrosine s'éloigne jusqu'à 49 degrés au nord et au sud de l'équateur : elle est pour nous tantôt un astre circumpolaire du nord, toujours sur notre horizon, tantôt un astre austral ne se levant pas pour le ciel de Paris. Toutes ces orbites sont tellement entrelacées les unes dans les autres, que, comme le disait d'Arrest, si c'étaient des cerceaux matériels, on pourrait, au moyen de l'un deux pris au hasard, soulever tous les autres.

Si maintenant nous voulons nous rendre compte de la distribution réelle de ces petites planètes, il faut former une liste dans laquelle elles soient placées dans l'ordre de leurs distances au Soleil, et tenir compte dans cette liste des lacunes comme des amoncellements que leur situation respective peut offrir. (C'est ce que vient précisément de faire un savant géomètre, le général Parmentier, dans le tableau suivant dont je lui suis redevable, et qui est destiné à montrer à nos lecteurs la physionomie exacte de cette armée céleste.) En examinant cette liste, on saisit du premier coup d'œil la distribution naturelle des petites planètes dans l'espace. — Je prie le lecteur d'excuser l'exiguïté du caractère : c'était le seul moyen de placer ce tableau.

On voit que le plus grand amoncellement se trouve entre les distances 2,58 et 2,78, c'est-à-dire vers 2,68 ; un second se présente vers 3,13 ; un troisième de part et d'autre de 2,41. Une énorme lacune est visible entre les distances 3,50 et 3,89 ; mais elle peut ne pas être réelle et être due à la distance. Une lacune plus sûre se voit entre 3,22 et 3,38, et une plus sûre encore entre 2,47 et 2,53.

périhélie comme celle de l'aphélie se déplace d'année en année ; mais les deux orbites sont inclinées l'une sur l'autre de 26° environ et il reste 14° à 15° de distance au moment où la rencontre serait possible. D'après mon savant ami l'ingénieur Courbebaisse, qui a appelé mon attention sur ce fait, les deux planètes passeront le plus près l'une de l'autre au mois de décembre 1960.

Cette petite planète est véritablement curieuse : elle coupe aussi à son aphélie l'orbite de la dernière, Hilda.

DISTRIBUTION DES PETITES PLANÈTES, DANS L'ORDRE DE LEURS DISTANCES AU SOLEIL.

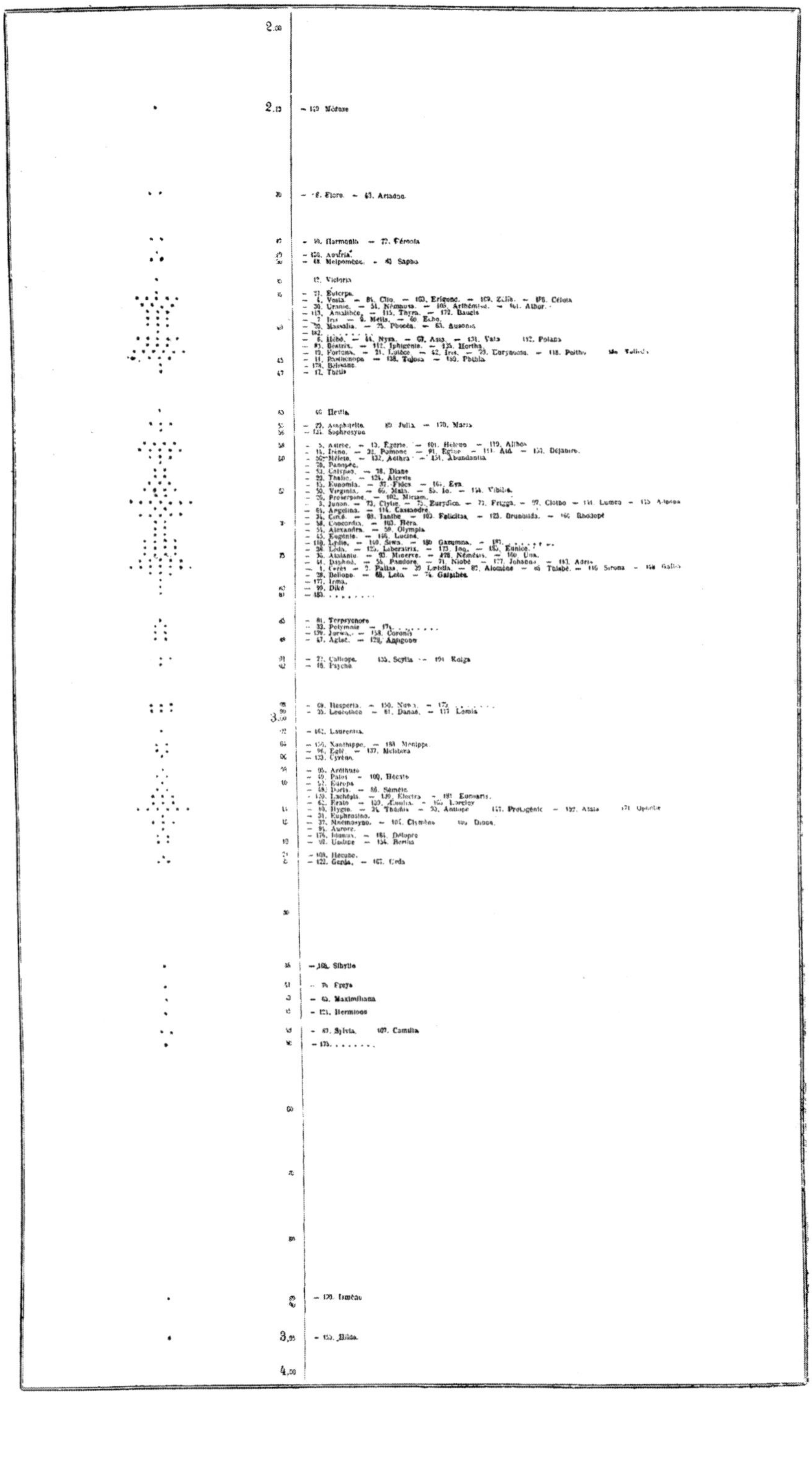

Notre *fig.* 218 représente les plus intéressantes des orbites des petites planètes : 1° celle de Méduse, la plus rapprochée du Soleil ; 2° celle de Hilda, la plus éloignée ; 3° celle de Æthra, qui arrive le plus près du Soleil à son périhélie et entre dans l'orbite de Mars ; 4° celle de Polymnie, l'une des plus excentriques après celle-ci ; 5°, en orbites pointillées, les trois zones de plus grande condensation. On voit au

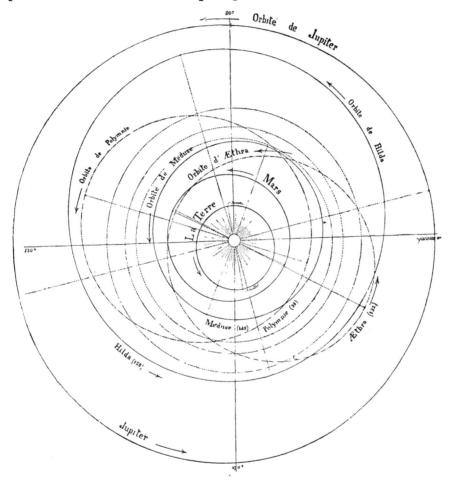

Fig. 218. — Orbites de quelques petites planètes.

centre la petite orbite annuelle que nous parcourons autour du même foyer solaire : la Terre passe à son périhélie le 1ᵉʳ janvier ; le 21 mars, le Soleil se projette sur le point céleste qui marque l'équinoxe de printemps, point zéro choisi pour origine des degrés ; le périhélie de chaque planète a été placé juste à sa longitude, en partant de la même origine. C'est donc là la projection de ces orbites, comme nous avons tracé page 273 celle des orbites des planètes principales ; seulement, elles sont plus ou moins inclinées les unes sur les autres, comme si nous avions des orbites matérielles (en fil de fer, par exemple) qui couperaient toutes cette feuille de papier, et qui auraient une moitié au-dessus et l'autre moitié au-dessous. C'est ce qui empêche les rencontres d'être réelles lors même qu'elles le paraissent ([1]).

Le nombre de ces petits astres s'accroît chaque année, en raison d'une dizaine par an en moyenne, et quoiqu'on ait organisé dans plusieurs observatoires des services spéciaux pour les suivre, il est extrêmement difficile de les suivre ponctuellement, d'autant plus que les perturbations exercées par les grosses planètes sont toujours sur le point de les déranger et de modifier les premiers éléments calculés. Plusieurs de ces petites îles flottantes ont même été *perdues*, et il a fallu toute la persévérance des vigies du ciel pour les retrouver, souvent assez loin du point où on les cherchait.

Mais pourquoi toutes ces planètes sont-elles ainsi séparées et n'en forment-elles pas une grande ? La théorie générale du système planétaire prouve que leur masse totale ne peut pas dépasser le tiers de celle de la Terre. Si ce sont là les débris d'une seule planète, elle pouvait être plus importante que Mars, mais moins importante que la Terre. L'immense étendue de la zone occupée par ces corps célestes diminue considérablement la probabilité de l'hypothèse d'une fragmentation, quoique cette fragmentation ait pu être successive et chasser les fragments nouveaux vers des directions nouvelles, et quoique l'attraction de l'immense Jupiter, qui vogue au delà, ait pu disloquer à la longue toutes les orbites; il est beaucoup plus probable que c'est précisément cette attraction puissante de Jupiter qui a empêché une grosse planète de se former après lui, dans la théorie nébulaire que nous avons exposée plus haut (p. 93), en favorisant le détachement des moindres fragments de l'équateur solaire sollicités à

([1]) Plusieurs de ces petits mondes suivent des orbites presque identiques, et il n'y aurait rien d'étonnant à ce que deux de ces planètes s'approchassent assez l'une de l'autre pour marier leur influence et former une planète double dont les composantes tourneraient autour de leur centre commun de gravité, tout en circulant ensemble autour du Soleil. Il ne serait même pas impossible que deux ou plusieurs se réunissent en une seule. Exemples : d'une part : Junon, Clotho, Lumen, Adeona, Clytie, Eurydice, Frigga; d'autre part : Fides, Maïa, Virginia, Eunomia, Eva, Io, Vibilia; ou encore : Thisbé, Sirona, Cérés, Lætitia, Alcmène, Pallas, Gallia.

Les orbites de Junon et Clotho s'approchent à 1000 kilomètres l'une de l'autre; Fidès et Maïa se suivent presque dans le même plan, et M. Lespiault a déjà prévu leur association possible comme planète double; Thisbé et Sirona offrent une analogie aussi intéressante, et l'on pourrait en remarquer un grand nombre d'autres dont les orbites sont plus au moins allongée ou par la direction de la ligne du grand axe. Si ces corps étaient en aimant, il y en a déjà plusieurs qui se seraient soudés.

se détacher par la force centrifuge, et, plus tard, en les empêchant de se réunir par les perturbations constantes exercées sur eux. Les lacunes qui existent entre les orbites des petites planètes se trouvent précisément aux distances où des planètes tourneraient autour du Soleil en des périodes formant un rapport simple avec celle de Jupiter, et où, par conséquent, les perturbations, étant pour ainsi dire normales, doivent produire des vides. Ainsi, une période égale à la moitié de celle de Jupiter serait à la distance 3,28 : c'est justement là la plus grande lacune que nous avons remarquée tout à l'heure ; il n'y a pas une seule petite planète, et *il est probable qu'on n'y en trouvera jamais.* Une autre lacune se montre à 2,96 ; c'est la distance à laquelle une planète graviterait en $\frac{3}{7}$ de la période de Jupiter ; une autre à 2,82 $= \frac{2}{5}$; une autre à 2,50 $= \frac{1}{3}$. L'action de Jupiter est aussi claire dans cette distribution des orbites que celle d'une trombe qui traverse une forêt et fait le vide sur son passage.

Nous verrons plus loin qu'il en est de même dans les anneaux de Saturne, dont les intervalles correspondent aux zones où des satellites tourneraient en des périodes commensurables avec celles des quatre satellites les plus proches. Nous devons ces remarques intéressantes à l'astronome américain Kirkwood.

J'ai remarqué d'autre part que les périhélies de ces astres sont loin d'être distribués au hasard, uniformément, tout autour du Soleil, et qu'il y a un maximum entre 294 et 72 degrés et un minimum entre 153 et 293 degrés ; la différence s'élève au triple, et ce qu'il y a de plus curieux, c'est que le périhélie de Jupiter se trouve vers le milieu de cette région de plus grande condensation des périhélies.

Mesurer le diamètre de ces petits corps si éloignés de nous est un problème fort difficile. Les plus grands ne dépassent pas 4 dixièmes de seconde, et la plupart même se réduisent à de simples points. En combinant les essais de mesures faites avec les évaluations fondées sur l'éclat, on trouve les diamètres suivants, comme étant les plus probables :

VESTA . . .	400 kilom.	HYGIE. . . .	160 kilom.	IRIS.	140 kilom.
CÉRÈS. . . .	350 —	EUNOMIA . .	150 —	AMPHITRITE.	130 —
PALLAS. . .	270 —	HÉBÉ	145 —	CALLIOPE . .	125 —
JUNON . . .	200 —	LÆTITIA . .	145 —	MÉTIS. . . .	120 —

Il en est d'autres, au contraire, telles que Sapho, Maïa, Atalante, Echo, qui ne mesurent pas plus de trente kilomètres de diamètre. Il est probable qu'il en existe de plus petites encore, qui restent absolument imperceptibles dans les meilleurs télescopes, et qui ne mesurent que quelques kilomètres ou moins encore peut-être.

Sont-ce là des globes ? Oui, sans doute, pour la plupart. Mais plusieurs, parmi les plus petits, peuvent être polyédriques, peuvent provenir de fragmentations ultérieures; les variations d'éclat qu'on observe parfois semblent accuser des surfaces brisées irrégulières.

Sont-ce là des *mondes*? Pourquoi pas? Une goutte d'eau ne se montre-t-elle pas au microscope peuplée d'une multitude d'être variés? Une pierre levée dans une prairie ne cache-t-elle pas tout un monde d'insectes grouillants? Une feuille de plante n'est-elle pas un monde pour les espèces qui l'habitent et qui la rongent? Sans doute, sur la multitude des petites planètes, il en est qui ont pu rester désertes et stériles parce que les conditions de la vie (d'une vie quelconque) ne s'y sont pas trouvées réunies. Mais il n'est pas douteux que, sur la majorité, les forces toujours agissantes de la nature n'aient abouti comme en notre monde à des créations appropriées à ces planètes minuscules. Répétons-le d'ailleurs : pour la nature, il n'y a ni grand ni petit. Et il ne faudrait pas nous flatter d'un suprême dédain pour ces petits mondes, car en réalité les habitants de Jupiter auraient plutôt le droit de nous mépriser que nous de mépriser Vesta, Cérès, Pallas ou Junon; la disproportion est plus grande entre Jupiter et la Terre qu'entre la Terre et ces planètes. Un monde de deux, trois ou quatre cents kilomètres de diamètre est encore un continent digne de satisfaire l'ambition d'un Xercès ou d'un Tamerlan, et nous pouvons croire que plusieurs d'entre eux sont partagés en fourmilières rivales dont chacune a son roi, son drapeau et ses soldats, et qui de temps en temps s'en vont en guerre pour se massacrer mutuellement en prenant à témoin le dieu des armées. Une excellente vue pourrait peut-être lire sur leurs devises et sur leurs armes, en langues spéciales à chaque pays, ici : « Dieu protège la France »; là : « Dieu protège la Belgique »; plus loin : « Dieu protège l'Italie »; ailleurs : « Dieu protège l'Allemagne »; formules dans lesquelles il n'y a que le nom du pays de changé, et qui embarrasseraient singulièrement le Directeur intellectuel du système solaire s'il prenait au sérieux les exergues des pièces de monnaie le long desquelles chaque fraction d'humanité inscrit de la sorte une conjuration individuelle. Mais évidemment tous ces jeux dont s'amuse sérieusement la politique des grandes nations de la Terre peuvent être reproduits, plus puérils encore si c'est possible, dans cette république de petits mondes où l'on peut avoir fabriqué de grands sabres et de jolis galons, et où des cavaliers d'un décimètre peuvent dédaigner des fantassins de cinq centimètres.

Un bon marcheur, conformé comme nous, ferait facilement le tour d'un de ces petits mondes en une seule journée de vingt-quatre heures. La pesanteur est inévitablement très faible sur chacun d'eux, puisque leur masse est pour ainsi dire insensible ; assurément elle est dix fois moins intense que sur la Lune, où un objet ne parcourt déjà que 80 centimètres dans la première seconde de chute. Si nous voulions représenter sur la tour de la page 148 le chemin parcouru par une pierre abandonnée à son propre poids, nous ne le pourrions pas à l'échelle choisie, car elle ne tomberait dans la première seconde que de quelques centimètres. Supposons que les tours Notre-Dame soient bâties dans une ville de ces mondes et que nous nous lancions dans l'espace avec ce sentiment d'effroi et d'horrible désespoir qui doit accompagner l'acte suprême du suicidé, nous serions tout surpris de rester en l'air, et, pendant la durée de notre chute, longue et douce comme celle d'une plume, nous aurions largement le temps de penser à mille choses agréables, et, arrivant à terre, nous sentirions que notre tentative n'a aucunement réussi. Les personnes qui se sont noyées et qu'une main providentielle a ramenées à temps des ténèbres de l'asphyxie racontent que, dans les trois ou quatre secondes qui ont précédé leur évanouissement, elles ont eu le temps de revoir toute leur vie depuis leur plus tendre enfance, et celles qui ont analysé leurs rêves ont remarqué qu'un voyage de plusieurs mois est facilement fait en moins d'une minute, quoique senti et apprécié dans toute sa longueur et dans tous ses détails ; à ce point de vue-là, un aéronaute qui tomberait de ballon sur Vesta ou sur quelqu'une de ses compagnes vivrait une vie psychologique tout entière pendant la durée de la chute.

Tout est relatif([1]). Les êtres inconnus qui habitent ces mondes

([1]) Oui, tout est relatif. Les curieux ont pu voir, il y a quelques années, à Paris, un amateur d'insectes qui était parvenu à faire faire à une petite société de puces les exercices les plus singuliers. On voyait entre autres un char Louis XIV, avec cocher et valet de pied, traîné par deux de ces minuscules chevaux, très élégamment attelés. Un peu plus loin, une autre faisait partir un petit canon, etc. Il peut exister des mondes où la taille normale des « chevaux » et des « hommes » ne surpasse pas celle-ci ; chevaux et hommes par analogie. Une telle population lilliputienne pourrait d'ailleurs être composée de millions et de milliards d'individus, et l'es-

Un petit monde.

pèce supérieure de cette zoologie ultra-terrestre pourrait d'ailleurs, malgré la petitesse de son cerveau, avoir des pensées tout aussi vastes que les nôtres et des sens plus développés encore. Il peut exister des mondes où les puces soient des éléphants.

légers doivent donc être organisés tout autrement que nous, être appropriés à l'exiguïté de leur planète et à des conditions vitales speciales. Et combien ces conditions d'habitabilité ne diffèrent-elles pas des nôtres ! Supposons-nous, par exemple, transportés sur l'une de ces îles célestes. Nous n'y pèserions pas seulement 1 kilogramme. Affranchis du lourd poids de la matière terrestre, nous pourrions courir à travers les campagnes avec la vitesse de la vapeur, et d'un coup de jarret nous élancer de la vallée sur la montagne; un gymnasiarque planerait une minute entière au-dessus de nos têtes. Nous avons vu, en étudiant le Soleil, que des êtres de forte taille auraient la plus grande difficulté à supporter leur propre poids sur des mondes de l'importance de cet astre, et que ces mondes énormes doivent être peuplés d'êtres plus petits que nous, tandis que de petits globes comme la Lune doivent être peuplés de géants. Mais il faut se garder de pousser ce raisonnement à ses conséquences extrêmes, car on arriverait à peupler les petites planètes d'habitants plus grands qu'elles ! Nous ne pouvons donc absolument rien conclure quant à la forme, à la grandeur et à l'organisation des êtres inconnus qui habitent tous ces petits mondes ; la logique nous invite seulement à penser qu'il doivent être plus petits que nous. L'intensité de la pesanteur est si faible, qu'un homme d'une force égale à la nôtre pourrait lancer une pierre dans l'espace de manière à ce qu'elle ne retombe plus jamais ! La plus faible explosion volcanique lance d'un tel monde des matériaux qui s'en séparent pour toujours.

On ne connaît encore ni la durée de rotation, ni l'inclinaison des axes, ni les saisons qui en résultent, pour aucune des petites planètes, quoique les variations d'éclat observées sur Palès par Goldschmidt lui aient fait conclure à la probabilité d'une rotation en vingt-quatre heures.

Complétons enfin toutes ces données en remarquant que les immenses atmosphères vaporeuses signalées par Herschel et Schrœter autour des quatre premières petites planètes découvertes étaient une illusion due à l'imperfection de leurs instruments. On ne *voit* en réalité aucune atmosphère, pas plus qu'on ne *voit* celles de Mars ou de Vénus. Nous pouvons dire toutefois que ces quatre planètes, examinées au spectroscope, montrent des raies d'absorption indiquant la présence d'une légère atmosphère autour d'elles. La connaissance plus approfondie de ces curieux petits mondes ne pourra être obtenue que par un très grand perfectionnement de l'optique, dont nous ne devons pas désespérer.

CHAPITRE VI

Jupiter, le géant des mondes.

♃

L'exposition du système du monde nous amène en ce moment à la planète la plus importante de toute la famille solaire : devant elle s'efface et disparaît l'intérêt que les provinces précédentes ont pu nous offrir ; et, comme pour nous ménager une surprise plus frappante encore par son contraste, l'ordre naturel des choses a fait précéder la description du géant des mondes par celle des minuscules petits astéroïdes que nous venons de traverser depuis que nous avons quitté l'orbite de Mars.

Géant des mondes, en vérité ! Lorsque Jupiter brille, comme en ce moment (septembre 1879), parmi les étoiles de la nuit silencieuse, et que nos regards se fixent sur lui, qui pourrait supposer, en admirant ce simple point lumineux, que c'est là un globe énorme et massif, pesant 309 fois plus que la planète que nous habitons et dont le colossal volume surpasse de 1230 fois celui de notre Terre ! J'ai les yeux fixés sur lui ; sa lumière est si vive qu'elle porte ombre, comme celle de Vénus ; mais on ne devine pas la merveilleuse grandeur de cet astre lointain. Je dirige vers lui une petite lunette d'approche : elle suffit pour agrandir ce point, lui donner la forme ronde d'un disque et montrer les quatre satellites qui l'accompagnent dans son cours céleste. La curiosité l'emportant, j'amène la planète dans le champ d'une lunette astronomique ordinaire, dont l'objectif mesure 11 centimètres de diamètre et dont la longueur est de 1^m,60, et soudain éclate dans ce champ obscur un éblouissant soleil s'avançant avec majesté, laissant reconnaître au premier coup d'œil la forme sphéroïdale de son disque fortement comprimé aux deux pôles, ainsi que les traînées nuageuses qui marquent ses zones équatoriales. Combien cette vision est émouvante ! Chacun pourrait se donner ce spectacle, et personne n'y songe. Ce n'est plus un point étoilé, c'est un monde. Notre pensée peut à peine en faire le tour en songeant que, si les eaux profondes d'un vaste océan l'environnaient entièrement, un navire à vapeur

filant 14 nœuds à l'heure, qui achèverait en trois mois le tour de
notre Terre, emploierait près de trois années pour parcourir la circonférence de ce monde qui brille là-haut : oui, pendant trois ans la
machine chaufferait sans relâche nuit et jour, pendant trois ans l'hélice monotone mordrait les flots, pour faire le circuit de ce monde
qu'une petite feuille d'arbre nous cache entièrement et qu'une mouche
glissant sur la vitre semble avaler !

Jupiter est la plus brillante des planètes après Vénus. Tandis que
l'étoile du soir devenait la reine de la beauté, Jupiter s'asseyait sur le
trône du ciel et recevait en souverain les hommages des mortels. La
faiblesse et la vanité réunies associèrent les apparitions astronomiques
aux événements de la vie humaine ; chaque planète était douée d'une
influence correspondant à son aspect : Jupiter régissait les hautes destinées, et dans ses veilles solitaires l'astrologue du moyen âge, continuant les traditions de ses ancêtres de l'antiquité, calculait encore les
influences occultes qui semblaient descendre de cette lointaine et
puissante lumière. Nous aurons plus loin, du reste, l'occasion d'entrer dans quelques détails sur l'astrologie et de constater que cette
science illusoire a compté des adeptes jusqu'à ces derniers siècles.
Jupiter trônait à la tête des influences célestes et régissait les destinés
des « grands » de la Terre.

L'éclatante planète a conservé dans l'astronomie moderne la supériorité du rang qui lui avait été assigné par l'astronomie ancienne.
Les premières observations télescopiques ont révélé la grandeur de sa
sphère. Son diamètre apparent est en moyenne de 38″ et varie de
30″ à 47″ suivant sa distance ; dans les conditions les plus favorables,
ce diamètre de 47″ est donc environ 39 fois seulement plus petit que
celui de la Lune, de sorte qu'une lunette grossissant 39 ou 40 fois
nous montre le disque de Jupiter avec la grandeur apparente sous
laquelle nous voyons la Lune à l'œil nu, et un grossissement de 80 le
montre deux fois plus grand. Le diamètre réel de ce globe énorme est,
comme nous l'avons vu, 11 fois plus grand que celui de notre planète

(exactement 11,15) c'est-à-dire de 142 000 kilomètres, ou de 35 500 lieues. Si ce globe était sphérique, son volume surpasserait de 1390 fois celui de la Terre, et l'on a l'habitude de le donner ainsi dans les traités d'astronomie (¹); mais la rapidité de son mouvement de rotation sur lui-même l'a renflé à son équateur, aplati à ses pôles, dans une proportion si considérable qu'elle est sensible au premier coup d'œil lorsqu'on observe la planète dans une lunette astronomique : cet aplatissement est de $\frac{1}{17}$, tandis que celui de la Terre n'est que de $\frac{1}{300}$. Il en résulte que le volume de Jupiter est 1230 fois plus considérable que celui de notre planète. Sa surface est égale à celle de 114 Terres.

L'énormité du globe de Jupiter sera peut-être mieux appréciée encore, après ce que nous avons appris du Soleil, si nous remarquons que son diamètre n'est que le dixième de celui de cet astre immense. Sa circonférence étant de plus de cent mille lieues, une bande de papier grande comme d'ici à la Lune ne ferait pas le tour entier de Jupiter (²). Avec lui nous entrons dans le domaine des géants du système, comme on peut l'apprécier bien simplement en considérant la bande planétaire dessinée au-dessus de ces deux pages. Sur cette bande se suivent de gauche à droite Mercure, Vénus, la Terre, Mars, les petites planètes, Jupiter, Saturne, Uranus et Neptune, chacune dans sa grandeur relative. Un petit segment indiqué à chaque extrémité de la bande, montre quelle serait la largeur du Soleil dessiné à la même échelle. Toutes les planètes pourraient se mettre en ligne dans le Soleil, et sans se gêner.

(¹) Notamment dans l'*Annuaire du Bureau des Longitudes*.

(²) Dans notre siècle de papier, l'industrie pourrait construire cette bande. Je visitais ces jours derniers l'usine où se fabrique le papier de l'*Astronomie Populaire* (dont cette première édition a déjà employé plus de soixante mille kilos et une longueur qui traverserait la France entière, feuilles posées bout à bout). La pâte coule en raison de 30 mètres par minute, ou 1800 mètres à l'heure, 43 200 mètres par jour, sans arrêt, ce qui fait 15 779 kilomètres par an. On coupe cette bande sans fin parce qu'il faut l'employer ; mais on pourrait ne pas la couper. Elle ferait le tour du monde en deux ans et demi, et en vingt-quatre ans s'étendrait jusqu'à la Lune.

La masse de Jupiter est connue avec une précision vraiment digne d'admiration. Tous les calculs s'accordent pour l'évaluer à $\frac{1}{1047}$ de celle du Soleil. On la détermine, soit par les mouvements des satellites, soit par les perturbations exercées sur les petites planètes, soit par les perturbations exercées sur les comètes ; la détermination est aussi

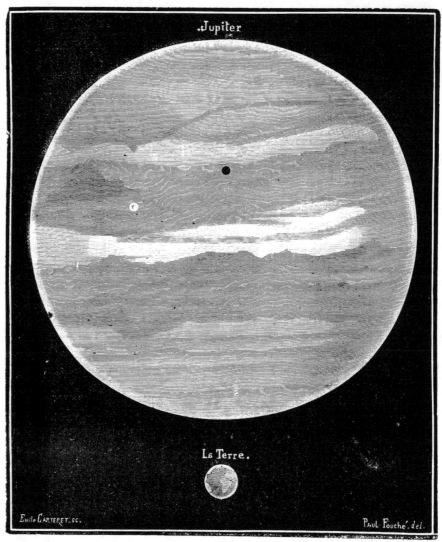

Fig. 221. — Grandeur comparée de Jupiter et de la Terre

précise que si nous pouvions peser Jupiter dans le plateau d'une balance. Il en résulte que ce monde pèse environ 310 fois plus que le nôtre. En tenant compte de l'aplatissement polaire, on trouve que la densité moyenne des substances qui le composent est de 0,243, celle de la Terre étant prise pour unité : elle se rapproche singulière-

Jupiter régissait les hautes destinées, et, dans ses veilles solitaires, l'astrologue du moyen âge calculait les influences occultes qui semblaient descendre de son éclatante lumière....

ment du Soleil. Jupiter pèse un tiers en plus du poids d'un globe d'eau de même dimension.

Nous avons étudié les méthodes dont on se sert pour peser les astres, pour mesurer leur distance, pour déterminer leurs dimensions réelles ; nous n'avons donc plus à revenir sur ce sujet. Nous avons vu également comment on calcule l'intensité de la pesanteur à la surface des mondes, laquelle dépend, d'une part, de la masse du globe que l'on considère, et, d'autre part, de son rayon, de la distance de sa surface à son centre. Si Jupiter n'était pas plus gros que la Terre, tout en ayant le poids que nous venons de lui reconnaître, l'intensité de la pesanteur à sa surface serait 310 fois plus forte qu'elle n'est ici, et un kilogramme y pèserait 310 kilogrammes. Mais comme le diamètre de ce globe est 11 fois plus grand que celui de notre planète, l'intensité de la pesanteur doit être réduite dans la proportion du carré de ce nombre, ou de 121 à 1 (exactement de 124, car 11,15 × 11,15 = 124). Divisons 310 par 124, nous trouvons 2,5, ou 2½. Nous *savons* donc par là que l'intensité de la pesanteur est deux fois et demie plus forte sur Jupiter que sur la Terre. Un homme du poids de 70 kilogrammes, transporté là, y pèserait 155 kilogrammes. Une pierre abandonnée du haut d'une tour à l'influence de la pesanteur parcourrait douze mètres dans la première seconde de chute.

Ainsi, sur Jupiter, les matériaux constitutifs des choses et des êtres sont composés de substances plus légères, moins denses, que celles des objets et des corps terrestres ; mais la planète attire plus fortement, et en réalité ils sont plus lourds, tombent plus vite vers le sol pèsent plus. C'est l'opposé de ce que nous avons remarqué sur Mercure ; et c'est bien ici le cas de dire qu'*il n'y a rien d'absolu*. Vraiment, tout est relatif, et nous vivons dans le relatif. Rien ne semble plus brutalement absolu au vulgaire qu'un boulet de canon de vingt kilogrammes. Eh bien ! ce boulet n'est tel qu'à cause de sa situation sur la Terre. Portons-le sur une petite planète, c'est une plume ; imaginons-le sur le Soleil, c'est une montagne de fer massif impossible à remuer ; ici il tue, là c'est un jouet. Nous vivons au milieu du relatif, et nous voudrions que l'univers fût réduit à notre taille !

Déjà nous l'avons vu, Jupiter gravite autour du Soleil à une distance cinq fois supérieure à la nôtre, à 192 millions de lieues, le long d'une orbite qu'il emploie 4332 jours à parcourir, soit 11 ans 10 mois et 17 jours. Nous avons vu aussi que la perspective causée par la révolution annuelle de la Terre autour du Soleil fait faire en apparence à Jupiter onze à douze stations et rétrogradations le long de son orbite duodécennale. Il revient en *opposition* relativement au Soleil, c'est-à-dire que le Soleil, la Terre et Jupiter se retrouvent sur une même ligne, tous les 399 jours, ou 1 an et 34 jours en moyenne; 278 sont employés au mouvement direct et 121 au mouvement rétrograde. Voici les dates de ses oppositions actuelles :

1879.	31 août.
1880.	6 octobre.
1881.	12 novembre.
1882.	18 décembre.

On trouvera les périodes suivantes en ajoutant chaque année un mois et six jours pour les années qui suivent celles-ci. Ce sont là les époques ou la planète passe au méridien à minuit, en planant majestueusement *au sud* comme une *étoile éclatante*. Elle est donc extrêmement facile à reconnaître. Nos *fig.* 178 et 182 ont indiqué ses mouvements en 1879, 1880 et 1881. Elle marche ainsi en suivant le zodiaque, et ne reviendra que dans douze ans dans la région du ciel où elle brille actuellement. En ce moment (septembre 1879), Jupiter, Saturne et Mars se suivent dans le ciel en ligne droite. On peut compter quatre mois chaque année pour ses époques d'observation favorable le soir : le mois dans lequel son opposition arrive et les trois mois suivants. D'après nos indications, nos lecteurs pourront facilement reconnaître chaque année toutes les planètes.

Son orbite autour du Soleil n'est pas circulaire, mais elliptique, avec une excentricité de 0,048, ce qui donne pour ses variations de distance :

	géométrique	en kilomètres	en lieues
Distance périhélie.	4,952	732 000 000	183 000 000
Distance moyenne.	5,203	770 000 000	192 500 000
Distance aphélie.	5,454	807 000 000	201 750 000

Il y a, comme on le voit, près de vingt millions de lieues de différence entre sa distance au Soleil (ou à la Terre) à son aphélie et à son périhélie. Ce sont là les vraies saisons de Jupiter.

Son mouvement autour du Soleil s'accomplit dans un plan peu différent de celui dans lequel la Terre se meut elle-même, c'est-à-dire du plan de l'écliptique : l'inclinaison de ce plan sur le nôtre n'est que de 1° 18'. Les anciens l'avaient déjà remarqué et ils avaient nommé Jupiter la planète de l'écliptique. Son périhélie arrive actuellement à 13° de longitude, c'est-à-dire à 13° du point de l'équinoxe de printemps ; Jupiter se trouve alors dans la constellation des Poissons, non

loin de l'étoile ζ : il y passera le 25 septembre 1880; son dernier passage a eu lieu le 16 novembre 1868. Il est passé à son aphélie le
24 octobre 1874. Son périhélie comme son aphélie, sa ligne des apsides
avancent de 57″ par an sur l'écliptique.

A cette distance du Soleil, le disque de l'astre du jour est réduit de
plus de cinq fois en diamètre et de plus de vingt-cinq fois en surface, en
intensité lumineuse et calorifique ; ce monde reçoit donc en moyenne
vingt-sept fois moins de lumière et de chaleur que nous n'en recevons
du Soleil. Cette différence d'intensité a certainement pour effet d'organiser la vie de cette immense planète sur un mode bien différent de
celui qui a présidé à l'organisation de la vie terrestre.

Ce globe tourne sur lui-même en gardant son axe vertical, c'est-à-
dire qu'au lieu de tourner *gauchement*, comme Voltaire accusait la
Terre de le faire, il reste droit et noble dans son cours majestueux

Fig. 223. — Inclinaison comparée de l'axe de la Terre et de l'axe de Jupiter.

autour du Soleil. L'inclinaison de son axe de rotation n'est, en effet,
que de 3 degrés, c'est-à-dire insignifiante. Il en résulte l'absence totale
de saisons et de climats. Les jours conservent la même durée pendant
l'année entière ; le soleil accomplit son mouvement diurne apparent
à peu près dans le plan de l'équateur ; il n'y a ni zones tropicales ni
cercles polaires : c'est l'état d'un équinoxe perpétuel, d'un *printemps
éternel*, pour toutes les contrées du globe, la température décroissant
harmonieusement de l'équateur jusqu'aux pôles.

Mais ce monde immense offre bien d'autres différences encore avec
celui que nous habitons. Tout en tournant lentement autour du
Soleil, il roule sur lui-même avec une telle impétuosité, que sa rota-

tion entière s'effectue en moins de dix heures. Il n'a pas cinq heures de jour ni cinq heures de nuit (¹).

La première remarque qui frappe tout observateur lorsqu'il contemple Jupiter au télescope, c'est que ce globe est sillonné de bandes plus ou moins larges, plus ou moins intenses, qui se montrent principalement vers la région équatoriale. Ces bandes de Jupiter peuvent être regardées comme le caractère distinctif de cette gigantesque planète. On les a remarquées dès le premier regard télescopique qu'il a été donné à l'homme de jeter sur ce monde lointain, et depuis on ne les a vues absentes qu'en des circonstances extrêmement rares.

Parfois, indépendamment de ces traînées blanches et grises, qui souvent sont nuancées d'une coloration jaune et orangée, on remarque des taches, soit plus lumineuses, soit plus obscures que le fond sur lequel elles sont posées, ou encore des irrégularités, des déchirures très prononcées dans la forme des bandes. Si l'on observe alors avec attention la position de ces taches sur le disque, on ne tarde pas à remarquer qu'elles se déplacent de l'est à l'ouest, ou de la gauche vers la droite, si l'on observe la planète dans un télescope qui ne renverse pas les objets. Lorsque ces taches sont très marquées, une heure d'observation *attentive* suffit pour constater le déplacement.

Ces taches appartiennent à l'atmosphère même de Jupiter. Elles ne voyagent pas autour de la planète comme ses satellites, avec une vitesse propre indépendante du mouvement de rotation, mais font partie de l'immense couche nuageuse qui environne ce vaste monde. D'un autre côté, elles ne sont pas non plus fixes à la surface du globe, comme le sont les continents et les mers de Mars, mais relativement mobiles comme les nuages de notre atmosphère.

(¹) Dès l'année 1665, Cassini découvrit cette vitesse de rotation par ses observations faites sous le beau ciel d'Italie. Il obtint pour sa durée 9 heures 56 minutes. Plus tard, en 1672, à Paris, des observations faites sur une tache qu'il crut analogue à celle qu'il avait observée en Italie, lui donnèrent 9ʰ 55ᵐ 51ˢ. En reprenant cette intéressante recherche en 1677, il obtint 9ʰ 55ᵐ 50ˢ. Mais un si bel accord s'évanouit en 1690, car cette année-là il trouva 9ʰ |51ᵐ; il en fut de même l'année suivante, et même en 1692 il trouva 9ʰ 50ᵐ. En 1713, Maraldi trouva 9ʰ 56ᵐ; et il en fut de même en 1773 dans une détermination faite par Jacques de Sylvabelle. William Herschel trouva 9ʰ 55ᵐ 40ˢ en 1778 et 9ʰ 50ᵐ 48ˢ en 1779; Schrœter 9ʰ 56ᵐ 56ˢ en 1785 et 9ʰ 55ᵐ 18ˢ en 1786; Airy, 9ʰ 55ᵐ 24ˢ en 1834; Mädler, 9ʰ 55ᵐ 26ˢ en 1835; Schmidt, 9ʰ 55ᵐ 24ˢ en 1862; lord Rosse, en 1873, 9ʰ 54ᵐ 55ˢ. En 1874, jai trouvé 9ʰ 54ᵐ 30ˢ pour la rotation de la planète à l'équateur et 9ʰ 55ᵐ 45ˢ vers 35° de latitude.

Les différences considérables de ces divers résultats avaient déjà conduit à supposer que les taches sont des nuages nageant dans une atmosphère très agitée, et qu'elles ont un mouvement d'autant plus rapide qu'elles occupent une position plus voisine du centre de la planète. Ainsi, disait déjà Fontenelle, on pourrait comparer les mouvements de ces taches à celui des vents alizés qui soufflent près de l'équateur terrestre.

Voilà donc un monde où, au lieu d'être de vingt-quatre heures, la durée du jour et de la nuit n'est même pas de dix heures ; on n'y compte que 4 heures 47 minutes entre le lever et le coucher du soleil et à toute époque de l'année la nuit y est encore plus courte à cause des crépuscules. Comme, d'autre part, l'année est presque égale à douze des nôtres, la rapidité des jours fait que les habitants de Jupiter comptent 10455 jours dans leur année. Quel étrange calendrier et quelles heures rapides s'envolent là-haut !

La vitesse de la rotation est telle, qu'un point situé à l'équateur court en raison de 12450 mètres par seconde, 26 fois plus vite qu'un point de l'équateur terrestre. C'est cette rapidité qui a amené l'aplatissement, et c'est elle évidemment qui produit les bandes de Jupiter. Elle diminue de $\frac{1}{12}$ la pesanteur à l'équateur : un objet qui pèse 12 kilogrammes aux pôles n'en pèse que 11 à l'équateur.

Cette succession rapide de la lumière et des ténèbres doit exercer une grande influence sur la manière de vivre des habitants. L'astronome Littrow se demandait s'ils ont consacré comme nous leurs journées à leurs travaux et à leurs plaisirs, la nuit à leur repos et au sommeil. « Ils doivent, assurait-il (*Die Wunder des Himmels*) posséder une singulière élasticité d'esprit et de corps. Combien peu de nous, en effet, seraient satisfaits si les nuits ne duraient que cinq heures, et si nous devions nous éveiller aussi rapidement ! Les gourmets surtout doivent être fort embarrassés, si, dans l'espace de cinq heures, ils sont obligés de prendre trois ou quatre repas. Et nos dames donc (l'auteur est Viennois), combien n'auraient-elles pas à se plaindre de ces nuits si courtes, et des bals plus courts encore ! elles qui demandent pour les préparatifs de leur toilette presque le double du temps d'une nuit de Jupiter ! Mais, par contre, les astronomes officiels des observatoires de ce monde doivent être enchantés, — si même l'atmosphère jovienne leur permet de travailler ; — ils ne doivent jamais être fatigués ! »

Ainsi parlait le spirituel directeur de l'Observatoire royal d'Autriche à une époque où l'on pouvait croire le monde de Jupiter actuellement habité par des êtres analogues à nous ; mais l'examen attentif des révolutions qu'il paraît encore subir modifie nos inductions à cet égard.

En effet, nous observons d'ici, sur sa sphère immense, de singulières métamorphoses. Les bandes si caractéristiques qui le traversent ne gardent pas, comme on l'a cru pendant si longtemps, la même forme, le même éclat, la même nuance, la même largeur, la même étendue, mais au contraire elles subissent des variations rapides et considérables. *En général*, l'équateur est marqué par une zone blanche.

De part et d'autre de cette zone blanche, il y a une bande sombre, nuancée d'une teinte rougeâtre foncée. Au delà de ces deux bandes sombres australe et boréale, on remarque ordinairement des sillons parallèles alternativement blancs et gris. La nuance générale devient plus homogène et plus grise à mesure qu'on s'approche des pôles, et les régions polaires sont ordinairement bleuâtres. Ce type général est à peu près celui du dessin ci-contre.

Fig. 224. — Aspect général de Jupiter.

Or, cet aspect typique varie profondément, et si profondément, qu'il est parfois impossible d'en retrouver aucun vestige.

Au lieu de cette zone blanche, l'équateur se montre parfois occupé par une bande sombre, et l'on voit une ou plusieurs lignes claires sur telle ou telle latitude plus ou moins éloignée. Quelquefois les bandes sont larges et espacées ; quelquefois, au contraire, elle sont fines et serrées. Tantôt leurs bords sont déchiquetés comme des nuages bouleversés et déchirés ; tantôt ils se dessinent sous la forme d'une parfaite ligne droite. On a vu des taches blanches lumineuses flotter au-dessus de ces bandes atmosphériques, et quelquefois des points lumineux tout ronds analogues aux satellites ; on a vu aussi des traînées sombres croiser obliquement les bandes et persister pendant longtemps. Enfin la variabilité de ce vaste monde est telle, qu'il offre à l'observateur et au penseur un des plus nouveaux et des plus intéressants problèmes de l'astronomie planétaire.

Ces perturbations atmosphériques peuvent toutefois s'accomplir dans l'immense enveloppe aérienne de Jupiter sans que la surface de la planète soit pour cela elle-même dans un état d'instabilité corres-

pondant. Cette surface, nous ne la voyons jamais, ou rarement, à tra·
vers les éclaircies qui nous paraissent sombres.

Depuis l'année 1868, et surtout depuis 1872, j'ai suivi avec une
grande assiduité les variations d'aspect de ce monde si important. De
tous les astres de notre système, c'est celui qui présente au télescope
les changements les plus considérables et les plus extraordinaires, non
seulement dans le dessin, mais encore dans la coloration de son disque.

Afin que chacun puisse facilement se rendre compte des métamorphoses qui arrivent constamment dans l'état atmosphérique de Jupiter,
je choisis, parmi plusieurs centaines de dessins que j'ai faits de cette
planète, un dessin de chaque année depuis douze ans, c'est-à-dire
pendant une année complète de Jupiter, pour montrer les variations
lentes qui se produisent à sa surface, et douze dessins d'une même
année, pour montrer ses variations rapides. Sur la première page
(*fig.* 225), on voit les dessins annuels, dont le premier date de 1868
et dont le dernier a été fait tout récemment (août 1879); sur le second
(*fig.* 226), on a réuni douze dessins faits à une même époque : avril
1874. Dans tous ces dessins, le sud est en haut et le nord en bas,
comme on voit les astres dans la lunette astronomique, qui renverse
les images. L'examen *attentif* de ces dessins montrera mieux que toute
description la succession des changements observés. On voit que l'as·
pect de ce monde immense ne varie pas seulement d'une année à
l'autre mais encore du jour au lendemain.

Voilà ce que nous voyons de plus sûr dans l'aspect de Jupiter : ses
bandes nuageuses et leurs variations curieuses. Quelquefois en trois
ou quatre heures un nuage s'allonge sur une latitude entière du
disque; quelquefois l'aspect total change d'un jour à l'autre; quelquefois au contraire on ne saisit pas de variation sensible pendant des
semaines entières : on voit en ce moment une tache rouge qui s'y
montre depuis plus d'un an. Or, ce n'est pas la chaleur solaire qui
peut produire tout cela, puisque Jupiter n'a pas de saisons, et que,
dans toute la longueur de son année, sa variation relative de température provenant de l'astre central n'excède pas celle que nous recevons ici pendant les quinze jours qui avoisinent l'équinoxe de
printemps et d'automne. C'est seulement de six en six ans que la
variation dépendante de l'excentricité devrait se manifester. Comment
cette action si lente et si faible pourrait-elle produire les prodigieuses
et rapides variations atmosphériques observées sur cette planète?

On a cru jusqu'à présent que la température de la surface de Jupiter
est inférieure à celle de notre atmosphère, à cause de son plus grand

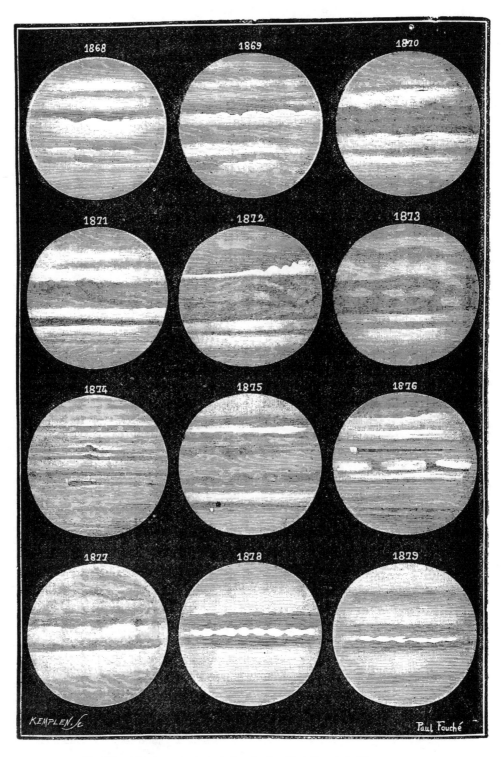

Fig. 225. — Changements observés dans Jupiter. Variations annuelles.

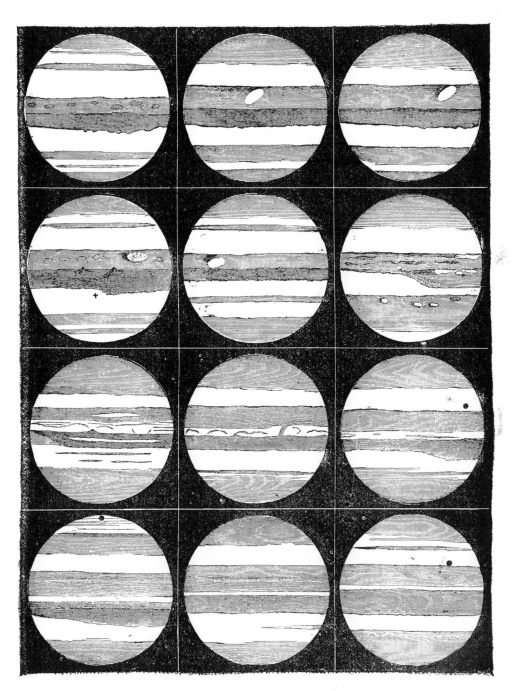

Fig. 226. — Changements observés dans Jupiter. Variations quotidiennes.

éloignement du Soleil. Or, l'existence de la vapeur d'eau qui sature l'atmosphère jovienne et les mouvements formidables que nous voyons s'y accomplir d'ici, conduisent au contraire à penser que Jupiter est plus chaud que la Terre. Il doit être plus chaud à sa surface que le Soleil ne peut le rendre. Peut-être possède-t-il des volcans et des sources de vapeurs ; peut-être est-il le siège de révolutions capables de produire les phénomènes que nous observons dans son atmosphère ; peut-être l'électricité est-elle en jeu dans ces variations, et peut-être aussi l'atmosphère de cette planète s'embrase-t-elle parfois d'immenses aurores boréales.

L'un des dessins qui montrent le mieux les énormes variations observées est celui que nous reproduisons ici, fait à Palerme par Tacchini, le 28 janvier 1873 ; la grande tache allongée en forme de *f* se projetait sur un fond rose. Du reste, de 1870 à 1873 le disque de la planète a paru fortement coloré : c'est l'époque où notre ciel terrestre a été si souvent illuminé d'aurores boréales.

Fig. 227. — Aspect de Jupiter le 28 janvier 1873.

Quant à la constitution physique et chimique de l'atmosphère de Jupiter, nous pouvons d'abord remarquer qu'elle doit être d'une densité considérable dans ses couches inférieures à cause de l'intensité de la pesanteur ; d'un autre côté, l'analyse spectrale montre qu'il y a là la même vapeur d'eau qu'ici, sauf quelques substances qui paraissent spéciales à ce monde ; elle montre aussi que les parties qui nous paraissent sombres sont plus profondes que les claires : la lumière solaire pénètre plus profondément en ces places-là et y subit une altération plus marquée.

Les bandes blanches de Jupiter et ses taches blanches représentent certainement pour nous les nuages les plus élevés de son atmosphère. Les régions sombres, généralement nuancées d'un brun marron et quelquefois roux, représentent, ou bien le sol de la planète, ou bien les couches inférieures de l'atmosphère. La différence de niveau est

certainement considérable entre les deux ; pourtant je ne suis jamais
parvenu à constater, et aucun astronome n'a jamais remarqué non
plus, que cette différence de niveau soit sensible lorsqu'une tache
blanche arrive au bord du disque. L'épaisseur de cette atmosphère
doit être énorme et sa densité intérieure doit être prodigieuse.

Toutes ces considérations nous prouvent que, tandis que Mars,
Vénus et Mercure, ressemblent plus ou moins à notre planète, il n'en
est pas de même de Jupiter. Là, les matériaux constitutifs, l'état mo·
léculaire physique et chimique, les forces locales, l'électricité, la chaleur, se trouvent *en des conditions tout autres que sur les quatre
mondes précédents*.

Ainsi, le régime météorologique de Jupiter, tel que nous l'observons de la Terre, conduit à la conclusion que l'atmosphère de cette
planète subit des variations plus considérables que celles qui seraient
produites par la seule action solaire ; que cette atmosphère est
très épaisse ; que sa pression est énorme ; et que la surface du globe
ne paraît pas arrivée à l'état de fixité et de stabilité auquel la Terre
est parvenue aujourd'hui. Il est probable que, quoique né avant la
Terre, ce globe a conservé sa chaleur originaire longtemps après nous,
en raison de son volume et de sa masse. Cette chaleur propre que
Jupiter paraît posséder encore est-elle assez élevée pour empêcher
toute manifestation vitale, et ce globe est-il encore actuellement, non
pas à l'état de soleil lumineux, car ses satellites disparaissent dans
son ombre et ne reçoivent aucune lumière de lui, mais à l'état de
soleil obscur et brûlant, tout entier liquide ou à peine recouvert d'une
première croûte figée, comme la Terre l'a été avant le commencement
de l'apparition de la vie à sa surface? Ou bien cette colossale planète
se trouve-t-elle dans l'état de température par lequel notre propre
monde est passé pendant la période primaire des époques géologiques,
où la vie commençait à se manifester sous des formes étranges, en des
êtres végétaux et animaux d'une étonnante vitalité, au milieu des con·
vulsions et des orages d'un monde naissant? — Cette dernière conclusion est sans contredit la plus rationnelle que nous puissions tirer des
observations. Cependant comme nous ne connaissons pas toutes les
ressources cachées dans la puissance virtuelle de la nature ; la logique
nous conduit en même temps à admettre que ce monde si différent du
nôtre pourrait fort bien, malgré notre ignorance, être actuellement
habité par des organismes extra-terrestres.

Mais, répétons-le, le temps n'est rien, notre époque n'a pas d'importance, le présent n'est qu'une porte ouverte par laquelle l'avenir se

précipite vers le passé, le moment que nous appelons le présent n'existe plus à l'instant même où nous le nommons, et qu'un monde soit habité au dix - neuvième siècle de l'ère chrétienne ou au centième siècle avant ou après, c'est identique dans l'éternité.

Le globe colossal de Jupiter marche accompagné d'un beau sys· tème de quatre satellites en faction autour de lui. La première fois que la curiosité scientifique dirigea la lunette de Galilée vers la

brillante planète (7 janvier 1610), l'heureux scrutateur des mystères célestes eut la joie de découvrir ces quatre petits mondes, qu'il prit d'abord pour des étoiles, mais qu'il reconnut vite comme appartenant à Jupiter lui-même. Il les vit alternativement s'approcher, puis s'éloigner de la planète, passer derrière, puis devant elle, osciller à sa droite et à sa gauche, à des distances limitées et toujours les mêmes. Galilée ne tarda pas à conclure que ce sont là des corps qui tournent autour de Jupi-

Fig. 228. — Jupiter et ses satellites dans le champ d'une lunette.

ter, dans quatre orbites différentes : c'était le monde de Copernic en miniature ; les idées de ce grand homme semblaient désormais ne pouvoir plus être rejetées. Aussi rapporte-t-on que Képler, en apprenant les observations de l'astronome de Florence, s'écria, en parodiant l'exclamation de l'empereur Julien : *Galilee, vicisti!*

Le satellite le plus proche de la planète tourne autour d'elle à la distance de 430 000 kilomètres ou 107 500 lieues, le second à la distance de 170 700 lieues, le troisième à la distance de 270 000, et le quatrième suivant une orbite tracée à 478 500 lieues du même centre.

Vus à l'aide d'une lunette ordinaire, ils ont l'apparence de petites étoiles disposées suivant une ligne conduite par le centre de la planète, presque parallèle aux bandes, et dans le prolongement de l'équateur. Le système entier est compris dans une surface visuelle d'environ les deux tiers du diamètre apparent de la Lune terrestre. Si donc on appliquait par son centre le disque lunaire sur celui de Jupiter, non seulement tous les satellites joviens seraient couverts, mais celui d'entre eux qui est le plus éloigné de la planète n'approcherait pas même du bord de la Lune de plus d'un sixième de son diamètre apparent.

Les configurations variées et toujours changeantes de ces quatre globes dans le ciel de Jupiter doivent offrir un curieux spectacle. Déjà nous rêvons sympathiquement au sein du profond silence de la nuit, lorsque notre pâle Phœbé verse du haut de l'immensité sa douce et froide lumière, et dans notre âme descend lentement l'influence poétique de sa céleste clarté. Que serait-ce si dans ce même ciel plusieurs lunes mariaient leurs lumières, glissaient en silence dans les plages éthérées, éclipsant tour à tour les constellations lointaines qui s'enfoncent et se perdent au fond de la nuit infinie ?

Ces quatre satellites tournent autour de la puissante planète suivant les orbites représentées par notre *fig.* 229, tracée à l'échelle exacte de 1 millimètre pour 1 rayon de Jupiter. Le plan de ces orbites n'est pas perpendiculaire à notre rayon visuel, c'est-à-dire que nous ne les voyons pas tourner de face ; au contraire, ce plan, comme l'équateur de Jupiter, est couché sur l'écliptique (plan dans lequel nous sommes), de sorte que pour nous ils ne font qu'osciller à droite et à gauche de Jupiter : nous ne les voyons jamais au-dessus ni au-dessous. C'est comme si, pour regarder la figure précédente, nous placions cette page non

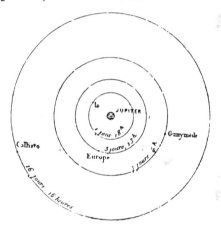

Fig. 229. — Le système de Jupiter.

de face, mais couchée suivant notre rayon visuel et vue par la tranche. Voici les éléments astronomiques et les relations que ces quatre satellites offrent avec leur monde central :

	DIST. AU CENTRE DE ♃		DURÉE DES RÉVOLUTIONS		DIAMÈTRES			VOLUMES	MASSES	DENSITÉS
	en ray. de ♃	en kil.	en jours terr.	en j. jov.	appar.	δ =1	♃ =1	en ♃.	♃ =1	♃ =1	δ =1
I. Io..........	6,05	430 000	1j 18ʰ 27ᵐ 33ˢ	4,27	1″02	0,32	0,027	3860	0,000020	0,000017	0,198
II. Europa....	9,62	682 000	3 13 14 36	8,58	0 91	0,27	0,024	3390	0,000014	0,000023	0,374
III. Ganymède..	15,35	1 088 000	7 3 42 33	17,29	1 49	0,47	0,040	5800	0,000060	0,000088	0,325
IV. Callisto.....	27,00	1 914 000	16 16 31 50	40,43	1 27	0,33	0,034	4490	0,000039	0,000043	0,253

On voit que c'est là une fort belle famille. Les dimensions de ces mondes sont respectables. Le III° (Ganymède) a un diamètre égal aux $\frac{47}{100}$ de celui de la Terre, c'est-à-dire à presque la moitié : il mesure 5800 kilomètres ou 1450 lieues ; comme importance, c'est une véritable planète. Non seulement il surpasse de beaucoup, comme ses frères, toutes les petites planètes qui gravitent entre Mars et Jupiter, mais encore *il surpasse de près du double le volume de Mercure* et égale les deux tiers de celui de Mars. Il est cinq fois plus gros que notre Lune. C'est un véritable monde.

Leurs masses réunies forment la 6000ᵉ partie de celle de Jupiter, et leurs volumes est le 7600ᵉ de son volume. Leur densité est supérieure à celle de la planète. La pesanteur à leur surface doit être très faible.

La découverte des satellites de Jupiter a été le premier résultat de l'invention des lunettes (¹). Comme toutes les découvertes, elle ne fut pas admise sans critique. Une académie tout entière, celle de Cortone, prétendit que les satellites étaient le résultat d'une illusion d'optique.

Fig. 230. — Grandeurs comparées de Mars, Ganymède, Mercure et la Lune.

Il y avait à Pise un philosophe nommé Libri, qui ne consentit jamais à mettre l'œil à la lunette pour voir les satellites de Jupiter. Il mourut quelque temps après : « J'espère, dit Galilée, que, n'ayant pas voulu les voir sur la terre, il les aura aperçus en allant au ciel (²). »

Jupiter projette du côté opposé au Soleil un cône d'ombre dans

(¹) Pour faire honneur au duc de Médicis, Galilée avait proposé de donner aux satellites de Jupiter le nom d'*astres de Médicis*.

Le P. Rheita, de Cologne, qui avait pris cinq étoiles du Verseau pour des satellites de Jupiter, propose de donner à ces neuf compagnons de la planète le nom d'astres *Urbanoctaviens*, en mémoire du pape Urbain VIII (Urbanus Octavus).

Hévélius, de son côté, avait proposé, pour les satellites authentiques de Jupiter, le nom d'astres *Uladislavianiens*, comme hommage au roi de Pologne Uladislas IV !

(²) Cette découverte de Galilée montre bien qu'avant lui on n'avait pas observé les satellites de Jupiter. Cependant, d'excellentes vues les ont quelquefois distingués à l'œil nu : cette observation constitue *la plus haute épreuve* que je connaisse pour juger de la portée de la vue humaine.

lequel les satellites pénétrent de temps en temps, ce qui occasionne des *éclipses* analogues aux éclipses de lune. Cette planète étant beau-coup plus grosse que la Terre, et se trouvant en outre beaucoup plus éloignée du Soleil, la longueur de son cône d'ombre est incompara-blement plus grande que celle du cône d'ombre de la Terre ; elle est de 89 millions de kilomètres ; ce cône s'étend bien loin au delà de l'orbite du quatrième satellite. Il en résulte que les dimensions trans-versales du cône, dans les points où il peut être atteint par les satel-lites, sont presque égales à celles de la planète elle-même : aussi les

Fig. 231. — Passage d'un satellite sur Jupiter, et ombre qu'il produit.

éclipses de ces satellites sont-elles beaucoup plus fréquentes que les éclipses de Lune. Les trois premiers pénètrent dans le cône d'ombre à chacune de leurs révolutions ; le quatrième seul passe quelquefois à côté du cône sans y pénétrer, au-dessus ou au-dessous. Ces éclipses servent à la détermination des longitudes en mer : ce sont des phé-nomènes qui se produisent dans le ciel, et qui, pouvant être observés à la fois d'un grand nombre de points de la surface du globe, indi-quent l'heure exacte et par conséquent la longitude.

Lorque les satellites de Jupiter passent entre lui et le Soleil, leur ombre se projette sur la planète, et produit de véritables éclipses de soleil, que nous pouvons observer d'ici.

Il existe entre les mouvements des trois premiers satellites un rapport particulier, d'où résulte cette conséquence, constatée d'ailleurs par les observations, que les trois satellites les plus voisins de Jupiter ne peuvent subir d'éclipses simultanées; quand le second et le troisième sont éclipsés en même temps, le premier est en conjonction avec la planète; si tous deux passent au-devant de Jupiter, de façon à produire pour celui-ci des éclipses de soleil simultanées, le premier satellite se trouve en opposition, c'est-à-dire éclipsé lui-même [1].

Ces satellites varient d'éclat. Je les ai observés avec soin, principalement pendant les années 1873, 1874, 1875 et 1876. Plusieurs faits intéressants ressortent de la comparaison de ces observations. Le premier, c'est que la nature intrinsèque de ces quatre mondes et leur surface réfléchissante est bien différente pour chacun d'eux.

[1] Il arrive quelquefois que les quatre satellites disparaissent à la fois pour nous, les uns étant éclipsés ou occultés, les autres se trouvant projetés sur le disque lumineux de Jupiter. Cette observation a été faite entre autres :

Le 2 novembre (vieux style) 1681.
Le 23 mai 1802.
Le 15 avril 1826.
Le 27 septembre 1843 de 11ʰ 55ᵐ à 12ʰ 30ᵐ
Le 21 août 1867 de 10ʰ 13ᵐ à 11ʰ 58ᵐ.
Le 22 mars 1874 à 1ʰ 46ᵐ du matin.

Je remarque que, entre la 2ᵉ et la 3ᵉ observation, il y a 24 ans moins 38 jours, et que, entre la 4ᵉ et la 5ᵉ il y a 24 ans moins 37 jours. La différence d'un jour doit provenir des heures. La période paraît être exactement de 1867, 6377 — 1843, 7393 = 23ᵃⁿˢ, 8984. Cette disparition est la même : le IIIᵉ satellite passe devant le disque et les trois autres passent derrière. Cette période comprend 523 révolutions du IVᵉ satellite, 1220 du IIIᵉ, 2458 du IIᵉ et 4934 du Iᵉʳ. Elle donne les dates suivantes pour cette curieuse disparition :

1819, 841 (4 novembre).
1843, 739 (27 septembre).
1867, 638 (21 août).
1891, 536 (16 juillet).

Je crois donc pouvoir prédire une disparition analogue pour le 16 juillet 1891. Cependant la disparition observée le 21 mars 1874, due au passage du IIᵉ satellite devant la planète

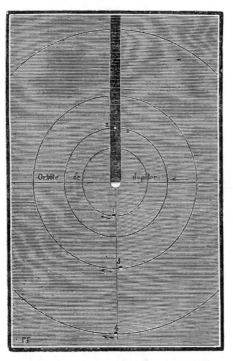

Fig. 232. — Disparition des satellites de Jupiter.

et à celui des trois autres derrière, donne d'autre part avec celles de 1802 et 1826 un chiffre voisin du précédent mais pas tout à fait égal : 1874, 219 — 1826, 287 = 47ᵃⁿˢ, 932, dont la moitié est 23ᵃⁿˢ, 966; et néanmoins 1826, 287 — 1802, 389 donne 23ᵃⁿˢ, 898, qui correspond à notre première période. La période précédente aurait donné :

       1802, 389   1826, 287   1850, 185   1874, 083

La disparition aurait dû arriver le 31 janvier au lieu du 22 mars.
Problème ouvert.

Comme *dimensions*, l'ordre décroissant a été celui-ci : III, IV, I, II. Parfois le premier a paru plus petit que le deuxième.

Comme *lumière intrinsèque*, à surface égale, nous avons I, II, III, IV. Quelquefois le IIe a paru un peu plus lumineux que le Ier.

Comme *variabilité*, l'ordre décroissant est IV, I, II, III (^{1}).

Leur grandeur photométrique est respectivement égale à **6,2-6,3-5,8 et 6,6.**

(^{1}) Une observation rare m'a confirmé dans les conclusions précédentes sur l'existence d'une atmosphère autour de ces globes. Le 25 mars 1874, je commençais, à 8^{h}45^m, l'étude du disque de Jupiter, lorsque mon attention fut immédiatement frappée par la présence d'une tache ronde, absolument *noire* et nettement définie, située à une faible distance du bord oriental de la planète, et se détachant admirablement sur le fond blanc d'une large zone lumineuse.

Au-dessous de la tache ronde *noire* dont je viens de parler, et presque en contact avec elle, on en distinguait une deuxième, également ronde, mais non plus noire comme la précédente : elle était *grise*, un peu plus petite, et ressortait néanmoins nettement sur le même fond blanc.

En observant attentivement la planète, je ne tardai pas à distinguer une troisième tache, située à droite des deux premières et plus au nord, vers le méridien central, visible, non plus sur le fond blanc, mais sur la bande grise boréale. Elle était moins

bien définie que les précédentes, très difficile à bien voir, et à peine plus foncée que la bande grise sur laquelle elle se détachait. Elle paraissait un peu moins foncée que la deuxième, à cause du fond sur lequel elle se dessinait.

Après quelques minutes d'observation, on ne tarda pas à voir ces trois taches se déplacer sur le disque. Elles marchèrent vers l'ouest et sortirent du disque à 10^h 23^m.

Dans les croquis ci-dessus, le premier des deux dessins représente le disque de Jupiter à 8^h 50^m. La tache n° 1, *noire*, est l'ombre du troisième satellite ; la tache n° 2, *grise*, est l'ombre du deuxième ; la tache n° 3 est le troisième satellite lui-même. Le second dessin représente Jupiter à 10^h 32^m. Le deuxième satellite (n° 4) ne devint visible qu'au moment de la sortie, certainement à cause de la faible intensité lumineuse du bord de la planète relativement à celle de l'ensemble.

Ainsi, le troisième satellite, qui paraît ordinairement blanc, comme les autres, lorsqu'il passe devant la planète, était foncé, et plus foncé que la bande grise sur laquelle il se détachait. *Il était presque aussi obscur que l'ombre du deuxième satellite.*

Ces différences d'éclat observées sur ces petits mondes montrent que leur sol est inégal comme celui de la Terre et qu'ils sont environnés d'atmosphères variables elles-mêmes.

Ces observations prouvent que les quatre satellites de Jupiter offrent une variabilité curieuse. Ce sont là des mondes qui mériteraient d'être ponctuellement suivis. Il est hautement probable qu'ils sont actuellement habités et qu'ils forment les premières étapes de la vie dans le système jovien.

Quelques mots encore sur ce vaste monde, considéré comme observatoire.

La Terre, vue de Jupiter, est un point lumineux oscillant dans le voisinage du Soleil, dont elle ne s'éloigne jamais à plus de 12°, c'est-à-dire à plus de 24 fois le diamètre sous lequel nous voyons cet astre. Elle ne pourrait donc être aperçue que le *soir* ou le *matin*, comme Mercure pour nous, et moins encore, très difficilement visible à l'œil nu, mais offrant dans les instruments d'optique l'aspect de la Lune en quadrature. Présents ou futurs, si les astronomes joviens observent le Soleil avec attention, c'est dans les passages de notre petit globe devant lui qu'il leur aura été le plus facile de nous découvrir, comme nous pourrions le faire pour une planète intra-mercurielle. C'est ainsi qu'on nous voit de là-bas.... Assurément, si le bruit courait sur Jupiter que les habitants de ce petit point noir prétendent que tout l'univers a été construit pour eux, il est bien probable que les bons bourgeois joviens éclateraient d'un tel rire homérique que nous l'entendrions d'ici.

De nuit, le spectacle du ciel vu de Jupiter est le même que celui que nous voyons de la Terre, quant aux constellations. Là brillent, comme ici, Orion, la Grande Ourse, Pégase, Andromède, les Gémeaux, et toutes les autres constellations, ainsi que les diamants de notre ciel : Sirius, Véga, Capella, Procyon, Rigel, et leurs rivaux. Les 195 millions de lieues qui nous séparent de Jupiter ne changent *rien* aux perspectives célestes. Mais le caractère le plus curieux de ce ciel, c'est sans contredit le spectacle des quatre lunes, qui offrent chacune un mouvement différent. La plus proche court dans le firmament avec une vitesse énorme et produit presque tous les jours des éclipses totales de soleil pour les régions équatoriales. Les trois lunes intérieures sont éclipsées à chaque révolution, juste aux heures où elles se montreraient dans leur plein. La quatrième seule arrive à la pleine phase.

Contrairement à une opinion généralement admise, ces astres ne donnent pas à Jupiter toute la lumière qu'on suppose. Nous pourrions croire, en effet, comme on l'a écrit si souvent, que ces quatre lunes éclairent ses nuits relativement quatre fois mieux que ne le fait notre unique lune à notre égard, et qu'elles suppléent en quelque sorte à la faiblesse de la lumière reçue du Soleil. Ce résultat

serait assurément fort agréable, mais la nature ne l'a pas produit (¹).
Signalons encore la magnificence du spectale offert par Jupiter lui-
même aux habitants des satellites. Vu du premier satellite, il présente
un disque immense de 20 degrés de diamètre, quatorze cents fois plus
vaste que celui de la pleine lune ! Quel monde ! quel tableau, avec ses
bandes, ses mouvements nuageux et ses colorations fulgurantes, vus
d'aussi près ! Quel soleil nocturne ! encore chaud peut-être. Joignez à
cela l'aspect des satellites eux-mêmes vus réciproquement de chacun
d'eux et vous aurez un spectacle nocturne dont aucune nuit terrestre
ne peut donner l'idée.

Tel est le monde de Jupiter au double point de vue de son organisation vitale et du spectacle de la nature extérieure vu de cet immense
observatoire. Quant à la nature de ses habitants présents ou futurs,
nous n'imiterons pas l'anglais Whewell, qui, à cause de la faible densité, ne pouvait voir en eux que « des créatures gélatineuses comme les
méduses qui flottent au bord de la mer; » ni l'Allemand Wolf, qui, à
cause de la faiblesse de la lumière, leur supposait des yeux trois fois
plus grands que les nôtres et une taille dans la même proportion « ce
qui était justement la taille de Og, roi de Bazan, dont le lit était long
de neuf coudées; » ni un romancier américain, qui assure que, la
force musculaire des êtres variant comme le carré de la section des
muscles et le poids s'accroissant comme le cube de la hauteur, les habitants de Jupiter ne peuvent dépasser, à cause de leur poids, la taille
du général Tom-Pouce!... Il faut nous garder de mesurer les habitants des autres mondes sur les conceptions plus ou moins incomplètes
que les formes de la vie terrestre peuvent nous suggérer. La nature
sait peupler tous les mondes à leur heure d'êtres non terrestres appropriés à leur situation spéciale dans l'univers.

(¹) Les quatre satellites couvrent, il est vrai, une étendue de ciel plus grande que
notre lune, mais ils réfléchissent la lumière d'un soleil 27 fois plus petit que le nôtre :
en définitive, la lumière totale réfléchie n'est égale qu'au seizième seulement de celle
de notre pleine lune, en supposant encore le sol de ces satellites aussi blanc, ce qui
ne paraît pas être, surtout pour le IVᵉ. Il faut remarquer toutefois que le nerf optique
de ces êtres inconnus s'étant formé ou devant se former dans une intensité de lumière
27 fois plus faible qu'ici, doit être plus sensible que le nôtre dans la même proportion, et il est naturel de penser que les habitants de Jupiter doivent voir « aussi clair »
chez eux que nous chez nous. Notre organisation terrestre ne peut pas être considérée
comme type, car elle est simplement relative à notre planète. Or, si les yeux des habitants de Jupiter sont 27 fois plus sensibles que les nôtres, leur soleil est aussi lumineux pour eux que le nôtre pour nous, et il ne faut pas diminuer de 27 fois la clarté
des satellites pour juger de son effet sur eux. En réalité, donc, l'ensemble de leurs
lunes leur donne un maximum de lumière compté intégralement par l'étendue de la
surface réfléchissante, et qui par conséquent surpasse de moitié celle que la pleine
lune nous envoie.

CHAPITRE VII

Saturne, la merveille du monde solaire.

♄

Nous arrivons ici à l'antique frontière du système du monde, à l'orbite du vieux Saturne, dieu du Temps et du Destin, qui depuis les origines de l'astronomie planétaire jusqu'à la fin du siècle dernier a marqué pour nos aïeux la limite extrême du royaume solaire. Du temps de Copernic encore, de Galilée, de Newton, c'était la dernière planète connue; au milieu du siècle dernier, l'infortuné Bailly, savant érudit et excellent cœur, qui devait, dans la tourmente révolutionnaire, être sacrifié à l'aveugle colère d'un peuple, croyait donner une haute idée de l'étendue du système solaire en estimant la distance de Saturne à 218000 fois le demi-diamètre de la Terre, ou à 327 millions de lieues, et, en supposant que, la limite s'arrêtant là, les étoiles pouvaient n'être pas beaucoup plus éloignées. La distance de Saturne était à peu près exacte, puisque cette distance est en réalité de 355 millions de lieues; mais, en 1781, la découverte d'Uranus a rejeté la frontière à 733 millions; en 1846, celle de Neptune l'a reculée jusqu'à plus d'un milliard de lieues, — et, comme déjà nous l'avons vu, l'étoile la plus proche est huit mille fois plus éloignée de nous que Neptune !

L'esprit humain a suivi pas à pas dans sa conception de l'univers les lumières que le flambeau d'Uranie projetait dans l'infini; nous ne pouvons nous lasser de répéter avec Laplace que, « par la sûreté de ses vues et la grandeur de ses résultats, l'Astronomie est le plus beau monument de l'esprit humain. » C'était déjà un immense progrès sur le moyen-âge et sur l'antiquité que la conception du système solaire, et même du système stellaire, avec un diamètre de six cents millions de lieues. Du temps d'Homère et d'Hésiode, on croyait que l'étendue de l'univers entier avait été mesurée par le mythe de l'enclume de Vulcain, laquelle aurait mis neuf jours et neuf nuits à tomber du ciel sur la Terre et autant pour descendre de la Terre aux enfers. Elle ne serait pourtant tombée que de 575500 kilomètres, c'est-à-dire d'un peu plus haut que la Lune seulement ([1]). Il nous semble maintenant que l'on ne devait pas pouvoir respirer dans un aussi petit édifice, fermé de toutes parts par une sphère de cristal.

Saturne paraît à l'œil nu comme une étoile de première grandeur, mais beaucoup moins éclatante que Vénus, Jupiter, Mars et Mercure. Sa teinte est un peu plombée. La lenteur de son mouvement et la teinte de sa clarté en avaient fait pour les anciens une planète néfaste. Saturne passait en effet pour le plus grave et le plus lent des astres, dieu détrôné et relégué dans une sorte d'exil. — Le jour du Sabbat

Fig. 234. — Les astrologues. Figure du XVIᵉ siècle, attribuée à Holbein.

lui était consacré. — Pendant les longs siècles où florissait l'astrologie, la Terre et l'Homme étant considérés comme le centre et le but unique de la création, chaque planète exerçait son influence, proportionnellement à la valeur de chaque existence. L'astre de Saturne, à l'influence néfaste, était associé aux plus grandes douleurs ; c'était la voix du Destin qui parlait en lui. Celui qui naissait sous le

([1]) J'ai trouvé une formule bien simple pour faire ce calcul comme pour tout autre analogue : La durée de la chute d'un satellite sur sa planète n'est autre que sa révolution divisée par la racine de 32 : $\dfrac{R}{5,656856}$.

On a donc ici : Rév. $= 9^{jours} \times 5,656856 = 50^{jours},911704$.

$$\frac{50,91^2}{27,32^2} = \frac{h^3}{60,27^3}$$

$$h = \sqrt[3]{760\,200} = 91,4 = 581\,870 \text{ kilomètres.}$$

et, en retranchant le rayon de la Terre de 6370 kilomètres $= 575\,500$.

signe de Jupiter devenait célèbre et s'élevait aux positions les plus brillantes de gloire et de fortune. Mars poussait à la guerre. Mercure inspirait les arts. Quant à ceux qui naissaient sous le signe de Vénus, c'étaient, paraît-il, de fort heureux mortels.

Le plus curieux est qu'il y avait des règles toutes tracées et que

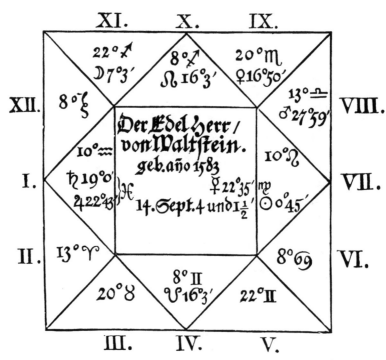

Fig. 235. — Fac-simile d'un horoscope tiré par Képler en 1608.

l'astrologue n'avait qu'à suivre pour tirer l'horoscope demandé. Tous les états de la vie étaient classés. Ainsi, pour en donner un exemple, je transcris un passage d'un livre d'astrologie du temps de Louis XIII :

« Dans le premier signe du Zodiaque, Jupiter fait les évêques, les préfets, les nobles, les puissants, les juges, les philosophes, les sages, les marchands, les banquiers. Mars signifie les guerriers, les boute-feu, les meurtriers, les *médecins*, les barbiers, les bouchers, les orfèvres, les cuisiniers, les boulangers et tous les métiers qui se font par le feu. Vénus fait les reines et les belles dames, les apothicaires (comme cela se suit bien !), les tailleurs d'habits, les faiseurs de

Dans les idées astrologiques d'autrefois, l'astre de Saturne, à l'influence néfaste, etait associé aux plus grandes douleurs....

joyaux et d'ornements, les marchands de drap, les joueurs, ceux qui hantent les cabarets, ceux qui jouent au dés, les libertins et les brigands. Mercure, les clercs, les philosophes, les astrologues, les géomètres, les arithméticiens, les auteurs latins, les peintres, les ouvriers ingénieux et subtils, tant hommes que femmes, et leurs arts. Les gens auxquels Mars préside sont aspres et rudes, invincibles, et qui par nulles raisons ne se peuvent gaigner, entiers, noiseux, téméraires, hasardeux, violents, et qui ont accoustumé de tromper le public; gourmants, digérant aisément beaucoup de viandes, forts, robustes, impérieux, avec yeux sanglants, cheveux rouges, n'ayant guères bonne affection envers leurs amis, exerçant les arts de feu et de fer ardent : bref, il fait ordinairement les hommes furieux, ricteux, paillards, suffisque et colériques.... »

C'est là un échantillon suffisant. En ce temps-là, on croyait au diable, aux sorciers, aux sciences occultes, et la justice humaine ne s'est pas fait défaut, pas plus que l'inquisition, de brûler vifs, torturer, pendre, décapiter, écarteler, rouer, de pauvres diables qui n'avaient d'autre crime sur la conscience que d'être dupes de leur propre imagination et victimes d'une société fondée sur de faux principes. La mère de Képler faillit être mise à mort parce

Fig. 237. — Les influences planétaires. Figure du XVᵉ siècle.

qu'elle avait eu une tante brûlée comme sorcière, qu'elle ne pleurait jamais et qu'elle ne regardait pas les gens en face. Képler lui-même croyait à l'astrologie et tira l'horoscope d'un grand nombre de personnages de son époque, notamment celui du fameux général de Wallenstein (de la guerre de trente ans) qui se l'était attaché comme astrologue. Ayant retrouvé dernièrement cet horoscope de la main de Képler, j'en reproduis ici le fac-simile comme curiosité historique. On voit que Wallenstein était né en 1583, le 14 septembre, à 4 heures et une minute et demie, sous l'influence de Mercure, alors à 22°35 dans la Vierge, Saturne et Jupiter étant à 19°0′ et 22°43′ dans les Poissons, Mars dans la Balance, Vénus dans le Scorpion, etc. (¹).

(¹) Comme curiosité historique, notre *fig.* 234 est la reproduction de l'une des plus

L'opinion antique sur Saturne s'est conservée jusqu'à nos jours, même chez certains esprits supérieurs. Le merveilleux anneau qui environne ce monde étrange, loin d'effacer l'impression légendaire, l'a même encore confirmée. Tout récemment encore, j'avais l'honneur de m'entretenir sur ce sujet avec le plus grand poète de tous les siècles, et Victor Hugo m'assurait que, dans sa pensée, Saturne ne pouvait être qu'un bagne ou un enfer.

La plus ancienne *observation* que nous ayons de Saturne date de l'an 228 avant notre ère. Nous parlons ici d'*observation*, c'est-à-dire de la position précise constatée dans le ciel et pouvant servir à calculer le mouvement de la planète, et non pas seulement du fait de voir Saturne au ciel, car si nos premiers parents ont habité le paradis terrestre ils ont *vu* cette planète comme toutes les autres visibles à l'œil nu.

La révolution de Saturne vue de la Terre s'accomplit en vingt-neuf ans et subit 29 stations et rétrogradations dues à la perspective de notre translation annuelle autour du Soleil. Il passe en opposition, c'est-à-dire derrière la Terre relativement au Soleil, tous les ans, avec un retard de 13 jours chaque année :

1879. . . . . . 5 octobre.	1881. . . . . . 31 octobre.
1880. . . . . . 18 octobre.	1882. . . . . . 13 novembre.

Ce sont ces époques et les trois mois suivants qui marquent les périodes de sa visibilité. Il brille comme une étoile de première gran-

anciennes gravures sur bois, attribuée à Holbein, et publiée dans la *Consolation philosophique* de Boëce (Augsbourg, 1537), représentant deux astrologues observant l'un le soleil, l'autre la lune au milieu des étoiles. Nous reproduisons aussi deux autres dessins fort curieux; le premier, du XVe siècle, est extrait d'un ouvrage de l'alchimiste

Basile Valentin d'Erfurt; il représente un mourant, sur le corps duquel est posé un corbeau, de sinistre augure, et de la bouche duquel s'élèvent deux âmes. Le soleil, la lune et les cinq planètes se voient au ciel. L'étoile de Saturne est noire. L'autre dessin est un anneau constellé, tiré de la Dactyliothèque d'Abraham Gerlaeus (Anvers, 1609). Ce n'est ni l'anneau de Salomon, qui lui donnait une puissance absolue sur le ciel et sur la terre, ni l'anneau de Gygès, qui rendait invisible celui qui le portait; mais, si l'on en croit l'auteur, cette bague daterait de l'époque de la civilisation romaine, et les signes des planètes seraient plus anciens que nous ne l'avons dit (p.430).

Longtemps avant Géber, le premier écrivain sur la chimie, c'est-à-dire longtemps avant le huitième siècle, les *sept* métaux anciens étaient consacrés aux *sept* planètes antiques et en portaient les noms et les symboles :

Or . . ⊙ *Soleil.*	*Plomb.* ♄ *Saturne.*	*Cuivre.* . ♀ *Vénus.*
Argent. ☾ *Lune.*	*Étain* . ♃ *Jupiter.*	*Mercure* . ☿ *Mercure*
	Fer . . ♂ *Mars.*	

deur, dont l'éclat va actuellement en grandissant jusqu'en 1885, parce que ses anneaux s'ouvrent, comme nous le verrons plus loin. Nos figures 179 et 182 pourront servir à le trouver dans le ciel; mais, de même que Jupiter et Mars, il est trop facile à reconnaître à l'œil nu pour qu'on puisse avoir des doutes sur son identité. Il habite actuellement la constellation des Poissons, et n'y reviendra que dans trente ans.

Sa révolution sidérale autour du Soleil s'accomplit en 29 ans 5 mois 16 jours, dans un plan qui fait un angle de 2° 30' avec celui de l'écliptique. L'excentricité de l'orbite est de 0,056, ce qui donne pour ses variations de distance

	Géométrique.	En kilomètres.	En lieues.
Distance périhélie.	9,0046	1 330 000 000	332 500 000
Distance moyenne.	9,5388	1 411 000 000	352 750 000
Distance aphélie.	10,0730	1 490 000 000	372 500 000

Il y a donc plus de la distance de la Terre au Soleil, quarante millions de lieues de différence, entre la distance de Saturne au Soleil (ou à la Terre également) à son aphélie et à son périhélie. La position de ce périhélie se trouve à 91° du point de l'équinoxe de printemps, c'est-à-dire presque juste au point du solstice d'été, vers l'étoile η de la constellation des Gémeaux; l'aphélie se trouve naturellement au point diamétralement contraire, à 271°, entre les étoiles δ et λ du Sagittaire : la planète y est passée en janvier 1871. Cette ligne tourne dans le ciel en avançant de 1' par an sur l'écliptique. Saturne était alors dans la section la plus lointaine de son orbite. Depuis, il se rapproche; son prochain passage au périhélie arrivera au mois de septembre 1885. Cette variation ajoutée à celle de ses anneaux contribuera à accroître son éclat apparent vu de notre station terrestre.

Le diamètre apparent de Saturne mesure en moyenne 17″5 et varie de 15″ à 20″ suivant ses distances à la Terre. Ce même diamètre, ramené à la distance de la Terre au Soleil prise pour unité, est de 169″, comme nous l'avons vu (p. 447), c'est-à-dire 9 fois et demie (9,527) plus large que celui de notre globe. Mais ce monde est loin d'être sphérique; il est encore plus comprimé aux pôles que Jupiter, car son aplatissement polaire est de $\frac{1}{10}$, et surpasse celui de toute autre planète connue. Nous pouvons compter trente mille lieues de diamètre équatorial; il en résulte que le tour de monde saturnien parcouru le long de son vaste équateur atteint presque cent mille lieues.

La surface de ce monde est égale à celle de quatre-vingts Terres réunies. Son volume, estimé à 864 fois celui de notre globe quand on ne tient pas compte de l'aplatissement polaire, qui enlève 6900 kilomètres d'épaisseur aux deux pôles, ne surpasse en réalité celui de notre globe que de 675 fois. C'est encore là un volume respectable, et c'est les trois cinquièmes du volume du géant Jupiter.

A cause de la vitesse du mouvement de rotation, la pesanteur est diminuée d'un sixième à l'équateur, de sorte que, tandis que dans les régions polaires les objets pèsent plus que sur la Terre, à l'équateur ils pèsent moins. Un corps qui tombe parcourt sur notre globe 4^m,90 dans la première seconde de chute, et sur Saturne 5^m,34 aux latitudes polaires, et seulement 4^m,51 dans les régions équatoriales. Si Saturne tournait seulement deux fois et demie plus vite, les objets n'auraient *plus de poids du tout* dans ces régions !

Il y a plus : l'attraction contraire de l'anneau diminue encore les poids dans une proportion notable, et il y a une zone, entre l'anneau intérieur et la planète, où les corps sont également attirés en haut et en bas. Il ne faut pas un grand effort d'imagination pour deviner que si une atmosphère intermédiaire le permet, les habitants aériens de Saturne peuvent jouir de la faculté de s'envoler jusque dans les anneaux ! Remarquons à ce propos que notre propre globe, en tournant, détermine une force centrifuge qui est à la pesanteur dans le rapport de la fraction $\frac{1}{289}$. Un objet qui pèse, par exemple, 289 kilos aux pôles n'en pèse que 288 à l'équateur. Pour que cette diminution devînt égale à la pesanteur, il faudrait que la Terre tournât 17 fois plus vite (car $17 \times 17 = 289$). Alors les objets n'auraient plus aucun poids dans nos régions équatoriales. Un habitant de Quito qui sauterait seulement à quelques centimètres de hauteur ne retomberait plus ! Que dis-je ? personne n'adhérerait au sol ! Aucun être vivant, aucun objet, aucune chose ne se soutiendrait par son propre poids. Le moindre vent emporterait tout....

Saturne présente au télescope, comme Jupiter, des bandes moins faciles à distinguer, et non pas droites, mais dessinées en courbes, ce qui indique à première vue l'inclinaison de son équateur. Il faut d'excellents instruments pour reconnaître les irrégularités qui diversifient ces bandes nuageuses, et il est très difficile de les observer nettement. Cependant, elles ont été pour W. Herschel, en 1793, le premier témoignage de la rotation de la planète, qu'il évalua à 10^{heures}16^m. Il n'y a pas eu d'autre détermination de cette durée de rotation jusqu'en 1876, lorsque M. Hall, de Washington, occupé à mesurer les satellites à l'aide de la colossale lunette de cet Observatoire, remarqua (7 décembre) une tache brillante sur l'équateur de la planète. On croyait voir une immense éruption de matière blanche lancée avec violence de l'intérieur du globe ; cette tache s'étendit vers l'orient, comme une longue traînée lumineuse, et elle resta visible jusqu'au mois de janvier suivant, où la planète se perdit dans les rayons du soleil. On adressa immédiatement une dépêche à un grand nombre d'astronomes pour les inviter à observer le phénomène, et, d'après l'ensemble des observations, l'astronome américain trouva pour la durée de la rotation 10 *heures* 14 *minutes*, résultat qui confirme d'une manière vraiment remarquable l'observation d'Herschel ([1]).

Cinq heures de jour et cinq heures de nuit : *Vingt-cinq mille jours par an !* Quel calendrier !

L'axe de rotation de Saturne est incliné de 64° 18′ sur le plan de l'orbite ; l'obliquité de l'écliptique est donc sur ce monde de 25° 42′. C'est là une inclinaison peu différente de celle de la Terre ; d'où nous pouvons conclure que les saisons de ce monde lointain, tout en durant chacune plus de sept ans, sont néanmoins peu différentes des nôtres quant au contraste entre l'été et l'hiver. De même les climats s'y partagent, comme ceux de la Terre, en zones torrides, tempérées et glaciales. Mais quelle durée ! *sept ans chacune.* Chaque pôle et chaque côté de l'anneau reste quatorze ans et huit mois sans soleil !

Quant à la quantité de chaleur et de lumière que cette planète reçoit du Soleil, comme elle est presque dix fois plus éloignée que nous de l'astre central, elle le voit près de dix fois plus petit en diamètre, 90 fois moins étendu en surface, et en reçoit également 90 fois moins de chaleur et de lumière. Ce sont là, évidemment, de tout autres conditions d'existence que celles de la Terre.

A peine les premières lunettes étaient-elles inventées, que Galilée remarquait, dès l'année 1610, quelque chose de bizarre dans l'aspect de Saturne : il lui semblait voir deux boules de chaque côté de la planète. En attendant l'explication, il nomma pour cette raison Saturne tri-corps, et annonça cette découverte dans ce singulier logogryphe :

Smaisnermiclmbpobtalevmibvneuvgttaviras

Képler chercha vainement le mot de l'énigme, qui consistait dans une transposition de lettres, fortement emmêlées. Galilée les rétablit dans leur ordre, de manière à former la phrase latine que voici :

Altissimum planetam tergeminum observavi.
J'ai observé que la planète la plus élevée est trijumelle.

([1]) L'*Annuaire* et la plupart des traités d'astronomie donnent, depuis cinquante ans, 10ʰᵉᵘʳᵉˢ 30ᵐ pour cette durée, je ne sais d'après quelles observations.

« Lorsque j'observe Saturne, écrivait-il plus tard à l'ambassadeur du grand-duc de Toscane, l'étoile centrale paraît la plus grande ; deux autres, situées l'une à l'orient, l'autre à l'occident, et sur une ligne qui ne coïncide pas avec la direction du zodiaque, semblent la toucher. Ce sont comme *deux serviteurs qui aident le vieux Saturne à faire son chemin* et restent toujours à ses côtés. Avec une lunette moindre, l'étoile paraît allongée et de la forme d'une olive. »

Le laborieux astronome eut beau chercher, il ne fut pas favorisé dans ses recherches comme il l'avait été dans les précédentes. A l'époque où les anneaux de Saturne se présentent à nous par leur tranche, ils disparaissent à cause de leur minceur. C'est ce qui est arrivé notamment en 1612 (*voy.* notre *fig.* 183, p. 416). Galilée, se trouvant une certaine nuit dans l'impossibilité absolue de rien distinguer de chaque côté de la planète, là où, quelques mois auparavant, il avait encore observé les deux objets lumineux, fut complètement désespéré ; il en vint jusqu'à croire que les verres de ses lunettes l'avaient trompé. Tombé dans un profond découragement, il ne s'occupa plus de Saturne, et mourut sans savoir que l'anneau existait. Plus tard, Hévélius déclara de même qu'on y perdait son latin ; ce n'est qu'en 1659 que Huygens, le véritable auteur de la découverte de l'anneau, en fit la première description et en donna la première explication. Encore cacha-t-il sa découverte sous le masque suivant :

aaaaaa, cccc, d, eeeee, g, h, iiiiiii, llll, mm, nnnnnnnnn, oooo, pp, q, rr, s, ttttt, uuuu.

Trois ans après seulement, il déclara que cet anagramme voulait dire :

Annulo cingitur tenui, nusquam cohærente, ad eclipticam inclinato.

Il est entouré d'un anneau léger, n'adhérant à l'astre en aucun point, et incliné sur l'écliptique.

Ces mots renferment les trois faits fondamentaux de la situation de ce mystérieux appendice. Il faut avouer toutefois que les savants de cette époque avaient encore de singuliers modes de publication. C'est pourtant à la *curiosité* humaine que nous devons la féconde continuité de tous ces efforts, et l'on peut dire que les savants, et surtout les astronomes, sont les plus curieux des mortels ([1]). Il n'est pas question ici des *mortelles*, bien entendu. Il est probable d'ailleurs qu'elles ne garderaient pas pendant trois ans le secret d'une découverte. C'est

([1]) Quelques-uns sont même parfois un peu trop curieux, témoin La Condamine, qui, se trouvant un jour en visite chez la duchesse de Choiseul, s'était placé derrière le fauteuil où elle était assise, écrivant une lettre. La duchesse aperçoit l'ombre

ce dont convenait, du reste, un indiscret prédicateur du temps de la Régence, qui, prêchant devant des religieuses, le jour de Pâques, leur assura que « si Jésus-Christ ressuscité était d'abord apparu à des femmes, ce n'était point pour leur faire plaisir, mais uniquement dans le but que la nouvelle de la résurrection fût plus vite répandue. »

L'hypothèse de l'anneau entourant de toutes parts, sans le toucher, le globe de Saturne, ne fut pas adoptée immédiatement : plusieurs soutenaient qu'il n'y avait là qu'un effet de réflexion de la lumière sur des surfaces convexes. Auzout aperçut, en 1662, l'ombre de Saturne sur l'anneau, observation confirmée maintes fois depuis. En 1666, Hooke observa que l'anneau était plus lumineux que la planète. En 1675, Cassini le vit partagé dans toute sa longueur par une ligne

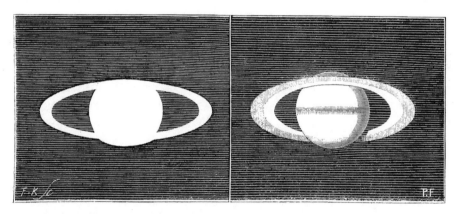

Fig. 239. — Anciennes observations de Saturne 1650 (Riccioli) ; — 1675 (Anneau dédoublé par Cassini).

sombre, d'où deux parties d'intensité dissemblable. « La partie intérieure est, disait-il, fort claire, et l'extérieure un peu obscure, la différence de teinte étant celle de l'argent mat à l'argent bruni. » Cette découverte avait déjà été faite dix ans plus tôt par un Anglais nommé Ball. A la fin du siècle dernier, William Herschel reconnut qu'il y a deux anneaux parfaitement distincts, l'un extérieur, l'autre intérieur, séparés par la bande noire dont nous venons de parler. En 1837, Encke vit l'anneau extérieur partagé en deux par une étroite

d'une tête penchée par-dessus son épaule. Elle connaissait son homme, et, sans se retourner, elle continua à écrire :

« Je vous en dirais davantage si M. de La Condamine n'était là, derrière moi, lisant en cachette ce que je vous écris. »

— Ah! madame, s'écria naïvement le navigateur astronome, rien n'est plus injuste : je vous proteste que je ne lis pas....

Il fut victime lui-même de son imperturbable curiosité. Un jour qu'il venait de subir une opération chirurgicale qui avait obtenu un plein succès, voulant se rendre compte de la plaie, l'ouvrir et la fermer, il l'envenima si bien, qu'il en mourut.

ligne noire; et, en 1838, le P. de Vico aperçut deux autres bandes noires semblables sur l'anneau intérieur, ce qui ferait un total de cinq anneaux séparés par quatre intervalles obscurs. Depuis, Lassell, Dawes et Bond ont découvert jusqu'à onze divisions.

Considéré dans son ensemble, l'anneau fait avec le plan de l'orbite de la planète un angle de 28 degrés. Par conséquent, à un observateur situé sur Terre, il paraît toujours elliptique et d'une dimension transversale variable. Les ombres projetées montrent que le corps de Saturne et son anneau sont éclairés comme nous par le soleil et n'ont pas d'autre lumière.

Vus de face, c'est-à-dire d'un point de l'espace situé dans le prolongement de l'axe de la planète, les anneaux seraient reconnus dans leur forme réelle, c'est-à-dire circulaires. D'ici, nous ne les voyons jamais qu'obliquement; aux époques où il nous paraît le plus ouvert, le plus petit diamètre apparent n'est jamais égal à la moitié du plus grand. Le dessin suivant montre comment ces apparences se produisent. Deux fois par révolution saturnienne, c'est-à-dire tous les quinze ans environ, nous les voyons avec leur maximum d'ouverture; à sept années et demie de là, et avec une période de quinze ans également, ils ne se présentent à nous que par la tranche et disparaissent deux fois : 1° lorsque le soleil n'éclaire plus que juste la tranche, 2° lorsque, le soleil éclairant encore la surface boréale ou australe des anneaux, la Terre arrive à passer par leur plan et à ne plus rien voir. Dans les plus puissants instruments, un mince filet lumineux reste encore. Ainsi, au mois de juin 1877, la Terre est passée par le plan : ils ont disparu une première fois, ont reparu, puis, en février 1878, ont disparu de nouveau, n'étant plus éclairés que par la tranche. Leur surface boréale, qui était illuminée depuis 1862, a perdu de vue le soleil pour quinze ans, et la surface australe a commencé à être éclairée.

Voici des proportions qui montrent exactement ces variations :

* Juin 1869, ouverture max. Surface boréale. *Gr. axe* = 41″,5 ; *pet. axe* = 18″,5.		
* Juillet 1872, diminution. Surface boréale éclairée.	41,6	17,0
* Août 1875, *id.* *id.* *id.*	42,3	10,0
Juin 1877, passage par le plan de la Terre	40,0	0,4
* Septembre 1877, légère inclinaison. Surface boréale	43,3	2,0
Février 1878, passage par le plan du Soleil. . . .	36,5	0,0
Septembre 1878, surface australe éclairée.	43,6	2,9
* Septembre 1879, *id.* *id.* *id.*	44,2	7,3

Parmi les nombreux dessins que j'ai faits de cette planète, j'ai choisi ceux qui correspondent aux dates marquées d'un * pour les repro-

duire ici (*fig.* 241). Il y a une remarque spéciale à faire sur celui de
1877 (14 septembre), c'est que l'anse de droite, ou de l'ouest, m'a paru
plus brillante et plus longue que l'autre. (Dans ces dessins, les images sont droites, et non renversées.) Cette observation n'est pas
nouvelle : Saturne n'occupe pas juste le centre des anneaux; mais
ordinairement la différence est si faible qu'on ne la remarque pas.

Cet aspect des anneaux de Saturne, vus surtout aux époques de
leur plus grande largeur apparente, est merveilleux, et l'on ne
peut s'empêcher d'être saisi d'une certaine émotion lorsqu'on voit
arriver cet étonnant cortège dans le champ d'une lunette astro-

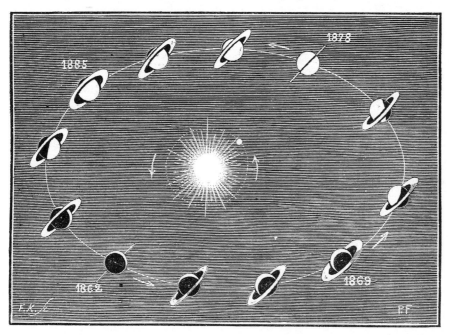

Fig. 240. — Perspective variable des anneaux de Saturne vus de la Terre.

nomique. Lorsqu'on songe que c'est là un pont céleste sur lequel
le globe entier de la Terre pourrait rouler comme un boulet sur
une route, et que le monde qui plane au centre est plusieurs centaines de fois supérieur à notre planète, on se transporte facilement
par la pensée jusqu'en ces régions sublimes où les affaires vulgaires
de notre existence mortelle s'évanouissent comme un songe.... Combien il est étrange qu'un si petit nombre d'humains n'aient jamais
vu cette merveille autrement que sur une froide gravure, quand il est
si facile aujourd'hui de posséder un instrument d'observation ! Combien n'est-il pas plus inexplicable encore que, dans une ville comme

1869

1872

1875

1877

1879

F.K. Sc   PF

Fig. 241. — Changement d'aspect des anneaux
de Saturne.

la capitale de la France, centre de réunion des intelligences, foyer d'attraction des sciences et des arts, il n'existe pas encore un Observatoire populaire, ouvert à tous les amis de la science, muni de télescopes qui permettent à tout esprit curieux des spectacles de la nature de se rendre compte de la réalité des découvertes admirables de la science moderne!...

Cette céleste couronne n'est pas homogène, ces anneaux ne sont pas distribués suivant une surface absolument plane, mais portent des irrégularités qui sont visibles lorsqu'ils se présentent à nous par leurs tranches, et qui produisent des ombres sur la planète. Lorsque la lumière des anneaux est réduite à un fil, on remarque sur ce fil des nœuds brillants.

Quel étonnant système! et ces anneaux, qui, comme on le voit, n'ont pas moins de 71 000 lieues de grand diamètre et de 11 800 lieues de large, n'ont pas plus de 60 à 70 kilomètres d'épaisseur!

Un troisième anneau, intérieur aux deux précédents, a été signalé en 1850 par l'astronome américain Bond, à l'aide de la grande lunette de Harvard College (État-Unis), et par les astronomes anglais Dawes et Lassell. Cet anneau est obscur et transparent, car on distingue le globe de Saturne au travers. Il avait déjà été découvert en 1838 par Galle de Berlin; mais cette observation n'avait frappé que très peu l'attention des astronomes.

Voici les mesures des deux anneaux principaux :

Diamètre extérieur de l'anneau extérieur.	40″,00 ou	71000 lieues.
Diamètre intérieur de l'anneau extérieur.	35″,29	62640
Diamètre extérieur de l'anneau intérieur.	34″,47	61200
Diamètre intérieur de l'anneau intérieur.	26″,67	47340
Largeur de l'anneau extérieur.	2″,40	4260
Largeur de la division entre les anneaux.	0″,41	720
Largeur de l'anneau intérieur.	3″,90	6930
Distance entre l'anneau et la planète..	4″,00	7000

L'anneau du milieu est toujours plus brillant que la planète, et c'est sur son bord extérieur que son éclat est le plus vif ; cet éclat dimi·

Fig. 242. — Le monde de Saturne.

nue graduellement jusqu'au bord intérieur, où il a parfois paru si faible, qu'il était difficile de le distinguer de l'anneau obscur intérieur. Examiné en 1874 au grand équatorial de Washington, il n'offrait aucun contraste remarquable entre son bord intérieur et le bord extérieur de l'anneau transparent ; les deux bords paraissaient au contraire se fondre insensiblement l'un dans l'autre. L'anneau sombre ne s'augmente-t-il pas aux dépens de l'anneau brillant ?

M. Trouvelot a fait de 1871 à 1875 des observations précises d'où il résulterait que l'anneau transparent intérieur a changé d'aspect depuis sa découverte en 1850. Au lieu d'être entièrement transparent, comme le représente la figure précédente, qui est un fac-simile de celle de Bond lui-même, il ne l'est plus que dans sa moitié intérieure : le globe saturnien reste visible à son entrée sous ce voile, mais s'efface insensiblement et n'est plus perceptible en arrivant sous le bord extérieur. Est-ce là un changement réel, ou bien cette remarque n'est-elle due qu'à l'attention scrupuleuse que l'auteur a apportée dans ses observations ? Il est difficile de se prononcer sur des détails d'une telle délicatesse. Cependant, il est probable que si Bond, Dawes, Lassell, Warren de La Rue, etc., n'avaient pas suivi le tracé du globe sous l'anneau gris, jusqu'à l'anneau brillant, ils ne l'auraient pas dessiné aussi nettement marqué. Il résulterait d'ailleurs, d'une analyse spéciale faite par Struve, en 1852, que le système saturnien aurait subi depuis

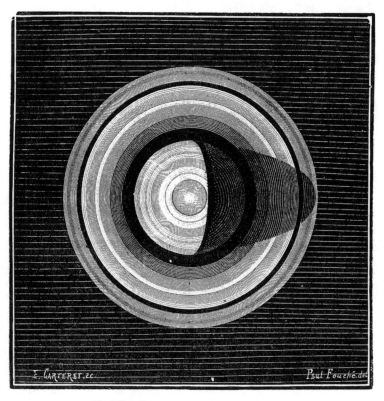

Fig. 243. — Les anneaux de Saturne vus de face.

l'époque de sa découverte des changements surprenants, attendu que le bord intérieur des anneaux paraît s'approcher peu à peu de la planète et que leur largeur totale s'accroît en même temps; l'anneau du milieu paraît augmenter plus vite que l'anneau extérieur. Allons-nous, quelque jour, assister au grandiose et formidable spectacle de la dislocation des anneaux de Saturne et de leur chute sur ce globe? L'intervalle entre l'anneau et la planète paraît diminuer en raison de $1'',3$ par siècle, si du moins on prend à la lettre les mesures suivantes :

	Années	Distance entre l'anneau et la planète	Largeur de l'anneau
Huygens.	1657	6″,5	4″,6
Huygens et Cassini.	1695	6,0	5,1
Bradley.	1719	5,4	5,7
W. Herschel.	1799	5,12	5,98
W. Struve.	1826	4,36	6,74
Encke et Galle.	1838	4,40	7,60
W. Struve.	1851	3,67	7,43

Dans cette proportion, avec cette vitesse de rapprochement, l'an-

Fig. 244. — Aspect télescopique de Saturne en 1874.

neau lumineux arriverait en contact avec la planète vers l'an 2150 (¹).

Mais quelle est la nature de cette céleste couronne?

Ces anneaux sont-ils solides, liquides ou gazeux?

(¹) Sans affirmer encore le fait, nous pouvons remarquer qu'il est difficile de concilier les descriptions des anciens observateurs avec l'aspect actuel de l'anneau sans admettre que des changements d'une certaine importance se soient produits là depuis deux siècles. Le premier venu remarque aujourd'hui, que la largeur des deux anneaux brillants réunis, est environ deux fois plus grande que celle de l'espace sombre qui sépare la planète de l'anneau; tandis que Huygens décrit cet espace sombre comme égal à la largeur de l'anneau ou même un peu plus grand. L'inspection des dessins du XVIIᵉ siècle produit la même impression (voy. fig. 239). La diffé-

Quel que soit leur nombre, ils ne peuvent pas être solides, et ressembler, par exemple, à des cerceaux plats plus ou moins larges. Les variations constantes de l'attraction centrale de la planète, combinée avec celle des huit satellites, les auraient non seulement disloqués et brisés, s'ils avaient pu se former, mais encore auraient d'avance absolument interdit cette formation.

Le seul système d'anneaux qui puisse exister, c'est un système composé d'un nombre infini de *particules distinctes tournant autour de la planète avec des vitesses différentes, selon leurs distances respectives.* Aucune réfraction n'étant observée sur le bord de la planète, vu à travers l'anneau intérieur, il en résulte que cet anneau n'est pas gazeux

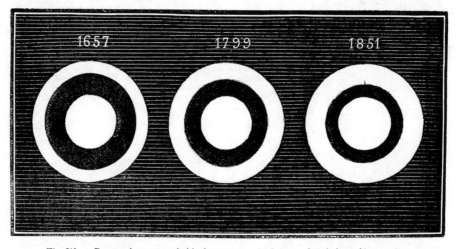

Fig. 245. — Rapprochement probable des anneaux de Saturne depuis leur découverte.

et que les rayons ne passent pas à travers un gaz. Les autres anneaux peuvent être de même nature, mais formés de particules assez multipliées pour ne pouvoir être transparents. Ce vaste système doit tourner dans les périodes suivantes :

	Distance en rayons de ♄	Période
Anneau intérieur transparent	1,36 à 1,57	5ʰ 50ᵐ à 7ʰ 11ᵐ
Large anneau central	1,57 à 2,09	7 11 à 11 9
Anneau extérieur	2,14 à 2,40	11 36 à 12 5
Premier satellite	3,35	22 37

rence peut-elle être attribuée à l'imperfection des instruments alors en usage? Non, car ces verres imparfaits donnaient au contraire une prépondérance aux parties lumineuses. L'anneau sombre n'existait-il pas avant d'être découvert? C'est possible, car l'habile Schrœter a étudié spécialement en 1796 l'intervalle en question et l'a trouvé plus noir que le ciel; les deux Herschels ne l'ont pas aperçu davantage de 1789 à 1830. Quoi qu'il en soit, ces anneaux présentent des irrégularités variables, et l'on a pu voir aussi par le dessin de M. Trouvelot (*fig* 244) que l'ombre de la planète sur les différents anneaux indique des différences de niveau assez singulières.

Quel effet prodigieux ne doit pas produire cette arche gigantesque qui s'élance de l'horizon et va se projeter dans les cieux?...

Ainsi les particules formant l'anneau transparent doivent tourner en des temps compris de 5^{heures}50^{minutes} à 7^{heures}11^{minutes}, suivant leur distance, la zone la plus rapprochée tournant le plus rapidement; celles qui composent le large anneau lumineux doivent tourner en des périodes comprises entre ^{heures}11^{minutes} et 7^{heures}11^{minutes}, également selon leur distance; enfin, la limite extérieure de ce singulier système doit accomplir sa révolution en 12^{heures}5^{minutes}. Mais les huit satellites qui gravitent en dehors des anneaux produisent des perturbations considérables dans ces mouvements, perturbations telles que, peut-être, est-ce à l'équilibre instable qu'elles perpétuent que l'on doit la conservation de l'appendice saturnien, car il semble que, sans leur soutien extérieur, des frottements et des chocs inévitables devraient mettre à chaque instant en péril la stabilité de cette étrange couronne.

Tout en étant étudié de divers côtés, le problème n'est pas encore résolu. Si l'on pouvait un jour voir une brillante étoile passer juste derrière ces anneaux, et dans l'intervalle qui les sépare de la planète, une partie du mystère pourrait s'éclaircir. On dit que cette observation a été faite par Clarke en 1707; mais il n'y en a pas eu de description spéciale, et le fait ne s'est pas reproduit depuis.

Le merveilleux système annulaire que nous venons d'admirer ne suffisait pas à l'ambition de Saturne. Il a, de plus, reçu du Ciel le plus riche cortège de satellites qui existe dans toutle système solaire : huit mondes l'accompagnent dans sa destinée. C'est un empire de deux millions de lieues de largeur. Cependant, Saturne est si éloigné, que cette largeur est réduite pour nous à un espace que la Lune nous cacherait entièrement ! Si le centre de la Lune était appliqué sur le centre de Saturne, le satellite le plus éloigné, loin de déborder le disque lunaire, n'approcherait pas même de ses bords; il s'en faudrait encore du tiers du demi-diamètre de la Lune.

Voici les huit compagnons de Saturne, avec leurs distances au centre de la planète évaluées en lieues, et les durées de leurs révolutions évaluées en jours solaires terrestres :

| | DISTANCE AU CENTRE DE SATURNE | | | | ORDRE | |
	apparente.	en rayons de ♄.	en lieues.	DURÉE DES RÉVOLUTIONS.	DE DÉCOUVERTE.	DÉCOUVREURS.
I. Mimas....	0'27"	3,36	51 750	0j.22^{h}37^{m}23^s	7	W. Herschel. 1789
II. Encelade.	0,35	4,31	64 400	1 8 53 7	6	Id. 1789
III. Téthys...	0,43	5,34	82 200	1 21 18 26	5	Cassini... 1684
IV. Dioné....	0,55	6,84	105 300	2 17 41 9	4	Id. 1684
V. Rhéa	1,16	9,55	147 100	4 12 25 11	3	Id. 1672
VI. Titan	2,57	22,14	341 000	15 22 41 25	1	Huygens .. 1655
VII. Hypérion.	3,33	26,78	412 500	21 7 7 41	8	Bond et Lassel. 1848
VIII Japet. ...	8,35	64,36	991 000	79 7 53 40	2	Cassini . 161

Les trois premiers satellites sont tous plus voisins de Saturne que la Lune ne l'est de la Terre ; et ils le seraient plus encore, si l'c i mesurait leurs distances à la surface de la planète : Mimas n'est plus guère alors en moyenne qu'à 36 350 lieues, et même le IV°, Dioné, n'en est qu'à 90 000 lieues, c'est-à-dire à moins de la distance de la Lune aussi. Leurs distances à l'arête de l'anneau extérieur sont plus courtes encore, et Mimas s'en rapproche jusqu'à 17 450 lieues.

Notre figure 246 montre le système des orbites avec leurs dimensions relatives à la même échelle que nous avons employée pour Jupiter, c'est-à-dire à raison de 1 millimètre pour 1 rayon de Saturne.

Ces satellites n'ont été découverts que successivement, selon leur gradation d'éclat et le progrès des instruments d'optique, comme on le voit par la dernière colonne du tableau précédent. Le premier remarqué (le plus gros, Titan) a été découvert par Huygens en 1655. Les instruments de cet astronome eussent été suffisants pour permettre d'en découvrir d'autres, s'ils les avait attentivement cherchés ; mais on était alors convaincu qu'il ne pouvait pas y avoir plus de satellites que de planètes ! et on ne les chercha pas (¹).

Tous ces petits mondes ont été baptisés par sir John Herschel, qui leur donna les noms des frères et des sœurs de Saturne, seul parti à prendre puisque ce bon père a dévoré tous ses enfants. Le plus gros se nomme Titan, le plus éloigné Japet (²), le dernier découvert reçut en 1848 le nom d'Hypérion fils d'Uranus et frère de Neptune.

On a observé sur ces satellites, des variations d'éclat qui montrent que probablement ils tournent autour de leur planète en lui présentant toujours la même face, comme la Lune le fait à l'égard de la Terre. Japet, surtout, est particulièrement curieux à cet égard. Il est presque aussi brillant que Titan à l'ouest de la planète, tandis qu'à l'est, 7 degrés après l'opposition, il disparaît presque entièrement. Sans doute une partie de sa surface est-elle incapable de réfléchir les rayons solaires.

A l'effrayante distance qui nous en sépare, il est difficile de mesurer

---

(¹) Lui-même a eu l'imprudence d'écrire que c'est le sixième satellite découvert aux planètes, et que, « comme il n'y a que six planètes, il ne doit exister que six satellites. » Un savant anglais disait aussi, en 1729, que si Saturne a plus de cinq satellites (alors connus), on ne les découvrira sans doute jamais, « car l'optique n'ira guère plus loin. » — L'histoire des sciences montre qu'à chaque instant les préjugés classiques ont retardé le progrès : chaque époque a les siens ; il est difficile de s'en affranchir, et ceux qui ont assez d'indépendance pour le faire ne sont généralement ni compris ni appréciés de leurs contemporains.

(²) Et non Japhet, fils de Noé, comme l'écrivent la plupart des traités d'astronomie et l'*Annuaire du Bureau des Longitudes.*

leurs dimensions. Cependant, le principal, Titan, offre l'éclat d'une étoile de huitième grandeur, et on lui a reconnu un diamètre d'une seconde, ce qui correspond à 1700 lieues : *il est donc plus gros que deux des planètes principales du système solaire, Mercure et Mars.* Japet sous-tend un angle de 0″,60, qui correspond à 1000 lieues, c'est-

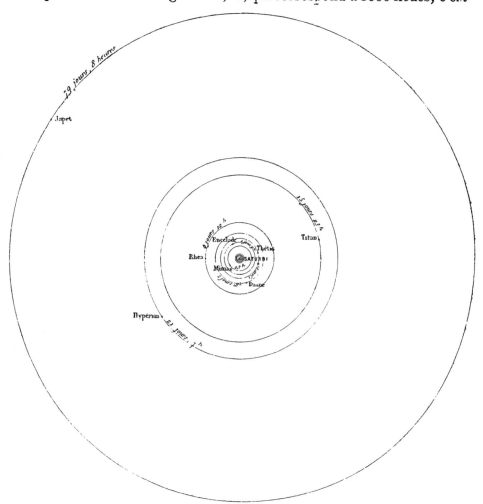

Fig. 246. — Le système de Saturne.

à-dire presque au diamètre de Mercure. Rhéa paraît avoir le diamètre de notre Lune.

Voilà donc tout un univers : un monde colossal, une couronne merveilleuse, et huit mondes gravitant en cadence. Les Saturniens ont assurément le droit d'être fiers et de croire que l'univers tout entier a été créé et mis au monde exprès pour eux : leurs voûtes du ciel ne sont pas imaginaires comme les nôtres, mais réelles ; là, les théologiens ont beau jeu, et si Voltaire s'y réincarne, il court grand risque d'être battu.

L'observation directe d'une part, l'analyse spectrale d'autre part, constatent l'existence d'une atmosphère analogue à celle de Jupiter. On distingue au télescope des bandes formées de nuages, de la nature de nos cirri, qui se disposent en longues traînées dans l'atmosphère saturnienne à cause de la rapidité du mouvement de rotation. La bande équatoriale est la plus permanente, à cause de l'attraction de l'anneau. Cette atmosphère de Saturne est si épaisse d'ailleurs, et si chargée de nuages, que nous ne voyons jamais la surface du sol, pas plus que sur Jupiter, excepté peut-être vers les régions polaires, qui sont ordinairement plus blanches que les zones tempérées et tropicales, peut-être parce qu'elles sont aussi couvertes de neige ; et qui sont d'autant plus blanches, alternativement sur chaque pôle, que l'hiver est plus avancé. Mais nous ne distinguons point comme sur Mars le sol géographique, les continents, les mers et les configurations variées qui doivent le diversifier.

L'intensité de la pesanteur à la surface de Saturne surpasse d'un dixième environ celle qui existe ici ; mais la densité des substances y est sept fois plus faible qu'ici, et, de plus, la forme sphéroïdale de la planète prouve que, comme dans Jupiter, comme dans la Terre, cette densité va en s'accroissant de la surface vers le centre, de sorte que les substances extérieures sont d'une légèreté inimaginable. D'un autre côté, si cette atmosphère est aussi profonde qu'elle le paraît, elle doit être à sa base d'une forte densité et d'une énorme pression, et plus lourde que les objets de la surface. C'est là une situation fort étrange.

Or, les observations télescopiques nous invitent à croire, d'autre part, qu'il y a là une quantité de chaleur plus forte que celle qui résulterait de la distance du Soleil, car l'astre du jour vu de Saturne est, comme nous l'avons dit, 90 fois plus petit en surface, et sa chaleur et sa lumière y sont réduites dans la même proportion. L'eau ne devrait pouvoir y subsister qu'à l'état solide de la glace, et la vapeur d'eau ne devrait point pouvoir s'y produire pour former des nuages analogues aux nôtres. Or, on y observe des variations météoriques analogues à celles que nous avons remarquées sur Jupiter, mais moins intenses. Les faits s'ajoutent donc à la théorie pour nous montrer que le monde de Saturne est dans un état de température au moins aussi élevé que le nôtre, sinon davantage.

Mais le caractère le plus bizarre du calendrier saturnien, c'est sans contredit d'être compliqué non seulement du chiffre fabuleux de 25 060 jours par an, mais encore de huit espèces de mois différents dont la durée varie depuis 22 heures jusqu'à 79 jours, c'est-à-dire depuis 2 jours saturniens environ jusqu'à 167. C'est comme si nous avions ici *huit lunes tournant en huit périodes différentes*.

Les habitants d'un tel monde doivent assurément différer étrangement de nous à tous les points de vue. La légèreté spécifique des substances saturniennes et la densité de l'atmosphère auront conduit l'organisation vitale dans une direction extra-terrestre, et les manifestations de la vie s'y seront produites et développées sous des formes inimaginables. Supposer qu'il n'y ait là rien de fixe, que la planète elle-même n'ait pas de squelette, que la surface soit liquide, que les êtres vivants soient gélatineux, en un mot, que tout y soit instable, serait dépasser les limites de l'induction scientifique.

C'est là d'ailleurs un merveilleux séjour d'habitation, et nous ne devons pas nous mettre en peine que la Nature ait su tirer le meilleur parti possible de toutes ces conditions, comme elle l'a fait ici des médiocres conditions terrestres. Séjour merveilleux en vérité! Quelle ne serait pas notre admiration, notre étonnement, notre stupeur peut-être, s'il nous était donné d'être transportés vivants jusque-là, et, parmi tous ces spectacles extra-terrestres, de contempler l'étrange aspect des anneaux qui s'allongent dans le ciel comme un pont suspendu dans les hauteurs du firmament! Supposons-nous habiter l'équateur saturnien lui-même : ces anneaux nous apparaissent comme une ligne mince tracée au-dessus de nos têtes à travers le ciel et passant juste au zénith, s'élevant de l'est en augmentant de largeur, puis descendant vers l'ouest en diminuant selon la perspective. Là seulement nous avons les anneaux précisément au zénith. Le voyageur qui se transporte de l'équateur vers l'un ou l'autre pôle sort du plan des anneaux, et ceux-ci s'abaissent insensiblement, en même temps que leurs deux extrémités cessent de paraître diamétralement opposées pour se rapprocher peu à peu l'une de l'autre. Quel effet prodigieux ne doit pas produire cette arche gigantesque qui s'élance de l'horizon et va se projeter dans les cieux! Le céleste arc de triomphe diminue de hauteur à mesure que nous nous approchons du pôle. Lorsque nous arrivons au 63ᵉ degré de latitude, le sommet de l'arc est descendu au niveau de notre horizon, et le merveilleux système disparaît du ciel, de sorte que les habitants de ces régions ne le connaissent pas et se trouvent dans une position moins avantageuse pour étudier leur propre monde que nous, qui en sommes à plus de trois cents millions de lieues de distance !

Pendant la moitié de l'année saturnienne, les anneaux donnent un admirable clair de lune sur un hémisphère de la planète, et pendant l'autre moitié illuminent l'autre hémisphère ; mais il y a toujours une demi-année sans « clair d'anneau », puisque le soleil n'éclaire qu'une face à la fois. Malgré leur volume et leur nombre, les satellites ne donnent pas autant de lumière nocturne qu'on le supposerait, car ils ne reçoivent, à surface égale, que la 90e partie de la lumière solaire que notre lune reçoit. Tous les satellites saturniens qui peuvent être à la fois au-dessus de l'horizon et aussi voisins que possible de la pleine phase, n'envoient pas plus de la centième partie de notre lumière lunaire. Mais le résultat doit être à peu près le même, car le nerf optique des Saturniens doit être 90 fois plus sensible que le nôtre.

Ce n'est pas encore là toute l'étrangeté d'une telle situation. Ces anneaux sont si larges, que leur ombre s'étend sur la plus grande partie des latitudes moyennes. Pendant quinze ans le soleil est au sud des anneaux et pendant quinze ans il est au nord. Les pays du monde de Saturne qui ont la latitude de Paris la subissent pendant plus de cinq ans. Pour l'équateur, cette éclipse est moins longue et ne se renouvelle que tous les quinze ans ; mais il y a là, toutes les nuits, pour ainsi dire, des éclipses des lunes saturniennes par les anneaux et par elles-mêmes. Pour les régions circompolaires, l'astre du jour n'est jamais éclipsé par les anneaux ; mais les satellites tournent en spirale en décrivant des rondes fantastiques, et le soleil lui-même disparaît pour le pôle pendant une longue nuit de quinze années.

De ce lointain séjour, la Terre est, comme pour Jupiter et plus encore, un *petit point* lumineux qui ne s'écarte pas à plus de six degrés du Soleil, c'est-à-dire à environ douze fois la largeur apparente qu'il nous offre. Elle aura été encore plus difficile à découvrir que de Jupiter, car elle n'est qu'un point imperceptible, et il est fort douteux qu'on ait même pu la remarquer lorsqu'elle passe devant le Soleil, ce qui lui arrive tous les quinze ans ; — à moins d'admettre, ce qui est d'ailleurs possible, que les Saturniens jouissent de facultés visuelles transcendantes. Quoi qu'il en soit, *cette planète est la dernière* d'où l'on puisse distinguer notre petit mondicule, et pour le reste de l'univers, pour l'infini tout entier, nous sommes comme si nous n'existions pas. Il est évident d'ailleurs que si l'on y a découvert notre globe, on ne songe pas à *nous* pour cela, car ce petit globule y est déclaré par les Académies saturniennes médiocre, brûlé, désert et inhabitable.

CHAPITRE VIII

La planète Uranus.

♅

Vers l'année 1765, il y avait à la chapelle de Bath, en Angleterre, un organiste allemand, né en 1738 dans le duché de Hanovre, et émigré en Angleterre pour gagner sa vie (¹). Travailleur infatigable, l'étude de la musique l'avait conduit à l'étude des mathématiques et cette dernière à celle de l'optique. Un jour un télescope de deux pieds de longueur lui tombe sous la main; il le dirige vers le ciel, est émerveillé, admire des magnificences dont il ne se doutait pas. Les étoiles fixes croissaient en nombre et présentaient les colorations les plus vives, les planètes acquéraient des dimensions considérables et des formes variées. Son imagination avait souvent rêvé au ciel, mais elle était restée impuissante à se figurer les splendeurs d'un si éblouissant spectacle. Le musicien fut transporté d'enthousiasme.

De ce jour, il n'eut plus de repos qu'il ne fût arrivé à un instrument capable de lui révéler les choses sublimes du ciel. N'ayant pas le moyen de payer les prix que demandait un opticien de Londres pour le lui fournir, il se mit aussitôt à l'œuvre pour en construire un de ses propres mains. Se lançant alors dans une multitude d'essais ingénieux, il arriva, pendant l'année 1774, à pouvoir contempler le ciel avec un télescope newtonien de cinq pieds de foyer, exécuté tout entier de sa main. Encouragé par ce premier succès, le musicien allemand obtint bientôt des télescopes de sept, de huit, de dix et même de vingt pieds de distance focale. Plus tard, il en construisit un véritablement gigantesque, de 1^m,47 de diamètre et de 12 mètres de longueur, surpassant à lui seul tous les opticiens de l'Europe et tous les astronomes observateurs.

(¹) La principale richesse de son père consistait en ses dix enfants. Ils étaient tous musiciens. Le bisaïeul d'Herschel s'appelait Abraham, son aïeul Isaac et son père Jacob; cependant, ils n'étaient pas israélites, mais protestants très fervents. L'illustre astronome a eu pour fils John Herschel (1792-1871), digne successeur de son père dans les conquêtes du ciel. Son petit-fils, Alexander, suit aussi, d'un peu plus loin, ces nobles traces.

William Herschel découvrant la planète Uranus

L'ardent astronome était occupé, le 13 mars 1781, à observer avec un télescope de sept pieds et à l'aide d'un grossissement de 227 fois, un petit groupe d'étoiles situé dans la constellation des Gémeaux, lorsqu'il trouva à l'une de ces étoiles un diamètre inusité. Substituant des oculaires grossissant 460 et même 932 fois à celui que le télescope portait d'abord, il vit que le diamètre apparent de l'étoile augmentait toujours dans la proportion du grossissement, tandis qu'il n'en était pas de même des étoiles voisines qui lui servaient de comparaison. Ce petit astre offrait, à l'œil nu, l'aspect d'une étoile de sixième grandeur, c'est-à-dire à peine visible. Les amplifications de la petite étoile avaient cependant une limite, parce qu'au delà d'un certain grossissement, son disque s'obscurcissait et devenait mal terminé sur les bords, ce qui n'arrivait pas pour les autres étoiles ; ces dernières conservaient leur éclat et leur netteté.

Ce nouvel astre se déplaçait au milieu des étoiles. On a remarqué avec raison que, s'il avait dirigé son télescope vers la constellation des Gémeaux onze jours plus tôt, c'est-à-dire le 2 mars, au lieu du 13, le mouvement propre du petit astre lui aurait échappé, car il était alors dans un de ses points de station.

Quel pouvait être cet astre nouveau ? Il serait bien extraordinaire qu'il existât encore dans le ciel une planète inconnue. Il semble que l'on a depuis longtemps le droit de les considérer comme étant toutes découvertes, et d'affirmer que leur nombre est irrévocablement fixé à six, puisque depuis les temps historiques, et surtout depuis l'invention du télescope, on n'en a pas trouvé de nouvelles (¹). L'auteur de la découverte ne fut pas assez téméraire pour penser que sa petite étoile fût une planète, et quoiqu'elle n'eût ni queue, ni chevelure apparente, il n'hésita pas à la qualifier de *comète*. C'est sous cette désignation qu'il la signala à la Société royale de Londres, dans un mémoire du 26 avril 1781 : *Account of a comet.*

Le nom du musicien astronome se répandit en Europe avec la nouvelle de cette découverte. Les journaux et les recueils scientifiques

(¹) Uranus avait déjà été vu 19 fois comme étoile. Il aurait pu être découvert comme planète dès 1690 si les instruments employés lui avaient donné un disque sensible, ou si on l'avait suivi plusieurs jours de suite ; et dès 1750, si Lemonnier avait transcrit ses observations sur une même feuille : le mouvement se serait manifesté de lui-même

Dans son *Histoire de l'Astronomie* (1785), Bailly parle de cette découverte qu'il attribue à un *Allemand nommé Hartchell ;* il signale l'astre comme une comète, mais en faisant remarquer qu'en France et en Angleterre on commence à croire que c'est plutôt une planète. Pingré, dans sa *Cométographie*, publiée en 1784, classe Uranus sous le titre de *première comète de 1781.* « Cette comète ou planète, dit-il (car il n'est pas encore décidé si elle est l'une ou l'autre) fut découverte en Angleterre par M. Herschel, ASTROPHILE, dit-on, PLUTÔT QU'ASTRONOME. »

de cette époque répétèrent ce nom à l'envi, mais en l'écrivant presque tous d'une façon différente ; ainsi, les Allemands, ses compatriotes, l'orthographiaient, en 1781 : *Merthel*, *Hersthel*, *Hermstel*, etc.; les astronomes français l'appelaient *Horochelle*, dans la *Connaissance des Temps* pour 1784. L'homme illustre qui venait de débuter d'une façon si brillante signait son nom *William Herschel*.

A partir de ce jour, la réputation d'Herschel, non plus en qualité de musicien, mais bien en qualité de constructeur de télescopes et d'astronome, fit du bruit dans le monde. Le roi Georges III, qui aimait les sciences et les protégeait, se fit présenter l'astronome; charmé de l'exposé simple et modeste de ses efforts et de ses travaux, il lui assura une pension viagère de 7900 francs et une habitation à Slough, dans le voisinage du château de Windsor. Sa sœur Caroline s'associa à lui comme secrétaire, transcrivit toutes ses observations et fit tous les calculs : le roi lui donna le titre et les appointements d'astronome adjoint. Bientôt l'Observatoire de Slough surpassa en célébrité les principaux observatoires de l'Europe; on peut dire que c'est le lieu du monde où il a été fait le plus de découvertes.

La plupart des astronomes s'attachèrent bientôt à observer le nouvel astre. Ils voulaient que cette « comète » parcourût, comme il arrive ordinairement, une courbe très allongée, et que le sommet de cette orbite arrivât proche du Soleil. Mais tous les calculs faits à cet égard étaient sans cesse à recommencer; on ne parvenait jamais à représenter l'ensemble de ses positions, quoique l'astre marchât avec beaucoup de lenteur : les observations d'un mois renversaient de fond en comble l'édifice du mois précédent.

On fut plusieurs mois sans se douter qu'il s'agissait là d'une véritable planète, et ce n'est qu'après avoir reconnu que toutes les orbites imaginées pour la prétendue comète se trouvaient bientôt contredites par les observations, et qu'il y avait probablement une orbite circulaire, beaucoup plus éloignée du Soleil que Saturne, jusqu'alors frontière du système, que l'on arriva à la regarder comme planète. Encore ne fut-ce d'abord qu'un consentement provisoire.

Il était, en effet, plus difficile qu'on ne pense d'agrandir ainsi sans scrupule la famille du Soleil. Bien des raisons de convenance s'y opposaient. Les idées anciennes sont tyranniques. On était habitué depuis si longtemps à considérer le vieux Saturne comme le gardien des frontières, qu'il fallait un grand effort pour se décider à reculer ces frontières et à les faire garder par un nouveau monde (¹).

(¹) Il en fut pour cela comme pour la découverte des petites planètes situées entre

William Herschel proposa le nom de *Georgium sidus*, l'astre de Georges ; comme Galilée avait nommé astres de Médicis les satellites de Jupiter, découverts par lui ; comme Horace avait dit : *Julium sidus*. D'autres proposèrent le nom de *Neptune*, afin de garder le caractère mythologique et donner au nouvel astre le trident de la puissance maritime anglaise. *Uranus*, le plus ancien de tous et le père de Saturne, auquel on devait réparation pour tant de siècles d'oubli. Lalande proposa le nom d'*Herschel* pour immortaliser le nom de son auteur. Ces deux dernières dénominations prévalurent. Longtemps la planète porta le nom d'Herschel, mais l'usage s'est déclaré depuis pour l'appellation mythologique, et Jupiter, Saturne, Uranus, se succédèrent par ordre de génération : le fils, le père et l'aïeul.

La découverte d'Uranus a porté le rayon du système solaire de 364 millions à 732 millions de lieues. Pour un pas, il en valait la peine.

L'éclat apparent de cette planète n'étant que celui d'une étoile de sixième grandeur, est à peine visible a l'œil nu ; pour la trouver ainsi, il faut jouir d'une excellente vue, et savoir en quel point du ciel elle se trouve. C'est ce que plusieurs de nos lecteurs pourront essayer de faire à l'aide de notre petite carte de la p. 413. Uranus est actuellement dans la constellation du Lion, à gauche, c'est-à-dire à l'est de Régulus ; elle marche lentement de l'ouest à l'est et n'emploie pas moins de 84 ans à faire le tour entier du ciel. Par son mouvement annuel autour du Soleil, la Terre passe entre le Soleil et Uranus tous les 369 jours, c'est-à-dire tous les ans plus quatre jours, à un jour près ; voici les dates actuelles de l'opposition :

1879.	20 février.	1881.	1er mars
1880.	25 févrler.	1882.	5 mars.

C'est donc à ces dates que cette planète passe au méridien à minuit, et c'est actuellement en février, mars, avril, mai, qu'on peut la chercher le soir dans la constellation du Lion. Le 25 février prochain elle se trouvera à l'est de l'étoile de 4ᵉ grandeur ρ du Lion, et elle ira s'en rapprochant jusqu'au 12 mai, c'est-à-dire précisément pendant la meilleure période d'observation, puis elle reprendra sa marche vers

Mars et Jupiter. Lorsque, deux siècles avant cette découverte, Képler avait imaginé, pour l'harmonie du monde, une grosse planète en cet intervalle, on lui avait opposé les considérations les plus frivoles, les plus dénuées de sens. On avait, par exemple, tenu des raisonnements comme celui-ci : « Il n'y a que sept ouvertures dans la tête, les deux yeux, les deux oreilles, les deux narines et la bouche ; donc il n'y a que sept planètes, » etc. Des considérations de ce genre et d'autres non moins imaginaires arrêtèrent souvent les progrès de l'astronomie.

l'est. Une lunette astronomique de moyenne puissance permet de compléter cette observation, qui est d'ailleurs de pure curiosité, car on ne distingue rien dans cette pâle lumière qui gît à sept cent millions de lieues de nous.

Le 5 juin 1872, Jupiter et Uranus se sont rencontrés en perspective dans les champs du ciel, à une fois et demie la largeur de Jupiter seulement. J'avais annoncé cette curieuse rencontre quelques années auparavant, et j'étais doublement intéressé à la vérifier moi-même. Le dessin ci-dessus reproduit l'observation que j'en ai

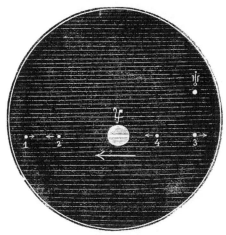

Fig. 249. — Uranus et les satellites de Jupiter le 5 juin 1872.

faite. Le diamètre de Jupiter était de 33″,4, celui d'Uranus de 3″,8, la distance minimum des centres devait avoir lieu à 6ʰ 29ᵐ 53ˢ, à 1′,9″,8, et du bord du disque de Jupiter au bord de celui d'Uranus il ne devait y avoir que 51″,2. Quel rapprochement ! Le premier satellite de Jupiter tourne à six fois le demi-diamètre de la planète. A 5 heures et demie, la lumière du jour empêchait l'observation, d'autant plus que le phénomène se passait à l'occident. A 9 heures, Jupiter se présentait admirablement dans le champ de la lunette, accompagné de cinq satellites, dont l'un était Uranus, et paraissait de même grosseur que le plus grand (IIIᵉ) et un peu plus brillant. Cette observation m'a permis de constater que l'éclat d'Uranus surpasse un peu celui du plus brillant satellite de Jupiter (le IIIᵉ) et que sa grandeur doit être notée = 5,7.

L'orbite d'Uranus autour du Soleil est tracée à la distance moyenne de 710 millions de lieues de l'astre central, à 19 fois environ (19,18) celle à laquelle gravite la Terre. Cette orbite elliptique a pour excentricité la proportion 0,0463, de sorte que sa distance varie comme il suit :

	Géométrique.	En kilomètres.	En lieues.
Distance périhélie.	18,295	2 700 000 000	675 000 000
Distance moyenne.	19,183	2 840 000 000	710 000 000
Distance aphélie.	22,071	2 968 000 000	742 000 000

Ainsi cette planète est de 67 millions de lieues plus proche du Soleil à son périhélie qu'à son aphélie. Sa distance minimum à la Terre aux époques de ses oppositions varie dans le même rapport, de 638 à 705 millions de lieues. Le périhélie d'Uranus arrive à 171° de l'équinoxe ; la planète y passera prochainement, en 1883 ; elle y est passée en 1799 et n'y reviendra qu'en 1967. Son orbite gît presque exactement dans le plan de l'écliptique. La durée de sa période, calculée récemment sur l'ensemble de toutes les observations faites depuis sa découverte, est de 30 688 jours, ou 84^{ans},022, ou 84 ans 8 jours : elle est de deux jours plus longue qu'on ne le pensait il y a quelques années encore. La planète d'Herschel est revenue le 21 mars 1865 au point du ciel où elle fut découverte le 13 mars 1781.

Le calendrier de ce monde lointain doit, selon toute probabilité, compter soixante mille jours par an, si l'on en juge par la vitesse de rotation des grosses et légères planètes extérieures sur lesquelles on a déjà pu observer ce mouvement. L'exiguïté du disque d'Uranus n'a pas encore permis d'y découvrir des taches favorisant cette observation ; toutefois, on a un indice de la vitesse probable de la rotation de ce globe par celle de ses satellites : elle doit être de 11 heures environ.

Le diamètre d'Uranus mesure 4″. En le combinant avec la distance, on trouve qu'il correspond à une ligne de 13 400 lieues, c'est-à-dire plus de quatre fois supérieure au diamètre de notre globe. Il en résulte que le volume de cette planète est 74 fois plus gros que celui de la Terre. C'est la moins volumineuse des quatres planètes extérieures ; mais elle est encore beaucoup plus grosse à elle seule que les quatre planètes intérieures (Mercure, Vénus, la Terre et Mars) réunies. On a pu déterminer sa masse d'après les principes exposés plus haut par la vitesse de ses satellites autour de lui et par son influence sur Neptune, et l'on a trouvé qu'il pèse quinze fois plus que notre planète. Il en résulte que la matière qui le compose est beaucoup plus légère que celle de notre monde : sa densité n'est que le cinquième de la nôtre.

L'atmosphère d'Uranus a été constatée par l'analyse spectrale. Elle diffère de la nôtre par ses facultés d'absorption, ressemble plus à celles de Saturne et de Jupiter qu'à celle que nous respirons, et renferme des gaz *qui n'existent pas sur notre planète.*

Ce monde lointain marche dans le ciel accompagné d'un système de quatre satellites, dont voici les éléments :

	DISTANCE		DURÉE DES RÉVOLUTIONS
I. Ariel	7,44 rayons ♅, ou	49 000 lieues	2j 12^{h}29^{m}21^s
II. Umbriel .	10,37	69 000	4 3 28 7
III. Titania	17,01	112 500	8 16 56 26
IV. Obéron	22,75	150 000	13 11 6 55

Ce qui donne aux Uraniens quatre espèces de mois de deux, quatre, huit et treize jours, sans préjudice des autres satellites que nous pouvons ne pas encore avoir découverts.

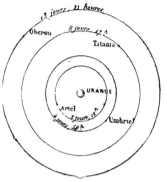

Fig. 250 — Le système d'Uranus.

Il y a ici une particularité surprenante : les satellites d'Uranus ne tournent pas commme les autres. Que nous considérions la Terre, Jupiter, Saturne ou Neptune, leurs lunes tournent de l'ouest à l'est, dans le plan des équateurs de ces planètes ou à peu près, et ce plan ne fait pas un angle considérable avec celui de leurs orbites autour du Soleil. Les satellites d'Uranus tournent au contraire de l'est à l'ouest, et dans un plan presque perpendiculaire à celui dans lequel la planète se meut. Nous pouvons en conclure que l'axe de rotation d'Uranus est presque couché sur le plan de son orbite, et que le soleil tourne en apparence dans le ciel uranien d'occident en orient, au lieu de tourner d'orient en occident. On pourrait presque dire que c'est là un monde renversé. Mais il y a plus. L'équateur de ce singulier globe étant incliné de 76°, le soleil uranien s'éloigne pendant le cours de sa longue année jusqu'à cette même latitude : c'est comme si notre soleil abandonnait le ciel étonné de l'Afrique centrale et des tropiques pour s'en aller planer sur la Sibérie, ou comme si, à Paris, nous voyions en été l'astre du jour tourner autour du pôle, sans se coucher même à minuit, pendant un été de 21 ans, et rester invisible en hiver, pendant 21 ans aussi... Les saisons y sont encore incomparablement plus étranges que celles que nous avons remarquées sur Vénus.

Vu d'Uranus, l'univers étoilé est le même que vu d'ici, mais il n'en est pas de même du système solaire. Mercure et Vénus y sont absolument inconnus, et nous pouvons, malgré les regrets qu'une telle conclusion peut nous causer, en dire autant de la Terre. En effet, notre minuscule planète, outre qu'elle est tout à fait invisible par sa petitesse, est de plus perdue dans le rayonnement du Soleil, dont elle ne s'éloigne pas à plus de 3 degrés. Ainsi, pour les habitants de ce monde, nous n'existons pas, la Terre elle-même tout entière *n'existe pas*, et c'est fini pour tout le reste de l'Univers. — Mars et Jupiter lui-même y sont invisibles; Saturne y paraît comme une faible étoile du matin et du soir; Neptune comme une faible étoile de nuit.

A cette distance, « l'astre du jour » offre un diamètre 19 foir plus petit que celui qu'il nous présente, et une surface 368 fois (19,18 × 19,18) moins étendue. Ainsi ce monde reçoit du Soleil 368 fois moins de lumière et de chaleur que nous : à en juger d'après nos impressions terrestres, ce serait là un désert de glaces auprès duquel les solitudes polaires ou les neiges et les bourrasques du Mont blanc seraient un Sénégal et un Sahara. Le diamètre du soleil uranien mesure 1′40″; mais sa lumière éclaire comme 1584 pleines-lunes. Notre fig. 251 montre la grandeur comparée du Soleil vu des différentes planètes. On voit qu'en arrivant dans les régions lointaines d'Uranus et de Neptune, l'astre diurne est réduit à des dimensions qui ne nous inviteraient guère à transporter nos pénates en ces latitudes boréales.

Mais devons-nous juger de l'univers infini par l'aspect particulier de notre petite île flottante? Nous avons généralement le défaut de considérer comme radicalement inhabitables des régions où des êtres de notre espèce ne pourraient habiter : c'est avoir une bien triste opinion de la puissance de la nature, qui aurait eu la faculté de constituer des globes énormes à des distances incommensurables, et qui n'aurait pas celle d'y organiser des êtres appropriés. Si nous jugeons de la température des planètes éloignées avec notre manière d'envisager les choses, nous n'hésiterons pas un instant à les déclarer à jamais inhabitées en raison du froid excessif qui doit y régner. Nous ne pouvons nous figurer qu'il puisse exister des hommes qui n'aient pas la même conformation et les mêmes besoins que nous.

La population des mondes dépend de tant de causes différentes qu'il serait puéril de se demander même si un monde immense est plus peuplé qu'un monde minuscule. Sur la Terre, la population humaine s'accroît constamment sur l'ensemble du globe, quoique décroissant sur plusieurs points; notre planète pourrait facilement nourrir dix fois plus d'humains qu'elle n'en porte; quatorze milliards y vivraient sans plus de peine que quatorze cents millions (¹).

Les conditions de la vie sur ces planètes ne paraissent pourtant pas, néanmoins, plus différentes de celles de la Terre, que la condition de l'animal terrestre ne diffère de celle du poisson. « Les habitants de Saturne, disait déjà Huygens en son temps, n'ont pas plus à se plain-

(¹) La proportion d'accroissement de chaque famille subit des fluctuations considérables. Un grand nombre de familles s'éteignent absolument. D'autres se développent comme le feuillage d'un chêne. Le plus curieux exemple de fécondité humaine dont les annales de l'anthropologie fassent mention est celui qui est rapporté par Derham, d'une femme anglaise qui mourut à l'âge de 93 ans, ayant eu *douze cent cinquante-huit* enfants, petits-enfants ou arrière petits-enfants!

dre que les hibous et les chauves-souris du peu de lumière qu'ils reçoi-

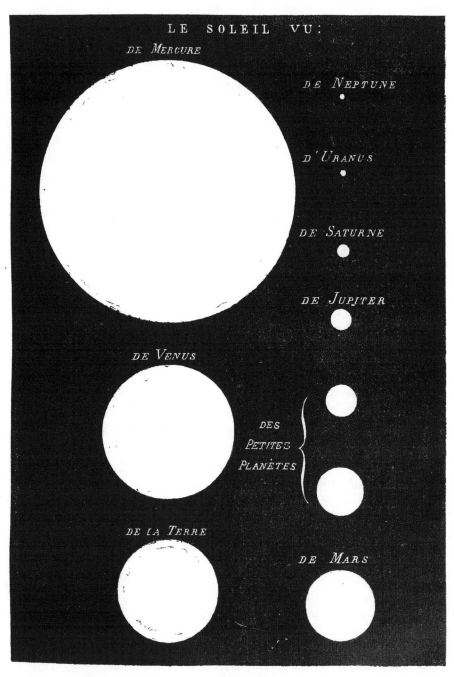

Fig. 251. — Grandeur comparée du Soleil vu des différentes planètes.

vent du Soleil, car il leur est plus avantageux et plus agréable de jouir de la lumière du crépuscule ou de celle qui reste pendant la nuit, que de celle qui nous éclaire pendant le jour. »

Toujours si ingénieux dans la détermination des conditions de l'existence des mondes planétaires, Fontenelle exprime sur Saturne des considérations que nous pourrions appliquer à Uranus : « Nous serions bien étonnés, dit-il, si nous étions dans le monde de Saturne, de voir sur nos têtes, pendant la nuit, ce grand anneau qui irait en demi-cercle d'un bout à l'autre de l'horizon, et qui, nous renvoyant la lumière, ferait l'effet d'une lune continue !... Néanmoins, ces gens sont assez misérables, même avec le secours de l'anneau. Il leur donne la lumière, mais quelle lumière, dans l'éloignement où il est du soleil ! Le soleil même, qu'ils voient cent fois plus petit que nous ne le voyons, n'est pour eux qu'une petite étoile blanche et pâle, qui n'a qu'un éclat et qu'une chaleur bien faibles ; et si vous les mettiez dans nos pays les plus froids, dans le Groënland ou dans la Laponie, vous les verriez suer à grosses gouttes et expirer de chaud. S'ils avaient de l'eau, ce ne serait point de l'eau pour eux, mais une pierre polie, un marbre ; et l'esprit de vin, qui ne gèle jamais ici, serait dur comme nos diamants. »

Après avoir taxé de folie, à force de vivacité, les hommes de Mercure, en raison de leur proximité du Soleil, Fontenelle traite de flegmatiques ceux de Saturne par la raison contraire : « Ce sont des gens, dit-il, qui ne savent ce que c'est que de rire, qui prennent toujours un jour pour répondre à la moindre question qu'on leur fait, et qui eussent trouvé Caton d'Utique trop badin et trop folâtre. »

Sans rien préjuger du caractère des Uraniens, l'étude de la nature et de la variété de ses manifestations nous convainc absolument que l'éloignement du Soleil ne peut pas être un obstacle absolu à la manifestation de la vie. Les nouveaux mondes découverts par le télescope dans les profondeurs infinies ont coïncidé avec les découvertes grandissantes du microscope dans un univers invisible pour nos yeux, quoique présent tout autour de nous. L'air que nous respirons est rempli de germes, et nos poumons absorbent constamment une quantité prodigieuse d'êtres et de débris végétaux et animaux. Ouvrons la bouche, respirons ; que dis-je ? au contraire, respirons à peine ; car, malgré toutes les précautions possibles pour ne respirer que l'air le plus pur, nous avalons sans cesse à notre insu des corpuscules innombrables en suspension dans l'air, spores de cryptogames, grains de pollen, ferments, vibrions, bactéries, œufs, cellules organisées, microbes variés, corps vivants et cadavres en débris, dont on

a compté jusqu'à 24 000 par mètre cube, et dont la *fig.* 252, due aux
analyses de M. Miquel, peut donner une idée : Ces êtres microscopiques sont grossis ici 500 fois en diamètre; plusieurs de leurs formes
sont fort curieuses : qui sait ! peut-être sont-ils à leur tour le récep-
tacle d'êtres infiniment petits relativement à eux-mêmes. Où s'arrête
la vie ? Et ces êtres ne sont point insignifiants : ce sont eux qui nous
gouvernent par la route de notre propre organisme; la plupart des
maladies qui désolent le genre humain viennent de ces minuscules

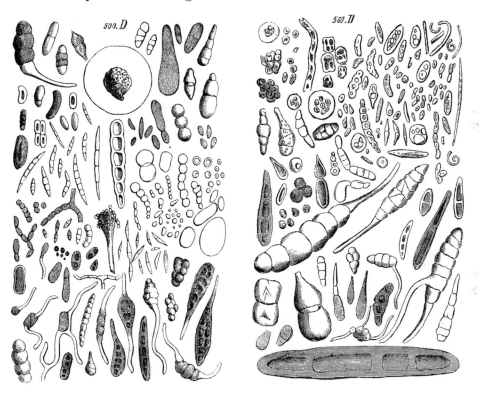

Fig. 252. — Ce que nous respirons : animaux et végétaux microscopiques flottant dans l'air

causes; une épidémie physique, comme la peste ou le choléra, qui
couche cent mille hommes dans la fosse, ne paraît pas avoir d'autre
cause; une épidémie morale qui, comme la dernière guerre, plonge
le deuil dans deux cent mille familles, coûte dix milliards et renverse
l'équilibre de tous les intérêts, n'a souvent d'autre cause qu'une nuit
d'insomnie, quelques heures de fièvre d'une chef d'État ou d'une souveraine, causées par ces petits bataillons invisibles. La vie mange la
vie, et elle mange aussi la mort; elle est partout, se répand partout,
apparaît partout, s'installe partout. Prenez une goutte d'eau sau-

mâtre, dont l'aspect comme le goût vous répugnent, et laissez-la tomber au foyer du microscope solaire, soudain l'écran sur lequel vous projetez l'image d'une microscopique partie de cette goutte d'eau vous apparaît peuplé d'une population grouillante qui, par bonds et par sauts multipliés, transforme le champ de la vision stupéfaite en un monde immense et plein de vie.... Une goutte de vinaigre

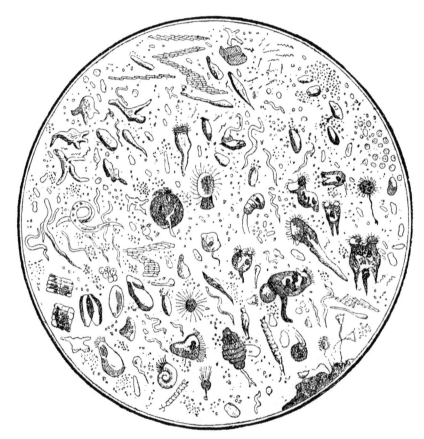

Fig. 253. — Population d'une goutte d'eau.

fait jaillir des anguilles bondissantes; une miette de fromage montre une planète couverte d'habitants plus gros qu'elle... Mais arrêtons-nous, toutes les vérités ne sont pas agréables, et il n'est pas un de nos lecteurs qui, connaissant de près ou de loin les révélations du microscope, ne les ait appliquées déjà à compléter celles du télescope, et ne soit convaincu que la diversité qui distingue Uranus et Neptune de Vénus et de la Terre n'empêche pas la puissance de la nature de s'y être manifestée avec profusion.

CHAPITRE IX

La planète Neptune et les frontières du domaine solaire.

☿

On a dit avec raison que les travaux de l'astronomie sont ceux qui donnent la plus haute mesure des facultés de l'esprit humain. La découverte de Neptune, due à la seule puissance des nombres, est l'un des plus éloquents témoignages de cette vérité. L'existence de cette planète dans le ciel a été révélée par les mathématiques. Ce monde, éloigné à plus d'un milliard de lieues de notre station terrestre, est absolument invisible à l'œil nu. Les perturbations manifestées par le mouvement de la planète Uranus ont permis de dire au mathématicien : la cause de ces perturbations est une planète inconnue, qui gravite au delà d'Uranus, vers telle distance, et qui, pour produire l'effet observé, doit se trouver actuellement en tel point du ciel étoilé. On dirige une lunette vers le point indiqué, on cherche l'inconnue, et, en moins d'une heure, on l'y trouve !

Si les planètes n'obéissaient qu'à l'action du Soleil, elles décriraient autour de lui les orbites elliptiques que nous avons étudiées au chapitre 1er du *Soleil*. Mais elles agissent les unes sur les autres, elles agissent également sur l'astre central, et de ces attractions diverses résultent des perturbations.

Les astronomes construisent d'avance les tables des positions des planètes dans le ciel, afin de savoir où elles seront et de les observer selon l'intérêt présenté par leurs situations, soit au point de vue de leur constitution physique, soit pour vérifier leurs mouvements, soit pour les applications nombreuses de l'astronomie à la géographie et à la navigation. Un astronome de Paris, Bouvard, calculant, en 1820, les tables de Jupiter, Saturne et Uranus, constata que les positions théoriques données par ses tables s'accordaient parfaitement avec les observations modernes pour les deux premières planètes, tandis que pour Uranus il y avait des différences inexplicables. Depuis 1820 jusqu'en 1845, ces différences frappant tous les astronomes, plusieurs (Bouvard lui-même, Mädler, Bessel, Valz, Arago) émirent l'opinion que ces perturbations devaient provenir d'une planète inconnue, et Bessel lui-même commençait la recherche mathématique quand il fut frappé de la maladie qui devait l'emporter au tombeau. Cependant, la différence entre les positions calculées d'Uranus et les positions observées allait toujours en croissant : elle était de 20″ en 1830, de 90″ en 1840, de 120″ en 1844, de 128″ en 1846. Pour un homme du monde, un artiste ou un négociant, c'eût été là, dans les affaires qui l'intéressent, une différence si faible qu'elle ne l'eût pas frappé : ce n'est pas un comma en musique, et s'il y eût eu dans le ciel deux étoiles contiguës qui se fussent ainsi écartées l'une de l'autre, il eût fallu une excellente vue pour les séparer nettement. Mais, pour un astronome, une telle divergence devenait tout à fait intolérable et une véritable cause d'insomnie.

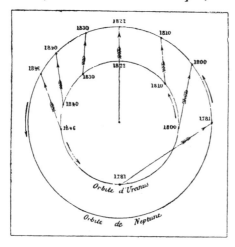

Fig. 254. — Dérangements d'Uranus par Neptune.

On se rendra compte très facilement de l'action troublante de la planète extérieure à Uranus sur les positions de celles-ci par l'examen de la petite *fig.* 254, qui montre les positions des deux planètes depuis la découverte d'Uranus jusqu'à celle de Neptune. On voit que de 1781 à 1822, l'influence de **Neptune** tend à tirer Uranus en avant, c'est-à-dire à accélérer son mouvement, tandis que de 1822 à 1846, au contraire, elle reste en retard et tend à la faire retarder en diminuant sa longitude.

Ce problème était à l'ordre du jour, et Arago, toujours à l'avant-garde du progrès, conseilla à un jeune et habile calculateur, étranger à l'Observatoire de Paris, au jeune mathématicien Le Verrier, de résoudre ce magnifique problème. Déjà accoutumé aux difficultés du calcul des perturbations par ses recherches sur les comètes, le jeune savant se mit à l'œuvre immédiatement. Il commença par vérifier les tables de Bouvard, dans lesquelles il corrigea plusieurs erreurs ; mais ces erreurs ne rendaient pas compte de la différence trouvée. Recommençant tout le calcul des perturbations de Saturne sur Uranus, il y ajouta celles de Jupiter, recalcula l'orbite d'Uranus d'après les 19 observations anciennes des positions de la planète observée comme étoile avant 1781 et les 179 observations faites de 1781 à 1845, et vérifia que l'écart entre les positions observées et les positions calculées ne pourrait pas être expliqué par les perturbations de Saturne et de Jupiter. « J'ai démontré, dit-il, qu'il y a incompatibilité formelle entre les observations d'Uranus et l'hypothèse que cette planète ne serait soumise qu'aux actions du Soleil et des autres planètes agissant conformément au principe de la gravitation universelle. On ne parviendra jamais, dans cette hypothèse, à représenter les mouvements observés.» En présence de cette incompatibilité bien démontrée, Le Verrier ne doute pas un seul instant de l'exactitude de la loi de la gravitation universelle ; il rappelle qu'à plusieurs reprises, pour expliquer des inégalités dont on n'avait pu se rendre compte, on s'en est pris à cette loi, qui est toujours sortie victorieuse après un examen plus approfondi des faits. Il aborde hardiment l'hypothèse d'une planète agissant d'une manière continue sur Uranus, et changeant son mouvement d'une manière très lente. Le fait de l'existence d'une planète extérieure étant désormais certain, il suppose, d'après la série de Titius exposée plus haut (p. 275), que cette planète doit être à la distance 36 et par conséquent graviter en 217 années autour du Soleil, et, dans cette hypothèse, il calcule quelles positions elle a dû avoir dans le ciel, derrière Uranus, pour produire par son attraction les écarts observés, et quelle doit être sa masse pour expliquer la grandeur de la déviation. Il recommence alors le calcul de l'orbite d'Uranus en tenant compte des perturbations ainsi produites par la planète troublante, et trouve que toutes les positions s'accordent avec la théorie (les plus grandes différences entre les positions observées et les positions calculées ne dépassaient pas 5″,4). Dès lors, le problème était résolu ; le 31 août 1846, Le Verrier annonça à l'Académie des sciences que la planète devait se trouver à la longitude 326°, ce qui la plaçait à 5° à l'est de l'étoile δ du Capricorne.

Le 18 septembre, il écrivit au docteur Galle, de l'Observatoire de Berlin, où l'on construisait des cartes d'étoiles de la zone de l'écliptique, pour le prier de chercher la planète. Cet astronome reçut la lettre le 23 ; il faisait beau ce soir-là ; il dirigea sa lunette vers le point indiqué et aperçut une étoile qui n'était pas sur la carte et qui offrait un disque planétaire sensible : sa position dans le ciel était 327°24′ ; le calcul avait indiqué 326°32′ ; la longitude avait donc été précisée, à moins de 1 degré près !

Voilà l'histoire de la découverte de Neptune dans sa simple grandeur. Elle remet en mémoire la belle apostrophe du poète Schiller qui, représentant Christophe Colomb voguant à la découverte d'un nouvel

hémisphère, lui dit : « Poursuis ton vol vers l'ouest, hardi navigateur; la terre que tu cherches s'élèverait, quand même elle n'existerait pas, du fond des eaux à ta rencontre ; car la nature est d'intelligence avec le génie. » Il y a là, sous la forme d'une grande image et
d'une orgueilleuse exagération, l'expression d'une des conditions les
plus réelles du vrai génie dans les sciences, à qui les découvertes n'arrivent point par un hasard, mais qui va au-devant d'elles par une sorte
de pressentiment. Cette découverte est splendide et de premier ordre
au point de vue philosophique, car elle prouve la sûreté et la précision
des données de l'astronomie moderne. Considérée au point de vue de
l'astronomie pratique, elle n'était qu'un simple exercice de calcul,
et les plus éminents astronomes n'y voyaient rien autre chose ! Ce
n'est qu'après sa vérification, sa démonstration publique, ce n'est
qu'après la découverte visuelle de Neptune qu'ils eurent les yeux ouverts et sentirent un instant le vertige de l'infini devant l'horizon révélé par la perspective neptunienne. L'auteur du calcul lui-même, le
transcendant mathématicien, ne se donna même pas la peine de prendre une lunette et de regarder dans le ciel si la planète y était réellement ! Je crois même qu'il ne l'a jamais vue.... Pour lui, du reste, déjà,
et toujours, jusqu'à la fin de sa vie, l'astronomie était tout entière
enfermée dans les formules : les astres n'étaient que des centres de
force. Bien souvent je lui soumis les doutes d'une âme inquiète sur
les grands problèmes de l'infini, je lui demandai s'il pensait que les
autres planètes fussent habitées comme la nôtre, quelles pouvaient
être notamment les étranges conditions vitales d'un monde éloigné
du Soleil à la distance de Neptune, quel devait être le cortège des
innombrables soleils répandus dans l'immensité, quelles étonnantes
lumières colorées les étoiles doubles doivent verser sur les planètes
inconnues qui gravitent en ces lointains systèmes : ses réponses m'ont
toujours montré que pour lui ces questions n'avaient aucun intérêt,
et que la connaissance essentielle de l'univers consistait pour lui en
équations, en formules, en séries de logarithmes, ayant pour objet la
théorie mathématique des vitesses et des forces.

Mais il n'en est pas moins surprenant qu'il n'ait pas eu la *curiosité*
de vérifier lui-même la position de sa planète, ce qui eût été facile,
même sans carte, puisqu'elle offrait un disque planétaire, et ce qui
eût pu d'ailleurs se faire à l'aide d'une carte, puisqu'il suffisait de demander ces cartes à l'Observatoire de Berlin, où elles venaient d'être
terminées et *publiées*. Il n'est pas moins surprenant, qu'Arago, qui
était plus physicien que mathématicien, plus naturaliste que calcula-

Le Verrier découvrant la planète Neptune.

ASTRONOMIE POPULAIRE

74

teur, et dont l'esprit avait un caractère synthétique si remarquable, n'ait pas dirigé lui-même vers ce point du ciel une des lunettes de l'Observatoire et qu'aucun astronome français n'ait eu cette idée. Mais ce qui va nous surprendre encore davantage, c'est de savoir que, *près d'un an auparavant*, en octobre 1845, un jeune étudiant de l'uni-versité de Cambridge, M. Adams, avait cherché la solution du *même* problème, obtenu les *mêmes* résultats, et communiqué ces résultats au directeur de l'Observatoire de Greenwich, sans que l'astronome auquel ces résultats étaient confiés en eût rien dit et sans qu'il eût, lui aussi, cherché dans le ciel la vérification optique de la solution de son compatriote !

Nous avons dit tout à l'heure que l'on avait supposé la mystérieuse planète troublante placée à la distance 36, comme la série de Titius l'indiquait. Mais en réalité elle est beaucoup plus proche. Les éléments théoriques de Le Verrier ne sont donc pas ceux de Neptune, comme on peut s'en assurer :

	Éléments de Le Verrier	*Éléments réels*
Distance au Soleil.	36,154	30,055
Durée de la révolution.	217 ans 140 jours	164 ans 281 jours
Excentricité de l'orbite.	0,10761	0,00896
Longitude du périhélie	284°45′	46°0′
Masse comparée à celle du Soleil.	$\frac{1}{9300}$	$\frac{1}{17500}$

Ces deux séries d'éléments sont aussi différentes l'une de l'autre que s'il s'agissait de deux planètes n'ayant aucun rapport entre elles. De-vrions-nous donc croire que Le Verrier n'a pas découvert Neptune ? Non, assurément. La cause principale de la différence provient de la distance 36, au lieu de la distance 30; mais, dans ce problème comme dans beaucoup d'autres où il y a plusieurs inconnues, il y a plusieurs solutions de possibles. Il fallait ou supposer une distance et calculer la masse, ou supposer une masse et calculer la distance. Plus la planète était supposée éloignée, plus forte devait être la masse troublante, et réciproquement. Le problème n en est pas moins résolu, car, comme nous le remarquions tout à l'heure, ce n'était là qu'un problème ma-thématique, et c'est la conséquence de sa vérification qui est immense pour le penseur. Mais alors, dira-t-on, comment se fait-il qu'avec une pareille divergence entre ses résultats et la réalité, il soit tombé juste si près de la position réelle occupée par l'astre cherché? C'est que cette *position* était relativement indépendante de l'orbite calculée. En effet, il suffit de considérer la *fig.* 254 pour constater que, quelle que soit cette orbite, quelle que soit la distance et quelle que soit la masse de Neptune, cette planète était en 1822 juste derrière Uranus, qu'elle était en avant de 1781 à 1822, et que de 1822 à 1845 elle était en arrière; l'accélération et le ralentissement du mouvement d'Uranus indiquaient cette position. L'analyse des perturbations donnait donc la longitude avec une approximation inévitable.

Arago eût désiré donner à cette planète le nom du savant mathématicien qui l'avait découverte « au bout de sa plume » ; mais les souvenirs mythologiques l'emportèrent cette fois comme ils l'avaient fait pour la planète d'Herschel, et le nom de Neptune, fils de Saturne, dieu des mers, déjà proposé pour Uranus, fut donné d'un commun accord à l'astre de Le Verrier (¹).

Neptune offre l'aspect d'une étoile de 8ᵉ grandeur. Une lunette astronomique de moyenne puissance suffit pour la trouver quand on sait où elle est. Un grossissement de 300 fois lui donne un disque sensible. Ce disque ne mesure que 3 secondes de diamètre et paraît dans les puissants télescopes légèrement teinté de bleu. Lalande l'avait observé comme étoile les 8 et 10 mai 1795 et Lamont le 25 octobre 1845; Lalande avait même remarqué une différence entre ses deux positions, mais, l'attribuant à une erreur, il avait supprimé la première : s'il avait pensé à suivre l'étoile, il découvrait Neptune un demi-siècle avant Le Verrier... Avec des *si* on irait dans la Lune.

D'après les derniers éléments calculés, la distance réelle de Neptune au Soleil est de 30,055, celle de la Terre étant prise pour unité, c'est-à-dire de 1112 millions de lieues. Le diamètre de cette orbite est donc de 2224 millions de lieues, et la circonférence entière mesure 2224 × 3,1416 (²), ou 6987 millions de lieues. Ce sont donc 27 milliards 947 millions 674 000 kilomètres parcourus en 60151 jours, ce qui fait une vitesse de 464 400 kilomètres par jour, ou 19 350 par heure, 322 par minute ou 5370 mètres par seconde. C'est, naturellement, la plus faible des vitesses planétaires que nous connaissions, puisque cette planète est la plus éloignée du Soleil.

Cette lointaine planète se trouve actuellement dans la constellation

---

(¹) Le Verrier a succédé en 1854 à François Arago comme directeur de l'Observatoire de Paris, où il est mort le 23 septembre 1877, jour anniversaire de la date de la découverte optique de Neptune et deux mois seulement après avoir achevé la théorie complète des mouvements planétaires, dans laquelle la théorie du mouvement d'Uranus l'avait engagé en 1845.

(²) Chacun sait que pour trouver la longueur de la circonférence d'un cercle dont on connaît le diamètre, il suffit de multiplier ce diamètre par le nombre 3,1416, et réciproquement. Ce nombre est le rapport de la circonférence au diamètre et est désigné par la lettre π en géométrie. Il est incommensurable et prouve que la quadrature du cercle est une chimère. On peut lui donner autant de décimales qu'on veut : il n'est jamais fini. Le voici avec ses *premières* décimales :

3,14159265358979323846264338327950288419716939937510582097494459230781640628G....

du Bélier, comme on l'a vu (*fig.* 181) et passe actuellement au méridien à minuit le 5 novembre, retardant seulement chaque année de deux jours, et mettant plus d'un siècle et demi pour faire le tour du ciel. La lente et longue révolution de Neptune autour du Soleil demande 60 181 de nos jours pour s'accomplir, c'est-à-dire *cent soixante-quatre ans et deux cent quatre-vingt-un jours* : telle est l'année des Neptuniens.

Le diamètre réel de Neptune est quatre fois plus grand que celui de la Terre (4,4), et son volume 85 fois supérieur au nôtre. Sa densité n'est guère que le cinquième de la nôtre (= 0,216), mais la pesanteur à sa surface est presque identique à la pesanteur terrestre (= 0,95).

Nous ne connaissons pas encore la durée de la rotation diurne de

Fig. 256. — Grandeur comparée de Neptune, d'Uranus et de la Terre.

cette planète lointaine ; elle doit être très rapide, comme celles de Jupiter, Saturne et Uranus. Il faudra encore de grands perfectionnements à l'optique pour parvenir à grossir ce disque pâle de manière à découvrir les aspects de sa surface décelant son mouvement de rotation.

L'analyse spectrale est parvenue toutefois, malgré la faiblesse de la lumière de Neptune, à constater l'existence certaine d'une atmosphère absorbante dans laquelle se trouvent des gaz qui n'existent pas sur la Terre, et offrant une remarquable similitude de composition chimique avec l'atmosphère d'Uranus.

A cette distance du Soleil, l'astre du jour, s'il peut encore porter ce titre, est réduit de 30 fois en diamètre, de 900 fois en surface et en intensité lumineuse et calorifique; il ne mesure plus que 64″ de dia-

mètre. Qu'est-ce que cette lumière et que cette chaleur ? Sans doute
ce n'est pas tout à fait une étoile, car le diamètre de la plus brillante
étoile, de Sirius, n'est même pas de un centième de seconde, et par
conséquent le soleil neptunien brille encore comme plus de quarante
millions d'étoiles de première grandeur. Mais sortir de la Terre pour
aller sur Neptune, c'est quitter la chaleur et la lumière pour pénétrer
dans les glaces et les ténèbres. Est-ce à dire pour cela que ce monde
soit condamné à rester éternellement à l'état de désert stérile et inhabité ? La nature elle-même se charge de répondre qu'une telle supposition serait entièrement contraire à ses actes et à ses vues. Les naturalistes myopes qui croyaient tout connaître il y a dix ans enseignaient
doctoralement qu'une pression de tant d'atmosphères empêche la vie
de se produire, que tel degré de lumière est indispensable à la vie, et
que les profondeurs océaniques sont absolument dépourvues de toute
manifestation vitale. Un navire s'élance sur l'immense plaine liquide
pour visiter les zones équatoriales et polaires, jette la sonde à deux
mille brasses, à trois mille mètres de profondeur, dans la nuit éternelle, obscurité noire où la pression est telle qu'un homme descendu
là aurait à supporter un poids égal à celui de vingt locomotives
accompagnées chacune d'un train de wagons chargés de barres de fer ;
évidemment il n'y a rien là ;... on retire la sonde et l'on ramène des
êtres charmants, délicats, que la légère pression du doigt de Psyché
éveillant l'amour ferait mourir : ils vivent là, tranquilles, heureux
« comme le poisson dans l'eau », et puisqu'il n'y a pas de lumière, ils
en fabriquent ! S'ils pouvaient vous entendre, ne leur parlez pas de vos
châteaux, ni de vos parcs aux arbres séculaires, ni du mondain Paris et
de ces boulevards que vous aimez tant : ils préfèrent leur chaumière,
leur chaumière obscure au fond des eaux, à peine éclairée de l'éclat de
leur phosphorescent amour, et pour eux c'est là le vrai milieu, c'est
là le vrai bonheur. Et quand vous jetez ces débris vivants sur le pont
du navire et que ces êtres merveilleux, aux broderies diaprées, meurent
sous vos yeux écrasés par la lumière du ciel, étouffés par la raréfaction
de l'air qui nourrit vos poumons, vous ne pensez pas à Neptune ?
Vous ne voyez pas que le dieu des mers a là-bas un empire autrement
vaste que celui-ci ? Et comme on a là neuf cent fois moins de lumière
et de chaleur que sur le pont de votre navire, vous vous imaginez que
la nature a été incapable d'y rien produire ! Erreur ! erreur folle, in-
sensee, pardonnable peut-être du temps d'Aristote, absolument im-
pardonnable aujourd'hui.

Ah ! sans doute ils diffèrent beaucoup de nous. Il n'ont ni nos têtes,

ni nos corps, ni nos membres. Le cerveau n'est que l'épanouissement
de la moelle épinière; c'est lui qui a fait le crâne, et c'est le crâne
qui a fait la tête. Nos jambes et nos bras ne sont que les membres
transformés du quadrupède; c'est la position graduellement verticale
qui a fait les pieds, et c'est l'exercice graduellement perfectionné qui
a fait les mains. Le ventre n'est que l'enveloppe de l'intestin ; la forme
et la longueur de l'intestin suivent le genre d'alimentation ! il n'y a
pas sur et dans tout notre corps un centimètre carré qui ne soit dû à
notre fonctionnement vital dans le milieu de la planète que nous habitons. Or, pensez-vous que l'on mange sur tous les mondes ? Ce serait
une infamie. Où l'on ne mange pas, le tube digestif est inutile, et par
conséquent n'existe pas, fort heureusement. Une variété infinie,
inimaginable, existe donc entre les différents mondes ; sur chacun
d'eux, les êtres, depuis le premier jusqu'au dernier, sont intimement
organisés par les forces en action à la surface de chaque globe.
L'homme n'est partout qu'un animal plus ou moins raisonnable, et
notre espèce terrestre paraît être l'une des moins favorisées sous ce
point de vue. Notre vie est moitié perdue par le temps consacré au
sommeil et aux repas. Il peut exister des mondes où l'on ne dorme
jamais, comme il peut en exister où l'on dorme toujours. C'est peut-
être le cas de Neptune.

Là, une seule année dure 164 des nôtres; un enfant de dix ans
y a vécu 1640 années terrestres; une jeune fille de dix-huit ans y
épouse, à l'âge de 2950 ans terrestres, le « jeune homme » de ses rêves,
âgé lui-même de plus de trois mille ans ; et un général en retraite
doit être né il y a treize mille ans..., si les choses y sont organisées
comme ici, ce qui n'est pas probable.

La lenteur de ce monde lointain et ténébreux rappelle les *ombres*
dont parle le burlesque Scarron (¹) dans sa visite aux enfers :

> Je vis *l'ombre* d'un cocher
> Qui de *l'ombre* d'une brosse
> Frottait *l'ombre* d'un carrosse.

Il va sans dire que là-bas la Terre est complètement invisible, ainsi
que Mercure, Vénus et Jupiter. Saturne est une petite étoile qui s'é-
loigne jusqu'à 18° du Soleil. Pour les Neptuniens, le système solaire

---

(¹) L'amusant auteur du *Roman comique*, dont la femme devait épouser Louis XIV,
était, comme on le sait, cul-de-jatte et perclus de douleurs. Je ne connais rien de plus
touchant que son épitaphe, composée par lui-même :

> Passant ! ne faites pas de bruit,
> De peur que je ne me réveille,
> Car voici la première nuit
> Que le pauvre Scarron sommeille !

paraît se composer essentiellement du Soleil, de Saturne, d'Uranus, de leur propre monde et de la planète qui, sans doute, gravite au delà de Neptune. Ces êtres doivent avoir une excellente vue, car elle s'est formée dans un milieu 900 fois moins éclairé que le nôtre : ils doivent apercevoir les étoiles de jour comme de nuit, si l'état de leur atmosphère le leur permet, et leur énorme base d'opération, trente fois supérieure à la nôtre, doit leur avoir permis de calculer longtemps avant nous et beaucoup mieux les parallaxes et les distances des étoiles.

A peine Neptune était-il révélé aux habitants de la Terre, que, le 10 octobre 1846, un satellite lui était découvert par un astronome anglais, M. Lassell. Il offrait le faible éclat d'une imperceptible étoile de 14ᵉ grandeur. Sa distance à Neptune est de 13 fois le demi-diamètre de la planète, ce qui correspond à cent mille lieues environ ; il tourne autour de Neptune en 5 jours 21 heures. Circonstance digne d'attention, le mouvement de ce satellite est rétrograde, comme celui d'Uranus. Cet astre n'a pas encore reçu

Fig. 257. — Le système de Neptune.

de nom ; cependant, ce dieu ne manquait pas de fils : le nom de *Triton*, l'un des compagnons les plus assidus de son père sur l'Océan, ne lui conviendrait-il pas ? Il est probable que cette lointaine planète est accompagnée d'un grand nombre de satellites.

De ce que Neptune est la dernière planète que nous connaissions, on n'a aucunement le droit d'en conclure qu'il n'y en a pas d'autres au delà ;

> Croire tout découvert est une erreur profonde :
> C'est prendre l'horizon pour les bornes du monde.

Nous pouvons même ne pas désespérer de trouver prochainement la première, lorsque les observations de Neptune s'étendront sur un espace assez grand pour que, son orbite étant rigoureusement calculée, les perturbations exercées par la planète extérieure se manifestent d'une manière sensible. Cette recherche pourra être entreprise au siècle prochain, à moins que les observateurs qui passent leurs nuits à la recherche des petites planètes ne la trouvent par hasard, par le déplacement d'une petite étoile de leurs cartes célestes ; mais, d'une part, elle ne doit être qu'une étoile inférieure à la 12ᵉ grandeur, et, d'autre part, elle ne peut marcher qu'avec une extrême lenteur. Le mouvement diurne moyen de Saturne est de 120″, celui d'Uranus est de 42″, celui de Neptune de 21″ ; celui de la planète extérieure ne doit pas surpasser 10″.

Telle est la dernière étape de notre voyage planétaire ; telle est la dernière station du vaste empire du Soleil. Nous avons reconnu dès le principe de notre description qu'une même force, un même mouvement, une même loi régit l'harmonie de tous ces mondes ; nous pourrions remarquer en terminant qu'ils sont tous constitués d'une substance originairement la même : la matière nébuleuse cosmique primitive. L'idée de l'unité de substance s'impose à l'esprit comme celle de l'unité de force. La variété des conditions successives d'organisation a amené une variété corrélative dans les produits définitifs. Les corps nommés simples par la chimie ne peuvent pas l'être en réalité. L'oxygène, l'azote, le carbone, le mercure, l'or, l'argent, le fer, et tous les autres corps, ne peuvent être que des arrangements moléculaires différents des atomes primitifs, des espèces minérales, comme il s'est produit ensuite des espèces végétales et des espèces animales, dont les substances constitutives dérivent également des substances minérales antérieures. L'unité d'origine n'est pas douteuse, et depuis longtemps même on est autorisé à penser que l'hydrogène est le corps qui se rapproche le plus de la substance primitive essentiellement simple. L'analyse spectrale confirme aujourd'hui ces vues. Les différences entre les planètes de notre grande famille solaire ne sont donc pas essentielles, ce sont surtout des différences de degrés. Nous verrons aussi bientôt que l'analyse chimique des aérolithes et des étoiles filantes appuie cette considération. Les étoiles, soleils de l'espace, sont elles-mêmes sœurs de notre Soleil. Unité d'origine, unité de force, unité de substance, unité de lumière, unité de vie dans l'univers immense, à travers la variété infinie des aspects et des générations.

Mais c'est assez nous attarder dans les régions voisines de notre patrie terrestre, déjà reculée dans l'invisible, déjà perdue de vue pour nous depuis Saturne, déjà oubliée dans sa médiocrité. Ouvrons nos ailes. D'un rapide essor franchissons l'abîme et atteignons les étoiles ! Mais non ; il nous faut encore subir un retard, nous qui avons résolu de faire un voyage instructif et de ne rien laisser passer inaperçu. Entre le monde solaire et les étoiles, d'étranges figures sillonnent échevelées l'espace céleste, paraissant jeter un pont pour notre esprit à travers l'insondable abîme, et mettre en communication les univers entre eux. Observons ces Comètes en passant, mais prenons garde de nous laisser trop longtemps attarder par ces fantastiques créatures, sirènes de l'océan sidéral, dont les révélations sur l'immensité sont pleines de charmes, et dont les mains étendues vers les horizons inaccessibles semblent nous montrer de loin les rêves mystérieux de l'infini.

LIVRE CINQUIÈME

LES COMÈTES

ET LES

ÉTOILES FILANTES

LIVRE V
LES COMÈTES

CHAPITRE PREMIER
Les Comètes dans l'histoire de l'humanité

Les comètes sont assurément, de tous les astres, ceux dont l'apparition frappe le plus vivement l'attention des mortels. Leur rareté, leur singularité, leur aspect mystérieux, étonnent l'esprit le plus indifférent. Les choses que nous voyons tous les jours, les phénomènes qui se reproduisent constamment ou régulièrement sous nos yeux, ne nous frappent plus, n'éveillent ni notre attention, ni notre curiosité : « Ce n'est pas sans raison que les philosophes s'étonnent de voir tomber une pierre, écrivait D'Alembert, et le peuple qui rit de leur étonnement le partage bientôt lui-même pour peu qu'il réfléchisse. » Oui, il faut être philosophe, il faut réfléchir, pour arriver à chercher le pourquoi et le comment des faits qu'on voit quotidiennement ou au moins dont la production est fréquente et régulière. Les plus admirables phénomènes restent inaperçus ; l'habitude, émoussant chez nous l'impression, ne nous laisse que l'indifférence. Remarque assez curieuse, toujours l'imprévu, l'extraordinaire, feront naître la crainte, jamais la joie ni l'espérance. Aussi, dans tous les pays, à toutes les époques, l'aspect étrange d'une comète, la lueur blafarde de sa chevelure, son apparition subite dans le firmament, ont-ils produit sur l'esprit des peuples l'effet d'une puissance redoutable, menaçante pour l'ordre anciennement établi dans la création ; et comme le phénomène est limité à une courte durée, il en est résulté la croyance que son action doit être immédiate ou du moins prochaine ; or, les événements de ce monde offrent toujours dans leur enchaînement un fait que l'on peut regarder comme l'accomplissement d'un présage funeste.

A quelques exceptions près, les astronomes anciens ont regardé les comètes, soit comme des météores atmosphériques, soit comme des phénomènes célestes tout à fait passagers. Pour les uns, ces astres étaient *des exhalaisons terrestres* s'enflammant dans la région du feu ; pour les autres, c'étaient les *âmes des grands hommes* qui remontaient vers le ciel et qui livraient notre pauvre planète, en la quittant, aux fléaux dont elle est si souvent atteinte. Les Romains paraissent avoir cru très sérieusement que la grande comète qui apparut à la mort de César l'an 43 avant J.-C., était vraiment l'âme du dictateur ([1]). Au xviie siècle, Hévélius et Képler lui-même inclinaient à voir encore en elles des émanations venant de la Terre et des autres planètes. On conçoit qu'avec de pareilles idées la détermination des mouvements cométaires dut être assez négligée. C'est grâce aux efforts de Tycho-

---

([1]) C'est par cette métamorphose qu'Ovide termine son grand ouvrage dédié à Auguste lui-même : « Vénus, dit-il, descend des voûtes éthérées, invisible à tous les regards. et s'arrête au milieu du sénat. Du corps de César, elle détache son âme, l'empêche de s'évaporer, et l'emporte dans la région des astres. En s'élevant, la déesse la sent se transformer en une substance divine et s'embraser. Elle la laisse s'échapper de son sein. L'âme s'envole au-dessus de la lune, et devient une étoile brillante qui traîne dans un long espace sa chevelure euflammée. »

Brahé d'abord, puis de Newton, de Halley, des astronomes plus modernes surtout, qu'elle s'est élevée au rang de la théorie des mouvements planétaires.

Sans contredit, au premier aspect, la majestueuse uniformité des mouvements célestes paraît dérangée par l'apparition subite de la comète échevelée dont l'aspect extraordinaire semble montrer en elle la figure d'un visiteur surnaturel. Aussi les écrivains anciens les dépeignent-ils toujours sous les images les plus effrayantes; c'étaient des javelots, des sabres, des épées, des crinières, des têtes coupées aux cheveux et à la barbe hérissés; elles brillaient d'un éclat rouge de sang, jaune ou livide, comme celle dont parle l'historien Josèphe, qui se montra pendant l'épouvantable siège de Jérusalem. Pline trouva à cette même comète «une blancheur tellement éclatante qu'on pouvait à peine la regarder; on y voyait l'image de Dieu sous une forme humaine. »

L'historien Suétone rejette sur l'influence de l'un de ces astres les horreurs commises par Néron, qui s'était attaché l'astrologue Babilus ([1]), et assure qu'une comète annonça la mort de Claude. On lit aussi dans Dion Cassius : « Plusieurs prodiges précédèrent la mort de Vespasien : une comète parut longtemps; le tombeau d'Auguste s'ouvrit de lui-même. Comme les médecins reprenaient l'empereur de ce que, attaqué d'une maladie sérieuse, il continuait de vivre à son ordinaire et de vaquer aux affaires de l'État : « Il « faut, répondit-il, qu'un empereur meure debout. » Voyant quelques courtisans s'entretenir tout bas de la comète : « Cette étoile che- « velue ne me regarde pas, dit-il en riant : elle menace plutôt le roi « des Parthes, puisqu'il est chevelu et que je suis chauve. » — Cette réponse vaut celle d'Annibal au roi de Bythinie qui refusait de livrer bataille à cause des présages lus dans les entrailles des vic- times : « Ainsi tu préfères l'avis d'un foie de mouton à celui d'un

---

([1]) Depuis Néron jusqu'à Catherine de Médicis, la plupart des rois et des princes avaient un astrologue attaché à leurs personnes. La position n'était pas toujours agréable : Tibère en a fait jeter plus d'un dans le Tibre, et il n'était pas toujours facile de se tirer de ce mauvais pas. Témoin celui de Louis XI qui avait annoncé la mort d'une dame remarquée par le roi. Celle-ci étant morte en effet, le royal compère de Tristan fit venir l'astrologue, et commanda à ses gens de ne pas manquer à un signal qu'il leur donnerait de se saisir de cet homme et de le coudre dans un sac destiné à la Seine. Aussitôt que le roi l'aperçut : « Toi qui prétends être si habile, lui dit-il, et qui connais si bien le sort des autres, dis-moi tout de suite combien tu as encore de temps à vivre? » — « Sire, lui répondit-il, sans témoigner aucune frayeur, les étoiles m'ont appris que je dois mourir trois jours avant votre Majesté. » Le roi n'eut garde, après cette réponse, de donner aucun signal; au contraire, il soigna de son mieux désormais cette chère santé.

« vieux général ? » — Chaque époque a ses préjugés, et nous en avons à notre époque d'aussi ridicules.

Les mêmes croyances se manifestèrent chez les Grecs : une comète, apparue en 371 avant Jésus-Christ et décrite par Aristote, annonça, selon Diodore de Sicile, la décadence des Lacédémoniens, et, selon Ephore, la destruction par les eaux de la mer des villes de Hélice et de Bura, en Achaïe. Plutarque rapporte que la comète de l'an 344 avant Jésus-Christ fut pour Timoléon de Corinthe le présage du succès de l'expédition qu'il dirigea la même année contre la Sicile. Les historiens Sazoncène et Socrate racontent à leur tour qu'en l'an 400 de notre ère une comète en forme d'épée vint briller au-dessus de Constantinople et parut toucher la ville au moment des grands malheurs dont la menaçait la perfidie de Gaïnas.

Le moyen âge surenchérit encore, si c'est possible, sur les idées folles de l'antiquité, et fit de certaines comètes des descriptions dont le fantastique dépasse tout ce que l'on peut imaginer (¹). Paracelse assure que ce sont les anges qui les envoient pour nous avertir. Le fou sanguinaire qui s'appelait Alphonse VI, roi de Portugal, apprenant l'arrivée de la comète de 1664, se précipita sur sa terrasse, l'accabla de sottises et la menaça de son pistolet. La comète poursuivit majestueusement son cours.

Nous verrons plus loin que l'une des comètes périodiques les plus

---

(¹) Des comètes apparurent pour annoncer la mort de Constantin (336), d'Attila (453), de l'empereur Valentinien (455), de Mérovée (577), de Chilpéric (584), de l'empereur Maurice (602), de Mahomet (632), de Louis le Débonnaire (837), de l'empereur Louis II (875), du roi de Pologne Boleslas Iᵉʳ (1024), de Robert, roi de France (1033), de Casimir, roi de Pologne (1058), de Henri Iᵉʳ, roi de France (1060), du pape Alexandre III (1181), de Richard Iᵉʳ, roi d'Angleterre (1198), de Philippe-Auguste (1223), de l'empereur Frédéric (1250), des papes Innocent IV (1254) et Urbain IV (1264), de Jean-Galéas Visconti, duc de Milan. Ce tyran était malade quand apparut la comète de 1402. Dès qu'il eut aperçu l'astre fatal, il désespéra de la vie : « Car, dit-il, notre père, au lit de mort, nous a révélé que, selon le témoignage de tous les astrologues, au temps de notre mort une semblable étoile devait paraître durant huit jours. Je rends grâce à mon Dieu de ce qu'il a voulu que ma mort fût annoncée aux hommes par ce signe céleste. » (Quelle humilité monacale ! Voilà pourtant des gens qui s'imaginaient sérieusement être d'une autre pâte que leurs sujets.) Sa maladie empirant, il mourut peu après à Marignan, le 3 septembre. — On fit également coïncider des apparitions cométaires avec la mort de Charles le Téméraire (1476), de Philippe le Beau, père de Charles-Quint (1505), de François II, roi de France (1560), etc. La liste pourrait être facilement allongée. On inventa même des comètes au besoin, par exemple pour la mort de Charlemagne (814). Et quelles descriptions ! Voici, par exemple, au rapport de l'historien Nicétas, quel était l'horrible aspect de celle de 1182 :

« Après que les Latins eurent été chassés de Constantinople, on vit un pronostic des fureurs et des crimes auxquels Andronic devait se livrer. Une comète parut dans le ciel ; semblable à un serpent tortueux, tantôt elle s'étendait, tantôt elle se repliait sur elle-même, tantôt, au grand effroi des spectateurs, *elle ouvrait une vaste gueule*, on aurait dit qu'avide de sang humain, elle était sur le point de s'en rassasier. »

fameuses dans l'histoire est celle qui porte aujourd'hui le nom de Halley, en mémoire de l'astronome qui a calculé et prédit le premier ses retours. Cette comète s'est en effet déjà montrée vingt-quatre fois à la Terre, depuis l'an 12 avant notre ère, date de l'apparition la plus reculée dont on ait gardé le souvenir. Sa première apparition mémorable dans l'histoire de France est celle de l'an 837, sous le règne de Louis Ier le Débonnaire. Un chroniqueur anonyme du temps, surnommé l'Astronome, en parla dans les termes suivants : « Au milieu des saints jours de Pâques, un phénomène toujours funeste et d'un triste présage parut au ciel. Dès que l'empereur, très attentif à de tels phénomènes, l'eut aperçu, il ne se donna plus aucun repos. Un changement de règne et la mort d'un prince sont annoncés par ce signe, me dit-il. » Il prit conseil des évêques et on lui répondit qu'il devait prier, bâtir des Églises et fonder des monastères. Ce qu'il fit. Mais il mourut trois ans plus tard.

La comète de Halley apparut de nouveau en avril 1066, au moment où Guillaume le Conquérant envahissait l'Angleterre. Les chroniqueurs écrivent unanimement : « Les Normands, guidés par une comète, envahissent l'Angleterre. » La duchesse-reine Mathilde, épouse de Guillaume, a représenté fort naïvement cette comète et l'ébahissement de ses sujets sur la tapisserie de soixante-dix mètres de longueur que chacun peut voir à Bayeux. La reine Victoria porte dans sa couronne un fleuron tiré de la queue de cette comète qui a eu la plus grande influence sur la victoire d'Hastings.

Mais la plus célèbre de ses apparitions est celle de 1456, trois ans après la prise de Constantinople par les Turcs. L'Europe était encore en proie à l'émotion produite par cette terrible nouvelle; on racontait que l'église de Sainte-Sophie avait été convertie en mosquée; que tout le peuple chrétien avait été égorgé ou réduit en captivité; on tremblait pour le salut de la chrétienté. La comète parut en juin 1456; elle était grande et terrible, disent les historiens du temps ; sa queue recouvrait deux signes célestes, c'est-à-dire 60 degrés; elle avait une brillante couleur d'or, et présentait l'aspect d'une flamme ondoyante. On y vit un signe certain de la colère divine : les Musulmans y voient une croix, les Chrétiens un yatagan. Dans un si grand danger, le pape Calixte III ordonna que les cloches de toutes les églises fussent sonnées chaque jour à midi, et il invita les fidèles à dire une prière pour conjurer la comète et les Turcs. Cet usage s'est conservé chez tous les peuples catholiques, bien que nous n'ayons plus guère peur des comètes et encore moins des Turcs; c'est de là que date l'*Angelus*

Cette comète, du reste, ne fait pas exception à la règle générale, car ces astres mystérieux ont eu le don d'exercer sur l'imagination une puissance qui la plongeait dans l'extase ou dans l'effroi. *Epées de feu, croix sanglantes, poignards enflammés, lances, dragons, gueules,* et autres dénominations du même genre leur sont prodiguées au moyen âge et à la Renaissance. Des comètes comme celle de 1577 paraissent du reste justifier, par leur forme étrange, les titres dont on les salue généralement. Les écrivains les plus sérieux ne s'affranchirent pas de cette terreur. C'est ainsi que, dans un chapitre sur les *Monstres*

Fig. 259. — Ce qu'on croyait voir dans la comète de 1528.

célestes, le célèbre chirurgien Ambroise Paré décrit sous les couleurs les plus vives et les plus affreuses la comète de 1528 : « Cette comète étoit si horrible et si épouvantable et elle engendroit si grande terreur au vulgaire, qu'il en mourut aucuns de peur ; les autres tombèrent malades. Elle apparoissoit estre de longueur excessive, et si estoit de couleur de sang ; à la sommité d'icelle, on voyoit la figure d'un *bras courbé,* tenant une grande épée à la main, *comme s'il eust voulu frapper.* Au bout de la pointe il y avoit trois estoiles. Au deux costés des rayons de cette comète, il se voyoit grand nombre de haches, cousteaux, espées colorées de sang parmi lesquels il y avait grand nombre de *fasces humaines* hideuses, avec les barbes et les cheveux hérissez. »

On peut, du reste, admirer cette fameuse comète dans la reproduction fidèle que nous en donnons ici. De la même époque date ce naïf dessin d'armées vues au ciel en 1520.

On voit que l'imagination a de bons yeux, quand elle s'y met.

Plusieurs personnages connus crurent si bien à la fin du monde, en 1528 et en 1577, qu'ils léguèrent leurs biens aux monastères, sans réfléchir pourtant suffisamment,... car la catastrophe serait sans doute arrivée pour tout le monde. Les moines se montrèrent meilleurs physiciens, et acceptèrent les biens de la terre en attendant les volontés du ciel.

Cependant, les idées astrologiques commençaient à être vivement attaquées. « Oui, disait Gassendi, au commencement du règne de Louis XIV, oui, les comètes sont réellement effrayantes, mais par notre sottise. Nous nous forgeons gratuitement des objets de terreur panique, et, non contents de nos maux réels, nous en accumulons d'imaginaires. »

« Plût à Dieu, disait Érasme un siècle plus tôt, que les guerres n'eussent d'autre cause que la bile des souverains, échauffée par quelque comète. Un habile médecin, avec quelque dose de rhubarbe, ramènerait bientôt les douceurs de la paix ! »

En 1661, Mme de Sévigné écrivait à sa fille :

« Nous avons ici une comète, qui est bien étendue ; c'est la plus belle queue qu'il est possible de voir. Tous les grands personnages sont alarmés et croient que le ciel, bien occupé de leur perte, en donne des avertissements par cette comète. On dit que le cardinal Mazarin, étant désespéré des médecins, ses courtisans crurent qu'il fallait honorer son agonie d'un prodige, et lui dirent qu'il paraissait une grande comète qui leur faisait peur. Il eut

Fig. 260. — Ce qu'on croyait voir au ciel au XVIe siècle.

la force de se moquer d'eux, et leur dit plaisamment que la comète lui faisait trop d'honneur. En vérité, on devrait en dire autant que lui, et l'orgueil humain se fait aussi trop d'honneur de croire qu'il y ait de grandes affaires dans les astres quand on doit mourir. »

Vingt ans plus tard, cependant, les grands de la cour de Louis XIV n'étaient pas tous aussi sages que Mazarin. On lit dans les *Chroniques de l'Œil-de-Bœuf*, à la date de 1680 :

« Toutes les lunettes sont braquées depuis trois jours sur le firmament ; une comète comme on n'en vit point encore dans les temps modernes occupe jour et nuit nos doctes de l'Académie des sciences. La terreur est grande par la ville ; les esprits timorés voient dans ceci le signe d'un déluge nouveau, attendu, disent-ils, que l'eau s'annonce toujours par le feu ; ce qui ne me paraîtra une raison démonstrative que si M. Cassini se donne la peine de me la confirmer. Pendant que les peureux font leur testament, et, prévoyant la fin du monde, lèguent tous leurs biens aux moines, la cour agite fortement la question de savoir si l'astre errant n'annonce pas la mort de quelque grand personnage, ainsi qu'il annonça, disent-ils, celle du dictateur romain. Quelques courtisans esprits forts se moquaient hier de cette opinion ; le frère de Louis XIV, qui craint apparemment de devenir tout à coup un César, s'est écrié, d'un ton fort sec : « Eh, messieurs, vous en parlez à votre aise, vous autres, vous n'êtes pas princes (') ! »

Le savant Bernouilli lui-même ne s'affranchit pas du préjugé et il le perpétue en disant que si le corps de la comète n'est pas un signe visible de la colère de Dieu, *la queue pourrait bien en être un.* C'est à cette comète que Whiston attribuait le déluge, en se fondant sur des calculs mathématiques aussi abstraits que peu fondés dans leur point de départ.

Contemporain de Newton, à la fois théologien et astronome, cet Anglais publia en 1696 une *Théorie de la Terre* où il se proposait d'expliquer par l'action d'une comète les révolutions géologiques et les événements du récit de la Genèse. Sa théorie était d'abord entièrement hypothétique, ne s'appliquant à aucune comète particulière, mais quand Halley eut assigné à la fameuse comète de 1680 une orbite elliptique parcourue en 575 ans, et que Whiston, remontant dans l'histoire, eut trouvé pour dates de ses apparitions anciennes l'une des époques fixées par les chronologistes pour celle du déluge mosaïque, le théologien astronome n'hésita plus ; il précisa sa théorie et donna à la comète de 1680, non seulement le rôle d'exterminatrice du genre humain par l'eau, mais encore celui d'incendiaire pour l'avenir.

« Lorsque l'homme eut péché, dit-il, une petite comète passa très près de la Terre, et, coupant obliquement le plan de son orbite, lui imprima un mouvement de rotation. Dieu avait prévu que l'homme pécheroit, et que ses crimes, parvenus à leur comble, demanderoient une punition terrible ; en conséquence, il avoit préparé dès l'instant de la création une comète qui devoit être l'instrument de ses vengeances. Cette comète est celle de 1680. » Comment se fit la catastrophe ? Le voici :

Soit le vendredi 28 novembre de l'an de péché 2349, soit le 2 décembre 2926, la comète coupa le plan de l'orbite de la Terre en un point dont notre globe n'était éloigné que de 3614 lieues. La conjonction arriva lorsqu'on comptait midi sous le méridien de Pékin, où

(') Cette fameuse comète de 1680 impressionna profondément tous les hommes : Catholiques, Réformés, Turcs, Juifs, eurent peur. Elle impressionna, oserai-je le dire, jusqu'aux poules !... J'ai trouvé dans les cartons de la Bibliothèque nationale de Paris une estampe de l'époque avec ce titre : *Prodige extraordinaire, comment à Rome une poule pondit un œuf sur lequel était gravée l'image de la comète.* La gravure représente l'œuf en question.... sous différents aspects, et il y a une légende indiquant que le fait a été « certifié par le pape et par la reine de Suède. »

Noé, paraît-il, demeurait avant le déluge. Maintenant, quel fut l'effet de cette rencontre? Une marée prodigieuse s'exerça non seulement sur les eaux des mers, mais aussi sur celles qui se trouvaient au-dessous de la croûte solide. Les chaînes des montagnes d'Arménie, les monts Gordiens, qui se trouvaient les plus voisins de la comète au moment de la conjonction, furent ébranlés et s'entr'ouvrirent. Et ainsi « furent rompues les sources du grand abyme ». Là ne s'arrêta pas le désastre. L'atmosphère et la queue de la comète atteignant la Terre et sa propre atmosphère, y précipitèrent des torrents, qui tombèrent pendant quarante jours; et ainsi « furent ouvertes toutes les cataractes du ciel ». La profondeur des eaux du déluge fut, selon Whiston, de près de dix mille mètres.

Quant à la conservation de tous les animaux du monde dans l'arche de Noé, nous ne pouvons mieux faire que de reproduire ici le dessin aussi curieux que naïf tiré de l'*Apocalypse* de Saint-Sever (manuscrit du xiiᵉ siècle). — On croyait encore à l'arche de Noé, au déluge universel et au paradis terrestre, il y a fort peu d'années.

Maintenant, comment cette comète, qui a noyé une première fois le genre humain, pourra-t-elle nous incendier à une seconde rencontre? Whiston n'est point embarrassé : elle arrivera derrière nous, retardera le mouvement de notre globe, changera son orbite presque circulaire en une ellipse très excentrique. « La Terre sera emportée près du Soleil; elle y éprouvera une chaleur d'une extrême intensité; elle entrera en combustion. Enfin, après que les saints auront régné pendant mille ans sur la Terre régénérée par le feu, et rendue de nouveau habitable par la volonté divine, une dernière comète viendra heurter la Terre, l'orbite terrestre s'allongera excessivement, et la Terre, redevenue comète, cessera d'être habitable. »

On ne peut plus dire après cela que les comètes ne servent à rien!

L'ignorance des questions astronomiques était encore si générale au siècle dernier, qu'il n'y avait pas de sottise grossière qu'on ne répétât une fois qu'elle avait été dite et surtout une fois qu'elle avait été imprimée. Ne prétendit-on pas en 1736 que le soleil avait rétrogradé? N'ajouta-t-on pas en 1768, que la planète Saturne était perdue avec son anneau et ses satellites? Tout le monde le crut, les écrits périodiques les plus recommandables propagèrent cette singulière nouvelle, et des hommes sensés, que leurs lumières semblaient mettre en garde contre un pareil bruit, s'en firent les échos dociles. Quelques années après, il se produisit à Paris une épouvante dont on n'avait peut-être jamais eu d'exemple; ce fut au point que le gouvernement dut s'en

mêler pour y mettre un terme, et cependant alors l'infatigable Mes·
sier (') découvrait comètes sur comètes et faisait perdre à ces astres
chevelus l'importance attachée à leur antique rareté.

Lalande, un de nos plus illustres astronomes, venait de publier un
mémoire intitulé : *Réflexions sur les Comètes*. Ainsi qu'il le raconte
lui-même, il n'avait fait que parler de celles qui, dans certains cas,
pourraient approcher de la Terre, mais on s'imagina qu'il avait prédit
une comète extraordinaire, et que cette comète allait amener la fin du
monde. Des premiers rangs de la société l'épouvante descendit jusqu'à
la multitude, et il fut généralement convenu que la fatale comète était
en route et que notre globe allait cesser d'exister. L'alarme générale
avait pris de si grandes proportions que, par ordre du roi, Lalande
se vit invité à expliquer sa pensée dans un mémoire destiné au
public. Il n'en fallut pas moins pour rassurer les esprits timorés et
faire reprendre au monde ses projets d'avenir un instant aban-
donnés.

Nous pourrions facilement retrouver des exemples analogues en
notre siècle. La peur des comètes est une maladie périodique qui ne
manque jamais de revenir dans toutes les circonstances où l'apparition
d'un de ces astres est annoncée avec quelque retentissement. Il est
arrivé de nos jours une circonstance où la peur semblait, pour ainsi
dire, scientifiquement justifiée; nous voulons parler du retour de la
petite comète de Biéla en 1832.

En calculant l'époque de la future réapparition du nouvel astre,
M. Damoiseau avait trouvé que la comète devait venir le 29 octobre
1832, avant minuit, traverser le plan dans lequel la Terre se meut, et le
seul endroit où une comète soit susceptible de rencontrer la Terre. Le
passage de l'astre devait, suivant le calcul, s'effectuer dans le plan,
mais un peu en dedans de l'orbite de la Terre et à une distance égale
à quatre rayons terrestres et deux tiers. Comme la longueur du rayon
de la comète était égale à cinq rayons terrestres et un tiers, il était de
toute évidence que le 29 octobre 1833, avant minuit, une partie de
l'orbite terrestre se trouverait occupée par la comète.

Ces résultats, appuyés de toute l'autorité scientifique désirable,

---

(') *Messier* découvrit seize comètes. Son ardeur pour ce genre de recherches était
telle, que, venant de perdre sa femme au moment où l'astronome de Limoges, Montagne, découvrait à son tour une nouvelle comète, il recevait les compliments de con-
doléance de ses amis en disant : « J'en avais déjà découvert onze, fallait-il que ce
Montagne m'enlevât la douzième! » Puis, s'apercevant qu'on lui parlait, non de la comète, mais de sa femme, il ajouta : « Ah! oui, c'était une bien bonne femme! » Puis il·
continua à pleurer sa comète.

furent portés par les journaux à la connaissance des populations ; on peut imaginer la sensation profonde qu'ils produisirent. C'en était fait ! la fin des temps était proche ; la Terre allait être brisée, pulvé-

Fig. 261. — L'arche de Noé, d'après un dessin du XIIᵉ siècle

risée, anéantie par le choc de la comète : tel fut le thème de toutes les conversations. Les esprits les plus forts en furent un instant ébranlés !

Mais une question restait à faire, et les journaux ne l'avaient ni posée, ni même prévue. En quel endroit de son immense orbite la Terre se trouverait-t-elle le 29 octobre 1832, avant minuit, au moment où la comète franchirait cette orbite sur un de ses points? — Le calcul résolut bien vite cette difficulté. Arago écrivit dans l'*Annuaire pour* 1832 : « Le passage de la comète très près *d'un certain point* de l'orbite terrestre aura lieu le 29 octobre avant minuit; eh bien! la Terre n'arrivera *au même point* que le 30 novembre au matin, c'est-à-dire *plus d'un mois après*. On n'a maintenant qu'à se rappeler que la vitesse moyenne de la Terre dans son orbite est de six cent soixante-quatorze mille lieues par jour, et un calcul très simple prouvera que *la comète passera à plus de vingt millions de lieues de la Terre.* »

Il arriva ainsi qu'il avait été prédit, et la Terre cette fois en fut encore quitte pour la peur.

L'histoire du passé, avouons-le, c'est toujours l'histoire du présent. Bien que le niveau général de l'intelligence se soit élevé, il reste encore dans le fond de la société une couche assez intense d'ignorance sur laquelle l'absurde, avec toutes les conséquences ridicules et souvent funestes qu'il entraîne, a toujours chance de germer. La peur irréfléchie, la peur non motivée est une de ces conséquences, et la peur est une folle conseillère. Un grand nombre de nos lecteurs peuvent se souvenir que le retour de la comète de Charles-Quint avait été annoncé par un mystificateur pour le 13 juin 1857. Ce jour-là même, la comète devait rencontrer la Terre et la fin du monde devait s'ensuivre. Les populations des départements étaient véritablement plongées dans l'effroi, et même, à Paris, on ne cessait d'entendre parler de la comète avec terreur (¹).

La destruction de la Terre par une comète a été annoncée, plus récemment encore, pour le 12 août 1872, sous le prétendu patronage de M. Plantamour, de Genève, qui certainement était bien étranger à une telle annonce. On a eu peur; mais on n'en a pas moins vécu comme d'habitude, et la date fatale s'est passée sans catastrophe.

Nous examinerons plus loin, non plus au point de vue légendaire de la fin du monde, mais sous un aspect exclusivement scientifique,

---

(¹) Voici un fait qui témoigne de la crainte qu'elle inspirait. Au même moment, la planète Vénus était dans la situation où elle resplendit de son plus vif éclat; elle était si brillante, qu'on l'apercevait même en plein jour avant le coucher du Soleil. Dans les belles soirées de février, on a vu sur les places de nombreux groupes occupés à considérer Vénus, qu'ils prenaient pour la comète; on a même entendu certains d'entre eux, qui avaient sans doute une vue plus perçante que les autres, soutenir qu'ils en distinguaient la queue.

ce qui pourrait résulter de la rencontre d'une comète avec notre globe.

Il y a dix-huit siècles, Sénèque était plus avancé qu'un grand nombre de ses successeurs.

Seul ou presque seul, ce philosophe avait opposé sa puissante logique aux idées superstitieuses de ses contemporains et à celles d'Aristote, qui attribuait ces astres à des exhalaisons de la Terre. « Les comètes, dit-il, se meuvent régulièrement dans des routes prescrites par la nature », et, jetant un regard prophétique vers l'avenir, il affirme que la postérité s'étonnera que son âge ait méconnu des vérités si palpables. Il avait raison contre le genre humain tout entier, ce qui équivaut à peu près à avoir tort, et pendant seize siècles encore la question ne fit aucun progrès, même dans ce seizième siècle si hardi pour secouer le joug d'autorités bien autrement puissantes. Képler lui-même après 1600, Képler le libre penseur, le novateur astronomique, l'inventeur des lois qui règlent les mouvements célestes, admit les pronostics et les influences cométaires ; et cependant on ne peut pas reprocher une faiblesse superstitieuse à celui qui osait dire aux théologiens attaquant la doctrine de Copernic et de Galilée : « Ne vous compromettez pas avec les vérités mathématiques :' la hache à qui l'on veut faire couper du fer ne peut pas ensuite entamer même le bois. »

Les observateurs du ciel, habitués à la grande régularité des mouvements des astres, à ce calme, à cette paix qui caractérisent les régions célestes, ne pouvaient voir sans surprise et sans effroi des astres qui semblent éclore subitement dans toutes les régions du ciel, dont la forme et les appendices diffèrent en aspect des autres astres, qui semblent suivis ou précédés de traînées lumineuses souvent immenses, enfin dont la marche, contraire à celle de tous les autres corps célestes mobiles, se termine par une disparition aussi brusque que leur arrivée a été subite. Il n'est point étonnant que la crainte prît naissance entre l'étonnement et l'ignorance, tant il est naturel de voir des prodiges dans les choses qui paraissent extraordinaires et inexplicables.

Il faut avouer, du reste, que l'apparition d'une immense comète, telle que celle de 1811, par exemple, frappe d'étonnement tous ceux qui la contemplent. Sans recourir aux figures plus ou moins bizarres attribuées aux comètes apparues dans les siècles où la crédulité était si intense et le sentiment critique si peu développé, l'aspect simplement grandiose d'un visiteur céleste de la taille de celui-là explique et excuse les exagérations des craintes mettant en jeu la colère céleste ou les diables de l'enfer. Jugeons chaque époque dans sa clarté respective. Nous verrons plus loin que cette comète, dont nos pères se souviennent encore, ne mesurait pas moins de 44 *millions* de lieues de longueur.

Pour faire disparaître le prodige, il fallait donc trouver les LOIS du mouvement des comètes; c'est ce que fit Newton à l'occasion de la grande comète de 1680. Ayant constaté que, d'après les lois de l'attraction universelle, la marche de la comète devait être une courbe très allongée, il essaya, aidé de Halley, son collaborateur et son ami, de représenter mathématiquement la marche de l'astre nouveau, et il

Fig. 262. — La grande comète de 1811.

y réussit complètement. Halley s'empara activement de cette branche de l'astronomie et reconnut plus tard que la comète de 1682 était tellement semblable, dans sa marche autour du Soleil, à deux comètes précédemment observées en 1531 et en 1607, que c'était sans doute la même comète, qui dès lors devait reparaître vers 1758.

Par les travaux théoriques de Newton et par les calculs de Halley, la prédiction de Sénèque était accomplie : les comètes, ou du moins quelques-unes d'entre elles, suivaient des orbites régulières. Leur retour pouvait être prévu; elles cessaient d'être des existences accidentelles ; c'étaient de vrais corps célestes à marche fixe et réglée. Le merveilleux disparaissait, ou, pour mieux dire, il se transformait.

Halley avait calculé à grand'peine que l'action des planètes retarderait le prochain retour de la comète, et il l'avait prédit pour la fin de 1758 ou le commencement de 1759. Il fallait, avec les formules mathématiques perfectionnées, calculer exactement l'époque de ce retour. Clairaut entreprit et accomplit en maître la partie algébrique du problème ; mais il restait la tâche immense de calculer numériquement les formules. Deux calculateurs eurent ce courage : l'astronome Lalande et Mme Hortense Lepaute (qui, par parenthèse, a donné son nom à l'Hortensia, rapporté des Indes par l'astronome Legentil). Pendant six mois, prenant à peine le temps de manger, les deux calculateurs mirent en nombres les formules algébriques de Clairaut. Celui-ci termina le calcul, trouva que Saturne retarderait son retour de cent jours, et Jupiter de cinq cent dix-huit, en tout six cent dix-huit jours de retard, c'est-à-dire que sa révolution serait d'un an et huit mois plus longue que sa révolution dernière, et qu'enfin son passage au périhélie aurait lieu vers le milieu d'avril 1759, à un mois près.

Jamais prédiction scientifique n'excita une curiosité plus vive d'un bout de l'Europe à l'autre. *La comète reparut*; elle traversa le chemin annoncé parmi les constellations ! elle passa à son périhélie le 12 mars 1759, juste un mois avant le jour indiqué. « Nous l'avons tous observée, écrivait Lalande, en sorte qu'il est hors de doute que les comètes ne soient véritablement des planètes qui tournent comme les autres autour du Soleil. » — La comète de Halley, en se rendant à la prédiction des astronomes, ouvrit une nouvelle ère à l'astronomie cométaire.

L'univers, écrivait encore Lalande en 1759, voit cette année le phénomène le plus satisfaisant que l'astronomie nous ait jamais offert ; événement unique jusqu'à ce jour, il change nos doutes en certitude et nos hypothèses en démonstrations.

En effet, quoique de tout temps les physiciens intelligents aient espéré le retour des comètes, quoique Newton l'ait assuré et que Halley en ait osé fixer le temps, tous, jusqu'à Halley lui-même, en appelaient à l'événement et à la postérité. Quelle différence entre sa situation et la nôtre ! entre le plaisir que lui donna cette heureuse conjecture et les avantages que nous trouvons aujourd'hui en la voyant se vérifier ! Combiner l'ensemble des faits que présente l'histoire, et en tirer des conséquences, fut l'ouvrage de M. Halley. Voir ces conséquences, justifiées après plus de cinquante années par un entier accomplissement, c'est une satisfaction qui nous était réservée, et que dans les temps les plus reculés les philosophes enviaient à la postérité.

« M. Clairaut, ajoute Lalande, demandait un mois de grâce en faveur de la théorie ; le mois s'y est trouvé exactement, et la comète est descendue, après une période de cinq cent quatre-vingt-six jours plus longue que la dernière fois, trente-deux jours avant le terme qui lui était fixé ; mais qu'est-ce que trente-deux jours sur un intervalle de plus de cent cinquante ans, dont on avait à peine observé grossièrement la deux centième partie, et dont tout le reste s'étend hors de la portée de notre vue ?

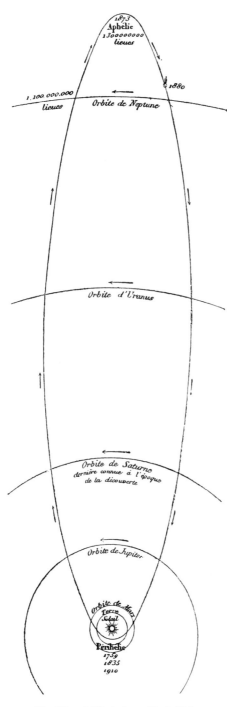

Fig. 263. — Orbite de la comète de Halley.

Cette prédiction était véritablement digne d'admiration. Que l'on se souvienne qu'à cette époque l'orbite de Saturne marquait la limite du système solaire (*voy.* cette figure), et l'on concevra la hardiesse qu'il y avait alors à lancer une comète à la distance où l'on voit courir cette courbe. L'orbite de cette comète est aujourd'hui complètement déterminée. Elle a accompli une révolution de 1759 à 1835. Son dernier passage au périhélie a eu lieu le 16 novembre de cette année-là, ce qui donne 28 006 jours pour la révolution de 1759 à 1835, au lieu de 27 937 qui s'étaient écoulés entre 1682 et 1759 : il y a eu une augmentation de 135 jours due à l'action de Jupiter et une diminution de 66 due à Saturne, Uranus et la Terre. Le prochain retour doit arriver le 24 mai 1910; cette révolution-ci devant être plus courte que les précédentes, ou de 27 217 jours seulement, soit 74 ans et 6 mois, d'après les calculs de Pontécoulant. De 1835 à 1873 la comète s'est éloignée du Soleil; cette année-là, elle a atteint les ténèbres glacées de son aphélie, et depuis cette époque *elle a commencé son voyage de retour* vers les régions brillantes de la Terre et du Soleil. Nous la reverrons tous avec plaisir en 1910.

Ainsi les comètes ont passé du domaine de la légende dans celui de la réalité.

CHAPITRE II

Mouvements des Comètes dans l'espace. — Orbites cométaires. Comètes périodiques actuellement connues.

Le premier résultat de l'analyse mathématique de la trajectoire décrite par les comètes dans l'espace fut, comme nous venons de le voir, de montrer que quelques-unes au moins d'entre elles tournent autour du Soleil, comme les planètes, mais suivant une ellipse beaucoup plus allongée, et que toutes celles qui viennent à passer assez près de nous pour être visibles, soit à l'œil nu, soit au télescope, vont contourner aussi le Soleil dans la partie de leur orbite que nous pouvons observer; elle s'en éloignent ensuite à des distances plus ou moins grandes, et peut-être infinies pour quelques-unes.

Les belles comètes qui frappent l'attention publique par leur éclat et la grandeur de leur forme sont assez rares. Ainsi, dans notre siècle, il n'y en a eu que dix-neuf qui aient été visibles à l'œil nu, celles de 1807, 1811, 1812, 1819, 1823, 1830, 1835, 1843, 1845, 1847, 1850, 1853, 1858, 1860, 1861, 1862, 1863, 1864, 1874, et, dans ce nombre, il n'y a eu de vraiment belles et frappantes que celles de 1811, 1843, 1858, 1861 et 1862.

Nous étudierons plus loin en détail les plus importantes. Leur célébrité d'ailleurs dépend surtout de l'effet qu'elles produisent, lorsqu'un ciel pur coïncide avec l'époque de leur plus grande beauté, et lorsqu'elles apparaissent le soir, attirant tous les regards vers leur mystérieuse figure. Une comète qui brillerait avant le lever du soleil n'aurait que de rares contemplateurs. Fussent-elles admirables, comme celles de 1861 et 1862, si elles succèdent à une apparition splendide, comme celle de 1858, et cessent d'être rares, l'attention publique ne leur accorde plus qu'un regard de politesse. Un enfant trouve étonnante une comète ordinaire qui pour la première fois lui donne une idée de ces apparitions célestes; c'est ainsi, s'il est permis de rappeler un souvenir personnel, que la comète de 1853 m'a frappé moi-même, lorsqu'au mois d'août de cette année-là je la contemplais, du haut des remparts de l'antique cité des Lingons, brillant

de sa calme lumière dans le ciel du nord encore éclairé de la tiède
clarté du crépuscule d'été. J'en avais même dessiné l'aspect sans

me douter que dans l'a-
venir ce petit dessin
pourrait avoir l'honneur
de la publicité. (Mon
professeur de sixième
m'apprit ce soir-là que
le mot comète dérive du
latin *coma*, chevelure.)

Quatre caractères
principaux distinguent
les comètes des planè-
tes : 1° leur aspect né-
buleux et leurs queues
souvent considérables ;
2° l'étendue des orbites

Fig. 264. — La comète de 1853.

elliptiques qu'elles parcourent ; 3° l'inclinaison de ces orbites, lesquelles, au lieu d'être couchées dans le plan de l'écliptique, ou tout au moins
dans le zodiaque, comme celles des planètes en général, sont inclinées
à tous les degrés, jusqu'à l'angle droit, et portent les comètes jusqu'aux constellations polaires ; 4° la direction de leurs mouvements,
qui, au lieu de s'accomplir dans le même sens que ceux des planètes,
sont, les uns directs, les autres rétrogrades, et paraissent étrangers à
toute unité de plan. De ces circonstances résulte la certitude que
les comètes n'ont pas la même origine que les planètes, qu'elles n'appartiennent pas originairement au système solaire, qu'elles voyagent
à travers l'immensité, qu'elles peuvent se transporter d'un soleil à
l'autre, d'une étoile à l'autre, et que celles qui tournent autour de
notre Soleil ont été saisies au passage par son attraction, en ayant
leur route courbée et fermée par celle des planètes de notre système.

Toute comète consiste habituellement en un point plus ou moins
brillant, environné d'une nébulosité qui s'étend, sous forme de traînée
lumineuse, dans une direction particulière. Le point brillant se nomme
le *noyau* de la comète ; la traînée lumineuse qui accompagne ce noyau
se nomme la *queue*, et la partie de la nébulosité qui environne immédiatement le noyau, abstraction faite de la queue, se nomme la
chevelure. On donne le nom de *tête* de la comète à l'ensemble du
noyau et de la chevelure.

Les comètes ne se présentent pas toutes sous la forme que nous venons d'indiquer. On en voit qui sont accompagnées de plusieurs queues. Il y en a d'autres qui ont un noyau et une chevelure sans queue. Il y en a même qui manquent complètement de chevelure; en sorte qu'elles présentent le même aspect que les planètes, avec lesquelles on peut les confondre. La planète Uranus, découverte en 1781, et Cérès, découverte en 1801, ont été, comme nous l'avons vu, prises pendant quelque temps pour des comètes). On en voit enfin qui sont formées uniquement d'une nébulosité, sans aucune apparence de noyau.

Certaines comètes se sont montrées accompagnées de queues qui s'étendaient sur une longueur égale au quart, au tiers, à la moitié même du ciel; telles sont celles de 1843, 1680, 1769, 1610. En 1744, on vit une *comète à six queues*; chacune de ces queues avait une longueur de 30 à 40 degrés; l'ensemble des six queues occupait en largeur un espace d'environ 44 degrés. Mais les divers exemples que nous venons de citer ne sont que des exceptions; le plus souvent les comètes ont des dimensions beaucoup plus faibles.

Ces traînées cométaires paraissent ordinairement droites, ou du moins, par un effet de perspective, elles semblent dirigées suivant des arcs de grands cercles de la sphère céleste. On en cite cependant qui se sont présentées avec une apparence différente. Ainsi, en 1689, on vit une comète dont la queue, au dire des historiens, était courbe comme un sabre turc; cette queue avait une étendue totale de 68 degrés. Il en est de même de la belle comète de Donati, que tout le monde a vue en 1858, et dont la queue avait une courbure très prononcée.

Une comète ne peut être observée dans le ciel que pendant un temps limité. On l'aperçoit d'abord dans une région du ciel où l'on n'avait rien vu les jours précédents. Le lendemain, le surlendemain, on peut la voir de nouveau; mais elle a notablement changé de place parmi les constellations. On peut la suivre ainsi dans le ciel pendant un certain nombre de jours, souvent pendant plusieurs mois, puis on cesse de l'apercevoir. Souvent on perd la comète de vue, parce qu'elle se rapproche du Soleil et que la vive lumière de cet astre la masque complètement; mais bientôt on l'observe de nouveau, de l'autre côté du Soleil, et ce n'est que quelque temps après qu'elle disparaît définitivement.

Pour que l'on puisse se rendre exactement compte du mouvement des comètes, il est nécessaire de se faire une idée un peu nette de la courbe que l'on nomme *parabole*. Nous avons donné précédemment (p. 31, 34) la définition de l'ellipse. Supposons qu'en laissant le foyer de gauche (F') *fig.* 17, et le sommet voisin A' immobiles, nous éloignions le foyer F vers la droite le long de l'axe prolongé, nous tracerons des ellipses de plus en plus allongées qui embrasseront la première et s'étendront toutes vers la droite, de plus en plus loin. Supposons ce second foyer éloigné jusqu'à l'infini : c'est là une abstraction que le calcul permet de réaliser; dans ce cas notre ellipse n'a plus qu'un foyer, ses deux branches s'ouvriront pour ne plus se refermer, elle cesse d'exister comme ellipse fermée et devient une *parabole*. — On voit que cette définition n'est pas plus difficile à comprendre que le reste.

Ainsi, la parabole est une courbe à un seul foyer dont les branches s'écartent indéfiniment l'une de l'autre. Une comète qui suit une parabole ne passe donc qu'une fois par la route qu'elle décrit autour du Soleil; elle arrive de l'infini et y retourne. Nous avons vu qu'on nomme *excentricité* d'une ellipse la distance du centre de l'ellipse à l'un de ses foyers, exprimée en proportion du demi grand axe ou de la distance moyenne. Dans le cercle, l'excentricité est nulle. Dans l'orbite de Mercure, elle est égale à 2 dixièmes (*fig.* 192, p. 433). Dans l'orbite de la petite planète Æthra, elle est presque des 4 dixièmes (*fig.* 218, p. 511). Dans celle de la comète de Halley (*fig.* 263, p. 610), elle dépasse les 9 dixièmes. Lorsqu'elle arrive à l'unité, l'ellipse se trouvant ainsi prolongée à l'infini devient parabole. Dans la parabole, l'excentricité est égale à 1. Enfin, il peut encore exister une courbe plus ouverte que la parabole : on la nomme l'*hyperbole*; chez elle, l'excentricité est un nombre plus grand que l'unité.

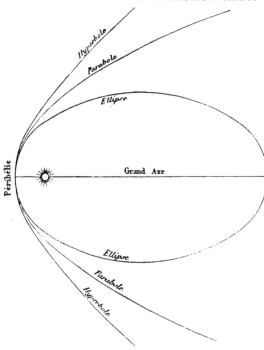

Fig. 265. — Formes des orbites cométaires.

La courbe suivie par tout astre autour du foyer qui l'attire dépend de la vitesse du mouvement dont il est animé. On nomme vitesse circulaire celle qui lui ferait décrire un cercle d'un mouvement uniforme.

Une vitesse plus grande fait décrire une ellipse, d'autant plus allongée que cette vitesse est plus grande ; si la vitesse arrive à surpasser la vitesse circulaire dans le rapport de 1000 à 1414 (ce qu'on exprime par $V \times \sqrt{2}$) l'ellipse devient parabole. Un astre qui se trouve animé d'une vitesse parabolique au moment où, atteignant sa plus courte distance au Soleil, il passe au périhélie, est un astre qui arrive de l'infini et qui y retourne. Une vitesse plus grande encore produit une hyperbole.

Ces explications étaient *indispensables* pour la connaissance sérieuse des mouvements des comètes. Je ne pouvais guère imiter ici cet académicien qui, pour prouver une vérité mathématique, se contentait d'en donner sa parole d'honneur, parce que l'intelligence de son élève n'aurait pas compris la démonstration. Cet élève était le duc d'Angoulême, et j'ose espérer que mes lecteurs lui sont quelque peu supérieurs à cet égard. On sait que, lorsqu'il fut nommé grand-maître de la Marine, on s'aperçut avec stupeur qu'il savait à peine compter jusqu'à cent. Immédiatement le plus célèbre géomètre de France fut mandé pour l'instruire *en la mathématique*, comme on disait dans le vieux temps. Mais c'est en vain qu'il tenta d'en démontrer les principes les plus élémentaires à son auguste disciple. Celui-ci l'écoutait avec une exquise politesse, mais en hochant la tête avec un doux air d'incrédulité.

Un jour, à bout d'arguments, le pauvre maître s'écria :

— Monseigneur, je vous en donne ma parole !

— Que ne le disiez-vous plus tôt ! Monsieur, répondit le duc en s'inclinant : je ne me permettrai plus jamais d'en douter.

Pour nous, une démonstration vaut mieux qu'une affirmation. Dans le cas présent surtout, le mouvement des comètes étant assez difficile à bien saisir, il importe de le bien concevoir au point de vue géométrique et mécanique. Nous venons de voir la différence qui existe entre l'ellipse, la parabole et l'hyperbole. Ajoutons que dans la région céleste où nous observons les comètes, c'est-à-dire dans le voisinage de la Terre, la partie de courbe que nous pouvons tracer par l'observation directe des positions de la comète est justement celle qui peut être interprétée des deux façons, comme on peut le voir sur la *fig.* 266, dans laquelle le trait plein de chaque courbe représente la partie visible de l'orbite de la comète, celle-ci étant invisible tout le long de la courbe ponctuée. C'est par la *vitesse* du mouvement que l'on peut déterminer la nature de l'orbite. Nous avons déjà vu (p. 180) qu'un projectile chassé de la Terre avec une vitesse de 11 300 mètres par seconde (abstraction faite de la résistance de l'air) ne retomberait jamais sur la Terre, parce que ce serait là, relativement à la vitesse circulaire (8000 mètres) qui ferait tourner ce corps comme satellite autour de nous, une vitesse parabolique : le projectile s'éloignerait de la Terre pour toujours. Nous avons vu aussi que si la vitesse de notre planète sur son orbite était augmentée dans le même rapport de 1000 à 1414 et était de 41 630 mètres par seconde au lieu de 29 450, nous abandonnerions paraboliquement pour toujours le bienfaisant foyer de chaleur et de lumière autour duquel nous gravitons. Lors donc que nous voyons dans nos régions une comète qui s'avance dans l'espace avec cette vi-

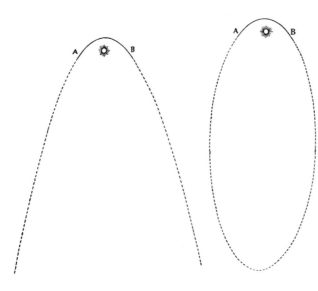

Fig. 266. — L'ellipse et la parabole.

tesse, nous savons qu'elle décrit une parabole. Or, dans la majorité des cas, la vitesse des comètes est précisément de cet ordre-là, de sorte que bien souvent on peut penser qu'elles ne reviendront plus, ou qu'elles parcourent des ellipses si allongées qu'elles ne reviendront que dans des milliers d'années.

On peut regarder les comètes comme de petites nébuleuses errant de systèmes en systèmes, formées par la condensation de la matière nébuleuse répandue avec tant de profusion dans l'univers. Lorsque ces astres deviennent visibles pour nous, ils offrent une ressemblance si parfaite avec les nébuleuses, qu'on les confond souvent avec elles, et ce n'est qu'en les comparant avec la carte des nébuleuses qui existent dans la région du ciel où elles apparaissent et en suivant leur mouvement qu'on parvient à les reconnaître. Concevons un léger amas de matière nébuleuse voyageant dans l'espace au delà du système solaire; soit par la direction de son mouvement, soit par suite de la propre translation du système solaire à travers l'immensité, cette nébuleuse ressent l'attraction de notre Soleil et dès lors se dirige vers lui. Si le Soleil n'était pas entouré des planètes, ou si elles étaient immobiles, notre comète marcherait régulièrement en augmentant progressivement de vitesse, tournerait autour de notre foyer en suivant une orbite parabolique, et la vitesse qu'elle acquerrait en approchant du Soleil serait juste suffisante pour la renvoyer dans l'infini en suivant une seconde branche de parabole symétrique de la première. Mais, à cause du mouvement des planètes sur leurs orbites, la comète éprouve un changement de vitesse en passant à une certaine distance d'elles, s'accélérant ou se retardant suivant le chemin qu'elle parcourt. Si les accélérations totales produites par toutes les planètes surpassent les retards, la comète quittera notre système avec une vitesse plus grande que la vitesse parabolique, et ne reviendra *jamais*, lors même qu'elle vivrait pendant l'éternité entière. Si les forces retardatrices sont, au contraire, en excès, l'orbite sera changée en une ellipse plus ou moins allongée, suivant la quantité de cet excès. Une planète telle que Jupiter, par exemple, qui semble les guetter comme une proie, peut transformer l'orbite en une ellipse de courte période et faire de la comète un membre permanent de notre système.

Lorsqu'une comète apparaît subitement dans le ciel, on entend souvent d'excellents bourgeois accuser les astronomes d'avoir manqué à leurs devoirs en ne l'annonçant pas, ou se servir de ce prétexte pour émettre des doutes bien sentis sur la valeur des théories astronomiques. Ces braves gens (dont plusieurs sont journalistes) ne prouvent par là qu'une chose bien claire, c'est qu'ils ne se rendent pas compte de ce qu'ils disent ou de ce qu'ils écrivent. D'après ce que nous venons de voir, les comètes étant étrangères à notre monde, on ne peut prédire le retour que de celles qui suivent autour du Soleil une orbite fermée dont on a calculé les éléments à l'aide d'un ou plusieurs passages antérieurs en vue de la Terre.

Sur le nombre total des comètes observées, on n'en connaît encore que dix dont la périodicité ait été vérifiée. Ce sont, par ordre de date, la comète de Halley, dont la périodicité a été annoncée en 1704 et vérifiée en 1759 et 1835; — celle d'Encke, dont la périodicité a été annoncée en 1819 et vérifiée tous les trois ans depuis, car sa révolution est très courte; — celle de Biéla, calculée en 1826 et qui est revenue tous les six ans et demi, jusqu'en 1852; — celle de Faye, calculée en 1843, et qui revient régulièrement tous les sept ans; — celle de Brorsen, calculée en 1846 et qui revient tous les cinq ans; — celle de d'Arrest, calculée en 1851 et qui revient tous les six ans et demi; — celle de Winnecke, calculée en 1858, et qui revient tous les cinq ans et demi; — celle de Tuttle, calculée la même année et qui est revenue en 1872; — et deux comètes découvertes par Tempel en 1867 et 1873, calculées en ces mêmes années, et dont la période est de cinq ans environ. Voici les éléments de ces comètes, par ordre de durée de leur révolution autour du Soleil :

TABLEAU DES COMÈTES PÉRIODIQUES DONT LE RETOUR A ÉTÉ OBSERVÉ.

N°	Noms.	Mouvement.	Période. ans	DISTANCES périhélie.	DISTANCES aphélie.	Excentricité.	Inclinaison.	Calculée en	Dernier passage observé.	Longit. du périhélie.
1	Encke.....	Direct.	3,287	0,333	4,088	0,849	13°	1819	1878, mai 20.	158°
2	Tempel, 1873	D.	5,200	1,339	4,664	0,554	13	1873	1878, sept. 7.	306
3	Brorsen	D.	5,462	0,590	5,613	0,810	29	1846	1879, mars 30	116
4	Winnecke..	D.	5,727	0,829	5,573	0,741	11	1858	1875, mars 12.	277
	Distance de Jupiter				5,203					
5	Tempel, 1867	D.	5,971	1,769	4,808	0,462	10	1867	1879, févr. 6.	238
6	D'Arrest....	D.	6,644	1,318	5,765	0,628	16	1851	1877, mai 10.	319
7	Biéla.......	D.	6,587	0,860	6,167	0,755	13	1826	1852, sept. 23.	109
8	Faye.......	D.	7,412	1,682	5,920	0,557	11	1843	1873, juill. 18.	50
	Distance de Saturne				9,539					
9	Tuttle	D.	13,81	1,030	10,483	0,821	54	1858	1871, nov. 30.	116
	Distance de Neptune . . .				30,055					
10	Halley	Rétr.	76,37	0,589	35,411	0,967	18	1704	1835, nov. 15.	305

Ce petit tableau offre son intérêt spécial. On voit qu'à part celle de Halley, toutes ces comètes sont à courte période, de trois à moins de quatorze ans, tournent en sens direct, c'est-à-dire dans le sens des mouvements planétaires, quoique plusieurs soient assez fortement inclinées sur le plan dans lequel la Terre tourne autour du Soleil (surtout la 9e), qu'elles ne s'éloignent, à l'exception de la 10e, que jusque vers l'orbite de Jupiter, et que, sur le nombre total cinq s'approchent plus près du Soleil que la Terre, et cinq s'en approchent moins. A l'exception de la comète de Halley, ces astres ne sont généralement visibles qu'au télescope. Sur ces dix comètes, les huit premières doivent probablement à Jupiter leur introduction dans le système solaire, la 9e à Saturne, la 10e à Neptune. On complétera la connaissance exacte qu'il importe d'avoir des mouvements cométaires en examinant notre *fig.* 267, qui représente les orbites des dix comètes dont nous venons de parler, dessinées chacune à sa place respective. Il est curieux que sur ces dix astres deux aient leur périhélie à 116° et deux vers 305°.

Plusieurs de ces comètes ont une intéressante histoire astronomique. La première, découverte par Pons, concierge de l'Observatoire de Marseille, le 26 novembre 1818, fut trouvée identique avec celles de 1786, 1795 et 1815, par suite des calculs de l'astronome Encke, de Berlin, qui montra que c'était là une seule et même comète dont la révolution n'était que de 3 ans et 106 jours ou de 1212 jours environ. Cette durée varie de plusieurs jours suivant les perturbations des planètes. Depuis 1818, cet astre télescopique est toujours revenu ponctuellement au rendez-vous ; mais, remarque bien curieuse, à chacune de ses révolutions, il y a une légère diminution de la période : d'un dixième de jour, ou d'environ deux heures et demie. A la fin du siècle dernier, cette période était de près de 1213 jours ; elle était de 1212 en 1818, de 1211 en 1838, de 1210 en 1858, et elle est aujourd'hui de 1209, correction faite des perturbations des grosses planètes. A quelle cause est due cette diminution? Si elle se continuait, la comète irait progressivement en se rapprochant du Soleil, suivant une spirale

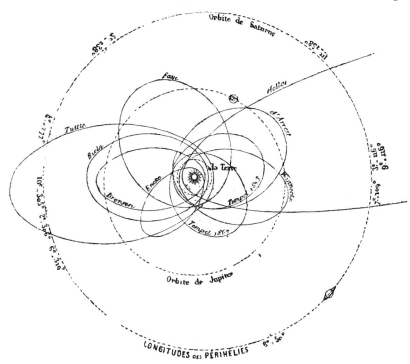

Fig. 267. — Orbites des dix comètes périodiques dont le retour a été observé.

lentement raccourcie, et elle finirait par y tomber et s'y brûler. C'est peut-être là, du reste, le sort d'un grand nombre de comètes. On a supposé que le milieu interplanétaire, l'éther, qui sert de véhicule à la transmission des ondes lumineuses, peut offrir une certaine résistance au mouvement de corps nuageux aussi légers que les comètes et causer ainsi le retard observé. Mais il y a une objection, c'est que les autres comètes à courte période n'offrent pas d'indices d'un retard analogue. — Il me semble que l'influence des petites planètes dans la zone desquelles vole la comète pendant deux années sur trois pourrait bien ne pas être nulle et expliquer ce retard.

Cette comète offre l'aspect d'une faible nébulosité, accompagnée d'une légère traînée ; elle a été visible à l'œil nu, comme une étoile de 6ᵉ grandeur, vague et étendue, en 1828, en 1838 et en 1847. On a cherché à évaluer sa masse, mais elle n'exerce aucun effet sur les planètes, et c'est au contraire elle seule qui est dérangée par leur influence. Elle est si légère qu'on distingue les étoiles au travers. Cependant, par l'intensité de la lumière solaire, qu'elle réfléchit néanmoins, on peut croire que cette masse n'est pas tout à fait insignifiante, et M. Roche l'a même évaluée au millième de celle de la Terre. Problème ouvert.

La septième de nos comètes périodiques est plus curieuse encore. Découverte le 27 février 1827 par Biéla, et dix jours plus tard à Marseille par Gambart, qui en calcula les éléments et reconnut qu'elle était la même que celles de 1772 et 1805 (elle devrait donc porter son nom, si l'on suit la tradition du principe qui a déterminé le nom de la comète de Halley), elle revint six ans et demi plus tard, en 1832, et c'est l'annonce de ce retour qui causa au public la peur dont nous avons parlé au chapitre précédent. Elle coupa, en effet, comme nous l'avons vu, le plan de l'orbite terrestre, à la distance respectable de vingt millions de lieues de notre humanité ; mais si quelqu'un a eu raison d'avoir peur, ce n'est pas nous, c'est plutôt elle, qui en a été, au surplus, fortement dérangée dans sa marche. Elle est revenue en 1839, mais dans des conditions trop défavorables pour pouvoir être observée, au mois de juillet, dans les longs jours, et trop près du soleil. On l'a revue en 1845, d'abord le 25 novembre, à la place que lui assignait le calcul, et on la suivait tranquillement ; tout marchait à la satisfaction générale, quand, spectacle inattendu ! le 13 janvier 1846, *la comète se brisa en deux !...* Que s'était-il passé dans son sein ? Pourquoi cette séparation ? Quelle était la cause d'un pareil cataclysme céleste ? On l'ignore ; mais le fait est qu'au lieu d'une comète on en vit deux désormais, qui continuèrent de marcher dans l'espace comme deux sœurs jumelles, deux véritables comètes, chacune ayant son noyau, sa tête, sa chevelure et sa queue, allant en s'écartant lentement l'une de l'autre : le 10 février, il y avait déjà soixante mille lieues d'écartement entre les deux. Elles ne semblaient toutefois se quitter qu'à regret, et pendant plusieurs jours on vit une sorte de pont jeté entre l'une et l'autre. Le couple cométaire, s'éloignant de la Terre, disparut bientôt dans la nuit infinie.

Il revint en vue de notre humanité au mois de septembre 1852 ; le 26 de ce mois, les deux jumelles reparurent, mais bien plus écartées l'une de l'autre, séparées par un intervalle de cinq cent mille lieues.

Mais ce n'est pas encore là le fait le plus étrange que cet astre bizarre réservait à l'attention des astronomes. La catastrophe observée en 1846 n'était qu'un présage du sort qui l'attendait; car, on a eu beau se le dissimuler aussi longtemps qu'on l'a pu, la vérité est qu'aujourd'hui *cette comète est perdue;* depuis 1852, toutes les recherches ont été infructueuses pour la retrouver; d'après son mouvement elliptique, elle aurait dû revenir en vue de la Terre en 1859, 1866, 1872 et 1877 : elle n'est certainement pas revenue. L'observateur en vigie devant la route de la comète se trouve aujourd'hui dans le même embarras qu'un chef de gare qui ne voit pas arriver la train annoncé;

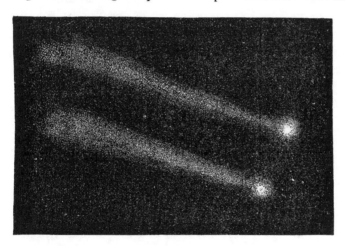

Fig. 268. — Dedoublement de la comète de Biéla, en 1846.

ici, l'aiguilleur peut se tromper et le chef de départ peut retarder, mais la comète ne doit pas, ne peut pas se tromper. Il faut donc qu'un accident grave lui soit arrivé, accident fort grave pour elle, assurément, puisqu'elle n'existe plus.

Un accident analogue est arrivé en 1779 à la comète de Lexell; mais ici la cause est connue, c'est parce qu'elle a été se fourvoyer sur Jupiter, comme une chauve-souris qui vient donner de la tête contre un mur. Cette comète, observée en 1770, se mouvait sur une ellipse et devait revenir en 1781, mais elle devait s'approcher si près de Jupiter que l'on craignait pour son sort. Ces craintes n'avaient rien d'exagéré: l'attraction de l'immense planète, ayant ouvert fortement la branche d'ellipse qu'elle suivait, a rempli précisément l'office de l'aiguilleur sur le chemin de fer : elle l'a dirigée sur une autre voie, et l'a, non pas précisément *perdue*, mais *égarée*. C'est moins grave que la catastrophe précédente. Cette indiscrète ou maladroite comète était d'ailleurs véritablement destinée à subir tôt ou tard un pareil sort : le 28 juin 1770, elle s'est approchée de la Terre à six fois seulement la distance de la Lune, et elle a failli traverser deux fois, en 1767 et 1779, le système des quatre satellites de Jupiter. Une autre comète qui paraissait sûrement périodique, celle découverte à Rome en 1844, par De Vico, et qui devait revenir en 1850, 1855, 1861, 1866, etc., n'a jamais donné de ses nouvelles depuis.

Mais la comète de Biéla n'a pu rencontrer sur sa route ni Jupiter ni aucune grosse planète ; tout au plus aurait-elle pu accrocher en passant l'une des petites planètes, mais c'est presque impossible, et d'ailleurs ces petites planètes sont si légères elles mêmes, comme nous l'avons vu, qu'elles ne l'auraient pas empêchée de poursuivre sa route.

Être perdue, c'est intéressant, pour une comète surtout, mais ce n'était pas assez, sans doute, car elle nous réservait une surprise plus complète encore. Son orbite coupe l'orbite terrestre au point où passe la Terre le 27 novembre. Eh bien ! on ne pensait plus à elle, on en avait fait son deuil, quand, dans la soirée du 27 novembre 1877, il nous est tombé du ciel une véritable *pluie d'étoiles filantes* ; l'expression n'est pas exagérée : elles tombaient à gros flocons, les lignes de feu glissaient presque verticalement en foule et en ondées, ici des globes éblouissants de lumière, là des explosions silencieuses rappelant à la vue celles des grenades de feux d'artifice..., et cette pluie dura depuis 7 heures du soir jusqu'à 1 heure du matin, le maximum arriva vers 9 heures ; à l'Observatoire du Collège Romain, on en compta 13 892, à Montcalieri 33 400, en Angleterre un seul observateur en compta 10 579, etc. On a évalué le nombre total à *cent soixante mille*. Elles arrivaient toutes du même point du ciel, situé vers la belle étoile Gamma d'Andromède.

Ce soir-là, je me trouvais à Rome, dans le quartier de la villa Médicis, et favorisé d'un balcon donnant au sud. Cette admirable pluie d'étoiles est tombée devant mes yeux pour ainsi dire, et j'ai l'éternel regret de ne pas les avoir ouverts pour la contempler. Convalescent d'une fièvre des marais pontins, j'avais dû rentrer immédiatement après le coucher du soleil, qui ce soir-là avait paru du haut du Colisée s'endormir dans un lit de poupre et d'or. Vous comprenez sans peine, ami lecteur, quel désappointement j'ai éprouvé le lendemain matin, lorsque, me rendant à l'Observatoire, le P. Secchi me fit part de cet événement ! Comment l'avait-il observé lui-même ? Par le plus heureux des hasards : un sien ami, voyant pleuvoir les étoiles, monta lui demander l'explication d'un pareil phénomène. Il était alors 7ʰ 30ᵐ. Le spectacle était commencé, mais il était loin d'être terminé, et l'illustre astronome put contempler la pluie merveilleuse de près de *quatorze mille* météores.

Cet événement fit un bruit considérable à Rome, et le pape lui-même n'y resta pas indifférent; car, quelques jours après, ayant eu l'honneur d'être reçu au Vatican, les premières paroles que Pie IX m'adressa furent celles-ci : « *Avez-vous vu la pluie de Danaé?* » J'avais admiré, quelques jours auparavant, à Rome même, d'admirables *Danaés,* peintes par les grands maîtres de l'école italienne, dans un costume qui ne laissait rien à désirer; mais je n'avais pas eu le privilège de me trouver sous la coupole du ciel pendant cette nouvelle pluie céleste, plus belle encore que celle de Jupiter.

Quelle était cette pluie d'étoiles? Evidemment, et cela n'est pas douteux, la rencontre avec la Terre de myriades de corpuscules se mouvant dans l'espace le long de l'orbite de la comète de Biéla. La comète elle-même, si elle existait encore, aurait passé là douze semaines auparavant. Ce n'est donc pas, à parler rigoureusement, la comète elle-même que nous avons rencontrée, mais peut-être une fraction de ses parties décomposées, lesquelles, depuis la segmentation de la comète, arrivée en 1846, se seront dispersées le long de son orbite en arrière de la tête de la comète (¹).

Telle est l'histoire de cet astre singulier. Le fait du partage d'une comète en deux ou plusieurs parties, quoique rare, n'est pas unique dans l'histoire. L'historien grec Ephore rapporte que, l'an 371 avant notre ère, une comète se serait partagée en deux astres suivant chacun une route différente. Sénèque attribuait ce rapport à une erreur, mais Képler, meilleur juge en pareille matière, fit remarquer que ce fait n'avait rien d'impossible et qu'un partage semblable a eu lieu dans la seconde comète de 1618. Voilà donc trois faits analogues d'observés. Les astronomes chinois ont enregistré dans leurs annales trois comètes accouplées qui parurent en l'an 896 et parcoururent leurs orbites de conserve. Le noyau de la comète de 1652 se divisa en quatre ou cinq parties qui montraient une densité un peu plus forte

---

(¹) Un astronome allemand, Klinkerfuss, a cru que la comète elle-même avait rencontré la Terre, et envoya de l'autre côté du globe, à Madras, une dépêche ainsi conçue, stupéfiante pour les télégraphistes : « *Biéla rencontré Terre le 27; cherchez près Thêta Centaure.* » L'astronome de Madras, Pogson, chercha à la place indiquée, et y vit effectivement une comète, mais le mauvais temps empêcha de l'observer; de sorte qu'on n'a rien pu apprendre d'elle pour compléter l'histoire précédente.

que le reste de la comète, et des observations analogues ont été faites sur les comètes de 1661 et 1664. On a distingué quatre noyaux, quatre points de condensation dans la comète de Brorsen (la 3ᵉ de nos comètes periodiques) le 14 mai 1868. La comète de 1860 a été vue parfaitement double au Brésil par M. Liais, et, au moment où elle a disparu, le noyau de la principale offrait trois centres de condensation. Ainsi, il est constant que les comètes peuvent se diviser en plusieurs parties, qu'elles peuvent même être détruites en fragments minuscules, et que les étoiles filantes peuvent en représenter les débris.

A ces comètes dont le retour a été observé, nous devons ajouter maintenant comme comètes périodiques celles auxquelles le calcul donne pour orbites des ellipses plus ou moins longues. Toutefois, elles ne sont pas aussi sûres que les précédentes, car si déjà une comète régulière peut se perdre et disparaître, à plus forte raison un pareil sort est-il à craindre pour celles dont l'orbite n'a été devinée que sur le seul examen de la faible fraction d'ellipse voisine du Soleil et qui se confond si facilement avec la parabole. Cependant, les suivantes ont été calculées :

COMÈTES PÉRIODIQUES, DONT LE RETOUR N'A PAS ÉTÉ OBSERVÉ.

Comètes.	Révolutions.	Distance aphélie.	Retour probable vers	Comètes.	Révolutions.	Distance aphélie.	Retour probable vers
Celle de 1866	33 ans 64 j.	19	1899	1811, II	875	181	2686
La 1ʳᵉ, de 1867	33 228	19	1900	1860, III	1000	211	2860
Distance d'Uranus. . . .		19		1807	1714	286	3521
La 1ʳᵉ, de 1846	55	28	1902	* 1858, III	1950	311	3808
La 2ᵉ, de 1873	55	29	1928	1769	2090	327	3859
Distance de Neptune. . .		30		1827, III	2611	379	4438
1852, II	69	32	1922	1846, I	2721	388	4567
1812	71	33	1882	* 1811, I	3065	421	4876
1846, III	73	34	1919	1763	3196	434	5150
1815	74	34	1887	1873, IV	3277	480	5629
1847, V	75	35	1922	1840, II	3789	505	4959
1862, III	121	49	1983	1825, III	4386	535	6211
1532, 1661	129	48	1919	1864, II	4738	563	6602
1853, I	188	65	2041	1822, III	5649	618	7471
1845, III	249	78	2094	1849, III	8375	813	10 224
1840, IV	344	97	2184	* 1680	8813	855	10 493
* 1843, I	376	104	2219	1840, II	13 866	1053	15 706
1846, VI	401	108	2247	1847, IV	43 954	2489	15 801
1861, I	415	110	2276	1780, I	75 838	3975	77 618
1861, II	422	112	2283	1844, II	102 050	4367	103 894
1793, II	422	111	2215	1863, I	1 840 000	29 989	1 841 863
1746	515	127	2261	1864, II	2 800 000	40 485	2 801 864
1840, III	743	163	2583				

Il va sans dire que ces périodes n'offrent pas toutes le même degré de probabilité, surtout si l'on considère les plus longues : affirmer que telle comète s'éloigne jusqu'à 40 485 fois juste la distance de la Terre au Soleil et qu'elle reviendra dans ce quartier-ci en 1 an de grâce deux millions huit cent un mille huit cent soixante-quatre, serait dépasser les bornes, non pas d'un calculateur intrépide, assuré-ment, mais celles du simple bon sens. Nous avons vu plus haut quels pièges connus et inconnus sont tendus aux comètes.

Ainsi, par exemple, l'on attendait en 1848 le retour de la comète de 1556, dite de Charles-Quint, dont la période avait été fixée à 292 ans, et qui paraissait être la même que celle de 1264. Elle avait coïncidé la première fois avec la mort du pape Urbain IV, et la seconde fois avec l'abdication de Charles-Quint, et elle aurait coïncidé, en 1848, avec les derniers jours de la monarchie en France. Elle n'est pas revenue, et, malgré tous les retards et toutes les excuses admis-sibles, on ne l'attend plus maintenant. — Les périodes les plus courtes sont les plus sûres. Les chiffres incrits sont les derniers calculés.

De toutes ces comètes, les plus importantes sont celles de 1680, 1843 (i), 1811 (ii), 1858 (iii) et 1861 (i).

La première serait, d'après les premiers calculs de Halley, déjà apparue en l'année 1106 de notre ère, — en l'an 531, — en l'an 43 avant J.-C., année de la mort de Jules César, dont elle représentait l'âme divinisée, — à l'époque de la guerre de Troie, — et, en remontant encore plus haut, à l'époque du déluge biblique, dont elle aurait été la cause directe, d'après Whiston, comme nous l'avons vu. Mais ce n'est pas le roman de cet astro-théologue qui la rend célèbre : ce sont les calculs de Newton, grâce auxquels la théorie des comètes fut élaborée; et surtout c'est le fait étonnant, inouï, extraordinaire — je dirais presque incompréhensible — qu'elle est passée tout contre le Soleil sans s'y brûler, et sans avoir été saisie au passage par l'ardent foyer d'attraction de notre système. Elle a, en effet, le 8 décembre 1680, contourné l'astre solaire à la faible distance périhélie de 0,0062, à six millièmes seulement de la distance de la Terre, à 230 000 lieues, courant avec une vitesse de 480 000 lieues à l'heure, ou plus de 500 000 mètres par seconde ! Elle a eu à supporter, à cette distance de l'astre radieux égale à la 160e partie seulement de celle qui nous en sépare, une chaleur égale à celle que nous recevrions si nous avions sur la tête en plein midi d'une journée d'été, non pas seulement 160 soleils, mais 160 × 160, ou 25 600 ! C'est là une chaleur deux mille fois supérieure à celle du fer rouge. Un globe de fer égal à la Terre en volume et élevé à cette température emploierait cinquante mille ans à se refroidir, et plusieurs théoriciens, qui suposaient les comètes habitables, admettaient qu'en passant ainsi dans le voisinage du Soleil elles faisaient des provisions de chaleur pour leur long et rigoureux hiver. Mais, en réalité, elles courent si vite qu'elles n'ont pas le temps de recevoir une chaleur bien profonde. Cette immense comète de 1680, dont la queue s'étendait sur une longueur de 60 millions de lieues, s'éloigne jusqu'à 855 fois la distance de la Terre au Soleil, jusqu'à 31 milliards 635 millions de lieues, et sa période probable est de 88 siècles, 44 siècles pour l'*aller* et autant pour le *retour*. Nous voilà bien loin même du calendrier séculaire de Neptune !

Mais la comète de 1843 est plus étonnante, plus incompréhensible encore dans son cours. Sa distance périhélie, déterminée avec une précision absolument certaine, n'est que de 0,0055, c'est-à-dire de 201 250 lieues, à partir du centre de la sphère solaire, de sorte que la comète est passée à 31 000 lieues seulement de la surface ardente de l'astre du jour, traversant ainsi certainement l'atmosphère hydrogénée dont les couronnes des éclipses totales ont révélé l'existence. De surface à surface, il y a eu au plus 13 000 lieues. Nous avons vu plus haut que le foyer solaire lance tout autour de lui des explosions dont plusieurs ont été mesurées jusqu'à 80 000 lieues de hauteur. Comment l'imprudent papillon céleste ne s'est-il pas brûlé, consumé dans ces flammes dont l'inconcevable ardeur s'élève à plusieurs centaines de milliers de degrés et, qu'elle qu'elle soit, jointe à la formidable puissance de l'attraction solaire, aurait dû saisir, déchirer, anéantir, la pauvre aventurière céleste ? Il y avait en cette région une température au moins trente mille fois supérieure à celle que nous recevons de l'astre enflammé. Eh bien ! l'étrange visiteuse en est sortie saine et sauve, sans être aucunement dérangée dans son majestueux essor :

Le vrai peut quelquefois n'être pas vraisemblable.

Cet événement, dont les conséquences auraient pu être si dramatiques au point de vue de l'ordre inaltérable et de l'harmonie des cieux, s'est accompli le 27 février 1843 à 10 heures 29 minutes (temps moyen de Paris). Emportée par son rapide essor, la comète n'a mis que deux heures, de 9ʰ 1/2 à 11ʰ 1/2, pour contourner tout l'hémisphère solaire tourné vers son périhélie. Notre *fig.* 269 représente ce formidable passage du périhélie. Elle volait alors avec une vitesse de plus de 550 000 mètres par seconde (c'est la plus grande vitesse de projectile que nous ayons mesurée dans tout l'univers). Derrière elle, relativement au Soleil, s'étendait une queue de 80 millions de lieues de longueur, dépassant ainsi de plus du double la distance de la Terre au Soleil. Quant à la vitesse de l'extrémité de la queue entraînée, en restant toujours à l'opposite du Soleil, par la marche de la comète dans l'espace, elle surpasse tout ce qu'on peut imaginer (¹) et elle me paraît conduire à la conclusion que ces longues queues cométaires ne sont pas substantielles, mais représentent seulement un état de l'éther mis dans un mouvement ondulatoire particulier sous l'influence de la comète. Nous discuterons plus loin cet intéressant sujet.

Fig. 269. — Passage de la comète de 1843 tout près du soleil, le 27 février, à 10 heures et demie.

Cette merveilleuse et ardente fille de l'espace s'est montrée pour la première fois *en plein jour*, le 28 février, à côté du soleil et malgré son

(¹) En réduisant de plus de moitié les dimensions observées sur la queue, en supposant qu'au moment du passage au périhélie elle s'arrêtât à la distance de la Terre, cette extrémité n'en aurait pas moins dû parcourir la moitié du périmètre de l'orbite terrestre, soit 116 millions de lieues, en deux heures : la vitesse eût donc été de 16111 lieues, ou de plus de 64 millions de mètres par seconde! C'est difficile à croire. Le calcul prouve d'ailleurs que dans le voisinage même du Soleil une vitesse de 608000 mètres par seconde chasserait le mobile qui en serait animé sur une parabole qui l'éloignerait indéfiniment du Soleil; les particules de la queue de la comète de 1843 auraient donc cessé d'appartenir à la comète, dont le mouvement est elliptique, à partir de la région de cette vitesse, c'est-à-dire que la queue presque tout entière se serait échappée et dispersée dans l'espace. Or, on n'observe rien de pareil; ces queues ne se brisent pas ainsi; elles offrent un aspect rigide, surtout dans ces deux fameuses comètes de 1680 et 1843. Comment admettre une pareille rotation ?

éclat. (Un siècle auparavant, la comète de 1743 avait été également
visible en plein jour ; il en avait déjà été de même pour celles de 1547,
1500, 1402, 1106.) Personne ne l'avait vue arriver, elle a été aperçue
pour la première fois le 28 février à Parme, à Bologne, à Mexico, à
Portland (État-Unis), en plein soleil, à 1°23′ à l'est du centre du
soleil, avec une queue de 4 à 5 degrés de longueur, qui se perdait
dans la lumière atmosphérique. Le lendemain, 1ᵉʳ mars, au coucher
du soleil, on a vu de Copiaco (Chili) l'éclatante comète, accompagnée
d'une queue de 30 degrés, naturellement raccourcie par la clarté du
crépuscule. Le 4 mars, sous l'équateur, un capitaine de navire mesura
la queue et la trouva de 69 degrés. A Paris, on ne l'a vue pour la première fois que le 17 et l'on n'a mesuré la queue que le 18 : elle avait
43 degrés de long et seulement 1°,2 de large, ce qui correspond à
6 000 000 de lieues sur 1 300 000. Arago, qui l'a mesurée à cette date,
admet qu'elle pouvait avoir la même longueur le jour du périhélie, et
c'est probable, puisque c'est dans la région de leur périhélie que les comètes présentent en général les plus longues traînées ; mais comment
n'a-t-il pas remarqué l'impossibilité pratique qui vient de nous frapper ?

Personne n'ayant vu la comète avant son passage au périhélie, il
est presque certain que sa grandeur ne date que de son parcours le
long de l'astre radieux. (Nous pouvons même remarquer que, si elle
avait été lancée du Soleil le 27 février à 10ʰ 29ᵐ avec une vitesse
d'environ 600 000 mètres, son apparition et son cours correspon-
draient à peu près à toutes les observations faites : la moitié de
droite de la *fig.* 269 est purement théorique.)

La comète de 1680 a été vue avant son passage au périhélie, dès le
14 novembre, à Cobourg. Sa queue était droite, comme celle de 1843.
Mais évidemment ce n'est pas la même queue qui a été vue avant et
après le passage au périhélie.

Après être ainsi passée sans accident au sein des brûlantes ardeurs
de son périhélie, l'énorme comète s'enfuit dans l'espace, en ralentis-
sant sa marche ; en un seul jour, le 27 février, sa distance au centre du
Soleil varia dans le rapport de 1 à 10 ; elle passa en vue des habitants
de Mercure, de Vénus, de la Terre, disparut pour nos yeux, s'éloigna
aux distances successives de Mars, Jupiter, Saturne. Si, comme il
reste probable malgré l'hypothèse précédente, la comète est arrivée
incognito et suit une orbite parcourue en 376 ans, elle continue de
s'éloigner, arrivera l'an 2031 à l'extrémité de son cours, à 104 fois la
distance où nous sommes du Soleil, c'est-à-dire plus de trois fois au
delà de la distance de Neptune, et reprendra son voyage de retour

pour se précipiter de nouveau dans le Soleil vers l'an 2219, pour s'y consumer peut-être tout à fait cette fois-ci. Trois mois et demi après son passage au périhélie, au mois de juin 1843, année de *minimum* de taches solaires (*voy.* p. 349), on remarqua à l'œil nu sur le Soleil l'une des taches les plus grandes et les plus surprenantes qu'on ait jamais vues : son diamètre était de 119 000 kilomètres, de sorte que sa surface surpassait de beaucoup celle de la Terre ; elle est restée visible à l'œil nu pendant une semaine entière. Selon toute probabilité, cette tache

Fig. 270. — La grande comète de 1843.

n'appartenait pas au cycle régulier des taches solaires, et elle a pu être produite par la chute dans le Soleil d'une énorme météorite faisant partie d'une traînée d'étoiles filantes suivant l'orbite de la comète de 1843, et qui, étant passée seulement un peu plus près du foyer que la tête de la comète, aura été happée au passage.

On voit quel intérêt inattendu présente l'étude de ces astres qui jadis étaient la terreur de l'humanité et qui, aux yeux de plusieurs astronomes modernes, sont tout à coup tombés au-dessous de zéro, celui-ci les appelant des « riens visibles », cet autre des « nihilités chevelues ». Ils sont peut-être destinés à nous révéler bien des mystères au sujet de l'origine et de la fin des choses.

Deux autres comètes de la liste précédente sont encore particulièrement intéressantes, celles de 1811 et de 1858. Si la première pouvait
raconter son histoire, elle nous rappellerait qu'à sa dernière apparition
l'Europe était couverte de soldats de diverses couleurs, de bayonnettes,
de canons et de tentes, un habile stratégiste étant alors occupé à l'exter-
mination consciencieuse de cinq millions d'hommes ; — qu'à son avant-
dernier passage, en l'an 1254 avant Jésus-Christ, le monde civilisé
d'alors était en armes, en feu, en batailles, pour la fameuse guerre de
Troie, sous prétexte de l'enlèvement d'une jeune dame ; — qu'à son
anté-pénultième voyage, en l'an 4320 avant la même naissance, elle
avait vu l'Égypte hérissée d'hommes armés de couteaux, de javelots,
de lances et d'épées, s'entr'écorchant dans les défilés tandis que des
armées d'esclaves dirigés à coups de fouet élevaient les pyramides ; —
que précédemment, vers l'an 7400, l'Asie lui était apparue couverte de
hordes farouches s'entrebâtonnant et s'entrefrondant avec rage pour
la conquête de la Chine sous la conduite de princes montés sur des éléphants ; — que, précédemment encore, vers l'an 10450, elle avait vu
des compagnies d'hommes sauvages tenant à la main des frondes, des
haches de pierre, des lances à pointes de pierre, des marteaux de pierre,
s'entr'assommant au sein des forêts pour la possession d'un chevreuil ;
— que, quelques années cométaires auparavant, il y a vingt ou trente
mille ans terrestres, les grands singes qu'elle avait observés jusqu'alors
à la tête de l'animalité terrestre paraissaient légèrement transformés,
un peu plus verticaux, un peu plus grands, un peu moins velus et un
plus sociables, mais encore méchants et barbares ;... et ainsi, remontant de plus en plus la chaîne des temps, la comète de 1811 pourrait
raconter une histoire de notre planète pleine de gloire pour ceux
qui aiment les batailles ([1]). Cette grande comète, dans laquelle les
Russes voyaient avec terreur en 1812 le présage de la terrible guerre
qui devait faire fondre tant de désastres sur la France, ne mesurait
pas moins de 450 000 lieues de diamètre à la tête. Le noyau, plus lumineux, entouré de cette colossale nébulosité, mesurait 1089 lieues.
La queue s'étendait sur une longueur de 44 millions de lieues. On en
a vu plus haut (*fig.* 262) l'aspect si remarquable.

Ajoutons encore que l'une des plus belles comètes de notre siècle a
été la grande comète de 1858, découverte le 2 juin de cette même année
à Florence par mon ami regretté Donati, et visible à l'œil nu en septembre et octobre. Sa queue atteignit une longueur angulaire de 64°,

([1]) Un jour, l'auteur a essayé d'en être l'interprète. Voyez les *Récits de l'Infini :*
Histoire d'une Comète.

qui équivaut à 22 millions de lieues. On a vu des comètes dépasser
90° de longueur (celles de 1680, 1769, 1264, 1618 et 1861), de sorte
qu'elles auraient pu être sous l'horizon, l'extrémité de leur traînée
phosphorescente étant encore au zénith. Son
noyau atteignit 900 kilomètres de diamètre et
offrit des variations rapides de grandeur. Sa période paraît être de 1950 ans. On a reproduit
(*fig.* 272) un dessin que j'en ai fait le 5 octobre 1858,
du haut de la terrasse de l'Observatoire de Paris,
le jour où la comète passa près de la brillante
étoile Arcturus du Bouvier.

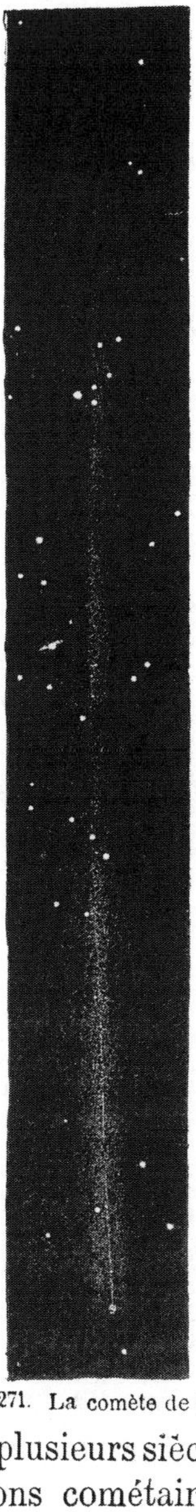

La comète de 1861, apparue subitement aux
yeux de l'Europe entière le dimanche 30 juin, au-
dessus de la place où le soleil venait de se coucher, peut être regardée comme la rivale de la
précédente. Sa queue atteignit 118°! Elle était
alors assez éloignée de la Terre, et sa longueur
réelle n'était que de 17 millions de lieues. Sa tête
changea étonnamment d'aspect, comme nous le
verrons au chapitre suivant, et son étude a permis
de pénétrer un peu plus loin dans l'examen physique de ces astres étranges. Sa révolution paraît
être de 422 ans.

Cette exposition générale des comètes, de leurs
principaux caractères et de leurs mouvements
dans l'espace sera plus complète si nous ajoutons
que les comètes à courte période dont le retour a
eté observé, et les comètes à longue période qui
décrivent également des orbites fermées autour
du Soleil placé à l'un des foyers de leurs
immenses ellipses, ne constituent que la partie
la plus intéressante sans doute, mais numériquement la plus faible, des comètes observées.

Fig. 271. La comète de 1861.

En effet, depuis que l'astronomie a des annales,
depuis les astronomes chinois, chaldéens et grecs, qui, plusieurs siècles
avant notre ère, tenaient déjà registre des apparitions cométaires,
jusqu'à l'heure où nous écrivons ces lignes (octobre 1879), on a vu, soit
à l'œil nu, soit dans les instruments astronomiques depuis leur invention
(1609), 806 comètes, dont le tableau suivant présente la liste curieuse.

STATISTIQUE DES COMÈTES APPARUES

	Comètes observées.	Comètes reconnues identiques ou réapparitions.	Comètes différentes.	Comètes calculées.
Avant l'ère vulgaire.	68	1	67	4
Iᵉʳ siècle	21	1	20	1
IIᵉ —	24	1	23	2
IIIᵉ —	40	2	38	3
IVᵉ —	25	1	24	0
Vᵉ —	18	1	17	1
VIᵉ —	25	1	24	4
VIIᵉ —	31	2	29	0
VIIIᵉ --	15	1	14	2
IXᵉ —	35	1	34	1
Xᵉ —	24	3	21	2
XIᵉ —	31	2	29	3
XIIᵉ —	26	1	25	0
XIIIᵉ —	27	3	24	3
XIVᵉ —	31	3	28	8
XVᵉ —	35	1	34	6
XVIᵉ —	31	5	26	13
XVIIᵉ —	25	5	20	20
XVIIIᵉ —	69	8	61	64
XIXᵉ —	205	47	158	205
Totaux . . .	806	90	716	342

Si nous retranchons du nombre total de 806 comètes observées celles qui ont effectué plusieurs fois leur retour, on arrive au nombre de 716 comètes distinctes. Mais il ne faut pas oublier, pour interpréter ce nombre, que jusqu'au xviᵉ siècle toutes les comètes furent observées à l'œil nu, tandis que depuis l'invention des télescopes un grand nombre ont été trouvées à l'aide de cet instrument. Le tableau qui précède ne donne jusqu'en l'an 1600 que les plus brillantes comètes, or, l'on constate que les comètes télescopiques, ou trop faibles ou trop éloignées de la Terre pour être visibles à l'œil nu, sont de beaucoup plus nombreuses : ainsi par exemple, dans notre siècle, sur 205 comètes observées, 19 seulement ont été visibles à l'œil nu, tandis que 186 ont été découvertes au télescope (¹).

Cette statistique générale nous amène à la question si souvent posée : *Combien y a-t-il de Comètes dans le ciel?*

« Autant que de poissons dans l'Océan », répondait Képler.

Cette réponse n'avait rien d'exagéré.

(¹) Malgré l'extrême condensation de ces pages, l'abondance des matières qui nous déborde de plus en plus à mesure que nous avançons, nous oblige à réserver pour un *Supplément* les documents techniques dont la connaissance n'est pas indispensable pour « l'astronomie populaire » proprement dite. Les lecteurs qui désireront pénétrer plus avant dans la science trouveront là, entre autres, le *Catalogue complet de toutes les comètes observées et calculées jusqu'en 1880.* C'est ce catalogue que l'on consulte, lorsqu'une comète apparaît dans le ciel, pour savoir si l'on assiste au retour d'une comète déjà vue, ou si l'on a sous les yeux une nouvelle visiteuse.

Fig. 272. — La comète de 1858, vue du haut de la terrasse de l'Observatoire de Paris, le 5 octobre 1858.

En effet, nous venons de voir que déjà plus de sept cents comètes différentes ont été observées. Mais ce nombre ne comprend, jusqu'au dix-septième siècle, que celles qui ont été visibles à l'œil nu, et il est probable, comme nous venons de le voir, que si l'on avait depuis vingt siècles cherché les comètes au télescope, on en aurait vu plus de six mille. Ajoutons maintenant que les longs jours d'été empêchent d'en

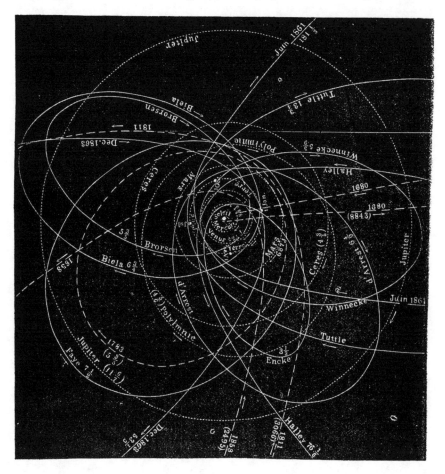

Fig 273. — Orbites de quelques comètes.

découvrir environ un septième, qu'il faut d'abord ajouter au nombre précédent pour le rendre normal, ce qui l'élève à 7300. Maintenant, il s'en faut de beaucoup que l'on voie toutes les comètes télescopiques qui passent en vue de la Terre : toutes les régions du ciel ne sont pas constamment examinées par les astronomes, et plus de la moitié des comètes doivent passer inaperçues, sans compter les nuits de ciel couvert, qui interdisent toute recherche. Nous serons donc certainement au-dessous de la réalité en admettant que quinze mille comètes sont passées en vue de notre planète depuis deux mille ans. Mais ce n'est pas tout encore. Notre calcul ne s'applique qu'aux comètes qui s'approchent assez de la Terre pour pouvoir être visibles. Si elles sont uniformément distribuées dans les espaces interplanétaires, le nombre doit s'accroître, d'orbite en orbite planétaire, comme le cube des distances, et, comme il y a 43 périhélies en dedans de l'orbite de Mercure, on trouve que du Soleil à Neptune il doit exister plus de *vingt millions* d'orbites cométaires. Il est probable, toutefois, qu'il y a plus de périhélies dans les régions voisines du Soleil, enfermées par les orbites de Mercure, Vénus, la Terre et Mars, que dans les régions extérieures de moindre attraction, et que la progression doit être inférieure au cube. Mais, d'autre part, il n'est pas douteux que celles qui s'approchent assez du Soleil pour être visibles d'ici ne forment qu'une très petite fraction du nombre total de celles qui gravitent autour du Soleil; il y en a dans tous les sens et dans toutes les directions; et, d'autre part encore, l'orbite de Neptune ne limite pas la sphère d'attraction solaire : des comètes peuvent graviter vers le Soleil, non pas seulement à 30 fois la distance de la Terre, mais à 100 fois, à 1000 fois, à 10000 fois, à 100 000 fois cette distance; les comètes volent d'un Soleil à l'autre, dans toutes les directions de l'infini : elles gravitent aussi autour d'autres foyers stellaires, et peut-être est-ce leur chute dans certaines étoiles qui a produit les conflagrations effroyables que nous avons observées d'ici dans les étoiles subitement enflammées en 1572, 1604, 1670, 1848, 1866, 1876, pour ne citer que les mieux observées. Ainsi donc, en définitive, ce n'est pas seulement par millions, ni même par centaines de millions, que nous devons évaluer le nombre réel des comètes, mais par *milliards*. Si déjà nous sommes stupéfaits de l'entrelacement prodigieux indiqué par le dessin précédent, où il n'y a cependant encore que les orbites de treize comètes et de sept planètes de tracées, que serait-ce si nous essayions de nous représenter l'entrelacement réel des milliers d'orbites cométaires qui sillonnent les régions où nous voguons nous-mêmes dans l'espace?... Ces astres mystérieux sont les courriers du ciel. Que nous apprennent-ils ?

CHAPITRE III

Constitution physique et chimique des Comètes.
Mode de communication entre les mondes. Rencontres possibles
avec la Terre.

Qu'est-ce qu'une comète?

C'est une masse nébuleuse extrêmement légère, dont le noyau peut être solide ou formé d'aérolithes solides, portés jusqu'à l'incandescence au périhélie, mais dont l'étendue principale est formée de gaz dans la composition chimique desquels dominent les vapeurs du carbone.

Isolées dans les profondeurs de l'espace, ces masses prennent naturellement la forme sphérique, sont dépourvues de queues, d'aigrettes et de chevelure irrégulière. Lorsqu'elles arrivent dans les régions ensoleillées, elles sont plus sensibles que les massives planètes à l'action calorifique, lumineuse, électrique, magnétique du Soleil. La comète se dilate, ses vapeurs se développent et s'échappent en jets vers l'astre radieux; puis on les voit repoussées de chaque côté de la tête et commencer la traînée caudale. Souvent des aigrettes hérissent la tête, et parfois il se forme un voile multiple formé d'une série d'enveloppes successives. Ces gaz sont ensuite refoulés en arrière, tandis que la comète avance rapidement dans son cours. C'est l'électricité qui paraît jouer le principal rôle dans ces effets. La comète cesse dès lors d'être sphérique et devient ovale, allongée dans la direction du Soleil.

Le Soleil agit sur la comète: 1° par son attraction, produisant une double marée atmosphérique analogue à celle de la Terre mais d'autant plus intense que l'atmosphère cométaire est plus vaste et que la comète s'approche davantage; 2° par sa chaleur, chauffant le noyau, dilatant les gaz, produisant des vapeurs nouvelles, opérant des transformations physiques et chimiques; 3° par l'électricité et le magnétisme, des courants contraires, des attractions et des répulsions en étant la conséquence inévitable; 4° par une force répulsive dont la nature nous est encore inconnue.

Une idée généralement répandue dans le public laisse croire que les queues des comètes *les suivent* dans leur cours, comme une traînée de matière phosphorescente. C'est là une opinion tout à fait inexacte. Ces appendices sont toujours opposés au Soleil, comme s'ils étaient l'ombre lumineuse de la comète, offrant assez souvent une légère inclinaison dans le sens opposé au mouvement. Traçons la courbe d'une orbite cométaire quelconque (*fig.* 274) et nous verrons que si la queue paraît suivre la comète avant son périhélie, elle la précède au contraire après cette époque. Cette traînée s'allonge dans le *plan de l'orbite* de la comète, ne descend pas au-dessous et ne s'élève pas au-dessus ; elle est plate, et non cylindrique, comme le croyait encore Arago. Sa longueur apparente, sa largeur, sa forme même dépendent

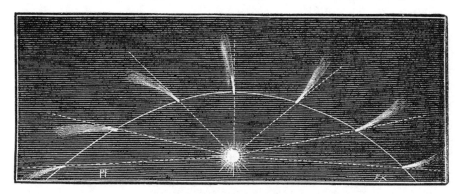

Fig. 274. — Les queues cométaires sont toujours opposées au Soleil.

de la perspective sous laquelle nous la voyons. Traçons la trajectoire apparente parcourue par la grande comète de 1858, avec les positions du soleil correspondant à chaque jour, nous obtenons la *fig.* 275, qui montre bien comment la queue d'une comète se transporte dans l'espace.

Parmi les plus grandes comètes qui aient paru au yeux des habitants de la Terre, celle de 1843 avait une queue absolument droite et précisément opposée au Soleil ; nous avons vu que c'est celle qui s'est le plus approchée de l'astre radieux, que cette queue mesurait 80 millions de lieues de longueur, et qu'il est impossible d'admettre sa matérialité en raison de la vitesse fabuleuse dont elle aurait dû être animée. Le même raisonnement s'applique à celle de 1680 et à toutes les grandes comètes à leur passage au périhélie. Nous sommes donc conduits à penser que les queues des grandes comètes ne sont pas matérielles. C'est en quelque sorte une ombre lumineuse de la comète, voyageant et se courbant légèrement : elle est comparable à un nuage qui se formerait et s'évaporerait sans cesse dans la trace de cette ombre. C'est un rayon, électrique ou autre. On ne peut pas dire précisément qu'il illumine l'espace, car l'espace est constamment éclairé par le Soleil et n'est pas visible pour cela. Il faut donc que la comète produise ici un effet tout spécial sur l'éther, un *mouvement éthéré*. L'éther existe, puisque les ondulations de la lumière ne se transmettraient pas sans lui; nous sommes donc forcés d'admettre que l'espace est rempli d'un fluide d'une ténuité extrême ; mais,

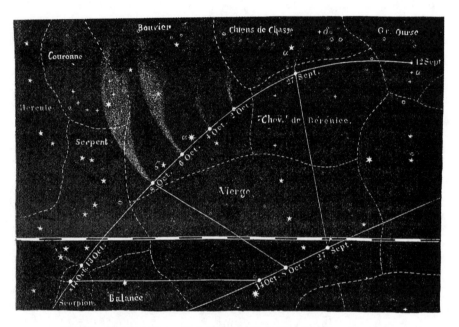

Fig. 275. — Marche de la comète de 1858 (Donati), du 12 septembre au 14 octobre

quelle que soit sa ténuité, ce fluide n'en est pas moins *réel*. Eh bien! pour expliquer les immenses queues de comètes qui se montrent toujours à l'opposé du Soleil, et pour éviter les translations impossibles qui nous ont frappés à propos des grandes comètes de 1680 et 1843, il faut et il suffit que la comète agisse sur l'éther à la façon d'une lentille, non pas précisément en réfractant les rayons lumineux, mais plutôt en produisant une ondulation électrique encore plus légère que celle des aurores boréales qui se forment aux limites mêmes de notre atmosphère. Ce n'est pas de la matière qui voyage dans une dépêche télégraphique lancée de Paris à New-York : c'est du *mouvement*. Une ondulation voyage à travers une pièce d'eau, sans que l'eau voyage pour cela. Ces immenses queues, ne pouvant pas être substantielles, ne peuvent pas voyager elles-mêmes, mais nous représentent un état particulier et momentané de l'éther mis en mouvement par l'interposition de la comète devant le Soleil. On a vu la lumière des queues cométaires, notamment en 1843, 1860, 1874, onduler comme celle de l'aurore boréale. Nous ne connaissons pas la substance de l'éther : pourquoi ne serait-elle pas lumineuse, étant électrisée ou traversée d'un mouvement rapide d'un certain ordre? Mystère, sans doute; mais il vaut mieux l'avouer que de croire la théorie faite. L'objection des immenses queues du périhélie est capitale (').

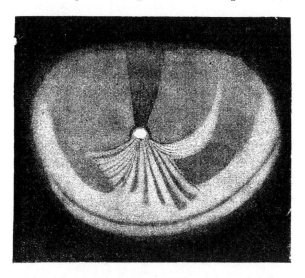

Fig. 276. — Transformations observées dans la tête de la comète de 1861.

On aura une idée de la puissance transformatrice exercée par le Soleil sur les comètes en examinant nos *fig.* 276 et 277, qui représentent les jets lumineux élancés de la tête de la comète de 1861 et

(') Après avoir étudié avec la plus sérieuse attention les théories émises successivement par Képler, Newton, Laplace, Olbers, Bessel, Liais, Secchi, ainsi que les récents et beaux travaux de MM. Faye, Roche et Brédichin, comme chacune de ces explications admet la matérialité des queues, il me paraît impossible d'accepter ni l'une ni l'autre. Cardan a proposé, dès le XVIᵉ siècle, d'expliquer ces queues par la réfraction de la lumière solaire passant à travers le globe de la comète; mais évidemment cela ne suffit pas, la comète n'est pas une lentille et l'espace n'est pas éclairable par la lumière solaire seule. Gergonne et Saigey ont reproduit cette hypothèse en supposant que c'est l'atmosphère de la comète qui est ainsi éclairée par réfraction; mais il faudrait pour cela admettre que ces comètes emportent avec elles des atmosphères mesurant 60, 80, 100 millions de lieues de diamètre! Récemment, Tyndall a voulu expliquer le même phénomène en disant qu'une comète est formée d'une vapeur décomposable par la lumière du Soleil et que la tête et la queue sont un nuage chimique résultant de cette décomposition; l'objection de l'énormité des atmosphères

observés à Rome par Secchi, à vingt-quatre heures seulement d'intervalle, le 30 juin et le 1ᵉʳ juillet. Arrivés à une certaine hauteur, ces jets formaient un halo ou un arc brillant, se prolongeant en arrière jusque dans la queue.

En général, lorsqu'une comete apparaît d'abord au fond de l'espace se dirigeant vers le Soleil, elle ressemble à une faible nébuleuse ronde ou ovale. En approchant de l'ardent foyer, elle paraît grossir, et développe une partie intérieure plus brillante, qu'on appelle le *noyau*. Ce noyau est entouré d'une atmosphère vaporeuse ordinairement allongée,

Fig. 277. — Transformations observées dans la tête de la comète de 1861.

et dissymétrique, dont le côté le plus étroit est tourné vers le Soleil. Telle est la forme définitive des petites comètes ; mais, en s'approchant du périhélie, les plus grandes donnent naissance à des jets lumineux qui semblent s'élancer du noyau vers le Soleil, se recourbent ensuite pour commencer en arrière la *queue* de la comète. Le maximum d'éclat se présente quelques jours après le périhélie ; à partir de ce

cométaires existant dans cette hypothèse empêche de l'adopter comme la précédente. Comment admettre qu'une comète puisse être une masse vaporeuse mesurant 100, 50, 30, 20, ou même seulement 10 millions de lieues de diamètre ? Comment accepter d'autre part que l'extrémité d'une traînée vaporeuse coure dans l'espace avec une vitesse de soixante mille kilomètres par seconde et plus encore ? A l'impossible nul n'est tenu. L'astronome n'a pas la ressource du musulman fataliste qui croit simplement que « Dieu l'a voulu ainsi », ni celle du dévot encore plus humble qui va jusqu'à dire *credo quia absurdum*. L'étude de l'univers doit, avant tout, être rationnelle.

moment, l'astre devient moins lumineux, les jets disparaissent, la queue se dissipe, et la comète reprend de nouveau l'aspect d'une simple nébulosité qu'elle présentait au commencement de son apparition. Telle est l'histoire de toutes les comètes.

Le Soleil agit donc sur ces astres lorsqu'ils s'approchent de lui, produit en eux des transformations physiques et chimiques capitales, et exerce sur leur atmosphère développée une force répulsive dont la nature nous est encore inconnue, dont les effets coïncident avec la formation et le développement des queues. Les queues sont ainsi dans le prolongement de l'atmosphère cométaire, refoulée, soit par la chaleur solaire, soit par la lumière, soit par l'électricité, soit par autre chose, et ce prolongement est plutôt un mouvement dans l'éther qu'un transport réel de matière, du moins dans les grandes comètes qui s'approchent très près du Soleil et dans leurs immenses appendices lumineux. Les effets produits et observés ne sont pas les mêmes dans toutes les comètes, ce qui prouve qu'elles diffèrent les unes des autres sous plusieurs rapports. On a vu parfois les queues diminuer avant même le passage au périhélie, comme en 1835; on a vu aussi des enveloppes lumineuses se succéder autour de la tête, se refouler à l'op-

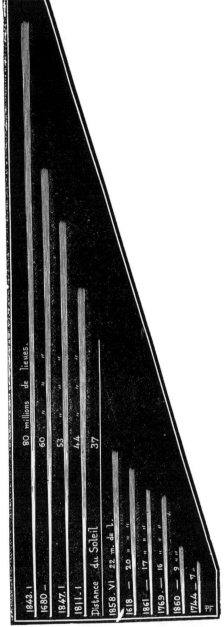

Fig. 278.—Longueur comparée des queues cométaires.

posé du Soleil, et laisser la ligne médiane de la queue plus obscure que les deux côtés; c'est ce qui est arrivé dans la comète Donati et dans celle de 1861. On a vu quelquefois une queue secondaire projetée du **côté** du Soleil, comme en 1824, 1850 et 1851; on a vu aussi des comè**tes** présentant trois, quatre, cinq et *six queues*, comme celle de 1744, **par** exemple, qui apparut semblable à une splendide aurore boréale s'éle-vant majestueusement dans le ciel, jusqu'au moment où, l'éventail céleste étant levé de toute sa hauteur, on reconnut que les six jets de lumière partaient tous d'un même point, qui n'était autre que le noyau d'une comète. D'autre part, les noyaux eux-mêmes ont offert **de** grandes variétés : les uns paraissent simplement nébuleux et laiss**ent** percer au travers de leur lumière les plus faibles étoiles, les aut**res** paraissent formés d'une ou plusieurs masses solides environn**ées** d'une énorme atmosphère. Nous pouvons donc penser que les ast**res** errants réunis sous le nom de comètes sont de plusieurs origines et **de** *plusieurs espèces* différentes.

Voici les longueurs réelles des plus longues queues cométaires mesurées : les trois premières sont bien remarquables par cette éten-due et par leur rapprochement du foyer solaire à leur périhélie.

Comètes.	Longueur de la queue.	Distance au périhélie.
1843, I	80 000 000 lieues	0,0055
1680	60 000 000 —	0,0062
1847, I	53 000 000 —	0,0426
1811, I	44 000 000 —	1,0355
1858, VI	22 000 000 —	0,578
1618	20 000 000 —	0,389
1861	17 000 000 —	0,822
1769	16 000 000 —	0,123
1860	9 000 000 —	0,292
1744	7 000 000 —	0,222

On peut se demander quelle prodigieuse longueur aurait atteint la comète de 1811, si, au lieu de s'arrêter à la distance de la Terre au Soleil, elle s'était approchée de l'astre radieux comme ses sœurs de 1843 et 1680.

Quel peut être le poids réel de ces astres étranges?

Nous pouvons d'abord remarquer qu'en général ces nébulosités sont très légères. En effet, lorsqu'elles passent dans le voisinage des pla-nètes, elles n'apportent aucune perturbation aux mouvements de ces planètes ni même à ceux des satellites; ainsi, la comète de Lexell est passée près de Jupiter en 1769 et 1779, non pas à travers son système, comme on l'a cru pendant quelque temps, mais à environ 150000 lieues, et en 1770 elle est passée à 610 000 lieues de la Terre : ni aucun des satellites de Jupiter, ni la Lune, n'en ont été en aucune façon dérangés. D'un autre côté, la comète de 1861 est passée à 110 000 lieues de nous,

le 30 juin, et il est à peu près certain, d'après les calculs les plus sûrs
et les observations de M. Liais, que la Terre et la Lune ont traversé
sa queue à 6 heures du matin. En fait, ni la Terre ni la Lune ne s'en
sont aperçues : on n'a vu qu'une légère aurore boréale, comme si la
queue eût été d'ailleurs tout simplement une aurore elle-même : la
rencontre n'a été vraiment connue et calculée qu'après le passage.
Si l'on juge maintenant de la densité des comètes par leur transparence, sans parler des queues, qui sont *absolument transparentes*,
on a vu en 1774, 1795, 1796, 1819, 1824, 1825, 1828, 1835, 1847,
des étoiles de 5ᵉ, 6ᵉ, 8ᵉ et 10ᵉ grandeur occultées par des *têtes* de co-

Fig. 279. — Passage de la Terre dans la queue de la comète de 1861.

mètes sans être affaiblies ni réfractées; en 1828, l'épaisseur de la
nébulosité traversée n'avait pas moins de 500 000 kilomètres d'épaisseur, et l'étoile n'était que de 10ᵉ grandeur. Malheureusement on n'a
pas encore observé précisément un *noyau* passant juste devant une
étoile, quoique plusieurs soient passés tout près : 20 minutes de plus
au nord, et celui de la belle comète de 1858 occultait Arcturus et ré-
solvait une partie du problème. Une troisième méthode, qui ne se
base ni sur les perturbations planétaires ni sur la transparence des
comètes, mais sur les transformations des atmosphères cométaires, a
donné à M. Roche pour la masse de la comète de Donati un vingt-
millième de celle de la Terre, et pour la masse de la comète d'Encke
un millième seulement. Ce résultat paraît exagéré.
Si une comète venait à passer juste devant le Soleil, l'observation
de ce fait serait du plus haut intérêt pour l'analyse de la constitution
physique du noyau. On a attribué à un événement analogue plusieurs
offuscations de l'astre du jour signalées dans l'histoire ou dans la lé-

gende, notamment la prétendue éclipse de soleil arrivée le jour de la mort de Jésus (à l'époque de la pleine lune) et qui est restée inconnue des historiens étrangers à l'histoire du christianisme. Quoique évidemment fort rare, le passage d'une comète juste devant le Soleil *est arrivé* le 26 juin 1819 et le 18 novembre 1826, et, grâce au plus heureux des hasards, le premier a été vu, examiné et dessiné (par Pastorff, observateur assidu du Soleil à cette époque). Nous reproduisons ici le dessin qu'il en a fait. Remarque assez curieuse, le noyau de la comète, au lieu de se projeter en noir sur le soleil et de paraître plus foncé que l'atmosphère cométaire qui l'environnait, a paru *lumineux*

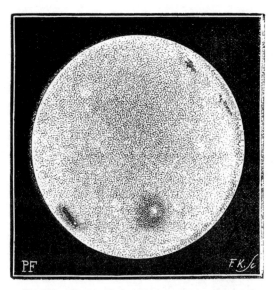

Fig. 280. — La comète de 1819 passant devant le Soleil.

et comme en ébullition : il était donc incandescent et aussi brillant que le soleil lui-même. On attendait un passage analogue le 18 novembre 1826, mais le mauvais temps a causé ce jour-là un désappointement universel à tous les astronomes ; un brouillard très dense régna dans l'Europe entière pendant toute cette journée ; Gambart, à Marseille, et Flaugergue, à Viviers, parvinrent néanmoins à observer le Soleil dans une éclaircie, mais il était pâle et ils n'aperçurent aucune forme insolite.

Les têtes de comètes sont donc certainement constituées de matériaux extrêmement légers, dont la densité varie d'ailleurs d'une comète à une autre et même dans la même comète à quelques jours d'intervalle : ainsi, par exemple, tandis que, le 7 novembre 1828, Struve apercevait une étoile de 11ᵉ grandeur à travers la comète d'Encke, vingt et un jours plus tard, Wartman vit au contraire une étoile de 8ᵉ grandeur disparaître derrière la même comète condensée alors huit fois plus qu'à la première date. Plusieurs comètes paraissent entièrement nébuleuses ; d'autres semblent formées d'un noyau solide ou liquide environné d'une nébuleuse ; quelques-unes ont offert des granulations lumineuses indiquant la présence de plusieurs noyaux.

Depuis les expériences de polarisation commencées par Arago sur
la comète de 1819, nous savons que les comètes brillent en partie de
la lumière solaire réfléchie par elles, comme le font les planètes. Mais
les noyaux, qui parfois sont si lumineux, ajoutent-ils à cette réflexion
une lumière qui leur soit propre? C'est probable, du moins pour
quelques-unes (exemple celle de 1819); toutefois, l'analyse spectrale
n'a pas encore entièrement résolu ce problème, attendu que la première comète examinée au spectroscope est celle de 1864, et que depuis
cette époque il n'y a pas eu une seule comète de premier ordre. Dans
plusieurs, le noyau a paru briller d'une lumière propre, être incandescent; mais le fait n'est pas encore certain.

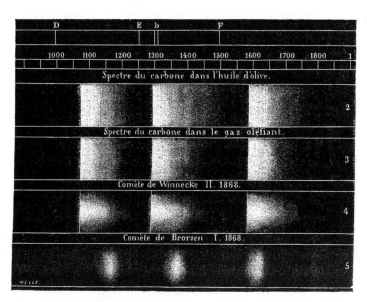

Fig. 281. — L'analyse spectrale des comètes.

En général, le spectre des comètes offre trois bandes brillantes,
qui ne coïncident avec aucune des raies principales du spectre solaire
(la seconde de ces bandes occupe la position de la petite ligne b, double). Cette seconde bande est aussi la plus lumineuse; elle est verte, la
première à gauche est jaune, et la troisième se trouve dans le bleu.
En 1868, le P. Secchi a représenté dans le dessin que nous reproduisons ici (fig. 281) les spectres des deux comètes périodiques de Winnecke et Brorsen, observées cette année-là : la première offre une ressemblance, ou, pour mieux dire, une identité fort curieuse avec le
spectre du carbone observé dans la lumière d'une lampe. La coïncidence des lignes est vraiment frappante. L'analyse de Huggins l'a

conduit exactement au même résultat. On a inscrit en haut la partie
du spectre solaire qui correspond à ce spectre, et l'échelle de longueur
des lignes : on voit que ces trois zones commencent vers les lignes
1070, 1295 et 1590. Cette comète serait-elle donc *du charbon volati-*
lisé? Est-ce du carbone combiné soit avec l'oxygène, soit avec l'hydrogène? Comment de telles combinaisons peuvent-elles se trouver à
l'état de vapeur dans les comètes? — Nouveau mystère.

Il ne faut pas nous hâter de conclure, comme plusieurs l'ont fait, que
« toutes les comètes sont en carbone », soit hydrogène carboné, soit

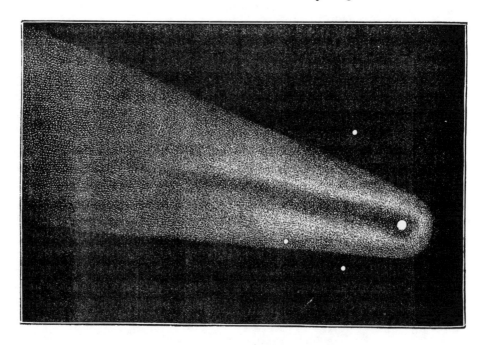

Fig. 282. — La comète 1874, III, (Coggia) le 6 juillet 1874.

oxyde de carbone, soit acide carbonique ; car les spectres de ces différents astres, quoique offrant l'analogie de trois bandes semblablement
placées, ne sont pas pour cela absolument identiques, et d'ailleurs les
conditions de la matière diffuse dans le vide interplanétaire, de celle
de nos laboratoires terrestres, et de celle de la fournaise solaire, sont
si différentes, que des aspects analogues pourraient fort bien être produits par des substances toutes différentes[1]. On a également trouvé
dans le spectre de certaines comètes une ressemblance assez grande
avec celui des gaz qui sont développés par la chaleur dans les aéroli-

[1] *Voy.* mes *Études sur l'Astronomie,* tome VII.

thes, avec celui des étoiles filantes, avec celui des aurores boréales, et avec celui de l'étincelle électrique. Déjà sur la *fig.* 281 nous avons pu remarquer que les trois bandes de la comète de Brorsen ressemblent beaucoup moins au spectre du carbone que celles de la comète précédente.

En 1874, une comète qui paraissait devoir rivaliser en éclat avec celles de 1858 et 1861, celle découverte par M. Coggia à Marseille le 17 avril de cette même année, a fait l'objet d'un grand nombre d'observations. Je pourrais reproduire entre autres ici le dessin que j'en ai fait au télescope le 11 juin (publié dans la *Nature*) et qui montrait un petit noyau brillant entouré d'une nébulosité vaporeuse. La lumière

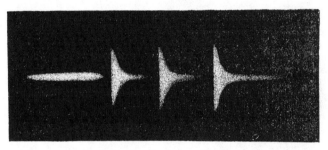

Fig. 283. — Spectre de la comète Coggia.

générale ressemblait à celle d'un rayon de soleil qui pénètre dans une pièce obscure et éclaire les poussières dans l'air. Elle diminuait d'intensité à mesure qu'elle s'éloignait du noyau, mais s'étendait assez loin pour annoncer la présence de la comète lors même que la tête de celle-ci n'était pas dans le champ du télescope. Le *ton* de la lumière était un blanc pâle verdâtre qui contrastait singulièrement avec le ton chaud et plus jaune des étoiles voisines. Au mois de juillet, la comète devint visible à l'œil nu, comme chacun s'en souvient, et prit d'assez belles proportions. Le meilleur dessin qui en ait été fait est celui qui est reproduit *fig.* 282 et qui est dû à M. Newall, amateur anglais, qui possède actuellement chez lui, à Newcastle, la plus puissante lunette de l'Europe : l'objectif a 63 centimètres de diamètre et la longueur focale est de dix mètres. Elle a coûté un quart de million.

Un grand nombre d'observateurs, notamment M. Rayet, à Paris, ont étudié le spectre de cette comète : les trois bandes brillantes étaient presque réunies par une traînée horizontale continue (*fig.* 283). Une portion considérable de la lumière de cette comète dérivait du soleil par voie de réflexion. Dans la queue, il n'y

avait pas de matière solide incandescente en quantité sensible.
Les trois bandes coïncidaient à *peu près* avec celles du carbone. La
comète 1873, IV (Henry), a présenté, au moment de son plus grand
éclat, l'aspect et le spectre dessinés ci-dessous : la seconde bande était
plus longue que les deux autres; elles occupaient les positions des
raies du carbone et étaient réunies par un très léger spectre continu.
Ajoutons encore que la comète d'Encke, analysée dans ses apparitions

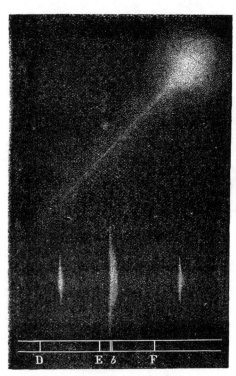

Fig. 284. La Comète 1873, IV (Henry)
et son spectre.

de 1871 et 1875, a montré dans
son spectre trois bandes qui
coïncident à *peu près* avec
celles de l'hydrogène carboné.
On croit aussi avoir reconnu
dans plusieurs la raie brillante
de l'azote.

Tel est l'état actuel de nos
connaissances sur la constitution physique et chimique des
comètes. Il importe de dire
tout ce que l'on sait, mais rien
de plus. L'analyse de ces astres singuliers est loin d'être
terminée. Sont-ils vraiment
composés de carbone? Chacun
sait aujourd'hui que le diamant
est du carbone pur et qu'il n'y
a rien de si facile que de réduire
l'une de ces pierres précieuses
en charbon. Aux yeux du chimiste, le brillant le plus étincelant, le Régent ou le Grand

Mogol, sont simplement de petits morceaux de charbon admirablement réussis. Les comètes seraient-elles donc les diamants du ciel?
Après avoir épouvanté les populations planétaires par leur aspect
toujours étrange et souvent sinistre, vont-elles se faire admirer
comme les pierres précieuses de l'écrin céleste? Leur importance
serait bien supérieure encore si elles portaient en elles les premières
combinaisons du carbone, car il est probable que c'est par ces combinaisons que la vie végétale et animale a commencé sur la Terre et
sur les autres planètes, et ainsi ces astres vagabonds pourraient être
les semeurs de la vie sur tous les mondes ! Mieux encore : d'où vient

Fig. 286. — La lunette colossale de M. Newall.

la première semence, le premier germe de la vie terrestre? Ou bien c'est une génération spontanée, ou bien il est descendu du ciel. Dans le premier cas, qui est le plus probable, chaque monde porte en soi, dès son ardente genèse, les principes mêmes de son développement futur et de l'arbre de la vie qui doit croître à sa surface et le couvrir de ses rameaux fertiles; dans le second cas, les météorites qui suivent les traînées cométaires peuvent provenir de mondes lointains dont ils transportent à travers l'espace les débris, parmi lesquels des germes latents peuvent résister, prêts à tomber sur une terre préparée et à éclore en des conditions nouvelles d'existence.

D'ailleurs, comme nous le disions tout à l'heure, les comètes peuvent être des corps très différents d'origine. Les unes seraient de petites nébuleuses attirées au passage par l'attraction du Soleil dans son cours intersidéral vers la constellation d'Hercule; les autres, des amas cosmiques voyageant à travers l'espace et arrivant dans la sphère d'attraction solaire; d'autres peuvent être les résultats d'explosions lancées d'une étoile; d'autres encore, être lancées par notre foyer solaire lui-même; d'autres aussi peuvent être des débris de mondes détruits, tombant dans la nuit éternelle jusqu'à ce qu'une attraction nouvelle les saisisse au passage et les rejette dans les creusets de la vie. Tout invite à penser qu'il existe, çà et là, disséminées sur les plages planétaires, flottantes sur les vagues éthérées, quelques comètes disloquées, restes des naufrages qu'ont pu subir tant de millions de mondes : ce sont les épaves de ces navires, impuissants la plupart à accomplir leur traversée sans avarie. Toutefois, de tels fragments plus ou moins désagrégés n'errent point au hasard dans l'espace ; ils se meuvent dans des orbites dont la forme dépend des modifications que les actions perturbatrices ont apportées à leur vitesse première. Le nombre des comètes qui pénètrent dans notre système est, selon toute probabilité, si immensément grand, que depuis les centaines de millions d'années qu'il est permis d'assigner à la durée écoulée de ce système, les espaces interplanétaires doivent être sillonnés d'une multitude prodigieuse de courants de matière, de comètes désagrégées, de fragments de comètes, que les planètes ne peuvent manquer de rencontrer fréquemment.

Nous avons déjà vu qu'un corps lancé du Soleil avec une vitesse de 608000 mètres s'éloignerait de lui indéfiniment : ce serait une véritable comète. Il paraît certain que ces vitesses existent réellement et que des projections solaires peuvent venir jusqu'à nous étant refroidies sous forme d'aérolithes. Puisque les autres étoiles sont des soleils comme le nôtre, on peut présumer que des projections lancées de leur sein peuvent également nous arriver. L'attraction du Soleil ne peut pas imprimer à un corps arrivant de l'infini et rencontrant la Terre une vitesse supérieure à 72 000 mètres par seconde : tout bolide qui serait reconnu arrivant sur nous avec une vitesse supérieure à celle-là, apporterait avec lui son extrait de naissance et prouverait qu'il a été lancé par une étoile ou par une explosion stellaire : tel est le cas de celui du 5 septembre 1868, si les calculs dont nous parlerons plus loin sont exacts.

Toute comète ou tout courant météorique qui suit une orbite hyperbolique a une vitesse supérieure à celle que l'attraction du Soleil peut lui donner et est certainement entré dans la sphère d'attraction solaire avec une vitesse originaire considérable. Il n'y a donc pas d'autre moyen d'expliquer les vitesses intra-stellaires des comètes et des bolides hyperboliques qu'en remontant leurs cours jusqu'au moment où leur substance a été projetée d'une étoile avec une vitesse surpassant de plusieurs kilomètres par seconde celle avec laquelle un corps atteindrait cette étoile, s'il avait été attiré par elle seule d'une distance infinie. Quoique l'influence d'une planète telle que Jupiter et Saturne puisse, à la rigueur, transformer une parabole en hyperbole, ce fait ne pourrait se produire que très exceptionnellement, et les orbites hyperboliques des comètes et des bolides indiquent des origines de force supérieures aux simples attractions stellaires.

L'aphélie de toute comète nous montre du doigt la région céleste de laquelle elle nous a été envoyée. Il y a des systèmes de comètes qui paraissent avoir voyagé ensemble dans l'espace et qui ont été séparées par l'attraction du Soleil et des planètes. Ainsi, l'astronome Hoek a montré que les comètes de 1860 III, 1861 I et 1863 VI, formaient un groupe avant leur entrée dans le système solaire; le même fait a été reconnu à l'égard d'autres comètes. D'après les recherches de Kirkwood, les comètes de 1812 I, et 1846 IV, ont été introduites dans notre système par l'attraction de Neptune, près duquel elles ont passé vers l'an 695 avant notre ère, formant là leur premier aphélie par 272° de longitude.

On remarque une prépondérance des aphélies du côté d'Arcturus et de la constellation d'Hercule, provenant de notre translation générale vers cette région du ciel : s'il nous arrive un peu plus de comètes de ce côté, c'est que nous allons au-devant d'elles.

S'imagine-t-on quel immense voyage elles ont fait pour venir de là jusqu'ici? S'imagine-t-on pendant combien d'années elles ont dû voler à travers l'obscure immensité pour venir se plonger dans le feux de notre Soleil?... Si nous tenons compte des directions d'où certaines comètes nous arrivent et si nous assignons aux étoiles situées dans cette direction les moindres distances compatibles avec les faits connus, nous trouvons que ces comètes sont certainement sorties de leur dernière étoile depuis plus de... *vingt millions d'années*!

En nous posant ainsi du haut de leurs apparitions célestes tant de points d'interrogation sur les problèmes les plus grandioses de la création, les comètes prennent à nos yeux un intérêt incomparablement plus grand que celui dont la superstition les environnait aveuglément aux siècles passés. Quand on réfléchit un instant que telle comète qui brille devant nous dans le ciel est arrivée originairement des profondeurs du ciel, a voyagé pendant des millions d'années pour arriver jusqu'ici, et que par conséquent c'est aussi par millions d'années qu'il faut compter son âge si l'on veut s'en former une idée, on ne peut s'empêcher de respecter cet étrange visiteur comme un témoin des ères disparues, comme un écho du passé, comme le plus ancien témoignage que nous ayons de l'existence de la matière. Mais que disons-nous? Elles ne sont ni vieilles ni jeunes, ces créatures; il n'y a rien de vieux, rien de nouveau; tout est actuel; les siècles du passé contemplent les siècles de l'avenir, tandis que tout travaille, tout gravite, tout circule dans la trame éternelle. Vous regardez en rêvant le fleuve qui coule si simplement à vos pieds et vous croyez revoir le fleuve de votre enfance : mais l'eau d'aujourd'hui n'est pas celle d'hier, ce n'est plus la même substance que vous avez sous les yeux, et jamais, jamais, cette réunion de molécules d'eau que vous considérez en ce moment ne reviendra là, jamais, jusqu'à la consommation des siècles!

Si leur apparition ne présage absolument rien quant aux événements microscopiques de notre éphémère histoire humaine, il n'en est pas de même des effets que pourrait produire leur rencontre avec notre planète errante. Une telle rencontre n'a rien d'impossible, aucune loi de la mécanique céleste ne s'oppose à ce que deux astres se heurtent dans leur cours, se brisent, se pulvérisent, se réduisent mutuellement en vapeur ([1]).

([1]) L'approche d'une comète s'est-elle jamais manifestée par un effet astronomique ou météorologique quelconque? La coïncidence de la comète de 1811 avec les grandes chaleurs et les fructueuses vendanges de cette année-là a fait supposer que les comètes pouvaient avoir une influence calorifique sur les températures terrestres; il faut avouer aussi que la belle comète de 1858 semble avoir confirmé ce rapport. Mais il faut bien nous garder de rien généraliser à cet égard; outre que nous ne voyons en aucune façon ni comment, ni pourquoi, les apparitions de grandes comètes pourraient amener des années particulièrement chaudes où coïncider avec elles, l'obser-

Quels seraient les effets d'un pareil événement ? Pouvons-nous croire, avec Whiston, qu'une telle rencontre amènerait un déluge universel? ou, avec Maupertuis, qu'elle mettrait l'équateur aux pôles et les pôles à l'équateur et nous échauderait « comme un peuple de fourmis dans l'eau bouillante que le laboureur verse sur elles? » — ou, avec Pingré, qu'elle pourrait nous enlever la Lune? — ou, avec Lambert, qu'elle se chargerait même d'enlever la Terre et de nous emporter « dans un hiver de plusieurs siècles auquel ni les hommes ni les animaux ne seraient capables de résister » ? — ou, avec Laplace, qu'elle enlèverait les mers de leurs anciens lits pour les verser sur les continents, anéantissant des espèces entières et mettant l'humanité à deux doigts de sa perte? — Pouvons-nous croire à de pareilles catastrophes? — Non : la connaissance que nous avons aujourd'hui de la faiblesse des masses cométaires s'y oppose formellement.

Devons-nous donc nous rire absolument d'elles et les traiter, avec sir John Herschel et Babinet, de *riens visibles?* — C'est là un autre extrême.

Plusieurs comètes paraissent avoir des noyaux solides. Des corps solides ont déjà rencontré la Terre, sont tombés à sa surface, ont tué des hommes et incendié des demeures, comme nous le verrons au chapitre suivant. La plupart des météorites ramassées sont, il est vrai, de petits fragments, de quelques kilos ou quelques dizaines de kilos; mais on en a reçu qui pèsent plusieurs milliers. Ce n'est plus ici une question de principe, mais seulement un rapport du petit au grand. Or, on a mesuré des bolides qui ont pour ainsi dire frôlé la Terre et qui avaient plusieurs kilomètres de diamètre. Le noyau de la comète de 1811 avait 690 kilomètres de diamètre ; celui de la comète de 1843 en mesurait 8000; celui de la comète de 1858, 9000 : nous approchons du diamètre même de la Terre; celui de la comète de 1769 mesurait 44 000 kilomètres, 11 000 lieues de diamètre! Quelle que soit la nature intrinsèque de ces noyaux, il n'est pas douteux que si l'un d'entre eux rencontrait notre globe au passage, l'un et l'autre courant avec une vitesse de plus de cent mille kilomètres à l'heure, nous nous apercevrions admirablement du choc ([1]).

vation prouve que de splendides comètes ont également coïncidé avec des années de grands froids : c'est ce qui est arrivé notamment en 1305, année pendant laquelle la comète de Halley effraya les populations et coïncida avec une des années les plus gelées qui aient été enregistrées dans les annales de la météorologie.

([1]) La rencontre de ces deux trains-éclairs ne serait probablement pas inoffensive. Un continent défoncé, un royaume écrasé, Paris, Londres, New-York ou Pékin anéantis, seraient l'un des moindres effets de la céleste catastrophe. Un tel évènement serait évidemment du plus haut intérêt pour les astronomes placés assez loin

Ce qui arriverait plus facilement, ce serait le passage de la Terre à travers l'atmosphère d'une comète. En effet, tandis que le noyau probablement solide de la comète de 1811 ne mesurait que 173 lieues de diamètre, l'atmosphère qui l'environnait (c'est la plus vaste qu'on ait observée) atteignait 450 000 lieues ! Nous avons vu plus haut que le Soleil a 345 500 lieues de diamètre : cette comète était donc *plus grosse que le Soleil* ; elle le surpassait du double en volume ! Qu'une telle comète passe seulement à deux cent mille lieues de nous, et nous sommes pris dans sa tête ([1]).

Ainsi, rien ne s'oppose à ce qu'un jour quelque comète rencontre notre planète dans son cours ; mais l'effet produit ne peut guère être déterminé d'avance, puisqu'il dépendrait de la masse, de la densité et de la constitution de la section de la comète traversée. Une combinaison chimique, un mélange d'acide carbonique ou de quelque autre gaz délétère dans notre atmosphère respirable, un empoisonnement général de l'espèce humaine, une asphyxie universelle, une explosion inattendue, une électrisation soudaine, une transformation du mouvement en chaleur, un choc partiellement ou universellement mortel, sont autant d'effets possibles. Ces astres ne sont donc pas absolument inoffensifs. Mais hâtons-nous d'ajouter que, malgré le nombre considérable des comètes et la diversité de leurs courses échevelées autour du Soleil, il est probable qu'une telle catastrophe n'arrivera jamais, jusqu'à la mort naturelle de la Terre elle-même, parce que l'espace est immense, que notre île flottante fuit avec une rapidité prodigieuse, et que le point de l'infini que nous occupons à chaque instant de la durée est imperceptible dans l'immensité.

du point de rencontre, surtout lorsqu'ils auraient pu s'approcher du lieu du sinistre et examiner les morceaux cométaires restés à fleur de sol : ils ne leur apporteraient sans doute ni or, ni argent, mais des échantillons minéralogiques, peut-être du diamant, et peut-être aussi certains débris végétaux ou animaux fossiles bien autrement précieux qu'un lingot d'or de la dimension de la Terre. Une telle rencontre serait donc éminemment désirable au point de vue de la science pure ; mais c'est à peine si nous devons l'espérer, car on peut admettre avec Arago qu'il y a 280 millions de chances contre une pour qu'elle ne se produise pas. Cependant, le hasard est si grand ! Il ne faut pas tout à fait désespérer.

([1]) De mémoire d'humanité, un tel événement n'est pas encore arrivé ; mais une comète nous a déjà touchés de sa queue en passant, sans compter la pluie d'étoiles filantes de la comète de Biéla, dont nous avons parlé plus haut. Nous avons vu, en effet, que le 30 juin 1861 la grande comète de cette année-là nous a probablement effleurés de sa queue, dont la longueur surpassait alors un million de lieues. D'après ce que nous avons dit des queues des grandes comètes, il n'est pas surprenant que les habitants de la Terre aient dormi cette nuit-là comme d'habitude et qu'ils n'aient rien remarqué d'étrange à leur réveil. Seulement, un astronome anglais, éveillé de bonne heure et observant le ciel, écrivait sur son registre. « Lueur étrange, jaune, phosphorescente, que je prendrais pour une aurore boréale s'il ne faisait pas encore si jour. »

CHAPITRE IV

Étoiles filantes. Bolides Aérolithes.
Orbites des étoiles filantes dans l'espace. — Pierres tombées du ciel.

Dans la nuit limpide et transparente, une lointaine étoile semble se détacher des cieux, glisse en silence sous la voûte nocturne, file, file et disparaît. Le cœur éprouvé par les douleurs terrestres croit que le Ciel se préoccupe de nos destinées et que l'étoile filante marque le départ d'une âme pour l'autre vie ; la jeune fille dont le regard pensif s'est attaché un instant sur le météore se hâte de formuler un vœu dans l'espérance de le voir rapidement accompli; le poète songe que les étoiles, fleurs du ciel, s'épanouissent dans les champs célestes, et croit voir leurs pétales lumineux emportés par les vents supérieurs dans la nuit infinie ; l'astronome sait que cet astre éphémère n'est ni une étoile ni une âme, mais une molécule, un atome cosmique, un fragment plus ou moins exigu en lui-même, mais dont l'enseignement peut être grand, s'il nous apprend d'où il vient et comment il rencontre ainsi notre Terre sur son passage.

L'apparition d'une étoile filante est un fait si fréquent, qu'il n'est aucun de nos lecteurs qui ne l'ait observé plusieurs fois. Peut-être quelques-uns ont-ils eu le privilège beaucoup plus rare de voir non seulement une *étoile filante*, mais un phénomène plus brillant, d'un effet parfois très émouvant : le passage d'un *bolide* enflammé traversant rapidement l'espace en répandant de tous côtés une étincelante lumière, globe de feu laissant une traînée lumineuse derrière lui et parfois éclatant par une explosion analogue à celle d'une fusée colossale, avec un tonnerre retentissant comme les sombres décharges de l'artillerie. Peut-être aussi quelques-uns ont-ils pu, par un hasard plus heureux et plus rare encore, ramasser un fragment de l'explosion d'un bolide, une pièce tombée du ciel, un *aérolithe*, ou pierre descendue des hauteurs de l'atmosphère.

Voilà trois faits distincts, et qui paraissent liés néanmoins entre eux par des rapports d'origine.

Le premier point à examiner dans l'étude des étoiles filantes, c'est de mesurer la hauteur à laquelle elles se montrent. Deux observateurs, placés en deux points éloignés l'un de l'autre, constatent chacun le trajet d'une étoile filante parmi les constellations. La ligne n'est pas absolument la même pour tous deux à cause de la perspective. En calculant la différence, on obtient la hauteur. En général, cette hauteur est de 120 kilomètres au commencement de l'apparition, et de 80 kilomètres, ou 20 lieues à la fin du passage visible.

Toutes les nuits de l'année ne se ressemblent pas quant au nombre des étoiles filantes. Il y a dans ce nombre des périodicités *annuelles, mensuelles et diurnes*, constatées par de persévérants exami-

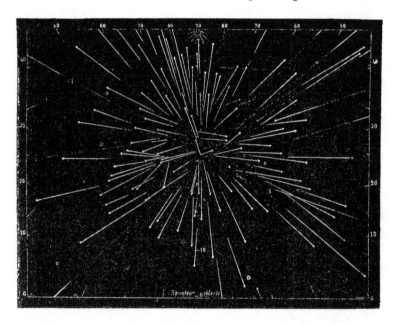

Fig. 286. — Point d'émanation des étoiles filantes du 27 novembre 1872.

nateurs du ciel, au nombre desquels nous devons tout particulièrement citer l'observateur français Coulvier-Gravier.

Les époques les plus remarquables sont la nuit du 10 août et le matin du 14 novembre. Ces dates fixes nous interdisent toute théorie qui chercherait à attribuer ce phénomène à une cause météorologique. L'apparition du mois d'août dure plusieurs jours, et elle a son maximum le 10 ; celle de novembre n'a lieu que dans la matinée du 14. Dans cette dernière, les météores ont été quelquefois si nombreux qu'on les a comparés à des pluies de feu. Depuis 1833, on a étudié les récits des anciens chroniqueurs, et l'Américain M. Newton a reconnu que les pluies de feu qui ont, à certaines époques, jeté l'épouvante parmi les populations, n'étaient autre chose que l'apparition des étoiles filantes de novembre. Cette apparition n'est pas également remarquable chaque année, mais son éclat varie périodiquement; le maximum revient à peu près tous les trente-trois ans; elle se renouvelle ensuite pendant plusieurs années, puis elle diminue graduellement, et enfin elle cesse de se faire remarquer pendant une longue période, pour se reproduire plus tard et repasser de nouveau par le maximum au bout de trente-trois ans. De plus, l'essaim d'astéroïdes du mois de novembre ayant une faible épaisseur, la Terre

Fig. 287. — La grande pluie d'étoiles filantes du 27 novembre 1872.

ne met que quelques heures à la traverser; aussi le maximum n'est-il visible que dans quelques régions circonscrites qui varient chaque année. L'apparition du mois d'août est plus constante, mais elle n'est jamais aussi brillante; elle est aussi sujette à de curieuses fluctuations d'intensité.

On a constaté que les trajectoires des différents météores divergent d'un même point du ciel qu'on appelle *point radiant*. Ce point se trouve entre les constellations de Persée et de Cassiopée pour les météores du 10 août, et, pour ceux du 14 novembre, il se trouve dans celle du Lion. On a déterminé un grand nombre d'autres points radiants pour les différentes époques de l'année. Il ne faut pas croire que toutes les étoiles filantes partent, en réalité, du

radiant; seulement, leurs trajectoires prolongées se rencontrent toutes
en ce même point ou cette région assez étroite, sauf un petit nombre
qu'on désigne sous le nom d'étoiles *sporadiques*. Cette convergence
est un effet de perspective : les trajectoires véritables sont sensiblement parallèles, mais elles paraissent diverger d'après la même loi
qui nous montre comme divergents les rayons du soleil couchant
passant entre les nuages, et certaines lignes qui partent d'un même
point.

Ces phénomènes sont certainement dus a l'inflammation de quelque
matière combustible dans les régions supérieures de notre atmosphère. On a souvent constaté que là où les météores paraissent, il se
forme de petits nuages qui persistent quelque temps après la disparition
des météores et qui sont entraînés par les courants atmosphériques.
Ces étoiles filantes doivent être de petits corps solides, car si elles
étaient gazeuses, elles n'auraient pas la force de pénétrer si profondément dans notre atmosphère et se disperseraient avant de s'enflammer. On voit parfois une masse se diviser en deux ou trois
parties, quelquefois davantage, chacune d'elles conservant une forme
nettement définie : elles sont donc composées de substances compactes, capables de voler en éclats pendant leur combustion.

Dans toutes les apparitions, on trouve une période diurne et une
période annuelle. Dans la période diurne, le maximum a lieu
de 3 heures à 6 heures du matin. La période annuelle consiste en ce
que les météores sont plus nombreux dans la seconde partie de l'année
que dans la première. Ces deux circonstances remarquables dérivent
de ce que la Terre rencontre les essaims de matière météorique plus
directement le matin que le soir, et pendant le second semestre que
pendant le premier. Nous pouvons, en effet, comparer la Terre passant à travers un essaim de ces corpuscules à un boulet de canon qui
traverserait un essaim de moucherons; il en rencontrera un bien plus
grand nombre dans sa partie antérieure, et laissera un véritable vide
derrière lui. Et si le boulet tourne sur lui-même, les points situés en
avant, et qui par là se trouvent plus exposés aux chocs, varieront de
la même manière. Le nombre horaire des étoiles filantes dépendra
donc du point vers lequel la Terre se dirige à chaque instant, par
rapport à la verticale de l'observateur : il sera maximum lorsque ce
point sera aussi voisin que possible du zénith.

Si l'on voit des étoiles filantes dans la partie de la Terre qui est
opposée à celle où a lieu le maximum, c'est que leur vitesse est plus
grande que celle du globe terrestre.

Remarquons maintenant que ces météores jouent un rôle beaucoup plus important qu'on n'était disposé à le croire autrefois. Il ne se passe pas une seule nuit, une seule heure, une seule minute, sans chute d'étoile. Le globe terrestre vogue au sein d'un espace plein de corpuscules divers circulant dans tous les sens, les uns en courants elliptiques d'inclinaisons variées, les autres dans le plan même de l'écliptique, comme on le voit par la lumière zodiacale, qui s'étend depuis le Soleil jusqu'au delà de l'orbite terrestre. En énumérant le nombre des étoiles filantes que l'on voit au-dessus d'un horizon donné, pendant les différentes nuits de l'année, en calculant le nombre d'horizons analogues qui embrasseraient la surface entière du globe, en tenant compte des directions des étoiles filantes, des variations mensuelles, etc., un éminent géomètre américain, M. Simon Newcomb, a démontré qu'il ne tombe pas moins de *cent quarante six milliards* (146 000 000 000) d'étoiles filantes par an sur la Terre (¹)!

On a vu plus haut quelle splendide averse d'étoiles filantes est arrivée le 27 novembre 1872. Celle de la nuit du 12 au 13 novembre 1833 a été plus merveilleuse encore. Les étoiles étaient si nombreuses, elles se montraient dans tant de régions du ciel à la fois, qu'en essayant de les compter on ne pouvait guère espérer d'arriver qu'à de grossières approximations. L'observateur de Boston (Olmsted) les assimilait, au moment du maximum, à la moitié du nombre de flocons qu'on aperçoit dans l'air pendant une averse ordinaire de neige. Lorsque le phénomène se fut considérablement affaibli, il compta 650 étoiles en 15 minutes, quoiqu'il circonscrivît ses remarques à une zone qui n'était pas le dixième de l'horizon visible, et il évalue à 8660 le nombre total pour tout l'hémisphère visible. Ce dernier chiffre donnerait par heure 34 640 étoiles. Or, le phénomène dura plus de sept heures ; donc, le nombre de celles qui se montrèrent à Boston dépasse deux cent quarante mille !

(¹) La vitesse avec laquelle ces poussières de mondes rencontrent notre planète dans l'espace peut et doit souvent atteindre l'ordre de la vitesse parabolique, dont la simple formule est V√2. Elle est égale à la vitesse de translation de la Terre multipliée par la racine carrée de 2, ou par 1,414, et puisque la vitesse orbitale moyenne de notre planète est de 29 460 mètres par seconde, celle d'une étoile est de 42 570 mètres. Si l'étoile filante arrive en face de nous, en sens contraire de notre mouvement, les deux vitesses s'ajoutent et le choc est de 72 000 mètres dans la première seconde de rencontre. Si l'étoile arrive derrière nous, sa vitesse peut descendre jusqu'à 16 500 mètres par seconde. A moins d'être un aérolithe massif, et d'avoir, comme on l'a constaté, un poids s'élevant depuis quelques hectogrammes jusqu'à des milliers de kilos, toute étoile filante rencontrant la Terre doit donc se fondre par la seul transformation de son mouvement en chaleur en pénétrant dans notre atmosphère, s'y absorber, et n'arriver ensuite que lentement et sous forme de dépôt à la surface du globe.

En arrivant dans l'atmosphère terrestre, ces petits corps s'échauffent par le frottement, et leur mouvement ralenti se transforme en chaleur. Si l'étoile filante ne pèse que quelques grammes ou moins encore, elle est entièrement volatilisée et s'évapore dans l'air ; si c'est un bolide plus lourd, il résiste, mais toute sa surface extérieure fond et se couvre d'une couche de vernis. En supposant qu'un bolide de 1 décimètre de rayon, de densité égale à 3,5, entre dans l'atmosphère avec une vitesse de 50 000 mètres par seconde, on trouve qu'il développe subitement une chaleur égale à 4 397 000 calories et doit perdre 49 000 mètres de vitesse en arrivant à 15 000 mètres de hauteur, de sorte qu'il n'atteint la surface du sol qu'avec la faible vitesse de 5 mètres, ce qui explique le peu de profondeur des brèches que les aérolithes ouvrent en arrivant à terre. Il importe, en effet, de distinguer entre la vitesse sidérale des bolides à leur arrivée, et celle de leur chute après leur explosion.

Voyons maintenant comment et pourquoi ces apparitions reviennent périodiquement à des dates fixes, pendant plusieurs années, et subissent les intermittences que nous avons signalées.

Jusqu'en ces dernières années, les astronomes regardaient les étoiles filantes comme ayant une origine planétaire ; on supposait qu'elles formaient des anneaux circulant autour du Soleil dans des orbites elliptiques presque circulaires, avec une vitesse analogue à celle de la Terre. Le professeur Schiaparelli, de Milan, frappé de leur vitesse, qui suppose une orbite parabolique, ainsi que nous l'avons fait remarquer, soupçonna qu'elles pouvaient avoir, comme les comètes, une origine étrangère à notre système, et en détermina la théorie suivante.

Supposons une masse nébuleuse ou formée de corpuscules quelconques, située à la limite de la sphère d'action de notre Soleil, et qui, douée d'un faible mouvement relatif, commence à ressentir l'attraction solaire ; son volume étant très considérable, ses points sont situés à des distances très différentes. De là il résulte que, lorsqu'elle commencera à tomber vers le Soleil, les points inégalement distants acquerront avec le temps des vitesses inégales. Malgré ces différences, le calcul prouve que les distances périhélies des différents corpuscules seront très peu modifiées, et les orbites seront tellement semblables, que les molécules se suivront l'une l'autre, formant une espèce de chaîne ou de courant qui emploiera un temps extrêmement long à passer autour du Soleil. Une masse dont le diamètre aurait été égal à celui du Soleil emploierait plusieurs siècles à exécuter ce mouvement. Ce courant représentera physiquement et visiblement l'orbite des corpuscules météoriques, de même qu'un jet d'eau représente la trajectoire parabolique de chaque molécule comme projectile isolé.

Si, dans son mouvement de translation, la Terre vient à rencontrer cette espèce de procession de corpuscules, elle passera à travers, et un certain nombre d'entre eux la rencontreront, leur vitesse propre se combinant avec celle du globe terrestre. Si la chaîne est très longue, la Terre la traversera ainsi chaque année au même point, rencontrant à chaque passage des corpuscules différents de ceux qui s'y trouvaient l'année précédente. Il est alors facile de calculer la position de ce courant.

M. Schiaparelli a fait ces calculs pour les deux courants d'août et de novembre, et, par une heureuse circonstance, il a trouvé que deux comètes très connues ont des orbites coïncidant précisément avec ces deux chaînes de météores. La première est la grande comète III de 1862, qui passa au périhélie le 23 août de la même année, et dont la révolution est de 121 ans. Son orbite coïncide avec celle des météores du 10 août (¹). La seconde est celle qui parut en 1866, dont la période est de trente-trois ans et qui fait partie des météores de novembre.

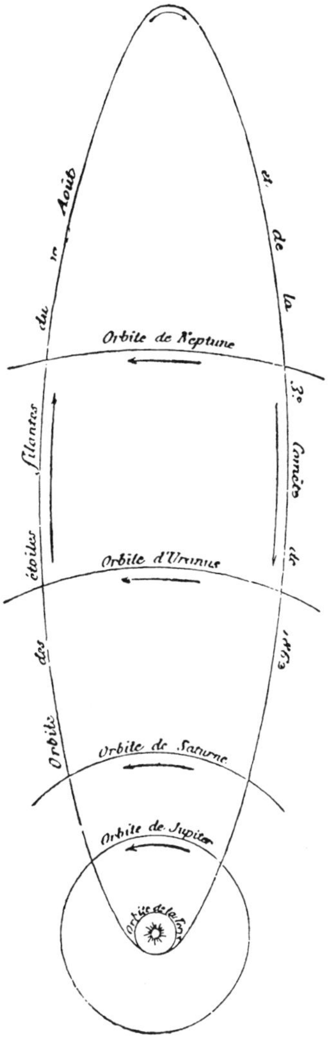

Fig. 288. — Orbite des étoiles filantes de la nuit du 10 au 11 août.

Ce résultat inattendu apporta une grande lumière sur la nature des étoiles filantes et leur correspondance avec les orbites cométaires. On en conclut aussitôt que les comètes, comme les étoiles filantes, doivent être des amas de météores dérivés de masses nébuleuses étrangères à notre système planétaire.

(¹) Si, comme il est probable, l'introduction de cette comète dans le système solaire est due à l'action d'une planète, cette grosse planète inconnue doit se trouver vers la distance 48. Les deux premières comètes de la liste de la p. 624 ont été retenues par Uranus, les sept suivantes par Neptune, les deux suivantes par la planète extérieure à Neptune. Les comètes plus lointaines ne sont pas aussi sûres.

On pouvait opposer à cette identité que l'analyse spectrale des comètes montre qu'elles sont formées, au moins en partie, de matière
gazeuse, tandis que les étoiles filantes doivent être solides, mais le
spectroscope même a résolu cette difficulté. En effet, outre que ces
matières pierreuses peuvent être enveloppées par une atmosphère
gazeuse et nébuleuse à laquelle on
peut attribuer le spectre cométaire,
l'analyse spectrale prouve que leur
masse contient une grande quantité de gaz cométaires dans leurs
pores, gaz qui se développent par la
simple application d'une chaleur
même très modérée. Enfin, on a
constaté que plusieurs météorites
contenaient du charbon, comme
celle du Cap et celle d'Orgueil. Or,
cette substance a pu se vaporiser
lors du passage de la comète au périhélie et donner le spectre observé.
La multiplicité des noyaux dans certaines comètes est encore favorable
à cette hypothèse.

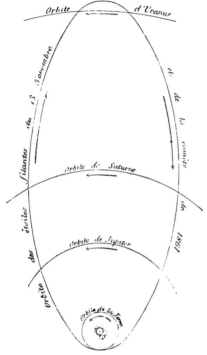

Fig. 289. — Orbite des étoiles filantes
de la nuit du 13 au 14 novembre.

Outre les deux comètes indiquées
ci-dessus, on en a trouvé plusieurs
autres dont les orbites coïncident
avec des courants de météores;
ainsi l'essaim des étoiles filantes du 20 avril, dont le centre d'émanation se trouve dans la constellation d'Hercule, se rattache à la comète I
de 1861. On se souvient aussi que le jour où la Terre devait traverser
l'orbite de la comète de Biéla, le 27 novembre 1872, eut lieu la fameuse pluie d'étoiles filantes dont nous avons parlé, de sorte qu'il est
avéré que, si nous n'avons pas rencontré la tête de la comète en
retard, nous avons au moins traversé le courant qui lui fait suite.

Mais il ne faut pas se flatter de trouver une comète pour chaque
apparition d'étoiles filantes. Les perturbations des grosses planètes
sont très considérables sur des corps aussi légers, et, depuis tant de
siècles que les courants météoriques sont entrés dans notre système
solaire, elles ont dû en modifier l'état primitif.

La force répulsive exercée par le Soleil sur la chevelure d'une
comète et qui en chasse les particules pour commencer la queue sur-

passe celle de l'attraction solaire, et à une distance relativement faible du noyau de la comète l'attraction de ce noyau ne doit plus être capable de conserver cette substance. Que devient-elle ? Elle doit se perdre dans l'espace. A chacun de ses passages au périhélie, une comète doit donc perdre une partie de sa substance, et le fait est que toutes les comètes à courte période sont faibles et pour ainsi dire télescopiques. D'après les fantastiques descriptions des anciens chroniqueurs, il est certain que, dans ses apparitions anciennes, la comète de Halley devait être incomparablement plus grande, plus brillante et plus étonnante que dans ses deux derniers retours de 1759 et 1835. Ainsi il est presque certain que les comètes diminuent de grandeur à chacun de leurs voyages près du Soleil.

Tel est le cours de ces astres légers dans l'espace, cours aujourd'hui parfaitement déterminé, comme on le voit. Leçon profonde autant qu'inattendue ! l'étoile filante elle-même ne glisse pas au hasard emportée par un souffle arbitraire : elle décrit une orbite mathématique aussi bien que la Terre elle-même ou le colossal Jupiter. Tout est réglé, ordonné par la loi suprême ; et, qui sait ? peut-être chacune de nos frêles existences, chacune de nos éphémères actions, est-elle aussi déterminée par l'invisible Nature, qui jette l'étoile au ciel, l'enfant au berceau, le vieillard à la tombe....

Cette addition perpétuelle d'étoiles filantes n'est pas sans conséquences pour notre planète : elle doit accroître lentement le volume et la masse de la Terre (¹).

Arrivons maintenant aux bolides et aux aérolithes.

Un corps lumineux de dimensions sensibles traverse rapidement

---

(¹) En admettant pour leur dimension moyenne un millimètre cube environ, le nombre annuel des étoiles filantes représenterait un volume de 146 mètres cubes et un poids de 876 000 kilogrammes. En cent siècles, cet accroissement de volume serait de 1 460 000 mètres cubes et l'accroissement du poids s'élèverait à 8760 millions de kilogrammes.

La superficie de notre planète mesurant 510 millions de kilomètres carrés, si nous supposons cette poussière cosmique uniformément répandue, nous voyons qu'en 34 900 ans environ le globe augmente d'une couche de 1 centimètre d'épaisseur, son diamètre étant accru de 2 centimètres. Sans doute, cet accroissement est de l'ordre des infiniment petits ; mais c'est précisément cet ordre-là qui agit le plus efficacement dans la nature entière.

Le poids du globe terrestre est évalué à 5875 sextillons de kilos, l'accroissement de masse en 100 000 ans n'est que de 15 quintillionnièmes de la masse totale de la Terre. C'est peu, sans doute, mais il y a bien des centaines de mille ans que notre planète existe.

Ainsi, *la Terre vogue au milieu d'un espace rempli de matériaux cosmiques, et augmente graduellement de poids et de volume.* On a calculé qu'en moyenne, en

l'espace en répandant de tous côtés une vive lumière ; c'est comme un globe de feu dont la grosseur apparente est souvent comparable à celle de la Lune. Ce corps laisse habituellement derrière lui une

passant au milieu de ces matériaux à travers un cylindre de diamètre égal au sien, la Terre rencontre 13 000 bolides ou étoiles filantes visibles à l'œil nu et 40 000 étoiles filantes télescopiques. Parmi ces courants elliptiques d'étoiles filantes, celui que la Terre rencontre le 14 novembre s'étend sur une longueur de plus de 1600 millions de kilomètres, circule en trente-trois ans autour du Soleil, et renferme un nombre d'objets représenté par le chiffre 1 000 000 × 100 × 1000 ou cent mille millions de corpuscules !

On trouve partout sur la terre de la poussière ferrugineuse dont l'origine est due

Fig. 290. — Poussière d'étoile filante recueillie sur un navire. (Gr. naturelle.)

aux myriades de corpuscules météoriques qui s'enflamment dans notre atmosphère, s'y fondent ou s'y vaporisent, et tombent lentement jusqu'en bas. Mon laborieux ami Silberman, qui observe les étoiles filantes depuis tant d'années du haut du Collège de France et voit en elles l'un des ressorts les plus importants de la mécanique céleste, a souvent observé des mouvements ondulatoires, des mouvements de recul, des traînées persistantes de poussière lumineuse. Tout récemment encore, le 5 octobre 1879, une magnifique étoile filante laissa derrière elle un nuage en spirale qui resta visible pendant plus d'une demi-heure. Mlle Ehrenberg a dessiné un jour la poussière de météorites reproduite ici en grandeur naturelle (*fig.* 290), tombée sur le pont d'un navire qui traversait la mer des Indes, et a trouvé que ces fragments offraient au microscope des formes soufflées analogues aux résidus de la combustion d'un fil d'acier. Le chimiste

Fig. 291. — Un grain de la poussière précédente, grossi au microscope.

Reichenbach a trouvé sur des montagnes isolées, que vraisemblablement le pied de l'homme n'avait jamais foulées, des traces de fer, de cobalt et de nickel qui n'avaient pu tomber là que du ciel. M. G. Tissandier a recueilli dans les neiges du Mont-Blanc, sur les tours Notre-Dame, dans de l'eau de pluie, les corpuscules ferrugineux reproduits ici (*fig.* 292). On voit que les visiteurs du ciel, étoiles filantes, bolides, aérolithes, laissent partout leurs traces.

Les causes qui agissent aujourd'hui ont toujours agi dans des proportions variables, et — de même qu'en géologie on commence à expliquer aujourd'hui les modifications de la surface terrestre et celles des espèces vivantes elles-mêmes, par l'action lente des causes qui agissent actuellement sous nos yeux, — de même nous pouvons penser que cette pluie lente et séculaire des étoiles filantes et des aérolithes à travers le système solaire *a augmenté le volume de la masse de toutes les planètes.* — Signalons ici une conséquence bien re-

Fig. 292. — Poussière d'étoiles filantes, recueillie sur le Mont-Blanc.

marquable de cet accroissement du volume de notre planète. C'est que *le mouvement de rotation de la Terre doit se ralentir,* et la durée du jour augmenter ; tandis que la révolution de la Lune doit s'accélérer, et paraître s'accroître plus vite encore qu'elle ne le fait en réalité. Nous avons vu, en parlant de la Lune, qu'en effet cette accélération est très probable.

traînée lumineuse très sensible. Souvent, pendant ou immédiatement après son apparition, il se produit une explosion, et même quelquefois plusieurs explosions successives, que l'on entend à de grandes distances. Souvent aussi l'explosion est accompagnée de la division du globe de feu en fragments lumineux, plus ou moins nombreux, qui semblent projetés dans diverses directions. Ce phénomène constitue ce qu'on nomme un *météore* proprement dit, ou un *bolide*. Il se produit aussi bien le jour que la nuit ; seulement, la lumière qu'il occasionne est singulièrement affaiblie dans le premier cas par la présence de la lumière solaire ; et ce n'est que lorsqu'il se développe avec une intensité suffisante que l'on peut s'en apercevoir.

D'un autre côté, on trouve quelquefois sur la terre des corps solides, de nature pierreuse ou métallique, qui ne paraissent

Fig. 293. — Pierre tombant du ciel (dessin du xvie siècle).

avoir rien de commun avec les terrains sur lesquels ils reposent. De temps immémorial, le vulgaire a attribué à ces corps une origine extra-terrestre ; on les a considérés comme des pierres tombées du ciel ; il y a plus de deux mille ans, les Grecs vénéraient la fameuse pierre tombée du ciel dans le fleuve Ægos ; au moyen âge, les chroniqueurs nous ont conservé de naïfs dessins de ces chutes inexpliquées ; plusieurs naturalistes les désignaient sous les noms de *pierres de foudre*, *pierres de tonnerre*, parce qu'on les regardait comme des matières lancées par la foudre. On avait, il est vrai, confondu sous le même nom les pyrites ferrugineuses que l'on trouve en si grand nombre dans les terrains de craie ; mais cette vieille confusion n'empêchait pas l'existence réelle de fragments pierreux ou ferrugineux authentiquement tombés du ciel. Remarque assez curieuse, les anciennes traditions, les histoires de l'antiquité et du moyen âge, les croyances populaires avaient beau parler de *pierres tombées du ciel*, de pierres de l'air, « aéro-lithes », les savants n'en voulaient rien croire. Ou bien ils niaient le fait lui-même, ou ils l'interprétaient tout autrement, regardant les corps tombés sur la terre comme lancés par des éruptions volcaniques, enlevés au sol par des trombes ou encore produits par certaines condensations de matières au sein de l'atmosphère. En 1790 l'illustre Lavoisier, et en 1800 l'Académie des sciences tout entière, déclaraient ces faits absolument apocryphes. Cependant, dès 1794, Chladni avait prouvé l'origine extra-terrestre de ces mystérieux apports.

Cette incrédulité presque générale des savants céda, lorsque Biot fit à l'Académie des sciences son rapport sur la chute mémorable qui eut lieu à Laigle, dans le département de l'Orne, le 26 avril 1803. A la suite d'une enquête minutieuse faite sur les lieux, on put, en effet, constater la parfaite exactitude des circonstances rapportées par la rumeur publique sur cette chute si remarquable. De nombreux témoins étaient là pour affirmer que, quelques minutes après l'apparition d'un grand bolide, se mouvant du sud-est au nord-ouest et qu'on avait aperçu d'Alençon, de Caen et de Falaise, une explosion effroyable, suivie de détonations pareilles au bruit du canon et à un feu de mousqueterie, était partie d'un nuage noir isolé dans le ciel très pur. Un grand nombre de pierres météoriques avaient ensuite été précipitées à la surface du sol, où on les avait ramassées encore fumantes, sur une étendue de terrain qui ne mesurait pas moins de trois lieues de longueur. La plus grosse de ces pierres pesait moins de dix kilogrammes.

Depuis, de nombreuses chutes ont été non moins authentiquement constatées. Il ne se passe pas une seule année sans qu'on en reçoive plusieurs et sans qu'on ramasse un ou plusieurs morceaux, quelquefois brisés sur des rochers, quelquefois enfoncés sous le sol à plusieurs pieds de profondeur. Le 23 juillet 1872, par une belle journée d'été, il en est tombé un auprès de Blois, à Lancé, après une explosion telle qu'elle a été entendue de 80 kilomètres à la ronde. Il pesait 47 kilos, était tombé tombé à 15 mètres d'un berger, naturellement stupéfait, s'était enfoncé de 1ᵐ,60 dans un champ. Le 31 avril suivant, il en est tombé un près de Rome, avec un tel bruit, que les paysans crurent « que la voûte du ciel s'écroulait ». Sa vitesse était de 59 500 mètres par seconde à son arrivé dans l'atmosphère terrestre, et l'explosion l'a brisé en fragments. Ce bolide est arrivé à 5ʰ 15ᵐ du matin, d'une hauteur verticale de 184 kilomètres au-dessus de Rome, et, ce qu'il y a de plus curieux, c'est que, une heure et demie auparavant, on avait vu sur la mer, dans la direction d'où le bolide est arrivé, une masse lumineuse, intense et immobile. Le 14 mai 1864, le bolide

tombé à Orgueil (Tarn-et-Garonne) a été vu à une hauteur de 65 kilomètres et aperçu de Gisors (Eure), à 500 kilomètres de distance. Le
31 janvier 1879, il en est tombé un à Dun-le-Poëlier (Indre) auprès
d'un cultivateur qui se crut mort. Nous pourrions facilement multiplier ces exemples.

Et ces masses ne sont pas insignifiantes, comme on peut en juger
par les échantillons suivants :

1° Aérolithe ferrugineux trouvé en 1866 au milieu d'une plaine de sable du
Chili et pesant 104 kilogrammes, envoyé à Paris à l'Exposition de 1867 et actuellement au Muséum. Hauteur : 48 centimètres.

2° Aérolithe pierreux, tombé à Murcie (Espagne) le 24 décembre 1858, pesant
114 kilogrammes, envoyé également à l'Exposition de 1867 et rapporté au Musée
de Madrid.

3° Aérolithe tombé le 7 novembre 1492 à Ensisheim (Haut-Rhin), devant
l'empereur Maximilien, à la tête de son armée (miracle historique, présage de
la victoire : c'eût été plus curieux encore s'il était tombé juste sur la tête de
l'empereur), pesant 158 kilogrammes. On le plaça d'abord dans l'église, comme
une relique, et il est aujourd'hui au Musée minéralogique de Vienne.

4° Plusieurs milliers de pierres sont tombées le 9 juin 1866 à Kniahynia
Hongrie), au milieu d'un épouvantable bruit de tonnerre : le plus gros fragment,
qui figure à Vienne à côté du précédent, pèse 293 kilogrammes.

5° Bloc de fer météorique qui servait depuis un temps immémorial de banc à
la porte de l'église de Caille (Alpes-Maritimes). Son poids est de 625 kilogrammes.
Il a été transporté à Paris. (Nous en avons donné le dessin plus haut, p. 384).

6° Le Musée minéralogique de Londres possède une masse de fer trouvée
en 1788 à Tucaman (République argentine), qui pèse 635 kilogrammes.

7° Masse de fer météorique trouvée par Pallas en Sibérie en 1749 (c'est l'un
des premiers aérolithes reconnus). Il pesait 700 kilogrammes, et les fragments
qu'on a détachés l'ont réduit à 519. Il fait partie de la collection de Paris.

8° Aérolithe de 750 kilogrammes tombé en 1810 à Santa Rosa (Nouvelle-Gre-
nade). Son volume est à peu près le dixième d'un mètre cube.

9° Aérolithe de 780 kilogrammes qui servait d'idole dans l'église de Charcas
Mexique), enlevé par les soins du trop célèbre commandant en chef de l'expédition du Mexique, et actuellement à Paris. Hauteur : 1 mètre.

10° Aérolithe de 1 mètre de diamètre, tombé le 25 décembre 1869 à Mourzouk,
près d'un groupe d'Arabe effrayés.

11° Le plus lourd aérolithe authentique que l'on possède dans les collections
est celui qui fait l'ornement du Musée britannique. Découvert en 1861 près de
Melbourne (Australie). Deux fragments, pesant ensemble *trois mille kilogrammes*,
dont l'un est à Melbourne et l'autre à Londres.

A ces aérolithes, pesés, analysés et classés, nous pouvons adjoindre trois
autres fragments planétaires qui sont plus considérables encore : l'un, pesant 6350 kilogrammes, se trouve à Bahia, au Brésil, où il a été découvert
en 1816, puis analysé par Wollaston ; l'autre, pesant plus de dix mille kilogrammes, est tombé en Chine, vers la source du fleuve Jaune, et mesure 15 mètres
de hauteur. Les Mongols, qui l'appellent le *Rocher du Nord*, racontent que cette
masse tomba à la suite d'un grand feu du ciel. Le troisième gît dans la plaine
de Tucaman (Amérique du Sud) et pèse environ 15000 kilogrammes.

Nous pourrions ajouter à ces masses les énormes blocs de fer natif de dix, quinze et vingt mille kilogrammes trouvés en 1870, par le professeur Nordenskjold, à Ovifalk (Groënland), sur le rivage de la mer, si l'origine céleste de ces blocs de fer était démontrée ; mais elle paraît assez douteuse. Plus authentiques sont les vingt-cinq mille kilogrammes de fer trouvés en 1875 sur une montagne de la province de Sainte-Catherine, au Brésil, partagés en quatorze blocs orientés en ligne droite. On voit que, tout en ayant commencé par des aérolithes de quelques grammes, on arrive ici à des masses respectables. Il a dû, au surplus, tomber de temps immémorial des quantités de fer céleste, car les premiers instruments de fer fabriqués par les hommes ont été faits en fer météorique, et l'ancien mot par lequel on désignait ce métal, le mot *sidéros*, signifie *astre* aussi bien que *fer*.

Fig. 294. — Aérolithe tombé à Orgueil (Tarn-et-Garonne) le 14 mai 1864.

Il résulte de plusieurs centaines d'analyses, dues aux chimistes les plus éminents, que les météorites n'ont présenté aucun corps simple étranger à notre globe. Les éléments qu'on y a reconnus avec certitude jusqu'à présent sont au nombre de 22. Les voici, à peu près suivant leur quantité :

Le fer en constitue la partie dominante ; puis viennent : le magnésium ; — le silicium ; — l'oxygène ; — le nickel, qui est le principal compagnon du fer ; — le cobalt ; — le chrome ; — le manganèse ; — le titane ; — l'étain ; — le cuivre ; — l'aluminium ; — le potassium ; — le sodium ; — le calcium ; — l'arsenic ; — le phosphore ; — l'azote ; — le soufre ; — des traces de chlore, — et enfin du carbone et de l'hydrogène. — D'autre part, M. de Konkoly a analysé au spectroscope plusieurs centaines d'étoiles filantes, et trouvé dans leurs noyaux un spectre continu, avec les lignes du **sodium,** du **magnesium,** du **strontium,** du **lithium** et du fer.

La densité des aérolithes varie de 3 à 8, celle de l'eau étant prise pour unité ; elle est plus forte que celle des terrains du globe terrestre qui forment les couches extérieures que nous connaissons et s'étend jusqu'à celle des couches inférieures. M. Daubrée, qui a rassemblé, au Muséum de Paris, des échantillons de 240 chutes d'aérolithes, a classé

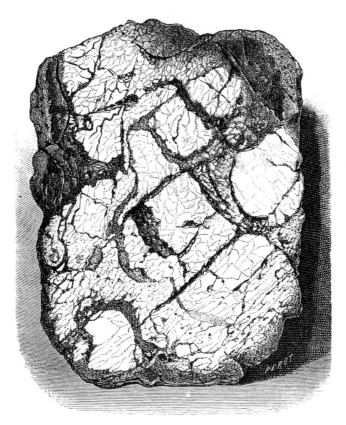

Fig. 295. — Couches superposées visibles dans un aérolithe de Sainte-Catherine.

ces corps en différents types suivant la quantité de fer qu'ils renfer· ment : 1° les *holosidères*, entièrement composés de fer pur, pouvant être forgé directement (le nickel y est toujours associé ; on n'a jamais trouvé sur la terre de fer natif aussi pur) ; échantillons rares ; — 2° les *syssidères*, composés d'une pâte de fer dans laquelle il y a des parties pierreuses, ordinairement du péridot, ressemblant à des scories ; — 3° les *sporadosidères*, composés d'une pâte pierreuse, dans laquelle le fer, au lieu d'être continu, est disséminé en grenailles ; très fréquents ; — 4° les *asidères*, dans lesquels il n'y a pas de fer du tout, comme l'aérolithe d'Orgueil ; très rares.

D'où viennent les aérolithes ?

Leur identité avec les bolides n'est plus douteuse, puisque toute chute d'aérolithe vient d'un bolide. Devons-nous aller plus loin et identifier les aérolithes et les bolides aux étoiles filantes ? Il ne le semble pas, car dans les averses d'étoiles filantes on ne remarque pas d'énormes bolides ni de chutes de pierres en correspondance avec ces averses. Ce fait nous montre que, si les étoiles filantes se meuvent dans l'espace suivant des orbites elliptiques de l'ordre cométaire, les bolides et les aérolithes peuvent avoir une origine et un cours différent. Que nous apprend l'analyse de leurs mouvements ?

On ne peut pas se préparer à leur apparition subite et imprevue comme on le fait pour celle des étoiles filantes, et l'observation en est toujours rapide et incomplète. Malgré ces difficultés, cependant, quelques bolides ont pu être soumis au calcul. Les voici :

Le 5 septembre 1868, à 8 heures 30 minutes du soir, un énorme bolide, se dirigeant de l'est à l'ouest, a traversé l'Autriche et la France. D'après les calculs de M. Tissot, fondés sur de nombreuses observations, le bolide s'est trouvé à sa plus courte distance de la Terre à 111 kilomètres de hauteur au zénith de Belgrade (Servie), est passé une seconde après à 112 kilomètres de là, au zénith d'Oukova (Slavonie), quatre secondes plus tard à 340 kilomètres plus loin, au zénith de Laybach (Carniole), à 126 kilomètres de hauteur ; dix secondes plus tard, à 862 kilomètres, au zénith de Saulieu (Côte-d'Or), à 242 kilomètres de hauteur ; trois secondes après, à 292 kilomètres au delà, au zénith de Mettray (Indre-et-Loire), à 307 kilomètres de hauteur. On le vit encore de Clermont-Ferrand, mais il disparut à l'horizon occidental. En dix-sept secondes, le bolide avait parcouru une distance de 1493 kilomètres, sa vitesse était de 79 kilomètres par seconde, et il avait dû arriver à la distance de Neptune le 2 septembre 1866 avec une vitesse initiale de 68 kilomètres. La masse terrestre n'exerce qu'une faible influence sur un mobile animé d'une telle vitesse, n'augmente que de 780 mètres la vitesse au moment du périgée. L'orbite est une *hyperbole*, dont l'excentricité = 2,59, et qui fait passer le bolide au périhélie le 25 septembre 1868, en dedans de l'orbite de Mercure, avec une vitesse de 100 kilomètres par seconde. *Le bolide arrivait de l'infini et y retournait.*

Le 14 juin 1877, à 8 heures 52 minutes du soir, un bolide non moins remarquable que le précédent est venu éclater entre Bordeaux et Angoulême, à 252 kilomètres de hauteur. Sa vitesse était de 68 kilomètres et son orbite également hyperbolique, d'après les calculs de M. Gruey, l'excentricité s'élevant au chiffre 7,79. Ce bolide, arrivant de l'infini, comme le précédent, traversait le système solaire presque en ligne droite.

Le 4 mars 1863, un bolide est tombé en Hollande, en arrivant avec une vitesse double de celle de la Terre. Calculée par Heis, la trajectoire est hyperbolique avec une excentricité de 8,74, presqu'une ligne droite à travers le système solaire, les deux branches faisant entre elles un angle de 163°.

Le bolide de Pultusk (30 janvier 1868), qui a jeté trois mille pierres sur le champ où il est tombé, était, d'après le calcul de Galle, une hyperbole de 2,28 d'excentricité au moins. Celui qui est tombé le 15 novembre 1859 dans l'Etat américain de New-Jersey venait également de l'infini en suivant une hyperbole, d'après les calculs de M. Newton.

Le 20 juillet 1860, un énorme bolide a traversé les États-Unis tout entiers, de l'ouest à l'est, s'est approché à 63 kilomètres de hauteur, et, volant avec une vitesse de 16 kilomètres par seconde, continua son cours dans l'espace. D'après les calculs de M. Coffin, son orbite était hyperbolique, avec une excentricité de 2,99. L'attraction de la Terre courba sensiblement cette orbite ou périgée, mais sans la rendre elliptique.

Le bolide de Pultusk (30 janvier 1868), qui a jeté trois mille pierres sur le champ ou il est tombé, suivait, d'après le calcul de Galle, une hyperbole de 2.28 d'excentricité au moins. Celui qui est tombé le 15 novembre 1859 dans l'État américain de New-Jersey venait également de l'infini en suivant une hyperbole, d'après les calculs de M. Newton.

Si l'on continue de trouver ainsi des orbites hyperboliques, la conséquence, fort importante pour la connaissance de l'univers, sera que ces corps n'appartiennent ni aux essaims d'étoiles filantes, ni aux orbites cométaires, ni au système planétaire. Jusqu'à présent, une seule orbite de bolide a été trouvée elliptique et de l'ordre planétaire, c'est celle du bolide qui traversa l'Angleterre le 27 novembre 1877. D'après le calcul de M. Tupman, son excentricité ne serait que de 0,1568, sa distance périhélie de 0,9858, et il tournerait autour du Soleil en 462 jours. On se souvient que le 27 novembre est la date à laquelle la Terre coupe l'orbite de la comète de Biéla.

Il peut se faire, du reste, que les aérolithes n'aient pas tous la même origine. Un fait bien remarquable, néanmoins, est l'analogie, l'identité, l'unité de composition qu'ils présentent, et qui, dès l'année 1855, avait conduit le minéralogiste américain Laurence Smith à émettre l'opinion que ce sont des minéraux volcaniques sortant d'un même corps céleste à peu près dépourvu d'oxygène, puisque le fer météorique est à l'état métallique, ce corps céleste étant la Lune. Nous avons vu, en effet (p. 182), que des matériaux projetés des volcans lunaires avec une force de 2500^m par seconde tomberaient sur nos têtes. Il y a tout autour de la Lune une sphère limite où l'attraction lunaire devient égale à l'attraction terrestre. Le mobile une fois lancé au delà doit céder à l'action supérieure de la Terre et se diriger vers nous. Mais les directions et les vitesses de certaines chutes prouvent qu'elles ne viennent pas de là. Il faut donc éliminer la Lune, au moins pour le plus grand nombre, si ce n'est pour tous ([1]).

___

([1]) Chladni écrivait, à la fin du siècle dernier : « La nature a la puissance de former des corps célestes, de les détruire, et d'en recomposer d'autres avec leurs débris » et émettait l'opinion que les aérolithes peuvent provenir d'un monde détruit. C'est l'idée généralement adoptée depuis, qu'il s'agisse d'un ou de plusieurs corps célestes réduits en morceaux. En 1868, M. Daubrée, admettant l'hypothèse d'une origine unique, a donné une idée théorique de la constitution possible du globe dont les météorites seraient les débris, ce globe ayant été analogue à celui que nous habitons comme disposition des couches géologiques, dont la densité va en croissant de la surface vers le centre, et la composition de ce globe « prouvant l'unité de constitution de

Tel est l'état de nos connaissances scientifiques sur les corps de notre système restés jusqu'à ce jour les plus mystérieux. Nous abordons définitivement ici le monde des étoiles et l'univers sidéral.

l'univers ». En 1871, M. Schiaparelli, discutant cette hypothèse d'un corps unique d'où dériveraient les météorites et la comparant aux orbites hyperboliques calculées en conclut à la probabilité d'une origine stellaire, laquelle, pourtant, ne peut se concilier avec l'hypothèse qu'elles dérivent d'un corps unique, et conduit plutôt à voir dans les météorites les débris de plusieurs astres de constitution analogue, — nouvelle probabilité en faveur de l'unité de constitution de l'univers. La même année, M. Meunier émit l'opinion que ces petits corps sont des débris de la désagrégation d'un petit satellite que la Terre voyait autrefois graviter autour d'elle ». Cette dernière hypothèse est la moins probable, étant données les vitesses hyperboliques que nous avons reconnues plus haut. Il n'en est pas moins vrai que les brèches géologiques visibles sur un grand nombre d'aérolithes prouvent une remarquable analogie entre la formation de ces produits et celle des terrains primitifs et des conglomérats volcaniques terrestres, comme ce géologue l'a montré par des exemples dont notre *fig.* 295 donne une idée complète. Il reste donc encore, dans cette intéressante étude, bien des points contradictoires, que la science est certainement destinée à élucider. Rien ne nous oblige à croire, d'ailleurs, que tous les aérolithes aient la même origine. Si la Lune a encore des volcans, plusieurs pierres peuvent nous en arriver; si les petites planètes ont des volcans, plusieurs scories peuvent tomber vers le Soleil et rencontrer la Terre; si les comètes se désagrègent, leurs débris peuvent croiser notre route céleste; si le Soleil et les étoiles lancent des éruptions assez violentes, les produits peuvent nous atteindre; ils sont tous réunis pour nous par un même caractère, leur inflammation en traversant notre atmosphère, mais ils peuvent être d'origines diverses. Ajoutons que, puisqu'il est reconnu qu'elles ne sont pas des produits de notre atmosphère, leur nom d'*aérolithes* devrait faire place à celui d'*uranolithes*, car ils arrivent du ciel.

Sans doute, nous pourrions désirer plus encore; s'ils nous apportaient, par exemple, quelque *fossile* de leur monde, végétal, animal ou *humain!* un tel dont serait pour nous d'une valeur sans égale. Qui sait? une pareille chute nous est peut-être réservée, si certains aérolithes viennent, non de volcans, mais de mondes réduits en morceaux.

Après avoir vu ces masses énormes tombées du ciel, on peut demander si leur chute sur la Terre ne peut produire des accidents, non seulement pour la vie humaine, mais encore pour la planète elle-même. L'observation a déjà constaté à cet égard certains faits historiques. Telles sont, par exemple, la chute de l'an 616, qui fracassa des chariots, disent les annales chinoises, et tua dix hommes; celle de 944, qui, d'après la chronique de Frodoard, enflamma des maisons; celle du 7 mars, qui incendia le *Palais de Justice de Paris;* celles de 1647 et de 1654, qui tuèrent, la première deux hommes en mer, la seconde un Franciscain à Milan. Tout récemment encore, en 1879, un paysan de Kansas-City (Californie) a été tué par un aérolithe qui a brisé un arbre en arrivant à terre avec une vitesse prodigieuse. D'après les descriptions précédentes, ces faits n'ont rien de surprenant. Toutefois, les aérolithes, quel que soit leur nombre, sont incomparablement moins destructifs que la foudre, car celle-ci tue chaque année 90 personnes par an, en France seulement.

Les diamètres des bolides varient depuis quelques mètres jusqu'à plusieurs kilomètres : les aérolithes n'en sont généralement que des débris succédant à l'explosion, qui tombent à terre avec une vitesse relativement faible, tandis que le bolide continue son cours. Celui du 19 mars 1718, qui passa, d'après Halley, à 119 lieues de la Terre, était presque aussi brillant que le soleil, et son diamètre réel atteignait 2560 mètres. Le 5 janvier 1837, Petit en mesura un de 2200 mètres, et le 18 août 1841, un de 3900 mètres. Ce sont là de véritables astres. Leur étude minutieuse et persévérante est certainement appelée à nous révéler bien des mystères, et, comme celle des comètes, est véritablement le trait d'union qui relie l'astronomie planétaire à l'astronomie sidérale.

LIVRE SIXIÈME

LES ÉTOILES

ET

L'UNIVERS SIDÉRAL

LIVRE VI

LES ÉTOILES

CHAPITRE PREMIER

La contemplation des cieux

La Terre est oubliée avec son histoire minuscule et éphémère. Le Soleil lui-même, avec tout son immense système, est tombé dans la nuit infinie. Sur l'aile des comètes intersidérales nous avons pris notre essor vers les étoiles, soleils de l'espace. Avons-nous exactement mesuré, avons-nous dignement senti le chemin parcouru par notre pensée? L'étoile la plus proche de nous trône à 222 000 fois 37 000 000 de lieues, c'est-à-dire à *huit trillions deux cents milliards* de lieues; jusque-là un immense désert nous environne de la plus profonde, de la plus obscure et de la plus silencieuse des solitudes.

Le système solaire nous paraissait bien vaste, l'abîme qui sépare notre monde de Mars, de Jupiter, de Saturne, de Neptune, nous paraissait immense; cependant, relativement aux étoiles fixes, tout notre système ne représente qu'une famille isolée nous entourant immédiatement : une sphère aussi vaste que le système solaire tout entier serait réduite à la dimension d'un simple point si elle était transportée à la distance de l'étoile la plus proche ! L'espace qui s'étend entre le système solaire et les étoiles et qui sépare les étoiles les unes des autres paraît entièrement vide de matière visible, à l'exception des fragments nébuleux, cométaires ou météoriques, qui circulent ça et là dans ces vides immenses. Trois mille sept cents systèmes comme le nôtre (terminé à Neptune) tiendraient dans l'espace qui nous isole de l'étoile la plus proche !

Qu'une épouvantable explosion s'accomplisse dans cette étoile, et que le son puisse traverser le vide qui nous en sépare : ce son n'emploierait pas moins de *trois millions d'années* pour arriver jusqu'à nous !

Il est presque merveilleux d'apercevoir les astres à une pareille distance. Quelle admirable transparence dans ces immenses espaces, pour laisser passer la lumière, sans l'épuiser, à cent mille millions de millions de kilomètres ! Autour de nous, dans l'air épais qui nous entoure, les montagnes sont déjà obscures et difficiles à voir à trente lieues; les moindres brumes nous dérobent les objets de l'horizon. Quelle n'est pas la ténuité, la raréfaction, la transparence extrême du milieu éthéré qui remplit les espaces célestes !

Nous voici donc sur le soleil le plus proche du nôtre. De là, notre éblouissant foyer est déjà perdu comme une petite étoile à peine reconnaissable parmi les constellations : terre, planètes, comètes, voguent dans l'invisible. Nous sommes dans un nouveau système. Approchons ainsi de chaque étoile, nous trouvons un soleil, tandis que tous les autres soleils de l'espace sont réduits au rang d'étoiles. Étrange réalité : l'état normal de l'univers, c'est la nuit. Ce que nous appelons le jour n'existe pour nous que parce que nous sommes près d'une étoile.

L'immense éloignement qui nous isole de toutes les étoiles les réduit à l'état de clartés immobiles fixées en apparence sous la voûte du firmament. Tous les regards humains depuis que l'humanité a dégagé ses ailes de la chrysalide animale, toutes les âmes depuis qu'il y a des âmes, ont contemplé ces lointaines étoiles perdues dans les profondeurs éthérées; nos aïeux de l'Asie centrale, les Chaldéens de Babel, les Égyptiens des Pyramides, les Argonautes de la Toison d'or, les Hébreux chantés par Job, les Grecs chantés par Homère, les Romains chantés par Virgile, tous ces yeux de la terre, depuis si longtemps éteints et fermés, se sont attachés de siècle en siècle à ces yeux du ciel, toujours ouverts, toujours animés, toujours vivants. Les générations terrestres, les nations et leurs gloires, les trônes et les autels ont disparu : le ciel d'Homère est toujours là. Qu'y a-t-il d'étonnant à ce qu'on l'ait contemplé, aimé, vénéré, questionné, admiré, avant même de rien connaître de ses vraies beautés et de ses insondables grandeurs? Mieux que le spectacle de la mer calme ou agitée, mieux que le spectacle des montagnes ornées de forêts ou couronnées de neiges perpétuelles, le spectacle du ciel étoilé nous attire, nous enveloppe, nous parle de l'infini, nous donne le vertige des abîmes; car, plus que nul autre, il saisit l'âme contemplative et l'appelle, étant la vérité, étant l'infini, étant l'éternité, étant *tout*. Des écrivains qui ne comprennent rien à la vraie poésie de la science moderne ont prétendu que le sentiment du sublime naît de l'ignorance et que pour admirer il faut ne point connaître. C'est assurément là une étrange erreur, et la meilleure preuve en est dans le charme captivant et l'admiration passionnée que la divine science inspire actuellement, non pas à quelques rares esprits seulement, mais à des milliers d'intelligences, à cent mille lecteurs passionnés pour la recherche du vrai, surpris, presque honteux d'avoir vécu dans l'ignorance et l'indifférence de ces réalités splendides, désireux d'accroître sans cesse leur conception des choses éternelles, et sentant l'admiration grandir dans leur âme éblouie à mesure qu'ils pénètrent plus avant dans l'infini (¹). Qu'est-ce que l'univers de Moïse, de Job, d'Hésiode, de Cicéron, à côté du nôtre! Cherchez dans tous les mystères religieux, dans toutes les surprises de l'art, en peinture, en musique, au théâtre, dans le roman, cherchez une contemplation intellectuelle qui produise dans l'âme l'impression du vrai, du grandiose, du sublime, comme la contemplation astronomique! La moindre étoile filante nous pose une question qu'il nous est difficile de ne pas entendre; elle semble nous

(¹) L'aspiration de l'esprit humain vers la Vérité, vers la conception du beau dans la nature, vers le progrès indéfini, constituant le fait le plus caractéristique de l'histoire de l'humanité, n'est-il pas singulier de voir, à notre époque, un écrivain consacrer sa vie entière à essayer de démontrer que « l'humanité, c'est de la viande »? N'est-il pas plus bizarre encore de voir un grand nombre de Français admettre cette définition?

dire : « Que sommes-nous dans l'univers ? » La comète semble ouvrir ses ailes pour nous emporter dans les profondeurs de l'espace ; l'étoile qui brille au fond des cieux nous montre un lointain soleil entouré d'humanités inconnues qui se chauffent à ses rayons.... Spectacles prodigieux, immenses, fantastiques, ils charment par leur captivante beauté celui qui s'arrête aux détails, et ils transportent dans la majesté de l'insondable celui qui se livre à son essor et prend son vol pour l'infini.....

> Nel ciel che più della sua luce prende
> Fu' io, e vidi cose che ridire
> Nè sa, nè puo qual di lassù discende.

« Je suis monté dans le ciel qui reçoit la plus de Sa lumière, et j'ai vu des choses que ne sait ni ne peut redire celui qui descend de là-haut, » s'écriait le Dante dès le premier chant de son poème sur le *Paradis*. Élevons-nous comme lui vers les célestes hauteurs, non plus sur les ailes tremblantes de la foi, mais sur les fortes ailes de la science. Ce que les étoiles vont nous apprendre est incomparablement plus beau, plus merveilleux, plus splendide que tout ce que nous pouvons rêver.

Parmi l'innombrable armée des étoiles qui scintillent dans la nuit infinie, le regard s'arrête de préférence sur les lumières les plus éclatantes et sur certains groupes qui font pressentir obscurément un lien mystérieux entre les mondes de l'espace. Ces groupes ont été remarqués à toutes les époques, même parmi les races d'hommes les plus grossières, et dès les premiers âges de l'humanité ils ont reçu des noms empruntés d'ordinaire au règne organique, qui donnent une vie fantastique à la solitude et au silence des cieux. Ainsi furent distingués de bonne heure les sept astres du nord ou le *Chariot* dont parle Homère, les *Pléiades* ou la « Poussinière », le géant *Orion*, les *Hyades* à la tête du Taureau, le *Bouvier*, près du Chariot ou de la Grande Ourse. Ces cinq groupes étaient déjà nommés il y a plus de trois mille ans, ainsi que les étoiles les plus brillantes du ciel : *Sirius, Arcturus*.

On ignore l'époque de la formation des constellations, mais on sait qu'elles ont été établies successivement. Le centaure Chiron, précepteur de Jason, a la réputation d'avoir le premier partagé le ciel sur la sphère des Argonautes ; mais c'est là de la mythologie, et d'ailleurs Job vivait avant l'époque où l'on place le précédent, et ce prophète parlait déjà d'Orion, des Pléiades, des Hyades, il y a trois mille trois cents ans. Homère parle également de ces constellations en décrivant le fameux bouclier de Vulcain. « Sur la surface, dit-il, Vulcain, avec une divine intelligence, trace mille tableaux variés. Il y représente la terre, les cieux, la mer, le soleil infatigable, la lune dans son plein, et tous les astres dont se couronne le ciel; les Pléiades, les Hyades, le brillant Orion, l'Ourse, qu'on appelle aussi le Chariot, et tourne autour du pôle : c'est la seule constellation qui ne se plonge pas dans les flots de l'Océan. » (*Iliade*, ch. XVIII.)

Plusieurs théologiens ont affirmé que c'est Adam lui-même, dans le paradis terrestre, qui a donné leurs noms aux étoiles, ce qui n'aurait rien d'impossible s'il avait vraiment existé : l'historien Josèphe assure que, si ce n'est pas Adam, c'est son fils Seth, et que dans tous les cas l'astronomie était cultivée longtemps avant le déluge. — Cette noblesse est suffisante pour nous.

Les premiers regards attentifs fixés sur le ciel firent remarquer aussi dès l'origine les belles étoiles : *Véga* de la *Lyre*, la *Chèvre* du Cocher, *Procyon* du Petit Chien, *Antarès* du Scorpion, *Altaïr* de l'Aigle, l'*Epi* de la Vierge, les *Gémeaux*, la *Chaise* ou Cassiopée, la Croix du *Cygne* blanc étendu en pleine *voie lactée*. Déjà remarquées à l'époque d'Hésiode et d'Homère, ces constellations et ces étoiles n'étaient probablement pas encore nommées, parce que sans doute on n'avait pas encore éprouvé le besoin de les inscrire pour une application quelconque au calendrier, à la navigation, ou aux voyages (¹).

A l'époque où la puissance maritime des Phéniciens était à son apogée, il y a trois mille ans environ, soit douze siècles avant notre ère, c'était l'étoile β de la Petite Ourse (revoir notre *fig.* 25, p. 47) qui était l'étoile brillante la plus voisine du pôle, et les habiles navigateurs de Tyr et de Sidon (ô pourpres d'autrefois, que reste-t-il de votre orgueil!) avaient reconnu les sept étoiles de la Petite Ourse, qu'ils nommaient la Queue du Chien, *Cynosure* : ils se dirigeaient d'après le pivot du mouvement diurne, et pendant plusieurs siècles ils surpassèrent

---

(¹) Les Chinois les avaient toutes désignées, il est vrai, à la même époque, mais leurs groupes comme leurs dénominations sont absolument différents des nôtres et ne paraissent avoir exercé aucune influence sur les fondements de l'histoire de l'astronomie. C'est un autre monde, d'autres méthodes, d'autres inspirations, comme si l'Asie et l'Europe avaient formé deux planètes distinctes : Un auteur distingué, M. Schlegel, vient de publier (1875) l'uranographie chinoise, qui se compose de 670 astérismes, et dont il croit pouvoir faire remonter l'origine jusqu'à dix-sept mille ans avant notre ère; son argumentation n'est pas convaincante, et il me semble que les origines mêmes de l'astronomie du Céleste-Empire ne doivent pas être fort antérieures au règne de l'empereur Hoang-ti, c'est-à-dire au xxviie siècle avant notre ère, et remontent tout au plus au temps de Fou-hi, c'est-à-dire au xxixe siècle. C'est vers la même époque, xxviiie siècle avant notre ère, que les Egyptiens, observant *Sirius*, dont le lever matinal annonçait le débordement du Nil, formèrent leur année caniculaire de 365 jours.

en précision tous les marins de la Méditerranée. Le Chien a cédé la place à une Ourse, sans doute à cause de la ressemblance de la configuration de ces sept étoiles avec les sept de la Grande Ourse, mais la queue est restée longue et relevée, en dépit de la nature du nouvel animal.

Ainsi les étoiles du nord ont d'abord servi de points de repère pour les premiers hommes qui osèrent s'aventurer sur les eaux. Mais elles servirent er même temps de guides sur la terre ferme pour les tribus nomades qui portaient leurs tentes de contrée en contrée. Au sein de la nature sauvage, les premiers guerriers eux-mêmes n'avaient que la Petite Ourse pour guider leurs pas.

Insensiblement, successivement, les constellations furent formées. Quelques groupes ressemblent aux noms qu'ils portent encore et ont inspiré leur dénomination aux hommes d'autrefois qui vivaient en pleine nature et cherchaient partout des rapports avec leurs observations habituelles. Le Chariot; la Chaise; les Trois-Rois, nommés aussi le Râteau, le Bâton de Jacob et le Baudrier d'Orion; la Poussinière, ou la Poule et ses Poussins; la Flèche; la Couronne; le Triangle; les Gémeaux; le Dragon; le Serpent; et même le Taureau, le Cygne, le Géant Orion, ont donné naissance à l'analogie. — Puis vinrent des rapports entre les travaux des champs, les événements de l'année, les saisons et les constellations qui semblaient y présider : le Verseau et les Poissons en correspondance avec la pluie et l'eau, le Lion avec les chaleurs de l'été, le Bélier avec le printemps, l'épi de la Vierge et la Vendangeuse avec les moissons ou les vendanges, le chien Sirius, qui annonçait la crue du Nil et les jours caniculaires (lesquels sont restés dans notre calendrier comme un beau type d'anachronisme). — La poésie, la reconnaissance, la divinisation des héros, la mythologie, transportèrent ensuite dans le ciel des personnages et des souvenirs : Hercule, Persée, Andromède, Céphée, Cassiopée, Pégase; plus tard, à l'époque romaine, on ajouta la Chevelure de Bérénice et Antinoüs; plus tard encore, dans les temps modernes, on ajouta la Croix du Sud, l'Indien, l'Atelier du Sculpteur, le Lynx, la Girafe, les Lévriers, l'Ecu de Sobieski, le Petit Renard; — on alla même jusqu'à placer dans le ciel une montagne, un chêne, un paon, une dorade, une oie, un chat, une grue, un lézard et une mouche, ce qui n'avait rien d'urgent.

Ce n'est pas ici le lieu d'exposer et de dessiner en détail toutes ces constellations avec leurs figures plus ou moins étranges ; elles ne sont pas d'un intérêt général, et leurs descriptions, curieuses seulement pour les esprits qui s'y intéressent, trouveront leur place naturellement préparée dans notre *Supplément*. L'important est de nous

Au sein de la nature sauvage, les premiers guerriers eux-mêmes n'avaient que la Petite Ourse
pour guider leurs pas.

en former ici une idée générale, but qui sera atteint par l'examen de notre planche VIII (*voir* à la fin du volume), qui représente l'ensemble des constellations (¹). L'équateur traverse horizontalement ces deux mappemondes, l'écliptique les coupe obliquement sur l'angle de son obliquité : 23° 27'; le pôle nord est en haut, le pôle sud en bas; l'hémisphère boréal se compose donc des deux moitiés supérieures de la mappemonde, l'hémisphère austral des deux moitiés inférieures.

Le ciel est resté partagé en provinces dont chacune continue de porter le nom de la constellation primitive. Mais il importe de concevoir que les positions des étoiles elles-mêmes, telles que nous les voyons, n'ont rien d'absolu, et que les configurations diverses qu'elles peuvent nous offrir ne sont qu'une affaire de perspective. Nous savons déjà que le ciel n'est pas une sphère concave sous laquelle des clous brillants seraient attachés, mais qu'il n'y a aucune espèce de voûte; qu'un vide immense, infini, enveloppe la Terre de toutes parts, dans toutes les directions. Nous savons aussi que les étoiles, soleils de l'espace, sont disséminées à toutes les distances dans la vaste immensité. Lors donc que nous remarquons dans le ciel plusieurs étoiles voisines, cela n'implique pas que ces étoiles, formant une même constellation, se trouvent sur un même plan et à une égale distance de la Terre. Nullement : la disposition qu'elles revêtent à nos yeux n'est qu'une apparence causée par la position de la Terre vis-à-vis d'elles. C'est là une pure affaire de perspective. En quittant notre monde et en nous transportant en un lieu de l'espace suffisamment éloigné, nous serions témoins, dans la disposition apparente des astres, d'une variation d'autant plus grande que notre station d'observation serait plus éloignée de celle où nous sommes. Un instant de réflexion suffit pour convaincre de ce fait et pour nous dispenser d'insister davantage a son égard.

Une fois ces illusions appréciées à leur juste valeur, nous pouvons commencer la description des figures dont la Fable antique a constellé la sphère. La connaissance des constellations est nécessaire pour l'observation du ciel, et pour les recherches que l'amour des sciences et la curiosité peuvent inspirer; sans elle on se trouve dans un pays inconnu, dont la géographie ne serait pas faite, où il serait impossible de se reconnaître. Faisons donc la géographie céleste; voyons comment on s'oriente pour lire couramment dans le grand livre du Ciel.

(¹) Nous publierons au Supplément le Ciel entier en dix-huit planches

CHAPITRE II

Description générale des constellations. Comment on reconnaît les principales étoiles.

Il y a une constellation que tout le monde connaît ; pour plus de simplicité, nous commencerons par elle : elle voudra bien nous servir de point de départ pour aller vers les autres et de point de repère pour trouver ses compagnes. Cette constellation, c'est la *Grande Ourse*, que l'on a surnommée aussi le *Chariot de David*.

Elle peut se vanter d'être célèbre. Si pourtant, malgré son universelle notoriété, quelques-uns de nos lecteurs les plus jeunes n'avaient pas encore eu l'occasion de lier connaissance avec elle, voici le signalement auquel on pourra toujours la reconnaître.

Tournez-vous vers le nord, c'est-à-dire à l'opposé du point où le soleil se trouve à midi. Quelle que soit la saison de l'année, le jour du mois ou l'heure de la nuit, vous verrez toujours là une grande constellation formée de sept belles étoiles, dont quatre en quadrila-

tère et trois à l'angle d'un côté ; le tout distribué comme on le voit sur cette figure.

Vous l'avez tous vue, n'est-ce pas ? Elle ne se couche jamais. Nuit et jour elle veille au-dessus de l'horizon du nord, tournant lentement, en vingt-quatre heures, autour d'une étoile dont nous allons parler tout à l'heure. Dans la figure de la Grande Ourse, les trois étoiles de l'extrémité forment la queue, et les quatre en quadrilatère se trouvent dans le corps. Dans le *Chariot*, les quatre étoiles forment les roues, et les trois le timon, les chevaux ou les bœufs. Au-dessus de la seconde d'entre ces dernières, les bonnes vues distinguent une toute petite étoile, nommée Alcor, que l'on appelle aussi le Cavalier. On s'en sert pour éprouver la portée de la vue. Chaque étoile est désignée par une lettre de l'alphabet grec : α et β marquent les deux premières étoiles du carré, γ et δ les deux suivantes, ε, ζ, η les trois du timon; on leur a également donné des noms arabes, que nous passerons sous silence parce qu'ils sont généralement inusités, à l'exception toutefois de celui du second cheval : Mizar. (A propos des lettres grecques, un grand nombres de personnes pensent qu'il serait préférable de les supprimer et de les remplacer par des chiffres. Ce serait déjà impossible pour la pratique de l'astronomie, et ensuite des confusions inévitables en résulteraient à cause des numéros que les étoiles portent dans les catalogues.)

Les Latins donnaient aux bœufs de labour le nom de *triones*; au lieu de dire un chariot et trois bœufs, ils finirent par dire les sept bœufs, *septem-triones*. C'est de là que dérive le mot septentrion, et il y a sans doute aujourd'hui peu de personnes qui, en écrivant ce mot, savent qu'elles parlent de sept bœufs. — Il en est de même, du reste, de beaucoup d'autres mots! Qui se souvient, par exemple, en prononçant le mot *tragédie*, qu'il parle du chant du bouc : *tragôs-odè*?

Reportons-nous à la figure tracée plus haut. Si l'on mène une ligne droite par les deux étoiles marquées α et β, qui forment l'extrémité du carré, et qu'on la prolonge au delà de α d'une quantité égale à cinq fois la distance de β à α, ou, si l'on veut, d'une quantité égale à la distance de α à l'extrémité de la queue η, on trouve une étoile un peu moins brillante que les précédentes, qui forme l'extrémité d'une figure pareille à la Grande Ourse, mais plus petite et dirigée en sens contraire. C'est la *Petite Ourse* ou le *Petit Chariot*, formée également

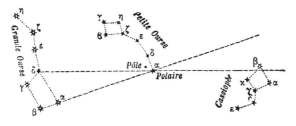

de sept astres. L'étoile à laquelle notre ligne nous mène, celle qui est à l'extrémité de la queue de la Petite Ourse ou au bout du timon du Petit Chariot, c'est l'*Etoile polaire*.

L'Etoile polaire jouit d'une certaine renommée, comme tous les personnages qui se distinguent du commun, parce que, seule parmi tous les astres qui scintillent dans nos nuits étoilées, elle reste immobile dans les cieux. A quelque moment de l'année, du jour ou de la nuit que vous observiez le ciel au lieu permanent qu'elle occupe, vous la rencontrerez toujours. Toutes les étoiles, au contraire, tournent en vingt-quatre heures autour d'elle, prise pour centre de cet immense tourbillon. La Polaire demeure immobile sur un pôle du monde, d'où elle sert de point fixe aux navigateurs de l'Océan sans routes, comme aux voyageurs du désert inexploré.

En regardant l'Etoile polaire, immobile, au milieu de la région septentrionale du ciel, on a le sud derrière soi, l'est à droite, l'ouest à gauche. Toutes les étoiles tournent autour de la polaire en sens contraire du mouvement des aiguilles d'une montre, et doivent être reconnues selon leurs rapports mutuels plutôt que rapportées aux points cardinaux.

De l'autre côté de la Polaire, par rapport à la Grande Ourse, se trouve une autre constellation que nous pouvons trouver tout de suite aussi. Si de l'étoile du milieu (δ) on mène une ligne au pôle, en prolongeant cette ligne d'une égale quantité (*voy.* la *fig.* précédente), on arrive à *Cassiopée*, formée de 5 étoiles principales, disposées un peu comme les jambages écartés de la lettre **m**. La petite étoile **x**, qui termine le carré, lui donne aussi la forme d'une *chaise*. Ce groupe prend toutes les situations possibles en tournant autour du pôle, se trouvant tantôt au-dessus, tantôt au-dessous, tantôt à gauche, tantôt à droite; mais il est toujours facile à reconnaître, attendu que, comme les précédents, il ne se couche jamais, et qu'il est toujours à l'opposé de la Grande Ourse. L'Etoile polaire est l'essieu autour duquel tournent ces deux constellations.

Si nous tirons maintenant, des étoiles α et δ de la Grande Ourse, deux lignes se joignant au pôle, et que nous prolongions ces lignes au delà de Cassiopée, elles aboutiront au carré de *Pégase* (*v.* la *fig.* suiv.) qui présente un prolongement de trois étoiles assez semblables à celles de la Grande Ourse. Ces trois étoiles appartiennent à *Andromède*, et aboutissent elles-mêmes à une autre constellation, à *Persée*. La dernière étoile du carré de Pégase est, comme on voit, la première, α, d'Andromède; les trois autres se nomment: γ, α et β. Au nord de β d'Andromède se trouve, près d'une petite étoile, ν, une nébuleuse oblongue que l'on peut distinguer à l'œil nu. Dans Persée, α, la brillante, sur le prolongement des trois principales d'Andromède, apparaît entre deux autres moins éclatantes, qui forment avec elle un arc concave très facile à distinguer. Cet arc va nous servir pour une

nouvelle orientation. En le prolongeant du côté de *∂*, on trouve
une étoile très brillante de première grandeur : c'est la *Chèvre*, ou
Capella. En formant un angle droit à cette prolongation du côté du

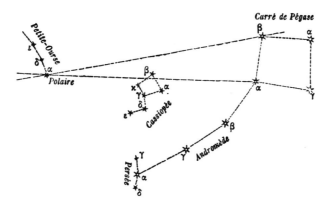

sud, on arrive aux *Pléiades*. Non loin de là est une étoile changeante,
Algol, ou la *Tête de Méduse*, qui varie de la 2e à la 4e grandeur en
2 jours 20 heures 48 minutes 54 secondes. Nous
ferons connaissance plus tard avec ces astres étonnants. Ajoutons que dans cette région l'étoile *γ*
d'Andromède est l'une des plus belles étoiles doubles (elle est même triple).

Si maintenant nous prolongeons au delà du carré
de Pégase la ligne courbe d'Andromède, nous atteignons la Voie lactée et nous rencontrons dans ces
parages : le Cygne, pareil à une croix, la Lyre, où brille Véga, l'Aigle
(Altaïr, et non Ataïr comme on l'écrit) avec deux satellites.

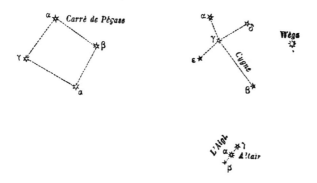

Tels sont les principaux personnages qui habitent les régions circumpolaires, d'un côté ; tout à l'heure, nous ferons plus ample con-

naissance avec eux. Pendant que nous sommes à tracer des lignes de repère, gardons encore un peu de patience, et terminons notre révision sommaire de cette partie du ciel.

Voici maintenant le côté opposé à celui dont nous venons de parler, toujours auprès du pôle. Revenons à la Grande Ourse. Prolongeant

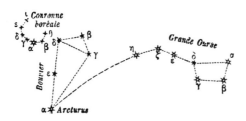

la queue dans sa courbe, nous trouverons à quelque distance de là une étoile de première grandeur, *Arcturus* ou α du *Bouvier*. Un petit cercle d'étoiles, que l'on voit à gauche du Bouvier, constitue la *Couronne boréale*. Au mois de mai 1866, on a vu briller là une belle étoile dont l'éclat n'a duré que quinze jours. La constellation du Bouvier est tracée en forme de pentagone. Les étoiles qui la composent sont de troisième grandeur, à l'exception d'*Arcturus*, qui est de première. Celle-ci est l'une des plus proches de la Terre, car elle fait partie du petit nombre de celles dont la distance a pu être mesurée : elle n'est qu'à une soixantaine de trillions de lieues d'ici. Elle brille d'une belle couleur jaune d'or. L'étoile ε, que l'on voit au-dessus d'elle, est *double*,

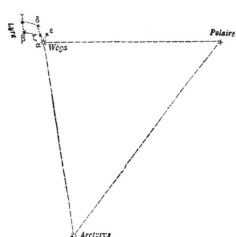

c'est-à-dire que le télescope la décompose en deux astres distincts : l'un jaune, l'autre bleu.

Cette description technique est loin de la poésie de la nature; mais il importe surtout ici d'être clair et précis. Supposons-nous d'ailleurs sous la voûte étoilée, par une belle nuit d'été splendide et silencieuse, et songeons que chacun de ces points que nous cherchons à reconnaître est un monde, on plutôt un système de mondes. Voyez ce triangle équilatéral; il nous permet de poser successivement les yeux sur trois importants soleils : Véga de la Lyre, Arcturus du Bouvier, et la Polaire qui veille au-dessus des solitudes de notre mystérieux pôle nord : bien des martyrs de la science sont morts en la contemplant!... Dans douze mille ans, nos arrière-petits-enfants verront la Lyre gouverner au pôle l'harmonie des cieux.

Les étoiles qui avoisinent le pôle, et qui ont reçu pour cela le nom de circumpolaires, sont distribuées dans les groupes qui viennent d'être indiqués. J'engage fort mes jeunes lecteurs à profiter de quelques belles soirées pour s'exercer à trouver eux-mêmes ces con-

Étoiles principales qui environnent le pôle nord, perpétuellement visibles en France.

stellations dans le ciel. Le meilleur moyen est de s'aider des aligne- ments précédents et du dessin d'ensemble reproduit ici.

Ce sont là les principales étoiles et constellations de l'hémisphère boréal, dont le sommet est au pôle nord et dont la base est à l'équateur. Viennent maintenant dans l'ordre de notre description les douze con- stellations de la ceinture du zodiaque, qui fait le tour du ciel, inclinée de 23° sur l'équateur, et dont l'écliptique, route apparente du soleil, forme la ligne médiane. Le nom de zodiaque, donné à la zone d'étoiles que le soleil traverse pendant le cours de l'année vient de ζώδιον, *animal*, étymologie que l'on doit au genre de figures tracées sur cette bande d'étoiles. Ce sont, en effet, les animaux qui dominent dans ces figures. On a divisé la circonférence entière du ciel en douze parties, que l'on a nommées les douze signes du Zodiaque, et nos pères les appelaient « les maisons du Soleil », ou encore « les résidences mensuelles d'Appollon », parce que l'astre du jour en visite une chaque mois et revient à chaque printemps à l'origine de la cité zodiacale. Deux mémorables vers latins du poète Ausone nous présentent ces douze signes dans l'ordre où le soleil les parcourt, et c'est encore le moyen le plus facile qui se présente pour les retenir par cœur :

> Sunt : *Aries, Taurus, Gemini, Cancer, Leo, Virgo,*
> *Libraque, Scorpius, Arcitenens, Caper, Amphora, Pisces.*

Ou bien, en français : le Bélier ♈, le Taureau ♉, les Gémeaux ♊, le Cancer ♋, le Lion ♌, la Vierge ♍, la Balance ♎, le Scorpion ♏, le Sagittaire ♐, le Capricorne ♑, le Verseau ♒ et les Poissons ♓, Les signes placés à côté de ces noms sont un vestige des hiéroglyphes primitifs qui les désignaient : ♈ représente les cornes du Bélier ; ♉ la tête du Taureau ; ♒ est un courant d'eau, etc.

Si nous connaissons maintenant notre ciel boréal, si ses étoiles les plus importantes sont suffisamment marquées dans notre esprit avec les rapports réciproques qu'elles gardent entre elles, nous n'avons plus de confusion à craindre, et il nous sera facile de reconnaître les constellations zodiacales. Cette zone peut nous servir de ligne de partage entre le nord et le sud. En voici la description :

Le *Bélier*, qui s'avance en tête de son troupeau et en règle pour ainsi dire la marche, ouvre la série. Cette constellation n'a, par elle-même, rien de remarquable : la plus brillante de ses étoiles indique la base de l'une des cornes du conducteur de brebis ; elle n'est que de seconde grandeur. Mais le choix de son nom ne manquait pas d'à-propos. — Après le *Bélier* vient le *Taureau*. Admirez, par une belle nuit d'hiver, les douces Pléiades qui scintillent dans l'éther : non loin d'elles brille une belle étoile rouge. C'est l'*Œil* du Taureau, Aldébaran, étoile de première grandeur et l'une des plus belles de notre ciel. (Suivre pour cette description notre plan du zodiaque reproduit ci-dessous.) — Nous arrivons aux *Gémeaux*, dont les têtes sont marquées par deux belles étoiles, de deuxième grandeur, situées un peu au-dessus d'une étoile de première grandeur : Procyon ou le Petit Chien, — le *Cancer* ou Écrevisse, constellation fort peu apparente ; ses étoiles les plus visibles ne sont que de quatrième grandeur, et occupent le corps de l'animal ; — le *Lion*, belle constellation, marquée par une étoile de première grandeur, *Régulus*, par une seconde, β, et par plusieurs autres, de deuxième à troisième grandeur disposées en trapèze ; — la *Vierge*, indiquée par une étoile très brillante, de première grandeur, l'*Epi*, située dans le voisinage d'une étoile, également de première grandeur, *Arcturus*, qui se trouve sur le prolongement de la queue de la Grande Ourse ; — la *Balance*, indiquée par deux étoiles de deuxième grandeur, qui ressembleraient exactement aux Gémeaux, si elles étaient plus rapprochées l'une de l'autre ; — le *Scorpion*, constellation remarquable ; une étoile de première grandeur, d'un bel éclat rouge, marque le *Cœur* (Antarès), au milieu de deux étoiles de troisième ordre, surmontées de trois

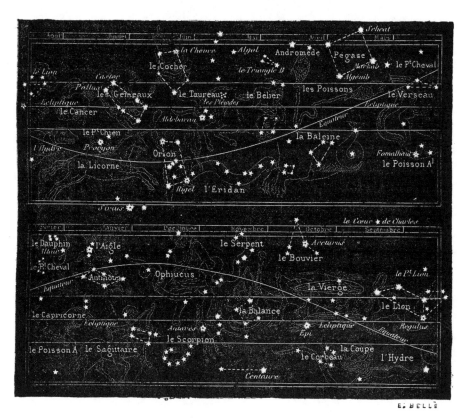

Principales étoiles et constellations du zodiaque.

étoiles brillantes, disposées en diadème ; — le *Sagittaire*, dont la flèche, indiquée par trois étoiles (de deuxième à troisième grandeur) est dirigée vers la queue du Scorpion ; — le *Capricorne*, constellation peu apparente, qui se reconnaît à deux étoiles de troisième grandeur, très rapprochées l'une de l'autre ; et désignant la base des cornes de l'animal hiéroglyphique ; — le *Verseau*, indiqué par trois étoiles de troisième grandeur, disposées en triangle et dont la plus septentrionale occupe un point de l'équateur ; — les *Poissons*, composés d'étoiles à peine apparentes (de troisième à quatrième grandeur), situées au sud d'un grand et magnifique quadrilatère, le carré de Pégase, dont nous avons déjà parlé.

Nous venons d'énumérer les constellations zodiacales dans l'ordre du mouvement direct (de l'ouest à l'est) du soleil, de la lune et des planètes, qui les traversent. Elles marquaient à l'époque de leur formation le passage mensuel du soleil dans chacune d'elles :

Fig. 307. — Ancien zodiaque égyptien.

Le Ciel devint un livre où la Terre étonnée,
Lut en lettres de feu l'histoire de l'année.

La distribution des étoiles par groupes figuratifs fut la première écriture véritablement hiéroglyphique : elle était gravée au firmament en caractères ineffaçables !

Le zodiaque a joué un grand rôle dans l'histoire ancienne de

chaque peuple, dans la formation des calendriers, dans la fixation des
fêtes publiques, dans la constitution des ères. La découverte du
zodiaque de Dendérah (¹), faite par les savants français en Égypte à la
fin du siècle dernier, avait d'abord fait croire (*voy*. Dupuis, Lalande,
Laplace) à une antiquité de quinze mille ans ; mais il est aujourd'hui
démontré qu'il faut retrancher de cette date la moitié du cycle de la

Fig. 308. — Ancien zodiaque arabe.

précession, c'est-à-dire près de treize mille ans, ce qui ramène cette
sculpture à deux mille ans de notre époque seulement, et c'est en
effet ce qui correspond, d'autre part, aux témoignages de l'archéologie.
Il est remarquable que tous les anciens zodiaques et calendriers qui
nous ont été conservés commencent l'année à la constellation du
Taureau, comme nous l'avons déjà remarqué plus haut (p. 55). Le
zodiaque de la pagode d'Éléphanta (Salsette) a en tête de la marche
des signes le Taureau sacré, le bœuf Apis, Mithra, dont la promenade

(¹) Voy. la fig. de ce zodiaque dans mon *Histoire du Ciel*, sixième Soirée.

du bœuf gras, que l'on fait encore actuellement aux environs de Paris, est un lointain vestige. Le plafond d'une chambre sépulcrale de Thèbes porte le Taureau en tête de la procession. Le zodiaque d'Esné, le tableau astronomique découvert par Champollion dans le Rhamesseum de Thèbes remontent à la même origine, entre deux et trois mille ans avant notre ère; Biot admet même pour celui-ci l'an 3285, l'équinoxe de printemps passant par les Hyades, sur le front du Taureau. Le P. Gaubil a constaté que, dès l'antiquité, les Chinois ont rapporté le commencement du mouvement apparent du Soleil aux étoiles du Taureau, et nous avons une observation chinoise de l'étoile η des Pléiades comme marquant l'équinoxe de printemps l'an 2357 avant notre ère. Hésiode chante les Pléiades dirigeant les travaux de l'année, et le nom de Vergiliæ, que leur donnaient les anciens Romains, les associent à l'origine de l'année au printemps.

Sans entrer dans aucun détail de discussion sur les différents zodiaques qui nous ont été conservés des peuples les plus anciens et les plus divers, qu'il nous suffise de jeter un coup d'œil sur ceux qui sont reproduits ici pour apprécier le rôle qu'ils ont joué dans les religions antiques. Plusieurs signes zodiacaux sont devenus de véritables dieux. Notre *fig.* 307 reproduit le planisphère égyptien des paranatellons, d'après l'*Œdipe* de Kircher. Celui qui est re-

Fig. 309. — Ancien zodiaque hindou.

produit ensuite (*fig.* 308) a été gravé au XIIIᵉ siècle sur un miroir magique arabe dédié au prince souverain Aboulfald, « sultan victorieux, lumière du monde », si l'on en croit l'inscription emphatique qui l'encadre. Le troisième est un ancien zodiaque hindou. On voit aussi ci-dessous (*fig.* 310) un zodiaque chinois frappé sur un talisman encore en usage aujourd'hui; mais ses douze signes diffèrent des nôtres; ce sont : la Souris, la Vache, le Tigre, le Lapin, le Dragon, le Sergent, le Cheval, le Bélier, le Singe, la Poule, le Chien, le Cochon. Le quatrième représente aussi une médaille chinoise, sur laquelle on voit la constellation *Téou*, la Grande Ourse (qu'ils appellent le Boisseau), le Serpent, l'Épée et la Tortue : c'est un talisman destiné à donner du courage ; il paraît que les Chinois en ont grand besoin et qu'elle est aussi répandue que les médailles de l'Immaculée Conception en France.

De toutes les constellations zodiacales, c'est celle du Taureau qui a joué le principal rôle dans les mythes antiques, et, dans cette constellation même, c'est le tremblant amas des Pléiades qui paraît avoir réglé l'année et le calendrier chez tous les anciens peuples.

Fig. 310. — Zodiaque chinois frappé sur un talisman.

Fig. 311. — Médaille chinoise portant la Grande Ourse.

Le déluge mosaïque lui-même, rapporté au 17 Athir (novembre), en commémoration d'une inondation importante, avait sa date en coïncidence avec l'apparition des Pléiades ([1]).

Mais nous oublions les étoiles.

Si l'on a bien suivi nos descriptions sur nos cartes, on connaît maintenant les constellations zodiacales aussi bien que celles du nord. Il nous reste peu à faire pour connaître le ciel tout entier. Mais il y a un complément indispensable à ajouter à ce qui précède. Les étoiles circumpolaires sont perpétuellement visibles sur l'horizon de Paris ; en quelque moment de l'année qu'on veuille les observer, il suffit de se tourner du côté du nord, et on les trouve

([1]) Voy. *Astronomical Myths based on Flammarion's Heavens*, by J. Blake. London 1877.

toujours, soit au-dessus de l'Étoile polaire, soit au-dessous, soit d'un côté, soit de l'autre, gardant toujours entre elles les rapports qui nous ont servi à les trouver. Les étoiles du zodiaque ne leur ressemblent pas sous ce point de vue, car elles sont tantôt au-dessus de l'horizon, tantôt au-dessous. Il faut donc savoir à quelle époque elles sont visibles. Il nous suffira pour cela de rappeler ici la constellation qui se trouve au milieu du ciel, à *neuf heures du soir*, pour le premier jour de chaque mois, celle, par exemple, qui traverse à ce moment une ligne descendant du zénith au sud. Cette ligne est le *méridien*, dont nous avons déjà parlé : toutes les étoiles la traversent une fois par jour, marchant de l'est à l'ouest, c'est-à-dire de gauche à droite. En indiquant chacune des constellations qui passent à l'heure indiquée, nous donnons ainsi le centre des constellations visibles. (Ces indications sont inscrites, pour neuf heures du soir et minuit, sur la bande équatoriale de notre planisphère céleste, pl. VI.)

Le 1er janvier, le Taureau passe au méridien à 9 heures du soir : remarquer Aldébaran, les Pléiades. — Au 1er février, les Gémeaux n'y sont pas encore, on les voit un peu à gauche. — 1er mars : Castor et Pollux sont passés, Procyon au sud; les petites étoiles de l'Écrevisse à gauche. — 1er avril : le Lion, Régulus. — 1er mai : β du Lion, Chevelure de Bérénice. — 1er juin : l'Epi de la Vierge, Arcturus. — 1er juillet : la Balance, le Scorpion. — 1er août : Antarès, Ophiuchus. — 1er septembre : Sagittaire, Aigle. — 1er octobre : Capricorne, Verseau. — 1er novembre : Poissons, Pégase. — 1er décembre : le Bélier.

Notre révision générale du ciel étoilé doit maintenant être complétée par les astres du ciel austral.

Observez notre carte zodiacale : au-dessous du Taureau et des Gémeaux, au sud du Zodiaque, vous remarquerez le géant Orion qui lève sa massue vers le front du Taureau. Sept étoiles brillantes se distinguent; deux d'entre elles, α et β, sont de première grandeur; les cinq autres sont de second ordre. α et γ marquent les épaules, ϰ le genou droit, β le genou gauche; δ, ε ζ marquent le Baudrier ou la Ceinture; au-dessous de cette ligne est une traînée lumineuse de trois étoiles très rapprochées : c'est l'Épée. Entre l'épaule occidentale γ et le Taureau, se voit le bouclier, composé d'un file de petites étoiles La tête est marquée par une petite étoile, λ, de quatrième grandeur.

Par une belle soirée d'hiver, tournez-vous vers le sud, et vous reconnaîtrez immédiatement cette constellation géante. Les quatre étoiles α, γ, β, ϰ occupent les angles d'un grand quadrilatère, les trois autres, δ, ε, ζ, sont serrées en ligne oblique au milieu de ce quadrilatère. α, de l'angle nord-est, se nomme *Betelgeuse* (ne pas lire Betei-

La Croix du Sud règne en silence sur les solitudes glacées du pôle austral, où le navire ne s'avance qu'avec inquiétude.

geuse, comme la plupart des traités l'impriment); β, de l'angle sud-ouest, se nomme *Rigel*.

La ligne du Baudrier, prolongée des deux côtés, passe au nord-ouest par *Aldébaran* ou l'œil du Taureau, que nous connaissons déjà, et au sud-est par *Sirius*, la plus belle étoile du ciel, dont nous nous occuperons bientôt.

Cette belle constellation est facile à reconnaître : 1° sur le frontispice même de la p. 675, 2° sur le plan zodiacal de la p. 691, 3° sur notre carte générale (*Pl. VI*, p. 700) sur laquelle toutes les étoiles du ciel sont placées, jusqu'à la quatrième grandeur.

C'est pendant les belles nuits d'hiver que cette constellation brille le soir sur nos têtes. Nulle autre saison n'est aussi magnifiquement constellée que les mois d'hiver. Tandis que la nature nous prive de certaines jouissances d'un côté, elle nous en offre en échange de non moins précieuses. Les merveilles des cieux se présentent depuis le Taureau et Orion à l'est, jusqu'à la Vierge et au Bouvier à l'ouest : sur dix-huit étoiles de première grandeur que l'on compte dans toute l'étendue du firmament, une douzaine sont visibles de neuf heures à minuit, sans préjudice des belles étoiles de second ordre, des nébuleuses remarquables et d'objets célestes très dignes de l'attention des mortels. C'est ainsi que la nature établit une compensation harmonieuse, et que, tandis qu'elle assombrit nos journées d'hiver rapides et glacées, elle nous donne de longues nuits enrichies des plus opulentes créations du ciel.

La constellation d'Orion est non seulement la plus riche en étoiles brillantes, mais elle recèle encore pour les initiés des trésors que nulle autre ne saurait offrir. On pourrait presque l'appeler la Californie du Ciel.

Au sud-est d'Orion, sur la ligne des Trois Rois, resplendit la plus magnifique de toutes les étoiles, *Sirius*, ou α de la constellation du *Grand Chien*. Cet astre de première grandeur marque l'angle supérieur oriental d'un grand quadrilatère dont la base, voisine de l'horizon à Paris, est adjacente à un triangle. Cette constellation se lève, le soir, à la fin de novembre, passe au méridien à minuit à la fin de janvier, et se couche à la fin de mars. Elle a joué le plus grand rôle dans l'astronomie égyptienne, car c'est elle qui réglait le calendrier antique. C'était la fameuse *Canicule* : elle prédisait l'inondation du Nil, le solstice d'été, les grandes chaleurs et les fièvres; mais la précession des équinoxes a depuis trois mille ans reculé d'un mois et demi son époque d'apparition, et aujourd'hui cette belle étoile n'annonce plus rien, ni aux Égyptiens qui sont morts, ni à leurs successeurs. Mais nous verrons plus loin ce qu'elle nous apprend sur les grandeurs de l'univers sidéral.

Le *Petit Chien*, ou Procyon, que nous avons déjà vu sur nos cartes zodiacales, se trouve au-dessus de son aîné et au-dessous des Gémeaux Castor et Pollux, à l'est d'Orion. Si ce n'est α, aucune étoile brillante ne le distingue.

L'*Hydre* est une longue constellation qui occupe le quart de l'horizon, sous l'Écrevisse, le Lion et la Vierge. La tête, formée de quatre étoiles de quatrième grandeur, est à gauche de Procyon, sur le prolongement d'une ligne menée par cette étoile et par Betelgeuse. Le côté occidental du grand trapèze du Lion, comme la ligne de Castor et Pollux, se dirige sur α, de seconde grandeur : c'est le cœur de l'Hydre ; on remarque des astérismes de second ordre, le Corbeau, la Coupe.

L'*Éridan*, la *Baleine*, le *Poisson austral* et le *Centaure* sont les seules constellations importantes qu'il nous reste à décrire. On les trouve dans l'ordre que nous venons d'indiquer, à la droite d'Orion. L'Éridan est un fleuve composé d'une suite d'étoiles serpentant du pied gauche d'Orion, Rigel, et se perdant sous l'horizon. Après avoir suivi de longues sinuosités, il se termine par une belle étoile de première grandeur, α, ou Achernar. C'est le fleuve dans lequel tomba Phaéton, qui conduisait maladroitement le char du Soleil ; il fut placé dans le ciel pour consoler Apollon de la mort de son fils.

Pour trouver la Baleine, on peut remarquer au-dessus du Bélier une étoile de seconde grandeur qui forme un triangle équilatéral avec le Bélier et les Pléiades : c'est α de la Baleine, ou la Mâchoire ; α, μ, ξ et γ forment un parallélogramme qui dessine la tête. Cette base, α, γ, se prolonge sur une étoile de troisième grandeur, δ, et sur une étoile du Cou marquée o. Cette étoile est l'une des plus curieuses du ciel : on la nomme la Merveilleuse, *Mira Ceti*. Elle appartient à la classe des étoiles *changeantes*. Tantôt elle égale en éclat les étoiles de second ordre, tantôt elle devient complètement invisible. On a suivi ces variations depuis la fin du seizième siècle, et l'on a reconnu qu'elles se reproduisent périodiquement tous les 331 jours en moyenne. L'étude de ces astres singuliers nous offrira de curieux phénomènes.

Enfin la constellation du Centaure est située au-dessous de l'Épi de la Vierge. L'étoile θ, de seconde grandeur, et l'étoile ι, de troisième, marquent la tête et l'épaule : c'est la seule partie de cette figure qui s'élève au-dessus de notre horizon. Le Centaure renferme l'étoile la

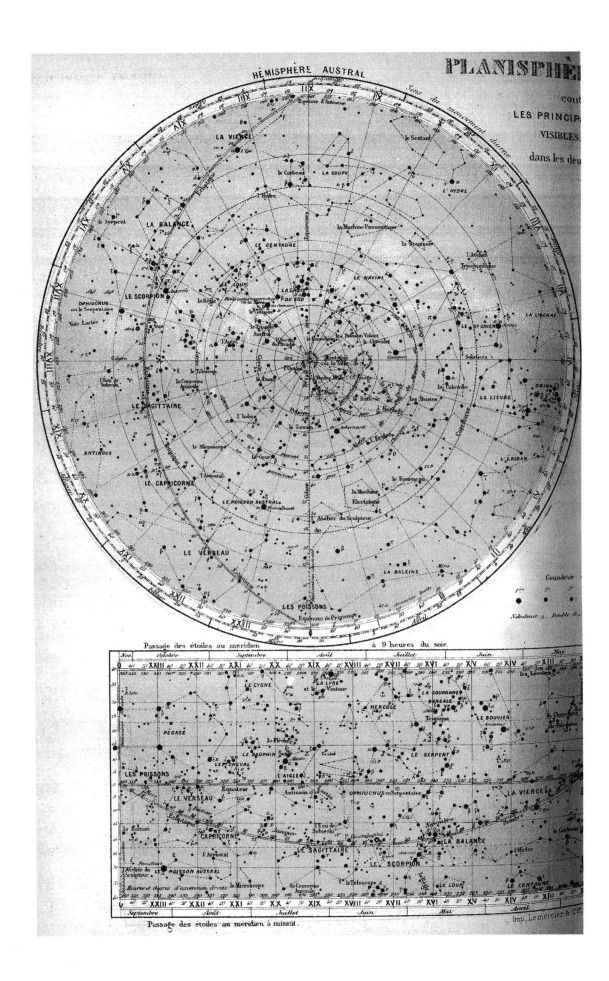

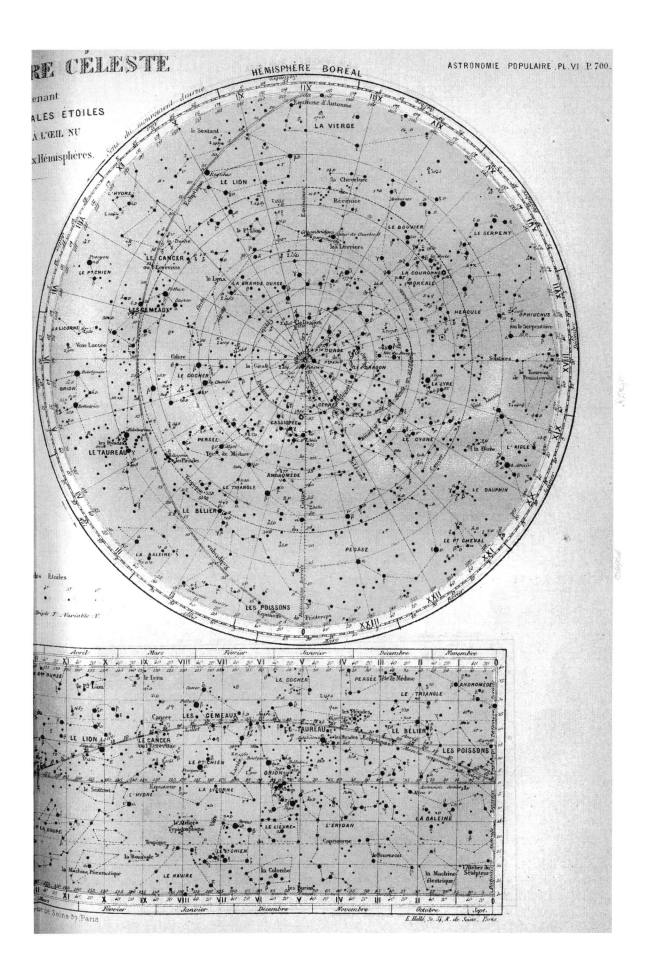

plus rapprochée de nous, α, de première grandeur, dont la distance est
de huit trillions de lieues. Les pieds de derrière touchent à la *Croix
du Sud*, formée de quatre étoiles de seconde grandeur, toujours cachée
sous notre horizon. Elle règne en silence sur les solitudes glacées du
pôle austral, où le navire ne s'avance qu'avec inquiétude. Plus loin,
au centre de l'autre hémisphère, se trouve le pôle austral céleste, qui
n'est marqué par aucune étoile remarquable... C'est dans cette région
que le Dante, après avoir visité l'Enfer, enfermé au centre de la Terre,
raconte qu'il est sorti de ce monde pour atteindre la montagne du
Purgatoire, et de là les hauteurs du Paradis. Ces beaux rêves ont
disparu au soleil de l'astronomie moderne.

Complétons ces descriptions par une petite chronologie astronomique qui ne manque pas d'intérêt. D'après l'examen attentif des plus
anciennes sources historiques de notre astronomie classique, voici
dans quel ordre les constellations paraissent avoir été remarquées,
formées et nommées, en commençant par les plus anciennes.

	PLUS ANCIENS CITATEURS.
La Grande Ourse.	*Job*, xxxviii, 31. (xviie siècle avant notre ère). *Homère* (ixe siècle).
Orion	*Job* (ix, 9). *Homère. Hésiode.*
Les Pléiades. Les Hyades	*Job* (xxxviii, 31). *Homère. Hésiode.*
Sirius et le Grand Chien	*Hésiode* le nomme. *Homère* l'appelle l'Astre de l'automne.
Aldébaran, le Taureau	*Homère. Hésiode.*
Le Bouvier, Arcturus.	*Homère. Hésiode*
La Petite Ourse.	*Thalès* (viie siècle) *Eudoxe. Aratus.*
Le Dragon.	*Eudoxe* (ive siècle) *Aratus* (iiie siècle).
L'Homme à genoux, ou Hercule	*Id.*
Le Rameau et Cerbère (¹).	*Id.*
La Couronne boréale.	*Id.*
Ophiuchus ou le Serpentaire	*Id.*
Le Scorpion. Les Serres	*Id.*
La Vierge et l'Épi	*Id.*
Les Gémeaux	*Id.*
Procyon.	*Id.*
Le Cancer.	*Id.*
Le Lion	*Id.*
Le Cocher.	*Id.*
Capella. La Chèvre, les Chevreaux . . .	*Id.*
Céphée	*Id.*
Cassiépée (écrit Cassiopée par les Latins).	*Id.*
Andromède	*Id.*
Le Cheval, Pégase.	*Id.*
Le Bélier.	*Id.*
Le Deltoton, le Triangle	*Id.*
Les Poissons.	*Id.*
Persée.	*Id.*

(¹) Constellation attribuée à tort à Hévélius par Arago, etc. Se trouve déjà
dans la sphère d'Eudoxe.

La Lyre.	*Eudoxe.*
L'Oiseau ou le Cygne	*Id.*
L'Aigle.	*Id.*
Le Verseau	*Id.*
Le Capricorne.	*Id.*
Le Sagittaire.	*Id.*
La Flèche.	*Id.*
Le Dauphin	*Id.*
Le Lièvre.	*Id.*
Le Navire.	*Id.*
Canobus, écrit plus tard Canopus . . .	*Id.*
L'Eridan.	*Id.*
La Baleine.	*Id.*
Le Poisson austral	*Id.*
La Couronne australe.	*Id.*
L'Autel	*Id.*
Le Centaure.	*Id.*
La Bête ou le Loup	*Id.*
L'Hydre	*Id.*
La Coupe.	*Id.*
Le Corbeau.	*Id.*
La Balance.	*Manéthon* (iiie siècle avant J.-C.), *Geminus* (ler siècle *id.*).
La Chevelure de Bérénice (¹).	*Callimaque. Eratosthène* (iiie siècle) . .
Pieds du Centaure, nommée depuis Croix du Sud.	*Hipparque.* (1er siècle avant J.-C.).
Propus (η des Gémeaux).	*Hipparque.*
La Crèche et les Anes	*Hipparque.*
Le Petit Cheval	*Hipparque.*
La Tête de Méduse	*Hipparque.*
Antinoüs (¹)	Sous l'empereur *Adrien* (l'an 130 de notre ère).
Le Paon.	*Jean Bayer,* 1603.
Le Toucan.	*Id.*
La Grue.	*Id.*
Le Phénix.	*Id.*
La Dorade.	*Id.*
Le Poisson volant	*Id.*
L'Hydre mâle.	*Id.*
Le Caméléon.	*Id.*
L'Abeille.	*Id.*
L'Oiseau de Paradis	*Id.*
Le Triangle austral.	*Id.*
L'Indien.	*Id.*
La Girafe	*Bartschius,* 1624.
La Mouche	*Id.*
La Licorne	*Id.*
La Colombe de Noé	*Id.*
Le Chêne de Charles II.	*Halley,* 1679.
La Croix du Sud (déjà vue par les anciens)	*Augustin Royer,* 1677.
Le Petit et le Grand Nuage.	*Hévélius,* 1690.
La Fleur de Lys	*Id.*
Les Chiens de chasse ou les Lévriers. .	*Id.*
Le Renard et l'Oie.	*Id.*

(¹) Constellations attribuées à tort à Tycho-Brahé. La première est dans Eratosthène ; la seconde date de l'empereur Adrien.

Le Lézard.	*Hévélius,* 1690.
Le Sextant d'Uranie	*Id.*
Le Petit Lion	*Id.*
Le Lynx.	*Id.*
L'Ecu de Sobieski	*Id.*
Le Petit Triangle.	*Id.*
Le Mont Ménale.	*Flamsteed,* 1725.
Le Cœur de Charles II (α des Lévriers).	*Id.*
L'Atelier du Sculpteur.	*Lacaille,* 1752.
Le Fourneau chimique.	*Id.*
L'Horloge.	*Id.*
Le Réticule rhomboïde.	*Id.*
Le Burin du graveur.	*Id.*
Le Chevalet du peintre.	*Id.*
La Boussole.	*Id.*
La Machine pneumatique.	*Id.*
L'Octant.	*Id.*
Le Compas et l'Équerre.	*Id.*
Le Télescope.	*Id.*
Le Microscope.	*Id.*
La Montagne de la Table.	*Id.*
Le Renne	*Lemonnier,* 1776.
Le Solitaire, oiseau indien	*Id.*
Le Messier.	*Lalande,* 1774,
Le Taureau de Poniatowski.	*Poczobut,* 1777.
Les Honneurs de Frédéric	*Bode,* 1786.
La Harpe de Georges.	*Hell,* 1789.
Le Télescope de Herschel.	*Bode,* 1787.
La Machine électrique.	*Bode,* 1790.
l'Atelier de Typographie	*Bode,* 1790.
Le Quart de Cercle mural.	*Lalande,* 1795.
L'Aérostat.	*Lalande,* 1798.
Le Chat.	*Lalande,* 1799.

Telles sont les constellations, anciennes et modernes, vénérables ou récentes, entre lesquelles la sphère céleste a été partagée. Les anciennes sont respectables et respectées, à cause de leurs rapports connus ou occultes avec les origines de l'histoire et de la religion ; les nouvelles devaient être éphémères, et la double carte céleste reproduite à notre planche VIII est la seule qui les renferme toutes. Il est utile de les connaître, parce que plusieurs étoiles, célèbres à différents titres, ont pour principale désignation leur position dans ces astérismes ; mais ce que nous pouvons désirer de mieux est de les voir disparaître ([1]).

([1]) Surtout celles qui sont absolument superflues et occupent des emplacements ravis aux anciennes constellations, comme le Chêne de Charles II, le Renard et l'Oie, le Lézard, le Sextant, l'Ecu de Sobieski, le Mont Ménale, la Renne, le Solitaire, le Messier, le Taureau de Poniatowski, les Honneurs de Frédéric, la Harpe, le Téléscope, le Cercle mural, l'Aérostat, la Machine électrique, l'Atelier de Typographie et le Chat. Je sais bien qu'à propos de ce dernier animal Lalande a écrit : « J'aime les chats, j'adore les chats ; on me pardonnera bien d'en avoir mis un dans le ciel après mes soixante années de travaux assidus ». Mais l'illustre astronome n'a pas besoin de ce prétexte pour rester inscrit en lettres d'or sur les tablettes d'Uranie. Le Chêne

On a essayé, du reste, bien d'autres substitutions. Je possède dans ma bibliothèque un splendide in-folio de l'an 1661, contenant 29 planches gravées, peintes, enluminées, argentées et dorées, parmi lesquelles on en admire deux qui représentent le ciel délivré des païens et peuplé de chrétiens. On les a reproduites comme on a pu sur nos *fig.* 313 et 314, trop petites pour contenir une telle population. Au

Fig. 313. — Essai de substitution des constellations chrétiennes aux constellations payennes, imaginé au xviie siècle.

lieu de divinités plus ou moins vertueuses, au lieu d'animaux de toutes formes plus ou moins fantastiques, on y contemple les élus,

de Charles II n'est qu'une flatterie de courtisan; l'Ecu de Sobieski, le Taureau de Poniatowski, doivent tomber du ciel; le Messier n'est qu'un jeu de mots pour faire garder les troupeaux célestes par un pasteur dont le nom est le même que celui du fécond dépisteur de comètes Messier; quant aux Honneurs de Frédéric, ils usurpent une place imméritée, car pour leur faire place Andromède a dû *retirer le bras qu'elle étendait là depuis trois mille ans.*

apôtres, saints, papes, martyrs, personnages sacrés de l'Ancien et du Nouveau Testament, noblement assis dans la voûte céleste, vêtus de riches costumes de toutes couleurs rehaussés d'or, soigneusement installés à la place de tous ces héros païens qui depuis tant de siècles régnaient au ciel.

L'auteur de cette métamorphose se nommait Jules Schiller, et c'est

Fig. 314. — Essai de substitution des constellations chrétiennes aux constellations payennes, imaginée au xviiᵉ siècle.

en l'année 1627 qu'il l'a mise au jour en accolant à son nom celui de Jean Bayer. Il commence sa dissertation en montrant combien les constellations païennes sont contraires au sentiment chrétien et même au simple bon sens. Il cite les Pères de l'Église qui les désapprouvent formellement : Isidore, qui les traite de diaboliques ; Lactance, qui réprouve la séduction du genre humain ; Augustin, qui en envoie les héros en Enfer, etc. Puis il entre bientôt dans sa description :

Les planètes ont la première place, y compris le soleil et la lune. (Il va sans dire que l'auteur reste dans le système de Ptolémée et du moyen âge, autrement son ciel chrétien n'aurait aucune excuse). Voici la première métamorphose :

Le Soleil s'appelle désormais le Christ.	Mars s'appelle désormais Josué.	
La Lune — — la Vierge Marie.	Vénus — — Jean-Baptiste.	
Saturne — — Adam.	Mercure — — Elie.	
Jupiter — — Moïse.		

Et l'auteur explique pourquoi : Jésus-Christ est le vrai soleil, le vrai roi du ciel et de la lumière ; la vierge Marie avait déjà la lune sous ses pieds, elle est blanche et pure et resplendit par la lumière du Christ ; Adam est bien le vieux père qui contient tout dans son orbite ; Moïse est le Jupiter du peuple de Dieu et de la sainte cause ; Josué en est le Mars vainqueur, puisqu'à sa voix le Soleil lui-même a obéi et lui a permis d'exterminer tous ses ennemis ; quant à Jean le baptiseur remplaçant Vénus, j'ai été quelques minutes avant d'en bien saisir le motif, quand j'ai compris qu'en effet il a été « l'étoile matutinale de Jésus, le précurseur du Soleil » ; enfin le prophète Élie remplace Mercure parce qu'il a été enlevé au ciel dans un char de feu, et qu'il sera le messager de la fin du monde....

Passons maintenant au zodiaque.

Le Bélier devient Saint Pierre.	La Balance devient Saint Philippe.		
Le Taureau — Saint André.	Le Scorpion — Saint Barthélemy.		
Les Jumeaux — Saint Jacques-le-Majeur.	Le Sagittaire — Saint Matthieu.		
Le Cancer — Saint Jean-l'Évangéliste.	Le Capricorne — Saint Simon.		
Le Lion — Saint Thomas.	Le Verseau — Saint Thadée.		
La Vierge — Saint Jacques-le-Mineur.	Les Poissons — Saint Mathias.		

Mais c'est assez sur cette fantaisie (¹).

Ces constellations formées au hasard, dans le cours des siècles, sans but déterminé, la grandeur incommode, l'indétermination de leurs contours, les désignations compliquées pour lesquelles il a fallu parfois épuiser des alphabets entiers, le peu de goût avec lequel on a introduit dans le ciel austral la froide nomenclature d'instruments usités dans la science, à côté des allégories mythologiques, tous ces défauts accumulés ont déjà suggéré plusieurs fois des plans de réforme pour les divisions stellaires et le projet d'en bannir toute configuration. Mais les habitudes anciennes sont difficiles à oublier, et il est bien probable qu'à part les dernières, que nous pouvons supprimer dès maintenant, les vénérables constellations régneront toujours.

Telles sont les provinces du ciel. Mais les provinces n'ont pas de valeur intrinsèque, l'important pour nous est de faire connaissance avec les habitants.

(¹) Dans la seconde moitié du xvii° siècle, Weigel, mort en 1699, construisit deux globes célestes sur lesquels il substitua aux constellations anciennes les armoiries des principales familles régnantes d'Europe. La Grande Ourse devenait l'Eléphant de Danemark, l'Aigle devenait l'Aigle de Brandebourg, le Bouvier était transformé en Lys ; Orion, l'Aigle romaine à deux têtes, les Pléiades devenaient la table de Pythagore, le Scorpion fut un chapeau de cardinal. On trouve tout cela dans le *Cœlum heraldicum* publié à Iéna en 1688.

Ajoutons encore une remarque assez curieuse : plusieurs savants *allemands*, enthousiasmés de Napoléon, ne proposèrent-ils pas en 1808 de substituer son nom à celui du Géant Orion dans les cartes célestes! Les Français n'acceptèrent pas. La substitution, d'ailleurs, n'aurait évidemment duré que cinq ans.

CHAPITRE III

Positions des étoiles dans le ciel. Ascensions droites et déclinaisons.
Observations et catalogues.

Autrefois, on se contentait d'indiquer les étoiles par leur position dans la figure à laquelle elles appartiennent. C'est ainsi que Régulus s'appelait le cœur du Lion; Antarès, le cœur du Scorpion; Aldébaran, l'œil du Taureau; Rigel, le pied d'Orion, etc; plus tard, la désignation par lettres, faite par Bayer en 1603, s'étendit à un plus grand nombre d'étoiles et fut plus précise; mais, dans l'Astronomie pratique, on ne peut pas se contenter de ces positions par à peu près; il importe d'avoir des positions absolument précises, et voici comment on les obtient.

Comme nous venons de le voir, les constellations jouent en astronomie le rôle des divisions en royaumes et en provinces dans la géographie; les noms propres des principales étoiles sont comme les noms des villes. Or, ces noms ne suffisent pas pour déterminer une position précise sur le globe terrestre; aussi a-t-on recours aux coordonnées géographiques, la *longitude* et la *latitude*. Les astronomes emploient pour les étoiles un système analogue.

La position d'une étoile, disait Herschel, une fois bien définie, constitue un point fixe d'une immense importance dans la constitution de l'univers; l'instrument qui l'a déterminée périra, il en sera de même de l'astronome et de sa génération, mais ce point reste comme un terme fixe d'une stabilité éternelle, plus inaltérable que des monuments de bronze ou des pyramides de marbre.

En astronomie, le cercle fondamental auquel on rapporte les positions des étoiles est l'équateur céleste; on l'a choisi parce qu'on peut toujours le déterminer facilement. On appelle *déclinaison* la distance d'une étoile à l'équateur : elle est boréale ou australe suivant que l'étoile est au nord ou au sud de l'équateur. On voit que cette coordonnée correspond à la *latitude* géographique. L'autre coordonnée est analogue à la *longitude;* celle-ci, en géographie, est définie l'arc d'équateur compris entre le méridien du lieu et celui d'un autre endroit (par exemple Paris, Londres, Rome) pris à volonté comme *premier méridien.* En astronomie, l'origine des ascensions droites n'est pas arbitraire, elle est définie par la nature, et est placée au point d'intersection de l'écliptique avec l'équateur (¹).

Ainsi la position de toute étoile dans le ciel est exactement déterminée par la connaissance de son ascension droite et de sa déclinaison. Ajoutons que pour celle-ci il importe de désigner si elle est boréale ou australe, ce qu'on exprime, soit en la faisant suivre des lettres B ou A, soit en la faisant précéder du signe + ou —. Pour éviter la possibilité d'erreur du signe, on remplace fréquemment la déclinaison par la distance au pôle nord, qui ne peut pas fournir d'équivoque, et qui revient exactement au même, puisque cette distance polaire n'est pas autre chose que le complément de la déclinaison boréale pour former 90 degrés, si l'étoile est entre l'équateur et le pôle nord, et la déclinaison australe augmentée de 90 degrés si l'étoile est au delà de l'équateur. Un exemple complétera immédiatement ces indications.

Soit une étoile quelconque A, sur la sphère céleste. On appelle *déclinaison* la distance AE, qui sépare l'étoile de l'équateur, mesurée sur le cercle PQ perpendiculaire à l'équateur. Ici, elle est boréale, puisque l'étoile est entre le pôle nord et l'équateur. Supposons qu'elle soit de 40 degrés : nous l'écrivons ainsi :

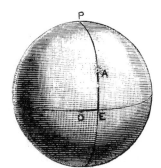

$$Déclinaison = + 40°$$

ou, si nous préférons exprimer la même position en distance polaire, une simple soustraction nous montre la distance PA = PE — AE, c'est-à-dire 90°— 40°. Elle est donc de 50° et nous pouvons l'écrire :

$$Distance\ polaire = 50°.$$

Si notre étoile était au delà de l'équateur, à la même distance, il faudrait additionner sa déclinaison à 90 degrés au lieu de la retrancher, et la distance polaire serait de 90 + 40 ou 130 degrés.

(¹) L'ascension droite se compte ainsi du premier point du Bélier ♈, de 0° à 360°, en allant toujours suivant le mouvement *annuel* du soleil, c'est-à-dire de l'occident vers l'orient, suivant l'ordre des signes du zodiaque. On l'exprime soit en *degrés*, soit en *temps*, exactement comme les longitudes terrestres. Ainsi, pour exprimer la distance en longitude de Paris à Vienne, on peut à volonté dire qu'il y a 15 degrés ou 1 heure de différence : dans un cas comme dans l'autre, c'est la 24ᵉ partie du tour du monde comme du tour du ciel. Chaque heure d'ascension droite représente 15 degrés, de sorte qu'un degré représente 4 minutes de temps. Généralement, elle s'exprime en heures, parce que l'instrument qui sert à la déterminer n'est pas autre chose que la lunette méridienne dont nous allons parler, qui reste fixe dans le plan du méridien, et dans laquelle on constate l'heure précise à laquelle l'étoile passe derrière le fil où le point choisi pour origine des ascensions droites est passé lui-même auparavant

Mais cette détermination ne suffit pas pour faire connaître la position de notre étoile, puisqu'elle pourrait se trouver tout le long d'un cercle tracé à 40 degrés au-dessus de l'équateur : il faut encore connaître sa position sur ce cercle, ce qui sera obtenu en déterminant la distance EO, qui sépare son cercle vertical du point O choisi pour origine des ascensions droites. Supposons que l'intervalle EO soit d'une heure et demie ; nous écrirons :

Ascension droite = 1ʰ30ᵐ.

Et ainsi la position de l'étoile sur la sphère céleste est complètement déterminée. Elle s'écrit :

Ascension droite = 1ʰ30ᵐ ; *Déclinaison* = + 40°.

Ces deux éléments importants de la géographie céleste s'écrivent en abrégé : l'Ascension droite par ♈, qui vient du latin Ascensio Recta, et la Déclinaison par le signe ☉. Tous ces détails étaient indispensables à connaître, car nous allons avoir à nous en servir nous-mêmes dans les pages suivantes.

Il y a aussi les latitudes et les longitudes célestes. Les latitudes sont la distance de l'étoile à l'écliptique, et les longitudes la distance à l'équinoxe du printemps comptées sur l'écliptique. C'est le même système que les déclinaisons et les ascensions droites, avec la différence que les positions sont rapportées à l'écliptique au lieu d'être rapportées à l'équateur. On ne se sert que très rarement de ces coordonnées.

La connaissance du principe des ascensions droites et des déclinaisons était très importante pour nous, car sans elle la géographie du ciel et les études que nous allons faire en astronomie sidérale seraient impossibles. On voit qu'elle ne demandait, elle aussi, qu'un instant d'*attention*. Il faut toujours que nous sachions exactement, clairement et sans équivoque, de quoi nous parlons. Nous ne sommes pas dans la situation intellectuelle du militaire qui monte la garde (¹).

Pour déterminer la position des étoiles dans le ciel, les astronomes font usage de ce qu'on appelle le cercle méridien ou instrument des

(¹) Un soir de décembre de l'année 1871, passant près du pied de la colonne Vendôme alors démolie, je fus étonné de voir un factionnaire transi monter là une garde d'honneur, comme au temps où l'Empereur planait sur le bronze des canons transformés. Il n'y avait plus que la grille et la base démantelée. Je m'approchai doucement, et lui demandai avec politesse ce qu'il gardait là. — Passez au large ! — Mais, ajoutai-je, il n'y a plus de colonne. — Passez au large ! — Pourquoi ne dites-vous pas à votre sergent qu'il n'y a plus de colonne ?... Le factionnaire croisa la baïonnette, et je n'eus plus qu'à lui tourner le dos. Cependant, quelques jours après, ce poste inutile fut supprimé.

Un jour, un diplomate français, se promenant avec le czar dans le jardin d'été de Saint-Pétersbourg, remarque, au milieu d'une pelouse, une sentinelle immobile et demande à l'empereur ce que cet homme fait là.

— Je l'ignore, répond le czar, et il se tourne vers un adjudant pour lui poser la même question. Celui-ci va s'informer à son tour et reçoit partout le même renseignement, qui ne lui apprend rien : C'est l'ordre ! On consulte les archives, mais sans y rien trouver. Enfin, un vieux laquais se rappelle que son père, vieux laquais aussi, lui avait raconté autrefois que, au siècle dernier, l'impératrice Catherine avait découvert un beau matin, en cet endroit, un perce-neige et avait défendu de le cueillir. On avait fait venir un soldat pour tenir l'œil sur la fleur et le soldat y était resté.

passages. Il consiste dans une lunette pouvant se mouvoir exactement dans le méridien ; on observe les passages des étoiles sur les fils croisés placés dans le champ optique de l'instrument. On note à l'horloge l'instant précis du passage, et sur le cercle qui est porté par l'axe de rotation de l'instrument, on lit en degrés, minutes, secondes, la distance de l'étoile à l'équateur ou au pôle nord. On a ainsi l'ascension droite et la déclinaison avec la plus grande facilité et la plus grande précision.

Cet instrument est à proprement parler l'instrument fondamental de tout observatoire. On peut dire que le but essentiel de la fondation des grands observatoires nationaux, tels que ceux de Paris, de Londres, de Washington, de Berlin, de Vienne, n'est pas de faire des découvertes, mais de constater lentement et péniblement les positions précises des étoiles dans le ciel. Il y a loin de ces patients et silencieux labeurs aux découvertes qui éblouissent le monde et donnent rapidement à leur auteur un renom glorieux et populaire. L'astronome inconnu s'installe à la lunette méridienne (¹), saisit au passage l'étoile qui en traverse le champ, note son passage précis derrière les fils verticaux qui coupent ce champ, détermine le moment infinitésimal où l'astre a traversé juste le fil du milieu, qui représente le méridien, lit sur le cercle de déclinaison des microscopes qui indiquent avec exactitude la hauteur de l'astre, corrige les déviations qui peuvent résulter, dans le pointage, du poids de la lunette et de sa légère flexion, corrige la position observée de l'élévation apparente causée par la réfraction atmosphérique qui élève tous les astres au-dessus de leur situation réelle, tient compte de l'effet de la température qui dévie les images (car on observe par les nuits glaciales de l'hiver aussi bien que pendant les tièdes soirées d'été), corrige l'instant du passage en raison de sa propre organisation personnelle, car chaque œil ne voit pas et chaque oreille n'entend pas au même moment le battement de la seconde qui indique le temps sidéral ou l'ascension droite,... et, après une série de corrections et de vérifications, fournit *une* observation d'étoile destinée à être inscrite dans un catalogue qui en con-

---

(¹) Quelquefois un astronome se passionne pour un pareil travail et, martyr de la science, y laisse sa vue, sa santé et sa vie. Au moment même où j'écris ces lignes (20 octobre 1879) je reçois de l'autre côté du globe une trentaine de volumes d'observations astronomiques, et parmi ces volumes je remarque surtout un magnifique *Catalogue of Stars observed at United States Naval Observatory, Washington*, 1845-1871, contenant les positions de 10658 étoiles observées chacune sept ou huit fois en moyenne (quelques-unes plus de trois cents fois). L'auteur de ce catalogue, M. Yarnall, y a travaillé pendant 26 ans, l'a conduit à bonne fin, imprimé et publié ; puis il est mort subitement *une heure* après avoir reçu le premier exemplaire !

tient des milliers.... Après trente années de pareils travaux, le modeste observateur est généralement décoré et nommé membre de l'Institut : c'est une indemnité.

Nulle œuvre sortie des mains humaines n'est comparable en précision aux instruments à l'aide desquels les astronomes déterminent les positions exactes des corps célestes. Qu'il nous suffise de remarquer que l'épaisseur d'un fil d'araignée est considérée comme énorme dans

Fig. 316. — Cercle méridien de l'Observatoire de Paris.

la mesure micrométrique d'une étoile; qu'il nous suffise de jeter un coup d'œil sur la machine à diviser les cercles de ces appareils pour sentir quels soins minutieux on apporte dans tous les détails.(fig. 318.)

Le plus ancien catalogue d'étoiles qui nous ait été conservé ne date que de deux mille ans. Il contient 1025 étoiles observées à Rhodes par Hipparque vers l'an 127 avant notre ère. Au rapport de Pline, ce serait là le premier catalogue d'étoiles que l'homme ait osé entreprendre, et ce travail serait dû à la curiosité éveillée par le phénomène assez rare (et alors tout à fait miraculeux) de l'apparition d'une étoile nouvelle dans le ciel. Les étoiles de ce même catalogue, qui nous a été conservé dans l'*Almageste* de Ptolémée, ont été réobservées mille ans plus tard, vers l'an 960 de notre ère, à Bagdad, par l'astronome persan Abd-al-Rahman-al-Sûfi ; — puis de nouveau, près de cinq siècles plus tard, vers l'an 1430, à Samarkand, par le prince Ulugh Beigh, petit fils du monstre Tamerlan, et qui mourut victime de sa bonté, assassiné par son propre fils qui convoitait son trône ; —puis de nouveau vers 1590, à Uranibourg, par Tycho Brahé, qui avait reçu du roi de Danemark la principauté de l'ile d'Huën, où il avait établi son magnifique observatoire. — En 1676, l'astronome anglais Halley, étant à l'île Sainte-Hélène, composa un premier catalogue des étoiles australes invisibles pour les latitudes auxquelles les astronomes précédents avaient observé. En 1712, Flamsteed, premier directeur de l'Observatoire national d'Angleterre, publia son catalogue de 2866 étoiles observées à Londres. En 1742, Lacaille construisit son catalogue de 9766 étoiles de l'hémisphère austral. Signalons encore, parmi les meilleurs travaux en ce genre, le catalogue de Bradley (1760) et celui de Piazzi (1800). Le catalogue de Lalande donne le numéro, la grandeur et la position de 47390 étoiles observées à Paris (observatoire de l'Ecole militaire, détruit depuis) de 1789 à 1800. L'immense atlas d'Argelander, publié en 1863, présente à l'œil émerveillé 324 000 étoiles, observées à Bonn, placées exactement à leur position précise, et dessinées à leur exacte grandeur. On connaît aujourd'hui plus d'un million d'étoiles observées séparément, cataloguées et pointées sur des cartes célestes. C'est ainsi que peu à peu l'astronomie sidérale s'est développée, agrandie, par le nombre et la précision des observations, et qu'elle nous présente désormais un sujet d'étude incomparablement plus vaste que l'astronomie planétaire et cométaire.

Dans cette longue et attentive série d'observations, on a remarqué que les étoiles ne sont pas fixes, ni inaltérables, comme elles le paraissent. Il en est qui depuis le temps d'Hipparque ont lentement diminué d'éclat et ont même fini par s'éteindre tout à fait. Il en est d'autres dont l'éclat a augmenté peu à peu, et qui sont aujourd'hui beaucoup plus brillantes qu'elles ne l'étaient autrefois. D'autres encore ont changé de nuance et sont devenues plus ou moins colorées. Il en est aussi qui sont apparues subitement, ont brillé d'un éclat éblouissant pendant plusieurs semaines ou plusieurs mois et sont ensuite retombées dans l'obscurité. Dans un grand nombre, on a constaté une variation d'éclat périodique, en vertu de laquelle cer-

Le grand equatorial et la grande coupole de l'Observatoire de Paris.

taines étoiles, d'abord invisibles à l'œil nu, apparaissent, augmentent progressivement d'éclat, puis diminuent graduellement pour disparaître, et reparaître ensuite après le même nombre de jours écoulés : leur périodicité est même parfois si précise qu'on la calcule d'avance aujourd'hui. On a également remarqué des étoiles qui, au lieu d'offrir

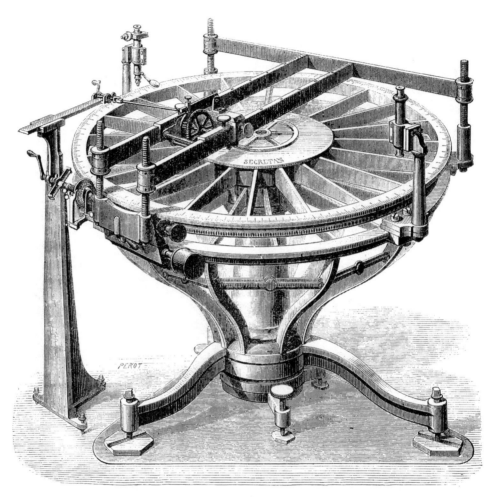

Fig. 318. — Machine à diviser les instruments astronomiques.

une lumière blanche ou dorée, comme c'est le cas général, sont colorées des nuances les plus vives, telles que l'émeraude, le saphir, le rubis, la topaze, le grenat et les plus belles de nos pierres précieuses. Le télescope en a fait découvrir un grand nombre qui, au lieu d'être simples comme elles le paraissent à l'œil nu, sont doubles, composées de deux étoiles voisines, qui tournent l'une autour de l'autre en des révolutions que nous avons pu déjà calculer, et qui embrassent les périodes les plus variées, depuis quelques années jusqu'à plusieurs siècles et plusieurs milliers d'années; quelquefois même le système est triple : une brillante étoile se montre accompagnée de deux petites, et tandis que ces deux-ci tournent l'une autour de l'autre, elles se transportent ensemble pour tourner lentement autour de la plus grande. C'est parmi ces systèmes multiples que l'on trouve les plus admirables contrastes de couleurs. La science est déjà si avancée à cet égard que j'ai pu récemment former un catalogue de près d'un millier d'étoiles doubles en mouvement certain, et construire une carte de plus de dix mille étoiles doubles découvertes.

L'examen minutieux des positions des étoiles a fait reconnaître aussi des mouvements remarquables dans ces petits points lumineux qui paraissaient fixes, attachés au firmament, et que nous savons maintenant être de véritables soleils, immensément éloignés les uns des autres. L'un de ces mouvements fait tourner lentement le ciel tout entier en une période séculaire qui ne demande pas moins de 25735 ans pour s'accomplir : c'est le mouvement général de la précession des équinoxes. Mais ce mouvement n'appartient pas aux étoiles : il appartient à la Terre, et n'est qu'une apparence, comme le mouvement diurne du ciel et le mouvement annuel du soleil; toutefois, il oblige les astronomes à recommencer d'année en année les divisions géométriques des cartes célestes, parce que ce canevas se déplace graduellement devant les étoiles ; un tel mouvement d'ailleurs, appartenant à la Terre et non aux astres, ne modifie pas leurs positions relatives : c'est tout d'une pièce que le ciel paraît tourner autour d'un axe idéal passant par les pôles de l'écliptique. Mais la mesure attentive des positions absolues des étoiles a mis en évidence d'autres mouvements, qui leur appartiennent en propre. Ainsi, par exemple, la belle étoile Arcturus, que chacun peut admirer tous les soirs sur le prolongement de la queue de la Grande Ourse, s'éloigne lentement du point fixe auquel les cartes célestes l'ont placée il y a deux mille ans, et se dirige vers le sud-ouest. Il lui faut 800 ans pour parcourir dans le ciel un espace égal au diamètre apparent de la Lune; néanmoins, ce déplacement est assez sensible pour avoir frappé l'attention il y a plus d'un siècle et demi, car dès 1718 Halley l'avait remarqué, ainsi que celui de Sirius et d'Aldébaran. Quelque lent qu'il paraisse, à la distance où nous sommes de cette étoile, ce mouvement est au minimum de 660 millions de lieues par an. Sirius emploie 1338 ans pour parcourir dans le ciel la même étendue angulaire; à la distance où il est, c'est

Fig. 319. — L'Observatoire de Paris, côté du nord.

Fig. 320. — L'Observatoire de Paris, côté du sud.

au minimum 160 millions de lieues par an. L'étude des mouvements propres des étoiles a fait les plus grands progrès depuis un demi-siècle, et surtout en ces dernières années. Toutes les étoiles visibles à l'œil nu et grand nombre d'étoiles télescopiques ont laissé apercevoir leur déplacement.

Nous étudierons plus loin en détail tous ces faits révélés par l'analyse minutieuse de la science moderne. La détermination de la position précise des astres constitue, en effet, le travail fondamental et

Fig. 321. — Lunette méridienne et cercle mural de l'Observatoire de Paris.

classique des observatoires officiels. Il constitue les *fondements de l'Astronomie*. C'est par lui que l'on sait comment la Terre tourne et quelles variations subissent ses mouvements, comme ceux de tous les mondes. Il ne sera jamais terminé, et il est toujours à recommencer, car, comme nous le verrons bientôt, aucune étoile ne demeure absolument fixe au sein de l'immensité, et d'un siècle à l'autre sa position a sensiblement changé. La connaissance des mouvements propres des étoiles, les déductions relatives au transport du système solaire dans l'espace, sont même entièrement dues aux observations méridiennes.

Le cercle méridien de l'Observatoire de Paris est installé dans la salle méridienne, dans le pavillon que l'on remarque à gauche sur la vue de l'Observatoire prise du côté du nord, c'est-à-dire du côté du jardin du Luxembourg, comme on a l'habitude de voir cet édifice lorsqu'on arrive du centre de Paris (fig. 319) ou à droite sur la fig. 320.

Le toit plat de ce pavillon s'ouvre sur trois trappes correspondant aux trois fenêtres du nord et à trois autres fenêtres situées symétriquement au sud; c'est comme s'il était fendu de trois énormes traits de scie. Là sont installées trois lunettes qui peuvent tourner du nord au sud, dans le plan du méridien, par lequel passent toutes les étoiles une fois par jour. La première de ces lunettes est le cercle méridien représenté plus haut. Les deux autres instruments sont une ancienne lunette méridienne et un cercle mural que l'on voit sur notre fig. 321. Ces deux instruments faisaient séparément le travail réuni aujourd'hui dans le fonctionnement du cercle méridien : le premier servait à prendre l'heure du passage, ou l'ascension droite; le second, la hauteur de l'étoile observée, ou sa distance à l'équateur (déclinaison).

Puisque nous visitons en ce moment l'Observatoire (¹), ajoutons qu'au centre même du grand édifice est la vaste salle traversée du nord au sud par le méridien de Paris, incrusté en cuivre sur le parquet; elle est meublée d'anciens instruments et de souvenirs : c'est un musée (²).

(¹) On peut obtenir la permission de visiter l'Observatoire de Paris en adressant une demande au Directeur; mais les visites ont lieu de jour, jamais le soir. C'est à peu près comme si l'on allait voir une pièce de théâtre avant l'arrivée des acteurs : les décors n'en donneraient assurément qu'une idée bien imparfaite. Il est juste d'ajouter que l'Observatoire de Paris n'a pas été créé pour instruire le public. C'est une lacune à combler, et il ne paraît pas impossible qu'un observatoire bien organisé puisse remplir les deux buts : la science; l'instruction publique.

(²) Sur la terrasse supérieure, on voit, au centre, un petit observatoire de trois petites coupoles (celle du milieu renferme un petit équatorial de Gambey), et de chaque côté deux grandes coupoles abritant deux fortes lunettes, l'une de cinq mètres, l'autre de neuf mètres. Tous ces instruments sont mus par des mouvements d'horlogerie, en sens inverse du mouvement de la Terre. Ils peuvent être dirigés vers tous les points du ciel, et une fois fixés sur une étoile et mis en communication avec le mouvement d'horlogerie, l'étoile reste désormais au milieu du champ de la lunette, permettant à l'observateur de l'étudier à son aise, comme si la Terre avait cessé de tourner ; tandis que, dans les lunettes immobiles, l'astre observé traverse rapidement le champ, manifestant au premier coup d'œil la rapidité du mouvement de la Terre, mouvement amplifié selon le grossissement employé. En plaçant l'instrument d'une part à la hauteur de sa déclinaison, d'autre part à l'heure précise de son ascension droite, il est inutile de voir l'étoile d'avance pour savoir qu'elle est dans le champ de la lunette. Le dôme pourrait être hermétiquement fermé, ou des nuages pourraient obscurcir le ciel; ouvrons le dôme ou bien attendons une éclaircie: l'étoile désirée brille au beau milieu du champ de la lunette.

De la terrasse de l'Observatoire, descendons au jardin : nous admirons la façade du sud, qui porte l'empreinte du siècle de Louis XIV; c'est la façade d'un palais,

Tous les observatoires officiels ont, comme le nôtre, pour but principal cette constatation minutieuse et permanente de la position précise des étoiles. La recherche de planètes nouvelles ou de comètes, l'étude de la constitution physique du Soleil, de la Lune ou des planètes, les investigations de l'analyse spectrale, les mesures d'étoiles doubles, l'observation des étoiles variables, en un mot toutes les recherches innombrables à faire dans l'inépuisable champ de l'infini sont des travaux en dehors du programme de fondation de ces observatoires, des travaux « extra-méridiens » et qui nécessitent des services spéciaux dans ces observatoires, ou, mieux encore, des observatoires indépendants.

Ainsi travaillent depuis des centaines et des milliers d'années les astronomes qui consacrent leur vie à la recherche patiente et laborieuse des secrets de la constitution de l'univers. C'est à ces travaux que nous devons de connaître la vraie place que nous occupons dans la nature, et il semble que de telles études devraient dégager ces hommes des petits intérêts de la vie matérielle et des mesquines rivalités personnelles que l'on rencontre à chaque pas dans le monde ordinaire.... Cette perfection désirable pourra peut-être un jour être constatée par l'historien de la science future.

tandis que celle du nord rappelle bien plutôt l'aspect des antiques donjons de la féodalité. Le jardin est vaste, mais déjà encombré. Outre le pavillon du grand cercle méridien dont nous avons parlé et un pavillon magnétique, il est encore occupé par deux coupoles abritant chacune un équatorial, par un nouveau cercle méridien, et par le télescope colossal de 1m,20 de diamètre et de 7m,30 de hauteur terminé en 1876. C'est l'un des plus grands télescopes qui existent, mais ce n'est pas l'un des meilleurs.

L'Observatoire a été édifié en 1667, sous l'influence de Colbert, sous les auspices de l'Académie et par l'architecte Perrault, l'auteur de la colonnade du Louvre. Sa hauteur est de 27 mètres et sa profondeur au-dessous du sol est également de 27 mètres. Là sont les caves à température constante (11° 7), où, depuis le 24 septembre 1671, des thermomètres sont observés comme types de graduation. L'influence de la chaleur solaire ne traverse pas le sol au delà de 25 mètres : le maximum de la température annuelle arrive en juillet à la surface du sol, en août à 25 centimètres, en septembre à 50 centimètres, en octobre à 1 mètre, en novembre à 3 mètres, en décembre à 7 mètres, en janvier à 10 mètres, en février à 15 mètres; ensuite la courbe est à peine sensible et la température constante est justement celle de la moyenne de l'année dans le lieu observé, augmentée, suivant la profondeur, en raison de 1 degré par 30 mètres. La température moyenne de Paris est 10°, 7. Je suis descendu dans ces caves mémorables le 24 septembre 1871, deux siècles jour pour jour après la première observation thermométrique qui y ait été faite, accompagné, dirigé, par le savant Delaunay, qui devait, l'année suivante, trouver une mort si dramatique dans les flots de la rade de Cherbourg. Un silence sépulcral règne en ces profondeurs, qui correspondent aux ossuaires des catacombes; des sentiers ténébreux conduisent à la galerie des thermomètres, où plane le souvenir des savants qui l'ont parcourue, des Cassini, des Réaumur, des Lavoisier, des Laplace, des Arago... Les orages de l'atmosphère et ceux de l'humanité ne pénètrent pas jusqu'en ces solitaires profondeurs.

CHAPITRE IV

Grandeur des étoiles. Leur distribution dans le ciel. Leur nombre. Leurs distances.

Il suffit d'un seul coup d'œil jeté sur le ciel pour constater que les étoiles ne sont pas toutes également brillantes. Tandis que quelques-unes sont douées d'un éclat très vif, d'autres sont tellement faibles qu'on les distingue à peine; la plus grande partie des étoiles visibles à l'œil nu sont comprises entre ces deux limites extrêmes, et présentent pour ainsi dire tous les degrés d'éclat que l'on peut concevoir pour passer insensiblement de l'une à l'autre de ces deux limites. Il y a, en outre, un nombre considérable d'étoiles que l'on ne peut voir qu'à l'aide des lunettes ou des télescopes, et qui ont également des éclats très divers, depuis celles que les observateurs doués d'une excellente vue peuvent apercevoir à l'œil nu, jusqu'à celles qui piquent à peine de points pâles le champ obscur des instruments les plus puissants.

Pour faciliter l'indication de l'éclat d'une étoile, on a classé tous ces astres par ordre de grandeur. Ce mot de *grandeur* est impropre,

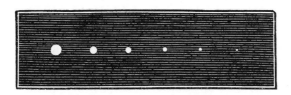

Fig. 322. — Éclat relatif des étoiles types des six premières grandeurs (les surfaces des disques étant proportionnelles aux intensités).

attendu qu'il n'a aucun rapport avec les dimensions des astres, puisque ces dimensions nous sont encore inconnues; il date d'une époque où l'on croyait que les étoiles les plus brillantes étaient les plus grosses, et c'est là l'origine de cette dénomination; mais il importe de savoir que ce n'est point là son sens réel. Il correspond simplement à l'*éclat apparent* des étoiles. Ainsi, les étoiles de première grandeur sont celles qui brillent avec le plus de vivacité dans la nuit obscure; celles de seconde grandeur sont celles qui brillent moins, etc. Or, cet éclat apparent tient à la fois de la grosseur réelle de l'étoile, de sa lumière intrinsèque et de sa distance à la Terre : il ne possède par conséquent qu'un sens essentiellement relatif ; quoiqu'on puisse dire assurément qu'en général les étoiles les plus brillantes sont les plus rapprochées, tandis que celles dont la lueur pâle est à peine perceptible dans le champ du télescope sont les plus lointaines. Ainsi, lorsque nous parlerons de la grandeur des étoiles, il est convenu qu'il s'agira simplement de leur éclat apparent.

Les étoiles de première grandeur sont au nombre de dix-huit. En réalité, la dix-huitième, c'est-à-dire la moins brillante de la série, pourrait aussi bien être inscrite au premier rang des étoiles de seconde grandeur, ou la première de cette seconde série pourrait de la même façon être ajoutée aux étoiles de première grandeur : il n'y a pas dans la nature de ces séparations que nécessitent nos classifications. Mais comme il faut se limiter à une étoile si l'on veut faire des séries, on est convenu d'arrêter la liste suivante des astres de première grandeur.

ÉTOILES DE LA PREMIÈRE GRANDEUR, PAR ORDRE DÉCROISSANT D'ÉCLAT.

1. *Sirius*, ou α du Grand Chien.
2. η du Navire (étoile variable de la 1re à la 7e grandeur).
3. *Canopus* ou α du Navire.
4. α du Centaure.
5. *Arcturus*, ou α du Bouvier.
6. *Rigel*, ou β d'Orion.
7. *La Chèvre*, ou α du Cocher.
8. *Véga*, ou α de la Lyre.
9. *Procyon*, ou α du Petit Chien.
10. *Betelgeuse*, ou α d'Orion (légèrement variable).
11. *Achernar*, ou α de l'Éridan.
12. *Aldébaran*, ou α du Taureau.
13. β du Centaure.
14. α de la Croix du Sud.
15. *Antarès*, ou α du Scorpion.
16. *Altaïr*, ou α de l'Aigle.
17. *L'Épi*, ou α de la Vierge.
18. *Fomalhaut*, ou α du Poisson austral.

Ce sont là les dix-huit étoiles les plus brillantes du ciel entier ; elles sont inscrites par ordre d'éclat. Viennent ensuite les étoiles de la seconde grandeur, et successivement toutes les autres, présentant l'ensemble suivant ·

18	étoiles de la	1re	grandeur.
59	—	2e	—
182	—	3e	—
530	—	4e	—
1 600	—	5e	—
et 4 800	—	6e	—

On a observé que chaque classe est environ trois fois plus peuplée que celle qui la précède, de sorte qu'en multipliant par 3 le nombre des astres qui composent une série quelconque, on a à peu près le nombre de ceux qui composent la série suivante. Par cette estimation, le nombre des étoiles des six premières grandeurs, autrement dit, celui de toutes les étoiles visibles à l'œil nu, fournirait un total de 7000 environ. Les vues excellentes en distinguent 8000, les vues moyennes en voient 5700 environ. — Généralement on croit en voir bien davantage, on croit pouvoir les compter par myriades, par millions : il en est de cela comme du reste, nous sommes toujours portés à l'exagération ! Cependant, en fait, le nombre des étoiles visibles à l'œil nu, dans les deux hémisphères, sur toute la Terre, ne dépasse pas ces chiffres. Les étoiles visibles à l'œil nu pour une vue ordinaire sont en réalité si peu nombreuses que l'on peut facilement les inscrire sans confusion dans une figure de la dimension de ces pages et les compter : *elles sont toutes placées sur le planisphère céleste reproduit ici (fig.* 323-324) : l'hémisphère austral en possède 3307, et l'hémisphère boréal 2478; total : 5785, sans compter naturellement le semis de la Voie lactée. Chacun peut les compter (c'est un amusement d'une heure).

Mais là où s'arrête notre faible vue, le télescope, cet œil géant qui grandit de siècle en siècle, perçant les profondeurs des cieux, y découvre sans cesse de nouvelles étoiles. Après la sixième grandeur, des vues exceptionnelles pénètrent déjà plus loin. Une simple jumelle de théâtre montre les étoiles de la 7ᵉ grandeur, qui sont au nombre de treize mille. Une longue vue terrestre montre celles de la 8ᵉ grandeur, qui sont au nombre de 40 000. Ainsi s'accroît le nombre des étoiles à mesure qu'on pénètre plus loin au delà de la sphère de la vision naturelle. Une petite lunette astronomique fait découvrir les étoiles de la 9ᵉ grandeur, dont le nombre surpasse cent mille. Et ainsi de suite. Une lunette ou un télescope de moyenne puissance montrent les étoiles de la 10ᵉ grandeur, qui sont au nombre de près de quatre cent mille. Déjà ici le spectacle est immense, éblouissant.

La progression continue. On peut estimer à un million le nombre des étoiles de la 11ᵉ grandeur et à trois millions celui des astres de la 12ᵉ grandeur. D'après les jauges astronomiques faites pour sonder l'espace, le nombre des étoiles de la 13ᵉ grandeur ne s'élève pas à moins de dix millions, et celui des étoiles de la 14ᵉ à moins de trente millions. Si nous additionnons tous ces chiffres, nous trouvons pour le total des étoiles jusqu'à la 14ᵉ grandeur inclusivement le nombre déjà difficile à concevoir de *quarante-cinq millions.*

Mais ce ne sont pas là *toutes* les étoiles. Déjà même les puissants télescopes construits en ces dernières années ont pénétré les profondeurs de l'immensité assez loin pour découvrir les étoiles de la quinzième grandeur, et la statistique stellaire s'élève actuellement à *cent millions!...* Les chiffres deviennent si énormes qu'ils nous écrasent de leur poids sans rien nous apprendre.

Cent millions d'étoiles! c'est dix-sept mille étoiles pour chacune de celles que nous voyons à l'œil nu, dix-sept mille fois plus que nous n'en comptons sur ces deux hémisphères! Nous apprécierons tout à l'heure

Fig. 323. — Étoiles visibles à l'œil nu pour une vue moyenne : hémisphère austral.

les distances qui les séparent et l'incomparable étendue sur laquelle s'étend leur empire.

Cent millions de soleils analogues au nôtre et entourés de mondes se comptant par milliards : ce sont là, sans contredit, des nombres

bien prodigieux, et il n'y aurait rien de surprenant à ce qu'ils ne fussent pas sentis dans leur prodigieuse grandeur par nos cerveaux inaccoutumés à recevoir à la fois des chiffres aussi multipliés. Cependant,

Fig. 324. — Étoiles visibles à l'œil nu pour une vue moyenne : hémisphère boréal.

remarquons-le en passant, un chiffre *bien compris* en dit plus que les
plus belles phrases.

Ainsi, par exemple (un instant de distraction : *similia similibus cu-
rantur*), quelle idée votre imagination vous donnerait-elle de la somme

la plus énorme qui ait jamais été calculée? Cette somme, remarque assez surprenante, est celle qui serait produite actuellement par les intérêts composés de *cinq centimes* placés à la naissance de Jésus-Christ. Un rhétoricien aura beau vous affirmer que cette somme serait si énorme que tous les wagons de tous les chemins de fer du monde ne pourraient pas la porter, il aurait beau vous dire que les Alpes et les Pyrénées, fussent-elles des mines de diamant, ne représenteraient pas sa valeur, si un calculateur constate qu'elle ne peut s'écrire que par la rangée suivante de 39 chiffres :

342 653 248 699 000 000 000 000 000 000 000 000 000

ou, en nombre rond :

342 *undécillions* 653 *décillions de francs,*

nous tombons absolument abasourdis sous le coup d'un pareil nombre ! Ce nombre, dès lors, s'éclaire, s'illumine, se transfigure, lorsque nous réfléchissons que le globe entier de la Terre ne pèse que 5875 sextillions de kilogrammes, et que, s'il était formé d'or massif, il serait trois fois et demi plus lourd, pèserait 20562 sextillions, et ne vaudrait que 69910800000 milliards de milliards de francs !... Si donc notre planète était en or massif, il faudrait encore quatre milliards neuf cents millions de globes comme la Terre pour payer ce fameux capital. *En imaginant qu'il tombât du ciel chaque minute un lingot d'or gros comme la Terre, il faudrait que cette chute se perpétuât pendant neuf mille trois cents ans pour arriver à payer la somme totale.*

Que l'on prétende maintenant que les chiffres ne sont pas éloquents !

Voilà un résultat numérique incomparablement supérieur à tous ceux de l'astronomie. La population des cieux ne nous conduit pas encore à des *undécillions !*

Mais le ciel se transforme rapidement dans le champ de l'optique progressive. Déjà nous ne distinguons plus ni constellations ni divisions ; une fine poussière brille là où l'œil, laissé à sa seule puissance, ne voit qu'une obscurité noire sur laquelle ressortent deux ou trois étoiles. A mesure que les découvertes merveilleuses de l'optique augmenteront la puissance visuelle, toutes les régions du ciel se couvriront de ce fin sable d'or, et un jour viendra où le regard étonné, s'élevant vers ces profondeurs inconnues, se trouvant arrêté par l'accumulation des étoiles qui se succèdent à l'infini, ne trouvera plus devant lui qu'un délicat tissu de lumière.

Chacun de ces points est un soleil, centre de force, d'activité, de mouvement et de vie. Chaque agrandissement télescopique en jette des millions sous les yeux de l'astronome.

Mais ce n'est encore là que notre univers visible. Là où s'arrête la puissance télescopique, là où s'abat l'essor de nos conceptions fatiguées, la nature immense et universelle continue son œuvre : le télescope nous porte dans l'infini *et nous y laisse.*

L'espace est sans bornes. Quelle que soit la frontière que nous lui supposions par la pensée, immédiatement notre imagination s'envole jusqu'à cette frontière, et, regardant au delà, y trouve encore de l'espace. Et quoique nous ne puissions pas comprendre l'infini, toutefois chacun de nous sent qu'il lui est plus facile de concevoir l'espace illimité que de le concevoir limité, et qu'il est impossible que l'espace n'existe pas *partout* (¹).

Essayons maintenant de jauger ces profondeurs.

Un premier moyen se présente, c'est d'analyser la proportion selon laquelle l'éclat des étoiles diminue avec leur distance.

L'estime des distances par la photométrie repose sur ces principes, dont la vérité ne saurait être contestée : 1° Les étoiles ne peuvent être placées toutes à la même distance de nous; 2° les plus éloignées doivent par cela seul nous paraître plus petites. Ces principes nous conduiraient même à l'appréciation directe et certaine de leurs distances relatives, si nous pouvions affirmer de plus que toutes les étoiles ont une lumière intrinsèque égale. Mais cette égalité n'est ni prouvée ni probable.

Le problème doit donc être traité par le calcul des probabilités.

Étant donnée une étoile d'une grandeur déterminée, de combien devra-t-on augmenter sa distance pour que son éclat diminue d'une unité dans l'ordre des grandeurs?

Pour les étoiles les plus brillantes, l'intensité lumineuse est plus que doublée lorsqu'on passe d'un ordre de grandeur à celui qui précède immédiatement; mais, pour les plus faibles, le rapport entre les intensités se rapproche beaucoup du nombre 2. Ainsi, en laissant de côté l'exceptionnel Sirius, on trouve que de la première grandeur à la deuxième, le rapport est 3,75; de la deuxième à la troisième, 2,25; de la troisième à la quatrième, 2,20. Lorsqu'on arrive aux étoiles télescopiques, la proportion suit à peu près la même loi,

(¹) La contemplation de l'immensité des cieux nous donne inévitablement l'idée de l'infini. Les théologiens et les scolastiques ont beau empiler des arguties sur des pointes d'aiguilles pour nous faire accroire qu'ils connaissent les attributs du Créateur, et que « l'espace ne peut pas être infini parce qu'il serait Dieu », ce sont là des arguments de prédicateurs, dont la valeur n'est plus en discussion depuis Érasme, l'auteur de l'*Éloge de la Folie;* le plus timide des astronomes peut affirmer aujourd'hui que l'espace est nécessaire, infini et éternel, trois qualifications théologiquement réservées à Dieu seul.

quoiqu'il y ait discontinuité dans le passage de la 6ᵉ à la 7ᵉ grandeur, c'est-à-dire à la limite des étoiles visibles à l'œil nu. En considérant l'ensemble, on trouve comme moyenne générale le rapport 2,42 (¹).

On peut donc dans cette proportion calculer la distance à laquelle il faudrait placer successivement une étoile de première grandeur moyenne pour qu'elle devînt égale à celles de deuxième, de troisième grandeur, etc. Voici le résultat de ce calcul :

Grandeurs.	Distances.	Grandeurs.	Distances.
1.	1,00	9.	34
2.	1,55	10.	53
3.	2,42	11.	83
4.	3,76	12.	129
5.	5,86	13.	200
6.	9,11	14.	312
7.	14,17	15.	486
8.	22,01	16.	735

Ainsi, les étoiles de sixième grandeur, les dernières que nous puissions apercevoir à l'œil nu, seraient neuf fois plus éloignées que celles de première grandeur; celles de 13ᵉ grandeur, 200 fois plus, etc., A mesure que l'on descend dans l'échelle des grandeurs, la quantité de lumière émise diminue suivant une proportion géométrique, les étoiles de chaque ordre étant en général environ deux cinquièmes plus brillantes que celles de l'ordre immédiatement inférieur. En admettant que cette proportion représente la marche générale, nous trouvons qu'il faudrait environ

2⅓	étoiles de deuxième grandeur pour égaler l'éclat d'une de première.		4 656	étoiles de dixième grandeur pour égaler l'éclat d'une de première.
6	étoiles de troisième, *id.*		11 900	étoiles de onzième, *id.*
16	— quatrième, *id.*		30 420	— douzième, *id.*
42	— cinquième. *id.*		77 750	— treizième, *id.*
109	— sixième, *id.*		199 000	— quatorzième, *id.*
278	— septième, *id.*		500 000	— quinzième, *id.*
712	— huitième, *id.*		1 280 000	— seizième, *id.*
1 822	— neuvième, *id.*			

Le nombre des étoiles des divers ordres de grandeur varie dans

(¹) Malgré « l'obscure clarté qui tombe des étoiles » leur lumière totale n'est pas si « obscure » qu'elle le paraît. Sur une haute montagne et dans un air pur, au bout du temps nécessaire pour dilater la pupille, on peut arriver à lire de gros caractères. Les marins n'aiment pas les lumières artificielles; ils préfèrent rester à la seule clarté des étoiles, qui est suffisante pour toutes leurs manœuvres : pour lire la boussole, ils se servent d'une lumière faible éclairant par transparence la rose des vents. A de grandes hauteurs, en ballon, j'ai toujours pu voir la place des objets (mais n'ai jamais pu lire, toutefois, les degrés du baromètre sans lumière: je me suis servi de vers luisants). Toutes nos lumières artificielles et même l'éblouissant faisceau électrique s'effacent bientôt avec la distance devant les étoiles. Même aux distances qui nous en séparent, on devine que chacune d'elles est un vrai soleil.

Fig. 325. A. — Un point du ciel vu à l'œil nu.

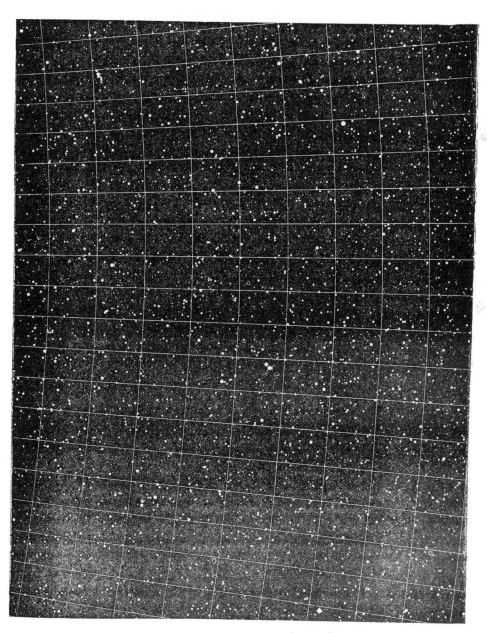

Fig. 325, B. — Le même point du ciel vu au télescope.

un rapport qui n'est pas très différent de l'inverse de celui de leur éclat. Il va sans dire, d'ailleurs, que ces grandeurs se fondent insensiblement l'une dans l'autre, et que si l'on veut exprimer avec plus d'exactitude l'éclat d'une étoile quelconque, il est bon d'aller jusqu'aux fractions : ainsi telle étoile est notée de deuxième grandeur et demie, telle autre de troisième grandeur un quart ; on pousse ordinairement l'approximation jusqu'au dixième.

En général, on ne se représente pas la différence merveilleuse qui sépare la vision télescopique de la vision naturelle. Argelander a observé et catalogué à leur position précise les étoiles de notre hémisphère boréal, jusqu'à la dixième grandeur : il y en a 324 000 dans cette seule moitié du ciel. Regardons en un point quelconque, nous comptons une douzaine d'étoiles ; prenons une lunette de 7 centimètres seulement de diamètre, la lunette d'Argelander, et comparons cette vision télescopique à la vision naturelle : nous obtenons l'éloquente comparaison que nous offre la *fig.* 325. Voilà le commencement de la révélation télescopique.

Ces considérations nous donnent une première idée de l'échelle de l'univers sidéral. Mais il importe de faire ici certaines remarques restrictives.

Etant donnée une étoile quelconque, d'une grandeur quelconque, rien ne prouve qu'elle soit à la distance indiquée par les considérations précédentes. On ne peut donc faire l'application de ces règles à aucun astre déterminé. Telle étoile invisible à l'œil nu, de 7°, 8° ou 9° grandeur, peut être plus proche que telle autre éclatante et de première grandeur. Nous en aurons bientôt la preuve.

D'un autre côté, il pourrait se faire que les déterminations précédentes n'eussent même pas la valeur moyenne qu'on leur attribue : si, par exemple, la nature avait fait que nous fussions entourés de petites étoiles, et que les soleils les plus magnifiques fussent très éloignés de notre situation dans l'espace. Mais c'est là un hasard que le calcul des probabilités indique comme fort peu vraisemblable. Cela n'empêche pas qu'il peut être réalisé en partie, sur une proportion plus ou moins grande. Conclusion : n'accordons pas aux déterminations précédentes toute la valeur que d'éminents astronomes, tels que William Herschel, William Struve, Secchi, leur ont attribuée, et ne les regardons que comme une première *jauge*, destinée à nous faire pénétrer du regard à travers la population des cieux.

Quelles sont les distances réelles des étoiles ?

CHAPITRE V

**Mesure des distances célestes. Étoiles dont la distance est connue.
Rapport de notre Soleil avec ses pairs les plus proches.**

Quel moyen le microscopique habitant du petit globule terrestre
peut-il employer pour mesurer la distance qui le sépare des énormes
soleils brûlant au sein des profondeurs infinies ? Une telle tentative
ne dépasse-t-elle pas les bornes de son pouvoir? Le contraste entre
l'immensité céleste et la petitesse terrestre n'écrasera-t-il pas l'auda-
cieux pygmée qui tente d'escalader le ciel? Non ! L'espérance humaine
est infinie, et la puissance du génie s'élève comme elle jusqu'aux
sommets les plus élevés, qu'elle contemple dans la splendeur éthérée.
Où s'arrêtera l'esprit humain dans la conquête des réalités éternelles?
Quand sera-t-il satisfait du présent et n'étendra-t-il plus les ailes de
son désir vers les horizons toujours fuyants de l'avenir? Jamais
il ne sera satisfait, toujours il aspirera vers un progrès supérieur ;
c'est là sa nature, c'est là sa destinée, c'est là sa grandeur, et c'est là
son véritable bonheur.

Pour mesurer de telles distances, ce n'est plus la dimension du
globe terrestre qui peut servir de base au triangle, comme dans la
mesure de la distance de la Lune, et la difficulté ne peut pas être
tournée non plus, comme dans le cas du Soleil, par l'auxiliaire d'une
autre planète. Mais, heureusement pour notre jugement sur les
dimensions de l'univers, la construction du système du monde offre
un moyen d'arpentage pour ces lointaines perspectives, et ce moyen,
en même temps qu'il démontre une fois de plus le mouvement de
translation de la Terre autour du Soleil, il l'utilise pour la solution du
plus grand des problèmes astronomiques.

En effet, la Terre, en tournant autour du Soleil à la distance
de 37 millions de lieues, décrit par an une circonférence (en réalité
c'est une ellipse) de 241 millions de lieues. Le diamètre de cette orbite
est donc de 74 millions de lieues. Puisque la révolution de la Terre est
d'une année, notre planète se trouve, en quelque moment que ce soit,
à l'opposé du point où elle se trouvait six mois auparavant, et du

point où elle se trouvera six mois plus tard. Autrement dit, la distance d'un point quelconque de l'orbite terrestre au point où elle passe à six mois d'intervalle est de 74 millions de lieues. C'est là une longueur respectable, et qui peut servir de base à un triangle dont le sommet serait une étoile.

Le procédé pour mesurer la distance d'une étoile consiste donc à observer minutieusement ce petit point brillant à six mois d'intervalle ou plutôt pendant une année entière, et à voir si cette étoile reste fixe, ou bien si elle subit un petit déplacement apparent de perspective en raison du déplacement annuel de la Terre autour du Soleil. Si elle reste fixe, c'est qu'elle est à une distance infinie de nous, à l'horizon du ciel pour ainsi dire, et que 74 millions de lieues sont comme zéro devant cet éloignement. Si elle se déplace, on constate qu'elle décrit pendant l'année une petite ellipse, reflet de la translation annuelle de la Terre. Chacun a pu remarquer, en voyageant en chemin de fer, que les arbres, les objets les plus proches, courent en sens contraire de nous, et d'autant plus vite qu'ils sont plus proches, tandis que les objets lointains situés à l'horizon restent fixes. C'est absolument le même effet qui se produit dans l'espace, par suite de notre mouvement annuel autour du Soleil. Seulement, quoique nous marchions incomparablement plus vite qu'un train express (onze cents fois plus!) et que nous fassions 650 000 lieues par jour, les étoiles sont toutes si éloignées, que c'est à peine si elles paraissent s'apercevoir de notre déplacement. Nos 74 millions de lieues ne sont presque rien, pour les plus proches même. Quel malheur de ne pas habiter Jupiter, Saturne Uranus et surtout Neptune! Avec leurs orbites, cinq, neuf, dix-neuf et trente fois plus larges que la nôtre, les habitants de ces planètes ont dû pouvoir déterminer la distance d'un bien plus grand nombre d'étoiles que nous n'avons encore pu le faire.

Ce moyen de mesurer la distance des étoiles par l'effet de perspective dû au déplacement annuel de la Terre avait déjà été deviné par les astronomes du siècle dernier, et en particulier par Bradley, qui, en essayant de mesurer la distance des étoiles par des observations combinées à six mois d'intervalle, trouva.... autre chose. Au lieu de découvrir la distance des étoiles sur lesquelles s'étaient portées ses observations, il découvrit un phénomène d'optique fort important : l'*aberration de la lumière;* effet produit par la composition de la vitesse de la lumière avec le mouvement de la Terre dans l'espace. C'est comme William Herschel, qui, en cherchant la parallaxe des étoiles par des comparaisons entre des étoiles brillantes avec leurs

plus voisines, trouva les systèmes des étoiles doubles. C'est comme Fraunhofer, qui, en cherchant
les limites des couleurs du spectre solaire, trouva
les raies d'absorption, dont l'étude a fondé l'analyse
spectrale. L'histoire des sciences nous montre que
bien souvent les découvertes ont été faites par des
recherches qui ne les concernaient qu'indirectement.
En prétendant atteindre par l'ouest les frontières
orientales de l'Asie, Christophe Colomb découvrit
le Nouveau-Monde. Il ne l'eût point découvert, et
ne l'eût point cherché, s'il eût connu la véritable
distance qui sépare le Portugal du Kamtchatka (¹).

On ne connaît la distance de quelques étoiles que
depuis l'année 1840. C'est dire combien cette découverte est récente : en vérité c'est à peine si l'on commence maintenant à se former une idée approchée des
distances réelles qui séparent les étoiles entre elles.
La parallaxe de la 61ᵉ du Cygne, la première qui
ait été connue, a été déterminée par Bessel et
résulte d'observations faites à Kœnigsberg, de 1837
à 1840. Depuis, le premier chiffre obtenu a été corrigé
par suite d'observations plus récentes

On se rendra très facilement compte du rapport
qui relie la distance d'une étoile à sa parallaxe par
l'examen de la *fig.* ci-dessus. L'angle sous lequel on
voit de face le diamètre de l'orbite terrestre est d'autant plus petit que l'étoile est plus éloignée, et le
mouvement apparent de l'étoile qui reflète en perspective le mouvement réel de la Terre diminue dans la
même proportion. Ainsi, la première étoile de cette
petite figure montre ici un mouvement annuel
effectué sur une largeur angulaire de 20 degrés, la
seconde fournit un angle de 12 et la troisième un
angle de 7 degrés. Le rapport géométrique que
nous avons appris à connaître dès les premiers chapitres de cet ouvrage, dès la distance de la Lune
(p. 114), donne immédiatement la distance. Sur la

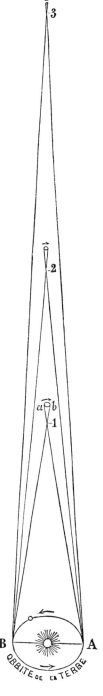

(¹) Dans les sciences positives toutefois, les espérances des chercheurs se trouvent
en définitive plus ou moins justifiées dans les résultats obtenus. Il n'en est pas
toujours de même dans les autres préoccupations humaines. On se souvient de

fig. ci-dessus, les proportions sont très exagérées, puisqu'une parallaxe de 1 degré correspond à 57 fois la grandeur de la base. Or, le mouvement angulaire de l'étoile la plus proche n'est pas de 2 secondes ; à l'échelle adoptée pour cette figure, l'étoile la plus proche devrait être portée à cent mille fois au moins la base de notre triangle, qui est de deux centimètres, c'est-à-dire à deux kilomètres ! Il serait assurément difficile de placer une telle figure dans un ouvrage quelconque.

Continuons ici le petit tableau de la p. 114, au point de vue des parallaxes les plus faibles :

Un angle de 10 secondes correspond à une distance de . .		20 626
—	5	41 253
—	2	103 132
—	1	206 265
—	0″ 9	229 183
—	0″ 8	257 830
—	0″ 7	294 664

Un angle de 0″6 correspond à une distance de. . .		343 750
—	0″ 5	412 530
—	0″ 4	515 660
—	0″ 3	687 500
—	0″ 2	1 031 320
—	0″ 1	2 062 650
—	0″ 0 . . . incommensurable.	

La parallaxe d'une étoile s'exprime ordinairement par *l'angle sous lequel on voit, de cette étoile, le rayon ou le demi-diamètre de l'orbite terrestre.* Par conséquent, une étoile dont la parallaxe serait de 1″ montrerait par là qu'elle est éloignée à 206 265 fois 37 millions de lieues ; une parallaxe de 9 dixièmes indique une distance de 229 183 fois la même unité ; 8 dixièmes indiquent 257 830 fois, et ainsi de suite. Nous avons eu bien raison, au livre du Soleil, d'insister spécialement sur sa distance, puisqu'elle est le mètre à l'aide duquel nous devons tout mesurer dans l'univers.

Dans toute l'astronomie sidérale il n'y a peut-être rien de plus difficile à déterminer que la parallaxe d'une étoile. Que l'on songe que, parmi toutes les étoiles du ciel, aucune n'offre une parallaxe d'une seconde, c'est-à-dire un mouvement annuel de deux secondes. Or, deux secondes, c'est un millimètre vu à 103 mètres, c'est un cheveu d'un dixième de millimètre vu à dix mètres. Eh bien ! c'est dans cette largeur que s'effectue le mouvement annuel de l'étoile. La lunette le grossit, naturellement, sans cela il serait absolument imperceptible, mais combien facilement il peut être masqué par les autres mouvements de la lunette ou de l'étoile elle-même, par les influences de la réfraction, de la précession, de la nutation, de l'aberration, et par le mouvement propre de l'étoile elle-même dans l'espace ! Toutes ces

l'histoire de ce confesseur assis au chevet du lit mortuaire de Dorat, qui faisait les plus louables efforts pour persuader le moribond de l'excellence de la vie future, et lui répétait sur tous les tons « qu'il verrait Dieu *face à face* pendant toute l'éternité.
— Pensez-vous, répliqua doucement le poète, que je ne le verrai jamais de profil ?...

influences réunies s'élèvent à plusieurs secondes et sont elles-mêmes soumises à certaines incertitudes, et il faut encore leur ajouter les erreurs instrumentales. Comment donc en dégager les indications sûres du minuscule déplacement de perpective dû à l'effet du mouvement de la Terre? On y est cependant parvenu pour *quelques* étoiles.

Lorsque la parallaxe est obtenue, rien n'est plus simple que de la traduire en distance, d'après le petit tableau qui précède. Si cette parallaxe est de 1″, on sait que la distance est de 206 265 fois 37 mil·lions de lieues; si elle est de 0″, 9, le résultat est 229 183 fois la même unité, et ainsi de suite. C'est là un résultat mathématique et incontestable, quelque merveilleux qu'il paraisse et quelque rebelles que soient certains esprits pour l'accepter : il n'y a ici ni miracle ni mystère. Voici les résultats obtenus.

TABLEAU DES ÉTOILES DONT LA DISTANCE EST CONNUE.

Noms	Grandeurs	Parallaxes	Distances en rayons de l'orbite terrestre	Distances en *trillions* de lieues	Durée du trajet de la lumière	Auteurs de la parallaxe adoptée ici
α du Centaure..	1	0″928	222 000	8 trillions	3 ans ½	Henderson, 1832 et Maclear, 1842-48.
61e du Cygne..	5 ½	0,511	404 000	15 —	6 $\frac{2}{10}$	W. Struve, 1852 et Auwers 1862.
21185 Lalande..	7 ½	0,501	412 000	15 —	6 $\frac{4}{10}$	Winnecke, 1857-68.
β du Centaure..	1	0,496	416 000	15 —	6 ½	Maclear, 1837.
μ Cassiopée...	5 ½	0,342	603 000	22 —	9 ½	O. Struve, 1858.
34 Groombridge.	8	0,307	672 000	25 —	10 ½	Peters, 1863-66.
21258 Lalande..	8 ½	0,271	761 000	28 —	12	Auwers, 1862.
17415 Œltzen..	8	0,247	835 000	31 —	13	Krüger, 1862.
σ Dragon....	5	0,222	928 000	34 —	14 $\frac{4}{10}$	Brunnow, 1870.
Castor.....	2	0,210	982 000	35 —	15 $\frac{7}{10}$	Johnson, 1855.
Sirius......	1	0,193	1 069 000	39 —	16 $\frac{7}{10}$	Maclear, 1837 et Gylden, 1870.
Véga......	1	0,180	1 146 000	42 —	18	Brunnow, 1870.
10 Ophiuchus..	5	0,168	1 221 000	45 —	19	Krüger, 1858-62.
η Cassiopée ..	4	0,154	1 334 000	50 —	20 $\frac{6}{10}$	O. Struve, 1858.
ι Grande Ourse.	4	0,133	1 551 000	59 —	24 ½	Peters, 1842.
Arcturus ...	1	0,127	1 624 000	60 —	25 $\frac{4}{10}$	Peters, 1842.
Procyon....	1	0,123	1 677 000	62 —	26 ½	Auwers, 1862.
γ Dragon....	3	0,092	2 242 000	83 —	35	Brunnow, 1873.
1830 Groombridge	7	0,090	2 291 000	85 —	35 $\frac{8}{10}$	Wichmann, 1851 et Brunnow, 1871.
Étoile polaire..	2	0,076	2 714 000	100 —	42 ½	Peters, 1842.
3077 Bradley..	6	0,070	2 946 000	109 —	46	Brunnow, 1873.
85 Pégase....	6	0,054	3 805 000	129 —	64 ½	Brunnow, 1873.
Capella....	1	0,046	4 484 000	170 —	71 $\frac{6}{10}$	Peters, 1842.

On le voit : aucune étoile n'offre une parallaxe d'une seconde entière. L'immense majorité des étoiles donne zéro pour résultat.

Les nombres qui expriment les distances stellaires en kilomètres ou en lieues sont tellement vastes qu'ils n'indiquent plus rien à notre esprit. Il est peut-être un peu moins difficile de concevoir l'étendue de ces abîmes intersidéraux en essayant de suivre un rayon de lumière qui, rapide comme l'éclair, s'élance à travers l'immensité avec la vitesse de 75 000 lieues par seconde et franchit en 8 minutes et 13 secondes les 148 millions de kilomètres qui nous séparent du Soleil. On calcule facilement que, pour une distance correspondante à une parallaxe de 1″, la durée du voyage d'un rayon lumineux est 3^{ans} et 74 jours, ou, en décimales, 3^{ans},202, ce qui donne 6^{ans},404 pour une parallaxe d'une demi-seconde, 12^{ans},808 pour une parallaxe d'un quart de seconde, etc. C'est dans cette proportion que la sixième colonne du tableau précédent a été calculée.

Ce tableau présente les données les plus sûres que l'on ait encore obtenues sur les distances stellaires. Comme un grand nombre d'essais ont été faits sur les étoiles qui, par leur éclat ou la grandeur de leur mouvement propre, paraissaient devoir être les plus proches de nous, on peut croire que l'étoile actuellement considérée comme la plus proche est réellement dans ce cas et qu'il n'y en a aucune autre moins éloignée. Ainsi notre soleil, étoile dans l'immensité, est isolé dans l'infini, et le soleil *le plus proche* trône à huit trillions, ou huit mille milliards de lieues de notre séjour terrestre. Malgré sa vitesse inimaginable de 75 000 lieues par seconde, la lumière marche, court, vole pendant trois ans et six mois pour venir de ce soleil jusqu'à nous. — Le son emploierait trois millions d'années pour franchir le même abîme. — A la vitesse constante de soixante kilomètres à l'heure, *un train express parti du soleil Alpha du Centaure n'arriverait ici qu'après une course non interrompue de près de soixante millions d'années.*

Déjà nous l'avons remarqué : un pont jeté d'ici au Soleil serait composé de 16 600 arches de la largeur de la Terre, et pour atteindre le soleil le plus proche il faudrait ajouter 222 000 ponts pareils l'un au bout de l'autre....

C'est là notre étoile VOISINE. La seconde, la plus proche après elle, est près du double plus éloignée, et se trouve dans une tout autre région de l'espace, dans la constellation du Cygne, toujours visible de notre hémisphère boréal. Si nous voulons nous rendre compte de la situation relative de notre soleil et des deux plus proches, prenons un globe céleste et faisons passer un plan par le centre de ce globe, α du Centaure et la 61° du Cygne, nous aurons ainsi sous les yeux le rapport qui existe entre notre position dans l'infini et celle de ces deux soleils. La distance angulaire qui les sépare sur la sphère céleste est de 125°. Traçons ce dessin, et nous découvrons certaines particularités assez curieuses : d'abord ces deux étoiles les plus proches sont dans le plan de la Voie lactée, de sorte que nous pouvons également représenter la Voie lactée sur notre dessin ; ensuite ce fleuve céleste se partage en deux branches, précisément aux positions occupées par ces deux étoiles les plus proches, le partage restant marqué le long

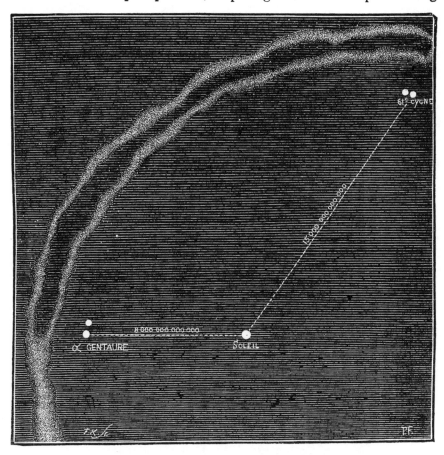

Fig. 327. — Les deux soleils les plus proches du nôtre.

de tout l'intervalle qui les sépare. Ce dessin nous montre encore que, si nous voulons tracer la courbe de la Voie lactée en rapport avec la distance de nos deux étoiles, elle sera plus proche de nous dans la constellation du Centaure que dans celle du Cygne ; et, en effet, il est probable que les étoiles de cette région du ciel sont plus rapprochées que celles de la région opposée (¹). Un autre fait plus curieux encore, c'est que les deux soleils les plus proches de nous sont doubles.

(¹) Le plan du système solaire et la direction du mouvement du Soleil dans l'espace ne correspondent ni l'un ni l'autre avec le plan que nous venons de tracer.

Ainsi notre Soleil et les soleils voisins sont isolés les uns des autres; chacun est roi indépendant dans sa province, et s'ils se sentent à travers l'infini et subissent l'influence de leur attraction réciproque, ce n'est que dans une suzeraineté peu effective. Les mouvements qui les animent sont d'un ordre supérieur à leur attraction respective.

Voilà donc les soleils les plus proches de nous. Ces étoiles, au nombre de vingt-deux, sont les seules qui aient offert une parallaxe sensible, encore le résultat est-il bien douteux pour les six dernières, dont la parallaxe est inférieure à un dixième de seconde. On a essayé de constater celle de toutes les étoiles de première grandeur, et le résultat a été négatif pour celles qui ne sont pas inscrites sur cette liste. Canopus, Rigel, Procyon, Betelgeuse, Achernar, Aldébaran, Alpha de la Croix, Antarès, Altaïr, l'Epi, Fomalhaut, n'offrent pas de parallaxe sensible. La belle étoile Alpha du Cygne, qui brille tout près de la 61e du Cygne, n'a présenté aux recherches les plus minutieuses aucune trace de balancement : elle est donc incomparablement plus éloignée que sa modeste voisine, au moins quinze fois, et peut-être vingt fois, cinquante fois, cent fois au delà ! Quelle ne doit pas être la colossale grosseur et la prodigieuse lumière de ces soleils dont l'éloignement est supérieur à 150 et 200 trillions de lieues et qui néanmoins brillent encore à nos yeux d'un éclat aussi splendide !

Copernic avait supposé la sphère des étoiles fixes éloignée à une immense distance au delà de Saturne, « attendu que le mouvement annuel de la Terre autour du Soleil ne fait paraître aucune parallaxe ». Tycho-Brahé, ne pouvant ou n'osant concevoir un tel éloignement, se servit

Ni l'une ni l'autre de ces étoiles ne pourrait être considérée comme tournant autour du Soleil à l'imitation des planètes ou des comètes. Si la plus proche, Alpha du Centaure, n'avait pas de masse sensible et gravitait autour de notre astre central, la durée de sa révolution serait de 104 millions d'années et celle de la 61 du Cygne, en admettant en nombre rond, une distance de 400 000 rayons de l'orbite terrestre, serait de 254 millions d'années. Or, ces deux étoiles se montrent animées de mouvements propres très rapides; ces mouvements peuvent s'accomplir perpendiculairement à notre rayon visuel, et dans ce cas nous les verrions de face, c'est-à-dire dans toute leur valeur, tandis que s'ils s'effectuent obliquement (que l'étoile s'éloigne ou se rapproche de nous), le déplacement que nous mesurons sur la voûte céleste ne représente que la projection du mouvement total, c'est-à-dire une partie plus ou moins grande, suivant l'obliquité. Mais, en supposant que ces mouvements se présentent de face et que ces deux étoiles puissent tourner autour de nous, celui de α du Centaure est de 3″64 par an, ou de 1 degré en 989 ans, ce qui donne 356 000 ans pour la révolution totale : c'est là une période beaucoup plus courte que celle que l'action réunie des deux masses de notre soleil et de celui-là pourrait produire. L'examen du mouvement propre observé sur la 61e du Cygne nous conduit à un résultat analogue : son mouvement extrêmement rapide de 5″10 par an fait parcourir à l'étoile 1 degré en 706 ans et lui ferait décrire le tour entier du ciel en 254 000 ans, c'est-à-dire en une période mille fois plus rapide que celle qui pourrait être produite par la gravitation solaire seule.

au contraire de cette absence de parallaxe pour en conclure à l'absence du mouvement de la Terre. « Copernic, dit-il, suppose une distance incroyable et absurde. Il faut une proportion en tout ; *le Créateur aime l'ordre* et non la confusion. Un tel espace serait vide d'étoiles et de planètes et ne servirait à rien. En plaçant l'orbe de Saturne à 12 300 demi-diamètres de la Terre, la nouvelle étoile de 1572 devait être à 13 000, et la distance de toutes les étoiles doit être de 14 000. On peut, dans ce cas, les mesurer toutes. Celles de première grandeur paraissent avoir un diamètre de 2′, ce qui équivaut à 68 fois le volume de la Terre ; celles de 2ᵉ ont 1′ $\frac{1}{2}$ ou 28 fois le même volume ; celles de 3ᵉ ont 1′ $\frac{1}{12}$ ou 11 fois notre globe ; celles de 4ᵉ ont 45″ ou 4 fois $\frac{1}{2}$ la Terre ; celles de 5ᵉ 3″ ou 1 fois $\frac{1}{18}$, et celles de 6ᵉ 20″, de sorte qu'elles sont trois fois plus petites que la Terre. »

Combien les découvertes télescopiques et les études micrométriques de l'astronomie sidérale n'ont-elles pas transformé la notion de l'univers depuis trois siècles, depuis l'époque du grand observateur danois !

Si les étoiles voisines planent à des dizaines et à des centaines de trillions de lieues d'ici, c'est à des quatrillions, à des quintillions, à des millions de milliards de milliards de lieues que gisent la plupart des étoiles visibles au ciel dans les champs télescopiques. Quels soleils ! quelles splendeurs ! Leur lumière nous arrive de pareilles distances ! Et ce sont ces lointains soleils que l'orgueil humain prétendait faire graviter autour de notre atome ! et c'est pour nos yeux que l'ancienne théologie déclarait créées ces lumières invisibles sans le télescope ! et c'est parce que le philosophe astronome Jordano Bruno soupçonnait ces lointains soleils d'être les centres d'autres univers, que l'Inquisition l'a fait brûler vif à Rome devant le peuple terrifié ! et c'est parce que Galilée persistait à soutenir que notre planète est soumise au Soleil et que cet astre n'est lui-même qu'une étoile perdue dans l'infini, que cette même Inquisition lui ordonna sous peine de mort de s'agenouiller devant les Evangiles (Eglise de la Minerve, à Rome, 22 juin 1633), et d'abjurer la vérité connue par sa conscience !!... Est-il coupable, le pauvre septuagénaire, d'avoir ainsi renié sa foi ? Non. Toutes les formules que les maîtres du jour le contraignirent à prononcer n'empêchaient pas la Terre de tourner, et si ce n'était là dans l'histoire du progrès un drame épouvantable, ce serait une véritable comédie : le pape Urbain VIII et les cardinaux ont beau faire :

La Terre nuit et jour à sa marche fidèle
Emporte Galilée et son juge avec elle

Nulle contemplation n'affranchit la pensée, n'élève l'esprit, n'ouvre les ailes de l'âme, comme celle de ces immensités sidérales illuminées par les soleils de l'infini. Nous apprenons déjà à savoir qu'il y a dans le monde stellaire une diversité non moins grande que celle que nous avons remarquée dans le monde planétaire. De même que dans notre propre système solaire les globes déjà étudiés au télescope s'échelonnent depuis 10 kilomètres (satellites de Mars) jusqu'à 142 000 (Jupiter), c'est-à-dire dans la proportion de 1 à 14 000, ainsi dans le système sidéral les soleils présentent les plus énormes différences de volume et d'éclat. La 61ᵉ du Cygne, l'étoile 21 185 du catalogue de Lalande, μ Cassiopée, 34 Groombridge, sont incomparablement plus petites ou moins lumineuses que Sirius, Véga, Arcturus, Capella, Canopus, Rigel et que les autres splendeurs du firmament. Ce fait nous prouve qu'il ne faut pas prendre à la lettre les couches de grandeurs successives admises par Herschel et Struve dans l'hypothèse d'une égalité d'éclat entre les étoiles, mais que toutes les variétés de dimensions, de masses, d'éclat, de chaleur, de puissance, existent simultanément dans l'étendue infinie.

Adoptant et développant les vues de W. Herschel sur les distances des étoiles, admettant avec lui que les étoiles des dernières grandeurs sont aussi grosses que les plus brillantes, et que leur petitesse apparente provient surtout de la distance qui nous en sépare, William Struve estimait que « les dernières étoiles « visibles à l'œil nu sont 9 fois plus éloignées que la distance moyenne des « étoiles de 1ʳᵉ grandeur, que les dernières étoiles des zones de Bessel (9,5) sont « 38 fois plus éloignées, et que les plus petites étoiles observées par Herschel « sont 228 fois plus distantes ». Il calcula même une série de parallaxes diminuant avec les grandeurs, dont voici les données principales :

Grandeur.	Parallaxe.	Distance.	Grandeur.	Parallaxe.	Distance.
1,0	0″,209	986 000	6,0	0″,027	7 616 100
2,0	0,116	1 778 000	7,5	0,014	14 230 000
3,0	0,076	2 725 000	8,5	0,008	24 490 000
4,0	0,054	3 850 008	9,5	0,006	37 200 000
5,0	0,037	5 378 000			

Cette théorie règne encore aujourd'hui dans les traités d'astronomie. Nous avons déjà remarqué qu'elle est loin d'être fondée, et nous pouvons dès maintenant résumer les faits que nous venons d'étudier dans la série d'arguments que voici :

I. Les distances déterminées jusqu'ici montrent que les étoiles les plus proches sont de tous les ordres de grandeur. A l'exception de l'étoile α du Centaure, les parallaxes obtenues jusqu'à ce jour indiquent comme étoiles les plus proches les étoiles 61ᵉ du Cygne, de 5ᵉ ½, et 21 185 Lalande, de 7ᵉ ½. β du Centaure paraît venir ensuite, mais μ Cassiopée, de 5ᵉ; 34 Groombridge, de 8ᵉ; 21 258 Lalande, de 8ᵉ ½, etc., viennent avant Sirius et Véga. En somme, sur 22 étoiles mesurées jusqu'ici, 13 sont de la 4ᵉ à la 8ᵉ grandeur et 8 seulement

« *J'abjure, maudis et déteste l'hérésie du mouvement de la Terre.* »

ROME, 22 juin 1633.

appartiennent aux trois premiers ordres. Au contraire, de brillantes étoiles de 1ʳᵉ, 2ᵉ et 3ᵉ grandeur n'offrent aucune parallaxe sensible.

II. A partir de la 7ᵉ grandeur, le nombre des étoiles augmente dans une proportion beaucoup plus rapide que pour les grandeurs précédentes. Ce fait peut s'expliquer en admettant qu'il y ait un grand nombre de petites étoiles dans les zones de l'espace voisines où l'on n'imagine en général que des étoiles brillantes.

III. Sur la carte des mouvements propres que j'ai construite récemment (voir plus loin), on ne peut s'empêcher de remarquer des groupes d'étoiles dans lesquels les plus petites sont incomparablement plus rapprochées de nous que les plus grandes. Telle est, entre autres, l'étoile μ de Cassiopée, de 5ᵉ ½, qui se place devant l'étoile θ, de 4ᵉ ½; tandis que celle-ci reste presque fixe au fond du Ciel, la première s'élance vers l'est avec une vitesse énorme. Ailleurs, tandis que ψ Grande Ourse, de 3ᵉ grandeur, reste à peu près fixe, tout auprès d'elle, l'étoile de 8ᵉ ½ grandeur, 21 258 Lalande, marche avec rapidité vers l'ouest. Etc.

IV. Une remarque indépendante des précédentes se présente encore à la suite de l'examen du nombre comparatif des étoiles de toutes grandeurs par degré carré de la sphère céleste : c'est que, loin d'être disséminées dans l'espace suivant une distribution homogène, elles sont plus abondantes en certaines régions et plus clair-semées en d'autres, dans un proportion considérable. Il y a des régions tout à fait dépourvues d'étoiles et d'autres où toutes les grandeurs se trouvent associées.

V. Les mouvements rectilignes que j'ai conclus de l'analyse des étoiles doubles présentent un certain nombre de groupes de perspective formés de deux étoiles d'éclat analogue. Dans ces groupes, une étoile passe devant une autre sans en ressentir l'attraction; la seconde est donc située fort au delà et peut être beaucoup plus éloignée de la première que celle-ci ne l'est de la Terre, car elle reste fixe au fond du ciel. Pourtant elle est aussi brillante en apparence. Il y a même des cas ou c'est la plus petite qui, par la grandeur de son mouvement propre, paraît la plus rapprochée.

VI. Si l'éloignement correspondait à la décroissance d'éclat, les distances angulaires des étoiles doubles physiques devraient, en moyenne, décroître avec les grandeurs. Ce n'est pas ce qu'on observe. On remarque, parmi les étoiles de la 6ᵉ à la 9ᵉ grandeur, des systèmes binaires tout aussi écartés que ceux qui appartiennent aux étoiles brillantes. Ces systèmes ne sont donc pas immensément éloignés de nous.

VII. Les mouvements propres des étoiles provenant de la perspective due à notre translation d'une part, et d'autre part du déplacement réel des étoiles, les plus rapides doivent indiquer les étoiles les plus rapprochées. Il semble que la valeur de ces mouvements pourrait fournir une base plus sûre que l'éclat pour l'appréciation des distances. Or, les plus grands, loin d'appartenir aux étoiles les plus brillantes, appartiennent, pour la plupart, à de petites étoiles. Au contraire, des astres éclatants, tels que Canopus, Rigel, Bételgeuse, Achernar, Antarès, l'Epi, α du Cygne, n'offrent qu'un mouvement à peine sensible.

Il semble donc que si d'un côté, ce qui est incontestable, l'éclat des astres diminue en raison du carré de la distance (et peut-être même plus rapidement, si l'éther n'est pas absolument transparent), il semble, dis-je, que l'on doive cesser de baser sur les différences d'éclat toute évaluation des distances. Les mesures photométriques d'autre part, les révélations de l'analyse spectrale, aussi bien que les masses déterminées, s'unissent aux considérations précédentes pour nous affirmer que les plus grandes différences d'éclat intrinsèque, de dimensions et de masses existent entre les étoiles. Il y a peut-être autant de différences entre les étoiles qu'entre les planètes de notre système.

Certes, lorsqu'on voit Jupiter briller non loin de Sirius dans le ciel du sud et que l'on compare ces deux éclatantes lumières célestes (ce qui est arrivé pendant l'hiver de l'année 1871 et ce qui se représentera en 1883), on ne se doute pas en général que Jupiter est plus de mille fois plus gros que la Terre, que le Soleil est plus de mille fois plus gros que Jupiter, et que Sirius est plus de mille fois plus gros que le Soleil. Cette belle étoile qui, dans les plus puissants instruments qui soient sortis des mains humaines, n'apparaît encore que comme un simple point lumineux, est en réalité un globe doué d'une telle puissance lumineuse et calorifique, que, s'il venait à prendre la place de notre soleil, toute créature terrestre serait immédiatement consumée sous l'action comburante de cette éblouissante fournaise. Du reste, lorsque Sirius pénètre dans le champ d'un grand télescope, son arrivée s'annonce comme celle du soleil levant, l'astronome est ébloui par son éclat et l'œil le plus expérimenté ne peut qu'avec peine le regarder en face. Pour réduire l'eclat de notre soleil à celui de Sirius, il faudrait l'éloigner à 5 quatrillions 404 trillions de lieues!

Mesurer directement le diamètre d'une étoile est impossible puisque les plus brillantes et Sirius lui-même sont réduits par la distance à de simples points lumineux. Si donc nous voulons nous rendre compte des dimensions réelles d'un soleil tel que Sirius, il faut attaquer le problème par une autre méthode, par la photométrie. Supposons que chaque hectare de ce soleil émette la même quantité de lumière intrinsèque que celui qui nous éclaire, le résultat du calcul indique qu'en admettant la distance inscrite au tableau précédent, le soleil sirien doit être dix-sept fois plus large en diamètre, c'est-à-dire 4860 fois plus volumineux que celui dans les rayons duquel nous circulons.

Ainsi de distances en distances, de trillions en trillions de lieues, d'immensités en immensités, se succèdent les soleils, éclatants foyers, globes énormes, centres de familles planétaires, de grandeurs variées, de puissance variée, planant, trônant dans toutes les directions de l'infini. Quels sont-ils? quelle est leur nature, leur valeur intrinsèque, leur importance dans la constitution des cieux? C'est ce que vont vous apprendre les derniers progrès accomplis dans l'inépuisable champ de l'astronomie sidérale.

CHAPITRE VI

**La lumière des étoiles. Scintillation. Analyse spectrale.
Composition physique et chimique.
Application de la photographie. Mesure de la chaleur des étoiles.**

La douce et charmante lumière que les astres nous envoient, sans laquelle nous serions condamnés à vivre au milieu d'une obscurité aussi noire que celle d'un tombeau (si même la vie avait pu apparaître sur notre planète en de pareilles conditions), cette douce et charmante lumière est le seul mode de communication qui nous fasse connaître l'existence de l'univers et qui nous mette en relation avec ses parties constitutives. Ce n'est que par la vue que nous connaissons l'existence de la nature, même lorsqu'il s'agit des astres invisibles révélés par le calcul, car le calcul lui-même n'est fondé que sur des observations dues au sens de la vue. On peut se demander ce qui serait arrivé sur notre monde si nous avions été dépourvus de cette fibre légère et délicate qu'on appelle le nerf optique. La réponse n'est pas difficile, d'ailleurs. Aucun des autres sens, ni l'ouïe, ni l'odorat, ni le goût, ni le toucher, ne jouent de rôle important dans la classification générale des connaissances humaines; l'astronomie, notamment, n'existerait pas, et nous vivrions comme des aveugles qui marchent à tâtons dans les ténèbres. Mais peut-être, — qui sait? — serions-nous doués d'un sens qui percevrait des choses qui nous sont actuellement inconnues et qui peuvent exister dans l'espace ou autour de nous sans que rien nous fasse percevoir leur existence. Qui sait ce qu'un sixième sens nous révèlerait? Le demi-savant qui s'imagine tenir l'univers dans son étroit cerveau sourit ici devant cette question imaginaire et ne devine rien d'invisible ni d'inconnu. Eh! n'ayons ni la crédulité du baiseur de reliques, ni le scepticisme du jeune docteur qui prend le programme de ses examens pour une encyclopédie scientifique; si nous avions dans l'organisme un moyen quelconque de sentir ce que sent l'aiguille aimantée lorsqu'elle palpite à l'approche d'un orage magnétique ou qu'elle s'agite à l'heure où une tempête solaire éclate à la surface de l'astre du jour, ne serions-nous pas doués d'un sixième sens? et ce sens ne nous révèlerait-il pas des merveilles qui nous restent inconnues (¹)?

Ces rayons lumineux, qui déjà nous mettent en communication avec les corps stellaires, ne peuvent-il pas nous instruire davantage sur la nature même des corps d'où ils émanent? Ils nous arrivent d'une si énorme distance, d'astres si prodigieux, et ils ont voyagé pendant si longtemps pour nous atteindre : ne peuvent-ils rien nous apprendre de ces régions lointaines et inaccessibles? C'est là une question qui demeurait sans réponse il y a quelques années encore, et qui maintenant, au contraire, se pose elle-même devant nous et nous permet d'écarter insensiblement les voiles qui nous cachaient les profondeurs de l'univers.

Et d'abord, quel est le contemplateur des cieux qui n'a pas été frappé de la *scintillation* des étoiles? Tandis que les *planètes*, même les plus brillantes, rayonnent d'une lumière calme et immobile, les *étoiles,* même les moins brillantes, paraissent plus ou moins agitées d'une lumière vacillante et variable. Cette lumière qui s'élance tantôt vive, tantôt faible, en lueurs intermittentes, tantôt blanche, verte ou rouge, comme les feux étincelants d'un diamant limpide, semble animer les solitudes intersidérales et fait songer à des regards ouverts dans les cieux. C'est comme une mer calme et transparente sur laquelle voyagent des fanaux allumés pour d'autres mortels ; le silence est aussi profond, mais le désert est moins vide, et il semble que l'on devine mieux la vie lointaine qui s'agite en réalité autour de chacun de ces éclatants foyers brûlant dans l'infini.

Etudiée par un grand nombre d'observateurs, notamment par Arago à Paris, Respighi à Rome, Dufour à Lausanne, la scintillation des étoiles n'est tout à fait devenue une science exacte qu'en ces dernières années, par les travaux consécutifs et persévérants de M. Montigny, de l'Académie des sciences de Belgique, qui depuis l'année 1870 jusqu'au moment même où nous écrivons ces lignes a fait des milliers d'observations sur l'intensité et la vivacité de la scin-

---

(¹) Il n'est pas douteux que, parmi les personnes qui liront ces lignes, plusieurs aient observé certains faits surprenants de l'intelligence des chiens. Qu'elles analysent ces faits, elles reconnaîtront que ce n'est pas par la vue que ces êtres se dirigent, mais par l'odorat, et que s'ils pouvaient faire une classification quelconque de leurs connaissances, ce n'est pas par la forme extérieure, la dimension, la couleur, que les êtres seraient classés, mais par l'*odeur* qu'ils émettent. Un chien sent la trace de son maître, plusieurs jours, plusieurs semaines, plusieurs mois même après son passage, et arrive à le retrouver : exemple, le chien de la Bérézina, revenu seul de Russie à Florence, deux mois après le retour de son maître blessé. Il y a certainement des mondes où les connaissances scientifiques sont classées tout autrement que chez nous.

tillation des différentes étoiles du ciel. Les résultats obtenus peuvent se résumer dans les termes suivants :

La scintillation est un fait causé en partie par la lumière intrinsèque de l'étoile elle-même, en partie par l'état de notre atmosphère.

Les étoiles qui scintillent le plus sont les étoiles blanches, comme Sirius, Véga, Procyon, Altaïr, Régulus, Castor, β, γ, ε, ζ, η, de la Grande Ourse, α d'Andromède, α d'Ophiuchus. Nous verrons plus loin que ces étoiles, examinées au spectroscope, présentent un spectre formé de l'ensemble ordinaire des sept couleurs, coupé par quatre lignes noires principales (celles de l'hydrogène); raies spectrales peu nombreuses. Le degré de la scintillation de ces étoiles, ou le nombre de variations de couleur par seconde, est en moyenne de 86, toutes les étoiles observées étant à une même hauteur de 30 degrés au-dessus de l'horizon.

Les étoiles qui scintillent le moins sont les étoiles orangées ou rouges, comme Antarès, α d'Hercule, Aldébaran, Arcturus, Bételgeuse, α de l'Hydre, ε de Pégase, ο de la Baleine, β d'Andromède. Les étoiles de ce type offrent un spectre traversé de large bandes nébuleuses obscures qui en font une espèce de colonnade; la plupart sont variables. La moyenne des variations de couleur par seconde est de 56.

Entre ces deux groupes extrêmes se rangent les étoiles à oscillation moyenne (69 par seconde), dont la lumière est jaune, comme la Chèvre, Rigel, Pollux, α du Cygne, γ d'Orion, γ d'Andromède, α du Bélier, β du Taureau, β de Lion, α de la Grande Ourse. Le spectre de ces étoiles est semblable à celui du Soleil, coupé de raies noires très fines et très serrées.

Ainsi, il y a une correspondance certaine entre la scintillation d'une étoile et sa constitution physique : les étoiles dont le spectre présente un double système de bandes obscures et de raies noires et auxquelles correspondent, par conséquent, les lacunes les plus nombreuses et les plus marquées entre leurs rayons séparés par dispersion dans notre atmosphère, scintillent moins que les étoiles à raies spectrales fines, et beaucoup moins que celles dont le spectre présente uniquement quatre raies noires, et qui n'offriraient ainsi qu'un très petit nombre de lacunes entre leurs faisceaux de rayons dispersés par l'air.

Notre atmosphère joue un rôle considérable dans la scintillation : plus une étoile est basse et plus elle scintille; la scintillation est proportionnelle au produit que l'on obtient en multipliant l'épaisseur de la couche d'air que traverse le rayon lumineux émané de l'étoile par la réfraction astronomique pour la hauteur où elle a été observée.

La scintillation est d'autant plus prononcée que le froid est plus vif ; elle est plus forte en hiver qu'en été, fait déjà remarqué par tout le monde.

Autre fait d'observation vulgaire et aujourd'hui scientifiquement établi : les fortes scintillations annoncent la pluie. C'est la présence de l'eau en quantité plus ou moins grande dans l'atmosphère qui exerce l'influence la plus marquée sur la scintillation et qui en modifie le plus les caractères selon cette quantité, soit quand l'eau se trouve dissoute dans l'air, soit quand elle tombe au niveau du sol à l'état liquide ou à l'état solide sous forme de neige.

Ainsi, la lumière qui nous arrive des étoiles subit, en traversant notre atmosphère, de légères variations d'aspect, suivant son intensité originelle, sa vivacité, sa nuance, en un mot suivant sa propre nature. Plus on s'élève dans les airs et plus la scintillation diminue. Au sommet des montagnes, elle paraît déjà très faible. Pendant les nuits que j'ai eu le plaisir de passer en ballon, j'ai été surpris du calme et de la majestueuse tranquillité des flambeaux célestes, qui semblaient correspondre au silence et à la profonde solitude dont j'étais environné.

Nous arrivons ici aux révélations données par la lumière des étoiles elle-même sur leur propre constitution physique.

Jusqu'à présent, l'Astronomie s'était toujours exclusivement occupée de la grandeur et de la distance des astres et d'un petit nombre de particularités physiques. La prétention de connaître la nature de leur substance et leur composition chimique aurait passé pour une absurdité il y a quelques années encore ; mais aujourd'hui l'astronome peut analyser les matières stellaires avec la même facilité que le chimiste analyse les substances terrestres dans son laboratoire.

Nous avons exposé plus haut (liv III, chap. VII) en quoi consiste essentiellement l'analyse spectrale de la lumière.

Le premier qui ait obtenu un spectre d'étoile étudié scientifiquement est l'opticien allemand Fraunhofer. Après avoir décrit, avec une grande perfection et une grande précision, le spectre solaire et ses nombreuses raies, il entreprit l'étude d'autres lumières et, notamment, de quelques lumières stellaires. Il trouva ainsi que la Lune, Vénus et Jupiter offrent un spectre identique à celui du Soleil, comme on pouvait s'y attendre ; mais que les étoiles, en général, en présentent de très différents. Il commença même à étudier sous cet aspect spécial Sirius, Castor, Pollux, Capella ; mais la faiblesse des lumières rendait l'observation très difficile dans les prismes employés.

Cette étude resta à peu près stationnaire jusqu'en 1860, année où l'astronome Donati, de Florence, fit revivre la spectroscopie stellaire. A l'aide d'une lentille de 41 centimètres, il détermina avec précision la position des raies principales de treize étoiles : Sirius, Véga, Procyon, Régulus, Fomalhaut, Castor, Altaïr, la Chèvre, Arcturus, Pollux, Aldébaran, Bételgeuse et Antarès.

Deux savants anglais, MM. Huggins et Miller, commencèrent en-

La tranquilité des étoiles semble correspondre au silence et à la solitude des hauteurs.

suite à appliquer aux étoiles la méthode d'analyse spectrale des astres, que Kirchhoff avait découverte et si brillamment inaugurée par l'étude de la nature chimique du Soleil. Ces deux savants en Angleterre, Secchi à Rome, Janssen, Wolf et Rayet en France, Vogel en Allemagne, d'Arrest en Danemark, Rutherfurd, Langley, en Amérique, sont les noms des savants à qui l'on doit, dans cet ordre de recherches, les découvertes les plus intéressantes.

Exposons brièvement les principales révélations dues à cette ingénieuse recherche de la constitution chimique des étoiles : la *chimie céleste*. Voici d'abord les premiers résultats obtenus par les observateurs anglais :

Aldébaran. — La lumière de cette étoile est d'un rouge pâle. Vue dans le spectroscope, elle présente tout d'un coup un grand nombre de fortes raies, particulièrement dans l'orangé, le vert et le bleu. Les positions d'environ soixante-dix de ces raies ont été mesurées, et l'on a trouvé des coïncidences avec les spectres du *sodium*, du *magnésium*, de l'*hydrogène*, du *calcium*, du *fer*, du *bismuth*, du *tellure*, de l'*antimoine* et du *mercure*. Sept autres éléments ont été comparés avec cette étoile, savoir : l'*azote*, le *cobalt*, l'*étain*, le *plomb*, le *cadmium*, le *lithium* et le *baryum* : aucune coïncidence n'a été observée.

α d'Orion. — La lumière de cette étoile a une teinte orangée prononcée. Son spectre est complexe et remarquable. On a mesuré la position d'environ quatre-vingts raies et l'on a trouvé celles du *sodium*, du *magnésium*, du *calcium*, du *fer* et du *bismuth*.

β de Pégase. — La couleur de cette étoile est un beau jaune, son spectre a une grande analogie avec celui de α d'Orion, tout en étant beaucoup plus faible. Neuf éléments ont été comparés. Deux d'entre eux, le *sodium* et le *magnésium*, et peut-être un troisième, le *baryum*, fournissent des spectres dans lesquels on voit des raies coïncidant avec certaines raies du spectre de l'étoile.

L'absence constatée dans le spectre de α d'Orion, et aussi dans le spectre de β de Pégase, qui a tant de ressemblance avec le premier, de toute raie correspondant à celles de l'hydrogène, est un fait d'un intérêt considérable.

Sirius. — Le spectre de cette brillante étoile blanche est très intense; mais, vu son peu de hauteur au-dessus de l'horizon, même lorsqu'elle est située le plus favorablement, l'observation des plus belles raies est rendue très difficile par les mouvements de l'atmosphère. Trois, sinon quatre corps élémentaires fournissent des spectres dans lesquels des raies coïncident avec celles de Sirius : ce sont le *sodium*, le *magnésium*, l'*hydrogène* et probablement le *fer*. Les raies de l'hydrogène sont d'une force anormale, comparativement à ce qui existe dans le spectre solaire.

Véga, α de la Lyre. — Cette étoile blanche a un spectre de même classe que Sirius, et aussi rempli de belles raies que le spectre solaire. L'*hydrogène*, le *sodium* et le *magnésium* y sont visibles.

L'intérêt croissant que de semblables résultats apportaient à l'étude spectrale des différentes étoiles engagea le P. Secchi à entreprendre une revue générale du ciel étoilé, afin de poser les bases d'une étude complète de tous ces astres, en commençant par établir entre eux une classification méthodique destinée à servir de guide dans les recherches ultérieures. Profitant pour cela du beau ciel de Rome, et se servant d'un puissant instrument spécialement adapté à ce genre d'observations, cet astronome a comparé entre eux les spectres de plus de trois cents étoiles. Ses recherches le conduisirent à partager ces lointains soleils en trois types principaux.

Le premier type est celui des étoiles dites communément *blanches*,

et même un peu azurées, comme Sirius, Véga, α de l'Aigle et beaucoup d'autres, qui forment environ la moitié des étoiles du firmament, avec une composition de lumière notablement uniforme.
Elles ont généralement deux grosses raies : l'une dans le bleu, à la
limite du vert, qui coïncide avec la raie solaire F; l'autre dans le
violet, qui est très voisine de la raie solaire H, mais plus rapprochée
qu'elle de l'extrémité rouge. Une troisième raie se trouve dans l'extrême violet, mais elle n'est visible que dans les étoiles les plus brillantes.

Le second type est celui des étoiles à raies fines, analogues à notre
Soleil : étoiles jaunes, telles que Arcturus, la Chèvre, Pollux et la
plupart des belles étoiles de seconde grandeur. On y voit très nettement les raies, malgré leur finesse et leur faiblesse.

Le troisième type, qui se différencie du premier comme un extrême
opposé, est le type à zones claires, larges et fortes, au nombre de six
ou sept, séparées par des raies noires et des intervalles semi-obscurs
ou nébuleux. Les représentants principaux de cette catégorie sont α du
Scorpion, α d'Hercule, β de Pégase, β de Persée, etc. Ces étoiles ont
généralement une couleur jaune ou rouge. Un des plus singuliers
astres de cette famille, est α d'Hercule : son spectre se présente comme
une série de colonnes éclairées de côté, une vraie colonnade d'architecture : l'effet stéréoscopique est surprenant.

Ce type n'est pas aussi nombreux que les deux autres, et dans beaucoup de cas il s'approche et se fond dans le second, dont il semble être
une limite extrême. Aldébaran se trouve à la limite commune.

Le premier fait qui frappe dans l'analyse spectrale des étoiles, c'est
leur grande uniformité et le petit nombre des types. Lorsqu'on voit
les diverses substances terrestres donner des spectres si différents
suivant leur état et leur température, on s'attend naturellement à
trouver dans les étoiles une diversité encore plus considérable. Or,
il en est tout autrement. Les différences fondamentales sont très peu
nombreuses et se réduisent à trois seulement [1].

[1] Un autre fait non moins important, c'est que les divers types dominent de préférence dans certaines régions du ciel. Ainsi, dans les constellations de la Lyre, de
la Grande Ourse, du Taureau, et particulièrement dans le groupe des Pléiades et des
Hyades, domine le type de Véga. Dans la Baleine, Céphée, le Dragon, domine
le type solaire. La vaste constellation d'Orion est singulière en ce qu'elle contient
une modification spéciale du premier type, qui la rend bien différente des autres ; on
y voit les raies de ce type, mais elles y sont remarquablement étroites, et il s'y joint
un grand nombre de raies très fines répandues sur tout le spectre; en outre, la couleur verte domine dans toutes ces étoiles, tandis que le rouge y fait défaut.... Il n'est
pas possible d'admettre que ces coïncidences soient accidentelles; elles doivent tenir
à la distribution première de la matière dans l'espace.

La figure suivante représente les types auxquels on peut rapporter presque tous les spectres stellaires : 1° les étoiles blanches (Sirius, Véga...); 2° les étoiles jaunes (le Soleil, Arcturus...); 3° les étoiles orangées (α Orion, α Hercule...) qui se partagent en deux sections; 4° les étoiles rouges (ο Baleine, μ Céphée...).

Les raies fondamentales du premier type semblent être celles de l'hydrogène à une haute température.... Ce gaz brûle dans ces lointains soleils comme il brûle dans nos appareils, et c'est *le même gaz*. On y voit aussi en ignition le sodium et le magnésium.

La structure du deuxième type paraît plus susceptible de variété, et néanmoins on y trouve une constance assez notable, une identité chimique presque complète avec celle de notre Soleil : fer, titane, calcium, manganèse, sodium, magnésium, potassium, hydrogène.

Le troisième type est le moins nombreux de tous, mais non le moins important. Il se distingue des deux autres par les grandes lacunes faibles et nébuleuses qui divisent les spectres en zones... Ces spectres ont une caractéristique spéciale qui semble indiquer la présence de corps gazeux à basse température. Ils présentent l'aspect de spectres du premier et du deuxième type dont la lumière aurait traversé l'atmosphère absorbante des planètes. L'*hydrogène en est absent*. Il est bien probable que les soleils jaunes et rouges qui présentent ce spectre sont les plus vieux, les moins ardents, et jettent dans l'immensité leurs dernières lueurs.

Les planètes qui peuvent circuler autour des soleils dépourvus d'hydrogène leur ressemblent très probablement, et sans doute ne possèdent point cet élément d'une si haute importance. A quelles formes de la vie de semblables planètes peuvent-elles convenir ? « Mondes sans eau ! remarque à ce propos M. Huggins lui-même : il faudrait la puissante imagination du Dante pour arriver à peupler de telles planètes de créatures vivantes. A part ces exceptions, il est digne d'observer que ceux des éléments terrestres le plus largement répandus dans la vaste armée des étoiles, sont précisément les éléments essentiels à la vie, telle qu'elle existe sur la Terre : l'hydrogène, le sodium, le magnésium et le fer. L'hydrogène, le sodium et le magnésium représentent en outre l'océan, qui est une partie essentielle d'un monde constitué comme l'est la Terre. »

L'analyse spectrale appliquée aux étoiles doubles a prouvé que les admirables couleurs présentées par ces couples ne sont pas dus à de simples effets de contraste, mais sont réelles. Les deux soleils qui composent l'étoile double β du Cygne, colorés l'un en jaune et l'autre en bleu, offrent deux spectres absolument différents. Une observation analogue, faite sur les deux composantes de α d'Hercule, dont l'une

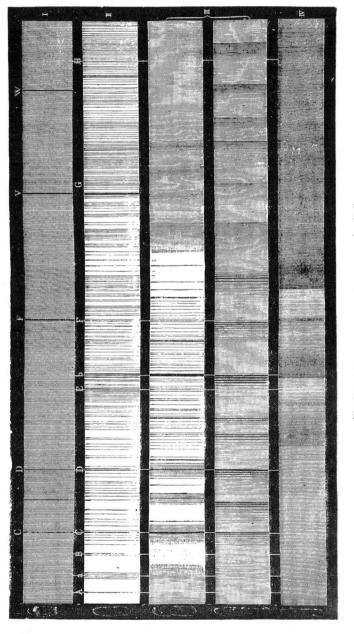

Fig. 330 — Types principaux des spectres des étoiles.

est orangée et l'autre d'un vert bleuâtre, a également fourni des spectres totalement différents. Dans chacun de ces deux cas, la couleur spéciale de chaque étoile concorde avec la manière dont la lumière est répartie dans les diverses régions de son spectre.

Nous verrons bientôt qu'il existe un certain nombre d'étoiles dont l'éclat varie *périodiquement*, et cela avec un degré de régularité qui n'est pas le même pour toutes. Diverses conjectures ont été émises pour expliquer cette variabilité ; mais elles ne reposaient sur aucune base solide. Dès que l'analyse spectrale a pu être appliquée aux étoiles, on a naturellement cherché dans ce nouveau mode d'examen des indications capables de mettre sur la voie des causes d'un si curieux phénomène.

L'étoile variable la plus célèbre, *Algol* ou β de Persée, examinée plusieurs fois, à l'époque de son minimum d'éclat, a toujours montré le type de Véga (premier type) ; d'où l'on pourrait conclure que l'embrasement de l'étoile n'est pas dû à un phénomène chimique, que l'étoile ne change pas, et est sans doute éclipsée par une planète de son système qui passe devant elle. Cette idée, déjà émise antérieurement, d'attribuer la diminution périodique d'éclat d'Algol à une éclipse produite par un corps opaque circulant autour de l'étoile, s'accorde d'ailleurs très bien avec la régularité du phénomène et avec le peu de durée de la phase de diminution. Nous y reviendrons plus loin.

Une autre étoile variable, avec laquelle nous avons déjà fait connaissance aussi, *Mira* ou o de la Baleine, présente un magnifique spectre du troisième type, comparable en beauté à β de Pégase et à α d'Orion, et aussi facile à résoudre. C'est l'un des spectres les plus curieux que nous offre l'observation du ciel, et il prouve que la variabilité de cette étoile, comme celle de presque toutes les variables (Algol excepté) est due, non à des éclipses produites par des corps opaques, mais à des crises, à des mouvements photosphériques analogues à ceux que nous observons dans le Soleil.

Les étoiles temporaires, qui se montrent plus ou moins brusquement dans le ciel, puis diminuent d'éclat peu à peu pour disparaître ensuite tout à fait, sont dignes de la plus haute attention : l'une de ces mystérieuses apparitions s'est produite en 1866 dans la constellation de la Couronne boréale, et l'on s'est empressé de la soumettre au creuset de l'analyse spectrale. La lumière de cette étoile nouvelle, examinée par MM. Huggins et Miller, donna un spectre tout particulier, prouvant qu'elle émanait de deux sources différentes. Il y avait là deux spectres analogues à celui du Soleil (raies obscures en grand nombre), superposés, l'un évidemment formé par la lumière d'une atmosphère solide ou liquide incandescente, ayant subi une absorption de la part des vapeurs d'une enveloppe moins chaude qu'elle-même ; l'autre composé d'un petit nombre de raies brillantes indiquant une matière à l'état de gaz lumineux…. Le caractère du spectre de cette

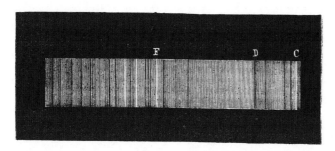

Fig. 331. — Spectre de l'étoile nouvelle de la Couronne (1866).

étoile, rapproché de la soudaine explosion de sa lumière et de la diminution rapide de son éclat, fait supposer que, par suite de quelque grande convulsion intérieure, d'immenses quantités de gaz s'en sont dégagées, que l'hydrogène qui en faisait partie s'est enflammé en se combinant avec quelque autre élément, et a fourni la lumière représentée par les raies brillantes ; qu'enfin les flammes ont chauffé la matière solide de la photosphère jusqu'à une vive incandescence. Lorsque l'hydrogène a été épuisé, l'étoile s'est éteinte rapidement. Ne trouve-t-on pas là tous les caractères d'un véritable *incendie*, qu'il nous a été donné d'apercevoir dans la profondeur des espaces célestes?

Nous reviendrons plus loin sur cette étoile, ainsi que sur une autre analogue qui a augmenté subitement d'éclat en 1876, dans la constellation du Cygne, et dont le spectre, examiné par M. Cornu, a montré les raies de l'hydrogène et de la chromosphère de notre soleil.

Ainsi les révélations descendent véritablement du ciel aujourd'hui. On analyse les substances constitutives des astres comme si l'on pouvait les toucher et les soumettre aux creusets de nos laboratoires ([1]).

On a essayé également de faire la photographie des étoiles, et l'on y

[1] Je ne connais pas de roman plus curieux que celui de ces révélations de la lumière. Je me trompe, il y en a un : c'est celui de l'économie politique des peuples modernes. Chaque État dépense régulièrement plus qu'il ne reçoit, augmente progressivement les impôts et s'endette de plus en plus. Un père de famille qui se conduirait ainsi serait tout de suite envoyé à Charenton. Ainsi, par exemple, la France paie déjà plus d'un milliard par an d'intérêts de sa dette publique : c'est la moitié des recettes d'absorbée d'avance ! L'Europe s'impose chaque année pour 14 milliards, pour ses gouvernements, et en dépense régulièrement deux de plus : sa dette est déjà de 98 milliards. La dette publique des diverses nations de l'humanité entière s'élève actuellement à *130 milliards*, que l'humanité terrestre se doit à elle-même !… C'est bien plus compliqué et plus difficile à comprendre que toute l'astronomie.

a réussi. D'admirables photographies du Soleil sont obtenues depuis plus de trente ans, et c'est naturel ; mais, lorsqu'il s'est agi de la Lune, l'opération était déjà plus difficile, à cause de la faible intensité de la lumière lunaire comparativement à celle du Soleil et de la différence de ton des diverses régions de notre satellite, comme nous l'avons vu plus haut. L'habileté et la persévérance sont venues à bout des plus grandes difficultés, et aujourd'hui nous avons des photographies de la Lune agrandies à plus d'un mètre de diamètre qui montrent les moindres détails avec une netteté vraiment admirable. Les planètes,

Fig. 332. — Reproduction d'une photographie directe d'un groupe d'étoiles (amas du Cancer).

Jupiter, Vénus, Saturne, Mars, se sont présentés ensuite à l'ambition grandissante du photographe astronome et ont fixé sur sa plaque sensible la configuration générale de leur aspect physique. Mais, lorsqu'il s'est agi des étoiles, les difficultés étaient plus grandes encore. Cependant, dès l'année 1857, Bond a photographié la belle étoile Mizar, accompagnée d'Alcor et de toutes les étoiles visibles dans le champ de la lunette, jusqu'à la huitième grandeur. Cette belle étoile double (Mizar et son compagnon voisin) s'est admirablement photographiée, et avec une précision si parfaite que l'on a pu se servir de la photographie pour mesurer l'angle et la distance du compagnon (à 14″). Depuis cette époque, on a réussi à photographier presque toutes les étoiles de première et de seconde grandeur, ainsi que les Pléiades, les Hyades, des fragments de la Voie lactée et les principaux groupes d'étoiles. M. Huggins a même photographié le spectre de Véga.

Un fait assez curieux, et d'ailleurs très facile à expliquer, s'est présenté pendant ces opérations : c'est que les étoiles de même intensité lumineuse ne sont pas également faciles à photographier. Ainsi, par exemple, quoique Véga et Arcturus soient à peu près de même grandeur, cependant la première est sept fois plus photogénique, la seconde demande sept fois plus de temps de pose pour être photographiée. Les étoiles rouges et jaunes sont rebelles, les étoiles blanches ou bleuâtres s'exécutent de bonne grâce (¹).

Les étoiles, qui nous envoient une si faible lumière, ne nous transmettent qu'une quantité de chaleur encore moins perceptible à nos sens, et pourtant on a essayé aussi de la mesurer. D'après les expérience de Stone, Arcturus nous envoie beaucoup plus de chaleur que Véga. A 25 degrés de hauteur à Greenwich, la première a paru émettre une chaleur égale à celle d'un cube de Leslie plein d'eau bouillante et éloigné à 115 mètres, tandis qu'à 60 degrés de hauteur Véga ne donnait qu'une quantité de chaleur égale à celle du même cube éloigné à 260 mètres. Il serait presque impossible de désigner cette faible chaleur en fraction de degré du thermomètre. Ainsi, le soleil Arcturus est plus chaud que Véga, et ce sont les rayons de l'extrémité rouge du spectre qui agissent dans sa lumière, tandis que le soleil Véga est moins ardent et que ce sont les rayons chimiques de l'extrémité bleue qui ont le plus d'action. Voilà donc l'astronomie qui pénètre aujourd'hui par son universalité toutes les autres sciences et qui les appelle toutes dans sa sphère pour en recevoir encore des développements inattendus et vraiment merveilleux : la chimie et la physique prennent possession du ciel ; l'univers devient pour l'homme un immense laboratoire.

Les rayons de lumière qui descendent en silence des lointaines splendeurs de la nuit étoilée nous apportent donc les révélations les plus curieuses sur l'état de la création dans ces univers inaccessibles,

---

(¹) Chacun sait que la photographie n'a pas une sensibilité égale pour toutes les couleurs. Le rouge donne du noir, l'orangé un ton très foncé, tandis que le bleu donne du blanc, parce que c'est dans cette partie du spectre que les rayons chimiques sont les plus actifs ; voilà pourquoi un enfant dont les joues sont d'une belle couleur rouge cerise devient un petit nègre en photographie ; tandis qu'une dame vêtue d'une robe bleue de « grande » toilette, paraît quelquefois être en chemise. Remarque assez curieuse, au crépuscule la couleur rouge, qui est si frappante pendant le jour, n'attire plus le regard, tandis que la couleur bleue ou violette offre une intensité prépondérante.

et ils nous prouvent que les substances et les forces que nous voyons en activité autour de nous existent là-bas comme ici, produisant des effets analogues à ceux qui environnent le champ de notre vue, développant la sphère de nos conceptions en même temps que celle de nos observations, et nous faisant deviner les choses, les êtres, les populations, les œuvres inconnues qui reproduisent dans l'infini les spectacles de la vie, les jeux de la nature, les opérations variées dont notre système solaire ne représente qu'une scène médiocre et incomplète. La lumière nous transporte dans la *vie infinie*. Elle nous transporte aussi dans la *vie éternelle*.

Nous avons vu qu'elle ne se transmet pas instantanément d'un point à un autre, mais successivement, comme tout mobile ; qu'elle vole en raison de 75 000 lieues par seconde, parcourt 750 000 lieues en 10 secondes et 4 500 000 en chaque minute ; qu'elle emploie plus de 8 minutes à franchir la distance de 37 millions de lieues qui nous sépare du Soleil, quatre heures pour venir de Neptune, trois ans et demi pour venir de l'étoile la plus proche, etc. (¹).

(¹) Nous pouvons comparer son mouvement ondulatoire à celui du son, quoiqu'il s'accomplisse sur une échelle incomparablement plus vaste. Ondulations par ondulations, le son se propage dans l'air. Quand les cloches sonnent en volée, leur mugissement sonore, qui est entendu au moment même où frappe le battant de la cloche pour ceux qui habitent autour de l'église, n'est entendu qu'une seconde après par ceux qui habitent à 3 hectomètres et demi, 2 secondes après par ceux qui demeurent à près de 7 hectomètres, 3 secondes plus tard par ceux qui sont à la distance de 1 kilomètre de l'église. Ainsi le son n'arrive que successivement d'un village à l'autre, aussi loin qu'il puisse porter. De même la lumière ne passe que successivement d'une région plus voisine à une région plus lointaine de l'espace, et s'éloigne ainsi sans s'éteindre à des distances qui tiennent de l'infini. Si nous pouvions voir de la Terre un événement qui s'accomplisse sur la Lune ; si, par exemple, nous avions d'assez bons instruments pour apercevoir d'ici un fruit tombant d'un arbre à la surface de la Lune, nous ne verrions pas ce fait *au moment même* où il se produit, mais une seconde un tiers *après*, parce que, pour venir à la distance de la Lune, la lumière emploie une seconde et un tiers environ. Si nous pouvions voir également un fait s'accomplissant sur un monde situé dix fois plus loin que la Lune, nous ne le verrions que 13 secondes après qu'il serait réellement passé. Si ce monde était mille fois plus loin que la Lune, nous ne verrions le fait que 130 secondes après qu'il se serait réellement passé ; mille fois plus loin, nous ne le verrions que 1360 secondes ou 21 minutes 40 secondes après. Et ainsi de suite, selon les distances.

C'est pour cette raison que les rayons lumineux venus des étoiles emploient dix, vingt, cent ans, mille ans, dix mille ans, à nous arriver. Si donc nous recevons seulement aujourd'hui l'aspect lumineux de l'étoile parti de sa surface il y a cent ans, réciproquement les habitants de cette étoile ne voient aujourd'hui que le Soleil (et la Terre, s'ils peuvent la voir) d'il y a cent ans. La Terre réfléchit dans l'espace la lumière qu'elle reçoit du Soleil, et, de loin, paraît brillante comme nous le paraissent Vénus et Jupiter, planètes éclairées par le même soleil qui l'éclaire elle-même. L'aspect lumineux de la Terre, sa photographie, voyage dans l'espace à raison de 75 000 lieues par seconde, et n'arrive à la distance des habitants des systèmes stellaires, munis d'instruments puissants, qu'après un grand nombre d'années. Le rayon lumineux est comme un courrier qui apporte des nouvelles de l'état du pays qui l'en-

Il y a donc là une surprenante *transformation du passé en présent*. Pour l'astre observé, c'est le passé, déjà disparu ; pour l'observateur, c'est le présent, l'actuel. Le passé de l'astre est rigoureusement et positivement le présent de l'observateur. Comme l'aspect des mondes change d'une année à l'autre, d'une saison à l'autre et presque du jour au lendemain, on peut se représenter cet aspect comme s'échappant dans l'espace et s'avançant dans l'infini pour se révéler aux yeux des lointains contemplateurs. Chaque aspect est suivi par un autre, et ainsi successivement ; et c'est comme une série d'ondulations, qui portent au loin le passé des mondes, devenu présent pour les observateurs échelonnés sur son passage ! Ce que nous croyons voir présentement dans les astres est déjà passé ; et ce qui s'y accomplit actuellement, nous ne le voyons pas encore.

Nous ne voyons aucun des astres tel qu'il est, mais tel qu'il était au moment où est parti le rayon lumineux qui nous en arrive. *Ce n'est pas l'état actuel du ciel qui est visible, mais son histoire passée.* Il y a même tels et tels astres qui n'existent plus depuis dix mille ans, et que nous voyons encore, parce que le rayon qui nous en arrive est parti longtemps avant leur destruction. Telle étoile double dont nous cherchons avec mille soins et bien des fatigues à déterminer la nature et les mouvements, n'existe plus depuis qu'il y a des astronomes sur la Terre. Si le ciel visible était anéanti aujourd'hui, on le verrait encore demain, et encore l'année prochaine, et encore pendant cent ans, mille ans, cinquante et cent mille ans, et davantage, à l'exception seulement des étoiles les plus rapprochées, qui s'éteindraient successivement lorsque serait écoulé le temps nécessaire aux rayons lumineux qui en émanent pour franchir la distance qui nous en sépare : α du Centaure s'éteindrait la première, dans trois ans et six mois ; Sirius dans seize ans, etc.

Si, de la Terre, on voit telle étoile, non telle qu'elle est au moment

voie, et qui, s'il met cent ans à venir, donne l'état de ce pays au moment de son départ, c'est-à-dire cent ans avant le moment où il arrive. Pour parler plus exactement encore, le rayon lumineux serait un courrier qui nous apporterait, non pas des nouvelles écrites, mais la photographie, ou plus rigoureusement encore, l'aspect lui-même du pays d'où il est sorti. Nous voyons cet aspect tel qu'il est au moment où les rayons lumineux que chacun de ses points nous envoie et par lesquels il se fait connaître à nous, — au moment, dis-je, où ces rayons lumineux sont partis. Lors donc que nous examinons au télescope la surface d'un astre, nous ne voyons pas cette surface telle qu'elle est au moment où nous l'observons, mais telle qu'elle était au moment où la lumière qui nous en arrive a été émise par cette surface.

De sorte que si une étoile dont la lumière met cent ans à nous parvenir était subitement anéantie aujourd'hui, nous la verrions encore pendant cent ans ; puisque son rayon parti aujourd'hui ne nous arrivera que dans cent ans

où on l'observe, mais telle qu'elle était cent ans auparavant, de même, de cette étoile, on ne voit la Terre qu'avec un retard de cent ans. La lumière emploie le même temps pour accomplir le même trajet.

Un homme, un esprit, parti de la Terre, soit par la mort ou autrement, cette année, et transporté en quelques heures ou quelques jours sur l'étoile Capella, verrait la Terre de 72 ans auparavant et se reverrait lui-même enfant, avec les choses qui existaient 72 ans auparavant, car l'aspect de la Terre n'arrive là qu'après ce retard.

Que cet observateur, cette âme terrestre transportée sur Capella, puisse revenir ensuite en quelques jours vers la Terre, et sa vie lui apparaîtra tout entière raccourcie comme dans une miniature ([1]).

Ce n'est là ni une vision, ni un phénomène de mémoire, ni un acte merveilleux ou surnaturel, mais un fait actuel, positif, naturel et incontestable ; ce qui est depuis longtemps passé pour la Terre est seulement présent pour l'observateur éloigné dans l'espace. Cette vision n'en est pas moins bien étonnante. En vérité, c'est un fait assez singulier que de se trouver ainsi dans l'impossibilité de voir les astres tels qu'ils sont au moment où on les examine, et de ne pouvoir voir que leur passé !

Ainsi, la propagation successive de la lumière propage avec elle à travers l'infini l'histoire ancienne de tous les soleils et de tous les mondes traduits en un *présent éternel*.

La réalité métaphysique de ce vaste problème est telle, que l'on peut concevoir maintenant l'omniprésence du monde en toute sa durée. Les événements s'évanouissent pour le lieu qui les a fait naître, mais demeurent dans l'espace. Cette projection successive et sans fin de tous les faits accomplis sur chacun des mondes, s'effectue dans le sein de l'*Être infini*, dont l'ubiquité tient ainsi chaque chose dans une permanence éternelle.

([1]) *Voir* nos *Récits de l'Infini, Lumen,* histoire d'une âme.

CHAPITRE VII

**Changements observés dans l'état des étoiles.
Étoiles temporaires, subitement apparues dans le ciel. Étoiles variables
Étoiles périodiques. Étoiles disparues du ciel.**

Le titre qu'on vient de lire répond-il vraiment à la réalité ? Les étoiles n'étant pas seulement des points brillants attachés à la voûte du firmament, chaque étoile étant un véritable soleil analogue au nôtre, est-il donc possible qu'un soleil augmente ou diminue d'éclat ? Notre propre soleil peut-il donc quelque jour grandir en lumière et en chaleur, nous éblouir, nous aveugler, nous brûler, consumer la végétation du globe, faire périr l'animalité dans un étouffant désert, et coucher l'humanité haletante dans les sables brûlants d'un sahara perpétuel ? Ou bien, au contraire, le bienfaisant foyer de notre chaleur naturelle peut-il donc s'envelopper d'un voile, suspendre son rayonnement, retenir les rayons d'or, les flèches de flamme lancées depuis les beaux jours d'Apollon, refuser le printemps et les fleurs, l'été et les moissons, l'automne et la vigne, étendre sur le globe les frimas d'un éternel hiver, figer le sang dans nos veines, faire grelotter tout être dans la dernière anémie, sous une atmosphère brumeuse, pénétrante et glaciale, et coucher l'humanité entière dans un linceul de neige épaisse et grandissante ?... Oui, notre beau, notre bon soleil peut s'éteindre et se rallumer ; il peut en quelques semaines laisser la mort envahir le monde ; il peut trôner dans le ciel gris comme un spectre blafard régnant sur un vaste cimetière ; il peut renaître de ses cendres et ramener la vie momentanément disparue pendant des mois, des années et des siècles ; il le peut... et il l'a déjà fait.

Oui, déjà la Terre a été inhumée dans un linceul de neige et de glace et toutes les espèces vivantes se sont vues plongées dans une silencieuse catalepsie. Déjà le monde était vieux, pourtant. Depuis bien des siècles, depuis bien des milliers de siècles il gravitait en cadence dans la lumière et la chaleur fécondes de l'astre céleste ; bien des fois sa population vivante avait été transformée et renouvelée ; les splendides et impénétrables forêts de fougères arborescentes avaient fait place à des

oasis ensoleillées pleines de rayons, de parfums et d'oiseaux à l'étincelant plumage ; les sauriens monstrueux et féroces de l'époque secondaire avaient fait place aux espèces supérieures de l'époque tertiaire :
déjà le mammouth pensif conduisait ses troupeaux, déjà le rhinocéros
aux narines cloisonnées chassait dans les bois, déjà le cerf gigantesque
courait comme une flèche à travers les vallées et les ravins, l'ours
installait sa famille dans les cavernes, les singes gambadaient dans les
arbres fruitiers, le cheval bondissait dans les campagnes, et les nids
des bosquets où le ruisseau gazouille débordaient d'amour et de chan-
sons ; quand la température s'abaissa jusqu'au point de ne plus laisser
une seule goutte d'eau à l'état liquide. Un ciel sombre s'étendit sur le
monde. La nature s'arrêta comme l'homme qui chancelle, et la vie
s'éteignit ; les oiseaux ne chantèrent plus, les plantes ne fleurirent plus,
le ruisseau ne coula plus, le soleil ne brilla plus. Cette époque glaciaire, dont la géologie retrouve partout aujourd'hui les traces toujours visibles, s'est étendue sur le globe entier ; la France, déjà à peu
près formée, la Suisse, l'Italie, les contrées diverses de l'Europe, de
l'Asie, de l'Afrique, comme celles du continent américain, en portent encore les stigmates. L'homme existait-il déjà ? A-t-il été témoin
de cette immense catastrophe ? A-t-il trouvé pour se protéger et sauver sa race naissante un volcan bienfaisant, une île équatoriale, un
refuge oublié dans l'universel cataclysme ? Ce temps est déjà si
loin de nous que nous ne nous en souvenons plus. Mais la période glaciaire est écrite en toutes lettres dans le grand livre de la nature ; son
explication seule est encore flottante dans le doute des théories, et
l'hypothèse qui l'explique le mieux est d'assimiler notre soleil aux
autres soleils variables de l'univers et d'admettre que la variation de
chaleur a été suffisante pour livrer notre planète aux glaces qui l'ont
enveloppée.

Nous voyons des exemples analogues se produire devant nous dans
les cieux. L'un des plus remarquables est celui qui nous est offert par
une étoile de la constellation du Navire, l'étoile η, située au milieu
d'une singulière nébuleuse. En 1837, cette étoile était de première
grandeur, et jusqu'en 1854 elle surpassa en éclat les plus belles étoiles
du ciel, ne laissant la palme qu'à Sirius, qu'elle égalait presque
en 1843, surpassant Véga, Arcturus, Rigel, α du Centaure et Canopus.
Or, en 1856, elle commença à décroître et descendit au-dessous de
toutes les étoiles de première grandeur, venant se ranger parmi celles
de la seconde. Continuant de descendre, elle atteignit en 1859 les
étoiles de troisième grandeur, en 1862 celles de quatrième, en 1864

celles de cinquième, en 1867 celles de sixième, et en 1870 elle disparut à l'œil nu. Depuis 1871 elle descendit lentement les degrés qui séparent la sixième grandeur de la septième, et en ce moment (1879) elle est pleinement de septième ordre. Ainsi, depuis l'année 1856, sous nos yeux, pour ainsi dire, ce lointain soleil, dont la parallaxe est insensible, dont la distance est formidable, dont le volume est prodigieux, ce colossal foyer d'un système inconnu est tombé en 23 ans de sept grandeurs d'éclat, et répand actuellement autour de lui cent fois moins de lumière qu'il n'en rayonnait il y a 23 ans, moins encore, peut-être cent cinquante fois moins. Quels jugements fonder sur de pareilles variations à l'égard des conditions d'habitabilité d'un système planétaire soumis aux irrégularités d'un pareil soleil ? S'il y a là quelque terre habitée analogue à la nôtre, voilà une période glaciaire amenée à sa surface par l'extinction graduelle de son soleil.

Se réveillera-t-il, ce soleil du Navire ? Va-t-il continuer de décroître jusqu'à une extinction complète, ou bien va-t-il un jour se ranimer et projeter de nouveau autour de sa sphère grandissante les rayonnements de la lumière et de la chaleur qui semblaient s'être éloignés de lui pour jamais ? Nous pouvons, nous devons l'espérer, et cette espérance est en partie justifiée par ses faits et gestes depuis deux cents ans qu'on l'observe. Halley l'a vu de 4° grandeur en 1677, Lacaille de 2° en 1751, Burchell de 4° en 1811, Brisbane de 2° en 1822, Burchell de 1re en 1827, Johnson de 2° en 1830, Herschel de 1re en 1837. C'est donc là un soleil qui varie rapidement et dans de fortes proportions, et nous devons nous attendre à ce qu'il remonte prochainement tous les degrés de lumière qu'il a descendus ([1]).

A quelle cause peut être due cette énorme variation d'éclat? L'étoile s'éloignerait-elle de nous avec une extrême rapidité, et s'en rapprocherait-elle lorsque son éclat augmente ? Non, car d'une part on n'aperçoit aucun mouvement (il faudrait donc que la translation s'effectuât juste dans la direction du rayon visuel, ce qui est peu probable, et ce qui est même impossible si l'on considère le nombre aujourd'hui considérable d'étoiles variables connues) ; d'autre part, il faudrait admettre que l'étoile se serait éloignée, de 1856 à 1867, de toute la distance qui réduirait une étoile de premier ordre à une de sixième, c'est-à-dire de dix fois au moins la distance d'une étoile de première grandeur, de 9 millions de fois le rayon de l'orbite terrestre, ce qui supposerait une vitesse extravagante, impossible d'ailleurs à

___

([1]) On trouvera cette curieuse étoile du Navire sur notre planisphère céleste (*Pl.* VI), dans l'hémisphère austral, sur la ligne de XI heures et par 60° de déclinaison.

admettre, attendu que le rayon de lumière qui emploierait 15 ans pour nous arriver de la première distance en mettrait 150 pour nous arriver de la seconde. Donc la variation de lumière ne vient pas d'une variation dans la distance de l'étoile.

Serait-elle produite par une éclipse? Il faudrait pour cela admettre qu'un globe obscur aussi gros que l'étoile elle-même passât justement entre elle et nous, et employât plusieurs années à masquer sa lumière. La nature même des mouvements célestes s'oppose à cette hypothèse.

Cette surprenante variation d'éclat serait-elle due à une rotation de ce lointain soleil sur lui-même, en admettant qu'une partie de sa surface soit incandescente et que l'autre partie soit couverte de taches, encroûtée, presque obscure? Il est peu probable qu'un astre emploie 23 années au moins à accomplir une demi-révolution sur lui-même, et d'autre part le phénomène ne paraît pas offrir la régularité qui correspondrait à cette hypothèse.

L'explication la plus naturelle est d'admettre que ces périodes de surabondance d'éclat correspondent à une surexcitation dans la photosphère lumineuse de ces lointains soleils. Nous avons vu, en étudiant notre propre Soleil, que sa lumière est due à des nuages de particules solides ou liquides brûlant dans son atmosphère comburante comme le carbone, la chaux ou la magnésie dans nos flammes artificielles. Comme M. Faye l'a établi précisément à propos des étoiles variables, la phase *solaire*, la période d'éclat et d'activité d'un astre, commence quand la surface de la masse gazeuse incandescente s'est refroidie assez pour qu'il y ait précipitation de nuages liquides ou solides susceptibles d'émettre une vive lumière. C'est ainsi que se forme la photosphère d'un nouveau soleil. A partir d'un certain moment, les phénomènes de la photosphère peuvent revêtir un caractère oscillatoire. L'équilibre de la masse gazeuse est d'abord troublé par les pluies de scories qui descendent et par les vapeurs qui s'élèvent, absolument comme l'équilibre de notre atmosphère est troublé par la circulation de l'eau sous ses trois états; puis, quand cet échange entre la surface et l'intérieur commence à être gêné par l'envahissement des scories, on voit se produire des phénomènes éruptifs, des cataclysmes périodiques dont la conséquence est une recrudescence d'éclat, rapide, mais passagère. A chaque effondrement de la photosphère épaissie correspond un afflux subit de gaz incandescents venus de l'intérieur. En dernier lieu, ces alternatives ne se présentent plus que par saccades, pour cesser à la fin complètement.

De toutes les étoiles qui ont changé d'éclat, la plus mémorable est celle qui, au seizième siècle, en 1572, acquit subitement une telle lumière qu'elle éclipsa toutes ses sœurs du firmament et devint visible en plein midi. Elle fut observée par Tycho-Brahé, et Humboldt nous a conservé le curieux récit que voici :

Lorsque je quittai l'Allemagne pour retourner sur les côtes danoises, dit Tycho, je m'arrêtai dans l'ancien cloître, admirablement situé, d'Herritzwaldt, appartenant à mon oncle Sténon Bille, et j'y pris l'habitude de rester dans mon laboratoire de chimie jusqu'à la nuit tombante. Un soir que je considérais, comme à l'ordinaire, la voûte céleste, dont l'aspect m'est si familier, je vis avec un étonnement indicible, près du zénith, dans Cassiopée, une étoile radieuse d'une grandeur extraordinaire. Frappé de surprise, je ne savais si j'en devais croire mes yeux. Pour me convaincre qu'il n'y avait point d'illusion et pour recueillir le témoignage d'autres personnes, je fis sortir les ouvriers occupés dans mon laboratoire, et je leur demandai, ainsi qu'à tous les passants, s'ils voyaient, comme moi, l'étoile qui venait d'apparaître tout à coup. J'appris, plus tard, qu'en Allemagne des voituriers et d'autres gens du peuple avaient prévenu les astronomes d'une grande apparition dans le ciel, ce qui a fourni l'occasion de renouveler les railleries accoutumées contre les hommes de science (comme pour les comètes, dont la venue n'avait point été prédite).

L'étoile nouvelle, continue Tycho, était dépourvue de queue; aucune nébulosité ne l'entourait; elle ressemblait de tout point aux autres étoiles de première grandeur. Son éclat surpassait celui de Sirius, de la Lyre et de Jupiter. On ne pouvait le comparer qu'à celui de Vénus, quand elle est le plus près possible de la Terre. Des personnes douées d'une bonne vue pouvaient distinguer cette étoile pendant le jour, même en plein midi, quand le ciel était pur. La nuit, par un ciel couvert, lorsque les autres étoiles étaient voilées, l'étoile nouvelle est restée plusieurs fois visible à travers des nuages assez épais. Les distances de cette étoile à d'autres étoiles de Cassiopée, que je mesurai l'année suivante avec le plus grand soin, m ont convaincu de sa complète immobilité. A partir du mois de décembre 1572, son éclat commença à diminuer; elle était alors égale à Jupiter. En janvier 1573, elle devint moins brillante que Jupiter. En février et mars, égalité avec les étoiles du premier ordre En avril et mai, éclat des étoiles de 2ᵉ grandeur. Le passage de la 5ᵉ à la 6ᵉ grandeur eut lieu de décembre 1573 à février 1574. Le mois suivant, l'étoile nouvelle disparut, sans laisser de trace visible à la simple vue, après avoir brillé dix-sept mois.

Ces détails circonstanciés laissent deviner l'influence qu'un tel phénomène devait exercer sur les esprits. Peu d'événements historiques firent autant de bruit que ce mystérieux envoi du ciel. C'était le 11 novembre 1572, peu de mois après le massacre de la Saint-Barthélemy; le malaise général, la superstition populaire, la peur des comètes, la crainte de la fin du monde, annoncée depuis longtemps par les astrologues, étaient une excellente mise en scène pour une telle apparition. Aussi annonça-t-on bientôt que l'étoile nouvelle était la même qui avait conduit les mages à Bethléem, et que sa venue présageait le retour de l'Homme-Dieu sur la Terre et le jugement dernier. Pour

la centième fois peut-être, ces sortes de pronostications furent reconnues absurdes ; cela n'empêcha pas les astrologues d'avoir grand
crédit douze ans plus tard, lorsqu'ils annoncèrent de nouveau la fin
du monde pour l'an 1588 ; ces prédictions gardèrent au fond la même
influence sur les masses populaires.

Après l'étoile de 1572, la plus célèbre est celle qui parut en
octobre 1604 dans le Serpentaire, et qui fut observée par deux illustres
astronomes : Képler et Galilée. Comme il était arrivé pour la précédente, son éclat s'affaiblit insensiblement ; elle vécut quinze mois et
disparut sans laisser de traces. En 1670, une autre étoile temporaire,
allumée dans la tête du Renard, offrit le singulier phénomène de
s'éteindre et de se ranimer plusieurs fois avant de s'évanouir complètement. Nous connaissons ainsi *vingt-quatre étoiles* qui depuis deux

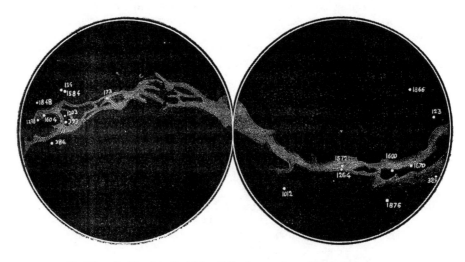

Fig. 333. — Position dans le ciel des étoiles temporaires subitement apparues.

mille ans ont presenté une subite exaltation de lumière et sont
redevenues invisibles à l'œil nu ([1]). Les deux dernières apparitions de
ce genre sont arrivées sous nos yeux en 1866 et 1876 et ont permis à
l'analyse spectrale de constater qu'il s'agissait là, comme nous l'avons
vu, d'une véritable combustion, d'un incendie dû à une expansion
formidable d'hydrogène incandescent et à des phénomènes analogues
à ceux qui s'accomplissent dans la photosphère solaire. Remarque
assez curieuse, ces étoiles ne se sont pas allumées indifféremment en

([1]) La liste de ces étoiles subitement apparues, leur histoire et leurs positions
précises dans le ciel seront données dans notre Supplément.

des points quelconques du ciel, mais en des régions assez resserrés, principalement dans le voisinage de la Voie lactée, comme on le voit sur la figure précédente.

Comment des étoiles, des *soleils*, peuvent-ils ainsi briller subitement dans l'espace?

L'idée que ces étoiles temporaires pourraient être des créations nouvelles ne peut plus être acceptée aujourd'hui. Leur apparition éphémère offre un contraste frappant avec la permanence de l'éclat des étoiles en général; ce sont évidemment des étoiles variables, irrégulières et non périodiques; elles existaient dans le ciel avant de subir ces exaltations extraordinaires, et elles sont retombées à leur rang primitif comme on l'a constaté pour celles qui ont pu être suivies. Il y a une différence capitale entre ces bouleversements prodigieux et les variations régulières des étoiles périodiques, que nous allons étudier tout à l'heure. Cependant, il faut dire qu'entre les premières et les secondes on trouve pour ainsi dire tous les degrés d'irrégularité; ainsi, par exemple, l'étoile η du Navire peut servir d'intermédiaire entre les deux espèces.

Il est probable que ces variations de lumière proviennent d'opérations produites dans ces soleils eux-mêmes et analogues à celles que nous observons sur notre propre Soleil. Nous avons vu que le nombre des taches solaires varie dans une période de onze ans. Cette variation est déjà considérable, puisqu'il y a plus de dix fois plus de taches dans les années de minimum que dans les années de maximum; seulement, comme elles n'interceptent qu'une très faible partie de la lumière solaire, un observateur lointain qui suivrait avec attention notre étoile pourrait à peine s'apercevoir de la variation. Il nous suffit de supposer le phénomène de nos taches solaires reproduit dans les autres soleils sur une échelle beaucoup plus vaste, pour obtenir une explication des étoiles variables en rapport avec ce que nous savons de la constitution physique des soleils. Qu'une explosion générale se produise dans un de ces soleils, qu'il soit enveloppé tout à coup de protubérances d'hydrogène enflammé, et que le réseau sombre dans lequel nous avons vu flotter les granulations lumineuses de la photosphère solaire disparaisse sous la condensation des facules éclatantes, ou bien qu'un soleil qui commence à se refroidir et à se couvrir d'une croûte solide se déchire par des éruptions de la fournaise intérieure, ou bien encore que la chute d'un énorme bolide ou la rencontre d'un corps céleste défonce un continent nouvellement formé sur un soleil qui s'encroûte, et voilà l'explication de nos étoiles temporaires qui ont brillé tout à coup d'une éclatante lumière pour retomber ensuite dans leur premier état.

Ainsi la connaissance de notre Soleil lui-même peut grandement nous instruire sur les phénomènes les plus lointains, qui s'accomplissent dans le ciel, et, par un retour naturel du même raisonnement, nous voyons qu'il peut lui aussi se trouver un jour lui-même en proie à de pareilles perturbations.

Plus curieuses encore, peut-être, que ces conflagrations subites qui, après tout, peuvent être le résultat de transformations solaires dont nous pouvons nous former une idée, sont les variations régulières, rapides et périodiques que l'on observe sur certaines étoiles.

L'une des plus fameuses est l'étoile Omicron (ο) de la Baleine, nommée aussi *Mira Ceti*, « la Merveilleuse de la Baleine », et elle mérite pleinement ce titre. Cette étoile s'élève à la seconde grandeur, et devient aussi lumineuse que les plus belles de la Grande Ourse, et ainsi chacun peut l'observer pendant quinze jours ; puis elle diminue insensiblement et devient absolument invisible à l'œil nu. Vous la chercherez en vain pendant cinq mois entiers. Ensuite on la voit reparaître et augmenter lentement d'éclat pendant trois mois, pour remonter à la seconde grandeur ([1]). Cette variation extraordinaire de lumière s'accomplit en 331 jours. Voici les dates des maxima actuels :

11 septembre 1879; 7 août 1880; 5 juillet 1881.

Dans son plein, cette étoile est jaune ; quand elle est petite, elle est rougeâtre. L'analyse spectrale montre en elle un spectre rayé du troisième type, et quand son éclat diminue elle conserve toutes les raies brillantes principales réduites à des fils très fins. L'explication la plus plausible de cette périodicité est d'admettre qu'elle émet périodiquement des vapeurs analogues aux éruptions observées dans la photosphère solaire. Au lieu d'être de 11 ans et à peine sensible, cette variation du soleil de la Baleine est de 331 jours et très étendue. On remarque en elle des oscillations et des irrégularités analogues à celles que nous avons remarquées dans le Soleil.

De toutes les étoiles variables, celle-là est assurément la plus facile à observer, et il y a déjà près de trois cents ans qu'elle est connue. Une seconde, non moins curieuse, et incomparablement plus rapide,

---

([1]) On l'indique généralement comme variant de la 2ᵉ à la 12ᵉ grandeur. C'est une erreur. Il y a à côté d'elle une petite étoile de 9ᵉ grandeur 1/2, à laquelle je l'ai souvent comparée : jamais Mira n'est devenue plus petite qu'elle. Son minimum est donc 9½. — On trouve cette étoile sur notre planisphère céleste, hémisphère austral, à 2ʰ 13ᵐ et 3° de déclinaison.

Apparition subite de l'étoile nouvelle de 1572, observée par Tycho Brahé.

ASTRONOMIE POPULAIRE

est β de Persée, ou *Algol*, qui, dans la période rapide de 2 jours
20 heures 48 minutes 53 secondes, descend de la 2ᵉ à la 4ᵉ grandeur et
remonte à son premier éclat. Pendant 2 jours 13 heures, l'éclat est
constant, de deuxième grandeur, puis elle commence à pâlir, et en
2 heures 30 minutes se trouve réduite au-dessous de la quatrième
grandeur; elle demeure dans cet état pendant cinq ou six minutes, et
remonte à son état primitif en 3 heures 30 minutes ([1]).

Dans le Sagittaire, il y a trois étoiles variables dont la périodicité
est de sept jours environ.

Plusieurs autres étoiles, δ de la Balance, S Licorne, U Couronne,
λ Taureau, δ Céphée, offrent aussi cette rapidité curieuse (2 à 5 jours)
dans leur période. On peut suivre ces variations à l'œil nu. D'autres
emploient plusieurs semaines; la grande majorité, plusieurs mois;
aucune périodicité exactement déterminée n'atteint deux années; en
général, plus la périodicité est longue et plus la variation est forte ([2]).

Une autre, l'étoile R de l'Hydre, voit sa période diminuer assez rapidement. D'après les recherches de Schönfeld, cette période était de :

500 jours en 1708.
487 — — 1785.
437 — — 1870.

L'analogie nous porte à croire que, pour un grand nombre d'entre
elles, la variation est produite par une rotation de l'astre sur lui-même.
Plusieurs explications se présentent donc : 1° variation réelle produite
dans la photosphère, analogue à la période des taches solaires, mais

([1]) Une variation aussi rapide et aussi caractérisée ne peut être analogue à celle de
la période undécennale des taches solaires, et l'explication la plus plausible qui se
présente c'est de l'attribuer, soit à un mouvement de rotation de ce soleil sur lui-
même, en admettant que ses deux hémisphères soient très différents d'éclat, comme
le serait, par exemple un soleil sur lequel subsisterait un continent obscur; soit à
une éclipse produite par une planète énorme tournant autour d'Algol dans le plan de
notre rayon visuel. La première hypothèse soulève l'objection qu'il est assez difficile
d'admettre qu'une pareille tache demeure pendant des années et des siècles immobile
sur un soleil; la seconde a contre elle la rapidité du mouvement de la planète, et, de
fait, l'étoile double dont la période est la plus courte présente encore une révolution
de sept ans, et peut-être même de quatorze. Cependant, tout bien considéré, c'est à
cette dernière hypothèse que nous nous arrêterons pour cette curieuse variabilité
d'autant plus, comme nous l'avons vu plus haut, que l'analyse spectrale montre en
elle non pas une étoile du type des variables, mais un spectre du premier type, qu'elle
conserve toujours invariable. Ainsi le soleil d'Algol se présente à notre esprit comme
centre de gravitation d'un système planétaire dont le monde le plus gros sans doute
tourne en 2 jours 21 heures; c'est à peu près la révolution du IVᵉ satellite de Saturne.
On remarque dans cette même période de petites irrégularités qui peuvent provenir
de perturbations planétaires; de plus, la révolution paraît lentement diminuer, depuis
deux siècles qu'on l'observe : elle a diminué de 6 secondes depuis le siècle dernier.

([2]) On trouvera au Supplément le catalogue de toutes les étoiles variables actuellement connues, leur position dans le ciel et les déterminations précises de ces périodicités si étonnantes.

plus intense et plus rapide ; 2° rotation d'un globe dont les différents méridiens conservent pendant de longues années d'énormes différences d'intensité lumineuse ; 3° circulation d'un anneau nébuleux autour du soleil ; 4° éclipses produites par le passage de planètes obscures. Ajoutons que la nature, qui n'ouvre qu'un doigt à la fois pour laisser échapper les vérités dont ses mains sont pleines, tient certainement en réserve d'autres explications que les progrès de la science nous révéleront plus tard. Quant aux étoiles temporaires par lesquelles nous avons commencé cette étude, elles subissent de véritables incendies, — incendies vus à des milliers de milliards de lieues de distance !

Et quelles variations de lumière ! Voyez l'étoile R de l'Ecu de Sobieski : elle varie de la 4ᵉ à la 9ᵉ grandeur, ou de cinq ordres d'éclat, en 72 jours ; Mira Ceti, de 2 à 9,5 ou de sept grandeurs et demie ; χ du Cygne de 4 à 13 ou de neuf grandeurs ! Voilà donc un soleil qui envoie 4600 fois plus de lumière et de chaleur à l'époque de son maximum qu'à celle de son minimum ! Quelle imagination pourrait deviner l'œuvre de la nature en de tels systèmes !

Ce sont là des variations rapides. Les étoiles manifestent-elles aussi des témoignages de variations lentes, séculaires ? Voyons nous identiquement le même ciel que voyaient nos pères ? Certaines étoiles ont-elles diminué d'éclat depuis les origines des annales de l'Astronomie ? Quelques-unes auraient-elles même entièrement disparu du ciel ? D'autres ont-elles augmenté d'éclat ?... Oui, le ciel nous apparaît comme un immense laboratoire d'où l'inertie et l'immobilité sont exclues ; ce n'est pas l'inactivité, ce n'est pas la mort qui règnent dans ses profondeurs, c'est la vie, immense, universelle, variée, toujours renaissante ; les générations se succèdent dans le ciel comme sur la Terre ; les mondes, les soleils, les systèmes naissent et meurent comme les êtres, et si l'aspect général de l'univers est celui de la permanence et de l'inaltérabilité, c'est parce que notre vie est trop éphémère et notre sphère d'observation trop exiguë pour nous permettre d'apprécier les choses dans leur réalité. La libellule qui flotte au-dessus des eaux dans les tièdes heures de juillet ne sait pas que l'hiver existe et ne devine pas que le soleil se couchera... Signalons quelques exemples des variations séculaires observées dans les cieux.

La plus belle étoile de notre ciel, Sirius, paraît avoir subi un notable changement d'éclat, ou, pour mieux dire, de couleur. Sénèque assure que, de son temps, Sirius était plus rouge que Mars ; Ptolémée le qualifie aussi d'étoile rougeâtre. Chacun sait que cette splendide étoile est actuellement si blanche, qu'elle en est bleue. A moins donc d'admettre que les anciens auteurs aient voulu dire que Sirius est ardent, enflammé, flamboyant, comme Mars, et avec plus d'intensité encore, sa couleur devait être plus jaune, plus orangée, il y a deux mille ans, que de nos jours.

Hipparque disait, cent vingt-sept ans avant notre ère : « L'étoile du pied de devant du Bélier est belle et remarquable. » Aujourd'hui, on ne voit plus là aucune étoile supérieure à la 5ᵉ grandeur ; la plus proche, assez brillante, est l'étoile ο des Poissons, qui est de 4ᵉ grandeur, mais qui était déjà inscrite dans le ruban des Poissons au catalogue d'Hipparque, publié par Ptolémée.

Au ɪɪɪ siècle avant notre ère, Eratosthènes disait, en parlant des étoiles du Scorpion : « Elles sont précédées par la plus belle de toutes, la brillante de la serre boréale. » S'il a voulu dire, comme il le paraît, que la serre boréale du Scorpion était l'étoile la plus brillante de cette constellation, et, par conséquent, supérieure à Antarès, elle aurait été de première grandeur, et aurait subi, immédiatement après l'époque d'Eratosthènes, une grande diminution d'éclat, car le catalogue d'Hipparque la note déjà de 2ᵉ (c'est β Balance), ainsi que l'autre serre (α Balance), et elles sont toujours restées à peu près égales depuis.

L'étoile ξ de l'Aigle était de 3ᵉ grandeur et demie il y a deux mille ans, de 5ᵉ au dixième siècle, de 6ᵉ au seizième ; on la note actuellement de 5ᵉ 1/2.

L'étoile χ du Verseau, toujours notée de 4ᵉ grandeur jusqu'au seizième siècle, était de 5ᵉ au dix-septième, et est de 6ᵉ aujourd'hui.

L'étoile 70 des Poissons, visible à l'œil nu au dixième siècle, et notée de 6ᵉ au dix-septième, a été notée de 8ᵉ et de 9 1/2 à la fin du siècle dernier ; nous la voyons actuellement de 7 1/2.

Pollux, autrefois moins brillant que Castor, est aujourd'hui plus lumineux.

L'étoile α de la Petite Ourse était autrefois inférieure à β ; aujourd'hui, elle lui est égale, et plutôt un peu supérieure.

L'étoile α du Dragon, de 3ᵉ grandeur 1/2, était de 2ᵉ grandeur au seizième et au dix-septième siècle.

L'étoile 22 du Grand-Chien, absente des catalogues jusqu'au dix-septième siècle, est notée de 4ᵉ grandeur en 1660, de 3ᵉ 1/2 en 1800, de 5ᵉ en 1840 et de 4ᵉ en 1870.

L'étoile 4969 Lalande, dans la Baleine, est de 4ᵉ grandeur dans Hipparque, de 5ᵉ dans Ulugh Beigh, de 6ᵉ depuis 1800.

Plusieurs étoiles des dernières grandeurs ont disparu du ciel.

Sans prolonger outre mesure ces exemples (¹), ils suffisent pour nous donner une idée des changements séculaires qui s'accomplissent dans les cieux. Si nous pouvions embrasser un espace dix fois, cent iois plus vaste que nos deux mille années d'observations, nous assis-

---

(¹) Ce n'est pas ici le lieu de décrire en détail tous ces changements ; cependant, ils ont leur intérêt, d'autant plus que plusieurs astronomes, notamment Cassini, ont publié des listes de variations d'éclat, d'étoiles disparues, sans preuves suffisantes. Pour savoir à quoi m'en tenir, j'ai construit un catalogue comparatif de toutes les étoiles observées depuis deux mille ans, en réunissant en regard les catalogues d'Hipparque (127 ans avant J.-C.), Abd-al-Rahman-al-Sûfi (an 960), Ulugh Beigh (1460), Tycho-Brahé (1590), Hévélius (1660), Flamsteed (1700), Piazzi et Lalande (1800), Argelander (1840), Heis (1870), et en vérifiant directement dans le ciel l'éclat actuel des étoiles qui ont offert des témoignages de variation. Ce travail comparatif, qui embrasse juste deux mille années, m'a conduit à former une liste de 60 étoiles qui ont changé d'éclat depuis deux mille ans : elle sera publiée au Supplément avec les indications relatives à chaque époque.

terions à des métamorphoses bien autrement profondes. Les soleils eux-mêmes ne sont pas éternels. Quoiqu'un espace de deux mille années ou de soixante générations humaines ne représente qu'un moment rapide de l'histoire universelle, plusieurs soleils ont diminué d'éclat dans cet intervalle, plusieurs ont augmenté d'éclat, plusieurs même, parmi les plus faibles, ont entièrement disparu. Sans doute il existe dans l'espace un grand nombre de soleils éteints, énormes boulets noirs autour desquels gravitent d'autres masses ténébreuses dans l'invisibilité de la nuit infinie. La population des cieux nous offre un champ diversifié en mille productions incomparablement plus variées que toutes celles de la nature terrestre.

La diversité des êtres qui peuplent l'immense univers doit être infinie. Il n'est pas philosophique de prétendre que nous connaissons par notre planète les conditions absolues de la vie. La cessation de la vie à 0° tient uniquement à la solidification de l'eau, et la limite de zéro à 45° de la température vitale terrestre tient à l'état de l'eau. Si cet élément n'est pas le seul nécessaire et si la vie peut être attachée à d'autres éléments, qui pourrait lui fixer un terme? qui pourrait même affirmer qu'elle n'existe pas sur des soleils ?

Nous ne connaissons essentiellement ni l'esprit, ni la vie, ni la matière. Peut-être existe-t-il des sphères où les hommes les plus simples, les plus ignorants et les plus matériels sentent, devinent, voient directement, par intuition, les solutions des problèmes de mathématique transcendante que nul génie terrestre n'a encore pu résoudre, malgré le calcul différentiel et intégral.

Ce n'est qu'en nous éloignant du lieu céleste où nous sommes que nous pouvons nous former une idée saine de l'étendue de la création; encore n'avons-nous dans nos plus longues excursions stellaires qu'une apparence confuse de la réalité inconnue. Mais en détournant pendant quelques instants nos regards de cette Terre et de sa circonscription, nous apprenons du moins à mieux juger sa valeur et sa relativité dans l'ensemble. C'est là une condition nécessaire de nos progrès dans la science du monde. Que notre conception s'élève donc au-dessus des fausses apparences, qu'elle prenne son essor dans les champs du ciel et qu'elle se développe à mesure qu'elle avance dans la création sans bornes. C'est par l'ampleur du regard, la hauteur de l'œil, l'étendue de l'horizon, que l'on juge la valeur naturelle d'une contrée : la fourmi ne connaît ni le ciel ni la terre et n'a jamais vu que les grains de poussière qu'elle amoncelle; l'aigle plane du haut des airs et mesure dans son regard les hautes montagnes comme les plaines immenses.

Lointains univers, dont la richesse et la beauté se déroulent parmi les profondeurs des espaces inacessibles, qui nous dira les merveilles de votre nature inconnue? Le rayon lumineux, plus rapide que l'éclair, emploie des siècles pour arriver jusqu'à nous, l'incommensurable nous sépare. Sous quelle forme les lois universelles du monde agissent-elles en vous, sous quel aspect se manifestent-elles, quel est le mode et l'étendue de leur pouvoir? De quelles propriétés sont doués les éléments qui vous composent? Par vous nous savons que la Terre, champ de l'observation humaine, n'est point le livre de la nature, qu'elle n'en forme qu'un chapitre, qu'une page.

Beaux soirs d'été, qui lentement descendez des cieux sur le jour clair, venez encore baigner la Terre de votre auréole dorée! Ouvrez encore à la brise parfumée les portes des vallons sinueux; laissez encore tomber, comme une rosée d'air, la brume des crépuscules! Que les nuances harmonieuses qui se fondent insensiblement du couchant vermeil au zénith d'azur décorent encore cette voûte superbe; que nos regards charmés puissent toujours errer dans cette flottante profondeur! Douces heures du soir, ne vous envolez pas! Nous aimons ce calme universel dont la nature s'enveloppe avant de s'endormir, nous aimons cette paix inaltérable qui descend des étoiles naissantes. Faites-nous encore assister à ce recueillement profond auquel tous les êtres participent comme s'ils en avaient conscience; faites-nous encore entendre ce dernier bruissement du tremblant feuillage. Le ciel étoilé qui s'allume, la Terre qui s'endort : ce sont là des spectacles qui nous éloignent d'un monde aux passions bruyantes, voluptés de l'âme que nous goûtons en paix. Mais quelles que soient, ô beaux soirs, les douceurs de votre contemplation, quelque délicieux que soient les instants que vous nous donnez, les premières étoiles que vous allumez dans l'infini seront toujours là pour nous attirer plus invinciblement encore, pour ravir plus chèrement nos regards et nos pensées. Elles nous disent que si la Terre est belle et que si l'homme peut puiser en son séjour des satisfactions précieuses, le ciel est plus magnifique encore, et doit être pour nous une source intarissable d'études, de contemplations toujours nouvelles, de plaisirs intellectuels sans cesse renaissants....

Mais nous n'avons encore visité jusqu'ici que des soleils simples comme le nôtre : l'heure est venue de pénétrer maintenant dans le champ plus magnifique encore des soleils multiples et colorés.

CHAPITRE VIII

Les étoiles doubles et multiples.
Les soleils colorés. Mondes illuminés par plusieurs soleils de différentes
couleurs.

Dans les profondeurs des cieux, parmi les astres variés qui versent leur silencieuse lumière du haut des plages de la nuit étoilée, l'œil investigateur du télescope a découvert des étoiles d'un caractère particulier, qui diffèrent des étoiles ordinaires par leur aspect comme par leur rôle dans l'univers. Au lieu d'être simples, comme la plus grande majorité des étoiles du ciel, celles-ci sont doubles, triples, quadruples, multiples. Au lieu d'être blanches, elles brillent souvent d'une lumière de couleur, offrant dans leurs couples étranges des associations admirables de contraste, où l'œil étonné voit se marier les feux de l'émeraude avec ceux du rubis, de la topaze avec ceux du saphir, du diamant avec la turquoise, ou de l'opale avec l'améthyste, étincelant ainsi de toutes les nuances de l'arc-en-ciel. Parfois, les astres merveilleux qui forment ces couples célestes reposent dans le sein de l'infini, fixes et immuables, et depuis plus d'un siècle que l'astronome attentif les contemple et les observe, ils n'ont pas varié dans leur position relative l'un par rapport à l'autre : tels le regard scrutateur du patient William Herschel les a surpris il y a cent ans, tels nous les retrouvons aujourd'hui même. Parfois, au contraire, les deux astres associés gravitent l'un autour de l'autre, le plus faible autour du plus fort, bercés sur l'aile de l'attraction, comme la Lune autour de la Terre et la Terre autour du Soleil : un certain nombre de ces couples ont déjà parcouru plusieurs révolutions complètes sous les yeux des observateurs, la durée de ces révolutions différant d'un couple à l'autre et offrant la plus grande variété, depuis quelques années seulement jusqu'à des milliers. Notre petit calendrier terrestre n'étend pas son empire jusqu'en ces univers lointains; nos éphémères périodes, nos mesures de fourmis, sont étrangères à ces grandeurs; la Terre n'est plus le mètre de la création; nos ères les plus sacrées sont inconnues dans le ciel.

L'étude de ces systèmes stellaires constitue l'un des plus vastes et des plus grandioses problèmes de l'astronomie contemporaine. Chaque étoile étant un soleil gigantesque brillant par sa propre lumière, foyer d'attraction, de chaleur et de vie, le problème posé à l'esprit humain par ces systèmes de soleils multiples est sans contredit l'un de ceux qui peuvent le plus intriguer l'imagination, passionner la pensée, émouvoir même le cœur d'un philosophe. Quel rôle l'attraction joue-t-elle dans ces familles solaires, si différentes de la nôtre ? Quelle est l'importance numérique de ces systèmes dans le monde sidéral ? Quel est leur mode de distribution dans l'univers ? Quels liens peuvent-ils avoir avec les soleils simples comme le nôtre ? Quelle est la nature de leur lumière étrange et fantastique ? Jusqu'à quelles distances respectives les étoiles peuvent-elles être associées et emportées par un mouvement propre commun dans l'espace ! Quelle est la condition des systèmes planétaires qui peuvent graviter autour de ces soleils doubles ? Quelle peut être la physiologie de ces planètes régies, illuminées, échauffées, alternativement ou simultanément, par des soleils de masses différentes, d'éloignements différents et de lumières différentes ? Et, finalement, quelles sont les étonnantes et extraordinaires conditions qui peuvent être faites à la vie sur ces mondes inconnus, perdus au fond des cieux insondables ?... Telles sont les questions qui se présentent maintenant ici à notre curiosité et à notre étude.

Nous venons de dire qu'un grand nombre d'étoiles qui paraissent simples à l'œil nu deviennent doubles lorsqu'on les observe au télescope. On distingue alors deux étoiles au lieu d'une seule. Si le télescope n'est doué que d'un faible grossissement, les deux étoiles paraissent se toucher, mais elles s'écartent l'une de l'autre à mesure que le grossissement devient plus fort. Cette étoile double devient alors pour l'esprit contemplateur un système de deux soleils voisins, séparés l'un de l'autre par des millions de lieues et tournant l'un autour de l'autre en des temps qui varient pour chaque système suivant les lois de la gravitation universelle. L'immense éloignement qui nous sépare de ces couples célestes est la seule cause de leur invisibilité pour l'œil laissé à sa seule puissance. Les deux étoiles, dédoublées dans le télescope, paraissent encore se toucher, malgré les millions de lieues qui les séparent réellement entre elles, parce qu'elles sont éloignées de nous à des trillions, c'est-à-dire à des milliers de milliards de lieues (¹).

(¹) Lorsqu'on dirige un instrument vers une étoile et qu'au lieu de cette seule étoile on en distingue une autre tout près d'elle, il n'est pas toujours certain que ce

Plusieurs étoiles doubles ont été découvertes depuis assez longtemps et forment des systèmes assez rapides pour avoir accompli une
ou même plusieurs révolutions sous nos yeux ; d'autres n'ont tracé
dans le ciel qu'une partie de leurs orbites, mais avec un mouvement
angulaire suffisant pour permettre également de calculer tous les
éléments de ces orbites ; d'autres, en très grand nombre, n'ont
décrit qu'un arc de leur courbe, insuffisant pour calculer l'orbite
entière, mais suffisant pour affirmer la nature orbitale du mouvement ; dans certains couples, les composantes se meuvent en ligne
droite en vertu d'un déplacement parallactique prouvant qu'elles ne
sont pas physiquement associées, et qu'elles n'ont été réunies momentanément que par le hasard de la perspective.

Il y a encore d'autres systèmes plus singuliers, dont les composantes décrivent des lignes droites dans l'espace, tout en étant animées
d'un mouvement propre commun, ce qui m'a conduit à corriger des
orbites prématurément supputées (comme celle de la 61ᵉ du Cygne),
et même à conclure que ces soleils peuvent ne pas graviter l'un autour
de l'autre, mais suivre des lignes droites, en obéissant à une force
qui les domine et les conduit ensemble à travers l'espace. Plusieurs
causes fort distinctes agissent ainsi sur les étoiles doubles pour leur
donner un mouvement réel ou apparent : la gravitation des composantes d'un système binaire, ternaire ou multiple autour de leur
centre de gravité ; la gravitation de deux ou plusieurs étoiles empor-

soit là véritablement une étoile double. En effet, l'espace infini est peuplé d'astres
sans nombre, disséminés à toutes les profondeurs de l'immensité. Il n'y a donc rien
d'étonnant à ce que, en dirigeant une lunette vers une étoile quelconque, on en découvre une ou plusieurs autres plus petites, situées derrière elle, plus loin et à une
distance aussi grande et plus grande même au delà d'elle que la distance qui la sépare de nous. De même que dans une vaste plaine, deux arbres peuvent nous paraître
se toucher, parce qu'ils se trouvent l'un devant l'autre dans notre perspective, quoi.
qu'ils soient fort éloignés l'un de l'autre en réalité, de même dans l'espace céleste
deux étoiles peuvent se trouver sur le même rayon visuel et paraître se toucher,
quoiqu'elles soient séparées l'une de l'autre par des abîmes. Ce sont là des couples
d'étoiles qui sont purement optiques et dus à la position de deux étoiles sur le même
rayon visuel. Pour reconnaître si cette réunion n'est pas seulement apparente, mais
réelle, il faut l'étudier avec attention. La probabilité que le couple d'étoiles ainsi
réunies sera réel est d'autant plus grande qu'elles seront plus rapprochées. Mais ce ne
serait pas encore là une raison suffisante pour admettre sa réalité. Il faut l'observer
attentivement et pendant plusieurs années. Si les deux étoiles sont véritablement
associées, si elles forment un système, on reconnaît qu'elles voguent ensemble dans
l'espace et qu'en général elles tournent l'une autour de l'autre. Elles sont liées entre
elles par les liens de l'attraction universelle ; elles ont la même destinée. Si la
réunion n'était qu'apparente, on reconnaîtrait avec le temps que les deux astres, ainsi
fortuitement réunis par la perspective, n'ont rien de commun l'un avec l'autre : leurs
mouvements propres, étant différents, finiraient avec les siècles par les séparer tout
à fait.

tées ensemble dans l'espace sous l'influence d'attractions sidérales inconnues ; les mouvements propres différents de deux étoiles lointaines fortuitement placées sur notre rayon visuel : causes auxquelles il faut ajouter la translation séculaire de notre système solaire dans l'espace, laquelle se réfléchit en donnant aux étoiles les moins lointaines un déplacement apparent en sens contraire([1]).

Dans l'état actuel de la science, nous connaissons 819 groupes en mouvement relatif certain. Il y a 558 systèmes orbitaux certains ou probables, 317 groupes de perspective, 17 systèmes physiques dont les composantes se déplacent en ligne droite, 23 systèmes ternaires, 32 triples non ternaires formés d'un système binaire et d'un compagnon optique, etc., etc. Afin que le lecteur puisse se rendre compte de la nature et de la variété de ces orbites, je réunis ici les systèmes qui ont pu être calculés jusqu'à ce jour en les inscrivant par ordre croissant de périodes ; il y en a 35 qui ont parcouru, depuis l'année de leur découverte, une partie de leur orbite assez considérable pour que cette orbite ait pu être calculée et la période déterminée.

On voit que les durées des révolutions, déjà calculées, s'étendent depuis quelques années jusqu'à dix siècles. Je pourrais en ajouter d'autres, presque aussi sûres, qui ne demandent pas moins de deux mille années pour s'accomplir, et d'autres encore, dont la période s'étend à quatre, cinq et six mille ans ; mais l'observation de ces lointains systèmes est commencée depuis si peu de temps (la plus ancienne *mesure* date de 170 ans) que les longues périodes commencent à peine à se révéler. Lorsque l'un des deux soleils associés est doué d'une masse beaucoup plus puissante que l'autre, il paraît être le centre du mouvement, comme notre Soleil paraît être le centre du mouvement de translation de la Terre et des planètes, quoique, en réalité, les planètes et le Soleil lui-même tournent ensemble autour

---

([1]) J'ai publié en 1878 un premier *Catalogue des étoiles doubles et multiples en mouvement certain*, résultat de la comparaison que j'ai faite (1873-1877) des deux cent mille observations faites sur les dix mille étoiles doubles connues dans le ciel, et de la discussion minutieuse du mouvement de chaque étoile. De ce travail est résulté un Catalogue de 819 groupes en mouvement certain, sur lesquels j'en ai mesuré micrométriquement 133 choisis parmi les plus douteux. Ce Catalogue renferme 28 000 mesures et l'histoire de chaque étoile. Il est absolument impossible de nous étendre ici sur ce vaste et important sujet, et nous ne pouvons que le résumer au point de vue descriptif. Mais on trouvera au Supplément l'exposé des méthodes d'observation, la carte générale des étoiles doubles, l'examen des cas les plus curieux, tels que le mouvement du satellite de Sirius, le transport rectiligne des composantes de la 61ᵉ du Cygne, l'orbite en épicycle du système ternaire ζ du Cancer, ainsi que les orbites de toutes les étoiles doubles calculées et les types des principales *étoiles doubles colorées*.

de leur centre commun de gravité : la plus petite des deux étoiles tourne autour de la plus grande. Quoique un peu technique, ce tableau comparatif est du plus haut intérêt.

TABLEAU DES ÉTOILES DOUBLES DONT LES PÉRIODES SONT DÉTERMINÉES.

ÉTOILES	GRANDEURS	COULEURS	PÉRIODE	ANNÉES D'OBSERVA-TION
δ du Petit Cheval	4.5—5	Blanches	7 ou 14 ans	28
3130 Σ Lyre (ternaire) AB .	7.4—11	Blanches	16	39
42 Chevelure	6—6	Blanches	25	53
8 Sextant.	5.6—6.5	Blanches	33	26
ζ Hercule.	3—6	Jaune et rougeâtre . .	34	98
3121 Σ Cancer.	7.2—7.5	Blanche et jaune. . . .	39	48
η Couronne boréale. . . .	5.5—6.0	Jaune d'or	40	99
2173 Σ Ophiuchus.	6—6	Jaunes	45	51
Sirius	1—9	Blanches	49 (?)	18
(527) Σ² Petit Cheval . . .	7—8	Bleuâtre et blanche. .	54	34
γ Couronne australe. . . .	5.5—5.5	Jaune d'or	55	46
ζ Cancer (ternaire) { AB .	5.5—6.2	Jaunes	60	99
{ AC .	5.5—6.6	Jaunes	600	124
ξ Grande Ourse.	4—5	Jaune et cendrée. . . .	60	99
(234) Σ² Grande Ourse . . .	7—7.8	Blanches	68	37
α du Centaure.	1—2	Blanche et jaune . . .	85	170
70 Ophiuchus.	4.5—6	Jaune et rose.	93	100
γ Couronne boréale. . . .	4—7	Jaune et pourpre . . .	95	54
ξ Scorpion (ternaire) AB . .	5.0—5.2	Jaunes	96	98
3062 Σ Cassiopée.	6.5—7.5	Jaune et olive.	104	98
ω du Lion.	6—7	Blanche et bleue . . .	124	98
25 Chiens de Chasse . . .	6—7	Blanche et bleue. . .	124	53
ξ Bouvier.	4.5—6.5	Jaune et rouge	127	98
γ Vierge.	3—3	Jaunes	175	162
4 Verseau.	6—7	Jaunes	184	97
o² Éridan (ternaire) BC. . .	9.5—10.5	Jaunes	200	97
τ Ophiuchus.	5—6	Blanches	218	98
η Cassiopée	4—7	Jaune et pourpre. . . .	222	101
44 Bouvier	5.3—6	Blanche et cendrée . .	261	98
μ² Bouvier	6.5—8	Blanches	280	98
δ Cygne.	3—8	Blanche et bleue. . . .	336	97
μ Dragon.	5—5	Blanches	562	100
12 Lynx (ternaire) AB. . .	6—6.5	Blanche et rougeâtre. .	676	99
ζ Verseau.	4—5.5	Blanche et verte. . . .	800	100
Castor . . . . :	2.5—2.8	Blanches	1000	161

Nul spectacle n'est plus imposant que celui de ces révolutions sidérales. Dans tels systèmes, la révolution est parcourue en moins d'un demi-siècle ; exemple : le couple de l'étoile η de la Couronne boréale, composé de deux soleils d'or, dont le cycle est de 40 ans. En d'autres systèmes, la période se rapproche du siècle, comme dans celui de la 70ᵉ d'Ophiuchus, composé d'un soleil jaune clair et d'un soleil rose, qui gravitent l'un autour de l'autre en une révolution de 93 ans. Le couple brillant γ de la Vierge se compose de deux soleils égaux qui tournent lentement sur eux-mêmes et qui tournent ensemble autour de leur centre commun de gravité en une période de 175 ans. Le système ternaire de ζ du Cancer se compose de trois soleils; le second tourne autour du premier en un cycle de 58 ans, et le troisième autour des deux autres en 600 ans, en décrivant des épicycloïdes que j'ai découverts au commencement de l'année 1874 et qui m'avaient rendu fort perplexe, ainsi que les astronomes auxquels je les avais communiqués dès cette époque.

Nous connaissons, enfin, des systèmes orbitaux, tels que ceux de γ du Lion, de ε de la Lyre, de l'Étoile polaire, dont le cycle dépasse un millier et même plusieurs milliers d'années. D'autres marchent plus lentement encore. Ainsi les étoiles doubles sont autant de *cadrans*

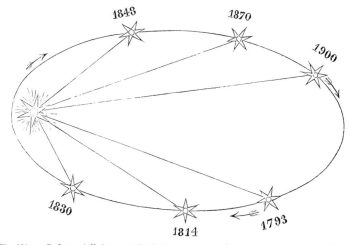

Fig. 335. — Cadran stellaire perpétuel formé par l'étoile double gamma de la Vierge.

stellaires suspendus dans les cieux, marquant sans arrêt, dans leur majesté silencieuse, la marche inexorable du temps, qui s'écoule là-haut comme ici, et montrant à la Terre, du fond de leur insondable distance, les années et les siècles des autres univers, — l'éternité du véritable empyrée! Horloges éternelles de l'espace! votre mouvement ne s'arrête point : votre doigt, comme celui du Destin, montre aux êtres et aux choses la roue toujours tournante qui élève aux sommets de la vie et plonge dans les abîmes de la mort! Et, de notre séjour inférieur, nous pouvons lire sur votre mouvement perpétuel l'arrêt de notre sort terrestre, qui emporte notre mesquine histoire et qui emportera notre génération comme un tourbillon de poussière s'envolant sur les routes du ciel, tandis que vous continuerez de tourner en silence dans les mystérieuses profondeurs de l'infini!...

Dans l'ensemble des systèmes d'étoiles doubles, on remarque une grande variété de grandeurs comme de distances entre les composantes : plusieurs couples sont formés de deux soleils absolument égaux, tandis qu'en d'autres le satellite est très petit, et donne l'idée d'une simple planète encore lumineuse : il est probable que dans ce dernier cas ce sont des systèmes planétaires que nous avons sous les yeux. Ainsi, le satellite de Sirius, découvert dès 1844 par l'analyse des perturbations observées sur cette étoile, et en 1862 par le progrès de l'optique, pourrait être à Sirius ce que Jupiter est à notre soleil ; il n'y aurait même rien d'impossible à ce qu'il fût énorme et obscur, ne brillant que parce qu'il est éclairé par son éblouissant soleil. Mais il y a un grand nombre de systèmes composés de deux soleils égaux. La plupart sont blancs ou jaunes ; mais nous en connaissons 130 chez lesquels les deux soleils ont des couleurs différentes, et, parmi eux, 85 où le contraste est remarquable, le soleil principal étant orangé et le second vert ou bleu.

On se formera une idée du mouvement annuel observé et calculé sur les systèmes rapides par l'examen de notre *figure* 336, qui montre l'orbite apparente de l'étoile double ζ Hercule telle que nous la voyons de la Terre : c'est, parmi les plus rapides, celle qui est la plus sûrement déterminée. L'étoile intérieure (A) étant prise pour centre de comparaison, on détermine la position de la seconde (B) en prenant le nord pour 0°, l'est étant à 90°, le sud à 180°, et l'ouest à 270°. On voit ainsi que, en 1838, la seconde étoile de ce système double venait de passer au sud de l'étoile principale ; suivez sa marche, et vous la voyez passer à l'est en 1851, au nord en 1862, à l'ouest en 1865, revenir au sud en 1872 ; elle est en ce moment (1880) vers 120°. Depuis sa découverte, en 1782, par Herschel, cette étoile a presque déjà parcouru trois révolutions ; sa période est de 34 ans et demi.

Comme nous voyons ces mouvements en perpective, l'orbite ainsi tracée ne représente pas la vraie forme du mouvement vu de face : il faut calculer l'inclinaison et relever l'orbite plus ou moins couchée sur notre rayon visuel pour déterminer l'orbite absolue. On trouve ainsi tous les genres d'ellipses, depuis le cercle jusqu'aux plus fortes excentricités.

Quelle est la nature des orbites décrites par les mondes appartenant à ces singuliers systèmes ? Ces planètes inconnues tournent-elles autour des deux soleils à la fois pris pour centre, et ont-elles pour foyer de leurs mouvements le centre de gravité de ces soleils jumeaux, ou bien chacun des deux soleils a-t-il son propre système planétaire ? Ce dernier cas doit être le plus probable et le plus général.

Malgré la différence essentielle qui existe entre ces systèmes et le nôtre, nous pouvons cependant nous servir de la disposition même de celui-ci pour deviner l'arrangement possible de ceux-là. Déjà, dans notre système, une planète surpasse toutes les autres par son volume, et sans doute aussi par sa chaleur intrinsèque, et elle forme le centre d'un petit système de quatre mondes qu'elle emporte avec elle dans sa

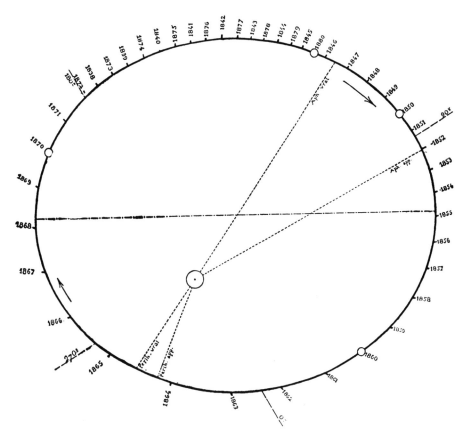

Fig. 336. — Orbite apparente de l'étoile double ζ Hercule, telle qu'on l'observe de la Terre.

révolution de onze années autour du Soleil. Supposons que Jupiter, qui déjà est 1240 fois plus gros que la Terre, soit encore d'un volume plus considérable et brille d'une lumière bleue; cette seule supposition modifie notre système planétaire au point de créer trois espèces de mondes : 1° quatre globes (les satellites de Jupiter), dont l'un est plus gros que la planète Mercure, éclairés et régis par un soleil primaire bleu, et recevant en même temps l'illumination plus lointaine de notre

Soleil actuel; 2° trois mondes immenses, Saturne, Uranus et Neptune, tournant autour d'un double soleil, l'un blanc et l'autre bleu; 3° quatre globes moyens, Mars, la Terre, Vénus et Mercure, tournant autour du soleil blanc, mais éclairés pendant la nuit, à certaines époques, par un second soleil bleu. Illuminons maintenant le *Soleil* d'une lumière rouge, nous reproduisons ainsi l'un des types les plus répandus parmi les étoiles doubles colorées de nuances complémentaires. Essayons de nous rendre compte de cette étrange succession de phénomènes.

D'abord, il n'y a plus de nuit pour aucun point de notre globe : tandis que le soleil rouge éclaire un côté de la Terre, le soleil bleu éclaire l'autre; il y a ainsi jour rouge sur un hémisphère et jour bleu pour l'autre, et tous les méridiens du globe viennent passer successivement, en vingt-quatre heures, à travers ces deux espèces de jour, distribuant à tous les pays *douze heures de jour rouge et douze heures de jour bleu* sans nuit.

Mais notre soleil bleu, ne restant pas immobile dans l'espace, circule lui-même lentement autour du soleil rouge. Bientôt il se lève avant que le premier ne soit couché, et apparaît au-dessus de l'horizon oriental lorsque le rubis céleste n'est pas encore éteint. Le jour bleu succède alors; mais, le soleil saphir se couchant à son tour avant le lever de son rival écarlate, on a une nuit de quelques instants, ornée de deux aurores boréales d'un nouveau genre : l'une rougeâtre à l'est, l'autre bleuâtre à l'ouest. La durée de cette nuit augmente de jour en jour et en même temps celle du double jour illuminé par les deux soleils à la fois, les *heures bleues* et les *heures rouges* diminuant dans la même proportion. A la fin, et à l'époque qui correspond à la conjonction de Jupiter, le soleil bleu se rapproche du soleil rouge, et il n'y a plus ni jour rouge ni jour bleu, mais un double jour suivi d'une nuit complète. La lumière du double jour est formée naturellement par la réunion des couleurs des deux soleils; elle est *violette*, mais pourrait être tout à fait blanche, si ses couleurs étaient complémentaires. Emporté toujours par son mouvement propre, le soleil secondaire passe à l'ouest du premier, et produit bientôt des matinées bleues, suivies d'un jour blanc ou violet, d'un soir rouge et d'une nuit devenant de plus en plus courte, jusqu'à ce que le soleil bleu revienne en opposition, comme nous l'avons placé au commencement de cette description.

Dans la plupart des systèmes d'étoiles doubles, la petite étoile tourne autour de la plus grande, non pas en cercle, mais en décrivant une ellipse très allongée. La stabilité du système veut que cette petite

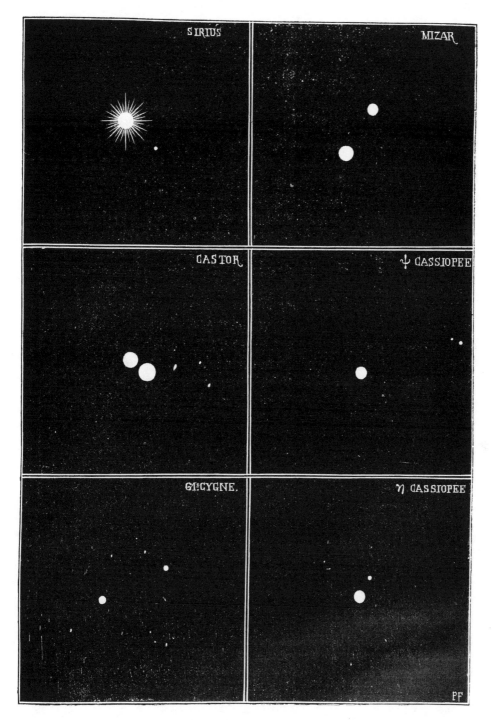

Fig. 337. — Aspects de quelques types d'étoiles doubles.

étoile ne s'approche pas trop de la grande ; car, dans ce cas, en supposant, ce qui est naturel, que les planètes circulent dans le même plan que l'étoile elle-même, elle pourraient être attirées par le soleil central au moment du passage au périhélie, et abandonner leur soleil primitif, au grand détriment de leurs habitants, qui seraient sans doute morts de chaleur avant que les astronomes de ces contrées eussent pu constater régulièrement la désertion. Il est indispensable que ces systèmes soient très resserrés autour de chacun des deux soleils, et que les planètes obéissantes gravitent, serrées sous l'aile protectrice de leur soleil réciproque. Mais, dans tous les cas, les plus singulières alternatives de chaleur, de lumière et de saisons sont la conséquence cosmologique de ces mouvements.

Ainsi, dans tout système planétaire régi par un double soleil, notre double alternative du jour et de la nuit est remplacée par une alternative quadruple : 1° un jour double éclairé par deux soleils à la fois ; 2° un jour simple éclairé par un seul soleil ; 3° un autre jour simple éclairé par l'autre soleil ; 4° enfin quelques heures de nuit complète, lorsque les deux soleils sont à la fois au-dessous de l'horizon.

La splendeur de ces illuminations naturelles peut à peine être conçue par notre imagination terrestre. Les teintes que nous admirons d'ici sur ces étoiles ne peuvent que donner une idée lointaine de la valeur réelle de leurs couleurs. Déjà, en passant de nos latitudes brumeuses aux régions limpides des tropiques, les couleurs des étoiles s'accentuent et le ciel devient un véritable écrin de pierres précieuses; que serait-ce si nous pouvions nous transporter au delà des limites de notre atmosphère ? Vues de la Lune, ces couleurs doivent être splendides. Antarès, ∝ d'Hercule, Pollux, Aldébaran, Bételgeuse, Mars, brillent comme des rubis; l'Étoile polaire, Capella, Castor, Arcturus Procyon, sont de véritables topazes célestes; tandis que Sirius, Véga et Altaïr sont des diamants éclipsant tout par leur éblouissante blancheur. Que serait-ce si nous pouvions nous rapprocher des étoiles jusqu'à découvrir leurs disques lumineux, au lieu de ne voir que des points brillants dépourvus de tout diamètre ?

Jours bleus, jours violets, jours rouges éblouissants, jours verts livides ! L'imagination des poètes, le caprice des peintres créeront-ils sur la palette de la fantaisie un monde de lumière plus hardi que celui-ci ? La main folle de la chimère jetant sur la toile docile les éclats bizarres de sa volonté, édifiera-t-elle au hasard un édifice plus étonnant ? — Hegel a dit « que tout ce qui est réel est rationnel », et que « tout ce qui est rationnel est réel ». Cette pensée hardie n'exprime pas encore toute la vérité. Il y a bien des choses qui ne nous paraissent point rationnelles et qui néanmoins existent en réalité dans les créations sans nombre de l'infini.

Les plus beaux contrastes de coloration (¹) ne se présentent pas dans les systèmes à mouvement rapide, mais dans les systèmes à mouvement lent et même dans ceux qui sont restés immobiles depuis leur découverte. Cette remarque curieuse n'empêche pas que les planètes qui gravitent autour de ces derniers soleils ne subissent les plus singulières alternatives d'illuminations, de saisons et d'années. Notre Soleil blanc et solitaire, notre système solaire formé d'un seul foyer, autour duquel gravitent des mondes obéissants, suivant des orbites régulières, ne constitue pas le type et le modèle de la création universelle. Les soleils multiples que nous étudions ici tantôt marient leurs couleurs, tantôt les opposent l'une à l'autre, tantôt les alternent successivement dans un même ciel, soleils de volumes et de masses dissemblables agissant souvent en directions contraires, pour déformer les singulières orbites des mondes inconnus qui gravitent sous leur puissance. Nul spectacle n'est plus magnifique que la comtemplation télescopique de ces étranges soleils. Lorsque, pendant la nuit silencieuse, pendant le sommeil de la nature terrestre, en ces heures nocturnes où l'humanité qui nous entoure est endormie dans une mort anticipée, nos regards et nos pensées s'élèvent, à l'aide du merveilleux télescope, vers ces lumières célestes qui sont allumées·là-haut pour d'autres mondes et rayonnent autour d'elles la chaleur, l'activité et la vie, le contraste est si grand que l'on croit rêver. Ici la nuit, là-haut la lumière; ici la léthargie, là-haut le mouvement; ici l'ombre, là-haut la splendeur ; ici la pesante et obscure matière, là-haut la flamme dévorante et la vie sidérale. Qu'il est pauvre, notre soleil, à côté de ses grands frères, de ses aînés de l'espace ! Qu'il est misérable, notre monde, à côté de ceux qui voguent là-haut sur les ailes rapides et multipliées d'une telle attraction ! Quelles heures délicieuses les esprits pensifs et les âmes curieuses passeraient en dirigeant un télescope vers les cieux, si les hommes les plus instruits, si les femmes du monde les mieux élevées, n'ignoraient universellement les vérités les plus élémentaires de l'as-

---

(¹) *Plus belles étoiles doubles colorées* :
β du Cygne, 3ᵉ et 5ᵉ grandeurs : Jaune d'or et bleu saphir.
γ Andromède. 3ᵉ et 5ᵉ : Orange et verte; celle-ci se dédouble en verte et bleue
γ du Dauphin. 4ᵉ et 5ᵉ : Jaune d'or et vert bleu.
α Hercule. 3ᵉ et 6ᵉ : Jaune orange et bleu marine.
α Lévriers. 3ᵉ et 5ᵉ : Or et lilas.
ε Bouvier. 3ᵉ et 6ᵉ : Topaze et émeraude.
Antarès. 1ʳᵉ et 7ᵉ : Orange et vert clair.

tronomie, et s'ils ne vivaient en tournant toujours dans un même cercle plus ou moins monotone, sans se douter des merveilles que la divine Nature tient en réserve pour ceux qui la comprennent.

Et que dirions-nous des systèmes de soleils triples et quadruples, dont les mondes ne connaissent jamais la nuit, où l'astronomie n'a pu naître, puisqu'on n'y voit jamais de ciel étoilé, et dont les habitants ne connaissent pas le sommeil (¹)?

Il y a, à n'en pas douter, des yeux humains qui là-bas contemplent chaque jour ces singularités ! Qui sait ! et la chose est probable, ils n'y accordent sans doute qu'une médiocre attention, et, dès leur berceau, habitués comme nous à la même vue, ils n'apprécient pas la valeur pittoresque de leur séjour. Ainsi sont faits les hommes : le nouveau, l'inattendu seul les touche ; quant au naturel, il semble que ce soit là un état éternel, nécessaire, fortuit, de l'aveugle nature, qui ne mérite pas la peine d'être observé. Si les humains de là-bas venaient chez nous, tout en reconnaissant la simplicité de notre petit Univers, ils ne manqueraient pas de l'observer avec surprise et de s'étonner de notre indifférence.

Si, comme notre Lune, qui gravite autour du globe, comme celles de Jupiter, de Saturne, qui réunissent leurs miroirs sur l'hémisphère obscur de ces mondes, les planètes invisibles qui se balancent là-bas sont entourées de satellites qui sans cesse les accompagnent, quel doit être l'aspect de ces lunes éclairées par plusieurs soleils ! Cette lune qui se lève des montagnes lointaines est divisée en quartiers diversement colorés, l'un rouge, l'autre vert ; cette autre n'offre qu'un croissant d'azur ; celle-là est dans son plein ; elle est verte et paraît suspendue dans les cieux comme un immense fruit. Lune rubis, lune émeraude, lune opale, quels singuliers lustres ! O nuits de la Terre qu'argente modestement notre Lune solitaire, vous êtes bien belles quand l'esprit calme et pensif vous contemple, mais qu'êtes-vous à côté de ces nuits merveilleuses !

Et que sont les éclipses de soleil sur de tels mondes ? Soleils multiples, à quels jeux infinis vos lumières mutuellement éclipsées ne doivent-elles pas donner naissance ? Un soleil bleu et un soleil jaune se rapprochent ; leur clarté combinée produit le vert sur les surfaces éclairées par tous deux, le jaune ou le bleu sur celles qui ne reçoivent

_____

(¹) Nous en avons l'habitude, sans doute, mais il n'en est pas moins assez bizarre de voir qu'à cause du mouvement de rotation de la Terre et de l'organisation physiologique qui en est résultée, tous les humains, à une certaine heure de chaque jour, se déshabillent et s'installent horizontalement en fermant les yeux pour subir un anéantissement de sept ou huit heures et perdre un bon tiers de leur existence (vingt ans sur soixante) dans une mort anticipée!

Pralon chromolith   Imp. Lemercier & Cie Paris

QUEL PEINTRE POURRAIT IMAGINER L'ETRANGE LUMIERE
D'UN MONDE ILLUMINE PAR QUATRE SOLEILS ET QUATRE LUNES ?

qu'une lumière. Bientôt le jaune s'approche sous le bleu ; déjà il en-
tame son disque, et le vert répandu sur le monde pâlit, pâlit jusqu'au
moment où il meurt, fondu dans l'or qui verse dans l'espace ses rayonnements cristallins. Une éclipse totale colore le monde en jaune !
Une éclipse annulaire montre une bague bleue encadrant une pièce
d'or translucide ! Peu à peu, insensiblement, le vert renaît et reprend
son empire.... Ajoutons à ce phénomène celui qui se produirait si
quelque lune noire venait, au beau milieu de cette éclipse dorée, couvrir
le soleil jaune lui-même et plonger le monde dans l'obscurité, puis,
suivant la relation existant entre son mouvement et celui du soleil
d'or, continuer de le cacher après sa sortie du disque bleu, et laisser
alors la nature retomber sous le rideau d'une nouvelle couche azurée !
Ajoutons encore.... Mais non, c'est le trésor inépuisable de la nature :
y plonger à pleines mains, c'est n'y rien prendre.

Ces descriptions suffisent pour donner une idée de la nature du
sujet et de l'intérêt captivant qui s'attache à ces études. La science
commence seulement à pénétrer dans l'immensité étoilée. Hier encore
on ignorait le nombre des étoiles doubles réelles actuellement observées, la diversité des mouvements et leur proportion dans l'organisation des cieux. On peut estimer que le cinquième environ des soleils
dont l'Univers se compose ne sont pas simples comme celui qui nous
éclaire, mais associés en systèmes binaires, ternaires ou multiples.
Ainsi les étoiles doubles sont de véritables soleils, gigantesques et
puissants, gouvernant, dans les régions de l'espace éclairées par leur
splendeur, des systèmes différents de celui dont nous faisons partie.
Le ciel n'est plus un morne désert ; ses antiques solitudes ont fait
place à des régions peuplées comme celles où gravite la Terre ; l'obscurité, le silence, la mort qui régnaient en ces hauteurs ont fait place
à la lumière, au mouvement, à la vie ; des milliers et des millions de
soleils versent à grands flots dans l'étendue l'énergie, la chaleur et les
ondulations diverses qui émanent de leurs foyers ; tous ces mouvements se succèdent et s'entrecroisent, se combattent ou s'unissent dans
l'entretien et le développement incessant de la vie universelle ; l'Univers est transfiguré pour nos pensées ; les soleils succèdent au soleils,
les mondes aux mondes, les univers aux univers ; des mouvements
propres formidables emportent tous ces systèmes à travers les régions
sans fin de l'immensité ; — et partout, jusqu'au delà des bornes les plus
lointaines où l'imagination fatiguée puisse reposer ses ailes, partout
se développe, dans sa variété infinie, la divine création, dont notre
microscopique planète n'est qu'une imperceptible province.

CHAPITRE IX

Les mouvements propres des Etoiles. Translation de tous les Soleils et de tous les mondes à travers l'immensité infinie. Métamorphose séculaire des cieux.

Les idées que nous avons eues jusqu'ici sur les étoiles et sur le ciel doivent désormais subir une transformation complète, une véritable transfiguration. *Il n'y a plus d'étoiles fixes.* Chacun de ces soleils lointains allumés dans l'infini est emporté par des mouvements immenses, que notre imagination peut à peine concevoir. Malgré les trillions de lieues qui nous séparent de ces soleils, et qui les réduisent pour notre vue à de petits points lumineux (quoiqu'ils soient aussi vastes que notre propre Soleil, et soient des milliers et des millions de fois plus gros que la Terre), le télescope et le calcul viennent de les saisir et de constater qu'ils sont tous en marche, dans toutes les directions possibles. Le ciel n'est plus immuable ; les constellations ne nous représenteront plus le symbole de l'ordre absolu et indestructible ; le spectacle de la nuit étoilée ne nous montrera plus le repos et l'inertie. Non : toutes ces étoiles sont des soleils brûlants, foyers de chaleur et de lumière, laboratoires de combustions inouïes, flambeaux d'humanités voyageuses, qui sans cesse lancent autour d'eux les flots d'une lumière intarissable, distribuent les effluves de la vie aux planètes qui les environnent, et qui se meuvent rapidement dans l'espace, en emportant avec eux les systèmes dont ils forment les centres de gravité.

Ces mouvements formidables ne sont visibles d'ici que par de minuscules déplacements d'étoiles qui se mesurent par des fractions de secondes d'arc.

Conçoit-on bien l'exiguïté de cette mesure ? Rappelons qu'une seconde est la 60e partie d'une minute, laquelle est la 60e partie d'un degré, lequel est la 360e partie d'un grand cercle faisant le tour du ciel. Pour prendre une comparaison, le Soleil et la Lune se présentent à nous sous la forme de disques mesurant en moyenne 31 minutes de diamètre : ces 31 minutes font 1860 secondes. Donc le déplacement d'une étoile dont le mouvement propre serait d'une seconde entière par an ne serait que la 1860ᵉ partie du diamètre apparent du Soleil. Autrement dit, il faudrait 1860 ans à l'étoile pour se déplacer de cette quantité. Comme les mouvements propres de la plupart des étoiles ne sont même pas d'une seconde d'arc par an, on voit que, depuis le temps de Jésus-Christ et de Tibère, elles n'ont même pas accompli ce trajet-là. Un certain nombre d'étoiles sont animées de mouvements plus rapides, qui s'élèvent jusqu'à plusieurs secondes; mais, même pour ces exceptions, on voit que, relativement à nos mesures d'appréciation journalières, ces mouvements sont encore infiniment petits pour nos yeux, quoiqu'ils soient infiniment grands en réalité. On pourrait les nommer à la fois microscopiques et télescopiques.

Quelle n'est pas, cependant, la vitesse de ces translations, pour que nous puissions nous en apercevoir d'ici, éloignés comme nous en sommes à plusieurs trillions de lieues de distance! Si nous prenons un exemple, soit Arcturus, dont le mouvement propre est presque de 3 secondes par an, nous trouvons que sa vitesse à travers l'espace n'est pas inférieure à 1800 000 lieues par jour! Et il lui faut 800 ans pour nous offrir un déplacement égal en longueur au diamètre apparent de la Lune et du Soleil! Nous sommes à 61 trillions 600 milliards de lieues de distance de cette étoile : le chemin qu'elle parcourt en ligne droite pendant une année, à raison de 1800 000 lieues par jour, serait caché pour nous par la largeur d'un fil de 1 millimetre de large, tendu à 68 mètres de distance de notre œil!

L'étoile la plus remarquable du ciel entier est, à ce point de vue, une petite étoile de 7ᵉ grandeur, c'est-à-dire invisible à l'œil nu, qui n'a pas de nom particulier, et reste désignée sous un simple numéro d'ordre. Elle porte le nº 1830 du Catalogue de Groombridge, et c'est par cette dénomination qu'elle est connue. C'est une petite étoile de la Grande-Ourse, située par 11ʰ 45ᵐ d'ascension droite et 51° 21′ de distance polaire (elle est placée sur notre planisphère) : elle manifeste annuellement le plus grand déplacement qu'on ait observé. Sa variation annuelle est de 7″.

Si nous apprécions ce mouvement par la mesure que nous avons employée tout à l'heure, nous voyons que, pour se déplacer dans le ciel d'une quantité égale à la largeur apparente du Soleil, il lui faut 255 ans. Ce mouvement est si rapide, qu'il s'élève jusqu'à 7 mill. de lieues par jour! C'est une vitesse plus de   dix fois supérieure à celle de la Terre dans son cours, notre planète voguant autour du Soleil à raison de 650 000 lieues par jour. — La distance de cette étoile est de 33 trillions 770 milliards de lieues.

Ainsi voilà une étoile, un soleil perdu parmi les myriades de soleils qui peuplent l'étendue, et qui est emporté dans l'espace avec une puissance si prodigieuse qu'il ne franchit pas moins de un *milliard* de lieues par année, et cette ligne de un milliard de lieues, vue de face, ne peut être constatée d'ici qu'à l'aide des mesures micrométriques les plus attentives et les plus minutieuses ! Voilà la belle étoile Arcturus qui vogue dans le ciel à raison de 660 millions de lieues par an, et depuis mille, deux mille, trois mille ans et plus qu'on l'observe et qu'on pointe sa place sur les cartes astronomiques, elle ne semble pas avoir bougé ! Et ce ne sont pas là encore les vitesses exactes des corps célestes. Pour que ces mesures fussent absolues, il faudrait que la route suivie par l'étoile observée fût vue de face, qu'elle fût perpendiculaire au rayon visuel qui va d'ici à l'étoile. Rien ne prouve que ce soit justement là la direction absolue de cette route, et il est extrêmement probable qu'il n'en est rien. Quelle que soit la marche absolue d'un astre, nous ne voyons jamais que la projection de sa route sur la sphère apparente du ciel.

Parmi les étoiles de première grandeur qui sont animées d'un mouvement propre supérieur à la moyenne générale, nous trouvons, après Arcturus, les deux belles étoiles Procyon et Sirius. Le mouvement propre de la première est à peu près la moitié de celui d'Arcturus, et se mesure par 1″,27. Celui de Sirius est de 1″,34.

Afin de représenter dans leur ensemble les mouvements propres observés dans le ciel entier, j'ai formé un catalogue de toutes les étoiles du ciel dont le mouvement est sûrement déterminé (¹), et j'ai dessiné les deux hémisphères célestes reproduits plus loin (p. 796-797), sur lesquels chaque étoile porte une flèche indiquant la direction de son mouvement, et sa grandeur pour cinquante mille ans. On voit sur cette carte que certaines étoiles assez éloignées les unes des autres forment de véritables courants, les emportant dans une même direction du ciel.

A travers la variété des mouvements propres de toutes les étoiles, on remarque un effet général tendant à les éloigner d'un point situé dans la constellation d'Hercule, suivant les flèches marquées sur notre carte, et à les diriger vers le point opposé situé dans l'hémisphère austral. Ce mouvement général de perspective dont nous avons déjà parlé est celui qui prouve que notre système solaire voyage lui-même dans l'espace et se dirige vers le point indiqué. D'après les

---

(¹) On trouvera au Supplément la liste des étoiles à mouvements propres rapides.

travaux des astronomes qui depuis William Herschel se sont livrés à cette analyse compliquée, le point du ciel vers lequel nous nous dirigeons est situé à la position suivante :

Ascension droite $= 17^h 17^m$; déclinaison $= + 55°23'$.

L'un des résultats les plus curieux et les plus étonnants de ces mouvements stellaires, c'est de modifier lentement, inexorablement, l'aspect des constellations, et d'amener ce que nous pourrions appeler la dislocation des cieux.

Voyez, par exemple, la Grande Ourse ; chacune des étoiles qui la composent est emportée par un mouvement personnel. Il en résulte qu'avec les siècles cette figure changera de forme. Actuellement, elle rappelle un peu l'esquisse d'un char, et c'est cette ressemblance qui lui a fait donner le nom populaire de *Chariot*. Les quatre étoiles disposées en quadrilatère sont considérées comme tenant la place des roues, et les trois qui les précèdent marquent la place des chevaux. Or, le mouvement propre changera cette disposition : il ramènera le premier cheval en arrière, tandis qu'il emportera les deux autres en avant. Des deux roues d'arrière, l'une sera tirée d'un côté et la seconde de l'autre. Connaissant la valeur annuelle du déplacement de chacune de ces sept étoiles, on peut calculer leur position future respective. Voici les curieux résultats auxquels ces calculs conduisent :

Sur ce petit dessin, des flèches indiquent la direction vers laquelle chacune de ces étoiles se meut. On voit que, sur les sept, la première et la dernière, Alpha et Êta, se dirigent dans un sens, tandis que les cinq autres se dirigent en sens contraire. De plus, la vitesse n'est pas la même pour chacune d'elles.

En vertu de ces mouvements propres, les distances relatives de ces astres changent avec le temps. Mais comme le changement n'est que de quelques secondes par siècle, il faut bien des siècles pour que la différence arrive à être sensible à l'œil nu.

Fig. 337. — Les sept étoiles de la Grande Ourse dans leur état actuel.

Nos générations humaines, nos dynasties, nos nations mêmes, ne vivent pas assez longtemps pour cette mesure. Il s'agit ici de quantités astronomiques, et pour les apprécier il faut choisir des termes qui leur correspondent. Supposons cinquante mille ans : dans cet intervalle, qui n'est cependant pas énorme dans l'histoire des astres, puisque la petite terre où nous sommes date à elle seule de plusieurs *millions* d'années, toutes les constellations sont modifiées.

Le dessin suivant (*fig.* 338) indique le résultat géométrique du calcul pour cinquante mille ans. On voit qu'elle aura complètement perdu son aspect actuel. C'est en vain qu'on chercherait les traces d'un chariot dans cette nouvelle figure. Les sept étoiles fameuses se seront distribuées le long d'une ligne brisée, Alpha

étant descendue à droite de Bêta, et Êta à l'autre extrémité, étant descendue au-
dessous de Zêta.

En voyant quelle altération profonde cette constellation aura subie dans les
siècles à venir, on peut aussi se demander depuis combien de temps elle a la

forme sous laquelle nous la connaissons, et quel aspect elle offrait
dans les siecles passés. Il suffit,
pour trouver la position de chacune de ces sept étoiles il y a cinquante mille ans, de les reporter en
arrière de la même quantité dont
elles ont été portées en avant de
leur direction, dans l'exemple précédent. Ce calcul donne une tout

Fig. 338. — La Grande Ourse dans cinquante mille ans.

autre figure, qui ne ressemble en rien à la première, ni à la seconde. Il y a
cinquante mille ans, ces étoiles étaient alignées de façon à former une véritable
croix, plus exacte et même plus belle que la Croix du Sud, qui brille actuel
lement vers le pôle austral, et qui se déforme elle-même aussi, si rapidement,
du reste, que dans cinquante mille ans ses quatre branches seront complètement disloquées. Dans cette *croix du nord*, l'étoile Alpha formait le côté gauche,

Gamma le côté droit, Bêta la
tête, Delta, Epsilon et Zêta le
montant. Êta n'était pas encore
arrivée dans l'assemblée des
six autres. Du reste, en analysant la marche de ces astres,
on arrive à être convaincu
que les cinq compagnes Bêta,
Gamma, Delta, Epsilon et Zêta
sont associées dans leur destinée par un lien commun ;

Fig. 339. — La Grande Ourse il y a cinquante mille ans.

c'est un même groupe d'amies ; elles marchent d'un commun accord, et gardent,
comme on peut le voir, la même position l'une à l'égard de l'autre, tandis que
Alpha d'un côté et Êta de l'autre sont deux... intrus, qui se trouvent actuelle-
lement faire partie de l'association, mais qui lui sont tout à fait étrangers.

Si la Grande Ourse est la plus caractéristique et la plus universellement connue des constellations du nord, Orion est sans contredit la plus belle des constellations du sud et du ciel entier. Curieux de savoir quelles transformations les
mouvements propres des étoiles apporteront dans les siecles futurs à l'aspect de
ces astérismes, ainsi qu'à la situation respective des trois belles étoiles qui l'environnent, Sirius, Aldébaran et Procyon, j'ai agi à son égard comme à l'égard de
la Grande Ourse, et calculé quels changements d'aspect le temps amènera dans
la position respective de ces étoiles.

La *fig.* 340 montre l'état actuel de la constellation d'Orion avec la position et
la distance respective de Sirius, d'Aldébaran et de Procyon. Une petite flèche
attachée à chaque étoile indique la direction de son mouvement. La *fig.* 341 représente la position de ces étoiles dans cinquante mille ans.

La mythologie nous représentait Orion courant après les Pléiades et le Taureau
C'est au contraire Aldébaran qui se précipite vers Orion. Les *Trois Rois* ne reste-
ront pas longtemps unis (cela ne s'est jamais vu, du reste).

Mais des variations séculaires dont ces étoiles sont affectées, les deux plus
frappantes sont celles de Procyon et de Sirius ; Procyon, actuellement si éloigné

d'Orion, s'en rapprochera au point de venir en faire partie, et les astronomes de l'an cinquante mille à l'an quatre vingt mille le considéreront comme appartenant à cette constellation ; il en formera l'angle sud-est et, relié par une ligne idéale à Bételgeuse et à Rigel, il représentera bien mieux que l'étoile x la jambe droite du Géant. Emporté par un mouvement propre moins considérable que Procyon, Sirius viendra se placer au pied d'Orion, 'et semblera allonger encore

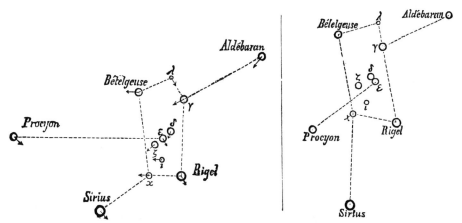

Fig. 340. — La constellation d'Orion
dans son état actuel.

Fig. 341. — La constellation d'Orion
dans cinquante mille ans.

cette figure déjà si gigantesque. Le Petit Chien court après le Grand Chien, mais ne l'atteindra jamais, celui-ci fuyant lui-même de siècle en siècle dans une direction oblique à la précédente. On voit quelles seront les positions respectives de ces douze étoiles dans cinquante mille ans, sous réserve toutefois de toute combinaison imprévue.

Le travail qui vient d'être fait pour la variation séculaire des constellations de la Grande Ourse et d'Orion pourrait être appliqué à la plupart des autres constellations. Les mouvements propres sont déjà déterminés pour presque toutes les étoiles visibles à l'œil nu.

Il y a des systèmes stellaires formés d'étoiles qui, tout en étant fort éloignées les unes des autres, sont néanmoins reliées entre elles par une destinée commune. Les cinq (β, γ, δ, ϵ, ζ) de la Grande Ourse viennent de nous en offrir un exemple déjà signalé par Proctor. J'en ai trouvé un grand nombre d'autres ([1]).

Ainsi sont en mouvement toutes les étoiles. « Des causes nombreuses, incessantes, qui font varier les positions relatives, l'éclat des diverses régions du ciel et l'apparence générale des constellations, peuvent, après des milliers d'années, dirons-nous avec Humboldt, imprimer un caractère nouveau à l'aspect grandiose et pittoresque de la voûte étoilée. Outre ces causes, il faudrait ajouter ici l'apparition subite de nouvelles étoiles, l'affaiblissement, l'extinction même

([1]) *Voy* les *Comptes Rendus de l'Académie des Sciences.* 1877.

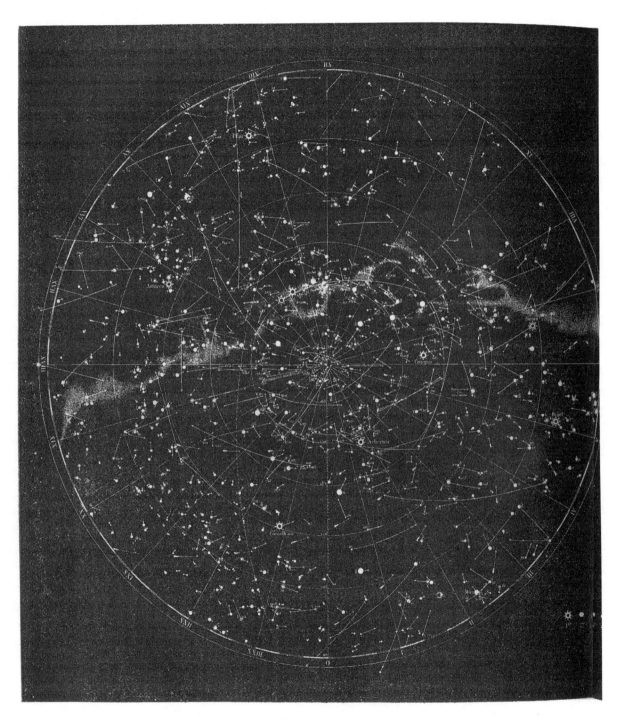

Fig. 342. — Mouvements propres de chaque étoile dans le ciel. — Hémisphère austral.

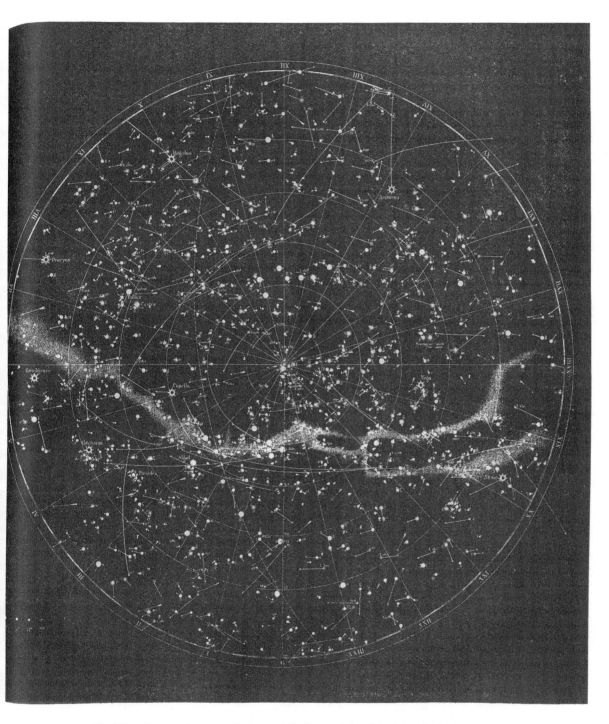

Fig. 343. — Mouvements propres de chaque étoile dans le ciel. — Hémisphère boréal

de quelques étoiles anciennes. N'oublions pas aussi les changements qu'éprouve la direction de l'axe terrestre, par suite de l'action combinée du Soleil et de la Lune. Un jour viendra où les brillantes constellations du Centaure et de la Croix du Sud seront visibles sous nos latitudes boréales, tandis que d'autres étoiles (Sirius et le Baudrier d'Orion) ne paraîtront plus sur l'horizon. Les étoiles de Céphée (γ et α) et du Cygne (δ) serviront successivement à reconnaître dans le ciel la position du pôle nord ; et dans douze mille ans l'Étoile polaire sera Véga de la Lyre, la plus magnifique de toutes les étoiles auxquelles ce rôle puisse échoir. Ces aperçus rendent sensible en quelque sorte la grandeur de ces mouvements, qui procèdent avec lenteur, mais sans jamais s'interrompre, et dont les vastes périodes forment comme une horloge éternelle de l'univers. Supposons un instant que ce qui ne peut être qu'un rêve de notre imagination se réalise, que notre vue, dépassant les limites de la vision télescopique, acquière une puissance surnaturelle, que nos sensations de durée nous permettent de comprendre et de resserrer, pour ainsi dire, les plus grands intervalles de temps : aussitôt disparaît l'immobilité apparente qui règne dans la voûte des cieux. Les étoiles sans nombre sont emportées comme des tourbillons de poussière dans des directions opposées, les nébuleuses errantes se condensent ou se dissolvent, la Voie lactée se divise par places, comme une immense ceinture qui se déchirerait en lambeaux ; partout le mouvement règne dans les espaces célestes de même qu'il règne sur la terre dans la vie des animaux et des hommes. »

Comme la poussière de nos routes, les tourbillons d étoiles s'envolent dans les chemins du ciel. C'est une vie immense, un fourmillement perpétuel ; l'esprit qui ferait abstraction du temps cesserait de contempler pendant la nuit silencieuse un ciel inerte et immobile, mais verrait à sa place des myriades de soleils brûlants, lancés dans toutes les directions de l'immensité, et semant dans l'infini les formes multipliées d'une vitalité universelle et inextinguible. La connaissance du mouvement propre des étoiles transforme absolument nos idées habituelles sur l'immutabilité des cieux. Les étoiles sont emportées dans tous les sens à travers les régions sans fin de l'immensité, et, comme la nature terrestre, la nature céleste, la constitution de l'univers change de siècle en siècle, en subissant de perpétuelles métamorphoses.

Tous ces mouvements propres *conclus des positions des étoiles cataloguées* sont forcément perpendiculaires à notre rayon visuel ;

mais, comme il n'y a aucune probabilité pour que les étoiles se déplacent dans ce sens-là plutôt que dans toutes les autres directions
possibles, il est certain que la plupart des lignes que nous traçons
ainsi ne sont que la projection de routes obliques. Nous supposons
à notre insu toutes les étoiles placées à la même distance de nous,
comme des points brillants sous une voûte; nous rapportons tous les
mouvements observés à des lignes tracées dans un même plan
sphérique le long de cette
voûte; nos routes ainsi tracées sont par conséquent,
dans tous les cas où la route
réelle de l'étoile n'est pas
parallèle à la voûte celeste,
plus petites que la route
réelle. La *fig.* 344 présente
et explique toutes ces projections suivant l'obliquité
de la ligne suivie par l'étoile.

Peut-on savoir si une
étoile suit exactement une
trajectoire parallèle à la

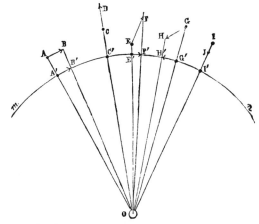

Fig. 344. — Déplacements réels et déplacements
apparents des étoiles.

voûte du ciel, ou bien si, par une ligne oblique dont nous n'observons que la projection, elle s'éloigne ou se rapproche de la Terre?
Étant donnée même une étoile qui nous paraisse absolument fixe,
existe-t-il un moyen de découvrir si elle est en mouvement dans la
direction du rayon visuel, et, dans ce cas, si elle s'éloigne ou si elle se
rapproche de la Terre?

Celui qui aurait émis autrefois une pareille question n'aurait reçu
qu'un doux sourire pour réponse. Cependant, la science humaine
vient de faire cette nouvelle conquête sur l'infini. Non seulement
nous pouvons, malgré leur exiguïté et leur imperceptibilité, constater
et mesurer les déplacements des étoiles dans le ciel, mais nous
pouvons encore constater et mesurer leur mouvement de rapprochement ou d'éloignement, lors même qu'il est dirigé dans le sens du
rayon visuel et ne se manifeste par aucun déplacement dans les observations astronomiques!

La méthode employée pour arriver à ces constatations n'a aucun
rapport avec le procédé de comparaisons par lequel on mesure le
mouvement propre annuel; elle est fondée sur les principes de
l'optique et sur l'analyse des rayons de la lumière.

Si l'on reçoit à travers un prisme le rayon lumineux qui vient d'une étoile, on voit se dessiner un petit spectre, comme nous l'avons vu. On peut créer un spectre analogue en recevant sur un autre prisme le rayon lumineux provenant d'une lueur électrique traversant un tube rempli de gaz coïncidant avec ceux reconnus dans l'étoile étudiée.

Cela posé, si l'étoile est immobile, les deux spectres se superposent simplement, sans qu'on remarque rien d'extraordinaire dans cette superposition ; mais si l'étoile s'approche ou s'éloigne, le mouvement se réfléchit dans le spectre d'une singulière façon. Supposons qu'elle s'approche. Les longueurs d'onde, qui donnent naissance à la diversité des couleurs, diminuent, et la réfrangibilité de chaque couleur augmente. Si donc on observe avec un spectroscope deux sources lumineuses, l'une fixe (le tube électrique), l'autre mobile (l'étoile), donnant toutes deux, par exemple, la raie si caractéristique du sodium, on verra dans les deux spectres superposés les raies de ce métal qui ne coïncideront pas. La raie D émise par le spectre de l'étoile s'écartera de la raie D émise par le tube, et l'écart se dirigera du côté du violet si l'étoile s'approche de la Terre, du côté du rouge si elle s'en éloigne. L'écart servira non seulement à constater que l'étoile s'approche ou s'éloigne, mais encore à déterminer la vitesse.

Ces merveilleuses études d'analyse spectrale ont déjà pu être appliquées à un grand nombre d'étoiles. Certaines étoiles s'éloignent de nous avec une rapidité plus ou moins grande, tandis que d'autres s'en rapprochent. Parmi les étoiles qui ont montré des caractères d'éloignement, on remarque plusieurs de celles qui sont, comme Sirius, à l'opposite de notre mouvement de translation stellaire, telles que Procyon, Bételgeuse, Rigel. Parmi les étoiles qui se rapprochent de nous, on remarque de même celles dont la situation est voisine de la région céleste vers laquelle nous nous dirigeons : comme Arcturus, Véga, α du Cygne. On devait également s'y attendre ; mais cette double remarque n'influe en rien sur l'opinion que nous avons manifestée plus haut relativement au déplacement réel de toutes les étoiles dans l'immensité. On a constaté des mouvements d'éloignement ou de rapprochement dans toutes les directions du ciel, aussi bien du côté d'Hercule que du côté opposé. L'influence de notre propre translation sur la perspective générale est sensible ; mais elle n'empêche pas tous les autres soleils de l'espace d'avoir leur personnalité, leur marche distincte et leur destinée particulière.

D'après les recherches laborieuses de M. Huggins à son observatoire particulier et de M. Christie à l'Observatoire de Greenwich, voici quelles doivent être les mouvements des étoiles étudiées :

ÉTOILES QUI S'ÉLOIGNENT DE NOUS.			ÉTOILES QUI S'APPROCHENT DE NOUS.		
	Vitesse par seconde			Vitesse par seconde	
	en milles anglais	en kilom.		en milles anglais	en kilom.
α Couronne	48	77	α Grande Ourse. . . .	46	74
Castor.	28	45	α Andromède.	45	72
Procyon.	27	43	Véga	44	71
Capella.	27	43	Arcturus.	41	66
Régulus	23	37	γ Lion.	41	66
Sirius	22	35	Pollux.	40	64
α Orion	22	35	α Cygne.	40	64
β Pégase.	20	32	η Grande Ourse . . .	32	51
Aldébaran.	19	30	α Hercule	31	50
β Orion	19	30	δ Cygne	23	37
β, γ, δ, ε, ζ Grande Ourse	19	30	γ Cygne	20	32

La délicatesse de ces mesures empêche d'obtenir une précision rigoureuse dans la traduction du léger déplacement des lignes spectrales en vitesses kilométriques, et les chiffres de ce petit tableau ne peuvent encore être regardés que comme provisoires. On ne peut s'empêcher de remarquer, toutefois, que les étoiles qui s'approchent de nous se montrent animées de vitesses plus rapides que celles qui s'en éloignent : l'étoile α Couronne fait seule exception.

Ces vitesses représentent naturellement le mouvement propre de l'étoile et celui du système solaire dans l'espace réunis ensemble. Leur variété montre d'autre part que notre translation à travers l'immensité ne forme qu'une partie des déplacements observés. Ainsi, Véga de la Lyre s'approche de nous avec une vitesse probable de 71 kilomètres par seconde, ou bien nous nous approchons d'elle avec cette vitesse, ou pour mieux dire notre mouvement et le sien additionnés ensemble s'élèvent à cette vitesse, attendu que ce soleil n'est pas plus en repos que le nôtre. D'autre part, Castor s'éloigne de nous avec une vitesse évaluée à 45 kilomètres par seconde, comme résultante de son mouvement et du nôtre. Il est assez curieux de remarquer que les Gémeaux Castor et Pollux ne sont point associés réellement comme ils le paraissent : l'un s'éloigne de nous tandis que l'autre s'en rapproche ; chacun se dirige de son côté, et ils ne se connaissent pas.

Ainsi, le mouvement réel de toute étoile dans l'espace peut aujourd'hui se traduire en composant le mouvement propre conclu des positions observées avec le mouvement sur la ligne du rayon visuel (¹).

(¹) Prenons pour exemple Sirius. A la distance où nous sommes de ce soleil, son mouvement propre annuel, qui sous-tend un arc de 1″,34, nous indique un déplacement de 160 millions de lieues, mesuré perpendiculairement au rayon visuel. Comme il s'éloigne, dans le même intervalle de temps, d'une quantité que nous avons évaluée à 268 millions de lieues, cette vitesse-ci est à la première dans la proportion de 166

Chaque année, la distance qui nous sépare de Sirius augmente de 268 millions de lieues : plus de 700 000 lieues par jour ! Et depuis quatre mille ans au moins que l'on tient les yeux fixés sur cette étoile, elle n'a pas diminué d'éclat ! Ses feux étincellent toujours d'une incomparable splendeur, et toujours elle attire nos regards dans la nuit silencieuse, comme un soleil radieux et inaltérable. Ces milliers d'années d'observation représentent cependant des centaines de milliards de lieues, et la différence entre la distance de Sirius il y a quatre mille ans et sa distance actuelle pourrait s'élever même à un trillion de lieues, c'est-à-dire atteindre les unités des mesures intersidérales ; et, malgré une pareille différence, Sirius ne paraît pas avoir diminué d'éclat, et trône encore en souverain au milieu des constellations éclipsées !

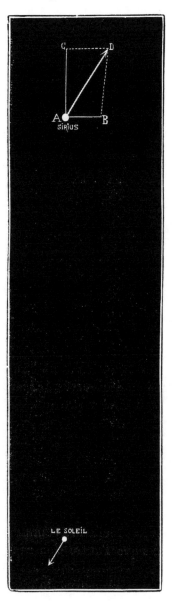

Fig. 345. — Mouvement de Sirius
dans l'espace.

Nous voyons ainsi que les mouvements dont les soleils sont animés se présentent obliquement à notre observation terrestre. Il en est toutefois qui se présentent tout à fait de face, de sorte que l'étoile ne paraît ni s'éloigner ni s'approcher : γ Orion, α Vierge, α de l'Aigle sont dans ce cas. Il en est d'autres, au contraire, dont le déplacement est à peu près nul sur la sphère céleste et qui se meuvent justement le long de notre rayon visuel : telle est l'étoile α du Cygne, qui arrive en droite ligne sur nous avec une vitesse de 64 kilomètres par seconde, 3840 kilomètres par minute, 230 000 par heure, 1 382 400

à 100. Il en résulte que, quoique l'éloignement annuel soit bien indiqué par le chiffre que nous venons de répéter, toutefois la marche oblique de l'astre s'élève en réalité à 297 millions de lieues par an. Les observations méridiennes ont fait découvrir le déplacement AB, perpendiculaire à notre rayon visuel ; les comparaisons spectrales ont fait découvrir le déplacement AC sur notre rayon visuel. Le véritable mouvement de Sirius s'effectue suivant la ligne AD.

lieues par jour, ou *plus de cinq cents millions de lieues par an,* plus de
cinquante milliards de ilieues par siècle !
A cette vitesse, ce soleil de la constellation du Cygne arriverait dans deux cent
mille ans vers nous, illuminant notre
ciel d'un éclat incomparablement supérieur à celui de Sirius et venant peut-être
marier sa lumière à celle de notre Soleil
lui-même ; mais rien ne prouve que ce
mouvement se continuera en ligne droite,
et d'ailleurs à cette époque il y a longtemps que nous ne serons plus dans le lieu
de l'espace où nous sommes actuellement.

Tels sont les mouvements prodigieux
qui emportent tout soleil, tout système,
toute terre, toute vie, toute destinée, dans
toutes les directions de l'immensité infinie (¹) ; vers des buts jamais atteints dans
le passé, ni dans le présent, ni dans l'avenir ; à travers l'abîme sans bornes, sans
profondeur et sans ciel ; dans le vide toujours ouvert, toujours béant, toujours noir,
toujours insondable ; pendant une éternité
sans jours, sans années, sans siècles, sans
mesures... Tel est l'aspect grandiose,
splendide, épouvantable, des univers qui
s'envolent à travers l'espace, devant le
regard ébloui, stupéfait, de l'astronome
terrestre né hier pour mourir demain sur
un globule perdu dans la nuit infinie....

Qu'est-ce que tous ces mouvements,
toutes ces distances, tous ces aspects nous
apprennent sur le dernier et le plus grand
problème qui nous reste à résoudre : sur
la structure de l'univers ?

Fig. 346. — Mouvement de α du Cygne
dans l'espace.

(¹) Ne vous est-il jamais arrivé de regarder, du haut d'un balcon des boulevards
de Paris, la foule d'êtres affairés qui courent dans tous les sens ? Où vont-ils ? Pourquoi tant de presse ? C'est à qui dépassera l'autre, à qui arrivera le plus vite ! Il y a
cent ans, il y avait la même foule ; dans cent ans, on verra la même fourmilière ; et
où courent-ils tous ainsi ? A la mort ! Ainsi se précipitent tous les mondes avec vitesse
dans l'espace ! Mais je ne puis croire, pourtant, que tout marche à la mort universelle.

CHAPITRE X

Structure de l'univers visible.
La Voie lactée. Les nébuleuses. Les amas d'étoiles.
Métamorphoses séculaires. Infini et éternité.

Le développement continu des contemplations astronomiques présentées dans cet ouvrage nous place en ce moment au sommet du
panorama universel et nous pose la plus vaste des questions que
l'étude de la nature puisse présenter à l'esprit humain. Notre soleil
n'est qu'une étoile; il nous emporte avec rapidité, Terre, Lune, planètes, satellites, comètes, vers un point de l'espace que nous avons
déterminé. Chaque étoile est un soleil et emporte de même à travers
les cieux étoilés les mondes innombrables, les humanités variées qui
gravitent dans leur attraction et dans leur lumière. Qu'allons-nous
devenir? Allons-nous heurter quelque jour un soleil éteint perdu
comme un récif sur notre passage? Allons-nous tous, peuples de
l'infini, vers une direction commune où toutes les puissances, toutes
les richesses de la nature seraient un jour rassemblées? Allons-nous
nous éteindre obscurément sans nous être jamais connus, et tous ces
mouvements formidables poussent-ils sans but toutes les humanités
dans l'éternel abîme? Les soleils qui nous environnent dans l'immensité forment-ils un système avec celui qui nous éclaire, comme les
planètes en forment un autour de notre foyer solaire; et notre soleil
gravite-t-il autour d'un centre attractif? Ce centre, pivot des révolutions de plusieurs soleils, tourne-t-il lui-même autour d'un centre
prépondérant? En un mot, l'univers visible est-il organisé en un ou
plusieurs systèmes? Aucune révélation divine ne vient instruire les
hommes sur les mystères qui les intéressent le plus, sur leurs destinées personnelles ou collectives; nous n'avons, ici comme toujours,
que la science, que l'observation pour nous répondre.

Un problème aussi vaste que celui-là est encore loin de recevoir
une solution même approximative. Sous quelque point de vue que
nous l'envisagions, nous nous trouvons tout de suite face à face avec
l'infini dans l'espace et dans le temps. L'aspect actuel de l'Univers met

aussitôt en question son état passé et son état futur, et dès lors tout l'ensemble des connaissance humaines réunies ne nous fournit plus dans cette grandiose recherche qu'une pâle clarté éclairant à peine les premiers pas du chemin inconnu et obscur dans lequel nous nous engageons. Cependant un tel problème est digne de séduire notre attention, et la science positive a déjà fait des découvertes suffisantes dans la connaissance des lois de la nature pour nous permettre d'es-sayer de pénétrer ces grands mystères. Qu'est-ce que l'observation générale des cieux, qu'est-ce que la synthèse sidérale nous apprend sur notre situation réelle dans l'infini ?

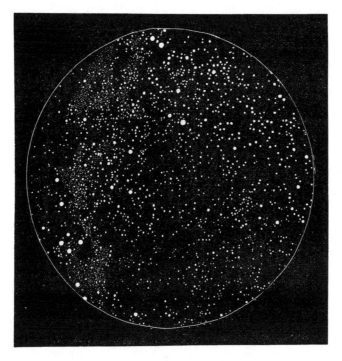

Fig. 347. — Un champ télescopique dans la Voie lactée.

Aux heures calmes et silencieuses des beaux soirs, quel est le regard pensif qui ne s'est pas perdu dans les vagues méandres de la Voie lactée, dans la douce et céleste clarté de cette arche nuageuse qui semble appuyée sur deux points opposés de l'horizon et s'élève plus ou moins dans le ciel suivant le lieu de l'observateur et l'heure de la nuit ? Tandis qu'une moitié se montre au-dessus de l'horizon, l'autre s'abaisse au-dessous, et si l'on enlevait la Terre ou si on la rendait transparente, on verrait la Voie lactée complète sous la forme d'un grand cercle faisant le tour entier du ciel. L'étude scientifique de cette traînée de lumière et sa comparaison avec la population étoilée des cieux va commencer pour nous la solution du grand problème.

Dirigeons un télescope vers un point quelconque de cette arche vaporeuse : soudain des centaines, des milliers d'étoiles se montrent dans le champ télescopique, comme des piqûres d'aiguille sur la voûte céleste. Attendons quelques instants ; que notre œil s'habitue à l'obscurité du fond, et par milliers vont jaillir les petites étincelles. Laissons l'instrument pointé, immobile, vers la même contrée, et lentement passe devant notre vision éblouie l'armée lointaine des étoiles. En un quart d'heure nous en verrons apparaître des milliers et des milliers. William Herschel en a compté 331 000 dans une largeur de 5 degrés prise dans la constellation du Cygne, si laiteuse même à l'œil nu. Si nous pouvions voir passer toute la Voie lactée, nous en verrions dix-huit millions.

Ce semis d'étoiles est formé d'astres séparément invisibles à l'œil nu, inférieurs à la sixième grandeur, mais tellement serrés qu'ils paraissent se toucher et qu'ils tracent l'esquisse nuageuse que tous les regards de l'humanité ouverts sur le ciel depuis des milliers d'années ont contemplée et admirée. Puisqu'il se développe comme une ceinture sur le tour entier du ciel, nous sommes donc dans la Voie lactée. Le premier fait qui s'impose à notre esprit, c'est donc que *notre soleil est une étoile de la Voie lactée.*

Maintenant, cette agglomération d'étoiles forme-t-elle véritablement une sorte de cadre circulaire éloigné de nous ? Il n'y a aucune raison qui conduise à se la figurer ainsi, car son aspect pour nous sera le même, que ce soit un anneau ou que ce soit une couche, une nappe, un plan, dans lequel des milliers d'étoiles seraient répandues. C'est donc ainsi que nous devons tout naturellement nous représenter la Voie lactée : *Un plan dans lequel les étoiles sont accumulées, jusqu'à des distances incommensurables.* Elles ne nous paraissent se toucher que parce qu'elles se projettent les unes devant les autres. Mais elles ne sont pas toutes pour cela également espacées.

Ainsi, les premières étoiles de la Voie lactée sont près de nous. Le Soleil en est une ; α du Centaure en est une autre, comme nous l'avons vu ; la 61ᵉ du Cygne en est une troisième ; et, ainsi dans tous les sens, de trillions en trillions de lieues se succèdent les étoiles, principalement disposées dans ce plan remarquable. Entre deux étoiles de la Voie lactée, qui paraissent se toucher, il doit souvent exister des trillions de lieues dans le sens de notre rayon visuel. Plusieurs, d'autre part, doivent être moins éloignées les unes des autres et former des systèmes doubles, triples, quadruples, décuples, centuples. Nous verrons tout à l'heure qu'il y a en réalité des systèmes formés de plusieurs milliers d'étoiles.

Or, il se trouve que si l'on fait la revue télescopique du ciel pour les étoiles invisibles à l'œil nu, on constate que ces étoiles sont d'autant plus nombreuses que l'on s'approche davantage du plan de la Voie lactée : le nombre des étoiles de la dixième à la seizième grandeur augmente prodigieusement et régulièrement des deux pôles de la Voie lactée jusqu'à cette zone même. Ainsi, la même lunette qui compte 122 étoiles dans son champ de 15′ de diamètre (la moitié du Soleil) n'en compte plus que 30 à 15 degrés de distance de cette zone, 10 à 45 degrés, 16 à 60 degrés et seulement 4 aux pôles de ce plan stellaire

On se formera une idée de la distribution des étoiles dans l'espace par l'examen attentif de l'admirable et curieuse projection des étoiles de l'atlas céleste d'Argelander faite par M. Proctor sur un planisphère dont notre *fig.* 348 est la réduction (¹). Chacun de ces petits points représente une étoile, un soleil analogue au nôtre ; il y en a 324 198, réunion des quarante cartes (dont une a été reproduite plus haut, p. 729) de ce grand atlas, et renfermant toutes les étoiles de notre hémisphère boréal jusqu'à la 10ᵉ grandeur exclusivement, telles qu'on les a observées pendant sept ans dans une lunette de 7 centimètres de diamètre. Chacune de ces étoiles a son nom ou son numéro d'ordre. On voit d'une part l'agglomération progressive des étoiles vers la Voie lactée, d'autre part de curieuses irrégularités, des régions où les étoiles sont singulièrement clairsemées, notamment entre les Pléiades et la Voie lactée.

Si notre œil valait un objectif de 7 centimètres, c'est ainsi que nous verrions le ciel à l'œil nu. Mais il n'y a là que les premières étoiles télescopiques, environ cent fois plus que ce que nous pouvons compter à l'œil nu. Eh bien ! la lunette de Washington développe de nouveau cette vision stupéfiante dans le même rapport, et montre cent fois plus d'étoiles que celle d'Argelander : trente millions dans la moitié du ciel !

Nous pouvons déjà nous représenter l'univers visible comme constitué certainement de plus de cent millions de soleils disposés en une immense agglomération de forme lenticulaire dont le diamètre paraît être huit ou dix fois plus grand que l'épaisseur. Cette agglomération n'est pas homogène, mais variée en condensation, et composée d'associations diverses séparées par des intervalles irréguliers.

(¹) *A Chart of the northern hemisphere.* Manchester, A. Brothers, 1871.

Les soleils sont-ils en général uniformément séparés les uns des autres ; sont-ils de dimensions uniformes, de même lumière, de même masse, de même puissance? Non. Une variété infinie se manifeste parmi eux. Plusieurs forment des associations prouvées par le fait qu'un mouvement propre commun les emporte à travers l'espace, quoiqu'ils soient certainement éloignés à des milliards de lieues les uns des autres ; d'autres sont agglomérés en amas et peut-être séparés les uns des autres par des dizaines de millions de lieues seulement ; les uns sont des millions de fois plus gros que la Terre ; d'autres peuvent descendre, sinon jusqu'à son infinie petitesse, du moins ne pas surpasser en volume les grosses planètes de notre système, telles que Jupiter et Saturne. Il ne doit pas exister de soleils absolument isolés. Notre soleil, qui nous le paraît, subit certainement l'influence attractive de ses voisins, et peut-être plusieurs marchent-ils de conserve avec lui vers le même but.

On connaît dans le ciel 1034 amas d'étoiles et 4042 nébuleuses irréductibles. Les premiers se composent d'étoiles associées ; les secondes peuvent être partagées en deux classes : 1° les nébuleuses que les progrès toujours grandissants de l'optique résoudront un jour en étoiles ou qui, dans tous les cas, sont composées d'étoiles, quoique leur éloignement soit trop grand pour qu'on puisse le constater ! 2° les nébuleuses proprement dites, dont l'analyse spectrale démontre la constitution gazeuse. Remarque instructive : les amas d'étoiles présentent la même distribution générale que les étoiles télescopiques ; ils se montrent les plus nombreux dans le plan de la Voie lactée, tandis que c'est le contraire qui se présente pour les nébuleuses proprement dites : elles sont rares, clair-semées dans la Voie lactée et fort répandues au nord comme au sud de cette zone, jusqu'à ses pôles. La constitution non nébuleuse, mais stellaire, de la Voie lactée, est un fait bien significatif. Les nébuleuses proprement dites se distribuent en sens contraire des étoiles, étant plus nombreuses vers les pôles de la Voie lactée et dans les régions pauvres en étoiles, comme si elles avaient absorbé la matière dont les étoiles sont formées. William Herschel l'avait déjà remarqué ; lorsque, l'œil au télescope, il voyait les étoiles devenir rares, il avait l'habitude de dire à son secrétaire : « Préparez-vous à écrire, les nébuleuses vont arriver. »

Les amas d'étoiles présentent tous les degrés dans le nombre comme dans la condensation de leurs composantes. Il en est qui ne sont composés que de quelques étoiles ; d'autres présentent une association de quelques dizaines d'étoiles ; d'autres sont formés de plusieurs centaines, de plusieurs milliers. Parmi les amas d'étoiles visibles à l'œil nu, le plus connu, celui que l'humanité contemple depuis tant de siècles et qui réglait autrefois l'année astronomique et climatologique de nos aïeux, l'amas des Pléiades, peut nous servir de premier type, de premier exemple pour pénétrer dans ce nouveau monde des

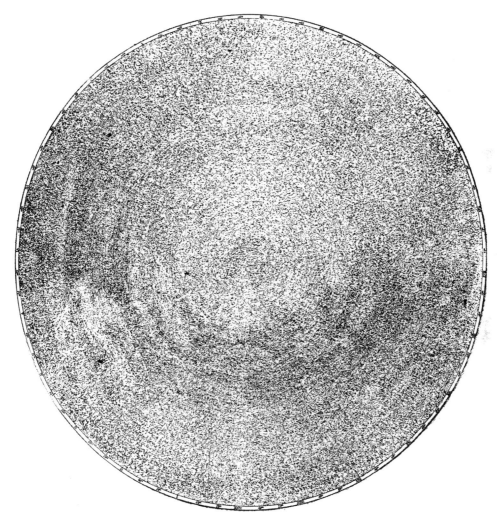

Fig. 348. — Distribution de 324 198 étoiles cataloguées une à une pour l'hémisphère boréal, montrant l'agglomération progressive vers la Voie lactée.

richesses sidérales. Les vues très ordinaires ne voient là qu'un amas nébuleux et indistinct ; les vues ordinaires distinguent six étoiles : Alcyone, de troisième grandeur, Electre et Atlas, de quatrième, Mérope, Maïa et Taygète, de cinquième ; les bonnes vues en distinguent une septième, Pléione, de sixième grandeur ; les vues très bonnes distinguent Astérope, étoile de septième ordre ; les vues excellentes dédoublent cette étoile et distinguent Cœleno ; quelques vues extraordinaires sont allées jusqu'à treize. La septième paraît avoir diminué d'éclat, car les historiens grecs et latins assurent qu'elle s'est enfuie à l'époque de la guerre de Troie ; mais peut-être cette légende n'est-elle due qu'à la difficulté où l'on est toujours de la distinguer.

Cet amas d'étoiles, si modeste vu à l'œil nu, devient splendide dans

NORD

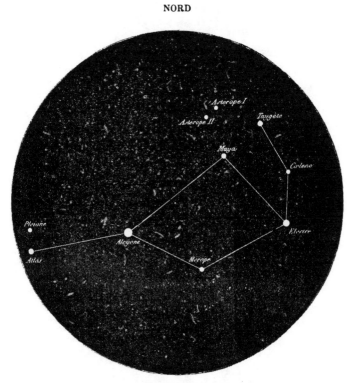

Fig. 349. — Les Pléiades vues à l'œil nu.

une lunette même de faible puissance : on croit voir des diamants lumineux étinceler sur le fond noir du ciel ; plus l'oculaire est faible, moins le grossissement est élevé, plus le champ est vaste et lumineux, et plus vive est l'impression ressentie par l'observateur. On voit là des soleils, de la nature du nôtre, entourés sans doute de systèmes de planètes habitées d'où le ciel nocturne paraît aussi noir que vu d'ici, et qui gravitent néanmoins les unes et les autres au milieu d'une agglomération de près de six cents soleils immensément écartés les uns des autres. Dans un puissant instrument, on distingue une nébuleuse à travers certaines contrées de ce brillant amas d'étoiles ; déjà la position exacte, la grandeur précise de chaque étoile, est déterminée, de sorte que dans quelques siècles on pourra décider si des variations notables s'accomplissent dans cette création lointaine. On voit cet

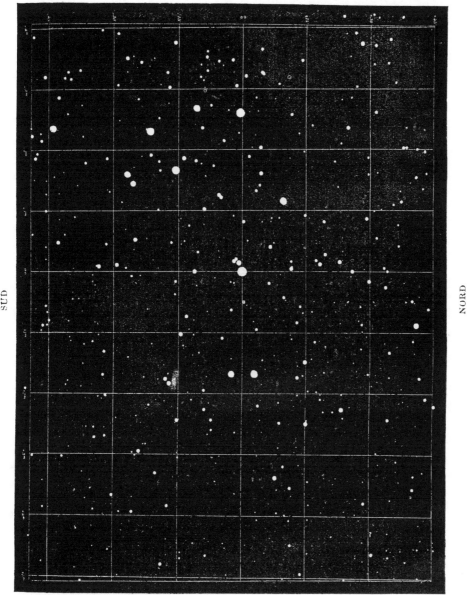

Fig. 350. — Les Pléiades vues au télescope.

aspect télescopique sur la carte que nous reproduisons ici, et qui a été construite récemment à l'Observatoire de Paris par M. Wolf.

Les Hyades, que l'on admire aussi à l'œil nu, près d'Aldébaran ;

l'amas du Cancer, que l'on distingue dans cette constellation ; l'amas des Gémeaux, l'amas de Persée, l'amas des Chiens de chasse, l'amas d'Hercule, nous montrent des agglomérations de soleils de plus en plus riches, visibles en différentes régions des cieux. Mais ce n'est encore là qu'un prélude de ce que la vision télescopique nous réserve. Qui pourrait, par exemple, contempler sans émotion, même dans l'incomplète reproduction d'une froide gravure, les amas stellaires du Centaure ou du Toucan, formés de *plusieurs milliers de soleils ?* Le premier est, sans comparaison, le plus riche et le plus grand du ciel entier et présente vers son centre une éblouissante condensation ; le

Fig. 351. — Amas d'étoiles dans Persée.

second, qui est également visible à l'œil nu dans le voisinage de la petite nuée de Magellan, en une région du ciel austral entièrement vide d'étoiles, s'étend au loin en des étoiles moins condensées ; une étoile double se projette sur l'amas, mais il est probable qu'elle est fort en avant et n'a aucune connexion avec lui.

On peut estimer que la lumière met de dix à quinze mille ans pour venir de là. Dans la Croix du sud, on admire avec une indicible stupéfaction un amas brillant de 110 étoiles, de septième grandeur ou plus petites, dont les plus lumineuses resplendissent de toutes les couleurs, rouge rubis, vert émeraude, bleu saphir ; c'est comme un écrin de pierreries éclatantes.

La contemplation des cieux n'offre aucun spectacle aussi grandiose,

aussi éloquent, que celui des amas d'étoiles. La plupart d'entre eux
gisent à une telle distance de nous que les plus puissants télescopes
ne nous les montrent encore que comme une poussière d'étoiles.
« Leur éloignement n'est pas seulement au delà de tous nos moyens
de mesure, dit Newcomb, mais au delà de tous nos pouvoirs d'estimation. Quelque petits qu'ils nous paraissent, rien ne nous empêche de voir
dans chacun de ces points un soleil, centre d'un groupe de planètes,
analogues à celles de notre système et dont chacune peut être remplie
d'habitants comme la nôtre. Nous pouvons les regarder comme de
petites colonies isolées aux confins de la création, et il nous semble
qu'en raison de leur proximité réciproque, les habitants de ces mondes
peuvent se voir, se connaître, et peut-être même s'entretenir de leurs

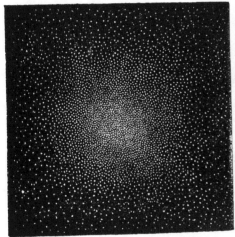 

Fig. 352. — Amas du Centaure.   Fig. 353. — Amas du Toucan.

affaires. Cependant, si nous étions transportés sur l'un de ces amas
lointains, et si nous mettions pied à terre sur une planète gravitant
autour de l'un de leurs soleils, au lieu de trouver les soleils environ-
nants dans notre voisinage, nous n'aurions autour de nous qu'un
firmament d'étoiles analogue au nôtre, probablement plus brillant,
car on y verrait un grand nombre d'étoiles plus éclatantes que
Sirius, mais il est probable que les habitants des mondes voisins
nous resteraient tout aussi étrangers que ceux de Mars le sont actuellement pour nous. Par conséquent, pour les humanités de chaque
planète de l'amas d'étoiles, la question de la pluralité des mondes ne
serait sans doute pas plus avancée pratiquement qu'elle ne l'est
pour nous-mêmes. »
Ce sont là des amas d'étoiles de forme régulière, dans lesquels

l'attraction paraît marquer son empreinte séculaire. Notre esprit, accoutumé à l'ordre dans le cosmos, avide d'harmonie dans l'organisation des choses, est satisfait de ces agglomérations de soleils, de ces lointains univers, qui réalisent dans leur ensemble un aspect approchant de la forme sphérique. Plus extraordinaires, plus merveilleux encore sont les amas d'étoiles qui paraissent organisés en spirales, et parmi eux, splendide, formidable, apparaît la nébuleuse étonnante située dans la constellation des Chiens de Chasse (tout près de létoile *n* de la Grande Ourse, à 3 degrés au sud-ouest) et dont le grand télescope de lord Rosse montre la singulière structure. Il semble que la main des siècles a contourné cet univers, que les soleils innombrables rassemblés là s'allongent en file pour se diriger vers le foyer

Fig. 354. — Nébuleuse en spirale de la constellation des Chiens de chasse.

central, qu'un second foyer se condense vers les confins de cet univers, et que tout l'ensemble se déplace dans l'espace en laissant une légère traînée derrière lui. L'imagination reste confondue en présence d'un spectacle aussi grandiose. Dans l'hypothèse d'une résolubilité complète en étoiles, l'esprit se perd à dénombrer les myriades de soleils dont les lumières individuelles agglomérées produisent ces franges nébuleuses d'intensités si diverses. Quelle n'est pas l'étendue de cet univers dont chaque soleil n'est plus qu'un grain de poussière lumineuse ! dans quelle profondeur d'abîme notre regard ne plonge-t-il pas lorsqu'il contemple cette création lointaine ! dans quelle profondeur du temps ne remonte-t-il pas en la regardant ! Est-ce quinze mille ans, est-ce trente mille ans, est-ce cent mille ans du passé que nous avons actuellement sous les yeux ?... Elle n'existe certainement plus, cette nébuleuse, dans l'état dans lequel sa photographie nous arrive aujourd'hui.

Mais ici nous pénétrons dans le monde plus mystérieux encore des nébuleuses. Depuis l'époque où William Herschel a exprimé la pensée que ces amas sont des portions de la matière cosmique primitive qui a servi à la formation des étoiles actuellement existantes, et qu'en les étudiant nous étudions en même temps les phases par lesquelles les soleils et les planètes ont passé ; depuis, surtout, que les ingénieux procédés de l'analyse spectrale permettent d'étudier la composition

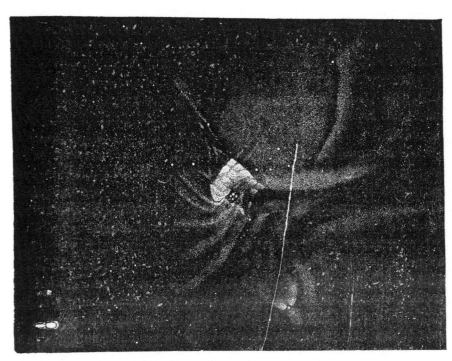

Fig. 355. — La nébuleuse d'Orion.

chimique de ces nuages stellaires, l'intérêt qu'ils inspirent à l'astronome, au penseur, a décuplé, centuplé. Par une nuit d'hiver bien pure et bien transparente, à minuit, en décembre, regardez au-dessous du Baudrier d'Orion, vous distinguerez, vous devinerez, l'amas de lumière nébuleuse qui palpite dans cette constellation. Prenez une lunette, même de faible pouvoir, et vous remarquerez la belle étoile quadruple (elle est même sextuple) de θ d'Orion, environnée de la plus curieuse des nébuleuses. Eh bien! ce n'est plus là déjà un amas de soleils ; il y a de la matière gazeuse lumineuse, un peu verte : le spectroscope d'Huggins montre dans son spectre trois raies brillantes,

nettement définies, et séparées par des intervalles sombres. Un spectre
de cette nature ne peut être produit que par la lumière émanée d'une
matière à l'état de gaz. Quel est ce gaz cosmique ? Son spectre rappelle celui de l'azote ; il est probable que l'*azote* domine dans cette
constitution, ou bien une substance encore plus élémentaire, que
nos analyses ne nous ont pas encore fait découvrir. Cette immense
nébuleuse, la plus belle du ciel, occupe un espace beaucoup plus vaste
que notre système planétaire tout entier !

Parmi les nébuleuses de forme irrégulière, admirons aussi celle de
l'Ecu de Sobieski, mystérieuse création de laquelle un grand nombre
de soleils semblent jaillir ; on croirait toutes ces étoiles plus rapprochées de nous que la nébuleuse et projetées sur elle en perspective,
si leur groupement bizarre ne montrait une connexion singulière avec
les formes revêtues par la nébuleuse elle-même.

Dans la Grande Ourse est une nébuleuse ronde et brillante, qui
présente à son centre deux étoiles, entourées chacune d'un cercle noir ;
elle ressemble à une tête de hibou. Quelquefois, l'une des deux étoiles
cesse d'être visible, et la tête, ayant perdu l'un de ses yeux, paraît
borgne. On voit aussi dans la constellation du Lion une nébuleuse
elliptique, avec un noyau central entouré d'enveloppes nuageuses.
Signalons encore, dans la constellation du Dragon, une nébuleuse
semblable à un anneau brillant, entouré d'une nébulosité vague.

L'aspect et l'analyse chimique de ces nébuleuses ont remis en honneur l'hypothèse d'une matière cosmique répandue primitivement
dans tout l'espace. Une première condensation de cette matière diffuse
produit des nuages de vapeurs ou de simples nébuleuses. Par une
condensation ultérieure, un ou plusieurs noyaux se forment dans
ces nébulosités. Ces noyaux, attirant les matières environnantes, gros-
sissent peu à peu, et deviennent des étoiles, qui, ensuite, par leur
attraction mutuelle, se rapprochent et se groupent en amas stellaires.
Nous voyons ainsi des nébuleuses à tous les âges de leur organisation.
Pour développer dans les gaz ces raies si nettes et si tranchées révélées
par l'analyse spectrale, il ne suffit pas d'une combustion quelconque
accompagnée d'un faible dégagement de chaleur, il faut au contraire
une température très élevée, comme celle qui est produite par le foyer
électrique. Nous pouvons en conclure que les fluides qui constituent
les nébuleuses sont dans un état de vive incandescence, à une température au moins aussi élevée que celles auxquelles nous pouvons
parvenir. Le fond de l'espace, qui se présente habituellement à notre
esprit comme le siège d'un silence glacial analogue à celui de la mort,

est donc au contraire dans un état d'activité prodigieuse que notre imagination a de la peine à se représenter. Ainsi se préparent des soleils qui, un jour, lorsqu'ils seront suffisamment condensés et refroidis, dirigeront et éclaireront un certain nombre de planètes. Les nébuleuses planétaires semblent être des astres déjà très avancés dans cette voie de formation. Nous connaissons un astre mixte, ayant pour

Fig. 356. — La nébuleuse de l'Écu de Sobieski.

coordonnées 19 heures 40 minutes d'ascension droite, et 50° 6′ de déclinaison boréale ; c'est une étoile entourée d'une atmosphère nébuleuse, présentant à la fois les deux spectres, et qui semble indiquer une phase intermédiaire des formations sidérales.

Plusieurs nébuleuses présentent des formes qui correspondent aux transformations que nous avons étudiées en traitant de l'origine et de la fin des mondes. Nous en avons représenté trois entre autres (p. 92)

qui montrent les phases de condensation, de rotation et de détache-
ments d'anneaux par lesquelles ont dû passer les créations solaires et
planétaires selon la théorie cosmogonique la plus probable. Le spectre
de ces nébuleuses indique en première ligne la présence de l'azote et
de l'hydrogène.

Mystérieuses figures, voix du passé, prophéties de l'avenir, ces
lueurs pâles et douces ouvrent à la pensée des perspectives nouvelles
sur l'infini; les premiers observateurs télescopiques du ciel, qui gardaient le souvenir de l'empyrée, les décrivaient comme des ouvertures
à travers la voûte céleste, permettant à nos regards de pénétrer jusqu'à la lumière du paradis. Les types auxquels nous venons de nous
arrêter n'en donnent encore qu'une idée incomplète. Il faudrait leur
ajouter les nébuleuses lenticulaires et elliptiques; les nébuleuses per-
forées; les nébuleuses rayonnantes; le grand nuage de Magellan, à
20° du pôle sud, qui contient en lui 291 nébuleuses, 46 amas stellaires et 582 étoiles, et couvre 42 degrés du ciel; le petit nuage, qui
occupe 10 degrés carrés, contient 200 étoiles, 37 nébuleuses et
7 amas; et, non loin de là, les « sacs à charbon », régions entièrement
vides d'étoiles, ouvertures béantes dans l'univers sidéral, comme si
une trombe les avait dévastées; et, encore, les nébuleuses les plus
pâles, perdues au fond des cieux et dont la lumière emploierait, selon
les estimations herscheliennes, deux millions d'années pour nous parvenir!...

Quelques-unes ont varié sensiblement de forme et d'éclat depuis
moins d'un siècle qu'on les observe avec attention. L'un des exemple
les plus curieux de ce fait est celui qui est présenté par la nébuleuse
decouverte en 1852 dans la constellation du Taureau par Hind. Mon
ami regretté Chacornac, qui l'avait examinée à l'Observatoire de Paris
en 1854, fut tout surpris de ne plus la retrouver en 1858 et en 1862.
Cependant, en 1865 et 1866, elle fut de nouveau observée avec facilité par d'Arrest; et, de nouveau, elle a disparu si complètement,
qu'elle est actuellement tout à fait invisible dans les plus puissants instruments. Une étoile qui lui est adjacente a subi les mêmes
phases. Quelle peut être l'explication d'une pareille métamorphose?
Cette nébuleuse est sans doute aussi vaste que notre systeme solaire
tout entier. Ne brillait-elle que de la lumière réfléchie du soleil qui
l'avoisine, et ce soleil est-il variable comme ceux que nous avons
déjà étudiés? Une immense nuée opaque tourne-t-elle autour de
cette nébuleuse et nous la cache-t-elle périodiquement?... Mystère.

Ce n'est pas là le seul cas de ce genre. Une autre nébuleuse, située dans la Baleine, a été observée par les deux Herschel et lord Rosse, puis elle est devenue complètement invisible en 1861 dans un instrument supérieur à celui qui l'avait montrée cinq ans auparavant. On la réobserva en 1863 et 1864 ; mais elle disparut de nouveau en 1865. On l'a revue en 1868, et, de nouveau, en 1877, Winnecke l'a observée sans difficulté à Strasbourg. Serait-ce une nébuleuse variable périodique ?

Une autre nébuleuse, située dans le Dragon, observée pour la première fois par Tuttle en 1859, a paru très brillante en 1862, moins brillante en 1863, et elle devint même invisible dans le chercheur, où elle était admirablement visible en 1862.

Autre fait non moins curieux : une nébuleuse du Scorpion, qui

Fig. 357. — Nébuleuse double
dans le Verseau.

Fig. 358. — Nébuleuse double
dans la Grande Ourse.

porte le n° 80 du catalogue de Messier, s'est transformée en étoile entre le 9 mai et le 10 juin 1860, puis, à cette dernière date, est redevenue nébuleuse. Trois observateurs différents, Pogson, Luther et Auwers ont constaté le changement.

Les observations et les dessins de la nébuleuse singulière qui enveloppe l'étoile variable η du Navire, de la nébuleuse d'Orion, qui paraît parfois agitée comme la surface d'une mer, de la nébuleuse de l'Écu de Sobieski, dont la forme, dessinée par sir John Herschel en 1833, rapelle la lettre grecque Ω, tandis que celle de notre *fig.* 356, due à Lassel en 1862, donne une tout autre image, semblent indiquer aussi des variations notables dans ces créations lointaines. Mais ces variations n'offrent pas le degré de sûreté des précédentes.

Les nébuleuses ouvrent ainsi aux champs de l'imagination une étendue non moins vaste que celle du monde des étoiles. Nous venons de rencontrer des *nébuleuses variables;* voici maintenant des *nébuleuses doubles.* Ces amas cosmiques gazeux sont sans doute l'état originaire, le chaos primitif, la genèse des soleils doubles, des multiples systèmes dont nous avons étudié plus haut la constitution. Nous assistons sans doute là à de nouvelles créations de mondes; mais, comme déjà nous l'avons remarqué, la lumière, cette messagère habile, ne nous apporte que des nouvelles tardives des phénomènes célestes, et peut-être actuellement ces nébuleuses sont-elles condensées en soleils et en planètes. Déjà quelques-unes de ces nébuleuses doubles manifestent des traces d'un lent mouvement orbital l'une autour de l'autre ou d'un déplacement relatif dans l'espace.

Ce sont là des lueurs qui palpitent aux frontières de la création; ce sont là des genèses qui nous montrent la naissance d'autres univers; ce sont là des voix du passé qui nous parlent du fond des siècles disparus. Le ciel nous montre ses berceaux et ses tombes; ici naissent les humanités; là, parvenues à leur apogée, elles mesurent l'infini dans leur vaste contemplation; plus loin elles s'exaspèrent consumées dans le feu céleste ou s'endorment dans la léthargie des dernières glaces : c'est la grande histoire des cieux, c'est la véritable *histoire universelle*.

Parvenus à ces cimes supérieures, nous pouvons maintenant essayer de nous représenter dans son ensemble la constitution de l'univers.

Dans l'espace infini sont semées les étoiles par amas immenses, comme des archipels d'îles dans l'océan des cieux. Pour aller d'une étoile à une étoile voisine, dans le même archipel, la lumière met des années; pour se rendre d'un archipel à un autre, elle emploie des milliers d'années. Chacune de ces étoiles est un soleil analogue au nôtre, environné sans doute, au moins pour la plupart, de mondes gravitant dans sa lumière; chacune de ces planètes possède tôt ou tard une histoire naturelle appropriée à sa constitution et sert pendant bien des siècles de séjour à une multitude d'êtres vivants d'espèces différentes.... Essayons de compter le nombre des soleils qui peuplent l'univers, le nombre des êtres vivants qui naissent et qui meurent dans tous ces mondes!... les joies et les peines, les rires et les pleurs, les vertus et les vices... Imagination, suspens ton vol!...

Maintenant, devons-nous considérer tout l'ensemble de l'univers visible, système solaire, étoiles simples, étoiles doubles, étoiles multiples, amas d'étoiles, nébuleuses, comme formant un vaste système sidéral composé de systèmes partiels? En voyant les planètes graviter harmonieusement autour du Soleil, les philosophes Kant et Lambert émirent, au siècle dernier, l'hypothèse que l'univers stellaire doit être construit sur le même plan, et que chaque étoile doit parcourir dans l'espace une orbite fermée. C'était là une théorie dont l'observation seule pouvait faire juger la valeur; William Herschel et William Struve se mirent à l'œuvre, et le résultat de leurs observations a été contraire à cette vue sans doute trop simple. Aucune étoile ne se présente comme offrant la prépondérance suffisante pour servir de soleil central, et, d'autre part, si ce soleil central était obscur (ce qu'il serait difficile d'admettre), les mouvements des étoiles autour de lui devraient se traduire pour nous par une certaine régularité dans les mouvements propres. Tel n'est pas le cas général. Si, d'un autre côté, nous examinons en détail les mouvements de quelques étoiles particulières, nous trouvons que l'hypothèse de ces orbites régulieres est la plus improbable de toutes ([1]).

D'ailleurs, les résultat général paraît être que l'univers stellaire ne possède pas en soi les conditions de stabilité que nous avons reconnues dans le système solaire; tout paraît se précipiter à travers l'infini sans bornes. S'il n'y avait aucun mouvement dans les étoiles, elles

---

([1]) Considérons, par exemple, l'étoile dont le mouvement propre est le plus rapide (1830 Groombridge). Nous avons vu que sa parallaxe n'est que d'un dixième de seconde, c'est-à-dire que la distance du Soleil à la Terre est réduite, vue de là, à un dixième de seconde. Mais le mouvement propre de cette étoile est de sept secondes par an, c'est-à-dire de soixante-dix fois sa parallaxe. Il en résulte que cette étoile se déplace chaque année dans le ciel d'un espace au moins soixante-dix fois supérieur à la distance qui nous sépare du Soleil; elle franchirait cette distance en cinq jours, de sorte que sa vitesse surpasse certainement 320 000 mètres par seconde. Mais nous avons vu que la vitesse qu'un corps acquiert en tombant vers un centre attractif peut être calculée pour chaque point de son parcours. Par exemple, un corps arrivant de l'infini vers la Terre et attiré par la Terre toute seule arriverait sur nous avec une vitesse de 11 300 mètres seulement dans la dernière seconde. Réciproquement, chassé de la Terre avec cette vitesse, il ne retomberait jamais sur nous. Nous sommes déjà entrés plusieurs fois dans ces considérations dans le courant de cet ouvrage, nous les avons discutées et élucidées. Si nous connaissions les masses de toutes les étoiles et leur arrangement dans l'espace, nous pourrions calculer de même la vitesse maximum qu'un corps acquerrait en tombant d'une distance infinie vers un point quelconque du système stellaire, et si nous trouvions qu'une étoile se meut plus vite que cette vitesse, nous en conclurions que cette étoile n'appartient pas à l'univers visible et qu'elle est un simple visiteur arrivant de l'infini et incapable d'être arrêté par l'attraction combinée de toutes les étoiles connues.

Eh bien, admettons qu'il y ait cent millions de soleils dans notre Univers, qu'en moyenne chacun d'eux soit cinq fois plus lourd que le nôtre, et que notre univers ait pour diamètre la longueur du chemin parcouru par la lumière en trente mille ans. Un corps tombant de l'infini au centre de ce système stellaire serait animé d'une vitesse de quarante mille mètres par seconde, d'après les calculs de Newcomb. Or, nous n'avons là qu'un huitième de la vitesse probable de l'étoile 1830 Groombridge, et, pour produire 8 fois cette vitesse, il faudrait une masse attractive 64 fois plus forte que celle que nous avons admise. De cette simple considération résulte le dilemme suivant : Ou les astres qui composent notre univers sont plus nombreux et plus lourds que le télescope ne semble l'indiquer, ou bien l'étoile 1830 Groombridge n'appartient pas à notre univers; elle le traverse, et l'attraction réunie de tous ces corps ne pourrait pas l'arrêter. Nous ne nous permettrons pas de décider entre ces deux vastes hypothèses

tomberaient toutes à la longue vers un centre commun, se réuniraient toutes en un seul bloc, et ce serait là la ruine universelle et
définitive de l'univers tout entier. Mais les mouvements dont nous les
voyons animées interdisent une pareille catastrophe, puisque chaque
étoile a en réserve une quantité de force suffisante pour l'empêcher
de subir passivement l'attraction de ses voisines. Si donc une étoile
quelconque tombe vers un centre attractif, la vitesse qu'elle acquiert
par cette chute la rejette dans une nouvelle direction, et ainsi elle
continue de voguer à travers l'infini sans qu'on puisse prévoir de
collision certaine.

Ajoutons ici qu'il peut exister autour de notre univers visible un
espace immense, absolument vide et désert, au delà duquel, à d'innombrables distances, gisent d'autres univers... Et ainsi de suite.

Oui, l'univers visible, avec ses cent millions de soleils, ne représente qu'une partie infinitésimale de l'univers total, de l'infini;
c'est un village dans une province, et moins encore ; d'autre part,
les millions d'années ou même les millions de siècles par lesquels
nous essayons d'exprimer le développement progressif des nébuleuses, des soleils et des mondes, ne représentent qu'un instant
rapide dans la durée éternelle. Nous ne pouvons donc, en essayant de
concevoir ces grandeurs, que reconnaître l'insuffisance de notre
champ d'observation et nous pénétrer de la conviction que l'univers
est incomparablement plus vaste, plus prodigieux et plus splendide
que tout ce que la science nous révèle et tout ce que l'imagination
peut rêver.

Si tous ces soleils étaient réellement fixes, immobiles, sphinx de
l'éternité, immuables et inaltérables, rois chacun dans son impérissa-
ble domaine, je ne sais si l'aspect de l'univers ne serait pas aussi imposant et aussi grandiose. Mais il serait moins vivant. *Mens agitat
molem.* Toutes ces étoiles, vastes comme notre Soleil, éloignées
les unes des autres par d'insondables distances, se succédant à
l'infini dans l'immensité des espaces, sont en mouvement dans les
cieux. Rien n'est fixe dans l'univers : il n'y a pas un seul atome en
repos absolu. Les forces formidables dont la matière est animée
régissent universellement son action. Ces mouvements de translation des soleils de l'espace dans l'étendue sont insensibles à nos yeux,
parce qu'ils s'exécutent à une trop grande distance ; mais ils sont
plus rapides que nulle vitesse observée sur la Terre. Pour l'œil qui
saurait faire abstraction du temps comme de l'espace, le ciel serait un
véritable fourmillement d'astres divers tombant dans toutes les direc-

tions du vide éternel. L'étoile qui est notre soleil arrive de la constellation de la Colombe et nous emporte vers Hercule avec une vitesse vertigineuse, s'enfonçant de plus en plus chaque jour, chaque année, chaque siècle, dans les immensités toujours ouvertes de l'espace ([1]).

Remarque surprenante, bizarre, inattendue, mais absolument vraie : chaque soleil de l'espace est emporté par une vitesse si rapide, qu'un boulet de canon représente le repos à côté de cette vitesse; ce n'est ni cent mètres, ni trois cents mètres, ni cinq cents mètres par seconde, que la Terre, le Soleil, Sirius, Véga, Arcturus, et tous les systèmes de l'infini parcourent : c'est dix, vingt, trente, cinquante, cent mille mètres par seconde; tout cela court, vole, tombe, roule, se précipite à travers le vide... et pourtant, vu dans l'ensemble, tout cela est en repos. Prenons une pierre, un bloc de granit, un bloc de fer massif : chacune des molécules de ce morceau de fer se déplace, vibre, varie, avec une vitesse incomparablement plus grande qu'un astre, molécule sidérale. Si nous voulions représenter en un système grand comme Paris le Soleil et les étoiles dont la distance est connue, et mettre en mouvement étoiles, planètes, satellites, comètes, chacun à l'échelle adoptée, tout paraîtrait au repos, même au microscope !

([1]) Depuis qu'on les observe, ces mouvements s'opèrent exactement en ligne droite. Si chaque étoile se meut sur une orbite, ces orbites sont d'une telle étendue qu'on ne peut encore apercevoir aucune courbe dans l'arc étroit parcouru depuis l'origine des observations. Pour l'observation stricte, on ne devine aucune orbite d'aucune espèce. L'astronome allemand Mädler avait placé dans les Pléiades le centre supposé autour duquel s'effectueraient les orbites du Soleil et des étoiles qui nous environnent : ce serait là le centre de gravité de l'univers ; mais cette théorie ne repose sur aucun fondement sérieux. Les étoiles paraissent se mouvoir dans toutes les directions et avec les vitesses les plus variées. Bien des siècles s'écouleront encore avant que nous puissions nous former aucune théorie sur ce point.

La Voie lactée paraît indiquer le plan vers lequel les étoiles télescopiques sont accumulées. Il n'en est pas tout à fait de même des étoiles brillantes. Prenons un compas, ouvrons-le à angle droit, posons une pointe sur Fomalhaut, et traçons un arc de grand cercle : il coupe la Voie lactée dans la constellation de Persée, passe près de Capella, traverse Hercule vers le point où le Soleil se dirige, touche presque Véga, Aldébaran, β du Centaure, coupe la Croix du Sud et passe entre Sirius et Canopus : cette zone contient les principales étoiles des quatre premières grandeurs. Ce pourrait bien être là le plan de l'orbite du Soleil, et si nous décrivons une orbite, ce pourrait bien être autour de Persée.

Tout récemment, M. Maxwell Hall, astronome à la Jamaïque, a repris le problème, et, rejetant les points des Pléiades et de Persée comme centres, conclut en faveur d'un point situé près de l'orbite de l'étoile double de 6ᵉ grandeur 65 Poissons. La vitesse angulaire du Soleil serait de 0″,066 par an, et sa révolution complète ne demanderait pas moins de vingt millions d'années pour s'accomplir; la masse totale d'attractions à laquelle le Soleil obéit serait 78 millions de fois supérieure à la sienne et composée de millions et de millions d'étoiles. Toutes les étoiles que nous connaissons tourneraient avec le Soleil autour de ce même centre et constitueraient ainsi un seul système sidéral. — Hypothèse à vérifier.

Où est le grand? ou est le petit? où est le mouvement? où est le repos? Ce dé à jouer est aussi grand que l'univers. Un centimètre cube d'air est composé d'un sextillion de molécules : si nous les alignons par la pensée de millimètre en millimètre, il y en aura mille le long d'un mètre, un million pour un kilomètre, un milliard pour mille kilomètres et notre sextillion de molécules occupera une longueur de 250 trillions de lieues, allant d'ici aux étoiles (et non aux plus proches)! Or, ces molécules d'un centimètre cube d'air existent réellement, s'agitent, vibrent, tournent, se précipitent, comme nos soleils de l'espace : elles forment aussi un univers. L'homme est placé entre deux infinis; nous vivons, sans y réfléchir, au milieu du sublime.

Combien de telles contemplations n'agrandissent-elles pas, ne transfigurent-elles pas l'idée vulgaire que l'on se forme en général sur le monde! La connaissance de ces vérités ne devrait-elle pas être la première base de toute instruction qui a l'ambition d'être sérieuse? N'est-il pas étrange de voir l'immense majorité des humains vivre et mourir sans se douter de ces grandeurs, sans songer à se rendre compte de la magnifique réalité qui les entoure?

Que notre esprit essaye maintenant de revoir rapidement le chemin parcouru depuis les premières pages de ce livre. Nous sommes sur la Terre, globe flottant, roulant, tourbillonnant, jouet de plus de dix mouvements incessants et variés; mais nous sommes si petits sur ce globe et si éloignés du reste du monde, que tout nous paraît immobile et immuable. Cependant, la nuit répand ses voiles, les étoiles s'allument au fond des cieux, l'étoile du soir resplendit à l'occident, la Lune verse dans l'atmosphère sa lumineuse rosée. Partons, élançons-nous avec la vitesse de la lumière. Dès la deuxième seconde nous passons en vue du monde lunaire qui ouvre devant nous ses cratères béants et déroule ses vallées alpestres et sauvages. Ne nous arrêtons pas. — Le soleil reparaît et nous permet de jeter un dernier regard à la Terre illuminée, petit globe penché qui tombe en se rapetissant dans la nuit infinie. Vénus approche, terre nouvelle, égale à la nôtre, peuplée d'êtres en mouvement rapide et passionné. Ne nous arrêtons pas. — Nous passons assez près du Soleil pour reconnaître ses explosions formidables; mais nous continuons notre essor. — Voici Mars, avec ses méditerranées aux mille découpures, ses golfes, ses rivages, ses grands fleuves, ses nations, ses villes bizarres, ses populations actives et affairées. Le temps nous presse : pas de halte. — Colosse énorme, Jupiter ap-

proche. Mille terres ne le vaudraient pas. Quelle rapidité dans ses jours !
quels tumultes à sa surface ! quelles tempêtes, quels volcans, quels ouragans sous son atmosphère immense ! quels animaux étranges dans ses
eaux ! l'humanité n'y paraît pas encore. Volons, volons toujours. — Ce
monde aussi rapide que Jupiter, couronné d'une étrange auréole, c'est
la planète fantastique de Saturne, autour de laquelle courent huit
globes aux phases variées ; fantastiques aussi nous apparaissent les
êtres qui l'habitent. Suivons notre céleste essor. — Uranus, Neptune,
sont les derniers mondes connus que nous rencontrions sur notre
passage. Mais volons, volons toujours. — Pâle, échevelée, lente, fatiguée, glisse devant nous la comète égarée dans la nuit de son
aphélie ; mais nous distinguons toujours le Soleil comme une étoile
immense brillant au milieu de la population du ciel. Avec la vitesse
constante de 75 000 lieues par seconde, quatre heures avaient suffi
pour nous transporter à la distance de Neptune ; mais il y a déjà plusieurs jours que nous volons à travers les aphélies cométaires, et pendant plusieurs semaines, plusieurs mois, nous continuons à traverser
les solitudes dont la famille solaire est environnée, n'y rencontrant que
les comètes qui voyagent d'un système à l'autre, les étoiles filantes, les
météorites, débris de mondes en ruine rayés du livre de vie. Volons,
volons encore — pendant trois ans et six mois ! — avant d'atteindre le
soleil le plus proche, fournaise grandissante, double soleil, gravitant en
cadence et versant autour de lui dans l'espace une lumière et une chaleur plus intenses que celles de notre propre Soleil. Mais ne nous arrêtons pas : continuons pendant dix ans, vingt ans, cent ans, mille ans, ce
même voyage avec la même vitesse de 75 000 lieues par chaque seconde ! Oui, pendant mille années, sans arrêt ni trêve, traversons, examinons au passage ces multiples systèmes, ces nouveaux soleils de toutes
grandeurs, foyers féconds et puissants, astres dont la lumière s'allume
et s'éteint, ces innombrables familles de planètes, variées, multipliées,
terres lointaines peuplées d'êtres inconnaissables, de toutes formes et
de toute nature, ces satellites multicolores, et tous ces paysages célestes
inattendus ; observons ces nations sidérales ; saluons leurs travaux,
leurs œuvres, leur histoire : devinons leurs mœurs, leurs passions,
leurs idées ; mais ne nous arrêtons pas ! Voici mille autres années qui
se présentent pour continuer notre voyage en ligne droite ; acceptons-
les, occupons-les, traversons tous ces amas de soleils, ces univers lointains, ces nébuleuses qui flamboient, cette Voie lactée qui se déchire
en lambeaux, ces genèses formidables qui se succèdent à travers l'immensité toujours béante ; ne soyons pas surpris si des soleils qui s'appro-

chent ou des étoiles lointaines pleuvent devant nous, larmes de feu tombant dans l'abîme éternel ; assistons à l'effondrement des globes, à la ruine des terres caduques, à la naissance des nouveaux mondes ; suivons la chute des systèmes vers les constellations qui les appellent ; mais ne nous arrêtons pas! Encore mille ans, encore dix mille ans, encore cent mille ans de cet essor, sans ralentissement, sans vertige, toujours en ligne droite, toujours avec la même vitesse de 75 000 lieues par chaque seconde. Concevons que nous voguions ainsi pendant un million d'années... Sommes-nous aux confins de l'univers visible? Voici des immensités noires qu'il faut franchir... Mais là-bas de nouvelles étoiles s'allument au fond des cieux. Élançons-nous vers elles ; atteignons-les. Nouveau million d'années : nouvelles révélations, nouvelles splendeurs étoilées! nouveaux univers, nouveaux mondes, nouvelles terres, nouvelles humanités!... Eh quoi! jamais de fin? jamais d'horizon fermé? jamais de voûte? jamais de ciel qui nous arrête? toujours l'espace! toujours le vide! Où donc sommes-nous? quel chemin avons-nous parcouru?..: Nous sommes... *au vestibule de l'infini!*... nous n'avons pas avancé *d'un seul pas!* nous sommes toujours au même point! Le centre est partout, la circonférence nulle part.... Oui, voilà, ouvert devant nous, l'infini, dont l'étude n'est pas commencée... Nous n'avons rien vu, nous reculons d'épouvante, nous tombons anéantis, incapables de poursuivre une carrière inutile.... Eh! nous pouvons tomber, tomber en ligne droite dans l'abîme béant, tomber toujours, *pendant l'éternité entière* : jamais, jamais nous n'atteindrons le fond, pas plus que nous n'avons atteint la cime ; que dis-je? jamais nous n'en approcherons! Le nadir devient zénith. Ni ciel, ni enfer ; ni orient, ni occident ; ni haut, ni bas ; ni gauche, ni droite. En quelque direction que nous considérions l'univers, il est INFINI DANS TOUS LES SENS. Dans cet infini, les associations de soleils et de mondes qui constituent notre univers visible ne forment qu'une île du grand archipel, et, dans l'éternité de la durée, la vie de notre humanité si fière, avec toute son histoire religieuse et politique, la vie de notre planète tout entière n'est que le songe d'un instant!...

Arrêtons-nous devant ces contemplations. Nous ne sommes encore, il est vrai, qu'au parvis du temple ; les opulences sidérales commencent seulement à se dérouler devant nos regards, les richesses du ciel nous environnent, les univers constellés s'ouvrent sous nos pas, les panoramas de la nature céleste séduisent et captivent notre contemplation studieuse ; mais la dernière page de cet ouvrage vient mettre ici son *veto*, et comme l'huissier d'un musée splendide, sourd à l'admiration du visiteur, le chasse impitoyablement au dehors en fermant la porte à l'heure sonnante, ainsi cette dernière page de l'*Astronomie populaire* se prévaut de sa situation pour nous dire : « Vous n'irez pas plus loin ! » Mais elle se trompe. Le musée n'est pas entièrement visité ; il y a de secrètes portes, de fausses sorties, et les annexes où elles peuvent nous conduire gardent précisément en réserve les curiosités les plus intéressantes, et souvent les plus désirées. Sortons donc, puisqu'il faut sortir, mais retrouvons-nous sous la coupole d'azur. Les constellations, les cartes du ciel, les catalogues d'étoiles curieuses, variables, doubles, colorées, les descriptions des instruments accessibles à l'étudiant des cieux, les tables utiles à consulter, sont autant de chapitres importants qui, n'ayant pu trouver place dans notre cadre, seront exposés comme ils le méritent au « Supplément » qui va suivre. Le lecteur dont les désirs scientifiques sont satisfaits par la possession des *éléments* de notre belle science peut s'arrêter ici ; celui dont la passion est plus vive, et qui est encore altéré des grandioses spectacles, des beautés divines de la Nature, celui qui veut entrer en communication plus intime avec la Vérité, peut aller plus loin et compléter son instruction astronomique. Il est doux de vivre dans la sphère de l'esprit ; il est doux de mépriser les bruits matériels d'un monde vulgaire ; il est doux de planer dans les hauteurs éthérées et de consacrer les meilleurs instants de la vie à l'étude du vrai, de l'infini, de l'éternel.

CHAPITRE XI

L'observation du ciel. Les instruments.

Projet d'Observatoire populaire. Le progrès par la Science.

Un dernier mot encore, avant de nous quitter.

Pendant le cours de cette publication, j'ai reçu d'un grand nombre de lecteurs de l'*Astronomie populaire* des lettres dignes de la plus haute attention, manifestant un ardent désir de voir les vérités astronomiques se répandre dans l'éducation publique et pénétrer, si c'est possible, dans le domaine de la vie pratique. « Je suis surpris, lit-on dans l'une de ces lettres, de voir qu'il y a des églises, des théâtres, des salles de concert ou de bal, des musées, des cercles de jeu, des champs de course, où tout le monde peut aller suivant ses goûts ; mais pas d'observatoires publics. On fait volontiers, dans ses moments perdus, de la musique, de la peinture, de la sculpture, de la tapisserie, etc. ; mais on ne fait pas d'astronomie. Pourquoi ? »

« Veuillez me compter, écrit un autre lecteur, parmi les premiers souscripteurs de l'observatoire populaire dont vous souhaitez la fondation à la page 556 de l'*Astronomie*, ainsi qu'aux pages 719 et 200. Ne laissez pas tomber cette généreuse aspiration : parlez, et mille voix, dix mille voix vous répondront. L'Angleterre compte trente-deux observatoires fondés par l'initiative privée, les États-Unis en comptent dix-huit, la France n'a pas un seul observatoire libre où les amis de la science puissent s'instruire, s'éclairer, voir le ciel, reconnaître la vérité. C'est misérable ; c'est indigne de nous ! La science n'a-t-elle donc chez nous aucun véritable admirateur ? »

« Puis-je vous prier, m'écrit un troisième ami des beautés célestes, de m'indiquer un instrument, lunette ou télescope, de prix modéré, qui me permettrait de voir les taches du Soleil, les montagnes de la Lune, les satellites de Jupiter, les anneaux de Saturne, les plus belles étoiles doubles, les plus belles nébuleuses ? Et pour le maniement de cet instrument, pour les renseignements à demander, pour les curiosités principales à observer, pour être au courant des progrès de la science, à qui peut-on s'adresser? »

Et ainsi de suite. Je puis bien avouer que j'ai reçu *plusieurs centaines* de lettres inspirées par les mêmes désirs, par les mêmes besoins intellectuels (¹). Est-il présomptueux d'essayer ici d'y répondre? Peut-être ! Mais pourquoi ne pas avoir le courage de son opinion ?... Oui; vous avez mille fois raison : la science n'est pas faite pour un privilégié sur mille ou dix mille; elle est faite pour tout le monde; elle se doit à tous les hommes; elle est l'évangile moderne; elle est le véritable, le seul salut du monde sorti de l'enfance et de la barbarie; elle est la condition même du progrès de l'humanité.

Certes, il y a déjà bien des années que ces désirs m'ont été manifestés et que ces questions ont été discutées, examinées, retournées et mûries, et si un tel établissement n'existe pas encore à Paris, c'est que la science compte autant d'ennemis, ou de faux amis, que de véritables amis, et que dans notre beau pays de France on se heurte tout de suite à des indifférences, à des inerties, et trop souvent même à des rivalités inattendues, qui découragent le savant inhabile a ourdir des intrigues et voué corps et âme au culte pur de la science.

L'entreprise, cependant, est assurément loin d'être irréalisable. Si même les lecteurs de l'*Astronomie populaire* le veulent, ils peuvent créer eux-mêmes leur propre observatoire.

Disons-le tout de suite, l'exécution de ce projet, comme, hélas! celle de toutes les œuvres terrestres, se résout en une question d'argent. Combien coûterait à Paris, dans un quartier élevé et relativement isolé, un terrain suffisamment dégagé, un modeste édifice, une salle de bibliothèque, une ou plusieurs coupoles abritant de puissants instruments? D'après plusieurs devis préparés dans ce but, les dépenses de cette utile fondation ne dépasseraient pas trois cent mille francs.

Eh bien! cette première édition de l'*Astronomie populaire* compte en ce moment trente mille souscripteurs. Que chacun d'eux trouve dix francs à « placer » dans l'intérêt de la science, et l'établissement désiré est fondé. Il se rencontrera certainement parmi eux un banquier qui consente à recevoir les souscriptions, un architecte inspiré par Uranie, un constructeur d'instruments (plusieurs se sont déjà fait inscrire). Donc, SI L'ON VEUT, rien n'est si simple.

(¹) Plusieurs de ces lettres sont signées de notabilités importantes, sénateurs, députés, membres de l'Institut, etc.

Mais, dira-t-on, sur le nombre total des lecteurs de ces pages, il y en a sans contredit un certain nombre qui ne sont pas précisément favorisés des dons de la fortune et qui sont plus riches de cœur que d'écus ; il y en a qui habitent fort loin, et qui ne viendraient peut-être jamais voir leur œuvre à Paris ; il y en a qui sont indifférents à toute œuvre de progrès qui ne les touche pas personnellement ; donc c'est seulement en moyenne qu'il faudrait compter, car, en supposant même que tout le monde souscrive, beaucoup ne pourront envoyer à l'œuvre générale que la moitié, le quart, ou le dixième de la somme précédente ; et si l'on veut réussir, il faut que les plus riches, les plus enthousiastes, doublent, triplent, décuplent la somme. Je n'en disconviens pas, et j'ajoute même que cent francs, cinq cents francs, mille francs, pour certaines positions, représentent un sacrifice moins grand que le don de un franc pour beaucoup d'autres. Qui sait, d'ailleurs ! ce hasard providentiel qui protège le berceau des grands projets ne va-t-il pas glisser cette page sous les yeux d'un esprit sympathique au progrès, qui, par ses goûts et par sa fortune, serait disposé à assurer glorieusement l'avenir de notre fondation par un don généreux et efficace ?

Est-on prêt pour cette grande œuvre nationale et populaire ? On me l'assure. Il n'y a qu'un seul moyen de le savoir, c'est de se compter.

Eh bien ! j'accepte les propositions honorables qui m'ont été adressées, et lors même que le nombre des généreux amis de la science ne serait pas suffisant pour aboutir, nous n'aurons certes aucune honte à nous être bercés d'une illusion glorieuse. *Sous la seule et expresse condition que personne ne lui envoie aucune somme d'argent*, l'auteur de l'*Astronomie populaire* recevra (¹) et centralisera toutes les lettres que l'on voudra bien lui adresser pour lui faire connaître les souscripteurs, grands ou petits, à cette belle œuvre scientifique, et les moyens les plus pratiques de la réaliser. Si nous sommes assez nombreux, si le fruit est mûr, l'établissement libre et populaire désiré sera immédiatement fondé. Sinon, ce sera sans doute l œuvre du siècle prochain, — quand nous serons partis pour d'autres planètes. — Le seul moyen de savoir si notre époque est aussi scientifique qu'elle le paraît, c'est de nous occuper tous immédiatement de ce projet, chacun dans son cercle de connaissances, et de nous compter (²).

(¹) Avenue de l'Observatoire, 36, à Paris.

(²) On centralisera toutes les lettres, on publiera dans les journaux les noms de tous les souscripteurs, on nommera un conseil, et, dans ce conseil, un ou plusieurs

Quelques lecteurs placés par leurs positions dans les hautes sphères gouvernementales assurent que l'État voudra concourir à la réalisation de cette œuvre utile. Nous accepterons certainement tous avec reconnaissance toute l'aide qu'il voudra nous apporter pour compléter, perfectionner, agrandir notre œuvre. Mais il serait beau, il serait grand, il serait digne d'un peuple libre, de savoir créer lui-même une œuvre fondée par lui et pour lui. Pourquoi toujours vouloir nous endormir sur l'oreiller du gouvernement? Ce n'est pas ainsi que marchent la science indépendante, le progrès et la liberté. Nous ne sommes plus des enfants en lisière ! Commençons donc nous-mêmes. Aide-toi: le ciel t'aidera.

Nous pouvons sans doute aussi, sans utopie, espérer que l'établissement une fois fondé recevra, s'il rend les services qu'on peut et qu'on doit en attendre, des encouragements, des dons, des legs, qui assureront son avenir.

On désire·également voir la fondation, à l'usage de tous les amateurs d'astronomie, d'une revue périodique mettant au courant des progrès si rapides de la science, de l'aspect mensuel du ciel, des faits intéressants, éclipses, occultations, conjonctions, étoiles variables, étoiles doubles, phénomènes divers à observer. Nous ne pouvons pas tout faire à la fois. Ce journal astronomique serait le complément naturel de l'Observatoire projeté.

Un mot encore, et nous laisserons à chacun le soin de donner sur ce grand projet son adhésion et son aide. Tous les souscripteurs seront naturellement considérés comme fondateurs et comme membres de la « Société astronomique ». Leurs droits aux ouvrages de la bibliothèque, aux conferences que l'on pourrait y faire, aux publications qui pourront être envoyées partout, seront réglés ultérieurement, en rapport avec l'importance de chaque souscription et des services rendus à l'œuvre. Là serait élevée dans quelques années, si le succès couronne nos efforts, la plus puissante lunette du monde, la lunette d'un million, dont nous avons parlé à propos des habitants de la Lune, et qui serait appelée à résoudre les plus merveilleux problèmes encore en suspens dans l'étude du ciel. Des fondations analogues pourraient ensuite être tentées en plusieurs villes de province et jusqu'en de modestes bourgades.

trésoriers seront chargés de recueillir les fonds et de les déposer au Comptoir d'escompte ou dans une banque non moins sûre. Et, afin de n'être pas un jour dans l'embarras de renvoyer les sommes perçues, on n'en percevra aucune avant que le montant des souscriptions ne s'élève à une somme suffisante pour construire l'Observatoire muni d'un premier instrument.

Voilà la semence jetée aux quatre vents du ciel. Que tous ceux qui aspirent à voir se répandre les vérités astronomiques, qui désirent accroître leur propre savoir et leurs plaisirs scientifiques, qui souhaitent la diffusion des connaissances positives auxquelles notre fécond dix-neuvieme siècle, qui bientôt va s'éteindre, doit sa vraie gloire et sa vraie grandeur, que tous les amis de notre belle science se fassent connaître et trouvent des adhérents autour d'eux, et la réunion d'efforts intellectuels relativement légers créera dans notre patrie une institution qui lui manque, utile pour la science, utile pour l'instruction générale, utile pour le progrès et l'élévation des intelligences.

Je répondrai maintenant en terminant aux questions relatives aux petits instruments pour l'étude élémentaire du ciel, qu'un grand nombre de lecteurs ont manifesté le désir de posséder.

On comprend difficilement que, de toutes les écoles normales, de tous les collèges, de tous les lycées, de tous les séminaires, de tous les couvents, aucun de ces établissements ne jouisse d'un petit observatoire où l'on s'intéresse aux choses du ciel. Il y a pourtant là des professeurs qui devraient aimer les sciences en général et adorer l'Astronomie en particulier. On comprend aussi difficilement que, parmi tant d'hommes fortunés qui vivent sous notre ciel et qui ont souvent trop de loisirs, on en compte si peu (pour ainsi dire pas du tout) qui se donnent le plaisir d'observer les merveilles célestes au lieu de faire tourner imperturbablement leur fortune dans le même cercle : accroître inutilement des rentes déjà superflues, faire courir des chevaux ou entretenir des actrices. Il faut croire que personne ne se doute de l'intérêt si captivant qui s'attache à l'étude de la nature, ni des joies intimes que l'âme éprouve à se mettre en relation avec les divins mystères de la création. Et pourtant, quel est l'être intelligent, quel est l'être accessible aux émotions inspirées par la contemplation du beau, qui pourrait regarder, même dans une lunette de très faible puissance, les dentelures argentées du croissant lunaire tremblant dans l'azur, sans éprouver l'impression la plus vive et la plus agréable, sans se sentir transporté vers cette première étape des voyages célestes et détaché des choses vulgaires de la Terre? Quel est l'esprit réfléchi qui pourrait voir sans admiration le brillant Jupiter accompagné de ses quatre satellites pénétrer dans le champ du télescope inondé de sa lumière, ou le splendide Saturne marchant entouré de son anneau mystérieux, ou un double soleil écarlate et saphir se révélant au milieu de la nuit infinie? Ah! si les hommes savaient, depuis le modeste cultivateur des champs, depuis le laborieux ouvrier des villes, jusqu'au professeur, jusqu'au rentier, jusqu'à l'homme élevé au rang le plus éminent de la fortune ou de la gloire, et jusqu'à la femme du monde en apparence la plus frivole; oui, si l'on savait quel plaisir intime et profond attend le contemplateur des cieux, la France, l'Europe entière se couvrirait de lunettes au lieu de se couvrir de baïonnettes, au grand avantage de la paix et du bonheur universels.

Mais nous n'en sommes pas là. Pourtant, j'ai reçu un si grand nombre de demandes relatives aux moyens les plus simples à employer pour observer les principales curiosités du ciel, que je ne crois pas déchoir en complétant l'*Astronomie populaire* par quelques indications pratiques, en commençant par les instruments les plus élémentaires, et en les graduant progressivement pour satisfaire l'appétit, « qui vient en mangeant », comme le dit un vieux proverbe. L'appétit intellectuel est même plus insatiable que l'appétit matériel, car celui-ci finit toujours par se calmer tôt ou tard, tandis que le premier se développe à mesure qu'on l'alimente : l'esprit n'est jamais satisfait.

On trouvera au *Supplément* les conseils utiles à suivre pour celui qui veut se rendre compte des choses du ciel, et les indications nécessaires pour pouvoir trouver et reconnaître facilement les principales curiosités astronomiques : étoiles doubles et multiples, étoiles colorées, nébuleuses, amas d'étoiles, étoiles variables, ainsi que les descriptions historiques relatives aux constellations et aux richesses qu'elles renferment. Mais nous pouvons dès à présent signaler quelques instruments élémentaires à l'aide desquels chacun peut facilement commencer l'étude pratique du ciel.

Il n'est pas nécessaire de posséder des instruments compliqués et coûteux pour commencer cette étude, et nous pouvons même remarquer qu'un grand nombre de découvertes en astronomie physique ont été faites par de simples amateurs et à l'aide d'instruments très modestes. D'ailleurs, les progrès de la fabrication ont été si rapides, que l'on peut aujourd'hui, en s'adressant directement aux constructeurs, posséder de bons instruments à des prix bien inférieurs à ce qu'on imagine ordinairement. Voici ceux à l'aide desquels l'étude du ciel peut être facilement commencée :

La lunette la plus simple que l'on puisse conseiller est une lunette dont l'objectif mesure 61 millimètres de diamètre (58 dans son cadre), et dont la longueur est de 90 centimètres. On peut déjà, à l'aide de cet instrument, observer les cratères de la Lune, les grandes taches du Soleil (un verre noir s'y adapte), les satellites de Jupiter, l'anneau de Saturne, petit, mais nettement indiqué, les phases de Vénus vers ses époques de conjonction, les agglomérations d'étoiles de la Voie lactée, les comètes visibles ; suivre les principales étoiles variables, reconnaître plusieurs nébuleuses et amas d'étoiles, notamment les Pléiades, les Hyades, la Crèche, la Chevelure de Bérénice, la nébuleuse d'Andromède, la nébuleuse d'Orion et son étoile quadruple, les amas des Gémeaux, de Persée, d'Hercule et des Chiens de chasse (3 Messier) ; plusieurs étoiles doubles, notamment ζ Grande-Ourse (splendide), ε Lyre, ν Scorpion, β Cygne, δ Orion, δ Céphée, la 61ᵉ Cygne, γ Andromède, x Bouvier, ζ Couronne, ξ Scorpion (AC), γ Bélier, ι Orion, γ Dauphin, ε Petit Cheval, ξ Céphée et même Castor, dont les deux brillantes composantes se montrent très serrées l'une contre l'autre, mais pourtant nettement séparées par un sillon noir. Cette lunette est munie de deux oculaires, l'un astronomique, grossissant 68 fois, avec un large champ de 32 minutes ; l'autre terrestre, pour les observations que la curiosité peut indiquer, redressant les images, et grossissant 40 fois (c'est-à-dire qu'un objet éloigné, par exemple, à 400 mètres, est rapproché à 10 mètres). L'instrument est solidement construit en cuivre ; le pied est en fonte, très lourd, pour empêcher les vibrations, et disposé de manière à pouvoir être fixé sur un massif de maçonnerie. On pénètre jusqu'à la neuvième grandeur inclusivement (¹).

Un peu plus forte que cette lunette est celle que nous inscrirons ici sous le n° 2. Son objectif est de 75 millimètres (72 dans son cadre) et sa longueur focale est de 1 mètre. Deux oculaires célestes, grossissant 60 et 100 fois, lui sont adaptés, ainsi qu'un oculaire terrestre grossissant 50 fois. Outre les observations précédentes, faites sur une échelle un peu plus grande, cet instrument permet de mieux reconnaître l'anneau de Saturne et les bandes de Jupiter, de voir Mars avec un disque, mais sans distinguer nettement ses neiges polaires et ses taches, à moins d'une atmosphère exceptionnellement transparente ; de reconnaître, outre les amas d'étoiles précédents, ceux de la Balance (5 Messier), d'Hercule (92 Messier), d'Ophiuchus (14 Messier), d'Antinoüs (11 Messier), de la Lyre (57 Messier), du Verseau (2 Messier). [Ces numéros sont ceux du Catalogue de Messier ; nous donnerons au supplément les positions de toutes ces curiosités dans le ciel.] Cette même lunette permet de dédoubler les étoiles dont l'écartement descend jusqu'à 4″ et 3″, telles que γ Vierge (très belle), λ Orion, α Hercule, μ du Cygne, γ du Lion, ξ Bouvier, 36 Ophiuchus, 70 Ophiuchus, ζ Verseau, γ Baleine, ε Dragon, ε Bouvier, δ Serpent, ρ Hercule, ρ Capricorne, ι Triangle, ε Hydre, o Vierge, σ Couronne. Cette lunette pénètre dans la population céleste jusqu'à la dixième grandeur (²).

Si l'on veut mieux voir encore, mieux étudier les curiosités de l'astronomie sidérale et planétaire, on peut se servir d'un instrument un peu plus fort, que nous inscrirons ici sous le numéro 3. Son objectif mesure 95 millimètres de diamètre, et la longueur focale est de 1ᵐ,30 ; solidement construit en cuivre et posé sur un solide pied de fonte, comme les précédents. Trois oculaires célestes grossissant 40 fois (pour chercher), 80 et 125 fois, et un oculaire terrestre grossissant 60 fois. Cet instrument permet déjà de bien voir l'anneau de Saturne et de le dédoubler, de distinguer ordinairement les neiges de Mars et parfois ses

(¹) Les lecteurs de l'*Astronomie populaire* peuvent demander directement cette lunette à son constructeur, M. Molteni, rue du Château-d'Eau, 44, à Paris. — Son prix réduit est de 150 francs.

(²) Nos lecteurs peuvent s'adresser directement, pour cette lunette, à M. Bardou, constructeur d'instruments d'optique, rue de Chabrol, 55, Paris. — Son prix est de 200 francs.

taches, de reconnaître les phases de Mercure, d'observer toutes les nébuleuses du catalogue de Messier et toutes les étoiles dont la distance ne descend pas au-dessous de 2″ et dont l'étoile la plus brillante est au-dessous de la seconde grandeur, telles que α Poissons, ε Dragon, ζ Orion, ψ Cassiopée (triple), γ Baleine, o² Eridan (triple), ι Lion, μ Dragon, ε Lyre (quadruple). Ce n'est déjà plus un instrument « d'amusement »; c'est déjà un instrument d'étude. La pénétration atteint la onzième grandeur (³).

Mais le véritable instrument d'étude pour l'astronome amateur qui veut sérieusement commencer la pratique de l'astronomie, c'est encore la lunette de 4 pouces (108 millimètres), dont Napoléon possédait l'exemplaire unique en 1804 lorsqu'il projetait le fameux camp de Boulogne, et qui est devenue aujourd'hui le premier meuble de tout observatoire particulier. Cette lunette, dont la longueur focale est de 1ᵐ,60, est montée sur un solide pied de fonte, et munie d'un chercheur pour amener d'abord dans son champ l'étoile désirée. Trois oculaires célestes, grossissant 100, 160 et 250 fois; un oculaire terrestre, grossissant 80 fois (⁴). Cette lunette fait voyager l'observateur dans la Lune, au milieu d'un spectacle toujours nouveau; les cirques s'y découvrent, les pics projettent leurs cratères fantastiques, et de légers détails se révèlent à l'œil émerveillé; Saturne est éblouissant pour l'esprit contemplateur; Jupiter laisse apercevoir les détails de son atmosphère; Mars permet l'observation de ses taches principales et de ses neiges polaires; le Soleil révèle la structure de ses taches; Uranus montre un disque sensible; toutes les nébuleuses importantes du ciel, tous les amas d'étoiles vraiment intéressants, y sont visibles, et les étoiles doubles, triples, multiples, peuvent y être étudiées jusqu'au rapprochement serré de 1″. On dédouble admirablement Antarès, quoique l'étoile principale soit de première grandeur; les couples charmants de α Hercule et de ε Bouvier y sont splendides. L'œil pénètre dans le ciel sidéral jusqu'à la douzième grandeur.

On voit qu'à notre époque la pratique même de la plus belle des sciences est accessible à tous : on n'a pour ainsi dire aujourd'hui que l'embarras du choix. Aux quatre instruments qui précèdent, on peut en ajouter un cinquième, aussi puissant que le troisième, quoique plus petit et d'un maniement beaucoup plus commode : le télescope Foucault, de 10 centimètres d'ouverture et de 60 centimètres de longueur. Il n'y a qu'un point essentiel à recommander à ceux qui voudraient en faire l'acquisition (⁵), c'est d'apprendre à réargenter eux-mêmes le miroir, opération peu coûteuse en elle-même (quelques francs), mais assez délicate et à renouveler tous les deux ou trois ans. — Quelques lecteurs s'étonneront peut-être de nous voir entrer ici dans tant de petits détails; mais la pratique prouve qu'ils ont tous leur importance et leur valeur relative, et je n'ai rien voulu négliger pour rendre l'astronomie *véritablement populaire* : Honni soit qui mal y pense !

Tels sont les premiers pas à faire dans l'étude directe et pratique de l'univers. Il n'y a plus aujourd'hui de science cachée ; les chemins du ciel sont ouverts pour tout le monde ; chacun peut étudier la réalité

(³) S'adresser pour cette lunette à M. Molteni, rue du Château-d'Eau, 44. — Son prix est de 400 francs.

(⁴) En s'adressant directement au constructeur, M. Bardou, rue de Chabrol, 55, nos lecteurs obtiendront cet instrument au prix de 600 francs.

(⁵) Constructeur : M. Secretan, place du Pont-Neuf, à Paris. — Prix 500 francs.

splendide au sein de laquelle la plupart des hommes ont vécu jusqu'ici comme des aveugles. L'Astronomie est la vraie science intégrale, et elle est aussi la vraie religion de l'avenir; elle seule nous fait vivre dans l'immense et nous rend indulgents pour les petitesses humaines; elle seule nous fait apprécier l'insignifiance de la vie matérielle, la grandeur de l'intelligence et la beauté intellectuelle de l'univers; aujourd'hui toute âme peut faire son ascension dans les cieux.

Peut-être est-ce ici le lieu de répéter les premières lignes par lesquelles cette description générale de l'univers a été commencée: « Ce livre est écrit pour tous ceux qui aiment à se rendre compte des choses qui les entourent, et qui seraient heureux d'acquérir sans fatigue une notion élémentaire et exacte de l'état de l'univers. » C'est au lecteur à décider si ce programme a été rempli : l'auteur n'a aucune autre ambition que celle d'avoir été utile, en écartant un coin du voile qui cache encore à presque tous les yeux la vraie splendeur de la création. Nous sommes à une époque où les erreurs de l'ignorance, les fantômes de la nuit, les songes de l'enfance humaine doivent disparaître; l'aurore répand sa pure lumière; le soleil se lève sur l'humanité éveillée; tenons-nous tous debout devant le ciel et n'ayons désormais qu'une seule et même devise : LE PROGRÈS PAR LA SCIENCE !

FIN

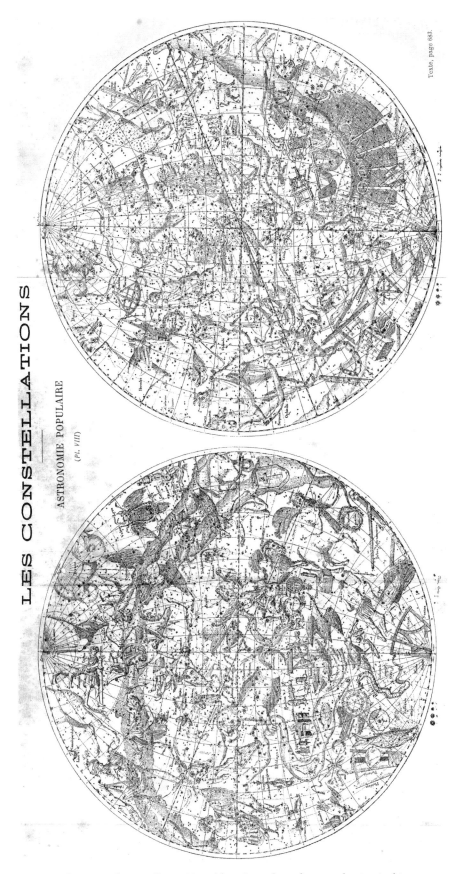

LES CONSTELLATIONS

ASTRONOMIE POPULAIRE

(Pl. VIII)

Texte, page 683.

The material originally positioned here is too large for reproduction in this reissue. A PDF can be downloaded from the web address given on page iv of this book, by clicking on 'Resources Available'.

TABLE DES MATIÈRES

Livre premier. — La Terre.

Livre II. — La Lune.

Livre III. — Le Soleil.

Livre IV. — Les Mondes planétaires.

Livre V. — Les Comètes et les Étoiles filantes.

Livre VI. — Les Étoiles et l'Univers sidéral.

PLACEMENT DES PLANCHES TIREES A PART.

Paris. — Imp. Gauthier-Villars, 55, quai des Grands-Augustins.

Printed in the United States
By Bookmasters